太 Speed

CBT 대비 맞춤 교재

승강기기능사

7일 완성 필기

(주)사람과 에너지 대표 이후곤 지음

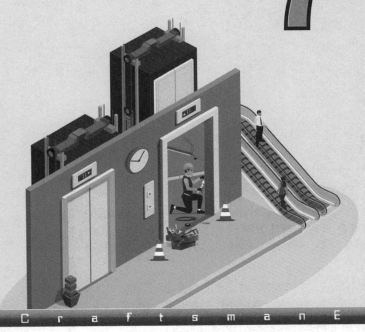

Craftsman Elevator

BM (주)도서출판 성안당

■ 도서 A/S 안내

성안당에서 발행하는 모든 도서는 저자와 출판사, 그리고 독자가 함께 만들어 나갑니다.

좋은 책을 펴내기 위해 많은 노력을 기울이고 있습니다. 혹시라도 내용상의 오류나 오탈자 등이 발견되면 **"좋은 책은 나라의 보배"**로서 우리 모두가 함께 만들어 간다는 마음으로 연락주시기 바랍니다. 수정 보완하여 더 나은 책이 되도록 최선을 다하겠습니다.

성안당은 늘 독자 여러분들의 소중한 의견을 기다리고 있습니다. 좋은 의견을 보내주시는 분께는 성안당 쇼핑몰의 포인트(3,000포인트)를 적립해 드립니다.

잘못 만들어진 책이나 부록 등이 파손된 경우에는 교환해 드립니다.

저자 e-mail : dlrmf17@nate.com(이후곤)

본서 기획자 e-mail : coh@cyber.co.kr(최옥현)

홈페이지 : http://www.cyber.co.kr   전화 : 031) 950-6300

머리말

　현대사회는 급격한 도시화와 주거공간의 고층화, 고급화에 따라 승강기의 설치가 보편화되어 건물 내의 교통수단으로 우리 생활과는 떼어서 생각할 수 없는 문명의 이기가 되어 있다. 또한 승강기 수요의 증가에 따라 편리하고 쾌적하게 이용자의 안전을 확보하기 위해서는 승강기의 설계에 따른 설치 및 유지·보수는 매우 중요한 일이다.

　이에 따라 건축, 전기, 전자, 기계분야에 대한 전문지식과 기능을 갖춘 승강기분야 전문기술인력에 대한 수요가 증가할 것으로 전망되며, 승강기기능사의 자격취득은 전문기술인으로 진출할 수 있는 길이 될 수 있을 것으로 확신한다.

　승강기기능사 자격취득에 뜻을 둔 수험생 및 현장실무자 여러분의 자격증 취득에 대한 어려움에 도움을 주고자 수년간 출제되었던 모든 문제를 분석하여 다음 사항에 중점을 두고 본서를 집필하였다.

▌이 책의 특징 ▌

01　다년간 기출문제의 출제경향을 완벽하게 분석하여 선별한 핵심이론을 체계적으로 구성하였다.

02　과년도 출제문제와 CBT 기출복원문제를 수록하여 실전시험에 대비할 수 있도록 하였다.

03　문제마다 상세하게 해설하여 보다 쉽게 이해할 수 있도록 구성하였다.

　이 책으로 열심히 노력하여 수험생들의 목적을 꼭 이루기를 진심으로 바라며, 본서가 많은 참고가 된다면 저자로서 더 이상 바랄 것은 없을 것이다. 아울러, 미흡한 부분은 계속하여 보완해 나갈 것이다.

　끝으로 이 책의 출판을 위해 애써 주신 도서출판 성안당 임직원 여러분께 감사드린다.

저자 씀

NCS(국가직무능력표준)가이드

01 국가직무능력표준(NCS)이란?

국가직무능력표준(NCS, National Competency Standards)은 산업현장에서 직무를 수행하기 위해 요구되는 지식·기술·태도 등의 내용을 국가가 산업부문별·수준별로 체계화한 것이다.

(1) 국가직무능력표준(NCS) 개념도

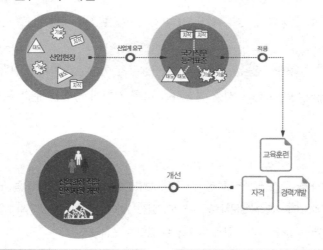

직무능력 : 일을 할 수 있는 On‒spec인 능력
① 직업인으로서 기본적으로 갖추어야 할 공통
능력 → 직업기초능력
② 해당 직무를 수행하는 데 필요한 역량(지식,
기술, 태도) → 직무수행능력

보다 효율적이고 현실적인 대안 마련
① 실무 중심의 교육·훈련 과정 개편
② 국가자격의 종목 신설 및 재설계
③ 산업현장 직무에 맞게 자격시험 전면 개편
④ NCS 채용을 통한 기업의 능력 중심 인사관리
   및 근로자의 평생경력 개발 관리 지원

(2) 국가직무능력표준(NCS) 학습모듈

국가직무능력표준(NCS)이 현장의 '직무요구서'라고 한다면, NCS 학습모듈은 NCS 능력단위를 교육훈련에서 학습할 수 있도록 구성한 '교수·학습자료'이다. NCS 학습모듈은 구체적 직무를 학습할 수 있도록 이론 및 실습과 관련된 내용을 상세하게 제시하고 있다.

02 국가직무능력표준(NCS)이 왜 필요한가?

능력 있는 인재를 개발해 핵심 인프라를 구축하고, 나아가 국가경쟁력을 향상시키기 위해 국가직무능력 표준이 필요하다.

(1) 국가직무능력표준(NCS) 적용 전/후

지금은
- 직업 교육·훈련 및 자격제도가 산업현장과 불일치
- 인적자원의 비효율적 관리 운용

→ 국가직무능력표준 →

이렇게 바뀝니다.
- 각각 따로 운영되었던 교육·훈련, 국가직무능력표준 중심 시스템으로 전환 (일-교육·훈련-자격 연계)
- 산업현장 직무 중심의 인적자원 개발
- 능력중심사회 구현을 위한 핵심 인프라 구축
- 고용과 평생직업능력개발 연계를 통한 국가경쟁력 향상

(2) 국가직무능력표준(NCS) 활용범위

기업체
Corporation

교육훈련기관
Education and training

자격시험기관
Qualification

- 현장 수요 기반의 인력채용 및 인사 관리 기준
- 근로자 경력개발
- 직무기술서

- 직업교육 훈련과정 개발
- 교수계획 및 매체, 교재 개발
- 훈련기준 개발

- 자격종목의 신설·통합·폐지
- 출제기준 개발 및 개정
- 시험문항 및 평가 방법

NCS(국가직무능력표준)가이드

03 NCS 분류체계

① 국가직무능력표준의 분류는 직무의 유형(Type)을 중심으로 국가직무능력표준의 단계적 구성을 나타내는 것으로, 국가직무능력표준 개발의 전체적인 로드맵을 제시한다.

② 한국고용직업분류(KECO, Korean Employment Classification of Occupations)를 중심으로, 한국표준직업분류, 한국표준산업분류 등을 참고하여 분류하였으며 '대분류(24) → 중분류(80) → 소분류(238) → 세분류(887개)'의 순으로 구성한다.

04 NCS 학습모듈

(1) 개념

국가직무능력표준(NCS, National Competency Standards)이 현장의 '직무요구서'라고 한다면, NCS 학습모듈은 NCS의 능력단위를 교육훈련에서 학습할 수 있도록 구성한 '교수·학습 자료'이다. NCS 학습모듈은 구체적 직무를 학습할 수 있도록 이론 및 실습과 관련된 내용을 상세하게 제시하고 있다.

(2) 특징

① NCS 학습모듈은 산업계에서 요구하는 직무능력을 교육훈련 현장에 활용할 수 있도록 성취목표와 학습의 방향을 명확히 제시하는 가이드라인의 역할을 한다.

② NCS 학습모듈은 특성화고, 마이스터고, 전문대학, 4년제 대학교의 교육기관 및 훈련기관, 직장교육기관 등에서 표준교재로 활용할 수 있으며 교육과정 개편 시에도 유용하게 참고할 수 있다.

기계 NCS 학습모듈 분류체계에 따른 능력단위

기계 > 기계장치설치 > 기계장비설치 · 정비 > 승강기설치 · 정비

능력단위명	수준	능력단위 정의
승강기 설치계획 수립	4	승강기 설치계획 수립이란 건축물에 승강기를 설치하기 위하여 설치도면과 시방서를 이해하고, 설치공법을 결정하여 설치공정 계획을 수립하고 진행 관리하는 능력이다.
엘리베이터 전기 설치	3	엘리베이터 전기 설치란 엘리베이터가 정상적으로 작동할 수 있도록 기계실, 승강로, 카 상부에 해당하는 전기장치를 배선, 결선하고 시운전을 통해 정밀하게 조정하는 능력이다.
에스컬레이터 설치	3	에스컬레이터 설치란 에스컬레이터 설치현장에 필요한 사항을 준비하여 트러스, 스텝, 핸드레일 등 기계적 부품과 전기적 부품을 설치하고 조정하는 능력이다.
엘리베이터 점검	3	엘리베이터 점검이란 엘리베이터가 고장 없이 원활히 동작이 되도록 점검계획을 수립하여 엘리베이터 각 부위를 점검하는 능력이다.
에스컬레이터 점검	3	에스컬레이터 점검이란 에스컬레이터가 고장 없이 원활히 동작이 되도록 점검계획을 수립하여 에스컬레이터 각 부위를 점검하는 능력이다.
엘리베이터 부품 교체	3	엘리베이터 부품 교체란 엘리베이터의 성능유지를 위하여 로프, 도르래, 권상기 등을 진단하고 교체 여부를 판단하여 부품 교체를 수행하는 능력이다.
에스컬레이터 부품 교체	3	에스컬레이터 부품 교체란 에스컬레이터의 성능유지를 위하여 핸드레일, 스텝, 체인 등을 진단하고 교체 여부를 판단하여 교체를 수행하는 능력이다.
엘리베이터 기계 설치	3	엘리베이터 기계 설치란 엘리베이터가 지정된 위치에 정확하게 설치될 수 있도록 형판을 설치하고 기계실 부품, 레일을 설치하는 능력이다.
엘리베이터 부품 설치	3	엘리베이터 부품 설치란 엘리베이터가 지정된 위치에 정확하게 설치될 수 있도록 승강장, 카, 승강로에 각종 승강기 기계 부품을 설치하는 능력이다.
승강기 완성검사	3	승강기 완성검사 수검이란 검사계획 수립, 자체검사 실시, 완성검사 수검 등 승강기가 검사기준에 적합하게 설치하고 유지될 수 있도록 관리하여 수검 받을 수 있는 능력이다.
승강기 정기검사	3	승강기 정기검사 수검이란 검사계획 수립, 정기검사 수검 등 승강기가 검사기준에 적합하게 유지될 수 있도록 관리하는 능력이다.
승강기 기계설비 고장처리	3	승강기 기계설비 고장처리란 승강기의 고장발생 시 고장처리 절차에 따라 각 부품의 기능을 수리하여 정상적인 기능을 수행할 수 있도록 처리하는 능력이다.
승강기 제어설비 고장처리	3	승강기 제어설비 고장처리란 고장발생 시 고장처리 절차에 따라 고장원인을 수리하여 정상적인 기능을 수행할 수 있도록 처리하는 능력이다.
승강기 안전관리	3	승강기 안전관리란 승강기 설치와 정비에 관련된 작업 시 기계, 전기, 환경안전에 대해 기준을 정하고 현장에 적용하는 능력이다.

★ 기계 NCS 학습모듈에 대한 자세한 사항은 **N**국가직무능력표준 National Competency Standards 홈페이지(www.ncs.go.kr)에서 확인해주시기 바랍니다. ★

NCS(국가직무능력표준)가이드

06 과정평가형 자격취득

(1) 개념

국가직무능력표준(NCS)에 따라 편성·운영되는 교육·훈련과정을 일정 수준 이상 이수하고 평가를 거쳐 합격기준을 통과한 사람에게 국가기술자격을 부여하는 제도이다.

(2) 시행대상

「국가기술자격법 제10조 제1항」의 과정평가형 자격 신청자격에 충족한 기관 중 공모를 통하여 지정된 교육·훈련기관의 단위과정별 교육·훈련을 이수하고 내부평가에 합격한 자

(3) 국가기술자격의 과정평가형 자격 적용 종목

기계설계산업기사 등 61개 종목(※ NCS 홈페이지/자료실/과정평가형 자격 참조)

(4) 교육·훈련생 평가

① 내부평가(지정 교육·훈련기관)
  ㉠ 평가대상 : 능력단위별 교육·훈련과정의 75% 이상 출석한 교육·훈련생
  ㉡ 평가방법 : 지정받은 교육·훈련과정의 능력단위별로 평가 → 능력단위별 내부평가 계획에 따라 자체 시설·장비를 활용하여 실시
  ㉢ 평가시기 : 해당 능력단위에 대한 교육·훈련이 종료된 시점에서 실시하고 공정성과 투명성이 확보되어야 함 → 내부평가 결과 평가점수가 일정 수준(40%) 미만인 경우에는 교육·훈련기관 자체적으로 재교육 후 능력단위별 1회에 한해 재평가 실시

② 외부평가(한국산업인력공단)
  ㉠ 평가대상 : 단위과정별 모든 능력단위의 내부평가 합격자(수험원서는 교육·훈련 시작일로부터 15일 이내에 우리 공단 소재 해당 지역 시험센터에 접수)
  ㉡ 평가방법 : 1차·2차 시험으로 구분 실시
    • 1차 시험 : 지필평가(주관식 및 객관식 시험)
    • 2차 시험 : 실무평가(작업형 및 면접 등)

(5) 합격자 결정 및 자격증 교부

① 합격자 결정 기준 : 내부평가 및 외부평가 결과를 각각 100점을 만점으로 하여 평균 80점 이상 득점한 자

② 자격증 교부 : 기업 등 산업현장에서 필요로 하는 능력보유 여부를 판단할 수 있도록 교육·훈련 기관명·기간·시간 및 NCS 능력단위 등을 기재하여 발급

★ NCS에 대한 자세한 사항은 **N 국가직무능력표준** National Competency Standards 홈페이지(www.ncs.go.kr)에서 확인해주시기 바랍니다. ★

CBT(컴퓨터시험)가이드

한국산업인력공단에서 2016년 5회 기능사 필기 시험부터 자격검정 CBT(컴퓨터 시험)으로 시행됩니다. CBT의 진행 과정과 메뉴의 기능을 미리 알고 연습하여 새로운 시험 방법인 CBT에 대비하시기 바랍니다. 다음과 같이 순서대로 따라해 보고 CBT 메뉴의 기능을 익혀 실전처럼 연습해 봅시다.

STEP 01 자격검정 CBT 들어가기

○ 큐넷에서 표시된 부분을 클릭하면 '웹체험 자격검정 CBT'를 할 수 있습니다.

○ 'CBT 필기 자격시험 체험하기'를 클릭하면 시작됩니다.

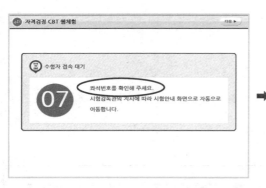

○ 시험 시작 전 배정된 좌석에 앉으면 수험자 정보를 확인합니다.

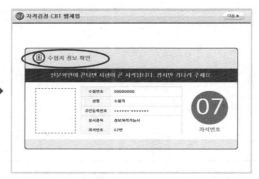

○ 시험장 감독위원이 컴퓨터에 표시된 수험자 정보와 신분증의 일치 여부를 확인합니다.

STEP 02 자격검정 CBT 둘러보기

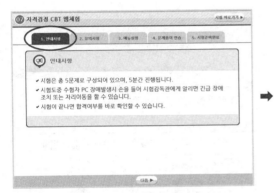

⬆ 수험자 정보 확인이 끝난 후 시험 시작 전 'CBT 안내사항'을 확인합니다.

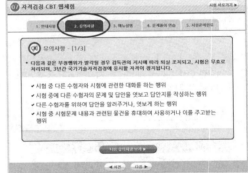

⬆ 'CBT 유의사항'을 확인합니다. '다음 유의사항 보기'를 클릭하면 전체 유의사항을 확인할 수 있으며 보지 못한 유의사항이 있으면 '이전 유의사항 보기'를 클릭하여 다시 볼 수 있습니다.

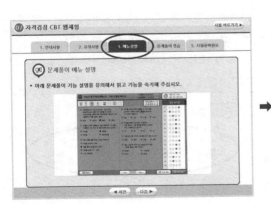

⬆ '문제풀이 메뉴 설명'을 확인합니다.
  ▷▷▷ '자격검정 CBT MENU 미리 알아두기'에서 자세히 살펴보기

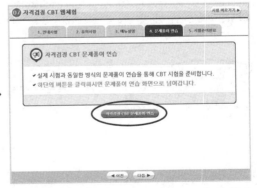

⬆ '자격검정 CBT 문제풀이 연습'을 클릭하면 실제 시험과 동일한 방식으로 진행됩니다.

CBT(컴퓨터시험)가이드

STEP 03 자격검정 CBT 연습하기

● 자격검정 CBT 문제풀이 연습을 시작합니다. 총 3문제로 구성되어 있습니다.

● 시험 문제를 다 푼 후 답안 제출을 하거나 시험 시간이 경과되었을 경우 시험이 종료됩니다.

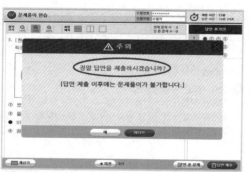

● 답안 제출은 실수 방지를 위해 두 번의 확인 과정을 거칩니다. 시험 종료 후 시험 결과를 바로 확인할 수 있습니다.

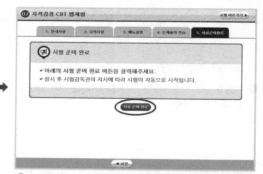

● 시험 안내·유의 사항, 메뉴 설명 및 문제풀이 연습까지 모두 마친 수험자는 '시험 준비 완료'를 클릭합니다. 클릭 후 '자격검정 CBT 웹체험 문제풀이' 단계로 넘어갑니다.

● 자격검정 CBT 웹체험 문제풀이를 시작합니다. 총 5문제로 구성되어 있습니다.

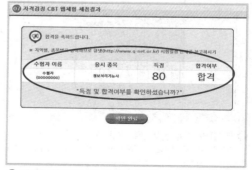

● 답안을 제출하면 점수와 합격 여부를 바로 알 수 있습니다.

자격검정 CBT 메뉴 미리 알아두기

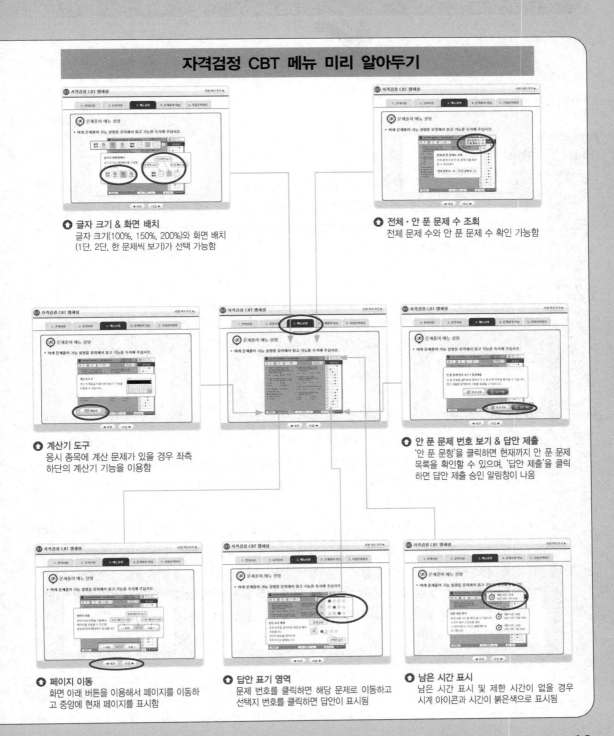

글자 크기 & 화면 배치
글자 크기(100%, 150%, 200%)와 화면 배치
(1단, 2단, 한 문제씩 보기)가 선택 가능함

전체 · 안 푼 문제 수 조회
전체 문제 수와 안 푼 문제 수 확인 가능함

계산기 도구
응시 종목에 계산 문제가 있을 경우 좌측
하단의 계산기 기능을 이용함

안 푼 문제 번호 보기 & 답안 제출
'안 푼 문항'을 클릭하면 현재까지 안 푼 문제
목록을 확인할 수 있으며, '답안 제출'을 클릭
하면 답안 제출 승인 알림창이 나옴

페이지 이동
화면 아래 버튼을 이용해서 페이지를 이동하
고 중앙에 현재 페이지를 표시함

답안 표기 영역
문제 번호를 클릭하면 해당 문제로 이동하고
선택지 번호를 클릭하면 답안이 표시됨

남은 시간 표시
남은 시간 표시 및 제한 시간이 없을 경우
시계 아이콘과 시간이 붉은색으로 표시됨

시험안내

01 개요

엘리베이터나 에스컬레이터, 주차용 기계장치 등 승강기는 일단 설치가 끝나면, 좋은 작동 상태를 유지하기 위해 지속적인 점검 및 보수작업을 해야 한다. 이러한 작업을 위해서는 기계, 전자, 전기에 대한 기초적인 지식과 기능을 필요로 한다. 이에 따라 산업 현장에서 필요로 하는 기능 인력의 양성을 통해 승강기 이용 시 안전을 도모하고자 자격제도를 제정하였다.

02 수행직무

주로 각종 승강기 보수용 장비 및 공구를 사용하여 건축물 또는 기타 구조물에 설치되어 있는 엘리베이터, 에스컬레이터, 덤웨이터, 수평보행기 등의 승강기를 검사, 점검 및 보수하고 시운전하는 업무를 수행한다.

03 진로 및 전망

- 승강기 또는 승강기 부품 제조업체 및 수입업체, 승강기 보수·유지·점검업체, 건물의 승강기 관리직, 승강기 부품 판매업체, 일반 건물의 전기실 등으로 진출할 수 있다. '산업안전보건법'에 의한 지정 검사기관의 검사자, '승강기 제조 및 관리에 관한 법률'에 의한 승강기보수업의 기술 인력으로 고용될 수 있다.

- 승강기 기능 인력에 대한 수요는 주로 신축 건물의 증감에 영향을 받게 되지만, 기존에 설치된 승강기도 항상 좋은 상태를 유지하기 위해서는 지속적인 점검과 정비를 해야 하므로 수요는 꾸준히 존재한다. 최근 건설 경기가 회복세를 보임에 따라 더 많은 건축물들이 신축될 것으로 보여 승강기 설치 분야 인력 증가가 예상된다. 동시에 일반인들의 승강기 안전에 대한 인식 고조로 검사 및 정비, 점검분야의 수요도 지속될 예정이다. 반면 승강기기술의 발전에 따른 공간 활용이나 에너지 절감을 고려한 최첨단 승강기가 개발되고 있어 건물승강기 관리 분야의 기능 인력 수요는 크지 않을 전망이다.

14

04 시행처

한국산업인력공단(http://www.q-net.or.kr)

05 관련 학과

공업계 고등학교의 기계, 전기 관련 학과

06 시험과목

- 필기 : 승강기 개론, 안전관리, 승강기 보수, 기계·전기 기초 이론
- 실기 : 승강기 점검 및 보수작업

07 검정방법

- 필기 : 전 과목 혼합, 객관식 60문항(60분)
- 실기 : 작업형(3시간 30분 정도)

08 합격기준

- 필기 : 100점을 만점으로 하여 60점 이상
- 실기 : 100점을 만점으로 하여 60점 이상

출제경향분석표

PART **01** 승강기 개론

출제경향

- ➡ 승강기 개론 과목이 22문항으로 가장 많이 출제되며, 승강기의 기본이론에 대한 이해를 묻는 문제가 주류를 이룬다.
- ➡ 승강기의 구조 및 원리 문제가 8~10문항 정도로 일정하게 출제된다.
- ➡ 최근 유압식 엘리베이터 문제가 평균보다 2~3문항 많은 6문항까지 출제되었다.

출제비율

06 승강기의 부속장치 (1.6%, 1문항)
07 유압식 엘리베이터 (5%, 3문항)
05 승강기의 제어 (3.3%, 2문항)
08 에스컬레이터 (3.3%, 2문항)
04 승강로와 기계실 및 기계류 공간 (1.6%, 1문항)
09 특수 승강기 (1.6%, 1문항)
03 승강기의 도어시스템 (3.3%, 2문항)
제1장 **승강기 개론** (37%, 22문항)
01 승강기 개요 (1.6%, 1문항)
02 승강기의 구조 및 원리 (15.7%, 9문항)

PART **02** 안전관리

출제경향

- ➡ 출제 01 승강기 안전기준 및 취급에서 최근 2년간 7문항씩 출제되고 있으나, 3장 승강기 보수 중 출제 01 승강기 제작기준의 출제기준 가운데 '5. 안전장치 및 전기적인 회로' 그리고 2장 안전관리 중 출제 01 승강기 안전기준 및 취급의 출제기준 가운데 '4. 안전장치 및 전기회로'가 중복되어 과목 간의 경계가 모호하다.
- ➡ 결과적으로 3장 승강기 보수와 2장 안전관리 중 출제 01은 연계해서 공부하기 바란다.
- ➡ 이상 시의 제현상, 안전점검 제도, 기계기구와 그 설비의 안전은 중복된 문제를 위주로 학습을 하면 문제가 없을 듯하다.

출제비율

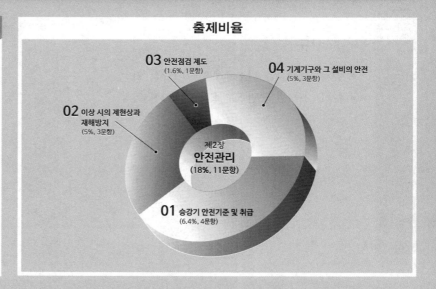

03 안전점검 제도 (1.6%, 1문항)
04 기계기구와 그 설비의 안전 (5%, 3문항)
02 이상 시의 제현상과 재해방지 (5%, 3문항)
제2장 **안전관리** (18%, 11문항)
01 승강기 안전기준 및 취급 (6.4%, 4문항)

PART 03 · 승강기 보수

출제비율

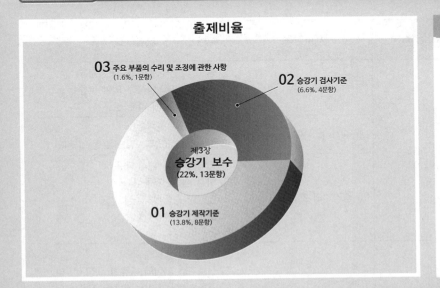

03 주요 부품의 수리 및 조정에 관한 사항
(1.6%, 1문항)

02 승강기 검사기준
(6.6%, 4문항)

제3장
승강기 보수
(22%, 13문항)

01 승강기 제작기준
(13.8%, 8문항)

출제경향

➡ 승강기 관련법이 개정되었으며, 개정 전 출제빈도가 높은 문제의 개정된 내용을 묻는 문제가 출제되고 있다.

➡ 검사기준보다는 제작기준의 출제비율이 높은 점을 고려해야 한다.

PART 04 · 기계 · 전기 기초 이론

출제비율

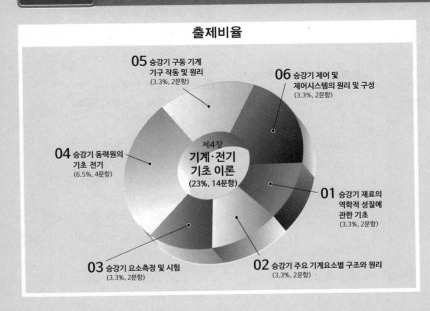

05 승강기 구동 기계
기구 작동 및 원리
(3.3%, 2문항)

06 승강기 제어 및
제어시스템의 원리 및 구성
(3.3%, 2문항)

04 승강기 동력원의
기초 전기
(6.5%, 4문항)

제4장
**기계 · 전기
기초 이론**
(23%, 14문항)

01 승강기 재료의
역학적 성질에
관한 기초
(3.3%, 2문항)

03 승강기 요소측정 및 시험
(3.3%, 2문항)

02 승강기 주요 기계요소별 구조와 원리
(3.3%, 2문항)

출제경향

➡ 승강기 동력원의 기초 전기는 정전기와 콘덴서에서 기본적인 문제가 출제되나, 교류회로는 난이도가 높은 문제가 출제되고 있다.

➡ 최근 승강기 구동 기계 기구에서 기본 구조 및 원리를 묻는 문제가 5문항까지 출제되었다.

➡ 출제 01~03, 출제 06에서는 반복되는 문제 범위 내에서 출제되고 있다.

출제기준

필기과목명	출제 문제수	주요항목	세부항목	세세항목
승강기 개론, 안전관리, 승강기 보수, 기계·전기 기초 이론	60	1. 승강기 개요	(1) 승강기의 종류	① 용도 및 구동방식에 의한 분류 ② 속도 및 제어방식에 의한 분류 ③ 기계실 유무에 따른 분류
			(2) 승강기의 원리	① 엘리베이터의 원리 ② 에스컬레이터(무빙워크 포함)의 원리
			(3) 승강기의 조작방식	① 반자동식 및 단식 자동식 ② 하강 승합전자동식 ③ 양방향 승합전자동식 ④ 군승합전자동식 ⑤ 군관리방식
		2. 승강기의 구조 및 원리	(1) 구동기	① 구동기의 종류별 특징 ② 구동기용 기어의 종류별 특징 ③ 구동능력에 영향을 미치는 요소 ④ 도르래 홈의 종류별 특징 ⑤ 구동기용 전동기의 구비요건 ⑥ 구동기용 전동기의 소요동력
			(2) 매다는 장치(로프 및 벨트)	① 로프 및 벨트의 구조 및 종류별 특징 ② 로프 및 벨트의 로핑(걸기)방법 및 래핑 (감기)방법 ③ 로프 및 벨트의 단말처리 ④ 로프 및 벨트와 도르래의 관계 ⑤ 로프 및 벨트의 요건
			(3) 주행안내 레일	① 주행안내 레일의 규격 및 사용목적 ② 주행안내 레일의 적용방법
			(4) 추락방지안전장치	① 추락방지안전장치의 종류 및 작동원리 ② 추락방지안전장치의 용도 ③ 추락방지안전장치의 작동 후 카의 상태
			(5) 과속조절기	① 과속조절기의 종류 및 작동원리 ② 과속조절기 각부의 명칭 ③ 과속조절기의 작동속도

필기과목명	출제 문제수	주요항목	세부항목	세세항목
승강기 개론, 안전관리, 승강기 보수, 기계 · 전기 기초 이론	60	2. 승강기의 구조 및 원리	(6) 완충기	① 완충기의 종류, 구조 및 원리 ② 완충기의 종류별 적용범위 ③ 완충기 각 부의 명칭
			(7) 카(케이지)와 카틀(케이지틀)	① 카의 구조 및 주요 구성부품 ② 카틀의 구조 및 주요 구성부품 ③ 비상구출문의 요건 ④ 경사봉(브레이스로드)의 역할
			(8) 균형추	① 균형추의 역할 ② 오버밸런스율의 계산 ③ 트랙션비의 계산
			(9) 균형체인 및 균형로프	① 균형체인 및 균형로프의 기능 ② 균형체인 및 균형로프의 재료
		3. 승강기의 도어시스템	(1) 도어시스템의 종류 및 원리	① 도어시스템 종류 및 원리 ② 도어시스템의 용도
			(2) 도어머신장치	① 도어머신의 구조 및 성능 ② 도어머신의 구성부품
			(3) 출입문잠금장치 및 클로저	① 출입문잠금장치의 구조 및 원리 ② 도어클로저의 구조 및 원리
			(4) 보호장치	① 출입문잠금장치 ② 문닫힘 안전장치
		4. 승강로와 기계실 및 기계류 공간	(1) 승강로의 구조 및 깊이	① 승강로의 구조 및 여유 공간 ② 승강로에 설치 금지 설비
			(2) 기계실 및 기계류 공간의 제설비	① 기계실 및 기계류 공간의 구조 및 환경상태 ② 기계실 및 기계류 공간의 출입문 등 제설비
		5. 승강기의 제어	(1) 직류승강기의 제어시스템	① 워드-레오나드 제어방식의 원리 ② 정지레오나드 방식의 원리
			(2) 교류승강기의 제어시스템	① 교류 1단 제어방식의 원리 ② 교류 2단 제어방식의 원리 ③ 교류 궤환 제어방식의 원리 ④ VVVF 제어방식의 원리

출제기준

필기과목명	출제 문제수	주요항목	세부항목	세세항목
승강기 개론, 안전관리, 승강기 보수, 기계·전기 기초 이론	60	6. 승강기의 부속장치	(1) 안전장치	① 리미트스위치 ② 파이널 리미트스위치 ③ 슬로다운스위치 ④ 종단층 강제감속장치 ⑤ 튀어오름방지장치(록다운비상정지장치) ⑥ 과부하감지장치 및 피트정지장치 ⑦ 역결상 검출장치 및 파킹스위치 ⑧ 권동식 로프이완스위치
			(2) 신호장치	신호장치의 종류 및 용도
			(3) 비상전원장치	① 비상전원장치의 용도 및 구비요건 ② 비상전원의 공급방법
			(4) 기타 보조장치	① 인터폰, 방범장치, 표시장치 ② 각 층 강제정지운전 스위치
		7. 유압식 엘리베이터	(1) 유압식 엘리베이터의 구조 와 원리	① 유압식 엘리베이터의 구조 및 원리 ② 유압식 엘리베이터의 종류와 특징 ③ 유압식 엘리베이터의 속도제어법
			(2) 유압회로	① 미터인회로의 구조 및 특징 ② 블리드오프회로의 구조 및 특징
			(3) 펌프와 밸브	① 펌프의 종류 및 요건 ② 안전밸브 및 체크밸브의 기능 ③ 차단밸브 및 럽쳐밸브의 기능 ④ 유량제어밸브의 기능
			(4) 잭(실린더와 램)	잭(실린더와 램)의 구조 및 요건
		8. 에스컬레이터	(1) 에스컬레이터의 구조 및 원리	① 에스컬레이터의 구조 및 주요부품 ② 에스컬레이터의 속도
			(2) 구동장치	① 구동전동기 및 구동체인 ② 감속기기어 및 브레이크
			(3) 디딤판과 디딤판체인 및 난 간과 손잡이	① 디딤판, 디딤판체인의 재질 및 구조 ② 내측판, 외측판 및 손잡이
			(4) 안전장치	① 구동체인 및 디딤판체인 안전장치 ② 비상정지스위치 ③ 스커트가드 안전스위치

필기과목명	출제 문제수	주요항목	세부항목	세세항목
승강기 개론, 안전관리, 승강기 보수, 기계·전기 기초 이론	60	9. 특수 승강기	(1) 입체주차설비	① 입체주차설비의 종류별 특징 ② 입체주차설비의 설치기준 및 안전기준
			(2) 무빙워크	무빙워크의 구조 및 정격속도
			(3) 유희시설	유희시설의 종류별 특징
			(4) 소형 화물용 엘리베이터	소형 화물용 엘리베이터의 용도 및 구조
			(5) 주택용 엘리베이터	① 주택용 엘리베이터의 구조 및 적재하중 ② 승강행정 및 안전장치
			(6) 휠체어리프트	휠체어리프트의 구조 및 안전장치
		10. 승강기 안전기준 및 취급	(1) 승강기 안전기준	① 주로프, 도르래, 권동, 지지보 ② 카, 승강로, 기계실 ③ 전동기, 브레이크, 구동기 ④ 안전장치 및 전기회로 ⑤ 유압장치
			(2) 승강기 안전수칙	① 관리주체의 준수사항 ② 운전자 준수사항 ③ 이용자 준수사항
			(3) 승강기 사용 및 취급	① 유지보수 및 법정검사 ② 자체점검 ③ 사고 및 고장 보고 ④ 중대 사고 및 고장
		11. 이상 시의 제현상과 재해방지	(1) 이상상태의 제현상	이상상태의 인지 및 확인
			(2) 이상 시 발견조치	① 이상상태의 파악 ② 이상상태 해소를 위한 긴급조치 ③ 상급자 보고 및 근본 원인 규명
			(3) 재해원인의 분석방법	① 안전점검표에 의한 분석법 ② 고장과정 분석법 ③ 고장여파 분석법
			(4) 재해조사항목과 내용	① 재해사항 ② 재해발생 과정 및 결과 파악 ③ 대책 수립
			(5) 재해원인의 분류	① 물적 요인 및 인적 요인 ② 기술적 요인 및 관리적 요인

출제기준

필기과목명	출제 문제수	주요항목	세부항목	세세항목
승강기 개론, 안전관리, 승강기 보수, 기계·전기 기초 이론	60	12. 안전점검 제도	(1) 안전점검 방법 및 제도	① 육안점검 및 기능점검 ② 정밀점검 및 자체점검
			(2) 안전진단	① 작업방법의 진단 ② 작업장 및 설비·시설의 진단
			(3) 안전점검 결과에 따른 시정 조치	① 결과에 대한 조치 ② 시정의 확인
		13. 기계기구와 그 설 비의 안전	(1) 기계설비의 위험방지	① 회전체에 의한 위험방지 ② 동력차단장치의 설치 ③ 운전시작신호의 명확화 ④ 출입의 제한 및 안전수칙 준수
			(2) 전기에 의한 위험방지	① 충전부 보호, 접지 및 절연 ② 누전차단기 설치 ③ 방폭구조장비의 사용 ④ 정전작업 시의 조치 ⑤ 활선작업 시의 조치 ⑥ 정전기 및 전자파 방지 ⑦ 감전예방
			(3) 추락 등에 의한 위험방지	① 작업발판 설치 및 안전대 사용 ② 사다리 사용 및 붕괴방지
			(4) 기계 방호장치	① 방호장치의 구비조건 ② 동력전달 등의 방호
			(5) 방호조치	① 보호구의 종류 및 구비요건 ② 보호방법 및 보호구 지급관리 ③ 전용보호구
		14. 승강기 제작기준	(1) 전기식 엘리베이터	① 강도기준 및 로프 ② 도르래 및 레일 ③ 허용응력 및 안전율 ④ 승강로, 카, 도어, 지지보, 기계실 ⑤ 안전장치 및 전기적인 회로
			(2) 유압식 엘리베이터	① 허용응력, 안전율, 체인, 플런저 ② 파워유닛, 밸브, 상부틀, 압력배관 ③ 기계실 및 안전장치

필기과목명	출제 문제수	주요항목	세부항목	세세항목
승강기 개론, 안전관리, 승강기 보수, 기계·전기 기초 이론	60	14. 승강기 제작기준	(3) 에스컬레이터	① 강도기준 및 구조 ② 허용응력 및 안전율 ③ 적재하중 및 안전장치
		15. 승강기 검사기준	(1) 기계실에서 행하는 검사	① 기계실의 구조 및 설비 ② 수전반, 주개폐기, 제어반, 배선 ③ 전동기, 브레이크, 구동기, 과속조절기 ④ 추락방지안전장치, 유압 파워유닛 ⑤ 압력배관 및 안전밸브 ⑥ 하중시험
			(2) 카내에서 행하는 검사	① 카와 승강로 벽과의 수평거리 ② 도어스위치 및 각종 부착물 ③ 통화장치 및 비상등 조도 ④ 비상운전 기능
			(3) 카상부에서 행하는 검사	① 카지붕의 피난공간 및 틈새와 비상구출문 ② 카 도어스위치 및 도어개폐상태 ③ 안전스위치, 주로프 및 과속조절기로프 ④ 상부 리미트스위치류 ⑤ 레일 및 도어 인터록 ⑥ 승강로의 돌출물 등
			(4) 피트 내에서 행하는 검사	① 누수 및 청결상태 ② 하부 리미트스위치류 ③ 완충기 ④ 완충기와 카 및 균형추의 거리 ⑤ 이동 케이블 ⑥ 과속조절기로프 인장상태 ⑦ 피트의 피난공간 및 틈새
			(5) 승강장에서 행하는 검사	① 승강장 문의 잠김상태 ② 문닫힘 안전장치의 작동상태 ③ 승강장 위치표시기 ④ 호출버튼 ⑤ 파킹스위치 ⑥ 에이프런 ⑦ 소방구조용 엘리베이터의 표지 ⑧ 호출장치

필기과목명	출제 문제수	주요항목	세부항목	세세항목
승강기 개론, 안전관리, 승강기 보수, 기계·전기 기초 이론	60	16. 전기식 엘리베이터 주요 부품의 수리 및 조정에 관한 사항	(1) 과속조절기	진동, 소음, 베어링, 캐치 등의 보수 및 조정
			(2) 주행안내 레일	규격 확인, 보수 및 조정
			(3) 추락방지안전장치	작동 확인, 보수 및 조정
			(4) 카(케이지)와 카틀(케이지틀)	카 바닥 및 카 벽 상태확인 등 보수 및 조정
			(5) 균형추	고정상태 확인 등 보수 및 조정
			(6) 균형체인, 균형로프	인장 및 고정상태 등 보수 및 조정
			(7) 직·교류 제어 시스템	개폐기, 계전기, 전동기 발열 확인 등 보수 및 조정
		17. 유압식 엘리베이터 주요 부품의 수리 및 조정에 관한 사항	(1) 펌프와 밸브	발열, 소음 및 진동, 누유, 작동 등 보수 및 조정
			(2) 잭(실린더와 램)	패킹, 누유상태 확인 등 보수 및 조정
			(3) 압력배관	취부, 작동 등 보수 및 조정
			(4) 안전장치류	작동 등 보수 및 조정
			(5) 제어장치	작동 등 보수 및 조정
		18. 에스컬레이터의 수 리 및 조정에 관한 사항	(1) 구동장치	조립 및 작동 등 보수 및 조정
			(2) 디딤판 및 디딤판체인	마모, 균열 등 보수 및 조정
			(3) 난간과 손잡이	마모, 균열 등 보수 및 조정
			(4) 제어장치	발열, 마모, 균열, 고정 등 보수 및 조정
		19. 특수승강기의 수리 및 조정에 관한 사항	(1) 입체주차설비	입체주차설비의 마모, 부식, 작동 등 보수 및 조정
			(2) 무빙워크	무빙워크의 마모, 부식, 균열 및 작동 등 보수 및 조정
			(3) 유희시설	유희시설의 마모, 부식, 균열 및 작동 등 보수 및 조정
			(4) 소형 화물용 엘리베이터	소형 화물용 엘리베이터의 마모, 부식, 균열 및 작동 등 보수 및 조정
			(5) 주택용 엘리베이터	주택용 엘리베이터의 마모, 부식, 균열 및 작동 등 보수 및 조정
			(6) 휠체어리프트	휠체어리프트의 마모, 부식, 균열 및 작동 등 보수 및 조정

필기과목명	출제 문제수	주요항목	세부항목	세세항목
승강기 개론, 안전관리, 승강기 보수, 기계·전기 기초 이론	60	19. 특수승강기의 수리 및 조정에 관한 사항	(7) 리프트	리프트의 마모, 부식, 균열 및 작동 등 보수 및 조정
		20. 승강기 재료의 역학 적 성질에 관한 기초	(1) 하중	하중의 종류 및 계산
			(2) 응력	응력의 종류 및 계산
			(3) 변형률	변형률의 종류 및 계산
			(4) 탄성계수	후크의 법칙과 탄성계수
			(5) 안전율	응력과 안전율
			(6) 힘	승강기에 작용하는 힘의 종류
			(7) 강재재료 및 빔	① 빔의 종류 ② 굽힘응력과 모멘트
		21. 승강기 주요 기계요 소별 구조와 원리	(1) 링크기구	링크기구의 종류와 특성
			(2) 운동기구와 캠	운동기구의 원리와 캠의 역할
			(3) 도르래(활차)장치	도르래(활차)의 종류와 특성
			(4) 치차	치차의 종류와 특성
			(5) 베어링	베어링의 종류와 특성
			(6) 로프(벨트 포함)	① 구동에 의한 소선의 응력 ② 탄성에 의한 연신율
			(7) 기어	① 기어의 종류와 특징 ② 각 부의 명칭 ③ 이의 크기 표시방법 ④ 치형간섭 및 언더컷 ⑤ 기어의 주요공식
		22. 승강기 요소측정 및 시험	(1) 측정기기 및 측정장비의 사용방법과 원리	① 측정의 3요소 및 측정의 방법 ② 측정 시 고려사항
			(2) 기계요소 계측 및 원리	① 버니어캘리퍼스의 사용법 ② 마이크로미터의 사용법 ③ 하이트게이지의 사용법 ④ 한계게이지의 사용법

출제기준

필기과목명	출제 문제수	주요항목	세부항목	세세항목
승강기 개론, 안전관리, 승강기 보수, 기계·전기 기초 이론	60	22. 승강기 요소측정 및 시험	(3) 전기요소 계측 및 원리	① 계측기 기본이론 ② 전압계 및 전류계 사용법 ③ 절연저항계 및 절연내력계 사용법 ④ 전력계 사용법 ⑤ 멀티테스터 사용법 ⑥ 접지저항계 사용법
		23. 승강기 동력원의 기 초 전기	(1) 정전기와 콘덴서	① 콘덴서와 정전용량 ② 콘덴서에 저축되는 에너지 ③ 콘덴서의 접속 및 전기장
			(2) 직류회로 및 교류회로	① 전기의 본질 ② 전기회로의 전압과 전류 ③ 교류회로의 기초 ④ 교류전류에 대한 RLC의 작용 ⑤ RLC의 직·병렬회로 ⑥ 교류전력 및 교류회로 계산 ⑦ 3상교류 및 회로망에 대한 정리 ⑧ 4단자망
			(3) 자기회로	① 자기와 전류 및 자기회로 ② 자기장의 세기 및 자화곡선
			(4) 전자력과 전자유도	① 전자력의 방향과 크기 ② 코일에 작용하는 힘 ③ 평행도체 사이에 작용하는 힘 ④ 전자유도 및 인덕턴스
			(5) 전기보호기기	① 개폐장치의 종류 및 역할 ② 차단기 조작방식
		24. 승강기 구동 기계 기구 작동 및 원리	(1) 직류전동기	① 직류전동기의 기본 이론 및 특성 ② 직류전동기의 출력, 토크 특성 ③ 직류전동기 속도제어법
			(2) 유도전동기	① 유도전동기의 기본 이론 및 특성 ② 유도전동기의 출력, 토크 특성 ③ 유도전동기 속도제어법
			(3) 동기전동기	① 동기전동기의 기본 이론 및 특성 ② 동기전동기의 운전에 관한 사항 ③ 동기전동기의 출력토크 특성 등

필기과목명	출제 문제수	주요항목	세부항목	세세항목
승강기 개론, 안전관리, 승강기 보수, 기계 · 전기 기초 이론	60	25. 승강기 제어 및 제어시스템의 원리 및 구성	(1) 제어의 개념	① 제어와 자동제어의 기초 ② 제어의 필요성 및 제어의 종류
			(2) 제어계의 요소 및 구성	제어계의 구성요소
			(3) 자동제어	① 자동제어의 종류 및 특성 ② 개방제어 및 되먹임제어 ③ 디지털제어
			(4) 시퀀스제어	① 시퀀스제어의 개요 ② 시퀀스제어의 제어요소 ③ 시퀀스제어계 기본회로 ④ 신호변환의 기본회로 ⑤ 시퀀스 응용회로
			(5) 전자회로	① 정류회로 및 증폭회로 ② 발진회로 및 디지털회로 ③ 전자제어회로 및 전력제어 응용
			(6) 반도체	① 반도체의 성질 ② 다이오드의 종류 및 특성 ③ 트랜지스터의 종류 및 특성 ④ 특수반도체 소자의 종류 및 특성
			(7) 제어기기 및 제어회로	① 제어용 기기의 종류 및 특징 ② 프로그램형 제어기의 종류와 특징 ③ 유접점회로 및 무접점회로
			(8) 제어의 응용	① 전압의 자동조정 ② 속도의 자동조정 ③ 주파수의 자동조정 ④ 서보기구

이 책의 구성

〈이론편〉

중요 내용 별표 및 강조 표시 •·········

중요한 내용은 별표나 강조 표시하여
중점적으로 학습해야 할 사항을 짚어
주었다.

이해를 돕는 그림, 사진 삽입 •·········

이론을 쉽게 이해할 수 있도록 그림과
사진을 삽입하여 학습효과를 높였다.

자주 출제되는 핵심이론 •·········

출제경향을 완벽하게 분석하여 선별
한 핵심이론으로 체계적이면서도 쉽
게 이론을 익힐 수 있도록 하였다.

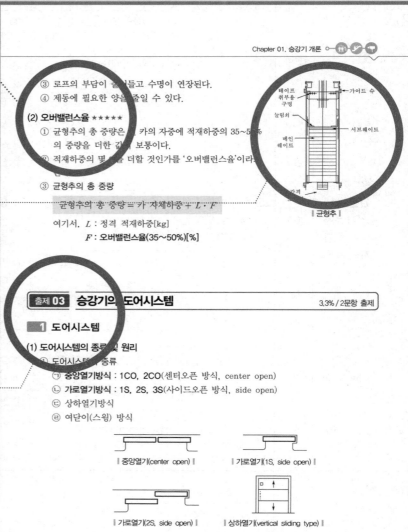

Chapter 01. 승강기 개론

③ 로프의 부담이 줄어들고 수명이 연장된다.
④ 제동에 필요한 양을 줄일 수 있다.

(2) 오버밸런스율 ★ ★ ★ ★ ★
① 균형추의 총 중량은 카의 자중에 적재하중의 35~50%
의 중량을 더한 값이 보통이다.
② 적재하중의 몇 %를 더할 것인가를 '오버밸런스율'이라.
③ 균형추의 총 중량

$$균형추의 \ 총 \ 중량 = 카 \ 자체하중 + L \cdot F$$

여기서, L : 정격 적재하중[kg]
　　　　F : 오버밸런스율(35~50%)[%]

| 균형추 |

출제 03　승강기의 도어시스템　　　3.3% / 2문항 출제

1 도어시스템

(1) 도어시스템의 종류 및 원리
① 도어시스템의 종류
　㉠ **중앙열기방식** : 1CO, 2CO(센터오픈 방식, center open)
　㉡ **가로열기방식** : 1S, 2S, 3S(사이드오픈 방식, side open)
　㉢ 상하열기방식
　㉣ 여닫이(스윙) 방식

| 중앙열기(center open) |　　| 가로열기(1S, side open) |

| 가로열기(2S, side open) |　　| 상하열기(vertical sliding type) |

28

〈문제편〉

2023년 제1회 기출복원문제

※ 본 문제는 수험생들의 협조에 의해 작성되었으며, 시험내용과 일부 다를 수 있습니다.

01 가장 먼저 누른 호출버튼에 응답하고 운전이 완료될 때까지 다른 호출에 응답하지 않는 운전방식은?

① 승합 전동식
② 단식 자동방식
③ 카 스위치방식
④ 하강 승합 전자동식

해설 엘리베이터 한 대의 전자동식 조작방법

㉠ 단식 자동식(single automatic)
- 승강장 단추는 하나의 상강(오름, 내림)이 공통이다.
- 승강기 단추 또는 승강장의 호출에 응하여 기동하며, 그 층에 도착하여 정지한다.
- 한 호출에 따라 운전 중에는 다른 호출을 받지 않는 운전이다.

㉡ 하강 승합 전자동식(down collective)
- 2층 혹은 그 위층의 승강장에서는 하강 방향 단추만 있다.
- 중간층에서 위층으로 갈 때에는 1층으로 내려온 후 올라가야 한다.

㉢ 승합 전자동식(selective collective)
- 승강장의 누름단추는 상승용, 하강용의 양쪽 모두 동작한다.
- 카는 그 진행방향의 카 단추와 승강장의 단추에 응하면서 승강한다.
- 현재 한 대의 승용 엘리베이터에는 이 방식을 채용하고 있다.

02 유압승강기에 사용되는 안전밸브의 설명으로 옳은 것은?

① 승강기의 속도를 자동으로 조절하는 역할을 한다.
② 압력배관이 파열되었을 때 작동하여 카의 낙하를 방지한다.
③ 카가 최상층으로 상승할 때 더 이상 상승하지 못하게 하는 안전장치이다.
④ 작동유의 압력이 정격압력 이상이 되었을 때 작동하여 압력이 상승하지 않도록 한다.

해설 안전밸브(safety valve)
압력조정밸브로 회로의 압력이 상용압력의 125% 이상 높아지면 바이패스(bypass)회로를 열어 기름을 탱크로 돌려보내어 더 이상의 압력 상승을 방지한다.

03 정전 시 비상전원장치의 비상조명의 점등조건은?

① 정전 시에 자동으로 점등
② 고장 시 카가 급정지하면 점등
③ 정전 시 비상등스위치를 켜야 점등
④ 항상 점등

해설 조명

㉠ 카에는 카 바닥 및 조작 장치를 50lx 이상의 조도로 비출 수 있는 영구적인 전기조명이 설치되어야 한다.

㉡ 조명이 백열등 형태일 경우에는 2개 이상의 등이 병렬로 연결되어야 한다.

㉢ 정상 조명전원이 차단될 경우에는 2lx 이상의 조도로 1시간 동안 전원이 공급될 수 있는 자동 재충전 예비전원공급장치가 있어야 하며, 이 조명은 정상 조명전원이 차단되면 자동으로 즉시 점등되어야 한다. 측정은 다음과 같은 곳에서 이루어져야 한다.
- 호출버튼 및 비상통화장치 표시
- 램프 중심부로부터 2m 떨어진 수직면상

04 엘리베이터용 도어머신에 요구되는 성능이 아닌 것은?

① 가격이 저렴할 것
② 보수가 용이할 것
③ 작동이 원활하고 정숙할 것
④ 기동횟수가 많으므로 대형일 것

해설 도어머신(door machine)에 요구되는 조건
모터의 회전을 감속하여 암이나 로프 등을 구동시켜서 도어를 개폐시키는 것이며, 닫힌 상태에서 정전으로 갇혔을 때 구출을 위해 문을 손으로 열 수 있어야 한다.

㉠ 작동이 원활하고 조용할 것
㉡ 카 상부에 설치하기 위해 소형 경량일 것
㉢ 동작횟수가 엘리베이터 기동횟수의 2배가 되므로 보수가 용이할 것
㉣ 가격이 저렴할 것

정답 01.② 02.④ 03.① 04.④

● CBT 기출복원문제 수록
최근 CBT 기출복원문제를 통해 실전 시험에 대비할 수 있도록 하였다.

● 상세한 해설
각 문제를 상세하게 해설하여 문제를 완벽하게 이해할 수 있도록 하였다.

● 최근 기출복원문제에 별표 표시
각 문제에 별표를 1~5개까지 표시하여 문제의 중요도를 파악할 수 있도록 하였다.

차 례

자주 출제되는 핵심이론

Chapter 01 승강기 개론 / 2

출제 01 승강기 개요 ·· 3
출제 02 승강기의 구조 및 원리 ······················· 5
출제 03 승강기의 도어시스템 ··························· 19
출제 04 승강로와 기계실 ··································· 25
출제 05 승강기의 속도제어 ······························ 26
출제 06 승강기의 부속장치 ······························ 27
출제 07 유압식 엘리베이터 ······························ 29
출제 08 에스컬레이터 ·· 35
출제 09 특수 승강기 ·· 41

Chapter 02 안전관리 / 45

출제 01 승강기 안전기준 및 취급 ···················· 46
출제 02 이상 시의 제현상과 재해방지 ············· 46
출제 03 안전점검 제도 ·· 49
출제 04 기계기구와 그 설비의 안전 ················· 50

Chapter 03 승강기 보수 / 56

출제 01 승강기 제작기준 ··································· 57
출제 02 승강기 검사기준 ··································· 59
출제 03 주요 부품의 수리 및 조정에 관한 사항 ······· 61

Chapter 04 기계 · 전기 기초 이론 / 63

출제 01 승강기 재료의 역학적 성질에 관한 기초 ······ 64
출제 02 승강기 주요 기계요소별 구조와 원리 ········ 66
출제 03 승강기 요소측정 및 시험 ···················· 67
출제 04 승강기 동력원의 기초 전기 ················· 70
출제 05 승강기 구동 기계 기구 작동 및 원리 ······ 91
출제 06 승강기 제어 및 제어시스템의 원리 및 구성 ······ 94

Contents ⊶ 🛗 ✏️ 🎨

🛗✏️🎨 CBT 시험 실전 대비 기출문제

2015년 제1회	기출문제	104
2015년 제2회	기출문제	121
2015년 제4회	기출문제	137
2015년 제5회	기출문제	152
2016년 제1회	기출문제	167
2016년 제2회	기출문제	181
2016년 제4회	기출문제	194
2016년 제5회	기출복원문제	209
2017년 제1회	기출복원문제	223
2017년 제2회	기출복원문제	239
2018년 제1회	기출복원문제	254
2018년 제2회	기출복원문제	270
2019년 제1회	기출복원문제	287
2019년 제2회	기출복원문제	302
2019년 제3회	기출복원문제	317
2020년 제1회	기출복원문제	331
2020년 제2회	기출복원문제	345
2020년 제3회	기출복원문제	361
2020년 제4회	기출복원문제	377
2021년 제1회	기출복원문제	393
2021년 제2회	기출복원문제	409
2021년 제3회	기출복원문제	425
2021년 제4회	기출복원문제	440
2022년 제1회	기출복원문제	455
2022년 제2회	기출복원문제	471
2022년 제3회	기출복원문제	487
2022년 제4회	기출복원문제	503
2023년 제1회	기출복원문제	518
2023년 제2회	기출복원문제	533
2023년 제3회	기출복원문제	548
2023년 제4회	기출복원문제	563

자주 출제되는 **핵심이론**

Chapter **01** 승강기 개론

Chapter **02** 안전관리

Chapter **03** 승강기 보수

Chapter **04** 기계 · 전기 기초 이론

출제경향분석 파악하기

출제비율 : 최근 10년간 기출문제 분석

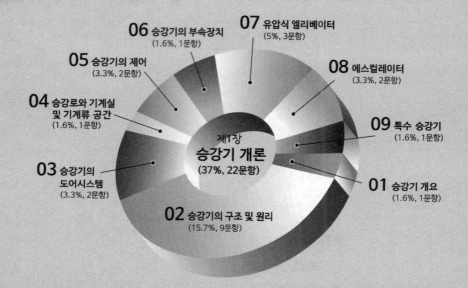

06 승강기의 부속장치
(1.6%, 1문항)

07 유압식 엘리베이터
(5%, 3문항)

05 승강기의 제어
(3.3%, 2문항)

08 에스컬레이터
(3.3%, 2문항)

04 승강로와 기계실
및 기계류 공간
(1.6%, 1문항)

제1장
승강기 개론
(37%, 22문항)

09 특수 승강기
(1.6%, 1문항)

03 승강기의
도어시스템
(3.3%, 2문항)

01 승강기 개요
(1.6%, 1문항)

02 승강기의 구조 및 원리
(15.7%, 9문항)

출제경향

- 승강기 개론 과목이 22문항으로 가장 많이 출제되며, 승강기의 기본이론에 대한 이해를 묻는 문제가 주류를 이룬다.
- 승강기의 구조 및 원리 문제가 8~10문항 정도로 일정하게 출제된다.
- 최근 유압식 엘리베이터 문제가 평균보다 2~3문항 많은 6문항까지 출제되었다.

출제 01 승강기 개요 　　　　　　　　　　　　　　　1.6% / 1문항 출제

건축물이나 기타 공작물에 부착되어 일정한 승강로를 통하여 사람이나 화물을 상하·수직으로 운반하는 시설로서 엘리베이터, 에스컬레이터, 휠체어 리프트 등의 시설이 있다.

1 전기식(로프식) 승강기의 원리

현재의 전기식 승강기는 권상기의 도르래에 로프를 두레박식으로 걸고 한쪽에 카를, 다른 쪽에는 균형추를 매단 전기식(로프식, 균형추 방식)이 많이 사용된다.

저양정의 일부 엘리베이터에는 권상기의 권동(드럼)을 사용하여 로프를 드럼에 감거나 풀어서 카를 올리고 내리는 권동식이 사용되기도 한다.

(1) 권상 구동식

① 정의

로프를 시브에 걸고 양 끝에 카와 균형추를 연결하여 권상도르래 홈에서 마찰에 의해 상하 방향으로 카와 균형추를 움직이는 방식

‖ 권상 구동식(traction drive lift) ‖

② 구성

㉠ 시브 : 전동기에 연결되며, 카가 상승하면 균형추는 반대로 하강한다.

㉡ 카 : 승객이 탑승하며, 시브의 회전 방향에 따라 상승 또는 하강한다.

㉢ 균형추 : 카와 반대 방향으로 움직이며, 전동기의 동력 소모를 줄여준다.

(2) 권동식

① 정의

권상 구동식에서 균형추를 없애고 로프의 끝을 직접 권상기에 감아올리는 방식

‖ 권동식 ‖

② 권동식의 단점

㉠ 너무 감거나 지나치게 풀 때 위험하다.

㉡ 균형추를 사용하지 않기 때문에 소요동력이 큰 것이 필요하다.

㉢ 승강행정이 달라질 때마다 다른 권동이 필요하고 특히 높은 양정은 적용이 곤란하다.

㉣ 소형 엘리베이터에 사용이 국한된다.

2 유압식 엘리베이터의 원리

유체의 압력에 의하여 실린더 내부의 플런저 이동으로 카를 움직인다.

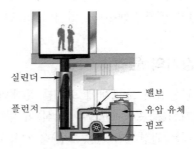

┃ 유압식 엘리베이터의 구조 ┃

3 에스컬레이터의 원리

(1) 에스컬레이터의 정의

디딤판 체인에 연결된 여러 개의 디딤판은 전동기에 직결된 웜 감속 구동기로 구동되는 자동경사계단으로서, 일정 방향으로 승객을 연속적으로 이동시키는 방식이다.

(2) 에스컬레이터의 특징

① 출퇴근 시간에 많은 수의 사람을 운반하기 쉽다.
② 엘리베이터에 비해 짧은 거리에 많은 사람의 이동이 가능하다.
③ 엘리베이터에 비해 부하용량에 문제없이 연속적으로 이용 가능하다.
④ 스위치의 조작과 대기시간 없이 이동이 가능하다.
⑤ 상업시설 설치 시 고객의 관심을 얻는 홍보에 유리하다.
⑥ 실외에 설치가 가능하다.

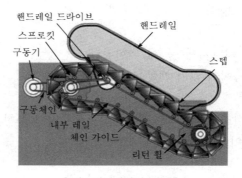

┃ 에스컬레이터의 구조 ┃

출제 02 | 승강기의 구조 및 원리   15.7% / 9문항 출제

승강설비에서 가장 많이 사용되는 것은 전기식(로프식)으로 권상기 시브에 로프를 감아 카를 승강시키는 방식이다. 권상기, 주로프, 가이드레일, 비상정지장치, 조속기, 완충기, 카실, 균형추, 균형체인 및 균형로프 등으로 구성되어 있다.

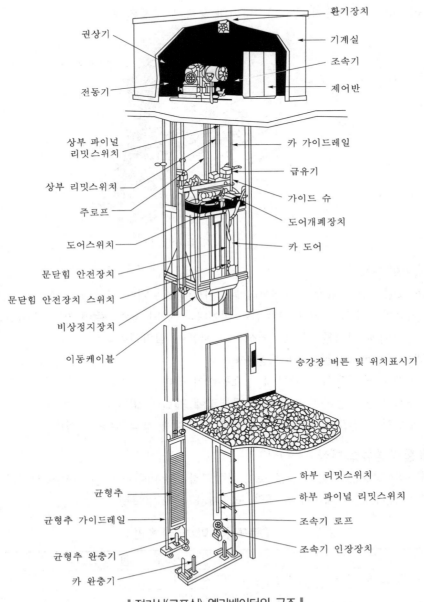

▌전기식(로프식) 엘리베이터의 구조 ▌

1 권상기

(1) 권상기의 개념과 특징

① 권상기의 개념

주로프를 사용하여 카를 수직 이동시키기 위해 전동기를 이용한 동력장치이다. 감속기를
부착한 기어(geared)식과 감속기를 사용하지 않는 무기어식(gearless)으로 구분되며, 도
르래(pulley), 제동기(brake), 기계대 등으로 구성된다.

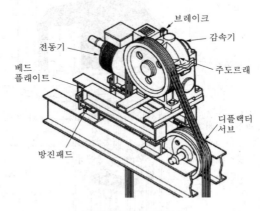

브레이크
감속기
전동기
주도르래
베드
플래이트
디플랙터
서브
방진패드

‖ 권상기 및 전동기 ‖

② 권상기의 특징

현재 고층빌딩의 고속 엘리베이터에는 시브에 전동기를 직결한 기어리스 권상기가 채용되
며 진동이나 소음이 적고, 승차감이 뛰어나다. 반면 저속 표준형 엘리베이터에는 전동기와
시브 사이에 기어를 채용한 권상기의 사용이 일반적이다.

③ 트랙션식(traction) 권상기의 특징 ★★

㉠ 균형추를 사용하기 때문에 소요동력이 적다.

㉡ 도르래를 사용하기 때문에 승강행정에 제한이 없다.

㉢ 로프를 마찰로써 구동하기 때문에 지나치게 감길 위험이 없다.

(2) 도르래 홈의 종류별 특징 ★★★★

도르래 홈의 형상은 마찰력이 큰 것이 바람직하지만 마찰력이 큰 형상은 로프와 도르래 홈의
접촉면 면압이 크기 때문에 로프와 도르래가 쉽게 마모될 수 있다.

‖ 로프식의 미끄러짐 원인 ‖

구 분	원 인
로프가 감기는 각도	작을수록 미끄러지기 쉽다.
카의 가속도와 감속도	클수록 미끄러지기 쉽다. (긴급 정지 시 일어나는 미끄러짐을 고려해야 한다)
카측과 균형추측의 로프에 걸리는 중량의 비	클수록 미끄러지기 쉽다. (무부하 시를 체크할 필요가 있다)

| (a) U홈 | (b) V홈 | (c) 언더컷홈 |

∥ 도르래 홈의 종류 ∥

① 언더컷홈은 라운드홈을 사용하지 않는 도르래에 주로 사용된다. 그 특징은 V홈과 U홈의 중간으로 마찰계수가 적당하며, 권부각을 개선하여 도르래 및 로프의 수명을 연장시키는 장점이 있다.

② 언더컷의 마모에 의해 U홈 상태로 바뀌는 것은 면압을 감소시키고 이로 인해 마찰력이 적어져서 미끄러짐이 발생한다.

(3) 권상기용 전동기의 소요동력

① 전동기의 소요동력(P) ★★★★★

$$P = \frac{L \cdot V \cdot S}{6,120 \cdot \eta} [\text{kW}]$$

여기서, P : 전동기의 용량[kW]

L : 정격하중[kg]

V : 정격속도[min]

S : 오버밸런스율은 균형추의 중량을 결정할 때 사용하는 계수

    [$S = 1 - F$ (오버밸런스율, %)]

η : 효율

② **균형추 중량** ★★★★

$$균형추 \ 중량 = 카 \ 중량 + L \cdot F$$

여기서, L : 정격하중[kg]

F : 오버밸런스율[%]

③ 전동기(엘리베이터용)에 요구되는 특성

  ㉠ 기동빈도가 높으므로(시간당 300회) 발열을 고려해야 한다.

  ㉡ 충분한 제동력을 가져야 한다(회전력은 +100~−70% 정도).

  ㉢ 카의 정격속도에 만족하는 회전 특성을 가져야 한다(회전수의 오차는 +5~−10%).

  ㉣ 소음이 적고 저진동이어야 한다.

(4) 제동기

관성에 의한 전동기의 회전을 정지시키는 것을 일반적으로 브레이크라고 한다.

① 제동기의 구조

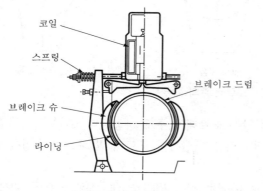

∥ 제동기(brake)의 구조 ∥

∥ 로터리 드럼 제동기 ∥

- ㉠ 제동력은 강력한 스프링에 의해 주어지고, 전동기 전원이 흐르는 동안 전자코일에 의해 개방된다.
- ㉡ 브레이크 슈 : 높은 동작 빈도에 견디고 마찰계수가 안정되어 있어야 한다.
- ㉢ 라이닝 : 청동 철사와 석면사를 넣어 짠 것을 사용한다.

② 제동 소요시간 및 제동 토크 계산

㉠ 제동 소요시간(t) ★★

$$t = \frac{120 \cdot s}{v} [\text{s}]$$

여기서, t : 제동 소요시간[s]

s : 엘리베이터가 제동을 건 후 이동한 정지거리[m]

v : 정격속도[m/min]

㉡ 제동 토크(T)

$$T = k \cdot \frac{720\,\text{HP}}{N} = k \cdot \frac{974\,\text{kW}}{N} [\text{kg/m}]$$

여기서, T : 제동 토크[kg/m]

N : 전동기 회전수[rpm]

k : 부하계수(교류 전동기 1.5, 직류 전동기 1.0)

HP : 전동기 마력수

kW : 전동기 출력

2 주로프

주로프는 전기식(로프식) 엘리베이터에서 카와 균형추를 매달아 받치고 도르래의 회전을 카의
운동으로 바꾸어 움직이게 하는 안전상 중요한 요소이다.

(1) 로프의 구조 및 종류별 특징

일반적으로 사용되는 구성은 심강과 그 둘레에 스트랜드가 3~8가닥 꼬여 있다.

① 로프의 구조

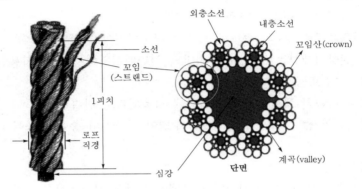

‖ 와이어로프의 구조 ‖

② 꼬임 방법에 의한 분류 ★★★

종 류	꼬이는 방향	특 징
보통꼬임 (regular lay)	소선과 스트랜드의 꼬임 방향이 다르다.	외주(外周)가 마모되기 쉽지만 꼬임이 풀리기 어렵다. 유연성이 좋다.
랭꼬임 (lang lay)	소선과 스트랜드의 꼬임 방향이 같다.	외주(外周)가 마모되기 어렵지만 꼬임이 풀리기 쉽다. 유연성이 좋다.

(a) 보통 Z꼬임   (b) 보통 S꼬임   (c) 랭 Z꼬임   (d) 랭 S꼬임

‖ 로프의 꼬는 방법 ‖

(2) 로프의 로핑(걸기) 방법

① 1 : 1 로핑

    ⊙ 일반적으로 승객용에 사용된다(속도를 줄이거나 적재용량을 늘리기 위하여 2 : 1, 4 : 2 도 승객용에 채용).

    ⓒ 로핑 장력은 카(또는 균형추)의 중량과 로프의 중량을 합한다.

② 2 : 1 로핑

    ⊙ **1 : 1 로핑 장력의 1/2이 된다.**

    ⓒ 시브에 걸리는 부하도 1 : 1의 1/2이 된다.

    ⓒ 카의 정격속도의 2배의 속도로 로프를 구동하여야 한다.

    ② 기어식 권상기에서는 30m/min 미만의 엘리베이터에서 많이 사용한다.

③ 3 : 1, 4 : 1, 6 : 1 로핑

    ⊙ 대용량의 저속의 화물용 엘리베이터에 사용되기도 한다.

    ⓒ 와이어로프의 총 길이가 길게 되고, 수명이 짧아지며 종합 효율이 저하되는 단점이 있다.

④ 언더슬럼식

꼭대기의 틈새를 작게 할 수 있지만 최근에는 유압식 엘리베이터의 발달로 인해 사용을 하지 않는다.

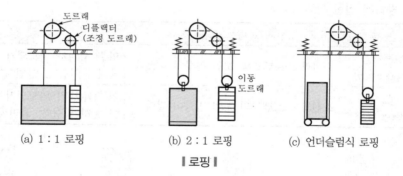

‖ 로핑 ‖

(3) 로프의 단말처리인 클립 체결방법 ★★

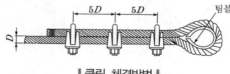

‖ 클립 체결방법 ‖

① 로프 한쪽 끝단과 팀블(thimble) 끝단 사이의 거리가 5×(체결한 클립수−1)×로프 직경 +50mm 정도가 되도록 로프 한쪽 끝단을 팀블 둘레에 감는다.

② 클립(clip) 체결은 로프 절단면 쪽, 팀블 쪽, 중간 부분의 순서로 하되, 각 클립 사이의 거리가 로프 직경의 5배가 되도록 한다.

③ 체결 클립수는 3개 이상으로 하며, 체결 시 클립의 U볼트 부분이 반드시 절단된 로프 쪽에 있도록 체결한다.

3 가이드레일

카와 균형추를 승강로 수직면상으로 안내 및 카의 기울어짐을 막고, 더욱이 비상정지장치가 작동했을 때의 수직하중을 유지하기 위하여 가이드레일을 설치한다. 균형추 측에는 성형 레일 (forming rail)을 사용하는 경우도 많다.

(1) 목적 ★★★

① 카와 균형추의 승강로 평면 내의 위치를 규제한다.
② 카의 자중이나 화물에 의한 카의 기울어짐을 방지한다.
③ 비상 멈춤이 작동할 때의 수직하중을 유지한다.

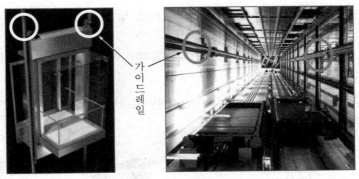

┃ 가이드레일 ┃

(2) 규격 ★★★

① 레일 규격의 호칭은 마무리 가공 전 소재의 1m당의 중량으로 한다.
② 일반적으로 쓰는 T형 레일의 공칭은 8K, 13K, 18K, 24K 등이 있다.
③ 대용량의 엘리베이터에서는 37K, 50K 레일 등도 사용한다.
④ 레일의 표준길이는 5m로 한다.

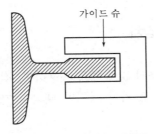

┃ 가이드 슈와 가이드레일 ┃

(3) 적용 방법 ★★

① 비상정지장치가 작동했을 때 긴 기둥 형태인 레일에 좌굴(축방향의 압축하중을 받는 긴 기둥에서는 재료의 비례한도 이하에서도 기둥이 굴곡을 일으키는 현상)이 걸리므로 좌굴하지 않는 것을 체크한다.

② 지진 시 빌딩의 수평진동에 따라 카나 균형추가 흔들리고 그때 레일과 가이드 슈 사이에서 수평 진동력을 받는다. 레일의 휨의 한도를 초과하든가 레일의 응력이 탄성한도를 초과하면 카 또는 균형추가 레일에서 벗어나게 된다(레일 이탈). 혹은 한도의 가속도까지에는 벗어나지 않을 것을 체크한다.

③ 불균형한 큰 하중을 적재할 경우라든가 그 하중을 내리고 올릴 경우 카에 큰 회전 모멘트가 발생하므로 레일이 지탱해 낼 수 있는지를 검사한다.

(4) 부속재료

① 패킹 ★

레일의 뒤에 보조 강재를 넣어 강도를 올리는 방법이다.

② 가이드 슈 ★★

ㄱ 카 또는 균형추 상, 하, 좌, 우 4곳에 부착되어 레일에 따라 움직이며 카 또는 균형추를 지지한다.

ㄴ 저속용은 슬라이딩 가이드 슈(sliding guide shoe), 고속용은 롤러 가이드 슈(roller guide shoe)로 구분된다.

▮ 가이드 슈 설치 위치 ▮   ▮ 슬라이딩 가이드 슈
(sliding guide shoe) ▮   ▮ 롤러 가이드 슈
(roller guide shoe) ▮

4 비상정지장치

(1) 점차(순차적) 작동형 비상정지장치

① 개념 및 작동원리

카의 정격속도가 중·고속용인 것에 주로 사용하며, 점차적으로 서서히 제동되는 구조이다.

ㄱ 비상정지장치의 작동으로 카가 정지할 때까지 가이드레일을 죄는 힘은 동작 시부터 정지 시까지 일정하다.

ㄴ 처음에는 약하게 하강함에 따라서 감해지다가 얼마 후 일정치로 도달하는 구조이어야 한다.

ⓒ 카 비상정지장치가 작동될 때, 부하가 없거나 부하가 균일하게 분포된 카의 바닥은
정상적인 위치에서 5%를 초과하여 기울어지지 않아야 한다.

ⓔ 비상정지장치는 좌, 우 양측 모두 균등하게 작동하여 감속·정지시키는 구조이어야
한다.

ⓜ 카 비상정지장치가 작동하였을 때, 카에 장착된 전기적 안전장치를 비상정지장치가
작동하는 순간에 또는 그 전에 전동기의 정지를 시작하여야 한다.

② 플랙시블 가이드 클램프(Flexible Guide Clamp ; FGC)형 ★★★

㉠ 비상정지장치의 작동으로 카가 정지할 때의 레일을 죄는 힘이 동작 시부터 정지 시까지
일정하다.

㉡ 구조가 간단하고 설치면적이 작으며 복구가 쉬어 널리 사용되고 있다.

③ 플랙시블 웨지 클램프(Flexible Wedge Clamp ; FWC)형 ★★

㉠ 레일을 죄는 힘이 처음에는 약하고 하강함에 따라 강하다가 얼마 후 일정치에 도달한다.

㉡ 구조가 복잡하여 거의 사용하지 않는다.

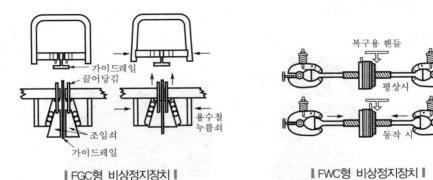

‖ FGC형 비상정지장치 ‖   ‖ FWC형 비상정지장치 ‖

(2) 즉시(순간식) 작동형 비상정지장치 ★★

① 개념 및 작동원리

카의 정격속도가 저속용인 것에 주로 사용하며, 급속히 순간제동이 되는 구조이다.

㉠ 가이드레일을 감싸고 있는 블록(black)과 레일 사이에 롤러(roller)를 물려서 카를 정지
시키는 구조이다.

㉡ 또는 로프에 걸리는 장력이 없어져, 로프의 처짐이 생기면 바로 운전회로를 열고 비상정
지장치를 작동시키는 구조이어야 한다.

ⓒ 카 비상정지장치가 작동될 때, 부하가 없거나 부하가 균일하게 분포된 카의 바닥은
정상적인 위치에서 5%를 초과하여 기울어지지 않아야 한다.

ⓔ 카의 비상정지장치가 작동하였을 때, 카에 장착된 전기적 안전장치는 비상정지장치가
작동하는 순간에 또는 그 전에 전동기의 정지를 시작하여야 한다.

ⓜ 순간식 비상정지장치가 일단 파지되면 카가 정지할 때까지 조속기 로프를 강한 힘으로
완전히 멈추게 한다.

ⓑ 화물용 엘리베이터에 사용되면 감속도의 규정은 적용되지 않는다.

② 슬랙로프 세이프티(slake rope safety)

소형 저속 엘리베이터로서 조속기를 사용하지 않고 로프에 걸리는 장력이 없어져 휘어짐이 생기면 즉시 운전회로를 열어서 비상정지장치를 작동시킨다.

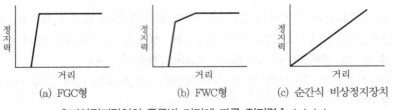

(a) FGC형   (b) FWC형   (c) 순간식 비상정지장치

┃ 비상정지장치의 종류별 거리에 따른 정지력 ┃ ★★★★

5 조속기

조속기는 카와 같은 속도로 움직이는 조속기 로프에 의해 회전되어 항상 카의 속도를 감지하여 가속도를 검출하는 장치이다.

(1) 조속기의 종류

┃ 디스크 슈형 ┃

┃ 롤 세이프티형 ┃

① 디스크(disk)형

엘리베이터가 설정된 속도에 달하면 원심력에 의해 진자가 움직이고 가속스위치를 작동시켜서 정지시키는 조속기로서, 디스크형 조속기에는 추(weight)형 캐치(catch)에 의해 로프를 붙잡아 비상정지장치를 작동시키는 추형 방식과 도르래 홈과 로프의 마찰력으로 슈를 동작시켜 로프를 붙잡음으로써 비상정지장치를 작동시키는 슈(shoe)형 방식이 있다.

② 마찰정지(traction)형(롤 세이프티형)

엘리베이터가 과속된 경우, 과속(조속기)스위치가 이를 검출하여 동력 전원회로를 차단하고, 전자브레이크를 작동시켜서 조속기 도르래의 회전을 정지시켜 조속기 도르래 홈과 로프 사이의 마찰력으로 비상정지시키는 조속기이다.

③ 플라이볼(fly ball)형

조속기 도르래의 회전을 베벨기어에 의해 수직축의 회전으로 변환하고, 이 축의 상부에서부터 링크(link) 기구에 의해 매달린 구형의 진자에 작용하는 원심력으로 작동하며, 검출 정도가 높아 고속의 엘리베이터에 이용된다.

(2) 조속기의 작동원리 ★★★★

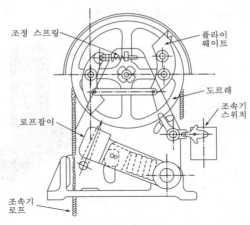

조정 스프링
플라이 웨이트
도르래
조속기 스위치
로프잡이
조속기 로프

▌디스크 추형 조속기 ▌

▌조속기의 저속회전 상태 ▌

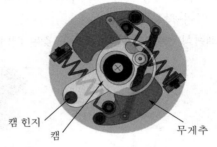

캠 힌지
캠
무게추

▌조속기의 고속회전 상태 ▌

① 조속기 풀리와 카를 조속기 로프로 연결하면 카가 움직일 때 조속기 풀리도 카와 같은 속도, 같은 방향으로 움직인다.
② 어떤 비정상적인 원인으로 카의 속도가 빨라지면 조속기 링크에 연결된 무게추(weight)가 **원심력**에 의해 풀리 바깥쪽으로 벗어나면서 과속을 감지한다.
③ 미리 설정된 속도에서 과속(조속기)스위치와 제동기(brake)로 카를 정지시킨다.
④ 만약 엘리베이터가 정지하지 않고 속도가 계속 증가하면 조속기의 캐치(catch)가 동작하여 조속기 로프를 붙잡고 결국은 비상정지장치를 작동시켜서 엘리베이터를 정지시킨다.

6 완충기

카가 어떤 원인으로 최하층을 통과하여 피트로 떨어졌을 때, 충격을 완화하기 위하여 혹은 카가 밀어 올려졌을 때를 대비하여 균형추의 바로 아래에도 완충기를 설치한다. 그러나 이 완충기는 카나 균형추의 자유낙하를 완충하기 위한 것은 아니다(자유낙하는 비상정지장치의 분담기능이다). 완충기는 크게 에너지 축적형(energy accumulation type)과 에너지 분산형(energy dispersive type)으로 나뉘며, 에너지 축적형에는 스프링 완충기와 우레탄식 완충기가 대표적이고, 에너지 분산형에는 유입 완충기가 대표적이다.

(1) 완충기의 종류에 따른 구조 및 원리

① 스프링 완충기(선형 특성을 갖는 에너지 축적형)

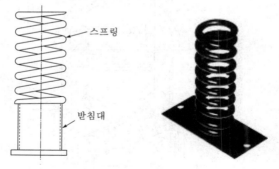

‖ 스프링 완충기 ‖

ㄱ 비교적 행정이 작은 경우에 사용된다.

ㄴ 코일 스프링에 하중이 가해지면 코일 단면에는 전단력과 코일 방향의 압축력 및 굽힘응력이 작용한다.

② 우레탄식 완충기(비선형 특성을 갖는 에너지 축적형)

‖ 우레탄식 완충기 ‖

ㄱ 최근 저속 엘리베이터에서 많이 사용된다.

ㄴ 작동 후에는 영구적인 변형이 없어야 한다.

③ 유입 완충기(에너지 분산형)

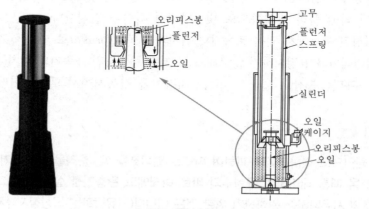

‖ 유입 완충기 ‖

ㄱ 카가 최하층을 넘어 통과하면 카의 하부체대의 완충판이 우선 완충고무에 당돌하여 어느 정도의 충격을 완화한다.

ⓛ 카가 계속 하강하여 플런저를 누르면 실린더 내의 기름이 좁은 **오리피스 틈새**를 통과할 때에 생기는 유체저항에 의하여 주어진다.

ⓒ 카가 완충기를 눌렀다가 해제되면, 압축스프링에 의해 복귀되는 구조이다.

(2) 완충기의 종류별 적용 범위 ★★★★★

① 스프링 완충기

엘리베이터의 정격속도 1m/s(60m/min) 이하의 것에 사용 가능하다.

② 우레탄식 완충기

엘리베이터의 정격속도 1m/s(60m/min) 이하의 것에 사용 가능하다.

③ 유입 완충기

엘리베이터의 정격속도와 상관없이 어떤 경우에도 사용 가능하다.

7 카실(케이지실)과 카틀(케이지틀)

(1) 카의 구조

엘리베이터에서 직접 승객이나 화물을 탑승시키는 부분이 카이며, 카 바닥에서 와이어로프까지 하중을 전달하는 구조체를 카틀이라고 한다.

(2) 카실(실내벽, 천장, 카도어)의 주요 구성 부품

① 카실

환기팬
조명
카 내 위치표시기
명판
외부연락장치(인터폰)
운전조작반
층 버튼
카 도어
바닥

┃ 카실 ┃

실내벽에는 조작반과 카 내 위치표시기가, 천장에는 조명등, 정전등, 비상구출구 등이 설치되어 있으며, 자동개폐식 문의 끝에는 사람이나 물건에 접촉되면 도어를 반전시키는 문닫힘 안전장치(safety shoe)가 설치되어 있어 문 사이에 끼이는 사고를 방지하고 있다.

② 카 조작반(car operation panel)

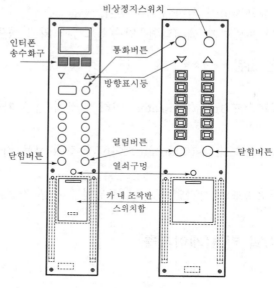

┃ 카 조작반 ┃

㉠ 엘리베이터의 운전에 필요한 버튼, 스위치 등을 설치한 패널이며, 통상 카실의 벽면에 설치한다.
㉡ 카 조작반에는 행선층 버튼, 개폐 버튼, 인터폰 버튼, 방향등, 기타 운전에 필요한 스위치 등이 부착되어 있다.
㉢ 조작반은 벽면 1곳에 설치되나 필요에 따라 2개의 벽면에 설치하기도 한다.

8 균형추

카의 무게를 일정 비율 보상하기 위하여 카측과 반대편에 설치되어 카와의 균형을 유지하는 추로 재료, 부피 등에 따라 혼합물(콘크리트) 웨이터(mixed weight), 주물 웨이터(cast iron weight), 철판 웨이터(steel plate weight) 등으로 구분된다.

(1) 균형추의 역할 ★★★

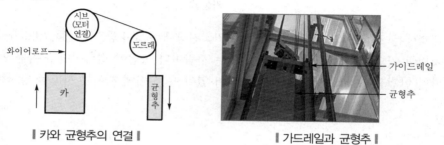

┃ 카와 균형추의 연결 ┃   ┃ 가드레일과 균형추 ┃

① 카의 상승, 하강 시 소요동력이 줄어 에너지가 절감된다.
② 카운터 웨이터는 모터가 사용하는 에너지의 양을 감소시킨다.

③ 로프의 부담이 줄어들고 수명이 연장된다.

④ 제동에 필요한 양을 줄일 수 있다.

(2) 오버밸런스율 ★★★★★

① 균형추의 총 중량은 빈 카의 자중에 적재하중의 35~50%의 중량을 더한 값이 보통이다.

② 적재하중의 몇 %를 더할 것인가를 '오버밸런스율'이라고 한다.

③ 균형추의 총 중량

> 균형추의 총 중량 = 카 자체하중 $+ L \cdot F$

여기서, L : 정격 적재하중[kg]

F : 오버밸런스율(35~50%)[%]

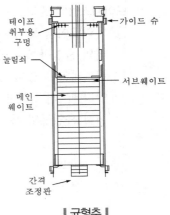

‖ 균형추 ‖

출제 03 승강기의 도어시스템
3.3% / 2문항 출제

1 도어시스템

(1) 도어시스템의 종류 및 원리

① 도어시스템의 종류

ㄱ **중앙열기방식** : 1CO, 2CO(센터오픈 방식, center open)

ㄴ **가로열기방식** : 1S, 2S, 3S(사이드오픈 방식, side open)

ㄷ 상하열기방식

ㄹ 여닫이(스윙) 방식

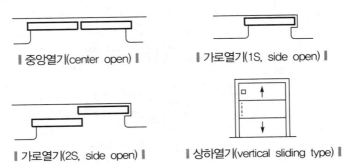

‖ 중앙열기(center open) ‖   ‖ 가로열기(1S, side open) ‖

‖ 가로열기(2S, side open) ‖   ‖ 상하열기(vertical sliding type) ‖

② 도어시스템의 원리

　㉠ 엘리베이터 도어 : 승강장 도어와 카 도어로 나뉘며, 엘리베이터 도어장치는 엘리베이터의 출입구 상부에 설치되어 출입구의 폭 방향으로 형성되는 행거 케이스에 행거(도어) 레일이 있다.

　엘리베이터 상부에 설치된 도어 모터에 의해 행거 레일상에서 롤러가 전동하고, 엘리베이터 출입구의 폭 방향으로 좌우 이동하는 행거 플레이트에 따라 카 도어는 개폐한다.

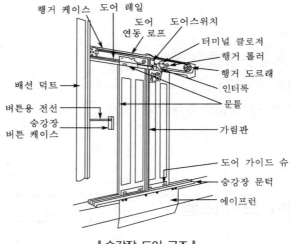

┃ 승강장 도어 구조 ┃

　㉡ 도어 행거(door hanger) : 도어 무게의 4배에 해당되는 정지하중에 기울어짐이 없어야 하고, 도어가 정상운행 중에 이탈, 기계적 끼임 또는 작동 경로의 끝단에서 벗어나는 것을 방지하도록 가이드, 스톱퍼 등이 설치되어야 한다. 행거 상부에는 소형의 도어 머신이 설치되고 제어된다.

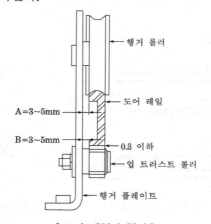

┃ 도어 레일과 행거 ┃

(2) 도어 머신에 요구되는 조건 ★★★

모터의 회전을 감속하여 암이나 로프 등을 구동시켜서 도어를 개폐시키는 것이며, 벨트나
체인에 의해 감속하는 것이 주류를 이룬다.

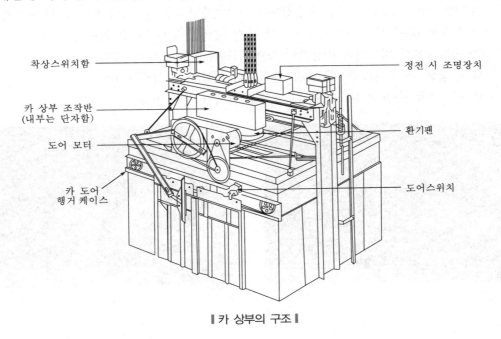

‖ 카 상부의 구조 ‖

① 작동이 원활하고 조용해야 한다.
② 카 상부에 설치하기 위해 소형 경량이어야 한다.
③ 동작횟수가 엘리베이터 기동횟수의 2배가 되므로 보수가 용이해야 한다.
④ 가격이 저렴해야 한다.

2 도어 인터록 및 클로저

(1) 도어 인터록의 구조 및 원리

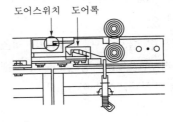

‖ 도어 인터록의 구조 ‖

① 카가 정지하지 않는 층의 도어는 전용열쇠를 사용하지 않으면 열리지 않는 도어록과 도어
가 닫혀 있지 않으면 운전이 불가능하도록 하는 도어스위치로 구성된다.

② 닫힘동작 시는 도어록이 먼저 걸린 상태에서 도어스위치가 들어가고, 열림동작 시는 도어
스위치가 끊어진 후 도어록이 열리는 직렬구조이며, 승강장의 도어 안전장치로서 엘리베이
터의 안전장치에서 가장 중요한 것 중의 하나이다.

③ 엘리베이터를 이용하는 모든 승강장에는 비상해제장치를 설치하여야 하고, 카가 정지하고
있지 않은 층에서는 특수한 키를 사용하지 않으면 문을 열 수 없어야 한다.
  ㉠ 승강장에서 비상키를 이용하여 도어록을 잠금 해제[아래 그림 (a)]
  ㉡ 승강장 문 도어록을 비상키로 들어올려 개방[아래 그림 (a)]
  ㉢ 비상키로 승강장 문 도어록의 잠금을 해제한 상황[아래 그림 (b)]

(a)　　　　　　　　　　　　　　　　(b)

‖ 도어록의 동작 ‖

(2) 도어 클로저의 구조 및 원리 ★★★

① 승강장 문은 도어 머신에 의해 닫힘동작을 실시하고 도어가 완전히 닫히기 10~20mm
전에 도어닫힘이 완료되고 도어 머신은 정지된다.

② 도어 머신의 전기 공급이 중단된 후에는 카 도어에 의해 승강장 도어를 완전히 닫히게
하기 위한 장치가 도어 클로저이다.

③ **승강장의 문이 열린 상태에서 모든 제약이 해제되면 자동적으로 닫히게 하여 문의 개방상태에서
생기는 2차 재해를 방지하는 문의 안전장치이다.**

④ 전기적인 에너지 없이 문을 닫기 위해서는 추를 매달아 중력에 의하거나 스프링에 의하는
방법이 있다.
  ㉠ 스프링 클로저 방식 : 레버 시스템, 코일스프링과 도어체크가 조합된 방식
  ㉡ 무게추(weight) 방식 : 줄과 추를 사용하여 도어체크(문이 자동으로 천천히 닫히게 하
는 장치)를 생략한 방식

| ▌스프링 클로저 방식 ▌ | ▌웨이트 클로저 방식 ▌ |

3 보호장치(문닫힘 안전장치)

(1) 도어 인터록(door interlock) ★★★★★

카가 정지하지 않는 층의 도어는 전용열쇠를 사용하지 않으면 열리지 않는 도어록과 도어가 닫혀 있지 않으면 운전이 불가능하도록 하는 도어스위치로 구성된다. 닫힘동작 시는 도어록이 먼저 걸린 상태에서 도어스위치가 들어가고, 열림동작 시는 도어스위치가 끊어진 후에 도어록 이 열리는 구조이며, 승강장의 도어 안전장치로서 엘리베이터의 안전장치에서 가장 중요한 것 중의 하나이다.

(2) 클로저(closer) ★★★

승강장의 문이 열린 상태에서 모든 제약이 해제되면 자동적으로 닫히게끔 하여 문의 개방 상태에서 생기는 2차 재해를 방지하는 문의 안전장치이며, 전기적인 힘이 없어도 외부 문을 닫아주는 역할을 하고, 스프링 방식과 중력 방식이 있다.

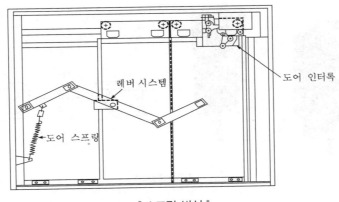

▌스프링 방식 ▌

(3) 도어의 안전장치(door safety device) ★★★★★

엘리베이터의 도어가 닫히는 순간 승객이 출입하는 경우 충돌사고의 원인이 되므로 도어 끝단 에 검출장치를 부착하여 도어를 반전시키는 장치이다.

① 세이프티 슈(safety shoe)

　도어의 끝에 설치하여 이 물체가 접촉하면 도어의 닫힘을 중지하며 도어를 반전시키는 접촉식 보호장치이다.

② 세이프티 레이(safety ray)

　광선 빔을 통하여 이것을 차단하는 물체를 광전장치(photo electric device)에 의해서 검출하는 비접촉식 보호장치이다.

③ 초음파장치(ultrasonic door sensor)

　초음파의 감지 각도를 조절하여 카 쪽의 이물체(유모차, 휠체어 등)나 사람을 검출하여 도어를 반전시키는 비접촉식 보호장치이다.

‖ 세이프티 슈 ‖

‖ 설치상태 ‖

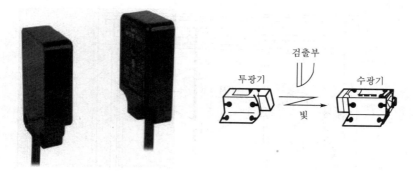

‖ 광전장치 ‖

출제 04 승강로와 기계실 　　　　　1.6% / 1문항 출제

1 승강로

승강로는 승객 또는 화물을 싣고 오르내리는 카(car)의 통로로서 카를 가이드 해주는 가이드레일(guide rail), 이를 지지해주는 브래킷(bracket), 균형추(counter weight), 와이어로프(wire rope) 및 각종 스위치류와 카의 각 정지층에 출입구가 설치되어 있으며, 피트(pit)라 불리는 승강로 하부에는 완충기, 인장도르래, 안전스위치 등이 설치된다.

① 엘리베이터의 균형추 또는 평형추는 카와 동일한 승강로에 있어야 한다.
② 승강로 내에 설치되는 돌출물은 안전상 지장이 없어야 한다.
③ 승강로 내에는 각 층을 나타내는 표기가 있어야 한다.
④ 승강로는 누수가 없는 구조이어야 한다.

2 기계실

일반적으로 기계실은 승강로의 직상부에 설치하나 부득이한 경우 승강로의 옆 혹은 하단에 설치하는 경우도 있으며 권상기, 조속기, 제어반 등이 설치된다.

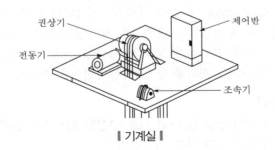

▮ 기계실 ▮

① 기계실의 바닥면적은 **승강로 수평투영면적의 2배 이상으로** 하여야 한다. 다만, 기기의 배치 및 관리에 지장이 없는 경우에는 그러하지 아니한다.
② 기계실에는 바닥면에서 **200lx 이상**을 비출 수 있는 영구적으로 설치된 전기조명이 있어야 한다.
③ 기계실은 적절하게 환기되어야 한다. 기계실을 통한 승강로의 환기도 고려되어야 한다. 건축물의 다른 부분으로부터 신선하지 않은 공기가 기계실로 직접 유입되지 않아야 한다. 전동기, 설비 및 전선 등은 성능에 지장이 없도록 먼지, 유해한 연기 및 습도로부터 보호되어야 한다. 기계실은 눈·비가 유입되거나 동절기에 실온이 내려가지 않도록 조치되어야 하며, **실온은 5~40℃**에서 유지되어야 한다.

출제 05 승강기의 속도제어 3.3% / 2문항 출제

승강기의 제어에는 속도제어, 전류제어, 진동억제제어, 위치제어 등의 여러 가지 자동제어가 있다. 승강기의 속도제어는 승강기의 속도를 발생시키는 권상기의 전동기 제어를 뜻하며, 대부분의 승강기는 인버터 제어방식이 채용된다.

1 직류 엘리베이터의 속도제어방식

(1) 워드 레오나드 제어방식

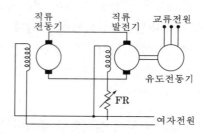

┃ 워드 레오나드 방식 회로 ┃

① 초기 직류 엘리베이터의 속도제어에 사용되던 방식이다.
② **전동발전기**(Motor-Generator ; MG)를 엘리베이터 1대당 1세트를 설치하여 MG의 출력을 직접 직류 모터 전기자에 공급하고 발전기의 계자전류를 조절하여 발전기의 발생 전압을 임의로 연속적으로 변화시켜 직류 모터의 속도를 연속으로 광범위하게 제어한다.
③ 발전기의 계자에 소용량의 저항을 연결하여 대전력을 제어할 수 있어 손실이 적다.

(2) 정지 레오나드 제어방식

① 전동발전기 대신에 **사이리스터(thyristor)로 구성된 정류기로 점호각을 제어**한다.
② 전압을 변환하는 정지형 컨버터를 이용한다.
③ 고속 엘리베이터에 적용된다.
④ 워드 레오나드 방식보다 교류에서 직류로의 변환 손실이 적고, 보수가 쉽다.

2 교류 엘리베이터의 속도제어방식

(1) 교류 1단 제어방식

① 가장 간단한 제어방식으로 3상 교류의 단속도 모터에 전원을 공급하는 것으로 기동과 정속 운전을 한다.
② 정지할 때는 전원을 끊은 후 제동기에 의해서 기계적으로 브레이크를 거는 방식이다.
③ **착상오차가 속도의 2승에 비례하여 증가하므로 최고 30m/min 이하에만 적용이 가능하다.**

(2) 교류 2단 제어방식

① **기동**과 **주행**은 **고속권선**으로 하고 **감속**과 **착상**은 **저속권선**으로 한다.
② 30~60m/min의 엘리베이터용에 사용된다.

(3) 교류 궤환 제어방식

① 카의 **실속도**와 **지령속도**를 비교하여 사이리스터(thyristor)의 점호각을 바꾼다.
② 감속할 때는 속도를 검출하여 사이리스터에 궤환시켜 전류를 제어한다.

(4) VVVF(가변 전압 가변 주파수) 제어방식

① 유도전동기에 인가되는 전압과 주파수를 동시에 변환시켜 직류전동기와 동등한 제어성능을 얻을 수 있는 방식이다.
② 직류전동기를 사용하고 있던 고속 엘리베이터에도 유도전동기를 적용하여 보수가 용이하고, 전력 회생을 통해 에너지가 절약된다.
③ **컨버터 제어방식**을 PAM(Pulse Amplitude Modulation), **인버터 제어방식**을 PWM(Pulse Width Modulation) 시스템이라고 한다.

출제 06 승강기의 부속장치   1.6% / 1문항 출제

1 안전장치

(1) 리밋스위치 ★★★★

동작부
기계적 A접점
기계적 B접점

‖ 리밋스위치 ‖

① 엘리베이터가 최상층 및 최하층을 초과하여 운행하지 않도록 자동적으로 작동하고 그 방향으로의 운전을 감속·정지시켜 주는 스위치이다.
② 엘리베이터 카의 위치 이동을 한계 짓는 안전극한스위치(limit switch)로서 기계적인 신호를 전기적인 신호로 변환시켜주는 검출스위치이다.
③ 엘리베이터 제어위치에서 검출될 부분에 스위치의 동작부가 닿으면 접촉자가 움직여 접점이 동작되는 기계식 센서이다.

(2) 파이널 리밋스위치 ★★★★

① 리밋스위치가 작동되지 않을 경우를 대비하여 리밋스위치를 지난 적당한 위치에 카가 현저히 지나치는 것을 방지하는 스위치이다.

② 파이널 리밋스위치는 우발적인 작동의 위험 없이 가능한 최상층 및 최하층에 근접하여 작동하도록 설치되어야 한다.

③ 카(또는 균형추)가 완충기에 충돌하기 전에 작동되어야 한다.

‖ 리밋스위치와 파이널 리밋스위치의 설치 상태 ‖

(3) 과부하감지장치 ★★★★★

① 카에 과부하가 발생할 경우에는 재·착상을 포함한 정상운행을 방지하는 장치가 설치되어야 한다.

② 과부하는 최소 65kg으로 계산하여 정격하중의 10%를 초과하기 전에 검출되어야 한다.

③ 엘리베이터의 주행 중에는 오동작을 방지하기 위하여 과부하감지장치의 작동이 무효화되어야 한다.

④ 과부하의 경우에는 다음과 같아야 한다.

　㉠ 가청이나 시각적인 신호에 의해 카 내 이용자에게 알려야 한다.

　㉡ 자동 동력 작동식 문은 완전히 개방되어야 한다.

　㉢ 수동 작동식 문은 잠금 해제 유지하여야 한다.

　㉣ 엘리베이터가 정상적으로 운행하는 중에 승강장 문 또는 여러 문짝이 있는 승강장 문의 어떤 문짝이 열린 경우에는 엘리베이터가 출발하거나 계속 움직일 가능성은 없어야 한다.

2 신호장치와 기타 장치

(1) 신호장치의 종류

① 위치표시기(indicator)

　㉠ 승강장이나 카 내에서 현재 카의 위치를 알게 해주는 장치이다.

　㉡ 디지털식이나 전등 점멸식이 사용되고 있다.

‖ Indicator ‖

② 홀랜턴(hall lantern) ★★

　㉠ 층 표시기만 있다면 여러 대의 엘리베이터 중에서 가장 먼저 도착하는 엘리베이터를 예측하거나, 여러 개의 버튼을 선택해야 하는 불편함이 있다.

　㉡ 승강장에서 하나의 버튼만 선택하면, 여러 대의 엘리베이터 중에서 어느 엘리베이터가 곧 도착할 예정인지만 알려주는 도착예보등이 필요하다.

　㉢ 군관리 방식에서 상승과 하강을 나타내는 커다란 방향등으로, 엘리베이터가 정지를 결정하면 점등과 동시에 차임(chime) 등을 울려 승객에게 알린다.

‖ Hall lantern ‖

(2) 기타 장치의 종류

① 인터폰(비상통화장치) ★★★★

　㉠ 고장, 정전 및 화재 등의 비상시에 카 내부와 외부의 상호 연락을 할 때에 이용된다.

　㉡ 전원은 정상전원뿐만 아니라 비상전원장치(충전 배터리)에도 연결되어 있어야 한다.

　㉢ 엘리베이터의 카 내부와 기계실, 경비실 또는 건물의 중앙감시반과 통화가 가능하여야 하며, 보수전문회사와 원거리 통화가 가능한 것도 있다.

② BGM 장치 ★★★

Back Ground Music의 약자로 카 내부에 음악을 방송하기 위한 장치이다.

출제 07 　유압식 엘리베이터　　　　　　　　　5% / 3문항 출제

1 유압식 엘리베이터의 구조와 원리

(1) 원리

전동기로 펌프를 구동하여 토출된 작동유를 실린더로 보내 실린더 내부의 플런저를 직선으로 움직여 카를 밀어 올리고, 하강 시에는 펌프의 구동 없이 실린더 내의 작동유를 빼면서 카를 하강시킨다.

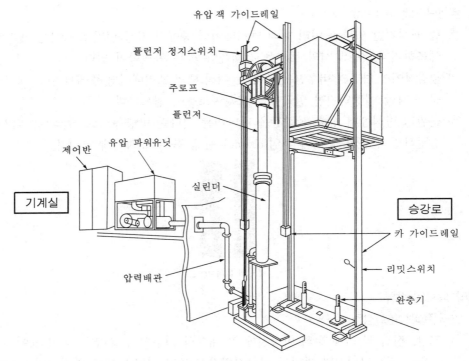

‖ 간접식(1 : 2 로핑)의 구조 ‖

(2) 종류와 특징

① 직접식 엘리베이터(direct acting lift) ★★★★

실린더가 카 또는 슬링에 직접 연결되어 있는 유압식 엘리베이터이며, 슬링(sling)은 카 또는 평형추를 운반하기 위해 로프에 연결된 철 구조물이고, 이것은 카의 둘레와 일체형으로 할 수 있다.

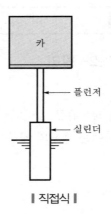

‖ 직접식 ‖

㉠ 승강로 소요면적 치수가 작고 구조가 간단하다.

㉡ **비상정지장치가 필요하지 않다.**

ⓒ 부하에 의한 카 바닥의 빠짐이 작다.

ⓔ 실린더를 설치하기 위한 보호관을 지중에 설치하여야 한다.

ⓜ 일반적으로 실린더의 점검이 어렵다.

② 간접식 엘리베이터(indirect acting lift) ★★★

실린더가 현수수단(로프 또는 체인)에 의해 카 또는 카 슬링에 연결된 유압식 엘리베이터이며, 로핑에 따라 1 : 2, 1 : 4, 2 : 4의 방식이 있다.

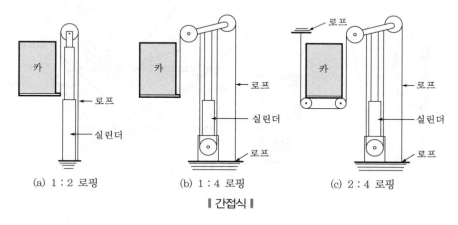

(a) 1 : 2 로핑   (b) 1 : 4 로핑   (c) 2 : 4 로핑

‖ 간접식 ‖

㉠ 실린더를 설치하기 위한 보호관이 필요하지 않다.

㉡ 실린더의 점검이 쉽다.

㉢ 승강로는 실린더를 수용할 부분만큼 더 커지게 된다.

㉣ **비상정지장치가 필요하다.**

㉤ 로프의 늘어짐과 작동유의 압축성(의외로 큼) 때문에 부하에 의한 카 바닥의 빠짐이 비교적 크다.

③ 팬터그래프식 엘리베이터(pantograph lift)

카는 팬터그래프의 상부에 설치하고, 실린더에 의해 팬터그래프를 개폐한다.

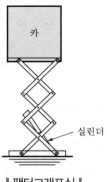

‖ 팬터그래프식 ‖

2 유압장치 – 펌프와 밸브

펌프는 유체의 흐름을 만들어 내는 것으로 일반적으로 탱크에서 작동유(5~60℃)를 흡입하여 펌프의 토출구로 토출한다.

토출된 작동유는 각종 제어밸브를 통과하여 액추에이터에 작동시킨 후 탱크로 되돌아온다.

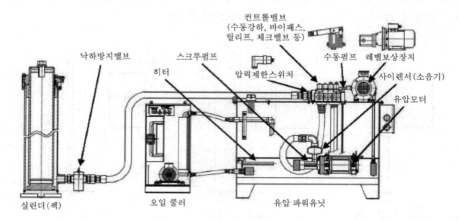

┃ 유압승강기 구동부 개념도 ┃

(1) 펌프와 유압 파워유닛

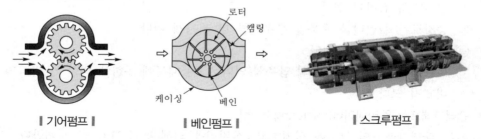

┃ 기어펌프 ┃ 　　┃ 베인펌프 ┃ 　　┃ 스크루펌프 ┃

유압회로의 펌프는 일반적으로 압력맥동이 작고, 진동과 소음이 작은 스크루펌프가 널리 사용된다.

① 강제 송유식 펌프의 종류 ★★★★

　　㉠ 기어펌프

　　㉡ 베인펌프

　　㉢ **스크루펌프(소음이 적어서 많이 사용됨)**

② 스크루펌프(screw pump)

　　케이싱 내에 1~3개의 나사 모양의 회전자를 회전시키고, 유체는 그 사이를 채워서 나아가도록 되어 있는 펌프로서, 유체에 회전운동을 주지 않기 때문에 운전이 조용하고, 효율도 높아서 유압용 펌프에 가장 많이 사용되고 있다.

③ 유압 파워유닛

    ㉠ 펌프, 전동기, 밸브, 탱크 등으로 구성되어 있는 유압동력전달장치이다.

    ㉡ 유압펌프에서 실린더까지를 탄소강관이나 고압 고무호스를 사용하여 압력배관으로 연결한다.

    ㉢ 단순히 작동유에 압력을 주는 것뿐만 아니라 카를 상승시킬 경우 가속, 주행, 감속에 필요한 유량을 제어하여 실린더에 보내고, 하강 시에는 실린더의 기름을 같은 방법으로 제어한 후 탱크로 되돌린다.

(2) 밸브

① 차단(스톱)밸브(shut off valve) ★★★

    ㉠ 실린더에 체크밸브와 하강밸브를 연결하는 회로에 설치된다.

    ㉡ 차단밸브는 엘리베이터 구동기의 다른 밸브와 가까이 위치되어야 한다.

    ㉢ 이것을 닫으면 실린더의 기름이 파워유닛으로 역류하는 것을 방지한다.

    ㉣ 유압장치의 보수, 점검 또는 수리 등을 할 때에 사용된다.

    ㉤ 게이트밸브라고도 한다.

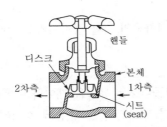 

▌차단(스톱)밸브▌

② 역류제지밸브(check valve) ★★

    ㉠ 펌프와 차단밸브 사이의 회로에 설치된다.

    ㉡ 한쪽 방향으로만 기름이 흐르도록 하는 밸브로서, 상승 방향으로는 흐르지만 역방향으로는 흐르지 않는다.

    ㉢ 정전이나 그 이외의 원인으로 공급압력이 최소 작동 압력 아래로 떨어질 때 정격하중을 실은 카를 어떤 위치에서 유지할 수 있어야 한다.

    ㉣ 잭에서 발생하는 유압 및 1개 이상의 안내된 압축 스프링이나 중력에 의해 닫혀야 한다.

    ㉤ 역류제지밸브이며, 로프식 엘리베이터의 전자브레이크와 유사하다.

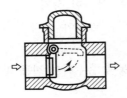 

▌역류제지밸브▌

③ 압력 릴리프밸브(pressure relief valve) ★★
- ㉠ 펌프와 체크밸브 사이의 회로에 연결된다.
- ㉡ 유체를 배출함으로써 미리 정해진 값 이하로 압력을 제한하는 밸브이다.
- ㉢ 압력이 상용압력의 125% 이상 높아지면 바이패스(by-pass)회로를 열어 기름을 탱크로 돌려보내어 더이상의 압력 상승을 방지하는 안전밸브이다.
- ㉣ 압력을 전부하압력의 140%까지 제한하도록 맞추어 조절되어야 한다.

∥ 릴리프밸브 ∥

④ 럽처밸브(rupture valve)
압력배관이 파손되었을 때 하강하는 정격하중의 카를 정지시키고, 카의 정지상태를 유지할 수 있어야 한다.

⑤ 하강용 유량제어밸브
유압식 엘리베이터의 하강 시 탱크로 되돌아오는 유량을 제어하는 밸브로서, 수동하강밸브가 부착되어 있어 정전이나 기타의 원인으로 카가 층 중간에 정지된 경우라도 이 밸브를 열어 카를 안전하게 하강시킬 수가 있다.

(3) 기타 장치

① 스트레이너(strainer) ★★
- ㉠ 실린더에 쇳가루나 이물질이 들어가는 것을 방지(실린더 손상 방지)하기 위해 설치된다.
- ㉡ 탱크와 펌프 사이의 회로 및 차단밸브와 하강밸브 사이의 회로에 설치되어야 한다.
- ㉢ 펌프의 흡입측에 부착하는 것을 스트레이너라 하고, 배관 중간에 부착하는 것을 라인필터라 한다.
- ㉣ 차단밸브와 하강밸브 사이의 필터 또는 유사한 장치는 점검 및 유지보수를 위해 접근할 수 있어야 한다.

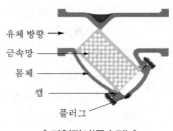

∥ 라인필터(금속망) ∥

② 사이렌서(silencer)
자동차의 머플러와 같이 작동유의 압력맥동을 흡수하여 진동 및 소음을 감소시키는 역할을 한다.

출제 08 **에스컬레이터** 3.3% / 2문항 출제

1 에스컬레이터의 구조 및 원리

(1) 에스컬레이터의 원리

에스컬레이터는 라틴어로 '사다리'의 의미에서 유래된 용어이며, 철골구조의 틀(트러스)을 상하층의 바닥에 걸쳐 놓고 그 사이를 좌우 2개의 달리는 무단 연속체인(스텝체인)에 일정한 간격을 두고 스텝을 부착하여 체인을 구동시킴으로써 스텝을 순환시켜서 사람을 수송하는 것이다.

(2) 에스컬레이터의 구조 및 주요 부품

① 에스컬레이터의 구조

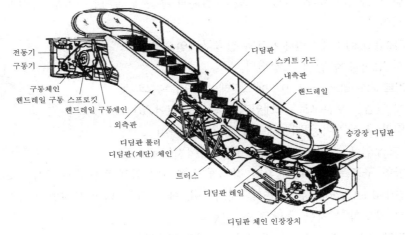

▌에스컬레이터의 내부구조 ▌

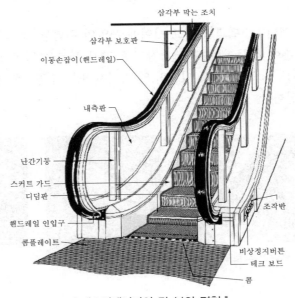

▌에스컬레이터의 각 부의 명칭 ▌

② 에스컬레이터의 주요 부품

  ㉠ 전동기(traction motor) : 에스컬레이터를 구동하기 위해 동력을 제공한다.

  ㉡ 구동기(driving machine) : 에스컬레이터를 구동하기 위한 전동기, 감속기, 브레이크 등을 포함한 장치를 말하며 구동장치는 본체, 즉 스텝을 구동시키는 주 구동장치와 핸드레일을 구동시키는 핸드레일 구동장치가 있다. 이 구동장치들은 서로 연동되어 같은 속도로 이동한다.

  ㉢ 구동체인(driving chain) : 에스컬레이터에 있어서 구동기의 회전력을 구동 스프로킷에 전달하는 장치이다.

  ㉣ 핸드레일 구동 스프로킷(driving sprocket) : 에스컬레이터의 구동기의 회전을 구동체인을 통하여 스텝체인 스프로킷에 전달하는 장치이다.

  ㉤ 디딤판 롤러(step roller) : 스텝의 전륜과 후륜에 설치된 2개의 롤러에 의해 스텝이 움직인다.

  ㉥ **트러스(truss)** : 에스컬레이터의 철골구조인 프레임으로서 상하층에 걸쳐 고정된다.

  ㉦ **스커트 가드**(skirt guird) : 에스컬레이터 내측판의 스텝에 인접한 부분으로, 스테인리스 판으로 되어 있다.

  ㉧ 디딤판(step) : 이동하는 계단의 유닛을 말하며, 스텝은 프레임에 발판(tread board)과 라이저(riser)를

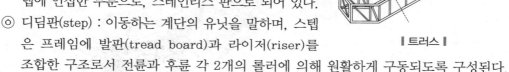

‖ 트러스 ‖

조합한 구조로서 전륜과 후륜 각 2개의 롤러에 의해 원활하게 구동되도록 구성된다.

  ㉨ 난간(balustrade) : 핸드레일을 지지하며, 에스컬레이터의 움직임에 따라 승객이 추락하지 않도록 설치한 측면 벽을 말한다.

  ㉩ 핸드레일(hand rail) : 난간 상부의 이동손잡이, 스텝과 동일한 속도로 승강하여야 한다.

  ㉪ 스커트 디플렉터 : 스텝과 스커트 사이에 끼임의 위험을 최소화 하기 위한 장치이다.

  ㉫ **콤(comb)** : 홈에 맞물리는 각 승강장의 갈라진 부분을 말한다.

  ㉬ 클리트(cleat) : 에스컬레이터 디딤면 및 라이저 또는 수평보행기의 디딤면에 만들어져 있는 홈을 말한다.

‖ 승강장 스텝 ‖

‖ 콤(comb) ‖

‖ 클리트(cleat) ‖

Ⓑ 데마케이션(demarcation) : 스텝과 스텝, 스텝과 스커트 가드 사이의 틈새에 신체의
일부 또는 물건이 끼이는 것을 막기 위해서 경계를 눈에 띄게 황색, 적색선으로 표시한다.
Ⓡ 뉴얼(newel) : 난간의 끝

(3) 에스컬레이터의 난간 폭 ★★★★★

① 난간폭 1,200형 : 수송능력 9,000명/h
② 난간폭 800형 : 수송능력 6,000명/h

2 구동장치

① 스텝을 구동시키는 주 구동장치와 핸드레일을 구동하는 핸드레일 구동장치가 있다(서로
연동됨).
② 구동기(driving machine)는 로프식 엘리베이터의 권상기와 유사하여 권상기의 시브 대신
에 스프로킷(sprocket)을, 로프 대신 체인을 사용한다.
③ 전동기로부터 감속을 위하여 감속기가 사용되며, 역회전 방지를 위해 웜기어, 헬리컬기어
(최근)를 사용한다.
④ 구동 전동기 축에는 드럼식 또는 디스크식의 브레이크 장치가 부착되어야 한다.
⑤ 승객이 탑승하지 않은 경우의 브레이크 제동거리는 상승 시와 하강 시가 동일하다.
⑥ 승객이 탑승한 경우의 제동거리는 상승 시 짧고, 하강 시는 길어진다(정격하중으로 하강
시 **감속도 0.1 G 이하**로 감속 정지).
⑦ 에스컬레이터의 전동기 용량(P)

$$P = \frac{G \cdot V \cdot \sin\theta}{6,120 \cdot \eta} \times \beta [\text{kW}]$$

여기서, P : 에스컬레이터의 전동기 용량[kW]
      G : 에스컬레이터의 적재하중[kg]
      V : 에스컬레이터의 속도[m/min]
      θ : 경사각도[°]
      η : 에스컬레이터의 총 효율[%]
      β : 승객 승입률(0.85)

3 스텝과 스텝체인 및 난간과 핸드레일

(1) 스텝

① 에스컬레이터에서 이동하는 계단의 개개의 것을 스텝(step)이라 한다.
② 스텝은 프레임에 발판(tread board)과 라이저(riser)를 조합한 구조로서 전륜(구동 롤러)
과 후륜(추종 롤러) 각 2개의 롤러로 구성된다.
③ 스텝의 디딤면과 라이저에는 그리트를 설치한다.

④ 스텝면 좌우와 전방에 승객의 주의를 환기시키기 위하여 황색의 주의선(demarcation line)을 표시한다.

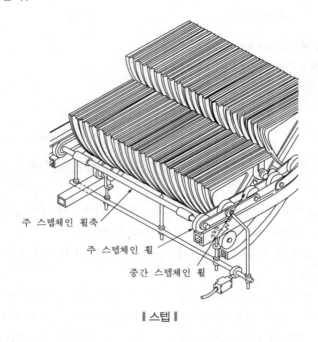

주 스텝체인 휠축
주 스텝체인 휠
중간 스텝체인 휠

‖ 스텝 ‖

(2) 스텝체인

① 스텝체인(step chain)은 스텝을 주행시키는 역할을 하며 **에스컬레이터의 좌우에 설치**되어 있다.

② 스텝체인의 링크 간격을 일정하게 유지하기 위하여 일정 간격으로 환봉강을 연결하고, 환봉강 좌우에 전륜이 설치되며, 가이드레일상을 주행한다.

(3) 난간과 핸드레일

스텝 좌우에 승객이 떨어지지 않게 설치된 측면벽을 난간이라 하고, 그 윗면에 핸드레일(hand rail)이 설치되어 있다.

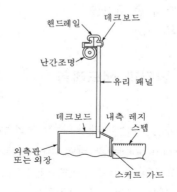

핸드레일
데크보드
난간조명
유리 패널
데크보드
내측 레지
스텝
외측판
또는 외장
스커트 가드

‖ 난간의 구조 ‖

4 안전장치

(1) 구동체인 안전장치 ★★★★

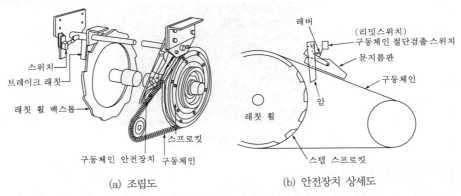

레버
(리밋스위치)
구동체인 절단검출 스위치
스위치
브레이크 래칫
문지름판
래칫 휠 백스톱
구동체인
래칫 휠
암
스프로킷
구동체인 안전장치   구동체인
스텝 스프로킷

(a) 조립도   (b) 안전장치 상세도

❙ 구동체인 안전장치 ❙

① 구동기와 주 구동장치(main drive) 사이의 구동체인이 상승 중 절단되었을 때 승객의 하중에 의해 하강 운전을 일으키면 위험하므로 구동체인 안전장치(driving chain safety device)가 필요하다.

② 구동체인 위에 항상 문지름판이 구동되면서 구동체인의 늘어짐을 감지하여 만일, 체인이 느슨해지거나 끊어지면 슈가 떨어지면서 브레이크 래칫이 브레이크 휠에 걸려 주 구동장치의 하강 방향의 회전을 기계적으로 제지한다.

③ 안전스위치를 설치하여 안전장치의 동작과 동시에 전원을 차단한다.

④ 모든 구동부품의 **안전율은 정적 계산으로 5 이상**이어야 한다.

(2) 스텝체인 안전장치 ★★★

스텝체인 안전장치(step chain safety device)는 스텝체인이 절단되거나 심하게 늘어날 경우 디딤판 체인 인장장치의 후방 움직임을 감지하여 구동기 모터의 전원을 차단하고 기계 브레이크를 작동시킴으로써 스텝과 스텝 사이의 간격이 생기는 등의 결과를 방지하는 장치이다.

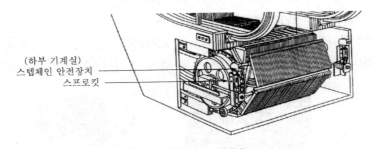

(하부 기계실)
스텝체인 안전장치
스프로킷

❙ 스텝체인 안전장치 ❙

(3) 콤스위치

스텝과 콤 사이에 이물질이 끼일 경우 이를 감지하여 에스컬레이터를 정지시킨다.

(4) 핸드레일 인입구스위치(inlet switch) ★★

핸드레일 인입구에 이물질이 끼일 경우, 이를 감지하여 에스컬레이터의 운행을 정지시킨다.

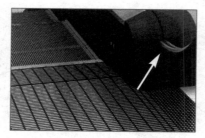

∥ 인레트스위치 설치 위치 ∥

(5) 스커트 가드 안전스위치 ★★★

스커트 가드와 스텝 측면의 틈새에 이물질이 끼일 경우, 이를 감지하여 에스컬레이터를 정지시킨다.

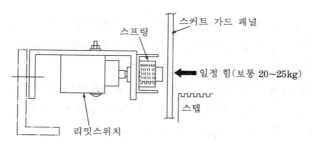

∥ 스커트 가드 안전스위치 ∥

(6) 비상정지스위치 ★★★

사고발생 시 신속히 정지시켜야 하므로 상하의 승강구에 비상정지스위치를 설치한다.
① 비상시 에스컬레이터를 정지시키기 위해 설치되어야 하고 에스컬레이터 승강장 또는 승강장 근처에 눈에 띄고, 쉽게 접근할 수 있는 위치에 있어야 한다.
② 비상정지스위치 사이의 거리는 30m 이하이어야 한다.
③ 비상정지스위치는 전기안전장치이어야 한다.
④ 비상정지스위치에는 정상운행 중에 임의로 조작하는 것을 방지하기 위해 보호덮개가 설치되어야 한다. 그 보호덮개는 비상시에는 쉽게 열리는 구조이어야 한다.

비상정지스위치 설치 위치

∥ 비상정지스위치 ∥

출제 09 특수 승강기
1.6% / 1문항 출제

1 입체 주차설비

(1) 수평순환식 주차장치 ★★

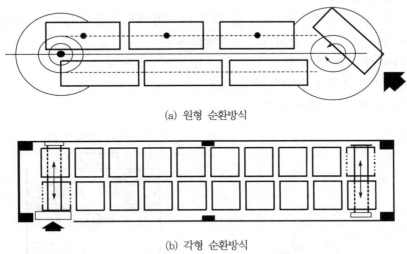

(a) 원형 순환방식

(b) 각형 순환방식

‖ 수평순환식 주차장치 ‖

주차 구획에 자동차를 들어가도록 한 후 그 주차 구획을 수평으로 순환 이동하여 자동차를 주차하도록 설계한 주차장치이다. 리프트 등의 승강장치를 사용하면 다층화도 가능하다(단, 층간 순환 이동은 불가능함).

① 수평순환식 주차장치의 종류
  ㉠ 원형(하부, 중간, 상부 승입식) : 동작이 주차장치의 양단에서 운반기를 원호 운동시켜 순환하는 방식일 때 설치 단수 및 승입구의 위치에 따른 분류
  ㉡ 각형(하부, 중간, 상부 승입식) : 동작이 주차장치의 양단에서 운반기를 직선 운동시켜 순환하는 방식일 때 설치 단수 및 승입구의 위치에 따른 분류
② 수평순환식 주차장치의 특징
  ㉠ 출구가 제한된 빌딩의 지하 등에 설치하여 지하 공간을 효율적으로 이용할 수 있다.
  ㉡ 입·출고에 비교적 시간이 필요하다.

(2) 승강기식 주차장치 ★★★

여러 층으로 배치되어 있는 고정된 주차 구획에 상하로 이동할 수 있는 운반기에 의해 자동차를 운반 이동하여 주차하도록 한 주차장치이다.

① 승강기식 주차장치의 종류

　㉠ 횡식(하부, 중간, 상부 승입식) : 승강기에서 운반기를 좌우 방향으로 격납시키는 형식으로 승입구의 위치에 따라 구분

　㉡ 종식(하부, 중간, 상부 승입식) : 승강기에서 운반기를 전후 방향으로 격납시키는 형식으로 승입구의 위치에 따라 구분

　㉢ 승강 선회식(승강장치, 운반기 선회식) : 자동차용 승강기 등의 승강로의 원주상에 주차실을 설치하고, 선회하는 장치별로 구분

② 승강기식 주차장치의 특징

　㉠ 운반비가 수직순환식에 비해 적다.

　㉡ 입·출고 시 시간이 짧다.

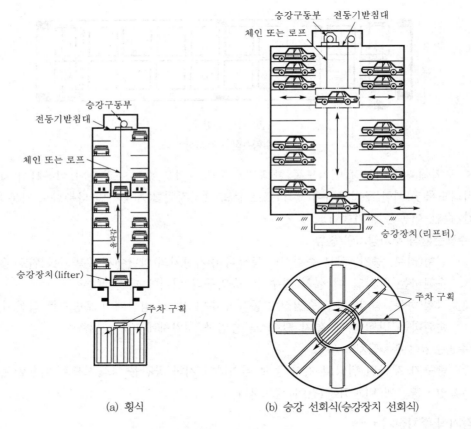

(a) 횡식　　　　　(b) 승강 선회식(승강장치 선회식)

▮ 승강기식 주차장치 ▮

2 무빙워크(수평보행기)

(1) 무빙워크(수평보행기)의 구조

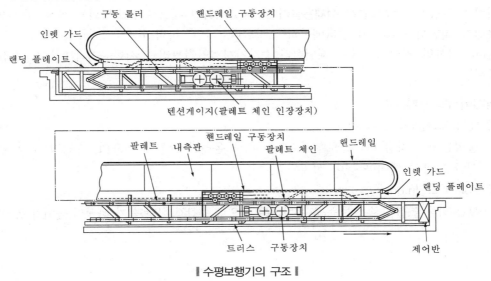

┃ 수평보행기의 구조 ┃

(2) 무빙워크의 정격속도

① 무빙워크의 **경사도는 12° 이하**이어야 한다.

② 무빙워크의 **공칭속도는 0.75m/s 이하**이어야 한다.

③ 팔레트 또는 벨트의 폭이 1.1m 이하이고, 승강장에서 팔레트 또는 벨트가 콤에 들어가기 전 1.6m 이상의 수평주행구간이 있는 경우 공칭속도는 0.9m/s까지 허용된다. 다만, 가속 구간이 있거나 무빙워크를 다른 속도로 직접 전환시키는 시스템이 있는 무빙워크에는 적용 되지 않는다.

3 유희시설

유희시설은 동력에 의하여 운전되는 오락을 목적으로 한 탑승물로서 주행, 회전, 요동, 기타 여러 가지 형태의 운동을 하여 이용자에게 스피드와 스릴을 경험하게 하는 것이다.

(1) 고가의 유희시설

지상면에서 높게 올린 위치에서 탑승물을 이동하는 유희시설이며 모노레일, 어린이 기차, 매트 마우스와 워터 슈트, 코스터 등이 있다.

(2) 회전운동을 하는 유희시설

객석 부분이 수평면 내를 회전하는 것, 수직면 내를 회전하는 것, 회전과 동시에 상하운동을 하는 것 등 여러 가지 운동요소를 갖고 있는 유희시설이다. 회전그네, 비행탑, 회전목마(메리 고라운드), 관람차, 문로켓, 로터, 오토퍼스, 해적선 등이 있다.

4 덤웨이터

(1) 덤웨이터의 개념

사람이 탑승하지 않으면서 **적재용량이 300kg 이하**인 것으로서 소형화물(서적, 음식물 등) 운반에 적합하게 제작된 엘리베이터를 말한다. 다만, 바닥면적이 $0.5m^2$ 이하이고 높이가 0.6m 이하인 엘리베이터는 제외한다(승강기시설안전관리법 시행규칙 [별표 1] 승강기의 종류).

(2) 덤웨이터의 종류

① 테이블 타입(table type)

출입문이 승강장 바닥으로부터 75cm 정도 올라간 위치에 있으며, 승강장 문 하부에는 선반 모양의 테이블 등이 설치된다.

② 플로어 타입(floor type)

보통 화물을 실은 손수레 등을 운반하는 것으로 승강장 바닥과 카 바닥의 높이가 동일하다.

출제경향분석 파악하기

출제비율 : 최근 10년간 기출문제 분석

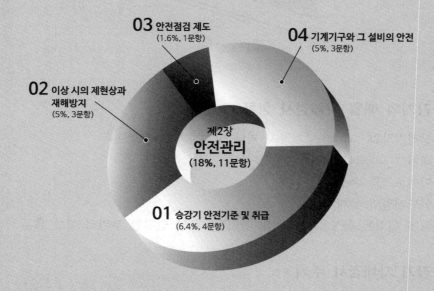

03 안전점검 제도
(1.6%, 1문항)

04 기계기구와 그 설비의 안전
(5%, 3문항)

02 이상 시의 제현상과
재해방지
(5%, 3문항)

제2장
안전관리
(18%, 11문항)

01 승강기 안전기준 및 취급
(6.4%, 4문항)

출제경향

- 출제 01 승강기 안전기준 및 취급에서 최근 2년간 7문항씩 출제되고 있으나, 3장 승강기 보수 중 출제 01 승강기 제작기준의 출제기준 가운데 '5. 안전장치 및 전기적인 회로' 그리고 2장 안전관리 중 출제 01 승강기 안전기준 및 취급의 출제기준 가운데 '4. 안전장치 및 전기회로'가 중복되어 과목 간의 경계가 모호하다.

- 결과적으로 3장 승강기 보수와 2장 안전관리 중 출제 01은 연계해서 공부하기 바란다.

- 이상 시의 제현상, 안전점검 제도, 기계기구와 그 설비의 안전은 중복된 문제를 위주로 학습을 하면 문제가 없을 듯하다.

출제 01 승강기 안전기준 및 취급
6.4% / 4문항 출제

1 3각부 안전보호판

난간부와 교차하는 건축물 천장부 또는 측면부 등과의 사이에 운행 방향(운행 방향의 전환이 가능한 경우에는 양방향)으로 생기는 3각부에 사람의 머리 등 신체의 일부가 끼이는 것을 방지하기 위한 조치가 되어 있어야 한다.

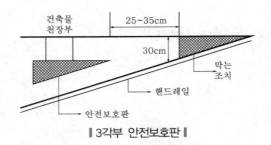

‖3각부 안전보호판‖

2 승강기의 매월 자체검사 항목 ★★★★★

① 비상정지장치 · 과부하방지장치 기타 방호장치의 이상 유무
② 브레이크 및 제어장치의 이상 유무
③ 와이어로프의 손상 유무
④ 가이드레일의 상태
⑤ 옥외에 설치된 화물용 승강기의 가이드로프를 연결한 부위의 이상 유무

3 승강기 자체검사 주기 ★★

① 1월에 1회 이상 : 충상선택기, 카의 문 및 문턱, 카 도어 스위치, 문닫힘 안전장치, 카 조작반 및 표시기, 비상통화장치, 전동기, 전동발전기, 권상기 브레이크
② 3월에 1회 이상 : 수권조작 수단, 권상기 감속기어, 비상정지장치
③ 6월에 1회 이상 : 권상기 도르래, 권상기 베어링, 조속기(카측, 균형추측), 비상정지장치와 조속기의 부착 상태, 용도 · 적재하중 · 정원 등 표시, 이동케이블 및 부착부
④ 12월에 1회 이상 : 고정 도르래, 풀리, 기계실 기기의 내진대책

출제 02 이상 시의 제현상과 재해방지
5% / 3문항 출제

1 재해발생 시 재해조사 순서 ★★★★

① 재해발생

② 긴급조치(기계정지 → 피해자 구출 → 응급조치 → 병원에 후송 → 관계자 통보 → 2차 재해방지 → 현장보존)
③ 원인조사
④ 원인분석
⑤ 대책수립
⑥ 실시
⑦ 평가

2 재해의 발생순서 5단계 ★★★

유전적 요소와 사회적 환경 → 인적 결함 → 불안전한 행동과 상태 → 사고 → 재해

3 점검표(checklist)

(1) 작성항목
① 점검부분
② 점검항목 및 점검방법
③ 점검시기
④ 판정기준
⑤ 조치사항

(2) 작성 시 유의사항 ★★
① 각 사업장에 적합한 독자적인 내용일 것
② 일정 양식을 정하여 점검대상을 정할 것
③ 중점도(위험성, 긴급성)가 높은 것부터 순서대로 작성할 것
④ 정기적으로 검토하여 재해방지에 실효성 있게 개조된 내용일 것
⑤ 점검표의 양식은 이해하기 쉽도록 표현하고 구체적일 것

4 재해조사 방법 ★★★

① 재해발생 직후에 행한다.
② 현장의 물리적 흔적(물적 증거)을 수집한다.
③ 재해현장은 사진을 촬영하여 보관, 기록한다.
④ 재해 피해자로부터 재해상황을 듣는다.
⑤ 목격자, 현장책임자 등 많은 사람들에게 사고 시의 상황을 듣는다.
⑥ 판단하기 어려운 특수재해나 중대재해는 전문가에게 조사를 의뢰한다.

5 안전사고의 발생요인 ★★★★★

안전사고 발생원인 중 인간의 불안전한 행동(인적 원인)이 88%로 가장 많고, 불안전한 상태(물적 원인)가 10%, 불가항력적 사고가 2% 정도를 차지한다.

(1) 직접 원인
① 불안전한 행동(인적 원인)
　　㉠ 안전장치를 제거, 무효화
　　㉡ 안전조치의 불이행
　　㉢ 불안전한 상태 방치
　　㉣ 기계장치 등의 지정 외 사용
　　㉤ 운전 중인 기계, 장치 등의 청소, 주유, 수리, 점검 등의 실시
　　㉥ 위험장소에의 접근
　　㉦ 잘못된 동작 자세
　　㉧ 복장, 보호구의 잘못 사용
　　㉨ 불안전한 속도 조작
　　㉩ 운전의 실패
② 불안전한 상태(물적 원인)
　　㉠ 물(物) 자체의 결함
　　㉡ 방호장치의 결함
　　㉢ 작업장소의 결함, 물의 배치 결함
　　㉣ 보호구, 복장 등의 결함
　　㉤ 작업 환경의 결함
　　㉥ 자연적 불안전한 상태
　　㉦ 작업방법 및 생산공정 결함

(2) 간접 원인
① 기술적 원인 : 기계·기구, 장비 등의 방호설비, 경계설비, 보호구 정비 등의 기술적 결함
② 교육적 원인 : 무지, 경시, 몰이해, 훈련 미숙, 나쁜 습관, 안전지식 부족 등
③ 신체적 원인 : 각종 질병, 피로, 수면 부족 등
④ 정신적 원인 : 태만, 반항, 불만, 초조, 긴장, 공포 등
⑤ 관리적 원인 : 책임감의 부족, 작업기준의 불명확, 점검보전제도의 결함, 부적절한 배치, 근로 의욕 침체 등

6 산업안전심리의 5요소 ★★★★★

① 동기
② 기질
③ 감정

④ 습성
⑤ 습관

출제 03 안전점검 제도

1.6% / 1문항 출제

1 안전점검의 개념

넓은 의미에서 안전점검(safety inspection)은 안전에 관한 제반사항을 점검하는 것을 말한다. 좁은 의미에서는 시설, 기계·기구 등의 구조설비 상태와 안전기준과의 적합성 여부를 확인하는 행위를 말하며, 인간, 도구(기계, 장비, 공구 등), 환경, 원자재, 작업의 5개 요소가 빠짐없이 검토되어야 한다.

2 안전점검의 목적 ★★

① 결함이나 불안전조건의 제거
② 기계설비의 본래의 성능 유지
③ 합리적인 생산관리

3 안전점검의 종류 ★★★★

① 정기점검
　일정 기간마다 정기적으로 실시하는 점검을 말하며, 매주, 매월, 매분기 등 법적 기준에 맞도록 또는 자체기준에 따라 해당 책임자가 실시하는 점검이다.
② 수시점검(일상점검)
　매일 작업 전, 작업 중, 작업 후에 일상적으로 실시하는 점검을 말하며, 작업자, 작업책임자, 관리감독자가 행하는 사업주의 순찰도 넓은 의미에서 포함된다.
③ 특별점검
　기계·기구 또는 설비의 신설·변경 또는 고장·수리 등으로 비정기적인 특정점검을 말하며 기술책임자가 행한다.
④ 임시점검
　기계·기구 또는 설비의 이상 발견 시에 임시로 실시하는 점검을 말하며, 정기점검 실시후 다음 정기점검일 이전에 임시로 실시하는 점검이다.

4 안전점검의 효과(순환 과정) ★★

① 현상 파악 : 감각기관 측정검사
② 결함의 발견 : 체크리스트(checklist) 이용
③ 시정 대책의 선정 : 근본적 개선책과 응급적 대책이 있으며 비용과 시간보다 개선 효과(중요도)에 따라 선정

④ 대책의 실시 : 대책이 선정되면 즉시 계획적으로 실시

5 안전점검 시의 유의사항 ★★

① 여러 가지 점검방법을 병용한다.
② 점검자의 능력에 상응하는 점검을 실시한다.
③ 과거의 재해발생 부분은 그 원인이 배제되었는지 확인한다.
④ 불량한 부분이 발견된 경우에는 다른 동종 설비도 점검한다.
⑤ 발견된 불량 부분은 원인을 조사하고 필요한 대책을 강구한다.
⑥ 점검은 안전수칙의 향상을 목적으로 하는 것임을 염두에 두어야 한다.

6 안전점검 및 진단순서 ★★★

① 실태 파악 → 결함 발견 → 대책 결정 → 대책 실시
② 안전을 확보하기 위해서 실태를 파악해, 설비의 불안전 상태나 사람의 불안전 행위에서 생기는 결함을 발견하여 안전대책의 상태를 확인하는 행동이다.

출제 04 기계기구와 그 설비의 안전　　　5% / 3문항 출제

1 동력차단장치 ★★

원동기 자체 또는 동력발생장치의 도중에 동력을 차단하여 대상으로 하는 기계 전체의 운전을 신속하게 정지시키는 장치를 말하며, 스위치, 클러치, 벨트 시프터, 스톱밸브 등의 종류가 있다. 기계에는 청소, 조정, 보전 또는 긴급사태 등을 위해 기계별로 동력차단장치를 설치할 필요가 있다.

2 스패너

❙ 스패너(spanner) ❙

① 볼트 또는 너트(nut)를 죄고 푸는 데 사용하는 강제 공구이다.
② 너트를 스패너(spanner)에 깊이 물리고 앞으로 조금씩 당기는 식으로 풀고 조인다.
③ 스패너를 해머 대신 쓰거나 크기가 맞지 않은 공구를 무리하게 사용하면 위험하다.
④ **스패너에 파이프를 끼워 손잡이를 길게 개조하여 사용하면 파이프의 탈락으로 사고 위험이 있다.**

3 와이어로프의 교체 기준(산업안전보건법 산업안전기준에 관한 규칙) ★★★

① 이음매가 있는 것
② 와이어로프의 한 꼬임(스트랜드를 의미)에서 끊어진
   소선의 수가 10% 이상인 것(필러선은 제외)
③ 지름의 감소가 공칭지름의 7%를 초과한 것
④ 꼬인 것
⑤ 심하게 변형 또는 부식된 것

┃ 와이어로프의 한 꼬임(스트랜드) ┃

4 전기화재와 감전사고의 원인

(1) 전기화재의 원인 ★★

① 누전 : 전선의 피복이 벗겨져 절연이 불완전하여 전기의 일부가 전선 밖으로 새어나와 주변 도체에 흐르는 현상
② 단락 : 접촉되어서는 안 될 2개 이상의 전선이 접촉되거나 어떠한 부품의 단자와 단자가 서로 접촉되어 과다한 전류가 흐르는 것
③ 과전류 : 전압이나 전류가 순간적으로 급격하게 증가하면 전력선에 과전류가 흘러서 전기제품이 파손될 염려가 있음

(2) 감전사고의 원인

① 충전부에 직접 접촉되는 경우나 안전거리 이내로 접근하였을 때
② 전기 기계·기구, 공구 등의 절연열화, 손상, 파손 등에 의한 표면 누설로 인하여 누전되어 있는 것에 접촉, 인체가 통로로 되었을 경우
③ 콘덴서나 고압케이블 등의 잔류전하에 의할 경우
④ 전기기계나 공구 등의 외함과 권선 간 또는 외함과 대지 간의 정전용량에 의한 전압에 의할 경우
⑤ 지락전류 등이 흐르고 있는 전극 부근에 발생하는 전위경도에 의할 경우
⑥ 송전선 등의 정전유도 또는 유도전압에 의할 경우
⑦ 오조작 및 자가용 발전기 운전으로 인한 역송전의 경우
⑧ 낙뢰 진행파에 의한 경우

5 감전사고 응급처치

감전사고가 일어나면 감전쇼크로 인해 산소 결핍현상이 나타나고, 심장기능장해가 심할 경우 몇 분 내로 사망에 이를 수 있다. 주변의 동료는 신속하게 인공호흡과 심폐소생술을 실시해야 한다.
① **전기 공급을 차단하거나 부도체를 이용해 환자를 전원으로부터 떼어 놓는다.**
② 환자의 호흡기관에 귀를 대고 환자의 상태를 확인한다.
③ 가슴 중앙을 양손으로 30회 정도 눌러준다.

④ 머리를 뒤로 젖혀 기도를 완전히 개방시킨다.

⑤ 환자의 코를 막고 입을 밀착시켜 숨을 불어 넣는다(처음 4회는 신속하고 강하게 불어넣어 폐가 완전히 수축되지 않도록 함).

⑥ 환자의 흉부가 팽창된 것이 보이면 다시 심폐소생술을 실시한다.

⑦ 이 과정을 환자가 의식이 돌아올 때까지 반복 실시한다.

⑧ **환자에게 물을 먹이거나 물을 부으면 흐르는 물체가 호흡을 막을 우려가 있기 때문에 위험하다.**

⑨ 신속하고 적절한 응급조치는 감전환자의 95% 이상을 소생시킬 수 있다.

▌6 정전작업

감전 위험이 있는 전선로, 지지물, 각종 전기기계기구 등의 전기를 차단하고 실시하는 작업으로 가장 안전하고 확실한 감전예방 조치이다.

(1) 정전작업 요령

감전 위험을 방지하기 위해 정전작업 요령을 작성 및 실시한다.

① 작업책임자의 임명, 정전범위 및 절연용 보호구의 작업 시작 전 점검 등 작업 시작 전에 필요한 사항

② 전로 또는 설비의 정전순서

③ 개폐기 관리 및 표지판 부착

④ 정전확인 순서

⑤ 단락접지 실시

⑥ 전원 재투입 순서

⑦ 점검 또는 시운전을 위한 일시운전

⑧ 교대 근무 시 근무인계에 필요한 사항

(2) 정전작업 시 접지(단락접지) 목적 ★★★★

회로의 일부 또는 기기의 외함 등을 대지와 같은 0전위로 만드는 작업

① 다른 전로와의 접촉으로 인한 감전 방지

② 인접 선로의 유도작용에 의한 감전 방지

③ 비상발전기 등에 의해 정전선로가 충전(역송전)될 우려

(3) 정전작업 5대 안전수칙 ★★★★

‖ 전원투입의 방지 ‖

① 작업 전 전원 차단
② 전원투입의 방지
③ 작업장소의 무전압 여부 확인
④ 단락접지

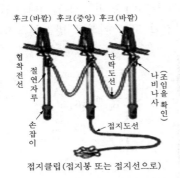
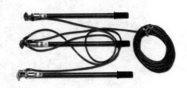

후크(바깥) 후크(중앙) 후크(바깥)

협착전선
절연자루
단락도선
나비나사(조임을 확인)
손잡이
접지도선
접지클립(접지봉 또는 접지선으로)

‖ 수변전 단락접지 공구 ‖

⑤ 작업장소의 보호

7 정전기 제거방법 ★★★★

① 설비 주변의 공기를 가습
② 설비의 금속제 부분을 접지
③ 설비에 정전기 발생 방지 도장

8 접지와 방전코일

(1) 접지 ★★★★★

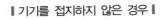
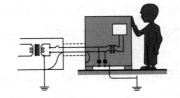

‖ 기기를 접지하지 않은 경우 ‖   ‖ 기기의 외함을 접지한 경우 ‖

전기기기의 외함 등이 대지로부터 충분히 절연되어 있지 않다면 누설전류에 의한 화재사고, 감전사고 등이 발생될 뿐만 아니라 전력 손실이 증가되는 폐단까지 일어나므로 접지공사는 일반전기설비에는 물론 통신설비, 소방설비, 위험물설비, 음향설비 등의 기타 설비에서도 매우 중요한 사항이다. 안전상의 이유 때문에 접지선의 굵기, 접지극의 매설 깊이, 접지장소의 분류, 접지공사방법 등에 대하여는 법적으로 규제하고 있으며, 접지(earth)는 전기적으로 가장 중요한 부분의 하나이다.

(2) 방전코일 ★★★

① **콘덴서와 함께 설치되는 방전장치는 회로의 개로(open) 시에 잔류전하를 방전시켜 사람의 안전을 도모**하고, 전원 재투입 시 발생되는 이상현상(재점호)으로 인한 순간적인 전압 및 전류의 상승을 억제하여 콘덴서의 고장을 방지하는 역할을 한다.

② 방전능력이 크고 부하가 자주 변하여 콘덴서의 투입이 빈번하게 일어나는 곳에 유리하다.

③ 방전용량은 방전개시 5초 이내 콘덴서 단자전압 50V 이하로 방전하도록 한다.

DC : 방전코일

SR : 직렬리액터

SC : 지상용 콘덴서

┃ 콘덴서(좌)와 직렬리액터 기호 ┃

9 사다리 작업의 안전수칙

① 작업하기 전에 사다리 기둥, 발판 등에 대한 점검을 실시하여 **균열이 있거나 변형된 사다리는 사용을 금지**하여야 한다.

② 사다리에서 자재, 설비 등 10kg 이상의 중량물을 취급하거나 운반해서는 아니 된다.

③ 사다리는 일정한 제작 및 시험기준에 적합한 제품을 사용하고, 사용 시의 하중이 제작 시의 최대 설계하중을 초과하여서는 아니 된다.

④ 사다리는 보행자 통행로, 차량 도로, 문이 열리는 곳 등 사다리와 충돌 가능성이 있는 장소에 설치하여서는 아니 된다. 부득이한 경우에는 사다리 주위에 방호 울을 설치하거나 감시자를 배치하여야 한다.

⑤ 사다리에서의 작업시간은 30분 이하로 하여야 한다. 30분 이상의 작업시간이 소요될 경우에는 충분한 휴식 후에 작업하여야 한다.

⑥ 사다리 작업 장소 주위에 있는 전선, 전기설비 등의 유무 및 상태를 점검하고 **감전위험이 있는 경우에는 부도체 재질의 사다리를 사용**하여야 한다.

⑦ 사다리에서 이동하거나 작업할 경우에 사다리를 마주 본 상태에서 몸의 중심이 사다리 기둥을 벗어나지 말아야 한다.

⑧ 사다리에서 이동하거나 작업할 경우에는 3점 접촉(두 다리와 한 손 또는 두 손과 한 다리 등)상태를 유지하여야 한다.

⑨ **고정식 사다리는 수평면에 대하여 90도 이하로 설치하고, 사다리 기둥은 상부지점으로부터 60cm 이상 연장하여 설치하여야 한다.**

▌3점 접촉 ▌

10 보호구

재해방지나 건강장해방지의 목적에서 작업자가 직접 몸에 걸치고 작업하는 것이며, 재해방지를 목적으로 한다. 노동부 규격이 제정되어 있는 것은 안전모, 안전대, 안전화, 보안경, 안전장갑, 보안면, 방진 마스크, 방독 마스크, 방음 보호구, 방열복 등이 있다.

(1) 안전모 ★★★

작업자가 작업할 때 비래하는 물건, 낙하하는 물건에 의한 위험성을 방지 또는 하역작업에서 추락했을 때 머리 부위에 상해를 받는 것을 방지하고, 머리 부위에 감전될 우려가 있는 전기공사작업에서 산업재해를 방지하기 위해 착용한다.

(2) 안전대

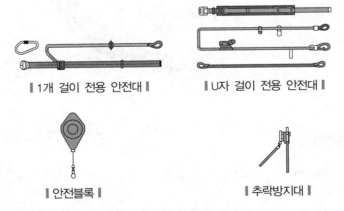

▌1개 걸이 전용 안전대 ▌　　▌U자 걸이 전용 안전대 ▌

▌안전블록 ▌　　　　　　　▌추락방지대 ▌

▌ 안전대의 종류 ▌

종 류	등 급	사용 구분
벨트식, 안전그네식	1종	U자 걸이 전용
	2종	**1개 걸이 전용**
	3종	1개 걸이 · U자 걸이 공용
안전그네식	4종	안전블록
	5종	추락방지대

03 승강기 보수

22% | 13문항

출제경향분석 파악하기

출제비율 : 최근 10년간 기출문제 분석

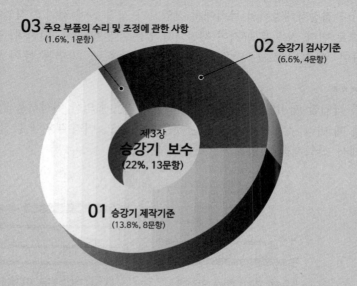

03 주요 부품의 수리 및 조정에 관한 사항
(1.6%, 1문항)

02 승강기 검사기준
(6.6%, 4문항)

제3장
승강기 보수
(22%, 13문항)

01 승강기 제작기준
(13.8%, 8문항)

출제경향

- 승강기 관련법이 개정되었으며, 개정 전 출제빈도가 높은 문제의 개정된 내용을 묻는 문제가 출제되고 있다.
- 검사기준보다는 제작기준의 출제비율이 높은 점을 고려해야 한다.

출제 01 | 승강기 제작기준   13.8% / 8문항 출제

1 전기식 엘리베이터

(1) 꼭대기 틈새, 피트 깊이 및 오버헤드

‖ 엘리베이터 기계실 ‖

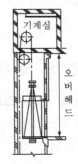

‖ 오버헤드(overhead) ‖

① 꼭대기 틈새

카를 최상층에 정지시켜 놓은 상태에서 카의 상부체대와 승강로 천장부와의 수직거리를 측정하여 규정한 수치 이상이어야 한다. 이 경우 카 위의 여러 가지 장치 중에서 가장 위로 돌출된 것이 승강로 천장부 또는 천장보다 돌출된 것(고정보 등)과 접촉되지 않아야 한다.

② 피트 깊이

최하층의 바닥면에서 카의 수평투영면에 있는 피트바닥 또는 가장 높이 돌출된 지중보까지의 수직거리를 측정하여 규정한 수치 이상이어야 한다. 피트바닥 하부는 거실 또는 여러 사람이 출입하는 통로 등으로 사용하지 않아야 한다. 다만, 피트바닥 하부를 거실 또는 여러 사람이 출입하는 통로 등으로 사용할 경우에는 **피트바닥을 2중 슬리브로 하고, 균형추 쪽에도 비상정지장치를 설치**하거나 균형추 쪽 직하부에 두꺼운 벽을 설치하여야 한다.

③ 오버헤드

최상 정지층의 기계실 바닥에서 승강로 최상부의 바닥 밑의 수직거리, 엘리베이터 점검자가 카 상부에 타고 작업 시 승강로 천장에 충돌하는 것을 방지하기 위하여 마련된 여유거리이다.

(2) 권상도르래 및 풀리 또는 드럼과 로프의 직경 비율

① **권상도르래, 풀리 또는 드럼과 현수로프의 공칭직경 사이의 비는 스트랜드의 수와 관계없이 40 이상이어야 한다.**

② **현수로프의 안전율은 12 이상이어야 한다.**

③ 로프와 로프 단말 사이의 연결은 로프의 최소 파단하중의 80% 이상을 견뎌야 한다.

④ 현수체인의 안전율은 10 이상이어야 한다.

(3) 조속기 로프

① **조속기 로프의 공칭지름은 6mm 이상**, 최소 파단하중은 조속기가 작동될 때 8 이상의 안전율로 조속기 로프에 생성되는 인장력에 관계되어야 한다.

② **조속기 로프 풀리의 피치직경과 조속기 로프의 공칭직경 사이의 비는 30 이상**이어야 한다.

③ 조속기 로프는 인장 풀리에 의해 인장되어야 한다. 이 풀리(또는 인장추)는 안내되어야 한다.

2 에스컬레이터 및 무빙워크

(1) 에스컬레이터 및 무빙워크의 경사도

에스컬레이터 경사도는 30°를 초과하지 않아야 한다. 다만, 높이가 6m 이하이고 공칭속도가 0.5m/s 이하인 경우에는 35°까지 증가시킬 수 있다. 무빙워크의 경사도는 12° 이하이어야 한다.

(2) 에스컬레이터 및 무빙워크의 속도

① 공칭속도는 공칭주파수 및 공칭전압에서 ±5%를 초과하지 않아야 한다.

② 에스컬레이터의 공칭속도는 다음과 같아야 한다.

    ㉠ **경사도가 30° 이하인 에스컬레이터는 0.75m/s(45m/min) 이하이어야 한다.**

    ㉡ **경사도가 30°를 초과하고 35° 이하인 에스컬레이터는 0.5m/s(30m/min) 이하이어야 한다.**

③ **무빙워크의 공칭속도는 0.75m/s 이하이어야 한다.**

(3) 핸드레일 시스템

① 각 난간의 꼭대기에는 정상운행 조건하에서 스텝, 팔레트 또는 벨트의 실제속도와 관련하여 동일 방향으로 **−0%에서 +2%의 공차**가 있는 속도로 움직이는 핸드레일이 설치되어야 한다.

② 핸드레일은 정상운행 중 운행 방향의 반대편에서 **450N**의 힘으로 당겨도 정지되지 않아야 한다.

③ 핸드레일 속도감시장치가 설치되어야 하고 에스컬레이터 또는 무빙워크가 운행하는 동안 핸드레일 속도가 15초 이상 동안 실제속도보다 −15% 이상 차이가 발생하면 에스컬레이터 및 무빙워크를 정지시켜야 한다.

(4) 비상정지스위치 ★★★★

① 비상시 에스컬레이터를 정지시키기 위해 설치되어야 하고 에스컬레이터 승강장 또는 승강장 근처에 눈에 띄고, 쉽게 접근할 수 있는 위치에 있어야 한다.

② 비상정지스위치 사이의 거리는 30m 이하이어야 한다.

③ 비상정지스위치는 전기안전장치이어야 한다.

④ 비상정지스위치에는 정상운행 중에 임의로 조작하는 것을 방지하기 위해 보호덮개가 설치되어야 한다. 그 보호덮개는 비상시에는 쉽게 열리는 구조이어야 한다.

(5) 에스컬레이터와 관련된 안전율

① **모든 구동부품의 안전율은 정적계산으로 5 이상**이어야 한다.

② 각 체인의 절단에 대한 안전율은 담금질한 강철에 대하여 5 이상이어야 한다.

③ 연결부를 포함한 벨트의 안전율은 각각의 동적인 힘에 대하여 5 이상이어야 한다.

출제 02 승강기 검사기준 `6.6% / 4문항 출제`

1 기계실에서 행하는 검사

① 기계실 크기는 설비, 특히 전기설비의 작업이 쉽고 안전하도록 충분하여야 한다. **작업구역에서 유효높이는 2m 이상**이어야 하고 다음 사항에 적합하여야 한다.

② 구동기의 회전부품 위로 **0.3m 이상**의 유효 수직거리가 있어야 한다.

③ 기계실에는 바닥면에서 **200lx 이상**을 비출 수 있는 영구적으로 설치된 전기조명이 있어야 한다.

④ 기계실은 눈·비가 유입되거나 동절기에 실온이 내려가지 않도록 조치되어야 하며 실온은 **5~40℃**에서 유지되어야 한다.

2 카 내에서 행하는 검사 – 카와 카 출입구를 마주하는 벽 사이의 틈새

① 승강로의 내측면과 카 문턱, 카 문틀 또는 카 문의 닫히는 모서리 사이의 수평거리는 0.125m 이하이어야 한다.

② 카 문턱과 승강장문 문턱 사이의 수평거리는 35mm 이하이어야 한다.

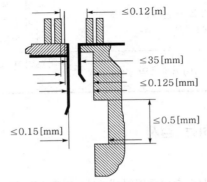

┃ 카와 카 출입구를 마주하는 벽 사이의 틈새 ┃

3 카 상부에서 행하는 검사

① 비상구출 운전 시, 카 내 승객의 구출은 항상 카 밖에서 이루어져야 한다.
② 승객의 구출 및 구조를 위한 비상구출문이 카 천장에 있는 경우, **비상구출구의 크기는 0.35m×0.5m 이상**이어야 한다.
③ 주로프 및 조속기 로프는 카 위에서 카를 조금씩 승강시키면서 검사한다.
  ㉠ 로프의 단말은 견고히 처리되거나 또는 주로프가 배빗 채움방식인 경우 끝부분은 각 가닥을 접어서 구부린 것이 명확하게 보이도록 되어 있어야 한다.
  ㉡ 주로프를 걸어 맨 고정 부위는 2중 너트로 견고하게 조이고, 풀림방지를 위한 **분할핀**이 꽂혀 있어야 한다.

▌ 배빗 소켓의 단말 처리 ▌　　　▌분할핀▌

  ㉢ 모든 주로프는 균등한 장력을 받고 있어야 한다.
  ㉣ 로프의 마모 및 파손 상태는 가장 심한 부분에서 검사하여 아래의 규정에 합격하여야 한다. ★★★★

▌ **로프의 마모 및 파손상태 검사기준** ▌

마모 및 파손 상태	기 준
소선의 파단이 균등하게 분포되어 있는 경우	1구성 꼬임(스트랜드)의 1꼬임 피치 내에서 파단수 4 이하
파단 소선의 단면적이 원래의 소선 단면적의 70% 이하로 되어 있는 경우 또는 녹이 심한 경우	1구성 꼬임(스트랜드)의 1꼬임 피치 내에서 파단수 2 이하
소선의 파단이 1개소 또는 특정의 꼬임에 집중되어 있는 경우	소선의 파단총수가 1꼬임 피치 내에서 6꼬임 와이어로프이면 12 이하, 8꼬임 와이어로프이면 16 이하
마모 부분의 와이어로프의 지름	마모되지 않은 부분의 와이어로프 직경의 90% 이상

4 피트 내에서 행하는 검사

(1) 피트 깊이

최하층의 바닥면에서 카의 수평투영면에 있는 피트바닥 또는 가장 높이 돌출된 지중보까지의 수직거리를 측정하여 규정한 수치 이상이어야 한다.

(2) 꼭대기 틈새 및 피트 깊이 ★★★★★

정격속도[m/min]	꼭대기 틈새[m]	피트 깊이[m]
45 이하	1.2	1.2
45 초과~60 이하	1.4	1.5
60 초과~90 이하	1.6	1.8
90 초과~120 이하	1.8	2.1
120 초과~150 이하	2.0	2.4
150 초과~180 이하	2.3	2.7
180 초과~210 이하	2.7	3.2
210 초과~240 이하	3.3	3.8
240 초과	4.0	4.0

5 승강장에서 행하는 검사 - 에이프런(보호판)

∥ 에이프런(보호판) ∥

① 카 문턱에는 승강장 유효 출입구 전폭에 걸쳐 에이프런이 설치되어야 한다. 수직면의 아랫부분은 수평면에 대해 60° 이상으로 아랫방향을 향하여 구부러져야 한다. 구부러진 곳의 수평면에 대한 투영길이는 20mm 이상이어야 한다.

② 수직 부분의 높이는 **0.75m 이상**이어야 한다.

출제 03 주요 부품의 수리 및 조정에 관한 사항   1.6% / 1문항 출제

1 전기식 엘리베이터 주요 부품의 수리 및 조정에 관한 사항

(1) 현수로프의 직경 비율과 안전율

① 권상도르래, 풀리 또는 드럼과 현수로프의 공칭직경 사이의 비는 스트랜드의 수와 관계없이 40 이상이어야 한다.

② 현수로프의 안전율은 어떠한 경우라도 12 이상이어야 한다. 안전율은 카가 정격하중을 싣고 최하층에 정지하고 있을 때 로프 1가닥의 최소 파단하중(N)과 이 로프에 걸리는 최대 힘(N) 사이의 비율이다.

(2) 로프/체인의 단말처리

① 로프와 로프 단말 사이의 연결은 로프의 최소 파단하중의 80% 이상을 견뎌야 한다.

② 로프의 끝부분은 카, 균형추(또는 평형추) 또는 현수되는 지점에 금속 또는 수지로 채워진 소켓, 자체 조임 쐐기형식의 소켓 또는 안전상 이와 동등한 기타 시스템에 의해 고정되어야 한다.

■2 유압식 엘리베이터 주요 부품의 수리 및 조정에 관한 사항

카 비상정지장치가 작동될 때, 부하가 없거나 부하가 균일하게 분포된 카의 바닥은 정상적인 위치에서 **5%**를 초과하여 기울어지지 않아야 한다.

■3 특수 승강기의 수리 및 조정에 관한 사항

(1) 입체 주차설비의 설치기준 및 안전기준(기계식 주차설비의 시브 및 드럼의 직경)

① 주차장치에 사용하는 시브 또는 드럼의 직경은 로프가 시브 또는 드럼과 접하는 부분이 4분의 1 이하일 경우에는 로프 직경의 12배 이상으로, 4분의 1을 초과하는 경우에는 로프 직경의 20배 이상으로 하여야 한다. 다만, 승강기식 주차장치 및 승강기 슬라이드식 주차장치의 경우에는 이를 **로프 직경의 30배** 이상으로 하여야 하고, **트랙션 시브의 직경은 로프 직경의 40배 이상**으로 하여야 한다.

② 로프에 의하여 운반기를 이동하는 주차장치에서 운반기의 운전속도가 1분당 300m 이상인 경우에는 시브 홈에 연질라이너를 사용하는 등 마찰대책을 강구하여야 한다.

(2) 기계식 주차설비 입출고시간

주차장에 수용할 수 있는 자동차를 모두 입고하는 데 소요되는 시간과 이를 모두 출고하는 데 소요되는 시간은 각각 **2시간 이내**이어야 한다. 다만, 2단식 주차장 및 다단식 주차장치에는 적용하지 아니한다.

출제경향분석 파악하기

출제비율 : 최근 10년간 기출문제 분석

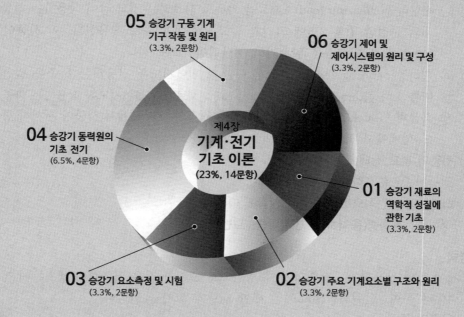

05 승강기 구동 기계 기구 작동 및 원리
(3.3%, 2문항)

06 승강기 제어 및 제어시스템의 원리 및 구성
(3.3%, 2문항)

04 승강기 동력원의 기초 전기
(6.5%, 4문항)

제4장
기계·전기 기초 이론
(23%, 14문항)

01 승강기 재료의 역학적 성질에 관한 기초
(3.3%, 2문항)

03 승강기 요소측정 및 시험
(3.3%, 2문항)

02 승강기 주요 기계요소별 구조와 원리
(3.3%, 2문항)

출제경향

• 승강기 동력원의 기초 전기는 정전기와 콘덴서에서 기본적인 문제가 출제되나, 교류회로는 난이도가 높은 문제가 출제되고 있다.

• 최근 승강기 구동 기계 기구에서 기본 구조 및 원리를 묻는 문제가 5문항까지 출제되었다.

• 출제 01~03, 출제 06에서는 반복되는 문제 범위 내에서 출제되고 있다.

출제 **01** 승강기 재료의 역학적 성질에 관한 기초 3.3% / 2문항 출제

1 하중과 응력

(1) 하중의 분류

① 하중의 작용 상태에 따른 분류

㉠ 인장하중(tensile load) : 재료의 축방향으로 늘어나게 하려는 하중을 말한다.

㉡ 압축하중(compressive load) : 재료를 누르는 하중, 주로 막대 모양의 부재에 있어서 그 축선 방향으로 가압적으로 작용하는 하중을 말하며, 기둥이 받는 하중 등이 그 대표적인 것이다.

㉢ 전단하중(shearing load) : 재료를 가위로 자르려는 것과 같이 작용하는 하중으로 물체 내의 근접한 평행 2면에 크기가 같고 방향이 반대로 작용한다. 이 하중이 작용하면 2면은 서로 미끄럼을 일으키며 전단력이라고도 한다.

㉣ 휨하중(bending load) : 재료를 구부려 휘어지도록 작용하는 하중을 말한다.

㉤ 비틀림 하중(torsional & twisting load) : 재료가 비틀어지도록 작용하는 하중을 말한다.

㉥ 좌굴하중(buckling load) : 좌굴하중이 작용하는 부재에서 하중이 서서히 증가하면 어느 한계에서 좌굴이 생긴다.

② 하중의 분포 상태에 따른 분류

집중하중, 분포하중

③ 하중값이 시간적으로 변화하는 상황에 따른 분류

정하중, **동하중(충격하중, 반복하중, 교번하중)**

(2) 응력

물체에 힘이 작용할 때 그 힘과 반대 방향으로 크기가 같은 저항력이 생기는데 이 저항력을 내력이라 하며, 단위면적($1mm^2$)에 대한 내력의 크기를 말한다.

① 응력의 종류

응력(stress)은 하중의 종류에 따라 인장응력, 압축응력, 전단응력 등이 있으며, 인장응력과 압축응력은 하중이 작용하는 방향이 다르지만, 같은 성질을 갖는다. 단면에 수직으로 작용하면 수직응력, 단면에 평행하게 접하면 전단응력(접선응력)이라고 한다.

② **수직응력(σ)**

$$\sigma = \frac{P}{A}$$

여기서, σ : 수직응력[kg/cm^2]

　　　P : 축하중[kg]

　　　A : 수직응력이 발생하는 단면적[cm^2]

응력이 발생하는 단면적(A)이 일정하고, 축하중(P) 값이 증가하면 응력도 비례해서 증가한다.

2 변형률

재료에 하중이 작용하면 재료는 변형되며, 이 변형량을 원래의 길이로 나눈 값이다.

(1) 변형률의 종류

① 가로 변형률(ε_l)

$$\varepsilon_l = \frac{\delta}{d}$$

여기서, ε_l : 가로 변형률

δ : 횡(가로)방향의 늘어난 길이

d : 처음의 횡방향 길이

② 세로 변형률(ε)

$$\varepsilon = \frac{\lambda}{l}$$

여기서, ε : 세로 변형률

λ : 변형된 길이

l : 원래의 길이

③ 전단 변형률(γ)

$$\gamma = \frac{\lambda_s}{l} = \tan\phi \fallingdotseq \phi$$

여기서, γ : 전단 변형률

λ_s : 늘어난 길이

l : 원래의 횡방향 길이

ϕ : 전단각(radian)

(2) 후크의 법칙 ★★★★

재료의 응력값은 어느 한도(비례한도) 이내에서는 응력과 이로 인해 생기는 변형률이 비례한다는 것이 후크의 법칙이다.

$$응력도(\sigma) = 탄성(영 : Young)계수(E) \times 변형도(\varepsilon)$$

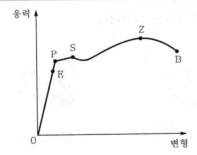

여기서,

E : 탄성한계

P : 비례한계

S : 항복점

Z : 종국응력(인장 최대하중)

B : 파괴점(재료에 따라서는 E와 P가 일치한다.)

3 탄성과 안전율

(1) 탄성과 소성

① 탄성

외력을 받아 변형된 물체가 그 외력을 없애면, 본래의 모양으로 되돌아가는 성질을 말한다.

$$탄성률(k) = \frac{비틀림(S)}{응력(P)}$$

② 소성

외력을 제거한 후에도 변형이 남아, 본래의 모양으로 되돌아가지 않고 영구변형이 생긴 것이다.

(2) 안전율

재료의 파단강도와 허용(사용)응력의 비

$$안전율 = \frac{인장(파단)강도}{사용응력}$$

출제 02 승강기 주요 기계요소별 구조와 원리   3.3% / 2문항 출제

1 링크 기구

링크(link) 기구는 몇 개의 강성한 막대를 핀으로 연결하고 **회전할 수 있도록 만든 기구**이다.

① 크랭크 : 회전운동을 하는 링크
② 레버 : 요동운동을 하는 링크
③ 슬라이더 : 미끄럼운동을 하는 링크
④ 고정부 : 고정 링크

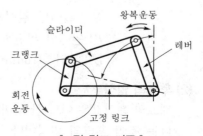

┃ 4절 링크 기구 ┃

2 캠

회전운동을 직선운동, 왕복운동, 진동 등으로 변화하는 장치이다.

┃ 단면 캠 ┃

┃ 원뿔 캠 ┃

┃ 경사판 캠 ┃

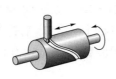

‖ 원통 캠 ‖

‖ 구면 캠 ‖

① 평면 곡선을 이루는 캠 : 판캠, 홈캠, 확동캠, 직동캠 등
② 입체적인 모양의 캠 : 원통캠, 경사판캠, 구면(球面)캠, 단면캠, 엔드캠 등

출제 03 승강기 요소측정 및 시험 　　　　3.3% / 2문항 출제

1 측정기기 및 기계요소 계측

정밀 측정기는 다음과 같다.

(1) 버니어 캘리퍼스(vernine calipers)

다음 그림에서와 같이 l은 아들자의 0이 어미자의 12mm 위치 이전에 있으므로 11mm를 우선 읽고 아들자의 눈금이 어미자와 일치하는 곳의 눈금을 읽으면 8.5이므로, 측정하고자 하는 길이는 11+0.85=11.85mm가 된다.

① 용도 : 바깥지름, 안지름, 깊이 측정
② 측정범위 : 0.05(1/20)mm까지 측정 가능
③ 종류 : M(M₁, M₂)형, CB형, CM형

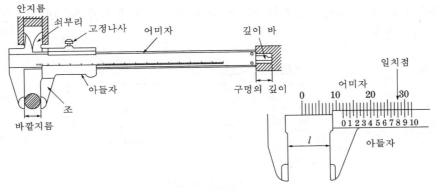

‖ 버니어 캘리퍼스의 각 부 명칭 ‖

(2) 마이크로미터(micrometer)

마이크로미터의 프레임 사이에 측정하고자 하는 물체를 넣었을 때 딤블의 위치가 아래 그림에서 우측과 같이 되었다면 슬리브의 눈금은 7.5까지 나와 있고, 딤블의 눈금은 슬리브의 가로 눈금과 35에서 만나고 있으므로 측정하고자 하는 길이는 7.5+0.35=7.85mm가 된다.

① 용도 : 외경, 안지름, 깊이 측정
② 측정범위 : 0.01(1/100)mm까지 측정 가능

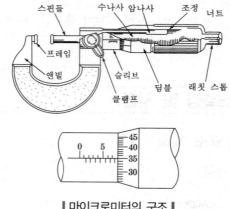

‖ 마이크로미터의 구조 ‖

█ 2 전기요소 계측 및 원리

(1) 전압계와 전류계

일반적으로 직류 전압·전류는 가동 코일형 계기를 사용하고, 교류 전류·전압은 가동 철편형 계기를 사용한다.

① 전압계

부하에 흐르는 전압을 측정하는 계기로, 전원 또는 부하에 전압계를 병렬로 연결하여 전압을 측정한다.

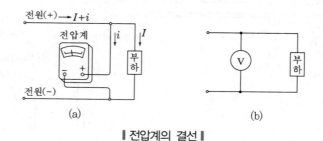

‖ 전압계의 결선 ‖

② 전류계

전류계를 부하와 직렬로 접속하여 전류를 측정한다.

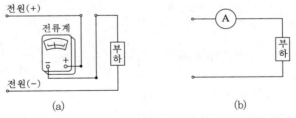

‖ 전류계의 결선 ‖

(2) 분류기와 배율기

① 분류기

가동 코일형 전류계는 동작전류가 1~50mA 정도여서, 큰 전류가 흐르면 전류계는 타버려 측정이 곤란하다. 따라서 가동 코일에 저항이 매우 작은 저항기를 병렬로 연결하여 대부분의 전류를 이 저항기에 흐르게 하고, 전체 전류에 비례하는 일정한 전류만 가동 코일에 흐르게 해서 전류를 측정하는데, 이 장치를 분류기라 한다.

$$I_a = \frac{R_s}{R_a + R_s} \cdot I$$

$$I = \frac{R_a + R_s}{R_s} \cdot I_a = \left(1 + \frac{R_a}{R_s}\right) \cdot I_a$$

여기서, I : 측정하고자 하는 전류[A], I_a : 전류계로 유입되는 전류[A]

R_s : 분류기 저항[Ω], R_a : 전류계 내부저항[Ω]

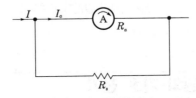

‖ 분류기 회로 ‖

전류계의 지시치 I_a와 측정전류 I와의 비, n을 분류기의 배율이라고 한다.

$$n = \frac{I}{I_a} = 1 + \frac{R_a}{R_s}$$

㉠ $R_s \ll R_a$이면 측정전류 I는 I_a보다 현저하게 큰 값을 갖는다.

㉡ 이 배율은 필요에 따라 임의로 조정할 수 있으며, 가령 n을 10, 100, 1,000으로 정하면, 분류기의 저항값은 계기 내부저항의 1/9, 1/99, 1/999로 된다.

② 배율기

배율기는 **전압계에 직렬로 접속시켜서 전압의 측정범위를 넓히기 위해 사용**하는 저항기이다.

$$V_R = \frac{R_a + R}{R_a} \cdot V$$

$$배율기의\ 배율 = \frac{V}{V_R} = \frac{R_a + R}{R_a} = 1 + \frac{R}{R_a}$$

여기서, V_R : 측정하고자 하는 전압[V]

      V : 전압계로 유입되는 전압[V]

      R_a : 전압계 내부저항[Ω]

      R : 배율기의 저항[Ω]

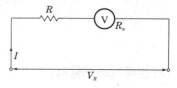

‖ 배율기 회로 ‖

이 배율은 분류기와 같이 임의로 설정할 수 있으며, 배율을 10, 100, 1,000으로 정하면, 배율기 저항값은 계기 내부저항의 9, 99, 999배가 필요하다.

(3) 절연저항계

전로 및 기기 등을 사용하면 오손이나 그 밖의 원인으로 절연 성능이 저하되고, 절연열화가 진행되면 결국은 누전 등의 사고를 발생하여 화재나 그 밖의 중대사고를 일으킬 우려가 있으므로 **절연저항계(메거, megger)로 절연저항 측정** 및 절연진단이 필요하다.

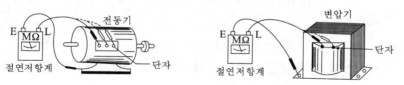

‖ 전기기기의 절연저항 측정 ‖

출제 04 승강기 동력원의 기초 전기   6.5% / 4문항 출제

1 정전기와 콘덴서

(1) 정전기의 성질

① 정전기의 발생

  ㉠ 대전현상(electrification phenomena) : 종류가 다른 두 물체를 마찰시키면 한쪽에는 양(+)의 전기, 다른 쪽에는 음(−)의 전기가 나타나 가벼운 물체를 끌어당기는 현상

  ㉡ 정전력(electrostatic force) : 대전된 전하는 정지된 상태이므로 정전기라 하고, 정전기에 의하여 작용하는 힘(같은 종류의 전하에는 반발력, 다른 종류의 전하에는 흡입력이 작용)

② **쿨롱의 법칙**

　㉠ 2개의 점전하 사이에 작용하는 정전력의 크기는 2개의 전하량의 곱에 비례하고 전하 간 거리의 2승에 반비례한다. 2개의 점전하 Q_1, Q_2[C], 양 전하 사이의 거리 r[m]로 하고, 진공 중에 양 전하 간에 작용하는 정전력의 크기를 F[N]로 한다면 다음과 같다.

$$F = \frac{Q_1 Q_2}{4\pi \varepsilon_0 r^2} = 9 \times 10^9 \frac{Q_1 Q_2}{r^2} \, [\text{N}]$$

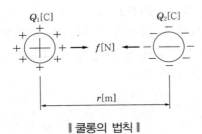

‖ 쿨롱의 법칙 ‖

　㉡ 어떤 물체의 유전율을 ε라 하면 다음과 같다.

$$\varepsilon = \varepsilon_0 \varepsilon_s$$

여기서, ε : 유전율[F/m]

　　ε_0(진공 중의 유전율) : 8.85×10^{-12}[F/m], $\dfrac{1}{4\pi\varepsilon_0} \fallingdotseq 9 \times 10^9$

　　ε_s(비유전율) : 공기의 경우 1

(2) 정전용량과 정전에너지

① **콘덴서**

　콘덴서(condenser)는 두 장의 도체판(전극) 사이에 유전체를 넣고 절연하여 전하를 축적할 수 있게 한 것(전극재료 : 알루미늄, 주석. 유전체 : 공기, 종이, 운모, 유리, 폴리에틸렌)을 말한다.

　㉠ 가변 콘덴서 : 한쪽의 금속판을 이동시켜 용량을 변화시킬 수 있는 것

　㉡ 고정 콘덴서 : 용량을 변화시킬 수 없는 콘덴서

② **정전용량**

　전원 전압 V[V]에 의해 축적된 전하 Q[C]이라 하면, Q는 V에 비례하고 그 관계는 다음과 같다.

$$Q = CV \, [\text{C}]$$

　㉠ C는 전극이 전하를 축적하는 능력의 정도를 나타내는 상수로 커패시턴스(capacitance) 또는 정전용량(electrostatic capacity)이라고 하며, 단위는 패럿(Farad ; F)이다.

ⓐ 마이크로패럿(μF, 1μF$=10^{-6}$F)

ⓑ 나노패럿(nF, 1nF$=10^{-9}$F)

ⓒ 피코패럿(pF, 1pF$=10^{-12}$F)

ⓛ 1F은 1V의 전압을 가하여 1C의 전하가 축적되는 경우의 정전용량이다.

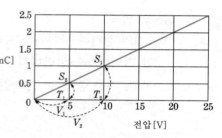

▌ 전압과 전하의 관계 ▌

ⓒ 평행판 콘덴서의 정전용량(C)

면적 S[m²]의 평행한 두 금속의 간격을 d[m], 절연물의 유전율을 ε[F/m]이라 하고, 두 금속판 사이에 전압 V[V]를 가할 때 각 금속판에 $+Q$[C], $-Q$[C]의 전하가 축적되었다고 하면, 다음 식과 같다.

$$C = \frac{\varepsilon S}{d}$$

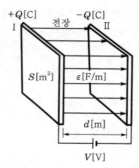

▌ 평행판 콘덴서의 정전용량 ▌

ⓔ 큰 정전용량을 얻기 위한 방법

ⓐ 극판의 면적을 넓게 한다.

ⓑ 극판 간의 간격을 좁게 한다.

ⓒ 극판 사이에 넣는 절연물을 비유전율(ε_s)이 큰 것으로 사용한다.

③ 정전에너지

콘덴서에 전압 V[V]가 가해져서 Q[C]의 전하가 축적되어 있을 때 콘덴서에 저장되는 에너지를 말한다.

$$W = \frac{1}{2}QV = \frac{1}{2}CV^2 \text{[J]}$$

(3) 콘덴서의 접속

① 콘덴서의 병렬접속

다음 그림과 같이 정전용량이 C_1, C_2, C_3[F]인 3개의 콘덴서를 병렬로 접속하였다면 다음과 같다.

㉠ 합성 정전용량(C)

$$C = C_1 + C_2 + C_3\,[\text{F}]$$

㉡ 각 콘덴서에 축적되는 전하(Q_1, Q_2, Q_3)

    ⓐ $Q_1 = C_1 V\,[\text{C}]$

    ⓑ $Q_2 = C_2 V\,[\text{C}]$

    ⓒ $Q_3 = C_3 V\,[\text{C}]$

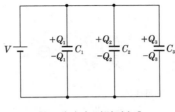

∥ 콘덴서의 병렬접속 ∥

② 콘덴서의 직렬접속

아래 그림과 같이 정전용량이 C_1, C_2[F]인 2개의 콘덴서를 직렬로 접속하였다면 다음 식과 같다.

㉠ 합성 정전용량(C)

$$\frac{1}{C} = \frac{1}{C_1} + \frac{1}{C_2} \ \ \text{또는} \ \ C = \frac{C_1 \times C_2}{C_1 + C_2}\,[\text{F}]$$

㉡ 각 콘덴서에 축적되는 전하(Q_1, Q_2) : 각 콘덴서에는 동일한 전압이 걸린다.

    ⓐ $Q_1 = C_1 V\,[\text{C}]$, $V_1 = \dfrac{Q}{C_1}\,[\text{V}]$

    ⓑ $Q_2 = C_2 V\,[\text{C}]$, $V_2 = \dfrac{Q}{C_2}\,[\text{V}]$

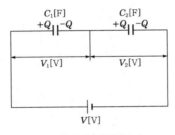

∥ 콘덴서의 직렬접속 ∥

2 직류회로 및 교류회로

(1) 직류회로

① 전기의 본질

㉠ 원자의 구조 : 모든 물질은 매우 작은 분자 또는 원자의 집합으로 되어 있다. 이들 원자는 원자핵(atomic nucleus)과 그 주위를 둘러싸고 있는 전자(electron)들로 구성되어 있으며, 원자핵은 양전기를 가진 양성자(proton)와 전기를 가지지 않는 중성자(neutron)가 강한 핵력으로 결합되어 있다.

정상 상태에서 원자를 이루고 있는 양성자의 수는 전자의 수와 동일하며, 양성자 1개가 지니는 전기량은 전자 1개가 지니는 전기량과 크기가 같고 극성은 반대이므로 원자는 전기적으로 중성 상태를 나타낸다.

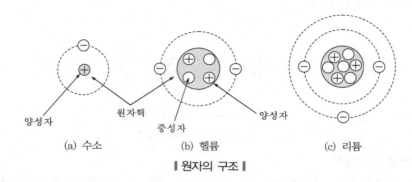

(a) 수소   (b) 헬륨   (c) 리튬

┃ 원자의 구조 ┃

㉡ 전자와 양자의 성질

ⓐ 양자는 양전기(+), 전자는 음전기(−)를 가지며, 극성이 같으면 서로 반발하고, 다르면 잡아당긴다.

ⓑ 자유전자 : 전자들 중에서 가장 바깥쪽의 전자들은 원자핵과의 결합력이 약해서 외부의 작은 힘에 의하여 쉽게 핵의 구속력을 벗어나 자유롭게 움직인다.

㉢ 전기의 발생과 소멸

ⓐ 자유전자가 어떤 원인으로 인하여 물질 밖으로 나가면 그 물질은 양전기를 띠게 된다.

ⓑ 외부에서 자유전자가 물질 내부로 들어오면 음전기를 띠게 된다.

ⓒ 대전(electrification) : **어떤 물질이 전자의 과부족으로 양전기나 음전기를 띠게 된 것**을 말한다.

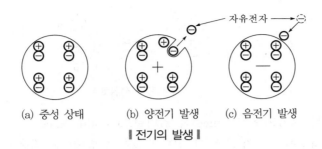

(a) 중성 상태　　(b) 양전기 발생　　(c) 음전기 발생

‖ 전기의 발생 ‖

② **전기회로의 전압과 전류**

　㉠ 전기회로(electric circuit) : 전지(전원), 전구, 스위치를 전선으로 연결하고 스위치를
　　닫으면 전지의 기전력에 의하여 전구에 전류가 흐르며 전구가 점등된다. 이와 같이
　　전류가 흐르는 통로를 전기회로 또는 회로라고 한다.

　㉡ 전류(electric current)

　　ⓐ 스위치를 닫아 전구가 점등될 때 전지의 음극(−)으로부터는 전자가 계속해서 전선
　　　에 공급되어 양극(+) 방향으로 끌려간다. 이런 전자의 흐름을 전류라 하며 방향은
　　　전자의 흐름과는 반대이다.

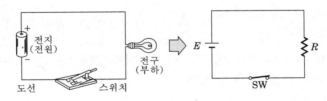

‖ 전기회로도 ‖

　　ⓑ 전류의 세기(I) : 어떤 단면을 1초 동안에 1C의 전기량이 이동할 때 1암페어
　　　(ampere, 기호 A)라고 한다.

$$I = \frac{Q}{t}\,[\text{A}], \quad Q = It\,[\text{C}]$$

　㉢ 전압(voltage)

　　ⓐ 물은 수위가 높은 곳에서 낮은 곳으로 흐르며, 다음 그림과 같이 양전하를 가진
　　　물체 A와 음전하를 가진 물체 B를 금속선으로 연결하면 A에서 B를 향하여 전류가
　　　흐른다. 이때 물의 수위차와 같이 전기에서는 전위로 정의하며 A와 B의 전위의
　　　차를 전위차(electric potential difference) 또는 전압이라고 한다.

　　ⓑ 전압의 세기(V) : 어떤 도체에 1C의 전기량이 두 점 사이를 이동하여 1J의 일을
　　　했다면 1볼트(volt, 기호 V)라고 한다.

$$V = \frac{W}{Q}\,[\text{V}], \quad W = VQ\,[\text{J}]$$

‖ 전류와 전위차 ‖

ㄹ 전기저항(electric resistance)과 컨덕턴스(conductance)

　ⓐ 전기회로에 전류가 흐를 때 전류의 흐름을 방해하는 작용이 있는데, 그 방해하는
　　정도를 나타내는 상수를 전기저항 R 또는 저항이라고 하며 저항의 역수로 전류가
　　흐르기 쉬운 정도를 나타내는 상수를 컨덕턴스 G(mho ; ℧ 또는 siemens ; S)라 한다.

　ⓑ 1V의 전압을 가해서 1A의 전류가 흐르는 저항값을 1옴(ohm, 기호 Ω)이라고 한다.

$$R = \frac{1}{G}\,[\Omega], \quad G = \frac{1}{R}\,[\text{S}]$$

ㅁ 옴의 법칙

　ⓐ 도체에 전압이 가해졌을 때 흐르는 전류의 크기는 도체의 저항에 반비례하므로
　　가해진 전압을 V[V], 전류 I[A], 도체의 저항을 R[Ω]이라고 하면 다음과 같다.

$$I = \frac{V}{R}\,[\text{A}], \quad V = IR\,[\text{V}], \quad R = \frac{V}{I}\,[\Omega]$$

　ⓑ 저항 R[Ω]에 전류 I[A]가 흐를 때 저항 양단에는 $V = RI$[V]의 전위차가 생기며,
　　이것을 전압강하라고 한다.

ㅂ 저항의 접속

　ⓐ 직렬접속회로 : 다음의 직렬회로 그림과 같이 2개 이상의 저항을 전원에 차례로
　　연결하여 회로에 전전류가 각 저항을 차례로 흐르게 하는 접속으로 각 저항 R_1,
　　R_2, R_3에 흐르는 전류 I의 크기는 일정하다.

　　• 합성저항(R_T)

$$R_T = R_1 + R_2 + R_3\,[\Omega]$$

값이 같은 저항 n개가 직렬일 때의 합성저항 R_T는 다음과 같다.

$R_T = n \cdot R$

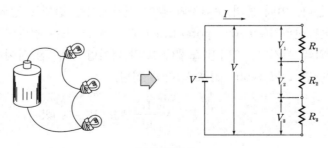

‖ 직렬회로 ‖

- 전류(I)

$$I = \frac{V}{R} = \frac{V}{R_1 + R_2 + R_3} [\text{A}]$$

- 각 저항 양단의 전압강하(V_1, V_2, V_3)

$$V_1 = R_1 I [\text{V}], \quad V_2 = R_2 I [\text{V}], \quad V_3 = R_3 I [\text{V}]$$

- 전원전압(V)

$$V = V_1 + V_2 + V_3 = R_1 I + R_2 I + R_3 I$$
$$= (R_1 + R_2 + R_3) \cdot I [\text{V}]$$

ⓑ 병렬접속회로 : 다음 그림과 같이 2개 이상의 저항의 양끝을 전원의 양극에 연결하여 회로의 전전류가 각 저항에 나뉘어 흐르게 하는 접속으로 각 저항 R_1, R_2, R_3에 흐르는 전압(V)의 크기는 일정하다.

- 합성저항(R_T)

$$R_T = \frac{1}{\dfrac{1}{R_1} + \dfrac{1}{R_2} + \dfrac{1}{R_3}} = \frac{R_1 R_2 R_3}{R_1 R_2 + R_2 R_3 + R_3 R_1} [\Omega]$$

- 값이 같은 저항 n개가 병렬일 때의 합성저항(R_T)

$$R_T = \frac{R}{N} \left(\therefore \text{ 1개의 저항 } R\text{의 } \frac{1}{N} \text{배와 같음} \right)$$

- 저항 R_1, R_2 2개가 병렬일 때의 합성저항($R_T{}'$)

$$\boldsymbol{R_T{}' = \frac{R_1 R_2}{R_1 + R_2} [\Omega]}$$

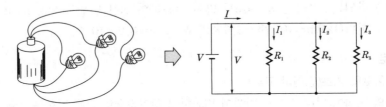

┃ 병렬회로 ┃

- 각 저항 양단의 전류 I_1, I_2, I_3는 각 저항의 크기에 반비례한다.

$$I_1 = \frac{V}{R_1} [\text{A}], \quad I_2 = \frac{V}{R_2} [\text{A}], \quad I_3 = \frac{V}{R_3} [\text{A}]$$

각 분로에 나타나는 전류 분배는 저항에 반비례한다.

$$I_1 = \frac{R}{R_1} I [\text{A}], \quad I_2 = \frac{R}{R_2} I [\text{A}], \quad I_3 = \frac{R}{R_3} I [\text{A}]$$

- 전체 전류(I)

$$I = I_1 + I_2 + I_3 = \frac{V}{R_1} + \frac{V}{R_2} + \frac{V}{R_3} = \left(\frac{1}{R_1} + \frac{1}{R_2} + \frac{1}{R_3} \right) \cdot V [\text{A}]$$

③ 전력과 전력량

㉠ 전력

ⓐ 1초간에 전기에너지가 하는 일의 능력이다.

ⓑ 기호는 P, 단위는 와트(watt, 기호 W)이다.

ⓒ 1W는 1sec 동안에 1J의 비율로 일을 하는 속도이다(W=J/sec).

ⓓ V[V]의 전압을 가하여 1A의 전류가 t[sec] 동안 흘러서 Q[C]의 전하가 이동하였을 때 $Q=It$이므로 전력 P는 다음과 같다.

$$P = \frac{VQ}{t} = VI[\text{W}]$$

ⓔ R[Ω]의 저항에 V[V]의 전압을 가하여 1A의 전류가 흘렀다면 $V=RI$이므로 다음과 같다.

$$P = VI = I^2 R = \frac{V^2}{R}[\text{W}]$$

ⓕ 전동기와 같은 기계 동력의 단위로 사용하는 마력(horse power, 기호 HP)과 와트(W)의 관계는 다음과 같다.

1HP=746W

㉡ 전력량

ⓐ 어느 일정 시간 동안에 전기에너지의 총량을 말하며, 전압 V[V]를 가하여 1A의 전류를 t[sec] 동안 흘릴 때의 전력량 W는 다음과 같다.

$$W = VIt = Pt[\text{J}]$$

ⓑ 단위는 J보다는 W·sec를 많이 사용하며 실용 단위로 Wh, kWh 등의 단위로 표시한다($1\text{kWh}=10^3\text{Wh}=3.6\times10^6\text{W}\cdot\text{sec}=3.6\times10^6\text{J}$).

(2) 교류회로

① 교류회로의 기초(정현파 교류)

시간의 변화에 따라 크기와 방향이 변화하고 주기적으로 같은 변화를 반복하는 전류·전압을 각각 교류전류, 교류전압이라 하며, 파형이 정현파(사인파)형으로 변할 때 정현파 교류 또는 사인파 교류라고 한다.

㉠ 교류의 파형

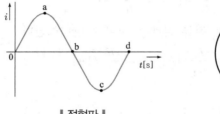

‖ 정현파 ‖

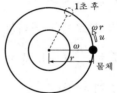

‖ 속도와 각속도 ‖

위의 그림과 같이 0에서 최대 크기 a점까지 증가하고 다시 최대 크기에서 0인 b점까지 감소한 후 방향이 바뀌어 크기가 같은 상태의 변화를 반복한다.

ⓛ 회전수와 각속도

   ⓐ 각속도 : 어떤 물체가 어떤 속도로 운동하고 있을 때 1초 동안에 회전한 각도를 ω로 표시한다.

   ⓑ 물체가 1초 동안에 원운동한 거리는 원의 반지름을 r[m]라고 할 때 ωr[m]이고, 물체의 속도를 u라 하면, $u = \omega r$[m/s]이며 물체가 n회전을 하면 각속도 ω는 다음과 같다.

$$\omega = 2\pi n$$

ⓒ 정현파 교류의 각주파수

   ⓐ 주파수(frequency) : 코일이 1초 동안에 1회전을 하면 1개의 사인파가 발생되고, n회전을 한다면 n개의 사인파가 발생한다. 이 발생 횟수를 f로 나타내고, 주파수라 하며 단위는 헤르츠(hertz, 기호 Hz)를 사용한다.

$$f = n \text{이므로, } \boldsymbol{\omega = 2\pi n = 2\pi f}\,[\text{rad/s}]$$

   ⓑ 주기(period) : 교류의 1회 변화를 1사이클이라 하며, 1사이클이 변화하는 데 걸리는 시간을 주기(period) T라고 한다.

$$T = \frac{1}{f}\,[\text{s}], \ \ \boldsymbol{f = \frac{1}{T}}\,[\text{Hz}]$$

② 교류전류에 대한 RLC의 작용

   ㉠ 저항(R)만의 회로 : 다음 그림 (a)와 같이 저항 R[Ω]의 회로에 정현파 순시전압 $v = \sqrt{2}\,V\sin\omega t$를 인가한다면 다음과 같다.

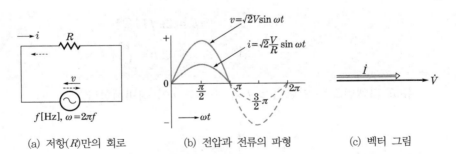

(a) 저항(R)만의 회로   (b) 전압과 전류의 파형   (c) 벡터 그림

‖ 저항(R)만의 회로의 전압과 전류의 관계 ‖

   ⓐ 회로에 흐르는 순시전류(I)

$$i = \frac{v}{R} = \frac{V_m}{R}\sin\omega t = \sqrt{2}\,\frac{V}{R}\sin\omega t = \sqrt{2}\,I\sin\omega t = I_m \sin\omega t\,[\text{A}]$$

$$\therefore \ i = I_m \sin\omega t = \sqrt{2}\,I\sin\omega t\,[\text{A}]$$

ⓑ 실효값(I)과 최대값(I_m)

$$I = \frac{V}{R}\,[\text{A}], \quad I_m = \frac{V_m}{R}\,[\text{A}]$$

ⓒ 전압과 전류는 동위상(in$-$phase)이다($\theta = 0$).

ⓛ 인덕턴스(L)만의 회로

ⓐ 전압과 전류의 관계

$$V = \omega L I\,[\text{V}], \quad I = \frac{V}{\omega L}\,[\text{A}]$$

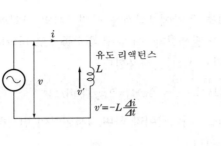
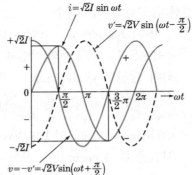

(a) 인덕턴스(L)만의 회로   (b) 전압과 전류의 파형

❚ 인덕턴스(L)만의 회로와 파형 ❚

ⓑ 전압과 전류의 위상관계 : 전압의 위상은 전류보다 $\dfrac{\pi}{2}$[rad] 앞선다.

ⓒ 유도 리액턴스(inductive reactance, X_L)

$$\boldsymbol{X_L = \omega L = 2\pi f L\,[\Omega]}$$

$$\therefore\ V = X_L I\,[\text{V}], \quad I = \frac{V}{X_L}\,[\text{A}]$$

유도 리액턴스는 인덕턴스 L과 주파수 f에 정비례한다.

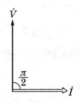

❚ 인덕턴스(L)만인 회로의 벡터도 ❚

ⓒ 정전용량(C)만의 회로

ⓐ 전압과 전류의 관계

$$I = \omega C V\,[\text{A}], \quad V = \frac{1}{\omega C} \cdot I\,[\text{V}]$$

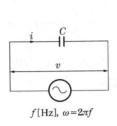 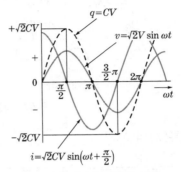

(a) 정전용량(C)만의 회로   (b) 전압과 전류의 파형

∥ 정전용량(C)만의 회로 ∥

ⓑ 전압과 전류의 위상관계 : 전류의 위상은 전압보다 $\dfrac{\pi}{2}$[rad] 앞선다.

ⓒ 용량 리액턴스(capacitive reactance, X_C)

$$X_C = \frac{1}{\omega C} = \frac{1}{2\pi f C}\,[\Omega]$$

$$\therefore\ I = \frac{V}{X_C}\,[\text{A}], \quad V = IX_C\,[\text{V}]$$

용량 리액턴스는 주파수 f에 반비례한다.

∥ 정전용량(C)만인 회로의 벡터도 ∥

(3) RLC 직렬회로

① RL 직렬회로

저항 $R[\Omega]$과 인덕턴스 $L[\text{H}]$의 직렬회로에 $V[\text{V}]$인 사인파 전압 $V = \sqrt{2}\,V\sin\omega t\,[\text{V}]$를 가할 때 다음과 같다.

㉠ 전원전압(V)의 크기

$V_R = RI$ (전류와 동위상)

$V_L = \omega LI = 2\pi f LI = X_L I$ (전류보다 90° 앞섬)

$$V = \sqrt{V_R{}^2 + V_L{}^2} = \sqrt{(RI)^2 + (X_L I)^2} = \sqrt{R^2 + (X_L)^2} \cdot I$$
$$= \sqrt{R^2 + (\omega L)^2} \cdot I \, [\text{V}]$$

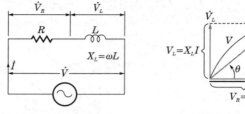

(a) *RL* 직렬회로   (b) 전압과 전류의 벡터도

❚ *RL* 직렬회로와 벡터도 ❚

ⓛ 전전류(I)의 크기

$$I = \frac{V}{\sqrt{R^2 + (\omega L)^2}} = \frac{V}{\sqrt{R^2 + (2\pi f L)^2}} \, [\text{A}]$$

ⓒ 전압과 전류의 위상관계

$$\tan\theta = \frac{V_L}{V_R} = \frac{\omega L I}{RI} = \frac{\omega L}{R}$$

$$\therefore \ \theta = \tan^{-1}\frac{V_L}{V_R} = \tan^{-1}\frac{\omega L}{R} \, [\text{rad}]$$

전압의 위상은 전류보다 $\theta[\text{rad}]$만큼 앞선다.

ⓔ 임피던스(impedance, Z)

$$Z = \sqrt{(\text{저항 성분})^2 + (\text{유도 리액턴스 성분})^2} = \sqrt{R^2 + X_L{}^2}$$
$$= \sqrt{R^2 + (\omega L)^2} = \sqrt{R^2 + (2\pi f L)^2} \, [\Omega]$$

ⓜ 역률

$$\cos\theta = \frac{R}{Z} = \frac{R}{\sqrt{R^2 + X_L{}^2}} = \frac{R}{\sqrt{R^2 + (\omega L)^2}}$$

② *RC* 직렬회로

저항 $R[\Omega]$과 정전용량 $C[\text{F}]$의 직렬회로에 $V[\text{V}]$인 사인파 전압 $V = \sqrt{2}\, V\sin\omega t[\text{V}]$를 가할 때 다음과 같다.

㉠ 전원전압(V)의 크기

$$V_R = RI \,(\text{전류와 동위상})$$

$$V_C = X_C I = \frac{1}{\omega C} I \,(\text{전류보다 } 90° \text{ 뒤짐})$$

$$V = \sqrt{V_R{}^2 + V_C{}^2} = \sqrt{(RI)^2 + (X_C I)^2} = \sqrt{R^2 + (X_C)^2} \cdot I$$
$$= \sqrt{R^2 + \left(\frac{1}{\omega C}\right)^2} \cdot I \, [\text{V}]$$

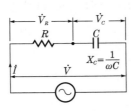

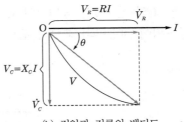

(a) RC 직렬회로　　　　　(b) 전압과 전류의 벡터도

❘ RC 직렬회로와 벡터도 ❘

ⓛ 전전류(I)의 크기

$$I = \frac{V}{\sqrt{R^2 + \left(\frac{1}{\omega C}\right)^2}} = \frac{V}{\sqrt{R^2 + \left(\frac{1}{2\pi f C}\right)^2}} \text{ [A]}$$

ⓒ 전압과 전류의 위상관계

$$\tan\theta = \frac{V_C}{V_R} = \frac{X_C I}{RI} = \frac{X_C}{R}$$

$$\therefore \ \theta = \tan^{-1}\frac{V_C}{V_R} = \tan^{-1}\frac{X_C}{R} = \tan^{-1}\frac{1}{\omega CR} \text{ [rad]}$$

전압의 위상은 전류보다 θ[rad]만큼 뒤진다.

ⓔ 임피던스(impedance, Z)

$$Z = \sqrt{(\text{저항 성분})^2 + (\text{용량 리액턴스 성분})^2} = \sqrt{R^2 + X_C^2}$$

$$= \sqrt{R^2 + \left(\frac{1}{\omega C}\right)^2} = \sqrt{R^2 + \left(\frac{1}{2\pi f C}\right)^2} \text{ [}\Omega\text{]}$$

ⓜ 역률

$$\cos\theta = \frac{R}{Z} = \frac{R}{\sqrt{R^2 + X_C^2}} = \frac{R}{\sqrt{R^2 + \left(\frac{1}{\omega C}\right)^2}}$$

③ RLC 직렬 공진회로

RLC가 직렬로 연결된 회로에서 용량 리액턴스와 유도 리액턴스는 더 이상 회로 전류를 제한하지 못하고 저항만이 회로에 흐르는 전류를 제한할 수 있는 상태를 공진이라고 한다.

㉠ **직렬 공진 조건**

ⓐ 임피던스 $Z = \sqrt{R^2 + \left(\omega L - \frac{1}{\omega C}\right)^2} = \sqrt{R^2 + (0)^2} = R \text{ [}\Omega\text{]}$

ⓑ 공진 임피던스는 최소가 된다.

$$Z = \sqrt{R^2 + (0)^2} = R$$

ⓒ 공진전류 I_0는 최대가 된다.

$$I_0 = \frac{V}{Z} = \frac{V}{R} \text{ [A]}$$

ⓓ 전압 V와 전류 I는 동위상이다. 용량 리액턴스와 유도 리액턴스는 크기가 같아서 상쇄되어 저항만의 회로가 된다.

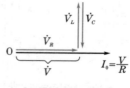

∥ 직렬 공진 벡터 ∥

ⓛ 공진 주파수(resonance frequency, f_0)

　ⓐ 주파수 f를 0에서 무한대로 상승시키면 어떤 주파수에서 $\omega L = \dfrac{1}{\omega C}$ 이 된다.

　ⓑ $\omega_0 L = \dfrac{1}{\omega_0 C}$, $\omega_0 = \dfrac{1}{LC}$, $(2\pi f_0)^2 = \dfrac{1}{LC}$

　　∴ $f_0 = \dfrac{1}{2\pi\sqrt{LC}}\,[\mathrm{Hz}]$

(4) 교류전력

① 단상 교류전력

　㉠ 유효전력(effective power)

　　$P = VI\cos\theta = P_a\cos\theta = I^2 R\,[\mathrm{W}]$

　　역률$(\cos\theta) = \dfrac{\text{유효전력}\,(P)}{\text{피상전력}\,(P_a)} = \dfrac{VI\cos\theta}{VI}$

　㉡ 무효전력(reactive power)

　　$P_r = VI\sin\theta = P_a\sin\theta = I^2 X\,(\mathrm{Var})$

　　무효율$(\sin\theta) = \dfrac{\text{무효전력}\,(P)}{\text{피상전력}\,(P_a)}$

　　　　　　　　$= \dfrac{VI\sin\theta}{VI} = \sqrt{1-\cos^2\theta}$

　㉢ 피상전력(apparent power) : 전압과 전류의 곱으로 표시하고 겉보기 전력이라고도 하며, 교류전원의 용량 등을 표시하는 데 사용한다.

　　$P_a = VI = \sqrt{P^2 + P_r{}^2} = I^2 Z\,[\mathrm{VA}]$

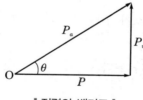

∥ 전력의 벡터도 ∥

② 3상 교류전력

　　㉠ **유효전력** $P = \sqrt{3}\ VI\cos\theta\,[\mathrm{W}]$

　　㉡ 무효전력 $P_r = \sqrt{3}\ VI\sin\theta\,[\mathrm{Var}]$

　　㉢ 피상전력 $P_a = \sqrt{3}\ VI = \sqrt{P^2 + P_r{}^2}\,[\mathrm{VA}]$

　　　ⓐ 역률 : $\cos\theta = \dfrac{P}{P_a} = \dfrac{R}{Z}$

　　　ⓑ 무효율 : $\sin\theta = \dfrac{P_r}{P_a} = \dfrac{X}{Z}$

3 자기회로

(1) 자기와 전류 및 자기회로

① 자석에 의한 자기현상

　㉠ 자력선의 성질

　　ⓐ 자력선은 N극에서 나와 S극에서 끝난다.

　　ⓑ 자력선 그 자신은 수축하려고 하며 같은 방향의 자력선끼리는 서로 반발하려고
　　　한다.

　　ⓒ 임의의 한 점을 지나는 자력선의 접선 방향이 그 점에서의 자장의 방향이다.

　　ⓓ 자장 내의 임의의 한 점에서의 자력선 밀도는 그 점의 자장의 세기를 나타낸다.

　　ⓔ 자력선은 서로 만나거나 교차하지 않는다.

　㉡ 자기유도

　　ⓐ 자화(magnetization) : 자석에 쇳조각을 가까이 하면 쇳조각이 자석에 끌려가는 것

　　ⓑ 자기유도 : 쇳조각이 자석의 N극에 가까운 쪽에서는 S극으로, 먼 쪽에서는 N극으로
　　　자화되는 현상

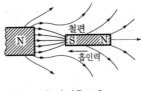

‖ 자기유도 ‖

　㉢ 쿨롱의 법칙

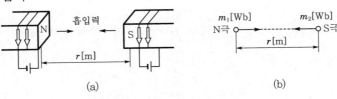

‖ 쿨롱(coulomb's law)의 법칙 ‖

ⓐ 두 자극 사이에 작용하는 힘 F[N]의 크기는 두 자극의 세기 m_1, m_2[Wb]의 곱에 비례하고, 두 자극 사이의 거리 r[m]의 제곱에 반비례한다.

$$F = k\, \frac{m_1 m_2}{r^2}\,[\mathrm{N}]$$

ⓑ M.K.S. 단위계에서는 진공 중에서 같은 크기의 자극을 1m 놓았을 때 작용하는 힘이 6.33×10^4N이 되는 자극의 단위는 1웨버(Weber, 기호 Wb)를 사용한다.

ⓒ $k = 6.33 \times 10^4 \mathrm{N} \cdot \mathrm{m}^2/\mathrm{Wb}^2$가 되며, 이 값을 $\dfrac{1}{4\pi\mu_0}$로 놓는다.

ⓓ 진공의 투자율 $\mu_0 = 4\pi \times 10^{-7} = 1.257 \times 10^{-6}$H/m

ⓔ 두 자극을 진공 중으로 놓았을 때 쿨롱의 법칙은 다음과 같다.

$$F = \frac{1}{4\pi\mu_0} \cdot \frac{m_1 m_2}{r^2} = 6.33 \times 10^4 \cdot \frac{m_1 m_2}{r^2}\,[\mathrm{N}]$$

ⓡ 자력선 밀도 : 자력선과 직각이 되는 면의 자력선 밀도가 그 점의 자장의 세기와 같으며, 자력선의 접선 방향이 그 점의 자장의 방향과 일치한다.

ⓐ 자장의 세기가 H[AT/m]인 점에서는 자장의 방향에 1m²당 H개의 자력선이 수직으로 지나간다.

ⓑ $+m$[Wb]의 점 자극에서 나오는 자력선은 각 방향에 균등하게 나오므로 반지름 r[m]인 구면 위의 자장의 세기 H는 다음과 같다.

$$H = \frac{1}{4\pi\mu_0} \cdot \frac{m}{r^2}\,[\mathrm{AT/m}]$$

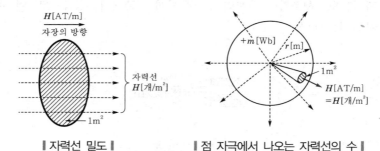

▌ 자력선 밀도 ▌ ▌ 점 자극에서 나오는 자력선의 수 ▌

ⓒ 구의 면적이 $4\pi r^2$이므로 $+m$[Wb]에서 나오는 자력선 수 N은 다음과 같다.

$$N = H \times 4\pi r^2 = \frac{m}{4\pi\mu_0 r^2} \times 4\pi r^2$$

$$= \frac{m}{\mu_0} = \frac{10^7}{4\pi} m\,[\text{개}]$$

② 자기회로

단면적 $A[\text{m}^2]$인 철심에 N회의 코일을 감고 전류 $I[\text{A}]$를 흘리면 철심 내에서는 자속 $\phi[\text{Wb}]$가 오른나사의 법칙에 따르는 방향으로 발생하며, 이 자속 $\phi[\text{Wb}]$를 만드는 원동력을 기자력 F라고 한다면 다음 식과 같다.

$$F = NI[\text{AT}]$$

코일의 권수가 많을수록, 전류 I가 클수록 발생 자속은 커진다. 자속이 통과하는 폐회로를 자기회로라고 하며, 단위는 암페어 턴(Ampere-Turn, AT)을 사용한다.

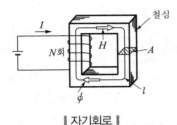

‖ 자기회로 ‖

㉠ 자기저항(reluctance)

ⓐ 기자력 $F[\text{AT}]$과 자속 $\phi[\text{Wb}]$와의 비를 자기저항 R이라고 한다.

$$R = \frac{F}{\phi}[\text{AT/Wb}]$$

ⓑ 자기저항이 작으면 자기회로에 자속을 쉽게 흐르게 한다.

ⓒ 자기저항 R은 자기회로의 길이 $l[\text{m}]$에 비례하고, 철심의 단면적 $A[\text{m}^2]$에 반비례한다.

$$R = \frac{l}{\mu A}[\text{AT/Wb}]$$

ⓓ 단면적 $A[\text{m}^2]$, 자기회로의 길이 $l[\text{m}]$라 하면 자장의 세기 $H = NI/l[\text{AT/m}]$, 자속밀도를 $B[\text{Wb/m}^2]$라 하면 다음과 같다.

자속 $\phi = BA = \mu HA[\text{Wb}]$

$$R = \frac{NI}{\phi} = \frac{NI}{\mu HA} = \frac{NI}{\mu A(NI/l)} = \frac{l}{\mu A}[\text{AT/Wb}]$$

㉡ 자기회로와 전기회로

자기회로	전기회로
기자력 $NI[\text{AT}]$	기전력 $E[\text{V}]$
자속 $\phi[\text{Wb}]$	전류 $I[\text{A}]$
자기저항 $R[\text{AT/Wb}]$	저항 $R[\Omega]$

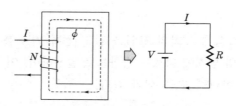

▌ 자기회로와 전기회로의 비교 ▌

(2) 전류에 의한 자기장

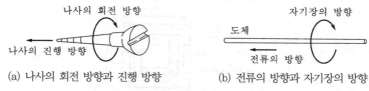

(a) 나사의 회전 방향과 진행 방향　　(b) 전류의 방향과 자기장의 방향

▌ 오른나사의 법칙 ▌

① 도선에 전류가 흐르면 그 주위에는 반드시 자기장이 생기며 이를 전류의 자기작용이라고 한다.

② 전류가 흐르는 도선의 주위에는 동심원이 그려지며, 그 밀도는 전선에 가까울수록 높아진다.

③ 자력선의 방향은 앙페르의 오른나사의 법칙에 따른다(엄지손가락 : 전류의 방향).

④ ⊗는 지면으로 들어가는 전류의 방향, ⊙는 지면에서 나오는 전류의 방향을 표시하는 부호이다.

⑤ 코일에 전류가 흐르면 자력선은 코일 속에서 합쳐져, 감은 횟수를 많이 할수록 강한 자장을 얻는다.

▨4 전자력과 전자유도

(1) 전자력의 방향

① 자장 내에 다음 그림과 같은 방향으로 전류를 흘리면 도체가 자석의 바깥 방향으로 운동을 하고, 전류의 방향을 바꾸거나 자극을 바꾸면 도체가 반대 방향으로 운동을 한다.

② 자장 내에서 전류가 흐르는 도체에 작용하는 힘을 전자력이라고 한다.

③ 전자력의 방향은 플레밍의 왼손 법칙으로 정한다(전동기의 회전 방향).

　㉠ 집게손가락 : 자장의 방향

　㉡ 가운뎃손가락 : 전류의 방향

　㉢ 엄지손가락 : 힘의 방향

▌ 플레밍의 왼손 법칙 ▌

(2) 코일에 작용하는 힘

① 전자력의 크기

자속밀도 $B[\text{Wb/m}^2]$의 평등 자장 내에 자장의 직각 방향으로 길이 $l[\text{m}]$의 도체를 넣고, 이것에 $I[\text{A}]$의 전류를 흘리면 도체에 작용하는 힘은 다음과 같다.

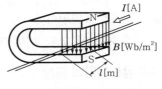

┃ 전자력의 크기 ┃

$$F = BIl[\text{N}]$$

② 도체와 자장 사이의 각도에 따른 전자력

㉠ 다음 그림 (a)는 도체를 자장과 직각($\theta = 90°$)으로 놓았으므로, 힘 F는 최대가 된다.

㉡ 다음 그림 (b)의 경우, 힘 F는 $\theta = 0°$이므로 힘을 받지 않으며, 플레밍의 왼손 법칙도 적용할 수가 없다.

㉢ 다음 그림 (c)와 같이 θ의 각도로 놓인 도체에 작용하는 힘 F는 다음과 같다.

$$F = BIl\sin\theta[\text{N}]$$

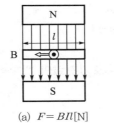
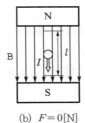
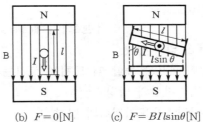

(a) $F = BIl[\text{N}]$ (b) $F = 0[\text{N}]$ (c) $F = BIl\sin\theta[\text{N}]$

┃ 도체와 자장 사이의 각과 전자력 ┃

(3) 전자유도

코일을 관통하는 자속을 변화시킬 때 기전력이 발생하는 현상을 전자유도라 하고, 발생된 기전력을 유도기전력(induced electromotive force)이라고 한다. 다음 그림과 같이 코일의 양끝에 검류계를 연결한 다음 코일 내부에 자석을 위아래로 움직이면 다음과 같다.

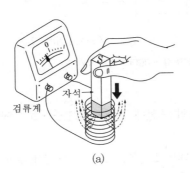
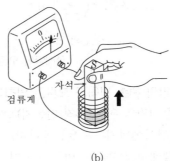

(a)   (b)

┃ 전자유도 ┃

① 자석을 코일에 가까이 할 때에는 검류계의 지침이 움직이며, 코일에 전류가 흐른다.

② 자석을 코일에서 멀리하면, 전과 반대 방향의 전류가 흐르고 검류계의 지침이 반대 방향으로 움직인다.

③ 자석이 코일 내에 있어도 움직이지 않으면 전류가 흐르지 않는다.

(4) 유도전압의 방향

① 렌츠의 법칙 ★★★

전자유도에 의하여 생기는 전압의 방향은 자신의 발생 원인이 되는 자속의 변화를 방해하는 방향으로 발생한다.

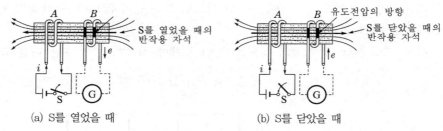

(a) S를 열었을 때 (b) S를 닫았을 때

∥ 렌츠의 법칙(Lenz's law) ∥

② 플레밍의 오른손 법칙 ★★★

자장 내에서 도체가 운동할 때 도체에 생기는 유도기전력의 방향을 결정한다.

㉠ 집게손가락 : 자장의 방향

㉡ 가운뎃손가락 : 유도기전력의 방향

㉢ 엄지손가락 : 도체의 운동 방향

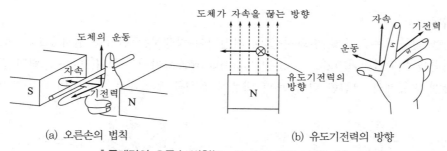

(a) 오른손의 법칙 (b) 유도기전력의 방향

∥ 플레밍의 오른손 법칙(Fleming's right-hand law) ∥

③ 플레밍의 왼손 법칙과 오른손 법칙의 비교

㉠ 플레밍의 왼손 법칙(전동기) : 자기장 내의 도선에 전류가 흐름 → 도선에 운동력 발생 (전기에너지 → 운동에너지)

㉡ 플레밍의 오른손 법칙(발전기) : 자기장 내의 도선이 이동 → 도선에 유도전압 발생(운동에너지 → 전기에너지)

출제 05 | 승강기 구동 기계 기구 작동 및 원리   3.3% / 2문항 출제

1 직류기(직류전동기)

(1) 직류발전기

기계적 형태의 에너지를 직류 형태의 전기적 에너지로 변환시키는 회전 기계이다.

(2) 직류전동기

직류의 전기적 에너지를 회전 형태의 기계적 에너지로 변환시키는 회전 기계이다.

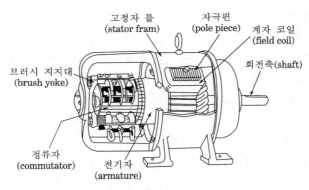

‖ 4극 직류발전기의 내부 구조 ‖

2 유도전동기

유도전동기(induction motor)의 회전 원리는 회전 자기장에 의해 회전자 코일에 유도된 전류와 회전 자기장과의 상호작용에 의하여 전자력이 발생되고 아라고의 원판(Arago's disk)에 의해 회전자를 회전시킨다.

유도전동기는 여러 가지 전동기 중에서 가장 많이 사용되고 있는 전동기로 공장, 가정용에 이르기까지 그 용도는 매우 넓어 보통 전동기라고 하면 유도전동기를 말할 정도이다.

(1) 유도전동기의 분류

① 단상 유도전동기
 ㉠ 분상기동형
 ㉡ 콘덴서기동형
 ㉢ 영구콘덴서형
 ㉣ 셰이딩코일형

② 3상 유도전동기
 ㉠ 보통 농형
 ㉡ 특수 농형(이중형, 심구형)
 ㉢ 권선형 유도전동기

③ 정속도 전동기

공급 전압, 주파수 또는 그 쌍방이 일정한 경우에는 부하에 관계없이 거의 일정한 회전속도로 동작하는 전동기를 뜻하며, 직류분권전동기, 유도전동기, 동기전동기 등이 있다.

(2) 3상 유도전동기의 기동

① 농형 유도전동기의 기동

전동기는 정격전류가 크므로 기동 시에 기동전류는 전부하 전류의 5~7배까지 흘러 전압강하를 일으키므로 기동이 되지 않고, 차단기의 부담이 매우 크므로 차단기의 부담을 경감시키고 위험을 줄이기 위하여 여러 가지 기동방식이 채용되고 있다.

㉠ 전전압(직입) 기동

ⓐ 직접 전원 전압을 인가하여 기동하는 방법이다.

ⓑ 기동전류가 5~7배까지 흐르므로 기동이 오래 걸리고 빈번한 기동 시에는 코일이 과열되기도 한다.

ⓒ 3.7kW 이하의 소용량 전동기에만 사용한다.

㉡ Y−△ 기동

ⓐ 기동전류를 경감시키기 위하여 전동기를 기동 시에 Y접속하고, 정격전압을 인가하여 기동 후 △접속으로 변환하여 운전한다.

ⓑ 기동 시 각 상에 정격전압의 $1/\sqrt{3}$ 이 가해지고 기동전류가 전전압 기동에 비해 1/3이 되므로 전부하 전류의 200~250%로 제한되고 기동토크도 $1/\sqrt{3}$ 로 줄어든다.

ⓒ 7.5~15kW의 전동기에서 사용된다.

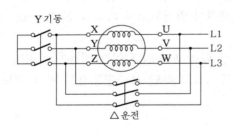

	Y결선			△결선	
L1	L2	L3	L1	L2	L3
|	|	|	|	|	|
U	V	W	U	V	W
			|	|	|
Y − Z − X			Y	Z	X

❙Y−△ 기동❙

㉢ 리액터 기동

ⓐ 전동기의 전원측에 직렬로 리액터를 접속하여 전원 전압을 낮게 감압하여 기동한다.

ⓑ 기동 후에는 가속하고, 전속도에 도달하면 이를 단락한다.

ⓒ Y−△ 기동이 곤란한 것, 기동 시 충격을 방지할 필요가 있는 것 등에 적합하다.

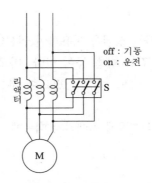

off : 기동
on : 운전

▌리액턴스 사용 ▌

　　㉹ 기동 보상기에 의한 기동
　　　ⓐ 고압의 농형 전동기에서는 3상 단권 변압기를 써서 기동 전압을 떨어뜨려 사용된다.
　　　ⓑ 15kW 이상의 전동기 기동에 사용된다.
　② 권선형 유도전동기의 기동(기동 저항기에 의한 기동)
　　㉠ 기동 시 저항을 조정하여 기동 전류를 억제하고 속도가 커짐에 따라 저항을 원위치시
　　　킨다.
　　㉡ 기동 특성이 농형 유도전동기에 비해 우수하다.

(3) 회전 방향을 바꾸는 방법 ★★★★
3상 교류인 3개의 단자 중 어느 2개의 단자를 서로 바꾸어 접속하면 1차 권선에 흐르는 상회전 방향이 반대가 되므로 자장의 회전 방향도 바뀌어 역회전을 한다.

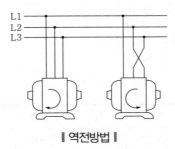

L1
L2
L3

▌역전방법 ▌

(4) 속도제어법 ★★
　① 2차 여자법
　　2차 권선에 외부의 전류를 통해 자계를 만들고, 그 작용으로 속도를 제어한다.
　② 주파수 변환
　　주파수는 고정자에 입력되는 3상 교류전원의 주파수를 뜻하며, 이 주파수를 조정하는 것은
　　전원을 조절한다는 것이고, 동기속도가 전원 주파수에 비례하는 성질을 이용하여 원활한
　　속도제어를 한다.
　③ 2차 저항제어
　　회전자권선(2차 권선)에 접속한 저항값의 증감법을 말한다.

④ 극수변환

동기속도가 극수에 반비례하는 성질을 이용하여 권선의 접속을 바꾸는 방법과 극수가 서로 다른 2개의 독립된 권선을 감는 방법 등이 있다. 비교적 효율이 좋고 자주 속도를 변경할 필요가 있으며 계단적으로 속도 변경이 필요한 부하에 사용된다.

⑤ 전압제어

유도기의 토크는 전원전압의 제곱에 비례하기 때문에 1차 전압을 제어하여 속도를 제어한다.

(5) 3상 유도전동기의 특성

① 슬립

3상 유도전동기는 항상 회전 자기장의 동기속도(n_s)와 회전자의 속도(n) 사이에 차이가 생기게 되며, 이 차이의 값으로 전동기의 속도를 나타낸다. 이때 속도의 차이와 동기속도(n_s)와의 비가 슬립(slip)이고, 보통 $0 < s < 1$ 범위이어야 하며, 슬립 1은 정지된 상태이다.

$$s = \frac{동기속도 - 회전자\ 속도}{동기속도} = \frac{n_s - n}{n_s}$$

② 동기속도

회전 자기장의 속도를 유도전동기의 동기속도(n_s)라 하면, 동기속도(synchronous speed)는 전원 주파수의 증가와 함께 비례하여 증가하고 극수의 증가와 함께 반비례하여 감소한다.

$$n_s = \frac{120f}{p}[\text{rpm}]$$

여기서, n_s : 유도전동기의 동기속도[rpm]

  f : 전원의 주파수[Hz]

  p : 회전 자기장의 극수

(6) 전기기기의 절연등급

절연의 종류	Y종	A종	E종	B종	F종	H종	C종
허용최고온도	90℃	105℃	120℃	130℃	155℃	180℃	180℃ 초과

출제 06 **승강기 제어 및 제어시스템의 원리 및 구성** 3.3% / 2문항 출제

1 제어의 개념 및 방법

(1) 제어의 개념

제어란 어떤 물리계(물체, 전기, 기계, 프로세스 등)가 미리 희망하는 값 또는 수시로 주어지는 목표의 값으로 동작하거나 유지하도록 조작을 가하는 것을 말한다.

(2) 제어를 하는 방법

① 수동제어

인간의 동작에 의하여 움직여지는 제어를 말한다.

② 자동제어

기계 또는 장치의 동작 상태를 목적에 따라 자동적으로 정정 가감하여 움직이는 제어를 말한다.

⊙ 궤환제어(feedback control) : 물리계 스스로가 제어의 필요성을 판단하여 수정동작을 하는 제어

ⓛ 시퀀스 제어(sequence control) : 미리 정해진 순서에 따라 제어의 각 단계가 순차적으로 진행되는 제어

▊2▊ 제어계의 구성(블록선도의 구성)

자동제어계에서 제어시스템의 구성요소를 블록(block)으로 표시하고, 신호의 흐름을 선으로 표시한 것을 블록선도(block diagram)라고 한다.

(1) 전달요소

입력신호를 받아서 적당히 변환된 출력신호를 만드는 신호 전달요소는 네모진 상자 속에 표시하며, 신호의 흐르는 방향을 화살표로 나타낸다. 다음 그림 $A(s)$는 입력, $B(s)$는 출력임을 알 수 있고 수식으로 표시하면 다음과 같다.

▊ 전달요소 ▊

$$B(s) = G(s) \cdot A(s)$$

(2) 가산점

두 가지 이상의 신호가 있을 때 이들 신호의 합과 차를 만드는 가산점은 화살표 옆에 +, -의 기호를 붙여 합 또는 차를 나타낸다.

$$B(s) = A(s) \pm C(s)$$

▊ 가산점 ▊

(3) 인출점

하나의 신호를 두 계통으로 분기하기 위해 인출점으로 표시한다.

$$A(s) = B(s) = C(s)$$

┃ 인출점 ┃

■3 자동제어

(1) 자동제어의 종류 및 특성

① 제어 목적에 의한 분류

ⓐ 정치제어 : 목표치가 시간의 변화에 관계없이 일정하게 유지되는 제어로서 자동조정이
라고 한다(프로세스 제어, 발전소의 자동 전압조정, 보일러의 자동 압력조정, 터빈의
속도제어 등).

ⓑ 추치제어 : 목표치가 시간에 따라 임의로 변화를 하는 제어로 서보기구가 여기에 속
한다.

ⓐ 추종제어 : 목표치가 시간에 대한 미지함수인 경우(대공포의 포신 제어, 자동 평형
계기, 자동 아날로그 선반)

ⓑ 프로그램 제어 : 목표치가 시간적으로 미리 정해진 대로 변화하고 제어량이 이것에
일치되도록 하는 제어(열처리로의 온도제어, 열차의 무인운전 등)

ⓒ 비율제어 : 목표치가 다른 어떤 양에 비례하는 경우(보일러의 자동 연소제어, 암모
니아의 합성 프로세스 제어 등)

② 제어량의 성질에 의한 분류

ⓐ 프로세스 제어 : 어떤 장치를 이용하여 무엇을 만드는 방법, 장치 또는 장치계를 프로세
스(process)라 한다(온도, 압력제어장치).

ⓑ 서보기구 : 제어량이 기계적인 위치 또는 속도인 제어를 말한다.

ⓒ 자동조정 : 서보기구 등에 적용되지 않는 것으로 전류, 전압, 주파수, 속도, 장력 등을
제어량으로 하며, 응답속도가 대단히 빠른 것이 특징이다(전자회로의 자동 주파수 제
어, 증기 터빈의 조속기, 수차 등).

(2) 되먹임(폐루프, 피드백, 궤환) 제어 ★★★★★

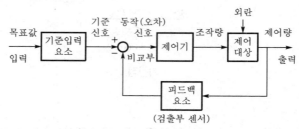

┃ 출력 피드백 제어(output feedback control) ┃

① 출력, 잠재외란, 유용한 조절변수인 제어대상을 가지는 일반화된 공정을 말한다.

② 적절한 측정기를 사용하여 검출부에서 출력(유속, 압력, 액위, 온도)값을 측정한다.

③ **검출부의 지시값을 목표값과 비교하여 오차(편차)를 확인하는 특징이 있다.**

④ 오차(편차)값은 제어기로 보내진다.

⑤ 제어기는 오차(편차)의 크기를 줄이기 위해 조작량의 값을 바꾼다.

⑥ 제어기는 조작량에 직접 영향을 미치지 않고 최종 제어요소인 다른 장치(보통 제어밸브)를 통하여 영향을 준다.

⑦ 미흡한 성능을 갖는 제어대상은 피드백에 의해 목표값과 비교하여 일치하도록 정정동작을 한다.

⑧ 상태를 교란시키는 외란의 영향에서 출력값을 원하는 수준으로 유지하는 것이 제어 목적이다.

⑨ 안정성이 향상되고, 선형성이 개선된다.

⑩ 종류에는 비례동작(P), 비례-적분동작(PI), 비례-적분-미분동작(PID) 제어기가 있다.

⑪ 제어량은 측정되어 제어되는 것이며, 출력량이라고도 한다.

4 시퀀스 제어

(1) 시퀀스 제어의 개요
기계나 장치의 기동, 정지, 운전상태의 변경 또는 제어계에서 얻고자 하는 목표값의 변경 등을 미리 정해진 순서에 의해서 실행하는 것이다.

(2) 시퀀스 제어의 제어요소
① 조작스위치

 ㉠ 누름버튼스위치(push button switch) : 조작부를 손으로 누르면 접점상태가 변하여 조작을 멈추며, 내장된 복귀스위치에 의해 초기 상태로 자동 복귀하는 스위치로서, 수동조작 자동복귀형 스위치라고도 한다.

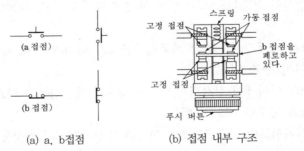

(a) a, b접점   (b) 접점 내부 구조

‖ 누름버튼스위치(push button switch) ‖

  ⓐ a접점 : 초기 상태에서 열려 있고 접점 간에 통전되지 않는 상태이며 조작할 때 닫히는 접점으로 메이크 접점(make contact)이라고 한다.

ⓑ b접점 : 조작하는 힘이 가해지지 않았을 때 통전된 상태를 말하는 접점으로 브레이
크 접점(break contact)이라고 한다.

ⓛ 유지형 스위치 : 조작을 가한 후 반대로 조작이 있을 때까지 접점 상태를 유지하는 스위
치이며, 토글스위치(toggle switch), 로터리스위치, 캠형 셀렉터스위치, 텀블러스위치
(tumbler switch) 등이 있고, 시퀀스도에는 어떤 형식으로든 기호나 문자가 붙어 있다.

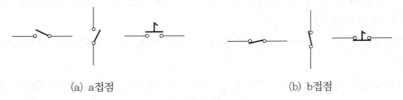

(a) a접점   (b) b접점

‖ 유지형 스위치 ‖

② **검출스위치**

위치, 레벨, 온도, 압력, 힘, 속도 등의 상태를 검출하고 제어 시스템에 정보를 전달하는
중요한 기기로서 센서(sensor)라고도 한다.

ⓗ 접촉스위치

ⓐ 마이크로스위치(micro switch)

ⓑ 리밋스위치(limit switch)

ⓛ 비접촉스위치 : 물리현상의 변화를 통해 무접촉으로 검출대상의 상태를 검출하는 것
이다.

ⓐ 광전스위치

ⓑ 근접스위치(proximity switch) : 물체에 의해 전기장이나 자기장을 변화시켜서 접
점이 개폐된다.

③ **전자계전기**

ⓗ 전자계전기의 원리

ⓐ 전자력에 의해 접점을 개폐하는 기능을 가진 장치로서, 전자 코일에 전류가 흐르면
고정 철심이 전자석으로 되어(여자) 철편이 흡입되고, 가동접점은 고정접점에 접촉
된다.

ⓑ 전자력을 잃게 되면(감자) 가동접점은 스프링의 힘으로 복귀되어 원상태로 된다.

ⓛ 전자계전기의 구조 및 성능

ⓐ AC 220V 이하에서 정격전류 1~15A 정도로 개폐성능은 비교적 낮으나 응답시간은
5~15mA 정도로 비교적 빠르다.

ⓑ 일반 제어회로의 신호전달뿐만 아니라 통신기기에서 가정용 기기까지 폭넓게 이용
된다.

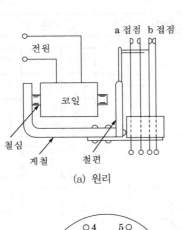

(a) 원리

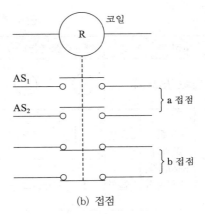

(b) 접점

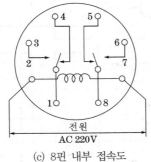

(c) 8핀 내부 접속도

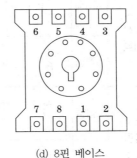

(d) 8핀 베이스

‖ 전자계전기 ‖

(3) 타이머

입력신호에서 출력신호까지 인위적으로 일정한 시간차를 두고 접점의 개폐 동작을 할 수 있는 것이다.

① 동작 지연 타이머(한시동작 순시복귀 : on delay timer)

입력이 '1'이 된 다음에 일정 시간 경과 후 출력이 '1'이 되고, 입력이 '0'이 되는 순간 출력도 '0'이 되는 계전기이다.

② 복귀 지연 타이머(순시동작 한시복귀 : off delay timer)

입력이 '1'이 되면 출력도 동시에 '1'이 되고, 입력이 '0'으로 복귀했을 때 일정 시간 경과 후 출력이 '0'이 되는 회로이다.

③ 동작 복귀 지연 타이머(한시동작 한시복귀 : 뒤진 타이머)

입력이 '1'이 된 다음 일정 시간 경과 후 출력이 '1'이 되고, 입력이 '0'이 된 다음 일정 시간 경과 후 출력이 '0'이 된다.

┃ 한시 회로의 종류와 동작 ┃

신 호			접점 심벌	논리 심벌	동 작
입력신호(코일)			○ ─○─		여자 / 무여자 / 여자
출력 신호	보통 릴레이, 순시동작, 순시복귀	a접점			폐 / 개 / 폐
		b접점			
	한시 동작 회로	a접점			τ
		b접점			개 / 폐 / 개
	한시 복귀 회로	a접점			τ
		b접점			
	뒤진 회로	a접점			τ τ
		b접점			

(4) 시퀀스 제어계 기본 회로

① 자기유지회로 ★★★★

전자계전기(X)를 조작하는 다른 스위치의 접점에 병렬로 그 전자계전기의 a접점이 접속된 회로를 말한다. 예를 들면 누름단추스위치(BS_1)를 온(on)으로 했을 때, 스위치가 닫혀 전자계전기가 일단 여자되면 그것의 a접점이 닫히기 때문에 누름단추스위치(BS_1)를 떼어도(스위치가 열림) 전자계전기는 누름단추스위치(BS_2)를 누를 때까지 여자를 계속한다. 이것을 자기유지라고 하는데 자기유지회로는 전동기의 운전 등에 널리 이용된다.

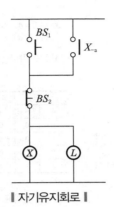

‖ 자기유지회로 ‖

② 인터록(선행동작 우선) 회로 ★★★★

두 개의 입력 중 먼저 동작한 쪽의 출력이 동작하는 동안 다른 쪽의 동작을 금지하는 회로를 말한다.

㉠ 1번 스위치(BS_1)를 온(on)하면 릴레이(X_1)가 동작, RL이 점등, 자기유지(X_{1-a})된다. 이때 2번 스위치(BS_2)를 온(on)하면, 릴레이(X_2)와 GL은 X_{1-b}에 의해 전기가 통하지 않는다.

㉡ 3번 스위치(BS_3)로 전원을 일시적으로 차단하면, 릴레이(X_1), RL은 오프(off)된다.

㉢ 2번 스위치(BS_2)를 온(on)하면 릴레이(X_2)가 동작, GL이 점등, 자기유지(X_{2-a})된다. 이때 1번 스위치(BS_1)를 온(on)하면, 릴레이(X_1)와 RL은 X_{2-b}에 의해 전기가 통하지 않는다.

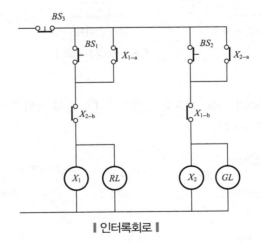

‖ 인터록회로 ‖

(5) 시퀀스 제어의 논리회로

① 논리곱(AND) 회로

㉠ 모든 입력이 있을 때에만 출력이 나타나는 회로이며 직렬 스위치 회로와 같다.

㉡ 두 입력 'A' AND 'B'가 모두 '1'이면 출력 X가 '1'이 되며, 두 입력 중 어느 하나라도 '0'이면 출력 X가 '0'인 회로가 된다.

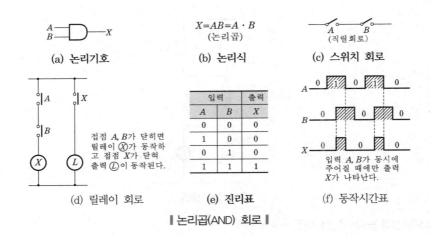

‖ 논리곱(AND) 회로 ‖

② 논리합(OR) 회로

하나의 입력만 있어도 출력이 나타나는 회로이며, 'A' OR 'B', 즉 병렬회로이다.

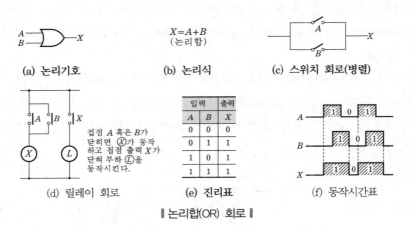

‖ 논리합(OR) 회로 ‖

③ 부정(NOT)회로

출력이 입력의 반대가 되는 회로로서 입력이 '1'이면 출력이 '0'이고, 입력이 '0'이면 출력이 '1'이 되는 반전회로이다.

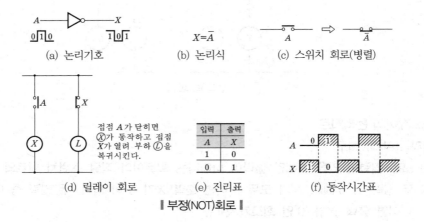

‖ 부정(NOT)회로 ‖

CBT 시험 실전 대비 **기출문제**

01 상승하던 에스컬레이터가 갑자기 하강방향으로 움직일 수 있는 상황을 방지하는 안전장치는?

① 스텝체인
② 핸드레일
③ 구동체인 안전장치
④ 스커트 가드 안전장치

해설 구동체인 안전장치(driving chain safety device)

ⓐ 구동기와 주구동장치(main drive) 사이의 구동체인이 상승 중 절단되었을 때 승객의 하중에 의해 하강운전을 일으키면 위험하므로 구동체인 안전장치가 필요하다.
ⓑ 구동체인 위에 항상 문지름판이 구동되면서 구동체인의 늘어짐을 감지하여 만일 체인이 느슨해지거나 끊어지면 슈가 떨어지면서 브레이크래칫이 브레이크휠에 걸려 주구동장치의 하강방향의 회전을 기계적으로 저지한다.
ⓒ 안전스위치를 설치하여 안전장치의 동작과 동시에 전원을 차단한다.

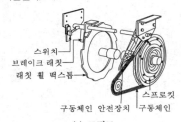

스위치
브레이크 래칫
래칫 휠 백스톱
스프로킷
구동체인 안전장치 ㄴ구동체인

(a) 조립도

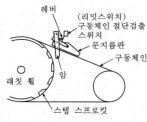

레버
(리밋스위치)
구동체인 절단검출
스위치
문지름판
구동체인
래칫 휠 암
스텝 스프로킷

(b) 안전장치 상세도

‖ 구동체인 안전장치 ‖

02 교류 엘리베이터의 제어방식이 아닌 것은?

① 교류 1단 속도제어방식
② 교류궤환 전압제어방식
③ 가변전압 가변주파수(VVVF) 제어방식
④ 교류상환 속도제어방식

해설 엘리베이터의 속도제어

ⓐ 교류제어
　• 교류 1단 속도제어
　• 교류 2단 속도제어
　• 교류궤환제어
　• VVVF(가변전압 가변주파수)제어
ⓑ 직류제어
　• 워드 레오나드(ward leonard) 방식
　• 정지 레오나드(static leonard) 방식

03 승강기에 사용되는 전동기의 소요 동력을 결정하는 요소가 아닌 것은?

① 정격적재하중
② 정격속도
③ 종합효율
④ 건물길이

해설 전동기의 용량(P) 계산

$$P = \frac{G \cdot V \cdot \sin\theta}{6{,}120\,\eta} \times \beta \text{(kW)}$$

여기서, P : 전동기의 용량(kW)
　　　　G : 에스컬레이터의 적재하중(kg)
　　　　V : 에스컬레이터의 속도(m/min)
　　　　θ : 경사각도(°)
　　　　η : 에스컬레이터의 총 효율(%)
　　　　β : 승객 승입률(0.85)

04 승객용 엘리베이터에서 일반적으로 균형체인 대신 균형로프를 사용하는 정격속도의 범위는?

① 120m/min 이상
② 120m/min 미만
③ 150m/min 이상
④ 150m/min 미만

해설 균형체인

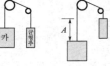

카 균형추
A
A를 보상함
균형체인(로프)
트랙션비가 적다. 트랙션비가 크다.

로프식 엘리베이터의 승강행정이 길어지면 로프가 어느 쪽(카측, 균형추측)에 있느냐에 따라 트랙션(견인력)비는 커져 와이어로프의 수명 및 전동기용량 등에 문제가 발생한다. 이런 문제의 해결방법으로 카 하부에서 균형추의 하부로 주로프와 비슷한 단위중량의 균형체인을 사용하여 90% 정도의 보상을 하지만, 고층용 엘리베이터의 경우 균형(보상)체인은 소음이 발생하므로 엘리베이터의 속도가 120m/min 이상에는 균형(보상)로프를 사용한다.

05 카가 최상층 및 최하층을 지나쳐 주행하는 것을 방지하는 것은?

① 리밋스위치　　② 균형추
③ 인터록장치　　④ 정지스위치

해설 리밋스위치(limit switch)

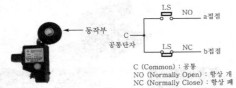

C (Common) : 공통
NO (Normally Open) : 항상 개
NC (Normally Close) : 항상 폐

‖ 리밋스위치 ‖

‖ 리밋(최상. 최하층)스위치의 설치 상태 ‖

㉠ 물체의 힘에 의해 동작부(구동장치)가 눌려서 접점이 온, 오프(on, off)한다.
㉡ 엘리베이터가 운행 시 최상·최하층을 지나치지 않도록 하는 장치로서 리밋스위치에 접촉이 되면 카를 감속 제어하여 정지시킬 수 있도록 한다.

06 무빙워크의 경사도는 몇 도 이하이어야 하는가?

① 30　　　② 20
③ 15　　　④ 12

해설 무빙워크(수평보행기)의 경사도와 속도

㉠ 무빙워크의 경사도는 12° 이하이어야 한다.
㉡ 무빙워크의 공칭속도는 0.75m/s 이하이어야 한다.
㉢ 팔레트 또는 벨트의 폭이 1.1m 이하이고, 승강장에서 팔레트 또는 벨트가 콤에 들어가기 전 1.6m 이상의 수평주행구간이 있는 경우 공칭속도는 0.9m/s까지 허용된다. 다만, 가속구간이 있거나 무빙워크를 다른 속도로 직접 전환시키는 시스템이 있는 무빙워크에는 적용되지 않는다.

‖ 팔레트 ‖　　‖ 승강장 스탭 ‖

‖ 콤(comb) ‖

07 전기식 엘리베이터 기계실의 실온 범위는?

① 5~70℃　　　② 5~60℃
③ 5~50℃　　　④ 5~40℃

해설 기계실의 유지관리에 지장이 없도록 조명 및 환기시설의 설치

㉠ 기계실에는 바닥면에서 200lx 이상을 비출 수 있는 영구적으로 설치된 전기조명이 있어야 한다.
㉡ 기계실은 눈·비가 유입되거나 동절기에 실온이 내려가지 않도록 조치되어야 하며 실온은 +5℃에서 +40℃ 사이에서 유지되어야 한다.

08 수직순환식 주차장치를 승입방식에 따라 분류할 때 해당되지 않는 것은?

① 하부승입식　　② 중간승입식
③ 상부승입식　　④ 원형승입식

해설 수직순환식 주차장치

㉠ 주차구획에 자동차를 들어가도록 한 후 그 주차구획을 수직으로 순환이동하여 자동차를 주차한다.
㉡ 종류(승입구 위치에 따른 구분) : 하부승입식, 중간승입식, 상부승입식
㉢ 특징
 • 승강로 면적이 작다.
 • 입출고 시간이 짧다.
 • 차량이 적재된 주차구획 전체를 1개 라인의 체인으로 동시에 승강시키므로 기계장치의 부하가 높다(주차 수 용대수 한정, 높은 운용 유지비, 진동 소음이 많음).
 • 체인 절단 시 적재된 모든 차량이 일시에 파손될 수 있다.

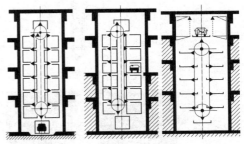

(a) 하부승입식　　(b) 중간승입식　　(c) 상부승입식

‖ 수직순환식 주차장치 ‖

09 사람이 탑승하지 않으면서 적재용량 1톤 미만의 소형화물 운반에 적합하게 제작된 엘리베이터는?

① 덤웨이터
② 화물용 엘리베이터
③ 비상용 엘리베이터
④ 승객용 엘리베이터

해설 **덤웨이터의 설치**

㉠ 승강로의 모든 출입구의 문이 닫혀져 있지 않으면 카를 승강시킬 수 없는 안전장치가 되어 있어야 한다.

㉡ 각 출입구에서 정지스위치를 포함하여 모든 출입구 층에 전달토록 한 다수단추방식이 가장 많이 사용된다.

㉢ 일반층에서 기준층으로만 되돌리기 위해서 문을 닫으면 자동적으로 기준층으로 되돌아가도록 제작된 것을 홈스테이션식이라고 한다.

㉣ 권상도르래, 풀리 또는 드럼과 현수로프의 공칭직경사이의 비는 스트랜드의 수와 관계없이 30 이상이어야 한다.

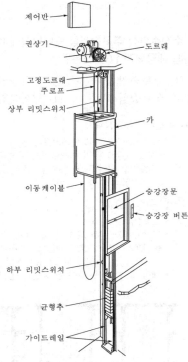

제어반
권상기
도르래
고정도르래
주로프
상부 리밋스위치
카
이동 케이블
승강장문
승강장 버튼
하부 리밋스위치
균형추
가이드레일

▌전동 덤웨이터의 구조▐

▌덤웨이터▐

10 엘리베이터의 가이드레일에 대한 치수를 결정할 때 유의해야 할 사항이 아닌 것은?

① 안전장치가 작동할 때 레일에 걸리는 좌굴 하중을 고려한다.

② 수평진동에 의한 레일의 휘어짐을 고려한다.

③ 케이지에 회전모멘트가 걸렸을 때 레일이 지지할 수 있는지 여부를 고려한다.

④ 레일에 이물질이 끼었을 때 배출을 고려한다.

해설 **가이드레일(guide rail)의 사용 목적**

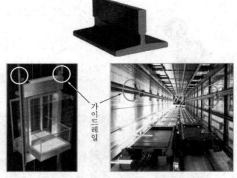

가이드레일

㉠ 카와 균형추의 승강로 평면 내의 위치를 규제한다.

㉡ 카의 자중이나 화물에 의한 카의 기울어짐을 방지한다.

㉢ 비상멈춤이 작동할 때의 수직하중을 유지한다.

11 유압식 엘리베이터의 동력전달 방법에 따른 종류가 아닌 것은?

① 스크루식
② 직접식
③ 간접식
④ 팬터그래프식

해설 **유압식 엘리베이터의 종류**

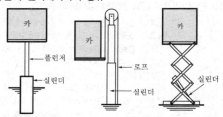

카
플런저
실린더

카
로프
실린더

카
실린더

▌직접식▐ ▌간접식(1 : 2 로핑)▐ ▌팬터그래프식▐

12 승강장문의 유효출입구 높이는 몇 m 이상이어야 하는가? (단, 자동차용 엘리베이터는 제외)

① 1
② 1.5
③ 2
④ 2.5

해설 **승강장**

㉠ 승강장 출입문의 높이 및 폭
• 승강장문의 유효출입구 높이는 2m 이상이어야 한다. 다만, 자동차용 엘리베이터는 제외한다.

정답 10. ④ 11. ① 12. ③

- 승강장문의 유효출입구 폭은 카 출입구의 폭 이상으로 하되, 양쪽 측면 모두 카 출입구 측면의 폭보다 50mm를 초과하지 않아야 한다.
ⓛ 승강장문의 기계적 강도 : 잠금장치가 있는 승강장문이 잠긴 상태에서 5cm² 면적의 원형이나 사각의 단면에 300N의 힘을 균등하게 분산하여 문짝의 어느 지점에 수직으로 가할 때, 승강장문의 기계적 강도는 다음과 같아야 한다.
  - 1mm를 초과하는 영구변형이 없어야 한다.
  - 15mm를 초과하는 탄성변형이 없어야 한다.
  - 시험 중이거나 시험이 끝난 후에 문의 안전성능은 영향을 받지 않아야 한다.

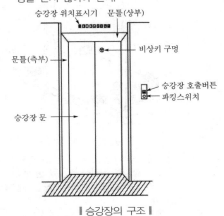

∥ 승강장의 구조 ∥

13 카의 실제 속도와 속도지령장치의 지령속도를 비교하여 사이리스터의 점호각을 바꿔 유도전동기의 속도를 제어하는 방식은?

① 사이리스터 레오나드방식
② 교류궤환 전압제어방식
③ 가변전압 가변주파수방식
④ 워드 레오나드방식

🔧해설 교류궤환제어

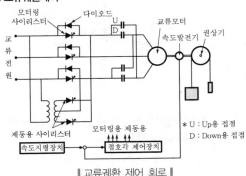

∥ 교류궤환 제어 회로 ∥

ⓛ 카의 실속도와 지령속도를 비교하여 사이리스터(thyristor)의 점호각을 바꾼다.

ⓛ 감속할 때는 속도를 검출하여 사이리스터에 궤환시켜 전류를 제어한다.
ⓒ 전동기 1차측 각상에 사이리스터와 다이오드를 역병렬로 접속하여 역행 토크를 변화시킨다.
ⓔ 모터에 직류를 흘려서 제동토크를 발생시킨다.
ⓜ 미리 정해진 지령속도에 따라 정확하게 제어되므로, 승차감 및 착상 정도가 교류 1단, 교류 2단 속도제어보다 좋다.
ⓗ 교류 2단 속도제어와 같은 저속주행 시간이 없으므로 운전시간이 짧다.
ⓢ 40~105m/min의 승용 엘리베이터에 주로 적용된다.

14 전기식 엘리베이터에서 카 비상정지장치의 작동을 위한 조속기는 정격속도 몇 % 이상의 속도에서 작동되어야 하는가? (단, 13년 개정 전 과속스위치는 1.3배 이하에서 작동)

① 220   ② 200
③ 115   ④ 100

🔧해설 조속기의 동작

ⓛ 제1동작 : 전기안전장치에 의해 상승 또는 하강하는 카의 속도가 조속기의 작동속도에 도달하기 전에 구동기의 정지를 시작하여야 한다. 다만, 정격속도가 1m/s 이하인 경우 이 장치는 늦어도 조속기 작동속도에 도달하는 순간에 작동될 수 있다.
ⓛ 제2동작 : 비상정지장치의 작동을 위한 조속기는 정격속도의 115% 이상의 속도 그리고 다음과 같은 속도 미만에서 작동되어야 한다.
  - 고정된 롤러 형식을 제외한 즉시작동형 비상정지장치 : 0.8m/s(48m/min)
  - 고정된 롤러 형식의 비상정지장치 : 1m/s(60m/min)
  - 완충효과가 있는 즉시작동형 비상정지장치 및 정격속도가 1m/s 이하의 엘리베이터에 사용되는 점차작동형 비상정지장치 : 1.5m/s(90m/min)
  - 정격속도가 1m/s를 초과하는 엘리베이터에 사용되는 점차작동형 비상정지장치 : $1.25V+0.25/V$(m/s)

15 다음 중 승강기 제동기의 구조에 해당되지 않는 것은?

① 브레이크 슈   ② 라이닝
③ 코일   ④ 워터슈트

🔧해설 브레이크 시스템

관성에 의한 전동기의 회전을 자동적으로 정지시키는 것을 일반적으로 브레이크라고 한다.
ⓛ 제동력은 강력한 스프링에 의해 주어지고, 모터 전원이 흐르는 기간 동안 전자코일에 의해 개방된다.
ⓛ 브레이크 슈 : 높은 동작 빈도에 견디고 마찰계수가 안정되어 있어야 한다.
ⓒ 라이닝 : 청동 철사와 석면사를 넣어 짠 것을 사용한다.

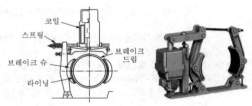

┃ 제동기의 구조 ┃   ┃ 로터리 드럼 제동기 ┃

16 유압식 엘리베이터의 유압 파워유닛과 압력배관에 설치되며, 이것을 닫으면 실린더의 기름이 파워유닛으로 역류되는 것을 방지하는 밸브는?

① 스톱밸브　　② 럽처밸브
③ 체크밸브　　④ 릴리프밸브

해설 유압회로의 밸브

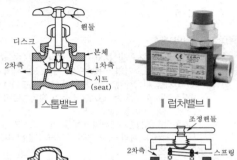

┃ 스톱밸브 ┃   ┃ 럽처밸브 ┃

┃ 체크밸브 ┃   ┃ 안전밸브 ┃

㉠ 스톱밸브(stop valve) : 유압 파워유닛과 실린더 사이의 압력배관에 설치되며, 이것을 닫으면 실린더의 기름이 파워유닛으로 역류하는 것을 방지한다. 유압장치의 보수, 점검 또는 수리 등을 할 때에 사용되며, 일명 게이트 밸브라고도 한다.

㉡ 럽처밸브(rupture valve) : 압력배관이 파손되었을 때 기름의 누설에 의한 카의 하강을 방지하기 위한 것이다. 밸브 양단의 압력이 떨어져 설정한 방향으로 설정한 유량이 초과하는 경우에, 유량이 증가하는 것에 의하여 자동으로 회로를 폐쇄하도록 설계한 밸브이다.

㉢ 체크밸브(non-return valve) : 한쪽 방향으로만 기름이 흐르도록 하는 밸브로서 상승방향으로는 흐르지만 역방향으로는 흐르지 않는다. 이것은 정전이나 그 이외의 원인으로 펌프의 토출압력이 떨어져서 실린더의 기름이 역류하여 카가 자유낙하하는 것을 방지하는 역할을 하는 것으로 로프식 엘리베이터의 전자브레이크와 유사하다.

㉣ 안전밸브(relief valve) : 압력조정밸브로 회로의 압력이 상용압력의 125% 이상 높아지면 바이패스(by-pass) 회로를 열어 기름을 탱크로 돌려보내어 더 이상의 압력 상승을 방지한다.

17 다음 중 승강기 도어시스템과 관계없는 부품은?

① 브레이스 로드　　② 연동로프
③ 캠　　④ 행거

해설 카 틀(car frame)

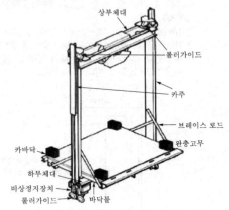

┃ 카 틀 및 카 바닥 ┃

㉠ 상부 체대 : 카주 위에 2본의 종 프레임을 연결하고 메인 로프에 하중을 전달하는 것을 말한다.
㉡ 카주 : 하부 프레임의 양단에서 하중을 지탱하는 2본의 기둥이다.
㉢ 하부 체대 : 카 바닥의 하부 중앙에 바닥의 하중을 받쳐주는 것을 말한다.
㉣ 브레이스 로드(brace rod) : 카 바닥과 카주의 연결재이며, 카 바닥에 걸리는 하중은 분포하중으로 전하중의 3/8은 브레이스 로드에서 분담한다.

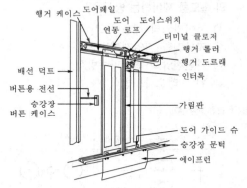

┃ 승강장 도어 구조 ┃

18 에스컬레이터의 이동용 손잡이에 대한 안전점검 사항이 아닌 것은?

① 균열 및 파손 등의 유무
② 손잡이의 안전마크 유무
③ 디딤판과의 속도차 유지 여부
④ 손잡이가 드나드는 구멍의 보호장치 유무

해설 에스컬레이터의 핸드레일(handrail) 및 핸드레일 가드 (handrail guard) 점검사항

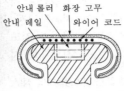

안내 롤러　화장 고무
안내 레일　　　와이어 코드

▌핸드레일▐　　▌핸드레일의 구조▐

㉠ 표면 균열, 마모 상태 및 장력
㉡ 가이드에서 핸드레일 이탈 가능성
㉢ 스텝과의 속도 차이
㉣ 핸드레일과의 사이에 손가락이 끼일 위험성
㉤ 주행 중 소음 및 진동 여부
㉥ 안전스위치 작동 상태

19 인체에 통전되는 전류가 더욱 증가되면 전류의 일부가 심장 부분을 흐르게 된다. 이때 심장이 정상적인 맥동을 못하며 불규칙적으로 세동을 하게 되어 결국 혈액의 순환에 큰 장애를 일으키게 되는 현상(전류)을 무엇이라 하는가?

① 심실세동전류　　② 고통한계전류
③ 가수전류　　　　④ 불수전류

해설 감전 전류에 따른 생리적 영향

㉠ 감지전류
• 인체에 전류가 흐르고 있는 것을 감지할 수 있는 최소 전류
• 교류(60Hz)에서 성인남자 1~2mA
㉡ 고통한계전류
• 근육은 자유스럽게 이탈 가능하지만 고통을 수반한다.
• 교류(60Hz)에서 성인남자 2~8mA
㉢ 가수전류
• 안전하게 스스로 접촉된 전원으로부터 떨어질 수 있는 전류
• 교류(60Hz)에서 성인남자 8~15mA
㉣ 불수전류
• 근육에 경련이 일어나며 전선을 잡은 채로 손을 뗄 수가 없다.
• 교류(60Hz)에서 성인남자 16mA
㉤ 심실세동전류
• 심장은 마비 증상을 일으키며 호흡도 정지한다.
• 교류(60Hz)에서 성인남자 100mA

20 와이어로프의 꼬는 방법 중 보통꼬임에 해당하는 것은?

① 스트랜드의 꼬는 방향과 로프의 꼬는 방향 이 반대인 것
② 스트랜드의 꼬는 방향과 로프의 꼬는 방향 이 같은 것
③ 스트랜드의 꼬는 방향과 로프의 꼬는 방향이 일정 구간 같았다가 반대이었다가 하는 것
④ 스트랜드의 꼬는 방향과 로프의 꼬는 방향 이 전체길이의 반은 같고 반은 반대인 것

해설 와이어로프의 꼬임 방법

종류	꼬이는 방향	특징	형상
보통 꼬임 (regular lay)	소선과 스트랜드의 꼬임 방향이 다르다.	외주(外周)가 마모 되기 쉽지만 꼬임이 풀리기 어렵다. 유연성이 좋다.	Z꼬임, S꼬임
랭 꼬임 (lang lay)	소선과 스트랜드의 꼬임 방향이 같다.	외주(外周)가 마모 되기 어렵지만 꼬임이 풀리기 쉽다. 유연성이 좋다.	

▌보통Z꼬임▐　▌보통S꼬임▐　▌랭Z꼬임▐　▌랭S꼬임▐

21 감전사고로 의식불명이 된 환자가 물을 요구할 때의 방법으로 적당한 것은?

① 냉수를 주도록 한다.
② 온수를 주도록 한다.
③ 설탕물을 주도록 한다.
④ 물을 천에 묻혀 입술에 적시어만 준다.

해설 감전사고 응급처치

감전사고가 일어나면 감전쇼크로 인해 산소 결핍현상이 나타나고, 신장기능장해가 심할 경우 몇 분 내로 사망에 이를 수 있다. 주변의 동료는 신속하게 인공호흡과 심폐소생술을 실시해야 한다.
㉠ 전기 공급을 차단하거나 부도체를 이용해 환자를 전원으로부터 떼어 놓는다.
㉡ 환자의 호흡기관에 귀를 대고 환자의 상태를 확인한다.
㉢ 가슴 중앙을 양손으로 30회 정도 눌러준다.
㉣ 머리를 뒤로 젖혀 기도를 완전히 개방시킨다.
㉤ 환자의 코를 막고 입을 밀착시켜 숨을 불어 넣는다(처음 4회는 신속하고 강하게 불어넣어 폐가 완전히 수축되지 않도록 함).
㉥ 환자의 흉부가 팽창된 것이 보이면 다시 심폐소생술을 실시한다.
㉦ 이 과정을 환자가 의식이 돌아올 때까지 반복 실시한다.
㉧ 환자에게 물을 먹이거나 물을 부으면 호흡을 막을 우려 가 있기 때문에 위험하다.
㉨ 신속하고 적절한 응급조치는 감전환자의 95% 이상을 소생시킬 수 있다.

정답 19. ①　20. ①　21. ④

22 다음 중 안전사고 발생 요인이 가장 높은 것은?

① 불안전한 상태와 행동
② 개인의 개성
③ 환경과 유전
④ 개인의 감정

해설 안전사고 발생 원인 중 인간의 불안전한 행동(인적 원인)이 88%로 가장 많고, 불안전한 상태(물적 원인)가 10%, 불가항력적 사고가 2% 정도를 차지한다.

23 설비재해의 물적 원인에 속하지 않는 것은?

① 교육적 결함(안전교육의 결함, 표준작업방법의 결여 등)
② 설비나 시설에 위험이 있는 것(방호 불충분 등)
③ 환경의 불량(정리정돈 불량, 조명 불량 등)
④ 작업복, 보호구의 불량

해설 산업재해 원인 분류

㉠ 직접 원인
• 불안전한 행동(인적 원인)
 – 안전장치를 제거, 무효화한다.
 – 안전조치의 불이행
 – 불안전한 상태 방치
 – 기계장치 등의 지정외 사용
 – 운전중인 기계, 장치 등의 청소, 주유, 수리, 점검 등의 실시
 – 위험장소에의 접근
 – 잘못된 동작자세
 – 복장, 보호구의 잘못 사용
 – 불안전한 속도조작
 – 운전의 실패
• 불안전한 상태(물적 원인)
 – 물(物) 자체의 결함
 – 방호장치의 결함
 – 작업 장소 및 기계의 배치 결함
 – 보호구, 복장 등의 결함
 – 작업환경의 결함
 – 자연적 불안전한 상태
 – 작업방법 및 생산 공정 결함
㉡ 간접 원인
• 기술적 원인 : 기계·기구, 장비 등의 방호설비, 경계설비, 보호구 정비 등의 기술적 결함
• 교육적 원인 : 무지, 경시, 몰이해, 훈련 미숙, 나쁜 습관, 안전지식 부족 등
• 신체적 원인 : 각종 질병, 피로, 수면부족 등
• 정신적 원인 : 태만, 반항, 불만, 초조, 긴장, 공포 등
• 관리적 원인 : 책임감의 부족, 작업기준의 불명확, 점검 보전제도의 결함, 부적절한 배치, 근로의욕 침체 등

24 작업감독자의 직무에 관한 사항이 아닌 것은?

① 작업감독 지시
② 사고보고서 작성
③ 작업자 지도 및 교육 실시
④ 산업재해 시 보상금 기준 작성

해설 관리감독자의 직무

㉠ 기계기구설비의 안전보건점검 및 이상 유무의 확인
㉡ 보호구 착용 및 방호장치의 점검에 관한 교육 지도
㉢ 재해에 관한 보고 및 이에 대한 응급조치
㉣ 작업장 정리정돈 및 통로 확보의 확인, 감독
㉤ 안전관리자 및 보건관리자의 지도, 조언에 대한 협조
㉥ 유해, 위험한 작업에 대한 특별안전교육 중 안전에 관한 교육

25 승강기 자체점검의 결과 결함이 있는 경우 조치가 옳은 것은?

① 즉시 보수하고, 보수가 끝날 때까지 운행을 중지
② 주의표지 부착 후 운행
③ 점검결과를 기록하고 운행
④ 제한적으로 운행하고 보수

해설 승강기의 자체점검

㉠ 승강기 관리주체는 스스로 승강기 운행의 안전에 관한 점검을 월 1회 이상 실시하고 그 점검기록을 작성·보존하여야 한다. 다만, 승강기 관리주체가 승강기안전종합정보망에 자체점검기록을 입력한 경우에는 그 점검기록을 별도로 작성·보존하지 아니할 수 있다(2016년 개정).
㉡ 승강기 관리주체는 자체점검의 결과 해당 승강기에 결함이 있다는 사실을 알았을 경우에는 즉시 보수하여야 하며, 보수가 끝날 때까지 운행을 중지하여야 한다.
㉢ 다음에 해당하는 승강기에 대하여는 자체점검의 전부 또는 일부를 면제할 수 있다.
• 완성검사, 정기검사, 수시검사에 불합격된 승강기(운행이 정지됨)
• 완성검사, 정기검사, 수시검사가 연기된 승강기(운행이 정지됨)

26 산업재해 중에서 다음에 해당하는 경우를 재해형태별로 분류하면 무엇인가?

> 전기 접촉이나 방전에 의해 사람이 충격을 받은 경우

① 감전   ② 전도
③ 추락   ④ 화재

해설 재해 발생 형태별 분류

㉠ 추락 : 사람이 건축물, 비계, 기계, 사다리, 계단 등에서 떨어지는 것
㉡ 충돌 : 사람이 물체에 접촉하여 맞부딪침
㉢ 전도 : 사람이 평면상으로 넘어졌을 때를 말함(과속, 미끄러짐 포함)
㉣ 낙하 비래 : 사람이 정지물에 부딪친 경우
㉤ 협착 : 물건에 끼인 상태, 말려든 상태
㉥ 감전 : 전기 접촉이나 방전에 의해 사람이 충격을 받은 경우
㉦ 동상 : 추위에 노출된 신체 부위의 조직이 어는 증상

27 추락을 방지하기 위한 2종 안전대의 사용법은?

① U자 걸이 전용
② 1개 걸이 전용
③ 1개 걸이, U자 걸이 겸용
④ 2개 걸이 전용

해설 안전대의 종류

▌1개 걸이 전용 안전대▌

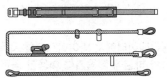

▌U자 걸이 전용 안전대▌

▌안전블록▌　　▌추락방지대▌

종류	등급	사용 구분
벨트식(B식), 안전그네식(H식)	1종	U자 걸이 전용
	2종	1개 걸이 전용
	3종	1개 걸이, U자 걸이 공용
	4종	안전블록
	5종	추락방지대

28 전기(로프)식 엘리베이터의 안전장치와 거리가 먼 것은?

① 비상정지장치　② 조속기
③ 도어인터록　　④ 스커트 가드

해설 에스컬레이터의 스커트 가드(skirt guard)는 난간 내측판의 스텝에 인접한 부분으로, 스테인레스 판으로 되어 있다.

▌난간 부분의 명칭▌

▌난간의 구조▌

29 공칭속도 0.5m/s 무부하 상태의 에스컬레이터 및 하강방향으로 움직이는 제동부하 상태의 에스컬레이터의 정지거리는?

① 0.1m에서 1.0m 사이
② 0.2m에서 1.0m 사이
③ 0.3m에서 1.3m 사이
④ 0.4m에서 1.5m 사이

해설 에스컬레이터의 정지거리

무부하 상태의 에스컬레이터 및 하강방향으로 움직이는 제동부하 상태의 에스컬레이터에 대한 정지거리는 다음과 같다.

공칭속도	정지거리
0.50m/s	0.20m에서 1.00m 사이
0.65m/s	0.30m에서 1.30m 사이
0.75m/s	0.40m에서 1.50m 사이

㉠ 공칭속도 사이에 있는 속도의 정지거리는 보간법으로 결정되어야 한다.
㉡ 정지거리는 전기적 정지장치가 작동된 시간부터 측정되어야 한다.
㉢ 운행방향에서 하강방향으로 움직이는 에스컬레이터에서 측정된 감속도는 브레이크 시스템이 작동하는 동안 $1m/s^2$ 이하이어야 한다.

30 로프식(전기식) 엘리베이터용 조속기의 점검사항이 아닌 것은?

① 진동·소음 상태　② 베어링 마모 상태
③ 캐치 작동 상태　④ 라이닝 마모 상태

[해설] 조속기(governor)의 보수점검항목

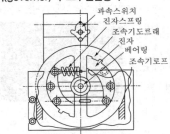

‖ 마찰정치(롤 세이프티)형 조속기 ‖

‖ 분할핀 ‖

‖ 테이퍼 핀 ‖

㉠ 각 부분 마모, 진동, 소음의 유무
㉡ 베어링의 눌러 붙음 발생의 우려
㉢ 캐치의 작동 상태
㉣ 볼트(bolt), 너트(nut)의 결여 및 이완 상태
㉤ 분할핀(cotter pin) 결여의 유무
㉥ 시브(sheave)에서 조속기로프(governor rope)의 미끄럼 상태
㉦ 조속기로프와 클립 체결 상태
㉧ 과속(조속기)스위치 접점의 양호 여부 및 작동 상태
㉨ 각 테이퍼 핀(taper-pin)의 이완 유무
㉩ 급유 및 청소 상태
㉪ 작동 속도시험 및 운전의 원활성
㉫ 비상정치장치 작동 상태의 양호 유무
㉬ 조속기(governor) 고정 상태

31 카 도어록이 설치되어 사람의 힘으로 열 수 없는 경우나 화물용 엘리베이터의 경우를 제외하고 엘리베이터의 카 바닥 앞부분과 승강로 벽과의 수평거리는 일반적인 경우 그 기준을 몇 mm 이하로 하도록 하고 있는가?

① 30mm ② 55mm
③ 100mm ④ 125mm

[해설] **카와 카 출입구를 마주하는 벽 사이의 틈새**

㉠ 승강로의 내측 면과 카 문턱 카 문틀 또는 카 문의 닫히는 모서리 사이의 수평거리는 0.125m 이하이어야 한다. 다만, 0.125m 이하의 수평거리는 각각의 조건에 따라 다음과 같이 적용될 수 있다.
 • 수직높이가 0.5m 이하인 경우에는 0.15m까지 연장될 수 있다.
 • 수직개폐식 승강장문이 설치된 화물용인 경우, 주행로 전체에 걸쳐 0.15m까지 연장될 수 있다.

• 잠금해제구간에서만 열리는 기계적 잠금장치가 카 문에 설치된 경우에는 제한하지 않는다.
㉡ 카 문턱과 승강장문 문턱 사이의 수평거리는 35mm 이하이어야 한다.
㉢ 카 문과 닫힌 승강장문 사이의 수평거리 또는 문이 정상 작동하는 동안 문 사이의 접근거리는 0.12m 이하이어야 한다.
㉣ 경첩이 있는 승강장문과 접하는 카 문의 조합인 경우에는 닫힌 문 사이의 어떤 틈새에도 직경 0.15m의 구가 통과되지 않아야 한다.

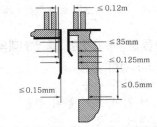

‖ 카와 카 출입구를 마주하는 벽 사이의 틈새 ‖

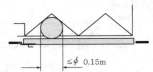

‖ 경첩 달린 승강장문과 접힌 카 문의 틈새 ‖

32 엘리베이터에서 와이어로프를 사용하여 카의 상승과 하강에 전동기를 이용한 동력장치는?

① 권상기 ② 조속기
③ 완충기 ④ 제어반

[해설] **권상 구동식과 포지티브 구동 엘리베이터**

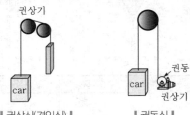

‖ 권상식(견인식) ‖ ‖ 권동식 ‖

‖ 권상기 ‖

㉠ 권상 구동식 엘리베이터(traction drive lift) : 현수로프가 구동기의 권상도르래홈 등에서 마찰에 의해 구동되는 엘리베이터

㉡ 포지티브 구동 엘리베이터(positive drive lift) : 권상 구동식 이외의 방식으로 체인 또는 로프에 의해 현수되는 엘리베이터

33 로프식(전기식) 엘리베이터에 있어서 기계실 내의 조명, 환기 상태 점검 시에 운전을 중지하고 긴급수리를 해야 하는 경우는?

① 천장, 창 등에 우수가 침입하여 기기에 악영향을 미칠 염려가 있는 경우
② 실내에 엘리베이터 관계 이외의 물건이 있는 경우
③ 조도, 환기가 부족한 경우
④ 실온 0℃ 이하 또는 40℃ 이상인 경우

해설 **로프식 엘리베이터의 긴급수리 항목**

㉠ 기계실 내의 조명, 환기, 정비
  • 실내에 엘리베이터 관계이외의 물건이 심하게 적재된 경우
  • 천장, 창 등에서 우수가 침입하여 기기에 악영향을 미칠 염려가 있는 것
㉡ 수전반, 제어반
  • 개폐기, 계전기 등의 손모 상태가 심한 경우
  • 화재발생의 염려가 있는 것
  • 퓨즈 등에 규격 외의 것이 사용되고 있는 것
  • 먼지나 이물에 의한 오염으로 오작동의 염려가 있는 것

34 엘리베이터 전동기에 요구되는 특성으로 옳지 않은 것은?

① 충분한 제동력을 가져야 한다.
② 운전 상태가 정숙하고 고진동이어야 한다.
③ 카의 정격속도를 만족하는 회전특성을 가져야 한다.
④ 높은 기동빈도에 의한 발열에 대응하여야 한다.

해설 **엘리베이터용 전동기에 요구되는 특성**

㉠ 기동토크가 클 것
㉡ 기동전류가 작을 것
㉢ 소음이 적고 저진동이어야 함
㉣ 기동빈도가 높으므로(시간당 300회) 발열(온도 상승)을 고려해야 함
㉤ 회전 부분의 관성모멘트(회전축을 중심으로 회전하는 물체가 계속해서 회전을 지속하려는 성질의 크기)가 적을 것
㉥ 충분한 제동력을 가질 것

35 전자접촉기 등의 조작회로를 접지하였을 경우, 당해 전자접촉기 등이 폐로될 염려가 있는 것의 접속방법으로 옳은 것은?

① 코일과 접지측 전선 사이에 반드시 개폐기가 있을 것
② 코일의 일단을 접지측 전선에 접속할 것
③ 코일의 일단을 접지하지 않는 쪽의 전선에 접속할 것
④ 코일과 접지측 전선 사이에 반드시 퓨즈를 설치할 것

해설 **전기적인 회로**

전자접촉기 등의 조작회로를 접지하였을 경우에 당해 전자접촉기 등이 폐로될 염려가 있는 것은 다음과 같이 접속하여야 한다.

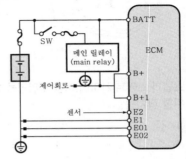

‖ 제어·조작회로 접지 ‖

㉠ 코일의 일단을 접지측의 전선에 접속하여야 한다. 다만, 코일과 접지측 사이에 반도체를 이용하는 전자접촉기 드라이브방식일 경우에는 그러하지 아니하다.
㉡ 코일과 접지측의 전선 사이에는 계전기 접점이 없어야 한다. 다만, 코일과 접지측 사이에 반도체를 이용하는 전자접촉기 드라이브방식일 경우에는 그러하지 아니하다.
㉢ 과전류 또는 과부하 시 동력을 차단시키는 과전류방지 기능을 구비하여야 한다.

36 전기식 엘리베이터의 카 내 환기시설에 관한 내용 중 틀린 것은?

① 구멍이 없는 문이 설치된 카에는 카의 위·아랫부분에 환기구를 설치한다.
② 구멍이 없는 문이 설치된 카에는 반드시 카의 윗부분에만 환기구를 설치한다.
③ 카의 윗부분에 위치한 자연 환기구의 유효면적은 카의 허용면적의 1% 이상이어야 한다.
④ 카의 아랫부분에 위치한 자연 환기구의 유효면적은 카의 허용면적의 1% 이상이어야 한다.

해설 전기식 엘리베이터의 카 내 환기

㉠ 구멍이 없는 문이 설치된 카에는 카의 위·아랫부분에 자연 환기구가 있어야 한다.

㉡ 카 윗부분에 위치한 자연 환기구의 유효면적은 카의 허용면적의 1% 이상이어야 한다. 카 아래 부분의 환기구 또한 동일하게 적용된다.

㉢ 카 문 주위에 있는 개구부 또는 틈새는 규정된 유효면적의 50%까지 환기구의 면적에 계산될 수 있다.

㉣ 자연환기구는 직경 10mm의 곧은 강체 막대봉이 카 내부에서 카 벽을 통해 통과될 수 없는 구조이어야 한다.

‖ 카실 ‖

37 스텝과 스커트 사이에 끼임의 위험을 최소화하기 위한 장치는?

① 콤 ② 뉴얼
③ 스커트 ④ 스커트 디플렉터

해설 스커트 디플렉터(안전 브러쉬)

스텝과 스커트 사이에 끼임의 위험을 최소화하기 위한 장치이다.

㉠ 스커트 : 스텝, 팔레트 또는 벨트와 연결되는 난간의 수직 부분

㉡ 스커트 디플렉터의 설치 요건

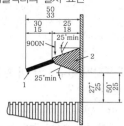

‖ 스커트 디플렉터 ‖

• 견고한 부분과 유연한 부분(브러시 또는 고무 등)으로 구성되어야 한다.

• 스커트 패널의 수직면 돌출부는 최소 33mm, 최대 50mm이어야 한다.

• 견고한 부분의 부착물 선상에 수직으로 견고한 부분의 돌출된 지점에 600mm²의 직사각형 면적 위로 균등하게 분포된 900N의 힘을 가할 때 떨어지거나 영구적인 변형 없이 견뎌야 한다.

• 견고한 부분은 18mm와 25mm 사이에 수평 돌출부가 있어야 하고, 규정된 강도를 견뎌야 한다. 유연한 부분의 수평 돌출부는 최소 15mm, 최대 30mm이어야 한다.

• 주행로의 경사진 구간의 전체에 걸쳐 스커트 디플렉터의 견고한 부분의 아래 쪽 가장 낮은 부분과 스텝 돌출부 선상 사이의 수직거리는 25mm와 27mm 사이이어야 한다.

‖ 승강장 스텝 ‖ ‖ 콤(comb) ‖ ‖ 클리트(cleat) ‖

• 천이구간 및 수평구간에서 스커트 디플렉터의 견고한 부분의 아래 쪽 가장 낮은 부분과 스텝 클리트의 꼭대기 사이의 거리는 25mm와 50mm 사이이어야 한다.

• 견고한 부분의 하부 표면은 스커트 패널로부터 상승방향으로 25° 이상 경사져야 하고 상부 표면은 하강방향으로 25° 이상 경사져야 한다.

• 스커트 디플렉터는 모서리가 둥글게 설계되어야 한다. 고정 장치 헤드 및 접합 연결부는 운행통로로 연장되지 않아야 한다.

• 스커트 디플렉터의 말단 끝 부분은 스커트와 동일 평면에 접촉되도록 점점 가늘어져야 한다. 스커트 디플렉터의 말단 끝부분은 콤 교차선에서 최소 50mm 이상, 최대 150mm 앞에서 마감되어야 한다.

38 승강기의 트랙션비를 설명한 것 중 옳지 않은 것은?

① 카측 로프가 매달고 있는 중량과 균형추측 로프가 매달고 있는 중량의 비율

② 트랙션비를 낮게 선택해도 로프의 수명과는 전혀 관계가 없다.

③ 카측과 균형추측에 매달리는 중량의 차를 적게 하면 권상기의 전동기 출력을 적게 할 수 있다.

④ 트랙션비는 1.0 이상의 값이 된다.

해설 견인비(traction ratio)

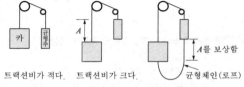

㉠ 카측 로프가 매달고 있는 중량과 균형추 로프가 매달고 있는 중량의 비를 트랙션비라 하고, 무부하와 전부하 상태에서 체크한다.

㉡ 견인비가 낮게 선택되면 로프와 도르래 사이의 트랙션 능력, 즉 마찰력이 작아도 되며, 로프의 수명이 연장된다.

정답 37. ④ 38. ②

39 장애인용 엘리베이터의 경우 호출버튼에 의하여 카가 정지하면 몇 초 이상 문이 열린 채로 대기하여야 하는가?

① 8초 이상   ② 10초 이상

③ 12초 이상   ④ 15초 이상

해설 장애인용 엘리베이터

㉠ 장애인용 엘리베이터는 호출버튼 또는 등록버튼에 의하여 카가 정지하면 10초 이상 문이 열린 채로 대기하여야 한다.

㉡ 다음 중 한 가지 상황이 발생할 때에는 수직형 휠체어리프트가 기동하기 전에 1초 이상의 시간지연 기간을 가져야 한다.
- 수직형 휠체어리프트가 다른 승강장에서 호출되는 경우
- 카가 대기하고 있는 승강장의 승강장문이 닫히는 경우

40 과부하감지장치에 대한 설명으로 틀린 것은?

① 과부하감지장치가 작동하는 경우 경보음이 울려야 한다.

② 엘리베이터 주행 중에는 과부하감지장치의 작동이 무효화되어서는 안 된다.

③ 과부하감지장치가 작동한 경우에는 출입문의 닫힘을 저지하여야 한다.

④ 과부하감지장치는 초과하중이 해소되기 전까지 작동하여야 한다.

해설 전기식 엘리베이터의 부하제어

㉠ 카에 과부하가 발생할 경우에는 재착상을 포함한 정상 운행을 방지하는 장치가 설치되어야 한다.

㉡ 과부하는 최소 65kg으로 계산하여 정격하중의 10%를 초과하기 전에 검출되어야 한다.

㉢ 엘리베이터의 주행중에는 오동작을 방지하기 위하여 과부하감지장치의 작동이 무효화되어야 한다.

㉣ 과부하의 경우에는 다음과 같아야 한다.
- 가청이나 시각적인 신호에 의해 카내 이용자에게 알려야 한다.
- 자동동력 작동식 문은 완전히 개방되어야 한다.
- 수동작동식 문은 잠금 해제 상태를 유지하여야 한다.
- 엘리베이터가 정상적으로 운행하는 중에 승강장문 또는 여러 문짝이 있는 승강장문의 어떤 문짝이 열린 경우에는 엘리베이터가 출발하거나 계속 움직일 가능성은 없어야 한다.

41 급유가 필요하지 않은 곳은?

① 호이스트로프(hoist rope)

② 조속기(governor)로프

③ 가이드레일(guide rail)

④ 웜기어(worm gear)

해설 조속기로프(governor rope)

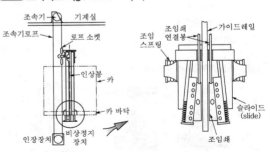

┃ 조속기와 비상정지장치의 연결 모습 ┃

조속기도르래를 카의 움직임과 동기해서 회전 구동함과 동시에 조속기와 비상정지장치를 연동시키는 역할을 하는 로프이며, 기계실에 설치된 조속기와 승강로 하부에 설치된 인장 도르래 간에 연속적으로 걸어서, 편측의 1개소에서 카의 비상정지장치의 인장도르래에 연결된다.

42 T형 레일의 13K 레일 높이는 몇 mm인가?

① 35   ② 40

③ 56   ④ 62

해설 가이드레일(guide rail)의 규격

㉠ 레일 규격의 호칭은 마무리 가공전 소재의 1m당의 중량으로 한다.

㉡ 일반적으로 쓰는 T형 레일의 공칭은 8, 13, 18, 24K 등이 있다.

㉢ 대용량의 엘리베이터에서는 37, 50K 레일 등도 사용한다.

㉣ 레일의 표준길이는 5m로 한다.

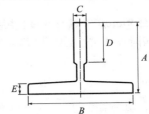

┃ 가이드레일의 단면도 ┃

┃ 가이드레일의 치수 ┃

구분	8K	13K	18K	24K	30K
A	56	62	89	89	108
B	78	89	114	127	140
C	10	16	16	16	19
D	26	32	38	50	51
E	6	7	8	12	13

43 유압식 엘리베이터에서 고장 수리할 때 가장 먼저 차단해야 할 밸브는?

① 체크밸브
② 스톱밸브
③ 복합밸브
④ 다운밸브

🔲해설 **스톱밸브(stop valve)**

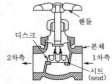

유압 파워유닛과 실린더 사이의 압력배관에 설치되며, 이것을 닫으면 실린더의 기름이 파워유닛으로 역류하는 것을 방지한다. 유압장치의 보수, 점검 또는 수리 등을 할 때에 사용되며, 일명 게이트밸브라고도 한다.

44 3상 유도전동기에 전류가 전혀 흐르지 않을 때의 고장 원인으로 볼 수 있는 것은?

① 1차측 전선 또는 접속선 중 한선이 단선되었다.
② 1차측 전선 또는 접속선 중 2선 또는 3선이 단선되었다.
③ 1차측 또는 2차측 전선이 접지되었다.
④ 전자접촉기의 접점이 한 개 마모되었다.

🔲해설 3상 유도전동기의 2선 또는 3선이 단선되었다면 전류가 전혀 흐르지 않는다.

45 유압식 엘리베이터에서 바닥맞춤보정장치는 몇 mm 이내에서 작동 상태가 양호하여야 하는가?

① 25 　　　　② 50
③ 75 　　　　④ 90

🔲해설 유압식 엘리베이터의 경우 카가 정지할 때에 자연하강을 보정하기 위한 바닥맞춤보정장치가 착상면을 기준으로 하여 75mm 이내의 위치에서 보정할 수 있어야 한다.
㉠ 착상(leveling) : 각 승강장에서 카의 정지위치가 더 정확하도록 하는 운전
㉡ 재착상(re-levelling) : 엘리베이터가 승강장에 정지된 후, 하중을 싣거나 내리는 중에 필요한 연속적인 움직임(자동 또는 미동)에 의해 정지 위치를 보정하기 위해 허용되는 운전
㉢ 카의 정상적인 착상 및 재착상 정확성
 • 카의 착상 정확도는 ±10mm이어야 한다.
 • 재착상 정확도는 ±20mm로 유지되어야 한다. 승객이 출입거나 하역하는 동안 20mm의 값이 초과할 경우에는 보정되어야 한다.

46 무빙워크 이용자의 주의표시를 위한 표시판 또는 표지 내에 표시되는 내용이 아닌 것은?

① 손잡이를 꼭 잡으세요.
② 카트는 탑재하지 마세요.
③ 걷거나 뛰지 마세요.
④ 안전선 안에 서 주세요.

🔲해설 **에스컬레이터 또는 무빙워크의 출입구 근처의 주의표시**

구분		기준규격(mm)	색상
최소 크기		80×100	–
바탕		–	흰색
〔사람픽토그램〕	원	40×40	–
	바탕	–	황색
	사선	–	적색
	도안	–	흑색
⚠		10×10	녹색(안전), 황색(위험)
안전, 위험		10×10	흑색
주의 문구	대	19pt	흑색
	소	14pt	적색

47 직류 분권전동기에서 보극의 역할은?

① 회전수를 일정하게 한다.
② 기동토크를 증가시킨다.
③ 정류를 양호하게 한다.
④ 회전력을 증가시킨다.

🔲해설 **전기자 반작용**
전기자전류에 의한 기자력이 주자속의 분포에 영향을 미치는 현상을 말한다.
㉠ 전기자 반작용에 의한 현상

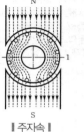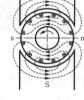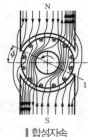

‖ 주자속 ‖　‖ 전기자 자속 ‖　‖ 합성자속 (전기자 반작용) ‖

 • 코일이 자극의 중성축에 있을 때도 전압을 유지시켜 브러시 사이에 불꽃을 발행한다.

- 주자속 분포를 찌그러뜨려 중성축을 이동시킨다.
- 주자속을 감소시켜 유도전압을 감소시킨다.
ⓒ 전기자 반작용의 방지법
- 브러시 위치를 전기적 중성점으로 이동시킨다.
- 보상권선을 설치한다.
- 보극을 설치한다.
ⓒ 보극의 역할
- 전기자가 만드는 자속을 상쇄(전기자 반작용 상쇄 역할) 한다.
- 전압정류를 하기 위한 정류자속을 발생시킨다.

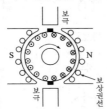

‖ 보극과 보상권선자 ‖

48 양강의 평행도, 원통의 진원도, 회전체의 흔들림 정도 등을 측정할 때 사용하는 측정기기는?

① 버니어캘리퍼스　② 하이트게이지
③ 마이크로미터　④ 다이얼게이지

해설 **다이얼 게이지(dial gauge)**

기어장치로 미소한 변위를 확대하여 길이나 변위를 정밀 측정하는 계기이다. 일반적으로 사용되고 있는 것은 지침으로 긴바늘과 짧은바늘을 갖춘 시계형이다. 측정하려는 물건에 접촉시키면, 스핀들(spindle)의 작은 움직임이 톱니바퀴로 전달되어 지침이 움직임으로써 눈금을 읽도록 되어 있다. 다이얼의 눈금은 원주를 100등분하여 한 눈금이 0.1mm를 나타낸다. 구조상 스핀들의 움직이는 범위에는 한도가 있어서 길이의 측정범위는 5~10mm 정도의 것이 많다. 길이의 비교측정 외에 공작물의 흔들림, 두 면 사이의 평행도 측정 등에 이용된다.

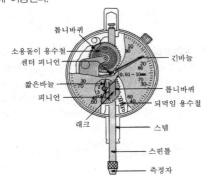

톱니바퀴
소용돌이 용수철
센터 피니언
짧은바늘
피니언
래크
긴바늘
톱니바퀴
되먹임 용수철
스템
스핀들
측정자

49 그림과 같은 지침형(아날로그형)계기로 측정하기에 가장 알맞은 것은? (단, R은 지침의 0점을 조절하기 위한 가변저항)

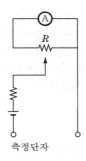

측정단자

① 전압　　　② 전류
③ 저항　　　④ 전력

해설 **직렬형 저항계(series-type ohmmeter)**

전압이나 전류는 외부에서 테스터로 전기가 공급되기 때문에 그 상태로 측정이 가능하나, 저항을 측정할 때에는 계기의 내부전지에 의존하며, 계기의 내부저항 때문에 정확한 측정이 곤란하므로, 직렬형 저항계, 병렬형 저항계를 사용하여 정확한 측정을 할 수 있다.

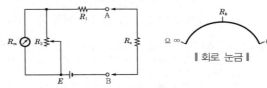

‖ 회로 눈금 ‖

여기서, R_1 : 전류제한 저항(Ω)
　　　　R_2 : 영점조정 저항(Ω)
　　　　R_x : 미지저항(Ω)
　　　　R_m : 계기의 내부저항(Ω)
　　　　E : 내부전지(V)

㉠ 미지저항(R_x)이 0(A, B단자 단락)일 때 회로에 최대 전류가 흐른다.
㉡ 미지저항(R_x)이 ∞(A, B단자 개방)일 때 회로에는 전류가 흐르지 않으므로 지침은 ∞로 표시된다.
㉢ 전지로부터 공급되는 총전류(I_1) 다음과 같다.

$$I_1 = \frac{E}{R_x + R_1 + R_2 // R_m}$$

㉣ 저항(R_h)을 단자 A, B에 접속하면, 영점조정저항(R_2)과 계기의 내부저항(R_m)에 흐르는 전류는 동일하므로 계기에는 $I_{fx}/2$의 전류가 흐르고, 미지저항(R_x)의 크기는 단자 A, B에서 본 저항계의 총내부저항과 같다.

$$R_x = R_h = R_1 + \frac{R_2 R_m}{R_2 + R_m}$$

㉤ 이때 전지에 걸리는 총저항은 $2R_h$, 지침이 반눈금 치우침에 필요한 전지의 공급전류(I_h)는 다음과 같다.

$$I_h = \frac{E}{R_x + R_h} = \frac{E}{R_h + R_h} = \frac{E}{2R_h}$$

$$I_1 = I_h + I_h = 2I_h = \frac{E}{R_h}$$

$$I_2 = I_1 + I_m$$

50 엘리베이터 권상기 시브 직경이 500mm이고 주와 이어로프 직경이 12mm이며, 1 : 1 로핑방식을 사용하고 있다면 권상기 시브의 회전속도가 1분당 약 56회일 경우 엘리베이터 운행속도는 약 몇 m/min가 되겠는가?

① 45
② 60
③ 90
④ 120

해설 승강기의 운행속도(V)

$$V = \frac{\pi DN}{1,000} i = \frac{\pi \times (500+12) \times 56}{1,000} = 90\text{m/min}$$

51 전동기를 동력원으로 많이 사용하는데 그 이유가 될 수 없는 것은?

① 안전도가 비교적 높다.
② 제어조작이 비교적 쉽다.
③ 소손사고가 발생하지 않는다.
④ 부하에 알맞은 것을 쉽게 선택할 수 있다.

해설 전동기는 전기에너지를 기계적인 에너지로 변환하는 기계이며, 기동, 정지, 제어 등 취급 방법이 매우 간단하여 가정에서부터 공장에 이르기까지 그의 응용 범위는 대단히 넓고 종류도 다양하다. 특히, 유도 전동기는 산업용으로 널리 사용되고 있다.

52 그림과 같은 활차장치의 옳은 설명은? (단, 그 활차의 직경은 같음)

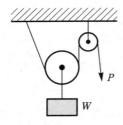

① 힘의 크기는 $W = P$ 이고, W의 속도는 P속도의 $\frac{1}{2}$ 이다.
② 힘의 크기는 $W = P$ 이고, W의 속도는 P속도의 $\frac{1}{4}$ 이다.
③ 힘의 크기는 $W = 2P$ 이고, W의 속도는 P속도의 $\frac{1}{2}$ 이다.
④ 힘의 크기는 $W = 2P$ 이고, W의 속도는 P속도의 $\frac{1}{4}$ 이다.

해설 활차(pulley)

㉠ 복활차(compound pulley) : 고정도르래와 움직이는 도르래를 2개 이상 결합한 도르래
㉡ 동활차(moved pulley) : 축이 고정되지 않고 자유롭게 이동하는 도르래

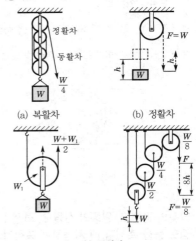

(a) 복활차 (b) 정활차

(c) 동활차

| 도르래 장치의 종류별 형태 |

• 하중(W) $= P \times 2^n$
여기서, W : 하중(kg), P : 인상력(kg)
n : 동활차수

• $P = \dfrac{W}{2^n}$

53 유도전동기의 동기속도가 n_s, 회전수가 n이라면 슬립(s)은?

① $\dfrac{n_s - n}{n} \times 100$
② $\dfrac{n_s - n}{n_s} \times 100$

③ $\dfrac{n_s}{n_s - n} \times 100$
④ $\dfrac{n_s}{n_s + n} \times 100$

해설 슬립(slip)

3상 유도전동기는 항상 회전자기장의 동기속도(n_s)와 회전자의 속도(n) 사이에 차이가 생기게 되며, 이 차이의 값으로 전동기의 속도를 나타낸다. 이 때 속도의 차이와 동기속도(n_s)와의 비가 슬립이고, 보통 $0 < s < 1$ 범위이어야 하며, 슬립 1은 정지된 상태이다.

$$s = \frac{\text{동기속도} - \text{회전자속도}}{\text{동기속도}} = \frac{n_s - n}{n_s} \times 100$$

54 다음 강도 중 상대적으로 값이 가장 적은 것은?

① 파괴 강도
② 극한강도
③ 항복응력
④ 허용응력

[해설] 허용응력은 설계자가 구조물이나 기계부품을 안전하게 사용할 수 있도록 사용응력의 최대값으로 허용해준 응력이다.

55 권수 N의 코일에 I(A)의 전류가 흘러 권선 1회의 코일에서 자속 ϕ(Wb)가 생겼다면 자기인덕턴스(L)는 몇 H인가?

① $L = \dfrac{\phi I}{N}$ ② $L = IN\phi$

③ $L = \dfrac{N\phi}{I}$ ④ $L = \dfrac{IN}{\phi}$

[해설] 자체인덕턴스(자기인덕턴스)

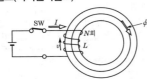

‖ 자체유도 ‖

㉠ 비례상수 L은 코일 특유의 값으로 자체인덕턴스라 하고, 단위로는 헨리(Henry, 기호 H)를 쓴다.
㉡ 1H는 1초 동안에 전류의 변화가 1A일 때 1V의 전압이 발생하는 코일의 자체 인덕턴스이다.
㉢ $N\phi = LI$이므로 자체인덕턴스 $L = \dfrac{N\phi}{I}$ (H)이다.

56 저항이 50Ω인 도체에 100V의 전압을 가할 때 그 도체에 흐르는 전류는 몇 A인가?

① 2   ② 4
③ 8   ④ 10

[해설] 옴의 법칙

$$I = \frac{V}{R} = \frac{100}{50} = 20\text{A}$$

57 시퀀스회로에서 일종의 기억회로라고 할 수 있는 것은?

① AND회로   ② OR회로
③ NOT회로   ④ 자기유지회로

[해설] 자기유지회로(self hold circuit)

㉠ 전자계전기(X)를 조작하는 스위치(BS_1)와 병렬로 그 전자계전기의 a접점이 접속된 회로, 예를 들면 누름단추 스위치(BS_1)를 온(on)했을 때, 스위치가 닫혀 전자계전기가 여자(excitation)되면 그것의 a접점이 닫히기 때문에 누름단추 스위치(BS_1)를 떼어도(스위치가 열림) 전자계전기는 누름단추 스위치(BS_2)를 누를 때까지 여자를 계속한다. 이것을 자기유지라고 하는데 자기유지회로는 전동기의 운전 등에 널리 이용된다.

㉡ 여자(excitation) : 전자계전기의 전자코일에 전류가 흘러 전자석으로 되는 것이다.
㉢ 전자계전기(electromagnetic relay) : 전자력에 의해 접점(a, b)을 개폐하는 기능을 가진 장치로서, 전자코일에 전류가 흐르면 고정철심이 전자석으로 되어 철편이 흡입되고, 가동접점은 고정 접점에 접촉된다. 전자코일에 전류가 흐르지 않아 고정철심이 전자력을 잃으면 가동접점은 스프링의 힘으로 복귀되어 원상태로 된다. 일반제어회로의 신호전달을 위한 스위칭회로뿐만 아니라 통신기기, 가정용 기기 등에 폭넓게 이용되고 있다.

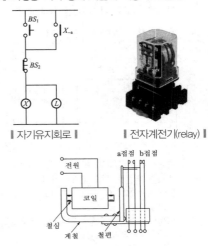

‖ 자기유지회로 ‖   ‖ 전자계전기(relay) ‖

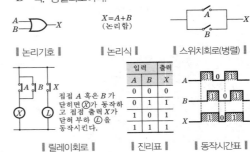

‖ 전자계전기의 구조 ‖

58 A, B는 입력, X를 출력이라 할 때 OR회로의 논리식은?

① $\overline{A} = X$
② $A \cdot B = X$
③ $A + B = X$
④ $\overline{A \cdot B} = X$

[해설] 논리합(OR)회로

하나의 입력만 있어도 출력이 나타나는 회로이며, 'A' OR 'B' 즉, 병렬회로이다.

A ⟩— X $X = A + B$ (논리합)

‖ 논리기호 ‖   ‖ 논리식 ‖   ‖ 스위치회로(병렬) ‖

접점 A 혹은 B 가 닫히면 ⓧ가 동작하고 a접점 출력 X가 닫혀 부하 ⓛ을 동작시킨다.

‖ 릴레이회로 ‖

입력		출력
A	B	X
0	0	0
0	1	1
1	0	1
1	1	1

‖ 진리표 ‖   ‖ 동작시간표 ‖

59 정전용량이 같은 두 개의 콘덴서를 병렬로 접속하였을 때의 합성용량은 직렬로 접속하였을 때의 몇 배인가?

① 2   ② 4
③ 1/2   ④ 1/4

해설 **콘덴서의 접속**

㉠ 콘덴서의 직렬접속 : 정전용량이 C_1, C_2(F)인 2개의 콘덴서를 직렬로 접속하면 다음과 같다.

합성 정전용량(C)= $\dfrac{C_1 \times C_2}{C_1 + C_2}$ (F)

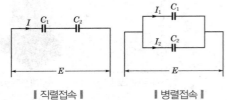

‖ 직렬접속 ‖   ‖ 병렬접속 ‖

㉡ 콘덴서의 병렬접속 : 정전용량이 C_1, C_2(F)인 2개의 콘덴서를 병렬로 접속하면 다음과 같다.

합성 정전용량(C)= $C_1 + C_2$(F)

㉢ 계산식
- 2μF와 2μF가 직렬로 연결된 등가회로이므로 합성용량은 다음과 같다.

$C_{T_1} = \dfrac{2 \times 2}{2+2} = 1\,\mu\text{F}$

- 2μF와 2μF가 병렬로 연결된 등가회로이므로 합성용량은 다음과 같다.

$C_{T_2} = 2+2 = 4\,\mu\text{F}$

60 물체에 외력을 가해서 변형을 일으킬 때 탄성한계 내에서 변형의 크기는 외력에 대해 어떻게 나타나는가?

① 탄성한계 내에서 변형의 크기는 외력에 대하여 반비례한다.
② 탄성한계 내에서 변형의 크기는 외력에 대하여 비례한다.
③ 탄성한계 내에서 변형의 크기는 외력과 무관하다.
④ 탄성한계 내에서 변형의 크기는 일정하다.

해설 **탄성한계**

모든 물체는 정도의 차이는 있지만 외력에 의해 모양이나 크기가 변한다. 예를 들어 용수철에 힘을 가하면 모양이 변하는데 그 힘을 없애 주면 원래 모양으로 되돌아가는 성질을 탄성(elasticity)이라고 한다. 하지만 물체에 힘을 너무 크게 주면 물체가 탄성을 나타낼 수 있는 한계를 넘어서 변형되게 되고 탄성이 없어져 나중에 힘을 제거해도 복원되지 않고 변형이 된다. 이렇게 탄성을 유지할 수 있는가 아닌가의 경계가 되는 물체의 변형한계를 그 물체의 탄성한도라고 한다. 물체에 작용하는 힘(F)과 그 힘에 의해 변형된 정도(x)가 비례한다는 훅의 법칙도 이 탄성한도 내에서만 성립하는 것이다.

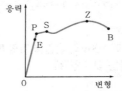

E : 탄성한계
P : 비례한계
S : 항복점
Z : 종극응력(인장 최대하중)
B : 파괴점(재료에 따라서는 E와 P가 일치한다.)

‖ 응력-변형률 선도 ‖

01 카의 문을 열고 닫는 도어머신에서 성능상 요구되는 조건이 아닌 것은?

① 작동이 원활하고 정숙하여야 한다.
② 카 상부에 설치하기 위하여 소형이며 가벼워야 한다.
③ 어떠한 경우라도 수동조작에 의하여 카 도어가 열려서는 안 된다.
④ 작동횟수가 승강기 기동횟수의 2배이므로 보수가 쉬워야 한다.

> **해설** 도어머신(door machine)에 요구되는 조건
>
> 모터의 회전을 감속하여 암이나 벨트 등을 구동시켜서 도어를 개폐시키는 것이며, 닫힌 상태에서 정전으로 갇혔을 때 구출을 위해 문을 손으로 열 수가 있어야 한다.
>
>
>
> ㉠ 작동이 원활하고 조용할 것
> ㉡ 카 상부에 설치하기 위해 소형 경량일 것
> ㉢ 동작횟수가 엘리베이터 기동횟수의 2배가 되므로 보수가 용이할 것
> ㉣ 가격이 저렴할 것

02 승강장 도어가 닫혀 있지 않으면 엘리베이터 운전이 불가능하도록 하는 것은?

① 승강장 도어스위치 ② 승강장 도어행거
③ 승강장 도어인터록 ④ 도어슈

> **해설** 도어 인터록(door interlock)
>
>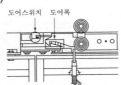
>
> ㉠ 카가 정지하지 않는 층의 도어는 전용열쇠를 사용하지 않으면 열리지 않는 도어록과 도어가 닫혀 있지 않으면 운전이 불가능하도록 하는 도어스위치로 구성된다.
> ㉡ 닫힘동작 시는 도어록이 먼저 걸린 상태에서 도어스위치가 들어가고 열림동작 시는 도어스위치가 끊어진 후 도어록이 열리는 구조(직렬)이며, 엘리베이터의 안전장치 중에서 승강장의 도어 안전장치로서 가장 중요하다.

03 다음 중 에스컬레이터의 종류를 수송 능력별로 구분한 형태로 옳은 것은?

① 1,200형과 900형
② 1,200형과 800형
③ 900형과 800형
④ 800형과 600형

> **해설** 에스컬레이터(escalator)의 난간폭에 의한 분류
>
>
>
> ‖ 난간폭 ‖
>
>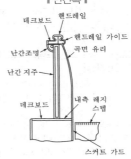
>
> ‖ 난간의 구조 ‖
>
> ㉠ 난간폭 1,200형 : 수송능력 9,000명/h
> ㉡ 난간폭 800형 : 수송능력 6,000명/h

04 유압장치의 보수, 점검 또는 수리 등을 할 때에 사용되는 것은?

① 안전밸브 ② 유량제어밸브
③ 스톱밸브 ④ 필터

> **해설** 유압회로의 구성요소
>
>
>
> ‖ 스톱밸브 ‖

⊙ 안전밸브(relief valve) : 회로의 압력이 상용압력의 125% 이상 높아지면 바이패스(by-pass)회로를 열어 기름을 탱크로 돌려보내어 더 이상의 압력 상승을 방지한다.

⊙ 유량제어밸브 : 액추에이터(actuator)의 속도에 변화를 주기 위하여 사용되며, 유압회로에서는 액추에이터의 전 또는 후에 설치된다.

⊙ 스톱밸브(stop valve) : 유압 파워유닛과 실린더 사이의 압력배관에 설치되며, 이것을 닫으면 실린더의 기름이 파워유닛으로 역류하는 것을 방지한다. 유압장치의 보수, 점검 또는 수리 등을 할 때에 사용되며, 일명 게이트밸브라고도 한다.

⊙ 필터(filter) : 실린더에 쇳가루나 이물질이 들어가는 것을 방지(실린더 손상 방지)하기 위해 설치하며, 펌프의 흡입측에 부착하는 것을 스트레이너라 하고, 배관 중간에 부착하는 것을 라인필터라 한다.

05 로프식 엘리베이터에서 도르래의 구조와 특징에 대한 설명으로 틀린 것은?

① 직경은 주로프의 50배 이상으로 하여야 한다.
② 주로프가 벗겨질 우려가 있는 경우에는 로프이탈방지장치를 설치하여야 한다.
③ 도르래홈의 형상에 따라 마찰계수의 크기는 U홈＜언더커트홈＜V홈의 순이다.
④ 마찰계수는 도르래홈의 형상에 따라 다르다.

해설 권상도르래, 풀리 또는 드럼과 로프의 직경 비율, 로프·체인의 단말처리

⊙ 권상도르래, 풀리 또는 드럼과 현수로프의 공칭직경 사이의 비는 스트랜드의 수와 관계없이 40 이상이어야 한다.

⊙ 현수로프의 안전율은 어떠한 경우라도 12 이상이어야 한다. 안전율은 카가 정격하중을 싣고 최하층에 정지하고 있을 때 로프 1가닥의 최소 파단하중(N)과 이 로프에 걸리는 최대 힘(N) 사이의 비율이다.

⊙ 로프와 로프 단말 사이의 연결은 로프의 최소 파단하중의 80% 이상을 견뎌야 한다.

⊙ 로프의 끝 부분은 카, 균형추(또는 평형추) 또는 현수되는 지점에 금속 또는 수지로 채워진 소켓, 자체 조임 쐐기형식의 소켓 또는 안전상 이와 동등한 기타 시스템에 의해 고정되어야 한다.

06 단식자동방식(single automatic)에 관한 설명 중 맞는 것은?

① 같은 방향의 호출은 등록된 순서에 따라 응답하면서 운행한다.
② 승강장 버튼은 오름, 내림 공용이다.
③ 주로 승객용에 사용된다.
④ 1개 호출에 의한 운행중 다른 호출 방향이 같으면 응답한다.

해설 엘리베이터 1대의 전자동식 조작방법

⊙ 단식자동식(single automatic)
• 승강장 단추는 하나의 승강(오름, 내림)이 공통이다.
• 승강기 단추 또는 승강장의 호출에 응하여 기동하며, 그 층에 도착하여 정지한다.
• 한 호출에 따라 운전 중에는 다른 호출을 받지 않는 운전방식이다.

⊙ 하강승합 전자동식(Down Collective)
• 2층 혹은 그 위층의 승강장에서는 하강방향 단추만 있다.
• 중간층에서 위층으로 갈 때에는 1층으로 내려온 후 올라가야 한다.

⊙ 승합 전자동식(Selective Collective)
• 승강장의 누름단추는 상승용, 하강용의 양쪽 모두 동작한다.
• 카는 그 진행방향의 카 단추와 승강장의 단추에 응하면서 승강한다.
• 현재 한 대의 승용 엘리베이터에는 이 방식을 채용하고 있다.

07 VVVF 제어란?

① 전압을 변환시킨다.
② 주파수를 변환시킨다.
③ 전압과 주파수를 변환시킨다.
④ 전압과 주파수를 일정하게 유지시킨다.

해설 VVVF(가변전압 가변주파수) 제어

⊙ 유도전동기에 인가되는 전압과 주파수를 동시에 변환시켜 직류전동기와 동등한 제어성능을 얻을 수 있는 방식이다.

⊙ 직류전동기를 사용하고 있던 고속 엘리베이터에도 유도전동기를 적용하여 보수가 용이하고, 전력회생을 통해 에너지가 절약된다.

⊙ 중·저속 엘리베이터(궤환제어)에서는 승차감과 성능이 크게 향상되고 저속 영역에서 손실을 줄여 소비전력이 약 반으로 된다.

⊙ 3상의 교류는 컨버터로 일단 DC전원으로 변환하고 인버터로 재차 가변전압 및 가변주파수의 3상 교류로 변환하여 전동기에 공급된다.

⊙ 교류에서 직류로 변경되는 컨버터에는 사이리스터가 사용되고, 직류에서 교류로 변경하는 인버터에는 트랜지스터가 사용된다.

⊙ 컨버터제어방식을 PAM(Pulse Amplitude Modulation), 인버터제어방식을 PWM(Pulse Width Modulation)시스템이라고 한다.

08 승강장의 문이 열린 상태에서 모든 제약이 해제되면 자동적으로 닫히게 하여 문의 개방 상태에서 생기는 2차 재해를 방지하는 문의 안전장치는?

① 시그널컨트롤
② 도어컨트롤
③ 도어클로저
④ 도어인터록

해설 **도어클로저(door closer)**

㉠ 승강장의 문이 열린 상태에서 모든 제약이 해제되면 자동적으로 닫히게 하여 문의 개방 상태에서 생기는 2차 재해를 방지하는 문의 안전장치이며, 전기적인 힘이 없어도 외부 문을 닫아주는 역할을 한다.
㉡ 스프링클로저 방식 : 레버시스템, 코일스프링과 도어체크가 조합된 방식
㉢ 웨이트(weight) 방식 : 줄과 추를 사용하여 도어체크(문이 자동으로 천천히 닫히게 하는 장치)를 생략한 방식

┃ 스프링클로저 ┃　　　┃ 웨이트클로저 ┃

09 카가 어떤 원인으로 최하층을 통과하여 피트에 도달했을 때 카에 충격을 완화시켜 주는 장치는?

① 완충기　　　② 비상정지장치
③ 조속기　　　④ 리밋스위치

해설 **완충기(buffer)**

피트바닥에 설치되며, 카가 어떤 원인으로 최하층을 통과하여 피트로 떨어졌을 때 충격을 완화하기 위하여, 혹은 카가 밀어 올렸을 때를 대비하여 균형추의 바로 아래에도 완충기를 설치한다. 그러나 이 완충기는 카나 균형추의 자유낙하를 완충하기 위한 것은 아니다(자유낙하는 비상정지장치의 분담기능).

┃ 스프링완충기(에너지 축적형) ┃　┃ 우레탄완충기 ┃
　　　　　　　　　　　　　　　┃ (에너지 축적형) ┃

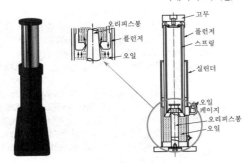

┃ 유입완충기(에너지 분산형) ┃

10 카 문턱 끝과 승강로 벽과의 간격으로 알맞은 것은?

① 11.5cm 이하　　② 12.5cm 이하
③ 13.5cm 이하　　④ 14.5cm 이하

해설 **카와 카 출입구를 마주하는 벽 사이의 틈새**

㉠ 승강로의 내측 면과 카 문턱 카 문틀 또는 카 문의 닫히는 모서리 사이의 수평거리는 0.125m 이하이어야 한다. 다만, 0.125m 이하의 수평거리는 각각의 조건에 따라 다음과 같이 적용될 수 있다.
• 수직높이가 0.5m 이하인 경우에는 0.15m까지 연장될 수 있다.
• 수직 개폐식 승강장 문이 설치된 화물용인 경우, 주행로 전체에 걸쳐 0.15m까지 연장될 수 있다.
• 잠금해제구간에서만 열리는 기계적 잠금장치가 카 문에 설치된 경우에는 제한하지 않는다.
㉡ 카 문턱과 승강장 문 문턱 사이의 수평거리는 35mm 이하이어야 한다.
㉢ 카 문과 닫힌 승강장 문 사이의 수평거리 또는 문이 정상 작동하는 동안 문 사이의 접근거리는 0.12m 이하이어야 한다.
㉣ 경첩이 있는 승강장 문과 접하는 카 문의 조합인 경우에는 닫힌 문 사이의 어떤 틈새에도 직경 0.15m의 구가 통과되지 않아야 한다.

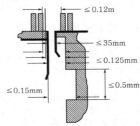

┃ 카와 카 출입구를 마주하는 벽 사이의 틈새 ┃

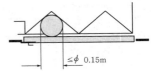

┃ 경첩 달린 승강장문과 접힌 카 문의 틈새 ┃

11 가이드레일의 역할에 대한 설명 중 틀린 것은?

① 카와 균형추를 승강로 평면 내에서 일정 궤도상에 위치를 규제한다.
② 일반적으로 가이드레일은 H형이 가장 많이 사용된다.
③ 카의 자중이나 화물에 의한 카의 기울어짐을 방지한다.
④ 비상멈춤이 작동할 때의 수직하중을 유지한다.

해설 가이드레일(guide rail)의 사용 목적

가
이
드
레
일

㉠ 카와 균형추의 승강로 평면 내의 위치를 규제한다.
㉡ 카의 자중이나 화물에 의한 카의 기울어짐을 방지한다.
㉢ 비상멈춤이 작동할 때의 수직하중을 유지한다.

12 승강로의 벽 일부에 한국산업표준에 알맞은 유리를 사용할 경우 다음 중 적합하지 않은 것은?

① 망유리　　　② 강화유리
③ 접합유리　　④ 감광유리

해설 승강로의 벽 강도

㉠ 엘리베이터의 안전운행을 위하여, 0.3m×0.3m 면적의 원형이나 사각의 단면에 1,000N의 힘을 균등하게 분산하여 벽의 어느 지점에 수직으로 가할 때, 승강로 벽은 다음과 같은 기계적 강도를 가져야 한다.
　• 1mm를 초과하는 영구변형이 없어야 한다.
　• 15mm를 초과하는 탄성변형이 없어야 한다.
㉡ 일반적으로 사람이 접근 가능한 승강로 벽이 평면 또는 성형 유리판인 경우, 반밀폐식 승강로에서 요구하는 높이까지는 한국산업표준에 적합하거나 동등 이상의 접합유리이어야 한다. 다만, 그 이외의 부분은 한국산업표준에 적합하거나 동등 이상의 강화유리, 복층유리(16mm 이상), 망유리가 사용될 수 있다.

13 에스컬레이터에 관한 설명 중 틀린 것은?

① 1,200형 에스컬레이터의 1시간당 수송인원은 9,000명이다.
② 정격속도는 30m/min 이하로 되어 있다.
③ 승강 양정(길이)으로 고양정은 10m 이상이다.
④ 경사도는 수평으로 25° 이내이어야 한다.

해설 에스컬레이터 및 무빙워크의 경사도

㉠ 에스컬레이터의 경사도는 30°를 초과하지 않아야 한다. 다만, 높이가 6m 이하이고 공칭속도가 0.5m/s 이하인 경우에는 경사도를 35°까지 증가시킬 수 있다.
㉡ 무빙워크의 경사도는 12° 이하이어야 한다.

14 전동 덤웨이터와 구조적으로 가장 유사한 것은?

① 수평보행기
② 엘리베이터
③ 에스컬레이터
④ 간이리프트

해설 덤웨이터 및 간이리프트

❙ 덤웨이터 ❙

㉠ 덤웨이터 : 사람이 탑승하지 않으면서 적재용량이 300kg 이하인 것으로서 소형화물(서적, 음식물 등) 운반에 적합하게 제작된 엘리베이터이다. 다만, 바닥면적이 0.5m² 이하이고 높이가 0.6m 이하인 엘리베이터는 제외한다.
㉡ 간이리프트 : 안전규칙에서 동력을 사용하여 가이드레일을 따라 움직이는 운반구를 매달아 소형화물 운반만을 주목적으로 하는 승강기와 유사한 구조로서 운반구의 바닥면적이 1m² 이하이거나 천장높이가 1.2m 이하인 것을 말한다.

15 과부하감지장치의 용도는?

① 속도제어용
② 과하중경보용
③ 속도변환용
④ 종점확인용

해설 전기식 엘리베이터의 부하제어

㉠ 카에 과부하가 발생할 경우에는 재착상을 포함한 정상운행을 방지하는 장치가 설치되어야 한다.
㉡ 과부하는 최소 65kg으로 계산하여 정격하중의 10%를 초과하기 전에 검출되어야 한다.
㉢ 엘리베이터의 주행중에는 오동작을 방지하기 위하여 과부하감지장치의 작동이 무효화되어야 한다.
㉣ 과부하의 경우에는 다음과 같아야 한다.
　• 가청이나 시각적인 신호에 의해 카 내 이용자에게 알려야 한다.
　• 자동 동력 작동식 문은 완전히 개방되어야 한다.
　• 수동 작동식 문은 잠금 해제 상태를 유지하여야 한다.
　• 엘리베이터가 정상적으로 운행하는 중에 승강장 문 또는 여러 문짝이 있는 승강장 문의 어떤 문짝이 열린 경우에는 엘리베이터가 출발하거나 계속 움직일 가능성은 없어야 한다.

16 유압식 엘리베이터의 특징으로 틀린 것은?

① 기계실을 승강로와 떨어져 설치할 수 있다.
② 플런저에 스톱퍼가 설치되어 있기 때문에 오버헤드가 작다.
③ 적재량이 크고 승강행정이 짧은 경우에 유압식이 적당하다.
④ 소비전력이 비교적 적다.

해설 유압식 엘리베이터의 특징

펌프에서 토출된 작동유로 플런저(plunger)를 작동시켜 카를 승강시키는 것이다.

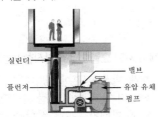

‖ 유압식 엘리베이터 작동원리 ‖

㉠ 기계실의 배치가 자유로워 승강로 상부에 기계실을 설치할 필요가 없다.
㉡ 건물 꼭대기 부분에 하중이 걸리지 않는다.
㉢ 승강로의 꼭대기 틈새(top clearance)가 작아도 된다.
㉣ 실린더를 사용하기 때문에 행정거리와 속도에 한계가 있다.
㉤ 균형추를 사용하지 않으므로 전동기의 소요 동력이 커진다.

17 중속 엘리베이터의 속도는 몇 m/min인가?

① 20~45   ② 45~65
③ 60~105   ④ 100~230

해설 카의 속도에 의한 분류

분류(속도)	저속	중속	고속	초고속
m/min	45	60~105	240 초과 ~360	360 초과

참고 고속 엘리베이터란 정격속도가 초당 4m(240m/min)를 초과하는 승강기를 말한다.

18 '승강기의 조속기'란?

① 카의 속도를 검출하는 장치이다.
② 비상정지장치를 뜻한다.
③ 균형추의 속도를 검출한다.
④ 플런저를 뜻한다.

해설 조속기(governor)의 원리

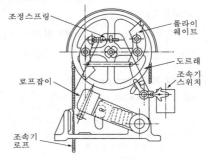

‖ 디스크 추형 조속기 ‖

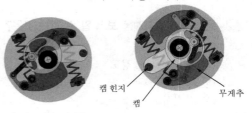

‖ 저속회전 상태 ‖   ‖ 고속회전 상태 ‖

㉠ 조속기풀리와 카를 조속기로프로 연결하면, 카가 움직일 때 조속기풀리도 카와 같은 속도, 같은 방향으로 움직인다.
㉡ 어떤 비정상적인 원인으로 카의 속도가 빨라지면 조속기 링크에 연결된 무게추(weight)가 원심력에 의해 풀리 바깥쪽으로 벗어나면서 과속을 감지한다.
㉢ 미리 설정된 속도에서 과속(조속기)스위치와 제동기(brake)로 카를 정지시킨다.
㉣ 만약 엘리베이터가 정지하지 않고 속도가 계속 증가하면 조속기의 캐치(catch)가 동작하여 조속기로프를 붙잡고 결국은 비상정지장치를 작동시켜서 엘리베이터를 정지시킨다.

19 안전사고의 발생요인으로 볼 수 없는 것은?

① 피로감   ② 임금
③ 감정   ④ 날씨

해설 임금과 안전사고의 발생과는 관계가 없다.

20 작업의 특수성으로 인해 발생하는 직업병으로서 작업 조건에 의하지 않은 것은?

① 먼지   ② 유해가스
③ 소음   ④ 작업 자세

해설 직업병

㉠ 근골격계질환, 소음성 난청, 복사열 등 물리적 원인
㉡ 중금속 중독, 유기용제 중독, 진폐증 등 화학적 원인
㉢ 세균 공기 오염 등 생물학적 원인
㉣ 스트레스, 과로 등 정신적 원인

21 승강기 설치·보수 작업에서 발생되는 위험에 해당되지 않는 것은?

① 물리적 위험　　② 접촉적 위험
③ 화학적 위험　　④ 구조적 위험

해설 **화학적 위험(chemical hazard)**

매년 약 6,000개의 새로운 화학제품이 생산되고 있으며, 그 대개가 생산 공장에서 사용되고 있다. 공업단지에서 사용되고 있는 많은 화학물질과 함께 상당한 수의 이들 새로운 화학제품이 발화성, 인화성, 폭발성 등의 성질을 갖고 있다. 따라서 이것들이 인적, 물적 재해의 잠재적 위험성을 띠는 화학적 위험 요인이다.

22 안전사고의 통계를 보고 알 수 없는 것은?

① 사고의 경향
② 안전업무의 정도
③ 기업이윤
④ 안전사고 감소 목표 수준

해설 안전사고의 통계를 보고 기업이윤을 알수는 없다.

23 승강기 관리주체가 행하여야 할 사항으로 틀린 것은?

① 안전(운행)관리자를 선임하여야 한다.
② 승강기에 관한 전반적인 관리를 하여야 한다.
③ 안전(운행)관리자가 선임되면 관리주체는 별다른 관리를 할 필요가 없다.
④ 승강기의 유지보수에 대한 위임 용역 및 감독을 하여야 한다.

해설 **승강기 관리주체의 의무**

승강기의 소유자 또는 소유자로부터 유지관리에 대한 총체적인 책임을 위임받은 자를 말하며, 소유자의 법적인 의무를 수행해야 할 책임이 있다. 일반적으로 건축물관리책임과 함께 승강기의 관리책임이 주어진 자를 말하며, 건축물의 관리대행업자 또는 건축물의 소유자로부터 건축물 전체의 관리를 위임받은 자, 공동주택의 관리대행업자, 공동주택 자치관리기구의 장 또는 자치관리기구의 장으로부터 승강기관리책임을 위임받은 관리소장 등이 이에 해당한다.
㉠ 승강기 정기검사 수검
㉡ 자체점검 실시
㉢ 승강기 안전에 관한 일상관리(운행관리자의 선임 등)
㉣ 승강기 안전에 관한 보수(보수업체 선정 등)
㉤ 사고 보고의무

24 인체의 전기저항에 대한 것으로 피부저항은 피부에 땀이 나 있는 경우는 건조 시에 비해 피부저항이 어떻게 되는가?

① 2배 증가　　② 4배 증가
③ 1/12~1/20 감소　　④ 1/25~1/30 감소

해설 **인체의 전기저항 특성**

㉠ 전격의 정도는 통전전류의 크기에 의해 결정
㉡ 인체의 저항값
　• 접촉부의 습기, 면적, 압력과 전원의 종류
　• 전압의 크기 및 접촉시간에 따라 변화
㉢ 전기저항 : 남녀별, 개인별, 비만의 정도
　• 피부저항 : 2,500Ω(내부조직 : 300Ω)
　• 땀이 있을 때 : 1/20로 감소
　• 물에 젖었을 때 : 1/25로 감소
　• 발과 신발 사이 : 1,500Ω
　• 신발과 대지 사이 : 700Ω
㉣ 전체저항 : 약 5,000Ω

25 재해 조사의 요령으로 바람직한 방법이 아닌 것은?

① 재해 발생 직후에 행한다.
② 현장의 물리적 증거를 수집한다.
③ 재해 피해자로부터 상황을 듣는다.
④ 의견 충돌을 피하기 위하여 반드시 1인이 조사하도록 한다.

해설 **재해조사 방법**

㉠ 재해 발생 직후에 행한다.
㉡ 현장의 물리적 흔적(물적 증거)을 수집한다.
㉢ 재해 현장은 사진을 촬영하여 보관, 기록한다.
㉣ 재해 피해자로부터 재해 상황을 듣는다.
㉤ 목격자, 현장 책임자 등 많은 사람들에게 사고 시의 상황을 듣는다.
㉥ 판단하기 어려운 특수 재해나 중대 재해는 전문가에게 조사를 의뢰한다.

26 전기감전에 의하여 넘어진 사람에 대한 중요 관찰사항과 거리가 먼 것은?

① 의식 상태　　② 호흡 상태
③ 맥박 상태　　④ 골절 상태

해설 **감전사고 응급처치**

감전사고가 일어나면 감전쇼크로 인해 산소 결핍현상이 나타나고, 신장기능장해가 심할 경우 몇 분 내로 사망에 이를 수 있다. 주변의 동료는 신속하게 인공호흡과 심폐소생술을 실시해야 한다.
㉠ 전기 공급을 차단하거나 부도체를 이용해 환자를 전원으로부터 떼어 놓는다.
㉡ 환자의 호흡기관에 귀를 대고 환자의 상태를 확인한다.
㉢ 가슴 중앙을 양손으로 30회 정도 눌러준다.
㉣ 머리를 뒤로 젖혀 기도를 완전히 개방시킨다.
㉤ 환자의 코를 막고 입을 밀착시켜 숨을 불어 넣는데(처음 4회는 신속하고 강하게 불어 넣어 폐가 완전히 수축되지 않도록 함).

ⓗ 환자의 흉부가 팽창된 것이 보이면 다시 심폐소생술을 실시한다.

ⓢ 이 과정을 환자가 의식이 돌아올 때까지 반복 실시한다.

ⓞ 환자에게 물을 먹이거나 물을 부으면 호흡을 막을 우려가 있기 때문에 위험하다.

ⓩ 신속하고 적절한 응급조치는 감전환자의 95% 이상을 소생시킬 수 있다.

27 사업장에서 승강기의 조립 또는 해체작업을 할 때 조치하여야 할 사항과 거리가 먼 것은?

① 작업을 지휘하는 자를 선임하여 지휘자의 책임 하에 작업을 실시할 것
② 작업 할 구역에는 관계근로자 외의 자의 출입을 금지시킬 것
③ 기상 상태의 불안정으로 인하여 날씨가 몹시 나쁠 때에는 그 작업을 중지시킬 것
④ 사용자의 편의를 위하여 야간작업을 하도록 할 것

해설 조립 또는 해체작업을 할 때 조치

㉠ 사업주는 사업장에 승강기의 설치·조립·수리·점검 또는 해체작업을 하는 경우 다음의 조치를 하여야 한다.
• 작업을 지휘하는 사람을 선임하여 그 사람의 지휘 하에 작업을 실시할 것
• 작업구역에 관계근로자가 아닌 사람의 출입을 금지하고 그 취지를 보기 쉬운 장소에 표시할 것
• 비, 눈, 그 밖에 기상 상태의 불안정으로 날씨가 몹시 나쁜 경우에는 그 작업을 중지시킬 것

㉡ 사업주는 작업을 지휘하는 사람에게 다음의 사항을 이행하도록 하여야 한다.
• 작업방법과 근로자의 배치를 결정하고 해당 작업을 지휘하는 일
• 재료의 결함 유무 또는 기구 및 공구의 기능을 점검하고 불량품을 제거하는 일
• 작업 중 안전대 등 보호구의 착용 상황을 감시하는 일

28 재해원인의 분류에서 불안전한 상태(물적 원인)가 아닌 것은?

① 안전방호장치의 결함
② 작업환경의 결함
③ 생산공정의 결함
④ 불안전한 자세 결함

해설 산업재해 직접원인

㉠ 불안전한 행동(인적 원인)
• 안전장치를 제거, 무효화함
• 안전조치의 불이행
• 불안전한 상태 방치
• 기계장치 등의 지정 외 사용

• 운전 중인 기계, 장치 등의 청소, 주유, 수리, 점검 등의 실시
• 위험장소에 접근
• 잘못된 동작 자세
• 복장, 보호구의 잘못 사용
• 불안전한 속도 조작
• 운전의 실패

㉡ 불안전한 상태(물적 원인)
• 물(物) 자체의 결함
• 방호장치의 결함
• 작업 장소 및 기계의 배치결 함
• 보호구, 복장 등의 결함
• 작업환경의 결함
• 자연적 불안전한 상태
• 작업방법 및 생산공정 결함

29 로프식 엘리베이터의 카 틀에서 브레이스 로드의 분담 하중은 대략 어느 정도 되는가?

① $\frac{1}{8}$

② $\frac{3}{8}$

③ $\frac{1}{3}$

④ $\frac{1}{16}$

해설 카 틀(car frame)

㉠ 상부체대 : 카주 위에 2본의 종 프레임을 연결하고 메인 로프에 하중을 전달하는 것이다.
㉡ 카주 : 하부 프레임의 양단에서 하중을 지탱하는 2본의 기둥이다.
㉢ 하부 체대 : 카 바닥의 하부 중앙에 바닥의 하중을 받쳐주는 것이다.
㉣ 브레이스 로드(brace rod) : 카 바닥과 카주의 연결재이며, 카 바닥에 걸리는 하중은 분포하중으로 전하중의 3/8은 브레이스 로드에서 분담한다.

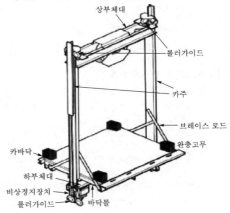

‖카 틀 및 카 바닥‖

30 간접식 유압엘리베이터의 특징이 아닌 것은?

① 실린더를 설치하기 위한 보호관이 필요하지 않다.
② 실린더 점검이 용이하다.
③ 비상정지장치가 필요하다.
④ 로프의 늘어짐과 작동유의 압축성 때문에 부하에 의한 카 바닥의 빠짐이 비교적 적다.

해설 간접식 유압엘리베이터

플런저의 선단에 도르래를 놓고 로프 또는 체인을 통해 카를 올리고 내리며, 로핑에 따라 1 : 2, 1 : 4, 2 : 4의 방식이 있다.

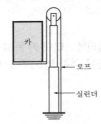

㉠ 실린더를 설치하기 위한 보호관이 필요하지 않다.
㉡ 실린더의 점검이 쉽다.
㉢ 승강로는 실린더를 수용할 부분만큼 더 커지게 된다.
㉣ 비상정지장치가 필요하다.
㉤ 로프의 늘어짐과 작동유의 압축성(의외로 큼) 때문에 부하에 의한 카 바닥의 빠짐이 비교적 크다.

31 승강기의 문(door)에 관한 설명 중 틀린 것은?

① 문닫힘 도중에도 승강장의 버튼을 동작 시키면 다시 열려야 한다.
② 문이 완전히 열린 후 최소 일정 시간 이상 유지되어야 한다.
③ 착상구역 이외의 위치에서는 카 내의 문 개방 버튼을 동작 시켜도 절대로 개방되지 않아야 한다.
④ 문이 일정 시간 후 닫히지 않으면 그 상태를 계속 유지하여야 한다.

해설 문 작동과 관련된 보호

㉠ 문이 닫히는 동안 사람이 끼이거나 끼이려고 할 때 자동으로 문이 반전되어 열리는 문닫힘 안전장치가 있어야 한다.
㉡ 문닫힘 안전장치는 카 문에 있을 수 있다.
㉢ 승강장 문이 카 문과의 연동에 의해 열리는 방식에서는 자동적으로 승강장의 문이 닫히는 쪽으로 힘을 작용시키는 장치이다.
㉣ 엘리베이터가 정지한 상태에서 출입문의 닫힘동작에 우선하여 카 내에서 문을 열 수 있도록 하는 장치이다.

32 승강장 도어 문턱과 카 문턱과의 수평거리는 몇 mm 이하이어야 하는가?

① 125
② 120
③ 50
④ 35

해설 카와 카 출입구를 마주하는 벽 사이의 틈새

㉠ 승강로의 내측 면과 카 문턱, 카 문틀 또는 카 문의 닫히는 모서리 사이의 수평거리는 0.125m 이하이어야 한다. 다만, 0.125m 이하의 수평거리는 각각의 조건에 따라 다음과 같이 적용될 수 있다.
  • 수직높이가 0.5m 이하인 경우에는 0.15m까지 연장될 수 있다.
  • 수직 개폐식 승강장문이 설치된 화물용인 경우, 주행로 전체에 걸쳐 0.15m까지 연장될 수 있다.
  • 잠금해제구간에서만 열리는 기계적 잠금장치가 카 문에 설치된 경우에는 제한하지 않는다.
㉡ 카 문턱과 승강장문 문턱 사이의 수평거리는 35mm 이하이어야 한다.
㉢ 카 문과 닫힌 승강장 문 사이의 수평거리 또는 문이 정상 작동하는 동안 문 사이의 접근거리는 0.12m 이하이어야 한다.
㉣ 경첩이 있는 승강장 문과 접하는 카 문의 조합인 경우에는 닫힌 문 사이의 어떤 틈새에도 직경 0.15m의 구가 통과되지 않아야 한다.

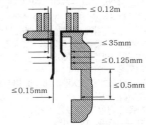

∥ 카와 카 출입구를 마주하는 벽 사이의 틈새 ∥

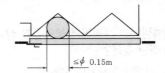

∥ 경첩 달린 승강장문과 접힌 카 문의 틈새 ∥

33 에스컬레이터의 디딤판과 스커트 가드와의 틈새는 양쪽 모두 합쳐서 최대 얼마이어야 하는가?

① 5mm 이하
② 7mm 이하
③ 9mm 이하
④ 10mm 이하

해설 스텝, 팔레트 및 벨트의 가이드

┃ 디딤판(step) ┃　　　　┃ 팔레트 ┃

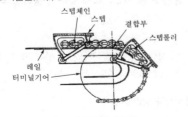

┃ 스텝체인의 구동 ┃

㉠ 스텝 또는 팔레트의 가이드 시스템에서 스텝 또는 팔레트의 측면 변위는 각각 4mm 이하이어야 하고 양쪽 측면에서 측정된 틈새의 합은 7mm 이하이어야 한다. 그리고 스텝 및 팔레트의 수직 변위는 4mm 이하이고 벨트의 수직 변위는 6mm 이하이어야 한다.

㉡ 이 규정은 스텝, 팔레트 또는 벨트의 이용 가능한 구역에만 적용된다.

㉢ 벨트의 경우 트레드웨이(디디팜과 팔레트) 지지대는 디딤판의 중앙선을 따라 2m 이하의 간격으로 설치되어야 한다. 이러한 지지대는 아래 ㉣항에서 요구되는 조건하에 하중이 부과될 때 트레드웨이의 하부 아래로 50mm를 초과하지 않은 위치에 설치되어야 한다.

㉣ 운행조건에 적합하게 인장된 벨트에 대해, 750N의 단일 힘(강판 무게 포함)이 크기 0.15m×0.25m× 0.025m인 강판에 적용되어야 한다. 강판은 강판의 세로축이 벨트의 세로축과 평행한 방법으로 끝 부분 지지롤러 사이 중앙에 위치되어야 한다. 중심에서 처짐은 $0.01 \times Z_3$ 이하이어야 한다. 여기서, Z_3는 지지롤러 사이의 가로거리이다.

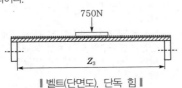

┃ 벨트(단면도), 단독 힘 ┃

34 조속기(governor)의 작동 상태를 잘못 설명한 것은?

① 카가 하강 과속하는 경우에는 일정 속도를 초과하기 전에 조속기스위치가 동작해야 한다.

② 조속기의 캐치는 일단 동작하고 난 후 자동으로 복귀되어서는 안 된다.

③ 조속기의 스위치는 작동 후 자동 복귀된다.

④ 조속기로프가 장력을 잃게 되면 전동기의 주회로를 차단시키는 경우도 있다.

해설 조속기(governor)의 원리

㉠ 조속기풀리와 카를 조속기로프로 연결하면, 카가 움직일 때 조속기풀리도 카와 같은 속도, 같은 방향으로 움직인다.

㉡ 어떤 비정상적인 원인으로 카의 속도가 빨라지면 조속기링크에 연결된 무게추(weight)가 원심력에 의해 풀리 바깥쪽으로 벗어나면서 과속을 감지한다.

㉢ 미리 설정된 속도에서 과속(조속기)스위치와 제동기(brake)로 카를 정지시킨다.

㉣ 만약 엘리베이터가 정지하지 않고 속도가 계속 증가하면 조속기의 캐치(catch)가 동작하여 조속기로프를 붙잡고 결국은 비상정지장치를 작동시켜서 엘리베이터를 정지시킨다.

㉤ 비상정지장치가 작동된 후 정상 복귀는 전문가(유지보수업자 등)의 개입이 요구되어야 한다.

┃ 제동기 ┃

35 다음 중 엘리베이터 감시반에 필요하지 않은 장치는?

① 현재 엘리베이터의 하중 표시장치

② 현재 엘리베이터의 운행방향 표시장치

③ 현재 엘리베이터의 위치 표시장치

④ 엘리베이터의 이상 유무 확인 표시장치

해설 엘리베이터 감시반은 엘리베이터 등의 상태를 실시간 감시하고, 운행 중의 고장으로 인한 사용자의 피해를 최소화하며, 고장 층 및 엘리베이터의 상태를 화면에 표시하여 가장 신속하게 사고발생에 대처할 수 있도록 설계되어야 한다.

36 정전 시 램프 중심부로부터 2m 떨어진 수직면상의 조도는 몇 lx 이상이어야 하는가?

① 100　　　　② 50

③ 10　　　　④ 2

해설 조명

ⓐ 카에는 카 바닥 및 조작 장치를 50lx 이상의 조도로 비출 수 있는 영구적인 전기조명이 설치되어야 한다.

ⓑ 조명이 백열등 형태일 경우에는 2개 이상의 등이 병렬로 연결되어야 한다.

ⓒ 정상 조명전원이 차단될 경우에는 2lx 이상의 조도로 1시간 동안 전원이 공급될 수 있는 자동 재충전 예비전원공급장치가 있어야 하며, 이 조명은 정상 조명전원이 차단되면 자동으로 즉시 점등되어야 한다. 측정은 다음과 같은 곳에서 이루어져야 한다.
  • 호출버튼 및 비상통화장치 표시
  • 램프 중심로부터 2m 떨어진 수직면상

37 조속기의 보수점검 등에 관한 사항과 거리가 먼 것은?

① 층간 정지 시, 수동으로 돌려 구출하기 위한 수동핸들의 작동검사 및 보수

② 볼트, 너트, 핀의 이완 유무

③ 조속기시브와 로프 사이의 미끄럼 유무

④ 과속 스위치 점검 및 작동

해설 조속기(governor)의 보수점검항목

❚ 디스크 슈형 조속기 ❚

O-ring

❚ 분할핀 ❚   ❚ 테이퍼 핀 ❚

ⓐ 각 부분 마모, 진동, 소음의 유무

ⓑ 베어링의 눌러 붙음 발생의 우려

ⓒ 캐치의 작동 상태

ⓓ 볼트(bolt), 너트(nut)의 결여 및 이완 상태

ⓔ 분할핀(cotter pin) 결여의 유무

ⓕ 시브(sheave)에서 조속기로프(governor rope)의 미끄럼 상태

ⓖ 조속기로프와 클립 체결 상태

ⓗ 과속(조속기)스위치 접점의 양호 여부 및 작동 상태

ⓘ 각 테이퍼 핀(taper-pin)의 이완 유무

ⓙ 급유 및 청소 상태

ⓚ 작동 속도시험 및 운전의 원활성

ⓛ 비상정지장치 작동 상태의 양호 유무

ⓜ 조속기(governor) 고정 상태

38 비상용 승강기는 화재발생 시 화재진압용으로 사용하기 위하여 고층빌딩에 많이 설치하고 있다. 비상용 승강기에 반드시 갖추지 않아도 되는 조건은?

① 비상용 소화기

② 예비전원

③ 전용 승강장 이외의 부분과 방화구획

④ 비상운전 표시등

해설 비상용 엘리베이터

ⓐ 환경·건축물 요건
  • 비상용 엘리베이터는 다음 조건에 따라 정확하게 운전되도록 설계되어야 한다.
    – 전기·전자적 조작 장치 및 표시기는 구조물에 요구되는 기간 동안(2시간 이상) 0℃에서 65℃까지의 주위 온도 범위에서 작동될 때 카가 위치한 곳을 감지할 수 있도록 기능이 지속되어야 한다.
    – 방화구획 된 로비가 아닌 곳에서 비상용 엘리베이터의 모든 다른 전기·전자 부품은 0℃에서 40℃까지의 주위 온도 범위에서 정확하게 기능하도록 설계되어야 한다.
    – 엘리베이터 제어의 정확한 기능은 건축물에 요구되는 기간 동안(2시간 이상) 연기가 가득 찬 승강로 및 기계실에서 보장되어야 한다.
  • 방화 목적으로 사용된 각 승강장 출입구에는 방화구획 된 로비가 있어야 한다.
  • 비상용 엘리베이터에 2개의 카 출입구가 있는 경우, 소방관이 사용하지 않은 비상용 엘리베이터의 승강장 문은 65℃를 초과하는 온도에 노출되지 않도록 보호되어야 한다.
  • 보조 전원공급장치는 방화구획 된 장소에 설치되어야 한다.
  • 비상용 엘리베이터의 주 전원공급과 보조 전원공급의 전선은 방화구획 되어야 하고 서로 구분되어야 하며, 다른 전원공급장치와도 구분되어야 한다.

ⓑ 기본 요건
  • 비상용 엘리베이터는 소방운전 시 모든 승강장의 출입구마다 정지할 수 있어야 한다.
  • 비상용 엘리베이터의 크기는 630kg의 정격하중을 갖는 폭 1,100mm, 깊이 1,400mm 이상이어야 하며, 출입구 유효폭은 800mm 이상이어야 한다.
  • 침대 등을 수용하거나 2개의 출입구로 설계된 경우 또는 피난용도로 의도된 경우, 정격하중은 1,000kg 이상이어야 하고 카의 면적은 폭 1,100mm, 깊이 2,100mm 이상이어야 한다.
  • 소방관이 조작하여 엘리베이터 문이 닫힌 이후부터 60초 이내에 가장 먼 층에 도착하여야 된다. 다만, 운행속도는 1m/s 이상이어야 한다.

39 에스컬레이터 승강장의 주의표지판에 대한 설명 중 옳은 것은?

① 주의표지판은 충격을 흡수하는 재질로 만들어야 한다.
② 주의표지판은 영문으로 읽기 쉽게 표기되어야 한다.
③ 주의표지판의 크기는 80mm×80mm 이하의 그림으로 표시되어야 한다.
④ 주의표지판의 바탕은 흰색, 도안은 흑색, 사선은 적색이다.

해설 에스컬레이터 또는 무빙워크의 출입구 근처의 주의표시

㉠ 주의표시를 위한 표시판 또는 표지는 견고한 재질로 만들어야 하며, 승강장에서 잘 보이는 곳에 확실히 부착되어야 한다.
㉡ 주의표시는 80mm×100mm 이상의 크기로 표시되어야 한다.

구분		기준규격(mm)	색상
최소 크기		80×100	–
바탕		–	흰색
🚶	원	40×40	–
	바탕	–	황색
	사선	–	적색
	도안	–	흑색
⚠		10×10	녹색(안전), 황색(위험)
안전, 위험		10×10	흑색
주의 문구	대	19pt	흑색
	소	14pt	적색

40 실린더를 검사하는 것 중 해당되지 않는 것은 어느 것인가?

① 패킹으로부터 누유된 기름을 제거하는 장치
② 공기 또는 가스의 배출구
③ 더스트 와이퍼의 상태
④ 압력배관의 고무호스는 여유가 있는지의 상태

해설 유압실린더(cylinder)의 점검
유압에너지를 기계적 에너지로 변환시켜 선형운동을 하는

유압요소이며, 압력과 유량을 제어하여 추력과 속도를 조절할 수 있다.

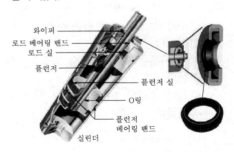

┃ 더스트 와이퍼 ┃

㉠ 로드의 흠, 먼지 등이 쌓여 패킹(packing) 손상, 작동유나 실린더 속에 이물질이 있어 패킹 손상 등이 있는 경우 실린더 로드에서의 기름 노출이 발생되므로 이를 제거하는 장치의 점검
㉡ 배관 내와 실린더에 공기가 혼입된 경우에는 실린더가 부드럽게 움직이지 않는 문제가 발생할 수 있기 때문에 배출구의 상태
㉢ 플런저 표면의 이물질이 실린더 내측으로 삽입되는 것을 방지하는 더스트 와이퍼(dust wiper)의 상태 검사

41 가이드레일의 보수점검항목이 아닌 것은?

① 브래킷 취부의 앵커 볼트 이완 상태
② 레일 및 브래킷의 오염 상태
③ 레일의 급유 상태
④ 레일 길이의 신축 상태

해설 가이드레일(guide rail)의 점검항목

┃ 가이드레일과 브래킷 ┃

㉠ 레일의 손상이나 용접부의 상태, 주행 중의 이상음 발생 여부
㉡ 레일 고정용의 레일클립 취부 상태 및 고정 볼트의 이완 상태
㉢ 레일의 이음판의 취부 볼트, 너트의 이완 상태
㉣ 레일의 급유 상태
㉤ 레일 및 브래킷의 발청 상태
㉥ 레일 및 브래킷의 오염 상태
㉦ 브래킷에 취부되어 있는 주행케이블 보호선의 취부 상태
㉧ 브래킷 취부의 앵커볼트 이완 상태
㉨ 브래킷의 용접부에 균열 등의 이상 상태

정답 39. ④ 40. ④ 41. ④

42 보수기술자의 올바른 자세로 볼 수 없는 것은?

① 신속, 정확 및 예의 바르게 보수 처리한다.
② 보수를 할 때는 안전기준보다는 경험을 우선시한다.
③ 항상 배우는 자세로 기술 향상에 적극 노력한다.
④ 안전에 유의하면서 작업하고 항상 건강에 유의한다.

해설 보수기술자가 보수를 할 때에는 경험보다 안전기준을 우선시해야 한다.

43 조속기로프의 공칭직경은 몇 mm 이상이어야 하는가?

① 5　　　　② 6
③ 7　　　　④ 8

해설 조속기로프

㉠ 조속기로프의 최소 파단하중은 조속기가 작동될 때 권상 형식의 조속기에 대해 8 이상의 안전율로 조속기로프에 생성되는 인장력에 관계되어야 한다.
㉡ 조속기로프의 공칭직경은 6mm 이상이어야 한다.
㉢ 조속기로프 풀리의 피치직경과 조속기로프의 공칭직경 사이의 비는 30 이상이어야 한다.
㉣ 조속기로프 및 관련 부속부품은 비상정지장치가 작동하는 동안 제동거리가 정상적일 때보다 더 길더라도 손상되지 않아야 한다.
㉤ 조속기로프는 비상정지장치로부터 쉽게 분리될 수 있어야 한다.

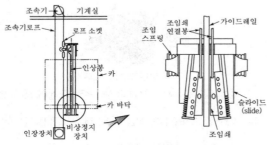

▮ 조속기와 비상정지장치의 연결 모습 ▮

44 유압잭의 부품이 아닌 것은?

① 사이렌서
② 플런저
③ 패킹
④ 더스트 와이퍼

해설 유압잭과 사이렌서

㉠ 잭(jack) : 유압에 의해 작동하는 방식으로 실린더와 램의 조합체
㉡ 사이렌서(silencer) : 압력맥동을 흡수하여 진동, 소음을 감소시키기 위하여 사용
㉢ 패킹(packing) : 관 이음매 또는 어떤 틈새에 물, 기름, 공기가 새지 않도록 끼워 넣음

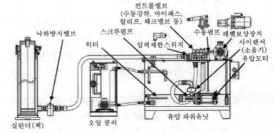

▮ 유압식 엘리베이터의 구동부 개념도 ▮

45 전기식 엘리베이터에서 자체점검주기가 가장 긴 것은?

① 권상기의 감속기어
② 권상기 베어링
③ 수동조작핸들
④ 고정도르래

해설 승강기 자체검사 주기

㉠ 1월에 1회 이상
　• 층상선택기
　• 카의 문 및 문턱
　• 카 도어 스위치
　• 문닫힘 안전장치
　• 카 조작반 및 표시기
　• 비상통화장치
　• 전동기, 전동발전기
　• 권상기 브레이크
㉡ 3월에 1회 이상
　• 수권조작 수단
　• 권상기 감속기어
㉢ 6월에 1회 이상
　• 권상기 도르래
　• 권상기 베어링
　• 조속기(카측, 균형추측)
　• 영도, 적재하중, 정원 등 표시
㉣ 12월에 1회 이상
　• 고정도르래, 풀리
　• 기계실 기기의 내진대책

46 정격속도 60m/min를 초과하는 엘리베이터에 사용되는 비상정지장치의 종류는?

① 점차작동형　　② 즉시작동형
③ 디스크작동형　④ 플라이볼작동형

정답 42. ②　43. ②　44. ①　45. ④　46. ①

해설 비상정지장치의 일반사항 및 사용조건

‖ 점차작동형 비상정지장치 ‖

㉠ 카에는 현수 수단의 파손, 즉 현수로프가 끊어지더라도 조속기 작동속도에서 하강방향으로 작동하여 가이드레일을 잡아 정격하중의 카를 정지시킬 수 있는 비상정지장치가 설치되어야 한다.

㉡ 균형추 또는 평형추에 비상정지장치가 설치되는 경우, 균형추 또는 평형추에는 조속기 작동속도에서(현수수단이 파손될 경우) 하강방향으로 작동하여 가이드레일을 잡아 균형추 또는 평형추를 정지시키는 비상정지장치가 있어야 한다.

㉢ 카의 비상정지장치는 엘리베이터의 정격속도가 1m/s를 초과하는 경우 점차작동형이어야 한다. 다만, 다음과 같은 경우에는 그러하지 아니한다.
- 정격속도가 1m/s를 초과하지 않는 경우 : 완충효과가 있는 즉시작동형
- 정격속도가 0.63m/s를 초과하지 않는 경우 : 즉시작동형

㉣ 카에 여러 개의 비상정지장치가 설치된 경우에는 모두 점차작동형이어야 한다.

㉤ 균형추 또는 평형추의 비상정지장치는 정격속도가 1m/s를 초과하는 경우 점차작동형이어야 한다. 다만, 정격속도가 1m/s 이하인 경우에는 즉시작동형으로 할 수 있다.

47 운동을 전달하는 장치로 옳은 것은?

① 절이 왕복하는 것을 레버라 한다.
② 절이 요동하는 것을 슬라이더라 한다.
③ 절이 회전하는 것을 크랭크라 한다.
④ 절이 진동하는 것을 캠이라 한다.

해설 링크(link)의 구성

몇 개의 강성한 막대를 핀으로 연결하고 회전할 수 있도록 만든 기구

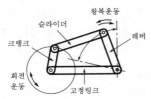

‖ 4절 링크기구 ‖

㉠ 크랭크 : 회전운동을 하는 링크
㉡ 레버 : 요동운동을 하는 링크
㉢ 슬라이더 : 미끄럼운동 링크
㉣ 고정부 : 고정 링크

48 헬리컬기어의 설명으로 적절하지 않은 것은?

① 진동과 소음이 크고 운전이 정숙하지 않다.
② 회전 시에 축압이 생긴다.
③ 스퍼기어보다 가공이 힘들다.
④ 이의 물림이 좋고 연속적으로 접촉한다.

해설 헬리컬기어(helical gear)의 특징

㉠ 장점
- 운전이 원활하고, 진동 소음이 적으며, 고속·대동력 전달에 사용한다.
- 직선치보다 물림 길이가 길고 물림률이 커서 물림 상태가 좋다.
- 큰 회전비가 얻어지고 전동 효율(98~99%)이 크다.

㉡ 단점
- 축방향으로 추력(thrust, 회전축과 회전체의 축방향에 작용하는 외력)이 발생한다.
- 가공상의 정밀도, 조립 오차, 이 및 축의 변형 등에 의해 치면의 접촉이 나쁘게 된다.
- 국부적인 접촉이 생기게 되어 치면의 압력이 크게 된다.
- 제작 및 검사가 어렵다.

49 평행판 콘덴서에 있어서 콘덴서의 정전용량은 판 사이의 거리와 어떤 관계인가?

① 반비례   ② 비례
③ 불변   ④ 2배

해설 평행판 콘덴서의 정전용량

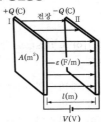

㉠ 면적 $A(m^2)$의 평행한 두 금속의 간격을 $l(m)$, 절연물의 유전율을 $\varepsilon(F/m)$이라 하고, 두 금속판 사이에 전압 $V(V)$를 가할 때 각 금속판에 $+Q(C)$, $-Q(C)$의 전하가 축적되었다고 하면 다음과 같다.

$$V = \frac{\sigma l}{\varepsilon} (V)$$

㉡ 평행판 콘덴서의 정전용량 C는 다음과 같다.

$$C = \frac{Q}{V} = \frac{\sigma A}{\frac{\sigma l}{\varepsilon}} = \frac{\varepsilon A}{l} = \frac{\varepsilon_0 \varepsilon_s A}{l} (F)$$

50 복활차에서 하중 W인 물체를 올리기 위해 필요한 힘(P)은? (단, n은 동활차의 수)

① $P = W + 2^n$

② $P = W - 2^n$

③ $P = W \times 2^n$

④ $P = W / 2^n$

해설 **활차(pulley)**

㉠ 복활차(compound pulley) : 고정도르래와 움직이는 도르래를 2개 이상 결합한 도르래

㉡ 동활차(moved pulley) : 축이 고정되지 않고 자유롭게 이동하는 도르래

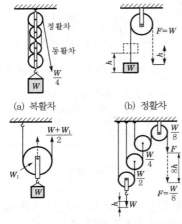

(a) 복활차　　(b) 정활차

(c) 동활차
‖ 도르래 장치의 종류별 형태 ‖

㉢ 하중(W) = $P \times 2^n$

여기서, W : 하중(kg), P : 인상력(kg), n : 동활차수

㉣ $P = \dfrac{W}{2^n}$

51 유도전동기의 동기속도는 무엇에 의하여 정하여지는가?

① 전원의 주파수와 전동기의 극수

② 전력과 저항

③ 전원의 주파수와 전압

④ 전동기의 극수와 전류

해설 회전자기장의 속도를 유도전동기의 동기속도(n_s)라 하면, 동기속도는 전원 주파수(f)의 증가에 비례하여 증가하고, 극수(P)에는 반비례하여 감소한다.

$$n_s = \frac{120 \cdot f}{P} \text{(rpm)}$$

$$\therefore \ n_s \propto \frac{1}{P}$$

52 반지름 r(m), 권수 N의 원형 코일에 I(A)의 전류가 흐를 때 원형 코일 중심점의 자기장의 세기(AT/m)는?

① $\dfrac{NI}{r}$

② $\dfrac{NI}{2r}$

③ $\dfrac{NI}{2\pi r}$

④ $\dfrac{NI}{4\pi r}$

해설 **자장의 세기**

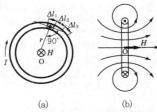

(a)　　　　(b)
‖ 원형 코일 중심의 자장 ‖

㉠ 반지름 r(m)이고 감은 횟수 1회인 원형 코일에 I(A)의 전류를 흘릴 때 코일중심 ⓞ에 생기는 자장의 세기 H(AT/m)는 이 자장은 $\Delta l_1, \Delta l_2, \Delta l_3, \cdots \Delta l_n$의 미소 부분에 흐르는 전류 I(A)에 의하여 r(m) 떨어진 점에 생기는 자장의 합이다.

$$H = \Delta H_1 + \Delta H_2 + \Delta H_3 + \cdots + \Delta H_n$$

$$= \frac{I}{4\pi r^2}(\Delta l_1 + \Delta l_2 + \Delta l_3 + \cdots + \Delta l_n)$$

$$= \frac{I}{4\pi r^2} \times 2\pi r = \frac{I}{2\pi r} \text{(AT/m)}$$

㉡ 코일의 감은 횟수가 N회이면 도선의 길이는 $2\pi rN$이므로 자장의 세기(H)는 다음과 같다.

$$H = \frac{NI}{2r} \text{(AT/m)}$$

㉢ 자장의 세기 H는 NI에 비례하므로 전류 I(A)와 감은 횟수 N의 곱을 암페어 횟수(ampere turn)라 하고 단위는 AT로 나타낸다. 따라서 자장의 세기 단위는 AT/m이 된다.

53 유도전동기에서 슬립이 1이란 전동기의 어느 상태인가?

① 유도제동기의 역할을 한다.

② 유도전동기가 전부하 운전 상태이다.

③ 유도전동기가 정지 상태이다.

④ 유도전동기가 동기속도로 회전한다.

해설 **슬립(slip)**

3상 유도전동기는 항상 회전자기장의 동기속도(n_s)와 회전자의 속도 n 사이에 차이가 생기게 되며, 이 차이의 값으로 전동기의 속도를 나타낸다. 이때 속도의 차이와 동기속도(n_s)와의 비가 슬립이고, 보통 $0 < s < 1$ 범위이어야 하며, 슬립 1은 정지된 상태이다.

$$s = \frac{\text{동기속도} - \text{회전자속도}}{\text{동기속도}} = \frac{n_s - n}{n_s}$$

54 물체에 하중이 작용할 때, 그 재료 내부에 생기는 저항력을 내력이라 하고 단위면적당 내력의 크기를 응력이라 하는데 이 응력을 나타내는 식은?

① $\dfrac{단면적}{하중}$ ② $\dfrac{하중}{단면적}$

③ 단면적×하중 ④ 하중−단면적

해설 응력(stress)

㉠ 물체에 힘이 작용할 때 그 힘과 반대방향으로 크기가 같은 저항력이 생기는데 이 저항력을 내력이라 하며, 단위면적(1mm²)에 대한 내력의 크기를 말한다.

㉡ 응력은 하중의 종류에 따라 인장응력, 압축응력, 전단응력 등이 있으며, 인장응력과 압축응력은 하중이 작용하는 방향이 다르지만, 같은 성질을 갖는다. 단면에 수직으로 작용하면 수직응력, 단면에 평행하게 접하면 전단응력(접선응력)이라고 한다.

㉢ 수직응력(σ)은 다음과 같다.

$$\sigma = \frac{P}{A}$$

여기서, σ : 수직응력(kg/cm²), P : 축하중(kg)
A : 수직응력이 발생하는 단면적(cm²)

㉣ 응력이 발생하는 단면적(A)이 일정하고, 축하중(P)값이 증가하면 응력도 비례해서 증가한다.

55 유도전동기의 속도제어방법이 아닌 것은?

① 전원전압을 변화시키는 방법
② 극수를 변화시키는 방법
③ 주파수를 변화시키는 방법
④ 계자저항을 변화시키는 방법

해설 유도전동기의 속도제어법

㉠ 2차 여자법 : 2차 권선에 외부의 전류를 통해 자계를 만들고, 그 작용으로 속도를 제어한다.

㉡ 주파수변환 : 주파수는 고정자에 입력되는 3상 교류전원의 주파수를 뜻하며, 이 주파수를 조정하는 것은 전원을 조절한다는 것이고, 동기속도가 전원주파수에 비례하는 성질을 이용하여 원활한 속도제어를 한다.

㉢ 2차 저항제어 : 회전자권선(2차 권선)에 접속한 저항값의 증감법이다.

㉣ 극수변환 : 동기속도가 극수에 반비례하는 성질을 이용. 권선의 접속을 바꾸는 방법과 극수가 서로 다른 2개의 독립된 권선을 감는 방법 등이 있다. 비교적 효율이 좋고 자주 속도를 변경할 필요가 있으며 계단적으로 속도변경이 필요한 부하에 사용된다.

㉤ 전압제어 : 유도기의 토크는 전원전압의 제곱에 비례하기 때문에 1차 전압을 제어하여 속도를 제어한다

56 다음 중 교류전동기는?

① 분권전동기 ② 타여자전동기
③ 유도전동기 ④ 차동복권전동기

해설 교류전동기는 크게 단상과 삼상으로 나뉘며, 회전자의 유형에 따라 유도전동기, 동기전동기, 정류자전동기로 분류된다. 일정한 주파수 전원으로 운전할 경우 유도전동기는 대체적으로 정속도를 유지하고 동기전동기는 완전한 정속도를 갖으며, 정류자 전동기는 광범위한 영역에서 속도조절이 가능하다.

57 자동제어계의 상태를 교란시키는 외적인 신호는?

① 제어량 ② 외란
③ 목표량 ④ 피드백신호

해설 되먹임(폐루프, 피드백, 궤환)제어

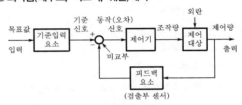

┃출력 피드백제어(output feedback control)┃

㉠ 출력, 잠재외란, 유용한 조절변수인 제어 대상을 가지는 일반화된 공정이다.

㉡ 적절한 측정기를 사용하여 검출부에서 출력(유속, 압력, 액위, 온도)값을 측정한다.

㉢ 검출부의 지시값을 목표값과 비교하여 오차(편차)를 확인한다.

㉣ 오차(편차)값은 제어기로 보내진다.

㉤ 제어기는 오차(편차)의 크기를 줄이기 위해 조작량의 값을 바꾼다.

㉥ 제어기는 조작량에 직접 영향이 미치지 않고 최종 제어요소인 다른 장치(보통 제어밸브)를 통하여 영향을 준다.

㉦ 미흡한 성능을 갖는 제어 대상은 피드백에 의해 목표값과 비교하여 일치하도록 정정동작을 한다.

㉧ 상태를 교란시키는 외란의 영향에서 출력값을 원하는 수준으로 유지하는 것이 제어 목적이다.

㉨ 안정성이 향상되고, 선형성이 개선된다.

㉩ 종류에는 비례동작(P), 비례–적분동작(PI), 비례–적분–미분동작(PID)제어기가 있다.

㉪ 직류전동기의 회전수를 일정하게 하기 위한 회전수의 변동(편차)을 줄이기 위해 전압(조작량)을 변화시킨다.

58 50μF의 콘덴서에 200V, 60Hz의 교류전압을 인가했을 때 흐르는 전류(A)는?

① 약 2.56 ② 약 3.77
③ 약 4.56 ④ 약 5.28

해설 $X_c = \dfrac{1}{\omega c} = \dfrac{1}{2\pi f c}$

$\qquad = \dfrac{1}{2\pi \times 60 \times 50 \times 10^{-6}} \fallingdotseq 53$

$I = \dfrac{V}{X_c} = \dfrac{200}{53} \fallingdotseq 3.77$

정답 54. ② 55. ④ 56. ③ 57. ② 58. ②

59 영(Young)률이 커지면 어떠한 특성을 보이는가?

① 안전하다.

② 위험하다.

③ 늘어나기 쉽다.

④ 늘어나기 어렵다.

해설 **영률(Young's modulus, 길이 탄성률)**

㉠ 물체를 양쪽에서 적당한 힘(F)을 주어 늘이면, 길이는 L_1에서 L_2로 늘어나고 단면적 A는 줄어든다. 또한 잡아 늘였던 물체에 힘을 제거하면 다시 본래의 형태로 돌아온다. 물체가 늘어나는 길이의 정도는 다음과 같다.

$$변형률(S) = \frac{L_2 - L_1}{L_1}$$

㉡ 물체를 늘릴 경우 잡아 늘인 힘을 단면적 A로 나누면 다음과 같다.

$$변형력(T) = \frac{F}{A}$$

㉢ 영률은 변형률과 변형력 사이의 비례관계를 나타낸다.

$$영률 = \frac{변형력(T)}{변형률(S)} \, (\text{N/m}^2)$$

㉣ 영률이 크면 변형에 대한 저항력이 큰 것으로, 그만큼 견고함을 나타낸다.

60 와이어로프의 사용하중이 5,000kgf이고, 파괴하중이 25,000kgf일 때 안전율은?

① 2.5 ② 5.0

③ 0.2 ④ 0.5

해설 **와이어로프의 안전율**

$$안전율 = \frac{절단(파단)하중}{사용하중} = \frac{25,000}{5,000} = 5.0$$

01 에스컬레이터의 핸드레일(hand rail)의 속도는 얼마인가?

① 30m/min 이하로 하고 있다.
② 45m/min 이하로 하고 있다.
③ 발판(step)속도의 2/3 정도로 하고 있다.
④ 발판(step)속도와 같게 하고 있다.

해설 핸드레일 시스템의 일반사항

∥ 핸드레일 ∥

∥ 스텝 ∥

∥ 팔레트 ∥

㉠ 각 난간의 꼭대기에는 정상운행 조건하에서 스텝, 팔레트 또는 벨트의 실제속도와 관련하여 동일 방향으로 −0%에서 +2%의 공차가 있는 속도로 움직이는 핸드레일이 설치되어야 한다.
㉡ 핸드레일은 정상운행 중 운행방향의 반대편에서 450N의 힘으로 당겨도 정지되지 않아야 한다.
㉢ 핸드레일 속도감시장치가 설치되어야 하고 에스컬레이터 또는 무빙워크가 운행하는 동안 핸드레일 속도가 15초 이상 동안 실제속도보다 −15% 이상 차이가 발생하면 에스컬레이터 및 무빙워크를 정지시켜야 한다.

02 유압식 승강기의 종류를 분류할 때 적합하지 않은 것은?

① 직접식
② 간접식
③ 팬터그래프식
④ 밸브식

해설 유압 승강기

펌프에서 토출된 작동유로 플런저(plunger)를 작동시켜 카를 승강시킨다.
㉠ 직접식 : 플런저의 직상부에 카를 설치한 것이다.
㉡ 간접식 : 플런저의 선단에 도르래를 놓고 로프 또는 체인을 통해 카를 올리고 내리며, 로핑에 따라 1 : 2, 1 : 4, 2 : 4의 로핑이 있다.

㉢ 팬터그래프식 : 카는 팬터그래프의 상부에 설치하고, 실린더에 의해 팬터그래프를 개폐한다.

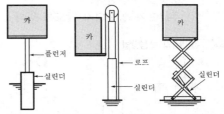

∥ 직접식 ∥   ∥ 간접식(1 : 2 로핑) ∥   ∥ 팬터그래프식 ∥

03 다음 중 엘리베이터 도어용 부품과 거리가 먼 것은?

① 행거롤러
② 업스러스트롤러
③ 도어레일
④ 가이드롤러

해설

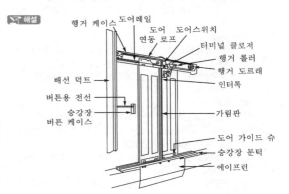

∥ 승강장 도어 구조 ∥

∥ 도어 레일과 행거 ∥

04 균형로프(compensating rope)의 역할로 적합한 것은?

① 카의 낙하를 방지한다.
② 균형추의 이탈을 방지한다.
③ 주로프와 이동케이블의 이동으로 변화된 하중을 보상한다.
④ 주로프가 열화되지 않도록 한다.

해설 견인비의 보상방법

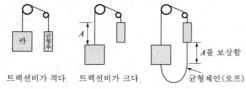

트랙션비가 적다.   트랙션비가 크다.   균형체인(로프)

㉠ 견인비(traction ratio)
• 카측 로프가 매달고 있는 중량과 균형추 로프가 매달고 있는 중량의 비를 트랙션비라 하고, 무부하와 전부하 상태에서 체크한다.
• 견인비가 낮게 선택되면 로프와 도르래 사이의 트랙션 능력, 즉 마찰력이 작아도 되며, 로프의 수명이 연장된다.
㉡ 문제점
• 승강행정이 길어지면 로프가 어느 쪽(카측, 균형추측)에 있느냐에 따라 트랙션비는 크게 변화한다.
• 트랙션비가 1.35를 초과하면 로프가 시브에서 슬립(slip) 되기가 쉽다.
㉢ 대책
• 카 하부에서 균형추의 하부로 주로프와 비슷한 단위 중량의 균형(보상) 체인이나 로프를 매단다(트랙션비를 작게 하기 위한 방법).
• 균형로프는 서로 엉키는 걸 방지하기 위하여 피트에 인장도르래를 설치한다.
• 균형로프는 100%의 보상효과가 있고 균형체인은 90% 정도밖에 보상하지 못한다.
• 고속·고층 엘리베이터의 경우 균형체인(소음의 원인)보다는 균형로프를 사용한다.

05 교류 2단 속도제어에 관한 설명으로 틀린 것은?

① 기동 시 저속권선 사용
② 주행 시 고속권선 사용
③ 감속 시 저속권선 사용
④ 착상 시 저속권선 사용

해설 교류 2단 속도제어

㉠ 기동과 주행은 고속권선으로 하고 감속과 착상은 저속권선으로 한다.
㉡ 속도비를 착상오차 이외에 감속도의 변화비율, 크리프시간(저속주행시간) 등을 감안한 4 : 1이 가장 많이 사용된다.
㉢ 30~60m/min의 엘리베이터용에 사용된다.

06 주차구획을 평면상에 배치하여 운반기의 왕복이동에 의하여 주차를 행하는 방식은?

① 평면왕복식   ② 다층순환식
③ 승강기식   ④ 수평순환식

해설 평면왕복식 주차장치

각 층에 평면으로 배치되어 있는 고정된 주차구획에 운반기에 의하여 자동차를 운반이동하여 주차하도록 설계한 주차장치로, 승강기식 주차장치를 옆으로 한 것과 같고, 승강장치를 설치하여 다층으로 사용할 수 있다.
㉠ 횡식(운반식, 운반격납식)
승강기에서 운반기를 좌우방향으로 격납시키는 형식으로 승입구의 위치에 따라 구분한다.
㉡ 종식(운반식, 운반격납식)
승강기에서 운반기를 전후방향으로 격납시키는 형식으로 승입구의 위치에 따라 구분한다.
• 일반적으로 빌딩의 지하 또는 상부에 설치한다.
• 중·대규모의 주차가 가능하다.

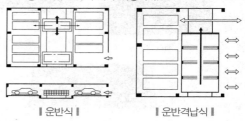

┃ 운반식 ┃   ┃ 운반격납식 ┃

07 승객용 엘리베이터의 적재하중 및 최대 정원을 계산할 때 1인당 하중의 기준은 몇 kg인가?

① 63   ② 65
③ 67   ④ 70

해설 카의 유효면적, 정격하중 및 정원

㉠ 정격하중(rated load) : 엘리베이터의 설계된 적재하중을 말한다.
㉡ 화물용 엘리베이터의 정격하중은 카의 면적 $1m^2$당 250kg으로 계산한 값 이상으로 하고 자동차용 엘리베이터의 정격하중은 카의 면적 $1m^2$당 150kg으로 계산한 값 이상으로 한다.
㉢ 정원은 다음 식에서 계산된 값을 가장 가까운 정수로 버림 한 값이어야 한다.

$$정원 = \frac{정격하중}{65}$$

08 레일의 규격호칭은 소재 1m길이당 중량을 라운드 번호로 하여 레일에 붙여 쓰고 있다. 일반적으로 쓰이고 있는 T형 레일의 공칭이 아닌 것은?

① 8K레일   ② 13K레일
③ 16K레일   ④ 24K레일

해설 가이드레일의 규격

- ㉠ 레일 규격의 호칭은 마무리 가공 전 소재의 1m당의 중량으로 한다.
- ㉡ 일반적으로 쓰는 T형 레일의 공칭 8, 13, 18, 24K 등이 있다.
- ㉢ 대용량의 엘리베이터에서는 37, 50K 레일 등도 사용한다.
- ㉣ 레일의 표준길이는 5m로 한다.

09 가변전압 가변주파수(VVVF)제어방식에 관한 설명 중 틀린 것은?

① 고속의 승강기까지 적용 가능하다.
② 저속의 승강기에만 적용하여야 한다.
③ 직류전동기와 동등한 제어 특성을 낼 수 있다.
④ 유도전동기의 전압과 주파수를 변환시킨다.

해설 VVVF(가변전압 가변주파수)제어

- ㉠ 유도전동기에 인가되는 전압과 주파수를 동시에 변환시켜 직류전동기와 동등한 제어성능을 얻을 수 있는 방식이다.
- ㉡ 직류전동기를 사용하고 있던 고속 엘리베이터에도 유도전동기를 적용하여 보수가 용이하고, 전력 회생을 통해 에너지가 절약된다.
- ㉢ 중·저속 엘리베이터(궤환제어)에서는 승차감과 성능이 크게 향상되고 저속 영역에서 손실을 줄여 소비전력이 약 반으로 된다.
- ㉣ 3상의 교류는 컨버터로 일단 DC전원으로 변환하고 인버터로 재차 가변전압 및 가변주파수의 3상 교류로 변환하여 전동기에 공급된다.
- ㉤ 교류에서 직류로 변경되는 컨버터에는 사이리스터가 사용되고, 직류에서 교류로 변경하는 인버터에는 트랜지스터가 사용된다.
- ㉥ 컨버터제어방식을 PAM(Pulse Amplitude Modulation), 인버터제어방식을 PWM(Pulse Width Modulation)시스템이라고 한다.

10 엘리베이터 기계실에 관한 설명으로 틀린 것은?

① 기계실이 정상부에 위치할 경우 꼭대기 틈새의 높이는 2m 이상의 높이를 두어야 한다.
② 기계실의 크기는 승강로 수평투영면적의 2배 이상으로 하는 것이 적합하다.
③ 기계실의 위치는 반드시 정상부에 위치하지 않아도 된다.
④ 기계실이 있는 경우 기계실의 크기는 승강로의 크기와 같아야 한다.

해설 기계실 치수

기계실의 바닥면적은 승강로 수평투영면적의 2배 이상으로 하여야 한다. 다만, 기기의 배치 및 관리에 지장이 없는 경우에는 그러하지 아니하다.
- ㉠ 기계실 크기는 설비, 특히 전기설비의 작업이 쉽고 안전하도록 충분하여야 한다. 작업구역에서 유효높이는 2m 이상이어야 하고 다음 사항에 적합하여야 한다.
  - 제어 패널 및 캐비닛 전면의 유효 수평면적은 아래와 같아야 한다.
    - 폭은 0.5m 또는 제어 패널·캐비닛의 전체 폭 중에서 큰 값 이상
    - 깊이는 외함의 표면에서 측정하여 0.7m 이상
  - 수동 비상운전 수단이 필요하다면, 움직이는 부품의 유지보수 및 점검을 위한 유효 수평면적은 0.5m ×0.6m 이상이어야 한다.
- ㉡ 위 ㉠항에서 기술된 유효공간으로 접근하는 통로의 폭은 0.5m 이상이어야 한다. 다만, 움직이는 부품이 없는 경우에는 0.4m로 줄일 수 있다. 이동을 위한 공간의 유효높이는 바닥에서부터 천장의 빔 하부까지 측정하여 1.8m 이상이어야 한다.
- ㉢ 구동기의 회전부품 위로 0.3m 이상의 유효 수직거리가 있어야 한다.
- ㉣ 기계실 바닥에 0.5m를 초과하는 단차가 있을 경우에는 보호난간이 있는 계단 또는 발판이 있어야 한다.
- ㉤ 기계실 작업구역의 바닥 또는 작업구역 간 이동 통로의 바닥에 폭이 0.05m 이상이고 0.5m 미만이며, 깊이가 0.05m를 초과하는 함몰이 있거나 덕트가 있는 경우, 그 함몰 부분 및 덕트는 방호되어야 한다. 폭이 0.5m를 초과하는 함몰은 위 ㉣항에 따른 단차로 고려되어야 한다.

11 기계실의 작업구역에서 유효높이는 몇 m 이상으로 하여야 하는가?

① 1.8　② 2
③ 2.5　④ 3

해설 기계실 치수

기계실 크기는 설비, 특히 전기설비의 작업이 쉽고 안전하도록 충분하여야 한다. 작업구역에서 유효높이는 2m 이상이어야 하고 다음 사항에 적합하여야 한다.
- ㉠ 제어 패널 및 캐비닛 전면의 유효 수평면적은 아래와 같아야 한다.
  - 폭은 0.5m 또는 제어 패널·캐비닛의 전체 폭 중에서 큰 값 이상
  - 깊이는 외함의 표면에서 측정하여 0.7m 이상
- ㉡ 수동비상운전 수단이 필요하다면, 움직이는 부품의 유지보수 및 점검을 위한 유효 수평면적은 0.5m×0.6m 이상이어야 한다.

12 유압식 엘리베이터에서 압력 릴리프밸브는 압력을 전부하압력의 몇 %까지 제한하도록 맞추어 조절해야 하는가?

① 115　② 125
③ 140　④ 150

해설 압력 릴리프밸브(relief valve)

㉠ 펌프와 체크밸브 사이의 회로에 연결된다.
㉡ 압력조정밸브로 회로의 압력이 상용압력의 125% 이상 높아지면 바이패스(by-pass)회로를 열어 기름을 탱크로 돌려보내어 더 이상의 압력 상승을 방지한다.
㉢ 압력은 전부하압력의 140%까지 제한하도록 맞추어 조절되어야 한다.
㉣ 높은 내부손실(압력 손실, 마찰)로 인해 압력 릴리프밸브를 조절할 필요가 있을 경우에는 전부하압력의 170%를 초과하지 않는 범위 내에서 더 큰 값으로 설정될 수 있다.
㉤ 이러한 경우, 유압설비(잭 포함) 계산에서 가상의 전부하압력은 다음 식이 사용된다.

$$\frac{\text{선택된 설정 압력}}{1.4}$$

㉥ 좌굴 계산에서, 1.4의 초과압력계수는 압력 릴리프밸브의 증가된 설정 압력에 따른 계수로 대체되어야 한다.

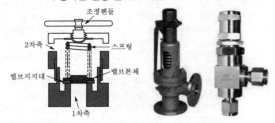

13 승강기에 사용하는 가이드레일 1본의 길이는 몇 m로 정하고 있는가?

① 1   ② 3
③ 5   ④ 7

해설 가이드레일의 규격

㉠ 레일 규격의 호칭은 마무리 가공 전 소재의 1m당의 중량으로 한다.
㉡ 일반적으로 T형 레일의 공칭은 8, 13, 18, 24K 등이 있다.
㉢ 대용량의 엘리베이터에서는 37, 50K 레일 등도 사용한다.
㉣ 레일의 표준길이는 5m로 한다.

14 정지로 작동시키면 승강기의 버튼등록이 정지되고 자동으로 지정 층에 도착하여 운행이 정지되는 것은?

① 리밋스위치   ② 슬로다운스위치
③ 파킹스위치   ④ 피트정지스위치

해설 파킹(parking)스위치

엘리베이터의 안정된 사용 및 정지를 위하여 설치해야 하지만 공동주택, 숙박시설, 의료시설은 제외할 수 있다.
㉠ 승강장·중앙관리실 또는 경비실 등에 설치되어 카 이외의 장소에서 엘리베이터 운행의 정지조작과 재개조작이 가능하여야 한다.
㉡ 파킹스위치를 정지로 작동시키면 버튼등록이 정지되고 자동으로 지정 층에 도착하여 운행이 정지되어야 한다.

15 엘리베이터 완충기에 대한 설명으로 적합하지 않은 것은?

① 정격속도 1m/s 이하의 엘리베이터에 스프링완충기를 사용하였다.
② 정격속도 1m/s 초과 엘리베이터에 유입완충기를 사용하였다.
③ 유입완충기의 플런저 복귀시험 시 완전히 압축한 상태에서 완전 복귀할 때까지의 시간은 120초 이하이다.
④ 유입완충기에서 최소 적용중량은 카 자중+적재하중으로 한다.

해설 유입완충기(oil buffer)

㉠ 엘리베이터의 정격속도와 상관없이 어떤 경우에도 사용될 수 있다.
㉡ 카가 최하층을 넘어 통과하면 카의 하부체대의 완충판이 우선 완충고무에 당돌하여 어느 정도의 충격을 완화한다.
㉢ 카가 계속 하강하여 플런저를 누르면 실린더 내의 기름이 좁은 오리피스 틈새를 통과할 때에 생기는 유체저항에 의하여 주어진다.
㉣ 카가 상승하게 되면 플런저는 스프링의 복원력으로 원래의 정상 상태로 복원되고 다음 작용을 준비한다.
㉤ 행정(stroke)은 정격속도 115%에 상응하는 중력 정지 거리 $0.0674\,V^2$(m)와 같아야 한다(최소 행정은 0.42m 보다 작아서는 안 됨).
㉥ 적용범위의 중량으로 정격속도 115%에 충돌하는 경우 카 또는 균형추의 평균 감속도는 $1.0(9.8\text{m/s}^2)$ 이하이어야 한다.
㉦ 순간 최대 감속도 2.5G를 넘는 감속도가 0.04초 이상 지속되지 않아야 한다.
㉧ 충격시험을 최대 하중시험 1회, 최소 하중시험 1회를 실시하여 완충기 압축 후 복귀시간 120초 이내이어야 한다.
㉨ 플런저 복귀시험은 플런저를 완전히 압축한 상태에서 5분 동안 유지한 후 완전복귀위치까지 요하는 시간은 120초 이하로 한다.
㉩ 유입완충기의 적용중량

항목	최소 적용중량	최대 적용중량
카용	카 자중+65	카 자중+적재하중

16 에스컬레이터의 역회전 방지장치가 아닌 것은?

① 구동체인 안전장치
② 기계 브레이크
③ 조속기
④ 스커트 가드

해설 스커트 가드는 에스컬레이터의 내측판의 디딤판 옆 부분을 칭하며, 스커트 가드 스위치에 의해 디딤판과 스커트 가드 사이에 이물질이 들어갔을 때 에스컬레이터를 정지시킨다.

┃ 난간 부분의 명칭 ┃

17 로프이탈방지장치를 설치하는 목적으로 부적절한 것은?

① 급제동 시 진동에 의해 주로프가 벗겨질 우려가 있는 경우
② 지진의 진동에 의해 주로프가 벗겨질 우려가 있는 경우
③ 기타의 진동에 의해 주로프가 벗겨질 우려가 있는 경우
④ 주로프의 파단으로 이탈할 경우

해설 로프이탈방지장치

급제동 시나 지진, 기타의 진동에 의해 주로프가 벗겨질 우려가 있는 경우에는 로프이탈방지장치 등을 설치하여야 한다. 다만, 기계실에 설치된 고정도르래 또는 도르래홈에 주로프가 1/2 이상 묻히거나 도르래 끝단의 높이가 주로프보다 더 높은 경우에는 제외한다.

18 평면의 디딤판을 동력으로 오르내리게 한 것으로, 경사도가 12° 이하로 설계된 것은?

① 에스컬레이터　② 수평보행기
③ 경사형 리프트　④ 덤웨이터

해설 무빙워크(수평보행기)의 경사도와 속도

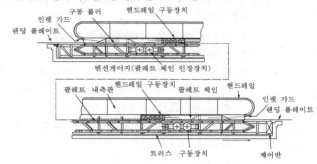

┃ 무빙워크(수평보행기) 구조도 ┃

┃ 승강장 스탭 ┃　┃ 팔레트 ┃

┃ 콤(comb) ┃

㉠ 무빙워크의 경사도는 12° 이하이어야 한다.
㉡ 무빙워크의 공칭속도는 0.75m/s 이하이어야 한다.
㉢ 팔레트 또는 벨트의 폭이 1.1m 이하이고, 승강장에서 팔레트 또는 벨트가 콤에 들어가기 전 1.6m 이상의 수평주행구간이 있는 경우 공칭속도는 0.9m/s까지 허용된다. 다만, 가속구간이 있거나 무빙워크를 다른 속도로 직접 전환시키는 시스템이 있는 무빙워크에는 적용되지 않는다.

19 높은 열로 전선의 피복이 연소되는 것을 방지하기 위해 사용되는 재료는?

① 고무　② 석면
③ 종이　④ PVC

해설 석면 전선

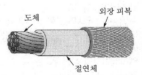

도체는 주석도금 연동선, 절연체는 압축된 석면, 외장피복에는 석면을 꼬아서 만들어 200℃ 주위온도를 가지는 곳에 사용 가능, 내열성이 뛰어나고 인장강도가 크며 산이나 알칼리에 강하다.

20 카 내에 승객이 갇혔을 때의 조치할 내용 중 부적절한 것은?

① 우선 인터폰을 통해 승객을 안심시킨다.
② 카의 위치를 확인한다.
③ 층 중간에 정지하여 구출이 어려운 경우에는 기계실에서 정지층에 위치하도록 권상기를 수동으로 조작한다.
④ 반드시 카 상부의 비상구출구를 통해서 구출한다.

해설 승객이 갇힌 경우의 대응요령

㉠ 엘리베이터 내와 인터폰을 통하여 갇힌 승객에게 엘리베이터 내에는 외부와 공기가 통하고 있으므로 질식하거나, 엘리베이터가 떨어질 염려가 없음을 알려 승객을 안심시킨다.
㉡ 구출할 때까지 문을 열거나 탈출을 시도하지 말 것을 당부한다.
㉢ 엘리베이터의 위치를 확인
  • 감시반의 위치표시기
  • 승강장의 위치표시기
  • 위치표시기에 나타난 층으로 가서 실제로 엘리베이터가 그 층에 있는지 확인
  • 정전 시에는 위치표시기가 꺼져 있으므로 실제로 확인하여야 함
  • 또한 위치표시기에 나타난 층과 실제로 정지되어 있는 층이 다를 수도 있으므로 주의
㉣ 컴퓨터제어방식인 경우 엘리베이터 주전원을 껐다가 다시 켜서 CPU를 리셋(reset) 시킨다(경미한 고장인 경우에는 CPU의 리셋으로 정상동작하는 경우가 대부분).
㉤ 전원을 차단한다.
㉥ 엘리베이터가 있는 층에서 승강장 도어 키를 이용하여 승강장도어를 반쯤 열고 엘리베이터가 있음을 확인한다.
㉦ 카 도어가 열려있지 않으면 카 도어를 손으로 연다.
㉧ 카의 하부에 빈 공간이 있는 경우에는 구출 시 승객이 승강로로 추락할 염려가 있으므로 반드시 승객의 손을 잡고 구출하여야 한다(구출작업 시 시스템의 불안전상태의 엘리베이터가 도어가 열려 있어도 움직이는 경우가 있어 사고의 위험이 있으므로 반드시 전원을 차단한 상태에서 구출 작업을 하여야 함).
㉨ 층간에 걸려서 구출하기 어려운 경우 2차 사고의 위험이 있으므로 전문 인력(설치업체직원 등) 외에는 실시하지 않는다. 위 ㉠~㉥항 실시 후 엘리베이터의 기계실로 올라간다.
  • 엘리베이터가 정지할 수 있는 가장 가까운 승강장의 도어 존에 위치하도록 권상기를 수동으로 조작한다. 이 작업은 반드시 2명 이상의 훈련된 인원이 실시하여야 한다.
  • 엘리베이터의 착상 위치는 주로프 또는 조속기로프에 표시가 되어 있으므로 그 위치에서 정지시킨다.
  • 해당 승강장에 있는 구조자가 승객을 안전하게 구출한다(수동핸들을 사용하여 카를 움직이는 것은 사고의 위험이 있으므로 가능한한 유지관리업체에서 도착하기를 기다리는 것이 바람직함).

㉪ 권상기의 수동조작으로 승강장의 착상 위치에 도착하도록 한다(이 작업은 위험을 동반하기 때문에 충분한 기술훈련으로 경험을 쌓은 자가 실시하여야 함).

21 승강기 안전점검에서 신설·변경 또는 고장수리 등 작업을 한 후에 실시하는 것은?

① 사전점검   ② 특별점검
③ 수시점검   ④ 정기점검

해설 안전점검의 종류

㉠ 정기점검 : 일정 기간마다 정기적으로 실시하는 점검을 말하며, 매주, 매월, 매분기 등 법적 기준에 맞도록 또는 자체기준에 따라 해당책임자가 실시하는 점검이다.
㉡ 수시점검(일상점검) : 매일 작업 전, 작업 중, 작업 후에 일상적으로 실시하는 점검을 말하며, 작업자, 작업책임자, 관리감독자가 행하는 사업주의 순찰도 넓은 의미에서 포함된다.
㉢ 특별점검 : 기계·기구 또는 설비의 신설·변경 또는 고장·수리 등으로 비정기적인 특정점검을 말하며 기술책임자가 행한다.
㉣ 임시점검 : 기계·기구 또는 설비의 이상발견 시에 임시로 실시하는 점검을 말하며, 정기점검 실시 후 다음 정기점검일 이전에 임시로 실시하는 점검

22 작업표준의 목적이 아닌 것은?

① 작업의 효율화
② 위험요인의 제거
③ 손실요인의 제거
④ 재해책임의 추궁

해설 작업표준

㉠ 작업표준의 필요성
  근로자가 기능적으로 불확실한 작업행동이나 정해진 생산 공정상의 규칙을 어기고 임의적인 행동을 지향함으로써의 위험이나 손실요인을 최대한 예방, 감소시키기 위한 것이다.
㉡ 작업 표준을 도입치 않을 경우
  • 재해사고 발생
  • 부실제품 생산
  • 자재손실 또는 지연작업
㉢ 표준류(규정, 사양서, 지침서, 지도서, 기준서)의 종류
  • 원재료와 제품에 관한 것(품질표준)
  • 작업에 관한 것(작업표준)
  • 설비, 환경 등의 유지, 보전에 관한 것(설비기준)
  • 관리제도, 일의 절차에 관한 것(관리표준)
㉣ 작업표준의 목적
  • 위험요인의 제거
  • 손실요인의 제거
  • 작업의 효율화
㉤ 작업표준의 작성 요령
  • 작업의 표준설정은 실정에 적합할 것
  • 좋은 작업의 표준일 것

정답 20. ④ 21. ② 22. ④

• 표현은 구체적으로 나타낼 것
• 생산성과 품질의 특성에 적합할 것
• 이상 시 조치기준이 설정되어 있을 것
• 다른 규정 등에 위배되지 않을 것

23 감전의 위험이 있는 장소의 전기를 차단하여 수선, 점검 등의 작업을 할 때에는 작업 중 스위치에 어떤 장치를 하여야 하는가?

① 접지장치
② 복개장치
③ 시건장치
④ 통전장치

해설 **시건(잠금)장치**

전기작업을 안전하게 행하려면 위험한 전로를 정전시키고 작업하는 것이 바람직하나, 이 경우 정전시킨 전로에 잘못해서 송전되거나 또는 근접해 있는 충전전로와 접촉해서 통전상태가 되면 대단히 위험하다. 따라서 정전작업에서는 사전에 작업내용 등의 필요한 사항을 작업자에게 충분히 주지시킴과 더불어 계획된 순서로 작업함과 동시에 안전한 사전 조치를 취해야 한다. 전로를 정전시킨 경우에는 여하한 경우에도 무전압 상태를 유지해야 하며 이를 위해서 가장 기본적인 안전조치는 정전에 사용한 전원스위치(분전반)에 작업기간 중에는 투입이 될 수 없도록 시건(잠금장치)를 하는 것과 그 스위치 개소(분전반)에 통전금지에 관한 사항을 표지하는 것 그리고 필요한 경우에는 스위치 장소(분전반)에 감시인을 배치하는 것이다.

24 방호장치에 대하여 근로자가 준수할 사항이 아닌 것은?

① 방호장치에 이상이 있을 때 근로자가 즉시 수리한다.
② 방호장치를 해체하고자 할 경우에는 사업주의 허가를 받아 해체한다.
③ 방호장치의 해체 사유가 소멸된 때에는 지체없이 원상으로 회복시킨다.
④ 방호장치의 기능이 상실된 것을 발견하면 지체없이 사업주에게 신고한다.

해설 산업안전보건법에서의 방호장치란 유해 · 위험기계 · 기구에 부착하여야 할 방호장치 등의 종류 및 설치기준 등을 정함으로써 위험기계 · 기구에 의한 작업의 위험으로부터 근로자를 보호함을 목적으로 한다. 방호장치에 이상이 발견되면 관리감독자는 즉시 필요한 조치를 해야 한다.

25 전류의 흐름을 안전하게 하기 위하여 전선의 굵기는 가장 적당한 것으로 선정하여 사용하여야 한다. 전선의 굵기를 결정하는 요인으로 다음 중 거리가 가장 먼 것은?

① 전압강하
② 허용전류
③ 기계적 강도
④ 외부 온도

해설 전선의 굵기 선정 시 고려해야 할 사항 3요소는 전압강하, 기계적 강도, 허용전류이며 그 중 가장 중요한 것은 허용전류이다. 외부온도는 고려대상이지만 3요소보다는 중요하지 않다.

26 재해원인의 분석방법 중 개별적 원인 분석은?

① 각각의 재해원인을 규명하면서 하나하나 분석하는 것이다.
② 사고의 유형, 기인물 등을 분류하여 큰 순서대로 도표화하는 것이다.
③ 특성과 요인관계를 도표로 하여 물고기 모양으로 세분화 하는 것이다.
④ 월별 재해 발생수를 그래프화 하여 관리선을 선정하여 관리하는 것이다.

해설 **재해원인분석**

㉠ 개별적 원인분석
• 개개의 재해를 하나하나 분석하는 것으로 상세하게 그 원인을 규명하는 것이다.
• 특수재해나 중대재해 및 건수가 적은 사업장 또는 개별재해 특유의 조사항목을 사용할 필요가 있을 경우에 적용한다.

㉡ 통계적 원인분석
각 요인의 상호 관계와 분포 상태 등을 거시적(macro)으로 분석하는 방법이다.
• 파레토도 : 사고의 유형, 기인물 등 분류항목을 큰 순서대로 도표화한다(문제나 목표의 이해에 편리).
• 특성요인도 : 특성과 요인관계를 도표로 하여 어골상(魚骨狀)으로 세분한다.
• 크로스 분석 : 2개 이상의 문제관계를 분석하는 데 사용하는 것으로, 데이터를 집계하고 표를 표시하여 요인별 결과 내역을 교차한 크로스 그림을 작성하여 분석한다.
• 관리도 : 재해발생건수 등의 추이를 파악하여 목표관리를 행하는데 필요한 월별 재해발생수를 그래프(graph)화하여 관리선을 설정 관리하는 방법이다.

27 다음 중 합리적인 사고의 발견방법으로 타당하지 않은 것은?

① 육감진단
② 예측진단
③ 장비진단
④ 육안진단

해설 합리적 사고란 과학적, 논리적, 분석적 사고로 현상 파악을 중시하는 것이다. 현재 당면하고 있는 현상을 명확히 파악하여, 문제를 선정하고, 문제의 원인을 밝히며, 그에 대한 과제를 도출하고, 과제 실행 시 발생할 수 있는 문제점들을 사전에 예측하여, 문제없이 진행하기 위한 대책을 사전에 수립하는 과정이다.

28 승강기 관리주체의 의무사항이 아닌 것은?

① 승강기 완성검사를 받아야 한다.
② 자체점검을 받아야 한다.
③ 승강기의 안전에 관한 일상관리를 하여야 한다.
④ 승강기의 안전에 관한 보수를 하여야 한다.

해설 **승강기 관리주체의 의무**

승강기의 소유자 또는 소유자로부터 유지관리에 대한 총체적인 책임을 위임받은 자로서 소유자의 법적인 의무를 수행해야 할 책임이 있다. 일반적으로 건축물관리책임과 함께 승강기의 관리책임이 주어진 자를 말하며, 건축물의 관리대행업자 또는 건축물의 소유자로부터 건축물 전체의 관리를 위임받은 자, 공동주택의 관리대행업자, 공동주택 자치관리기구의 장 또는 자치관리기구의 장으로부터 승강기관리책임을 위임받은 관리소장 등이 이에 해당된다.
㉠ 승강기 정기검사 수검
㉡ 자체점검 실시
㉢ 승강기 안전에 관한 일상관리(운행관리자의 선임 등)
㉣ 승강기 안전에 관한 보수(보수업체 선정 등)
㉤ 사고 보고의무

29 피트에서 하는 검사가 아닌 것은?

① 완충기의 설치 상태
② 하부 파이널 리밋스위치류 설치 상태
③ 균형로프 및 부착부 설치 상태
④ 비상구출구 설치 상태

해설 **카 위에서 하는 검사**

㉠ 비상구출구는 카 밖에서 간단한 조작으로 열 수 있어야 한다. 또한, 비상구출구스위치의 설치 상태는 견고하고, 작동 상태는 양호하여야 한다. 다만, 자동차용 엘리베이터와 카 내에 조작반이 없는 화물용 엘리베이터의 경우에는 그러하지 아니한다.
㉡ 카 도어스위치 및 도어개폐장치의 설치 상태는 견고하고, 각 부분의 연결 및 작동 상태는 양호하여야 한다.
㉢ 카 위의 안전스위치 및 수동운전스위치의 작동 상태는 양호하여야 한다.
㉣ 고정도르래 또는 현수도르래가 있는 경우에는 그 설치 상태는 견고하고, 몸체에 균열이 없어야 한다. 또한, 급제동 시나 지진 기타의 진동에 의해 주로프가 벗겨지지 않도록 조치되어 있어야 한다.
㉤ 조속기로프의 설치 상태는 견고하여야 한다.

30 전기식 엘리베이터 자체점검 항목 중 점검주기가 가장 긴 것은?

① 권상기 감속기어의 윤활유(oil) 누설 유무 확인
② 비상정지장치 스위치의 기능 상실 유무 확인
③ 승장버튼의 손상 유무 확인
④ 이동케이블의 손상 유무 확인

해설 **승강기 자체검사 주기**

㉠ 1월에 1회 이상
  • 층상선택기
  • 카의 문 및 문턱
  • 카 도어스위치
  • 문닫힘 안전장치
  • 카 조작반 및 표시기
  • 비상통화장치
  • 전동기, 전동발전기
  • 권상기 브레이크
㉡ 3월에 1회 이상
  • 수권조작 수단
  • 권상기 감속기어
  • 비상정지장치
㉢ 6월에 1회 이상
  • 권상기도르래
  • 권상기베어링
  • 조속기(카측, 균형추측)
  • 비상정지장치와 조속기의 부착 상태
  • 용도, 적재하중, 정원 등 표시
  • 이동케이블 및 부착부
㉣ 12월에 1회 이상
  • 고정도르래, 풀리
  • 기계실 기기의 내진대책

31 T형 가이드레일의 규격은 마무리 가공 전 소재의 (   )m당 중량을 반올림한 정수에 'K 레일'을 붙여서 호칭한다. 빈칸에 맞는 것은?

① 1
② 2
③ 3
④ 4

해설 **가이드레일의 규격**

㉠ 레일 규격의 호칭은 마무리 가공 전 소재의 1m당의 중량으로 한다.
㉡ 일반적으로 쓰는 T형 레일의 공칭은 8, 13, 18, 24K 등이다.

© 대용량의 엘리베이터에서는 37, 50K 레일 등도 사용한다.

② 레일의 표준길이는 5m로 한다.

32 다음 중 조속기의 형태가 아닌 것은?

① 롤세이프티(roll safety)형
② 디스크(disk)형
③ 플라이볼(fly ball)형
④ 카(car)형

해설 조속기의 종류

㉠ 마찰정치(traction)형(롤세이프티형) : 엘리베이터가 과속된 경우, 과속(조속기)스위치가 이를 검출하여 동력전원회로를 차단하고, 전자브레이크를 작동시켜서 조속기도르래의 회전을 정지시켜 조속기도르래홈과 로프 사이의 마찰력으로 비상정지시키는 조속기이다.

㉡ 디스크(disk)형 : 엘리베이터가 설정된 속도에 달하면 원심력에 의해 진자가 움직이고 가속스위치를 작동시켜서 정지시키는 조속기로서, 디스크형 조속기에는 추(weight)형 캐치(catch)에 의해 로프를 붙잡아 비상정지장치를 작동시키는 추형 방식과 도르래홈과 로프의 마찰력으로 슈를 동작 시켜 로프를 붙잡음으로써 비상정지장치를 작동시키는 슈(shoe)형 방식이 있다.

㉢ 플라이볼(fly ball)형 : 조속기도르래의 회전을 베벨기어에 의해 수직축의 회전으로 변환하고, 이 축의 상부에서부터 링크(link) 기구에 의해 매달린 구형의 진자에 작용하는 원심력으로 작동하며, 검출 정도가 높아 고속의 엘리베이터에 이용된다.

33 다음 중 에스컬레이터의 일반구조에 대한 설명으로 틀린 것은?

① 일반적으로 경사도는 30도 이하로 하여야 한다.
② 핸드레일의 속도가 디딤바닥과 동일한 속도를 유지하도록 한다.
③ 디딤바닥의 정격속도는 30m/min 초과하여야 한다.
④ 물건이 에스컬레이터의 각 부분에 끼이거나 부딪치는 일이 없도록 안전한 구조이어야 한다.

해설 에스컬레이터의 일반구조

㉠ 에스컬레이터 및 무빙워크의 경사도
• 에스컬레이터의 경사도는 30°를 초과하지 않아야 한다. 다만, 높이가 6m 이하이고 공칭속도가 0.5m/s 이하인 경우에는 경사도를 35°까지 증가시킬 수 있다.
• 무빙워크의 경사도는 12° 이하이어야 한다.

㉡ 핸드레일 시스템의 일반사항
• 각 난간의 꼭대기에는 정상운행 조건하에서 스텝, 팔레트 또는 벨트의 실제 속도와 관련하여 동일 방향으로 −0%에서 +2%의 공차가 있는 속도로 움직이는 핸드레일이 설치되어야 한다.
• 핸드레일은 정상운행 중 운행방향의 반대편에서 450N의 힘으로 당겨도 정지되지 않아야 한다.
• 핸드레일 속도감시장치가 설치되어야 하고 에스컬레이터 또는 무빙워크가 운행하는 동안 핸드레일 속도가 15초 이상 동안 실제 속도보다 −15% 이상 차이가 발생하면 에스컬레이터 및 무빙워크를 정지시켜야 한다.

34 카 및 승강장 문의 유효출입구의 높이(m)는 얼마 이상이어야 하는가?

① 1.8
② 1.9
③ 2.0
④ 2.1

해설 승강장

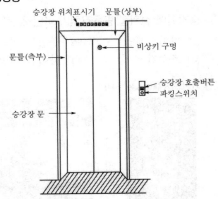

┃ 승강장의 구조 ┃

㉠ 승강장 출입문의 높이 및 폭
• 승강장 문의 유효출입구 높이는 2m 이상이어야 한다. 다만, 자동차용 엘리베이터는 제외한다.
• 승강장 문의 유효출입구 폭은 카 출입구의 폭 이상으로 하되, 양쪽 측면 모두 카 출입구 측면의 폭보다 50mm를 초과하지 않아야 한다.

㉡ 승강장 문의 기계적 강도
잠금장치가 있는 승강장 문이 잠긴 상태에서 5cm² 면적의 원형이나 사각의 단면에 300N의 힘을 균등하게 분산하여 문짝의 어느 지점에 수직으로 가할 때, 승강장 문의 기계적 강도는 다음과 같아야 한다.
• 1mm를 초과하는 영구변형이 없어야 한다.
• 15mm를 초과하는 탄성변형이 없어야 한다.
• 시험 중이거나 시험이 끝난 후에 문의 안전성능은 영향을 받지 않아야 한다.

35 로프식 엘리베이터에서 도르래의 직경은 로프직경의 몇 배 이상으로 하여야 하는가?

① 25 ② 30
③ 35 ④ 40

해설 권상도르래, 풀리 또는 드럼과 로프의 직경 비율, 로프·체인의 단말처리

㉠ 권상도르래, 풀리 또는 드럼과 현수로프의 공칭직경 사이의 비는 스트랜드의 수와 관계없이 40 이상이어야 한다.
㉡ 현수로프의 안전율은 어떠한 경우라도 12 이상이어야 한다. 안전율은 카가 정격하중을 싣고 최하층에 정지하고 있을 때 로프 1가닥의 최소 파단하중(N)과 이 로프에 걸리는 최대 힘(N) 사이의 비율이다.
㉢ 로프와 로프 단말 사이의 연결은 로프의 최소 파단하중의 80% 이상을 견뎌야 한다.
㉣ 로프의 끝 부분은 카, 균형추(또는 평형추) 또는 현수되는 지점에 금속 또는 수지로 채워진 소켓, 자체 조임 쐐기형식의 소켓 또는 안전상 이와 동등한 기타 시스템에 의해 고정되어야 한다.

36 승강기에 설치할 방호장치가 아닌 것은?

① 가이드레일 ② 출입문 인터록
③ 조속기 ④ 파이널 리밋스위치

해설 가이드레일(guide rail)

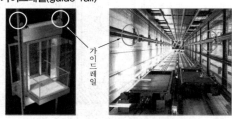

카와 균형추를 승강로의 수직면상으로 안내 및 카의 기울어짐을 막고, 더욱이 비상정지장치가 작동했을 때의 수직 하중을 유지하기 위하여 가이드레일을 설치하나, 불균형한 큰 하중이 적재되었을 때라든지, 그 하중을 내리고 올릴 때에는 카에 큰 하중 모멘트가 발생한다. 그때 레일이 지탱해 낼 수 있는지에 대한 점검이 필요할 것이다.

37 레일을 싸고 있는 모양의 클램프와 레일 사이에 강체와 가까이 롤러를 물려서 정지시키는 비상정지장치의 종류는?

① 즉시작동형 비상정지장치
② 플랙시블 가이드 클램프형 비상정지장치
③ 플랙시블 웨지 클램프형 비상정지장치
④ 점차작동형 비상정지장치

해설 즉시(순간식)작동형 비상정지장치

㉠ 정격속도가 0.63m/s를 초과하지 않는 경우이다.
㉡ 정격속도 1m/s를 초과하지 않는 경우는 완충효과가 있는 즉시작동형이다.
㉢ 화물용 엘리베이터에 사용되며, 감속도의 규정은 적용되지 않는다.
㉣ 가이드레일을 감싸고 있는 블록(black)과 레일 사이에 롤러(roller)를 물려서 카를 정지시키는 구조이다.
㉤ 또는 로프에 걸리는 장력이 없어져, 로프의 처짐이 생기면 바로 운전회로를 열고 작동된다.
㉥ 순간식 비상정지장치가 일단 파지되면 카가 정지할 때까지 조속기로프를 강한 힘으로 완전히 멈추게 한다.
㉦ 슬랙로프 세이프티(slake rope safety) : 소형 저속 엘리베이터로서 조속기를 사용하지 않고 로프에 걸리는 장력이 없어져 휘어짐이 생기면 즉시 운전회로를 열어서 비상정지장치를 작동시킨다.

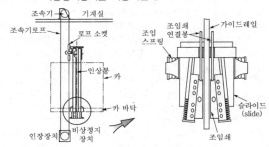

‖ 조속기와 비상정지장치의 연결 모습 ‖

38 승객용 엘리베이터에서 자동으로 동력에 의해 문을 닫는 방식에서의 문닫힘 안전장치의 기준에 부적합한 것은?

① 문닫힘동작 시 사람 또는 물건이 끼일 때 문이 반전하여 열려야 한다.
② 문닫힘 안전장치 연결전선이 끊어지면 문이 반전하여 닫혀야 한다.
③ 문닫힘 안전장치의 종류에는 세이프티 슈, 광전장치, 초음파장치 등이 있다.
④ 문닫힘 안전장치는 카 문이나 승강장 문에 설치되어야 한다.

해설 문 작동과 관련된 보호

㉠ 문이 닫히는 동안 사람이 끼이거나 끼이려고 할 때 자동으로 문이 반전되어 열리는 문닫힘 안전장치가 있어야 한다.
㉡ 문닫힘 동작 시 사람 또는 물건이 끼이거나 문닫힘 안전장치 연결전선이 끊어지면 문이 반전하여 열리도록 하는 문닫힘 안전장치(세이프티 슈·광전장치·초음파장치 등)가 카 문이나 승강장 문 또는 양쪽 문에 설치되어야 하며, 그 작동 상태는 양호하여야 한다.

▮ 세이프티 슈 설치 상태 ▮

투광기　검출부　수광기
빛

▮ 광전장치 ▮

ⓒ 승강장 문이 카 문과의 연동에 의해 열리는 방식에서는 자동적으로 승강장의 문이 닫히는 쪽으로 힘을 작용시키는 장치이다.
ⓔ 엘리베이터가 정지한 상태에서 출입문의 닫힘동작에 우선하여 카 내에서 문을 열 수 있도록 하는 장치이다.

39 기계식 주차장치에 있어서 자동차 중량의 전륜 및 후륜에 대한 배분 비는?

① 6 : 4 　　　② 5 : 5
③ 7 : 3 　　　④ 4 : 6

> **해설** 자동차 중량의 전륜 및 후륜에 대한 배분은 6 : 4로 하고 계산하는 단면에는 큰 쪽의 중량이 집중하중으로 작용하는 것으로 가정하여 계산한다.

40 승강기의 파이널 리밋스위치(final limit switch)의 요건 중 틀린 것은?

① 반드시 기계적으로 조작되는 것이어야 한다.
② 작동 캠(cam)은 금속으로 만든 것이어야 한다.
③ 이 스위치가 동작하게 되면 권상전동기 및 브레이크 전원이 차단되어야 한다.
④ 이 스위치는 카가 승강로의 완충기에 충돌된 후에 작동되어야 한다.

> **해설** **파이널 리밋스위치(final limit switch)**
> ㉠ 리밋스위치가 작동되지 않을 경우를 대비하여 리밋스위치를 지난 적당한 위치에 카가 현저히 지나치는 것을 방지하는 스위치이다.
> ㉡ 전동기 및 브레이크에 공급되는 전원회로의 확실한 기계적 분리에 의해 직접 개방되어야 한다.
> ㉢ 완충기에 충돌되기 전에 작동하여야 하며, 슬로다운스위치에 의하여 정지되면 작용하지 않도록 설정한다.

ⓓ 파이널 리밋스위치의 작동 후에는 엘리베이터의 정상운행을 위해 자동으로 복귀되지 않아야 한다.

▮ 리밋스위치 ▮

리밋스위치
파이널 리밋스위치

▮ 승강로에 설치된 리밋스위치 ▮

41 승강기의 주로프 로핑(roping) 방법에서 로프의 장력은 부하측(카 및 균형추) 중력의 1/2로 되며, 부하측의 속도가 로프 속도의 1/2이 되는 로핑 방법은 어느 것인가?

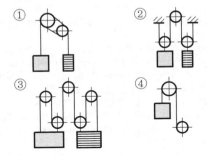

① ② ③ ④

> **해설** 2 : 1 로핑
>
>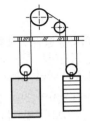
>
> 2 : 1 로핑은 1 : 1 로핑 장력의 1/2이 되며, 시브에 걸리는 부하도 1 : 1의 1/2이 된다. 카의 정격속도의 2배의 속도로 로프를 구동하여야 하고, 기어식 권상기에서는 30m/min 미만의 엘리베이터에서 많이 사용한다.

42 엘리베이터의 트랙션 머신에서 시브풀리의 홈 마모 상태를 표시하는 길이 H는 몇 mm 이하로 하는가?

① 0.5 　　　　② 2
③ 3.5 　　　　④ 5

🔍해설 **도르래 마모 한계**

도르래는 심한 마모가 없어야 한다. 권상기 도르래홈의 언더컷의 잔여량은 1mm 이상이어야 하고, 권상기 도르래에 감긴 주로프 가닥끼리의 높이차 또는 언더컷 잔여량의 차이는 2mm 이내이어야 한다.

43 전기식 엘리베이터 자체점검 중 카 위에서 하는 점검항목 장치가 아닌 것은?

① 비상구출구
② 도어잠금 및 잠금해제장치
③ 카 위 안전스위치
④ 문닫힘 안전장치

🔍해설 **문 작동과 관련된 보호**

㉠ 문이 닫히는 동안 사람이 끼이거나 끼이려고 할 때 자동으로 문이 반전되어 열리는 문닫힘 안전장치가 있어야 한다.
㉡ 문닫힘 동작 시 사람 또는 물건이 끼이거나 문닫힘 안전장치 연결전선이 끊어지면 문이 반전하여 열리도록 하는 문닫힘 안전장치(세이프티 슈·광전장치·초음파장치 등)가 카 문이나 승강장 문 또는 양쪽 문에 설치되어야 하며, 그 작동 상태는 양호하여야 한다.
㉢ 승강장 문이 카 문과의 연동에 의해 열리는 방식에서는 자동적으로 승강장의 문이 닫히는 쪽으로 힘을 작용시키는 장치이다.
㉣ 엘리베이터가 정지한 상태에서 출입문의 닫힘동작에 우선하여 카 내에서 문을 열 수 있도록 하는 장치이다.

44 에스컬레이터(무빙워크 포함) 자체점검 중 구동기 및 순환 공간에서 하는 점검에서 B(요주의)로 하여야 할 것이 아닌 것은?

① 전기안전장치의 기능을 상실한 것
② 운전, 유지보수 및 점검에 필요한 설비 이외의 것이 있는 것
③ 상부 덮개와 바닥면과의 이음 부분에 현저한 차이가 있는 것
④ 구동기 고정볼트 등의 상태가 불량한 것

🔍해설 전기안전장치의 기능을 상실한 것 : C(요수리 및 긴급수리)

45 유압식 승강기의 특징으로 틀린 것은?

① 기계실의 배치가 자유롭다.
② 실린더를 사용하기 때문에 행정거리와 속도에 한계가 있다.
③ 과부하방지가 불가능하다.
④ 균형추를 사용하지 않기 때문에 모터의 출력과 소비전력이 크다.

🔍해설 **유압식 승강기의 특징**

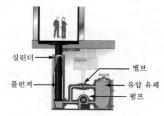

▮유압식 엘리베이터 작동원리▮

펌프에서 토출된 작동유로 플런저(plunger)를 작동시켜 카를 승강시키는 것이다.
㉠ 기계실의 배치가 자유로워 승강로 상부에 기계실을 설치할 필요가 없다.
㉡ 건물 꼭대기 부분에 하중이 걸리지 않는다.
㉢ 승강로의 꼭대기 틈새(top clearance)가 작아도 된다.
㉣ 실린더를 사용하기 때문에 행정거리와 속도에 한계가 있다.
㉤ 균형추를 사용하지 않으므로 전동기의 소요 동력이 커진다.

46 유압승강기에 사용되는 안전밸브의 설명으로 옳은 것은?

① 승강기의 속도를 자동으로 조절하는 역할을 한다.
② 압력배관이 파열되었을 때 작동하여 카의 낙하를 방지한다.
③ 카가 최상층으로 상승할 때 더 이상 상승하지 못하게 하는 안전장치이다.
④ 작동유의 압력이 정격압력 이상이 되었을 때 작동하여 압력이 상승하지 않도록 한다.

🔍해설 **안전밸브(safety valve)**

압력조정밸브로 회로의 압력이 상용압력의 125 % 이상 높아지면 바이패스(bypass)회로를 열어 기름을 탱크로 돌려보내어 더 이상의 압력 상승을 방지한다.

47 변형률이 가장 큰 것은?

① 비례한도　　　② 인장 최대하중
③ 탄성한도　　　④ 항복점

해설 후크의 법칙

재료의 '응력값은 어느 한도(비례한도) 이내에서는 응력과 이로 인해 생기는 변형률은 비례한다.'는 것이 후크의 법칙이다.
응력도(σ)=탄성(영 : Young)계수(E)×변형도(ε)

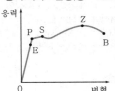

E : 탄성한계
P : 비례한계
S : 항복점
Z : 종국응력(인장 최대하중)
B : 파괴점(재료에 따라서는 E와 P가 일치한다.)

48 어떤 백열전등에 100V의 전압을 가하면 0.2A의 전류가 흐른다. 이 전등의 소비전력은 몇 W인가? (단, 부하의 역률은 1)

① 10　　　　　② 20
③ 30　　　　　④ 40

해설 $P = VI\cos\theta = 100 \times 0.2 \times 1 = 20W$

49 '회로망에서 임의의 접속점에 흘러 들어오고 흘러 나가는 전류의 대수합은 0이다'라는 법칙은?

① 키르히호프의 법칙
② 가우스의 법칙
③ 줄의 법칙
④ 쿨롱의 법칙

해설 키르히호프의 제1법칙

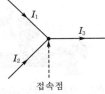

접속점

회로망에 있어서 임의의 한 접속점에 흘러 들어오는 전류의 합은 흘러 나가는 전류의 합과 같다(∴ 유입되는 전류 I_1, I_2와 유출되는 전류 I_3의 합은 0).
Σ유입 전류=Σ유출 전류
$I_1 + I_2 = I_3$ ∴ $I_1 + I_2 + (-I_3) = 0$

50 유도전동기의 속도를 변화시키는 방법이 아닌 것은?

① 슬립 s를 변화시킨다.
② 극수 P를 변화시킨다.
③ 주파수 f를 변화시킨다.
④ 용량을 변화시킨다.

해설 유도전동기의 회전수(n)

$$n = (1-s)n_s = \frac{120f(1-s)}{P} \text{(rpm)}$$

여기서, n : 유도전동기의 회전수(rpm)
　　　　n_s : 동기속도(rpm), s : 슬립
　　　　f : 주파수(Hz), P : 극수

51 다음 중 OR회로의 설명으로 옳은 것은?

① 입력신호가 모두 '0'이면 출력신호가 '1'이 됨
② 입력신호가 모두 '0'이면 출력신호가 '0'이 됨
③ 입력신호가 '1'과 '0'이면 출력신호가 '0'이 됨
④ 입력신호가 '0'과 '1'이면 출력신호가 '0'이 됨

해설 논리합(OR)회로

하나의 입력만 있어도 출력이 나타나는 회로이며, 'A' OR 'B' 즉, 병렬회로이다.

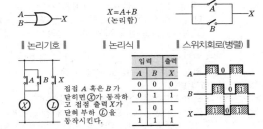

| 논리기호 | | 논리식 | | 스위치회로(병렬) |

$X = A + B$ (논리합)

입력		출력
A	B	X
0	0	0
0	1	1
1	0	1
1	1	1

접점 A 혹은 B가 닫히면$\textcircled{X}$가 동작하고 접점 출력 X가 닫혀 부하 $\textcircled{L}$을 동작시킨다.

| 릴레이회로 | | 진리표 | | 동작시간표 |

52 유도전동기에서 슬립이 1이란 전동기가 어떤 상태인가?

① 유도제동기의 역할을 한다.
② 유도전동기가 전부하 운전 상태이다.
③ 유도전동기가 정지 상태이다.
④ 유도전동기가 동기속도로 회전한다.

해설 슬립(slip)

3상 유도전동기는 항상 회전 자기장의 동기속도(n_s)와 회전자의 속도(n) 사이에 차이가 생기게 되며, 이 차이의 값으로 전동기의 속도를 나타낸다. 이 때 속도의 차이와 동기속도(n_s)와의 비가 슬립이고, 보통 $0 < s < 1$ 범위이어야 하며, 슬립 1은 정지된 상태이다.

$$s = \frac{\text{동기속도} - \text{회전자속도}}{\text{동기속도}} = \frac{n_s - n}{n_s}$$

53 주전원이 380V인 엘리베이터에서 110V전원을 사용하고자 강압 트랜스를 사용하던 중 트랜스가 소손되었다. 원인 규명을 위해 회로시험기를 사용하여 전압을 확인하고자 할 경우 회로시험기의 전압 측정범위 선택스위치의 최초 선택위치로 옳은 것은?

① 회로시험기의 110V 미만
② 회로시험기의 110V 이상 220V 미만
③ 회로시험기의 220V 이상 380V 미만
④ 회로시험기의 가장 큰 범위

해설 회로시험기

㉠ 각부의 명칭
- 흑색 리드선 입력 (com)소켓
- 적색 리드선 입력 소켓
- 레인지 선택 레버 : 기능검사 목적에 따라 레버를 돌려서 선택한다.
  - 직류전압 : 2.5, 10, 50, 250, 1,000V
  - 교류전압 : 10, 50, 250, 1,000V
  - 직류전류
  - 저항
  - 데시벨
- '0' 옴 조정기 : 저항측정 시 지침이 레인지별로 '0'점에 정확히 오도록 손으로 돌려 조정한다. 리드선을 꽂고 두 개의 리드봉을 접속하여 눈금의 오른쪽 제로(0)에 맞춘다.
- 지침 영점조정기 : 측정전, 지침이 '0'에 있는지 확인하고 필요 시 (−)드라이버로 조정한다.

㉡ 측정 방법
- 흑색 리드선을 COM 커넥터에 접속한다.
- 적색 리드선을 V·Ω·A 커넥터에 접속한다.
- 메인 셀렉터를 해당 위치로 전환한다(직류전압일 경우 : DC V, 교류 전압일 경우 : AC V).
- 지침이 왼쪽 0점에 일치하는가를 확인한 후, 필요 시 0점 조정나사를 이용하여 조정한다.
- 직류전압 측정의 경우는 적색 리드선을 측정하고자 하는 단자의 (+)에, 흑색 리드선은 (−)단자에 병렬로 접속한다. 단, 교류전압 측정 시는 (+)와 (−)의 구분이 없으며, 리드선은 반드시 병렬로 접속하여야 한다.
- 측정 레인지를 DC(V) 및 AC(V)의 가장 높은 위치 1,000V로 전환하고, 이때 지침이 전혀 움직이지 않을 때는 측정 레인지를 500, 250, 50, 10의 순으로 내려 지침이 중앙을 전후하여 멈추는 곳에 레인지를 고정시키고 측정하는 것이 바람직하다. 그러나 측정전압을 미리 예측할 때는 예측한 전압보다 높은 위치에 측정 레인지를 고정시키는 것이 안전한 방법이다.
- 눈금판을 판독한다. 직류는 10, 50, 250의 레인지 선택에서는 눈금판의 해당 눈금을 직접 읽고, 2.5는 250 눈금선에 100으로 나누고 1,000에서는 10눈금선에 100을 곱하여 읽는다. 교류는 적색 교류전용 눈금선에서 지시치를 읽는다.

54 진공 중에서 m(Wb)의 자극으로부터 나오는 총 자력선의 수는 어떻게 표현되는가?

① $\dfrac{m}{4\pi\mu_0}$ ② $\dfrac{m}{\mu_0}$

③ $\mu_0 m$ ④ $\mu_0 m^2$

해설 자력선 밀도

㉠ 자장의 세기가 H(AT/m)인 점에서는 자장의 방향에 $1m^2$당 H개의 자력선이 수직으로 지나간다.
㉡ $+m$(Wb)의 점 자극에서 나오는 자력선은 각 방향에 균등하게 나오므로 반지름 r(m)인 구면 위의 자장의 세기 H는 다음과 같다.

$$H = \frac{1}{4\pi\mu_0} \cdot \frac{m}{r^2} \ (\text{AT/m})$$

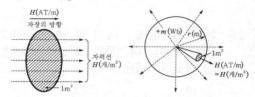

▌ 자력선 밀도 ▌   ▌ 점 자극에서 나오는 자력선의 수 ▌

㉢ 구의 면적이 $4\pi r^2$이므로 $+m$(Wb)에서 나오는 자력선 수 N은 다음과 같다.

$$N = H \times 4\pi r^2 = \frac{m}{4\pi\mu_0 r^2} \times 4\pi r^2 = \frac{m}{\mu_0}$$

55 대형 직류전동기의 토크를 측정하는 데 가장 적당한 방법은?

① 와전류전동기   ② 프로니 브레이크법
③ 전기동력계   ④ 반환부하법

해설 전기동력계

회전자를 원동기축에 연결하고 함께 회전하는 케이싱에 반동 모먼트가 가해지므로 저울로 이것을 측정하여 토크를 구하는 방식으로, 주로 고속기관의 회전력을 계측한다.

56 웜기어의 특징에 관한 설명으로 틀린 것은?

① 가격이 비싸다.
② 부하용량이 적다.
③ 소음이 적다.
④ 큰 감속비를 얻는다.

해설 웜기어(worm gear)

┃웜과 웜기어┃

㉠ 장점
- 부하용량이 크다.
- 큰 감속비를 얻을 수 있다(1/10~1/100).
- 소음과 진동이 적다.
- 감속비가 크면 역전방지를 할 수 있다.

㉡ 단점
- 미끄럼이 크고 교환성이 없다.
- 진입각이 작으면 효율이 낮다.
- 웜휠은 연삭할 수 없다.
- 추력이 발생한다.
- 웜휠 제작에는 특수공구가 발생한다.
- 가격이 고가이다.
- 웜휠의 정도 측정이 곤란하다.

57 다음 설명 중 링크의 특징이 아닌 것은?

① 경쾌한 운동과 동력의 마찰손실이 크다.
② 제작이 용이하다.
③ 전동이 매우 확실하다.
④ 복잡한 운동을 간단한 장치로 할 수 있다.

해설 기계요소의 종류와 용도

구분	종류	용도
결합용 기계요소	나사, 볼트, 너트, 핀, 키	기계 부품 결합
축용 기계요소	축, 베어링	축을 지지하거나 연결
전동용 기계요소	마찰차, 기어, 캠, 링크, 체인, 벨트	동력의 전달
관용 기계요소	관, 관이음, 밸브	기체나 액체 수송
완충 및 제동용 기계요소	스프링, 브레이크	진동 방지와 제동

기계에 전달된 동력을 여러 모양의 얼개에 의해서 운동 부분으로 전달되어서 필요한 일을 하는데, 이 동력을 운반하는 요소를 링크(link)라고 한다.

┃4절 링크기구┃

58 다음 중 전압계에 대한 설명으로 옳은 것은?

① 부하와 병렬로 연결한다.
② 부하와 직렬로 연결한다.
③ 전압계는 극성이 없다.
④ 교류전압계에는 극성이 있다.

해설 전압 및 전류 측정방법

입·출력 전압 또는 회로에 공급되는 전압의 측정은 전압계를 회로에 병렬로 연결하고, 전류를 측정하려면 전류계는 회로에 직렬로 연결하여야 한다.

59 재료에 하중이 작용하면 재료를 구성하는 원자 사이에서 위치의 변화가 일어나고, 그 내부에 응력이 생기며, 외적으로는 변형이 나타난다. 이 변형량과 원치수와의 비를 변형률이라 하는데, 변형률의 종류가 아닌 것은?

① 세로변형률
② 가로변형률
③ 전단변형률
④ 중량변형률

해설 변형률

재료에 하중이 걸리면 재료는 변형되며, 이 변형량을 원래의 길이로 나눈 값이다.

㉠ 세로변형률 $\varepsilon = \dfrac{\lambda}{l}$

여기서, ε : 세로변형률, l : 원래의 길이
λ : 변형된 길이

㉡ 가로변형률 $\varepsilon_l = \dfrac{\delta}{d}$

여기서, ε_l : 가로변형률, d : 처음의 횡방향 길이
δ : 횡(가로)방향의 늘어난 길이

㉢ 전단변형률 $\gamma = \dfrac{\lambda_s}{l} = \tan\phi ≒ \phi$

여기서, γ : 전단변형률, l : 원래의 횡방향 길이
λ_s : 늘어난 길이, ϕ : 전단각(radian)

60 2진수 001101과 100101을 더하면 합은 얼마인가?

① 101010
② 110010
③ 011010
④ 110100

해설
```
  001101
+ 100101
  110010
```

01 조속기의 설명에 관한 사항으로 틀린 것은?

① 조속기로프의 공칭직경은 8mm 이상이어야 한다.

② 조속기는 조속기 용도로 설계된 와이어로프에 의해 구동되어야 한다.

③ 조속기에는 비상정지장치의 작동과 일치하는 회전방향이 표시되어야 한다.

④ 조속기로프 풀리의 피치직경과 조속기로프의 공칭직경 사이의 비는 30 이상이어야 한다.

해설 조속기로프

㉠ 조속기로프의 공칭지름은 6mm 이상, 최소 파단하중은 조속기가 작동될 때 8 이상의 안전율로 조속기로프에 생성되는 인장력에 관계되어야 한다.

㉡ 조속기로프 풀리의 피치직경과 조속기로프의 공칭직경 사이의 비는 30 이상이어야 한다.

㉢ 조속기로프는 인장 풀리에 의해 인장되어야 한다. 이 풀리(또는 인장추)는 안내되어야 한다.

㉣ 조속기로프 및 관련 부속품은 비상정지장치가 작동하는 동안 제동거리가 정상적일 때보다 더 길더라도 손상되지 않아야 한다.

㉤ 조속기로프는 비상정지장치로부터 쉽게 분리될 수 있어야 한다.

㉥ 작동 전 조속기의 반응시간은 비상정지장치가 작동되기 전에 위험속도에 도달하지 않도록 충분히 짧아야 한다.

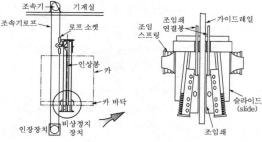

▐ 조속기와 비상정지장치의 연결 모습 ▐

▐ 조속기 인장장치 ▐

02 전기식 엘리베이터 기계실의 구조에서 구동기의 회전부품 위로 몇 m 이상의 유효 수직거리가 있어야 하는가?

① 0.2　　② 0.3

③ 0.4　　④ 0.5

해설 기계실 치수

㉠ 기계실 크기는 설비, 특히 전기설비의 작업이 쉽고 안전하도록 충분하여야 한다. 작업구역에서 유효높이는 2m 이상이어야 하고 다음 사항에 적합하여야 한다.

• 제어패널 및 캐비닛 전면의 유효 수평면적은 아래와 같아야 한다.

－ 폭은 0.5m 또는 제어패널 · 캐비닛의 전체 폭 중에서 큰 값 이상

－ 깊이는 외함의 표면에서 측정하여 0.7m 이상

• 수동 비상운전 수단이 필요하다면, 움직이는 부품의 유지보수 및 점검을 위한 유효 수평면적은 0.5m×0.6m 이상이어야 한다.

㉡ 위 ㉠항에서 기술된 유효공간으로 접근하는 통로의 폭은 0.5m 이상이어야 한다. 다만, 움직이는 부품이 없는 경우에는 0.4m로 줄일 수 있다. 이동을 위한 공간의 유효높이는 바닥에서부터 천장의 빔 하부까지 측정하여 1.8m 이상이어야 한다.

㉢ 구동기의 회전부품 위로 0.3m 이상의 유효 수직거리가 있어야 한다.

㉣ 기계실 바닥에 0.5m를 초과하는 단차가 있을 경우에는 보호난간이 있는 계단 또는 발판이 있어야 한다.

㉤ 기계실 작업구역의 바닥 또는 작업구역 간 이동 통로의 바닥에 폭이 0.05m 이상이고 0.5m 미만이며, 깊이가 0.05m를 초과하는 함몰이 있거나 덕트가 있는 경우, 그 함몰 부분 및 덕트는 방호되어야 한다. 폭이 0.5m를 초과하는 함몰은 위 ㉣항에 따른 단차로 고려되어야 한다.

03 엘리베이터의 정격속도 계산 시 무관한 항목은?

① 감속비

② 편향도르래

③ 전동기 회전수

④ 권상도르래 직경

해설 엘리베이터의 정격속도(V)

$$V = \frac{\pi D N}{1,000} i \, (\text{m/min})$$

여기서, V : 엘리베이터의 정격속도(m/min)

D : 권상기 도르래의 지름(mm)

N : 전동기의 회전수(rpm)

i : 감속비

04 균형추의 중량을 결정하는 계산식은? (단, 여기서 L은 정격하중, F는 오버밸런스율)

① 균형추의 중량 = 카 자체하중+$(L \cdot F)$
② 균형추의 중량 = 카 자체하중×$(L \cdot F)$
③ 균형추의 중량 = 카 자체하중+$(L + F)$
④ 균형추의 중량 = 카 자체하중+$(L - F)$

해설 균형추(counter weight)

카의 무게를 일정 비율 보상하기 위하여 카측과 반대편에 주철 혹은 콘크리트로 제작되어 설치되며, 카와의 균형을 유지하는 추이다.

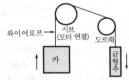

ⓐ 오버밸런스(over−balance)
- 균형추의 총중량은 빈 카의 자중에 적재하중의 35~50%의 중량을 더한 값이 보통이다.
- 적재하중의 몇 %를 더할 것인가를 오버밸런스율이라고 한다.
- 균형추의 총중량=카 자체하중 + $L \cdot F$
  여기서, L : 정격적재하중(kg)
  　　　　F : 오버밸런스율(%)
ⓑ 견인비(traction ratio)
- 카측 로프가 매달고 있는 중량과 균형추 로프가 매달고 있는 중량의 비를 트랙션비라 하고, 무부하와 전부하 상태에서 체크한다.
- 견인비가 낮게 선택되면 로프와 도르래 사이의 트랙션 능력 즉 마찰력이 작아도 되며, 로프의 수명이 연장된다.

05 승강기가 최하층을 통과했을 때 주전원을 차단시켜 승강기를 정지시키는 것은?

① 완충기　　　　② 조속기
③ 비상정지장치　④ 파이널 리밋스위치

해설 파이널 리밋스위치(final limit switch)

ⓐ 리밋스위치가 작동되지 않을 경우를 대비하여 리밋스위치를 지난 적당한 위치에 카가 현저히 지나치는 것을 방지하는 스위치이다.
ⓑ 전동기 및 브레이크에 공급되는 전원회로의 확실한 기계적 분리에 의해 직접 개방되어야 한다.
ⓒ 완충기에 충돌되기 전에 작동하여야 하며, 슬로다운 스위치에 의하여 정지되면 작용하지 않도록 설정한다.
ⓓ 파이널 리밋스위치의 작동 후에는 엘리베이터의 정상운행을 위해 자동으로 복귀되지 않아야 한다.

┃ 리밋스위치 ┃

┃ 리밋(최상, 최하층)스위치의 설치 상태 ┃

06 엘리베이터용 도어머신에 요구되는 성능이 아닌 것은?

① 가격이 저렴할 것
② 보수가 용이할 것
③ 작동이 원활하고 정숙할 것
④ 기동횟수가 많으므로 대형일 것

해설 도어머신(door machine)에 요구되는 조건

모터의 회전을 감속하여 암이나 로프 등을 구동시켜서 도어를 개폐시키는 것이며, 닫힌 상태에서 정전으로 갇혔을 때 구출을 위해 문을 손으로 열 수가 있어야 한다.

ⓐ 작동이 원활하고 조용할 것
ⓑ 카 상부에 설치하기 위해 소형 경량일 것
ⓒ 동작횟수가 엘리베이터 기동횟수의 2배가 되므로 보수가 용이할 것
ⓓ 가격이 저렴할 것

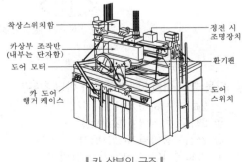
┃ 카 상부의 구조 ┃

정답 04. ① 05. ④ 06. ④

07 여러 층으로 배치되어 있는 고정된 주차구획에 아래·위로 이동할 수 있는 운반기에 의하여 자동차를 자동으로 운반이동하여 주차하도록 설계한 주차장치는?

① 2단식 ② 승강기식
③ 수직순환식 ④ 승강기슬라이드식

해설 승강기식 주차장치

여러 층으로 배치되어 있는 고정된 주차구획에 상하로 이동할 수 있는 운반기에 의해 자동차를 운반 이동하여 주차하도록 한 주차장이다.
㉠ 종류
- 횡식(하부, 중간, 상부승입식) : 승강기에서 운반기를 좌우방향으로 격납시키는 형식으로 승입구의 위치에 따라 구분
- 종식(하부, 중간, 상부승입식) : 승강기에서 운반기를 전후방향으로 격납시키는 형식으로 승입구의 위치에 따라 구분
- 승강선회식(승강장치, 운반기선회식) : 자동차용 승강기 등의 승강로의 원주상에 주차실을 설치하고, 선회하는 장치별로 구분
㉡ 특징
- 운반비가 수직순환식에 비해 적다.
- 입·출고 시 시간이 짧다.

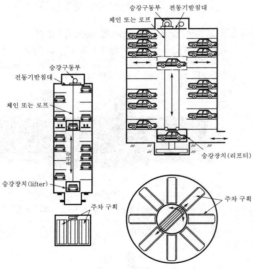

(a) 횡식　　(b) 승강 선회식(승강장치 선회식)
‖ 승강기식 주차장치 ‖

08 다음 중 도어시스템의 종류가 아닌 것은?

① 2짝문 상하열기방식
② 2짝문 가로열기(2S)방식
③ 2짝문 중앙열기(CO)방식
④ 가로열기와 상하열기 겸용방식

해설 승강장 도어 분류

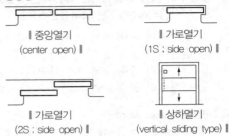

‖ 중앙열기　　　　　　　　　‖ 가로열기
(center open) ‖　　　　　　(1S ; side open) ‖

‖ 가로열기　　　　　　　　　‖ 상하열기
(2S ; side open) ‖　　(vertical sliding type) ‖

㉠ 중앙열기방식 : 1CO, 2CO(센터오픈 방식, Center Open)
㉡ 가로열기방식 : 1S, 2S, 3S(사이드오픈 방식, Side open)
㉢ 상하열기방식
- 2매, 3매 업(up)슬라이딩 방식 : 자동차용이나 대형화물용 엘리베이터에서는 카 실을 완전히 개구할 필요가 있기 때문에 상승개폐(2up, 3up)도어를 많이 사용
- 2매, 3매 상하열림(up, down) 방식
㉣ 여닫이 방식
- 1매 스윙, 2매 스윙(swing type) 짝문 열기
- 여닫이(스윙) 도어 : 한쪽 스윙도어, 2짝 스윙도어

09 전기식 엘리베이터의 속도에 의한 분류방식 중 고속 엘리베이터의 기준은?

① 2m/s 이상 ② 2m/s 초과
③ 3m/s 이상 ④ 4m/s 초과

해설 고속 엘리베이터는 정격속도가 초당 4m(240m/min)를 초과하는 승강기를 말한다.

10 승강기 정밀안전 검사 시 과부하방지장치의 작동치는 정격 적재하중의 몇 %를 권장치로 하는가?

① 95~100 ② 105~110
③ 115~120 ④ 125~130

해설 전기식 엘리베이터의 부하제어

㉠ 카에 과부하가 발생할 경우에는 재착상을 포함한 정상 운행을 방지하는 장치가 설치되어야 한다.
㉡ 과부하는 최소 65kg으로 계산하여 정격하중의 10%를 초과하기 전에 검출되어야 한다.
㉢ 엘리베이터의 주행 중에는 오동작을 방지하기 위하여 과부하감지장치의 작동이 무효화되어야 한다.
㉣ 과부하의 경우에는 다음과 같아야 한다.
- 가청이나 시각적인 신호에 의해 카 내 이용자에게 알려야 한다.
- 자동동력작동식 문은 완전히 개방되어야 한다.
- 수동작동식 문은 잠금 해제를 유지하여야 한다.
- 엘리베이터가 정상적으로 운행하는 중에 승강장 문 또는 여러 문짝이 있는 승강장 문의 어떤 문짝이 열린 경우에는 엘리베이터가 출발하거나 계속 움직일 가능성은 없어야 한다.

11 에스컬레이터의 구동체인이 규정치 이상으로 늘어났을 때 일어나는 현상은?

① 안전레버가 작동하여 브레이크가 작동하지 않는다.
② 안전레버가 작동하여 하강은 되나 상승은 되지 않는다.
③ 안전레버가 작동하여 안전회로 차단으로 구동되지 않는다.
④ 안전레버가 작동하여 무부하 시는 구동되나 부하 시는 구동되지 않는다.

해설 구동체인 안전장치(driving chain safety device)

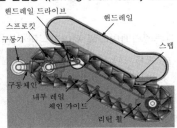

‖ 구동기 설치 위치 ‖

㉠ 구동기와 주구동장치(main drive) 사이의 구동체인이 상승 중 절단되었을 때 승객의 하중에 의해 하강운전을 일으키면 위험하므로 구동체인 안전장치가 필요하다.
㉡ 구동체인 위에 항상 문지름판이 구동되면서 구동체인의 늘어짐을 감지하여 만일 체인이 느슨해지거나 끊어지면 슈가 떨어지면서 브레이크 래칫이 브레이크 휠에 걸려 주구동장치의 하강방향의 회전을 기계적으로 제지한다.
㉢ 안전스위치를 설치하여 안전장치의 동작과 동시에 전원을 차단한다.

‖ 조립도 ‖

‖ 안전장치 상세도 ‖

12 사이리스터의 점호각을 바꿈으로써 회전수를 제어하는 것은?

① 궤환제어
② 1단 속도제어
③ 주파수 변환제어
④ 정지 레오나드제어

해설 엘리베이터의 속도제어

㉠ 교류 궤환(궤환)제어 방식
• 카의 실속도와 지령속도를 비교하여 사이리스터(thyristor)의 점호각을 바꾼다.
• 감속할 때는 속도를 검출하여 사이리스터에 궤환시켜 전류를 제어한다.
• 전동기 1차측 각 상에 사이리스터와 다이오드를 역병렬로 접속하여 역행 토크를 변화시킨다.
• 모터에 직류를 흘러서 제동토크를 발생시킨다.
• 미리 정해진 지령속도에 따라 정확하게 제어되므로, 승차감 및 착상 정도가 교류 1단 교류 2단 속도제어보다 좋다.
• 교류 2단 속도제어와 같은 저속주행 시간이 없으므로 운전시간이 짧다.
• 40~105m/min의 승용 엘리베이터에 주로 적용된다.
㉡ 직류 정지 레오나드(static leonard) 방식
• 사이리스터(thyristor)를 사용하여 교류를 직류로 변환시킴과 동시에 점호각을 제어하여 직류전압을 제어하는 방식으로 고속 엘리베이터에 적용된다.
• 워드 레오나드 방식보다 교류에서 직류로의 변환 손실이 적고, 보수가 쉽다.

13 와이어로프 가공방법 중 효과가 가장 우수한 것은?

①
②
③
④

해설 로프 가공 및 효율

㉠ 팀블 락크 가공법 : 파이프 형태의 알루미늄 합금 또는 강재의 슬리브에 로프를 넣고 프레스로 압축하여 슬리브가 로프 표면에 밀착되어 마찰에 의해 로프성질의 손상 없이 로프를 완전히 체결하는 방법이다. 로프의 절단 하중과 거의 동등한 효율을 가지며 주로 슬링용 로프에 많이 사용된다.

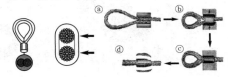

ⓒ 단말가공 종류별 강도 효율

종류	형태	효율
소켓 (socket)	open closed	100%
팀블 (thimble)		• 24mm : 95% • 26mm : 92.5%
웨지 (wedge)		75~90%
아이스 플라이스 (eye splice)		• 6mm : 90% • 9mm : 88% • 12mm : 86% • 18mm : 82%
클립 (clip)		75~80%

14 실린더에 이물질이 흡입되는 것을 방지하기 위하여 펌프의 흡입측에 부착하는 것은?

① 필터   ② 사이렌서
③ 스트레이너   ④ 더스트와이퍼

🔎해설 유압회로의 구성요소

ⓐ 필터(filter)와 스트레이너(strainer) : 실린더에 쇳가루나 이물질이 들어가는 것을 방지(실린더 손상 방지)하기 위해 설치하며, 펌프의 흡입측에 부착하는 것을 스트레이너라 하고, 배관 중간에 부착하는 것을 라인필터라 한다.
ⓑ 사이렌서(silencer) : 자동차의 머플러와 같이 작동유의 압력 맥동을 흡수하여 진동·소음을 감소시키는 역할을 한다.
ⓒ 더스트와이퍼(dust wiper) : 플런저 표면의 이물질이 실린더 내측으로 삽입되는 것을 방지한다.

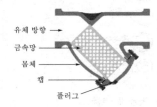

유체 방향 →
금속망
몸체
캡
플러그

▎ 스트레이너 ▎

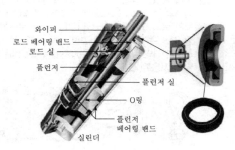

와이퍼
로드 베어링 밴드
로드 실
플런저
플런저 실
O링
플런저
베어링 밴드
실린더

▎ 더스트와이퍼 ▎

15 직류 가변전압식 엘리베이터에서는 권상전동기에 직류전원을 공급한다. 필요한 발전기용량은 약 몇 kW인가? (단, 권상전동기의 효율은 80%, 1시간 정격은 연속정격의 56%, 엘리베이터용 전동기의 출력은 20kW)

① 11   ② 14
③ 17   ④ 20

🔎해설 발전기용량

$$발전기용량(P_G) = \frac{전동기\ 출력 \times 수용률을\ 고려한\ 계수}{효율}$$
$$= \frac{20 \times 0.56}{0.8} = 14kW$$

16 교류엘리베이터의 제어방식이 아닌 것은?

① 교류 1단 속도제어방식
② 교류 궤환전압제어방식
③ 워드 레오나드방식
④ VVVF제어방식

🔎해설 엘리베이터의 속도제어

ⓐ 교류제어
• 교류 1단 속도제어
• 교류 2단 속도제어
• 교류 궤환제어
• VVVF(가변전압 가변주파수)제어
ⓑ 직류제어
• 워드 레오나드(ward leonard)방식
• 정지 레오나드(static leonard)방식

17 카 비상정지장치의 작동을 위한 조속기는 정격속도의 몇 % 이상의 속도에서 작동해야 하는가?

① 105
② 110
③ 115
④ 120

🔎해설 조속기의 동작

ⓐ 제1동작 : 전기안전장치에 의해 상승 또는 하강하는 카의 속도가 조속기의 작동속도에 도달하기 전에 구동기의 정지를 시작하여야 한다. 다만, 정격속도가 1m/s 이하인 경우 이 장치는 늦어도 조속기 작동속도에 도달하는 순간에 작동될 수 있다.
ⓑ 제2동작 : 비상정지장치의 작동을 위한 조속기는 정격속도의 115% 이상의 속도 그리고 다음과 같은 속도 미만에서 작동되어야 한다.
• 고정된 롤러 형식을 제외한 즉시작동형 비상정지장치 : 0.8m/s(48m/min)
• 고정된 롤러 형식의 비상정지장치 : 1m/s(60m/min)

• 완충효과가 있는 즉시작동형 비상정지장치 및 정격속도가 1m/s 이하의 엘리베이터에 사용되는 점차작동형 비상정지장치 : 1.5m/s(90m/min)
• 정격속도가 1m/s를 초과하는 엘리베이터에 사용되는 점차작동형 비상정지장치 : $1.25V + 0.25/V(m/s)$

18 간접식 유압엘리베이터의 특징으로 틀린 것은?

① 실린더의 점검이 용이하다.
② 비상정지장치가 필요하지 않다.
③ 실린더를 설치하기 위한 보호관이 필요하지 않다.
④ 승강로는 실린더를 수용할 부분만큼 더 커지게 된다.

해설 **간접식 유압엘리베이터**

플런저의 선단에 도르래를 놓고 로프 또는 체인을 통해 카를 올리고 내리며, 로핑에 따라 1 : 2, 1 : 4, 2 : 4의 방식이 있다.
㉠ 실린더를 설치하기 위한 보호관이 필요하지 않다.
㉡ 실린더의 점검이 쉽다.
㉢ 승강로는 실린더를 수용할 부분만큼 더 커지게 된다.
㉣ 비상정지장치가 필요하다.
㉤ 로프의 늘어짐과 작동유의 압축성(의외로 크다) 때문에 부하에 의한 카 바닥의 빠짐이 비교적 크다.

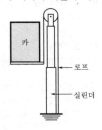

19 전기기기의 외함 등이 절연이 나빠져서 전류가 누설되어도 감전사고의 위험이 적도록 하기 위하여 어떤 조치를 하여야 하는가?

① 접지를 한다.
② 도금을 한다.
③ 퓨즈를 설치한다.
④ 영상변류기를 설치한다.

해설 **접지(earth)**

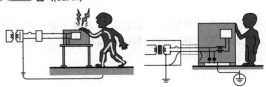

▌기기를 접지하지 않은 경우▌ ▌기기의 외함을 접지한 경우▌

전기기기의 외함 등이 대지로부터 충분히 절연되어 있지 않다면 누설전류에 의한 화재사고, 감전사고 등이 발생될 뿐만 아니라 전력손실이 증가되는 폐단까지 일어나므로 접지공사는 일반전기설비에는 물론, 통신설비, 소방설비, 위험물설비, 음향설비 등의 기타 설비에서도 매우 중요한 사항이다. 안전상의 이유 때문에 접지선의 굵기, 접지극의 매설깊이, 접지장소의 분류, 접지공사방법 등에 대하여는 법적으로 규제하고 있으며, 접지는 전기적으로 가장 중요한 부분의 하나이다.

20 재해누발자의 유형이 아닌 것은?

① 미숙성 누발자
② 상황성 누발자
③ 습관성 누발자
④ 자발성 누발자

해설 **재해누발자의 분류**

㉠ 미숙성 누발자 : 환경에 익숙하지 못하거나 기능 미숙으로 인한 재해 누발자
㉡ 상황성 누발자 : 작업의 어려움, 기계설비의 결함, 환경상 주의 집중의 혼란, 심신의 근심에 의한 것
㉢ 습관성 누발자 : 재해의 경험으로 신경과민이 되거나 슬럼프(slump)에 빠지기 때문
㉣ 소질성 누발자 : 지능, 성격, 감각운동에 의한 소질적 요소에 의하여 결정됨

21 카 내에 갇힌 사람이 외부와 연락할 수 있는 장치는?

① 차임벨
② 인터폰
③ 리밋스위치
④ 위치표시램프

해설 **인터폰(interphone)**

㉠ 고장, 정전 및 화재 등의 비상 시에 카 내부와 외부의 상호 연락을 할 때에 이용된다.
㉡ 전원은 정상전원 뿐만 아니라 비상전원장치(충전배터리)에도 연결되어 있어야 한다.
㉢ 엘리베이터의 카 내부와 기계실, 경비실 또는 건물의 중앙감시반과 통화가 가능하여야 하며, 보수전문회사와 원거리 통화가 가능한 것도 있다.

▌카 실내의 구조▌

22 추락에 의한 위험방지 중 유의사항으로 틀린 것은?

① 승강로 내 작업 시에는 작업공구, 부품 등이 낙하하여 다른 사람을 해하지 않도록 할 것

② 카 상부 작업 시 중간층에는 균형추의 움직임에 주의하여 충돌하지 않도록 할 것

③ 카 상부 작업 시에는 신체가 카 상부 보호대를 넘지 않도록 하며 로프를 잡을 것

④ 승강장 도어 키를 사용하여 도어를 개방할 때에는 몸의 중심을 뒤에 두고 개방하여 반드시 카 유무를 확인하고 탑승할 것

🔎**해설** 카 상부에서 보수점검 등을 할 때에는 반드시 보호장구 착용을 의무화하고 카 상부에는 보호난간을 설치하여 작업자가 추락 및 전도되지 않도록 한다. 카 상부에서 수동운전으로 승강기의 상태점검 중 와이어로프를 잡으면, 손에 낀 장갑이 와이어로프에 말려서 손가락이 다치는 사고가 발생되므로 로프는 잡지 말아야 한다.

23 안전보호기구의 점검, 관리 및 사용방법으로 틀린 것은?

① 청결하고 습기가 없는 장소에 보관한다.

② 한번 사용한 것은 재사용을 하지 않도록 한다.

③ 보호구는 항상 세척하고 완전히 건조시켜 보관한다.

④ 적어도 한달에 1회 이상 책임있는 감독자가 점검한다.

🔎**해설** **보호구의 점검과 관리**
보호구는 필요할 때 언제든지 사용할 수 있는 상태로 손질하여 놓아야 하며, 정기적으로 점검·관리한다.
㉠ 적어도 한달에 한번 이상 책임 있는 감독자가 점검을 할 것
㉡ 청결하고, 습기가 없으며, 통풍이 잘되는 장소에 보관할 것
㉢ 부식성 액체, 유기용제, 기름, 화장품, 산(acid) 등과 혼합하여 보관하지 말 것
㉣ 보호구는 항상 깨끗하게 보관하고 땀 등으로 오염된 경우에는 세척하고, 건조시킨 후 보관할 것

24 작업장에서 작업복을 착용하는 가장 큰 이유는?

① 방한   ② 복장 통일
③ 작업능률 향상   ④ 작업 중 위험 감소

🔎**해설** **작업복**
작업복은 분주한 건설현장처럼 잠재적인 위험성이 내포된 장소에서 원활히 활동할 수 있어야 하며, 하루 종일 장비를

오르락내리락 하려면 옷이 불편하거나 옷 때문에 장비에 걸려 넘어지는 일이 없도록, 안전을 최우선으로 고려하여 인체공학적으로 디자인되어야 한다.

25 재해원인 중 생리적인 원인은?

① 작업자의 피로
② 작업자의 무지
③ 안전장치의 고장
④ 안전장치 사용의 미숙

🔎**해설** 피로는 신체의 기능과 관련되는 생리적 원인으로 심리적인 영향을 끼치게 되므로 작업에 따라 적당한 휴식을 취해야 한다.

26 기계운전 시 기본안전수칙이 아닌 것은?

① 작업범위 이외의 기계는 허가 없이 사용한다.

② 방호장치는 유효 적절히 사용하며, 허가 없이 무단으로 떼어놓지 않는다.

③ 기계가 고장이 났을 때에는 정지, 고장표시를 반드시 기계에 부착한다.

④ 공동작업을 할 경우 시동할 때에는 남에게 위험이 없도록 확실한 신호를 보내고 스위치를 넣는다.

🔎**해설** **기계운전 시 안전수칙**
㉠ 자기 담당기계 이외의 기계를 움직이거나 손을 대지 않는다.
㉡ 원동기와 기계의 가동은 각 직원의 위치와 안전장치의 적정 여부를 확인한 다음 행한다.
㉢ 움직이는 기계를 방치한 채 다른 일을 하면 위험하므로 기계가 완전히 정지한 다음 자리를 뜬다.
㉣ 정전이 되면 우선 스위치를 내린다.
㉤ 기계의 조정이 필요하면 원동기를 끄고 완전 정지할 때까지 기다려야 하며 손이나 막대기로 정지시키지 않아야 한다.
㉥ 기계는 깨끗이 청소해야 한다. 청소할 때에는 브러시나 막대기를 사용하고 손으로 청소하지 않는다.
㉦ 기계작업자는 보안경을 착용하여야 한다.
㉧ 기계 가동 시에는 소매가 긴 옷, 넥타이, 장갑 또는 반지를 착용하지 않는다.
㉨ 고장 중인 기계는 고장·사용금지 등의 표지를 붙여 둔다.
㉩ 기계는 일일이 점검하고 사용 전에 반드시 점검하여 이상 유무를 확인한다.

27 승강기 보수작업 시 승강기의 카와 건물의 벽 사이에 작업자가 끼인 재해의 발생 형태에 의한 분류는?

① 협착   ② 전도
③ 방심   ④ 접촉

해설 재해 발생 형태별 분류

㉠ 추락 : 사람이 건축물, 비계, 기계, 사다리, 계단 등에서 떨어지는 것
㉡ 충돌 : 사람이 물체에 접촉하여 맞부딪침
㉢ 전도 : 사람이 평면상으로 넘어졌을 때를 말함(과속, 미끄러짐 포함)
㉣ 낙하 비래 : 사람이 정지물에 부딪친 경우
㉤ 협착 : 물건에 끼인 상태, 말려든 상태
㉥ 감전 : 전기 접촉이나 방전에 의해 사람이 충격을 받은 경우
㉦ 동상 : 추위에 노출된 신체 부위의 조직이 어는 증상

28 감전 상태에 있는 사람을 구출할 때의 행위로 틀린 것은?

① 즉시 잡아당긴다.
② 전원 스위치를 내린다.
③ 절연물을 이용하여 떼어 낸다.
④ 변전실에 연락하여 전원을 끈다.

해설
감전 재해 발생 시 상해자 구출은 전원을 끄고, 신속하되 당황하지 말고 구출자 본인의 방호조치 후 절연물을 이용하여 구출한다.

29 운행 중인 에스컬레이터가 어떤 요인에 의해 갑자기 정지하였다. 점검해야 할 에스컬레이터 안전장치로 틀린 것은?

① 승객검출장치
② 인레트스위치
③ 스커트 가드 안전스위치
④ 스텝체인 안전장치

해설 에스컬레이터의 안전장치

㉠ 인레트 스위치(inlet switch)는 에스컬레이터의 핸드레일 인입구에 설치하며, 핸드레일이 난간 하부로 들어갈 때 어린이의 손가락이 빨려 들어가는 사고 등이 발생하면 에스컬레이터 운행을 정지시킨다.
㉡ 스커트 가드(skirt guard) 안전스위치는 스커트 가드판과 스텝 사이에 인체의 일부나 옷 신발 등이 끼이면 위험하므로 스커트 가드 패널에 일정 이상의 힘이 가해지면 안전스위치가 작동되어 에스컬레이터를 정지시킨다.
㉢ 스텝체인 안전장치(step chain safety device)는 스텝체인이 절단되거나 심하게 늘어날 경우 디딤판 체인 인장장치의 후방 움직임을 감지하여 구동기 모터의 전원을 차단하고 기계브레이크를 작동시킴로서 스텝과 스텝 사이의 간격이 생기는 등의 결과를 방지하는 장치이다.

| 인레트스위치 |

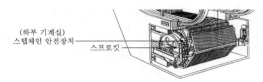

| 스텝체인 안전장치 |

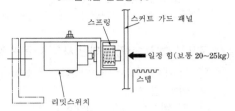

| 스커트 가드 안전스위치 |

30 승강기 완성검사 시 에스컬레이터의 공칭속도가 0.5m/s인 경우 제동기의 정지거리는 몇 m이어야 하는가?

① 0.20m에서 1.00m 사이
② 0.30m에서 1.30m 사이
③ 0.40m에서 1.50m 사이
④ 0.55m에서 1.70m 사이

해설 에스컬레이터의 정지거리

무부하 상태의 에스컬레이터 및 하강 방향으로 움직이는 제동부하 상태의 에스컬레이터에 대한 정지거리는 다음과 같다.

공칭속도	정지거리
0.50m/s	0.20m에서 1.00m 사이
0.65m/s	0.30m에서 1.30m 사이
0.75m/s	0.40m에서 1.50m 사이

㉠ 공칭속도 사이에 있는 속도의 정지거리는 보간법으로 결정되어야 한다.
㉡ 정지거리는 전기적 정지장치가 작동된 시간부터 측정되어야 한다.
㉢ 운행방향에서 하강방향으로 움직이는 에스컬레이터에서 측정된 감속도는 브레이크 시스템이 작동하는 동안 $1m^2/s$ 이하이어야 한다.

31 전기식 엘리베이터 자체점검 항목 중 피트에서 완충기 점검항목 중 B로 하여야 할 것은?

① 완충기의 부착이 불확실한 것
② 스프링식에서는 스프링이 손상되어 있는 것
③ 전기안전장치가 불량한 것
④ 유압식으로 유량 부족의 것

해설 전기식 엘리베이터 완충기 점검항목 및 방법

㉠ B(요주의)
- 완충기 본체 및 부착 부분의 녹 발생이 현저한 것
- 유입식으로 유량 부족의 것
㉡ C(요수리 또는 긴급수리)
- 위 ㉠항의 상태가 심한 것
- 완충기의 부착이 불확실한 것
- 스프링식에서는 스프링이 손상되어 있는 것

32 로프식 승용승강기에 대한 사항 중 틀린 것은?

① 카 내에는 외부와 연락되는 통화장치가 있어야 한다.
② 카 내에는 용도, 적재하중(최대 정원) 및 비상시 조치 내용의 표찰이 있어야 한다.
③ 카 바닥 끝단과 승강로 벽 사이의 거리는 150mm 초과하여야 한다.
④ 카 바닥은 수평이 유지되어야 한다.

해설 카와 카 출입구를 마주하는 벽 사이의 틈새

㉠ 승강로의 내측 면과 카 문턱 카 문틀 또는 카 문의 닫히는 모서리 사이의 수평거리는 0.125m 이하이어야 한다. 다만, 0.125m 이하의 수평거리는 각각의 조건에 따라 다음과 같이 적용될 수 있다.
- 수직높이가 0.5m 이하인 경우에는 0.15m까지 연장될 수 있다.
- 수직개폐식 승강장 문이 설치된 화물용인 경우, 주행로 전체에 걸쳐 0.15m까지 연장될 수 있다.
- 잠금해제구간에서만 열리는 기계적 잠금장치가 카 문에 설치된 경우에는 제한하지 않는다.
㉡ 카 문턱과 승강장 문 문턱 사이의 수평거리는 35mm 이하이어야 한다.
㉢ 카 문과 닫힌 승강장 문 사이의 수평거리 또는 문이 정상 작동하는 동안 문 사이의 접근거리는 0.12m 이하이어야 한다.
㉣ 경첩이 있는 승강장 문과 접하는 카 문의 조합인 경우에는 닫힌 문 사이의 어떤 틈새에도 직경 0.15m의 구가 통과되지 않아야 한다.

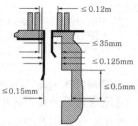

‖ 카와 카 출입구를 마주하는 벽 사이의 틈새 ‖

33 버니어캘리퍼스를 사용하여 와이어로프의 직경을 측정하는 방법으로 알맞은 것은?

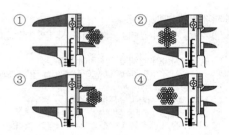

해설 와이어로프의 직경 측정

로프의 직경은 수직 또는 대각선으로 측정하며, 섬유로프인 경우는 게이지(gauge)로 측정하는 것이 바람직하다.

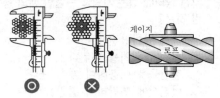

34 조속기로프의 공칭지름(mm)은 얼마 이상이어야 하는가?

① 6 ② 8
③ 10 ④ 12

해설 조속기로프

㉠ 조속기로프의 공칭지름은 6mm 이상. 최소 파단하중은 조속기가 작동될 때 8 이상의 안전율로 조속기로프에 생성되는 인장력에 관계되어야 한다.
㉡ 조속기로프 풀리의 피치직경과 조속기로프의 공칭직경 사이의 비는 30 이상이어야 한다.
㉢ 조속기로프는 인장 풀리에 의해 인장되어야 한다. 이 풀리(또는 인장추)는 안내되어야 한다.
㉣ 조속기로프 및 관련 부속품은 비상정지장치가 작동하는 동안 제동거리가 정상적일 때보다 더 길더라도 손상되지 않아야 한다.
㉤ 조속기로프는 비상정지장치로부터 쉽게 분리될 수 있어야 한다.
㉥ 작동 전 조속기의 반응시간은 비상정지장치가 작동되기 전에 위험속도에 도달하지 않도록 충분히 짧아야 한다.

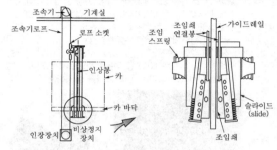

‖ 조속기와 비상정지장치의 연결 모습 ‖

35 가이드레일의 규격(호칭)에 해당되지 않는 것은?

① 8K
② 13K
③ 15K
④ 18K

해설 가이드레일의 규격

- ㉠ 레일 규격의 호칭은 마무리 가공 전 소재의 1m당의 중량으로 한다.
- ㉡ 일반적으로 쓰는 T형 레일의 공칭 8, 13, 18, 24K 등이 있다.
- ㉢ 대용량의 엘리베이터에서는 37, 50K 레일 등도 사용한다.
- ㉣ 레일의 표준길이는 5m로 한다.

36 승강기 완성검사 시 전기식 엘리베이터에서 기계실의 조도는 기기가 배치된 바닥면에서 몇 lx 이상인가?

① 50
② 100
③ 150
④ 200

해설 기계실의 유지관리에 지장이 없도록 조명 및 환기시설의 설치

- ㉠ 기계실에는 바닥면에서 200lx 이상을 비출 수 있는 영구적으로 설치된 전기조명이 있어야 한다.
- ㉡ 기계실은 눈·비가 유입되거나 동절기에 실온이 내려가지 않도록 조치되어야 하며 실온은 +5℃에서 +40℃ 사이에서 유지되어야 한다.

37 유압식 엘리베이터의 제어방식에서 펌프의 회전수를 소정의 상승속도에 상당하는 회전수로 제어하는 방식은?

① 가변전압 가변주파수제어
② 미터인회로제어
③ 블리드오프회로제어
④ 유량밸브제어

해설 유압식 엘리베이터의 속도제어

- ㉠ 인버터제어 : 인버터(VVVF)제어에 의해 펌프 회전수를 카의 상승속도에 상당하는 회전수로 가변제어하여, 펌프에서 가압되어 토출되는 작동유를 제어하는 방식
- ㉡ 유량제어 : 유압식 엘리베이터에서는 전동기의 회전수는 일정하게 되어 있으므로 펌프에서 압력을 가진 작동유의 양을 유량제어밸브로서 제어하는 방식

38 베어링(bearing)에 가압력을 주어 축에 삽입할 때 가장 올바른 방법은?

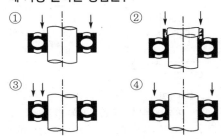

해설 베어링의 끼워 맞춤 방법

베어링의 양호한 성능발휘는 대부분 설계도에서 규정한 끼워맞춤이 제대로 적용되는가에 달려있으며, 완벽한 끼워 맞춤에 대하여 간단명료한 해답은 없다. 끼워 맞춤의 선정은 기계의 작동조건 및 베어링의 조립에 대한 설계 특성에 따라 결정되며, 기본적으로 두 링은 조립좌에 충분히 지지되어야 하며 완전하게 맞춤이 이루어져야 한다.

- ㉠ 내경 80mm 이하의 베어링은 유압프레스를 이용하여 축에 조립한다.
- ㉡ 소형 베어링의 경우 적절한 조립슬리브를 사용하여 부드럽게 망치로 때려 박는다.
- ㉢ 조립용 지지판을 사용하여 축과 하우징에 동시 조립한다.
- ㉣ 샤프트 너트에 의한 스페리컬 롤러 베어링의 프레스 박는다.

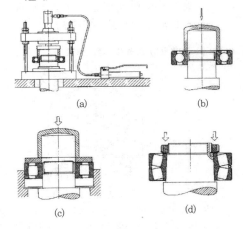

39 도어시스템(열리는 방향)에서 S로 표현되는 것은?

① 중앙열기문
② 가로열기문
③ 외짝문 상하열기
④ 2짝문 상하열기

해설 승강장 도어 분류

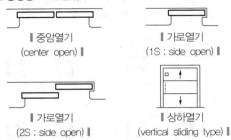

▮중앙열기▮
(center open)

▮가로열기▮
(1S ; side open)

▮가로열기▮
(2S ; side open)

▮상하열기▮
(vertical sliding type)

㉠ 중앙열기방식 : 1CO, 2CO(센터오픈 방식, Center Open)

㉡ 가로열기방식 : 1S, 2S, 3S(사이드오픈 방식, Side open)

㉢ 상하열기방식
  • 2매, 3매 업(up)슬라이딩 방식 : 자동차용이나 대형화물용 엘리베이터에서는 카 실을 완전히 개구할 필요가 있기 때문에 상승개폐(2up, 3up)도어를 많이 사용한다.
  • 2매, 3매 상하열림(up, down) 방식

㉣ 여닫이 방식 : 1매 스윙, 2매 스윙(swing type)

40 디스크형 조속기의 점검방법으로 틀린 것은?

① 로프잡이의 움직임은 원활하며 지점부에 발청이 없으며 급유 상태가 양호한지 확인한다.
② 레버의 올바른 위치에 설정되어 있는지 확인한다.
③ 플라이볼을 손으로 열어서 각 연결 레버의 움직임에 이상이 없는지 확인한다.
④ 시브홈의 마모를 확인한다.

해설 디스크형(disk) 조속기의 점검방법

압축용 스프링
조속기도르래
캐치 슈
캐치
과속스위치
진자
조정용 스프링

▮디스크 슈형 조속기▮

㉠ 로프잡이의 움직임은 원활하며 지점부에 녹 발생이 없고, 급유 상태가 양호한지 확인한다. 또 마찰면에 더러운 것이 있을 때에는 청소한다.
㉡ 레버는 올바른 위치에 설정되어 있는지 확인한다.
㉢ 각 지점부의 부착 상태, 급유 상태 및 조정스프링에 약화 등이 없는지 확인한다.
㉣ 조속기스위치를 끊어놓고 제어반의 전원을 온(on)시켰

을 때, 안전회로가 차단됨을 확인한다. 또 스위치의 설치 상태 및 배선단자에 이완이 없는지 확인한다.
㉤ 카 위에 타고 점검운전으로 승강로 안을 1회 왕복하여 조속기 녹 발생, 마모 및 파단 등이 없는지 확인한다. 또 조속기로프 텐션의 상태도 확인한다.
㉥ 시브홈의 마모 상태를 확인한다.

41 다음 중 카 상부에서 하는 검사가 아닌 것은?

① 비상구출구 스위치의 작동 상태
② 도어개폐장치의 설치 상태
③ 조속기로프의 설치 상태
④ 조속기로프의 인장장치의 작동 상태

해설 조속기로프

㉠ 조속기로프의 설치 상태 : 카 위에서 하는 검사
㉡ 조속기로프의 인장장치 및 기타의 인장장치의 작동 상태 : 피트에서 하는 검사

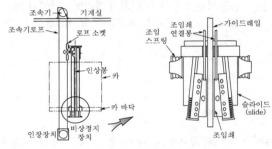

조속기
기계실
조속기로프
로프 소켓
조임쇄
연결봉
조임 스프링
가이드레일
인상봉
카
슬라이드(slide)
카 바닥
인장장치
비상정지장치
조임쇄

▮조속기와 비상정지장치의 연결 모습▮

▮조속기 인장장치▮

42 감속기의 기어 치수가 제대로 맞지 않을 때 일어나는 현상이 아닌 것은?

① 기어이 강도에 악영향을 준다.
② 진동 발생의 주요 원인이 된다.
③ 카가 전도할 우려가 있다.
④ 로프의 마모가 현저히 크다.

해설 기어의 치수가 제대로 맞지 않은 경우 카의 감속도와 가속도가 불규칙적으로 발생되며, 시브홈과 로프에는 미끄러짐이 발생되므로 로프의 마모가 현저히 크지는 않다. 로프의 마모는 마찰력이 클수록 심하다.

정답 40. ③ 41. ④ 42. ④

43 전기식 엘리베이터 자체점검 중 피트에서 하는 점검항목에서 과부하감지장치에 대한 점검 주기 (회/월)는?

① 1/1
② 1/3
③ 1/4
④ 1/6

해설 피트에서 하는 점검항목 및 주기

㉠ 1회/1월 : 피트 바닥, 과부하감지장치
㉡ 1회/3월 : 완충기, 하부 파이널리밋스위치, 카 비상멈춤 장치스위치
㉢ 1회/6월 : 조속기로프 및 기타 당김도르래, 균형로프 및 부착부, 균형추 밑 부분 틈새, 이동케이블 및 부착부
㉣ 1회/12월 : 카 하부 도르래, 피트 내의 내진대책

44 도르래의 로프홈에 언더컷(under cut)을 하는 목적은?

① 로프의 중심 균형
② 윤활 용이
③ 마찰계수 향상
④ 도르래의 경량화

해설 도르래홈의 형상은 마찰력이 큰 것이 바람직하지만 마찰력이 큰 형상은 로프와 도르래홈의 접촉면 면압이 크기 때문에 로프와 도르래가 쉽게 마모될 수 있다. U형의 홈은 마찰계수가 낮으므로 홈의 밑을 도려낸 언더컷 홈으로 마찰계수를 올린다.

(a) U홈　　　(b) V홈　　　(C) 언더컷홈

❙ 도르래 홈의 형상 ❙

45 비상용 엘리베이터의 운행속도는 몇 m/min 이상으로 하여야 하는가?

① 30
② 45
③ 60
④ 90

해설 비상용 엘리베이터의 기본요건

㉠ 비상용 엘리베이터의 크기는 630kg의 정격하중을 갖는 폭 1,100mm, 깊이 1,400mm 이상이어야 하며, 출입구 유효폭은 800mm 이상이어야 한다.
㉡ 침대 등을 수용하거나 2개의 출입구로 설계된 경우 또는 피난용도로 의도된 경우, 정격하중은 1,000kg 이상

이어야 하고 카의 면적은 폭 1,100mm, 깊이 2,100mm 이상이어야 한다.
㉢ 소방관이 조작하여 엘리베이터 문이 닫힌 이후부터 60초 이내에 가장 먼 층에 도착하여야 된다. 다만, 운행속도는 1m/s(60m/min) 이상이어야 한다.

46 에스컬레이터의 스텝 폭이 1m이고 공칭속도가 0.5m/s인 경우 수송능력(명/h)은?

① 5,000
② 5,500
③ 6,000
④ 6,500

해설 최대 수용능력

교통 흐름 계획을 위해, 1시간당 에스컬레이터 또는 무빙워크로 수송할 수 있는 최대 인원의 수는 다음과 같다.

스텝/ 팔레트폭	공칭속도(m/s)		
	0.5	0.65	0.75
0.6	3,600명/h	4,400명/h	4,900명/h
0.8	4,800명/h	5,900명/h	6,600명/h
1	6,000명/h	7,300명/h	8,200명/h

㉠ 쇼핑용 손수레와 화물용 카트의 사용은 대략 수용력의 80%가 감소한다.
㉡ 1m를 초과하는 팔레트폭을 가진 무빙워크에서 이용자가 핸드레일을 잡아야 하기 때문에 수용능력은 증가하지 않는다.

47 유도전동기의 속도제어법이 아닌 것은?

① 2차 여자제어법
② 1차 계자제어법
③ 2차 저항제어법
④ 1차 주파수제어법

해설 유도전동기의 속도제어법

㉠ 2차 여자법 : 2차 권선에 외부에서 전류를 통해 자계를 만들고, 그 작용으로 속도를 제어한다.
㉡ 주파수변환 : 주파수는 고정자에 입력되는 3상 교류전원의 주파수를 뜻하며, 이 주파수를 조정하는 것은 전원을 조절한다는 것이고, 동기속도가 전원주파수에 비례하는 성질을 이용하여 원활한 속도제어를 한다.
㉢ 2차 저항제어 : 회전자권선(2차 권선)에 접속한 저항값의 증감법이다.
㉣ 극수변환 : 동기속도가 극수에 반비례하는 성질을 이용, 권선의 접속을 바꾸는 방법과 극수가 서로 다른 2개의 독립된 권선을 감는 방법 등이 있다. 비교적 효율이 좋고 자주 속도를 변경할 필요가 있으며 계단적으로 속도변경이 필요한 부하에 사용된다.
㉤ 전압제어 : 유도기의 토크는 전원전압의 제곱에 비례하기 때문에 1차 전압을 제어하여 속도를 제어한다.

48 그림과 같이 자기장 안에서 도선에 전류가 흐를 때 도선에 작용하는 힘의 방향은? (단, 전선 가운데 점 표시는 전류의 방향을 나타냄)

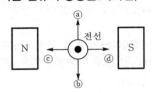

① ⓐ방향
② ⓑ방향
③ ⓒ방향
④ ⓓ방향

🔧 해설 **플레밍의 왼손 법칙**

㉠ 자기장 내의 도선에 전류가 흐름 → 도선에 운동력 발생 (전기에너지 → 운동에너지) : 전동기
㉡ 집게손가락(자장의 방향, N → S), 가운데 손가락(전류의 방향), 엄지손가락(힘의 방향)
㉢ ⊗는 지면으로 들어가는 전류의 방향, ⊙는 지면에서 나오는 전류의 방향을 표시하는 부호이다.
㉣ 힘은 ⓐ방향이 된다.

49 6극, 50Hz의 3상 유도전동기의 동기속도(rpm)는?

① 500
② 1,000
③ 1,200
④ 1,800

🔧 해설 유도전동기의 동기속도(n_s)라 하면, 전원 주파수(f)에 비례하고, 극수(P)에는 반비례한다.

$$n_s = \frac{120 \cdot f}{P} = \frac{120 \times 50}{6} = 1,000 \text{rpm}$$

50 다음 중 역률이 가장 좋은 단상 유도전동기로서 널리 사용되는 것은?

① 분상기동형
② 반발기동형
③ 콘덴서기동형
④ 셰이딩코일형

🔧 해설 **콘덴서 기동형 전동기**

보조권선에 콘덴서가 직렬 연결되고, 기동이 완료되면 원심력스위치에 의해 보조권선이 개방된다. 콘덴서에 의해 보조권선전류와 주권선전류의 위상차가 90°로 되어 주권선전류의 위상보다 앞서기 때문에 양 권선이 만드는 자계의 합성자계는 회전자계를 만든다. 시동 토크도 비교적 크기 때문에 소형 단상전동기로서는 이용 범위가 넓다.

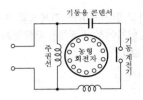

51 Q(C)의 전하에서 나오는 전기력선의 총수는?

① Q
② εQ
③ $\dfrac{\varepsilon}{Q}$
④ $\dfrac{Q}{\varepsilon}$

🔧 해설 **전장의 계산**

㉠ 가우스의 정리 : 임의의 폐곡면 내에 전체 전하량 Q(C)이 있을 때 이 폐곡면을 통해서 나오는 전기력선의 총수는 $\dfrac{Q}{\varepsilon}$개다.

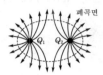

| 가우스의 정리 | 점전하에 의한 전장 |

㉡ Q(C)의 점전하로부터 r(m) 떨어진 구면 위의 전장의 세기는 다음과 같다.

$$F = \frac{Q}{4\pi \varepsilon r^2} = \frac{Q}{4\pi \varepsilon_0 \varepsilon_s r^2} \text{(V/m)}$$

㉢ 1m²마다 E개의 전기력선이 지나가므로 구의 전 면적 $4\pi r^2$(m²)에서 전기력선의 총수 N은 다음과 같다.

$$N = 4\pi r^2 \times E = \frac{Q}{\varepsilon}$$

52 그림에서 지름 400mm의 바퀴가 원주방향으로 25kg의 힘을 받아 200rpm으로 회전하고 있다면, 이때 전달되는 동력은 몇 kg·m/sec인가? (단, 마찰계수는 무시함)

25kg

① 10.47
② 78.5
③ 104.7
④ 785

🔧 해설 $P = T \cdot \omega = F \cdot tr \cdot 2\pi N$

$$= 25 \times \frac{0.4}{2} \times 2\pi \times \frac{200}{60} \fallingdotseq 104.7$$

53 다음 중 다이오드 순방향 바이어스 상태를 의미하는 것은?

① P형 쪽에 (−), N형 쪽에 (+)전압을 연결한 상태

② P형 쪽에 (+), N형 쪽에 (−)전압을 연결한 상태

③ P형 쪽에 (−), N형 쪽에도 (−)전압을 연결한 상태

④ P형 쪽에 (+), N형 쪽에도 (+)전압을 연결한 상태

해설 pn접합 다이오드

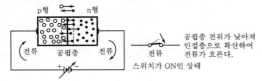

‖ 순방향 바이어스 ‖

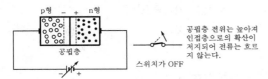

‖ 역방향 바이어스 ‖

㉠ 순방향 특성
- P형 반도체쪽에는 (+)의 전극을 접속하고, n형 반도체 쪽에는 (−)의 전극을 접속한다.
- 전원을 연결했을 때 전류가 잘 통하는 상태이다.

㉡ 역방향 특성 : 전류가 흐르지 않는다.

54 요소의 측정하는 측정기구의 연결로 틀린 것은?

① 길이 : 버니어캘리퍼스

② 전압 : 볼트미터

③ 전류 : 암미터

④ 접지저항 : 메거

해설 접지, 절연저항 측정기구

㉠ 접지저항 측정기구 : 접지저항계

㉡ 절연저항 측정기구 : 절연저항계(megger)

55 교류회로에서 전압과 전류의 위상이 동상인 회로는?

① 저항만의 조합회로

② 저항과 콘덴서의 조합회로

③ 저항과 코일의 조합회로

④ 콘덴서와 콘덴서만의 조합회로

해설 교류회로

㉠ 저항 R만의 회로 : 저항 $R(\Omega)$의 회로에 정현파 순시전압 $v = \sqrt{2}\,V\sin\omega t$를 인가한다면 전압과 전류의 변화가 동시에 일어나는 동위상이다.

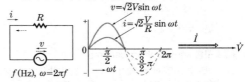

‖ R만의 회로 ‖   ‖ 전압과 전류의 파형 ‖   ‖ 벡터 ‖

㉡ 인덕턴스(L)만의 회로 : 전압의 위상은 전류보다 $\dfrac{\pi}{2}$ (rad)(90°) 앞선다.

㉢ 정전용량(C)만의 회로 : 전류의 위상은 전압보다 $\dfrac{\pi}{2}$ (rad)(90°) 앞선다.

56 아래의 회로도와 같은 논리기호는?

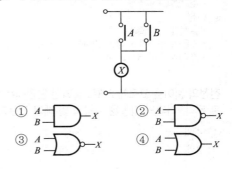

① $\begin{array}{c}A\\B\end{array}$ ⟩○— X   ② $\begin{array}{c}A\\B\end{array}$ ⟩○— X

③ $\begin{array}{c}A\\B\end{array}$ ⟩○— X   ④ $\begin{array}{c}A\\B\end{array}$ ⟩— X

해설 논리합(OR)회로

하나의 입력만 있어도 출력이 나타나는 회로이며, 'A' OR 'B' 즉, 병렬회로이다.

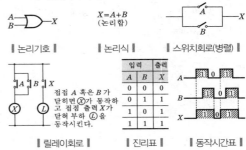

‖ 논리기호 ‖   ‖ 논리식 ‖   ‖ 스위치회로(병렬) ‖

릴레이회로   ‖ 진리표 ‖   ‖ 동작시간표 ‖

57 구름베어링의 특징에 관한 설명으로 틀린 것은?

① 고속회전이 가능하다.
② 마찰저항이 적다.
③ 설치가 까다롭다.
④ 충격에 강하다.

해설 **구름 베어링(rolling bearing)**

궤도륜, 전동체 및 케이지로 구성된다. 베어링의 접촉면 사이에 볼이나 롤러·니들을 넣으면, 부하되는 하중의 방향에 의해 레이디얼베어링과 스러스트베어링으로 구분된다.

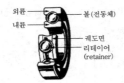

외륜 ─── 볼 (전동체)
내륜 ───
궤도면
리테이너
(retainer)

㉠ 장점
• 기동마찰이 적고, 동마찰과의 차이도 적다.
• 국제적으로 표준화, 규격화가 이루어져 있으므로 호환성이 있고 교환 사용이 가능하다.
• 베어링의 주변구조를 간략하게 할 수 있고 보수·점검이 용이하다.
• 일반적으로 경방향 하중과 축방향 하중을 동시에 받을 수 있다.
• 고온도·저온도에서의 사용이 비교적 쉽다.
• 강성을 높이기 위해 각(角)의 예입 상태로도 사용할 수 있다.
㉡ 단점
• 설치가 까다롭다.
• 소음이 발생하고 값이 비싸다.
• 충격에 약하다(신뢰성).

58 전선의 길이를 고르게 2배로 늘리면 단면적은 1/2로 된다. 이때의 저항은 처음의 몇 배가 되는가?

① 4배   ② 3배
③ 2배   ④ 1.5배

해설 ㉠ 전선의 길이를 늘이면 체적은 변하지 않으므로 길이가 n배로 되면, 단면적은 $\dfrac{1}{n}$배로 줄어든다.

㉡ $R' = \rho \dfrac{nl}{A/n} = n^2 \rho \dfrac{l}{A}$ (길이를 n배로 늘리면 저항은 n^2배로 증가)

㉢ 따라서 $n^2 = 2^2 = 4$배로 증가한다.

59 응력(stress)의 단위는?

① kcal/h
② %
③ kg/cm^2
④ kg·cm

해설 **응력(stress)**

㉠ 물체에 힘이 작용할 때 그 힘과 반대방향으로 크기가 같은 저항력이 생기는데 이 저항력을 내력이라 하며, 단위면적(1mm^2)에 대한 내력의 크기를 말한다.
㉡ 응력은 하중의 종류에 따라 인장응력, 압축응력, 전단응력 등이 있으며, 인장응력과 압축응력은 하중이 작용하는 방향이 다르지만, 같은 성질을 갖는다. 단면에 수직으로 작용하면 수직응력, 단면에 평행하게 접하면 전단응력(접선응력)이라고 한다.
㉢ 수직응력

$$수직응력 = \frac{하중(외력)(kg)}{단면적(cm^2)} \, (kg/cm^2)$$

60 동력을 수시로 이어주거나 끊어주는 데 사용할 수 있는 기계요소는?

① 클러치   ② 리벳
③ 키   ④ 체인

해설 **클러치(clutch)**

축과 축을 접속하거나 차단하는데 사용되며, 클러치를 사용하면 원동기를 정지시킬 필요 없이 피동축을 정지시키고, 속도 변경을 위한 기어 바꿈 등을 할 수 있다.

01 엘리베이터 도어 사이에 끼이는 물체를 검출하기 위한 안전장치로 틀린 것은?

① 광전장치
② 도어클로저
③ 세이프티 슈
④ 초음파장치

해설 **도어의 안전장치**

엘리베이터의 도어가 닫히는 순간 승객이 출입하는 경우 충돌사고의 원인이 되므로 도어 끝단에 검출 장치를 부착하여 도어를 반전시키는 장치이다.
㉠ 세이프티 슈(safety shoe) : 도어의 끝에 설치하여 이 물체가 접촉하면 도어의 닫힘을 중지하며 도어를 반전시키는 접촉식 보호장치
㉡ 세이프티 레이(safety ray) : 광선 빔을 통하여 이것을 차단하는 물체를 광전장치(photo electric device)에 의해서 검출하는 비접촉식 보호장치
㉢ 초음파장치(ultrasonic door sensor) : 초음파의 감지 각도를 조절하여 카쪽의 이물체(유모차, 휠체어 등)나 사람을 검출하여 도어를 반전시키는 비접촉식 보호장치

┃세이프티 슈 설치 상태┃

┃광전장치┃

02 다음 중 주유를 해서는 안 되는 부품은?

① 균형추
② 가이드슈
③ 가이드레일
④ 브레이크 라이닝

해설 **브레이크 라이닝(brake lining)**

브레이크 드럼과 직접 접촉하여 브레이크 드럼의 회전을 멎게 하고 운동에너지를 열에너지로 바꾸는 마찰재이다. 브레이크 드럼으로부터 열에너지가 발산되어, 브레이크 라이닝의 온도가 높아져도 타지 않으며 마찰계수의 변화가 적은 라이닝이 좋다.

┃브레이크 라이닝┃ ┃브레이크 디스크┃

03 압력맥동이 적고 소음이 적어서 유압식 엘리베이터에 주로 사용되는 펌프는?

① 기어펌프
② 베인펌프
③ 스크루펌프
④ 릴리프펌프

해설 **펌프의 종류**

㉠ 일반적으로 원심력식, 가변 토출량식, 강제 송유식(가장 많이 사용됨) 등이 있다.
㉡ 강제 송유식의 종류에는 기어펌프, 베인펌프, 스크루펌프(소음이 적어서 많이 사용됨) 등이 있다.
㉢ 스크루펌프(screw pump)는 케이싱 내에 1~3개의 나사 모양의 회전자를 회전시키고, 유체는 그 사이를 채워서 나아가도록 되어 있는 펌프로서, 유체에 회전운동을 주지 않기 때문에 운전이 조용하고, 효율도 높아서 유압용 펌프에 사용되고 있다.

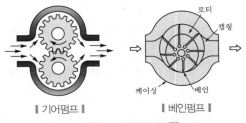

┃기어펌프┃ ┃베인펌프┃

┃스크루펌프┃

04 기계식 주차설비를 할 때 승강기식인 경우 시브 또는 드럼의 직경은 와이어로프 직경의 몇 배 이상으로 하는가?

① 10
② 15
③ 20
④ 30

해설 기계식 주차설비의 시브 및 드럼의 직경

㉠ 주차장치에 사용하는 시브 또는 드럼의 직경은 로프가 시브 또는 드럼과 접하는 부분이 4분의 1 이하일 경우에는 로프직경의 12배 이상으로, 4분의 1을 초과하는 경우에는 로프직경의 20배 이상으로 하여야 한다. 다만, 승강기식 주차장치 및 승강기 슬라이드식 주차장치의 경우에는 이를 로프직경의 30배 이상으로 하여야 하고, 트랙션 시브의 직경은 로프직경의 40배 이상으로 하여야 한다.

㉡ 로프에 의하여 운반기를 이동하는 주차장치에서 운반기의 운전속도가 1분당 300m 이상인 경우에는 시브홈에 연질라이너를 사용하는 등 마찰대책을 강구하여야 한다.

05 작동유의 압력맥동을 흡수하여 진동, 소음을 감소시키는 것은?

① 펌프
② 필터
③ 사이렌서
④ 역류제지밸브

해설 유압회로의 구성요소

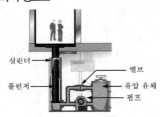

▮ 유압식 엘리베이터 작동원리 ▮

㉠ 펌프(pump) : 압력작용을 이용하여 관을 통해 유체를 수송하는 기계이다.

㉡ 필터(filter) : 실린더에 쇳가루나 이물질이 들어가는 것을 방지(실린더 손상 방지)하기 위해 설치하며, 펌프의 흡입측에 부착하는 것을 스트레이너라 하고, 배관 중간에 부착하는 것을 라인필터라 한다.

㉢ 사이렌서(silencer) : 펌프나 유량제어밸브 등에서 발생하는 압력맥동(작동유의 압력이 일정하지 않아 카의 주행이 매끄럽지 못하고 튀는 현상)에 의한 진동, 소음을 흡수하기 위하여 사용한다.

㉣ 역류제지밸브(check valve) : 한쪽 방향으로만 기름이 흐르도록 하는 밸브로서 상승방향으로는 흐르지만 역방향으로는 흐르지 않는다. 이것은 정전이나 그 이외의 원인으로 펌프의 토출압력이 떨어져서 실린더의 기름이 역류하여 카가 자유낙하하는 것을 방지하는 역할을 하는 것으로 로프식 엘리베이터의 전자브레이크와 유사하다.

06 중앙 개폐방식의 승강장 도어를 나타내는 기호는?

① 2S
② CO
③ UP
④ SO

해설 승강장 도어 분류

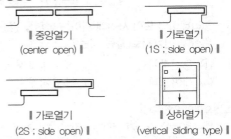

| ▮ 중앙열기
(center open) ▮ | ▮ 가로열기
(1S ; side open) ▮ |
| ▮ 가로열기
(2S ; side open) ▮ | ▮ 상하열기
(vertical sliding type) ▮ |

㉠ 중앙열기방식 : 1CO, 2CO
　　　　　　　(센터오픈 방식, Center Open)

㉡ 가로열기방식 : 1S, 2S, 3S
　　　　　　　(사이드오픈 방식, Side open)

㉢ 상하열기방식
　• 2매, 3매 업(up)슬라이딩 방식 : 자동차용이나 대형화물용 엘리베이터에서는 카 실을 완전히 개구할 필요가 있기 때문에 상승개폐(2up, 3up)도어를 많이 사용한다.
　• 2매, 3매 상하열림(up, down) 방식

㉣ 여닫이 방식 : 1매 스윙, 2매 스윙(swing type)

07 트랙션권상기의 특징으로 틀린 것은?

① 소요동력이 적다.
② 행정거리의 제한이 없다.
③ 주로프 및 도르래의 마모가 일어나지 않는다.
④ 권과(지나치게 감기는 현상)를 일으키지 않는다.

해설 권상기(traction machine)

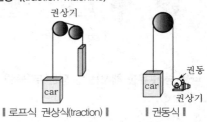

| ▮ 로프식 권상식(traction) ▮ | ▮ 권동식 ▮ |

㉠ 트랙션식 권상기의 형식
　• 기어(geared)방식 : 전동기의 회전을 감속시키기 위해 기어를 부착한다.
　• 무기어(gearless)방식 : 기어를 사용하지 않고, 전동기의 회전축에 권상도르래를 부착시킨다.

㉡ 트랙션식 권상기의 특징
　• 균형추를 사용하기 때문에 소요 동력이 적다
　• 도르래를 사용하기 때문에 승강행정에 제한이 없다.
　• 로프를 마찰로서 구동하기 때문에 지나치게 감길 위험이 없다.

정답　05. ③　06. ②　07. ③

08 아파트 등에서 주로 야간에 카 내의 범죄활동 방지를 위해 설치하는 것은?

① 파킹스위치
② 슬로다운스위치
③ 록다운 비상정지장치
④ 각층 강제 정지운전스위치

해설 각 층 정지(each floor stop) 운전, 각 층 강제 정지

특정 시간대에 엘리베이터 내에서의 범죄를 방지하기 위해 매 층마다 정지하고 도어를 여닫은 후에 움직이는 기능(일본에서는 공동주택에서 자정이 지나면 동작되도록 규정됨)이다.

09 정지 레오나드방식 엘리베이터의 내용으로 틀린 것은?

① 워드 레오나드방식에 비하여 손실이 적다.
② 워드 레오나드방식에 비하여 유지보수가 어렵다.
③ 사이리스터를 사용하여 교류를 직류로 변환한다.
④ 모터의 속도는 사이리스터의 점호각을 바꾸어 제어한다.

해설 정지 레오나드(static leonard) 방식

㉠ 사이리스터(thyristor)를 사용하여 교류를 직류로 변환시킴과 동시에 점호각을 제어하여 직류전압을 제어하는 방식으로 고속 엘리베이터에 적용된다.
㉡ 워드 레오나드 방식보다 교류에서 직류로의 변환 손실이 적고, 보수가 쉽다.

10 가장 먼저 누른 호출버튼에 응답하고 운전이 완료될 때까지 다른 호출에 응답하지 않는 운전방식은?

① 승합 전자동식
② 단식 자동방식
③ 카 스위치방식
④ 하강 승합 전자동식

해설 엘리베이터 한 대의 전자동식 조작방법

㉠ 단식 자동식(single automatic)
• 승강장 단추는 하나의 승강(오름, 내림)이 공통이다.
• 승강기 단추 또는 승강장의 호출에 응하여 기동하며, 그 층에 도착하여 정지한다.
• 한 호출에 따라 운전 중에는 다른 호출을 받지 않는 운전방식이다.
㉡ 하강 승합 전자동식(down collective)
• 2층 혹은 그 위층의 승강장에서는 하강 방향 단추만 있다.

• 중간층에서 위층으로 갈 때에는 1층으로 내려온 후 올라가야 한다.
㉢ 승합 전자동식(selective collective)
• 승강장의 누름단추는 상승용, 하강용의 양쪽 모두 동작한다.
• 카는 그 진행방향의 카 단추와 승강장의 단추에 응하면서 승강한다.
• 현재 한 대의 승용 엘리베이터에는 이 방식을 채용하고 있다.

11 엘리베이터의 유압식 구동방식에 의한 분류로 틀린 것은?

① 직접식
② 간접식
③ 스크루식
④ 팬터그래프식

해설 유압식 엘리베이터의 구동방식

펌프에서 토출된 작동유로 플런저(plunger)를 작동시켜 카를 승강시키는 것을 유압식 엘리베이터라 한다.
㉠ 직접식 : 플런저의 직상부에 카를 설치한 것이다.
㉡ 간접식 : 플런저의 선단에 도르래를 놓고 로프 또는 체인을 통해 카를 올리고 내리며, 로핑에 따라 1 : 2, 1 : 4, 2 : 4의 로핑이 있다.
㉢ 팬터그래프식 : 카는 팬터그래프의 상부에 설치하고, 실린더에 의해 팬터그래프를 개폐한다.

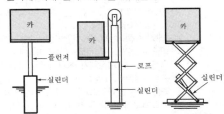

‖ 직접식 ‖ 간접식(1 : 2 로핑) ‖ 팬터그래프식 ‖

12 3상 유도전동기의 회전방향을 바꾸는 방법으로 옳은 것은?

① 3상 전원의 주파수를 바꾼다.
② 3상 전원 중 1상을 단선시킨다.
③ 3상 전원 중 2상을 단락시킨다.
④ 3상 전원 중 임의의 2상의 접속을 바꾼다.

해설 3상 교류인 3개의 단자 중 어느 2개의 단자를 서로 바꾸어 접속하면 1차 권선에 흐르는 상회전 방향이 반대가 되므로 자장의 회전방향도 바뀌어 역회전을 한다.

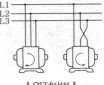

‖ 역전방법 ‖

13 에스컬레이터 각 난간의 꼭대기에는 정상운행 조건하에서 스텝, 팔레트 또는 벨트의 실제속도와 관련하여 동일방향으로 몇 %의 공차가 있는 속도로 움직이는 핸드레일이 설치되어야 하는가?

① 0~2 ② 4~5
③ 7~9 ④ 10~12

해설 핸드레일 시스템

‖ 핸드레일 ‖

‖ 팔레트 ‖

㉠ 각 난간의 꼭대기에는 정상운행 조건하에서 스텝, 팔레트 또는 벨트의 실제속도와 관련하여 동일 방향으로 −0%에서 +2%의 공차가 있는 속도로 움직이는 핸드레일이 설치되어야 한다.
㉡ 핸드레일은 정상운행 중 운행방향의 반대편에서 450N의 힘으로 당겨도 정지되지 않아야 한다.
㉢ 핸드레일 속도감시장치가 설치되어야 하고 에스컬레이터 또는 무빙워크가 운행하는 동안 핸드레일 속도가 15초 이상 동안 실제속도보다 −15% 이상 차이가 발생하면 에스컬레이터 및 무빙워크를 정지시켜야 한다.

14 에스컬레이터의 역회전 방지장치로 틀린 것은?

① 조속기
② 스커트 가드
③ 기계브레이크
④ 구동체인 안전장치

해설 스커트 가드(skirt guard)

에스컬레이터 내측판의 스텝에 인접한 부분을 일컬으며, 스테인레스 판으로 되어 있다.

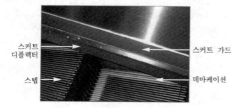

‖ 스텝 부분 ‖

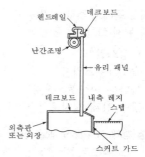

‖ 난간의 구조 ‖

15 레일의 규격을 나타낸 그림이다. 빈칸 ⓐ, ⓑ에 맞는 것은 몇 kg인가?

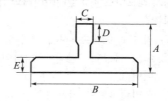

공칭 mm	8kg	ⓐ	18kg	ⓑ	30kg
A	56	62	89	89	108
B	78	89	114	127	140
C	10	16	16	16	19
D	26	32	38	50	51
E	6	7	8	12	13

① ⓐ 10, ⓑ 26
② ⓐ 12, ⓑ 22
③ ⓐ 13, ⓑ 24
③ ⓐ 15, ⓑ 27

해설 가이드레일(guide rail)

㉠ 엘리베이터의 캐(car)나 균형추의 승강을 가이드하기 위해 승강로 안에 수직으로 설치한 레일로 T자형을 많이 사용한다.
㉡ 가이드레일의 규격
• 레일 규격의 호칭은 마무리 가공 전 소재의 1m당의 중량으로 한다.

정답 **13.** ① **14.** ② **15.** ③

- 일반적으로 쓰는 T형 레일의 공칭은 8, 13, 18, 24K 등이다.
- 대용량의 엘리베이터에서는 37, 50K 레일 등도 사용한다.
- 레일의 표준길이는 5m로 한다.

16 권상도르래, 풀리 또는 드럼과 현수로프의 공칭 직경 사이의 비는 스트랜드의 수와 관계없이 얼마 이상이어야 하는가?

① 10 ② 20
③ 30 ④ 40

해설 권상도르래, 풀리 또는 드럼과 로프의 직경 비율, 로프·체인의 단말처리
㉠ 권상도르래, 풀리 또는 드럼과 현수로프의 공칭직경 사이의 비는 스트랜드의 수와 관계없이 40 이상이어야 한다.
㉡ 현수로프의 안전율은 어떠한 경우라도 12 이상이어야 한다. 안전율은 카가 정격하중을 싣고 최하층에 정지하고 있을 때 로프 1가닥의 최소 파단하중(N)과 이 로프에 걸리는 최대 힘(N) 사이의 비율이다.
㉢ 로프와 로프 단말 사이의 연결은 로프의 최소 파단하중의 80% 이상을 견뎌야 한다.
㉣ 로프의 끝 부분은 카, 균형추(또는 평형추) 또는 현수되는 지점에 금속 또는 수지로 채워진 소켓, 자체 조임 쐐기형식의 소켓 또는 안전상 이와 동등한 기타 시스템에 의해 고정되어야 한다.

17 기계실을 승강로의 아래쪽에 설치하는 방식은?

① 정상부형 방식
② 횡인 구동 방식
③ 베이스먼트 방식
④ 사이드머신 방식

해설 기계실의 위치에 따른 분류
㉠ 정상부형 : 로프식 엘리베이터에서는 일반적으로 승강로의 직상부에 권상기를 설치하는 것이 합리적이고 경제적이다.
㉡ 베이스먼트 타입(basement type) : 엘리베이터 최하 정지층의 승강로와 인접시켜 설치하는 방식이다.
㉢ 사이드머신 타입(side machine type) : 승강로 중간에 인접하여 권상기를 두는 방식이다.

18 가이드레일의 사용목적으로 틀린 것은?

① 집중하중 작용 시 수평하중을 유지
② 비상정지장치 작동 시 수직하중을 유지
③ 카와 균형추의 승강로 평면 내의 위치 규제
④ 카의 자중이나 화물에 의한 카의 기울어짐 방지

해설 가이드레일(guide rail)의 적용요소
㉠ 비상정지장치 작동 시 긴 기둥 형태인 레일이 휘어지지 않아야 한다.
㉡ 지진 시 빌딩의 수평 진동에 따라 카나 균형추가 흔들리고 그때 레일이 가이드 슈 사이에서 이탈 혹은 한도의 가속도까지에는 벗어나지 않는지를 점검한다.
㉢ 카에 불평형의 큰 하중이 적재될 경우에 큰 회전모멘트를 지탱할 수 있는지 점검한다.

19 안전점검의 목적에 해당되지 않는 것은?

① 합리적인 생산관리
② 생산 위주의 시설 가동
③ 결함이나 불안전 조건의 제거
④ 기계·설비의 본래 성능 유지

해설 안전점검(safety inspection)
넓은 의미에서는 안전에 관한 제반사항을 점검하는 것을 말한다. 좁은 의미에서는 시설, 기계·기구 등의 구조설비 상태와 안전기준과의 적합성 여부를 확인하는 행위를 말하며, 인간, 도구(기계, 장비, 공구 등), 환경, 원자재, 작업의 5개 요소가 빠짐없이 검토되어야 한다.
㉠ 안전점검의 목적
• 결함이나 불안전조건의 제거
• 기계설비의 본래의 성능 유지
• 합리적인 생산관리
㉡ 안전점검의 종류
• 정기점검 : 일정 기간마다 정기적으로 실시하는 점검을 말한다. 매주, 매월 매분기 등 법적 기준에 맞도록 또는 자체기준에 따라 해당책임자가 실시하는 점검이다.
• 수시점검(일상점검) : 매일 작업 전, 작업 중, 작업 후에 일상적으로 실시하는 점검을 말하며, 작업자, 작업책임자, 관리감독자가 행하는 사업주의 순찰도 넓은 의미에서 포함된다.
• 특별점검 : 기계·기구 또는 설비의 신설·변경 또는 고장·수리 등의 비정기적인 특정점검을 말하며 기술책임자가 행한다.
• 임시점검 : 기계·기구 또는 설비의 이상발견 시에 임시로 실시하는 점검을 말하며, 정기점검 실시 후 다음 정기점검일 이전에 임시로 실시하는 점검이다.

20 전기식 엘리베이터의 자체점검항목이 아닌 것은?

① 브레이크 ② 스커트 가드
③ 가이드레일 ④ 비상정지장치

해설 승강기의 매월 자체검사항목
㉠ 비상정지장치·과부하방지장치, 기타 방호장치의 이상 유무
㉡ 브레이크 및 제어장치의 이상 유무
㉢ 와이어로프의 손상 유무
㉣ 가이드레일의 상태
㉤ 옥외에 설치된 화물용 승강기의 가이드로프를 연결한 부위의 이상 유무

정답 16. ④ 17. ③ 18. ① 19. ② 20. ②

21 추락방지를 위한 물적 측면의 안전대책과 관련이 없는 것은?

① 발판, 작업대 등은 파괴 및 동요되지 않도록 견고하고 안정된 구조이어야 한다.

② 안전교육훈련을 통해 작업자에게 추락의 위험을 인식시킴과 동시에 자율적 규제를 촉구한다.

③ 작업대와 통로는 미끄러지거나 발에 걸려 넘어지지 않게 평평하고 미끄럼 방지성이 뛰어난 것으로 한다.

④ 작업대와 통로 주변에는 난간이나 보호대를 설치해야 한다.

해설 안전교육훈련을 통한 추락방지대책은 인적 측면의 안전대책이다.

22 안전점검 체크리스트 작성 시의 유의사항으로 가장 타당한 것은?

① 일정한 양식으로 작성할 필요가 없다.

② 사업장에 공통적인 내용으로 작성한다.

③ 중점도가 낮은 것부터 순서대로 작성한다.

④ 점검표의 내용은 이해하기 쉽도록 표현하고 구체적이어야 한다.

해설 점검표(check list)

㉠ 작성항목
- 점검부분
- 점검항목 및 점검방법
- 점검시기
- 판정기준
- 조치사항

㉡ 작성 시 유의사항
- 각 사업장에 적합한 독자적인 내용일 것
- 일정 양식을 정하여 점검대상을 정할 것
- 중점도(위험성, 긴급성)가 높은 것부터 순서대로 작성할 것
- 정기적으로 검토하여 재해방지에 실효성 있게 개조된 내용일 것
- 점검표의 양식은 이해하기 쉽도록 표현하고 구체적일 것

23 산업재해의 발생원인 중 불안전한 행동이 주된 사고의 원인이 되고 있다. 이에 해당되지 않는 것은?

① 위험장소 접근

② 작업장소 불량

③ 안전장치 기능 제거

④ 복장 보호구 잘못 사용

해설 산업재해 원인분류

㉠ 직접 원인
- 불안전한 행동(인적 원인)
  - 안전장치를 제거, 무효화함
  - 안전조치의 불이행
  - 불안전한 상태 방치
  - 기계장치 등의 지정 외 사용
  - 운전 중인 기계, 장치 등의 청소, 주유, 수리, 점검 등의 실시
  - 위험장소에 접근
  - 잘못된 동작자세
  - 복장, 보호구의 잘못 사용
  - 불안전한 속도 조작
  - 운전의 실패
- 불안전한 상태(물적 원인)
  - 물(物) 자체의 결함
  - 방호장치의 결함
  - 작업 장소 및 기계의 배치 결함
  - 보호구, 복장 등의 결함
  - 작업환경의 결함
  - 자연적 불안전한 상태
  - 작업방법 및 생산공정 결함

㉡ 간접 원인
- 기술적 원인 : 기계·기구, 장비 등의 방호설비, 경계설비, 보호구 정비 등의 기술적 결함
- 교육적 원인 : 무지, 경시, 몰이해, 훈련 미숙, 나쁜 습관, 안전지식 부족 등
- 신체적 원인 : 각종 질병, 피로, 수면 부족 등
- 정신적 원인 : 태만, 반항, 불만, 초조, 긴장, 공포 등
- 관리적 원인 : 책임감의 부족, 작업기준의 불명확, 점검 보전제도의 결함, 부적절한 배치, 근로의욕 침체 등

24 화재 시 조치사항에 대한 설명 중 틀린 것은?

① 비상용 엘리베이터는 소화활동 등 목적에 맞게 동작시킨다.

② 빌딩 내에서 화재가 발생할 경우 반드시 엘리베이터를 이용해 비상탈출을 시켜야 한다.

③ 승강로에서의 화재 시 전선이나 레일의 윤활유가 탈 때 발생되는 매연에 질식되지 않도록 주의한다.

④ 기계실에서의 화재 시 카 내의 승객과 연락을 취하면서 주전원 스위치를 차단한다.

해설 화재발생 시 피난을 위해 엘리베이터를 이용하면 화재층에서 열리거나 정전으로 멈추어 엘리베이터에 갇히는 경우 승강로 자체가 굴뚝 역할을 하여 질식할 우려가 있기 때문에 계단으로 탈출을 유도하고 있다. 하지만 건축물이 초고층화되는 상황에서 임신부와 노년층, 영유아 등 계단을 통해 신속하게 이동할

수 없는 조건에 있는 사람들은 승강기를 이용하는 것이 신속한 탈출을 돕는 수단일 수도 있다.

25 높은 곳에서 전기작업을 위한 사다리작업을 할 때 안전을 위하여 절대 사용해서는 안 되는 사다리는?

① 니스(도료)를 칠한 사다리
② 셀락(shellac)을 칠한 사다리
③ 도전성이 있는 금속제 사다리
④ 미끄럼 방지장치가 있는 사다리

해설 사다리 작업의 안전지침

㉠ 작업하기 전에 사다리기둥, 발판 등에 대한 점검을 실시하여 균열이 있거나 변형된 사다리는 사용을 금지하여야 한다.
㉡ 사다리에서 자재, 설비 등 10kg 이상의 중량물을 취급하거나 운반해서는 안 된다.
㉢ 사다리는 일정한 제작 및 시험기준에 적합한 제품을 사용하고, 사용 시의 하중이 제작 시의 최대 설계하중을 초과하여서는 안 된다.
㉣ 사다리는 보행용 통행로, 차량 도로, 문이 열리는 곳 등 사다리와 충돌 가능성이 있는 장소에 설치하여서는 안 된다. 부득이한 경우에는 사다리 주위에 방호울을 설치하거나 감시자를 배치하여야 한다.
㉤ 사다리에서의 작업시간은 30분 이하로 하여야 한다. 30분 이상의 작업시간이 소요될 경우에는 충분한 휴식 후에 작업하여야 한다.
㉥ 사다리 작업 장소 주위에 있는 전선, 전기설비 등의 유무 및 상태를 점검하고 감전위험이 있는 경우에는 부도체 재질의 사다리를 사용하여야 한다.
㉦ 사다리에서 이동하거나 작업할 경우에 사다리를 마주본 상태에서 몸의 중심이 사다리기둥을 벗어나지 말아야 한다.
㉧ 사다리에서 이동하거나 작업할 경우에는 3점 접촉(두 다리와 한 손 또는 두 손과 한 다리 등) 상태를 유지하여야 한다.
㉨ 고정식 사다리는 수평면에 대하여 90도 이하로 설치하고, 사다리 기둥은 상부지점으로부터 60cm 이상 연장하여 설치하여야 한다.

ǀ 3점 접촉 ǀ

26 재해의 직접 원인 중 작업환경의 결함에 해당되는 것은?

① 위험장소 접근
② 작업순서의 잘못
③ 과다한 소음 발산
④ 기술적, 육체적 무리

해설 작업환경

일반적으로 근로자를 둘러싸고 있는 환경을 말하며, 작업환경의 조건은 작업장의 온도, 습도, 기류 등 건물의 설비 상태, 작업장에 발생하는 분진, 유해방사선, 가스, 증기, 소음 등이 있다.

27 전기 화재의 원인으로 직접적인 관계가 되지 않는 것은?

① 저항
② 누전
③ 단락
④ 과전류

해설 전기화재의 원인

㉠ 누전 : 전선의 피복이 벗겨져 절연이 불완전하여 전기의 일부가 전선 밖으로 새어나와 주변 도체에 흐르는 현상
㉡ 단락 : 접촉되어서는 안 될 2개 이상의 전선이 접촉되거나 어떠한 부품의 단자와 단자가 서로 접촉되어 과다한 전류가 흐르는 것
㉢ 과전류 : 전압이나 전류가 순간적으로 급격하게 증가하면 전력선에 과전류가 흘러서 전기제품이 파손될 염려가 있음

28 다음에서 일상점검의 중요성이 아닌 것은?

① 승강기 품질 유지
② 승강기의 수명 연장
③ 보수자의 편리 도모
④ 승강기의 안전한 운행

해설 일반적으로 정기점검, 예방정비, 수리는 유지관리업체에서 실시하고, 일상점검 및 관리는 건물의 관리주체 또는 안전관리자가 담당하게 되며, 일상점검은 크게 운전상태, 안전장치, 성능의 확인으로 구분할 수 있다.

29 전기식 엘리베이터의 경우 기계실에서 검사하는 항목과 관계없는 것은?

① 전동기
② 인터록장치
③ 권상기의 도르래
④ 권상기의 브레이크 라이닝

해설 인터록장치는 각 층 제어반에서 실시한다.

정답 25. ③ 26. ③ 27. ① 28. ③ 29. ②

30 와이어로프의 구성요소가 아닌 것은?

① 소선　　　　② 심강
③ 킹크　　　　④ 스트랜드

📝 해설 **와이어로프**

㉠ 와이어로프의 구성
　• 심(core)강
　• 가닥(strand)
　• 소선(wire)

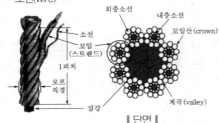

| 단면 |

㉡ 소선의 재료 : 탄소강(C : 0.50~0.85 섬유상 조직)
㉢ 와이어로프의 표기

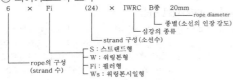

31 기계실에 대한 설명으로 틀린 것은?

① 출입구 자물쇠의 잠금장치는 없어도 된다.
② 관리 및 검사에 지장이 없도록 조명 및 환기는 적절해야 한다.
③ 주로프, 조속기로프 등은 기계실 바닥의 관통 부분과 접촉이 없어야 한다.
④ 권상기 및 제어반은 기둥 및 벽에서 보수 관리에 지장이 없어야 한다.

📝 해설 **출입문**

㉠ 출입문은 폭 0.7m 이상, 높이 1.8m 이상의 금속제 문이어야 하며 기계실 외부로 완전히 열리는 구조이어야 한다. 기계실 내부로는 열리지 않아야 한다.
㉡ 출입문은 열쇠로 조작되는 잠금장치가 있어야 하며, 기계실 내부에서 열쇠를 사용하지 않고 열릴 수 있어야 한다.
㉢ 출입문이 외기에 접하는 경우에는 빗물이 침입하지 않는 구조이어야 한다.

32 유압식 엘리베이터에 있어서 정상적인 작동을 위하여 유지하여야 할 오일의 온도 범위는?

① 5~60℃　　　② 20~70℃
③ 30~80℃　　　④ 40~90℃

📝 해설 **기름 냉각기**(oil cooler)

유압식 엘리베이터는 운전에 따라서 작동유의 온도가 상승하기 때문에 적재하중이 큰 엘리베이터나 운전 빈도가 높은 것에서는 작동유를 냉각하는 장치인 기름 냉각기를 필요로 하며, 냉각방식에는 공랭식과 수랭식이 있다. 유압식 엘리베이터는 저온의 경우 작동유의 점조가 높아져 유압펌프의 효율이 떨어지고 고온이 되면 기름의 열화를 빠르게 하는 등 온도에 대한 영향을 받기 쉽다. 그래서 기름의 온도가 5~60℃의 범위가 되도록 유지하기 위한 장치의 설치가 필요하다.

33 에스컬레이터(무빙워크 포함) 점검항목 및 방법 중 제어패널, 캐비닛, 접촉기, 릴레이, 제어기판에서 'B로 하여야 할 것'에 해당하지 않는 것은?

① 잠금장치가 불량한 것
② 환경 상태(먼지, 이물)가 불량한 것
③ 퓨즈 등에 규격 외의 것이 사용되고 있는 것
④ 접촉기, 릴레이 접촉기 등의 손모가 현저한 것

📝 해설 **제어패널, 캐비닛, 전자접촉기, 릴레이, 제어기판 점검 방법(1회/1월)**

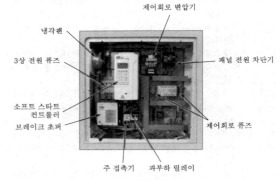

| 제어반 |

㉠ B(요주의)로 하여야 할 것
　• 접촉기, 릴레이 접촉기 등의 손모가 현저한 것
　• 잠금장치가 불량한 것
　• 고정이 불량한 것
　• 발열, 진동 등이 현저한 것
　• 동작이 불안정한 것
　• 환경 상태(먼지, 이물)가 불량한 것
　• 제어계통에서 안전이 지장이 없는 경미한 결함 또는 오류가 발생한 것
　• 전기설비의 절연저항이 규정값을 초과하는 것
㉡ C(요수리 또는 긴급수리)로 하여야 할 것
　• 위 ㉠항의 상태가 심한 것
　• 화재 발생의 염려가 있는 것
　• 퓨즈 등에 규격외의 것이 사용되고 있는 것
　• 먼지, 이물에 의한 오염으로 오작동의 우려가 있는 것
　• 기판의 접촉이 불량한 것
　• 제어계통에 안전과 관련한 중대한 결함 또는 오류가 발생한 것
　• 제어계통에 안전과 관련한 중대한 결함 또는 오류를 초래할 수 있는 경미한 오류가 반복적으로 발생한 것

📝 정답　30. ③　31. ①　32. ①　33. ③

34 고속 엘리베이터에 많이 사용되는 조속기는?

① 점차작동형 조속기
② 롤세이프티형 조속기
③ 디스크형 조속기
④ 플라이볼형 조속기

해설 플라이볼(Fly Ball)형 조속기

조속기도르래의 회전을 베벨기어에 의해 수직축의 회전으로 변환하고, 이 축의 상부에서부터 링크(link) 기구에 의해 매달린 구형의 진자에 작용하는 원심력으로 작동하며, 검출정도가 높아 고속의 엘리베이터에 이용된다.

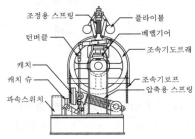

‖ 플라이볼형 조속기 ‖

35 에스컬레이터의 경사도가 30° 이하일 경우에 공칭속도는?

① 0.75m/s 이하
② 0.80m/s 이하
③ 0.85m/s 이하
④ 0.90m/s 이하

해설 구동기

㉠ 구동장치는 2대 이상의 에스컬레이터 또는 무빙워크를 운전하지 않아야 한다.
㉡ 공칭속도는 공칭주파수 및 공칭전압에서 ±5%를 초과하지 않아야 한다.
㉢ 에스컬레이터의 공칭속도
• 경사도가 30° 이하인 에스컬레이터는 0.75m/s 이하이어야 한다.
• 경사도가 30°를 초과하고 35° 이하인 에스컬레이터는 0.5m/s 이하이어야 한다.
㉣ 무빙워크의 공칭속도는 0.75m/s 이하이어야 한다.

‖ 팔레트 ‖   ‖ 콤(comb) ‖

팔레트 또는 벨트의 폭이 1.1m 이하이고, 승강장에서 팔레트 또는 벨트가 콤에 들어가기 전 1.6m 이상의 수평주행구간이 있는 경우 공칭속도는 0.9m/s까지 허용된다. 다만, 가속구간이 있거나 무빙워크를 다른 속도로 직접 전환시키는 시스템이 있는 무빙워크에는 적용되지 않는다.

36 파워유닛을 보수 · 점검 또는 수리할 때 사용하면 불필요한 작동유의 유출을 방지할 수 있는 밸브는?

① 사이런스
② 체크밸브
③ 스톱밸브
④ 릴리프밸브

해설 유압회로의 밸브

㉠ 체크밸브(non–return valve) : 한쪽 방향으로만 기름이 흐르도록 하는 밸브로서 상승방향으로는 흐르지만 역방향으로는 흐르지 않는다. 이것은 정전이나 그 이외의 원인으로 펌프의 토출압력이 떨어져서 실린더의 기름이 역류하여 카가 자유낙하하는 것을 방지하는 역할을 하는 것으로 로프식 엘리베이터의 전자브레이크와 유사하다.
㉡ 스톱밸브(stop valve) : 실린더에 체크밸브와 하강밸브를 연결하는 회로에 설치되며, 이것을 닫으면 실린더의 기름이 파워유닛으로 역류하는 것을 방지한다. 유압장치의 보수, 점검 또는 수리 등을 할 때에 사용하며, 일명 게이트밸브라고도 한다.
㉢ 안전밸브(relief valve) : 압력조정밸브로 회로의 압력이 상용압력의 125% 이상 높아지면 바이패스(by– pass) 회로를 열어 기름을 탱크로 돌려보내어 더 이상의 압력상승을 방지한다.
㉣ 럽처밸브(rupture valve) : 압력배관이 파손되었을 때 기름의 누설에 의한 카의 하강을 제지하는 장치. 밸브 양단의 압력이 떨어져 설정한 방향으로 설정한 유량이 초과하는 경우에, 유량이 증가하는 것에 의하여 자동으로 회로를 폐쇄하도록 설계한 밸브이다.

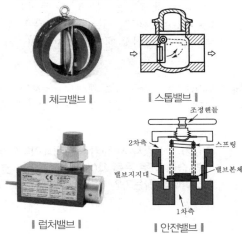

‖ 체크밸브 ‖   ‖ 스톱밸브 ‖

‖ 럽처밸브 ‖   ‖ 안전밸브 ‖

37 웜기어오일(worm gear oil)에 관한 설명으로 틀린 것은?

① 매일 교체하여야 한다.
② 반드시 지정된 것만 사용한다.
③ 규정된 수준을 유지하여야 한다.
④ 웜기어가 분말이나 먼지로 혼탁해지면 교체한다.

해설 **웜기어(worm gear)오일**

ⓐ 웜기어의 동작은 미끄럼 표면의 마찰을 줄이고 열을 배출하는 데에 상당 부분을 윤활능력에 의존하고 있다. 따라서 웜기어오일의 선택은 매우 중요한 요소이다.

ⓑ 기계실은 온도변화가 심하므로 오일은 넓은 온도 범위에서 효과적이어야 한다.

ⓒ 웜기어오일은 210℃에서 125~150ssu 범위의 점성이 적당하며, 이 범위는 대부분의 기어 크기, 작동속도, 온도를 만족시킨다.

ⓓ 웜 기어 오일 선택 시 고려사항
 • 거품이 발생하지 않아야 한다.
 • 물의 유입에도 불구하고 사용되고 있는 금속의 부식이 없어야 한다.
 • 산화에 저항력을 가져야 한다.

ⓔ 윤활유의 상태를 주기적으로 점검하여 더러운 오일은 제거하고 기어케이스는 솔벤트로 닦고 새로운 오일을 엄의 중심선까지 유지하도록 한다.

ⓕ 머신오일의 교환시기
 • 운전조건에 따라 차이는 있으나 일반적으로 운전 개시 후 500시간(약 2개월)이 지나면 최초 오일을 교환한다.
 • 그 후 약 7~9개월마다 오일의 상태를 확인하여 교환한다.

38 유압식 엘리베이터의 피트 내에서 점검을 실시할 때 주의해야 할 사항으로 틀린 것은?

① 피트 내 비상정지스위치를 작동 후 들어갈 것
② 피트 내 조명을 점등한 후 들어갈 것
③ 피트에 들어갈 때는 승강로 문을 닫을 것
④ 피트에 들어갈 때 기름에 미끄러지지 않도록 주의할 것

해설 열쇠를 사용한 피트 출입문 개방은 엘리베이터가 더 이상 움직이지 않도록 방지하는 전기안전장치에 의해 확인되어야 한다.

39 승강기 완성검사 시 전기식 엘리베이터의 카 문턱과 승강장 문 문턱 사이의 수평거리는 몇 mm 이하이어야 하는가?

① 35
② 45
③ 55
④ 65

해설 **카와 카 출입구를 마주하는 벽 사이의 틈새**

ⓐ 승강로의 내측 면과 카 문턱 카 문틀 또는 카 문의 닫히는 모서리 사이의 수평거리는 0.125m 이하이어야 한다. 다만, 0.125m 이하의 수평거리는 각각의 조건에 따라 다음과 같이 적용될 수 있다.
 • 수직높이가 0.5m 이하인 경우에는 0.15m까지 연장될 수 있다.
 • 수직개폐식 승강장 문이 설치된 화물용인 경우, 주행로 전체에 걸쳐 0.15m까지 연장될 수 있다.
 • 잠금해제구간에서만 열리는 기계적 잠금장치가 카 문에 설치된 경우에는 제한하지 않는다.

ⓑ 카 문턱과 승강장 문 문턱 사이의 수평거리는 35mm 이하이어야 한다.

ⓒ 카 문과 닫힌 승강장 문 사이의 수평거리 또는 문이 정상 작동하는 동안 문 사이의 접근거리는 0.12m 이하이어야 한다.

ⓓ 경첩이 있는 승강장 문과 접하는 카 문의 조합인 경우에는 닫힌 문 사이의 어떤 틈새에도 직경 0.15m의 구가 통과되지 않아야 한다.

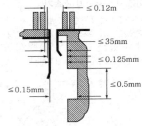

| 카와 카 출입구를 마주하는 벽 사이의 틈새 |

40 승강로에 관한 설명 중 틀린 것은?

① 승강로는 안전한 벽 또는 울타리에 의하여 외부공간과 격리되어야 한다.
② 승강로는 화재 시 승강로를 거쳐서 다른 층으로 연소될 수 있도록 한다.
③ 엘리베이터에 필요한 배관 설비외의 설비는 승강로 내에 설치하여서는 안 된다.
④ 승강로 피트 하부를 사무실이나 통로로 사용할 경우 균형추에 비상정지장치를 설치한다.

해설 **승강로의 구획**

엘리베이터는 다음 중 어느 하나에 의해 주위와 구분되어야 한다.
ⓐ 불연재료 또는 내화구조의 벽, 바닥 및 천장
ⓑ 충분한 공간

41 전기식 엘리베이터의 자체점검 중 피트에서 하는 점검항목장치가 아닌 것은?

① 완충기
② 측면구출구
③ 하부 파이널 리밋스위치
④ 조속기로프 및 기타의 당김도르래

해설 **피트에서 하는 점검항목 및 주기**

ⓐ 1회/1월 : 피트 바닥, 과부하감지장치
ⓑ 1회/3월 : 완충기, 하부 파이널 리밋스위치, 카 비상멈춤장치스위치
ⓒ 1회/6월 : 조속기로프 및 기타 당김도르래, 균형로프 및 부착부, 균형추 밑부분 틈새, 이동케이블 및 부착부
ⓓ 1회/12월 : 카 하부 도르래, 피트 내의 내진대책

42 전기식 엘리베이터의 가이드레일 설치에서 패킹 (보강재)이 설치된 경우는?

① 가이드레일이 짧게 설치되어 보강할 경우
② 가이드레일 양 폭의 너비를 조정 작업할 경우
③ 레일브래킷의 간격이 필요 이상 한계를 초과하여 레일의 뒷면에 강재를 붙여서 보강하는 경우
④ 레일브래킷의 간격이 필요 이상 한계를 초과하여 레일의 앞면에 강재를 붙여서 보강하는 경우

해설 각각의 가이드레일에는 사용범위가 정해져 있다. 가령 18K 레일로는 약간 약하지만 24K 레일까지 올리면 지나친 낭비일 경우 18K 레일의 뒤에 보조강재 패킹을 넣어 강도를 올린다.

43 전동 덤웨이터의 안전장치에 대한 설명 중 옳은 것은?

① 도어 인터록 장치는 설치하지 않아도 된다.
② 승강로의 모든 출입구 문이 닫혀야만 카를 승강시킬 수 있다.
③ 출입구 문에 사람의 탑승금지 등의 주의사항은 부착하지 않아도 된다.
④ 로프는 일반 승강기와 같이 와이어로프 소켓을 이용한 체결을 하여야만 한다.

해설 덤웨이터의 설치

┃덤웨이터┃

㉠ 승강로의 모든 출입구의 문이 닫혀 있지 않으면 카를 승강시킬 수 없는 안전장치가 되어 있어야 한다.
㉡ 각 출입구에서 정지스위치를 포함하여 모든 출입구 층에 전달토록 한 다수단추방식이 가장 많이 사용된다.
㉢ 일반층에서 기준층으로만 되돌리기 위해서 문을 닫으면 자동적으로 기준층으로 되돌아가도록 제작된 것을 홈스테이션식이라고 한다.
㉣ 권상도래, 풀리 또는 드럼과 현수로프의 공칭직경 사이의 비는 스트랜드의 수와 관계없이 30 이상이어야 한다.

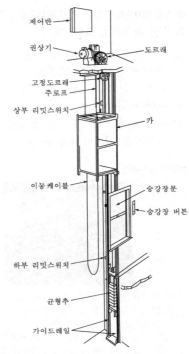

제어반
권상기
도르래
고정도르래
주로프
상부 리밋스위치
카
이동케이블
승강장문
승강장 버튼
하부 리밋스위치
균형추
가이드레일

┃전동 덤웨이터의 구조┃

44 카 상부에서 행하는 검사가 아닌 것은?

① 완충기 점검   ② 주로프 점검
③ 가이드 슈 점검   ④ 도어개폐장치 점검

해설 피트에서 하는 점검항목

㉠ 피트 바닥, 과부하감지장치
㉡ 완충기, 하부 파이널 리밋스위치, 카 비상멈춤장치스위치
㉢ 조속기로프 및 기타 당김도르래, 균형로프 및 부착부, 균형추 밑부분 틈새, 이동케이블 및 부착부
㉣ 카 하부 도르래, 피트 내의 내진대책

45 에스컬레이터(무빙워크 포함)에서 6개월에 1회 점검하는 사항이 아닌 것은?

① 구동기의 베어링 점검
② 구동기의 감속기어 점검
③ 중간부의 스텝레일 점검
④ 핸드레일 시스템의 속도 점검

해설 에스컬레이터(무빙워크 포함) 점검항목 및 주기

㉠ 1회/1월 : 기계실 내, 수전반, 제어반, 전동기, 브레이크, 구동체인 안전스위치 및 비상브레이크, 스텝구동장치 손잡이 구동장치, 빗판과 스텝의 물림, 비상정지스위치 등
㉡ 1회/6월 : 구동기베어링, 감속기어, 스텝 레일
㉢ 1회/12월 : 방화셔터 등과의 연동정지

정답 42. ③ 43. ② 44. ① 45. ④

46 에스컬레이터(무빙워크 포함)의 비상정지스위치에 관한 설명으로 틀린 것은?

① 색상은 적색으로 하여야 한다.
② 상하 승강장의 잘 보이는 곳에 설치한다.
③ 버튼 또는 버튼 부근에는 '정지' 표시를 하여야 한다.
④ 장난 등에 의한 오조작 방지를 위하여 잠금장치를 설치하여야 한다.

🔎해설 **비상정지스위치**

㉠ 비상정지스위치는 비상시 에스컬레이터 또는 무빙워크를 정지시키기 위해 설치되어야 하고 에스컬레이터 또는 무빙워크의 각 승강장 또는 승강장 근처에서 눈에 띄고 쉽게 접근할 수 있는 위치에 있어야 한다.
㉡ 비상정지스위치 사이의 거리는 다음과 같아야 한다.
• 에스컬레이터의 경우에는 30m 이하이어야 한다.
• 무빙워크의 경우에는 40m 이하이어야 한다.
㉢ 비상정지스위치에는 정상운행 중에 임의로 조작하는 것을 방지하기 위해 보호덮개가 설치되어야 한다. 그 보호덮개는 비상시에는 쉽게 열리는 구조이어야 한다.
㉣ 비상정지스위치의 색상은 적색으로 하여야 하며, 버튼 또는 버튼 부근에는 '정지' 표시를 하여야 한다.

47 유도전동기에서 동기속도 N_s와 극수 P와의 관계로 옳은 것은?

① $N_s \propto P$
② $N_s \propto \dfrac{1}{P}$
③ $N_s \propto P^2$
④ $N_s \propto \dfrac{1}{P^2}$

🔎해설 **3상 유도전동기의 동기속도(synchronous speed)**

회전자기장의 속도를 유도전동기의 동기속도(N_s)라 하면, 동기속도는 전원주파수의 증가와 함께 비례하여 증가하고 극수의 증가와 함께 반비례하여 감소한다.

$$N_s = \frac{120 \cdot f}{P}(rpm)$$

여기서, N_s : 동기속도(rpm), f : 주파수(Hz)
P : 전동기의 극수

48 체크밸브(non-return valve)에 관한 설명 중 옳은 것은?

① 하강 시 유량을 제어하는 밸브이다.
② 오일의 압력을 일정하게 유지하는 밸브이다.
③ 오일의 방향이 한쪽 방향으로만 흐르도록 하는 밸브이다.
④ 오일의 방향이 양방향으로 흐르는 것을 제어하는 밸브이다.

🔎해설 **체크밸브(non-return valve)**

한쪽 방향으로만 기름이 흐르도록 하는 밸브로서 상승방향으로는 흐르지만 역방향으로는 흐르지 않는다. 이것은 정전이나 그 이외의 원인으로 펌프의 토출압력이 떨어져서 실린더의 기름이 역류하여 카가 자유낙하하는 것을 방지하는 역할을 하는 것으로 로프식 엘리베이터의 전자브레이크와 유사하다.

49 안전율의 정의로 옳은 것은?

① $\dfrac{허용응력}{극한강도}$
② $\dfrac{극한 강도}{허용응력}$
③ $\dfrac{허용응력}{탄성한도}$
④ $\dfrac{탄성한도}{허용응력}$

🔎해설 **안전율(safety factor)**

㉠ 제한하중보다 큰 하중을 사용할 가능성이나 재료의 고르지 못함이나 제조공정에서 생기는 제품품질의 불균일, 사용 중의 마모, 부식 때문에 약해지거나 설계 자료의 신뢰성에 대한 불안에 대비하여 사용하는 설계계수를 말한다.
㉡ 구조물의 안전을 유지하는 정도, 즉 파괴(극한)강도를 그 허용응력으로 나눈 값을 말한다.

50 직류발전기의 구조로서 3대 요소에 속하지 않는 것은?

① 계자
② 보극
③ 전기자
④ 정류자

🔎해설 **직류발전기의 구성요소**

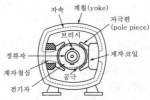

▮ 2극 직류발전기의 단면도 ▮

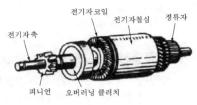

│ 전기자 │

㉠ 계자(field magnet)
- 계자권선(field coil), 계자철심(field core), 자극(pole piece) 및 계철(yoke)로 구성
- 계자권선은 계자철심에 감겨져 있으며, 이 권선에 전류가 흐르면 자속이 발생
- 자극편은 전기자에 대응하여 계자자속을 공극 부분에 적당히 분포시킴
㉡ 전기자(armature)
- 전기자철심(armature core), 전기자권선(armature winding), 정류자 및 회전축(shaft)으로 구성
- 전기자철심의 재료와 구조는 맴돌이전류(eddy current)와 히스테리현상에 의한 철손을 적게 하기 위하여 두께 0.35~0.5mm의 규소강판을 성층하여 만듦
㉢ 정류자(commutator) : 직류기에서 가장 중요한 부분 중의 하나이며, 운전 중에는 항상 브러시와 접촉하여 마찰이 생겨 마모 및 불꽃 등으로 높은 온도가 되므로 전기적, 기계적으로 충분히 견딜 수 있어야 함

51 평행판 콘덴서에 있어서 판의 면적을 동일하게 하고 정전용량은 반으로 줄이려면 판 사이의 거리는 어떻게 하여야 하는가?

① 1/4로 줄인다.　　② 반으로 줄인다.
③ 2배로 늘린다.　　④ 4배로 늘린다.

해설 평행판 콘덴서의 정전용량

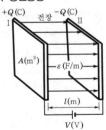

㉠ 면적 A (m²)의 평행한 두 금속의 간격을 l (m), 절연물의 유전율을 ε(F/m)이라 하고, 두 금속판 사이에 전압 V (V)를 가할 때 각 금속판에 $+Q$ (C), $-Q$ (C)의 전하가 축적되었다고 하면 다음과 같다.

$$V = \frac{\sigma l}{\varepsilon} (V)$$

㉡ 평행판 콘덴서의 정전용량 C

$$C = \frac{Q}{V} = \frac{\sigma A}{\frac{\sigma l}{\varepsilon}} = \frac{\varepsilon A}{l} = \frac{\varepsilon_0 \varepsilon_s A}{l} (F)$$

52 정속도 전동기에 속하는 것은?

① 직권전동기　　② 분권전동기
③ 타여자전동기　　④ 가동복권전동기

해설 정속도 전동기

공급전압, 주파수 또는 그 쌍방이 일정한 경우에는 부하에 관계없이 거의 일정한 회전속도로 동작하는 전동기를 뜻하며, 직류분권전동기, 유도전동기, 동기전동기 등이 있다.

53 높이 50mm의 둥근 봉이 압축하중을 받아 0.004의 변형률이 생겼다고 하면, 이 봉의 높이는 몇 mm인가?

① 49.80　　② 49.90
③ 49.98　　④ 48.99

해설 변형된 길이＝원래의 길이×변형률＝50×0.004
　　　＝0.2mm
∴ 봉의 높이＝50－0.2＝49.8mm

54 측정계기의 오차의 원인으로서 장시간의 통전 등에 의한 스프링의 탄성피로에 의하여 생기는 오차를 보정하는 방법으로 가장 알맞은 것은?

① 정전기 제거　　② 자기 가열
③ 저항 접속　　④ 영점 조정

해설 영점 조정은 적은 전기적 또는 기계적 변경으로 인한 편차를 제거하기 위한 보정방법이다.

55 그림과 같은 회로의 역률은 약 얼마인가?

① 0.74
② 0.80
③ 0.86
④ 0.98

해설 RC 직렬회로의 역률

$$\cos\theta = \frac{R}{Z} = \frac{R}{\sqrt{R^2 + X_C^2}} = \frac{9}{\sqrt{9^2 + 2^2}} = 0.98$$

56 그림과 같은 논리기호의 논리식은?

① $Y = \overline{A} + \overline{B}$　　② $Y = \overline{A} \cdot \overline{B}$
③ $Y = A \cdot B$　　④ $Y = A + B$

해설 논리합(OR)회로

하나의 입력만 있어도 출력이 나타나는 회로이며, 'A' OR 'B' 즉, 병렬회로이다.

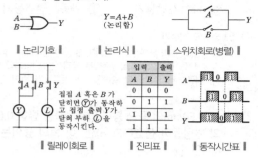

| 논리기호 | 논리식 | 스위치회로(병렬) |

$$Y=A+B$$
(논리합)

접점 A 혹은 B가 닫히면 ⑦가 동작하고 접점 출력 Y가 닫혀 부하 ⑥을 동작시킨다.

입력		출력
A	B	Y
0	0	0
0	1	1
1	0	1
1	1	1

| 릴레이회로 | 진리표 | 동작시간표 |

57 전기기기에서 E종 절연의 최고 허용온도는 몇 ℃ 인가?

① 90
② 105
③ 120
④ 130

해설 전기기기의 절연등급

절연의 종류	최고 허용온도
Y종	90℃
A종	105℃
E종	120℃
B종	130℃
F종	155℃
H종	180℃
C종	180℃ 초과

58 기어의 언더컷에 관한 설명으로 틀린 것은?

① 이의 간섭현상이다.
② 접촉면적이 넓어진다.
③ 원활한 회전이 어렵다.
④ 압력각을 크게 하여 방지한다.

해설 기어의 언더컷

⑦ 기어 절삭을 할 때 이의 수가 적으면 이의 간섭이 일어나며, 간섭 상태에서 회전하면 피니언(pinion)의 이뿌리면을 기어의 이 끝이 파먹는 것이다.
⑥ 언더컷의 방지법
• 피니언의 잇수를 최소 잇수로 한다.
• 기어의 잇수를 한계잇수로 한다.
• 입력각을 크게 한다.

• 치형을 수정한다.
• 기어의 이 높이를 낮게 한다.

59 기계 부품 측정 시 각도를 측정할 수 있는 기기는?

① 사인바
② 옵티컬플렛
③ 다이얼게이지
④ 마이크로미터

해설 사인바(sine bar)

사각 막대기의 측면에 지름이 같은 2개의 원통을 축에 평행하게 고정시킨 것으로 직각삼각형의 삼각함수인 사인을 이용하여 임의의 각도를 설정하거나 측정하는데 사용하는 기구이다.

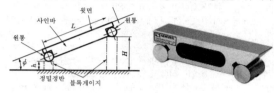

60 직류진동기의 회전수를 일정하게 유지하기 위하여 전압을 변화시킬 때 전압은 어디에 해당되는가?

① 조작량
② 제어량
③ 목표값
④ 제어대상

해설 되먹임(폐루프, 피드백, 궤환)제어

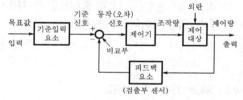

| 출력 피드백제어(output feedback control) |

⑦ 출력, 잠재외란, 유용한 조절변수인 제어대상을 가지는 일반화된 공정이다.
⑥ 적절한 측정기를 사용하여 검출부에서 출력(유속, 입력, 액위, 온도)값을 측정한다.
⑥ 검출부의 지시값을 목표값과 비교하여 오차(편차)를 확인한다.
⑥ 오차(편차)값은 제어기로 보내진다.
⑩ 제어기는 오차(편차)의 크기를 줄이기 위해 조작량의 값을 바꾼다.
⑭ 제어기는 조작량에 직접 영향을 미치지 않고 최종 제어요소인 다른 장치(보통 제어밸브)를 통하여 영향을 준다.
⑭ 미흡한 성능을 갖는 제어대상은 피드백에 의해 목표값과 비교하여 일치하도록 정정동작을 한다.
◎ 상태를 교란시키는 외란의 영향에서 출력값을 원하는 수준으로 유지하는 것이 제어 목적이다.
㉠ 안정성이 향상되고, 선형성이 개선된다.
㉫ 종류에는 비례동작(P), 비례-적분동작(PI), 비례-적분-미분동작(PID)제어기가 있다.
㉠ 직류전동기의 회전수를 일정하게 하기 위한 회전수의 변동(편차)을 줄이기 위해 전압(조작량)을 변화시킨다.

01 교류 2단 속도제어에서 가장 많이 사용되는 속도 비는?

① 2 : 1　　　　② 4 : 1
③ 6 : 1　　　　④ 8 : 1

해설 교류 2단 속도제어

㉠ 기동과 주행은 고속권선으로 하고 감속과 착상은 저속 권선으로 한다.
㉡ 속도비를 착상오차 이외에 감속도의 변화비율, 크리프 시간(저속주행시간) 등을 감안한 4 : 1이 가장 많이 사용된다.
㉢ 30~60m/min의 엘리베이터용에 사용된다.

02 승객이나 운전자의 마음을 편하게 해 주는 장치는?

① 통신장치
② 관제운전장치
③ 구출운전장치
④ BGM(Back Ground Music)장치

해설 BGM은 Back Ground Music의 약자로 카 내부에 음악을 방송하기 위한 장치이다.

03 카가 최상층 및 최하층을 지나쳐 주행하는 것을 방지하는 것은?

① 균형추　　　　② 정지스위치
③ 인터록장치　　④ 리밋스위치

해설 리밋스위치(limit switch)

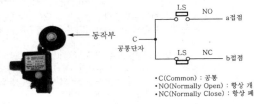

• C(Common) : 공통
• NO(Normally Open) : 항상 개
• NC(Normally Close) : 항상 폐

‖ 리밋스위치 ‖

‖ 리밋(최상, 최하층)스위치의 설치 상태 ‖

㉠ 물체의 힘에 의해 동작부(구동장치)가 눌러서 접점이 온, 오프(on, off)한다.
㉡ 엘리베이터가 운행 시 최상·최하층을 지나치지 않도록 하는 장치로서 리밋스위치에 접촉이 되면 카를 감속 제어하여 정지시킬 수 있도록 한다.

04 엘리베이터를 3~8대 병설하여 운행관리하며 1개의 승강장 부름에 대하여 1대의 카가 응답하고 교통수단의 변동에 대하여 변경되는 조작방식은?

① 군관리방식
② 단식 자동방식
③ 군승합 전자동식
④ 방향성 승합 전자동식

해설 복수 엘리베이터의 조작방식

㉠ 군승합 자동식(2car, 3car)
• 2~3대가 병행되었을 때 사용하는 조작방식이다.
• 1개의 승강장 버튼의 부름에 대하여 1대의 카만 응한다.
㉡ 군관리 방식(supervisore control)
• 엘리베이터를 3~8대 병설할 때 각 카를 불필요한 동작없이 합리적으로 운영하는 조작방식이다.
• 교통수요의 변화에 따라 카의 운전내용을 변화시켜서 대응한다(출퇴근 시, 점심식사 시간, 회의 종료 시 등).
• 엘리베이터 운영의 전체 서비스 효율을 높일 수 있다.

05 도어 인터록에 관한 설명으로 옳은 것은?

① 도어 닫힘 시 도어록이 걸린 후, 도어스위치가 들어가야 한다.
② 카가 정지하지 않는 층은 도어록이 없어도 된다.
③ 도어록은 비상시 열기 쉽도록 일반공구로 사용가능해야 한다.
④ 도어 개방 시 도어록이 열리고, 도어스위치가 끊어지는 구조이어야 한다.

해설 도어 인터록(door interlock) 및 클로저(closer)

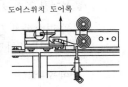

도어스위치 도어록

㉠ 도어 인터록(door interlock)
- 카가 정지하지 않는 층의 도어는 전용열쇠를 사용하지 않으면 열리지 않는 도어록과 도어가 닫혀 있지 않으면 운전이 불가능하도록 하는 도어스위치로 구성된다.
- 닫힘동작 시는 도어록이 먼저 걸린 상태에서 도어스위치가 들어가고 열림동작 시는 도어스위치가 끊어진 후 도어록이 열리는 구조(직렬)이며, 엘리베이터의 안전장치 중에서 승강장의 도어 안전장치로 가장 중요하다.

㉡ 도어 클로저(door closer)
- 승강장의 문이 열린 상태에서 모든 제약이 해제되면 자동적으로 닫히게 하여 문의 개방 상태에서 생기는 2차 재해를 방지하는 문의 안전장치이며, 전기적인 힘이 없어도 외부 문을 닫아주는 역할을 한다.
- 스프링클로저 방식 : 레버 시스템, 코일스프링과 도어 체크가 조합된 방식이다.
- 웨이트(weight) 방식 : 줄과 추를 사용하여 도어체크(문이 자동으로 천천히 닫히게 하는 장치)를 생략한 방식이다.

┃ 스프링클로저 ┃　　┃ 웨이트클로저 ┃

06 에스컬레이터와 무빙워크의 일반적인 경사도는 각각 몇 도 이하인가?

① 20°, 5°
② 30°, 8°
③ 30°, 12°
④ 45°, 20°

[해설] **에스컬레이터 및 무빙워크의 경사도**

㉠ 에스컬레이터의 경사도는 30°를 초과하지 않아야 한다. 다만, 높이가 6m 이하이고 공칭속도가 0.5m/s 이하인 경우에는 경사도를 35°까지 증가시킬 수 있다.
㉡ 무빙워크의 경사도는 12° 이하이어야 한다.

07 주차구획이 3층 이상으로 배치되어 있고 출입구가 있는 층의 모든 주차구획을 주차장치 출입구로 사용할 수 있는 구조로서 그 주차구획을 아래·위 또는 수평으로 이동하여 자동차를 주차하도록 설계한 주차장치는?

① 수평순환식　　② 다층순환식
③ 다단식 주차장치　　④ 승강기 슬라이드식

[해설] **다단식 주차장치**

주차장을 3단 이상으로 한 방식으로 2단식 주차장치를 응용, 확대한 방식이다.

㉠ 종류
- 승강 피트식, 승강 횡행식 : 다수의 운반기가 체인 또는 로프 등으로 운반기를 승·하강시키는 구조이다.
- 승강 횡행식(피트식), 승강 종행식 : 상하에 있는 다수의 운반기가 승강, 횡행 혹은 종행하여 자동차를 입·출고시킨다.
㉡ 특징 : 2단식 주차장치와 같으며 주차대수를 더욱 늘릴 수 있다.

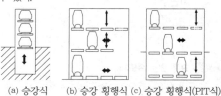

(a) 승강식　　(b) 승강 횡행식　(c) 승강 횡행식(PIT식)
┃ 다단식 주차장치 ┃

08 비상용 엘리베이터의 정전 시 예비전원의 기능에 대한 설명으로 옳은 것은?

① 30초 이내에 엘리베이터 운행에 필요한 전력용량을 자동적으로 발생하여 1시간 이상 작동하여야 한다.
② 40초 이내에 엘리베이터 운행에 필요한 전력용량을 자동적으로 발생하여 1시간 이상 작동하여야 한다.
③ 60초 이내에 엘리베이터 운행에 필요한 전력용량을 자동적으로 발생하여 2시간 이상 작동하여야 한다.
④ 90초 이내에 엘리베이터 운행에 필요한 전력용량을 자동적으로 발생하여 2시간 이상 작동하여야 한다.

[해설] **비상용 엘리베이터**

㉠ 정전 시에는 다음 각 항의 예비전원에 의하여 엘리베이터를 가동할 수 있도록 하여야 한다.
- 60초 이내에 엘리베이터 운행에 필요한 전력용량을 자동적으로 발생시키도록 하되 수동으로 전원을 작동할 수 있어야 한다.
- 2시간 이상 작동할 수 있어야 한다.
㉡ 비상용 엘리베이터의 기본요건
- 비상용 엘리베이터는 소방운전 시 모든 승강장의 출입구마다 정지할 수 있어야 한다.
- 비상용 엘리베이터의 크기는 630kg의 정격하중을 갖는 폭 1,100mm, 깊이 1,400mm 이상이어야 하며, 출입구 유효폭은 800mm 이상이어야 한다.
- 침대 등을 수용하거나 2개의 출입구로 설계된 경우 또는 피난용도로 의도된 경우, 정격하중은 1,000kg 이상이어야 하고 카의 면적은 폭 1,100mm, 깊이 2,100mm 이상이어야 한다.
- 소방관이 조작하여 엘리베이터 문이 닫힌 이후부터 60초 이내에 가장 먼 층에 도착하여야 된다. 다만, 운행속도는 1m/s 이상이어야 한다.

[정답] 06. ③　07. ③　08. ③

09 가요성 호스 및 실린더와 체크밸브 또는 하강밸브 사이의 가요성 호스 연결장치는 전부하압력의 몇 배의 압력을 손상 없이 견뎌야 하는가?

① 2 　　　　　 ② 3
③ 4 　　　　　 ④ 5

해설 **가요성 호스**

㉠ 실린더와 체크밸브 또는 하강밸브 사이의 가요성 호스는 전부하압력 및 파열압력과 관련하여 안전율이 8 이상이어야 한다.

㉡ 가요성 호스 및 실린더와 체크밸브 또는 하강밸브 사이의 가요성 호스 연결장치는 전부하압력의 5배의 압력을 손상 없이 견뎌야 한다.

㉢ 가요성 호스는 다음과 같은 정보가 지워지지 않도록 표시되어야 한다.
 • 제조업체명(또는 로고)
 • 호스안전율, 시험압력 및 시험결과 등의 정보

㉣ 가요성 호스는 호스제조업체에 의해 제시된 굽힘 반지름 이상으로 고정되어야 한다.

10 엘리베이터의 속도가 규정치 이상이 되었을 때 작동하여 동력을 차단하고 비상정지를 작동시키는 기계장치는?

① 구동기 　　　 ② 조속기
③ 완충기 　　　 ④ 도어스위치

해설 **조속기(governor)**

㉠ 조속기풀리와 카를 조속기로프로 연결하면, 카가 움직일 때 조속기풀리도 카와 같은 속도, 같은 방향으로 움직인다.

㉡ 어떤 비정상적인 원인으로 카의 속도가 빨라지면 조속기링크에 연결된 무게추(weight)가 원심력에 의해 풀리 바깥쪽으로 벗어나면서 과속을 감지한다.

㉢ 미리 설정된 속도에서 과속(조속기)스위치와 제동기(brake)로 카를 정지시킨다.

㉣ 만약 엘리베이터가 정지하지 않고 속도가 계속 증가하면 조속기의 캐치(catch)가 동작하여 조속기로프를 붙잡고 결국은 비상정지장치를 작동시켜서 엘리베이터를 정지시킨다.

11 승객(공동주택)용 엘리베이터에 주로 사용되는 도르래홈의 종류는?

① U홈 　　　　 ② V홈
③ 실홈 　　　　 ④ 언더컷홈

해설 **언더컷홈(undercut groove)**

엘리베이터 구동 시브에 있는 로프홈의 일종으로 U자형 홈의 바닥에 더 작은 홈을 만들면, U홈보다 로프의 마모는 크지만 시브와 로프의 마찰력을 크게 할 수 있어 전동기의 소요동력을 줄일 수 있으나, 로프의 마모는 커진다.

(a) U홈　　　　(b) V홈　　　　(C) 언더컷홈

‖ 도르래 홈의 종류 ‖

12 일반적으로 사용되고 있는 승강기의 레일 중 13K, 18K, 24K 레일 폭의 규격에 대한 사항으로 옳은 것은?

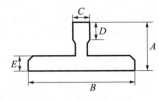

① 3종류 모두 같다.
② 3종류 모두 다르다.
③ 13K와 18K는 같고 24K는 다르다.
④ 18K와 24K는 같고 13K는 다르다.

해설 **가이드레일의 치수**

구분	8K	13K	18K	24K	30K
A	56	62	89	89	108
B	78	89	114	127	140
C	10	16	16	16	19
D	26	32	38	50	51
E	6	7	8	12	13

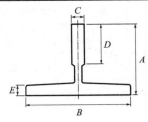

‖ 가이드레일의 단면도 ‖

13 기계실에서 이동을 위한 공간의 유효높이는 바닥에서부터 천장의 빔 하부까지 측정하여 몇 m 이상이어야 하는가?

① 1.2
② 1.8
③ 2.0
④ 2.5

해설 **기계실 치수**

㉠ 기계실 크기는 설비, 특히 전기설비의 작업이 쉽고 안전하도록 충분하여야 한다. 작업구역에서 유효높이는 2m 이상이어야 하고 다음 사항에 적합하여야 한다.
- 제어 패널 및 캐비닛 전면의 유효 수평면적은 아래와 같아야 한다.
  - 폭은 0.5m 또는 제어패널·캐비닛의 전체 폭 중에서 큰 값 이상
  - 깊이는 외함의 표면에서 측정하여 0.7m 이상
- 수동 비상운전 수단이 필요하다면, 움직이는 부품의 유지보수 및 점검을 위한 유효 수평면적은 0.5m×0.6m 이상이어야 한다.
㉡ 위 ㉠항에서 기술된 유효공간으로 접근하는 통로의 폭은 0.5m 이상이어야 한다. 다만, 움직이는 부품이 없는 경우에는 0.4m로 줄일 수 있다. 이동을 위한 공간의 유효높이는 바닥에서부터 천장의 빔 하부까지 측정하여 1.8m 이상이어야 한다.
㉢ 구동기의 회전부품 위로 0.3m 이상의 유효 수직거리가 있어야 한다.
㉣ 기계실 바닥에 0.5m를 초과하는 단차가 있을 경우에는 보호난간이 있는 계단 또는 발판이 있어야 한다.
㉤ 기계실 작업구역의 바닥 또는 작업구역 간 이동 통로의 바닥에 폭이 0.05m 이상이고 0.5m 미만이며, 깊이가 0.05m를 초과하는 함몰이 있거나 덕트가 있는 경우, 그 함몰 부분 및 덕트는 방호되어야 한다. 폭이 0.5m를 초과하는 함몰은 위 ㉣항에 따른 단차로 고려되어야 한다.

14 펌프의 출력에 대한 설명으로 옳은 것은?

① 압력과 토출량에 비례한다.
② 압력과 토출량에 반비례한다.
③ 압력에 비례하고, 토출량에 반비례한다.
④ 압력에 반비례하고, 토출량에 비례한다.

해설 **펌프(pump)**

㉠ 펌프의 출력은 유압과 토출량에 비례한다.
㉡ 동일 플런저라면 유압이 높을수록 큰 하중을 들 수 있고, 토출량이 많을수록 속도가 크게 될 수 있다.
㉢ 일반적인 유압은 10~60kg/cm², 토출량은 50~1,500l/min 정도이며 모터는 2~50kW 정도이다. 이 펌프로 구동되는 엘리베이터의 능력은 300~10,000kg, 속도는 10~60m/min 정도이다.

15 카 문턱과 승강장 문 문턱 사이의 수평거리는 몇 mm 이하이어야 하는가?

① 12
② 15
③ 35
④ 125

해설 **카와 카 출입구를 마주하는 벽 사이의 틈새**

㉠ 승강로의 내측 면과 카 문턱, 카 문틀 또는 카 문의 닫히는 모서리 사이의 수평거리는 0.125m 이하이어야 한다. 다만, 0.125m 이하의 수평거리는 각각의 조건에 따라 다음과 같이 적용될 수 있다.

- 수직높이가 0.5m 이하인 경우에는 0.15m까지 연장될 수 있다.
- 수직개폐식 승강장 문이 설치된 화물용인 경우, 주행로 전체에 걸쳐 0.15m까지 연장될 수 있다.
- 잠금해제구간에서만 열리는 기계적 잠금장치가 카 문에 설치된 경우에는 제한하지 않는다.
㉡ 카 문턱과 승강장 문 문턱 사이의 수평거리는 35mm 이하이어야 한다.
㉢ 카 문과 닫힌 승강장 문 사이의 수평거리 또는 문이 정상 작동하는 동안 문 사이의 접근거리는 0.12m 이하이어야 한다.
㉣ 경첩이 있는 승강장 문과 접하는 카 문의 조합인 경우에는 닫힌 문 사이의 어떤 틈새에도 직경 0.15m의 구가 통과되지 않아야 한다.

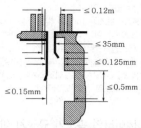

┃ 카와 카 출입구를 마주하는 벽 사이의 틈새 ┃

16 스텝 폭 0.8m, 공칭속도 0.75m/s인 에스컬레이터로 수송할 수 있는 최대 인원의 수는 시간당 몇 명인가?

① 3,600
② 4,800
③ 6,000
④ 6,600

해설 $A = \dfrac{V \times 60}{B} \times P$

$$= \dfrac{0.75 \times 60 \times 60}{0.8} \times 2 ≒ 6,600\text{인/시간}$$

여기서, A : 수송능력(매시)
B : 디딤판의 안 길이(m)
V : 디딤판 속도(m/min)
P : 디딤판 1개마다의 인원(인)

17 승강기시설 안전관리법의 목적은 무엇인가?

① 승강기 이용자의 보호
② 승강기 이용자의 편리
③ 승강기 관리주체의 수익
④ 승강기 관리주체의 편리

해설 **승강기시설 안전관리법(승강기법)**

승강기의 설치 및 보수 등에 관한 사항을 정하여 승강기를 효율적으로 관리함으로써 승강기시설의 안전성을 확보하고 승강기 이용자를 보호함을 목적으로 한다.

정답 14. ① 15. ③ 16. ② 17. ①

18 엘리베이터용 트랙션식 권상기의 특징이 아닌 것은?

① 소요동력이 적다.
② 균형추가 필요 없다.
③ 행정거리에 제한이 없다.
④ 권과를 일으키지 않는다.

해설 권상기(traction machine)

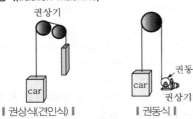

| 권상식(견인식) | 권동식 |

㉠ 트랙션식 권상기의 형식
  • 기어드(geared)방식 : 전동기의 회전을 감속시키기 위해 기어를 부착한다.
  • 무기어(gearless)방식 : 기어를 사용하지 않고, 전동기의 회전축에 권상도르래를 부착시킨다.
㉡ 트랙션식 권상기의 특징
  • 균형추를 사용하기 때문에 소요동력이 적다.
  • 도르래를 사용하기 때문에 승강행정에 제한이 없다.
  • 로프를 마찰로써 구동하기 때문에 지나치게 감길 위험이 없다.

19 조속기로프의 공칭직경은 몇 mm 이상이어야 하는가?

① 6
② 8
③ 10
④ 12

해설 조속기로프

㉠ 조속기로프의 공칭지름은 6mm 이상, 최소 파단하중은 조속기가 작동될 때 8 이상의 안전율로 조속기로프에 생성되는 인장력에 관계되어야 한다.
㉡ 조속기로프 풀리의 피치직경과 조속기로프의 공칭직경 사이의 비는 30 이상이어야 한다.
㉢ 조속기로프는 인장풀리에 의해 인장되어야 한다. 이 풀리(또는 인장추)는 안내되어야 한다.
㉣ 조속기로프 및 관련 부속부품은 비상정지장치가 작동하는 동안 제동거리가 정상적일 때보다 더 길더라도 손상되지 않아야 한다.
㉤ 조속기로프는 비상정지장치로부터 쉽게 분리될 수 있어야 한다.
㉥ 작동 전 조속기의 반응시간은 비상정지장치가 작동되기 전에 위험속도에 도달하지 않도록 충분히 짧아야 한다.

20 전기재해의 직접적인 원인과 관련이 없는 것은?

① 회로 단락
② 충전부 노출
③ 접속부 과열
④ 접지판 매설

해설 접지설비

회로의 일부 또는 기기의 외함 등을 대지와 같은 0전위로 유지하기 위해 땅 속에 설치한 매설 도체(접지극, 접지판)와 도선으로 연결하여 정전기를 예방할 수 있다.

21 '엘리베이터 사고 속보'란 사고 발생 후 몇 시간 이내인가?

① 7시간
② 9시간
③ 18시간
④ 24시간

해설 중대사고 및 중대고장의 보고 종류

㉠ 승강기사고 속보 : 사고가 발생한 때부터 24시간 내
㉡ 승강기사고 상보 : 사고가 발생한 때부터 7일 이내

22 승강기 회로의 사용전압이 440V인 전동기 주회로의 절연저항은 몇 MΩ 이상이어야 하는가?

① 1.5
② 1.0
③ 0.5
④ 0.1

해설 전로의 절연저항값

전로의 사용전압 구분(V)	DC 시험전압(V)	절연저항(MΩ)
SELV 및 PELV	250	0.5
FELV, 500V 이하	500	1.0
500V 초과	1,000	1.0

23 재해의 발생 과정에 영향을 미치는 것에 해당되지 않는 것은?

① 개인의 성격적 결함
② 사회적 환경과 신체적 요소
③ 불안전한 행동과 불안전한 상태
④ 개인의 성별·직업 및 교육의 정도

해설 재해의 발생순서 5단계

유전적 요소와 사회적 환경 → 인적 결함 → 불안전한 행동과 상태 → 사고 → 재해

24 재해조사의 목적으로 가장 거리가 먼 것은?

① 재해에 알맞은 시정책 강구
② 근로자의 복리후생을 위하여
③ 동종재해 및 유사재해 재발방지
④ 재해 구성요소를 조사, 분석, 검토하고 그 자료를 활용하기 위하여

해설 재해조사의 목적

재해의 원인과 자체의 결함 등을 규명함으로써 동종재해 및 유사재해의 발생을 막기 위한 예방대책을 강구하기 위해서 실시한다. 또한 재해조사는 조사하는 것이 목적이 아니며, 또 관계자의 책임을 추궁하는 것이 목적도 아니다. 재해조사에서 중요한 것은 재해원인에 대한 사실을 알아내는 데 있다.

25 파괴검사 방법이 아닌 것은?

① 인장 검사   ② 굽힘 검사
③ 육안 검사   ④ 경도 검사

해설 육안검사는 가장 널리 이용되고 있는 비파괴검사의 하나이다. 간편하고 쉬우며 신속, 염가인데다 아무런 특별한 장치도 필요치 않다. 육안 또는 낮은 비율의 확대경으로 검사하는 방법이다.

26 안전 작업모를 착용하는 주요 목적이 아닌 것은?

① 화상 방지
② 감전의 방지
③ 종업원의 표시
④ 비산물로 인한 부상 방지

해설 안전모(safety cap)

작업자가 작업할 때 비래하는 물건, 낙하하는 물건에 의한 위험성을 방지 또는 하역작업에서 추락했을 때, 머리 부위에 상해를 받는 것을 방지하고, 머리 부위에 감전될 우려가 있는 전기공사작업에서 산업재해를 방지하기 위해 착용한다.

27 감전에 의한 위험대책 중 부적합한 것은?

① 일반인 이외에는 전기기계 및 기구에 접촉 금지
② 전선의 절연피복을 보호하기 위한 방호조치가 있어야 함
③ 이동전선의 상호 연결은 반드시 접속기구를 사용할 것
④ 배선의 연결 부분 및 나선 부분은 전기절연용 접착테이프로 테이핑하여야 함

해설 유자격자 이외에는 전기기계 및 기구에 접촉금지

28 감전과 전기화상을 입을 위험이 있는 작업에서 구비해야 하는 것은?

① 보호구   ② 구명구
③ 운동화   ④ 구급용구

해설 보호구

㉠ 재해방지나 건강장해방지의 목적에서 작업자가 직접 몸에 걸치고 작업하는 것이며, 재해방지를 목적으로 하는 것
㉡ 노동부 규격이 제정되어 있는 것은 안전모, 안전대, 안전화, 보안경, 안전장갑, 보안면, 방진 마스크, 방독 마스크, 방음 보호구, 방열복 등

29 유압장치의 보수 점검 및 수리 등을 할 때 사용되는 장치로서 이것을 닫으면 실린더의 기름이 파워유닛으로 역류하는 것을 방지하는 장치는?

① 제지밸브   ② 스톱밸브
③ 안전밸브   ④ 럽처밸브

해설 스톱밸브(stop valve)

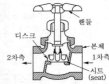

유압 파워유닛과 실린더 사이의 압력배관에 설치되며, 이것을 닫으면 실린더의 기름이 파워유닛으로 역류하는 것을 방지한다. 유압장치의 보수, 점검 또는 수리 등을 할 때에 사용되며, 일명 게이트밸브라고도 한다.

30 유압식 엘리베이터 자체점검 시 피트에서 하는 점검항목장치가 아닌 것은?

① 체크밸브
② 램(플런저)
③ 이동케이블 및 부착부
④ 하부 파이널리밋스위치

해설 유압식 엘리베이터 피트에서 하는 점검항목장치

㉠ 완충기
㉡ 조속기도르래(governor tension sheave)
㉢ 피트 바닥
㉣ 하부 파이널리밋스위치
㉤ 카 비상멈춤 장치스위치
㉥ 카 하부도르래
㉦ 이동케이블 및 부착부
㉧ 저울장치
㉨ 피트 내의 내진대책
㉩ 플런저, 플런저스토퍼

정답 24. ② 25. ③ 26. ③ 27. ① 28. ① 29. ② 30. ①

ⓐ 실린더, 실린더 하부 도르래
ⓔ 조속기
ⓜ 주로프의 늘어짐 검출장치
ⓗ 주로프 및 그 부착부

31 균형체인과 균형로프의 점검사항이 아닌 것은?

① 이상소음이 있는지를 점검
② 이완 상태가 있는지를 점검
③ 연결 부위의 이상 마모가 있는지를 점검
④ 양쪽 끝단은 카의 양측에 균등하게 연결되어 있는지를 점검

🔧 **해설** 균형체인과 균형로프의 점검사항

ⓐ 균형체인의 소음 유무
ⓛ 균형체인 사슬의 양호 유무
ⓒ 균형로프 텐션 상태
ⓔ 균형로프 소선의 끊김, 마모, 녹 등의 진행 정도
ⓜ 균형체인 로프의 체결 상태

32 유압식 엘리베이터의 카 문턱에는 승강장 유효출입구 전폭에 걸쳐 에이프런이 설치되어야 한다. 수직면의 아랫부분은 수평면에 대해 몇 도 이상으로 아래 방향을 향하여 구부러져야 하는가?

① 15°   ② 30°
③ 45°   ④ 60°

🔧 **해설** 에이프런(보호판)

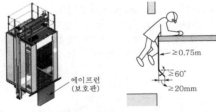

에이프런
(보호판)

≥0.75m
≥60°
≥20mm

ⓐ 카 문턱에는 승강장 유효출입구 전폭에 걸쳐 에이프런이 설치되어야 한다. 수직면의 아랫부분은 수평면에 대해 60° 이상으로 아래 방향을 향하여 구부러져야 한다. 구부러진 곳의 수평면에 대한 투영길이는 20mm 이상이어야 한다.
ⓛ 수직 부분의 높이는 0.75m 이상이어야 한다.

33 승강기 정밀안전 검사기준에서 전기식 엘리베이터 주로프의 끝 부분은 몇 가닥마다 로프소켓에 배빗 채움을 하거나 체결식 로프소켓을 사용하여 고정하여야 하는가?

① 1가닥   ② 2가닥
③ 3가닥   ④ 5가닥

🔧 **해설** 배빗 소켓의 단말 처리

주로프 끝단의 단말 처리는 각 개의 가닥마다 강재로 된 와이어소켓에 배빗체결에 의한 소켓팅을 하여 빠지지 않도록 한다. 올바른 소켓팅 작업방법에 의하여 로프 자체의 파단강도와 동등 이상의 강도를 소켓팅부에 확보하는 것이 필요하다.

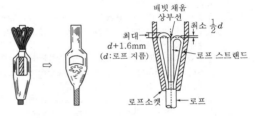

배빗 채움
상부선
최소 $\frac{1}{2}d$
최대
$d+1.6mm$
(d：로프 지름)
로프 스트랜드
로프소켓
로프

34 자동차용 엘리베이터에서 운전자가 항상 전진방향으로 차량을 입·출고할 수 있도록 해주는 방향 전환장치는?

① 턴테이블
② 카리프트
③ 차량감지기
④ 출차주의등

🔧 **해설** 턴테이블(turntable)

자동차용 승강기에서 차를 싣고 방향을 바꾸기 위하여 회전시키는 장치

35 정전으로 인하여 카가 층 중간에 정지될 경우 카를 안전하게 하강시키기 위하여 점검자가 주로 사용하는 밸브는?

① 체크밸브
② 스톱밸브
③ 릴리프밸브
④ 하강용 유량제어밸브

🔍 **정답** 31. ④ 32. ④ 33. ① 34. ① 35. ④

해설 하강용 유량제어밸브

유압식 엘리베이터의 하강 시 탱크로 되돌아오는 유량을 제어하는 밸브로서 수동하강밸브가 부착되어 있어 정전이나 기타의 원인으로 카가 층 중간에 정지된 경우라도 이 밸브를 열어 카를 안전하게 하강시킬 수가 있다.

36 도어에 사람의 끼임을 방지하는 장치가 아닌 것은?

① 광전장치
② 세이프티 슈
③ 초음파장치
④ 도어 인터록

해설 도어의 안전장치

엘리베이터의 도어가 닫히는 순간 승객이 출입하는 경우 충돌사고의 원인이 되므로 도어 끝단에 검출 장치를 부착하여 도어를 반전시킨다.

㉠ 세이프티 슈(safety shoe) : 도어의 끝에 설치하여 물체가 접촉하면 도어의 닫힘을 중지하며 도어를 반전시키는 접촉식 보호장치
㉡ 세이프티 레이(safety ray) : 광선 빔을 통하여 이것을 차단하는 물체를 광전장치(photo electric device)에 의해서 검출하는 비접촉식 보호장치
㉢ 초음파장치(ultrasonic door sensor) : 초음파의 감지각도를 조절하여 카쪽의 이물체(유모차, 휠체어 등)나 사람을 검출하여 도어를 반전시키는 비접촉식 보호장치

‖ 세이프티 슈 설치 상태 ‖

‖ 광전장치 ‖

37 피트 정지스위치의 설명으로 틀린 것은?

① 이 스위치가 작동하면 문이 반전하여 열리도록 하는 기능을 한다.
② 점검자나 검사자의 안전을 확보하기 위해서는 작업 중 카의 움직임을 방지하여야 한다.
③ 수동으로 조작되고 스위치가 열리면 전동기 및 브레이크에 전원공급이 차단되어야 한다.
④ 보수점검 및 검사를 위해 피트 내부로 들어가기 전에 반드시 이 스위치를 '정지'위치로 두어야 한다.

해설 피트 정지스위치(pit stop switch)

㉠ 보수점검 및 검사를 위하여 피트 내부로 들어가기 전 스위치를 정지위치로 함으로써 작업 중 카가 움직이는 것을 방지한다.
㉡ 수동조작이며 엘리베이터의 전동기 및 브레이크로부터 전력이 차단되어야 한다.

38 전기식 엘리베이터 자체점검 시 기계실, 구동기 및 풀리 공간에서 하는 점검항목 장치가 아닌 것은?

① 조속기
② 권상기
③ 고정도르래
④ 과부하감지장치

해설 피트에서 하는 점검항목 및 주기

㉠ 1회/1월 : 피트 바닥, 과부하감지장치
㉡ 1회/3월 : 완충기, 하부 파이널리밋스위치, 카 비상멈춤장치스위치
㉢ 1회/6월 : 조속기로프 및 기타 당김 도르래, 균형로프 및 부착부, 균형추 밑 부분 틈새, 이동케이블 및 부착부
㉣ 1회/12월 : 카 하부 도르래, 피트 내의 내진대책

39 에스컬레이터의 스커트 가드판과 스텝 사이에 인체의 일부나 옷, 신발 등이 끼었을 때 동작하여 에스컬레이터를 정지시키는 안전장치는?

① 스텝체인 안전장치
② 구동체인 안전장치
③ 핸드레일 안전장치
④ 스커트 가드 안전장치

해설 스커트 가드(skirt guard) 안전스위치

스커트 가드판과 스텝 사이에 인체의 일부나 옷, 신발 등이 끼이면 위험하므로 스커트 가드 패널에 일정 이상의 힘이 가해지면 안전스위치가 작동되어 에스컬레이터를 정지시킨다.

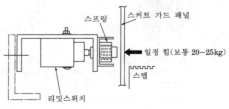

‖ 스커트 가드 안전스위치 ‖

정답 36. ④ 37. ① 38. ④ 39. ④

40 전기식 엘리베이터 자체점검 시 제어패널, 캐비닛접촉기, 릴레이 제어기판에서 'B로 하여야 할 것'이 아닌 것은?

① 기판의 접촉이 불량한 것
② 발열, 진동 등이 현저한 것
③ 접촉기, 릴레이 접촉기 등의 손모가 현저한 것
④ 전기설비의 절연저항이 규정값을 초과하는 것

해설 로프식 엘리베이터 제어패널, 캐비닛 점검항목 및 방법

㉠ B(요주의)
• 접촉기, 릴레이 접촉기 등의 손모가 현저한 것
• 잠금장치가 불량한 것
• 고정이 불량한 것
• 발열, 진동 등이 현저한 것
• 동작이 불안정한 것
• 환경 상태(먼지, 이물)가 불량한 것
• 제어계통에서 안전에 지장이 없는 경미한 결함 또는 오류가 발생한 것
• 전기설비의 절연저항이 규정값을 초과한 것

㉡ C(요수리 또는 긴급수리)
• B의 상태가 심한 것
• 화재발생의 염려가 있는 것
• 퓨즈 등에 규격외의 것이 사용되고 있는 것
• 먼지나 이물에 의한 오염으로 오작동의 염려가 있는 것
• 제어계통에 안전과 관련된 중대한 결함 또는 오류가 발생한 것
• 제어계통에 안전과 관련된 중대한 결함 또는 오류를 초래할 수 있는 경미한 오류가 반복적으로 발생한 것

41 기계실에는 바닥 면에서 몇 lx 이상을 비출 수 있는 영구적으로 설치된 전기조명이 있어야 하는가?

① 2
② 50
③ 100
④ 200

해설 기계실의 유지관리에 지장이 없도록 조명 및 환기시설의 설치

㉠ 기계실에는 바닥면에서 200lx 이상을 비출 수 있는 영구적으로 설치된 전기조명이 있어야 한다.
㉡ 기계실은 눈·비가 유입되거나 동절기에 실온이 내려가지 않도록 조치되어야 하며 실온은 +5℃에서 +40℃ 사이에서 유지되어야 한다.

42 로프의 미끄러짐 현상을 줄이는 방법으로 틀린 것은?

① 권부각을 크게 한다.
② 카 자중을 가볍게 한다.
③ 가감속도를 완만하게 한다.
④ 균형체인이나 균형로프를 설치한다.

해설 로프식 방식에서 미끄러짐(매우 위험함)을 결정하는 요소

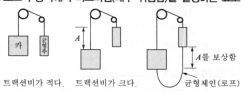

트랙션비가 적다.　트랙션비가 크다.　균형체인(로프)

구분	원인
로프가 감기는 각도(권부각)	작을수록 미끄러지기 쉽다.
카의 가속도와 감속도	클수록 미끄러지기 쉽다(긴급정지 시 일어나는 미끄러짐을 고려해야 함).
카측과 균형추측의 로프에 걸리는 중량의 비	클수록 미끄러지기 쉽다(무부하 시를 체크할 필요가 있음).
로프와 도르래의 마찰계수	U형의 홈은 마찰계수가 낮으므로 일반적으로 홈의 밑을 도려낸 언더컷홈으로 마찰계수를 올린다. 마모와 마찰계수를 고려하여 도르래 재료는 주물을 사용한다.

43 고장 및 정전 시 카 내의 승객을 구출하기 위해 카 천장에 설치된 비상구출문에 대한 설명으로 틀린 것은?

① 카 천장에 설치된 비상구출문은 카 내부 방향으로 열리지 않아야 한다.
② 카 내부에서는 열쇠를 사용하지 않으면 열 수 없는 구조이어야 한다.
③ 비상구출구의 크기는 0.3m×0.3m 이상이어야 한다.
④ 카 천장에 설치된 비상구출문은 열쇠 등을 사용하지 않고 카 외부에서 간단한 조작으로 열 수 있어야 한다.

해설 비상구출문

㉠ 비상구출 운전 시, 카 내 승객의 구출은 항상 카 밖에서 이루어져야 한다.
㉡ 승객의 구출 및 구조를 위한 비상구출문이 카 천장에 있는 경우, 비상구출구의 크기는 0.35m×0.5m 이상이어야 한다.
㉢ 2대 이상의 엘리베이터가 동일 승강로에 설치되어 인접한 카에서 구출할 수 있도록 카 벽에 비상구출문이 설치될 수 있다. 다만, 서로 다른 카 사이의 수평거리는 0.75m 이하이어야 한다. 이 비상구출문의 크기는 폭 0.35m 이상, 높이 1.8m 이상이어야 한다.
㉣ 비상구출문은 손으로 조작 가능한 잠금장치가 있어야 한다.

44 승강장에서 스텝 뒤쪽 끝 부분을 황색 등으로 표시하여 설치되는 것은?

① 스텝체인
② 데크보드
③ 데마케이션
④ 스커트 가드

해설 **데마케이션(demarcation)**

에스컬레이터의 스텝과 스텝, 스텝과 스커트 가드 사이의 틈새에 신체의 일부 또는 물건이 끼이는 것을 막기 위해서 경계를 눈에 띄게 황색선으로 표시한다.

| 스텝 부분 |

| 데마케이션 |

45 유압펌프에 관한 설명 중 틀린 것은?

① 압력맥동이 커야 한다.
② 진동과 소음이 적어야 한다.
③ 일반적으로 스크루펌프가 사용된다.
④ 펌프의 토출량이 크면 속도도 커진다.

해설 **스크루펌프**

유압회로의 펌프는 일반적으로 압력맥동이 적고 진동과 소음이 적은 스크루(screw)펌프가 널리 사용된다.

| 스크루펌프 |

46 직류전동기에서 전기자 반작용의 원인이 되는 것은?

① 계자전류
② 전기자전류
③ 와류손전류
④ 히스테리시스손의 전류

해설 **전기자 반작용(armature reaction)**

전기자 전류에 의한 기자력이 주자속의 분포에 영향을 미치는 현상이다.

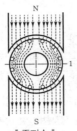
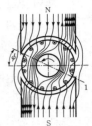

| 주자속 |　| 전기자 자속 |　| 합성자속 |
(전기자 반작용) |

㉠ 전기자 반작용에 의한 현상
• 코일이 자극의 중성축에 있을 때도 전압을 유지시켜 브러시 사이에 불꽃을 발행한다.
• 주자속 분포를 찌그러뜨려 중성축을 이동시킨다.
• 주자속을 감소시켜 유도전압을 감소시킨다.
㉡ 전기자 반작용의 방지법
• 브러시 위치를 전기적 중성점으로 이동시킨다.
• 보상권선을 설치한다.
• 보극을 설치한다.

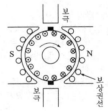

| 보극과 보상권선 |

47 콤에 대한 설명으로 옳은 것은?

① 홈에 맞물리는 각 승강장의 갈라진 부분
② 전기안전장치로 구성된 전기적인 안전시스템의 부분
③ 에스컬레이터 또는 무빙워크를 둘러싸고 있는 외부측 부분
④ 스텝, 팔레트 또는 벨트와 연결되는 난간의 수직 부분

해설 **디딤판(step)과 부속품**

㉠ 콤(comb) : 에스컬레이터 및 수평보행기의 승강구에 있어서 디딤판(step) 또는 발판 윗면의 홈과 맞물려 발을 보호하기 위한 것으로, 물건 등이 끼어 과도한 힘이 걸릴 경우 안전상 콤의 톱니 끝단이 부러지도록 플라스틱재가 사용된다.
㉡ 라이저(riser) : 디딤판(step)과 디딤판 사이의 수직면, 에스컬레이터의 스텝 라이저에는 인접하는 디딤판과 디딤판과의 틈새에 발끝이 끼지 않도록 하기 위해 설치된다.

정답 44. ③ 45. ① 46. ② 47. ①

ⓒ 클리트(cleat) : 에스컬레이터 디딤면 및 라이저 또는 수평보행기의 디딤면에 만들어져 있는 홈을 말한다.

▌승강장 스텝 ▌ ▌콤(comb) ▌ ▌클리트(cleat) ▌

48 다음 중 측정계기의 눈금이 균일하고, 구동토크가 커서 감도가 좋으며 외부의 영향을 적게 받아 가장 많이 쓰이는 아날로그 계기 눈금의 구동방식은?

① 충전된 물체 사이에 작용하는 힘
② 두 전류에 의한 자기장 사이의 힘
③ 자기장 내에 있는 철편에 작용하는 힘
④ 영구자석과 전류에 의한 자기장 사이의 힘

해설 측정계기

㉠ 계기장치는 지침의 지시방식에 따라 아날로그 계기장치와 디지털 계기장치로 구분한다.
㉡ 아날로그 계기장치는 지침 지시가 연속성을 가지고 있어 시인성이 우수한 반면, 디지털 계기장치는 주로 바그래픽(bar graphic)이나 숫자로 표시하고 있어 시인성이 떨어진다.
㉢ 아날로그 계기장치에 적용되고 있는 미터 종류로는 바이메탈식, 가동코일식, 가동철편식, 교차코일식, 스텝모터식 등이 있다.
㉣ 가동코일식이나 가동철편식은 영구자석과 가동코일의 자계를 이용하는 방식으로 비교적 정확성이 우수하지만 충격, 진동에 약한 단점이 있다.

49 100V를 인가하여 전기량 30C을 이동시키는데 5초 걸렸다. 이때의 전력(kW)은?

① 0.3 　　　　② 0.6
③ 1.5 　　　　④ 3

해설 어떤 도체에 1C의 전기량이 두 점 사이를 이동하여 1J의 일을 했다면 1볼트(V)라고 한다.

$$W = V \cdot Q = 100 \times 30 = 3,000J$$
$$P = \frac{W}{t} = \frac{3,000}{5} = 600W$$

50 한쌍의 기어를 맞물렸을 때 치면 사이에 생기는 틈새를 무엇이라 하는가?

① 백래시 　　　　② 이사이
③ 이뿌리면 　　　　④ 지름피치

해설 백래시(backlash)

기어의 원활한 맞물림을 위하여 이와 이 사이에 붙이는 틈새. 웜휠의 톱니가 마모되면 백래시는 커지며 진동이 발생되고, 시동 또는 정지할 때 충격이 커진다.

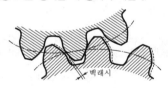

백래시

51 웜(worm)기어의 특징이 아닌 것은?

① 효율이 좋다.
② 부하용량이 크다.
③ 소음과 진동이 적다.
④ 큰 감속비를 얻을 수 있다.

해설 웜기어(worm gear)

▌웜과 웜기어 ▌

㉠ 장점
　• 부하용량이 크다.
　• 큰 감속비를 얻을 수 있다(1/10~1/100).
　• 소음과 진동이 적다.
　• 감속비가 크면 역전방지를 할 수 있다.
㉡ 단점
　• 미끄럼이 크고 교환성이 없다.
　• 진입각이 작으면 효율이 낮다.
　• 웜휠은 연삭할 수 없다.
　• 추력이 발생한다.
　• 웜휠 제작에는 특수공구가 발생한다.
　• 가격이 고가이다.
　• 웜휠의 정도측정이 곤란하다.

52 논리회로에 사용되는 인버터(inverter)란?

① OR회로 　　　　② NOT회로
③ AND회로 　　　　④ X-OR회로

해설 NOT게이트

㉠ 논리회로 소자의 하나로, 출력이 입력과 반대되는 값을 가지는 논리소자이다.
㉡ 인버터(Inverter)라고 부르기도 한다.

정답 48. ④ 49. ② 50. ① 51. ① 52. ②

53 전압계의 측정범위를 7배로 하려 할 때 배율기의 저항은 전압계 내부저항의 몇 배로 하여야 하는가?

① 7   ② 6

③ 5   ④ 4

해설 배율기(multiplier)는 전압계에 직렬로 접속시켜서 전압의 측정범위를 넓히기 위해 사용하는 저항기이다.

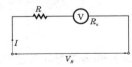

‖ 배율기회로 ‖

㉠ 측정하고자 하는 전압(V_R)

$$V_R = \frac{R_a + R}{R_a} \cdot V$$

여기서, V_R : 측정하고자 하는 전압(V)
V : 전압계로 유입되는 전압(V)
R_a : 전압계 내부저항(Ω)
R : 배율기의 저항(Ω)

㉡ 배율기의 배율(n)

$$n = \frac{V}{V_R} = \frac{R_a + R}{R_a} = 1 + \frac{R}{R_a}$$

$$\therefore R = (n-1) \cdot R_a = \left(\frac{7}{1} - 1\right) \times 1 = 6$$

54 3상 유도전동기를 역회전 동작시키고자 할 때의 대책으로 옳은 것은?

① 퓨즈를 조사한다.

② 전동기를 교체한다.

③ 3선을 모두 바꾸어 결선한다.

④ 3선의 결선 중 임의의 2선을 바꾸어 결선한다.

해설 3상 교류인 3개의 단자 중 어느 2개의 단자를 서로 바꾸어 접속하면 1차 권선에 흐르는 상회전 방향이 반대가 되므로 자장의 회전방향도 바뀌어 역회전을 한다.

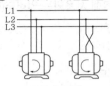

‖ 역전방법 ‖

55 직류발전기의 기본 구성요소에 속하지 않는 것은?

① 계자   ② 보극

③ 전기자   ④ 정류자

해설 직류발전기의 구성요소

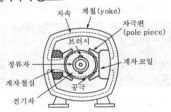

‖ 2극 직류발전기의 단면도 ‖

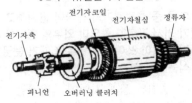

‖ 전기자 ‖

㉠ 계자(field magnet)
• 계자권선(field coil), 계자철심(field core), 자극(pole piece) 및 계철(yoke)로 구성된다.
• 계자권선은 계자철심에 감겨져 있으며, 이 권선에 전류가 흐르면 자속이 발생한다.
• 자극편은 전기자에 대응하여 계자자속을 공극 부분에 적당히 분포시킨다.

㉡ 전기자(armature)
• 전기자철심(armature core), 전기자권선(armature winding), 정류자 및 회전축(shaft)으로 구성된다.
• 전기자철심의 재료와 구조는 맴돌이전류(eddy current)와 히스테리현상에 의한 철손을 적게 하기 위하여 두께 0.35~0.5mm의 규소강판을 성층하여 만든다.

㉢ 정류자(commutator) : 직류기에서 가장 중요한 부분 중의 하나이며, 운전 중에는 항상 브러시와 접촉하여 마찰이 생겨 마모 및 불꽃 등으로 높은 온도가 되므로 전기적, 기계적으로 충분히 견딜 수 있어야 한다.

56 RLC 직렬회로에서 최대 전류가 흐르게 되는 조건은?

① $\omega L^2 - \frac{1}{\omega C} = 0$ ② $\omega L^2 + \frac{1}{\omega C} = 0$

③ $\omega L - \frac{1}{\omega C} = 0$ ④ $\omega L + \frac{1}{\omega C} = 0$

해설 직렬공진조건

RLC가 직렬로 연결된 회로에서 용량리액턴스와 유도리액턴스는 더 이상 회로 전류를 제한하지 못하고 저항만이 회로에 흐르는 전류를 제한할 수 있는 상태를 공진이라고 한다.

㉠ 임피던스(impedance)

$$Z = \sqrt{R^2 + \left(\omega L - \frac{1}{\omega C}\right)^2} \ (\Omega)$$

용량리액턴스와 유도리액턴스가 같다면 $\omega L = \frac{1}{\omega C}$

$$\omega L - \frac{1}{\omega C} = 0$$

임피던스(Z)

$$Z = \sqrt{R^2 + \left(\omega L - \frac{1}{\omega C}\right)^2} = \sqrt{R^2 + (0)^2} = R(\Omega)$$

ⓒ 직렬공진회로
- 공진임피던스는 최소가 된다.

$$Z = \sqrt{R^2 + (0)^2} = R$$

- 공진전류 I_0는 최대가 된다.

$$I_0 = \frac{V}{Z} = \frac{V}{R}(A)$$

- 전압 V와 전류 I는 동위상이다.
- 용량리액턴스와 유도리액턴스는 크기가 같아서 상쇄되어 저항만의 회로가 된다.

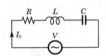

(a) 직렬회로

(b) 직렬공진 벡터 그림

∥ 직렬회로와 벡터 그림 ∥

57 변형량과 원래 치수와의 비를 변형률이라 하는데 다음 중 변형률의 종류가 아닌 것은?

① 가로변형률
② 세로변형률
③ 전단변형률
④ 전체변형률

🔑 해설 **변형률**

재료에 하중이 걸리면 재료는 변형되며, 이 변형량을 원래의 길이로 나눈 값이다.

ⓐ 세로변형률 $\varepsilon = \dfrac{\lambda}{l}$

여기서, ε : 세로변형률, l : 원래의 길이
λ : 변형된 길이

ⓑ 가로변형률 $\varepsilon_l = \dfrac{\delta}{d}$

여기서, ε_l : 가로변형률, d : 처음의 횡방향 길이
δ : 횡(가로)방향의 늘어난 길이

ⓒ 전단변형률 $\gamma = \dfrac{\lambda_s}{l} = \tan\phi ≒ \phi$

여기서, γ : 전단변형률, l : 원래의 횡방향 길이
λ_s : 늘어난 길이, ϕ : 전단각(radian)

58 논리식 $A(A+B)+B$를 간단히 하면?

① 1
② A
③ $A+B$
④ $A \cdot B$

🔑 해설 $A(A+B)+B = (AA+AB)+B = (A+AB)+B$
$\qquad\qquad = A+B$

59 물체에 하중을 작용시키면 물체 내부에 저항력이 생긴다. 이 때 생긴 단위면적에 대한 내부 저항력을 무엇이라 하는가?

① 보
② 하중
③ 응력
④ 안전율

🔑 해설 **응력(stress)**

ⓐ 물체에 힘이 작용할 때 그 힘과 반대방향으로 크기가 같은 저항력이 생기는데 이 저항력을 내력이라 하며, 단위면적($1mm^2$)에 대한 내력의 크기를 말한다.

ⓑ 응력은 하중의 종류에 따라 인장응력, 압축응력, 전단응력 등이 있으며, 인장응력과 압축응력은 하중이 작용하는 방향이 다르지만, 같은 성질을 갖는다. 단면에 수직으로 작용하면 수직응력, 단면에 평행하게 접하면 전단응력(접선응력)이라고 한다.

ⓒ 수직응력

$$수직응력(kg/cm^2) = \frac{하중(외력)(kg)}{단면적(cm^2)}$$

60 공작물을 제작할 때 공차범위라고 하는 것은?

① 영점과 최대 허용치수와의 차이
② 영점과 최소 허용치수와의 차이
③ 오차가 전혀 없는 정확한 치수
④ 최대 허용치수와 최소 허용치수와의 차이

🔑 해설 **치수공차**

ⓐ 제품을 가공할 때, 도면에 나타나 있는 치수와 실제로 가공된 후의 치수는 서로 일치하기 어렵기 때문에 오차가 발생한다.

ⓑ 가공치수의 오차는 공작기계의 정밀도나 가공하는 사람의 숙련도, 기타 작업환경 등의 영향을 받는다.

ⓒ 제품의 사용 목적에 따라 사실상 허용할 수 있는 오차 범위를 미리 명시해 주는데, 이때 오차값의 최대 허용범위와 최소 허용범위의 차를 공차라고 한다.

2016년 제4회 기출문제

01 유압식 엘리베이터에서 T형 가이드레일이 사용되지 않는 엘리베이터의 구성품은?

① 카
② 도어
③ 유압실린더
④ 균형추(밸런싱웨이트)

해설 승강기의 도어

카의 출입문은 동작 빈도가 매우 높은 중요한 부분이다. 고장, 사고의 약 80%를 점유하는 장치이므로 안전상의 관점에서도 높은 신뢰성이 요구되는 중요한 장치이다.

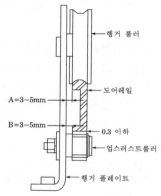

┃ 도어레일과 행거 ┃

02 전기식 엘리베이터에서 기계실 출입문의 크기는?

① 폭 0.7m 이상, 높이 1.8m 이상
② 폭 0.7m 이상, 높이 1.9m 이상
③ 폭 0.6m 이상, 높이 1.8m 이상
④ 폭 0.6m 이상, 높이 1.9m 이상

해설 구동기 공간 및 풀리 공간(기계실)의 출입문

㉠ 출입문은 폭 0.7m 이상, 높이 1.8m 이상의 금속제 문이어야 하며 기계실 외부로 완전히 열리는 구조이어야 한다. 기계실 내부로는 열리지 않아야 한다.
㉡ 출입문은 열쇠로 조작되는 잠금장치가 있어야 하며, 기계실 내부에서 열쇠를 사용하지 않고 열릴 수 있어야 한다.
㉢ 출입문이 외기에 접하는 경우에는 빗물이 침입하지 않는 구조이어야 한다.

03 엘리베이터의 도어머신에 요구되는 성능과 거리가 먼 것은?

① 보수가 용이할 것
② 가격이 저렴할 것
③ 직류모터만 사용할 것
④ 작동이 원활하고 정숙할 것

해설 도어머신(door machine)에 요구되는 조건

모터의 회전을 감속하여 암이나 로프 등을 구동시켜서 도어를 개폐시키는 것이며, 닫힌 상태에서 정전으로 갇혔을 때 구출을 위해 문을 손으로 열 수가 있어야 한다.

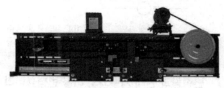

㉠ 작동이 원활하고 조용할 것
㉡ 카 상부에 설치하기 위해 소형 경량일 것
㉢ 동작횟수가 엘리베이터 기동횟수의 2배가 되므로 보수가 용이할 것
㉣ 가격이 저렴할 것

04 건물에 에스컬레이터를 배열할 때 고려할 사항으로 틀린 것은?

① 엘리베이터 가까운 곳에 설치한다.
② 바닥 점유 면적을 되도록 작게 한다.
③ 승객의 보행거리를 줄일 수 있도록 배열한다.
④ 건물의 지지보 등을 고려하여 하중을 균등하게 분산시킨다.

해설 에스컬레이터 배열 시 고려사항

㉠ 지지보, 기둥 등에 균등하게 하중이 걸리는 위치에 배치
㉡ 동선 중심에 배치할 것(엘리베이터와 정면 현관의 중간 정도)
㉢ 바닥면적을 작게, 승객의 시야가 넓게, 주행거리가 짧게 배치

05 교류 이단속도(AC-2)제어 승강기에서 카 바닥과 각 층의 바닥면이 일치되도록 정지시켜 주는 역할을 하는 장치는?

① 시브
② 로프
③ 브레이크
④ 전원차단기

정답 01. ② 02. ① 03. ③ 04. ① 05. ③

해설 브레이크

㉠ 브레이크는 자체적으로 카가 정격속도로 정격하중의 125%를 싣고 하강방향으로 운행될 때 구동기를 정지시킬 수 있어야 한다. 이 조건에서, 카의 감속도는 비상정지장치의 작동 또는 카가 완충기에 정지할 때 발생되는 감속도를 초과하지 않아야 한다.

㉡ 드럼 또는 디스크 제동 작용에 관여하는 브레이크의 모든 기계적 부품은 2세트로 설치되어야 한다. 하나의 부품이 정격하중을 싣고 정격속도로 하강하는 카를 감속하는데 충분한 제동력을 발휘하지 못하면 나머지 하나가 작동되어 계속 제동되어야 한다.

06 에스컬레이터의 안전장치에 해당되지 않는 것은?

① 스프링(spring)완충기
② 인레트스위치(inlet switch)
③ 스커트 가드(skirt guard) 안전스위치
④ 스텝체인 안전스위치(step chain safety switch)

해설 완충기(buffer)

㉠ 피트 바닥에 설치되며, 카가 어떤 원인으로 최하층을 통과하여 피트로 떨어졌을 때 충격을 완화하기 위하여, 혹은 카가 밀어 올렸을 때를 대비하여 균형추의 바로 아래에도 완충기를 설치한다. 그러나 이 완충기는 카나 균형추의 자유낙하를 완충하기 위한 것은 아니다(자유낙하는 비상정지장치의 분담기능).

㉡ 에스컬레이터에는 완충기가 설치되지 않는다.

┃스프링완충기	┃우레탄완충기	┃유입완충기
(에너지 축적형)┃	(에너지 축적형)┃	(에너지 분산형)┃

07 유압식 승강기의 밸브 작동 압력을 전부하압력의 140%까지 맞추어 조절해야 하는 밸브는?

① 체크밸브 ② 스톱밸브
③ 릴리프밸브 ④ 업(up)밸브

해설 압력릴리프밸브(relief valve)

㉠ 펌프와 체크밸브 사이의 회로에 연결된다.

㉡ 압력조정밸브로 회로의 압력이 상용압력의 125% 이상 높아지면 바이패스(by-pass)회로를 열어 기름을 탱크로 돌려보내어 더이상의 압력 상승을 방지한다.

㉢ 압력은 전부하압력의 140%까지 제한하도록 맞추어 조절되어야 한다.

㉣ 높은 내부손실(압력손실, 마찰)로 인해 압력릴리프밸브를 조절할 필요가 있을 경우에는 전부하압력의 170%를 초과하지 않는 범위 내에서 더 큰 값으로 설정될 수 있다.

㉤ 이러한 경우, 유압설비(잭 포함) 계산에서 가상의 전부하압력은 다음 식이 사용되어야 한다.

선택된 설정 압력
1.4

㉥ 좌굴 계산에서, 1.4의 초과 압력계수는 압력릴리프밸브의 증가되는 설정 압력에 따른 계수로 대체되어야 한다.

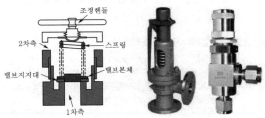

08 문닫힘 안전장치의 종류로 틀린 것은?

① 도어레일
② 광전장치
③ 세이프티 슈
④ 초음파장치

해설 도어의 안전장치

엘리베이터의 도어가 닫히는 순간 승객이 출입하는 경우 충돌사고의 원인이 되므로 도어 끝단에 검출장치를 부착하여 도어를 반전시키는 장치이다.

㉠ 세이프티 슈(safety shoe) : 도어의 끝에 설치하여 이 물체가 접촉하면 도어의 닫힘을 중지하며 도어를 반전시키는 접촉식 보호장치

㉡ 세이프티 레이(safety ray) : 광선빔을 통하여 이것을 차단하는 물체를 광전장치(photo electric device)에 의해서 검출하는 비접촉식 보호장치

㉢ 초음파장치(ultrasonic door sensor) : 초음파의 감지각도를 조절하여 카쪽의 이물체(유모차, 휠체어 등)나 사람을 검출하여 도어를 반전시키는 비접촉식 보호장치

┃세이프티 슈 설치 상태┃

┃광전장치┃

09 군관리방식에 대한 설명으로 틀린 것은?

① 특정 층의 혼잡 등을 자동적으로 판단한다.
② 카를 불필요한 동작 없이 합리적으로 운행 관리한다.
③ 교통수요의 변화에 따라 카의 운전 내용을 변화시킨다.
④ 승강장 버튼의 부름에 대하여 항상 가장 가까운 카가 응답한다.

해설 **복수 엘리베이터의 조작방식**
㉠ 군승합 자동식(2car, 3car)
 • 2~3대가 병행되었을 때 사용하는 조작방식이다.
 • 1개의 승강장 버튼의 부름에 대하여 1대의 카만 응한다.
㉡ 군관리방식(supervisory control)
 • 엘리베이터를 4~8대 병설할 때 각 카를 불필요한 동작 없이 합리적으로 운영하는 조작방식이다.
 • 교통수요의 변화에 따라 카의 운전내용을 변화시켜서 대응한다(출퇴근 시, 점심식사 시간, 회의 종료 시 등).
 • 엘리베이터 운영의 전체 서비스 효율을 높일 수 있다.

10 기계실 바닥에 몇 m를 초과하는 단차가 있을 경우에는 보호난간이 있는 계단 또는 발판이 있어야 하는가?

① 0.3 ② 0.4
③ 0.5 ④ 0.6

해설 **기계실 치수**
㉠ 기계실 크기는 설비, 특히 전기설비의 작업이 쉽고 안전하도록 충분하여야 한다. 작업구역에서 유효높이는 2m 이상이어야 하고 다음 사항에 적합하여야 한다.
 • 제어패널 및 캐비닛 전면의 유효 수평면적은 아래와 같아야 한다.
  − 폭은 0.5m 또는 제어패널·캐비닛의 전체 폭 중에서 큰 값 이상
  − 깊이는 외함의 표면에서 측정하여 0.7m 이상
 • 수동 비상운전 수단이 필요하다면 움직이는 부품의 유지보수 및 점검을 위한 유효 수평면적은 0.5m×0.6m 이상이어야 한다.
㉡ 위 ㉠항에서 기술된 유효공간으로 접근하는 통로의 폭은 0.5m 이상이어야 한다. 다만, 움직이는 부품이 없는 경우에는 0.4m로 줄일 수 있다. 이동을 위한 공간의 유효높이는 바닥에서부터 천장의 빔 하부까지 측정하여 1.8m 이상이어야 한다.
㉢ 구동기의 회전부품 위로 0.3m 이상의 유효 수직거리가 있어야 한다.
㉣ 기계실 바닥에 0.5m를 초과하는 단차가 있을 경우에는 보호난간이 있는 계단 또는 발판이 있어야 한다.
㉤ 기계실 작업구역의 바닥 또는 작업구역 간 이동 통로의 바닥에 폭이 0.05m 이상이고 0.5m 미만이며, 깊이가 0.05m를 초과하는 함몰이 있거나 덕트가 있는 경우, 그 함몰 부분 및 덕트는 방호되어야 한다. 폭이 0.5m를 초과하는 함몰은 위 ㉣항에 따른 단차로 고려되어야 한다.

11 다음 중 조속기의 종류에 해당되지 않는 것은?

① 웨지형 조속기
② 디스크형 조속기
③ 플라이볼형 조속기
④ 롤세이프티형 조속기

해설 **조속기의 종류**
㉠ 마찰정치(traction)형(롤세이프티형) : 엘리베이터가 과속된 경우, 과속(조속기)스위치가 이를 검출하여 동력 전원회로를 차단하고, 전자브레이크를 작동시켜서 조속기도르래의 회전을 정지시켜 조속기 도르래홈과 로프 사이의 마찰력으로 비상정지시키는 조속기이다.
㉡ 디스크(disk)형 : 엘리베이터가 설정된 속도에 달하면 원심력에 의해 진자가 움직이고 가속스위치를 작동시켜서 정지시키는 조속기로서, 디스크형 조속기에는 추(weight)형 캐치(catch)에 의해 로프를 붙잡아 비상정지장치를 작동시키는 추형 방식과 도르래홈과 로프의 마찰력으로 슈를 동작 시켜 로프를 붙잡음으로써 비상정지장치를 작동시키는 슈(shoe)형 방식이 있다.
㉢ 플라이볼(fly ball)형 : 조속기도르래의 회전을 베벨기어에 의해 수직축의 회전으로 변환하고, 이 축의 상부에서부터 링크(link) 기구에 의해 매달린 구형의 진자에 작용하는 원심력으로 작동하며, 검출 정도가 높아 고속의 엘리베이터에 이용된다.

12 다음 중 엘리베이터용 전동기의 구비조건이 아닌 것은?

① 전력소비가 클 것
② 충분한 기동력을 갖출 것
③ 운전 상태가 정숙하고 저진동일 것
④ 고기동 빈도에 의한 발열에 충분히 견딜 것

해설 **엘리베이터용 전동기에 요구되는 특성**
㉠ 기동토크가 클 것
㉡ 기동전류가 적을 것
㉢ 소음이 적고 저진동이어야 함
㉣ 기동빈도가 높으므로(시간당 300회) 발열(온도 상승)을 고려해야 함
㉤ 회전 부분의 관성모멘트(회전축을 중심으로 회전하는 물체가 계속해서 회전을 지속하려는 성질의 크기)가 적을 것
㉥ 충분한 제동력을 가질 것

13 승강기의 안전에 관한 장치가 아닌 것은?

① 조속기(governor)
② 세이프티 블럭(safety block)
③ 용수철완충기(spring buffer)
④ 누름버튼스위치(push button switch)

[해설] 누름버튼스위치(push button switch)

모터 등의 기동(시동)이나 정지에 많이 사용된다. 일반적으로 접점의 개폐는 손가락으로 누르는 동안에는 동작 상태가 되고, 손가락을 떼면 자동적으로 복귀하는 구조인 기구이다.

14 가이드레일의 규격과 거리가 먼 것은?

① 레일의 표준길이는 5m로 한다.
② 레일의 표준길이는 단면으로 결정한다.
③ 일반적으로 공칭 8, 13, 18, 24 및 30K 레일을 쓴다.
④ 호칭은 소재의 1m당의 중량을 라운드번호로 K레일을 붙인다.

[해설] 가이드레일(guide rail)의 규격

㉠ 레일 규격의 호칭은 마무리 가공 전 소재의 1m당의 중량으로 한다.
㉡ 일반적으로 쓰는 T형 레일의 공칭에는 8, 13, 18, 24K 등이 있다.
㉢ 대용량의 엘리베이터에서는 37, 50K 레일 등도 사용한다.
㉣ 레일의 표준길이는 5m로 한다.

15 승강기의 카 내에 설치되어 있는 것의 조합으로 옳은 것은?

① 조작반, 이동케이블, 급유기, 조속기
② 비상조명, 카 조작반, 인터폰, 카 위치표시기
③ 카 위치표시기, 수전반, 호출버튼, 비상정지장치
④ 수전반, 승강장 위치표시기, 비상스위치, 리밋스위치

[해설] 카 실내의 구조

환기팬
조명
카 내 위치표시기
명판
외부연락장치(인터폰)
운전조작반
층 버튼
카 도어
바닥

16 엘리베이터 카에 부착되어 있는 안전장치가 아닌 것은?

① 조속기스위치
② 카 도어스위치
③ 비상정지스위치
④ 세이프티 슈스위치

[해설] 조속기스위치(governor switch)

엘리베이터 조속기 기능의 하나이며, 엘리베이터의 과속도를 검출해서 신호를 주기 위한 스위치이다. 과속도스위치라고도 하며, 기계실에 설치된다.

17 다음 장치 중에서 작동되어도 카의 운행에 관계 없는 것은?

① 통화장치
② 조속기캐치
③ 승강장 도어의 열림
④ 과부하감지스위치

[해설] 통화장치 인터폰(interphone)

㉠ 고장, 정전 및 화재 등의 비상시에 카 내부와 외부의 상호 연락을 할 때에 이용된다.
㉡ 전원은 정상전원 뿐만 아니라 비상전원장치(충전 배터리)에도 연결되어 있어야 한다.
㉢ 엘리베이터의 카 내부와 기계실, 경비실 또는 건물의 중앙감시반과 통화가 가능하여야 하며, 보수전문회사와 원거리 통화가 가능한 것도 있다.

18 사고 예방 대책 기본 원리 5단계 중 3E를 적용하는 단계는?

① 1단계
② 2단계
③ 3단계
④ 5단계

[해설] 하인리히 사고방지 5단계

㉠ 1단계 : 안전관리조직
㉡ 2단계 : 사실의 발견
  • 사고 및 활동기록 검토
  • 안전점검 및 검사
  • 안전회의 토의
  • 사고조사
  • 작업분석
㉢ 3단계 : 분석 평가
  재해조사분석, 안전성 진단평가, 작업환경 측정, 사고기록, 인적·물적 조건조사 등
㉣ 4단계 : 시정책의 선정(인사조정, 교육 및 훈련방법 개선)
㉤ 5단계 : 시정책의 적용(3E, 3S)
  • 3E : 기술적, 교육적, 독려적
  • 3S : 표준화, 전문화, 단순화

[정답] 14. ② 15. ② 16. ① 17. ① 18. ④

19 비상용 승강기에 대한 설명 중 틀린 것은?

① 예비전원을 설치하여야 한다.

② 외부와 연락할 수 있는 전화를 설치하여야 한다.

③ 정전 시에는 예비전원으로 작동할 수 있어야 한다.

④ 승강기의 운행속도는 90m/min 이상으로 해야 한다.

해설 비상용 엘리베이터

㉠ 정전 시에는 다음 각 항의 예비전원에 의하여 엘리베이터를 가동할 수 있도록 하여야 한다.
- 60초 이내에 엘리베이터 운행에 필요한 전력용량을 자동적으로 발생시키도록 하되 수동으로 전원을 작동할 수 있어야 한다.
- 2시간 이상 작동할 수 있어야 한다.

㉡ 비상용 엘리베이터의 기본요건
- 비상용 엘리베이터는 소방운전 시 모든 승강장의 출입구마다 정지할 수 있어야 한다.
- 비상용 엘리베이터의 크기는 630kg의 정격하중을 갖는 폭 1,100mm, 깊이 1,400mm 이상이어야 하며, 출입구 유효폭은 800mm 이상이어야 한다.
- 침대 등을 수용하거나 2개의 출입구로 설계된 경우 또는 피난용도로 의도된 경우, 정격하중은 1,000kg 이상이어야 하고 카의 면적은 폭 1,100mm, 깊이 2,100mm 이상이어야 한다.
- 소방관이 조작하여 엘리베이터 문이 닫힌 이후부터 60초 이내에 가장 먼 층에 도착하여야 된다. 다만, 운행속도는 1m/s 이상이어야 한다.

20 저압 부하설비의 운전조작 수칙에 어긋나는 사항은?

① 퓨즈는 비상시라도 규격품을 사용하도록 한다.

② 정해진 책임자 이외에는 허가 없이 조작하지 않는다.

③ 개폐기는 땀이나 물에 젖은 손으로 조작하지 않도록 한다.

④ 개폐기의 조작은 왼손으로 하고 오른손은 만약의 사태에 대비한다.

해설 개폐기의 조작은 오른손으로 정확히 하고, 커버나이프스 위치 등의 경우는 완전히 밀착이 되도록 조작한다.

21 승강기 안전관리자의 직무범위에 속하지 않는 것은?

① 보수계약에 관한 사항

② 비상열쇠 관리에 관한 사항

③ 구급체계의 구성 및 관리에 관한 사항

④ 운행관리규정의 작성 및 유지에 관한 사항

해설 승강기 안전관리자의 직무범위

㉠ 승강기 운행관리 규정의 작성과 유지·관리

㉡ 승강기의 고장·수리 등에 관한 기록 유지

㉢ 승강기 사고발생에 대비한 비상연락망의 작성 및 관리

㉣ 승강기 인명사고 시 긴급조치를 위한 구급체제의 구성 및 관리

㉤ 승강기의 중대한 사고 및 중대한 고장 시 사고 및 고장 보고

㉥ 승강기 표준부착물의 관리

㉦ 승강기 비상열쇠의 관리

22 재해발생 시의 조치내용으로 볼 수 없는 것은?

① 안전교육 계획의 수립

② 재해원인 조사와 분석

③ 재해방지대책의 수립과 실시

④ 피해자를 구출하고 2차 재해방지

해설 재해발생 시 재해조사 순서

㉠ 재해 발생

㉡ 긴급조치(기계 정지→피해자 구출→응급조치→병원에 후송→관계자 통보→2차 재해방지→현장 보존)

㉢ 원인조사

㉣ 원인분석

㉤ 대책수립

㉥ 실시

㉦ 평가

23 관리주체가 승강기의 유지관리 시 유지관리자로 하여금 유지관리중임을 표시하도록 하는 안전조치로 틀린 것은?

① 사용금지 표시

② 위험요소 및 주의사항

③ 작업자 성명 및 연락처

④ 유지관리 개소 및 소요시간

해설 보수점검 시 안전관리에 관한 사항

㉠ 보수 또는 점검 시에는 다음의 안전조치를 취한 후 작업하여야 한다.
- '보수·점검중'이라는 사용금지 표시
- 보수·점검 개소 및 소요시간 표시
- 보수·점검자명 및 보수·점검자 연락처
- 접근·탑승금지 방호장치 설치

㉡ 보수 담당자 및 자체검사 실시내용이 기재된 '승강기 관리카드'를 승강기 내부 또는 외부에 부착하고 관리하여야 한다.

24 재해의 직접 원인에 해당되는 것은?

① 물적 원인 ② 교육적 원인

③ 기술적 원인 ④ 작업관리상 원인

정답 19. ④ 20. ④ 21. ① 22. ① 23. ② 24. ①

해설 산업재해 원인분류

㉠ 직접 원인
- 불안전한 행동(인적 원인)
  - 안전장치를 제거, 무효화한다.
  - 안전조치의 불이행
  - 불안전한 상태 방치
  - 기계장치 등의 지정외 사용
  - 운전중인 기계, 장치 등의 청소, 주유, 수리, 점검 등의 실시
  - 위험장소에 접근
  - 잘못된 동작자세
  - 복장, 보호구의 잘못 사용
  - 불안전한 속도 조작
  - 운전의 실패
- 불안전한 상태(물적 원인)
  - 물(物) 자체의 결함
  - 방호장치의 결함
  - 작업장소 및 기계의 배치결함
  - 보호구, 복장 등의 결함
  - 작업환경의 결함
  - 자연적 불안전한 상태
  - 작업방법 및 생산공정 결함

㉡ 간접 원인
- 기술적 원인 : 기계·기구, 장비 등의 방호설비, 경계 설비, 보호구 정비 등의 기술적 결함
- 교육적 원인 : 무지, 경시, 몰이해, 훈련 미숙, 나쁜 습관, 안전지식 부족 등
- 신체적 원인 : 각종 질병, 피로, 수면 부족 등
- 정신적 원인 : 태만, 반항, 불만, 초조, 긴장, 공포 등
- 관리적 원인 : 책임감의 부족, 작업기준의 불명확, 점검 보전제도의 결함, 부적절한 배치, 근로의욕 침체 등

25 전기에서는 위험성이 가장 큰 사고의 하나가 감전이다. 감전사고를 방지하기 위한 방법이 아닌 것은?

① 충전부 전체를 절연물로 차폐한다.
② 충전부를 덮은 금속체를 접지한다.
③ 가연물질과 전원부의 이격거리를 일정하게 유지한다.
④ 자동차단기를 설치하여 선로를 차단할 수 있게 한다.

해설 가연물질과 전원부의 이격거리는 전원부의 크기, 용량에 따라 차등을 두어 충분히 유지해서 화재 및 감전에 대비한다.

26 안전점검 시의 유의사항으로 틀린 것은?

① 여러 가지의 점검방법을 병용하여 점검한다.
② 과거의 재해발생 부분은 고려할 필요 없이 점검한다.

③ 불량 부분이 발견되면 다른 동종의 설비도 점검한다.
④ 발견된 불량 부분은 원인을 조사하고 필요한 대책을 강구한다.

해설 안전검사 시의 유의사항

㉠ 여러 가지 점검방법을 병용한다.
㉡ 점검자의 능력에 상응하는 점검을 실시한다.
㉢ 과거의 재해발생 부분은 그 원인이 배제되었는지 확인한다.
㉣ 불량한 부분이 발견된 경우에는 다른 동종 설비도 점검한다.
㉤ 발견된 불량 부분은 원인을 조사하고 필요한 대책을 강구한다.
㉥ 점검은 안전수칙의 향상을 목적으로 하는 것임을 염두에 두어야 한다.

27 안전점검 중에서 5S 활동 생활화로 틀린 것은?

① 정리 ② 정돈
③ 청소 ④ 불결

해설 5S 운동 안전활동

정리, 정돈, 청소, 청결, 습관화

28 재해의 간접 원인 중 관리적 원인에 속하지 않는 것은?

① 인원 배치 부적당
② 생산 방법 부적당
③ 작업 지시 부적당
④ 안전관리조직 결함

해설 산업재해의 간접 원인

㉠ 기술적 원인 : 기계·기구, 장비 등의 방호설비, 경계 설비, 보호구 정비 등의 기술적 결함
㉡ 교육적 원인 : 무지, 경시, 몰이해, 훈련 미숙, 나쁜 습관, 안전지식 부족 등
㉢ 신체적 원인 : 각종 질병, 피로, 수면 부족 등
㉣ 정신적 원인 : 태만, 반항, 불만, 초조, 긴장, 공포 등
㉤ 관리적 원인 : 책임감의 부족, 작업기준의 불명확, 점검 보전제도의 결함, 부적절한 배치, 근로의욕 침체, 안전관리조직 결함, 경영자의 안전의식, 작업준비 불충분 등

29 전기식 엘리베이터의 정기검사에서 하중시험은 어떤 상태로 이루어져야 하는가?

① 무부하
② 정격하중의 50%
③ 정격하중의 100%
④ 정격하중의 125%

정답 25. ③ 26. ② 27. ④ 28. ② 29. ①

해설 하중시험

　㉠ 하중시험 항목
　　• 로프권상
　　• 비상정지장치
　　• 브레이크 시스템
　　• 속도 및 전류
　　• 기타 현장에서 하중시험이 필요한 구조 및 설비
　㉡ 정기검사
　　• 전기식 엘리베이터의 정기검사 항목에 따른다. 다만, 하중시험은 무부하 상태에서 이루어져야 한다.
　　• 전기식 엘리베이터의 모든 장치 및 부품 등의 설치 상태는 양호하여야 하며 심한 변형 부식, 마모 및 훼손은 없어야 한다.
　　• 승강기시설 안전관리법 제17조에 따른 자체점검의 실시 상태를 점검한다.

30 전기식 엘리베이터의 과부하방지장치에 대한 설명으로 틀린 것은?

① 과부하방지장치의 작동치는 정격적재하중의 110%를 초과하지 않아야 한다.

② 과부하방지장치의 작동 상태는 초과하중이 해소되기까지 계속 유지되어야 한다.

③ 적재하중 초과 시 경보가 울리고 출입문의 닫힘이 자동적으로 제지되어야 한다.

④ 엘리베이터 주행 중에는 오동작을 방지하기 위해 과부하방지장치 작동은 유효화되어 있어야 한다.

해설 과부하방지장치의 성능 판정기준

　㉠ 과부하감지장치 견고성
　　• 과부하감지장치의 스위치 및 캠의 위치는 정상적으로 작동할 수 있는 위치에 설치되어야 한다.
　　• 과부하감지장치의 설치 및 고정 상태는 확실하고 양호하여야 한다.
　　• 기타 과부하감지장치의 작동에 영향을 미치는 간섭 및 동작불량 요소가 없어야 한다.
　㉡ 과부하감지장치 작동성능
　　• 과부하감지장치의 작동치는 정격적재하중의 110%를 초과하지 않아야한다(권장치는 105~110%로 함).
　　• 적재하중의 설정치를 초과하면 경보를 울리고 출입문의 닫힘을 자동적으로 제지하여 엘리베이터가 기동하지 않아야 한다.
　　• 과부하감지장치의 작동 상태는 초과하중이 해소되기까지 계속 유지되어야 한다.
　　• 과부하감지장치는 재착상 운전하는 경우에도 유효하여야 한다.
　　• 기동 및 정지를 위한 예비 운전동작은 과부하감지장치가 작동한 경우 무효화되어야 한다.
　㉢ 주행 중 오작동 방지 기능 : 엘리베이터의 주행 중에는 오동작을 방지하기 위하여 과부하감지장치의 작동이 무효화되어야 한다. 검사시 이 기능의 현장확인이 불가한 경우 제조사의 설계서 등으로 확인할 수 있다.

31 균형추를 구성하고 있는 구조재 및 연결재의 안전율은 균형추가 승강로의 꼭대기에 있고, 엘리베이터가 정지한 상태에서 얼마 이상으로 하는 것이 바람직한가?

① 3
② 5
③ 7
④ 9

해설 균형추(counter weight)

　㉠ 카의 무게를 일정 비율 보상하기 위하여 카측과 반대편에 주철 혹은 콘크리트로 제작되어 설치되며, 카와의 균형을 유지하는 추이다.

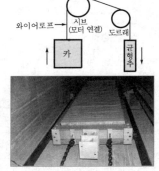

　㉡ 균형로프, 균형체인 또는 균형벨트와 같은 보상수단 및 보상수단의 부속품은 영향을 받는 모든 정적인 힘에 대해 5 이상의 안전율을 가지고 견딜 수 있어야 한다.
　㉢ 카 또는 균형추가 운행구간의 최상부에 있을 때 보상수단의 최대 현수무게 및 인장풀리 조립체(있는 경우) 전체 무게의 1/2의 무게가 포함되어야 한다.

32 에스컬레이터의 스텝체인이 늘어났음을 확인하는 방법으로 가장 적합한 것은?

① 구동체인을 점검한다.
② 롤러의 물림 상태를 확인한다.
③ 라이저의 마모 상태를 확인한다.
④ 스텝과 스텝간의 간격을 측정한다.

해설 스텝체인 안전장치(step chain safety device)

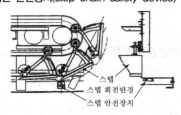

|스텝체인 고장 검출|

┃ 스텝체인 안전장치 ┃

㉠ 스텝체인이 절단되거나 심하게 늘어날 경우 스텝이 위치를 벗어나면 자동으로 구동기모터의 전원을 차단하고 기계브레이크를 작동시킴으로써 스텝과 스텝 사이의 간격이 생기는 등의 결과를 방지하는 장치이다.
㉡ 에스컬레이터 각 체인의 절단에 대한 안전율은 담금질한 강철에 대하여 5 이상이어야 한다.

33 제어반에서 점검할 수 없는 것은?

① 결선단자의 조임 상태
② 스위치 접점 및 작동 상태
③ 조속기스위치의 작동 상태
④ 전동기 제어회로의 절연 상태

해설 제어반(control panel) 보수점검항목

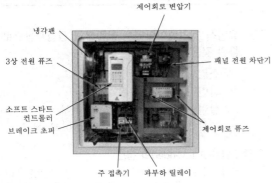

┃ 제어반 ┃

㉠ 소음, 발열, 진동의 과도 여부
㉡ 각 접점의 마모 및 작동 상태
㉢ 제어반 수직도, 조립볼트 취부 및 이완 상태
㉣ 리드선 및 배선정리 상태
㉤ 접촉기와 계전기류 이상 유무
㉥ 저항기의 불량 유무
㉦ 전선 결선의 이완 유무
㉧ 퓨즈(fuse) 이완 유무 및 동선 사용 유무
㉨ 접지선 접속 상태
㉩ 절연저항 측정
㉪ 불필요한 점퍼(jumper)선 유무
㉫ 절연물, 아크(ark) 방지기, 코일 소손 및 파손 여부
㉬ 청소 상태

34 비상정지장치의 작동으로 카가 정지할 때까지 레일이 죄는 힘이 처음에는 약하게 그리고 하강함

에 따라 강해지다가 얼마 후 일정한 값으로 도달하는 방식은?

① 슬랙로프 세이프티
② 순간식 비상정지장치
③ 플렉시블 가이드 방식
④ 플렉시블 웨지 클램프 방식

해설 점차(순차적)작동형 비상정지장치

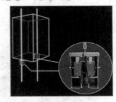

┃ 설치 위치 ┃

㉠ 개요
• 정격속도 1m/s를 초과하는 경우에 사용
• 정격하중의 카가 자유낙하할 때 작동하는 평균 감속도는 0.2~1G 사이에 있어야 한다.
• 카에 여러 개의 비상정지장치가 설치된 경우
㉡ 플렉시블 가이드 클램프(Flexible Guide Clamp; FGC)형
• 비상정지장치의 작동으로 카가 정지할 때의 레일을 죄는 힘이 동작 시부터 정지 시까지 일정하다.
• 구조가 간단하고 설치면적이 작으며 복구가 쉬워 널리 사용되고 있다.
㉢ 플렉시블 웨지 클램프(Flexible Wedge Clamp; FWC)형
• 레일을 죄는 힘이 처음에는 약하고 하강함에 따라 강하다가 얼마 후 일정치에 도달한다.
• 구조가 복잡하여 거의 사용하지 않는다.

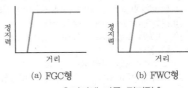

(a) FGC형 (b) FWC형
┃ 거리에 따른 정지력 ┃

35 전기식 엘리베이터에서 카 지붕에 표시되어야 할 정보가 아닌 것은?

① 최종 점검일지 비치
② 정지장치에 '정지'라는 글자
③ 점검운전버튼 또는 근처에 운행 방향 표시
④ 점검운전스위치 또는 근처에 '정상' 및 '점검'이라는 글자

해설 카 지붕에는 다음과 같은 정보가 표기되어야 한다.
㉠ 정지장치에 '정지'라는 글자
㉡ 점검운전스위치 또는 근처에 '정상' 및 '점검'이라는 글자

ⓒ 점검운전버튼 또는 근처에 운행 방향 표시
ⓔ 보호난간에 경고문 또는 주의 표시

36 조속기의 점검사항으로 틀린 것은?

① 소음의 유무
② 브러시 주변의 청소 상태
③ 볼트 및 너트의 이완 유무
④ 조속기로프와 클립 체결 상태 양호 유무

해설 조속기(governor)의 보수점검항목

‖ 마찰정차(롤 세이프티)형 조속기 ‖

‖ 분할핀 ‖   ‖ 테이퍼 핀 ‖

㉠ 각 부분 마모, 진동, 소음의 유무
㉡ 베어링의 눌러 붙음 발생의 우려
㉢ 캐치의 작동 상태
㉣ 볼트(bolt), 너트(nut)의 결여 및 이완 상태
㉤ 분할핀(cotter pin) 결여의 유무
㉥ 시브(sheave)에서 조속기로프(governor rope)의 미끄럼 상태
㉦ 조속기로프와 클립 체결 상태
㉧ 과속(조속기)스위치 접점의 양호 여부 및 작동 상태
㉨ 각 테이퍼 핀(taper-pin)의 이완 유무
㉩ 급유 및 청소 상태
㉪ 작동속도시험 및 운전의 원활성
㉫ 비상정차장치 작동 상태의 양호 유무
㉬ 조속기(governor) 고정 상태

37 승강기 정밀안전검사 시 전기식 엘리베이터에서 권상기 도르래홈의 언더컷의 잔여량은 몇 mm 미만일 때 도르래를 교체하여야 하는가?

① 1
② 2
③ 3
④ 4

해설 시브의 교체 기준(점검주기 6개월)

검사방법	교체 기준
검사용 망치로 시브를 가볍게 두들겨서 의심나는 곳의 전체를 기계오일을 적신 헝겊으로 닦고, 수분간 방치한 후 기름을 닦아내고, 분필을 칠한 후 시브의 균열 발생 여부를 확인한다(균열이 있으면 분필에 얼룩이 나타남).	시브에 균열이 발생한 경우
시브홈 상태, 크리프량 및 언더컷 잔여량을 확인한다.	① 시브홈의 언더컷 잔여량이 1mm 미만일 경우 ② 제조사가 권장하는 크리프량을 초과하는 경우 ③ 시브홈에 로프자국이 심한 경우
카가 정지한 상태에서 정격용량의 125%를 카에 싣고 시브상의 로프가 미끄러지는지 확인한다.	시브홈의 마모로 인해 슬립이 발생한 경우
시브 상의 주로프 가닥간의 높이 차를 확인한다.	주로프 가닥간의 높이 차이가 2mm 이상인 경우

38 유압식 엘리베이터에서 실린더의 점검사항으로 틀린 것은?

① 스위치의 기능 상실 여부
② 실린더 패킹에 누유 여부
③ 실린더의 패킹의 녹 발생 여부
④ 구성부품, 재료의 부착에 늘어짐 여부

해설 유압실린더(cylinder)의 점검

유압에너지를 기계적 에너지로 변환시켜 선형운동을 하는 유압요소이며, 압력과 유량을 제어하여 추력과 속도를 조절할 수 있다.

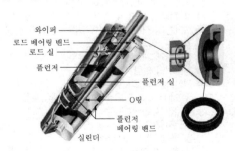

와이퍼
로드 베어링 밴드
로드 실
플런저
플런저 실
O링
플런저 베어링 밴드
실린더

‖ 더스트 와이퍼 ‖

㉠ 로드의 흠, 먼지 등이 쌓여 패킹(packing) 손상, 작동유나 실린더 속에 이물질이 있어 패킹 손상 등이 있는 경우 실린더 로드에서의 기름 노출이 발생되므로 이를 제거하는 장치의 점검

ⓒ 배관 내와 실린더에 공기가 혼입된 경우에는 실린더가 부드럽게 움직이지 않는 문제가 발생할 수 있기 때문에 배출구의 상태 점검

ⓒ 플런저 표면의 이물질이 실린더 내측으로 삽입되는 것을 방지하는 더스트 와이퍼(dust wiper) 상태 검사

39 이동식 핸드레일은 운행 중에 전 구간에서 디딤판과 핸드레일의 동일 방향 속도공차는 몇 %인가?

① 0~2
② 3~4
③ 5~6
④ 7~8

해설 핸드레일 시스템의 일반사항

| 핸드레일 |

| 스텝 |

| 팔레트 |

ⓐ 각 난간의 꼭대기에는 정상운행 조건하에서 스텝, 팔레트 또는 벨트의 실제속도와 관련하여 동일 방향으로 −0%에서 +2%의 공차가 있는 속도로 움직이는 핸드레일이 설치되어야 한다.

ⓑ 핸드레일은 정상운행 중 운행방향의 반대편에서 450N의 힘으로 당겨도 정지되지 않아야 한다.

ⓒ 핸드레일 속도감시장치가 설치되어야 하고 에스컬레이터 또는 무빙워크가 운행하는 동안 핸드레일 속도가 15초 이상 동안 실제속도보다 −15% 이상 차이가 발생하면 에스컬레이터 및 무빙워크를 정지시켜야 한다.

40 에스컬레이터의 스텝구동장치에 대한 점검사항이 아닌 것은?

① 링크 및 핀의 마모 상태
② 핸드레일 가드 마모 상태
③ 구동체인의 늘어짐 상태
④ 스프로킷의 이의 마모 상태

해설 구동장치 보수점검사항

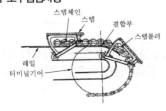

| 스텝체인의 구동 |

ⓐ 진동, 소음의 유무
ⓑ 운전의 원활성
ⓒ 구동장치의 취부 상태
ⓓ 각부 볼트 및 너트의 이완 여부
ⓔ 기어케이스 등의 표면 균열 여부 및 누유 여부
ⓕ 브레이크의 작동 상태
ⓖ 구동체인의 늘어짐 및 녹의 발생 여부
ⓗ 각부의 주유 상태 및 윤활유의 부족 또는 변화 여부
ⓘ 벨트 사용 시 벨트의 장력 및 마모 상태

41 전기식 엘리베이터의 기계실에 설치된 고정도르래의 점검내용이 아닌 것은?

① 이상음 발생 여부
② 로프홈의 마모 상태
③ 브레이크 드럼 마모 상태
④ 도르래의 원활한 회전 여부

해설 고정도르래의 점검항목 및 방법

B(요주의)로 하여야 할 것	C(요수리 또는 긴급수리)로 하여야 할 것	주기 (회/월)
• 로프의 마모가 현저하게 진행되고 있는 것 • 회전이 원활하지 않은 것 • 이상음이 있는 것 • 보호수단이 불량한 것	• B의 상태가 심한 것 • 로프홈의 마모가 심한 것 또는 불균일하게 진행되고 있는 것	1/12

42 엘리베이터에서 현수로프의 점검사항이 아닌 것은?

① 로프의 직경
② 로프의 마모 상태
③ 로프의 꼬임 방향
④ 로프의 변형, 부식 유무

해설 와이어로프의 점검

ⓐ 형상변형 상태 점검

소선의 이탈	압착	심강의 불거짐	플러스킹크
스트랜드의 함몰	스트랜드의 이탈	마이너스킹크	부풀림

ⓑ 마모, 부식 상태 점검 : 로프의 표면이 마모되어 광택이 나는 부분 또는 붉게 부식된 부분의 그리스내 오염물질을 점검
• 마모 : 소선과 소선의 돌기 부분이 마모되어 없어짐
• 부식 : 피팅이 발생하여 작은 구멍 자국이 생성됨

마모	부식

ⓒ 파단 상태 점검 : 육안으로 점검하여 소선이 발견되면 주변의 그리이스내 오염물질을 제거하고 정밀점검을 한다.

외측 부분 단선   스트랜드 사이의 단선

43 가이드레일 또는 브래킷의 보수점검사항이 아닌 것은?

① 가이드레일의 녹 제거
② 가이드레일의 요철 제거
③ 가이드레일과 브래킷의 체결볼트 점검
④ 가이드레일 고정용 브래킷 간의 간격 조정

해설 가이드레일(guide rail)의 점검항목

가이드레일
브래킷

┃ 가이드레일과 브래킷 ┃

㉠ 레일의 손상이나 용접부의 상태, 주행 중의 이상음 발생 여부
㉡ 레일 고정용의 레일클립 취부 상태 및 고정볼트의 이완 상태
㉢ 레일의 이음판의 취부 볼트, 너트의 이완 상태
㉣ 레일의 급유 상태
㉤ 레일 및 브래킷의 발청 상태
㉥ 레일 및 브래킷의 오염 상태
㉦ 브래킷에 취부되어 있는 주행케이블 보호선의 취부 상태
㉧ 브래킷 취부의 앵커볼트 이완 상태
㉨ 브래킷의 용접부에 균열 등의 이상 상태

44 유압식 엘리베이터의 점검 시 플런저 부위에서 특히 유의하여 점검하여야 할 사항은?

① 플런저의 토출량
② 플런저의 승강행정 오차
③ 제어밸브에서의 누유 상태
④ 플런저 표면조도 및 작동유 누설 여부

해설 램(플런저)의 점검항목 및 방법

B(요주의)로 하여야 할 것	C(요수리 또는 긴급수리)로 하여야 할 것	주기 (회/월)
• 누유가 현저한 것 • 구성부품 재료의 부착에 늘어짐이 있는 것	B의 상태가 심한 것	1/6

45 전동기의 점검항목이 아닌 것은?

① 발열이 현저한 것
② 이상음이 있는 것
③ 라이닝의 마모가 현저한 것
④ 연속으로 운전하는데 지장이 생길 염려가 있는 것

해설 전동기의 점검 및 조치사항

주기	점검	점검사항	조치사항
일	사용 중인 전동기	• 소음 및 진동 여부 점검 • 브래킷의 베어링 부위를 만져보아 베어링 온도 측정	• 이상진동, 소음 및 베어링이 뜨거울 경우 원인조사 및 수리 • 과부하나 비정상적으로 운전될 경우 운전을 멈추고 원인 제거
주	미사용 전동기	손으로 축을 돌려 보아서 이상 유무 점검	비정상적일 경우 원인조사 및 수리
	전기장치	• 절연저항 측정 • 접지 상태 점검	절연저하 또는 부적당한 접지일 경우 원인조사 및 수리
월	전동기와 기동기	• 절연저항 측정 • 고정자 및 회전자 표면검사 • 터미널 이완 여부 점검 • 윤활 부분의 점검 • 브러시의 마모 상태 • 슬립링의 표면 상태	• 절연저하 시 원인조사 및 수리 • 더러운 면 소재 • 느슨한 경우 • 그리스 주입 베어링 교체 • 소모부품 교체
3개월	전기회로	절연저항 측정	허용한계 이하로 측정될 경우 건조 또는 수리(시험전압 500~1,000V 이상 : 1MΩ 이상, 250V 이하 : 0.5MΩ 이상)
6개월	부하기기	• 기동기 및 부속장치의 운전 상태 점검 • 터미널의 이완 상태 점검	• 이상 운전 시 원인조사 및 수리 • 결함 또는 그슬린 부분은 수리하고 필요 시 교체 • 느슨한 터미널 접속부 조임
	전동기	전동기의 모든 체결 부위 점검	• 풀린 볼트, 너트는 조임 • 결함이 있는 볼트, 너트는 교체
연	전동기	• 고정자와 회전자간 공극 측정 • 베어링의 이상 유무 점검 • 브러시의 압력 점검	• 손상된 베어링 교체 • 샤프트와 베어링 소제 • 마모부품 교체
	스페어 파트 (spare part)	• 수량 점검 • 절연저항 점검	• 파트 리스트(part list)에 의해 점검 • 절연저하 시 원인조사, 건조, 수리

46 비상정지장치가 없는 균형추의 가이드레일 검사 시 최대 허용휨의 양은 양방향으로 몇 mm인가?

① 5   ② 10
③ 15   ④ 20

해설 T형 가이드레일에 대해 계산된 최대 허용휨

㉠ 비상정지장치가 작동하는 카, 균형추 또는 평형추의 가이드레일 : 양방향으로 5mm
㉡ 비상정지장치가 없는 균형추 또는 평형추의 가이드레일 : 양방향으로 10mm

47 18-8스테인리스강의 특징에 대한 설명 중 틀린 것은?

① 내식성이 뛰어나다.
② 녹이 잘 슬지 않는다.
③ 자성체의 성질을 갖는다.
④ 크롬 18%와 니켈 8%를 함유한다.

해설 스테인리스강의 일반적인 특성

㉠ 표면이 아름다우면 표면가공이 다종, 다양하다.
㉡ 내식성이 우수하다.
㉢ 내마모성이 높다(기계적 성질이 양호).
㉣ 강도가 크다.
㉤ 내화, 내열성이 크다.
㉥ 가공성이 뛰어나다.
㉦ 경제적이다.
㉧ 청소성이 좋다(낮은 유지비).
㉨ 오스테나이트계 스테인리스강은 기본적으로 그 표준 조성이 18% Cr-8% Ni이므로, 보통 18-8스테인리스강이라고 불린다.

48 기계요소 설계 시 일반 체결용에 주로 사용되는 나사는?

① 삼각나사   ② 사각나사
③ 톱니나사   ④ 사다리꼴나사

해설 나사의 종류

㉠ 삼각나사(미터나사)
 • 나사의 지름 및 피치 : mm 표시
 • 나사산의 각도 : 60°
 • 보통나사, 가는나사
 • 호칭치수 : 수나사의 바깥지름 mm 표시
 • 보통나사 : M 다음에 호칭지름을 표기
 • 미터 가는나사 : M 다음에 호칭지름×피치로 표기
 • 기계부품의 체결에 사용되는 볼트와 나사류에 가장 널리 공통적으로 사용
㉡ 사각나사
 • 나사산이 이름대로 사각형(90°)을 이루는 나사로 체결시 큰 힘을 필요로 하거나 한쪽 또는 양방향으로 큰 회전운동 등을 전달하는 바이스(물림장치), 나사 프레스 등에 사용
 • 가공이 삼각나사에 비하여 어려우며, 비교적 제한적인 곳에만 사용
㉢ 사다리꼴나사
 • 나사산의 모양이 사각형에서 다소 경사진 사다리형으로 한면의 각도가 29° 또는 30°

• 체결용보다는 공작기계(가공기계) 등의 운동(회전력) 등을 전달하는 리드스크루 등으로 사용
㉣ 둥근나사
 • 나사산의 모양이 파도치듯 둥근 모양을 가진 나사로 다른 나사에 비하여 체결 및 운동 시의 정밀도가 떨어져서 공업용이나 기계에서는 사용치 않으나 모서리가 없고 이물질 등이 끼어도 쉽게 분해되는 특징이 있음
 • 장난감, 전구 등의 생활용품 등에 비교적 널리 사용

49 직류기 권선법에서 전기자 내부 병렬회로수 a와 극수 p의 관계는? (단, 권선법은 중권임)

① $a = 2$ ② $a = (1/2)p$
③ $a = p$ ④ $a = 2p$

해설 중권과 파권의 비교

구분	중권	파권
전기자 병렬회로수	극수와 같다.	항상 2이다.
브러시수	극수와 같다.	2개로 되지만 극수만큼의 브러시를 둘 수도 있다.
전기자 도체의 굵기, 권수, 극수가 모두 같을 때	저전압 대전류에 적합하다.	고전압, 소전류에 적합하다.
균압 접속	4극 이상이면 균압 접속을 하여야 한다.	균압 접속이 필요 없다.

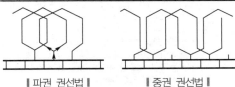

‖ 파권 권선법 ‖   ‖ 중권 권선법 ‖

‖ 전기자권선 ‖

50 다음 논리회로의 출력값 표는?

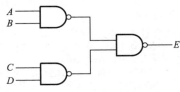

① $\overline{A \cdot B} + \overline{C \cdot D}$ ② $A \cdot B + C \cdot D$
③ $A \cdot B \cdot C \cdot D$ ④ $(A+B) \cdot (C+D)$

해설 $X = \overline{\overline{A \cdot B} \cdot \overline{C \cdot D}} = \overline{\overline{A \cdot B}} + \overline{\overline{C \cdot D}}$
$= A \cdot B + C \cdot D$

정답   47. ③   48. ①   49. ③   50. ②

51 직류전동기에서 자속이 감소되면 회전수는 어떻게 되는가?

① 정지   ② 감소
③ 불변   ④ 상승

해설 **직류전동기의 속도제어**

직류전동기는 속도 조절이 용이한 기계이며, 정밀속도제어에는 직류기가 많이 사용되어 왔다.

$$N = \frac{V - I_a R_a}{K\phi}$$

㉠ 저항에 의한 속도제어
  • 전기자 저항의 값을 조절하는 방법이다.
  • 저항의 값을 증가시키면, 저항에 흐르는 전류가 증가하여 동손이 커지며, 열손실을 증가시켜 효율이 떨어진다.

㉡ 계자에 의한 속도제어
  • 계자에 형성된 자속의 값을 제어하는 방법이다.
  • 타여자의 경우 타여자 전원의 값을 조절하여 자속의 수를 증감시킨다.
  • 자여자 분권의 경우 계자에 설치된 저항의 값을 변화하여 계자전류의 값을 조절한다.
  • 계자저항의 값이 적어지면 계자전류의 값이 증가하고 자속의 수도 증가한다.
  • 자속의 수가 증가하면 전동기의 속도가 감소하고, 자속의 수가 감소하면 전동기의 속도는 증가한다.
  • 계자저항에 흐르는 전류가 적어 전력손실이 적고 조작이 간편하다.
  • 안정된 제어가 가능하여 정출력제어를 하지만, 제어의 폭이 좁은 단점이 있다.

㉢ 전압에 의한 속도제어
  • 전원(단자)전압의 증가에 비례하여 속도는 증가한다.
  • 제어의 범위가 넓고 손실이 적어, 효율이 좋다.
  • 전동기의 속도와 회전방향을 쉽게 조절할 수 있지만 설비비용이 많이 든다.
  • 워드레오나드 방식, 일그너 방식, 직·병렬 제어법, 초퍼제어법 등이 있다.

52 계측기와 관련된 문제, 환경적 영향 또는 관측 오차 등으로 인해 발생하는 오차는?

① 절대오차   ② 계통오차
③ 과실오차   ④ 우연오차

해설 **오차(error)**

어떤 양을 측정하는 경우에 그 참값을 구하기는 불가능하며, 측정치와 참값 사이에 발생하는 차이이다.

㉠ 계통오차(systematic error)
  • 계기오차 : 측정계기의 불완전성 때문에 생기는 오차
  • 환경오차 : 측정할 때 온도, 습도, 압력 등 외부환경의 영향으로 생기는 오차
  • 개인오차 : 개인이 가지고 있는 습관이나 선입관이 작용하여 생기는 오차

㉡ 과실오차(erratic) : 계기의 취급부주의로 생기는 오차, 예를 들면 계기판의 숫자를 잘못 읽었다든지 계산을 틀리게 하여 발생되며, 측정자가 주의하여 제거해야 함

㉢ 우연오차(random error) : 주위의 사정으로 측정자가 주의해도 피할 수 없는 불규칙적이고 우발적인 원인에 의해 발생되는 오차, 평균값을 사용함으로써 작게 할 수는 있으나 보정할 수는 없는 오차

53 회전하는 축을 지지하고 원활한 회전을 유지하도록 하며, 축에 작용하는 하중 및 축의 자중에 의한 마찰저항을 가능한 적게 하도록 하는 기계요소는?

① 클러치   ② 베어링
③ 커플링   ④ 스프링

해설 **기계요소의 종류와 용도**

구분	종류	용도
결합용 기계요소	나사, 볼트, 너트, 핀, 키	기계부품 결합
축용 기계요소	축, 베어링	축을 지지하거나 연결
전동용 기계요소	마찰차, 기어, 캠, 링크, 체인, 벨트	동력의 전달
관용 기계요소	관, 관이음, 밸브	기체나 액체 수송
완충 및 제동용 기계요소	스프링, 브레이크	진동 방지와 제동

베어링은 회전운동 또는 왕복운동을 하는 축을 일정한 위치에 떠받들어 자유롭게 움직이게 하는 기계요소의 하나로, 빠른 운동에 따른 마찰을 줄이는 역할을 한다.

▮ 구름베어링 ▮

54 유도기전력의 크기는 코일의 권수와 코일을 관통하는 자속의 시간적인 변화율과의 곱에 비례한다는 법칙은 무엇인가?

① 패러데이의 전자유도법칙
② 앙페르의 주회 적분의 법칙
③ 전자력에 관한 플레밍의 법칙
④ 유도기전력에 관한 렌츠의 법칙

해설 **패러데이의 법칙(Faraday's law of electromagnetic induction)**

㉠ 코일의 권수가 N, 코일을 지나는 자속이 Δt초 동안에 $\Delta\phi$(Wb/m)만큼 증감할 때의 유도기전력 v(V)는 다음과 같다.
  v = 코일의 권수 × 매초 변화하는 자속

$$= -N\frac{\Delta\phi}{\Delta t}(\text{V})$$

ⓛ 전자유도에 의하여 유도되는 전압의 크기는 단위시간에 코일을 쇄교하는 자속의 변화율과 코일의 권수에 비례한다.
ⓒ 감은 횟수 1회의 코일을 쇄교하는 자속이 1초 동안에 1Wb의 비율로 변화할 때 발생되는 전압은 1V가 된다.

55 직류전동기의 속도제어방법이 아닌 것은?

① 저항제어법
② 계자제어법
③ 주파수제어법
④ 전기자 전압제어법

해설 직류전동기의 속도제어

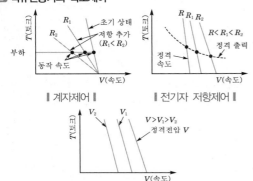

┃계자제어┃　┃전기자 저항제어┃

┃전압제어┃

㉠ 계자제어 : 계자자속 ϕ를 변화시키는 방법으로, 계자저항기로 계자전류를 조정하여 ϕ를 변화시킨다.
ⓛ 저항제어 : 전기자에 가변직렬저항 $R(\Omega)$을 추가하여 전기자회로의 저항을 조정함으로써 속도를 제어한다.
ⓒ 전압제어 : 타여자 전동기에서 전기자에 가한 전압을 변화시킨다.

56 그림은 마이크로미터로 어떤 치수를 측정한 것이다. 치수는 약 몇 mm인가?

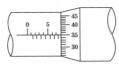

① 5.35　　　　② 5.85
③ 7.35　　　　④ 7.85

해설 마이크로미터의 슬리브 눈금은 7.5까지 나와 있고, 딤플의 눈금은 슬리브의 가로 눈금과 35에서 만나고 있으므로 측정하고자 하는 길이는 7.5+0.35=7.85mm가 된다.

57 다음 중 응력을 가장 크게 받는 것은? (단, 다음 그림은 기둥의 단면 모양이며, 가해지는 하중 및 힘의 방향은 같음)

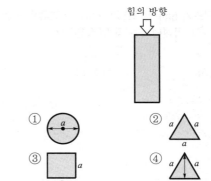

힘의 방향

① ② ③ ④

해설 응력(stress)

㉠ 물체에 힘이 작용할 때 그 힘과 반대방향으로 크기가 같은 저항력이 생기는데 이 저항력을 내력이라 하며, 단위면적($1mm^2$)에 대한 내력의 크기를 말한다.
ⓛ 응력은 하중의 종류에 따라 인장응력, 압축응력, 전단응력 등이 있으며, 인장응력과 압축응력은 하중이 작용하는 방향이 다르지만, 같은 성질을 갖는다. 단면에 수직으로 작용하면 수직응력, 단면에 평행하게 접하면 전단응력(접선응력)이라고 한다.
ⓒ 수직응력(σ)
$$\sigma = \frac{P}{A}$$
여기서, σ : 수직응력(kg/cm^2), P : 축하중(kg)
　　　　A : 수직응력이 발생하는 단면적(cm^2)
ⓔ 면적(A)이 작은 도형이 응력을 가장 크게 받는다.

58 다음 그림과 같은 제어계의 전체 전달함수는?
(단, $H(s)=1$)

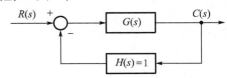

① $\dfrac{1}{G(s)}$

② $\dfrac{1}{1+G(s)}$

③ $\dfrac{G(s)}{1+G(s)}$

④ $\dfrac{G(s)}{1-G(s)}$

해설 $RG - CG = C$
$RG = C + CG$
$RG = C(1+G)$
$\therefore \dfrac{C}{R} = \dfrac{G(s)}{1+G(s)}$

59 인덕턴스가 5mH인 코일에 50Hz의 교류를 사용할 때 유도리액턴스는 약 몇 Ω인가?

① 1.57 ② 2.50
③ 2.53 ④ 3.14

해설 유도성 리액턴스

$X_L = \omega L = 2\pi f L(\Omega)$

$X_L = 2\pi f L = 2\pi \times 50 \times 5 \times 10^{-3} = 1.57\Omega$

60 저항 100Ω의 전열기에 5A의 전류를 흘렸을 때 전력은 몇 W인가?

① 20 ② 100
③ 500 ④ 2,500

해설 $P = VI = I^2 R = \frac{V^2}{R}$(W)

$P = I^2 R = 5^2 \times 100 = 2{,}500\text{W}$

정답 59. ① 60. ④

※ 본 문제는 수험생들의 협조에 의해 작성되었으며, 시험내용과 일부 다를 수 있습니다.

01 엘리베이터 도어 사이에 끼이는 물체를 검출하기 위한 안전장치로 틀린 것은?

① 광전장치
② 도어클로저
③ 세이프티 슈
④ 초음파장치

해설 도어의 안전장치

엘리베이터의 도어가 닫히는 순간 승객이 출입하는 경우 충돌사고의 원인이 되므로 도어 끝단에 검출 장치를 부착하여 도어를 반전시킨다.

㉠ 세이프티 슈(safety shoe) : 도어의 끝에 설치하여 이 물체가 접촉하면 도어의 닫힘을 중지하며 도어를 반전시키는 접촉식 보호장치

㉡ 세이프티 레이(safety ray) : 광선빔을 통하여 이것을 차단하는 물체를 광전장치(photo electric device)에 의해서 검출하는 비접촉식 보호장치

㉢ 초음파장치(ultrasonic door sensor) : 초음파의 감지 각도를 조절하여 카쪽의 이물체(유모차, 휠체어 등)나 사람을 검출하여 도어를 반전시키는 비접촉식 보호장치

∥ 세이프티 슈 설치 상태 ∥

∥ 광전장치 ∥

02 권상기의 도르래 상태를 검사할 때의 설명으로 옳지 않은 것은?

① 자동정지 때 주로프와의 사이에 심한 미끄러움이 없어야 한다.
② 도르래홈의 언더컷의 잔여량은 2mm 이상이어야 한다.
③ 도르래에 감긴 주로프 가닥끼리의 높이차는 2mm 이내이어야 한다.
④ 도르래는 몸체에 균열이 없어야 한다.

해설 권상기의 도르래는 몸체에 균열이 없어야 하고, 자동정지 때 주로프와의 사이에 심한 미끄러움 및 마모가 없어야 한다. 또한, 감속기구가 있는 것은 톱니바퀴에 심한 마모 및 점식 등으로 카 운행에 지장이 없어야 하고, 이물림 상태는 양호하여야 한다. 권상기 도르래홈의 언더컷의 잔여량은 1mm 이상이어야 하고, 권상기 도르래에 감긴 주로프 가닥끼리의 높이차는 2mm 이내이어야 한다.

03 유압식 엘리베이터 점검 시 재착상 정확도는 몇 mm를 유지하여야 하는가?

① 정확도 ±10mm
② 정확도 ±20mm
③ 정확도 ±30mm
④ 정확도 ±40mm

해설 카의 정상적인 착상 및 재착상 정확성

㉠ 카의 착상 정확도는 ±10mm이어야 한다.
㉡ 재착상 정확도는 ±20mm로 유지되어야 한다. 승객이 출입하거나 하역하는 동안 20mm의 값이 초과할 경우에는 보정되어야 한다.

04 로프의 마모 상태가 소선의 파단이 균등하게 분포되어 있는 상태에서 1구성 꼬임(1strand)의 1꼬임 피치에서 파단수가 얼마이면 교체할 시기가 되었다고 판단하는가?

① 1   ② 2
③ 3   ④ 5

해설 로프의 마모 및 파손 상태는 가장 심한 부분에서 검사하여 아래의 규정에 합격하여야 한다.

마모 및 파손 상태	기준
소선의 파단이 균등하게 분포되어 있는 경우	1구성 꼬임(스트랜드)의 1꼬임 피치 내에서 파단수 4 이하
파단 소선의 단면적이 원래의 소선 단면적의 70% 이하로 되어 있는 경우 또는 녹이 심한 경우	1구성 꼬임(스트랜드)의 1꼬임 피치 내에서 파단수 2 이하
소선의 파단이 1개소 또는 특정의 꼬임에 집중되어 있는 경우	소선의 파단총수가 1꼬임 피치 내에서 6꼬임 와이어로프이면 12 이하, 8꼬임 와이어로프이면 16 이하
마모 부분의 와이어로프의 지름	마모되지 않은 부분의 와이어로프 직경의 90% 이상

05 주전원이 380V인 엘리베이터에서 110V 전원을 사용하고자 강압트랜스를 사용하던 중 트랜스가 소손되었다. 원인 규명을 위해 회로시험기를 사용하여 전압을 확인하고자 할 경우 회로시험기의 전압 측정범위 선택스위치의 최초 선택위치로 옳은 것은?

① 회로시험기의 110V 미만
② 회로시험기의 110V 이상 220V 미만
③ 회로시험기의 220V 이상 380V 미만
④ 회로시험기의 가장 큰 범위

해설 **회로시험기**

㉠ 각부의 명칭
  • 흑색 리드선 입력 (com)소켓
  • 적색 리드선 입력 소켓
  • 레인지 선택 레버 : 기능검사 목적에 따라 레버를 돌려서 선택
    − 직류전압 : 2.5, 10, 50, 250, 1,000V
    − 교류전압 : 10, 50, 250, 1,000V
    − 직류전류
    − 저항
    − 데시벨
  • '0' 옴 조정기 : 저항측정 시 지침이 레인지별로 '0'점에 정확히 오도록 손으로 돌려 조정한다. 리드선을 꽂고 2개의 리드봉을 접속하여 눈금의 오른쪽 제로(0)에 맞춘다.
  • 지침 영점조정기 : 측정 전 지침이 '0'에 있는지 확인하고 필요 시 (−)드라이버로 조정한다.
㉡ 측정 방법
  • 흑색 리드선을 COM 커넥터에 접속한다.
  • 적색 리드선을 V・Ω・A 커넥터에 접속한다.
  • 메인 셀렉터를 해당 위치로 전환한다(직류전압일 경우 : DC V, 교류전압일 경우 : AC V).
  • 지침이 왼쪽 0점에 일치하는가를 확인한 후, 필요 시 0점 조정나사를 이용하여 조정한다.
  • 직류전압 측정의 경우는 적색 리드선을 측정하고자 하는 단자의 (+)에, 흑색 리드선은 (−)단자에 병렬로 접속한다. 단, 교류전압 측정 시는 (+)와 (−)의 구분이 없으며, 리드선은 반드시 병렬로 접속하여야 한다.
  • 측정 레인지를 DC(V) 및 AC(V)의 가장 높은 위치 1,000으로 전환하고, 이때 지침이 전혀 움직이지 않을 때는 측정 레인지를 500, 250, 50, 10의 순으로 내려 지침이 중앙을 전후하여 멈추는 곳에 레인지를 고정시키고 측정하는 것이 바람직하다. 그러나 측정전압을 미리 예측할 때는 예측한 전압보다 높은 위치에 측정 레인지를 고정시키는 것이 안전한 방법이다.
  • 눈금판을 판독한다. 직류는 10, 50, 250의 레인지 선택에서 눈금판의 해당 눈금을 직접 읽고, 2.5는 250 눈금선에 100으로 나누고 1,000에서는 10눈금선에 100을 곱하여 읽는다. 교류는 적색 교류전용 눈금선에서 지시치를 읽는다.

06 FGC(Flexible Guide Clamp)형 비상정지장치의 장점은?

① 베어링을 사용하기 때문에 접촉이 확실하다.
② 구조가 간단하고 복구가 용이하다.
③ 레일을 죄는 힘이 초기에는 약하나, 하강함에 따라 강해진다.
④ 평균 감속도를 0.5g으로 제한한다.

해설 **비상정지장치**

㉠ 현수로프가 끊어지더라도 조속기 작동속도에서 하강방향으로 작동하여 가이드레일을 잡아 정격하중의 카를 정지시킬 수 있는 장치이다.
㉡ 비상정지장치의 조 또는 블록은 가이드 슈로 사용되지 않아야 한다.
㉢ 카, 균형추 또는 평형추의 비상정지장치의 복귀 및 자동 재설정은 카, 균형추 또는 평형추를 들어 올리는 것에 의해서만 가능하여야 한다.
㉣ 비상정지장치가 작동된 후 정상복귀는 전문가(유지보수업자 등)의 개입이 요구되어야 한다.
㉤ 점차(순차적)작동형 비상정지장치
  • 정격속도 1m/s를 초과하는 경우에 사용
  • 정격하중의 카가 자유낙하할 때 작동하는 평균 감속도는 0.2~1G 사이에 있어야 함
  • 카에 여러 개의 비상정지장치가 설치된 경우
  • 플랙시블 가이드 클램프(Flexible Guide Clamp; FGC)형
    − 비상정지장치의 작동으로 카가 정지할 때의 레일을 죄는 힘이 동작 시부터 정지 시까지 일정하다.
    − 구조가 간단하고 설치면적이 작으며 복구가 쉬워 널리 사용되고 있다.
  • 플랙시블 웨지 클램프(Flexible Wedge Clamp ; FWC)형
    − 레일을 죄는 힘이 처음에는 약하고 하강함에 따라 강하다가 얼마 후 일정치에 도달한다.
    − 구조가 복잡하여 거의 사용하지 않는다.
㉥ 즉시(순간식)작동형 비상정지장치
  • 정격속도가 0.63m/s를 초과하지 않는 경우
  • 정격속도 1m/s를 초과하지 않는 경우는 완충효과가 있는 즉시작동형
  • 화물용 엘리베이터에 사용되며, 감속도의 규정은 적용되지 않음
  • 가이드레일을 감싸고 있는 블록(black)과 레일 사이에 롤러(roller)를 물려서 카를 정지시키는 구조
  • 또는 로프에 걸리는 장력이 없어져, 로프의 처짐이 생기면 바로 운전회로를 열고 작동
  • 순간식 비상정지장치가 일단 파지되면 카가 정지할 때까지 조속기로프를 강한 힘으로 완전히 멈추게 함
㉦ 슬랙로프 세이프티(slake rope safety) : 소형 저속 엘리베이터로서 조속기를 사용하지 않고 로프에 걸리는 장력이 없어져 휘어짐이 생기면 즉시 운전회로를 열어서 비상정지장치를 작동시킴

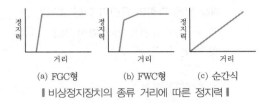

(a) FGC형　　(b) FWC형　　(c) 순간식

▎비상정지장치의 종류 거리에 따른 정지력 ▎

07 전기식 엘리베이터 자체점검항목 중 점검주기가 가장 긴 것은?

① 권상기 감속기어의 윤활유(oil) 누설 유무 확인
② 비상정지장치 스위치의 기능 상실 유무 확인
③ 승장버튼의 손상 유무 확인
④ 이동케이블의 손상 유무 확인

해설 승강기 자체검사 주기 및 항목

㉠ 1개월에 1회 이상
• 층상선택기
• 카의 문 및 문턱
• 카 도어스위치
• 문닫힘 안전장치
• 카 조작반 및 표시기
• 비상통화장치
• 전동기, 전동발전기
• 권상기 브레이크

㉡ 3개월에 1회 이상
• 수권조작 수단
• 권상기 감속기어
• 비상정지장치

㉢ 6개월에 1회 이상
• 권상기 도르래
• 권상기 베어링
• 조속기(카측, 균형추측)
• 비상정지장치와 조속기의 부착 상태
• 용도, 적재하중, 정원 등 표시
• 이동케이블 및 부착부

㉣ 12개월에 1회 이상
• 고정도르래, 풀리
• 기계실 기기의 내진대책

08 직류기의 효율이 최대가 되는 조건은?

① 부하손＝고정손
② 기계손＝동손
③ 동손＝철손
④ 와류손＝히스테리시스손

해설 효율

㉠ 부하손(load loss)은 부하에 따라 크기가 현저하게 변하는 동손(저항손 : ohmic loss) 및 표유부하손(stray load loss : 측정이나 계산으로 구할 수 없는 손실)으로 나눈다.

㉡ 무부하손(no-load loss)은 기계손(mechanical loss : 마찰손+풍손)과 철손(iron loss : 히스테리시스손+와전류손)으로 부하의 변화에 관계없이 거의 일정한 손실이다.

㉢ 부하손과 무부하손(고정손)이 같을 때 최대 효율이 된다.

09 과부하감지장치에 대한 설명으로 틀린 것은?

① 과부하감지장치가 작동하는 경우 경보음이 울려야 한다.
② 엘리베이터 주행 중에는 과부하감지장치의 작동이 무효화되어서는 안 된다.
③ 과부하감지장치가 작동한 경우에는 출입문의 닫힘을 저지하여야 한다.
④ 과부하감지장치는 초과하중이 해소되기 전까지 작동하여야 한다.

해설 과부하감지장치

㉠ 과부하감지장치 견고성
• 과부하감지장치의 스위치 및 캠의 위치는 정상적으로 작동할 수 있는 위치에 설치되어야 한다.
• 과부하감지장치의 설치 및 고정 상태는 확실하고 양호하여야 한다.
• 기타 과부하감지장치의 작동에 영향을 미치는 간섭 및 동작불량 요소가 없어야 한다.

㉡ 과부하감지장치 작동 성능
• 과부하감지장치의 작동치는 정격적재하중의 110%를 초과하지 않아야 한다(권장치는 105~110%로 함).
• 적재하중의 설정치를 초과하면 경보를 울리고 출입문의 닫힘을 자동적으로 제지하여 엘리베이터가 기동하지 않아야 한다.
• 과부하감지장치의 작동 상태는 초과하중이 해소되기까지 계속 유지되어야 한다.
• 과부하감지장치는 재착상 운전하는 경우에도 유효하여야 한다.
• 기동 및 정지를 위한 예비 운전동작은 과부하감지장치가 작동한 경우 무효화되어야 한다.

㉢ 주행중 오작동 방지 기능 : 엘리베이터의 주행 중에는 오동작을 방지하기 위하여 과부하감지장치의 작동이 무효화되어야 한다. 검사 시 이 기능의 현장확인이 불가한 경우 제조사의 설계서 등으로 확인할 수 있다.

10 강제감속스위치의 위치조정은 다음 중 어느 것이 올바른 조정 상태인가?

① 자동착상장치(landing switch)가 작동한 후에 스위치가 작동하도록 조정한다.
② 자동착상장치보다 먼저 작동하도록 조정한다.
③ 자동착상장치와 동시에 작동하도록 조정한다.
④ 자동착상장치나 강제감속스위치의 어느 것이나 먼저 작동하여도 상관없으므로 임의로 조정한다.

해설 종단층 강제감속장치(emergency terminal speed limiting device)
엘리베이터가 종단층에 근접했을 때 통상의 착상장치 및 종단층 감속정지장치에 문제가 있어, 기능이 상실된 경우에 이것들과는 독립적으로 작동해서 강제적으로 감속시키는 장치이다. 이 장치는 일반적으로 고속(4m/s 이상) 엘리베이터에 사용되고, 이것이 설치된 경우에는 일정한 제약하에 완충기의 스트로크를 단축화하는 것이 가능한 것으로 되어 있다.

11 엘리베이터의 피트에서 행하는 점검사항이 아닌 것은?

① 파이널리밋스위치 점검
② 이동케이블 점검
③ 배수구 점검
④ 도어록 점검

해설 승강장 문의 록 점검은 카 위에서 하는 검사

12 승용 승강기에서 기계실이 승강로 최상층에 있는 경우 기계실에 설치할 수 없는 것은?

① 제어반
② 권상기
③ 균형추
④ 조속기

해설 ㉠ 엘리베이터 기계실

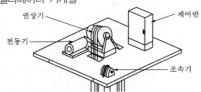

㉡ 균형추(counter weight) : 카의 무게를 일정비율 보상하기 위하여 카측과 반대편에 주철 혹은 콘크리트로 제작되어 설치되며, 카와의 균형을 유지하는 추

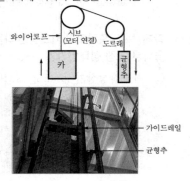

13 재해 발생 과정의 요건이 아닌 것은?

① 사회적 환경과 유전적인 요소
② 개인적 결함
③ 사고
④ 안전한 행동

해설 재해의 발생 순서 5단계
유전적 요소와 사회적 환경 → 인적 결함 → 불안전한 행동과 상태 → 사고 → 재해

14 워드 레오나드방식을 옳게 설명한 것은?

① 발전기의 출력을 직접 전동기의 전기자에 공급하는 방식으로 발전기의 계자를 강하게 하거나 약하게 하여 속도를 조절하는 것
② 직류전동기의 전기자회로에 저항을 넣어서 이것을 변화시켜서 속도를 제어하는 것
③ 교류를 직류로 바꾸어 전동기에 공급하여 사이리스터의 점호각을 바꾸어 전동기의 회전수를 바꾸는 것
④ 기준속도의 패턴을 주는 기준전압과 전동기의 실제속도를 나타내는 검출발전기 전압을 비교하여 속도를 제어하는 것

해설 워드 레오나드(ward-leonard) 방식
㉠ 초기 직류 엘리베이터의 속도제어에 널리 사용되던 방식이다.
㉡ 전동발전기(motor-generator ; MG)를 엘리베이터 1대당 1세트를 설치하여 MG의 출력을 직접 직류모터전기자에 공급하고 발전기의 계자전류를 조절하여 발전기의 발생 전압을 임의로 연속적으로 변화시켜 직류모터의 속도를 연속으로 광범위하게 제어한다.
㉢ 발전기의 계자에 소용량의 저항을 연결하여 대전력을 제어할 수 있어 손실이 적다.

15 안전점검의 목적에 해당되지 않는 것은?

① 생산 위주로 시설 가동
② 결함이나 불안전 조건의 제거
③ 기계설비의 본래 성능 유지
④ 합리적인 생산관리

해설 안전점검(safety inspection)
넓은 의미에서는 안전에 관한 제반사항을 점검하는 것을 말하며, 좁은 의미에서는 시설, 기계·기구 등의 구조설비 상태와 안전기준과의 적합성 여부를 확인하는 행위를 말한다. 인간, 도구(기계, 장비, 공구 등), 환경, 원자재, 작업의 5개 요소가 빠짐없이 검토되어야 한다.

ⓐ 안전점검의 목적
- 결함이나 불안전조건의 제거
- 기계설비의 본래의 성능 유지
- 합리적인 생산관리
ⓑ 안전점검의 종류
- 정기점검 : 일정 기간마다 정기적으로 실시하는 점검을 말하며, 매주, 매 월 매분기 등 법적 기준에 맞도록 또는 자체기준에 따라 해당책임자가 실시하는 점검이다.
- 수시점검(일상점검) : 매일 작업 전, 작업 중, 작업 후에 일상적으로 실시하는 점검을 말하며, 작업자, 작업책임자, 관리감독자가 행하는 사업주의 순찰도 넓은 의미에서 포함된다.
- 특별점검 : 기계·기구 또는 설비의 신설·변경 또는 고장·수리 등으로 비정기적인 특정점검을 말하며 기술책임자가 행한다.
- 임시점검 : 기계·기구 또는 설비의 이상발견 시에 임시로 실시하는 점검을 말하며, 정기점검 실시 후 다음 정기점검일 이전에 임시로 실시하는 점검이다.

16 조속기의 보수점검항목에 해당되지 않는 것은?

① 조속기스위치의 접점 청결 상태
② 세이프티 링크스위치와 캠의 간격
③ 운전의 원활성 및 소음 유무
④ 조속기로프와 클립 체결 상태

해설 조속기(governor)의 보수점검항목

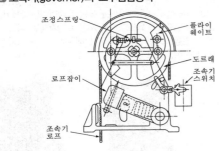

∎ 디스크 추형 조속기 ∎

∎ 분할핀 ∎   ∎ 테이퍼 핀 ∎

ⓐ 각 부분 마모, 진동, 소음의 유무
ⓑ 베어링의 눌러 붙음 발생의 우려
ⓒ 캐치의 작동 상태
ⓓ 볼트(bolt), 너트(nut)의 결여 및 이완 상태
ⓔ 분할핀(cotter pin) 결여의 유무
ⓕ 시브(sheave)에서 조속기로프(governor rope)의 미끄럼 상태

ⓖ 조속기로프와 클립 체결 상태
ⓗ 과속(조속기)스위치 접점의 양호 여부 및 작동 상태
ⓘ 각 테이퍼 핀(taper–pin)의 이완 유무
ⓙ 급유 및 청소 상태
ⓚ 작동 속도시험 및 운전의 원활성
ⓛ 비상정지장치 작동 상태의 양호 유무
ⓜ 조속기(governor) 고정 상태

17 다음 중 간접식 유압엘리베이터의 특징으로 옳지 않은 것은?

① 실린더를 설치하기 위한 보호관이 필요하지 않다.
② 실린더 길이가 직접식에 비하여 짧다.
③ 비상정지장치가 필요하지 않다.
④ 실린더의 점검이 직접식에 비하여 쉽다.

해설 간접식 유압엘리베이터

플런저의 선단에 도르래를 놓고 로프 또는 체인을 통해 카를 올리고 내리며 로핑에 따라 1 : 2, 1 : 4, 2 : 4의 방식이 있다.

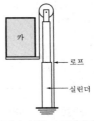

ⓐ 실린더를 설치하기 위한 보호관이 필요하지 않다.
ⓑ 실린더의 점검이 쉽다.
ⓒ 승강로는 실린더를 수용할 부분만큼 더 커지게 된다.
ⓓ 비상정지장치가 필요하다.
ⓔ 로프의 늘어짐과 작동유의 압축성(의외로 크다) 때문에 부하에 의한 카 바닥의 빠짐이 비교적 크다.

18 2축이 만나는(교차하는) 기어는?

① 나사(screw)기어   ② 베벨기어
③ 웜기어   ④ 하이포이드기어

해설 기어의 분류

ⓐ 평행축 기어 : 평기어, 헬리컬기어, 더블 헬리컬기어, 랙과 작은 기어
ⓑ 교차축 기어 : 스퍼어 베벨기어, 헬리컬 베벨기어, 스파이럴 베벨기어, 제로올 베벨기어, 크라운기어, 앵귤리 베벨기어
ⓒ 어긋난 축기어 : 나사기어, 웜기어, 하이포이드 기어, 헬리컬 크라운 기어

∎ 평기어 ∎ ∎ 헬리컬기어 ∎ ∎ 베벨기어 ∎   ∎ 웜기어 ∎

19 후크의 법칙을 옳게 설명한 것은?

① 응력과 변형률은 반비례 관계이다.
② 응력과 탄성계수는 반비례 관계이다.
③ 응력과 변형률은 비례 관계이다.
④ 변형률과 탄성계수는 비례 관계이다.

해설 **후크(Hook)의 법칙**

재료의 '응력 값은 어느 한도(비례한도) 이내에서는 응력과 이로 인해 생기는 변형률은 비례한다'는 법칙이다.

20 응력변형률 선도에서 하중의 크기가 적을 때 변형이 급격히 증가하는 점을 무엇이라 하는가?

① 항복점
② 피로한도점
③ 응력한도점
④ 탄성한계점

해설 응력도(σ)＝탄성(영 : Young) 계수(E)×변형도(ε)

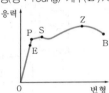

여기서, E : 탄성한계, P : 비례한계
S : 항복점, Z : 종국응력(인장 최대하중)
B : 파괴점(재료에 따라서는 E와 P가 일치한다.)

21 다음 그림과 같은 논리회로는?

① AND회로
② OR회로
③ NOT회로
④ NAND회로

해설 **논리합(OR)회로**

하나의 입력만 있어도 출력이 나타나는 회로이며, 'A' OR 'B' 즉, 병렬회로이다.

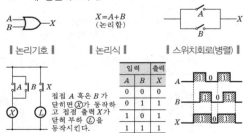

| | 논리기호 | | 논리식 | | 스위치회로(병렬) |

A, B ─ X $X=A+B$ (논리합)   ─ X

■ 논리기호 ■　　■ 논리식 ■　　■ 스위치회로(병렬) ■

접점 A 혹은 B가 닫히면 $\textcircled{X}$가 동작하고 접점 출력 X가 닫혀 부하 $\textcircled{L}$을 동작시킨다.

입력		출력
A	B	X
0	0	0
0	1	1
1	0	1
1	1	1

■ 릴레이회로 ■　　■ 진리표 ■　　■ 동작시간표 ■

22 전기식 엘리베이터 자체점검 항목 중 피트에서 완충기 점검항목 중 B로 하여야 할 것은?

① 완충기의 부착이 불확실한 것
② 스프링식에서는 스프링이 손상되어 있는 것
③ 전기안전장치가 불량한 것
④ 유압식으로 유량 부족의 것

해설 **전기식 엘리베이터 완충기 점검항목 및 방법**

㉠ B(요주의)
　• 완충기 본체 및 부착 부분의 녹 발생이 현저한 것
　• 유입식으로 유량 부족의 것
㉡ C(요수리 또는 긴급수리)
　• 위 ㉠항의 상태가 심한 것
　• 완충기의 부착이 불확실한 것
　• 스프링식에서는 스프링이 손상되어 있는 것

23 기계실에서 점검할 항목이 아닌 것은?

① 수전반 및 주개폐기
② 가이드롤러
③ 절연저항
④ 제동기

해설 **카 가이드롤러(car guide roller)**

엘리베이터의 카, 균형추 또는 플런저를 레일을 따라 안내하기 위한 장치로, 일반적으로 카 체대 또는 균형추 체대의 상하부에 설치된다. 가이드롤러형은 슬라이딩형에 비해 구조가 복잡하고 비용도 고가이지만 주행저항이 적어 고속운전 시 진동, 소음의 발생이 적기 때문에 고속, 초고속 엘리베이터에 이용되고 있다.

■ 슬라이딩형 ■　　　　■ 롤러형 ■

car

■ 설치 위치 ■

24 콘덴서의 용량을 크게 하는 방법으로 옳지 않은 것은?

① 극판의 면적을 넓게 한다.
② 극판의 간격을 좁게 한다.
③ 극판간에 넣은 물질은 비유전율이 큰 것을 사용한다.
④ 극판 사이의 전압을 높게 한다.

해설 정전용량(Q)

㉠ 콘덴서(condenser)는 2장의 도체판(전극) 사이에 유전체를 넣고 절연하여 전하를 축적할 수 있게 한 것이다.

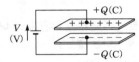

㉡ 전원전압 V(V)에 의해 축적된 전하 Q(C)이라 하면, Q는 V에 비례하고 그 관계 $Q = CV$(C)이다.
  • C는 전극이 전하를 축적하는 능력의 정도를 나타내는 상수로 커패시턴스(capacitance) 또는 정전용량(electrostatic capacity)이라고 하며, 단위는 패럿(farad, F)이다.
  • 1F는 1V의 전압을 가하여 1C의 전하가 축적되는 경우의 정전용량이다.
㉢ 큰 정전용량을 얻기 위한 방법
  • 극판의 면적을 넓게 한다.
  • 극판간의 간격을 작게 한다.
  • 극판 사이에 넣는 절연물을 비유전율(ε_s)이 큰 것으로 사용한다.
  • 비유전율 : 공기(1), 유리(5.4~9.9), 마이카(5.6~6.0), 단물(81)

25 어떤 교류전동기의 회전속도가 1,200rpm이라고 할 때 전원주파수를 10% 증가시키면 회전속도는 몇 rpm이 되는가?

① 1,080
② 1,200
③ 1,320
④ 1,440

해설 회전속도

㉠ $n_s = \dfrac{120f}{p}$(rpm) (회전수는 주파수에 비례)
㉡ 주파수만 10% 증가시키면, 회전속도는 다음과 같다.
  $1,200 \times 1.1 = 1,320$rpm

26 실린더에 이물질이 흡입되는 것을 방지하기 위하여 펌프의 흡입측에 부착하는 것은?

① 필터
② 사이렌서
③ 스트레이너
④ 더스트와이퍼

해설 유압회로의 구성요소

㉠ 필터(filter)와 스트레이너(strainer) : 실린더에 쇳가루나 이물질이 들어가는 것을 방지(실린더 손상 방지)하기 위해 설치하며, 펌프의 흡입측에 부착하는 것을 스트레이너라 하고, 배관 중간에 부착하는 것을 라인필터라 한다.
㉡ 사이렌서(silencer) : 자동차의 머플러와 같이 작동유의 압력 맥동을 흡수하여 진동·소음을 감소시키는 역할을 한다.
㉢ 더스트와이퍼(dust wiper) : 플런저 표면의 이물질이 실린더 내측으로 삽입되는 것을 방지한다.

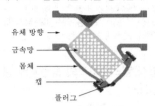

유체 방향
금속망
몸체
캡
플러그

‖ 스트레이너 ‖

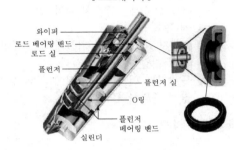

와이퍼
로드 베어링 밴드
로드 실
플런저
플런저 실
O링
플런저 베어링 밴드
실린더

‖ 더스트와이퍼 ‖

27 10Ω과 15Ω의 저항을 병렬로 연결하고 50A의 전류를 흘렸다면, 10Ω의 저항쪽에 흐르는 전류는 몇 A인가?

① 10
② 15
③ 20
④ 30

해설

㉠ R_T(합성저항)$= \dfrac{R_1 \times R_2}{R_1 + R_2} = \dfrac{10 \times 15}{10 + 15} = 6\Omega$
㉡ V(전압)$= I_T \times R_T = 50 \times 6 = 300$V
㉢ $I_{R_1} = \dfrac{V}{R_1} = \dfrac{300}{10} = 30$A
㉣ $I_{R_2} = \dfrac{V}{R_2} = \dfrac{300}{15} = 20$A

28 안전관리자의 직무가 아닌 것은?

① 안전보건관리규정에서 정한 직무
② 산업재해 발생의 원인 조사 및 대책
③ 안전교육계획의 수립 및 실시
④ 근로환경보건에 관한 연구 및 조사

해설 안전관리자의 직무

ⓐ 당해 사업장의 안전보건관리규정 및 취업규칙에서 정한 직무
ⓑ 방호장치, 기계기구 및 설비, 보호구 중 안전에 관련된 보호구 구입 시 적격품 선정
ⓒ 당해 사업장 안전교육계획의 수립 및 실시
ⓓ 사업장 순회점검, 지도 및 조치의 건의
ⓔ 산업재해 발생 원인 조사 및 재발방지를 위한 기술적 지도 조언
ⓕ 산업재해에 관한 통계의 유지관리를 위한 지도 조언
ⓖ 안전에 관한 사항을 위반한 근로자에 대한 조치의 건의
ⓗ 기타 안전에 관한 사항으로 노동부장관이 정한 사항

29 유압식 엘리베이터의 플런저에 관한 설명 중 틀린 것은?

① 상부에는 메탈이 설치되어 있다.
② 메탈 상부에는 패킹이 되어 있어 기름이 새지 않게 한다.
③ 플런저 표면은 약간 거칠게 되어 있어 메탈과의 마찰력을 크게 한다.
④ 플런저는 먼지나 이물질에 의해 상처받지 않게 주의하여야 한다.

해설 플런저의 구조

유압식 엘리베이터의 상하 움직이는 잭 부분(피스톤)으로 유압의 작동에 의해 실린더 내의 플런저를 승강시킴으로써 카를 구동한다.
ⓐ 플런저에 작용하는 총하중이 크면 클수록 그 단면은 커진다.
ⓑ 재료는 KS규격의 기계구조용 탄소강관의 이음매가 없는 것이 사용되며, 그 두께는 5~20mm 정도이다.
ⓒ 플런저의 이탈을 막기 위하여 플런저의 한쪽 끝단에 스토퍼(stopper)를 설치하여야 한다.

30 유압장치의 보수, 점검, 수리 시에 사용되고, 일명 게이트밸브라고도 하는 것은?

① 스톱밸브   ② 사이렌서
③ 체크밸브   ④ 필터

해설 유압회로의 구성요소

│ 스톱밸브 │

ⓐ 스톱밸브(stop valve) : 유압 파워유닛과 실린더 사이의 압력배관에 설치되며, 이것을 닫으면 실린더의 기름이 파워유닛으로 역류하는 것을 방지한다. 유압장치의 보

수, 점검 또는 수리 등을 할 때에 사용되며, 일명 게이트밸브라고도 한다.
ⓑ 사이렌서(silencer) : 자동차의 머플러와 같이 작동유의 압력맥동을 흡수하여 진동·소음을 감소시키는 역할을 한다.
ⓒ 역류제지밸브(check valve) : 한쪽 방향으로만 기름이 흐르도록 하는 밸브로서 상승방향으로는 흐르지만 역방향으로는 흐르지 않는다. 이것은 정전이나 그 이외의 원인으로 펌프의 토출압력이 떨어져서 실린더의 기름이 역류하여 카가 자유낙하하는 것을 방지하는 역할을 하는 것으로 로프식 엘리베이터의 전자브레이크와 유사한다.
ⓓ 필터(filter) : 실린더에 쇳가루나 이물질이 들어가는 것을 방지(실린더 손상 방지)하기 위해 설치하며, 펌프의 흡입측에 부착하는 것을 스트레이너라 하고, 배관 중간에 부착하는 것을 라인필터라 한다.

31 아파트 등에서 주로 야간에 카 내의 범죄 방지를 위해 설치하는 것은?

① 파킹스위치
② 슬로다운 스위치
③ 록다운 비상정지장치
④ 각 층 강제 정지운전스위치

해설 각 층 정지(each floor stop)운전, 각 층 강제정지

특정 시간대에 엘리베이터 내에서의 범죄를 방지하기 위해 매 층마다 정지하고 도어를 여닫은 후에 움직이는 기능(일본에서는 공동주택에서 자정이 지나면 동작되게 규정됨)

32 균형로프(compensation rope)의 역할로 가장 알맞은 것은?

① 카의 무게를 보상
② 카의 낙하를 방지
③ 균형추의 이탈을 방지
④ 와이어로프의 무게를 보상

해설 견인비의 보상방법

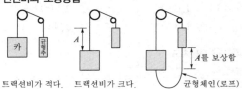

트랙션비가 적다.   트랙션비가 크다.   균형체인(로프)

ⓐ 견인비(traction ratio)
• 카측 로프가 매달고 있는 중량과 균형추 로프가 매달고 있는 중량의 비를 트랙션비라 하고, 무부하와 전부하 상태에서 체크한다.
• 견인비가 낮게 선택되면 로프와 도르래 사이의 트랙션 능력, 즉 마찰력이 작아도 되며, 로프의 수명이 연장된다.
ⓑ 문제점
• 승강행정이 길어지면 로프가 어느 쪽(카측, 균형추측)에 있느냐에 따라 트랙션비는 크게 변화한다.

- 트랙션비가 1.35를 초과하면 로프가 시브에서 슬립 (slip)되기가 쉽다.
- ⓒ 대책
  - 카 하부에서 균형추의 하부로 주로프와 비슷한 단위 중량의 균형(보상)체인이나 로프를 매단다(트랙션비를 작게 하기 위한 방법).
  - 균형로프는 서로 엉키는 걸 방지하기 위하여 피트에 인장도르래를 설치한다.
  - 균형로프는 100%의 보상효과가 있고 균형체인은 90% 정도밖에 보상하지 못한다.
  - 고속·고층 엘리베이터의 경우 균형체인(소음의 원인)보다는 균형로프를 사용한다.

‖ 균형체인 ‖

33 가이드레일 보수점검항목에 해당되지 않는 것은?

① 이음판의 취부볼트, 너트의 이완 상태
② 로프와 클립 체결 상태
③ 가이드레일의 급유 상태
④ 브래킷 용접부의 균열 상태

해설 가이드레일(guide rail)의 점검항목

‖ 가이드레일과 브래킷 ‖

- ㉠ 레일의 손상이나 용접부의 상태, 주행 중의 이상음 발생 여부
- ㉡ 레일고정용의 레일클립 취부 상태 및 고정볼트의 이완 상태
- ㉢ 레일의 이음판의 취부 볼트, 너트의 이완 상태
- ㉣ 레일의 급유 상태
- ㉤ 레일 및 브래킷의 발청 상태
- ㉥ 레일 및 브래킷의 오염 상태
- ㉦ 브래킷에 취부되어 있는 주행케이블 보호선의 취부 상태
- ㉧ 브래킷 취부의 앵커볼트 이완 상태
- ㉨ 브래킷의 용접부에 균열 등의 이상 상태

34 추락을 방지하기 위한 2종 안전대의 사용법은?

① U자 걸이 전용
② 1개 걸이 전용
③ 1개 걸이, U자 걸이 겸용
④ 2개 걸이 전용

해설 안전대의 종류

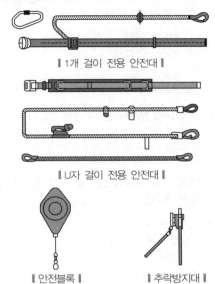

‖ 1개 걸이 전용 안전대 ‖

‖ U자 걸이 전용 안전대 ‖

‖ 안전블록 ‖   ‖ 추락방지대 ‖

종류	등급	사용 구분
벨트식(B식), 안전그네식(H식)	1종	U자 걸이 전용
	2종	1개 걸이 전용
	3종	1개 걸이, U자 걸이 공용
	4종	안전블록
	5종	추락방지대

35 플레밍의 왼손 법칙에서 엄지손가락의 방향은 무엇을 나타내는가?

① 자장
② 전류
③ 힘
④ 기전력

해설 플레밍의 왼손 법칙

- ㉠ 자기장 내의 도선에 전류가 흐름 → 도선에 운동력 발생 (전기에너지 → 운동에너지) : 전동기
- ㉡ 집게 손가락(자장의 방향), 가운뎃손가락(전류의 방향), 엄지손가락(힘의 방향)

36 전기식 엘리베이터의 속도에 의한 분류방식 중 고속 엘리베이터의 기준은?

① 2m/s 이상
② 2m/s 초과
③ 3m/s 이상
④ 4m/s 초과

🔑해설 **승강기시설 안전관리법 시행규칙 제24조의 7**
ⓐ 고속 엘리베이터는 초당 4m를 초과하는 승강기
ⓑ 초당 4m는 1분(60초)에 240m/min

37 단상 교류 부하의 전력을 측정하는 데 필요하지 않은 계기는?

① 전압계
② 전류계
③ 전력계
④ 주파수계

🔑해설 저항 R의 회로에 교류전압 $v = \sqrt{2}\,V\sin\omega t$(V)를 가하면, 전류 $i = \sqrt{2}\,I\sin\omega t$(A)가 흐르고 전력(평균 전력) P는 다음과 같다.

$$P = VI = I^2 R = \frac{V^2}{R}\,\text{(W)}$$

38 VVVF제어란?

① 전압을 변환시킨다.
② 주파수를 변환시킨다.
③ 전압과 주파수를 변환시킨다.
④ 전압과 주파수를 일정하게 유지시킨다.

🔑해설 **VVVF(가변전압 가변주파수)제어**
ⓐ 유도전동기에 인가되는 전압과 주파수를 동시에 변환시켜 직류전동기와 동등한 제어 성능을 얻을 수 있는 방식이다.
ⓑ 직류전동기를 사용하고 있던 고속 엘리베이터에도 유도전동기를 적용하여 보수가 용이하고, 전력회생을 통해 에너지가 절약된다.
ⓒ 중·저속 엘리베이터(궤환제어)에서는 승차감과 성능이 크게 향상되고 저속 영역에서 손실을 줄여 소비전력이 약 반으로 된다.
ⓓ 3상의 교류는 컨버터로 일단 DC전원으로 변환하고 인버터로 재차 가변전압 및 가변주파수의 3상 교류로 변환하여 전동기에 공급된다.
ⓔ 교류에서 직류로 변경되는 컨버터에는 사이리스터가 사용되고, 직류에서 교류로 변경하는 인버터에는 트랜지스터가 사용된다.
ⓕ 컨버터제어방식을 PAM(Pulse Amplitude Modulation), 인버터제어방식을 PWM(Pulse Width Modulation)시스템이라고 한다.

39 엘리베이터용 가이드레일의 역할이 아닌 것은?

① 카와 균형추의 승강로 내 위치 규제
② 승강로의 기계적 강도를 보강해 주는 역할
③ 카의 자중이나 화물에 의한 카의 기울어짐 방지
④ 집중하중이나 비상정지장치 작동 시 수직하중 유지

🔑해설 **가이드레일(guide rail)**
ⓐ 가이드레일의 사용 목적
  • 카와 균형추의 승강로 평면 내의 위치를 규제한다.
  • 카의 자중이나 화물에 의한 카의 기울어짐을 방지한다.
  • 비상멈춤이 작동할 때의 수직하중을 유지한다.

가이드레일

ⓑ 가이드레일의 규격
  • 레일 규격의 호칭은 마무리 가공 전 소재의 1m당의 중량으로 한다.
  • 일반적으로 쓰는 T형 레일의 공칭에는 8, 13, 18, 24K 등이 있다.
  • 대용량의 엘리베이터에서는 37, 50K 레일 등도 사용한다.
  • 레일의 표준길이는 5m로 한다.

40 다음 중 재해발생 형태별 분류에 해당되지 않는 것은?

① 추락
② 전도
③ 감전
④ 골절

🔑해설 **산업재해의 분류**
ⓐ 재해형태별 분류 : 추락, 충돌, 전도, 낙하비래, 협착, 감전, 동상 등
ⓑ 상해형태별 분류 : 골절, 동상, 부종, 찔림, 타박상, 절단, 찰과상, 베임 등

41 승강기 카와 건물벽 사이에 끼어 재해를 당했다면 재해발생의 형태는?

① 협착
② 충돌
③ 전도
④ 화상

🔑정답 36. ④ 37. ④ 38. ③ 39. ② 40. ④ 41. ①

[해설] 재해발생의 형태

㉠ 협착 : 물건에 끼인 상태, 말려든 상태
㉡ 충돌 : 서로 맞부딪침
㉢ 전도 : 사람이 평면상으로 넘어졌을 때를 말함(과속, 미끄러짐 포함)
㉣ 화상 : 화재 또는 고온물 접촉으로 인한 상해

42 직류발전기의 구조로서 3대 요소에 속하지 않는 것은?

① 계자　　　　② 보극
③ 전기자　　　④ 정류자

[해설] 직류발전기의 구성요소

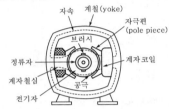

┃2극 직류발전기의 단면도┃

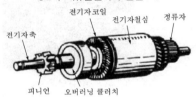

┃전기자┃

㉠ 계자(field magnet)
　• 계자권선(field coil), 계자철심(field core), 자극(pole piece) 및 계철(yoke)로 구성된다.
　• 계자권선은 계자철심에 감겨져 있으며, 이 권선에 전류가 흐르면 자속이 발생한다.
　• 자극편은 전기자에 대응하여 계자자속을 공극 부분에 적당히 분포시킨다.
㉡ 전기자(armature)
　• 전기자철심(armature core), 전기자권선(armature winding), 정류자 및 회전축(shaft)으로 구성된다.
　• 전기자철심의 재료와 구조는 맴돌이전류(eddy current)와 히스테리현상에 의한 철손을 적게 하기 위하여 두께 0.35~0.5mm의 규소강판을 성층하여 만든다.
㉢ 정류자(commutator) : 직류기에서 가장 중요한 부분 중의 하나이며, 운전 중에는 항상 브러시와 접촉하여 마찰이 생겨 마모 및 불꽃 등으로 높은 온도가 되므로 전기적, 기계적으로 충분히 견딜 수 있어야 한다.

43 권상도르래 현수로프의 안전율은 얼마이어야 하는가?

① 6 이상　　　② 10 이상
③ 12 이상　　④ 15 이상

[해설] 권상도르래, 풀리 또는 드럼과 로프의 직경 비율, 로프·체인의 단말처리

㉠ 권상도르래, 풀리 또는 드럼과 현수로프의 공칭직경 사이의 비는 스트랜드의 수와 관계없이 40 이상이어야 한다.
㉡ 현수로프의 안전율은 어떠한 경우라도 12 이상이어야 한다. 안전율은 카가 정격하중을 싣고 최하층에 정지하고 있을 때 로프 1가닥의 최소 파단하중(N)과 이 로프에 걸리는 최대 힘(N) 사이의 비율이다.
㉢ 로프와 로프 단말 사이의 연결은 로프의 최소 파단하중의 80% 이상을 견뎌야 한다.
㉣ 로프의 끝 부분은 카, 균형추(또는 평형추) 또는 현수되는 지점에 금속 또는 수지로 채워진 소켓, 자체 조임 쐐기형식의 소켓 또는 안전상 이와 동등한 기타 시스템에 의해 고정되어야 한다.

44 와이어로프의 특징으로 잘못된 것은?

① 소선의 재질이 균일하고 인상이 우수
② 유연성이 좋고 내구성 및 내부식성이 우수
③ 그리이스 저장능력이 좋아야 한다.
④ 로프 중심에 사용되는 심강의 경도가 낮다.

[해설] 엘리베이터용 와이어로프의 특징

㉠ 유연성이 좋고 내구성 및 내부식성이 우수
㉡ 소선의 재질이 균일하고 인성이 우수
㉢ 로프 중심에 사용되는 심강의 경도가 높음
㉣ 그리이스 저장능력이 뛰어남

45 승강장에서 카의 운행, 정지 및 휴지조작, 재개조작이 가능한 안전장치는?

① 자동·수동 절환스위치
② 도어안전장치
③ 파킹스위치
④ 카 운행정지스위치

[해설] 파킹(parking)스위치는 카를 휴지시키기 위해 설치된 스위치로 기준층의 승강장에 키스위치를 설치하여 승강장에 카를 휴지 또는 재가동시킬 수 있는 스위치이다.

46 로프이탈방지장치를 설치하는 목적으로 부적절한 것은?

① 급제동 시 진동에 의해 주로프가 벗겨질 우려가 있는 경우
② 지진의 진동에 의해 주로프가 벗겨질 우려가 있는 경우
③ 기타의 진동에 의해 주로프가 벗겨질 우려가 있는 경우
④ 주로프의 파단으로 이탈할 경우

해설 로프이탈방지장치

급제동 시나 지진, 기타의 진동에 의해 주로프가 벗겨질 우려가 있는 경우에는 로프이탈방지장치 등을 설치하여야 한다. 다만, 기계실에 설치된 고정도르래 또는 도르래홈에 주로프가 1/2 이상 묻히거나 도르래 끝단의 높이가 주로프보다 더 높은 경우에는 제외한다.

47 다음 빈칸의 내용으로 적당한 것은?

> 덤웨이터는 사람이 탑승하지 않으면서 적재용량이 (   )kg 이하인 것으로서 소형화물(서적, 음식물 등) 운반에 적합하게 제작된 엘리베이터이다.

① 200 　　　　② 300
③ 500 　　　　④ 1,000

해설 덤웨이터 및 간이리프트

‖ 덤웨이터 ‖

㉠ 덤웨이터 : 사람이 탑승하지 않으면서 적재용량이 300kg 이하인 것으로서 소형화물(서적, 음식물 등) 운반에 적합하게 제작된 엘리베이터일 것 다만, 바닥 면적이 $0.5m^2$ 이하이고 높이가 0.6m 이하인 엘리베이터는 제외

㉡ 간이리프트 : 안전규칙에서 동력을 사용하여 가이드레일을 따라 움직이는 운반구를 매달아 소형 화물 운반만을 주목적으로 하는 승강기와 유사한 구조로서 운반구의 바닥면적이 $1m^2$ 이하이거나 천장높이가 1.2m 이하인 것

48 플러깅(plugging)이란 무슨 장치를 말하는가?

① 전동기의 속도를 빠르게 조절하는 장치
② 전동기의 기동을 빠르게 하는 장치
③ 전동기를 정지시키는 장치
④ 전동기의 속도를 조절하는 장치

해설 직류전동기의 제동법

㉠ 발전제동 : 운전 중의 전동기를 전원에서 분리하여 단자에 적당한 저항을 접속하고 이것을 발전기로 동작 시켜 부하전류로 역토크에 의해 제동하는 방법이다.

㉡ 회생제동 : 전동기를 발전기로 동작 시켜 그 유도기전력을 전원전압보다 크게 하여 전력을 전원에 되돌려 보내서 제동시키는 방법이다.

㉢ 역상제동(플러킹) : 3상 유도전동기에서 전원의 위상을 역(逆)으로 하는 것에 따라 제동력을 얻는 전기제동으로 전원에 결선된 3가닥의 전선 중에서 임의의 2가닥을 바꾸어 접속하면 역회전이 걸려 전동기를 급격히 빠르게 제동할 수 있다.

49 에스컬레이터 안전장치스위치의 종류에 해당하지 않는 것은?

① 비상정지스위치
② 업다운스위치
③ 스커트 가드 안전스위치
④ 인레트스위치

해설 에스컬레이터의 안전장치

‖ 비상정지스위치 ‖

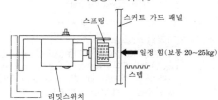

‖ 스커트 가드 안전스위치 ‖

‖ 인레트스위치 ‖

㉠ 비상정지스위치 : 사고 발생 시 신속히 정지시켜야 하므로 상하의 승강구에 설치한다.

㉡ 스커트 가드(skirt guard)스위치 : 스커트 가드판과 스텝 사이에 인체의 일부나 옷, 신발 등이 끼면 위험하므로 스커트 가드 패널에 일정 이상의 힘이 가해지면 안전스위치가 작동되어 에스컬레이터를 정지시킨다.

㉢ 인레트스위치(inlet switch) : 핸드레일의 인입구에 설치하며, 핸드레일이 난간 하부로 들어갈 때 어린이의 손가락이 빨려 들어가는 사고 발생 시 에스컬레이터 운행을 정지시킨다.

50 인간공학적인 안전화된 작업환경으로 잘못된 것은?

① 충분한 작업공간의 확보
② 작업 시 안전한 통로나 계단의 확보
③ 작업대나 의자의 높이 또는 형태를 적당히 할 것
④ 기계별 점검 확대

해설 인간 공학적인 안전한 작업환경

㉠ 기계류 표시와 배치를 적당히 하여 오인이 안 되도록 할 것
㉡ 기계에 부착된 조명, 기계에서 발생된 소음 등의 검토 개선
㉢ 충분한 작업공간의 확보
㉣ 작업대나 의자의 높이 또는 형태를 적당히 할 것
㉤ 작업 시 안전한 통로나 계단의 확보

51 유압승강기 압력배관에 관한 설명 중 옳지 않은 것은?

① 압력배관은 펌프 출구에서 안전밸브까지를 말한다.
② 지진 또는 진동 및 충격을 완화하기 위한 조치가 필요하다.
③ 압력배관으로 탄소강 강관이나 고압 고무 호스를 사용한다.
④ 압력배관이 파손되었을 때 카의 하강을 제지하는 장치가 필요하다.

해설 유압 파워유닛

㉠ 펌프, 전동기, 밸브, 탱크 등으로 구성되어 있는 유압동력 전달장치이다.
㉡ 유압펌프에서 실린더까지를 탄소강관이나 고압 고무호스를 사용하여 압력배관으로 연결한다.
㉢ 단순히 작동유에 압력을 주는 것뿐만 아니라 카를 상승시킬 경우 가속, 주행 감속에 필요한 유량으로 제어하여 실린더에 보내고, 하강 시에는 실린더의 기름을 같은 방법으로 제어한 후 탱크로 되돌린다.

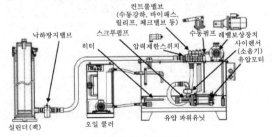

▮ 유압승강기 구동부 ▮

52 고압활선 근로자의 감전방지 조치로 적절하지 않은 것은?

① 활선작업용 장치를 사용하게 한다.
② 접근한계거리 이상 유지한다.
③ 절연용 방호구를 설치하도록 한다.
④ 감독자의 유무는 관계가 없다.

해설 고압활선 근로자 감전방지 조치

㉠ 정전, 활선 여부를 반드시 확인하고 작업 수행(검전기 사용)
㉡ 충전된 전로에 접촉하거나 접근할 경우는 감전방지위해 작업 상황에 적합한 개인보호장비를 착용하고 규정된 절차로 작업 수행
㉢ 고압충전부에 접근작업 시에는 절연용 방호구로 충전부 방호조치
㉣ 근로자의 신체와 충전전로 사이에 접근한계거리(충전전로의 사용전압 22.9kv인 경우 30cm) 이상 유지
㉤ 관리감독자에 의해 작업이 관리되어야 함

53 다음 중 서보기구의 제어량으로 틀린 것은?

① 전압   ② 위치
③ 회전속도   ④ 방위

해설 서보기구

물체의 위치, 방위, 자세, 회전속도 등을 제어량으로 하여 목표치의 변화에 뒤따르도록 구성된 자동제어계를 서보기구(servo mechanism)라 한다.

54 승강기에 관한 안전장치 중 반드시 필요로 하는 것이 아닌 것은?

① 출입문이 모두 닫히기 전에는 승강하지 않도록 하는 장치
② 과속 시 동력을 자동으로 차단하는 장치
③ 승강기 내의 비상정지스위치
④ 승강기 내에서 외부로 연락할 수 있는 장치

해설 슬로다운스위치, 리밋스위치, 파이널 리밋스위치, 종단층 강제감속장치 등 자동으로 감지되어 동작하는 안전장치가 있으므로 수동으로 작동하는 비상정지스위치는 그중 생략해도 가능하다.

55 에스컬레이터의 높이가 6m, 공칭속도가 0.5m/s인 경우의 경사도는?

① 35   ② 40
③ 50   ④ 60

해설 에스컬레이터 및 무빙워크의 경사도

㉠ 에스컬레이터의 경사도는 30°를 초과하지 않아야 한다. 다만, 높이가 6m 이하이고 공칭속도가 0.5m/s 이하인 경우에는 경사도를 35°까지 증가시킬 수 있다.
㉡ 무빙워크의 경사도는 12° 이하이어야 한다.

56 산업재해 예방의 기본원칙에 속하지 않은 것은?

① 원인규명의 원칙　② 대책선정의 원칙
③ 손실우연의 원칙　④ 원인연계의 원칙

해설 재해(사고) 예방의 4원칙

㉠ 손실우연의 원칙
- 재해손실은 사고발생 조건에 따라 달라지므로, 우연에 의해 재해손실이 결정됨
- 따라서, 우연에 의해 좌우되는 재해손실 방지보다는 사고발생 자체를 방지해야 함

㉡ 예방가능의 원칙
- 천재를 제외한 모든 인재는 예방이 가능함
- 사고발생 후 조치보다 사고의 발생을 미연에 방지하는 것이 중요함

㉢ 원인연계의 원칙
- 사고와 손실은 우연이지만, 사고와 원인은 필연
- 재해는 반드시 원인이 있음

㉣ 대책선정의 원칙
- 재해 원인은 제각각이므로 정확히 규명하여 대책을 선정하여야 함
- 재해예방의 대책은 3E(Engineering, Education, Enforcement)가 모두 적용되어야 효과를 거둠

57 승객용 승강기의 시브가 편마모되었을 때 어떤 것을 보수, 조정하여야 하는가?

① 과부하방지장치　② 조속기
③ 로프의 장력　④ 균형체인

해설 메인 시브 및 편향 시브의 마모는 평상 시에 주의하여 점검을 하지 않으면 안 되는 중요한 부분이다. 시브가 마모하면 엘리베이터의 견인력이 저하하여 대단히 위험한 상태가 된다. 또 메인 시브는 메인 로프의 장력(tension)이 균등하게 되어 있지 않으면 마모가 촉진되므로 평상 시에 로프장력을 체크하는 것도 필요하며 잘못된 점을 발견했을 때에는 즉시 수정한다.

58 기계식 주차장치에 있어서 자동차 중량의 전륜 및 후륜에 대한 배분비는?

① 6 : 4　　　② 5 : 5
③ 7 : 3　　　④ 4 : 6

해설 자동차 중량의 전륜 및 후륜에 대한 배분은 6 : 4로 하고, 계산하는 단면에는 큰 쪽의 중량이 집중하중으로 작용하는 것으로 가정하여 계산한다.

59 에스컬레이터 난간과 이동식 핸드레일의 점검사항이 아닌 것은?

① 접촉기와 계전기의 이상 유무를 확인한다.
② 가이드에서 핸드레일의 이탈 가능성을 확인한다.
③ 표면의 균열 및 진동 여부를 확인한다.
④ 주행 중 소음 및 진동 여부를 확인한다.

해설 핸드레일(handrail) 점검사항

┃핸드레일┃　　　┃핸드레일의 구조┃

안내 롤러　화장 고무
안내 레일　와이어 코드

㉠ 표면 균열, 마모 상태 및 장력
㉡ 가이드에서 핸드레일 이탈 가능성
㉢ 스텝과의 속도 차이
㉣ 핸드레일과의 사이에 손가락이 끼일 위험성
㉤ 주행 중 소음 및 진동 여부
㉥ 안전스위치 작동 상태

60 위험기계기구의 방호장치의 설치의무가 있는 자는?

① 안전관리자
② 해당 작업자
③ 기계기구의 소유자
④ 현장작업의 책임자

해설 방호조치

㉠ 위험기계·기구의 위험장소 또는 부위에 근로자가 통상적인 방법으로는 접근하지 못하도록 하는 제한조치를 말하며, 방호망, 방책, 덮개 또는 각종 방호장치 등을 설치하는 것을 포함한다.
㉡ 사업주(소유자) 및 근로자는 방호조치에 대하여 다음의 사항을 준수하여 조치하여야 한다.

구분	조치내용
사업주	• 방호조치가 정상적인 기능을 발휘할 수 있도록 상시 점검 및 정비 • 사업주는 신고가 있으면 즉시 수리, 보수 및 작업 중지 등 적절한 조치
근로자	• 방호조치를 해체하려는 경우 : 사업주의 허가를 받아 해체 • 방호조치를 해체한 후 그 사유가 소멸된 경우 : 지체없이 원상으로 회복 • 방호조치의 기능이 상실된 것을 발견한 경우 : 지체없이 사업주에게 신고

2017년 제1회 기출복원문제

※ 본 문제는 수험생들의 협조에 의해 작성되었으며, 시험내용과 일부 다를 수 있습니다.

★★★

01 물체에 하중을 작용시키면 물체 내부에 저항력이 생긴다. 이때 생긴 단위면적에 대한 내부 저항력을 무엇이라 하는가?

① 보
② 하중
③ 응력
④ 안전율

해설 응력(stress)

㉠ 물체에 힘이 작용할 때 그 힘과 반대방향으로 크기가 같은 저항력이 생기는데 이 저항력을 내력이라 하며, 단위면적($1mm^2$)에 대한 내력의 크기를 말한다.

㉡ 응력은 하중의 종류에 따라 인장응력, 압축응력, 전단응력 등이 있으며, 인장응력과 압축응력은 하중이 작용하는 방향이 다르지만 같은 성질을 갖는다. 단면에 수직으로 작용하면 수직응력, 단면에 평행하게 접하면 전단응력(접선응력)이라고 한다.

㉢ 수직응력

$$수직응력(kg/cm^2) = \frac{하중(외력)(kg)}{단면적(cm^2)}$$

★

02 에스컬레이터(무빙워크 포함)에서 6개월에 1회 점검하는 사항이 아닌 것은?

① 구동기의 베어링 점검
② 구동기의 감속기어 점검
③ 중간부의 스텝 레일 점검
④ 핸드레일 시스템의 속도 점검

해설 에스컬레이터(무빙워크 포함) 점검항목 및 주기

㉠ 1회/1월 : 기계실내, 수전반, 제어반, 전동기, 브레이크, 구동체인 안전스위치 및 비상 브레이크, 스텝구동장치, 손잡이 구동장치, 빗판과 스텝의 물림, 비상정지스위치 등

㉡ 1회/6월 : 구동기 베어링, 감속기어, 스텝 레일

㉢ 1회/12월 : 방화셔터 등과의 연동정지

★★★

03 다음 그림과 같은 논리회로는 무엇인가?

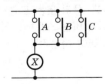

① AND회로
② NOT회로
③ OR회로
④ NAND회로

해설 논리합(OR)회로

㉠ 하나의 입력만 있어도 출력이 나타나는 회로이며, "A" OR "B" 즉 병렬회로이다.

(a) 논리기호 $X = A + B$ (논리합)
(b) 논리식

(c) 스위치회로(병렬)

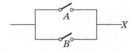

접점 A 혹은 B가 닫히면 X가 동작하고 접점 출력 X가 닫혀 부하 L을 동작시킨다.

(d) 릴레이회로

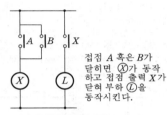

입력		출력
A	B	X
0	0	0
0	1	1
1	0	1
1	1	1

(e) 진리표   (f) 동작시간표

‖ 논리합(OR)회로 ‖

㉡ 문제풀이

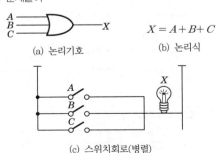

(a) 논리기호 $X = A + B + C$
(b) 논리식

(c) 스위치회로(병렬)

04 안전사고의 발생요인으로 심리적인 요인에 해당되는 것은?

① 감정
② 극도의 피로감
③ 육체적 능력 초과
④ 신경계통의 이상

해설 산업안전 심리의 5요소

동기, 기질, 감정, 습성, 습관

05 아크용접기의 감전방지를 위해서 부착하는 것은?

① 자동전격방지장치
② 중성점접지장치
③ 과전류계전장치
④ 리밋스위치

해설 자동전격방지장치

교류 아크용접기는 용접작업 중에는 30V 정도의 낮은 전압이 사용되어 감전의 위험이 없으나, 무부하 시에는 약 70~90V의 높은 전압이 2차측 홀더와 어스에 걸려 작업자에 대한 위험성이 높다. 따라서 무부하전압을 1.5초 이내에 25V 이하가 되도록 교류 아크용접기에 감전방지용 안전장치인 자동전격방지장치를 설치한다. 아크용접작업 중에는 용접용 변압기를 통하여 아크용 낮은 전압이 공급되고, 아크용접을 잠시 중단한 상태에서는 전격방지장치를 통하여 낮은 전압을 공급하는 원리이다.

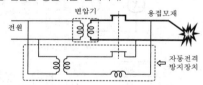

06 다음 중 에스컬레이터의 일반구조에 대한 설명으로 틀린 것은?

① 일반적으로 경사도는 30도 이하로 하여야 한다.
② 핸드레일의 속도가 디딤바닥과 동일한 속도를 유지하도록 한다.
③ 디딤바닥의 정격속도는 0.5m/s 이상이어야 한다.
④ 물건이 에스컬레이터의 각 부분에 끼이거나 부딪치는 일이 없도록 안전한 구조이어야 한다.

해설 에스컬레이터의 일반구조

㉠ 에스컬레이터 및 무빙워크의 경사도
• 에스컬레이터의 경사도는 30°를 초과하지 않아야 한다. 다만, 높이가 6m 이하이고 공칭속도가 0.5m/s 이하인 경우에는 경사도를 35°까지 증가시킬 수 있다.

• 무빙워크의 경사도는 12° 이하이어야 한다.
㉡ 핸드레일 시스템의 일반사항
• 각 난간의 꼭대기에는 정상운행 조건하에서 스텝, 팔레트 또는 벨트의 실제 속도와 관련하여 동일 방향으로 −0%에서 +2%의 공차가 있는 속도로 움직이는 핸드레일이 설치되어야 한다.
• 핸드레일은 정상운행 중 운행방향의 반대편에서 450N의 힘으로 당겨도 정지되지 않아야 한다.
• 핸드레일 속도감지장치가 설치되어야 하고 에스컬레이터 또는 무빙워크가 운행하는 동안 핸드레일 속도가 15초 이상 동안 실제 속도보다 −15% 이상 차이가 발생하면 에스컬레이터 및 무빙워크를 정지시켜야 한다.

07 트랙션권상기의 특징으로 틀린 것은?

① 소요동력이 적다.
② 행정거리의 제한이 없다.
③ 주로프 및 도르래의 마모가 일어나지 않는다.
④ 권과(지나치게 감기는 현상)를 일으키지 않는다.

해설 권상기(traction machine)

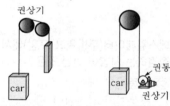

| 로프식 권상식(traction) | 권동식 |

㉠ 트랙션식 권상기의 형식
• 기어드(geared) 방식 : 전동기의 회전을 감속시키기 위해 기어를 부착한다.
• 무기어(gearless) 방식 : 기어를 사용하지 않고, 전동기의 회전축에 권상도르래를 부착시킨다.
㉡ 트랙션식 권상기의 특징
• 균형추를 사용하기 때문에 소요동력이 적다.
• 도르래를 사용하기 때문에 승강행정에 제한이 없다.
• 로프를 마찰로서 구동하기 때문에 지나치게 감길 위험이 없다.

08 권상도르래, 풀리 또는 드럼과 현수로프의 공칭직경 사이의 비는 스트랜드의 수와 관계없이 얼마 이상이어야 하는가?

① 10
② 20
③ 30
④ 40

해설 권상도르래, 풀리 또는 드럼과 로프의 직경 비율, 로프 · 체인의 단말처리

ⓐ 권상도르래, 풀리 또는 드럼과 현수직경의 공칭직경 사이의 비는 스트랜드의 수와 관계없이 40 이상이어야 한다.

ⓑ 현수로프의 안전율은 어떠한 경우라도 12 이상이어야 한다. 안전율은 카가 정격하중을 싣고 최하층에 정지하고 있을 때 로프 1가닥의 최소 파단하중(N)과 이 로프에 걸리는 최대 힘(N) 사이의 비율이다.

ⓒ 로프와 로프 단말 사이의 연결은 로프의 최소 파단하중의 80% 이상을 견뎌야 한다.

ⓓ 로프의 끝부분은 카, 균형추(또는 평형추) 또는 현수되는 지점에 금속 또는 수지로 채워진 소켓 자체 조임 쐐기형식의 소켓 또는 안전상 이와 동등한 기타 시스템에 의해 고정되어야 한다.

★★★

09 버니어캘리퍼스를 사용하는 와이어 로프의 직경 측정방법으로 알맞은 것은?

①
②
③
④

해설 와이어 로프의 직경 측정

ⓐ 직경 측정 시에는 1m 이상 떨어진 2개의 각 지점에서 측정해야 하고, 올바른 각도에서 각 점마다 두 번 측정해야 하며, 이들 네 점의 평균값을 로프의 직경으로 한다.

ⓑ 각 점에서 로프 직경을 측정할 때의 측정기구로는 버니어캘리퍼스가 적당하며, 인접한 2개 이상의 꼬임이 닿는 충분한 넓이를 가진 버니어캘리퍼스를 이용한다.

ⓒ 로프의 직경을 측정할 때에는 로프의 끝단 최고 값을 측정하여야 한다.

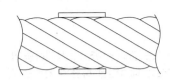

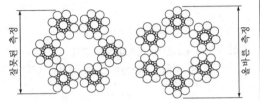

| 와이어 로프의 직경 측정방법 |

★★

10 와이어로프 가공방법 중 효과가 가장 우수한 것은?

①
②
③
④

해설 로프 가공 및 효율

ⓐ 팀블 락크 가공법 : 파이프 형태의 알루미늄 합금 또는 강재의 슬리브에 로프를 넣고 프레스로 압축하여 슬리브가 로프 표면에 밀착되어 마찰에 의해 로프 성질의 손상 없이 로프를 완전히 체결하는 방법이다. 로프의 절단하중과 거의 동등한 효율을 가지며 주로 슬링용 로프에 많이 사용된다.

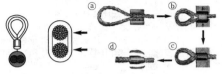

ⓑ 단말가공 종류별 강도 효율

종류	형태	효율
소켓 (socket)	open closed	100%
팀블 (thimble)		• 24mm : 95% • 26mm : 92.5%
웨지 (wedge)		75~90%
아이 스플라이스 (eye splice)		• 6mm : 90% • 9mm : 88% • 12mm : 86% • 18mm : 82%
클립 (clip)		75~80%

★★★★★

11 균형추의 중량을 결정하는 계산식은? (단, 여기서 L은 정격하중, F는 오버밸런스율)

① 균형추의 중량 = 카 자체하중+$(L \cdot F)$
② 균형추의 중량 = 카 자체하중×$(L \cdot F)$
③ 균형추의 중량 = 카 자체하중+$(L + F)$
④ 균형추의 중량 = 카 자체하중+$(L - F)$

해설 균형추(counter weight)

카의 무게를 일정 비율 보상하기 위하여 카측과 반대편에 주철 혹은 콘크리트로 제작되어 설치되며, 카와의 균형을 유지하는 추이다.

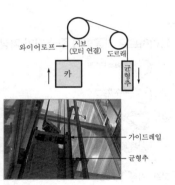

ⓗ 오버밸런스(over-balance)
- 균형추의 총중량은 빈 카의 자중에 적재하중의 35~50%의 중량을 더한 값이 보통이다.
- 적재하중의 몇 %를 더할 것인가를 오버밸런스율이라고 한다.
- 균형추의 총중량＝카 자체하중 ＋ $L \cdot F$
여기서, L : 정격적재하중(kg)
F : 오버밸런스율(%)
ⓛ 견인비(traction ratio)
- 카측 로프가 매달고 있는 중량과 균형추 로프가 매달고 있는 중량의 비를 트랙션비라 하고, 무부하와 전부하 상태에서 체크한다.
- 견인비가 낮게 선택되면 로프와 도르래 사이의 트랙션 능력, 즉 마찰력이 작아도 되며, 로프의 수명이 연장된다.

★★★
12 유도전동기에서 슬립이 1이란 전동기가 어떤 상태인가?

① 유도제동기의 역할을 한다.
② 유도전동기가 전부하 운전 상태이다.
③ 유도전동기가 정지 상태이다.
④ 유도전동기가 동기속도로 회전한다.

해설 슬립(slip)

3상 유도전동기는 항상 회전 자기장의 동기속도(n_s)와 회전자의 속도(n) 사이에 차이가 생기게 되며, 이 차이의 값으로 전동기의 속도를 나타낸다. 이때 속도의 차이와 동기속도(n_s)와의 비가 슬립이고, 보통 $0 < s < 1$ 범위이어야 하며, 슬립 1은 정지된 상태이다.

$$s = \frac{동기속도 - 회전자속도}{동기속도} = \frac{n_s - n}{n_s}$$

★
13 승강기에 설치할 방호장치가 아닌 것은?

① 가이드레일
② 출입문 인터록
③ 조속기
④ 파이널 리밋스위치

해설 가이드레일(guide rail)

카와 균형추를 승강로의 수직면상으로 안내 및 카의 기울어짐을 막고, 더욱이 비상정지장치가 작동했을 때의 수직하중을 유지하기 위하여 가이드레일을 설치하나, 불균형한 큰 하중이 적재되었을 때라든지, 그 하중을 내리고 올릴 때에는 카에 큰 하중 모멘트가 발생한다. 그때 레일이 지탱해낼 수 있는지에 대한 점검이 필요할 것이다.

★★
14 전기식 엘리베이터의 경우 카 위에서 하는 검사가 아닌 것은?

① 비상구출구   ② 도어개폐장치
③ 카 위 안전스위치 ④ 문닫힘안전장치

해설 문 작동과 관련된 보호

ⓗ 문이 닫히는 동안 사람이 끼이거나 끼려고 할 때 자동으로 문이 반전되어 열리는 문닫힘안전장치가 있어야 한다.
ⓛ 문닫힘 동작 시 사람 또는 물건이 끼이거나 문닫힘안전장치 연결전선이 끊어지면 문이 반전하여 열리도록 하는 문닫힘안전장치(세이프티 슈·광전장치·초음파장치 등)가 카 문이나 승강장문 또는 양쪽 문에 설치되어야 하며, 그 작동 상태는 양호하여야 한다.
ⓒ 승강장문이 카 문과의 연동에 의해 열리는 방식에서는 자동적으로 승강장의 문이 닫히는 쪽으로 힘을 작용시키는 장치
ⓔ 엘리베이터가 정지한 상태에서 출입문의 닫힘 동작에 우선하여 카 내에서 문을 열 수 있도록 하는 장치

★★
15 승객용 엘리베이터의 적재하중 및 최대 정원을 계산할 때 1인당 하중의 기준은 몇 kg인가?

① 63   ② 65
③ 67   ④ 70

해설 카의 유효면적, 정격하중 및 정원

ⓗ 정격하중(rated load) : 엘리베이터의 설계된 적재하중을 말한다.
ⓛ 화물용 엘리베이터의 정격하중은 카의 면적 1m²당 250kg으로 계산한 값 이상으로 하고 자동차용 엘리베이터의 정격하중은 카의 면적 1m²당 150kg으로 계산한 값 이상으로 한다.

ⓒ 정원은 다음 식에서 계산된 값을 가장 가까운 정수로 버림한 값이어야 한다.

$$정원 = \frac{정격하중}{65}$$

★★
16 직류전동기의 속도제어방법이 아닌 것은?

① 저항제어법
② 계자제어법
③ 주파수제어법
④ 전기자 전압제어법

🔎해설 직류전동기의 속도제어

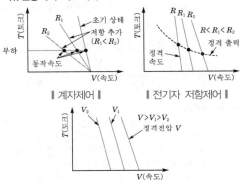

| 계자제어 | | 전기자 저항제어 |

| 전압제어 |

ⓐ 계자제어 : 계자자속 ϕ를 변화시키는 방법으로, 계자저항기로 계자전류를 조정하여 ϕ를 변화시킨다.
ⓑ 저항제어 : 전기자에 가변직렬저항 $R(\Omega)$을 추가하여 전기자회로의 저항을 조정함으로써 속도를 제어한다.
ⓒ 전압제어 : 타여자 전동기에서 전기자에 가한 전압을 변화시킨다.

★★★★
17 400Ω의 저항에 0.5A의 전류가 흐른다면 전압은?

① 20V
② 200V
③ 80V
④ 800V

🔎해설 옴의 법칙

ⓐ 전기저항(electric resistance)
  • 전기회로에 전류가 흐를 때 전류의 흐름을 방해하는 작용이 있는데, 그 방해하는 정도를 나타내는 상수를 전기저항 R 또는 저항이라고 한다.
  • 1V의 전압을 가해서 1A의 전류가 흐르는 저항값을 1옴(ohm), 기호는 Ω이라고 한다.
ⓑ 옴의 법칙
  • 도체에 전압이 가해졌을 때 흐르는 전류의 크기는 도체의 저항에 반비례하므로 가해진 전압을 $V(V)$, 전류 $I(A)$, 도체의 저항을 $R(\Omega)$이라고 하면

$$I = \frac{V}{R}(A), \quad V = IR(V), \quad R = \frac{V}{I}(\Omega)$$

• 저항 $R(\Omega)$에 전류 $I(A)$가 흐를 때 저항 양단에는 $V = IR(V)$의 전위차가 생기며, 이것을 전압강하라고 한다.
$$V = IR = 0.5 \times 400 = 200V$$

★★★
18 조속기의 종류가 아닌 것은?

① 롤세이프티형 조속기
② 디스크형 조속기
③ 플렉시블형 조속기
④ 플라이볼형 조속기

🔎해설 조속기의 종류

ⓐ 마찰정치(traction)형(롤세이프티형) : 엘리베이터가 과속된 경우, 과속(조속기)스위치가 이를 검출하여 동력 전원회로를 차단하고, 전자브레이크를 작동시켜서 조속기도르래의 회전이 정지하면 조속기도르래홈과 로프 사이의 마찰력으로 비상정지시키는 조속기이다.
ⓑ 디스크(disk)형 : 엘리베이터가 설정된 속도에 달하면 원심력에 의해 진자가 움직이고 가속스위치를 작동시켜서 정지시키는 조속기로서, 디스크형 조속기에는 추(weight)형 캐치(catch)에 의해 로프를 붙잡아 비상정지장치를 작동시키는 추형 방식과 도르래홈과 로프의 마찰력으로 슈를 동작시켜 로프를 붙잡음으로써 비상정지장치를 작동시키는 슈(shoe)형 방식이 있다.
ⓒ 플라이볼(fly ball)형 : 조속기도르래의 회전을 베벨기어에 의해 수직축의 회전으로 변환하고, 이 축의 상부에서부터 링크(link)기구에 의해 매달린 구형의 진자에 작용하는 원심력으로 작동한다. 검출 정도가 높아 고속의 엘리베이터에 이용된다.

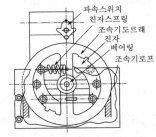

| 마찰정치(롤세이프티)형 조속기 |

| 디스크 슈형 조속기 |

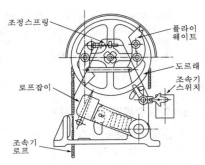

‖ 디스크 추형 조속기 ‖

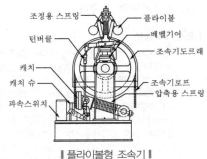

‖ 플라이볼형 조속기 ‖

★★

19 다음 중 카 실내에서 검사하는 사항이 아닌 것은?

① 도어스위치의 작동상태
② 전동기 주회로의 절연저항
③ 외부와 연결하는 통화장치의 작동상태
④ 승강장 출입구 바닥 앞부분과 카 바닥 앞부분과의 틈의 너비

🔍**해설** 전동기 주회로의 절연저항 검사는 기계실에서 행하는 검사이다.

★★★

20 교류 엘리베이터의 전동기 특성으로 잘못된 것은?

① 기동전류가 적어야 한다.
② 고빈도로 단속 사용하는 데 적합한 것이어야 한다.
③ 회전부분의 관성 모멘트가 커야 한다.
④ 기동토크가 커야 한다.

🔍**해설** 엘리베이터용 전동기에 요구되는 특성

㉠ 기동토크가 클 것
㉡ 기동전류가 작을 것
㉢ 소음이 적고, 저진동이어야 한다.

⊒ 기동빈도가 높으므로(시간당 300회) 발열(온도 상승)을 고려해야 한다.
⊕ 회전부분의 관성 모멘트(회전축을 중심으로 회전하는 물체가 계속해서 회전을 지속하려는 성질의 크기)가 적을 것(회전수의 오차는 +5~-10%)
⊎ 충분한 제동력을 가질 것(회전력은 +100~-70% 정도)

★★

21 전류계를 사용하는 방법으로 옳지 않은 것은?

① 부하전류가 클 때에는 배율기를 사용하여 측정한다.
② 전류가 흐르므로 인체가 접촉되지 않도록 주의하면서 측정한다.
③ 전류값을 모를 때에는 높은 값에서 낮은 값으로 조정하면서 측정한다.
④ 부하와 직렬로 연결하여 측정한다.

🔍**해설** **분류기**

가동 코일형 전류계는 동작전류가 1~50mA 정도여서, 큰 전류가 흐르면 전류계는 타버려 측정이 곤란하다. 따라서 가동 코일에 저항이 매우 작은 저항기를 병렬로 연결하여 대부분의 전류를 이 저항기에 흐르게 하고, 전체 전류에 비례하는 일정한 전류만 가동 코일에 흐르게 해서 전류를 측정하는데, 이 장치를 분류기라 한다.

$$I_a = \frac{R_s}{R_a + R_s} \cdot I$$

$$I = \frac{R_a + R_s}{R_s} \cdot I_a = \left(1 + \frac{R_a}{R_s}\right) \cdot I_a$$

여기서, I : 측정하고자 하는 전류(A)
I_a : 전류계로 유입되는 전류(A)
R_s : 분류기 저항(Ω)
R_a : 전류계 내부 저항(Ω)

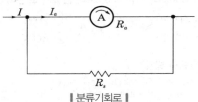

‖ 분류기회로 ‖

★★

22 직류 직권전동기의 용도로 가장 적합한 것은 무엇인가?

① 컨베이어   ② 엘리베이터
③ 에스컬레이터   ④ 크레인

해설 직류 직권전동기(series motor)

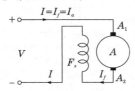

┃ 직권전동기 ┃

㉠ 계자 권선과 전기자 권선이 전원에 직렬로 접속된다.
㉡ 기동토크는 부하전류의 제곱에 비례하기 때문에 전동차나 크레인과 같이 부하 변동이 심하고, 기동토크가 큰 것을 요구하는 부하의 운전에 적합하며, 전기 철도에 사용하는 전동기는 모두 직권전동기이다.

★★★

23 안전 작업모를 착용하는 주요 목적이 아닌 것은?

① 화상 방지
② 감전의 방지
③ 종업원의 표시
④ 비산물로 인한 부상 방지

해설 안전모(safety cap)

작업자가 작업할 때 비래하는 물건, 낙하하는 물건에 의한 위험성을 방지 또는 하역작업에서 추락했을 때, 머리 부위에 상해를 받는 것을 방지하고, 머리 부위에 감전될 우려가 있는 전기공사 작업에서 산업재해를 방지하기 위해 착용한다.

★

24 재해의 직접 원인에 해당되는 것은?

① 안전지식의 부족
② 안전수칙의 오해
③ 작업기준의 불명확
④ 복장, 보호구의 결함

해설 산업재해 직접원인

㉠ 불안전한 행동(인적 원인)
  • 안전장치를 제거, 무효화
  • 안전조치의 불이행
  • 불안전한 상태 방치
  • 기계장치 등의 지정 외 사용
  • 운전 중인 기계, 장치 등의 청소, 주유, 수리, 점검 등의 실시
  • 위험장소에 접근
  • 잘못된 동작 자세
  • 복장, 보호구의 잘못 사용
  • 불안전한 속도 조작
  • 운전의 실패
㉡ 불안전한 상태(물적 원인)
  • 물(物) 자체의 결함

  • 방호장치의 결함
  • 작업장소의 결함, 물의 배치 결함
  • 보호구, 복장 등의 결함
  • 작업환경의 결함
  • 자연적 불안전한 상태
  • 작업방법 및 생산공정 결함

★★★★★

25 승강장의 문이 열린 상태에서 모든 제약이 해제되면 자동적으로 닫히게 하여 문의 개방 상태에서 생기는 2차 재해를 방지하는 문의 안전장치는?

① 시그널컨트롤
② 도어컨트롤
③ 도어클로저
④ 도어인터록

해설 도어클로저(door closer)

㉠ 승강장의 문이 열린 상태에서 모든 제약이 해제되면 자동적으로 닫히게 하여 문의 개방 상태에서 생기는 2차 재해를 방지하는 문의 안전장치이며, 전기적인 힘이 없어도 외부 문을 닫아주는 역할을 한다.
㉡ 스프링클로저 방식 : 레버시스템, 코일스프링과 도어체크가 조합된 방식
㉢ 웨이트(weight) 방식 : 줄과 추를 사용하여 도어체크(문이 자동으로 천천히 닫히게 하는 장치)를 생략한 방식

┃ 스프링클로저 ┃   ┃ 웨이트클로저 ┃

★★

26 카 도어록이 설치되어 사람의 힘으로 열 수 없는 경우나 화물용 엘리베이터의 경우를 제외하고 엘리베이터의 카 바닥 앞부분과 승강로 벽과의 수평거리는 일반적인 경우 그 기준을 몇 mm 이하로 하도록 하고 있는가?

① 30mm
② 55mm
③ 100mm
④ 125mm

해설 카와 카 출입구를 마주하는 벽 사이의 틈새

㉠ 승강로의 내측 면과 카 문턱, 카 문틀 또는 카 문의 닫히는 모서리 사이의 수평거리는 0.125m 이하이어야 한다. 다만, 0.125m 이하의 수평거리는 각각의 조건에 따라 다음과 같이 적용될 수 있다.
  • 수직높이가 0.5m 이하인 경우에는 0.15m까지 연장될 수 있다.
  • 수직 개폐식 승강장문이 설치된 화물용인 경우, 주행로 전체에 걸쳐 0.15m까지 연장될 수 있다.

- 잠금해제구간에서만 열리는 기계적 잠금장치가 카 문에 설치된 경우에는 제한하지 않는다.
ⓒ 카 문턱과 승강장문 문턱 사이의 수평거리는 35mm 이하이어야 한다.
ⓒ 카 문과 닫힌 승강장문 사이의 수평거리 또는 문이 정상작동하는 동안 문 사이의 접근거리는 0.12m 이하이어야 한다.
ⓔ 경첩이 있는 승강장문과 접하는 카 문의 조합인 경우에는 닫힌 문 사이의 어떤 틈새에도 직경 0.15m의 구가 통과되지 않아야 한다.

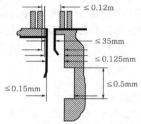

‖ 카와 카 출입구를 마주하는 벽 사이의 틈새 ‖

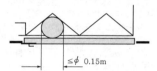

‖ 경첩 달린 승강장문과 접힌 카 문의 틈새 ‖

★★★★★

27 균형로프(compensation rope)의 역할로 가장 알맞은 것은?

① 카의 무게를 보상
② 카의 낙하를 방지
③ 균형추의 이탈을 방지
④ 와이어로프의 무게를 보상

해설 **견인비의 보상방법**

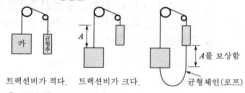

트랙션비가 적다.   트랙션비가 크다.   균형체인(로프)

ⓖ 견인비(traction ratio)
- 카측 로프가 매달고 있는 중량과 균형추 로프가 매달고 있는 중량의 비를 트랙션비라 하고, 무부하와 전부하 상태에서 체크한다.
- 견인비가 낮게 선택되면 로프와 도르래 사이의 트랙션 능력, 즉 마찰력이 작아도 되며, 로프의 수명이 연장된다.
ⓛ 문제점
- 승강행정이 길어지면 로프가 어느 쪽(카측, 균형추측)에 있느냐에 따라 트랙션비는 크게 변화한다.

- 트랙션비가 1.35를 초과하면 로프가 시브에서 슬립(slip)되기가 쉽다.
ⓒ 대책
- 카 하부에서 균형추의 하부로 주로프와 비슷한 단위중량의 균형(보상)체인이나 로프를 매단다(트랙션비를 작게 하기 위한 방법).
- 균형로프는 서로 엉키는 걸 방지하기 위하여 피트에 인장도르래를 설치한다.
- 균형로프는 100%의 보상효과가 있고, 균형체인은 90% 정도 밖에 보상하지 못한다.
- 고속·고층 엘리베이터의 경우 균형체인(소음의 원인)보다는 균형로프를 사용한다.

‖ 균형체인 ‖

★

28 엘리베이터가 비상정지 시 균형로프가 튀어오르는 것을 방지하기 위해 설치하는 것은?

① 슬로다운 스위치
② 록다운 비상정지장치
③ 파킹스위치
④ 각 층 강제 정지운전 스위치

해설 **튀어오름방지장치(제동 또는 록다운 장치)**

ⓖ 카 하부에서 균형추 하부까지 연결되는 균형로프(불평형 하중 보상)를 안내하는 도르래는 견고히 설치하고 가이드레일에 상승방향 비상정지장치를 부착한다.
ⓛ 카와 균형추에서 내리는 로프도 충분한 강도로 인장시켜 카의 비상정지장치가 작동 시 균형추, 와이어로프 등이 튀어오르지 못하도록 한다.
ⓒ 4m/s 이상의 엘리베이터에 설치된다.
ⓔ 순간식 비상정지장치로 적용된다.

★★★★

29 에스컬레이터의 높이가 6m, 공칭속도가 0.5m/s인 경우의 경사도는?

① 35°   ② 40°
③ 50°   ④ 60°

해설 **에스컬레이터 및 무빙워크의 경사도**

ⓖ 에스컬레이터의 경사도는 30°를 초과하지 않아야 한다. 다만, 높이가 6m 이하이고 공칭속도가 0.5m/s 이하인 경우에는 경사도를 35°까지 증가시킬 수 있다.
ⓛ 무빙워크의 경사도는 12° 이하이어야 한다.

정답 27. ④ 28. ② 29. ①

30 방호장치 중 과도한 한계를 벗어나 계속적으로 작동하지 않도록 제한하는 장치는?

① 크레인 ② 리밋스위치
③ 윈치   ④ 호이스트

해설 **리밋스위치(limit switch)**

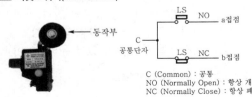

C (Common) : 공통
NO (Normally Open) : 항상 개
NC (Normally Close) : 항상 폐

∥ 리밋스위치 ∥

∥ 리밋(최상, 최하층)스위치의 설치 상태 ∥

㉠ 물체의 힘에 의해 동작부(구동장치)가 눌려서 접점이 온, 오프(on, off)한다.
㉡ 엘리베이터가 운행 시 최상·최하층을 지나치지 않도록 하는 장치로서 리밋스위치에 접촉이 되면 카를 감속 제어하여 정지시킬 수 있도록 한다.

31 비상용 승강기에 대한 설명 중 틀린 것은?

① 예비전원을 설치하여야 한다.
② 외부와 연락할 수 있는 전화를 설치하여야 한다.
③ 정전 시에는 예비전원으로 작동할 수 있어야 한다.
④ 승강기의 운행속도는 1.5m/s 이상으로 해야 한다

해설 **비상용 엘리베이터**

㉠ 정전 시에는 다음 각 항의 예비전원에 의하여 엘리베이터를 가동할 수 있도록 하여야 한다.
• 60초 이내에 엘리베이터 운행에 필요한 전력용량을 자동적으로 발생시키도록 하되 수동으로 전원을 작동할 수 있어야 한다.
• 2시간 이상 작동할 수 있어야 한다.
㉡ 비상용 엘리베이터의 기본요건
• 비상용 엘리베이터는 소방운전 시 모든 승강장의 출입구마다 정지할 수 있어야 한다.
• 비상용 엘리베이터의 크기는 630kg의 정격하중을 갖는 폭 1,100mm, 깊이 1,400mm 이상이어야 하며,

출입구 유효폭은 800mm 이상이어야 한다.
• 침대 등을 수용하거나 2개의 출입구로 설계된 경우 또는 피난용로로 의도된 경우, 정격하중은 1,000kg 이상이어야 하고 카의 면적은 폭 1,100mm, 깊이 2,100mm 이상이어야 한다.
• 소방관이 조작하여 엘리베이터 문이 닫힌 이후부터 60초 이내에 가장 먼 층에 도착하여야 된다. 다만, 운행속도는 1m/s 이상이어야 한다.

32 화재 시 조치사항에 대한 설명 중 틀린 것은?

① 비상용 엘리베이터는 소화활동 등 목적에 맞게 동작시킨다.
② 빌딩 내에서 화재가 발생할 경우 반드시 엘리베이터를 이용해 비상탈출을 시켜야 한다.
③ 승강로에서의 화재 시 전선이나 레일의 윤활유가 탈 때 발생되는 매연에 질식되지 않도록 주의한다.
④ 기계실에서의 화재 시 카 내의 승객과 연락을 취하면서 주전원 스위치를 차단한다.

해설 화재발생 시 피난을 위해 엘리베이터를 이용하면 화재층에서 열리거나 정전으로 멈추어 엘리베이터에 갇히는 경우 승강로 자체가 굴뚝 역할을 하여 질식할 우려가 있기 때문에 계단으로 탈출을 유도하고 있다. 하지만 건축물이 초고층화되는 상황에서 임신부와 노년층, 영유아 등 계단을 통해 신속하게 이동할 수 없는 조건에 있는 사람들은 승강기를 이용하는 것이 신속한 탈출을 돕는 수단일 수도 있다.

33 간접식 유압엘리베이터의 특징이 아닌 것은?

① 실린더를 설치하기 위한 보호관이 필요하지 않다.
② 실린더 점검이 용이하다.
③ 비상정지장치가 필요하다.
④ 로프의 늘어짐과 작동유의 압축성 때문에 부하에 의한 카 바닥의 빠짐이 비교적 적다.

해설 **간접식 유압엘리베이터**
플런저의 선단에 도르래를 놓고 로프 또는 체인을 통해 카를 올리고 내리며, 로핑에 따라 1 : 2, 1 : 4, 2 : 4의 방식이 있다.

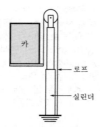

㉠ 실린더를 설치하기 위한 보호관이 필요하지 않다.
㉡ 실린더의 점검이 쉽다.
㉢ 승강로는 실린더를 수용할 부분만큼 더 커지게 된다.
㉣ 비상정지장치가 필요하다.
㉤ 로프의 늘어짐과 작동유의 압축성(의외로 큼) 때문에 부하에 의한 카 바닥의 빠짐이 비교적 크다.

34 엘리베이터 전동기에 요구되는 특성으로 옳지 않은 것은?

① 충분한 제동력을 가져야 한다.
② 운전 상태가 정숙하고 고진동이어야 한다.
③ 카의 정격속도를 만족하는 회전특성을 가져야 한다.
④ 높은 기동빈도에 의한 발열에 대응하여야 한다.

해설 엘리베이터용 전동기에 요구되는 특성

ㄱ 기동토크가 클 것
ㄴ 기동전류가 작을 것
ㄷ 소음이 적고, 저진동이어야 함
ㄹ 기동빈도가 높으므로(시간당 300회) 발열(온도 상승)을 고려해야 함
ㅁ 회전부분의 관성 모멘트(회전축을 중심으로 회전하는 물체가 계속해서 회전을 지속하려는 성질의 크기)가 적을 것
ㅂ 충분한 제동력을 가질 것

35 엘리베이터의 소유자나 안전(운행)관리자에 대한 교육내용이 아닌 것은?

① 엘리베이터에 관한 일반지식
② 엘리베이터에 관한 법령 등의 지식
③ 엘리베이터의 운행 및 취급에 관한 지식
④ 엘리베이터의 구입 및 가격에 관한 지식

해설 승강기 관리교육의 내용

ㄱ 승강기에 관한 일반지식
ㄴ 승강기에 관한 법령 등에 관한 사항
ㄷ 승강기의 운행 및 취급에 관한 사항

ㄹ 화재, 고장 등 긴급사항 발생 시 조치에 관한 사항
ㅁ 인명사고 발생 시 조치에 관한 사항
ㅂ 그 밖에 승강기의 안전운행에 필요한 사항

36 감전사고의 원인이 되는 것과 관계가 없는 것은?

① 콘덴서의 방전코일이 없는 상태
② 전기기계·기구나 공구의 절연 파괴
③ 기계기구의 빈번한 기동 및 정지
④ 정전작업 시 접지가 없어 유도전압이 발생

해설 감전사고의 원인, 방전코일

ㄱ 감전사고의 원인
• 충전부에 직접 접촉되는 경우나 안전거리 이내로 접근하였을 때
• 전기기계·기구, 공구 등의 절연열화, 손상, 파손 등에 의한 표면누설로 인하여 누전되어 있는 것에 접촉, 인체가 통로로 되었을 경우
• 콘덴서나 고압케이블 등의 잔류전하에 의할 경우
• 전기기계나 공구 등의 외함과 권선 간 또는 외함과 대지 간의 정전용량에 의한 전압에 의할 경우
• 지락전류 등이 흐르고 있는 전극 부근에 발생하는 전위경도에 의할 경우
• 송전선 등의 정전유도 또는 유도전압에 의할 경우
• 오조작 및 자가용 발전기 운전으로 인한 역송전의 경우
• 낙뢰 진행파에 의한 경우

ㄴ 방전코일
• 콘덴서와 함께 설치되는 방전장치는 회로의 개로(open) 시에 잔류전하를 방전시켜 사람의 안전을 도모하고, 전원 재투입 시 발생되는 이상현상(재점호)으로 인한 순간적인 전압 및 전류의 상승을 억제하여 콘덴서의 고장을 방지하는 역할을 한다.
• 방전능력이 크고 부하가 자주 변하여 콘덴서의 투입이 빈번하게 일어나는 곳에 유리하다.
• 방전용량은 방전개시 5초 이내 콘덴서 단자전압 50V 이하로 방전하도록 한다.

37 전기기기의 충전부와 외함 사이의 저항은?

① 절연저항   ② 접지저항
③ 고유저항   ④ 브리지저항

해설 절연저항(insulation resistance)

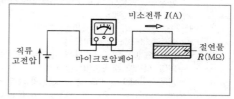

절연물에 직류전압을 가하면 아주 미세한 전류가 흐른다. 이때 전압과 전류의 비로 구한 저항을 절연저항이라 하고, 충전부분에 물기가 있으면 보통보다 대단히 낮은 저항이 된다. 누설되는 전류가 많게 되고, 절연저항이 저하하면 감전이나 과열에 의한 화재 및 쇼크 등의 사고가 뒤따른다.

---

38 다음 중 단수(1대) 엘리베이터의 조작방식으로 관련이 없는 것은?

① 단식 자동식
② 군승합 자동식
③ 승합 전자동식
④ 하강승합 전자동식

해설 복수 엘리베이터의 조작방식

㉠ 군승합 자동식(2car, 3car)
 • 2~3대가 병행되었을 때 사용하는 조작방식이다.
 • 한 개의 승강장 버튼의 부름에 대하여 한 대의 카만 응한다.
㉡ 군관리 방식(supervisore control)
 • 엘리베이터를 3~8대 병설할 때 각 카를 불필요한 동작 없이 합리적으로 운영하는 조작방식이다.
 • 교통수요의 변화에 따라 카의 운전내용을 변화시켜서 대응한다(출퇴근 시, 점심식사 시간, 회의 종료 시 등).
 • 엘리베이터 운영의 전체 서비스 효율을 높일 수 있다.

---

39 변형률이 가장 큰 것은?

① 비례한도
② 인장 최대하중
③ 탄성한도
④ 항복점

해설 후크의 법칙

재료의 '응력값은 어느 한도(비례한도) 이내에서는 응력과 이로 인해 생기는 변형률은 비례한다.'는 것이 후크의 법칙이다.
응력도(σ)＝탄성(영 : Young)계수(E)×변형도(ε)

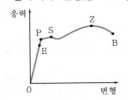

E : 탄성한계
P : 비례한계
S : 항복점
Z : 종국응력(인장 최대하중)
B : 파괴점(재료에 따라서는 E와 P가 일치한다.)

---

40 에스컬레이터의 안전장치에 관한 설명으로 틀린 것은?

① 승강장에서 디딤판의 승강을 정지시키는 것이 가능한 장치이다.
② 사람이나 물건이 핸드레일 인입구에 꼈을 때 디딤판의 승강을 자동적으로 정지시키는 장치이다.
③ 상하 승강장에서 디딤판과 콤플레이트 사이에 사람이나 물건이 끼이지 않도록 하는 장치이다.
④ 디딤판체인이 절단되었을 때 디딤판의 승강을 수동으로 정지시키는 장치이다.

해설 에스컬레이터 또는 무빙워크의 자동 정지

㉠ 에스컬레이터 및 경사형($\alpha \geq 6°$) 무빙워크는 미리 설정된 운행방향이 변할 때 스텝 및 팔레트 또는 벨트가 자동으로 정지되는 방법으로 설치되어야 한다.
㉡ 브레이크 시스템은 다음과 같을 때 자동으로 작동되어야 한다.
 • 전압 공급이 중단될 때
 • 제어회로에 전압 공급이 중단될 때
㉢ 에스컬레이터 및 무빙워크는 공칭속도의 1.2배 값을 초과하기 전에 자동으로 정지되는 방법으로 설치되어야 한다.
㉣ 에스컬레이터·무빙워크는 인장장치가 ±20mm를 초과하여 움직이기 전에 자동으로 정지되어야 한다.

---

41 유압승강기에 사용되는 안전밸브의 설명으로 옳은 것은?

① 승강기의 속도를 자동으로 조절하는 역할을 한다.
② 압력배관이 파열되었을 때 작동하여 카의 낙하를 방지한다.
③ 카가 최상층으로 상승할 때 더 이상 상승하지 못하게 하는 안전장치이다.
④ 작동유의 압력이 정격압력 이상이 되었을 때 작동하여 압력이 상승하지 않도록 한다.

해설 안전밸브(safety valve)

압력조정밸브로 회로의 압력이 상용압력의 125% 이상 높아지면 바이패스(bypass)회로를 열어 기름을 탱크로 돌려보내어 더 이상의 압력 상승을 방지한다.

---

42 감기거나 말려들기 쉬운 동력전달장치가 아닌 것은?

① 기어　　　　② 벤딩
③ 컨베이어　　④ 체인

해설 벤딩(bending)은 평평한 판재나 반듯한 봉, 관 등을 곡면이나 곡선으로 굽히는 작업

43 플라이볼형 조속기의 구성요소에 해당되지 않는 것은?

① 플라이 웨이트　② 로프캐치
③ 플라이볼　　　　④ 베벨기어

해설 **플라이볼(fly ball)형 조속기**

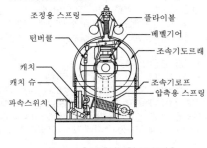

∥ 플라이볼형 조속기 ∥

조속기도르래의 회전을 베벨기어에 의해 수직축의 회전으로 변환하고, 이 축의 상부에서부터 링크(link)기구에 의해 매달린 구형의 진자에 작용하는 원심력으로 작동하며, 검출 정도가 높아 고속의 엘리베이터에 이용된다.

44 재해 발생의 원인 중 가장 높은 빈도를 차지하는 것은?

① 열량의 과잉 억제
② 설비의 배치 착오
③ 과부하
④ 작업자의 작업행동 부주의

해설 재해 발생 원인은 물적인 것과 인적인 것이 있으며, 인적 원인이란 안전관리에 있어서 인적인 관리결함, 심리적 결함, 생리적인 결함 등에 의거해서 재해가 발생했을 때를 말한다. 이러한 것이 원인으로 전체 재해의 75~80%를 차지한다.

45 승강장문의 유효 출입구 폭은 카 출입구의 폭 이상으로 하되, 양쪽 측면 모두 카 출입구 측면의 폭보다 몇 mm를 초과하지 않아야 하는가?

① 50　　　② 60
③ 70　　　④ 80

해설 **출입문의 높이 및 폭**

㉠ 승강장문의 유효 출입구 높이는 2m 이상이어야 한다. 다만, 자동차용 엘리베이터는 제외한다.
㉡ 승강장문의 유효 출입구 폭은 카 출입구의 폭 이상으로 하되 양쪽 측면 모두 카 출입구 측면의 폭보다 50mm를 초과하지 않아야 한다.

46 접지저항계를 이용한 접지저항 측정방법으로 틀린 것은?

① 전환스위치를 이용하여 내장 전지의 양부 (+, −)를 확인한다.
② 전환스위치를 이용하여 E, P 간의 전압을 측정한다.
③ 전환스위치를 저항값에 두고 검류계의 밸런스를 잡는다.
④ 전환스위치를 이용하여 절연저항과 접지 저항을 비교한다.

해설 접지저항은 접지시킨 전극과 대지 간의 전기적인 저항을 측정하고, 절연저항은 전류가 도체에서 절연물을 통하여 다른 충전부나 기기의 케이스 등에서 새는 경로의 저항이므로 접지저항계의 전환스위치로는 비교할 수가 없다.

47 2대 이상의 엘리베이터가 동일 승강로에 설치되어 인접한 카에서 구출할 경우 서로 다른 카 사이의 수평거리는 몇 m 이하이어야 하는가?

① 0.35　　② 0.5
③ 0.75　　④ 0.9

해설 **비상구출문**

㉠ 비상구출 운전 시, 카 내 승객의 구출은 항상 카 밖에서 이루어져야 한다.
㉡ 승객의 구출 및 구조를 위한 비상구출문이 카 천장에 있는 경우, 비상구출구의 크기는 0.35m×0.5m 이상이어야 한다.

정답　42. ②　43. ①　44. ④　45. ①　46. ④　47. ③

ⓒ 2대 이상의 엘리베이터가 동일 승강로에 설치되어 인접한 카에서 구출할 수 있도록 카 벽에 비상구출문이 설치될 수 있다. 다만, 서로 다른 카 사이의 수평거리는 0.75m 이하이어야 한다. 이 비상구출문의 크기는 폭 0.35m 이상, 높이 1.8m 이상이어야 한다.

★★★★

48 도어인터록 장치의 구조로 가장 옳은 것은?

① 도어스위치가 확실히 걸린 후 도어인터록이 들어가야 한다.
② 도어스위치가 확실히 열린 후 도어인터록이 들어가야 한다.
③ 도어록 장치가 확실히 걸린 후 도어스위치가 들어가야 한다.
④ 도어록 장치가 확실히 열린 후 도어스위치가 들어가야 한다.

해설 **도어인터록(door interlock) 및 클로저(closer)**

 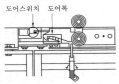

도어스위치   도어록

ⓐ 도어인터록(door interlock)
  • 카가 정지하지 않는 층의 도어는 전용열쇠를 사용하지 않으면 열리지 않는 도어록과 도어가 닫혀 있지 않으면 운전이 불가능하도록 하는 도어스위치로 구성된다.
  • 닫힘동작 시는 도어록이 먼저 걸린 상태에서 도어스위치가 들어가고 열림동작 시는 도어스위치가 끊어진 후 도어록이 열리는 구조(직렬)이며, 엘리베이터의 안전장치 중에서 승강장의 도어 안전장치로 가장 중요하다.
ⓑ 도어 클로저(door closer)
  • 승강장의 문이 열린 상태에서 모든 제약이 해제되면 자동적으로 닫히게 하여 문의 개방 상태에서 생기는 2차 재해를 방지하는 문의 안전장치이며, 전기적인 힘이 없어도 외부 문을 닫아주는 역할을 한다.
  • 스프링 클로저 방식 : 레버시스템, 코일스프링과 도어체크가 조합된 방식
  • 웨이트(weight) 방식 : 줄과 추를 사용하여 도어체크(문이 자동으로 천천히 닫히게 하는 장치)를 생략한 방식

∥ 스프링 클로저 ∥   ∥ 웨이트 클로저 ∥

★

49 변화하는 위치제어에 적합한 제어방식으로 알맞은 것은?

① 프로그램제어   ② 프로세스제어
③ 서보기구   ④ 자동조정

해설 **자동제어의 분류**

ⓐ 제어 목적에 의한 분류
  • 정치제어 : 목표치가 시간의 변화에 관계없이 일정하게 유지되는 제어로서 자동조정이라고 한다(프로세스제어, 발전소의 자동 전압조정, 보일러의 자동 압력조정, 터빈의 속도제어 등).
  • 추치제어 : 목표치가 시간에 따라 임의로 변화를 하는 제어로 서보기구가 여기에 속한다.
    – 추종제어 : 목표치가 시간에 대한 미지함수인 경우(대공포의 포신 제어, 자동 평형계기, 자동 아날로그 선반)
    – 프로그램제어 : 목표치가 시간적으로 미리 정해진 대로 변화하고 제어량이 이것에 일치되도록 하는 제어(열처리로의 온도제어, 열차의 무인운전 등)
    – 비율제어 : 목표치가 다른 어떤 양에 비례하는 경우(보일러의 자동 연소제어, 암모니아의 합성 프로세스제어 등)
ⓑ 제어량의 성질에 의한 분류
  • 프로세스제어 : 어떤 장치를 이용하여 무엇을 만드는 방법, 장치 또는 장치계를 프로세스(process)라 한다(온도, 압력제어장치).
  • 서보기구 : 제어량이 기계적인 위치 또는 속도인 제어를 말한다.
  • 자동조정 : 서보기구 등에 적용되지 않는 것으로 전류, 전압, 주파수, 속도, 장력 등을 제어량으로 하며, 응답속도가 대단히 빠른 것이 특징이다(전자회로의 자동 주파수제어, 증기터빈의 조속기, 수차 등).

★

50 현장 내에 안전표지판을 부착하는 이유로 가장 적합한 것은?

① 작업방법을 표준화하기 위하여
② 작업환경을 표준화하기 위하여
③ 기계나 설비를 통제하기 위하여
④ 비능률적인 작업을 통제하기 위하여

해설 **산업안전보건표지**

유해 · 위험한 물질을 취급하는 시설 · 장소에 설치하는 산재 예방을 위한 금지나 경고, 비상조치 지시 및 안내사항, 안전의식 고취를 위한 사항들을 그림이나 기호, 글자 등을 이용해 만든 것이다.

★★★★

51 다음 중 엘리베이터의 도어인터록에 대한 설명으로 옳지 않은 것은?

① 카가 정지하고 있지 않은 층계의 문은 반드시 전용열쇠로만 열려져야 한다.
② 시건장치 후에 도어스위치가 ON되고, 도어스위치가 OFF 후에 시건장치가 빠지는 구조로 되어야 한다.
③ 승강장에서는 비상 시에 대비하여 자물쇠가 일반 공구로도 열려지게 설계되어야 한다.
④ 문이 닫혀 있지 않으면 운전이 불가능하도록 하는 도어스위치가 있어야 한다.

해설 **도어인터록(door interlock)**

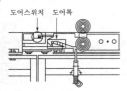

㉠ 카가 정지하지 않는 층의 도어는 전용열쇠를 사용하지 않으면 열리지 않는 도어록과 도어가 닫혀 있지 않으면 운전이 불가능하도록 하는 도어스위치로 구성된다.
㉡ 닫힘동작 시는 도어록이 먼저 걸린 상태에서 도어스위치가 들어가고, 열림동작 시는 도어스위치가 끊어진 후 도어록이 열리는 구조(직렬)이며, 엘리베이터의 안전장치 중에서 승강장의 도어 안전장치로서 가장 중요하다.

★★

52 시퀀스제어를 바르게 설명한 것은?

① 목표치가 시간에 대한 미지함수인 경우의 제어
② 목표치가 시간의 변화에 관계없이 일정하게 유지되는 제어
③ 목표치가 시간의 변화에 따라 변화하는 경우의 제어
④ 미리 정해진 순서에 따라 제어의 각 단계가 차례로 진행되는 제어

해설 **제어를 하는 방법**

㉠ 수동제어 : 인간의 동작에 의하여 움직여지는 제어
㉡ 자동제어 : 기계 또는 장치의 동작 상태를 목적에 따라 자동적으로 정정 가감하여 움직이는 제어
  • 궤환제어(feedback control) : 물리계 스스로가 제어의 필요성을 판단하여 수정동작을 하는 제어
  • 시퀀스제어(sequence control) : 미리 정해진 순서에 따라 제어의 각 단계가 순차적으로 진행되는 제어

★★

53 나사의 호칭이 M10일 때, 다음 설명 중 옳은 것은?

① 나사의 길이 10mm
② 나사의 반지름 10mm
③ 나사의 피치 1mm
④ 나사의 외경 10mm

해설 M10

원주 피치
피치원의 지름

㉠ 호칭경은 수나사의 바깥지름(외경)의 굵기로 표시하며, 미터계 나사의 경우 지름 앞에 M자를 붙여 사용한다.
㉡ 피치란 나사산과 산의 거리를 말하며, 1회전 시 전진거리를 의미하기도 한다.

★

54 18-8스테인리스강의 특징에 대한 설명 중 틀린 것은?

① 내식성이 뛰어나다.
② 녹이 잘 슬지 않는다.
③ 자성체의 성질을 갖는다.
④ 크롬 18%와 니켈 8%를 함유한다.

해설 **스테인리스강의 일반적인 특성**

㉠ 표면이 아름다우며 표면가공이 다종, 다양하다.
㉡ 내식성이 우수하다.
㉢ 내마모성이 높다(기계적 성질이 양호).
㉣ 강도가 크다.
㉤ 내화, 내열성이 크다.
㉥ 가공성이 뛰어나다.
㉦ 경제적이다.
㉧ 청소성이 좋다(낮은 유지비).
㉨ 오스테나이트계 스테인리스강은 기본적으로 그 표준 조성이 18% Cr-8% Ni이므로, 보통 18-8스테인리스강이라고 불린다.

★

55 기계요소 설계 시 일반 체결용에 주로 사용되는 나사는?

① 삼각나사   ② 사각나사
③ 톱니나사   ④ 사다리꼴나사

정답 51. ③ 52. ④ 53. ④ 54. ③ 55. ①

해설 나사의 종류

㉠ 삼각나사(미터나사)
- 나사의 지름 및 피치 : mm 표시
- 나사산의 각도 : 60°
- 보통나사, 가는나사
- 호칭치수 : 수나사의 바깥지름 mm 표시
- 보통나사 : M 다음에 호칭지름을 표기
- 미터 가는 나사 : M 다음에 호칭지름×피치로 표기
- 기계부품의 체결에 사용되는 볼트와 나사류에 가장 널리 공통적으로 사용

㉡ 사각나사
- 나사산이 이름대로 사각형(90°)을 이루는 나사로 체결 시 큰 힘을 필요로 하거나 한쪽 또는 양방향으로 큰 회전운동 등을 전달하는 바이스(물림장치), 나사 프레스 등에 사용
- 가공이 삼각나사에 비하여 어려우며, 비교적 제한적인 곳에만 사용

㉢ 사다리꼴나사
- 나사산의 모양이 사각형에서 다소 경사진 사다리형으로 한 면의 각도가 29° 또는 30°
- 체결용보다는 공작기계(가공기계) 등의 운동(회전력) 등을 전달하는 리이드스크루 등으로 사용

㉣ 둥근나사
- 나사산의 모양이 파도치듯 둥근 모양을 가진 나사로 다른 나사에 비하여 체결 및 운동 시의 정밀도가 떨어져서 공업용이나 기계에서는 사용치 않으나 모서리가 없고 이물질 등이 끼어도 쉽게 분해되는 특징이 있음
- 장난감, 전구 등의 생활용품 등에 비교적 널리 사용

★
56 회전하는 축을 지지하고 원활한 회전을 유지하도록 하며, 축에 작용하는 하중 및 축의 자중에 의한 마찰저항을 가능한 적게 하도록 하는 기계요소는?

① 클러치 ② 베어링
③ 커플링 ④ 스프링

해설 기계요소의 종류와 용도

구분	종류	용도
결합용 기계요소	나사, 볼트, 너트, 핀, 키	기계부품 결함
축용 기계요소	축, 베어링	축을 지지하거나 연결
전동용 기계요소	마찰차, 기어, 캠, 링크, 체인, 벨트	동력의 전달
관용 기계요소	관, 관이음, 밸브	기체나 액체 수송
완충 및 제동용 기계요소	스프링, 브레이크	진동 방지와 제동

베어링은 회전운동 또는 왕복운동을 하는 축을 일정한 위치에 떠받들어 자유롭게 움직이게 하는 기계요소의 하나로, 빠른 운동에 따른 마찰을 줄이는 역할을 한다.

│구름베어링│

★★
57 중앙 개폐방식의 승강장 도어를 나타내는 기호는?

① 2S ② CO
③ UP ④ SO

해설 승강장 도어 분류

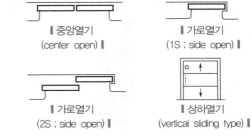

│중앙열기│
(center open) │

│가로열기│
(1S ; side open) │

│가로열기│
(2S ; side open) │

│상하열기│
(vertical sliding type) │

㉠ 중앙열기방식 : 1CO, 2CO
(센터오픈 방식, Center Open)
㉡ 가로열기방식 : 1S, 2S, 3S
(사이드오픈 방식, Side open)
㉢ 상하열기방식
- 2매, 3매 업(up)슬라이딩 방식 : 자동차용이나 대형 화물용 엘리베이터에서는 카 실을 완전히 개구할 필요가 있기 때문에 상승개폐(2up, 3up)도어를 많이 사용한다.
- 2매, 3매 상하열림(up, down)방식
㉣ 여닫이방식 : 1매 스윙, 2매 스윙(swing type)

★★★
58 카가 최하층에 정지하였을 때 균형추 상단과 기계실 하부와의 거리는 카 하부와 완충기와의 거리보다 어떠해야 하는가?

① 작아야 한다.
② 크거나 작거나 관계없다.
③ 커야 한다.
④ 같아야 한다.

해설 카가 최하층에 정지하였을 때 카 하부와 완충기의 거리보다 균형추 상단과 기계실 하부와의 거리가 커야 하는 이유는 균형추의 상승으로 기계실 바닥과의 충돌을 방지하기 위함이다.

★★★

59 승강기가 최하층을 통과했을 때 주전원을 차단시켜 승강기를 정지시키는 것은?

① 완충기
② 조속기
③ 비상정지장치
④ 파이널 리밋스위치

해설 **파이널 리밋스위치(final limit switch)**

㉠ 리밋스위치가 작동되지 않을 경우를 대비하여 리밋스위치를 지난 적당한 위치에 카가 현저히 지나치는 것을 방지하는 스위치이다.
㉡ 전동기 및 브레이크에 공급되는 전원회로의 확실한 기계적 분리에 의해 직접 개방되어야 한다.
㉢ 완충기에 충돌되기 전에 작동하여야 하며, 슬로다운 스위치에 의하여 정지되면 작용하지 않도록 설정한다.
㉣ 파이널 리밋스위치의 작동 후에는 엘리베이터의 정상운행을 위해 자동으로 복귀되지 않아야 한다.

‖ 리밋스위치 ‖

‖ 리밋(최상, 최하층)스위치의 설치 상태 ‖

★★★

60 재해 발생 과정의 요건이 아닌 것은?

① 사회적 환경과 유전적인 요소
② 개인적 결함
③ 사고
④ 안전한 행동

해설 **재해의 발생 순서 5단계**

유전적 요소와 사회적 환경 → 인적 결함 → 불안전한 행동과 상태 → 사고 → 재해

※ 본 문제는 수험생들의 협조에 의해 작성되었으며, 시험내용과 일부 다를 수 있습니다.

★★★

01 재해원인 중 생리적인 원인은?

① 안전장치 사용의 미숙
② 안전장치의 고장
③ 작업자의 무지
④ 작업자의 피로

해설 피로는 신체의 기능과 관련되는 생리적 원인으로 심리적인 영향을 끼치게 되므로 작업에 따라 적당한 휴식을 취해야 한다.

★★★

02 엘리베이터 권상기의 구성요소가 아닌 것은?

① 감속기   ② 브레이크
③ 비상정지장치   ④ 전동기

해설 권상기의 구성요소

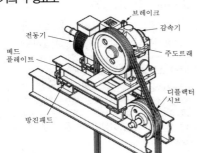

★★★★

03 RLC 직렬회로에서 최대 전류가 흐르게 되는 조건은?

① $\omega L^2 - \dfrac{1}{\omega C} = 0$ ② $\omega L^2 + \dfrac{1}{\omega C} = 0$

③ $\omega L - \dfrac{1}{\omega C} = 0$ ④ $\omega L + \dfrac{1}{\omega C} = 0$

해설 직렬공진 조건

RLC가 직렬로 연결된 회로에서 용량리액턴스와 유도리액턴스는 더 이상 회로 전류를 제한하지 못하고 저항만이 회로에 흐르는 전류를 제한할 수 있게 되는데 이 상태를 공진이라고 한다.

㉠ 임피던스(impedance)

$$Z = \sqrt{R^2 + \left(\omega L - \dfrac{1}{\omega C}\right)^2}\ (\Omega)$$

용량리액턴스와 유도리액턴스가 같다면 $\omega L = \dfrac{1}{\omega C}$

$$\omega L - \dfrac{1}{\omega C} = 0$$

임피던스(Z)

$$Z = \sqrt{R^2 + \left(\omega L - \dfrac{1}{\omega C}\right)^2} = \sqrt{R^2 + (0)^2} = R(\Omega)$$

㉡ 직렬공진회로
- 공진임피던스는 최소가 된다.

$$Z = \sqrt{R^2 + (0)^2} = R$$

- 공진전류 I_0는 최대가 된다.

$$I_0 = \dfrac{V}{Z} = \dfrac{V}{R}(A)$$

- 전압 V와 전류 I는 동위상이다. 용량리액턴스와 유도리액턴스는 크기가 같아서 상쇄되어 저항만의 회로가 된다.

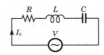

| 직렬회로 | | 직렬공진 벡터 |

★★★

04 3상 유도전동기를 역회전 동작시키고자 할 때의 대책으로 옳은 것은?

① 퓨즈를 조사한다.
② 전동기를 교체한다.
③ 3선을 모두 바꾸어 결선한다.
④ 3선의 결선 중 임의의 2선을 바꾸어 결선한다.

해설 3상 교류인 3개의 단자 중 어느 2개의 단자를 서로 바꾸어 접속하면 1차 권선에 흐르는 상회전 방향이 반대가 되므로 자장의 회전방향도 바뀌어 역회전을 한다.

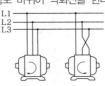

| 역전방법 |

05 기계실에는 바닥면에서 몇 lx 이상을 비출 수 있는 영구적으로 설치된 전기조명이 있어야 하는가?

① 2　　　　　　　② 50
③ 100　　　　　　④ 200

해설 기계실의 유지관리에 지장이 없도록 조명 및 환기시설의 설치

　㉠ 기계실에는 바닥면에서 200lx 이상을 비출 수 있는 영구적으로 설치된 전기조명이 있어야 한다.
　㉡ 기계실은 눈·비가 유입되거나 동절기에 실온이 내려가지 않도록 조치되어야 하며 실온은 5~40℃에서 유지되어야 한다.

06 작업장에서 작업복을 착용하는 가장 큰 이유는?

① 방한
② 복장 통일
③ 작업능률 향상
④ 작업 중 위험 감소

해설 작업복은 분주한 건설 현장처럼 잠재적인 위험성이 내포된 장소에서 원활히 활동할 수 있어야 하며, 하루 종일 장비를 오르락내리락 하려면 옷이 불편하거나 옷 때문에 장비에 걸려 넘어지는 일이 없도록. 안전을 최우선으로 고려하여 인체공학적으로 디자인되어야 한다.

07 엘리베이터의 속도가 규정치 이상이 되었을 때 동력을 차단하고 비상정지를 작동시키는 기계장치는?

① 구동기　　　　　② 조속기
③ 완충기　　　　　④ 도어스위치

해설 조속기(governor)의 원리

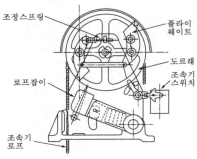

▮디스크 추형 조속기▮

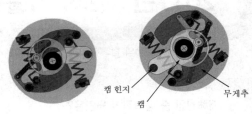

▮저속회전 상태▮　　　▮고속회전 상태▮

㉠ 조속기풀리와 카를 조속기로프로 연결하면 카가 움직일 때 조속기풀리도 카와 같은 속도, 같은 방향으로 움직인다.
㉡ 어떤 비정상적인 원인으로 카의 속도가 빨라지면 조속기 링크에 연결된 무게추(weight)가 원심력에 의해 풀리 바깥쪽으로 벗어나면서 과속을 감지한다.
㉢ 미리 설정된 속도에서 과속(조속기)스위치와 제동기(brake)로 카를 정지시킨다.
㉣ 만약 엘리베이터가 정지하지 않고 속도가 계속 증가하면 조속기의 캐치(catch)가 동작하여 조속기로프를 붙잡고 결국은 비상정지장치를 작동시켜서 엘리베이터를 정지시킨다.

08 승강기 정밀안전 검사기준에서 전기식 엘리베이터 주로프의 끝부분은 몇 가닥마다 로프소켓에 배빗 채움을 하거나 체결식 로프소켓을 사용하여 고정하여야 하는가?

① 1가닥　　　　　　② 2가닥
③ 3가닥　　　　　　④ 5가닥

해설 배빗 소켓의 단말 처리

주로프 끝단의 단말 처리는 각 개의 가닥마다 강재로 된 와이어소켓에 배빗체결에 의한 소켓팅을 하여 빠지지 않도록 한다. 올바른 소켓팅 작업방법에 의하여 로프 자체의 판단강도와 동등 이상의 강도를 소켓팅부에 확보하는 것이 필요하다.

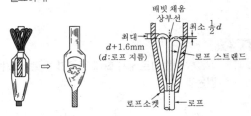

09 유도전동기에서 동기속도 N_s와 극수 P와의 관계로 옳은 것은?

① $N_s \propto P$　　　　② $N_s \propto \dfrac{1}{P}$

③ $N_s \propto P^2$　　　　④ $N_s \propto \dfrac{1}{P^2}$

해설 3상 유도전동기의 동기속도(synchronous speed)

회전자기장의 속도를 유도전동기의 동기속도(N_s)라 하면, 동기속도는 전원 주파수의 증가와 함께 비례하여 증가하고 극수의 증가와 함께 반비례하여 감소한다.

$$N_s = \frac{120 \cdot f}{P} \text{(rpm)}$$

여기서, N_s : 동기속도(rpm), f : 주파수(Hz)
P : 전동기의 극수

★★
10 전기재해의 직접적인 원인과 관련이 없는 것은?

① 회로 단락
② 충전부 노출
③ 접속부 과열
④ 접지판 매설

해설 접지설비

회로의 일부 또는 기기의 외함 등을 대지와 같은 0전위로 유지하기 위해 땅 속에 설치한 매설 도체(접지극, 접지판)와 도선으로 연결하여 정전기를 예방할 수 있다.

★★
11 안전율의 정의로 옳은 것은?

① $\dfrac{\text{허용응력}}{\text{극한강도}}$
② $\dfrac{\text{극한강도}}{\text{허용응력}}$
③ $\dfrac{\text{허용응력}}{\text{탄성한도}}$
④ $\dfrac{\text{탄성한도}}{\text{허용응력}}$

해설 안전율(safety factor)

㉠ 제한하중보다 큰 하중을 사용할 가능성이나 재료의 고르지 못함, 제조공정에서 생기는 제품품질의 불균일, 사용 중의 마모 · 부식 때문에 약해지거나 설계 자료의 신뢰성에 대한 불안에 대비하여 사용하는 설계계수를 말한다.
㉡ 구조물의 안전을 유지하는 정도, 즉 파괴(극한)강도를 그 허용응력으로 나눈 값을 말한다.

★★
12 직류발전기의 구조로서 3대 요소에 속하지 않는 것은?

① 계자
② 보극
③ 전기자
④ 정류자

해설 직류발전기의 구성요소

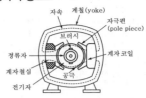

┃ 2극 직류발전기의 단면도 ┃

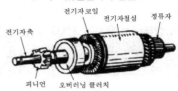

┃ 전기자 ┃

㉠ 계자(field magnet)
• 계자권선(field coil), 계자철심(field core), 자극(pole piece) 및 계철(yoke)로 구성
• 계자권선은 계자철심에 감겨져 있으며, 이 권선에 전류가 흐르면 자속이 발생
• 자극편은 전기자에 대응하여 계자자속을 공극부분에 적당히 분포시킴
㉡ 전기자(armature)
• 전기자철심(armature core), 전기자권선(armature winding), 정류자 및 회전축(shaft)으로 구성
• 전기자철심의 재료와 구조는 맴돌이전류(eddy current)와 히스테리현상에 의한 철손을 적게 하기 위하여 두께 0.35~0.5mm의 규소강판을 성층하여 만듦
㉢ 정류자(commutator) : 직류기에서 가장 중요한 부분 중의 하나이며, 운전 중에는 항상 브러시와 접촉하여 마찰이 생겨 마모 및 불꽃 등으로 높은 온도가 되므로 전기적, 기계적으로 충분히 견딜 수 있어야 함

★★
13 와이어로프의 구성요소가 아닌 것은?

① 소선
② 심강
③ 킹크
④ 스트랜드

해설 와이어로프

㉠ 와이어로프의 구성
• 심(core)강
• 가닥(strand)
• 소선(wire)

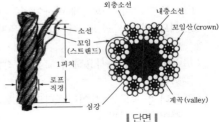

┃ 단면 ┃

ⓒ 소선의 재료 : 탄소강(C : 0.50~0.85 섬유상 조직)
ⓒ 와이어로프의 표기

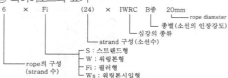

6 × Fi (24) × IWRC B종 20mm rope diameter
├ 종별 (소선의 인장강도)
├ 심강의 종류
├ strand 구성 (소선수)
├ S : 스트랜드형
├ W : 워링톤형
├ Fi : 필러형
└ Ws : 워링톤시일형
rope의 구성
(strand 수)

★

14 카 상부에서 행하는 검사가 아닌 것은?

① 완충기 점검 ② 주로프 점검
③ 가이드 슈 점검 ④ 도어개폐장치 점검

해설 피트에서 하는 점검항목 및 주기

ⓐ 1회/1월 : 피트 바닥, 과부하감지장치
ⓑ 1회/3월 : 완충기, 하부 파이널 리밋스위치, 카 비상멈춤장치스위치
ⓒ 1회/6월 : 조속기로프 및 기타 당김도르래, 균형로프 및 부착부, 균형추 밑부분 틈새, 이동케이블 및 부착부
ⓓ 1회/12월 : 카 하부 도르래, 피트 내의 내진대책

★

15 에스컬레이터(무빙워크 포함)에서 6개월에 1회 점검하는 사항이 아닌 것은?

① 구동기의 베어링 점검
② 구동기의 감속기어 점검
③ 중간부의 스텝 레일 점검
④ 핸드레일 시스템의 속도 점검

해설 에스컬레이터(무빙워크 포함) 점검항목 및 주기

ⓐ 1회/1월 : 기계실내, 수전반, 제어반, 전동기, 브레이크, 구동체인 안전스위치 및 비상 브레이크, 스텝구동장치 손잡이 구동장치, 빗판과 스텝의 물림, 비상정지스위치 등
ⓑ 1회/6월 : 구동기 베어링, 감속기어, 스텝 레일
ⓒ 1회/12월 : 방화셔터 등과의 연동정지

★★★

16 정지 레오나드 방식 엘리베이터의 내용으로 틀린 것은?

① 워드 레오나드 방식에 비하여 손실이 적다.
② 워드 레오나드 방식에 비하여 유지보수가 어렵다.
③ 사이리스터를 사용하여 교류를 직류로 변환한다.
④ 모터의 속도는 사이리스터의 점호각을 바꾸어 제어한다.

해설 정지 레오나드(static leonard) 방식

ⓐ 사이리스터(thyristor)를 사용하여 교류를 직류로 변환시킴과 동시에 점호각을 제어하여 직류 전압을 제어하는 방식으로 고속 엘리베이터에 적용된다.
ⓑ 워드 레오나드 방식보다 교류에서 직류로의 변환 손실이 적고, 보수가 쉽다.

★★

17 주차장치에 사용하는 드럼의 직경은 승강기 슬라이드식 주차장치의 경우 로프 직경의 몇 배 이상으로 하여야 하는가?

① 10 ② 20
③ 30 ④ 40

해설 기계식 주차설비의 시브 및 드럼의 직경

ⓐ 주차장치에 사용하는 시브 또는 드럼의 직경은 로프가 시브 또는 드럼과 접하는 부분이 4분의 1 이하일 경우에는 로프 직경의 12배 이상으로, 4분의 1을 초과하는 경우에는 로프 직경의 20배 이상으로 하여야 한다. 다만, 승강기식 주차장치 및 승강기 슬라이드식 주차장치의 경우에는 이를 로프 직경의 30배 이상으로 하여야 하고, 트랙션 시브의 직경은 로프 직경의 40배 이상으로 하여야 한다.
ⓑ 로프에 의하여 운반기를 이동하는 주차장치에서 운반기의 운전속도가 1분당 300m 이상인 경우에는 시브 홈에 연질라이너를 사용하는 등 마찰대책을 강구하여야 한다.

★

18 재해의 직접 원인 중 작업환경의 결함에 해당되는 것은?

① 위험장소 접근
② 작업순서의 잘못
③ 과다한 소음 발산
④ 기술적, 육체적 무리

해설 작업환경

일반적으로 근로자를 둘러싸고 있는 환경을 말하며, 작업환경의 조건은 작업장의 온도, 습도, 기류 등 건물의 설비 상태, 작업장에서 발생하는 분진, 유해방사선, 가스, 증기, 소음 등이 있다.

★★★

19 산업재해의 발생원인 중 불안전한 행동이 많은 사고의 원인이 되고 있다. 이에 해당되지 않는 것은?

① 위험장소 접근
② 작업장소 불량
③ 안전장치 기능 제거
④ 복장, 보호구 잘못 사용

정답 14. ① 15. ④ 16. ② 17. ③ 18. ③ 19. ②

[해설] 산업재해 원인분류

㉠ 직접 원인
- 불안전한 행동(인적 원인)
  - 안전장치를 제거, 무효화함
  - 안전조치의 불이행
  - 불안전한 상태 방치
  - 기계장치 등의 지정 외 사용
  - 운전 중인 기계, 장치 등의 청소, 주유, 수리, 점검 등의 실시
  - 위험장소에 접근
  - 잘못된 동작자세
  - 복장, 보호구의 잘못 사용
  - 불안전한 속도 조작
  - 운전의 실패
- 불안전한 상태(물적 원인)
  - 물(物) 자체의 결함
  - 방호장치의 결함
  - 작업장소 및 기계의 배치 결함
  - 보호구, 복장 등의 결함
  - 작업환경의 결함
  - 자연적 불안전한 상태
  - 작업방법 및 생산공정 결함
㉡ 간접 원인
- 기술적 원인 : 기계기구, 장비 등의 방호설비, 경계 설비, 보호구 정비 등의 기술적 결함
- 교육적 원인 : 무지, 경시, 몰이해, 훈련 미숙, 나쁜 습관, 안전지식 부족 등
- 신체적 원인 : 각종 질병, 피로, 수면 부족 등
- 정신적 원인 : 태만, 반항, 불만, 초조, 긴장, 공포 등
- 관리적 원인 : 책임감의 부족, 작업기준의 불명확, 점검 보전제도의 결함, 부적절한 배치, 근로의욕 침체 등

---

20 ★★★ 엘리베이터의 주로프에 가장 많이 사용되는 꼬임은?

① 보통 Z꼬임
② 보통 S꼬임
③ 랭 Z꼬임
④ 랭 S꼬임

[해설] 엘리베이터 주로프에는 8×S(19), E종, 보통 Z꼬임의 와이어로프를 일반적으로 가장 많이 사용한다.

---

21 ★★ 감속기의 기어 치수가 제대로 맞지 않을 때 일어나는 현상이 아닌 것은?

① 기어의 강도에 악영향을 준다.
② 진동 발생의 주요 원인이 된다.
③ 카가 전도할 우려가 있다.
④ 로프의 마모가 현저히 크다.

[해설] 기어의 치수가 제대로 맞지 않은 경우 카에는 감속도와 가속도가 불규칙적으로 발생되며, 시브 홈과 로프에는 미끄러짐이 발생되므로 로프의 마모가 현저히 크지는 않다. 로프의 마모는 마찰력이 클수록 심하다.

---

22 ★ 전기식 엘리베이터 자체점검 중 피트에서 하는 과부하감지장치에 대한 점검주기(회/월)는?

① 1/1
② 1/3
③ 1/4
④ 1/6

[해설] 피트에서 하는 점검항목 및 주기

㉠ 1회/1월 : 피트 바닥, 과부하감지장치
㉡ 1회/3월 : 완충기, 하부 파이널 리밋스위치, 카 비상멈춤장치스위치
㉢ 1회/6월 : 조속기로프 및 기타 당김도르래, 균형로프 및 부착부, 균형추 밑부분 틈새, 이동케이블 및 부착부
㉣ 1회/12월 : 카 하부 도르래, 피트 내의 내진대책

---

23 ★★★ 전기식 엘리베이터의 속도에 의한 분류방식 중 고속 엘리베이터의 기준은?

① 2m/s 이상
② 2m/s 초과
③ 3m/s 이상
④ 4m/s 초과

[해설] 고속 엘리베이터는 정격속도가 초당 4m(240m/min)를 초과하는 승강기를 말한다.

---

24 ★★ 실린더에 이물질이 흡입되는 것을 방지하기 위하여 펌프의 흡입측에 부착하는 것은?

① 필터
② 사이렌서
③ 스트레이너
④ 더스트와이퍼

[해설] 유압회로의 구성요소

㉠ 필터(filter)와 스트레이너(strainer) : 실린더에 쇳가루나 이물질이 들어가는 것을 방지(실린더 손상 방지)하기 위해 설치하며, 펌프의 흡입측에 부착하는 것을 스트레이너라 하고, 배관 중간에 부착하는 것을 라인필터라 한다.
㉡ 사이렌서(silencer) : 자동차의 머플러와 같이 작동유의 압력 맥동을 흡수하여 진동·소음을 감소시키는 역할을 한다.
㉢ 더스트와이퍼(dust wiper) : 플런저 표면의 이물질이 실린더 내측으로 삽입되는 것을 방지한다.

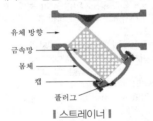

유체 방향 →
금속망
몸체
캡
플러그

┃ 스트레이너 ┃

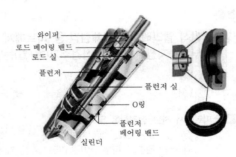

와이퍼
로드 베어링 밴드
로드 실
플런저
플런저 실
O링
플런저
베어링 밴드
실린더

‖ **더스트와이퍼** ‖

★★★★★
25 균형추의 전체 무게를 산정하는 방법으로 옳은 것은?

① 카의 전중량에 정격적재량의 35~50%를 더한 무게로 한다.
② 카의 전중량에 정격적재량을 더한 무게로 한다.
③ 카의 전중량과 같은 무게로 한다.
④ 카의 전중량에 정격적재량의 110%를 더한 무게로 한다.

해설 **균형추**(counter weight)
카의 무게를 일정 비율 보상하기 위하여 카측과 반대편에 주철 혹은 콘크리트로 제작되어 설치되며, 카와의 균형을 유지하는 추이다.

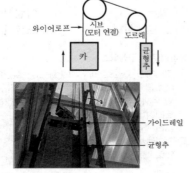

와이어로프
시브 (모터 연결)
도르래
카
균형추

가이드레일
균형추

㉠ 오버밸런스(over-balance)
• 균형추의 총중량은 빈 카의 자중에 적재하중의 35~50%의 중량을 더한 값이 보통이다.
• 적재하중의 몇 %를 더할 것인가를 오버밸런스율이라고 한다.
• 균형추의 총중량=카 자체하중+$L \cdot F$
  여기서, L : 정격적재하중(kg)
  F : 오버밸런스율(%)
㉡ 견인비(traction ratio)
• 카측 로프가 매달고 있는 중량과 균형추 로프가 매달고 있는 중량의 비를 트랙션비라 하고, 무부하와 전부하 상태에서 체크한다.

• 견인비가 낮게 선택되면 로프와 도르래 사이의 트랙션 능력, 즉 마찰력이 작아도 되며, 로프의 수명이 연장된다.

★★
26 전기식 엘리베이터 자체점검 중 카 위에서 하는 점검항목 장치가 아닌 것은?

① 비상구출구
② 도어잠금 및 잠금해제장치
③ 카 위 안전스위치
④ 문닫힘안전장치

해설 **문 작동과 관련된 보호**
㉠ 문이 닫히는 동안 사람이 끼이거나 끼려고 할 때 자동으로 문이 반전되어 열리는 문닫힘안전장치가 있어야 한다.
㉡ 문닫힘 동작 시 사람 또는 물건이 끼이거나 문닫힘안전장치 연결전선이 끊어지면 문이 반전하여 열리도록 하는 문닫힘안전장치(세이프티 슈·광전장치·초음파장치 등)가 카 문이나 승강장문 또는 양쪽 문에 설치되어야 하며, 그 작동 상태는 양호하여야 한다.
㉢ 승강장문이 카 문과의 연동에 의해 열리는 방식에서는 자동적으로 승강장의 문이 닫히는 쪽으로 힘을 작용시키는 장치이다.
㉣ 엘리베이터가 정지한 상태에서 출입문의 닫힘 동작에 우선하여 카 내에서 문을 열 수 있도록 하는 장치이다.

★
27 전기식 엘리베이터 기계실의 구조에서 구동기의 회전부품 위로 몇 m 이상의 유효 수직거리가 있어야 하는가?

① 0.2   ② 0.3
③ 0.4   ④ 0.5

해설 **기계실 치수**
㉠ 기계실 크기는 설비, 특히 전기설비의 작업이 쉽고 안전하도록 충분하여야 한다. 작업구역에서 유효높이는 2m 이상이어야 하고 다음 사항에 적합하여야 한다.
• 제어패널 및 캐비닛 전면의 유효 수평면적은 아래와 같아야 한다.
  – 폭은 0.5m 또는 제어 패널·캐비닛의 전체 폭 중에서 큰 값 이상
  – 깊이는 외함의 표면에서 측정하여 0.7m 이상
㉡ 수동 비상운전 수단이 필요하다면, 움직이는 부품의 유지보수 및 점검을 위한 유효 수평면적은 0.5m×0.6m 이상이어야 한다.
㉢ 위 ㉠항에서 기술된 유효공간으로 접근하는 통로의 폭은 0.5m 이상이어야 한다. 다만, 움직이는 부품이 없는 경우에는 0.4m로 줄일 수 있다. 이동을 위한 공간의 유효높이는 바닥에서부터 천장의 빔 하부까지 측정하여 1.8m 이상이어야 한다.

ⓔ 구동기의 회전부품 위로 0.3m 이상의 유효 수직거리가 있어야 한다.

ⓜ 기계실 바닥에 0.5m를 초과하는 단차가 있을 경우에는 보호난간이 있는 계단 또는 발판이 있어야 한다.

ⓗ 기계실 작업구역의 바닥 또는 작업구역 간 이동 통로의 바닥에 폭이 0.05m 이상이고 0.5m 미만이며, 깊이가 0.05m를 초과하는 함몰이 있거나 덕트가 있는 경우, 그 함몰부분 및 덕트는 방호되어야 한다. 폭이 0.5m를 초과하는 함몰은 위 ⓜ항에 따른 단차로 고려되어야 한다.

28 기계식 주차장치에 있어서 자동차 중량의 전륜 및 후륜에 대한 배분비는?

① 6 : 4
② 5 : 5
③ 7 : 3
④ 4 : 6

해설 자동차 중량의 전륜 및 후륜에 대한 배분은 6:4로 하고 계산하는 단면에는 큰 쪽의 중량이 집중하중으로 작용하는 것으로 가정하여 계산한다.

29 재해원인의 분류에서 불안전한 상태(물적 원인)가 아닌 것은?

① 안전방호장치의 결함
② 작업환경의 결함
③ 생산공정의 결함
④ 불안전한 자세 결함

해설 산업재해 직접 원인

ⓐ 불안전한 행동(인적 원인)
  • 안전장치를 제거, 무효화
  • 안전조치의 불이행
  • 불안전한 상태 방치
  • 기계장치 등의 지정 외 사용
  • 운전 중인 기계, 장치 등의 청소, 주유, 수리, 점검 등의 실시
  • 위험장소에 접근
  • 잘못된 동작 자세
  • 복장, 보호구의 잘못 사용
  • 불안전한 속도 조작
  • 운전의 실패

ⓑ 불안전한 상태(물적 원인)
  • 물(物) 자체의 결함
  • 방호장치의 결함
  • 작업장소 및 기계의 배치 결함
  • 보호구, 복장 등의 결함
  • 작업환경의 결함
  • 자연적 불안전한 상태
  • 작업방법 및 생산공정 결함

30 에스컬레이터(무빙워크 포함) 자체점검 중 구동기 및 순환 공간에서 하는 점검에서 B(요주의)로 하여야 할 것이 아닌 것은?

① 전기안전장치의 기능을 상실한 것
② 운전, 유지보수 및 점검에 필요한 설비 이외의 것이 있는 것
③ 상부 덮개와 바닥면과의 이음부분에 현저한 차이가 있는 것
④ 구동기 고정 볼트 등의 상태가 불량한 것

해설 전기안전장치의 기능을 상실한 것

C(요수리 및 긴급수리)

31 피트에서 하는 검사가 아닌 것은?

① 완충기의 설치 상태
② 하부 파이널 리밋스위치류 설치 상태
③ 균형로프 및 부착부 설치 상태
④ 비상구출구 설치 상태

해설 카 위에서 하는 검사

ⓐ 비상구출구는 카 밖에서 간단한 조작으로 열 수 있어야 한다. 또한, 비상구출구위치의 설치 상태는 견고하고, 작동 상태는 양호하여야 한다. 다만, 자동차용 엘리베이터와 카 내에 조작반이 없는 화물용 엘리베이터의 경우에는 그러하지 아니한다.

ⓑ 카 도어스위치 및 도어개폐장치의 설치 상태는 견고하고, 각 부분의 연결 및 작동 상태는 양호하여야 한다.

ⓒ 카 위의 안전스위치 및 수동운전스위치의 작동 상태는 양호하여야 한다.

ⓓ 고정도르래 또는 현수도르래가 있는 경우에는 그 설치 상태는 견고하고, 몸체에 균열이 없어야 한다. 또한, 급제동 시나 지진 기타의 진동에 의해 주로프가 벗겨지지 않도록 조치되어 있어야 한다.

ⓔ 조속기로프의 설치 상태는 견고하여야 한다.

32 카가 어떤 원인으로 최하층을 통과하여 피트에 도달했을 때 카에 충격을 완화시켜 주는 장치는?

① 완충기
② 비상정지장치
③ 조속기
④ 리밋스위치

해설 완충기

피트 바닥에 설치되며, 카가 어떤 원인으로 최하층을 통과하여 피트로 떨어졌을 때, 충격을 완화하기 위하여 혹은 카가 밀어 올렸을 때를 대비하여 균형추의 바로 아래에도 완충기를 설치한다. 그러나 이 완충기는 카나 균형추의 자유낙하를 완충하기 위한 것은 아니다(자유낙하는 비상정지장치의 분담기능).

★★

33 과부하감지장치에 대한 설명으로 틀린 것은?

① 과부하감지장치가 작동하는 경우 경보음이 울려야 한다.

② 엘리베이터 주행 중에는 과부하감지장치의 작동이 무효화되어서는 안 된다.

③ 과부하감지장치가 작동한 경우에는 출입문의 닫힘을 저지하여야 한다.

④ 과부하감지장치는 초과하중이 해소되기 전까지 작동하여야 한다.

해설 전기식 엘리베이터의 부하제어

㉠ 카에 과부하가 발생할 경우에는 재착상을 포함한 정상운행을 방지하는 장치가 설치되어야 한다.

㉡ 과부하는 최소 65kg으로 계산하여 정격하중의 10%를 초과하기 전에 검출되어야 한다.

㉢ 엘리베이터의 주행 중에는 오동작을 방지하기 위하여 과부하감지장치의 작동이 무효화되어야 한다.

㉣ 과부하의 경우에는 다음과 같아야 한다.
• 가청이나 시각적인 신호에 의해 카 내 이용자에게 알려야 한다.
• 자동동력 작동식 문은 완전히 개방되어야 한다.
• 수동작동식 문은 잠금 해제 상태를 유지하여야 한다.
• 엘리베이터가 정상적으로 운행하는 중에 승강장문 또는 여러 문짝이 있는 승강장문의 어떤 문짝이 열린 경우에는 엘리베이터가 출발하거나 계속 움직일 가능성은 없어야 한다.

★★★

34 카의 실제속도와 속도지령장치의 지령속도를 비교하여 사이리스터의 점호각을 바꿔 유도전동기의 속도를 제어하는 방식은?

① 사이리스터 레오나드방식

② 교류궤환 전압제어방식

③ 가변전압 가변주파수방식

④ 워드 레오나드방식

해설 교류궤환제어

㉠ 카의 실속도와 지령속도를 비교하여 사이리스터(thyristor)의 점호각을 바꾼다.

㉡ 감속할 때는 속도를 검출하여 사이리스터에 궤환시켜 전류를 제어한다.

㉢ 전동기 1차측 각 상에 사이리스터와 다이오드를 역병렬로 접속하여 역행 토크를 변화시킨다.

㉣ 모터에 직류를 흘려서 제동토크를 발생시킨다.

㉤ 미리 정해진 지령속도에 따라 정확하게 제어되므로, 승차감 및 착상 정도가 교류 1단 교류 2단 속도제어보다 좋다.

㉥ 교류 2단 속도제어와 같은 저속주행 시간이 없으므로 운전시간이 짧다.

㉦ 40~105m/min의 승용 엘리베이터에 주로 적용된다.

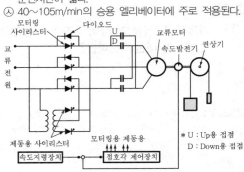

‖ 교류궤환 제어회로 ‖

★★

35 기계실이 있는 엘리베이터의 승강로 내에 설치되지 않는 것은?

① 균형추   ② 완충기

③ 이동케이블   ④ 조속기

해설 엘리베이터 기계실

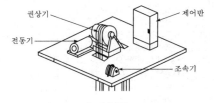

‖ 기계실 ‖

조속기는 승강로 내에 위치하는 경우도 있지만, 기계실이 있는 경우에는 기계실에 설치된다.

★★

36 추락을 방지하기 위한 2종 안전대의 사용법은?

① U자 걸이 전용

② 1개 걸이 전용

③ 1개 걸이, U자 걸이 겸용

④ 2개 걸이 전용

해설 안전대의 종류

‖ 1개 걸이 전용 안전대 ‖

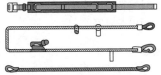

‖ U자 걸이 전용 안전대 ‖

‖ 안전블록 ‖

‖ 추락방지대 ‖

종류	등급	사용 구분
벨트식(B식), 안전그네식(H식)	1종	U자 걸이 전용
	2종	1개 걸이 전용
	3종	1개 걸이, U자 걸이 공용
	4종	안전블록
	5종	추락방지대

37 에스컬레이터의 안전장치에 관한 설명으로 틀린 것은?

① 승강장에서 디딤판의 승강을 정지시키는 것이 가능한 장치이다.
② 사람이나 물건이 핸드레일 인입구에 꼈을 때 디딤판의 승강을 자동적으로 정지시키는 장치이다.
③ 상하 승강장에서 디딤판과 콤플레이트 사이에 사람이나 물건이 끼이지 않도록 하는 장치이다.
④ 디딤판 체인이 절단되었을 때 디딤판의 승강을 수동으로 정지시키는 장치이다.

해설 에스컬레이터 또는 무빙워크의 자동 정지

㉠ 에스컬레이터 및 경사형(α ≥ 6°) 무빙워크는 미리 설정된 운행 방향이 변할 때 스텝 및 팔레트 또는 벨트가 자동으로 정지되는 방법으로 설치되어야 한다.
㉡ 브레이크 시스템은 다음과 같을 때 자동으로 작동되어야 한다.

• 전압 공급이 중단될 때
• 제어회로에 전압 공급이 중단될 때
㉢ 에스컬레이터 및 무빙워크는 공칭속도의 1.2배 값을 초과하기 전에 자동으로 정지되는 방법으로 설치되어야 한다.
㉣ 에스컬레이터 및 무빙워크는 인장장치가 ±20mm를 초과하여 움직이기 전에 자동으로 정지되어야 한다.

38 플라이볼형 조속기의 구성요소에 해당되지 않는 것은?

① 플라이 웨이트
② 로프캐치
③ 플라이볼
④ 베벨기어

해설 플라이볼(fly ball)형 조속기

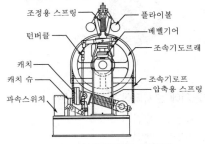

‖ 플라이볼형 조속기 ‖

조속기도르래의 회전을 베벨기어에 의해 수직축의 회전으로 변환하고, 이 축의 상부에서부터 링크(link)기구에 의해 매달린 구형의 진자에 작용하는 원심력으로 작동하며, 검출 정도가 높아 고속의 엘리베이터에 이용된다.

39 다음 그림과 같은 축의 모양을 가지는 기어는?

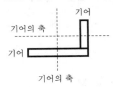

① 스퍼기어(spur gear)
② 헬리컬기어(helical gear)
③ 베벨기어(bevel gear)
④ 웜기어(worm gear)

해설

‖ 평기어 ‖ ‖ 헬리컬기어 ‖ ‖ 베벨기어 ‖ ‖ 웜기어 ‖

★

40 엘리베이터가 가동 중일 때 회전하지 않는 것은?

① 주 시브(main sheave)
② 조속기 텐션 시브(governor tension sheave)
③ 브레이크 라이닝(brake lining)
④ 브레이크 드럼(brake drum)

해설 브레이크 라이닝(brake lining)

브레이크 드럼과 직접 접촉하여 브레이크 드럼의 회전을 멎게 하고 운동에너지를 열에너지로 바꾸는 마찰재이다. 브레이크 드럼으로부터 열에너지가 발산되어, 브레이크 라이닝의 온도가 높아져도 타지 않으며 마찰계수의 변화가 적은 라이닝이 좋다.

— 브레이크 라이닝
— 브레이크 디스크

★

41 전동기에 설치되어 있는 THR은?

① 과전류 계전기
② 과전압 계전기
③ 열동 계전기
④ 역상 계전기

해설 ㉠ 과전류 계전기(over current relay) : 전류의 크기가 일정치 이상으로 되었을 때 동작하는 계전기
㉡ 과전압 계전기(over voltage relay) : 전압의 크기가 일정치 이상으로 되었을 때 동작하는 계전기
㉢ 열동 계전기(relay thermal) : 전동기 등의 과부하 보호용으로 사용되는 계전기
㉣ 역상 계전기(negative sequence relay) : 역상분 전압 또는 전류의 크기에 따라 작동하는 계전기

★★★

42 1MΩ은 몇 Ω인가?

① $1 \times 10^3 \, \Omega$ ② $1 \times 10^6 \, \Omega$
③ $1 \times 10^9 \, \Omega$ ④ $1 \times 10^{12} \, \Omega$

해설

명칭	기호	배수	명칭	기호	배수
Tera	T	10^{12}	centi	c	10^{-2}
Giga	G	10^{9}	milli	m	10^{-3}
Mega	M	10^{6}	micro	μ	10^{-6}
kilo	k	10^{3}	nano	n	10^{-9}

★★

43 아크용접기의 감전방지를 위해서 부착하는 것은?

① 자동전격방지장치
② 중성점접지장치
③ 과전류계전장치
④ 리밋스위치

해설 자동전격방지장치

교류 아크용접기는 용접작업 중에는 30V 정도의 낮은 전압이 사용되어 감전의 위험이 없으나, 무부하 시에는 약 70~90V의 높은 전압이 2차측 홀더와 어스에 걸려 작업자에 대한 위험성이 높다. 따라서 무부하전압을 1.5초 이내에 25V 이하가 되도록 교류 아크용접기에 감전방지용 안전장치인 자동전격방지장치를 설치한다. 아크용접작업 중에는 용접용 변압기를 통하여 아크용 낮은 전압이 공급되고, 아크용접을 잠시 중단한 상태에서는 전격방지장치를 통하여 낮은 전압을 공급하는 원리이다.

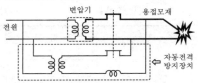

★★

44 승강기의 자체검사 시 월 1회 이상 점검하여야 할 항목이 아닌 것은?

① 비상정지장치 및 기타 방호장치의 이상 유무
② 브레이크 장치
③ 와이어로프 손상 유무
④ 각종 부품의 명판 부착 상태

해설 승강기의 매월 자체검사 항목

㉠ 비상정지장치, 과부하방지장치, 기타 방호장치의 이상 유무
㉡ 브레이크 및 제어장치의 이상 유무
㉢ 와이어로프의 손상 유무
㉣ 가이드레일의 상태
㉤ 옥외에 설치된 화물용 승강기의 가이드로프를 연결한 부위의 이상 유무

★

45 승강기 보수자가 승강기 카와 건물벽 사이에 끼었다. 이 재해의 발생 형태는?

① 협착   ② 전도
③ 마찰   ④ 질식

해설 재해 발생 형태별 분류

ㄱ 추락 : 사람이 건축물, 비계, 기계, 사다리, 계단 등에서 떨어지는 것
ㄴ 충돌 : 사람이 물체에 접촉하여 맞부딪침
ㄷ 전도 : 사람이 평면상으로 넘어졌을 때를 말함(과속, 미끄러짐 포함)
ㄹ 낙하 비래 : 사람이 정지물에 부딪친 경우
ㅁ 협착 : 물건에 끼어진 상태, 말려든 상태
ㅂ 감전 : 전기접촉이나 방전에 의해 사람이 충격을 받은 경우
ㅅ 동상 : 추위에 노출된 신체 부위의 조직이 어는 증상

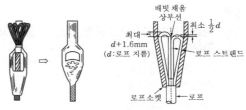

‖ 배빗 소켓의 단말 처리 ‖

‖ 분할핀 ‖

★★

46 시브와 접촉이 되는 와이어로프의 부분은 어느 것인가?

① 외층소선
② 내층소선
③ 심강
④ 소선

해설 와이어로프

ㄱ 와이어로프의 구성
• 심(core)강
• 가닥(strand)
• 소선(wire)

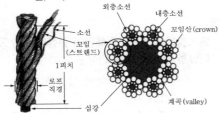

‖ 단면 ‖

ㄴ 소선의 재료 : 탄소강(C : 0.50~0.85 섬유상 조직)
ㄷ 와이어로프의 표기

```
6  ×  Fi  (24)  ×  IWRC  B종  20mm
                                 └── rope diameter
                          └── 종별(소선의 인장강도)
                    └── 심강의 종류
              └── strand 구성(소선수)
          └─ S : 스트랜드형
          └─ W : 워링톤형
          └─ Fi : 필러형
          └─ Ws : 워링본시일형
    └── rope의 구성
        (strand 수)
```

★★

47 엘리베이터를 카 위에서 검사할 때 주로프를 걸어 맨 고정부위는 2중 너트로 견고하게 조여 있어야 하고 풀림방지를 위하여 무엇이 꽂혀 있어야 하는가?

① 소켓
② 균형체인
③ 브래킷
④ 분할핀

해설 주로프 및 조속기로프는 카 위에서 카를 조금씩 승강시키면서 검사하고, 카 위에서 검사할 수 없는 부분은 기계실 및 피트에서 검사한다.

ㄱ 로프의 단말은 견고히 처리되거나 또는 주로프가 배빗 채움 방식인 경우 끝부분은 각 가닥을 접어서 구부린 것이 명확하게 보이도록 되어 있어야 한다.
ㄴ 주로프를 걸어 맨 고정부위는 2중 너트로 견고하게 조이고, 풀림방지를 위한 분할핀이 꽂혀 있어야 한다.
ㄷ 모든 주로프는 균등한 장력을 받고 있어야 한다.
ㄹ 로프의 마모 및 파손 상태는 가장 심한 부분에서 검사한다.

마모 및 파손 상태	기준
소선의 파단이 균등하게 분포되어 있는 경우	1구성 꼬임(스트랜드)의 1꼬임 피치 내에서 파단수 4 이하
파단 소선의 단면적이 원래의 소선 단면적의 70% 이하로 되어 있는 경우 또는 녹이 심한 경우	1구성 꼬임(스트랜드)의 1꼬임 피치 내에서 파단수 2 이하
소선의 파단이 1개소 또는 특정의 꼬임에 집중되어 있는 경우	소선의 파단총수가 1꼬임 피치 내에서 6꼬임 와이어로프이면 12 이하; 8꼬임 와이어로프이면 16 이하
마모부분의 와이어로프의 지름	마모되지 않은 부분의 와이어로프 직경의 90% 이상

★★

48 정속도 전동기에 속하는 것은?

① 타여자전동기
② 직권전동기
③ 분권전동기
④ 기동복권전동기

해설 정속도 전동기

공급 전압, 주파수 또는 그 쌍방이 일정한 경우에는 부하에 관계없이 거의 일정한 회전속도로 동작하는 전동기를 뜻하며, 직류분권전동기, 유도전동기, 동기전동기 등이 있다.

★
49 피측정물의 치수와 표준치수와의 차를 측정하는 것은?

① 버니어캘리퍼스
② 마이크로미터
③ 하이트게이지
④ 다이얼게이지

해설 다이얼게이지(dial gauge)

기어장치로 미소한 변위를 확대하여 길이나 변위를 정밀 측정하는 계기이다. 일반적으로 사용되고 있는 것은 지침으로 긴바늘과 짧은바늘을 갖춘 시계형이다. 측정하려는 물건에 접촉시키면, 스핀들(spindle)의 작은 움직임이 톱니바퀴로 전달되어 지침이 움직임으로써 눈금을 읽도록 되어 있다. 다이얼의 눈금은 원주를 100등분하여 한 눈금이 0.1mm를 나타낸다. 구조상 스핀들의 움직이는 범위에는 한도가 있어서 길이의 측정범위는 5~10mm 정도의 것이 많다. 길이의 비교측정 외에 공작물의 흔들림, 두 면 사이의 평행도 측정 등에 이용된다.

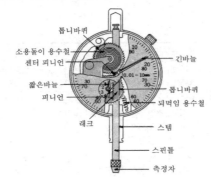

★
50 유압식 엘리베이터에서 실린더의 일반적인 구조 기준은 안전율 몇 이상이어야 하는가?

① 2   ② 4
③ 8   ④ 10

해설 실린더(cylinder)와 플런저(plunger)

유압식 엘리베이터는 작동유의 압력을 이용하여 플런저를 승강하는 장치이므로 실린더 벽과 플런저 측부에 동일한 압력이 가해진다. 따라서 로프식 엘리베이터의 로프나 기계대 등에 준한 강도가 필요하고, 실린더와 플런저는 직접식 유압엘리베이터에서는 카의 중앙 하부의 피드 내에 깊게 묻힌 케이싱 내에 들어간다.

▮ 실린더의 구조 ▮   ▮ 플런저 ▮

㉠ 실린더의 구조
• 실린더의 길이는 직접식에선 카의 행정길이에 여유길이(500mm 정도)를 더한 값으로 한다.
• 간접식에서는 로핑(1:2, 1:4 등) 등에 따라 행정거리의 1/2 또는 1/4의 여유길이를 더한 길이로 한다.
• 실린더의 상부에는 패킹을 설치하여 작동유의 유출을 방지하며, 일반적인 안전율은 4 이상을 요구한다.
㉡ 플런저의 구조
• 플런저가 작용하는 총 하중이 크면 클수록 그 단면은 커진다.
• 재료는 KS규격의 기계구조용 탄소강 강관의 이음매가 없는 것이 사용되며, 그 두께는 5~20mm 정도이다.
㉢ 플런저의 이탈을 막기 위하여 플런저의 한쪽 끝단에 스토퍼(stopper)를 설치하여야 한다.

★★
51 에스컬레이터의 구동체인이 규정치 이상으로 늘어났을 때 일어나는 현상은?

① 안전레버가 작동하여 하강은 되나, 상승은 되지 않는다.
② 안전레버가 작동하여 브레이크가 작동하지 않는다.
③ 안전레버가 작동하여 무부하 시는 구동되나, 부하 시는 구동되지 않는다.
④ 안전레버가 작동하여 안전회로 차단으로 구동되지 않는다.

해설 구동체인 안전장치

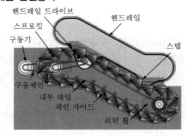

▮ 구동기 설치 위치 ▮

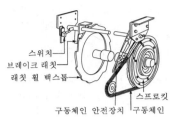

스위치
브레이크 래칫
래칫 휠 백스톱
구동체인 안전장치 구동체인
스프로킷

∥ 조립도 ∥

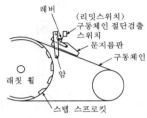

레버
(리밋스위치)
구동체인 절단검출
스위치
문지름판
구동체인
암
래칫 휠
스텝 스프로킷

∥ 안전장치 상세도 ∥

㉠ 구동기와 주 구동장치(main drive) 사이의 구동체인이 상승 중 절단되었을 때 승객의 하중에 의해 하강운전을 일으키면 위험하므로 구동체인 안전장치가 필요하다.
㉡ 구동체인 위에 항상 문지름판이 구동되면서 구동체인의 늘어짐을 감지하여 만일 체인이 느슨해지거나 끊어지면 슈가 떨어지면서 브레이크 래칫이 브레이크 휠에 걸려 주 구동장치의 하강방향의 회전을 기계적으로 제지한다.
㉢ 안전스위치를 설치하여 안전장치의 동작과 동시에 전원을 차단한다.

★★★★

52 트랙션식 권상기에서 로프와 도르래의 마찰계수를 높이기 위해서 도르래 홈의 밑을 도려낸 언더컷홈을 사용한다. 이 언더컷홈의 결점은?

① 지나친 되감기 발생
② 균형추 진동
③ 시브의 이완
④ 로프 마모

🖋️ 해설 로프식 방식에서 미끄러짐(매우 위험함)을 결정하는 요소

구분	원인
로프가 감기는 각도	작을수록 미끄러지기 쉽다.
카의 가속도와 감속도	클수록 미끄러지기 쉽다(급정지 시 일어나는 미끄러짐을 고려해야 함).
카측과 균형추측의 로프에 걸리는 중량의 비	클수록 미끄러지기 쉽다(무부하 시를 체크할 필요가 있음).
로프와 도르래의 마찰계수	U형의 홈은 마찰계수가 낮으므로 일반적으로 홈의 밑을 도려낸 언더컷홈으로 마찰계수를 올린다. 마모와 마찰계수를 고려하여 도르래 재료는 주물을 사용한다.

(a) U홈

(b) V홈

(c) 언더컷홈

∥ 도르래 홈의 종류 ∥

언더컷홈으로 마찰계수를 올려 카의 미끄러짐을 줄일 수 있지만, 마찰계수가 높은 만큼 로프의 마모는 심해진다.

★★

53 다음 중 승객 · 화물용 엘리베이터에서 과부하감지장치의 작동에 대한 설명으로 틀린 것은?

① 작동치는 정격적재하중의 105~110%를 표준으로 한다.
② 적재하중 초과 시 경보를 울린다.
③ 출입문을 자동적으로 닫히게 한다.
④ 카의 출발을 정지시킨다.

🖋️ 해설 전기식 엘리베이터의 부하제어

㉠ 카에 과부하가 발생할 경우에는 재착상을 포함한 정상 운행을 방지하는 장치가 설치되어야 한다.
㉡ 과부하는 최소 65kg으로 계산하여 정격하중의 10%를 초과하기 전에 검출되어야 한다.
㉢ 엘리베이터의 주행 중에는 오동작을 방지하기 위하여 과부하감지장치의 작동이 무효화되어야 한다.
㉣ 과부하의 경우에는 다음과 같아야 한다.
  • 가청이나 시각적인 신호에 의해 카 내 이용자에게 알려야 한다.
  • 자동 동력 작동식 문은 완전히 개방되어야 한다.
  • 수동 작동식 문은 잠금해제 상태를 유지하여야 한다.
  • 엘리베이터가 정상적으로 운행하는 중에 승강장문 또는 여러 문짝이 있는 승강장문의 어떤 문짝이 열린 경우에는 엘리베이터가 출발하거나 계속 움직일 가능성은 없어야 한다.

★★

54 승강장에서 행하는 검사가 아닌 것은?

① 승강장 도어의 손상 유무
② 도어 슈의 마모 유무
③ 승강장 버튼의 양호 유무
④ 조속기 스위치 동작 여부

🖋️ 해설 엘리베이터 기계실

조속기 스위치 동작 여부는 기계실에서 행하는 검사이다.

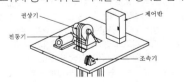

권상기
제어반
전동기
조속기

∥ 기계실 ∥

★★
55 다음 그림과 같은 정류 파형은?

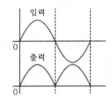

① 반파 정류회로   ② 단파 정류회로
③ 3파 정류회로   ④ 브리지 정류회로

해설 브리지 정류회로

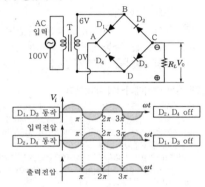

㉠ 다이오드 4개를 브리지 모양으로 접속하여 정류. 출력 전압(부하)에 직류를 공급한다.
㉡ 입력전압(+) 반주기는 $D_1 \cdot D_3$ 온(on). $D_2 \cdot D_4$ 오프(off)
㉢ 입력전압(−) 반주기는 $D_2 \cdot D_4$ 온(on). $D_1 \cdot D_3$ 오프(off)
㉣ 전파정류한 직류는 인버터를 사용하여 교류로 변환이 가능하다.

★
56 조속기도르래의 피치지름과 로프의 공칭지름의 비는 몇 배 이상인가?

① 25배
② 30배
③ 35배
④ 40배

해설 조속기로프

㉠ 조속기로프의 공칭지름은 6mm 이상. 최소 파단하중은 조속기가 작동될 때 8 이상의 안전율로 조속기로프에 생성되는 인장력에 관계되어야 한다.
㉡ 조속기로프 풀리의 피치직경과 조속기로프의 공칭직경 사이의 비는 30 이상이어야 한다.
㉢ 조속기로프는 인장 풀리에 의해 인장되어야 한다. 이 풀리(또는 인장추)는 안내되어야 한다.

㉣ 조속기로프 및 관련 부속부품은 비상정지장치가 작동하는 동안 제동거리가 정상적일 때보다 더 길더라도 손상되지 않아야 한다.
㉤ 조속기로프는 비상정지장치로부터 쉽게 분리될 수 있어야 한다.
㉥ 작동 전 조속기의 반응시간은 비상정지장치가 작동되기 전에 위험속도에 도달하지 않도록 충분히 짧아야 한다.

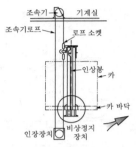

┃ 조속기와 비상정지장치의 연결모습 ┃

★
57 균형로프, 균형체인 같은 보상수단 및 보상수단의 부속품의 안전율은?

① 정적인 힘에 대해 2 이상
② 정적인 힘에 대해 3 이상
③ 정적인 힘에 대해 5 이상
④ 정적인 힘에 대해 10 이상

해설 보상수단

㉠ 균형로프, 균형체인 또는 균형벨트와 같은 보상수단 및 보상수단의 부속품은 영향을 받는 모든 정적인 힘에 대해 5 이상의 안전율을 가지고 견딜 수 있어야 한다.
㉡ 카 또는 균형추가 운행구간의 최상부에 있을 때 보상수단의 최대 현수무게 및 인장 풀리 조립체(있는 경우) 전체 무게의 1/2의 무게가 포함되어야 한다.

★★★
58 감전사고로 선로에 붙어있는 작업자를 구출하기 위한 응급조치로 볼 수 없는 것은?

① 전기공급을 차단한다.
② 부도체를 이용하여 환자를 전원에서 떼어 낸다.
③ 시간이 경과되면 생명에 지장이 있기 때문에 빠르게 직접 환자를 선로에서 분리한다.
④ 심폐소생술을 실시한다.

해설 감전사고 응급처치

감전사고가 일어나면 감전쇼크로 인해 산소결핍현상이 나타나고, 신장기능장해가 심할 경우 몇 분 내로 사망에 이를 수 있다. 주변의 동료는 신속하게 인공호흡과 심폐소생술을 실시해야 한다.

㉠ 전기공급을 차단하거나 부도체를 이용해 환자를 전원으로부터 떼어 놓는다.

㉡ 환자의 호흡기관에 귀를 대고 환자의 상태를 확인한다.

㉢ 가슴 중앙을 양손으로 30회 정도 눌러준다.

㉣ 머리를 뒤로 젖혀 기도를 완전히 개방시킨다.

㉤ 환자의 코를 막고 입을 밀착시켜 숨을 불어넣는다(처음 4회는 신속하고 강하게 불어넣어 폐가 완전히 수축되지 않도록 함).

㉥ 환자의 흉부가 팽창된 것이 보이면 다시 심폐소생술을 실시한다.

㉦ 이 과정을 환자가 의식이 돌아올 때까지 반복 실시한다.

㉧ 환자에게 물을 먹이거나 물을 부으면 흐르는 물체가 호흡을 막을 우려가 있기 때문에 위험하다.

㉨ 신속하고 적절한 응급조치는 감전환자의 95% 이상을 소생시킬 수 있다.

---

59 핸드레일은 정상운행 중 운행방향의 반대편에서 몇 N의 힘으로 당겨도 정지되지 않아야 하는가?

① 150 ② 250

③ 350 ④ 450

해설 핸드레일 시스템

㉠ 각 난간의 꼭대기에는 정상운행 조건하에서 스텝, 팔레트 또는 벨트의 실제 속도와 관련하여 동일 방향으로 −0%에서 +2%의 공차가 있는 속도로 움직이는 핸드레일이 설치되어야 한다. 핸드레일은 정상운행 중 운행방향의 반대편에서 450N의 힘으로 당겨도 정지되지 않아야 한다.

㉡ 핸드레일 속도감시장치가 설치되어야 하고 에스컬레이터 또는 무빙워크가 운행하는 동안 핸드레일 속도가 15초 이상 동안 실제 속도보다 −15% 이상 차이가 발생하면 에스컬레이터 및 무빙워크를 정지시켜야 한다.

---

60 다음 그림은 트랜지스터를 사용한 무접점 스위치이다. 부하의 저항값이 10Ω, 트랜지스터 전류이득 $\beta = 100$일 때, 부하에 흐르는 전류는? (단, V_{in}은 트랜지스터가 포화되는 전압을 가하고 다른 조건은 무시한다.)

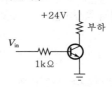

① 0.024A ② 0.24A

③ 2.4A ④ 24A

해설 부하전류(I_L)

$$I_L = \frac{V_L}{R_L} = \frac{24}{10} = 2.4A$$

※ 본 문제는 수험생들의 협조에 의해 작성되었으며, 시험내용과 일부 다를 수 있습니다.

★
01 승강기 정밀안전 검사 시 과부하방지장치의 작동치는 정격 적재하중의 몇 %를 권장치로 하는가?

① 95~100
② 105~110
③ 115~120
④ 125~130

해설 전기식 엘리베이터의 부하제어

㉠ 카에 과부하가 발생할 경우에는 재착상을 포함한 정상 운행을 방지하는 장치가 설치되어야 한다.
㉡ 과부하는 최소 65kg으로 계산하여 정격하중의 10%를 초과하기 전에 검출되어야 한다.
㉢ 엘리베이터의 주행 중에는 오동작을 방지하기 위하여 과부하감지장치의 작동이 무효화되어야 한다.
㉣ 과부하의 경우에는 다음과 같아야 한다.
 • 가청이나 시각적인 신호에 의해 카 내 이용자에게 알려야 한다.
 • 자동동력작동식 문은 완전히 개방되어야 한다.
 • 수동작동식 문은 잠금 해제를 유지하여야 한다.
 • 엘리베이터가 정상적으로 운행하는 중에 승강장문 또는 여러 문짝이 있는 승강장문의 어떤 문짝이 열린 경우에는 엘리베이터가 출발하거나 계속 움직일 가능성은 없어야 한다.

★★★★★
02 균형로프(compensation rope)의 역할로 가장 알맞은 것은?

① 카의 무게를 보상
② 카의 낙하를 방지
③ 균형추의 이탈을 방지
④ 와이어로프의 무게를 보상

해설 견인비의 보상방법

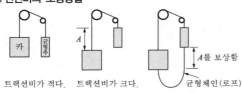

트랙션비가 적다.　트랙션비가 크다.　균형체인(로프)

㉠ 견인비(traction ratio)
 • 카측 로프가 매달고 있는 중량과 균형추 로프가 매달고 있는 중량의 비를 트랙션비라 하고, 무부하와 전부하 상태에서 체크한다.
 • 견인비가 낮게 선택되면 로프와 도르래 사이의 트랙션 능력, 즉 마찰력이 작아도 되며, 로프의 수명이 연장된다.

㉡ 문제점
 • 승강행정이 길어지면 로프가 어느 쪽(카측, 균형추측)에 있느냐에 따라 트랙션비는 크게 변화한다.
 • 트랙션비가 1.35를 초과하면 로프가 시브에서 슬립(slip)되기가 쉽다.
㉢ 대책
 • 카 하부에서 균형추의 하부로 주로프와 비슷한 단위중량의 균형(보상)체인이나 로프를 매단다(트랙션비를 작게 하기 위한 방법).
 • 균형로프는 서로 엉키는 걸 방지하기 위하여 피트에 인장도래를 설치한다.
 • 균형로프는 100%의 보상효과가 있고, 균형체인은 90% 정도 밖에 보상하지 못한다.
 • 고속·고층 엘리베이터의 경우 균형체인(소음의 원인)보다는 균형로프를 사용한다.

‖ 균형체인 ‖

★★
03 다음 중 와이어로프의 꼬임 방향에 의한 분류로 옳은 것은 무엇인가?

① Z꼬임, T꼬임
② Z꼬임, S꼬임
③ H꼬임, T꼬임
④ S꼬임, T꼬임

해설 와이어로프의 꼬임방법

종류	꼬이는 방향	특징	형상
보통꼬임 (regular lay)	소선과 스트랜드의 꼬임 방향이 다르다.	외주(外周)가 마모되기 쉽지만 꼬임이 풀리기 어렵다. 유연성이 좋다.	Z꼬임, S꼬임
랭꼬임 (lang lay)	소선과 스트랜드의 꼬임 방향이 같다.	외주(外周)가 마모되기 어렵지만 꼬임이 풀리기 쉽다. 유연성이 좋다.	

‖ 보통 Z꼬임 ‖　‖ 보통 S꼬임 ‖　‖ 랭 Z꼬임 ‖　‖ 랭 S꼬임 ‖

정답　01. ②　02. ④　03. ②

04 기계실을 승강로의 아래쪽에 설치하는 방식은?

① 정상부형 방식
② 횡인 구동 방식
③ 베이스먼트 방식
④ 사이드머신 방식

해설 기계실의 위치에 따른 분류

㉠ 정상부형 : 로프식 엘리베이터에서는 일반적으로 승강로의 직상부에 권상기를 설치하는 것이 합리적이고 경제적이다.
㉡ 베이스먼트 타입(basement type) : 엘리베이터 최하 정지층의 승강로와 인접시켜 설치하는 방식이다.
㉢ 사이드머신 타입(side machine type) : 승강로 중간에 인접하여 권상기를 두는 방식이다.

05 카가 어떤 원인으로 최하층을 통과하여 피트에 도달했을 때 카에 충격을 완화시켜 주는 장치는?

① 완충기
② 비상정지장치
③ 조속기
④ 리밋스위치

해설 완충기

피트 바닥에 설치되며, 카가 어떤 원인으로 최하층을 통과하여 피트로 떨어졌을 때, 충격을 완화하기 위하여 혹은 카가 밀어 올렸을 때를 대비하여 균형추의 바로 아래에도 완충기를 설치한다. 그러나 이 완충기는 카나 균형추의 자유낙하를 완충하기 위한 것은 아니다(자유낙하는 비상정지장치의 분담기능).

06 엘리베이터의 속도제어 중 VVVF 제어방식의 특성으로 옳지 않은 것은?

① 직류전동기와 동등한 제어 특성
② 소비전력을 줄일 수 있고, 보수가 용이
③ 저속의 승강기에만 적용 가능
④ 유도전동기의 전압과 주파수 변환

해설 VVVF(가변전압 가변주파수) 제어

㉠ 유도전동기에 인가되는 전압과 주파수를 동시에 변환시켜 직류전동기와 동등한 제어 성능을 얻을 수 있는 방식이다.
㉡ 직류전동기를 사용하고 있던 고속 엘리베이터에도 유도전동기를 적용하여 보수가 용이하고, 전력회생을 통해 에너지가 절약된다.
㉢ 중·저속 엘리베이터(궤환제어)에서는 승차감과 성능이 크게 향상되고 저속 영역에서 손실을 줄여 소비전력이 약 반으로 된다.
㉣ 3상의 교류는 컨버터로 일단 DC 전원으로 변환하고 인버터로 재차 가변전압 및 가변주파수의 3상 교류로 변환하여 전동기에 공급된다.
㉤ 교류에서 직류로 변경되는 컨버터에는 사이리스터가 사용되고, 직류에서 교류로 변경하는 인버터에는 트랜지스터가 사용된다.
㉥ 컨버터제어방식을 PAM(Pulse Amplitude Modulation), 인버터제어방식을 PWM(Pulse Width Modulation) 시스템이라고 한다.

07 엘리베이터 기계실의 바닥면적은 승강로 수평투영면적의 몇 배 이상이어야 하는가?

① 1.5배
② 2배
③ 2.5배
④ 3배

해설 기계실 치수

기계실의 바닥면적은 승강로 수평투영면적의 2배 이상으로 하여야 한다. 다만, 기기의 배치 및 관리에 지장이 없는 경우에는 그러하지 아니하다.

㉠ 기계실 크기는 설비, 특히 전기설비의 작업이 쉽고 안전하도록 충분하여야 한다. 작업구역에서 유효높이는 2m 이상이어야 하고 다음 사항에 적합하여야 한다.
• 제어 패널 및 캐비닛 전면의 유효 수평면적은 아래와 같아야 한다.
  – 폭은 0.5m 또는 제어 패널·캐비닛의 전체 폭 중에서 큰 값 이상
  – 깊이는 외함의 표면에서 측정하여 0.7m 이상
• 수동 비상운전 수단이 필요하다면, 움직이는 부품의 유지보수 및 점검을 위한 유효 수평면적은 0.5m ×0.6m 이상이어야 한다.
㉡ 위 ㉠항에서 기술된 유효공간으로 접근하는 통로의 폭은 0.5m 이상이어야 한다. 다만, 움직이는 부품이 없는 경우에는 0.4m로 줄일 수 있다. 이동을 위한 공간의 유효높이는 바닥에서부터 천장의 빔 하부까지 측정하여 1.8m 이상이어야 한다.
㉢ 구동기의 회전부품 위로 0.3m 이상의 유효 수직거리가 있어야 한다.
㉣ 기계실 바닥에 0.5m를 초과하는 단차가 있을 경우에는 보호난간이 있는 계단 또는 발판이 있어야 한다.
㉤ 기계실 작업구역의 바닥 또는 작업구역 간 이동 통로의 바닥에 폭이 0.05m 이상이고 0.5m 미만이며, 깊이가 0.05m를 초과하는 함몰이 있거나 덕트가 있는 경우, 그 함몰부분 및 덕트는 방호되어야 한다. 폭이 0.5m를 초과하는 함몰은 위 ㉣에 따른 단차로 고려되어야 한다.

★★

08 엘리베이터가 정전될 경우 카 내 예비조명장치에 관한 설명으로 맞지 않는 것은?

① 조도는 1lx 미만이어야 한다.
② 자동차용 엘리베이터에는 설치하지 않아도 된다.
③ 조도는 램프에서 2m 떨어진 거리에서 측정해야 한다.
④ 카 내 조작반이 없는 화물용 엘리베이터에는 설치하지 않는다.

해설 조명

㉠ 카에는 카 바닥 및 조작장치를 50lx 이상의 조도로 비출 수 있는 영구적인 전기조명이 설치되어야 한다.
㉡ 조명이 백열등 형태일 경우에는 2개 이상의 등이 병렬로 연결되어야 한다.
㉢ 정상 조명전원이 차단될 경우에는 2lx 이상의 조도로 1시간 동안 전원이 공급될 수 있는 자동 재충전 예비전원공급장치가 있어야 하며, 이 조명은 정상 조명전원이 차단되면 자동으로 즉시 점등되어야 한다. 측정은 다음과 같은 곳에서 이루어져야 한다.
 • 호출버튼 및 비상통화장치 표시
 • 램프 중심부로부터 2m 떨어진 수직면상

★★★

09 다음 중 고속용 승강기에 가장 적합한 조속기(governor)는?

① 디스크형(GD형)
② 플라이볼형(GF형)
③ 롤세이프티형(GR형)
④ 플랙시블형(FGC형)

해설 고속용 승강기에 적합한 조속기

㉠ 롤세이프티형(GR형) : 속도 45m/min 이하에 적용
㉡ 디스크형(GD형) : 속도 60~105m/min에 적용
㉢ 플라이볼형(GF형) : 속도 120m/min 이상에 적용

★★

10 중앙 개폐방식의 승강장 도어를 나타내는 기호는?

① 2S
② CO
③ UP
④ SO

해설 승강장 도어 분류

∎중앙열기
(center open)∎　　　∎가로열기
(1S ; side open)∎

∎가로열기
(2S ; side open)∎

∎상하열기
(vertical sliding type)∎

㉠ 중앙열기방식 : 1CO, 2CO
　　　(센터오픈 방식, Center Open)
㉡ 가로열기방식 : 1S, 2S, 3S
　　　(사이드오픈 방식, Side open)
㉢ 상하열기방식
 • 2매, 3매 업(up)슬라이딩 방식 : 자동차용이나 대형 화물용 엘리베이터에서는 카 실을 완전히 개구할 필요가 있기 때문에 상승개폐(2up, 3up)도어를 많이 사용한다.
 • 2매, 3매 상하열림(up, down)방식
㉣ 여닫이방식 : 1매 스윙, 2매 스윙(swing type)

★★

11 유압식 승강기의 유압 파워유닛의 구성요소에 속하지 않는 것은?

① 펌프
② 유량제어밸브
③ 체크밸브
④ 실린더

해설 유압 파워유닛

㉠ 펌프, 전동기, 밸브, 탱크 등으로 구성되어 있는 유압동력 전달장치이다.
㉡ 유압펌프에서 실린더까지를 탄소강관이나 고압 고무호스를 사용하여 압력배관으로 연결한다.
㉢ 단순히 작동유에 압력을 주는 것뿐만 아니라 카를 상승시킬 경우 가속, 주행 감속에 필요한 유량으로 제어하여 실린더에 보내고, 하강 시에는 실린더의 기름을 같은 방법으로 제어한 후 탱크로 되돌린다.

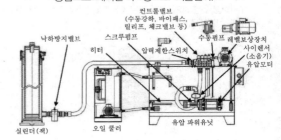

∎유압승강기 구동부∎

★★★

12 승강기가 최하층을 통과했을 때 주전원을 차단시켜 승강기를 정지시키는 것은?

① 완충기
② 조속기
③ 비상정지장치
④ 파이널 리밋스위치

해설 **파이널 리밋스위치(final limit switch)**

ⓐ 리밋스위치가 작동되지 않을 경우를 대비하여 리밋스위치를 지난 적당한 위치에 카가 현저히 지나치는 것을 방지하는 스위치이다.

ⓑ 전동기 및 브레이크에 공급되는 전원회로의 확실한 기계적 분리에 의해 직접 개방되어야 한다.

ⓒ 완충기에 충돌되기 전에 작동하여야 하며, 슬로다운 스위치에 의하여 정지되면 작용하지 않도록 설정한다.

ⓓ 파이널 리밋스위치의 작동 후에는 엘리베이터의 정상운행을 위해 자동으로 복귀되지 않아야 한다.

▮ 리밋스위치 ▮

▮ 리밋(최상, 최하층)스위치의 설치 상태 ▮

★★★

13 레일의 규격호칭은 소재 1m 길이당 중량을 라운드 번호로 하여 레일에 붙여 쓰고 있다. 일반적으로 쓰이고 있는 T형 레일의 공칭이 아닌 것은?

① 8K레일

② 13K레일

③ 16K레일

④ 24K레일

해설 **가이드레일의 규격**

ⓐ 레일 규격의 호칭은 마무리 가공 전 소재의 1m당의 중량으로 한다.

ⓑ 일반적으로 쓰는 T형 레일의 공칭은 8, 13, 18, 24K 등이 있다.

ⓒ 대용량의 엘리베이터에서는 37, 50K 레일 등도 사용한다.

ⓓ 레일의 표준길이는 5m로 한다.

★

14 엘리베이터의 정격속도 계산 시 무관한 항목은?

① 감속비

② 편향도르래

③ 전동기 회전수

④ 권상도르래 직경

해설 **엘리베이터의 정격속도(V)**

$$V = \frac{\pi DN}{1,000} i \text{ (m/min)}$$

여기서, V : 엘리베이터의 정격속도(m/min)
D : 권상기도르래의 지름(mm)
N : 전동기의 회전수(rpm)
i : 감속비

★★★

15 에스컬레이터의 경사도가 30° 이하일 경우에 공칭속도는?

① 0.75m/s 이하

② 0.80m/s 이하

③ 0.85m/s 이하

④ 0.90m/s 이하

해설 **구동기**

ⓐ 구동장치는 2대 이상의 에스컬레이터 또는 무빙워크를 운전하지 않아야 한다.

ⓑ 공칭속도는 공칭주파수 및 공칭전압에서 ±5%를 초과하지 않아야 한다.

ⓒ 에스컬레이터의 공칭속도
• 경사도가 30° 이하인 에스컬레이터는 0.75m/s 이하이어야 한다.
• 경사도가 30°를 초과하고 35° 이하인 에스컬레이터는 0.5m/s 이하이어야 한다.

ⓓ 무빙워크의 공칭속도는 0.75m/s 이하이어야 한다.

▮ 팔레트 ▮   ▮ 콤(comb) ▮

팔레트 또는 벨트의 폭이 1.1m 이하이고, 승강장에서 팔레트 또는 벨트가 콤에 들어가기 전 1.6m 이상의 수평 주행구간이 있는 경우 공칭속도는 0.9m/s까지 허용된다. 다만, 가속구간이 있거나 무빙워크를 다른 속도로 직접 전환시키는 시스템이 있는 무빙워크에는 적용되지 않는다.

★

16 에스컬레이터 각 난간의 꼭대기에는 정상운행 조건하에서 스텝, 팔레트 또는 벨트의 실제 속도와 관련하여 동일 방향으로 몇 %의 공차가 있는 속도로 움직이는 핸드레일이 설치되어야 하는가?

① 0~2

② 4~5

③ 7~9

④ 10~12

정답 13. ③ 14. ② 15. ① 16. ①

핸드레일 시스템

‖ 핸드레일 ‖

‖ 팔레트 ‖

㉠ 각 난간의 꼭대기에는 정상운행 조건하에서 스텝, 팔레트 또는 벨트의 실제 속도와 관련하여 동일 방향으로 −0%에서 +2%의 공차가 있는 속도로 움직이는 핸드레일이 설치되어야 한다.
㉡ 핸드레일은 정상운행 중 운행방향의 반대편에서 450N의 힘으로 당겨도 정지되지 않아야 한다.
㉢ 핸드레일 속도감시장치가 설치되어야 하고 에스컬레이터 또는 무빙워크가 운행하는 동안 핸드레일 속도가 15초 이상 동안 실제 속도보다 −15% 이상 차이가 발생하면 에스컬레이터 및 무빙워크를 정지시켜야 한다.

★★

17 안전점검 및 진단순서가 맞는 것은?

① 실태 파악 → 결함 발견 → 대책 결정 → 대책 실시
② 실태 파악 → 대책 결정 → 결함 발견 → 대책 실시
③ 결함 발견 → 실태 파악 → 대책 실시 → 대책 결정
④ 결함 발견 → 실태 파악 → 대책 결정 → 대책 실시

안전점검 및 진단순서

㉠ 실태 파악 → 결함 발견 → 대책 결정 → 대책 실시
㉡ 안전을 확보하기 위해서 실태를 파악해, 설비의 불안전 상태나 사람의 불안전행위에서 생기는 결함을 발견하여 안전대책의 상태를 확인하는 행동이다.

★

18 다음의 장치 중 보조안전스위치(장치) 설치와 관계가 없는 것은?

① 유입완충기
② 균형추
③ 균형로프 도르래
④ 조속기로프 인장장치

균형추(counter weight)

㉠ 카의 무게를 일정 비율 보상하기 위하여 카측과 반대편에 주철 혹은 콘크리트로 제작되어 설치되며, 카와의 균형을 유지하는 추이다.

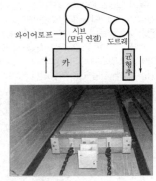

㉡ 균형로프, 균형체인 또는 균형벨트와 같은 보상수단 및 보상수단의 부속품은 영향을 받는 모든 정적인 힘에 대해 5 이상의 안전율을 가지고 견딜 수 있어야 한다.
㉢ 카 또는 균형추가 운행구간의 최상부에 있을 때 보상수단의 최대 현수무게 및 인장풀리 조립체(있는 경우) 전체 무게의 1/2의 무게가 포함되어야 한다.

★

19 에스컬레이터의 계단(디딤판)에 대한 설명 중 옳지 않은 것은?

① 디딤판 윗면은 수평으로 설치되어야 한다.
② 디딤판의 주행방향의 길이는 400mm 이상이다.
③ 발판 사이의 높이는 215mm 이하이다.
④ 디딤판 상호간 틈새는 8mm 이하이다.

㉠ 스텝과 스텝 또는 팔레트와 팔레트 사이의 틈새

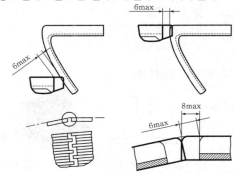

• 트레드 표면에서 측정된 이용 가능한 모든 위치의 연속되는 2개의 스텝 또는 팔레트 사이의 틈새는 6mm 이하이어야 한다.
• 팔레트의 맞물리는 전면 끝부분과 후면 끝부분이 있는 무빙워크의 변환 곡선부에서는 이 틈새가 8mm까지 증가되는 것은 허용된다.

정답 17. ① 18. ② 19. ④

ⓛ 에스컬레이터 및 무빙워크의 치수

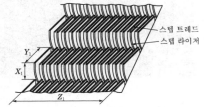

- 스텝 트레드
- 스텝 라이저

- 공칭폭 Z_1은 0.58m 이상, 1.1m 이하이어야 한다. 경사도가 6° 이하인 무빙워크의 폭은 1.65m까지 허용된다.
- 스텝 높이 X_1은 0.24m 이하이어야 한다.
- 스텝 깊이 Y_1은 0.38m 이상이어야 한다.

★★
20 전동 덤웨이터의 안전장치에 대한 설명 중 옳은 것은?

① 도어인터록 장치는 설치하지 않아도 된다.
② 승강로의 모든 출입구 문이 닫혀야만 카를 승강시킬 수 있다.
③ 출입구 문에 사람의 탑승금지 등의 주의사항은 부착하지 않아도 된다.
④ 로프는 일반 승강기와 같이 와이어로프 소켓을 이용한 체결을 하여야만 한다.

해설 덤웨이터의 설치

▮ 덤웨이터 ▮

ⓛ 승강로의 모든 출입구의 문이 닫혀 있지 않으면 카를 승강시킬 수 없는 안전장치가 되어 있어야 한다.
ⓛ 각 출입구에서 정지스위치를 포함하여 모든 출입구 층에 전달하도록 한 다수단추방식이 가장 많이 사용된다.
ⓒ 일반층에서 기준층으로만 되돌리기 위해서 문을 닫으면 자동적으로 기준층으로 되돌아가도록 제작된 것을 홈 스테이션식이라고 한다.
ⓔ 권상도르래, 풀리 또는 드럼과 현수로프의 공칭직경 사이의 비는 스트랜드의 수와 관계없이 30 이상이어야 한다.

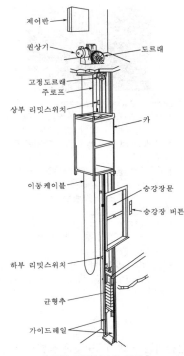

- 제어반
- 권상기
- 도르래
- 고정도르래
- 주로프
- 상부 리밋스위치
- 카
- 이동케이블
- 승강장문
- 승강장 버튼
- 하부 리밋스위치
- 균형추
- 가이드레일

▮ 전동 덤웨이터의 구조 ▮

★★★★★
21 균형추의 전체 무게를 산정하는 방법으로 옳은 것은?

① 카의 전중량에 정격적재량의 35~50%를 더한 무게로 한다.
② 카의 전중량에 정격적재량을 더한 무게로 한다.
③ 카의 전중량과 같은 무게로 한다.
④ 카의 전중량에 정격적재량의 110%를 더한 무게로 한다.

해설 균형추(counter weight)

카의 무게를 일정 비율 보상하기 위하여 카측과 반대편에 주철 혹은 콘크리트로 제작되어 설치되며, 카와의 균형을 유지하는 추이다.

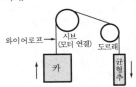

- 와이어로프
- 시브 (모터 연결)
- 도르래
- 카
- 균형추

- 가이드레일
- 균형추

ⓐ 오버밸런스(over-balance)
- 균형추의 총중량은 빈 카의 자중에 적재하중의 35~50%의 중량을 더한 값이 보통이다.
- 적재하중의 몇 %를 더할 것인가를 오버밸런스율이라고 한다.
- 균형추의 총중량=카 자체하중 + $L \cdot F$
  여기서, L : 정격적재하중(kg)
  $\qquad F$: 오버밸런스율(%)
ⓑ 견인비(traction ratio)
- 카측 로프가 매달고 있는 중량과 균형추 로프가 매달고 있는 중량의 비를 트랙션비라 하고, 무부하와 전부하 상태에서 체크한다.
- 견인비가 낮게 선택되면 로프와 도르래 사이의 트랙션 능력, 즉 마찰력이 작아도 되며, 로프의 수명이 연장된다.

★★

22 안전점검 중에서 5S 활동 생활화로 틀린 것은?

① 정리   ② 정돈
③ 청소   ④ 불결

해설 5S 운동 안전활동
정리, 정돈, 청소, 청결, 습관화

★★★

23 엘리베이터의 문닫힘안전장치 중에서 카 도어의 끝단에 설치하여 이물체가 접촉되면 도어의 닫힘이 중지되는 안전장치는?

① 광전장치   ② 초음파장치
③ 세이프티 슈   ④ 가이드 슈

해설 도어의 안전장치
엘리베이터의 도어가 닫히는 순간 승객이 출입하는 경우 충돌사고의 원인이 되므로 도어 끝단에 검출장치를 부착하여 도어를 반전시키는 장치이다.
ⓐ 세이프티 슈(safety shoe) : 도어의 끝에 설치하여 이물체가 접촉하면 도어의 닫힘을 중지하며 도어를 반전시키는 접촉식 보호장치
ⓑ 세이프티 레이(safety ray) : 광선 빔을 통하여 이것을 차단하는 물체를 광전장치(photo electric device)에 의해서 검출하는 비접촉식 보호장치
ⓒ 초음파장치(ultrasonic door sensor) : 초음파의 감지 각도를 조절하여 카쪽의 이물체(유모차, 휠체어 등)나 사람을 검출하여 도어를 반전시키는 비접촉식 보호장치

▮ 세이프티 슈 설치 상태 ▮

검출부
투광기   수광기
빛

▮ 광전장치 ▮

★★

24 작업의 특수성으로 인해 발생하는 직업병으로서 작업 조건에 의하지 않은 것은?

① 먼지   ② 유해가스
③ 소음   ④ 작업 자세

해설 직업병
ⓐ 근골격계질환, 소음성 난청, 복사열 등 물리적 원인
ⓑ 중금속 중독, 유기용제 중독, 진폐증 등 화학적 원인
ⓒ 세균 공기 오염 등 생물학적 원인
ⓓ 스트레스, 과로 등 정신적 원인

★

25 파괴검사 방법이 아닌 것은?

① 인장검사   ② 굽힘검사
③ 육안검사   ④ 경도검사

해설 육안검사는 가장 널리 이용되고 있는 비파괴검사의 하나이다. 간편하고 쉬우며 신속, 염가인데다 아무런 특별한 장치도 필요치 않다. 육안 또는 낮은 비율의 확대경으로 검사하는 방법이다.

★

26 카 실(cage)의 구조에 관한 설명 중 옳지 않은 것은?

① 구조상 경미한 부분을 제외하고는 불연재료를 사용하여야 한다.
② 카 천장에 비상구출구를 설치하여야 한다.
③ 승객용 카의 출입구에는 정전기 장애가 없도록 방전코일을 설치하여야 한다.
④ 승객용은 한 개의 카에 두 개의 출입구를 설치할 수 있는 경우도 있다.

정답 22. ④   23. ③   24. ④   25. ③   26. ③

해설 방전코일(discharging coil)

DC : 방전코일
SR : 직렬리액터
SC : 지상용 콘덴서

┃ 콘덴서(좌)와 직렬리액터 기호 ┃

㉠ 콘덴서와 함께 설치되는 방전장치는 회로의 개로(open) 시에 잔류전하를 방전시켜 사람의 안전을 도모하고, 전원 재투입 시 발생하는 이상현상(재점호)으로 인한 순간적인 전압 및 전류의 상승을 억제하여 콘덴서의 고장을 방지하는 역할을 한다.

㉡ 방전능력이 크고 부하가 자주 변하여 콘덴서의 투입이 빈번하게 일어나는 곳에 유리하다.

㉢ 방전용량은 방전개시 5초 이내 콘덴서 단자전압 50V 이하로 방전하도록 한다.

★★

27 휠체어리프트 이용자가 승강기의 안전운행과 사고방지를 위하여 준수해야 할 사항과 거리가 먼 것은?

① 전동휠체어 등을 이용할 경우에는 운전자가 직접 이용할 수 있다.

② 정원 및 적재하중의 초과는 고장이나 사고의 원인이 되므로 엄수하여야 한다.

③ 휠체어 사용자 전용이므로 보조자 이외의 일반인은 탑승하여서는 안 된다.

④ 조작반의 비상정지스위치 등을 불필요하게 조작하지 말아야 한다.

해설 휠체어리프트 이용자 준수사항

㉠ 전동휠체어 등을 이용할 경우에는 보호자의 협조를 받아야 한다.

㉡ 정원 및 적재하중의 초과는 고장이나 사고의 원인이 되므로 엄수하여야 한다.

㉢ 휠체어 사용자 전용이므로 보조자 이외의 일반인은 절대 탑승하여서는 아니 되며 화물 등의 운반에 사용하지 않아야 한다.

㉣ 각 승강장 및 카에 설치되는 조작장치를 장난으로 누르거나 난폭하게 취급하지 않아야 한다.

㉤ 조작반의 비상정지스위치 등을 장난으로 조작하지 말아야 한다.

㉥ 휠체어리프트 내에서 뛰거나 구르는 등 난폭한 행동을 하지 말아야 한다.

㉦ 휠체어리프트의 출입문 또는 보호대를 흔들거나 밀지 말아야 하며 출입문에 기대지 말아야 한다.

㉧ 휠체어리프트를 이용하는 도중 정전 등을 이유로 운행이 정지되더라도 당황하지 말고 비상경보장치를 동작시켜 경보를 발하거나 도움을 요청하여야 한다.

㉨ 휠체어리프트가 운행 중 갑자기 정지하면 임의로 판단해서 탈출을 시도하지 말아야 한다.

㉩ 경사형 리프트에 진입 시에는 탈착 가능한 보호대를 고정한 후 진입하여야 한다.

㉪ 휠체어리프트에 부착되어 있는 동작설명서에 따라 운행을 하여야 한다.

㉫ 휠체어리프트의 출입문 또는 보호대를 강제로 개방하는 행위 등을 하지 말아야 한다.

참고 지하철 역사나 철도역사에서 전동휠체어(스쿠터)를 경사형 휠체어리프트에 탑승시킬 때에는 반드시 역무원의 입회 하에 전동휠체어(스쿠터)의 시동을 끈 후 수동 상태에서 탑승 및 하차를 시켜야 한다.

★★

28 다음 중 재해의 발생 순서로 옳은 것은?

① 재해-이상상태-사고-불안전 행동 및 상태

② 이상상태-불안전 행동 및 상태-사고-재해

③ 이상상태-사고-불안전 행동 및 상태-재해

④ 이상상태-재해-사고-불안전 행동 및 상태

해설 재해의 발생 순서 5단계

유전적 요소와 사회적 환경 → 인적 결함 → 불안전한 행동 및 상태 → 사고 → 재해

★

29 기계설비의 위험방지를 위해 보전성을 개선하기 위한 사항과 거리가 먼 것은?

① 안전사고 예방을 위해 주기적인 점검을 해야 한다.

② 고가의 부품인 경우는 고장 발생 직후에 교환한다.

③ 가동률을 높이고 신뢰성을 향상시키기 위해 안전 모니터링 시스템을 도입하는 것은 바람직하다.

④ 보전용 통로나 작업장의 안전 확보는 필요하다.

해설 기계설비의 위험방지를 위해서는 부품의 가격에 관계없이 고장 발생 전이라도 교체주기에 맞추어 교체한다.

★★★

30 산업재해의 발생원인 중 불안전한 행동이 많은 사고의 원인이 되고 있다. 이에 해당되지 않는 것은?

① 위험장소 접근
② 작업장소 불량
③ 안전장치 기능 제거
④ 복장, 보호구 잘못 사용

해설 산업재해 원인 분류

㉠ 직접 원인
  • 불안전한 행동(인적 원인)
    – 안전장치를 제거, 무효화함
    – 안전조치의 불이행
    – 불안전한 상태 방치
    – 기계장치 등의 지정 외 사용
    – 운전 중인 기계, 장치 등의 청소, 주유, 수리, 점검 등의 실시
    – 위험장소에 접근
    – 잘못된 동작자세
    – 복장, 보호구의 잘못 사용
    – 불안전한 속도 조작
    – 운전의 실패
  • 불안전한 상태(물적 원인)
    – 물(物) 자체의 결함
    – 방호장치의 결함
    – 작업장소 및 기계의 배치 결함
    – 보호구, 복장 등의 결함
    – 작업환경의 결함
    – 자연적 불안전한 상태
    – 작업방법 및 생산공정 결함
㉡ 간접 원인
  • 기술적 원인 : 기계기구, 장비 등의 방호설비, 경계 설비, 보호구 정비 등의 기술적 결함
  • 교육적 원인 : 무지, 경시, 몰이해, 훈련 미숙, 나쁜 습관, 안전지식 부족 등
  • 신체적 원인 : 각종 질병, 피로, 수면 부족 등
  • 정신적 원인 : 태만, 반항, 불만, 초조, 긴장, 공포 등
  • 관리적 원인 : 책임감의 부족, 작업기준의 불명확, 점검보전제도의 결함, 부적절한 배치, 근로의욕 침체 등

★★

31 다음 중 유압엘리베이터의 역저지(체크)밸브에 대한 설명으로 올바른 것은?

① 수동으로 카를 하강시키기 위한 밸브
② 작동유의 압력이 150%를 넘지 않도록 하는 밸브
③ 안전밸브와 역저지밸브 사이에 설치
④ 카의 정지 중이나 운행 중 작동유의 압력이 떨어져 카가 역행하는 것을 방지하는 밸브

해설 역류제지밸브(check valve)

한쪽 방향으로만 기름이 흐르도록 하는 밸브로서 상승방향으로는 흐르지만 역방향으로는 흐르지 않는다. 이것은 정전이나 그 이외의 원인으로 펌프의 토출압력이 떨어져서 실린더의 기름이 역류하여 카가 자유낙하하는 것을 방지하는 역할로서 로프식 엘리베이터의 전자브레이크와 유사하다.

★

32 로프식 엘리베이터에서 도르래의 직경은 로프직경의 몇 배 이상으로 하여야 하는가?

① 25   ② 30
③ 35   ④ 40

해설 권상도르래, 풀리 또는 드럼과 로프의 직경 비율, 로프·체인의 단말처리

㉠ 권상도르래, 풀리 또는 드럼과 현수로프의 공칭직경 사이의 비는 스트랜드의 수와 관계없이 40 이상이어야 한다.
㉡ 현수로프의 안전율은 어떠한 경우라도 12 이상이어야 한다. 안전율은 카가 정격하중을 싣고 최하층에 정지하고 있을 때 로프 1가닥의 최소 파단하중(N)과 이 로프에 걸리는 최대 힘(N) 사이의 비율이다.
㉢ 로프와 로프 단말 사이의 연결은 로프의 최소 파단하중의 80% 이상을 견뎌야 한다.
㉣ 로프의 끝부분은 카, 균형추(또는 평형추) 또는 현수되는 지점에 금속 또는 수지로 채워진 소켓 자체 조임 쐐기형식의 소켓 또는 안전상 이와 동등한 기타 시스템에 의해 고정되어야 한다.

★

33 기계실에 대한 설명으로 틀린 것은?

① 출입구 자물쇠의 잠금장치는 없어도 된다.
② 관리 및 검사에 지장이 없도록 조명 및 환기는 적절해야 한다.
③ 주로프, 조속기로프 등은 기계실 바닥의 관통 부분과 접촉이 없어야 한다.
④ 권상기 및 제어반은 기둥 및 벽에서 보수 관리에 지장이 없어야 한다.

해설 출입문

㉠ 출입문은 폭 0.7m 이상, 높이 1.8m 이상의 금속제 문이어야 하며 기계실 외부로 완전히 열리는 구조이어야 한다. 기계실 내부로는 열리지 않아야 한다.

정답 30. ② 31. ④ 32. ④ 33. ①

ⓛ 출입문은 열쇠로 조작되는 잠금장치가 있어야 하며, 기계실 내부에서 열쇠를 사용하지 않고 열릴 수 있어야 한다.
ⓒ 출입문이 외기에 접하는 경우에는 빗물이 침입하지 않는 구조이어야 한다.

해설 파이널 리밋스위치(final limit switch)
ⓐ 리밋스위치가 작동되지 않을 경우를 대비하여 리밋스위치를 지난 적당한 위치에 카가 현저히 지나치는 것을 방지하는 스위치이다.
ⓛ 전동기 및 브레이크에 공급되는 전원회로의 확실한 기계적 분리에 의해 직접 개방되어야 한다.
ⓒ 완충기에 충돌되기 전에 작동하여야 하며, 슬로다운스 위치에 의하여 정지되면 작용하지 않도록 설정한다.
ⓔ 파이널 리밋스위치의 작동 후에는 엘리베이터의 정상운행을 위해 자동으로 복귀되지 않아야 한다.

‖ 리밋스위치 ‖

‖ 승강로에 설치된 리밋스위치 ‖

★★
34 기계실에서 점검할 항목이 아닌 것은?
① 수전반 및 주개폐기
② 가이드롤러
③ 절연저항
④ 제동기

해설 카 가이드롤러(car guide roller)
엘리베이터의 카, 균형추 또는 플런저를 레일을 따라 안내하기 위한 장치로, 일반적으로 카 체대 또는 균형추 체대의 상하부에 설치된다. 가이드롤러형은 슬라이딩형에 비해 구조가 복잡하고 비용도 고가이지만 주행저항이 적어 고속운전 시 진동, 소음의 발생이 적기 때문에 고속, 초고속 엘리베이터에 이용되고 있다.

‖ 슬라이딩형 ‖   ‖ 롤러형 ‖

‖ 설치 위치 ‖

★★★
35 승강기의 파이널 리밋스위치(final limit switch)의 요건 중 틀린 것은?
① 반드시 기계적으로 조작되는 것이어야 한다.
② 작동 캠(cam)은 금속으로 만든 것이어야 한다.
③ 이 스위치가 동작하게 되면 권상전동기 및 브레이크 전원이 차단되어야 한다.
④ 이 스위치는 카가 승강로의 완충기에 충돌된 후에 작동되어야 한다.

★★
36 유압식 엘리베이터의 속도제어에서 주회로에 유량제어밸브를 삽입하여 유량을 직접 제어하는 회로는?
① 미터오프 회로   ② 미터인 회로
③ 블리디오프 회로   ④ 블리디아 회로

해설 미터인(meter in) 회로

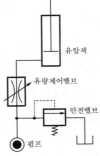
‖ 미터인(meter in) 회로 ‖

ⓐ 유량제어밸브를 실린더의 유입측에 삽입한 것
ⓑ 펌프에서 토출된 작동유는 유량제어밸브의 체크밸브를 통하지 못하고 미터링 오리피스를 통하여 유압 실린더로 보내진다.
ⓒ 펌프에서는 유량제어밸브를 통과한 유량보다 많은 양의 유량을 보내게 된다.
ⓓ 실린더에서는 항상 일정한 유량이 보내지기 때문에 정확한 속도제어가 가능하다.
ⓔ 펌프의 압력은 항상 릴리프밸브의 설정압력과 같다.
ⓕ 실린더의 부하가 작을 때도 펌프의 압력은 릴리프밸브의 설정 압력이 되어, 필요 이상의 동력을 소요해서 효율이 떨어진다.
ⓖ 유량제어밸브를 열면 액추에이터의 속도는 빨라진다.

37 ★★ 카 상부에 탑승하여 작업할 때 지켜야 할 사항으로 옳지 않은 것은?

① 정전스위치를 차단한다.
② 카 상부에 탑승하기 전 작업등을 점등한다.
③ 탑승 후에는 외부 문부터 닫는다.
④ 자동스위치를 점검 쪽으로 전환한 후 작업한다.

해설 카 상부 탑승

ⓐ 승강기 보수점검 시에는 2인 1조로 작업을 실시한다.
ⓑ 카 상부 작업자는 안전수칙을 준수하고 미끄러짐에 대비하여 보호장구(안전화, 안전대)를 착용한다.
ⓒ 카를 탑승 층에 위치시킨 후 내부에 승객의 탑승 여부를 확인한다.
ⓓ 바로 아래층의 버튼을 등록하여 탑승할 층과 아래층 사이에 위치했을 때 비상키를 사용하여 도어를 조금 열고 카를 정지시킨다.
ⓔ 도어를 열어 카의 위치를 확인한 후 비상정지스위치를 오프(off) 상태로 전환한다.
ⓕ 자동·수동 절환스위치를 수동 상태로 전환한다.
ⓖ 작업등을 켜고 카 상부로 진입한다.
ⓗ 카 위 보수점검자는 자동·수동 절환스위치의 조작을 반드시 승강장에 내린 후 실시한다.

38 ★★★★ 배선용 차단기의 기호(약호)는?

① S
② DS
③ THR
④ MCCB

해설 배선용 차단기(Molded Case Circuit Breaker)

저압 옥내 전로의 보호를 위하여 사용한다. 개폐기구, 트립장치 등을 절연물의 용기 내에 조립한 것으로 통전상태의 전로를 수동 또는 전기 조작에 의하여 개폐가 가능하고 과부하, 단락 사고 시 자동으로 전로를 차단하는 기구이다.

39 ★★ 로프식 엘리베이터의 카 상부에서 실시하는 검사로 잘못된 것은?

① 조속기의 작동상태
② 레일 클립의 조임상태
③ 카 도어스위치 동작상태
④ 비상구출구 스위치 동작상태

해설 조속기의 작동상태는 기계실에서 검사한다.

40 ★★★ 카의 문을 열고 닫는 도어머신에서 성능상 요구되는 조건이 아닌 것은?

① 작동이 원활하고 정숙하여야 한다.
② 카 상부에 설치하기 위하여 소형이며 가벼워야 한다.
③ 어떠한 경우라도 수동조작에 의하여 카 도어가 열려서는 안 된다.
④ 작동횟수가 승강기 기동횟수의 2배이므로 보수가 쉬워야 한다.

해설 도어머신(door machine)에 요구되는 조건

모터의 회전을 감속하여 암이나 벨트 등을 구동시켜서 도어를 개폐시키는 것이며, 닫힌 상태에서 정전으로 갇혔을 때 구출을 위해 문을 손으로 열 수가 있어야 한다.

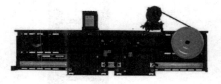

ⓐ 작동이 원활하고 조용할 것
ⓑ 카 상부에 설치하기 위해 소형 경량일 것
ⓒ 동작횟수가 엘리베이터 기동횟수의 2배가 되므로 보수가 용이할 것
ⓓ 가격이 저렴할 것

41 ★★★ 간접식 유압엘리베이터의 특징이 아닌 것은?

① 부하에 의한 카의 빠짐이 비교적 작다.
② 실린더의 점검이 용이하다.
③ 승강로는 실린더를 수용할 부분만큼 더 커지게 된다.
④ 비상정지장치가 필요하다.

해설 간접식 유압엘리베이터

플런저의 선단에 도르래를 놓고 로프 또는 체인을 통해 카를 올리고 내리며, 로핑에 따라 1 : 2, 1 : 4, 2 : 4의 방식이 있다.

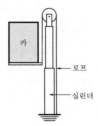

ⓐ 실린더를 설치하기 위한 보호관이 필요하지 않다.
ⓑ 실린더의 점검이 쉽다.
ⓒ 승강로는 실린더를 수용할 부분만큼 더 커지게 된다.
ⓓ 비상정지장치가 필요하다.
ⓔ 로프의 늘어짐과 작동유의 압축성(의외로 크다) 때문에 부하에 의한 카 바닥의 빠짐이 비교적 크다.

★★★

42 카가 최하층에 수평으로 정지되어 있는 경우 카와 완충기의 거리에 완충기의 행정을 더한 수치는?

① 균형추의 꼭대기 틈새보다 작아야 한다.
② 균형추의 꼭대기 틈새의 2배이어야 한다.
③ 균형추의 꼭대기 틈새와 같아야 한다.
④ 균형추의 꼭대기 틈새의 3배이어야 한다.

해설 카와 완충기의 거리에 완충기 행정거리를 더한 수치가 균형추의 꼭대기 틈새보다 작아야 하는 이유는 균형추의 상승으로 기계실 바닥과의 충돌을 방지하기 위함이다.

★★

43 다음 중 유압승강기의 안전장치에 대한 설명으로 올바르지 않은 것은?

① 전동기 공전방지장치는 타이머에 설정된 시간을 초과하면 전동기를 정지시키는 장치이다.
② 작동유 온도검출스위치는 기름탱크의 온도 규정치 80℃를 초과하면 이를 감지하여 카 운행을 중지시키는 장치이다.
③ 플런저 리밋스위치 작동 시 상승방향의 전력을 차단하며, 반대방향으로 주행이 가능하도록 회로가 구성되어야 한다.
④ 플런저 리밋스위치는 플런저의 상한 행정을 제한하는 안전장치이다.

해설 기름 냉각기(oil cooler)

유압식 엘리베이터는 운전에 따라서 작동유의 온도가 상승하기 때문에 적재하중이 큰 엘리베이터나 운전 빈도가 높은 것에서는 작동유를 냉각하는 장치인 기름 냉각기를 필요로 하며, 냉각방식에는 공랭식과 수랭식이 있다. 유압식 엘리베이터는 저온의 경우 작동유의 점조가 높아져 유압펌프의 효율이 떨어지고 고온이 되면 기름의 열화를 빠르게 하는 등 온도에 대한 영향을 받기 쉽다. 그래서 기름의 온도가 5~60℃의 범위가 되도록 유지하기 위한 장치의 설치가 필요하다.

★

44 승객의 구출 및 구조를 위한 카 상부 비상구출문의 크기는 얼마 이상이어야 하는가?

① 0.2m×0.2m ② 0.35m×0.5m
③ 0.5m×0.5m ④ 0.25m×0.3m

해설 비상구출문

ⓐ 비상구출 운전 시, 카 내 승객의 구출은 항상 카 밖에서 이루어져야 한다.
ⓑ 승객의 구출 및 구조를 위한 비상구출문이 카 천장에 있는 경우, 비상구출구의 크기는 0.35m×0.5m 이상이어야 한다.
ⓒ 2대 이상의 엘리베이터가 동일 승강로에 설치되어 인접한 카에서 구출할 수 있도록 카 벽에 비상구출문이 설치될 수 있다. 다만, 서로 다른 카 사이의 수평거리는 0.75m 이하이어야 한다. 이 비상구출문의 크기는 폭 0.35m 이상, 높이 1.8m 이상이어야 한다.
ⓓ 비상구출문은 손으로 조작 가능한 잠금장치가 있어야 한다.

★★

45 다음 중 에스컬레이터 구동장치 보수점검사항에 해당되지 않는 것은 무엇인가?

① 브레이크 작동상태
② 구동체인의 이완 여부
③ 각부의 볼트 및 너트의 풀림 상태
④ 스텝과 핸드레일 속도 차이

해설 구동장치 보수점검사항

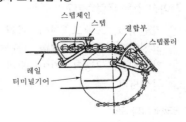

▌스텝체인의 구동▐

㉠ 진동, 소음의 유무
㉡ 운전의 원활성
㉢ 구동장치의 취부상태
㉣ 각부 볼트 및 너트의 이완 여부
㉤ 기어 케이스 등의 표면 균열 여부 및 누유 여부
㉥ 브레이크의 작동상태
㉦ 구동체인의 늘어짐 및 녹의 발생 여부
㉧ 각부의 주유상태 및 윤활유의 부족 또는 변화 여부
㉨ 벨트 사용 시 벨트의 장력 및 마모상태

★★★
46 RLC 소자의 교류회로에 대한 설명 중 틀린 것은?

① R만의 회로에서 전압과 전류의 위상은 동상이다.
② L만의 회로에서 저항성분을 유도성 리액턴스 X_L이라 한다.
③ C만의 회로에서 전류는 전압보다 위상이 90° 앞선다.
④ 유도성 리액턴스 $X_L = \dfrac{1}{\omega L}$ 이다.

🔧 **해설** ㉠ 유도성 리액턴스(inductive reactance)
$$X_L = \omega L = 2\pi f L (\Omega)$$
㉡ 용량성 리액턴스(capacitive reactance)
$$X_C = \frac{1}{\omega C} = \frac{1}{2\pi f C} (\Omega)$$

★★
47 길이 1m의 봉이 인장력을 받아 0.2mm만큼 늘어난 경우 인장변형률은 얼마인가?

① 0.0005 ② 0.0004
③ 0.0002 ④ 0.0001

🔧 **해설** 인장변형률 $= \dfrac{\text{변형된 길이}}{\text{원래의 길이}} = \dfrac{0.2}{1,000} = 0.0002$

★
48 다음 중 4절 링크기구를 구성하고 있는 요소로 짝지어진 것은 무엇인가?

① 가변링크, 크랭크, 기어, 클러치
② 고정링크, 크랭크, 레버, 슬라이더
③ 가변링크, 크랭크, 기어, 슬라이더
④ 고정링크, 크랭크, 고정레버, 클러치

🔧 **해설** **링크(link)의 구성**
몇 개의 강성한 막대를 핀으로 연결하고 회전할 수 있도록 만든 기구

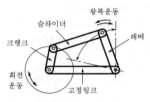

∥4절 링크기구∥

㉠ 크랭크 : 회전운동을 하는 링크
㉡ 레버 : 요동운동을 하는 링크
㉢ 슬라이더 : 미끄럼운동 링크
㉣ 고정부 : 고정링크

★★★★
49 다음 논리회로의 출력값 표는?

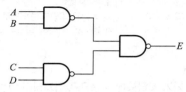

① $\overline{A \cdot B} + \overline{C \cdot D}$ ② $A \cdot B + C \cdot D$
③ $A \cdot B \cdot C \cdot D$ ④ $(A + B) \cdot (C + D)$

🔧 **해설** $X = \overline{\overline{A \cdot B} \cdot \overline{C \cdot D}} = \overline{\overline{A \cdot B}} + \overline{\overline{C \cdot D}}$
$= A \cdot B + C \cdot D$

★★★
50 시퀀스회로에서 일종의 기억회로라고 할 수 있는 것은?

① AND회로 ② OR회로
③ NOT회로 ④ 자기유지회로

🔧 **해설** **자기유지회로(self hold circuit)**
㉠ 전자계전기(X)를 조작하는 스위치(BS_1)와 병렬로 그 전자계전기의 a접점이 접속된 회로, 예를 들면 누름단추 스위치(BS_1)를 온(on)했을 때, 스위치가 닫혀 전자계전기가 여자(excitation)되면 그것의 a접점이 닫히기 때문에 누름단추스위치(BS_1)를 떼어도(스위치가 열림) 전자계전기는 누름단추스위치(BS_2)를 누를 때까지 여자를 계속한다. 이것을 자기유지라고 하는데 자기유지회로는 전동기의 운전 등에 널리 이용된다.
㉡ 여자(excitation) : 전자계전기의 전자코일에 전류가 흘러 전자석으로 되는 것이다.
㉢ 전자계전기(electromagnetic relay) : 전자력에 의해 접점(a, b)을 개폐하는 기능을 가진 장치로서, 전자코일에 전류가 흐르면 고정철심이 전자석으로 되어 철편이 흡입되고, 가동접점은 고정접점에 접촉된다. 전자코일에 전류가 흐르지 않아 고정철심이 전자력을 잃으면 가동접점

🔍 **정답** 46. ④ 47. ③ 48. ② 49. ② 50. ④

은 스프링의 힘으로 복귀되어 원상태로 된다. 일반제어 회로의 신호전달을 위한 스위칭회로뿐만 아니라 통신기기, 가정용 기기 등에 폭넓게 이용되고 있다.

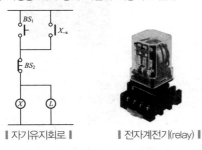

▌자기유지회로▌ ▌전자계전기(relay)▌

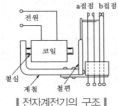

▌전자계전기의 구조▌

★

51 공작물을 제작할 때 공차범위라고 하는 것은?

① 영점과 최대 허용치수와의 차이
② 영점과 최소 허용치수와의 차이
③ 오차가 전혀 없는 정확한 치수
④ 최대 허용치수와 최소 허용치수와의 차이

해설 **치수공차**

㉠ 제품을 가공할 때, 도면에 나타나 있는 치수와 실제로 가공된 후의 치수는 서로 일치하기 어렵기 때문에 오차가 발생한다.
㉡ 가공치수의 오차는 공작기계의 정밀도나 가공하는 사람의 숙련도, 기타 작업환경 등의 영향을 받는다.
㉢ 제품의 사용 목적에 따라 사실상 허용할 수 있는 오차 범위를 미리 명시해 주는데, 이때 오차값의 최대 허용범위와 최소 허용범위의 차를 공차라고 한다.

★★★★

52 저항 100Ω에 5A의 전류가 흐르게 하는 데 필요한 전압은 얼마인가?

① 500V　　　　② 400V
③ 300V　　　　④ 220V

해설 **옴의 법칙**

㉠ 전기저항(electric resistance)
• 전기회로에 전류가 흐를 때 전류의 흐름을 방해하는 작용이 있는데, 그 방해하는 정도를 나타내는 상수를 전기저항 R 또는 저항이라고 한다.

• 1V의 전압을 가해서 1A의 전류가 흐르는 저항값을 1옴(ohm), 기호는 Ω이라고 한다.
㉡ 옴의 법칙
• 도체에 전압이 가해졌을 때 흐르는 전류의 크기는 도체의 저항에 반비례하므로 가해진 전압을 $V(\text{V})$, 전류 $I(\text{A})$, 도체의 저항을 $R(\Omega)$이라고 하면

$$I = \frac{V}{R}(\text{A}), \quad V = IR(\text{V}), \quad R = \frac{V}{I}(\Omega)$$

• 저항 $R(\Omega)$에 전류 $I(\text{A})$가 흐를 때 저항 양단에는 $V = IR(\text{V})$의 전위차가 생기며, 이것을 전압강하라고 한다.

$$V = IR = 5 \times 100 = 500\text{V}$$

★

53 측정계기의 오차의 원인으로서 장시간의 통전 등에 의한 스프링의 탄성피로에 의하여 생기는 오차를 보정하는 방법으로 가장 알맞은 것은?

① 정전기 제거　　② 자기 가열
③ 저항 접속　　　④ 영점 조정

해설 영점 조정은 적은 전기적 또는 기계적 변경으로 인한 편차를 제거하기 위한 보정방법이다.

★★

54 직류전동기에서 자속이 감소되면 회전수는 어떻게 되는가?

① 정지　　　　　② 감소
③ 불변　　　　　④ 상승

해설 **직류전동기의 속도제어**

직류전동기는 속도 조절이 용이한 기계이며, 정밀속도제어에는 직류기가 많이 사용되어 왔다.

$$N = \frac{V - I_a R_a}{K\phi}$$

㉠ 저항에 의한 속도제어
• 전기자 저항의 값을 조절하는 방법이다.
• 저항의 값을 증가시키면, 저항에 흐르는 전류가 증가하여 동손이 커지며, 열손실을 증가시켜 효율이 떨어진다.
㉡ 계자에 의한 속도제어
• 계자에 형성된 자속의 값을 제어하는 방법이다.
• 타여자의 경우 타여자 전원의 값을 조절하여 자속의 수를 증감시킨다.
• 자여자 분권의 경우 계자에 설치된 저항의 값을 변화하여 계자전류의 값을 조절한다.
• 계자저항의 값이 적어지면 계자전류의 값이 증가하고 자속의 수도 증가한다.
• 자속의 수가 증가하면 전동기의 속도가 감소하고, 자속의 수가 감소하면 전동기의 속도는 증가한다.
• 계자저항에 흐르는 전류가 적어 전력손실이 적고 조작이 간편하다.

• 안정된 제어가 가능하여 정출력제어를 하지만, 제어의 폭이 좁은 단점이 있다.
ⓒ 전압에 의한 속도제어
• 전원(단자)전압의 증가에 비례하여 속도는 증가한다.
• 제어의 범위가 넓고 손실이 적어, 효율이 좋다.
• 전동기의 속도와 회전방향을 쉽게 조절할 수 있지만 설비비용이 많이 든다.
• 워드레오나드 방식, 일그너 방식, 직·병렬 제어법, 초퍼제어법 등이 있다.

★

55 크레인, 엘리베이터, 공작기계, 공기압축기 등의 운전에 가장 적합한 전동기는?

① 직권전동기
② 분권전동기
③ 차동복권전동기
④ 가동복권전동기

해설 가동복권전동기

ⓐ 직권계자권선에 의하여 발생되는 자속이 분권계자권선에 의하여 발생되는 자속과 같은 방향이 되어 합성자속이 증가하는 구조의 전동기이다.
ⓑ 속도변동률이 분권전동기보다 큰 반면에 기동토크도 크므로 크레인, 엘리베이터, 공작기계, 공기압축기 등에 널리 이용된다.

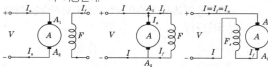

(a) 타여자전동기 (b) 분권전동기 (c) 직권전동기

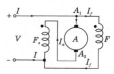 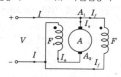

(d) 가동복권전동기 (e) 차동복권전동기

여기서, A : 전기자, F : 분권 또는 타여자계자권선
F_s : 직권계자권선 I : 전동기전류(A)
I_a : 전기자전류(A), I_f : 분권 또는 타여자 계자전류(A)

‖ 직류전동기의 종류 ‖

★★

56 웜(worm)기어의 특징이 아닌 것은?

① 효율이 좋다.
② 부하용량이 크다.
③ 소음과 진동이 적다.
④ 큰 감속비를 얻을 수 있다.

해설 웜기어(worm gear)

‖ 웜과 웜기어 ‖

ⓐ 장점
• 부하용량이 크다.
• 큰 감속비를 얻을 수 있다(1/10~1/100).
• 소음과 진동이 적다.
• 감속비가 크면 역전방지를 할 수 있다.
ⓑ 단점
• 미끄럼이 크고 교환성이 없다.
• 진입각이 작으면 효율이 낮다.
• 웜휠은 연삭할 수 없다.
• 추력이 발생한다.
• 웜휠 제작에는 특수공구가 발생한다.
• 가격이 고가이다.
• 웜휠의 정도측정이 곤란하다.

★

57 2단자 반도체 소자로서 서지 전압에 대한 회로 보호에 사용되는 것은 무엇인가?

① 바리스터
② 터널 다이오드
③ 서미스터
④ 바렉터 다이오드

해설 바리스터(varistor)

소자에 가해지는 전압이 증가함에 따라 저항값이 민감하게 감소하는 전압 의존형이며, 비직선적인 전압-전류 특성을 가진 2단자 반도체 소자의 하나이다. 특성으로 대칭, 비대칭 바리스터로 나뉘며, 이상전압을 흡수하기 위한 보호회로와 피뢰기 등에 사용된다.

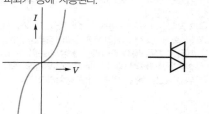

‖ $V-I$ 특성 ‖   ‖ 바리스터의 그림기호 ‖

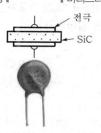

‖ SiC 바리스터 ‖

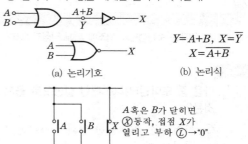

$$Y=A+B, \ X=\overline{Y}$$
$$X=\overline{A+B}$$

(a) 논리기호 　　　　　　　　(b) 논리식

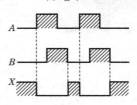

A 혹은 B가 닫히면 $\overline{X}$ 동작, 접점 X가 열리고 부하 ⓛ → "0"

(c) 릴레이회로

입력		출력
A	B	X
0	0	1
0	1	0
1	0	0
1	1	0

(d) 진리표

(e) 동작시간표

‖ 부정 논리합(NOR)회로 ‖

★★★

58 되먹임제어에서 가장 필요한 장치는?

① 입력과 출력을 비교하는 장치
② 응답속도를 느리게 하는 장치
③ 응답속도를 빠르게 하는 장치
④ 안정도를 좋게 하는 장치

해설 되먹임(폐루프, 피드백, 궤환)제어

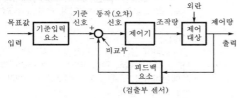

‖ 출력 피드백제어(output feedback control) ‖

㉠ 출력, 잠재외란, 유용한 조절변수인 제어대상을 가지는 일반화된 공정이다.
㉡ 적절한 측정기를 사용하여 검출부에서 출력(유속, 압력, 액위, 온도)값을 측정한다.
㉢ 검출부의 지시값을 목표값과 비교하여 오차(편차)를 확인한다.
㉣ 오차(편차)값은 제어기로 보내진다.
㉤ 제어기는 오차(편차)의 크기를 줄이기 위해 조작량의 값을 바꾼다.
㉥ 제어기는 조작량에 직접 영향이 미치지 않고 최종 제어요소인 다른 장치(보통 제어밸브)를 통하여 영향을 준다.
㉦ 미흡한 성능을 갖는 제어대상은 피드백에 의해 목표값과 비교하여 일치하도록 정정동작을 한다.
㉧ 상태를 교란시키는 외란의 영향에서 출력값을 원하는 수준으로 유지하는 것이 제어 목적이다.
㉨ 안정성이 향상되고, 선형성이 개선된다.
㉩ 종류에는 비례동작(P), 비례–적분동작(PI), 비례–적분–미분동작(PID)제어기가 있다.

★★★★★

59 다음 진리표와 같은 논리회로는 무엇인가?

입력		출력
A	B	X
0	0	1
0	1	0
1	0	0
1	1	0

① AND
② NAND
③ OR
④ NOR

해설 부정 논리합(NOR)회로

㉠ 논리합(OR)회로와 부정(NOT)회로의 합으로 이루어지며, 논리합회로를 부정(반전)하는 회로이다.

★

60 회전축에서 베어링과 접촉하고 있는 것을 무엇이라고 하는가?

① 핀
② 저널
③ 베어링
④ 체인

해설 저널(journal)

베어링에 둘러싸인 축의 일부분을 이루며, 축에 가해지는 하중의 방향에 따라 레이디얼(radial) 저널과 스러스트(thrust) 저널, 테이퍼(taper) 저널 등이 있다.

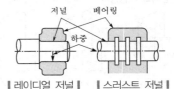

‖ 레이디얼 저널 ‖　　‖ 스러스트 저널 ‖

※ 본 문제는 수험생들의 협조에 의해 작성되었으며, 시험내용과 일부 다를 수 있습니다.

★★★★★

01 다음 중 도어인터록에 대한 설명으로 옳지 않은 것은?

① 도어록을 열기 위한 열쇠는 특수한 전용키 이어야 한다.
② 모든 승강장문에는 전용열쇠를 사용하지 않으면 열리지 않도록 하여야 한다.
③ 도어가 닫혀 있지 않으면 운전이 불가능하여야 한다.
④ 닫힘동작 시 도어스위치가 들어간 다음 도어록이 확실히 걸리는 구조이어야 한다.

해설 도어인터록(door interlock)

도어스위치   도어록

㉠ 카가 정지하지 않는 층의 도어는 전용열쇠를 사용하지 않으면 열리지 않는 도어록과 도어가 닫혀 있지 않으면 운전이 불가능하도록 하는 도어스위치로 구성된다.
㉡ 닫힘동작 시는 도어록이 먼저 걸린 상태에서 도어스위치가 들어가고 열림동작 시는 도어스위치가 끊어진 후 도어록이 열리는 구조(직렬)이며, 승강장의 도어 안전장치로서 엘리베이터의 안전장치 중에서 가장 중요한 것 중의 하나이다.

★★★★★

02 균형로프(compensating rope)의 역할로 적합한 것은?

① 카의 낙하를 방지한다.
② 균형추의 이탈을 방지한다.
③ 주로프와 이동케이블의 이동으로 변화된 하중을 보상한다.
④ 주로프가 열화되지 않도록 한다.

해설 견인비의 보상방법

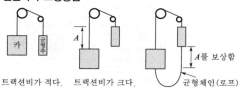

트랙션비가 적다.   트랙션비가 크다.   균형체인 (로프)

㉠ 견인비(traction ratio)
• 카측 로프가 매달고 있는 중량과 균형추 로프가 매달고 있는 중량의 비를 트랙션비라 하고, 무부하와 전부하 상태에서 체크한다.
• 견인비가 낮게 선택되면 로프와 도르래 사이의 트랙션 능력, 즉 마찰력이 작아도 되며, 로프의 수명이 연장된다.
㉡ 문제점
• 승강행정이 길어지면 로프가 어느 쪽(카측, 균형추측)에 있느냐에 따라 트랙션비는 크게 변화한다.
• 트랙션비가 1.35를 초과하면 로프가 시브에서 슬립(slip)되기가 쉽다.
㉢ 대책
• 카 하부에서 균형추의 하부로 주로프와 비슷한 단위 중량의 균형(보상) 체인이나 로프를 매단다(트랙션비를 작게 하기 위한 방법).
• 균형로프는 서로 엉키는 걸 방지하기 위하여 피트에 인장도르래를 설치한다.
• 균형로프는 100%의 보상효과가 있고, 균형체인은 90% 정도 밖에 보상하지 못한다.
• 고속·고층 엘리베이터의 경우 균형체인(소음의 원인)보다는 균형로프를 사용한다.

★

03 가장 먼저 누른 호출버튼에 응답하고 운전이 완료될 때까지 다른 호출에 응답하지 않는 운전방식은?

① 승합 전자동식
② 단식 자동방식
③ 카 스위치방식
④ 하강 승합 전자동식

해설 엘리베이터 한 대의 전자동식 조작방법

㉠ 단식 자동식(single automatic)
• 승강장 단추는 하나의 승강(오름, 내림)이 공통이다.
• 승강기 단추 또는 승강장의 호출에 응하여 기동하며, 그 층에 도착하여 정지한다.
• 한 호출에 따라 운전 중에는 다른 호출을 받지 않는 운전방식이다.
㉡ 하강 승합 전자동식(down collective)
• 2층 혹은 그 위층의 승강장에서는 하강 방향 단추만 있다.
• 중간층에서 위층으로 갈 때에는 1층으로 내려온 후 올라가야 한다.
㉢ 승합 전자동식(selective collective)
• 승강장의 누름단추는 상승용, 하강용의 양쪽 모두 동작한다.

정답   01. ④   02. ③   03. ②

- 카는 그 진행방향의 카 단추와 승강장의 단추에 응하면서 승강한다.
- 현재 한 대의 승용 엘리베이터에는 이 방식을 채용하고 있다.

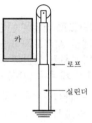

★
04 에스컬레이터 스텝체인의 안전율은 얼마 이상인가?

① 20 　　　　② 15
③ 10 　　　　④ 5

 해설 스텝체인 안전장치(step chain safety device)

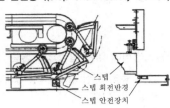

∥ 스텝체인 고장 검출 ∥

∥ 스텝체인 안전장치 ∥

㉠ 스텝체인이 절단되거나 심하게 늘어날 경우 스텝 위치를 벗어나면 자동으로 구동기 모터의 전원을 차단하고 기계브레이크를 작동시킴으로써 스텝과 스텝 사이의 간격이 생기는 등의 결과를 방지하는 장치이다.
㉡ 에스컬레이터 각 체인의 절단에 대한 안전율은 담금질한 강철에 대하여 5 이상이어야 한다.

★★★★
05 간접식 유압엘리베이터의 특징이 아닌 것은?

① 실린더를 설치하기 위한 보호관이 필요하지 않다.
② 실린더 점검이 용이하다.
③ 비상정지장치가 필요하다.
④ 로프의 늘어짐과 작동유의 압축성 때문에 부하에 의한 카 바닥의 빠짐이 비교적 적다.

해설 간접식 유압엘리베이터

플런저의 선단에 도르래를 놓고 로프 또는 체인을 통해 카를 올리고 내리며, 로핑에 따라 1:2, 1:4, 2:4의 방식이 있다.

㉠ 실린더를 설치하기 위한 보호관이 필요하지 않다.
㉡ 실린더의 점검이 쉽다.
㉢ 승강로는 실린더를 수용할 부분만큼 더 커지게 된다.
㉣ 비상정지장치가 필요하다.
㉤ 로프의 늘어짐과 작동유의 압축성(의외로 큼) 때문에 부하에 의한 카 바닥의 빠짐이 비교적 크다.

★
06 기계실의 작업구역에서 유효높이는 몇 m 이상으로 하여야 하는가?

① 1.8 　　　　② 2
③ 2.5 　　　　④ 3

해설 기계실 치수

기계실 크기는 설비, 특히 전기설비의 작업이 쉽고 안전하도록 충분하여야 한다. 작업구역에서 유효높이는 2m 이상이어야 하고 다음 사항에 적합하여야 한다.
㉠ 제어 패널 및 캐비닛 전면의 유효 수평면적은 아래와 같아야 한다.
　• 폭은 0.5m 또는 제어 패널·캐비닛의 전체 폭 중에서 큰 값 이상
　• 깊이는 외함의 표면에서 측정하여 0.7m 이상
㉡ 수동비상운전 수단이 필요하다면, 움직이는 부품의 유지보수 및 점검을 위한 유효 수평면적은 0.5m×0.6m 이상이어야 한다.

★★★
07 직류 가변전압식 엘리베이터에서는 권상전동기에 직류전원을 공급한다. 필요한 발전기용량은 약 몇 kW인가? (단, 권상전동기의 효율은 80%, 1시간 정격은 연속정격의 56%, 엘리베이터용 전동기의 출력은 20kW)

① 11 　　　　② 14
③ 17 　　　　④ 20

해설 발전기용량

$$발전기용량(P_G) = \frac{전동기출력 \times 수용률을 고려한 계수}{효율}$$
$$= \frac{20 \times 0.56}{0.8} = 14kW$$

08 다음 중 2단으로 배열된 운반기 중 임의의 상단의 자동차를 출고시키고자 하는 경우 하단의 운반기를 수평 이동시켜 상단의 운반기가 하강이 가능하도록 한 입체 주차설비는 무엇인가?

① 수직 순환식 주차장치
② 평면 왕복식 주차장치
③ 승강기식 주차장치
④ 2단식 주차장치

📝해설 **2단식 주차장치**

주차실을 2단으로 하여 면적을 2배로 이용하는 것을 목적으로 한 방식. 출입구가 있는 층의 모든 주차구획을 주차장치 출입구로 사용할 수 있는 구조로서 주차구획을 아래, 위 또는 수평으로 이동하여 주차한다.

㉠ 종류
  • 단순, 경사 승강식 : 1개의 운반기를 체인 또는 로프 등으로 승·하강시키는 구조
  • 경사, 승강 피트식 : 2개의 운반기를 동시에 승·하강시키는 구조
  • 승강 횡행식(피트식) : 상하에 있는 다수의 운반기가 승강·횡행하여 자동차를 입·출고시키는 구조
㉡ 특징
  • 지면 활용도가 높다.
  • 공사기간이 짧고 설치가 용이하다.
  • 설치비용이 적다.
  • 입·출고 시간이 짧다.
  • 조작이 간단하고 유지보수가 용이하다.
  • 소규모 주차장에 적용

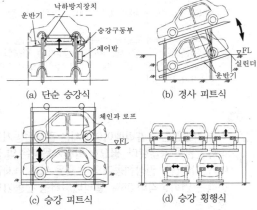

(a) 단순 승강식   (b) 경사 피트식
(c) 승강 피트식   (d) 승강 횡행식

▌2단식 주차장치▐

09 권상도르래, 풀리 또는 드럼과 현수로프의 공칭직경 사이의 비는 스트랜드의 수와 관계없이 얼마 이상이어야 하는가?

① 10   ② 20
③ 30   ④ 40

📝해설 **권상도르래, 풀리 또는 드럼과 로프의 직경 비율, 로프·체인의 단말처리**

㉠ 권상도르래, 풀리 또는 드럼과 현수로프의 공칭직경 사이의 비는 스트랜드의 수와 관계없이 40 이상이어야 한다.
㉡ 현수로프의 안전율은 어떠한 경우라도 12 이상이어야 한다. 안전율은 카가 정격하중을 싣고 최하층에 정지하고 있을 때 로프 1가닥의 최소 파단하중(N)과 이 로프에 걸리는 최대 힘(N) 사이의 비율이다.
㉢ 로프와 로프 단말 사이의 연결은 로프의 최소 파단하중의 80% 이상을 견뎌야 한다.
㉣ 로프의 끝부분은 카, 균형추(또는 평형추) 또는 현수되는 지점에 금속 또는 수지로 채워진 소켓 자체 조임 쐐기형식의 소켓 또는 안전상 이와 동등한 기타 시스템에 의해 고정되어야 한다.

10 군관리방식에 대한 설명으로 틀린 것은?

① 특정 층의 혼잡 등을 자동적으로 판단한다.
② 카를 불필요한 동작 없이 합리적으로 운행관리한다.
③ 교통수요의 변화에 따라 카의 운전 내용을 변화시킨다.
④ 승강장 버튼의 부름에 대하여 항상 가장 가까운 카가 응답한다.

📝해설 **복수 엘리베이터의 조작방식**

㉠ 군승합 자동식(2car, 3car)
  • 2~3대가 병행되었을 때 사용하는 조작방식이다.
  • 1개의 승강장 버튼의 부름에 대하여 1대의 카만 응한다.
㉡ 군관리방식(supervisory control)
  • 엘리베이터를 4~8대 병설할 때 각 카를 불필요한 동작 없이 합리적으로 운영하는 조작방식이다.
  • 교통수요의 변화에 따라 카의 운전 내용을 변화시켜서 대응한다(출퇴근 시, 점심식사 시간, 회의 종료 시 등).
  • 엘리베이터 운영의 전체 서비스 효율을 높일 수 있다.

11 조속기의 캐치가 작동되었을 때 로프의 인장력에 대한 설명으로 적합한 것은?

① 300N 이상과 비상정지장치를 거는 데 필요한 힘의 1.5배를 비교하여 큰 값 이상
② 300N 이상과 비상정지장치를 거는 데 필요한 힘의 2배를 비교하여 큰 값 이상
③ 400N 이상과 비상정지장치를 거는 데 필요한 힘의 1.5배를 비교하여 큰 값 이상
④ 400N 이상과 비상정지장치를 거는 데 필요한 힘의 2배를 비교하여 큰 값 이상

해설 조속기

㉠ 균형추 또는 평형추 비상정지장치에 대한 조속기의 작동속도는 카 비상정지장치에 대한 작동속도보다 더 높아야 하나 그 속도는 10%를 넘게 초과하지 않아야 한다.

㉡ 조속기가 작동될 때, 조속기에 의해 생성되는 조속기 로프의 인장력은 다음 두 값 중 큰 값 이상이어야 한다.
- 최소한 비상정지장치가 물리는 데 필요한 값의 2배
- 300N

㉢ 조속기에는 비상정지장치의 작동과 일치하는 회전방향이 표시되어야 한다.

★★
12 3상 교류의 단속도 전동기에 전원을 공급하는 것으로 기동과 정속운전을 하고 정지는 전원을 차단한 후 제동기에 의해 기계적으로 브레이크를 거는 제어방식은?

① 교류 1단 속도제어
② 교류 2단 속도제어
③ VVVF 제어
④ 교류궤환 전압제어

해설 교류 1단 속도제어

㉠ 가장 간단한 제어방식이며, 3상 교류의 단속도 모터에 전원을 공급하는 것으로 기동과 정속운전을 한다.

㉡ 정지할 때는 전원을 끊은 후 제동기에 의해서 기계적으로 브레이크를 거는 방식이다.

㉢ 착상오차가 속도의 2승에 비례하여 증가하므로 최고 30m/min 이하에만 적용이 가능하다.

★★★
13 다음 중 엘리베이터용 전동기의 구비조건이 아닌 것은?

① 전력소비가 클 것
② 충분한 기동력을 갖출 것
③ 운전 상태가 정숙하고 저진동일 것
④ 고기동 빈도에 의한 발열에 충분히 견딜 것

해설 엘리베이터용 전동기에 요구되는 특성

㉠ 기동토크가 클 것
㉡ 기동전류가 적을 것
㉢ 소음이 적고, 저진동이어야 함
㉣ 기동빈도가 높으므로(시간당 300회) 발열(온도 상승)을 고려해야 함
㉤ 회전부분의 관성 모멘트(회전축을 중심으로 회전하는 물체가 계속해서 회전을 지속하려는 성질의 크기)가 적을 것
㉥ 충분한 제동력을 가질 것

★★★
14 엘리베이터 완충기에 대한 설명으로 적합하지 않은 것은?

① 정격속도 1m/s 이하의 엘리베이터에 스프링완충기를 사용하였다.
② 정격속도 1m/s 초과 엘리베이터에 유입완충기를 사용하였다.
③ 유입완충기의 플런저 복귀시험 시 완전히 압축한 상태에서 완전 복귀할 때까지의 시간은 120초 이하이다.
④ 유입완충기에서 최소 적용중량은 카 자중 +적재하중으로 한다.

해설 유입완충기(oil buffer)

㉠ 엘리베이터의 정격속도와 상관없이 어떤 경우에도 사용될 수 있다.

㉡ 카가 최하층을 넘어 통과하면 카의 하부체대의 완충판이 우선 완충고무에 당돌하여 어느 정도의 충격을 완화한다.

㉢ 카가 계속 하강하여 플런저를 누르면 실린더 내의 기름이 좁은 오리피스 틈새를 통과할 때에 생기는 유체저항에 의하여 주어진다.

㉣ 카가 상승하게 되면 플런저는 스프링의 복원력으로 원래의 정상 상태로 복원되고 다음 작용을 준비한다.

㉤ 행정(stroke)은 정격속도 115%에 상응하는 중력 정지거리 0.0674 V^2(m)와 같아야 한다(최소 행정은 0.42m보다 작아서는 안 됨).

㉥ 적용범위의 중량으로 정격속도 115%에 충돌하는 경우 카 또는 균형추의 평균 감속도는 1.0(9.8m/s²) 이하이어야 한다.

㉦ 순간 최대 감속도 2.5G를 넘는 감속도가 0.04초 이상 지속되지 않아야 한다.

㉧ 충격시험을 최대 하중시험 1회, 최소 하중시험 1회를 실시하여 완충기 압축 후 복귀시간 120초 이내이어야 한다.

㉨ 플런저 복귀시험은 플런저를 완전히 압축한 상태에서 5분 동안 유지한 후 완전 복귀 위치까지 요하는 시간은 120초 이하로 한다.

㉩ 유입완충기의 적용중량

항목	최소 적용중량	최대 적용중량
카용	카 자중+65	카 자중+적재하중

15 비상용 엘리베이터의 정전 시 예비전원의 기능에 대한 설명으로 옳은 것은?

① 30초 이내에 엘리베이터 운행에 필요한 전력용량을 자동적으로 발생하여 1시간 이상 작동하여야 한다.

② 40초 이내에 엘리베이터 운행에 필요한 전력용량을 자동적으로 발생하여 1시간 이상 작동하여야 한다.

③ 60초 이내에 엘리베이터 운행에 필요한 전력용량을 자동적으로 발생하여 2시간 이상 작동하여야 한다.

④ 90초 이내에 엘리베이터 운행에 필요한 전력용량을 자동적으로 발생하여 2시간 이상 작동하여야 한다.

해설 비상용 엘리베이터

㉠ 정전 시에는 다음 각 항의 예비전원에 의하여 엘리베이터를 가동할 수 있도록 하여야 한다.
- 60초 이내에 엘리베이터 운행에 필요한 전력용량을 자동적으로 발생시키도록 하되 수동으로 전원을 작동할 수 있어야 한다.
- 2시간 이상 작동할 수 있어야 한다.

㉡ 비상용 엘리베이터의 기본요건
- 비상용 엘리베이터는 소방운전 시 모든 승강장의 출입구마다 정지할 수 있어야 한다.
- 비상용 엘리베이터의 크기는 630kg의 정격하중을 갖는 폭 1,100mm, 깊이 1,400mm 이상이어야 하며, 출입구 유효폭은 800mm 이상이어야 한다.
- 침대 등을 수용하거나 2개의 출입구로 설계된 경우 또는 피난용도로 의도된 경우, 정격하중은 1,000kg 이상이어야 하고 카의 면적은 폭 1,100mm, 깊이 2,100mm 이상이어야 한다.
- 소방관이 조작하여 엘리베이터 문이 닫힌 이후부터 60초 이내에 가장 먼 층에 도착하여야 된다. 다만, 운행속도는 1m/s 이상이어야 한다.

16 재해가 발생되었을 때의 조치순서로서 가장 알맞은 것은?

① 긴급처리 → 재해조사 → 원인강구 → 대책수립 → 실시 → 평가

② 긴급처리 → 원인강구 → 대책수립 → 실시 → 평가 → 재해조사

③ 긴급처리 → 재해조사 → 대책수립 → 실시 → 원인강구 → 평가

④ 긴급처리 → 재해조사 → 평가 → 대책수립 → 원인강구 → 실시

해설 재해 발생 시 재해조사 순서

㉠ 재해 발생
㉡ 긴급조치(기계정지 → 피해자 구출 → 응급조치 → 병원에 후송 → 관계자 통보 → 2차 재해방지 → 현장보존)
㉢ 원인조사
㉣ 원인분석
㉤ 대책수립
㉥ 실시
㉦ 평가

17 1 : 1 로핑방식에 비해 2 : 1, 3 : 1, 4 : 1 로핑방식에 대한 설명 중 옳지 않은 것은 무엇인가?

① 와이어로프의 총 길이가 길다.
② 승강기의 속도가 빠르다.
③ 종합 효율이 저하된다.
④ 와이어로프의 수명이 짧다.

해설 카와 균형추에 대한 로프 거는 방법

㉠ 1 : 1 로핑
- 일반적으로 승객용에 사용된다(속도를 줄이거나 적재용량을 늘리기 위하여 2 : 1, 4 : 2도 승객용에 채용).
- 로핑 장력은 카(또는 균형추)의 중량과 로프의 중량을 합한다.
㉡ 2 : 1 로핑
- 1 : 1 로핑 장력의 1/2이 된다.
- 시브에 걸리는 부하도 1 : 1의 1/2이 된다.
- 카의 정격속도의 2배의 속도로 로프를 구동하여야 한다.
- 기어식 권상기에서는 30m/min 미만의 엘리베이터에서 많이 사용한다.
㉢ 3 : 1, 4 : 1, 6 : 1 로핑
- 대용량의 저속의 화물용 엘리베이터에 사용되기도 한다.
- 와이어로프의 총 길이가 길게 되고, 수명이 짧아지며, 종합 효율이 저하되는 단점이 있다.
㉣ 언더슬렁식 : 꼭대기의 틈새를 작게 할 수 있지만 최근에는 유압식 엘리베이터의 발달로 인해 사용을 하지 않는다.

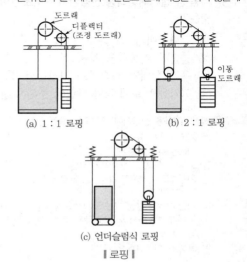

(a) 1 : 1 로핑   (b) 2 : 1 로핑

(c) 언더슬렁식 로핑

‖ 로핑 ‖

18 균형추를 사용한 승객용 엘리베이터에서 제동기 (brake)의 제동력은 적재하중의 몇 %까지 위험 없이 정지할 수 있어야 하는가?

① 125% ② 120%
③ 110% ④ 100%

🔧해설 전자-기계 브레이크는 자체적으로 카가 정격속도로 정격 하중의 125%를 싣고 하강방향으로 운행될 때 구동기를 정지시킬 수 있어야 한다.

19 승강기 완성검사 시 전기식 엘리베이터의 카 문 턱과 승강장문 문턱 사이의 수평거리는 몇 mm 이하이어야 하는가?

① 35 ② 45
③ 55 ④ 65

🔧해설 **카와 카 출입구를 마주하는 벽 사이의 틈새**

㉠ 승강로의 내측 면과 카 문턱, 카 문틀 또는 카 문의 닫히는 모서리 사이의 수평거리는 0.125m 이하이어야 한다. 다만, 0.125m 이하의 수평거리는 각각의 조건에 따라 다음과 같이 적용될 수 있다.
  • 수직높이가 0.5m 이하인 경우에는 0.15m까지 연장될 수 있다.
  • 수직 개폐식 승강장문이 설치된 화물용인 경우, 주행로 전체에 걸쳐 0.15m까지 연장될 수 있다.
  • 잠금해제구간에서만 열리는 기계적 잠금장치가 카 문에 설치된 경우에는 제한하지 않는다.
㉡ 카 문턱과 승강장문 문턱 사이의 수평거리는 35mm 이하이어야 한다.
㉢ 카 문과 닫힌 승강장문 사이의 수평거리 또는 문이 정상 작동하는 동안 문 사이의 접근거리는 0.12m 이하이어야 한다.
㉣ 경첩이 있는 승강장문과 접하는 카 문의 조합인 경우에는 닫힌 문 사이의 어떤 틈새에도 직경 0.15m의 구가 통과되지 않아야 한다.

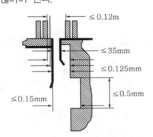

∥카와 카 출입구를 마주하는 벽 사이의 틈새∥

20 승강기 완성검사 시 전기식 엘리베이터에서 기계실의 조도는 기기가 배치된 바닥면에서 몇 lx 이상인가?

① 50 ② 100
③ 150 ④ 200

🔧해설 **기계실의 유지관리에 지장이 없도록 조명 및 환기시설의 설치**

㉠ 기계실에는 바닥면에서 200lx 이상을 비출 수 있는 영구적으로 설치된 전기조명이 있어야 한다.
㉡ 기계실은 눈·비가 유입되거나 동절기에 실온이 내려가지 않도록 조치되어야 하며 실온은 +5℃에서 +40℃ 사이에서 유지되어야 한다.

21 사고 예방 대책 기본원리 5단계 중 3E를 적용하는 단계는?

① 1단계 ② 2단계
③ 3단계 ④ 5단계

🔧해설 **하인리히 사고방지 5단계**

㉠ 1단계 : 안전관리조직
㉡ 2단계 : 사실의 발견
  • 사고 및 활동기록 검토
  • 안전점검 및 검사
  • 안전회의 토의
  • 사고조사
  • 작업분석
㉢ 3단계 : 분석 평가
  재해조사분석, 안전성 진단평가, 작업환경 측정, 사고기록, 인적·물적 조건조사 등
㉣ 4단계 : 시정책의 선정(인사조정, 교육 및 훈련방법 개선)
㉤ 5단계 : 시정책의 적용(3E, 3S)
  • 3E : 기술적, 교육적, 독려적
  • 3S : 표준화, 전문화, 단순화

22 추락을 방지하기 위한 2종 안전대의 사용법은?

① U자 걸이 전용
② 1개 걸이 전용
③ 1개 걸이, U자 걸이 겸용
④ 2개 걸이 전용

🔧해설 **안전대의 종류**

∥1개 걸이 전용 안전대∥

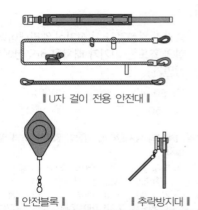

▮ U자 걸이 전용 안전대 ▮

▮ 안전블록 ▮　　▮ 추락방지대 ▮

종류	등급	사용 구분
벨트식(B식), 안전그네식(H식)	1종	U자 걸이 전용
	2종	1개 걸이 전용
	3종	1개 걸이, U자 걸이 공용
	4종	안전블록
	5종	추락방지대

★★★★
23 엘리베이터 전동기 주회로의 사용전압이 380V 인 경우 절연저항[MΩ]은?

① 1.5　　　　　② 1.0
③ 0.5　　　　　④ 0.1

🔧 해설 **전로의 절연저항값**

전로의 사용전압 구분(V)	DC 시험전압(V)	절연저항(MΩ)
SELV 및 PELV	250	0.5
FELV, 500V 이하	500	1.0
500V 초과	1,000	1.0

★★★
24 카 내에 갇힌 사람이 외부와 연락할 수 있는 장치는?

① 차임벨　　　　② 인터폰
③ 리밋스위치　　④ 위치표시램프

🔧 해설 **인터폰(interphone)**
㉠ 고장, 정전 및 화재 등의 비상 시에 카 내부와 외부의 상호 연락을 할 때에 이용된다.

ⓛ 전원은 정상전원뿐만 아니라 비상전원장치(충전배터리) 에도 연결되어 있어야 한다.
ⓒ 엘리베이터의 카 내부와 기계실, 경비실 또는 건물의 중앙감시반과 통화가 가능하여야 하며, 보수전문회사와 원거리 통화가 가능한 것도 있다.

▮ 카 실내의 구조 ▮

★★★
25 어떤 일정 기간을 두고서 행하는 안전점검은?

① 특별점검　　　　② 정기점검
③ 임시점검　　　　④ 수시점검

🔧 해설 **안전점검의 종류**
㉠ 정기점검 : 일정 기간마다 정기적으로 실시하는 점검을 말하며, 매주, 매월, 매분기 등 법적 기준에 맞도록 또는 자체 기준에 따라 해당 책임자가 실시하는 점검이다.
ⓛ 수시점검(일상점검) : 매일 작업 전, 작업 중, 작업 후에 일상적으로 실시하는 점검을 말하며, 작업자, 작업책임자, 관리감독자가 행하는 사업주의 순찰도 넓은 의미에서 포함된다.
ⓒ 특별점검 : 기계기구 또는 설비의 신설·변경 또는 고장·수리 등으로 비정기적인 특정점검을 말하며 기술책임자가 행한다.
ⓔ 임시점검 : 기계기구 또는 설비의 이상발견 시에 임시로 실시하는 점검을 말하며, 정기점검 실시 후 다음 정기점검일 이전에 임시로 실시하는 점검

★★★
26 비상용 승강기에 대한 설명 중 틀린 것은?

① 예비전원을 설치하여야 한다.
② 외부와 연락할 수 있는 전화를 설치하여야 한다.
③ 정전 시에는 예비전원으로 작동할 수 있어야 한다.
④ 승강기의 운행속도는 90m/min 이상으로 해야 한다.

해설 비상용 엘리베이터

㉠ 정전 시에는 다음 각 항의 예비전원에 의하여 엘리베이터를 가동할 수 있도록 하여야 한다.
- 60초 이내에 엘리베이터 운행에 필요한 전력용량을 자동적으로 발생시키도록 하되 수동으로 전원을 작동할 수 있어야 한다.
- 2시간 이상 작동할 수 있어야 한다.

㉡ 비상용 엘리베이터의 기본요건
- 비상용 엘리베이터는 소방운전 시 모든 승강장의 출입구마다 정지할 수 있어야 한다.
- 비상용 엘리베이터의 크기는 630kg의 정격하중을 갖는 폭 1,100mm, 깊이 1,400mm 이상이어야 하며, 출입구 유효폭은 800mm 이상이어야 한다.
- 침대 등을 수용하거나 2개의 출입구로 설계된 경우 또는 피난용도로 의도된 경우, 정격하중은 1,000kg 이상이어야 하고 카의 면적은 폭 1,100mm, 깊이 2,100mm 이상이어야 한다.
- 소방관이 조작하여 엘리베이터 문이 닫힌 이후부터 60초 이내에 가장 먼 층에 도착하여야 된다. 다만, 운행속도는 1m/s 이상이어야 한다.

---

27 재해의 직접 원인 중 작업환경의 결함에 해당되는 것은?

① 위험장소 접근
② 작업순서의 잘못
③ 과다한 소음 발산
④ 기술적, 육체적 무리

해설 작업환경

일반적으로 근로자를 둘러싸고 있는 환경을 말하며, 작업환경의 조건은 작업장의 온도, 습도, 기류 등 건물의 설비 상태, 작업장에 발생하는 분진, 유해방사선, 가스, 증기, 소음 등이 있다.

---

28 인체에 통전되는 전류가 더욱 증가되면 전류의 일부가 심장 부분을 흐르게 된다. 이때 심장이 정상적인 맥동을 못하며 불규칙적으로 세동을 하게 되어 결국 혈액의 순환에 큰 장애를 일으키게 되는 현상(전류)을 무엇이라 하는가?

① 심실세동전류
② 고통한계전류
③ 가수전류
④ 불수전류

해설 감전전류에 따른 생리적 영향

㉠ 감지전류
- 인체에 전류가 흐르고 있는 것을 감지할 수 있는 최소 전류
- 교류(60Hz)에서 성인남자 1~2mA

㉡ 고통한계전류
- 근육은 자유스럽게 이탈 가능하지만 고통을 수반한다.
- 교류(60Hz)에서 성인남자 2~8mA

㉢ 가수전류
- 안전하게 스스로 접촉된 전원으로부터 떨어질 수 있는 전류
- 교류(60Hz)에서 성인남자 8~15mA

㉣ 불수전류
- 근육에 경련이 일어나며 전선을 잡은 채로 손을 뗄 수가 없다.
- 교류(60Hz)에서 성인남자 16mA

㉤ 심실세동전류
- 심장은 마비 증상을 일으키며 호흡도 정지한다.
- 교류(60Hz)에서 성인남자 100mA

---

29 가요성 호스 및 실린더와 체크밸브 또는 하강밸브 사이의 가요성 호스 연결장치는 전부하압력의 몇 배의 압력을 손상 없이 견뎌야 하는가?

① 2
② 3
③ 4
④ 5

해설 가요성 호스

㉠ 실린더와 체크밸브 또는 하강밸브 사이의 가요성 호스는 전부하압력 및 파열압력과 관련하여 안전율이 8 이상이어야 한다.
㉡ 가요성 호스 및 실린더와 체크밸브 또는 하강밸브 사이의 가요성 호스 연결장치는 전부하압력의 5배의 압력을 손상 없이 견뎌야 한다.
㉢ 가요성 호스는 다음과 같은 정보가 지워지지 않도록 표시되어야 한다.
- 제조업체명(또는 로고)
- 호스안전율, 시험압력 및 시험결과 등의 정보
㉣ 가요성 호스는 호스제조업체에 의해 제시된 굽힘 반지름 이상으로 고정되어야 한다.

---

30 산업재해 중에서 다음에 해당하는 경우를 재해형태별로 분류하면 무엇인가?

> 전기 접촉이나 방전에 의해 사람이 충격을 받은 경우

① 감전
② 전도
③ 추락
④ 화재

해설 재해 발생 형태별 분류

㉠ 추락 : 사람이 건축물, 비계, 기계, 사다리, 계단 등에서 떨어지는 것
㉡ 충돌 : 사람이 물체에 접촉하여 맞부딪침
㉢ 전도 : 사람이 평면상으로 넘어졌을 때를 말함(과속, 미끄러짐 포함)
㉣ 낙하 비래 : 사람이 정지물에 부딪친 경우
㉤ 협착 : 물건에 끼인 상태, 말려든 상태

정답 27. ③ 28. ① 29. ④ 30. ①

ⓗ 감전 : 전기 접촉이나 방전에 의해 사람이 충격을 받은 경우

ⓢ 동상 : 추위에 노출된 신체 부위의 조직이 어는 증상

★★
31 카 이동 시 마찰저항을 최소화하고 레일에 녹 발생을 방지하기 위한 기름통은 어디에 위치해야 하는가?

① 레일 상부
② 중간 스톱퍼
③ 카의 상하좌우
④ 카 상부프레임 중간

해설 급유기(lubricator oiler)

ⓐ 엘리베이터에서 가이드레일에 윤활유를 도포하는 장치로 오일러라고도 한다.
ⓑ 레일은 항상 잘 급유되는 것이 중요하지만, 지나친 급유는 낭비이며, 카 운행 시 튀어서 레일 주변 및 피트를 더럽히게 되므로 과다 급유는 피할 것
ⓒ 가이드 슈가 슬라이딩형인 경우, 카의 상하좌우에 설치된다.

┃ 각종 급유기 ┃

┃ 슬라이딩 가이드 슈 ┃   ┃ 롤러형 가이드 슈 ┃

┃ 가이드 슈 설치 위치 ┃

★
32 스프링완충기를 사용한 경우 카가 최상층에 수평으로 정지되어 있을 때 균형추와 완충기와의 최대 거리는?

① 300mm   ② 600mm
③ 900mm   ④ 1,200mm

해설 카가 최상층에서 수평으로 정지되어 있을 때의 균형추와 완충기와의 거리 및 카가 최하층에서 수평으로 정지되어 있을 때의 카와 완충기와의 거리는 다음과 같다.

정격속도(m/min)		최소 거리(mm)		최대 거리(mm)	
		교류 1단 속도 제어방식 또는 저항제어방식	그외의 제어 방식	카	균형추측
스프링 완충기	7.5 이하	75	150	600	900
	7.5 초과 15 이하	150			
	15 초과 30 이하	225			
	30 초과	300			
유입완충기		규정하지 않음			

★★
33 고장 및 정전 시 카 내의 승객을 구출하기 위해 카 천장에 설치된 비상구출문에 대한 설명으로 틀린 것은?

① 카 천장에 설치된 비상구출문은 카 내부 방향으로 열리지 않아야 한다.
② 카 내부에서는 열쇠를 사용하지 않으면 열 수 없는 구조이어야 한다.
③ 비상구출구의 크기는 0.3m×0.3m 이상이어야 한다.
④ 카 천장에 설치된 비상구출문은 열쇠 등을 사용하지 않고 카 외부에서 간단한 조작으로 열 수 있어야 한다.

해설 비상구출문

ⓐ 비상구출 운전 시 카 내 승객의 구출은 항상 카 밖에서 이루어져야 한다.
ⓑ 승객의 구출 및 구조를 위한 비상구출문이 카 천장에 있는 경우, 비상구출구의 크기는 0.35m×0.5m 이상이어야 한다.
ⓒ 2대 이상의 엘리베이터가 동일 승강로에 설치되어 인접한 카에서 구출할 수 있도록 카 벽에 비상구출문이 설치될 수 있다. 다만, 서로 다른 카 사이의 수평거리는 0.75m 이하이어야 한다. 이 비상구출문의 크기는 폭 0.35m 이상, 높이 1.8m 이상이어야 한다.
ⓓ 비상구출문은 손으로 조작 가능한 잠금장치가 있어야 한다.

★
34 유압식 엘리베이터 자체점검 시 피트에서 하는 점검항목장치가 아닌 것은?

① 체크밸브
② 램(플런저)
③ 이동케이블 및 부착부
④ 하부 파이널 리밋스위치

해설 유압식 엘리베이터 피트에서 하는 점검항목장치

- ㉠ 완충기
- ㉡ 조속기도르래(governor tension sheave)
- ㉢ 피트 바닥
- ㉣ 하부 파이널 리밋스위치
- ㉤ 카 비상멈춤장치스위치
- ㉥ 카 하부도르래
- ㉦ 이동케이블 및 부착부
- ㉧ 저울장치
- ㉨ 피트 내의 내진대책
- ㉩ 플런저, 플런저스토퍼

★★

35 운행 중인 에스컬레이터가 어떤 요인에 의해 갑자기 정지하였다. 점검해야 할 에스컬레이터 안전장치로 틀린 것은?

① 승객검출장치
② 인레트스위치
③ 스커트 가드 안전스위치
④ 스텝체인 안전장치

해설 에스컬레이터의 안전장치

㉠ 인레트스위치(inlet switch)는 에스컬레이터의 핸드레일 인입구에 설치하며, 핸드레일이 난간 하부로 들어갈 때 어린이의 손가락이 빨려 들어가는 사고 등이 발생하면 에스컬레이터 운행을 정지시킨다.

㉡ 스커트 가드(skirt guard) 안전스위치는 스커트 가드판과 스텝 사이에 인체의 일부나 옷, 신발 등이 끼이면 위험하므로 스커트 가드 패널에 일정 이상의 힘이 가해지면 안전스위치가 작동되어 에스컬레이터를 정지시킨다.

㉢ 스텝체인 안전장치(step chain safety device)는 스텝체인이 절단되거나 심하게 늘어날 경우 디딤판 체인 인장장치의 후방 움직임을 감지하여 구동기 모터의 전원을 차단하고 기계브레이크를 작동시킴으로서 스텝과 스텝 사이의 간격이 생기는 등의 결과를 방지하는 장치이다.

‖ 인레트스위치 ‖

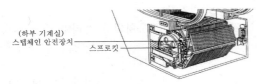

‖ 스텝체인 안전장치 ‖

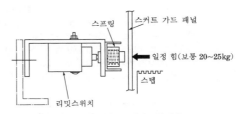

‖ 스커트 가드 안전스위치 ‖

★

36 유압식 엘리베이터의 유압 파워유닛과 압력배관에 설치되며, 이것을 닫으면 실린더의 기름이 파워유닛으로 역류되는 것을 방지하는 밸브는?

① 스톱밸브
② 럽처밸브
③ 체크밸브
④ 릴리프밸브

해설 유압회로의 밸브

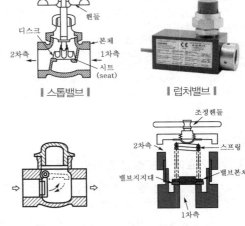

‖ 스톱밸브 ‖   ‖ 럽처밸브 ‖

‖ 체크밸브 ‖   ‖ 안전밸브 ‖

㉠ 스톱밸브(stop valve) : 유압 파워유닛과 실린더 사이의 압력배관에 설치되며, 이것을 닫으면 실린더의 기름이 파워유닛으로 역류하는 것을 방지한다. 유압장치의 보수, 점검 또는 수리 등을 할 때에 사용되며, 일명 게이트밸브라고도 한다.

㉡ 럽처밸브(rupture valve) : 압력배관이 파손되었을 때 기름의 누설에 의한 카의 하강을 방지하기 위한 것이다. 밸브 양단의 압력이 떨어져 설정한 방향으로 설정한 유량이 초과하는 경우에, 유량이 증가하는 것에 의하여 자동으로 회로를 폐쇄하도록 설계한 밸브이다.

CBT시험 실전 대비 **기출문제**

ⓒ 체크밸브(non-return valve) : 한쪽 방향으로만 기름이 흐르도록 하는 밸브로서 상승방향으로는 흐르지만 역방향으로는 흐르지 않는다. 이것은 정전이나 그 이외의 원인으로 펌프의 토출압력이 떨어져서 실린더의 기름이 역류하여 카가 자유낙하하는 것을 방지하는 역할을 하는 것으로 로프식 엘리베이터의 전자브레이크와 유사하다.

ⓓ 안전밸브(relief valve) : 압력조정밸브로 회로의 압력이 상용압력의 125% 이상 높아지면 바이패스(by-pass) 회로를 열어 기름을 탱크로 돌려보내어 더 이상의 압력상승을 방지한다.

★★

37 다음 중 엘리베이터의 안정된 사용 및 정지를 위하여 승강장, 중앙관리실 또는 경비실 등에 설치되어 카 이외의 장소에서 엘리베이터 운행의 정지조작과 재개조작이 가능한 안전장치는 무엇인가?

① 카 운행정지스위치
② 자동/수동 전환스위치
③ 도어 안전장치
④ 파킹스위치

해설 파킹(parking)스위치

엘리베이터의 안정된 사용 및 정지를 위하여 설치해야 하지만 공동주택, 숙박시설, 의료시설은 제외할 수 있다.
㉠ 승강장·중앙관리실 또는 경비실 등에 설치되어 카 이외의 장소에서 엘리베이터 운행의 정지조작과 재개조작이 가능하여야 한다.
㉡ 파킹스위치를 정지로 작동시키면 버튼등록이 정지되고 자동으로 지정 층에 도착하여 운행이 정지되어야 한다.

★★

38 승강로에 관한 설명 중 틀린 것은?

① 승강로는 안전한 벽 또는 울타리에 의하여 외부공간과 격리되어야 한다.
② 승강로는 화재 시 승강로를 거쳐서 다른 층으로 연소될 수 있도록 한다.
③ 엘리베이터에 필요한 배관설비 외의 설비는 승강로 내에 설치하여서는 안 된다.
④ 승강로 피트 하부를 사무실이나 통로로 사용할 경우 균형추에 비상정지장치를 설치한다.

해설 승강로의 구획

엘리베이터는 다음 중 어느 하나에 의해 주위와 구분되어야 한다.

㉠ 불연재료 또는 내화구조의 벽, 바닥 및 천장
㉡ 충분한 공간

★★

39 다음 중 유압승강기의 안전장치에 대한 설명으로 올바르지 않은 것은?

① 작동유 온도검출스위치는 기름탱크의 온도 규정치 80℃를 초과하면 이를 감지하여 카 운행을 중지시키는 장치이다.
② 플런저 리밋스위치는 플런저의 상한 행정을 제한하는 안전장치이다.
③ 플런저 리밋스위치 작동 시 상승방향의 전력을 차단하며, 반대방향으로 주행이 가능하도록 회로가 구성되어야 한다.
④ 전동기 공전방지장치는 타이머에 설정된 시간을 초과하면 전동기를 정지시키는 장치이다.

해설 기름 냉각기(oil cooler)

유압식 엘리베이터는 운전에 따라서 작동유의 온도가 상승하기 때문에 적재하중이 큰 엘리베이터나 운전 빈도가 높은 것에서는 작동유를 냉각하는 장치인 기름 냉각기를 필요로 하며, 냉각방식에는 공랭식과 수랭식이 있다. 유압식 엘리베이터는 저온의 경우 작동유의 점조가 높아져 유압펌프의 효율이 떨어지고 고온이 되면 기름의 열화를 빠르게 하는 등 온도에 대한 영향을 받기 쉽다. 그래서 기름의 온도가 5~60℃의 범위가 되도록 유지하기 위한 장치의 설치가 필요하다.

★★★

40 유압식 엘리베이터의 부품 및 특성에 대한 설명으로 틀린 것은?

① 역저지밸브 : 정전이나 그 외의 원인으로 펌프의 토출압력이 떨어져 실린더의 기름이 역류하여 카가 자유낙하하는 것을 방지한다.
② 스톱밸브 : 유압 파워유닛과 실린더 사이의 압력배관에 설치되며 이것을 닫으면 실린더의 기름이 파워유닛으로 역류하는 것을 방지한다.
③ 사이렌서 : 자동차의 머플러와 같이 작동유의 압력 맥동을 흡수하여 진동, 소음을 감소시키는 역할이다.
④ 스트레이너 : 역할은 필터와 같으나 일반적으로 펌프 출구쪽에 붙인 것이다.

정답 37. ④ 38. ② 39. ① 40. ④

280

해설 스트레이너(strainer)

㉠ 실린더에 쇳가루나 이물질이 들어가는 것을 방지(실린더 손상 방지)하기 위해 설치된다.

㉡ 탱크와 펌프 사이의 회로 및 차단밸브와 하강밸브 사이의 회로에 설치되어야 한다.

㉢ 펌프의 흡입측에 부착하는 것을 스트레이너라 하고, 배관 중간에 부착하는 것을 라인필터라 한다.

㉣ 차단밸브와 하강밸브 사이의 필터 또는 유사한 장치는 점검 및 유지보수를 위해 접근할 수 있어야 한다.

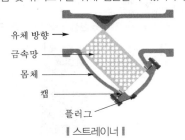

유체 방향 →
금속망
몸체
캡
플러그

‖ 스트레이너 ‖

★★★

41 와이어로프 클립(wire rope clip)의 체결방법으로 가장 적합한 것은?

①    ②

③    ④

해설 클립 체결법

㉠ 클립 체결 시 주의사항
- 클립의 새들은 로프의 힘이 걸리는 쪽에 있을 것
- 클립 수량과 간격은 로프 직경의 6배 이상, 수량은 최소 4개 이상일 것
- 하중을 걸기 전후에 단단하게 조여 줄 것
- 가능한 팀블(thimble)을 부착할 것
- 남은 부분은 강제 고정구를 사용하여 고정
- 팀블 접합부가 이탈되지 않도록 할 것

㉡ 클립 체결방법

1단계
클립(clip) 1번 가체결

2단계
팀블(thimble) 쪽 클립(clip) 체결

3단계
팀블(thimble) 쪽에서 두세 번째 클립 체결

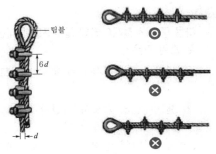

팀블
6d
d

‖ 클립 체결 예 ‖

★★★

42 엘리베이터 도어 사이에 끼이는 물체를 검출하기 위한 안전장치로 틀린 것은?

① 광전장치
② 도어클로저
③ 세이프티 슈
④ 초음파장치

해설 도어의 안전장치

엘리베이터의 도어가 닫히는 순간 승객이 출입하는 경우 충돌사고의 원인이 되므로 도어 끝단에 검출장치를 부착하여 도어를 반전시키는 장치이다.

㉠ 세이프티 슈(safety shoe) : 도어의 끝에 설치하여 이물체가 접촉하면 도어의 닫힘을 중지하며 도어를 반전시키는 접촉식 보호장치

㉡ 세이프티 레이(safety ray) : 광선 빔을 통하여 이것을 차단하는 물체를 광전장치(photo electric device)에 의해서 검출하는 비접촉식 보호장치

㉢ 초음파장치(ultrasonic door sensor) : 초음파의 감지 각도를 조절하여 카쪽의 이물체(유모차, 휠체어 등)나 사람을 검출하여 도어를 반전시키는 비접촉식 보호장치

‖ 세이프티 슈 설치 상태 ‖

검출부
투광기   수광기
빛

‖ 광전장치 ‖

★★★★★

43 다음 중 에스컬레이터의 일반구조에 대한 설명으로 틀린 것은?

① 일반적으로 경사도는 30도 이하로 하여야 한다.

② 핸드레일의 속도가 디딤바닥과 동일한 속도를 유지하도록 한다.

③ 디딤바닥의 정격속도는 5m/s 초과하여야 한다.

④ 물건이 에스컬레이터의 각 부분에 끼이거나 부딪치는 일이 없도록 안전한 구조이어야 한다.

해설 에스컬레이터의 일반구조

㉠ 에스컬레이터 및 무빙워크의 경사도
  • 에스컬레이터의 경사도는 30°를 초과하지 않아야 한다. 다만, 높이가 6m 이하이고 공칭속도가 0.5m/s 이하인 경우에는 경사도를 35°까지 증가시킬 수 있다.
  • 무빙워크의 경사도는 12° 이하이어야 한다.

㉡ 핸드레일 시스템의 일반사항
  • 각 난간의 꼭대기에는 정상운행 조건에서 스텝, 팔레트 또는 벨트의 실제 속도와 관련하여 동일 방향으로 -0%에서 +2%의 공차가 있는 속도로 움직이는 핸드레일이 설치되어야 한다.
  • 핸드레일은 정상운행 중 운행방향의 반대편에서 450N의 힘으로 당겨도 정지되지 않아야 한다.
  • 핸드레일 속도감시장치가 설치되어야 하고 에스컬레이터 또는 무빙워크가 운행하는 동안 핸드레일 속도가 15초 이상 동안 실제 속도보다 -15% 이상 차이가 발생하면 에스컬레이터 및 무빙워크를 정지시켜야 한다.

★★

44 다음 중 카 상부에서 하는 검사가 아닌 것은?

① 비상구출구 스위치의 작동 상태

② 도어개폐장치의 설치 상태

③ 조속기로프의 설치 상태

④ 조속기로프의 인장장치의 작동 상태

해설 조속기로프

㉠ 조속기로프의 설치 상태 : 카 위에서 하는 검사
㉡ 조속기로프의 인장장치 및 기타의 인장장치의 작동 상태 : 피트에서 하는 검사

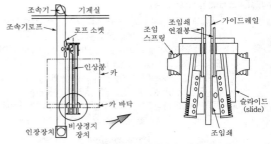

┃조속기와 비상정지장치의 연결 모습┃

┃조속기 인장장치┃

★★

45 다음 중 전압계에 대한 설명으로 옳은 것은?

① 부하와 병렬로 연결한다.

② 부하와 직렬로 연결한다.

③ 전압계는 극성이 없다.

④ 교류전압계에는 극성이 있다.

해설 전압 및 전류 측정방법

입·출력 전압 또는 회로에 공급되는 전압의 측정은 전압계를 회로에 병렬로 연결하고, 전류를 측정하려면 전류계는 회로에 직렬로 연결하여야 한다.

★

46 비상정지장치가 작동한 경우에 실시하는 검사와 거리가 먼 것은?

① 가이드레일의 손상 유무

② 메인로프의 연결부위 손상 유무

③ 조속기의 손상 유무

④ 조속기로프의 연결부위 손상 유무

정답 43. ③ 44. ④ 45. ① 46. ②

해설 비상정지장치의 작동상태

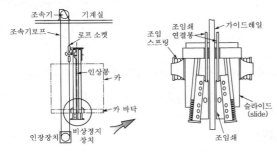

❙ 조속기와 비상정지장치의 연결 모습 ❙

㉠ 카를 일단 정지시키고 조속기의 캣치를 작동시킨 다음 다시 카가 하강하게끔 권상기를 조작한다. 도르래가 회전하여도 카가 하강하지 않게 됨으로써 비상정지장치가 작동한 것을 확인한다. 또한, 권상기 구동방식이 상기와 다른 경우에는 브레이크를 개방하여 카를 하강시켜도 카가 하강하지 않거나 순간적인 로프의 이완이 발생하면서 카가 하강하지 않게 됨으로써 비상정지장치가 작동한 것을 확인한다. 다만, 조속기를 설치하지 않는 방식의 비상정지장치에 대하여는 주로프를 늘어뜨려 비상정지장치를 작동시킨 후 카를 강제로 하강시켜도 하강하지 않게 됨으로써 비상정지장치가 작동한 것을 확인한다.

㉡ 비상정지장치가 작동된 상태에서 기계장치 및 조속기로프에는 아무런 손상이 없어야 한다. 또한 카 비상정지장치가 작동될 때 부하가 없거나, 부하가 균일하게 분포된 카의 바닥은 정상적인 위치에서 5%를 초과하여 기울어지지 않아야 한다.

★★

47 제어계에 사용하는 비접촉식 입력요소로만 짝지어진 것으로 옳은 것은?

① 근접스위치, 광전스위치
② 누름버튼스위치, 광전스위치
③ 근접스위치, 리밋스위치
④ 리밋스위치, 광전스위치

해설 비접촉식 입력요소

❙ 근접스위치의 기능 ❙　❙ 근접스위치의 위치 ❙

❙ 광전스위치 ❙　❙ 광전스위치의 원리 ❙

㉠ 근접스위치(proximity sensor) : 검출 대상 물체가 검출면 가까이 근접했을 때 검출신호를 출력하는 비접촉식 센서로서, 검출 물체의 전자유도현상을 이용한 고주파 발진형 근접센서와 검출 물체와 대지 간의 정전용량 변화를 이용한 정전용량 근접센서로 나누어 지며, 반도체 소자를 이용한 반영구적인 수명으로 산업 자동화 현장에서 광범위하게 사용된다.

㉡ 광전스위치(photoelectric switch) : 투광부와 수광부 사이의 광로를 물체가 차단하거나, 빛의 일부를 반사함으로써 광량의 변화를 광전 변환소자에 의하여 전기량으로 변환시키고, 스위치를 동작시켜 물체의 유무, 위치, 상태의 변화 등을 검출하는 스위치이며, 근접스위치와 같이 피검출체가 금속일 필요는 없다.

★★★

48 다음 회로에서 A, B 간의 합성용량은 몇 μF인가?

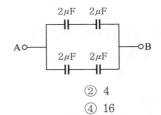

① 2
② 4
③ 8
④ 16

해설 ㉠ 2μF와 2μF가 직렬로 연결된 등가회로이므로 합성용량은 다음과 같다.

$$C_{T_1} = \frac{2 \times 2}{2 + 2} = 1\mu\text{F}$$

㉡ 1μF와 1μF가 병렬로 연결된 등가회로이므로 합성용량은 다음과 같다.

$$C_{T_2} = C_{T_1} + C_{T_1} = 1 + 1 = 2\mu\text{F}$$

★★★

49 유도전동기에서 슬립이 1이란 전동기가 어떤 상태인가?

① 유도제동기의 역할을 한다.
② 유도전동기가 전부하 운전 상태이다.
③ 유도전동기가 정지 상태이다.
④ 유도전동기가 동기속도로 회전한다.

해설 슬립(slip)

3상 유도전동기는 항상 회전 자기장의 동기속도(n_s)와 회전자의 속도(n) 사이에 차이가 생기게 되며, 이 차이의 값으로 전동기의 속도를 나타낸다. 이때 속도의 차이와 동기속도(n_s)와의 비가 슬립이고, 보통 $0 < s < 1$ 범위이어야 하며, 슬립 1은 정지된 상태이다.

$$s = \frac{\text{동기속도} - \text{회전자속도}}{\text{동기속도}} = \frac{n_s - n}{n_s}$$

★★

50 베어링의 구비조건으로 거리가 먼 것은?

① 가공수리가 쉬울 것
② 마찰저항이 적을 것
③ 열전도가 적을 것
④ 강도가 클 것

해설 베어링 메탈재료의 구비조건
㉠ 마모에 견딜 수 있을 정도로 단단한 반면에 축을 손상하지 않도록 축의 재료보다는 물러야 한다.
㉡ 축과의 마찰계수가 적어야 한다.
㉢ 마찰열이 잘 방출될 수 있도록 열전도가 좋아야 한다.
㉣ 내부식성이 있어야 한다.
㉤ 제작이 용이하여야 한다.

★

51 다음 중 입체 캠이 아닌 것은?

① 원뿔캠   ② 판캠
③ 구면캠   ④ 경사판캠

해설 캠(cam)
㉠ 캠은 회전운동을 직선운동, 왕복운동, 진동 등으로 변환하는 장치
㉡ 평면 곡선을 이루는 캠 : 판캠, 홈캠, 확동캠, 직동캠 등
㉢ 입체적인 모양의 캠 : 단면캠, 원뿔캠, 경사판캠, 원통캠, 구면(球面)캠, 엔드캠 등

| 단면캠 |　| 원뿔캠 |　| 경사판캠 |

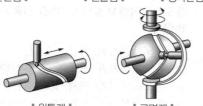

| 원통캠 |　| 구면캠 |

★

52 다음 그림과 같은 제어계의 전체 전달함수는?
(단, $H(s)=1$)

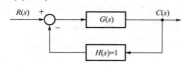

① $\dfrac{1}{G(s)}$ ② $\dfrac{1}{1+G(s)}$

③ $\dfrac{G(s)}{1+G(s)}$ ④ $\dfrac{G(s)}{1-G(s)}$

해설 $RG-CG=C,\ RG=C+CG,\ RG=C(1+G)$
$\therefore \dfrac{C}{R}=\dfrac{G(s)}{1+G(s)}$

★

53 기계 부품 측정 시 각도를 측정할 수 있는 기기는?

① 사인바   ② 옵티컬플렛
③ 다이얼게이지   ④ 마이크로미터

해설 사인바(sine bar)
사각 막대기의 측면에 지름이 같은 2개의 원통을 축에 평행하게 고정시킨 것으로 직각삼각형의 삼각함수인 사인을 이용하여 임의의 각도를 설정하거나 측정하는 데 사용하는 기구이다.

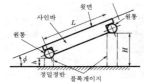

★★

54 다음 중 전류의 열작용과 관련있는 법칙은?

① 옴의 법칙
② 플레밍의 법칙
③ 줄의 법칙
④ 키르히호프의 법칙

해설 전열기에 전압을 가하여 전류를 흘리면 열이 발생하는 발열현상은 큰 저항체인 전열선에 전류가 흐를 때 열이 발생하는 것이며, 줄의 법칙에 의하면 전류에 의해서 매초 발생하는 열량은 전류의 2승과 저항의 곱에 비례하고 단위는 줄(Joule)이나 칼로리(cal)로 나타낸다. $I(A)$의 전류가 저항이 $R(\Omega)$인 도체에 $t(s)$ 동안 흐를 때 그 도체에 발생하는 열에너지(H)는 $H=0.24\,I^2Rt(J)$이다.

★★

55 유도전동기의 속도제어법이 아닌 것은?

① 2차 여자제어법   ② 1차 계자제어법
③ 2차 저항제어법   ④ 1차 주파수제어법

정답 50. ③ 51. ② 52. ③ 53. ① 54. ③ 55. ②

입력		출력
A	B	Y
0	0	0
0	1	1
1	0	1
1	1	1

접점 A 혹은 B 가 닫히면 Y 가 동작하고 접점 출력 Y 가 닫혀 부하 Ⓛ 을 동작시킨다.

┃ 릴레이회로 ┃   ┃ 진리표 ┃   ┃ 동작시간표 ┃

🖉해설 유도전동기의 속도제어법

ⓐ 2차 여자법 : 2차 권선에 외부에서 전류를 통해 자계를 만들고, 그 작용으로 속도를 제어한다.

ⓑ 주파수변환 : 주파수는 고정자에 입력되는 3상 교류전원의 주파수를 뜻하며, 이 주파수를 조정하는 것은 전원을 조절한다는 것이고, 동기속도가 전원주파수에 비례하는 성질을 이용하여 원활한 속도제어를 한다.

ⓒ 2차 저항제어 : 회전자권선(2차 권선)에 접속한 저항값의 증감법이다.

ⓓ 극수변환 : 동기속도가 극수에 반비례하는 성질을 이용. 권선의 접속을 바꾸는 방법과 극수가 서로 다른 2개의 독립된 권선을 감는 방법 등이 있다. 비교적 효율이 좋고 자주 속도를 변경할 필요가 있으며 계단적으로 속도 변경이 필요한 부하에 사용된다.

ⓔ 전압제어 : 유도기의 토크는 전원전압의 제곱에 비례하기 때문에 1차 전압을 제어하여 속도를 제어한다.

★★

56 끝이 고정된 와이어로프 한쪽을 당길 때 와이어로프에 작용하는 하중은?

① 인장하중
② 압축하중
③ 반복하중
④ 충격하중

🖉해설 인장하중

물체에 가해진 외력이 그 물체를 잡아당기듯이 작용하고 있을 때의 외력을 인장하중이라고 하며, 반대로 외력이 그 물체를 짓누르듯이 작용하고 있을 때의 외력을 압축하중이라고 말한다. 중량물을 매달아 올리는 크레인용 와이어로프나, 자동차를 견인할 때에 이용하는 견인로프는 인장하중에 견딜 수 있는 충분한 강도가 필요하다.

★★★★

57 그림과 같은 논리기호의 논리식은?

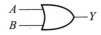

① $Y = \overline{A} + \overline{B}$
② $Y = \overline{A} \cdot \overline{B}$
③ $Y = A \cdot B$
④ $Y = A + B$

🖉해설 논리합(OR)회로

하나의 입력만 있어도 출력이 나타나는 회로이며, 'A' OR 'B' 즉, 병렬회로이다.

A━┓
B━┛─Y   Y=A+B
         (논리합)

┃ 논리기호 ┃   ┃ 논리식 ┃   ┃ 스위치회로(병렬) ┃

★★★

58 응력에 대한 설명 중 옳은 것은 무엇인가?

① 외력이 일정한 상태에서 단면적이 작아지면 응력은 작아진다.
② 외력이 증가하고 단면적이 커지면 응력은 증가한다.
③ 단면적이 일정한 상태에서 외력이 증가하면 응력은 작아진다.
④ 단면적이 일정한 상태에서 하중이 증가하면 응력은 증가한다.

🖉해설 응력(stress)

ⓐ 물체에 힘이 작용할 때 그 힘과 반대방향으로 크기가 같은 저항력이 생기는데 이 저항력을 내력이라 하며, 단위면적($1mm^2$)에 대한 내력의 크기를 말한다.

ⓑ 응력은 하중의 종류에 따라 인장응력, 압축응력, 전단응력 등이 있으며, 인장응력과 압축응력은 하중이 작용하는 방향이 다르지만 같은 성질을 갖는다. 단면에 수직으로 작용하면 수직응력, 단면에 평행하게 접하면 전단응력(접선응력)이라고 한다.

ⓒ 수직응력(σ)은 다음과 같다.

$$\sigma = \frac{P}{A}$$

여기서, σ : 수직응력(kg/cm^2)
　　　　P : 축하중(kg)
　　　　A : 수직응력이 발생하는 단면적(cm^2)

ⓓ 응력이 발생하는 단면적(A)이 일정하고, 축하중(P) 값이 증가하면 응력도 비례해서 증가한다.

★

59 다음 중 PNP형 트랜지스터의 기호는?

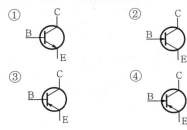

해설 트렌지스터

㉠ 트랜지스터의 구성
  • 트랜지스터의 구조는 pn 접합 2개를 맞대어 붙인 형태로 되어 있다.
  • 그림 (a)에서 npn 접합 가운데 맨 왼쪽의 n층을 이미터(emitter)라 하고, 가운데 층을 베이스(base), 오른쪽 층을 컬렉터(collector)라 부른다.

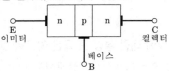

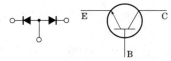

(a) npn형 트랜지스터

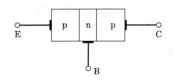

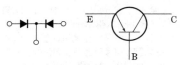

(b) pnp형 트랜지스터

┃ 트랜지스터(transistor)의 구성 ┃

㉡ 트랜지스터의 동작
  • npn형 트랜지스터에 흐르는 전류의 대부분은 다음 그림과 같이 컬렉터 단자에서 들어가 이미터 단자로 유출된다.
  • 전류의 양은 베이스 단자의 전압 V_{BE} 또는 베이스 단자의 전류 I_B를 바꿈으로써 자유로이 제어할 수 있다.

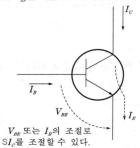

V_{BE} 또는 I_B의 조절로
S I_C를 조절할 수 있다.

┃ 트랜지스터의 동작 ┃

★★
60 유압식 엘리베이터의 파워유닛(power unit)의 점검사항으로 적당하지 않은 것은?

① 기름의 유출 유무
② 작동유(油)의 온도 상승 상태
③ 과전류계전기의 이상 유무
④ 전동기와 펌프의 이상음 발생 유무

해설 파워유닛의 점검항목

㉠ 유압탱크에 녹 발생 및 결로의 확인
㉡ 유압탱크의 누유 유무
㉢ 오일의 오염 여부 및 유량
㉣ 전동기의 이상발열, 이상음
㉤ 단자박스 내의 각 배선단자에 풀림 유무
㉥ 유닛 내 각 기기의 동작 상태
㉦ 유닛 내의 배관경로에 에어(air) 발생 유무
㉧ 유량제어밸브의 조임볼트류 풀림 유무
㉨ 오일검출스위치 세팅값
㉩ 유온계 및 오일 쿨러의 취부 상태
㉪ 전동기 공회전 방지장치의 타이머 설정값
㉫ 라인 필터의 취부 상태 및 내부 필터 오염 유무
㉬ 스톱밸브, 사이렌서의 취부 상태

정답 60. ③

※ 본 문제는 수험생들의 협조에 의해 작성되었으며, 시험내용과 일부 다를 수 있습니다.

★★★★★
01 T형 가이드레일의 공칭규격이 아닌 것은?

① 8K
② 14K
③ 18K
④ 24K

🚇 해설 가이드레일의 규격

㉠ 레일 규격의 호칭은 마무리 가공 전 소재의 1m당의 중량으로 한다.
㉡ 일반적으로 쓰는 T형 레일의 공칭은 8, 13, 18, 24K 등이 있다.
㉢ 대용량의 엘리베이터에서는 37, 50K 레일 등도 사용한다.
㉣ 레일의 표준길이는 5m로 한다.

★★
02 FGC(Flexible Guide Clamp)형 비상정지장치의 장점은?

① 베어링을 사용하기 때문에 접촉이 확실하다.
② 구조가 간단하고 복구가 용이하다.
③ 레일을 죄는 힘이 초기에는 약하나, 하강함에 따라 강해진다.
④ 평균 감속도를 0.5g으로 제한한다.

🚇 해설 비상정지장치

㉠ 현수로프가 끊어지더라도 조속기 작동속도에서 하강방향으로 작동하여 가이드레일을 잡아 정격하중의 카를 정지시킬 수 있는 장치이다.
㉡ 비상정지장치의 조 또는 블록은 가이드슈로 사용되지 않아야 한다.
㉢ 카, 균형추 또는 평형추의 비상정지장치의 복귀 및 자동 재설정은 카, 균형추 또는 평형추를 들어 올리는 것에 의해서만 가능하여야 한다.
㉣ 비상정지장치가 작동된 후 정상복귀는 전문가(유지보수 업자 등)의 개입이 요구된다.
㉤ 점차(순차적)작동형 비상정지장치
  • 정격속도 1m/s를 초과하는 경우에 사용한다.

• 정격하중의 카가 자유낙하할 때 작동하는 평균 감속도는 0.2~1G 사이에 있어야 한다.
• 카에 여러 개의 비상정지장치가 설치된 경우에 사용한다.
• 플랙시블 가이드 클램프(Flexible Guide Clam ; FGC)형
  – 비상정지장치의 작동으로 카가 정지할 때의 레일을 죄는 힘이 동작 시부터 정지 시까지 일정하다.
  – 구조가 간단하고 설치면적이 작으며 복구가 쉬워 널리 사용되고 있다.
• 플랙시블 웨지 클램프(Flexible Wedge Clamp ; FWC)형
  – 레일을 죄는 힘이 처음에는 약하고 하강함에 따라 강하다가 얼마 후 일정치에 도달한다.
  – 구조가 복잡하여 거의 사용하지 않는다.
㉥ 즉시(순간식)작동형 비상정지장치
  • 정격속도가 0.63m/s를 초과하지 않는 경우에 사용한다.
  • 정격속도 1m/s를 초과하지 않는 경우는 완충효과가 있는 즉시작동형이다.
  • 화물용 엘리베이터에 사용되며, 감속도의 규정은 적용되지 않는다.
  • 가이드레일을 감싸고 있는 블록(black)과 레일 사이에 롤러(roller)를 물려서 카를 정지시키는 구조이다.
  • 또는 로프에 걸리는 장력이 없어져, 로프의 처짐이 생기면 바로 운전회로를 열고 작동된다.
  • 순간식 비상정지장치가 일단 파지되면 카가 정지할 때까지 조속기로프를 강한 힘으로 완전히 멈추게 한다.
㉦ 슬랙로프 세이프티(slake rope safety) : 소형 저속 엘리베이터로서 조속기를 사용하지 않고 로프에 걸리는 장력이 없어져 휘어짐이 생기면 즉시 운전회로를 열어서 비상정치장치를 작동시킨다.

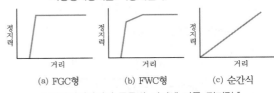

(a) FGC형　　(b) FWC형　　(c) 순간식

‖ 비상정지장치의 종류별 거리에 따른 정지력 ‖

★★★
03 승객이나 운전자의 마음을 편하게 해 주는 장치는?

① 통신장치
② 관제운전장치
③ 구출운전장치
④ BGM(Back Ground Music)장치

🚇 해설 BGM은 Back Ground Music의 약자로 카 내부에 음악을 방송하기 위한 장치이다.

04 로프식 엘리베이터에서 카 바닥 앞부분과 승강장 출입구 바닥 앞부분과의 틈새는 몇 cm 이하인가?

① 2 ② 3
③ 3.5 ④ 5

해설 **카와 카 출입구를 마주하는 벽 사이의 틈새**

㉠ 승강로의 내측 면과 카 문턱 카 문틀 또는 카 문의 닫히는 모서리 사이의 수평거리는 0.125m 이하이어야 한다. 다만, 0.125m 이하의 수평거리는 각각의 조건에 따라 다음과 같이 적용될 수 있다.

• 수직높이가 0.5m 이하인 경우에는 0.15m까지 연장될 수 있다.
• 수직개폐식 승강장문이 설치된 화물용인 경우, 주행로 전체에 걸쳐 0.15m까지 연장될 수 있다.
• 잠금해제구간에서만 열리는 기계적 잠금장치가 카 문에 설치된 경우에는 제한하지 않는다.

㉡ 카 문턱과 승강장문 문턱 사이의 수평거리는 35mm 이하이어야 한다.

㉢ 카 문과 닫힌 승강장문 사이의 수평거리 또는 문이 정상 작동하는 동안 문 사이의 접근거리는 0.12m 이하이어야 한다.

㉣ 경첩이 있는 승강장문과 접하는 카 문의 조합인 경우에는 닫힌 문 사이의 어떤 틈새에도 직경 0.15m의 구가 통과되지 않아야 한다.

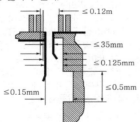

‖ 카와 카 출입구를 마주하는 벽 사이의 틈새 ‖

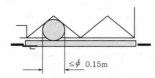

‖ 경첩 달린 승강장문과 접힌 카 문의 틈새 ‖

05 간접식 유압엘리베이터의 특징이 아닌 것은?

① 부하에 의한 카의 빠짐이 비교적 작다.
② 실린더의 점검이 용이하다.
③ 승강로는 실린더를 수용할 부분만큼 더 커지게 된다.
④ 비상정지장치가 필요하다.

해설 **간접식 유압엘리베이터**

플런저의 선단에 도르래를 놓고 로프 또는 체인을 통해 카를 올리고 내리며, 로핑에 따라 1 : 2, 1 : 4, 2 : 4의 방식이 있다.

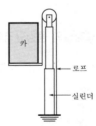

㉠ 실린더를 설치하기 위한 보호관이 필요하지 않다.
㉡ 실린더의 점검이 쉽다.
㉢ 승강로는 실린더를 수용할 부분만큼 더 커지게 된다.
㉣ 비상정지장치가 필요하다.
㉤ 로프의 늘어짐과 작동유의 압축성(의외로 크다) 때문에 부하에 의한 카 바닥의 빠짐이 비교적 크다.

06 균형로프의 주된 사용 목적은?

① 카의 소음진동을 보상
② 카의 위치 변화에 따른 주로프 무게를 보상
③ 카의 밸런스 보상
④ 카의 적재하중 변화를 보상

해설 **견인비의 보상방법**

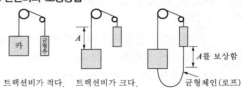

트랙션비가 적다.   트랙션비가 크다.   균형체인 (로프)

㉠ 견인비(traction ratio)
• 카측 로프가 매달고 있는 중량과 균형추 로프가 매달고 있는 중량의 비를 트랙션비라 하고, 무부하와 전부하 상태에서 체크한다.
• 견인비가 낮게 선택되면 로프와 도르래 사이의 트랙션 능력, 즉 마찰력이 작아도 되며, 로프의 수명이 연장된다.

㉡ 문제점
• 승강행정이 길어지면 로프가 어느 쪽(카측, 균형추측)에 있느냐에 따라 트랙션비는 크게 변화한다.
• 트랙션비가 1.35를 초과하면 로프가 시브에서 슬립(slip)되기가 쉽다.

㉢ 대책
• 카 하부에서 균형추의 하부로 주로프와 비슷한 단위 중량의 균형(보상)체인이나 로프를 매단다(트랙션비를 작게 하기 위한 방법).
• 균형로프는 서로 엉키는 걸 방지하기 위하여 비트에 인장도르래를 설치한다.

- 균형로프는 100%의 보상효과가 있고 균형체인은 90% 정도 밖에 보상하지 못한다.
- 고속·고층 엘리베이터의 경우 균형체인(소음의 원인)보다는 균형로프를 사용한다.

∥ 균형체인 ∥

07 에스컬레이터의 구동 전동기의 용량을 결정하는 요소로 거리가 가장 먼 것은?

① 속도　　　　　② 경사각도
③ 적재하중　　　④ 디딤판의 높이

해설 에스컬레이터의 전동기 용량(P)

$$P = \frac{G \cdot V \cdot \sin\theta}{6,120\,\eta} \times \beta \text{(kW)}$$

여기서, P : 에스컬레이터의 전동기 용량(kW)
G : 에스컬레이터의 적재하중(kg)
V : 에스컬레이터의 속도(m/min)
θ : 경사각도(°)
η : 에스컬레이터의 총 효율(%)
β : 승객 승입률(0.85)

08 조속기에서 과속스위치의 작동원리는 무엇을 이용한 것인가?

① 회전력
② 원심력
③ 조속기로프
④ 승강기의 속도

해설 조속기(governor)의 원리

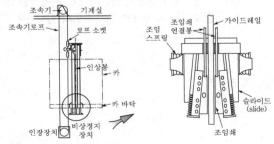

∥ 조속기와 비상정지장치의 연결 모습 ∥

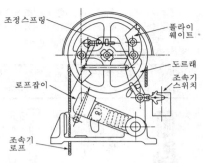

∥ 디스크 추형 조속기 ∥

㉠ 조속기풀리와 카를 조속기로프로 연결하면, 카가 움직일 때 조속기풀리도 카와 같은 속도, 같은 방향으로 움직인다.
㉡ 어떤 비정상적인 원인으로 카의 속도가 빨라지면 조속기링크에 연결된 무게추(weight)가 원심력에 의해 풀리 바깥쪽으로 벗어나면서 과속을 감지한다.
㉢ 미리 설정된 속도에서 과속(조속기)스위치와 제동기(brake)로 카를 정지시킨다.
㉣ 만약 엘리베이터가 정지하지 않고 속도가 계속 증가하면 조속기의 캐치(catch)가 동작하여 조속기로프를 붙잡고 결국은 비상정지장치를 작동시켜서 엘리베이터를 정지시킨다.

09 유입완충기는 정격속도가 몇 m/min 초과 시 사용하는가?

① 30　　　　　② 45
③ 50　　　　　④ 모든 속도

해설 유입완충기(oil buffer)

㉠ 엘리베이터의 정격속도와 상관없이 어떤 경우에도 사용될 수 있다.
㉡ 카가 최하층을 넘어 통과하면 카의 하부체대의 완충판이 우선 완충고무에 당돌하여 어느 정도의 충격을 완화한다.
㉢ 카가 계속 하강하여 플런저를 누르면 실린더 내의 기름이 좁은 오리피스 틈새를 통과 할 때에 생기는 유체저항에 의하여 주어진다.
㉣ 카가 상승하게 되면 플런저는 스프링의 복원력으로 원래의 정상 상태로 복원되고 다음 작용을 준비한다.
㉤ 행정(stroke)은 정격속도 115%에 상응하는 중력 정지 거리 $0.0674\,V^2$(m)와 같아야 한다(최소 행정은 0.42m 보다 작아서는 안 됨).
㉥ 적용범위의 중량으로 정격속도 115%에 충돌하는 경우 카 또는 균형추의 평균 감속도는 1.0(9.8m/s²) 이하이어야 한다.
㉦ 순간 최대 감속도 2.5G를 넘는 감속도가 0.04초 이상 지속되지 않아야 한다.
㉧ 충격시험을 최대 하중시험 1회, 최소 하중시험 1회를 실시하여 완충기 압축 후 복귀시간 120초 이내이어야 한다.

정답　07. ④　08. ②　09. ④

ⓩ 플런저 복귀시험은 플런저를 완전히 압축한 상태에서 5분 동안 유지한 후 완전복귀위치까지 요하는 시간은 120초 이하로 한다.
ⓐ 유입완충기의 적용중량

항목	최소 적용중량	최대 적용중량
카용	카 자중+65	카 자중+적재하중

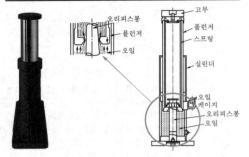

☆☆☆

10 승강기 정밀안전 검사 시 과부하방지장치의 작동치는 정격 적재하중의 몇 %를 권장치로 하는가?

① 95~100
② 105~110
③ 115~120
④ 125~130

🔍해설 전기식 엘리베이터의 부하제어

㉠ 카에 과부하가 발생할 경우에는 재착상을 포함한 정상 운행을 방지하는 장치가 설치되어야 한다.
㉡ 과부하는 최소 65kg으로 계산하여 정격하중의 10%를 초과하기 전에 검출되어야 한다.
㉢ 엘리베이터의 주행 중에는 오동작을 방지하기 위하여 과부하감지장치의 작동이 무효화되어야 한다.
㉣ 과부하의 경우에는 다음과 같아야 한다.
 • 가청이나 시각적인 신호에 의해 카 내 이용자에게 알려야 한다.
 • 자동동력작동식 문은 완전히 개방되어야 한다.
 • 수동작동식 문은 잠금 해제를 유지하여야 한다.
 • 엘리베이터가 정상적으로 운행하는 중에 승강장 문 또는 여러 문짝이 있는 승강장 문의 어떤 문짝이 열린 경우에는 엘리베이터가 출발하거나 계속 움직일 가능성은 없어야 한다.

☆☆☆☆☆

11 다음 중 에스컬레이터의 종류를 수송 능력별로 구분한 형태로 옳은 것은?

① 1,200형과 900형
② 1,200형과 800형
③ 900형과 800형
④ 800형과 600형

🔍해설 에스컬레이터(escalator)의 난간폭에 의한 분류

| 난간폭 |

데크보드 핸드레일
핸드레일 가이드
난간조명 곡면 유리
난간 지주
내측 레지
데크보드 스텝
스커트 가드

| 난간의 구조 |

㉠ 난간폭 1,200형 : 수송능력 9,000명/h
㉡ 난간폭 800형 : 수송능력 6,000명/h

☆☆☆☆☆

12 승객용 엘리베이터의 제동기는 승차감을 저해하지 않고 로프 슬립을 일으킬 수 있는 위험을 방지하기 위하여 감속도를 어느 정도로 하고 있는가?

① 0.1G
② 0.2G
③ 0.3G
④ 0.4G

🔍해설 감속도

㉠ 제동 중에 있어서 엘리베이터 속도의 저하율. 순간적인 감속도를 가리키는 경우와 제동 중의 평균적인 감속도를 가리키는 경우 평균 감속도라고 한다.
㉡ 0.1G 이하이어야 한다.

☆☆☆☆

13 승객용 엘리베이터에서 일반적으로 균형체인 대신 균형로프를 사용하는 정격속도의 범위는?

① 120m/min 이상
② 120m/min 미만
③ 150m/min 이상
④ 150m/min 미만

🔍해설 균형체인

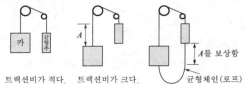

트랙션비가 적다. 트랙션비가 크다. 균형체인(로프)
A를 보상함

로프식 엘리베이터의 승강행정이 길어지면 로프가 어느 쪽 (카측, 균형추측)에 있느냐에 따라 트랙션(견인력)비는 커져 와이어로프의 수명 및 전동기용량 등에 문제가 발생한다. 이런 문제의 해결방법으로 카 하부에서 균형추의 하부로 주로프와 비슷한 단위중량의 균형체인을 사용하여 90% 정도의 보상을 하지만, 고층용 엘리베이터의 경우 균형(보상) 체인은 소음이 발생하므로 엘리베이터의 속도가 120m/min 이상에는 균형(보상)로프를 사용한다.

★★★
14 정전 시 카 내 예비조명장치에 관한 설명으로 틀린 것은?

① 조도는 2lx 이상이어야 한다.
② 조도는 램프 중심부에서 2m 지점의 수직 면상의 조도이다.
③ 정전 후 60초 이내에 점등되어야 한다.
④ 1시간 동안 전원이 공급되어야 한다.

🔧 해설 **조명**

㉠ 카에는 카 바닥 및 조작 장치를 50lx 이상의 조도로 비출 수 있는 영구적인 전기조명이 설치되어야 한다.
㉡ 조명이 백열등 형태일 경우에는 2개 이상의 등이 병렬로 연결되어야 한다.
㉢ 정상 조명전원이 차단될 경우에는 2lx 이상의 조도로 1시간 동안 전원이 공급될 수 있는 자동 재충전 예비전 원공급장치가 있어야 하며, 이 조명이 정상 조명전원이 차단되면 자동으로 즉시 점등되어야 한다. 측정은 다음과 같은 곳에서 이루어져야 한다.
  • 호출버튼 및 비상통화장치 표시
  • 램프 중심부로부터 2m 떨어진 수직면상

★★★★★
15 다음 중 가이드레일의 사용목적으로 틀린 것은 어느 것인가?

① 집중하중 작용 시 수평하중을 유지
② 비상정지장치 작동 시 수직하중을 유지
③ 카와 균형추의 승가로 평면 내의 위치 규제
④ 카의 자중이나 화물에 의한 카의 기울어짐 방지

🔧 해설 **가이드레일(guide rail)의 적용요소**

㉠ 비상정지장치 작동 시 긴 기둥 형태인 레일이 휘어지지 않아야 한다.
㉡ 지진 시 빌딩의 수평 진동에 따라 카나 균형추가 흔들리고 그때 레일이 가이드 슈 사이에서 이탈 혹은 한도의 가속도까지에는 벗어나지 않는지를 점검한다.
㉢ 카에 불평형의 큰 하중이 적재될 경우에 큰 회전모멘트를 지탱할 수 있는지 점검한다.

★★★★★
16 우리나라에서 사용되고 있는 에스컬레이터의 속도는 경사도가 30° 이하인 경우 몇 m/s 이하인가?

① 0.3m/s　　　② 0.5m/s
③ 0.75m/s　　　④ 1m/s

🔧 해설 **구동기**

㉠ 구동장치는 2대 이상의 에스컬레이터 또는 무빙워크를 운전하지 않아야 한다.
㉡ 공칭속도는 공칭주파수 및 공칭전압에서 ±5%를 초과하지 않아야 한다.
㉢ 에스컬레이터의 공칭속도
  • 경사도가 30° 이하인 에스컬레이터는 45m/min (0.75m/s) 이하이어야 한다.
  • 경사도가 30°를 초과하고 35° 이하인 에스컬레이터는 0.5m/s 이하이어야 한다.
㉣ 무빙워크의 공칭속도는 0.75m/s 이하이어야 한다.

‖ 팔레트 ‖　　　　‖ 콤(comb) ‖

팔레트 또는 벨트의 폭이 1.1m 이하이고, 승강장에서 팔레트 또는 벨트가 콤에 들어가기 전 1.6m 이상의 수평주행구간이 있는 경우 공칭속도는 0.9m/s까지 허용된다. 다만, 가속구간이 있거나 무빙워크를 다른 속도로 직접 전환시키는 시스템이 있는 무빙워크에는 적용되지 않는다.

★★★★
17 스텝 폭 0.8m, 공칭속도 0.75m/s인 에스컬레이터로 수송할 수 있는 최대 인원의 수는 시간당 몇 명인가?

① 3,600　　　② 4,800
③ 6,000　　　④ 6,600

🔧 해설 $A = \dfrac{V \times 60}{B} \times P = \dfrac{0.75 \times 60 \times 60}{0.8} \times 2 ≒ 6,600$인/시간

여기서, A : 수송능력(매시)
　　　　B : 디딤판의 안 길이(m)
　　　　V : 디딤판 속도(m/min)
　　　　P : 디딤판 1개마다의 인원(인)

★★★
18 전동 덤웨이터와 구조적으로 가장 유사한 것은?

① 수평보행기　　　② 엘리베이터
③ 에스컬레이터　　　④ 간이리프트

해설 덤웨이터 및 간이리프트

‖ 덤웨이터 ‖

㉠ 덤웨이터 : 사람이 탑승하지 않으면서 적재용량이 300kg 이하인 것으로서 소형화물(서적, 음식물 등) 운반에 적합하게 제작된 엘리베이터이다. 다만, 바닥면적이 $0.5m^2$ 이하이고 높이가 0.6m 이하인 엘리베이터는 제외한다.
㉡ 간이리프트 : 안전규칙에서 동력을 사용하여 가이드레일을 따라 움직이는 운반구를 매달아 소형화물 운반만을 주목적으로 하는 승강기와 유사한 구조로서 운반구의 바닥면적이 $1m^2$ 이하이거나 천장높이가 1.2m 이하인 것을 말한다.

★★★
19 승객용 엘리베이터의 적재하중 및 최대 정원을 계산할 때 1인당 하중의 기준은 몇 kg인가?

① 63
② 65
③ 67
④ 70

해설 카의 유효면적, 정격하중 및 정원

㉠ 정격하중(rated load) : 엘리베이터의 설계된 적재하중을 말한다.
㉡ 화물용 엘리베이터의 정격하중은 카의 면적 $1m^2$당 250kg으로 계산한 값 이상으로 하고 자동차용 엘리베이터의 정격하중은 카의 면적 $1m^2$당 150kg으로 계산한 값 이상으로 한다.
㉢ 정원은 다음 식에서 계산된 값을 가장 가까운 정수로 버림 한 값이어야 한다.

$$정원 = \frac{정격하중}{65}$$

★★
20 유압식 엘리베이터의 동력전달 방법에 따른 종류가 아닌 것은?

① 스크루식
② 직접식
③ 간접식
④ 팬터그래프식

해설 유압식 엘리베이터의 종류

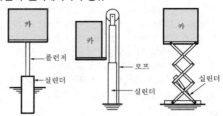

‖ 직접식 ‖ ‖ 간접식(1 : 2 로핑) ‖ ‖ 팬터그래프식 ‖

★★★
21 카 또는 균형추의 상하좌우에 부착되어 레일을 따라 움직이고 카 또는 균형추를 지지해주는 역할을 하는 것은?

① 완충기
② 중간 스토퍼
③ 가이드레일
④ 가이드 슈

해설 가이드 슈

㉠ 카 또는 균형추 상하좌우 4곳에 부착되어 레일에 따라 움직이며 카 또는 균형추를 지지한다.
㉡ 저속용은 슬라이딩 가이드 슈(sliding guide shoe), 고속용은 롤러 가이드 슈(roller guide shoe)로 구분된다.

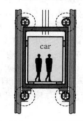

‖ 가이드 슈 설치 위치 ‖

‖ 슬라이딩 가이드 슈(sliding giude shoe) ‖

‖ 롤러 가이드 슈(roller guide shoe) ‖

22 승강기 정밀안전 검사기준에서 전기식 엘리베이터 주로프의 끝 부분은 몇 가닥마다 로프소켓에 배빗 채움을 하거나 체결식 로프소켓을 사용하여 고정하여야 하는가?

① 1가닥 ② 2가닥
③ 3가닥 ④ 5가닥

해설 배빗 소켓의 단말 처리

주로프 끝단의 단말 처리는 각 개의 가닥마다 강재로 된 와이어소켓에 배빗체결에 의한 소켓팅을 하여 빠지지 않도록 한다. 올바른 소켓팅 작업방법에 의하여 로프 자체의 파단강도와 동등 이상의 강도를 소켓팅부에 확보하는 것이 필요하다.

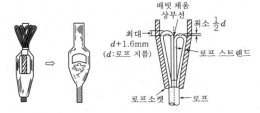

배빗 채움 상부선
최소 ½d
최대 d+1.6mm (d:로프 지름)
로프 스트랜드
로프소켓 ─ 로프

23 유압식 엘리베이터의 유압 파워유닛과 압력배관에 설치되며, 이것을 닫으면 실린더의 기름이 파워유닛으로 역류되는 것을 방지하는 밸브는?

① 스톱밸브 ② 럽처밸브
③ 체크밸브 ④ 릴리프밸브

해설 유압회로의 밸브

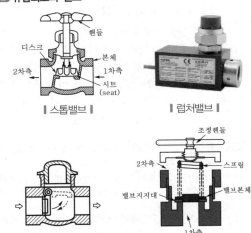

핸들
디스크
본체
2차측 ─ 1차측
시트 (seat)
┃ 스톱밸브 ┃

┃ 럽처밸브 ┃

조정핸들
2차측 ─ 스프링
밸브지지대 ─ 밸브본체
1차측
┃ 체크밸브 ┃   ┃ 안전밸브 ┃

ⓐ 스톱밸브(stop valve) : 유압 파워유닛과 실린더 사이의 압력배관에 설치되며, 이것을 닫으면 실린더의 기름이 파워유닛으로 역류하는 것을 방지한다. 유압장치의 보수, 점검 또는 수리 등을 할 때에 사용되며, 일명 게이트 밸브라고도 한다.

ⓑ 럽처밸브(rupture valve) : 압력배관이 파손되었을 때 기름의 누설에 의한 카의 하강을 방지하기 위한 것이다. 밸브 양단의 압력이 떨어져 설정한 방향으로 설정한 유량이 초과하는 경우에, 유량이 증가하는 것에 의하여 자동으로 회로를 폐쇄하도록 설계한 밸브이다.

ⓒ 체크밸브(non-return valve) : 한쪽 방향으로만 기름이 흐르도록 하는 밸브로서 상승방향으로는 흐르지만 역방향으로는 흐르지 않는다. 이것은 정전이나 그 이외의 원인으로 펌프의 토출압력이 떨어져서 실린더의 기름이 역류하여 카가 자유낙하하는 것을 방지하는 역할을 하는 것으로 로프식 엘리베이터의 전자브레이크와 유사하다.

ⓓ 안전밸브(relief valve) : 압력조정밸브로 회로의 압력이 상용압력의 125% 이상 높아지면 바이패스(by-pass) 회로를 열어 기름을 탱크로 돌려보내어 더 이상의 압력 상승을 방지한다.

24 에스컬레이터 디딤판체인 및 구동체인의 안전율로 알맞은 것은?

① 5 이상
② 7 이상
③ 8 이상
④ 10 이상

해설 에스컬레이터 각 체인의 절단에 대한 안전율은 담금질한 강철에 대하여 5 이상이어야 한다.

25 다음 중 유압승강기의 안전장치에 대한 설명으로 올바르지 않은 것은?

① 전동기 공전방지장치는 타이머에 설정된 시간을 초과하면 전동기를 정지시키는 장치이다.
② 작동유 온도검출스위치는 기름탱크의 온도 규정치 80℃를 초과하면 이를 감지하여 카 운행을 중지시키는 장치이다.
③ 플런저 리밋스위치 작동 시 상승방향의 전력을 차단하며, 반대방향으로 주행이 가능하도록 회로가 구성되어야 한다.
④ 플런저 리밋스위치는 플런저의 상한 행정을 제한하는 안전장치이다.

해설 기름 냉각기(oil cooler)

유압식 엘리베이터는 운전에 따라서 작동유의 온도가 상승하기 때문에 적재하중이 큰 엘리베이터나 운전 빈도가 높은 것에서는 작동유를 냉각하는 장치인 기름 냉각기를 필요로 하며, 냉각방식에는 공랭식과 수랭식이 있다. 유압식 엘리베이터는 저온의 경우 작동유의 점조가 높아져 유압펌프의 효율이 떨어지고 고온이 되면 기름의 열화를 빠르게 하는 등 온도에 대한 영향을 받기 쉽다. 그래서 기름의 온도가 5~60℃의 범위가 되도록 유지하기 위한 장치의 설치가 필요하다.

★

26 엘리베이터의 분류법에 해당되지 않는 것은?

① 구동방식에 의한 분류
② 속도에 의한 분류
③ 연도에 의한 분류
④ 용도 및 종류에 의한 분류

해설 엘리베이터의 분류

㉠ 동력원별 분류 : 전동기, 기타의 동력
㉡ 동력 매체별 분류 : 로프식, 플런저(plunger)식, 스크루(screw)식, 랙·피니온(reck-pinion)식
㉢ 속도에 의한 분류 : 저속, 중속, 고속, 초고속
㉣ 용도에 의한 분류 : 승객용, 침대용, 승객·화물용, 비상용, 장애인용, 화물용, 자동차용, 에스컬레이터 등
㉤ 제어방식에 의한 분류
　• 교류 : 1단 속도제어, 2단 속도제어, 궤환(feed back) 전압 제어, 가변전압 가변주파수제어
　• 직류 : 워드 레오나드(ward leonard) 방식, 정지 레오나드(static leonard) 방식
　• 유압식 : 인버터(VVVF)제어, 유량제어방식
㉥ 조작방법에 의한 분류 : 반자동식, 자동식, 병용방식

★★

27 엘리베이터에 많이 사용하는 가이드레일의 허용 응력은 보통 몇 kgf/cm²인가?

① 1,000
② 1,450
③ 2,100
④ 2,400

해설 가이드레일

㉠ 가이드레일의 사용 목적
　• 카와 균형추의 승강로 평면 내의 위치를 규제한다.

• 카의 자중이나 화물에 의한 카의 기울어짐을 방지한다.
• 비상멈춤이 작동할 때의 수직하중을 유지한다.
㉡ 가이드레일의 규격
　• 레일 규격의 호칭은 마무리 가공전 소재의 1m당의 중량으로 한다.
　• 일반적으로 쓰는 T형 레일의 공칭 8, 13, 18, 24K 등이 있다.
　• 대용량의 엘리베이터에서는 37, 50K 레일 등도 사용한다.
　• 레일의 표준 길이는 5m로 한다.
　• 허용응력은 2,400[kg/cm²]

★★

28 전기식 엘리베이터 로프는 공칭직경 몇 mm 이상으로 몇 가닥 이상이어야 하는가?

① 8mm, 2가닥
② 8mm, 3가닥
③ 12mm, 2가닥
④ 12mm, 3가닥

해설 현수 수단

㉠ 카, 균형추 또는 평형추는 와이어로프, 롤러체인 또는 기타 수단에 의해 현수되어야 한다.
㉡ 로프는 공칭직경이 8mm 이상이어야 한다.
㉢ 로프는 3가닥 이상이어야 한다. 다만, 포지티브 구동식 엘리베이터의 경우에는 로프 및 체인을 2가닥 이상으로 할 수 있다. 로프 또는 체인은 독립적이어야 한다.
㉣ 구멍에 꿰어 매는 방식이 사용되는 경우, 고려되는 수는 내려지는 수가 아니라 로프 또는 체인의 수이다.
㉤ 포지티브 구동 엘리베이터(positive drive lift)는 권상 구동식 이외의 방식으로 체인 또는 로프에 의해 현수되는 엘리베이터를 말한다.

★★

29 로프식 엘리베이터에서 도르래의 구조와 특징에 대한 설명으로 틀린 것은?

① 직경은 주로프의 50배 이상으로 하여야 한다.
② 주로프가 벗겨질 우려가 있는 경우에는 로프이탈방지장치를 설치하여야 한다.
③ 도르래홈의 형상에 따라 마찰계수의 크기는 U홈 < 언더커트홈 < V홈의 순이다.
④ 마찰계수는 도르래홈의 형상에 따라 다르다.

해설 권상도르래, 풀리 또는 드럼과 로프의 직경 비율, 로프·체인의 단말처리

㉠ 권상도르래, 풀리 또는 드럼과 현수로프의 공칭직경 사이의 비는 스트랜드의 수와 관계없이 40 이상이어야 한다.
㉡ 현수로프의 안전율은 어떠한 경우라도 12 이상이어야 한다. 안전율은 카가 정격하중을 싣고 최하층에 정지하고 있을 때 로프 1가닥의 최소 파단하중(N)과 이 로프에 걸리는 최대 힘(N) 사이의 비율이다.

정답 26. ③ 27. ④ 28. ② 29. ①

ⓒ 로프와 로프 단말 사이의 연결은 로프의 최소 파단하중의 80% 이상을 견뎌야 한다.
ⓔ 로프의 끝 부분은 카, 균형추(또는 평형추) 또는 현수되는 지점에 금속 또는 수지로 채워진 소켓, 자체 조임 쐐기형식의 소켓 또는 안전상 이와 동등한 기타 시스템에 의해 고정되어야 한다.

★★
30 다음 중 승강기 제동기의 구조에 해당되지 않는 것은?

① 브레이크 슈
② 라이닝
③ 코일
④ 워터슈트

🔍 **해설** ㉠ 브레이크 시스템
관성에 의한 전동기의 회전을 자동적으로 정지시키는 것을 일반적으로 브레이크라고 한다.
• 제동력은 강력한 스프링에 의해 주어지고, 모터 전원이 흐르는 기간 동안 전자코일에 의해 개방된다.
• 브레이크 슈 : 높은 동작 빈도에 견디고 마찰계수가 안정되어 있어야 한다.
• 라이닝 : 청동 철사와 석면사를 넣어 짠 것을 사용한다.

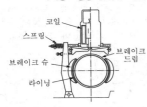
‖ 제동기의 구조 ‖

‖ 로터리 드럼 제동기 ‖

ㄴ 유희시설
• 고가의 유희시설 : 모노레일, 어린이 기차, 매트마우스와 워터슈트, 코스터 등이 있다.
• 회전운동을 하는 유희시설 : 회전그네, 비행탑, 회전목마(메리고라운드), 관람차, 문 로켓 로터, 오토퍼스, 해적선 등이 있다.

★★
31 보수기술자의 올바른 자세로 볼 수 없는 것은?

① 신속, 정확 및 예의 바르게 보수 처리한다.
② 보수를 할 때는 안전기준보다는 경험을 우선시한다.
③ 항상 배우는 자세로 기술 향상에 적극 노력한다.
④ 안전에 유의하면서 작업하고 항상 건강에 유의한다.

🔍 **해설** 보수기술자가 보수를 할 때에는 경험보다 안전기준을 우선시해야 한다.

★★
32 기계식 주차장치에 있어서 자동차 중량의 전륜 및 후륜에 대한 배분비는?

① 6 : 4
② 5 : 5
③ 7 : 3
④ 4 : 6

🔍 **해설** 자동차 중량의 전륜 및 후륜에 대한 배분은 6 : 4로 하고, 계산하는 단면에는 큰 쪽의 중량이 집중하중으로 작용하는 것으로 가정하여 계산한다.

★★
33 운행 중인 에스컬레이터가 어떤 요인에 의해 갑자기 정지하였다. 점검해야 할 에스컬레이터 안전장치로 틀린 것은?

① 승객검출장치
② 인레트스위치
③ 스커트 가드 안전스위치
④ 스텝체인 안전장치

🔍 **해설** 에스컬레이터의 안전장치
㉠ 인레트스위치(inlet switch)는 에스컬레이터의 핸드레일 인입구에 설치하며, 핸드레일이 난간 하부로 들어갈 때 어린이의 손가락이 빨려 들어가는 사고 등이 발생하면 에스컬레이터 운행을 정지시킨다.
ㄴ 스커트 가드(skirt guard) 안전스위치는 스커트 가드판과 스텝 사이에 인체의 일부나 옷, 신발 등이 끼이면 위험하므로 스커트 가드 패널에 일정 이상의 힘이 가해지면 안전스위치가 작동되어 에스컬레이터를 정지시킨다.
ㄷ 스텝체인 안전장치(step chain safety device)는 스텝체인이 절단되거나 심하게 늘어날 경우 디딤판 체인 인장장치의 후방 움직임을 감지하여 구동기 모터의 전원을 차단하고 기계브레이크를 작동시킴으로서 스텝과 스텝 사이의 간격이 생기는 등의 결과를 방지하는 장치이다.

‖ 인레트스위치 ‖

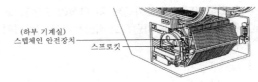
‖ 스텝체인 안전장치 ‖

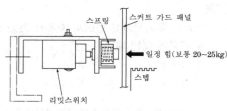

┃ 스커트 가드 안전스위치 ┃

★★★

34 다음 중 주유를 해서는 안 되는 부품은?

① 균형추　　② 가이드 슈
③ 가이드레일　④ 브레이크 라이닝

해설 **브레이크 라이닝(brake lining)**

브레이크 드럼과 직접 접촉하여 브레이크 드럼의 회전을 멎게 하고 운동에너지를 열에너지로 바꾸는 마찰재이다. 브레이크 드럼으로부터 열에너지가 발산되어, 브레이크 라이닝의 온도가 높아져도 타지 않으며 마찰계수의 변화가 적은 라이닝이 좋다.

★★

35 기계실을 승강로의 아래쪽에 설치하는 방식은?

① 정상부형 방식　② 횡인 구동 방식
③ 베이스먼트 방식　④ 사이드머신 방식

해설 **기계실의 위치에 따른 분류**

㉠ 정상부형 : 로프식 엘리베이터에서는 일반적으로 승강로의 직상부에 권상기를 설치하는 것이 합리적이고 경제적이다.
㉡ 베이스먼트 타입(basement type) : 엘리베이터 최하 정지층의 승강로와 인접시켜 설치하는 방식이다.
㉢ 사이드머신 타입(side machine type) : 승강로 중간에 인접하여 권상기를 두는 방식이다.

★★★★★

36 엘리베이터의 속도가 규정치 이상이 되었을 때 작동하여 동력을 차단하고 비상정지를 작동시키는 기계장치는?

① 구동기　　② 조속기
③ 완충기　　④ 도어스위치

해설 **조속기(governor)**

㉠ 조속기풀리와 카를 조속기로프로 연결하면, 카가 움직일 때 조속기풀리도 카와 같은 속도, 같은 방향으로 움직인다.
㉡ 어떤 비정상적인 원인으로 카의 속도가 빨라지면 조속기링크에 연결된 무게추(weight)가 원심력에 의해 풀리 바깥쪽으로 벗어나면서 과속을 감지한다.
㉢ 미리 설정된 속도에서 과속(조속기)스위치와 제동기(brake)로 카를 정지시킨다.
㉣ 만약 엘리베이터가 정지하지 않고 속도가 계속 증가하면 조속기의 캐치(catch)가 동작하여 조속기로프를 붙잡고 결국은 비상정지장치를 작동시켜서 엘리베이터를 정지시킨다.

★★★★

37 승객(공동주택)용 엘리베이터에 주로 사용되는 도르래홈의 종류는?

① U홈　　② V홈
③ 실홈　　④ 언더컷홈

해설 **언더컷홈(undercut groove)**

엘리베이터 구동 시브에 있는 로프홈의 일종으로 U지형 홈의 바닥에 더 작은 홈을 만들면, U홈보다 로프의 마모는 크지만 시브와 로프의 마찰력을 크게 할 수 있어 전동기의 소요동력을 줄일 수 있으나, 로프의 마모는 커진다.

(a) U홈　　(b) V홈　　(C) 언더컷홈
┃ 도르래 홈의 종류 ┃

★★

38 승강장에서 스텝 뒤쪽 끝 부분을 황색 등으로 표시하여 설치되는 것은?

① 스텝체인　　② 테크보드
③ 데마케이션　④ 스커트 가드

해설 **데마케이션(demarcation)**

에스컬레이터의 스텝과 스텝, 스텝과 스커트 가드 사이의 틈새에 신체의 일부 또는 물건이 끼이는 것을 막기 위해서 경계를 눈에 띠게 황색선으로 표시한다.

┃ 스텝 부분 ┃

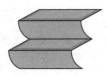

▌ 데마케이션 ▌

★★

39 전기식 엘리베이터의 기계실에 설치된 고정도르래의 점검내용이 아닌 것은?

① 이상음 발생 여부
② 로프홈의 마모 상태
③ 브레이크 드럼 마모 상태
④ 도르래의 원활한 회전 여부

해설 고정도르래의 점검항목 및 방법

B(요주의)로 하여야 할 것	C(요수리 또는 긴급수리)로 하여야 할 것	주기 (회/월)
• 로프의 마모가 현저하게 진행되고 있는 것 • 회전이 원활하지 않은 것 • 이상음이 있는 것 • 보호수단이 불량한 것	• B의 상태가 심한 것 • 로프홈의 마모가 심한 것 또는 불균일 하게 진행되고 있는 것	1/12

★★

40 아파트 등에서 주로 야간에 카 내의 범죄활동 방지를 위해 설치하는 것은?

① 파킹스위치
② 슬로다운스위치
③ 록다운 비상정지장치
④ 각 층 강제 정지운전스위치

해설 각 층 정지(each floor stop) 운전, 각 층 강제 정지

특정 시간대에 엘리베이터 내에서의 범죄를 방지하기 위해 매 층마다 정지하고 도어를 여닫은 후에 움직이는 기능(일본에서는 공동주택에서 자정이 지나면 동작되도록 규정됨)이다.

★★★

41 회전운동을 직선운동, 왕복운동, 진동 등으로 변환하는 기구는?

① 링크기구
② 슬라이더
③ 캠
④ 크랭크

해설 캠(cam)

㉠ 캠은 회전운동을 직선운동, 왕복운동, 진동 등으로 변환하는 장치
㉡ 평면 곡선을 이루는 캠 : 판캠, 홈캠, 확동캠, 직동캠 등
㉢ 입체적인 모양의 캠 : 단면캠, 원뿔캠, 경사판캠, 원통캠, 구면(球面)캠, 엔드캠 등

▌ 단면캠 ▌   ▌ 원뿔캠 ▌   ▌ 경사판캠 ▌

▌ 원통캠 ▌   ▌ 구면캠 ▌

★★★

42 엘리베이터의 도어스위치 회로는 어떻게 구성하는 것이 좋은가?

① 병렬회로
② 직렬회로
③ 직·병렬회로
④ 인터록회로

해설 도어 인터록(door interlock) 및 클로저(closer)

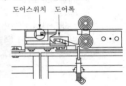

도어스위치   도어록

㉠ 도어 인터록(door interlock)
• 카가 정지하지 않는 층의 도어는 전용열쇠를 사용하지 않으면 열리지 않는 도어록과 도어가 닫혀 있지 않으면 운전이 불가능하도록 하는 도어스위치로 구성된다.
• 닫힘동작 시는 도어록이 먼저 걸린 상태에서 도어스위치가 들어가고 열림동작 시는 도어스위치가 끊어진 후 도어록이 열리는 구조(직렬)이며, 엘리베이터의 안전장치 중에서 승강장의 도어 안전장치로 가장 중요하다.
㉡ 도어 클로저(door closer)
• 승강장의 문이 열린 상태에서 모든 제약이 해제되면 자동적으로 닫히게 하여 문의 개방 상태에서 생기는 2차 재해를 방지하는 문의 안전장치이며, 전기적인 힘이 없어도 외부 문을 닫아주는 역할을 한다.
• 스프링 클로저 방식 : 레버시스템, 코일스프링과 도어 체크가 조합된 방식
• 웨이트(weight) 방식 : 줄과 추를 사용하여 도어체크(문이 자동으로 천천히 닫히게 하는 장치)를 생략한 방식

‖ 스프링 클로저 ‖ 　　‖ 웨이트 클로저 ‖

★★
43 가이드레일 보수점검항목에 해당되지 않는 것은?

① 이음판의 취부볼트, 너트의 이완 상태
② 로프와 클립 체결 상태
③ 가이드레일의 급유 상태
④ 브래킷 용접부의 균열 상태

해설 **가이드레일(guide rail)의 점검항목**

‖ 가이드레일과 브래킷 ‖

㉠ 레일의 손상이나 용접부의 상태, 주행 중의 이상음 발생 여부
㉡ 레일고정용의 레일클립 취부 상태 및 고정볼트의 이완 상태
㉢ 레일의 이음판의 취부 볼트, 너트의 이완 상태
㉣ 레일의 급유 상태
㉤ 레일 및 브래킷의 발청 상태
㉥ 레일 및 브래킷의 오염 상태
㉦ 브래킷에 취부되어 있는 주행케이블 보호선의 취부 상태
㉧ 브래킷 취부의 앵커볼트 이완 상태
㉨ 브래킷의 용접부에 균열 등의 이상 상태

★★★★
44 되먹임제어에서 가장 필요한 장치는?

① 입력과 출력을 비교하는 장치
② 응답속도를 느리게 하는 장치
③ 응답속도를 빠르게 하는 장치
④ 안정도를 좋게 하는 장치

해설 **되먹임(폐루프, 피드백, 궤환)제어**

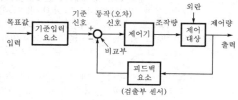

‖ 출력 피드백제어(output feedback control) ‖

㉠ 출력, 잠재외란, 유용한 조절변수인 제어대상을 가지는 일반화된 공정이다.
㉡ 적절한 측정기를 사용하여 검출부에서 출력(유속, 압력, 액위, 온도)값을 측정한다.
㉢ 검출부의 지시값을 목표값과 비교하여 오차(편차)를 확인한다.
㉣ 오차(편차)값은 제어기로 보내진다.
㉤ 제어기는 오차(편차)의 크기를 줄이기 위해 조작량의 값을 바꾼다.
㉥ 제어기는 조작량에 직접 영향이 미치지 않고 최종 제어요소인 다른 장치(보통 제어밸브)를 통하여 영향을 준다.
㉦ 미흡한 성능을 갖는 제어대상은 피드백에 의해 목표값과 비교하여 일치하도록 정정동작을 한다.
㉧ 상태를 교란시키는 외란의 영향에서 출력값을 원하는 수준으로 유지하는 것이 제어 목적이다.
㉨ 안정성이 향상되고, 선형성이 개선된다.
㉩ 종류에는 비례동작(P), 비례-적분동작(PI), 비례-적분-미분동작(PID)제어기가 있다.

★★
45 감전사고의 원인이 되는 것과 관계가 없는 것은?

① 콘덴서의 방전코일이 없는 상태
② 전기기계·기구나 공구의 절연 파괴
③ 기계기구의 빈번한 기동 및 정지
④ 정전작업 시 접지가 없어 유도전압이 발생

해설 **감전사고의 원인, 방전코일**

㉠ 감전사고의 원인
  • 충전부에 직접 접촉되는 경우나 안전거리 이내로 접근하였을 때
  • 전기기계·기구, 공구 등의 절연열화, 손상, 파손 등에 의한 표면누설로 인하여 누전되어 있는 것에 접촉, 인체가 통로로 되었을 경우
  • 콘덴서나 고압케이블 등의 잔류전하에 의할 경우
  • 전기기계나 공구 등의 외함과 권선 간 또는 외함과 대지 간의 정전용량에 의한 전압에 의할 경우
  • 지락전류 등이 흐르고 있는 전극 부근에 발생하는 전위경도에 의할 경우
  • 송전선 등의 정전유도 또는 유도전압에 의할 경우
  • 오조작 및 자가용 발전기 운전으로 인한 역송전의 경우
  • 낙뢰 진행파에 의한 경우

㉡ 방전코일
  • 콘덴서와 함께 설치되는 방전장치는 회로의 개로(open) 시에 잔류전하를 방전시켜 사람의 안전을 도모하고, 전원 재투입 시 발생되는 이상현상(재점호)으로 인한 순간적인 전압 및 전류의 상승을 억제하여 콘덴서의 고장을 방지하는 역할을 한다.
  • 방전능력이 크고 부하가 자주 변하여 콘덴서의 투입이 빈번하게 일어나는 곳에 유리하다.
  • 방전용량은 방전개시 5초 이내 콘덴서 단자전압 50V 이하로 방전하도록 한다.

정답 **43.** ② **44.** ① **45.** ③

46 인장(파단)강도가 400kg/cm²인 재료를 사용응력 100kg/cm²로 사용하면 안전계수는?

① 1 　　　② 2
③ 3 　　　④ 4

해설 안전계수 = $\dfrac{인장(파단)강도}{사용응력}$ = $\dfrac{400}{100}$ = 4

47 재해 발생 과정의 요건이 아닌 것은?

① 사회적 환경과 유전적인 요소
② 개인적 결함
③ 사고
④ 안전한 행동

해설 재해의 발생 순서 5단계

유전적 요소와 사회적 환경 → 인적 결함 → 불안전한 행동과 상태 → 사고 → 재해

48 추락을 방지하기 위한 2종 안전대의 사용법은?

① U자 걸이 전용
② 1개 걸이 전용
③ 1개 걸이, U자 걸이 겸용
④ 2개 걸이 전용

해설 안전대의 종류

∥ 1개 걸이 전용 안전대 ∥

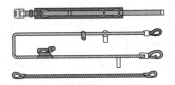

∥ U자 걸이 전용 안전대 ∥

∥ 안전블록 ∥

∥ 추락방지대 ∥

종류	등급	사용 구분
벨트식(B식), 안전그네식(H식)	1종	U자 걸이 전용
	2종	1개 걸이 전용
	3종	1개 걸이, U자 걸이 공용
	4종	안전블록
	5종	추락방지대

49 승강기에 설치할 방호장치가 아닌 것은?

① 가이드레일 　　　② 출입문 인터록
③ 조속기 　　　④ 파이널 리밋스위치

해설 ㉠ 카와 균형추를 승강로의 수직면상으로 안내 및 카의 기울어짐을 막고, 더욱이 비상정지장치가 작동했을 때의 수직 하중을 유지하기 위하여 가이드레일을 설치하나, 불균형한 큰 하중이 적재되었을 때라든지, 그 하중을 내리고 올릴 때에는 카에 큰 하중 모멘트가 발생한다. 그때 레일이 지탱해 낼 수 있는지에 대한 점검이 필요할 것이다.

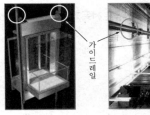

가이드레일

∥ 가이드레일(guide rail) ∥

㉡ 방호장치는 기계·기구에 의한 위험작업, 기타 작업에 의한 위험으로부터 근로자를 보호하기 위하여 행하는 위험기계·기구에 대한 안전조치

50 도르래의 로프홈에 언더컷(under cut)을 하는 목적은?

① 로프의 중심 균형 　　　② 윤활 용이
③ 마찰계수 향상 　　　④ 도르래의 경량화

해설 도르래홈의 형상은 마찰력이 큰 것이 바람직하지만 마찰력이 큰 형상은 로프와 도르래홈의 접촉면 면압이 크기 때문에 로프와 도르래가 쉽게 마모될 수 있다. U형의 홈은 마찰계수가 낮으므로 홈의 밑을 도려낸 언더컷 홈으로 마찰계수를 올린다.

(a) U홈

(b) V홈

(C) 언더컷홈

∥ 도르래 홈의 형상 ∥

정답 46. ④ 47. ④ 48. ② 49. ① 50. ③

★★★

51 전기기기에서 E종 절연의 최고 허용온도는 몇 ℃ 인가?

① 90   ② 105

③ 120   ④ 130

해설 전기기기의 절연등급

절연의 종류	최고 허용온도
Y종	90℃
A종	105℃
E종	120℃
B종	130℃
F종	155℃
H종	180℃
C종	180℃ 초과

★★★★★

52 6극, 50Hz의 3상 유도전동기의 동기속도(rpm)는?

① 500

② 1,000

③ 1,200

④ 1,800

해설 유도전동기의 동기속도(n_s)라 하면, 전원 주파수(f)에 비례하고, 극수(P)에는 반비례한다.

$$n_s = \frac{120 \cdot f}{P} = \frac{120 \times 50}{6} = 1,000 \text{rpm}$$

★★★★★

53 저항이 50Ω인 도체에 100V의 전압을 가할 때 그 도체에 흐르는 전류는 몇 A인가?

① 2   ② 4

③ 8   ④ 10

해설 옴의 법칙

$$I = \frac{V}{R} = \frac{100}{50} = 2\text{A}$$

★★★★

54 100V를 인가하여 전기량 30C을 이동시키는데 5초 걸렸다. 이때의 전력(kW)은?

① 0.3   ② 0.6

③ 1.5   ④ 3

해설 어떤 도체에 1C의 전기량이 두 점 사이를 이동하여 1J의 일을 했다면 1볼트(V)라고 한다.

$$W = V \cdot Q = 100 \times 30 = 3,000\text{J}$$

$$P = \frac{W}{t} = \frac{3,000}{5} = 600\text{W}$$

★★★★

55 RLC 직렬회로에서 최대 전류가 흐르게 되는 조건은?

① $\omega L^2 - \frac{1}{\omega C} = 0$ ② $\omega L^2 + \frac{1}{\omega C} = 0$

③ $\omega L - \frac{1}{\omega C} = 0$ ④ $\omega L + \frac{1}{\omega C} = 0$

해설 **직렬공진조건**

RLC가 직렬로 연결된 회로에서 용량리액턴스와 유도리액턴스는 더 이상 회로 전류를 제한하지 못하고 저항만이 회로에 흐르는 전류를 제한할 수 있는 상태를 공진이라고 한다.

㉠ 임피던스(impedance)

$$Z = \sqrt{R^2 + \left(\omega L - \frac{1}{\omega C}\right)^2} \, (\Omega)$$

용량리액턴스와 유도리액턴스가 같다면 $\omega L = \frac{1}{\omega C}$

$$\omega L - \frac{1}{\omega C} = 0$$

임피던스(Z)

$$Z = \sqrt{R^2 + \left(\omega L - \frac{1}{\omega C}\right)^2} = \sqrt{R^2 + (0)^2} = R \, (\Omega)$$

㉡ 직렬공진회로

• 공진임피던스는 최소가 된다.

$$Z = \sqrt{R^2 + (0)^2} = R$$

• 공진전류 I_0는 최대가 된다.

$$I_0 = \frac{V}{Z} = \frac{V}{R} \, (\text{A})$$

• 전압 V와 전류 I는 동위상이다.

• 용량리액턴스와 유도리액턴스는 크기가 같아서 상쇄되어 저항만의 회로가 된다.

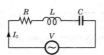

(a) 직렬회로

(b) 직렬공진 벡터 그림

‖ 직렬회로와 벡터 그림 ‖

★★★★

56 인덕턴스가 5mH인 코일에 50Hz의 교류를 사용할 때 유도리액턴스는 약 몇 Ω인가?

① 1.57   ② 2.50

③ 2.53   ④ 3.14

정답 51. ③ 52. ② 53. ① 54. ② 55. ③ 56. ①

해설 유도성 리액턴스

$$X_L = \omega L = 2\pi f L (\Omega)$$
$$X_L = 2\pi f L = 2\pi \times 50 \times 5 \times 10^{-3} = 1.57\Omega$$

57 직류기 권선법에서 전기자 내부 병렬회로수 a와 극수 p의 관계는? (단, 권선법은 중권임)

① $a = 2$
② $a = (1/2)p$
③ $a = p$
④ $a = 2p$

해설 중권과 파권의 비교

구분	중권	파권
전기자 병렬회로수	극수와 같다.	항상 2이다.
브러시수	극수와 같다.	2개로 되지만 극수만큼의 브러시를 둘 수도 있다.
전기자 도체의 굵기, 권수, 극수가 모두 같을 때	저전압, 대전류에 적합하다.	고전압, 소전류에 적합하다.
균압 접속	4극 이상이면 균압 접속을 하여야 한다.	균압 접속이 필요 없다.

‖파권 권선법‖

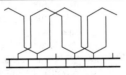

‖중권 권선법‖

‖전기자권선‖

58 승강기 카와 건물벽 사이에 끼어 재해를 당했다면 재해발생의 형태는?

① 협착
② 충돌
③ 전도
④ 화상

해설 재해발생의 형태

㉠ 협착 : 물건에 끼인 상태, 말려든 상태
㉡ 충돌 : 서로 맞부딪침
㉢ 전도 : 사람이 평면상으로 넘어졌을 때를 말함(과속, 미끄러짐 포함)
㉣ 화상 : 화재 또는 고온물 접촉으로 인한 상해

59 전기재해의 직접적인 원인과 관련이 없는 것은?

① 회로 단락
② 충전부 노출
③ 접속부 과열
④ 접지판 매설

해설 접지설비

회로의 일부 또는 기기의 외함 등을 대지와 같은 0전위로 유지하기 위해 땅 속에 설치한 매설 도체(접지극, 접지판)와 도선으로 연결하여 정전기를 예방할 수 있다.

60 안전 작업모를 착용하는 목적에 있어서 안전관리와 관계가 없는 것은?

① 종업원의 표시
② 화상의 방지
③ 감전의 방지
④ 비산물로 인한 부상방지

해설 안전모(safety cap)

작업자가 작업할 때 비래하는 물건, 낙하하는 물건에 의한 위험성을 방지 또는 하역작업에서 추락했을 때 머리 부위에 상해를 받는 것을 방지하고, 머리 부위에 감전될 우려가 있는 전기공사작업에서 산업재해를 방지하기 위해 착용한다.

정답 57. ③ 58. ① 59. ④ 60. ①

2019년 제2회 기출복원문제

※ 본 문제는 수험생들의 협조에 의해 작성되었으며, 시험내용과 일부 다를 수 있습니다.

★★★★

01 도르래의 로프홈에 언더컷(under cut)을 하는 목적은?

① 로프의 중심 균형
② 윤활 용이
③ 마찰계수 향상
④ 도르래의 경량화

🔍해설 도르래홈의 형상은 마찰력이 큰 것이 바람직하지만 마찰력이 큰 형상은 로프와 도르래홈의 접촉면 면압이 크기 때문에 로프와 도르래가 쉽게 마모될 수 있다. U형의 홈은 마찰계수가 낮으므로 홈의 밑을 도려낸 언더컷 홈으로 마찰계수를 올린다.

(a) U홈   (b) V홈   (C) 언더컷홈

┃ 도르래 홈의 형상 ┃

★★

02 엘리베이터의 가이드레일에 대한 치수를 결정할 때 유의해야 할 사항이 아닌 것은?

① 안전장치가 작동할 때 레일에 걸리는 좌굴하중을 고려한다.
② 수평진동에 의한 레일의 휘어짐을 고려한다.
③ 케이지에 회전모멘트가 걸렸을 때 레일이 지지할 수 있는지 여부를 고려한다.
④ 레일에 이물질이 끼었을 때 배출을 고려한다.

🔍해설 가이드레일(guide rail)의 사용 목적

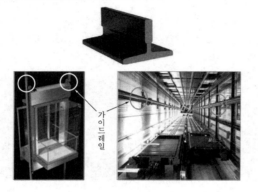

ⓐ 카와 균형추의 승강로 평면 내의 위치를 규제한다.
ⓑ 카의 자중이나 화물에 의한 카의 기울어짐을 방지한다.
ⓒ 비상멈춤이 작동할 때의 수직하중을 유지한다.

★★

03 파워유닛을 보수 · 점검 또는 수리할 때 사용하면 불필요한 작동유의 유출을 방지할 수 있는 밸브는?

① 사이런스   ② 체크밸브
③ 스톱밸브   ④ 릴리프밸브

🔍해설 **유압회로의 밸브**

ⓐ 체크밸브(non–return valve) : 한쪽 방향으로만 기름이 흐르도록 하는 밸브로서 상승방향으로는 흐르지만 역방향으로는 흐르지 않는다. 이것은 정전이나 그 이외의 원인으로 펌프의 토출압력이 떨어져서 실린더의 기름이 역류하여 카가 자유낙하하는 것을 방지하는 역할을 하는 것으로 로프식 엘리베이터의 전자브레이크와 유사하다.

ⓑ 스톱밸브(stop valve) : 실린더에 체크밸브와 하강밸브를 연결하는 회로에 설치되며, 이것을 닫으면 실린더의 기름이 파워유닛으로 역류하는 것을 방지한다. 유압장치의 보수, 점검 또는 수리 등을 할 때에 사용되며, 일명 게이트밸브라고도 한다.

ⓒ 안전밸브(relief valve) : 압력조정밸브로 회로의 압력이 상용압력의 125% 이상 높아지면 바이패스(by– pass) 회로를 열어 기름을 탱크로 돌려보내어 더 이상의 압력상승을 방지한다.

ⓓ 럽처밸브(rupture valve) : 압력배관이 파손되었을 때 기름의 누설에 의한 카의 하강을 제지하는 장치. 밸브 양단의 압력이 떨어져 설정한 방향으로 설정한 유량이 초과하는 경우에, 유량이 증가하는 것에 의하여 자동으로 회로를 폐쇄하도록 설계한 밸브이다.

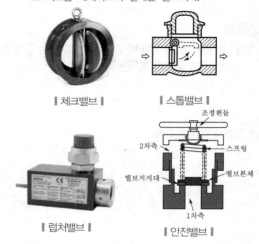

┃ 체크밸브 ┃   ┃ 스톱밸브 ┃

┃ 럽처밸브 ┃   ┃ 안전밸브 ┃

📝정답 01. ③ 02. ④ 03. ③

04 승강기의 트랙션비를 설명한 것 중 옳지 않은 것은?

① 카측 로프가 매달고 있는 중량과 균형추측 로프가 매달고 있는 중량의 비율

② 트랙션비를 낮게 선택해도 로프의 수명과는 전혀 관계가 없다.

③ 카측과 균형추측에 매달리는 중량의 차를 적게 하면 권상기의 전동기 출력을 적게 할 수 있다.

④ 트랙션비는 1.0 이상의 값이 된다.

해설 견인비(traction ratio)

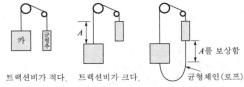

트랙션비가 적다.　트랙션비가 크다.　균형체인(로프)

㉠ 카측 로프가 매달고 있는 중량과 균형추 로프가 매달고 있는 중량의 비를 트랙션비라 하고, 무부하와 전부하 상태에서 체크한다.

㉡ 견인비가 낮게 선택되면 로프와 도르래 사이의 트랙션 능력, 즉 마찰력이 작아도 되며, 로프의 수명이 연장된다.

05 승강기의 문(door)에 관한 설명 중 틀린 것은?

① 문닫힘 도중에도 승강장의 버튼을 동작 시키면 다시 열려야 한다.

② 문이 완전히 열린 후 최소 일정 시간 이상 유지되어야 한다.

③ 착상구역 이외의 위치에서는 카 내의 문 개방 버튼을 동작 시켜도 절대로 개방되지 않아야 한다.

④ 문이 일정 시간 후 닫히지 않으면 그 상태를 계속 유지하여야 한다.

해설 문 작동과 관련된 보호

㉠ 문이 닫히는 동안 사람이 끼이거나 끼이려고 할 때 자동으로 문이 반전되어 열리는 문닫힘 안전장치가 있어야 한다.

㉡ 문닫힘 안전장치는 카 문에 있을 수 있다.

㉢ 승강장 문이 카 문과의 연동에 의해 열리는 방식에서는 자동적으로 승강장의 문이 닫히는 쪽으로 힘을 작용시키는 장치이다.

㉣ 엘리베이터가 정지한 상태에서 출입문의 닫힘동작에 우선하여 카 내에서 문을 열 수 있도록 하는 장치이다.

06 가이드레일의 보수점검항목이 아닌 것은?

① 브래킷 취부의 앵커 볼트 이완 상태

② 레일 및 브래킷의 오염 상태

③ 레일의 급유 상태

④ 레일 길이의 신축 상태

해설 가이드레일(guide rail)의 점검항목

┃ 가이드레일과 브래킷 ┃

㉠ 레일의 손상이나 용접부의 상태, 주행 중의 이상음 발생 여부

㉡ 레일 고정용의 레일클립 취부 상태 및 고정 볼트의 이완 상태

㉢ 레일의 이음판의 취부 볼트, 너트의 이완 상태

㉣ 레일의 급유 상태

㉤ 레일 및 브래킷의 발청 상태

㉥ 레일 및 브래킷의 오염 상태

㉦ 브래킷에 취부되어 있는 주행케이블 보호선의 취부 상태

㉨ 브래킷 취부의 앵커볼트 이완 상태

㉩ 브래킷의 용접부에 균열 등의 이상 상태

07 에스컬레이터의 핸드레일(hand rail)의 속도는 얼마인가?

① 30m/min 이하로 하고 있다.

② 45m/min 이하로 하고 있다.

③ 발판(step)속도의 2/3 정도로 하고 있다.

④ 발판(step)속도와 같게 하고 있다.

해설 핸드레일 시스템의 일반사항

┃ 핸드레일 ┃

┃ 스텝 ┃

┃ 팔레트 ┃

㉠ 각 난간의 꼭대기에는 정상운행 조건하에서 스텝, 팔레트 또는 벨트의 실제속도와 관련하여 동일 방향으로 −0%에서 +2%의 공차가 있는 속도로 움직이는 핸드레일이 설치되어야 한다.

㉡ 핸드레일은 정상운행 중 운행방향의 반대편에서 450N의 힘으로 당겨도 정지되지 않아야 한다.

㉢ 핸드레일 속도감지장치가 설치되어야 하고 에스컬레이터 또는 무빙워크가 운행하는 동안 핸드레일 속도가 15초 이상 동안 실제속도보다 −15% 이상 차이가 발생하면 에스컬레이터 및 무빙워크를 정지시켜야 한다.

08 문닫힘 안전장치(door safety shoe)에 대한 설명으로 틀린 것은?

① 문이 닫힐 때 작동시키면 다시 열린다.
② 문이 열릴 때 작동시키면 즉시 닫힌다.
③ 문이 완전히 닫힌 상태에서는 작동하지 않는다.
④ 문이 열려 있을 때 작동시키면 닫히지 않는다.

해설 문 작동과 관련된 보호

㉠ 문이 닫히는 동안 사람이 끼이거나 끼려고 할 때 자동으로 문이 반전되어 열리는 문닫힘 안전장치가 있어야 한다.

㉡ 문닫힘 동작 시 사람 또는 물건이 끼이거나 문닫힘 안전장치 연결전선이 끊어지면 문이 반전하여 열리도록 하는 문닫힘 안전장치(세이프티 슈·광전장치·초음파장치 등)가 카문이나 승강장 문 또는 양쪽 문에 설치되어야 하며, 그 작동상태는 양호해야 한다.

㉢ 승강장 문이 카 문과의 연동에 의해 열리는 방식에서는 자동적으로 승강장의 문이 닫히는 쪽으로 힘을 작용시키는 장치이다.

㉣ 엘리베이터가 정지한 상태에서 출입문의 닫힘동작에 우선하여 카 내에서 문을 열 수 있도록 하는 장치이다.

09 T형 가이드레일의 규격은 마무리 가공 전 소재의 (   )m당 중량을 반올림한 정수에 'K 레일'을 붙여서 호칭한다. 빈칸에 맞는 것은?

① 1
② 2
③ 3
④ 4

해설 가이드레일의 규격

㉠ 레일 규격의 호칭은 마무리 가공 전 소재의 1m당 중량으로 한다.

㉡ 일반적으로 쓰는 T형 레일의 공칭은 8, 13, 18, 24K 등이다.

㉢ 대용량의 엘리베이터에서는 37, 50K 레일 등도 사용한다.

㉣ 레일의 표준길이는 5m로 한다.

10 트랙션 머신 시브를 중심으로 카 반대편의 로프에 매달리게 하여 카 중량에 대한 평형을 맞추는 것은?

① 조속기
② 균형체인
③ 완충기
④ 균형추

해설 균형추(counter weight)

카의 무게를 일정 비율 보상하기 위하여 카 측과 반대편에 주철 혹은 콘크리트로 제작되어 설치되며, 카와의 균형을 유지하는 추이다.

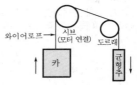

㉠ 오버밸런스(over-balance)
• 균형추의 총중량은 빈 카의 자중에 적재하중의 35~50%의 중량을 더한 값이 보통이다.
• 적재하중의 몇 %를 더할 것인가를 오버밸런스율이라고 한다.
• 균형추의 총 중량=자체하중 + $L \cdot F$
  여기서, L : 정격적재하중(kg)
          F : 오버밸런스율(%)

㉡ 견인비(traction ratio)
• 카측 로프가 매달고 있는 중량과 균형추 로프가 매달고 있는 중량의 비를 트랙션비라 하고, 무부하와 전부하 상태에서 체크한다.
• 견인비가 낮게 선택되면 로프와 도르래 사이의 트랙션 능력, 즉 마찰력이 작아도 되며, 로프의 수명이 연장된다.

★★★

11 엘리베이터의 트랙션 머신에서 시브풀리의 홈 마모 상태를 표시하는 길이 H는 몇 mm 이하로 하는가?

① 0.5 ② 2
③ 3.5 ④ 5

해설 도르래 마모 한계
도르래는 심한 마모가 없어야 한다. 권상기 도르래홈의 언더컷의 잔여량은 1mm 이상이어야 하고, 권상기 도르래에 감긴 주로프 가닥끼리의 높이차 또는 언더컷 잔여량의 차이는 2mm 이내이어야 한다.

★★★★★

12 승강장의 문이 열린 상태에서 모든 제약이 해제되면 자동적으로 닫히게 하여 문의 개방상태에서 생기는 2차 재해를 방지하는 문의 안전장치는?

① 시그널 컨트롤 ② 도어 컨트롤
③ 도어클로저 ④ 도어인터록

해설 도어클로저(door closer)
㉠ 승강장의 문이 열린 상태에서 모든 제약이 해제되면 자동적으로 닫히게 하여 문의 개방상태에서 생기는 2차 재해를 방지하는 문의 안전장치이며, 전기적인 힘이 없어도 외부 문을 닫아주는 역할을 한다.
㉡ 스프링 클로저 방식 : 레버 시스템, 코일스프링과 도어 체크가 조합된 방식
㉢ 웨이트(weight) 방식 : 줄과 추를 사용하여 도어체크(문이 자동으로 천천히 닫히게 하는 장치)를 생략한 방식

★★

13 다음 장치 중에서 작동되어도 카의 운행에 관계 없는 것은?

① 통화장치
② 조속기캐치
③ 승강장 도어의 열림
④ 과부하감지스위치

해설 통화장치 인터폰(interphone)
㉠ 고장, 정전 및 화재 등의 비상 시에 카 내부와 외부의 상호 연락을 할 때에 이용된다.
㉡ 전원은 정상전원 뿐만 아니라 비상전원장치(충전 배터리)에도 연결되어 있어야 한다.

㉢ 엘리베이터의 카 내부와 기계실, 경비실 또는 건물의 중앙감시반과 통화가 가능하여야 하며, 보수전문회사와 원거리 통화가 가능한 것도 있다.

★★★★

14 권상기 도르래 홈의 형상에 속하지 않는 것은?

① U홈 ② V홈
③ R홈 ④ 언더컷홈

해설 도르래 홈의 형상
마찰력이 큰 것이 바람직하지만 마찰력이 큰 형상은 로프와 도르래 홈의 접촉면 면압이 크기 때문에 로프와 도르래가 쉽게 마모될 수 있다.

(a) U홈 (b) V홈 (C) 언더컷홈

‖ 도르래 홈의 형상 ‖

★★★

15 다음 빈칸의 내용으로 적당한 것은?

> 덤웨이터는 사람이 탑승하지 않으면서 적재용량이 ( )kg 이하인 것으로서 소형화물(서적, 음식물 등) 운반에 적합하게 제작된 엘리베이터이다.

① 200 ② 300
③ 500 ④ 1,000

해설 덤웨이터 및 간이리프트

‖ 덤웨이터 ‖

㉠ 덤웨이터 : 사람이 탑승하지 않으면서 적재용량이 300kg 이하인 것으로서 소형화물(서적, 음식물 등) 운반에 적합하게 제작된 엘리베이터일 것. 다만, 바닥 면적이 0.5m² 이하이고 높이가 0.6m 이하인 엘리베이터는 제외
㉡ 간이리프트 : 안전규칙에서 동력을 사용하여 가이드레일을 따라 움직이는 운반구를 매달아 소형 화물 운반만을 주목적으로 하는 승강기와 유사한 구조로서 운반구의 바닥면적이 1m² 이하이거나 천장높이가 1.2m 이하인 것

16 ★★★ 엘리베이터의 완충기에 대한 설명 중 옳지 않은 것은?

① 엘리베이터 피트 부분에 설치한다.
② 케이지나 균형추의 자유낙하를 완충한다.
③ 스프링완충기와 유입완충기가 가장 많이 사용된다.
④ 스프링완충기는 엘리베이터의 속도가 낮은 경우에 주로 사용된다.

해설 **완충기(buffer)**

피트 바닥에 설치되며, 카가 어떤 원인으로 최하층을 통과하여 피트로 떨어졌을 때, 충격을 완화하기 위하여 혹은 카가 밀어 올렸을 때를 대비하여 균형추의 바로 아래에도 완충기를 설치한다. 그러나 이 완충기는 카나 균형추의 자유낙하를 완충하기 위한 것은 아니다(자유낙하는 비상정지장치의 분담기능).

17 ★★ 전동 덤웨이터의 안전장치에 대한 설명 중 옳은 것은?

① 도어인터록 장치는 설치하지 않아도 된다.
② 승강로의 모든 출입구 문이 닫혀야만 카를 승강시킬 수 있다.
③ 출입구 문에 사람의 탑승금지 등의 주의사항은 부착하지 않아도 된다.
④ 로프는 일반 승강기와 같이 와이어로프 소켓을 이용한 체결을 하여야만 한다.

해설 **덤웨이터의 설치**

∥ 덤웨이터 ∥

㉠ 승강로의 모든 출입구의 문이 닫혀 있지 않으면 카를 승강시킬 수 없는 안전장치가 되어 있어야 한다.

㉡ 각 출입구에서 정지스위치를 포함하여 모든 출입구 층에 전달하도록 한 다수단추방식이 가장 많이 사용된다.
㉢ 일반층에서 기준층으로만 되돌리기 위해서 문을 닫으면 자동적으로 기준층으로 되돌아가도록 제작된 것을 홈 스테이션식이라고 한다.
㉣ 권상도르래, 풀리 또는 드럼과 현수로프의 공칭직경 사이의 비는 스트랜드의 수와 관계없이 30 이상이어야 한다.

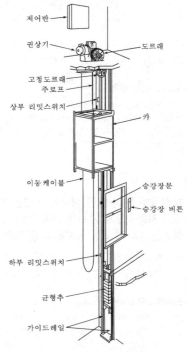

제어반
권상기
도르래
고정도르래
주로프
상부 리밋스위치
카
이동 케이블
승강장문
승강장 버튼
하부 리밋스위치
균형추
가이드레일

∥ 전동 덤웨이터의 구조 ∥

18 ★★★ 3상 교류의 단속도 전동기에 전원을 공급하는 것으로 기동과 정속운전을 하고, 정지는 전원을 차단한 후 제동기에 의해 기계적으로 브레이크를 거는 제어방식은?

① 교류 1단 속도제어방식
② 교류 2단 속도제어방식
③ 교류 궤환제어방식
④ 워드 레오나드제어방식

해설 **교류 1단 속도제어**

㉠ 가장 간단한 제어방식으로 3상 교류의 단속도 모터에 전원을 공급하는 것으로써 기동과 정속운전을 한다.
㉡ 정지할 때는 전원을 끊은 후 제동기에 의해서 기계적으로 브레이크를 거는 방식이다.
㉢ 착상오차가 속도의 2승에 비례하여 증가하므로 최고 30m/min 이하에만 적용이 가능하다.

19 전동기의 회전을 감속시키고 암이나 로프 등을 구동시켜 승강기 문을 개폐시키는 장치는?

① 도어인터록
② 도어머신
③ 도어스위치
④ 도어클로저

해설 도어머신(door machine)

모터의 회전을 감속하여 암이나 로프 등을 구동시켜서 도어를 개폐시키는 것이며, 닫힌 상태에서 정전으로 갇혔을 때 구출을 위해 문을 손으로 열 수가 있어야 한다.

20 레일의 규격을 나타낸 그림이다. 빈칸 ⓐ, ⓑ에 맞는 것은 몇 kg인가?

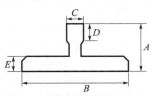

공칭 mm	8kg	ⓐ	18kg	ⓑ	30kg
A	56	62	89	89	108
B	78	89	114	127	140
C	10	16	16	16	19
D	26	32	38	50	51
E	6	7	8	12	13

① ⓐ 10, ⓑ 26
② ⓐ 12, ⓑ 22
③ ⓐ 13, ⓑ 24
④ ⓐ 15, ⓑ 27

해설 가이드레일(guide rail)

㉠ 엘리베이터의 카(car)나 균형추의 승강을 가이드하기 위해 승강로 안에 수직으로 설치한 레일로 T자형을 많이 사용한다.
㉡ 가이드레일의 규격
• 레일 규격의 호칭은 마무리 가공 전 소재의 1m당의 중량으로 한다.

• 일반적으로 쓰는 T형 레일의 공칭은 8, 13, 18, 24K 등이다.
• 대용량의 엘리베이터에서는 37, 50K 레일 등도 사용한다.
• 레일의 표준길이는 5m로 한다.

21 다음 중 기계실에서 점검할 항목이 아닌 것은 어느 것인가?

① 수전반 및 주개폐기
② 가이드롤러
③ 절연저항
④ 제동기

해설 카 가이드롤러(car guide roller)

엘리베이터의 카, 균형추 또는 플런저를 레일을 따라 안내하기 위한 장치로, 일반적으로 카 체대 또는 균형추 체대의 상하부에 설치된다. 가이드롤러형은 슬라이딩형에 비해 구조가 복잡하고 비용도 고가이지만 주행저항이 적어 고속운전 시 진동, 소음의 발생이 적기 때문에 고속, 초고속 엘리베이터에 이용되고 있다.

┃ 슬라이딩형 ┃　　　　┃ 롤러형 ┃

┃ 설치 위치 ┃

22 다음 중 엘리베이터 자체점검 시의 점검항목으로 크게 중요하지 않은 사항은?

① 브레이크장치
② 와이어로프 상태
③ 비상정지장치
④ 각종 계전기의 명판 부착 상태

해설 승강기의 자체검사

승강기는 매월 1회 이상 정기적으로 다음의 사항에 대한 자체검사를 실시하여야 한다.
㉠ 비상정지장치·과부하방지장치, 기타 방호장치의 이상 유무
㉡ 브레이크 및 제어장치의 이상 유무
㉢ 와이어로프의 손상 유무
㉣ 가이드레일의 상태
㉤ 옥외에 설치된 화물용 승강기의 가이드로프를 연결한 부위의 이상 유무

★★★

23 작업장에서 작업복을 착용하는 가장 큰 이유는?

① 방한
② 복장 통일
③ 작업능률 향상
④ 작업 중 위험 감소

해설 작업복은 분주한 건설 현장처럼 잠재적인 위험성이 내포된 장소에서 원활히 활동할 수 있어야 하며, 하루 종일 장비를 오르락내리락 하려면 옷이 불편하거나 옷 때문에 장비에 걸려 넘어지는 일이 없도록, 안전을 최우선으로 고려하여 인체공학적으로 디자인되어야 한다.

★★★

24 안전사고의 발생요인으로 심리적인 요인에 해당되는 것은?

① 감정
② 극도의 피로감
③ 육체적 능력 초과
④ 신경계통의 이상

해설 산업안전심리의 5요소
동기, 기질, 감정, 습성, 습관

★★

25 기계실의 작업구역에서 유효높이는 몇 m 이상으로 하여야 하는가?

① 1.8
② 2
③ 2.5
④ 3

해설 기계실 치수

기계실 크기는 설비, 특히 전기설비의 작업이 쉽고 안전하도록 충분하여야 한다. 작업구역에서 유효높이는 2m 이상이어야 하고 다음 사항에 적합하여야 한다.
㉠ 제어 패널 및 캐비닛 전면의 유효 수평면적은 아래와 같아야 한다.
 • 폭은 0.5m 또는 제어 패널·캐비닛의 전체 폭 중에서 큰 값 이상
 • 깊이는 외함의 표면에서 측정하여 0.7m 이상
㉡ 수동비상운전 수단이 필요하다면, 움직이는 부품의 유지보수 및 점검을 위한 유효 수평면적은 0.5m×0.6m 이상이어야 한다.

★★

26 현장 내에 안전표지판을 부착하는 이유로 가장 적합한 것은?

① 작업방법을 표준화하기 위하여
② 작업환경을 표준화하기 위하여
③ 기계나 설비를 통제하기 위하여
④ 비능률적인 작업을 통제하기 위하여

해설 산업안전보건표지

유해·위험한 물질을 취급하는 시설·장소에 설치하는 산재 예방을 위한 금지나 경고, 비상조치 지시 및 안내사항, 안전의식 고취를 위한 사항들을 그림이나 기호, 글자 등을 이용해 만든 것이다.

★★

27 안전점검 체크리스트 작성 시의 유의사항으로 가장 타당한 것은?

① 일정한 양식으로 작성할 필요가 없다.
② 사업장에 공통적인 내용으로 작성한다.
③ 중점도가 낮은 것부터 순서대로 작성한다.
④ 점검표의 내용은 이해하기 쉽도록 표현하고 구체적이어야 한다.

해설 점검표(checklist)

㉠ 작성항목
 • 점검부분
 • 점검항목 및 점검방법
 • 점검시기
 • 판정기준
 • 조치사항
㉡ 작성 시 유의사항
 • 각 사업장에 적합한 독자적인 내용일 것
 • 일정 양식을 정하여 점검 대상을 정할 것
 • 중점도(위험성, 긴급성)가 높은 것부터 순서대로 작성할 것
 • 정기적으로 검토하여 재해방지에 실효성 있게 개조된 내용일 것
 • 점검표의 양식은 이해하기 쉽도록 표현하고 구체적일 것

★★

28 승강장에서 스텝 뒤쪽 끝 부분을 황색 등으로 표시하여 설치되는 것은?

① 스텝체인
② 테크보드
③ 데마케이션
④ 스커트 가드

정답 23. ④ 24. ① 25. ② 26. ② 27. ④ 28. ③

해설 데마케이션(demarcation)

에스컬레이터의 스텝과 스텝, 스텝과 스커트 가드 사이의 틈새에 신체의 일부 또는 물건이 끼이는 것을 막기 위해서 경계를 눈에 띠게 황색선으로 표시한다.

스커트 디플렉터
스텝
스커트 가드
데마케이션

▎스텝 부분▎

▎데마케이션▎

29 무빙워크 이용자의 주의표시를 위한 표시판 또는 표지 내에 표시되는 내용이 아닌 것은?

① 손잡이를 꼭 잡으세요.
② 카트는 탑재하지 마세요.
③ 걷거나 뛰지 마세요.
④ 안전선 안에 서 주세요.

해설 에스컬레이터 또는 무빙워크의 출입구 근처의 주의표시

구분		기준규격(mm)	색상
최소 크기		80×100	–
바탕		–	흰색
	원	40×40	–
	바탕	–	황색
	사선	–	적색
	도안	–	흑색
⚠		10×10	녹색(안전), 황색(위험)
안전, 위험		10×10	흑색
주의 문구	대	19pt	흑색
	소	14pt	적색

30 재해원인 중 생리적인 원인은?

① 안전장치 사용의 미숙
② 안전장치의 고장
③ 작업자의 무지
④ 작업자의 피로

해설 피로는 신체의 기능과 관련되는 생리적 원인으로 심리적 영향을 끼치게 되므로 작업에 따라 적당한 휴식을 취해야 한다.

31 안전사고의 발생요인으로 볼 수 없는 것은?

① 피로감　　　② 임금
③ 감정　　　　④ 날씨

해설 임금은 안전사고의 발생과는 관계가 없다.

32 유압식 엘리베이터 점검 시 재착상 정확도는 몇 mm를 유지하여야 하는가?

① 정확도 ±10mm　② 정확도 ±20mm
③ 정확도 ±30mm　④ 정확도 ±40mm

해설 카의 정상적인 착상 및 재착상 정확성

㉠ 카의 착상 정확도는 ±10mm이어야 한다.
㉡ 재착상 정확도는 ±20mm로 유지되어야 한다. 승객이 출입하거나 하역하는 동안 20mm의 값이 초과할 경우에는 보정되어야 한다.

33 다음 중 불안전한 행동이 아닌 것은?

① 방호조치의 결함
② 안전조치의 불이행
③ 위험한 상태의 조장
④ 안전장치의 무효화

해설 산업재해 직접원인

㉠ 불안전한 행동(인적 원인)
　• 안전장치를 제거, 무효화
　• 안전조치의 불이행
　• 불안전한 상태 방치
　• 기계 장치 등의 지정 외 사용
　• 운전 중인 기계 장치 등의 청소, 주유, 수리, 점검 등의 실시

• 위험 장소에 접근
• 잘못된 동작 자세
• 복장, 보호구의 잘못 사용
• 불안전한 속도 조작
• 운전의 실패
ⓒ 불안전한 상태(물적 원인)
• 물(物) 자체의 결함
• 방호장치의 결함
• 작업장소의 결함, 물의 배치 결함
• 보호구 복장 등의 결함
• 작업 환경의 결함
• 자연적 불안전한 상태
• 작업방법 및 생산 공정 결함

★★★★

34 와이어로프 가공방법 중 효과가 가장 우수한 것은?

①
②
③
④

해설 **로프 가공 및 효율**

ⓐ 팀블 락크 가공법 : 파이프 형태의 알루미늄 합금 또는 강재의 슬리브에 로프를 넣고 프레스로 압축하여 슬리브가 로프 표면에 밀착되어 마찰에 의해 로프성질의 손상 없이 로프를 완전히 체결하는 방법이다. 로프의 절단 하중과 거의 동등한 효율을 가지며 주로 슬링용 로프에 많이 사용된다.

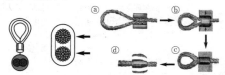

ⓑ 단말가공 종류별 강도 효율

종류	형태	효율
소켓 (socket)	open / closed	100%
팀블 (thimble)		• 24mm : 95% • 26mm : 92.5%
웨지 (wedge)		75~90%
아이스 플라이스 (eye splice)		• 6mm : 90% • 9mm : 88% • 12mm : 86% • 18mm : 82%
클립 (clip)		75~80%

★★★

35 펌프의 출력에 대한 설명으로 옳은 것은?

① 압력과 토출량에 비례한다.
② 압력과 토출량에 반비례한다.
③ 압력에 비례하고, 토출량에 반비례한다.
④ 압력에 반비례하고, 토출량에 비례한다.

해설 **펌프(pump)**

ⓐ 펌프의 출력은 유압과 토출량에 비례한다.
ⓑ 동일 플런저라면 유압이 높을수록 큰 하중을 들 수 있고, 토출량이 많을수록 속도가 크게 될 수 있다.
ⓒ 일반적인 유압은 10~60kg/cm², 토출량은 50~1,500ℓ/min 정도이며 모터는 2~50kW 정도이다. 이 펌프로 구동되는 엘리베이터의 능력은 300~10,000kg, 속도는 10~60m/min 정도이다.

★★

36 그림과 같은 경고표지는?

① 낙하물 경고 ② 고온 경고
③ 방사성물질 경고 ④ 고압전기 경고

해설 **산업안전표지**

★★★

37 에스컬레이터의 스텝체인이 늘어났음을 확인하는 방법으로 가장 적합한 것은?

① 구동체인을 점검한다.
② 롤러의 물림 상태를 확인한다.
③ 라이저의 마모 상태를 확인한다.
④ 스텝과 스텝간의 간격을 측정한다.

정답 34. ① 35. ① 36. ④ 37. ④

해설 스텝체인 안전장치(step chain safety device)

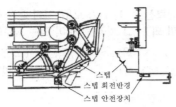

┃ 스텝체인 고장 검출 ┃

스텝
스텝 회전반경
스텝 안전장치

┃ 스텝체인 안전장치 ┃

㉠ 스텝체인이 절단되거나 심하게 늘어날 경우 스텝이 위치를 벗어나면 자동으로 구동기모터의 전원을 차단하고 기계브레이크를 작동시킴으로써 스텝과 스텝 사이의 간격이 생기는 등의 결과를 방지하는 장치이다.
㉡ 에스컬레이터 각 체인의 절단에 대한 안전율은 담금질한 강철에 대하여 5 이상이어야 한다.

★★★

38 감기거나 말려들기 쉬운 동력전달장치가 아닌 것은?

① 기어
② 벤딩
③ 컨베이어
④ 체인

해설 벤딩(bending)은 평평한 판재나 반듯한 봉, 관 등을 곡면이나 곡선으로 굽히는 작업이다.

★★

39 시브와 접촉이 되는 와이어로프의 부분은 어느 것인가?

① 외층소선
② 내층소선
③ 심강
④ 소선

해설 와이어로프

㉠ 와이어로프의 구성
 • 심(core)강
 • 가닥(strand)
 • 소선(wire)

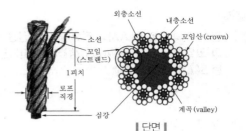

외층소선
내층소선
소선
꼬임(스트랜드)
꼬임산(crown)
1피치
로프 직경
심강
계곡(valley)

┃ 단면 ┃

㉡ 소선의 재료 : 탄소강(C : 0.50~0.85 섬유상 조직)
㉢ 와이어로프의 표기

6 × Fi (24) × IWRC B종 20mm

- rope diameter
- 종별(소선의 인장강도)
- 심강의 종류
- strand 구성(소선수)
- S : 스트랜드형
- W : 워링톤형
- Fi : 필러형
- Ws : 워링톤시일형
- rope의 구성(strand 수)

★★

40 승강기용 제어반에 사용되는 릴레이의 교체기준으로 부적합한 것은?

① 릴레이 접점표면에 부식이 심한 경우
② 릴레이 접점이 마모, 전이 및 열화된 경우
③ 채터링이 발생된 경우
④ 리밋스위치 레버가 심하게 손상된 경우

해설 리밋스위치와 전자계전기

㉠ 리밋스위치 요수리 긴급수리 항목
 • 스위치의 부착에 늘어짐이 있는 것
 • 스위치의 작동 위치가 적당하지 않은 것
 • 스위치의 기능을 상실한 것
 • 스위치 또는 그 부착부의 손상이 현저한 것
㉡ 전자계전기(electromagnetic relay) : 전자력에 의해 접점(a, b)을 개폐하는 기능을 가진 장치로서, 전자 코일에 전류가 흐르면 고정 철심이 전자석으로 되어 철편이 흡입되고, 가동접점은 고정접점에 접촉된다. 전자 코일에 전류가 흐르지 않아 고정철심이 전자력을 잃으면 가동접점은 스프링의 힘으로 복귀되어 원상태로 된다. 일반제어회로의 신호전달을 위한 스위칭 회로뿐만 아니라 통신기기, 가정용 기기 등에 폭넓게 이용되고 있다.

┃ 전자계전기(relay) ┃

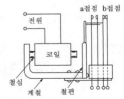

전원
a접점 b접점
코일
철심
계철
철편

┃ 전자계전기의 구조 ┃

★★★

41 권수 N의 코일에 I(A)의 전류가 흘러 권선 1회의 코일에서 자속 ϕ(Wb)가 생겼다면 자기인덕턴스(L)는 몇 H인가?

① $L = \dfrac{\phi I}{N}$

② $L = IN\phi$

③ $L = \dfrac{N\phi}{I}$

④ $L = \dfrac{IN}{\phi}$

🔎 해설 **자체인덕턴스(자기인덕턴스)**

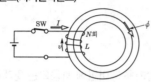

┃ 자체유도 ┃

㉠ 비례상수 L은 코일 특유의 값으로 자체인덕턴스라 하고, 단위로는 헨리(Henry, 기호 H)를 쓴다.

㉡ 1H는 1초 동안에 전류의 변화가 1A일 때 1V의 전압이 발생하는 코일의 자체 인덕턴스이다.

㉢ $N\phi = LI$이므로 자체인덕턴스 $L = \dfrac{N\phi}{I}$ (H)이다.

★★★

42 그림은 정류회로의 전압파형이다. 입력전압은 사인파로 실효값이 100V일 때 출력파형의 평균값 V_a(V)는?

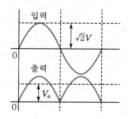

① 약 45V
② 약 70V
③ 약 90V
④ 약 110V

🔎 해설 최대값(V_m)=실효값·$\sqrt{2} = 100\sqrt{2}$

평균값(V_a) = $\dfrac{2}{\pi} V_m = \dfrac{2}{\pi} \times 100\sqrt{2} ≒ 90V$

★★★

43 입력신호 A, B가 모두 '1'일 때만 출력값이 '1'이 되고, 그 외에는 '0'이 되는 회로는?

① AND회로
② OR회로
③ NOT회로
④ NOR회로

🔎 해설 **논리곱(AND)회로**

㉠ 모든 입력이 있을 때에만 출력이 나타나는 회로이며 직렬 스위치 회로와 같다.

㉡ 두 입력 'A' AND 'B'가 모두 '1'이면 출력 X가 '1'이 되며, 두 입력 중 어느 하나라도 '0'이면 출력 X가 '0'인 회로가 된다.

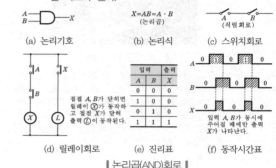

(a) 논리기호 (b) 논리식 (c) 스위치회로

접점 A, B가 닫히면 릴레이 ⓧ가 동작하고 접점 X가 닫혀 출력 ⓛ이 동작된다.

입력		출력
A	B	X
0	0	0
1	0	0
0	1	0
1	1	1

입력 A, B가 동시에 주어질 때에만 출력 X가 나타난다.

(d) 릴레이회로 (e) 진리표 (f) 동작시간표

┃ 논리곱(AND)회로 ┃

★★

44 영(Young)률이 커지면 어떠한 특성을 보이는가?

① 안전하다.
② 위험하다.
③ 늘어나기 쉽다.
④ 늘어나기 어렵다.

🔎 해설 **영률(Young's modulus, 길이 탄성률)**

㉠ 물체를 양쪽에서 적당한 힘(F)을 주어 늘이면, 길이는 L_1에서 L_2로 늘어나고 단면적 A는 줄어든다. 또한 잡아 늘였던 물체에 힘을 제거하면 다시 본래의 형태로 돌아온다. 물체가 늘어나는 길이의 정도는 다음과 같다.

변형률(S) = $\dfrac{L_2 - L_1}{L_1}$

㉡ 물체를 늘릴 경우 잡아 늘인 힘을 단면적 A로 나누면 다음과 같다.

변형력(T) = $\dfrac{F}{A}$

㉢ 영률은 변형률과 변형력 사이의 비례관계를 나타낸다.

영률 = $\dfrac{변형력(T)}{변형률(S)}$ (N/m^2)

㉣ 영률이 크면 변형에 대한 저항력이 큰 것으로, 그만큼 견고함을 나타낸다.

🔎 **정답** 41. ③ 42. ③ 43. ① 44. ④

★★

45 무빙워크의 공칭속도(m/s)는 얼마 이하로 하여야 하는가?

① 0.55
② 0.65
③ 0.75
④ 0.95

해설 무빙워크의 경사도와 속도

㉠ 무빙워크의 경사도는 12° 이하이어야 한다.
㉡ 무빙워크의 공칭속도는 0.75m/s 이하이어야 한다.
㉢ 팔레트 또는 벨트의 폭이 1.1m 이하이고, 승강장에서 팔레트 또는 벨트가 콤에 들어가기 전 1.6m 이상의 수평주행구간이 있는 경우 공칭속도는 0.9m/s까지 허용된다. 다만, 가속구간이 있거나 무빙워크를 다른 속도로 직접 전환시키는 시스템이 있는 무빙워크에는 적용되지 않는다.

★★★ **12 출제**

46 최대 눈금이 200V, 내부저항이 20,000Ω인 직류 전압계가 있다. 이 전압계로 최대 600V까지 측정하려면 외부에 직렬로 접속할 저항은 몇 kΩ인가?

① 20
② 40
③ 60
④ 80

해설 배율기의 배율$(n) = \dfrac{V}{V_R} = \dfrac{R_a + R}{R_a} = 1 + \dfrac{R}{R_a}$

$\therefore R = (n-1) \cdot R_a = \left(\dfrac{600}{200} - 1\right) \times 20,000 = 40 \times 10^3$

★★★

47 기어의 언더컷에 관한 설명으로 틀린 것은?

① 이의 간섭현상이다.
② 접촉면적이 넓어진다.
③ 원활한 회전이 어렵다.
④ 압력각을 크게 하여 방지한다.

해설 기어의 언더컷

㉠ 기어 절삭을 할 때 이의 수가 적으면 이의 간섭이 일어나며, 간섭 상태에서 회전하면 피니언(pinion)의 이뿌리면을 기어의 이 끝이 파먹는 것이다.
㉡ 언더컷의 방지법
  • 피니언의 잇수를 최소 잇수로 한다.
  • 기어의 잇수를 한계잇수로 한다.
  • 입력각을 크게 한다.
  • 치형을 수정한다.
  • 기어의 이 높이를 낮게 한다.

★★★

48 플레밍의 왼손 법칙에서 엄지손가락의 방향은 무엇을 나타내는가?

① 자장
② 전류
③ 힘
④ 기전력

해설 플레밍의 왼손 법칙

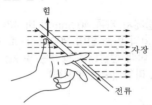

㉠ 자기장 내의 도선에 전류가 흐름 → 도선에 운동력 발생 (전기에너지 → 운동에너지) : 전동기
㉡ 집게 손가락(자장의 방향), 가운데손가락(전류의 방향), 엄지손가락(힘의 방향)

★★★★★

49 균형추의 중량을 결정하는 계산식은? (단, 여기서 L은 정격하중, F는 오버밸런스율)

① 균형추의 중량 = 카 자체하중+$(L \cdot F)$
② 균형추의 중량 = 카 자체하중×$(L \cdot F)$
③ 균형추의 중량 = 카 자체하중+$(L + F)$
④ 균형추의 중량 = 카 자체하중+$(L - F)$

해설 균형추(counter weight)

카의 무게를 일정 비율 보상하기 위하여 카측과 반대편에 주철 혹은 콘크리트로 제작되어 설치되며, 카와의 균형을 유지하는 추이다.

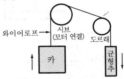

정답 45. ③ 46. ② 47. ② 48. ③ 49. ①

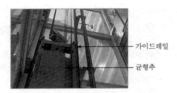

가이드레일
균형추

㉠ 오버밸런스(over-balance)
- 균형추의 총중량은 빈 카의 자중에 적재하중의 35~50%의 중량을 더한 값이 보통이다.
- 적재하중의 몇 %를 더할 것인가를 오버밸런스율이라고 한다.
- 균형추의 총중량＝카 자체하중＋$L \cdot F$
  여기서, L : 정격적재하중(kg)
  F : 오버밸런스율(%)
㉡ 견인비(traction ratio)
- 카측 로프가 매달고 있는 중량과 균형추 로프가 매달고 있는 중량의 비를 트랙션비라 하고, 무부하와 전부하 상태에서 체크한다.
- 견인비가 낮게 선택되면 로프와 도르래 사이의 트랙션 능력 즉 마찰력이 작아도 되며, 로프의 수명이 연장된다.

★★★
50 그림에서 지름 400mm의 바퀴가 원주방향으로 25kg의 힘을 받아 200rpm으로 회전하고 있다면, 이때 전달되는 동력은 몇 kg · m/sec인가? (단, 마찰계수는 무시함)

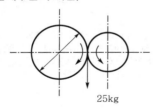

25kg

① 10.47
② 78.5
③ 104.7
④ 785

해설 $P = T \cdot \omega = F \cdot r \cdot 2\pi N$
$= 25 \times \dfrac{0.4}{2} \times 2\pi \times \dfrac{200}{60} ≒ 104.7$

★★
51 다음 그림과 같은 축의 모양을 가지는 기어는?

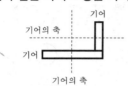

기어
기어의 축
기어
기어의 축

① 스퍼기어(spur gear)
② 헬리컬기어(helical gear)

③ 베벨기어(bevel gear)
④ 웜기어(worm gear)

해설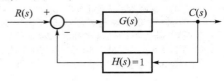

┃ 평기어 ┃ ┃ 헬리컬기어 ┃ ┃ 베벨기어 ┃ ┃ 웜기어 ┃

★★
52 다음 그림과 같은 제어계의 전체 전달함수는? (단, $H(s) = 1$)

$R(s)$ ＋ $G(s)$ $C(s)$
－
$H(s) = 1$

① $\dfrac{1}{G(s)}$
② $\dfrac{1}{1 + G(s)}$
③ $\dfrac{G(s)}{1 + G(s)}$
④ $\dfrac{G(s)}{1 - G(s)}$

해설 $RG - CG = C$
$RG = C + CG$
$RG = C(1 + G)$
$\therefore \dfrac{C}{R} = \dfrac{G(s)}{1 + G(s)}$

★★★
53 유압장치의 보수, 점검, 수리 시에 사용되고, 일명 게이트밸브라고도 하는 것은?

① 스톱밸브
② 사이렌서
③ 체크밸브
④ 필터

해설 **유압회로의 구성요소**

핸들
디스크
2차측
본체
1차측
시트 (seat)

┃ 스톱밸브 ┃

㉠ 스톱밸브(stop valve) : 유압 파워유닛과 실린더 사이의 압력배관에 설치되며, 이것을 닫으면 실린더의 기름이 파워유닛으로 역류하는 것을 방지한다. 유압장치의 보수, 점검 또는 수리 등을 할 때에 사용되며, 일명 게이트밸브라고도 한다.
㉡ 사이렌서(silencer) : 자동차의 머플러와 같이 작동유의 압력 맥동을 흡수하여 진동 · 소음을 감소하는 역할을 한다.

ⓒ 역류제지밸브(check valve) : 한쪽 방향으로만 기름이 흐르도록 하는 밸브로서 상승방향으로는 흐르지만 역방향으로는 흐르지 않는다. 이것은 정전이나 그 이외의 원인으로 펌프의 토출압력이 떨어져서 실린더의 기름이 역류하여 카가 자유낙하하는 것을 방지하는 역할을 하는 것으로 로프식 엘리베이터의 전자브레이크와 유사한다.

ⓔ 필터(filter) : 실린더에 쇳가루나 이물질이 들어가는 것을 방지(실린더 손상 방지)하기 위해 설치하며, 펌프의 흡입측에 부착하는 것을 스트레이너라 하고, 배관 중간에 부착하는 것을 라인필터라 한다.

★★★

54 3Ω, 4Ω, 6Ω의 저항을 병렬로 접속할 때 합성저항은 몇 Ω인가?

① $\dfrac{1}{3}$ 　　　② $\dfrac{4}{3}$

③ $\dfrac{5}{6}$ 　　　④ $\dfrac{3}{4}$

해설 병렬 접속회로

2개 이상인 저항의 양끝을 전원의 양극에 연결하여 회로의 전전류가 각 저항에 나뉘어 흐르게 하는 접속으로 각 저항 R_1, R_2, R_3에 흐르는 전압 V의 크기는 일정하다.

$$R = \cfrac{1}{\dfrac{1}{R_1} + \dfrac{1}{R_2} + \dfrac{1}{R_3}}$$
$$= \dfrac{R_1 R_2 R_3}{R_1 R_2 + R_2 R_3 + R_3 R_1}$$
$$= \dfrac{3 \times 4 \times 6}{3 \times 4 + 4 \times 6 + 6 \times 3} = \dfrac{4}{3}\ \Omega$$

★★

55 운동을 전달하는 장치로 옳은 것은?

① 절이 왕복하는 것을 레버라 한다.
② 절이 요동하는 것을 슬라이더라 한다.
③ 절이 회전하는 것을 크랭크라 한다.
④ 절이 진동하는 것을 캠이라 한다.

해설 링크(link)의 구성

몇 개의 강성한 막대를 핀으로 연결하고 회전할 수 있도록 만든 기구

∥4절 링크기구∥

ⓐ 크랭크 : 회전운동을 하는 링크
ⓑ 레버 : 요동운동을 하는 링크
ⓒ 슬라이더 : 미끄럼운동 링크
ⓔ 고정부 : 고정 링크

★★★

56 다음과 같은 그림기호는?

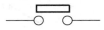

① 플로트레스스위치
② 리밋스위치
③ 텀블러스위치
④ 누름버튼스위치

해설 리밋스위치(limit switch)

(a 접점)　(b 접점)

∥리밋스위치∥　　∥기호∥

ⓐ 물체의 힘에 의해 동작부(구동장치)가 눌려서 접점이 온, 오프(on, off)한다.
ⓑ 엘리베이터가 운행 시 최상·최하층을 지나치지 않도록 하는 장치로서 리밋스위치에 접촉이 되면 카를 감속 제어하여 정지시킬 수 있도록 한다.

★★★★★

57 캠이 가장 많이 사용되는 경우는?

① 회전운동을 직선운동으로 할 때
② 왕복운동을 직선운동으로 할 때
③ 요동운동을 직선운동으로 할 때
④ 상하운동을 직선운동으로 할 때

해설 캠(cam)은 회전운동을 직선운동, 왕복운동, 진동 등으로 변화하는 장치이며, 회전운동을 직선운동으로 할 때 가장 많이 사용된다.

∥단면캠∥　　∥원뿔캠∥　　∥경사판캠∥

★★

58 논리회로에 사용되는 인버터(inverter)란?

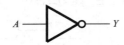

① OR회로   ② NOT회로
③ AND회로   ④ X-OR회로

해설 NOT게이트

$$A \quad \triangleright\!\!\circ \quad Y$$

㉠ 논리회로 소자의 하나로, 출력이 입력과 반대되는 값을 가지는 논리소자이다.
㉡ 인버터(Inverter)라고 부르기도 한다.

★★★

59 권수기 400인 코일에서 0.1초 사이에 0.5Wb의 자속이 변화한다면 유도기전력의 크기는 몇 V인가?

① 100   ② 200
③ 1,000   ④ 2,000

해설 자속 쇄교 수의 변화와 유도전압의 크기

코일의 권수가 N, 코일을 지나는 자속이 Δt초 동안에 $\Delta \phi$(Wb/m)만큼 증감할 때의 유도기전력 v(V)는 다음과 같다.

$v=$코일의 권수×매초 변화하는 자속

$$= -N\frac{\Delta \phi}{\Delta t} = 400 \times \frac{0.5}{0.1} = 2,000\text{V}$$

★★

60 웜기어의 특징에 관한 설명으로 틀린 것은?

① 가격이 비싸다.
② 부하용량이 적다.
③ 소음이 적다.
④ 큰 감속비를 얻는다.

해설 웜기어(worm gear)

‖ 웜과 웜기어 ‖

㉠ 장점
 • 부하용량이 크다.
 • 큰 감속비를 얻을 수 있다(1/10~1/100).
 • 소음과 진동이 적다.
 • 감속비가 크면 역전방지를 할 수 있다.
㉡ 단점
 • 미끄럼이 크고 교환성이 없다.
 • 진입각이 작으면 효율이 낮다.
 • 웜휠은 연삭할 수 없다.
 • 추력이 발생한다.
 • 웜휠 제작에는 특수공구가 발생한다.
 • 가격이 고가이다.
 • 웜휠의 정도 측정이 곤란하다.

※ 본 문제는 수험생들의 협조에 의해 작성되었으며, 시험내용과 일부 다를 수 있습니다.

*****

01 무빙워크의 공칭속도(m/s)는 얼마 이하로 하여야 하는가?

① 0.55
② 0.65
③ 0.75
④ 0.95

해설 무빙워크의 경사도와 속도

㉠ 무빙워크의 경사도는 12° 이하이어야 한다.
㉡ 무빙워크의 공칭속도는 0.75m/s 이하이어야 한다.
㉢ 팔레트 또는 벨트의 폭이 1.1m 이하이고, 승강장에서 팔레트 또는 벨트가 콤에 들어가기 전 1.6m 이상의 수평주행구간이 있는 경우 공칭속도는 0.9m/s까지 허용된다. 다만, 가속구간이 있거나 무빙워크를 다른 속도로 직접 전환시키는 시스템이 있는 무빙워크에는 적용되지 않는다.

‖ 팔레트 ‖

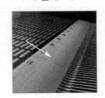

‖ 콤(comb) ‖

난간(안전방책)
스커트 가드
스커트
디플렉터
데마케이션
핸드레일
스텝
콤

‖ 난간 부분의 명칭 ‖

*****

02 조속기에서 과속스위치의 작동원리는 무엇을 이용한 것인가?

① 회전력
② 원심력
③ 조속기로프
④ 승강기의 속도

해설 조속기(governor)의 원리

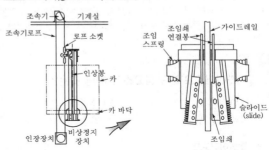

조속기　기계실
조속기로프
로프 소켓
인상봉
카
카 바닥
인장장치
비상정지장치
조임쇄 연결봉
가이드레일
조임 스프링
슬라이드(slide)
조임쇄

‖ 조속기와 비상정지장치의 연결 모습 ‖

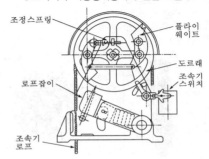

조정스프링
로프잡이
조속기로프
플라이 웨이트
도르래
조속기 스위치

‖ 디스크 추형 조속기 ‖

㉠ 조속기풀리와 카를 조속기로프로 연결하면, 카가 움직일 때 조속기풀리도 카와 같은 속도, 같은 방향으로 움직인다.
㉡ 어떤 비정상적인 원인으로 카의 속도가 빨라지면 조속기링크에 연결된 무게추(weight)가 원심력에 의해 풀리 바깥쪽으로 벗어나면서 과속을 감지한다.
㉢ 미리 설정된 속도에서 과속(조속기)스위치와 제동기(brake)로 카를 정지시킨다.
㉣ 만약 엘리베이터가 정지하지 않고 속도가 계속 증가하면 조속기의 캐치(catch)가 동작하여 조속기로프를 붙잡고 결국은 비상정지장치를 작동시켜서 엘리베이터를 정지시킨다.

**

03 피트바닥과 카의 가장 낮은 부품 사이의 수직거리는 몇 m 이상이어야 하는가?

① 2.0
② 1.5
③ 0.5
④ 1.0

해설 카가 완전히 압축된 완충기 위에 있을 때, 다음 3가지 사항이 동시에 만족되어야 한다.
㉠ 피트에는 0.5m×0.6m×1.0m 이상의 장방형 블록을 수용할 수 있는 충분한 공간이 있어야 한다.

ⓒ 피트바닥과 카의 가장 낮은 부품 사이의 수직거리는 0.5m 이상이어야 한다. 이 거리는 아래에 해당되는 수평거리가 0.15m 이내인 경우 최소 0.1m까지 감소될 수 있다.
ⓐ 에이프런 또는 수직 개폐식 카 문과 인접한 벽 사이
ⓑ 카의 가장 낮은 부품과 가이드레일 사이
ⓒ 피트에 고정된 가장 높은 부품(위 ⓒ항의 ⓐ와 ⓑ에서 설명한 것을 제외한 균형로프 인장장치 등)과 카의 가장 낮은 부품 사이의 수직거리는 0.3m 이상이어야 한다.

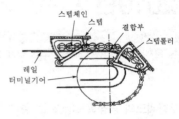

‖ 스텝체인의 구동 ‖

ⓒ 스텝 또는 팔레트의 가이드 시스템에서 스텝 또는 팔레트의 측면 변위는 각각 4mm 이하이어야 하고 양쪽 측면에서 측정된 틈새의 합은 7mm 이하이어야 한다. 그리고 스텝 및 팔레트의 수직 변위는 4mm 이하이고 벨트의 수직 변위는 6mm 이하이어야 한다.

ⓒ 이 규정은 스텝 팔레트 또는 벨트의 이용 가능한 구역에만 적용한다.

ⓒ 벨트의 경우 트레드웨이(디딤판과 팔레트) 지지대는 디딤판의 중앙선을 따라 2m 이하의 간격으로 설치되어야 한다. 이러한 지지대는 아래 ⓒ항에서 요구되는 조건하에 하중이 부과될 때 트레드웨이의 하부 아래로 50mm를 초과하지 않은 위치에 설치되어야 한다.

ⓒ 운행조건에 적합하게 인장된 벨트에 대해, 750N의 단일 힘(강판 무게 포함)이 크기 0.15m×0.25m× 0.025m인 강판에 적용되어야 한다. 강판은 강판의 세로축이 벨트의 세로축과 평행한 방법으로 끝 부분 지지롤러 사이 중앙에 위치되어야 한다. 중심에서 처짐은 $0.01 \times Z_3$ 이하이어야 한다. 여기서, Z_3는 지지롤러 사이의 가로거리이다.

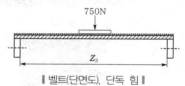

‖ 벨트(단면도), 단독 힘 ‖

★★★★

04 와이어로프의 구성요소가 아닌 것은?

① 소선   ② 심강
③ 킹크   ④ 스트랜드

 와이어로프

ⓒ 와이어로프의 구성
• 심(core)강
• 가닥(strand)
• 소선(wire)

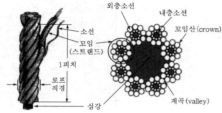

‖ 단면 ‖

ⓒ 소선의 재료 : 탄소강(C : 0.50~0.85 섬유상 조직)
ⓒ 와이어로프의 표기

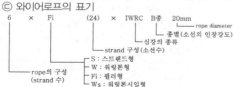

★★

05 에스컬레이터의 디딤판과 스커트 가드와의 틈새는 양쪽 모두 합쳐서 최대 얼마이어야 하는가?

① 5mm 이하   ② 7mm 이하
③ 9mm 이하   ④ 10mm 이하

 스텝, 팔레트 및 벨트의 가이드

‖ 디딤판(step) ‖   ‖ 팔레트 ‖

★★★★

06 상승하던 에스컬레이터가 갑자기 하강방향으로 움직일 수 있는 상황을 방지하는 안전장치는?

① 스텝체인
② 핸드레일
③ 구동체인 안전장치
④ 스커트 가드 안전장치

 구동체인 안전장치(driving chain safety device)

ⓒ 구동기와 주구동장치(main drive) 사이의 구동체인이 상승 중 절단되었을 때 승객의 하중에 의해 하강운전을 일으키면 위험하므로 구동체인 안전장치가 필요하다.

ⓒ 구동체인 위에 항상 문지름판이 구동되면서 구동체인의 늘어짐을 감지하여 만일, 체인이 느슨해지거나 끊어지면 슈가 떨어지면서 브레이크래칫이 브레이크휠에 걸려 주구동장치의 하강방향의 회전을 기계적으로 제지한다.

ⓒ 안전스위치를 설치하여 안전장치의 동작과 동시에 전원을 차단한다.

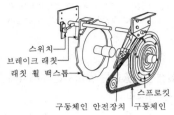

스위치
브레이크 래칫
래칫 휠 백스톱
스프로킷
구동체인 안전장치   구동체인

(a) 조립도

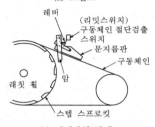

레버
(리밋스위치)
구동체인 절단검출 스위치
문지름판
구동체인
래칫 휠
암
스텝 스프로킷

(b) 안전장치 상세도

┃ 구동체인 안전장치 ┃

★★★★★

07 전기식 엘리베이터 기계실의 실온 범위는?

① 5~70℃
② 5~60℃
③ 5~50℃
④ 5~40℃

🔧해설 기계실은 적절하게 환기되어야 한다. 기계실을 통한 승강로의 환기도 고려되어야 한다. 건축물의 다른 부분으로부터 신선하지 않은 공기가 기계실로 직접 유입되지 않아야 한다. 전동기, 설비 및 전선 등은 성능에 지장이 없도록 먼지, 유해한 연기 및 습도로부터 보호되어야 한다. 기계실은 눈·비가 유입되거나 동절기에 실온이 내려가지 않도록 조치되어야 하며 실온은 5~40℃에서 유지되어야 한다.

★★★

08 스텝과 스커트 사이에 끼임의 위험을 최소화하기 위한 장치는?

① 콤   ② 뉴얼
③ 스커트   ④ 스커트 디플렉터

🔧해설 **스커트 디플렉터(안전 브러쉬)**
스텝과 스커트 사이에 끼임의 위험을 최소화하기 위한 장치이다.
㉠ 스커트 : 스텝, 팔레트 또는 벨트와 연결되는 난간의 수직 부분

ⓛ 스커트 디플렉터의 설치 요건

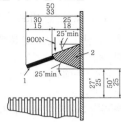

┃ 스커트 디플렉터 ┃

• 견고한 부분과 유연한 부분(브러시 또는 고무 등)으로 구성되어야 한다.
• 스커트 패널의 수직면 돌출부는 최소 33mm, 최대 50mm이어야 한다.
• 견고한 부분의 부착물 선상에 수직으로 견고한 부분의 돌출된 지점에 600mm²의 직사각형 면적 위로 균등하게 분포된 900N의 힘을 가할 때 떨어지거나 영구적인 변형 없이 견뎌야 한다.
• 견고한 부분은 18mm와 25mm 사이에 수평 돌출부가 있어야 하고, 규정된 강도를 견뎌야 한다. 유연한 부분의 수평 돌출부는 최소 15mm, 최대 30mm이어야 한다.
• 주행로의 경사진 구간의 전체에 걸쳐 스커트 디플렉터의 견고한 부분의 아래 쪽 가장 낮은 부분과 스텝 돌출부 선상 사이의 수직거리는 25mm와 27mm 사이이어야 한다.

라이저
클리트
콤

┃ 승강장 스텝 ┃

┃ 콤(comb) ┃   ┃ 클리트(cleat) ┃

• 천이구간 및 수평구간에서 스커트 디플렉터의 견고한 부분의 아래 쪽 가장 낮은 부분과 스텝 클리트의 꼭대기 사이의 거리는 25mm와 50mm 사이이어야 한다.
• 견고한 부분의 하부 표면은 스커트 패널로부터 상승방향으로 25° 이상 경사져야 하고 상부 표면은 하강방향으로 25° 이상 경사져야 한다.
• 스커트 디플렉터는 모서리가 둥글게 설계되어야 한다. 고정 장치 헤드 및 접합 연결부는 운행통로로 연장되지 않아야 한다.
• 스커트 디플렉터의 말단 끝 부분은 스커트와 동일 평면에 접촉되도록 점점 가늘어져야 한다. 스커트 디플렉터의 말단 끝부분은 콤 교차선에서 최소 50mm 이상, 최대 150mm 앞에서 마감되어야 한다.

****

09 홀랜턴(hail lantern)을 바르게 설명한 것은?

① 단독 카일 때 많이 사용하며 방향을 표시한다.

② 2대 이상일 때 많이 사용하며 위치를 표시한다.

③ 군관리방식에서 도착예보와 방향을 표시한다.

④ 카의 출발을 예보한다.

해설 승강장의 신호장치

‖ 위치표시기 ‖　　　　‖ 홀랜턴 ‖

㉠ 위치표시기(indicator)
 • 승강장이나 카 내에서 현재 카의 위치를 알게 해주는 장치
 • 디지털식이나 전등점멸식이 사용되고 있다.

㉡ 홀랜턴(hall lantern)
 • 층 표시기만 있다면 여러 대의 엘리베이터 위치를 보면서 어느 엘리베이터가 열릴지 본인이 판단해야 한다.
 • 여러 대의 엘리베이터 중에서 어느 엘리베이터가 곧 도착할 예정인지만 알려주는 도착예보등이 필요하다.
 • 군관리방식에서 상승과 하강을 나타내는 커다란 방향 등으로 그 엘리베이터가 정지를 결정하면 점등과 동시에 차임(chime) 등을 울려 승객에게 알린다.

㉢ 등록 안내 표시기 : 운전자가 있는 엘리베이터일 때 승장 단추의 등록을 카 내 운전자가 알 수 있도록 해주는 표시기이다.

*****

10 승강장 도어가 닫혀 있지 않으면 엘리베이터 운전이 불가능하도록 하는 것은?

① 승강장 도어스위치　② 승강장 도어행거

③ 승강장 도어인터록　④ 도어슈

해설 도어인터록(door interlock)

　도어스위치　도어록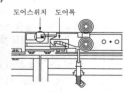

㉠ 카가 정지하지 않는 층의 도어는 전용열쇠를 사용하지 않으면 열리지 않는 도어록과 도어가 닫혀 있지 않으면 운전이 불가능하도록 하는 도어스위치로 구성된다.

㉡ 닫힘동작 시는 도어록이 먼저 걸린 상태에서 도어스위치가 들어가고 열림동작 시는 도어스위치가 끊어진 후 도어록이 열리는 구조(직렬)이며, 엘리베이터의 안전장치 중에서 승강장의 도어 안전장치로서 가장 중요하다.

****

11 회전운동을 하는 유희시설에 해당되지 않는 것은?

① 코스터　　　　② 문로켓

③ 오토퍼스　　　④ 해적선

해설 유희시설

㉠ 고가의 유희시설 : 모노레일, 어린이 기차, 매트 마우스와 워터 슈트, 코스터

㉡ 회전운동을 하는 유희시설 : 회전 그네, 비행탑, 회전목마(메리고라운드), 관람차, 문로켓, 로터, 오토퍼스, 해적선

㉢ 코스터 : 고 · 저차가 2 m 이상의 궤조를 주행하는 것으로 정하고 있지만, 단순히 주행만 하는 것이 아니고 주로의 도중에 수직회전이나 스크루 회전을 하도록 하는 등 스피드와 스릴을 극한까지 높이는 것이 등장하였다.

****

12 정격속도 60m/min를 초과하는 엘리베이터에 사용되는 비상정지장치의 종류는?

① 점차작동형　　　② 즉시작동형

③ 디스크작동형　　④ 플라이볼작동형

해설 비상정지장치의 일반사항 및 사용조건

‖ 점차작동형 비상정지장치 ‖

㉠ 카에는 현수 수단의 파손, 즉 현수로프가 끊어지더라도 조속기 작동속도에서 하강방향으로 작동하여 가이드레일을 잡아 정격하중의 카를 정지시킬 수 있는 비상정지장치가 설치되어야 한다.

㉡ 균형추 또는 평형추에 비상정지장치가 설치되는 경우, 균형추 또는 평형추에는 조속기 작동속도에서(현수수단이 파손될 경우) 하강방향으로 작동하여 가이드레일을 잡아 균형추 또는 평형추를 정지시키는 비상정지장치가 있어야 한다.

㉢ 카의 비상정지장치는 엘리베이터의 정격속도가 1m/s를 초과하는 경우 점차작동형이어야 한다. 다만, 다음과 같은 경우에는 그러하지 아니한다.
 • 정격속도가 1m/s를 초과하지 않는 경우 : 완충효과가 있는 즉시작동형
 • 정격속도가 0.63m/s를 초과하지 않는 경우 : 즉시작동형

정답 09. ③　10. ①　11. ①　12. ①

ⓔ 카에 여러 개의 비상정지장치가 설치된 경우에는 모두
점차작동형이어야 한다.

ⓜ 균형추 또는 평형추의 비상정지장치는 정격속도가
1m/s를 초과하는 경우 점차작동형이어야 한다. 다만,
정격속도가 1m/s 이하인 경우에는 즉시작동형으로 할
수 있다.

13 유압식 엘리베이터에서 압력 릴리프밸브는 압력
을 전부하압력의 몇 %까지 제한하도록 맞추어 조
절해야 하는가?

① 115 ② 125

③ 140 ④ 150

해설 압력 릴리프밸브(relief valve)

ⓐ 펌프와 체크밸브 사이의 회로에 연결된다.

ⓑ 압력조정밸브로 회로의 압력이 상용압력의 125% 이상
높아지면 바이패스(by-pass)회로를 열어 기름을 탱크
로 돌려보내어 더 이상의 압력 상승을 방지한다.

ⓒ 압력은 전부하압력의 140%까지 제한하도록 맞추어 조
절되어야 한다.

ⓓ 높은 내부손실(압력 손실, 마찰)로 인해 압력 릴리프밸브
를 조절할 필요가 있을 경우에는 전부하압력의 170%를
초과하지 않는 범위 내에서 더 큰 값으로 설정될 수 있다.

ⓔ 이러한 경우, 유압설비(잭 포함) 계산에서 가상의 전부하
압력은 다음 식이 사용된다.

선택된 설정 압력
1.4

ⓕ 좌굴 계산에서, 1.4의 초과압력계수는 압력 릴리프밸브
의 증가된 설정 압력에 따른 계수로 대체되어야 한다.

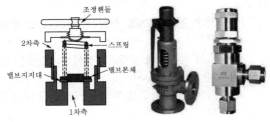

조정핸들

2차측 · 스프링

밸브지지대 · 밸브본체

1차측

14 에스컬레이터의 구동체인이 규정치 이상으로 늘
어났을 때 일어나는 현상은?

① 안전레버가 작동하여 브레이크가 작동하지
않는다.

② 안전레버가 작동하여 하강은 되나 상승은
되지 않는다.

③ 안전레버가 작동하여 안전회로 차단으로
구동되지 않는다.

④ 안전레버가 작동하여 무부하 시는 구동되
나 부하 시는 구동되지 않는다.

해설 구동체인 안전장치(driving chain safety device)

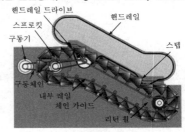

핸드레일 드라이브 핸드레일
스프로킷
구동기 스텝
구동체인
내부 레일
체인 가이드
리턴 휠

‖ 구동기 설치 위치 ‖

ⓐ 구동기와 주구동장치(main drive) 사이의 구동체인이
상승 중 절단되었을 때 승객의 하중에 의해 하강운전을
일으키면 위험하므로 구동체인 안전장치가 필요하다.

ⓑ 구동체인 위에 항상 문지름판이 구동되면서 구동체인의
늘어짐을 감지하여 만일 체인이 느슨해지거나 끊어지면
슈가 떨어지면서 브레이크 래칫이 브레이크 휠에 걸려
주구동장치의 하강방향의 회전을 기계적으로 제지한다.

ⓒ 안전스위치를 설치하여 안전장치의 동작과 동시에 전원
을 차단한다.

스위치
브레이크 래칫
래칫 휠 백스톱
스프로킷
구동체인 안전장치 구동체인

‖ 조립도 ‖

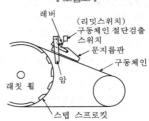

레버
(리밋스위치)
구동체인 절단검출
스위치
문지름판
구동체인
암
래칫 휠
스텝 스프로킷

‖ 안전장치 상세도 ‖

15 고속 엘리베이터에 많이 사용되는 조속기는?

① 점차작동형 조속기

② 롤세이프티형 조속기

③ 디스크형 조속기

④ 플라이볼형 조속기

해설 플라이볼(Fly Ball)형 조속기

조속기도르래의 회전을 베벨기어에 의해 수직축의 회전으
로 변환하고, 이 축의 상부에서부터 링크(link) 기구에 의해
매달린 구형의 진자에 작용하는 원심력으로 작동하며, 검출
정도가 높아 고속의 엘리베이터에 이용된다.

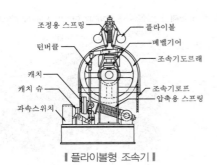

▮ 플라이볼형 조속기 ▮

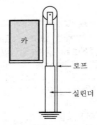

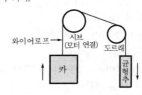

★★

16 점차작동형 비상정지장치에 대한 설명으로 옳지 않은 것은?

① 레일을 죄는 힘이 동작 시부터 정지 시까지 일정한 것이 FGC형이다.
② 레일을 죄는 힘이 처음에는 약하고 하강함에 따라 강하다가 얼마 후 일정값에 도달하는 것이 FWC형이다.
③ 구조가 간단하고 복구가 용이하기 때문에 대부분 FWC형을 사용한다.
④ 점차작동형은 정격속도가 60m/min 이상인 엘리베이터에 주로 사용한다.

해설 점차(순차적)작동형 비상정지장치

㉠ 플랙시블 가이드 클램프(Flexible Guide Clamp ; FGC)형
 • 비상정지장치의 작동으로 카가 정지할 때의 레일을 죄는 힘이 동작 시부터 정지 시까지 일정하다.
 • 구조가 간단하고 설치면적이 작으며 복구가 쉬어 널리 사용되고 있다.
㉡ 플랙시블 웨지 클램프(Flexible Wedge Clamp ; FWC)형
 • 레일을 죄는 힘이 처음에는 약하고 하강함에 따라 강하다가 얼마 후 일정치에 도달한다.
 • 구조가 복잡하여 거의 사용하지 않는다.

★★★★

17 전기식 엘리베이터의 속도에 의한 분류방식 중 고속 엘리베이터의 기준은?

① 2m/s 이상
② 2m/s 초과
③ 3m/s 이상
④ 4m/s 초과

해설 승강기시설 안전관리법 시행규칙 제24조의 7

㉠ 고속 엘리베이터는 초당 4m를 초과하는 승강기
㉡ 초당 4m는 1분(60초)에 240m/min

★★★★

18 간접식 유압엘리베이터의 특징이 아닌 것은?

① 실린더를 설치하기 위한 보호관이 필요하지 않다.
② 실린더 점검이 용이하다.
③ 비상정지장치가 필요하다.
④ 로프의 늘어짐과 작동유의 압축성 때문에 부하에 의한 카 바닥의 빠짐이 비교적 적다.

해설 간접식 유압엘리베이터

플런저의 선단에 도르래를 놓고 로프 또는 체인을 통해 카를 올리고 내리며 로핑에 따라 1 : 2, 1 : 4, 2 : 4의 방식이 있다.

㉠ 실린더를 설치하기 위한 보호관이 필요하지 않다.
㉡ 실린더의 점검이 쉽다.
㉢ 승강로는 실린더를 수용할 부분만큼 더 커지게 된다.
㉣ 비상정지장치가 필요하다.
㉤ 로프의 늘어짐과 작동유의 압축성(의외로 큼) 때문에 부하에 의한 카 바닥의 빠짐이 비교적 크다.

★★★★★

19 균형추의 전체 무게를 산정하는 방법으로 옳은 것은?

① 카의 전중량에 정격적재량의 35~50%를 더한 무게로 한다.
② 카의 전중량에 정격적재량을 더한 무게로 한다.
③ 카의 전중량과 같은 무게로 한다.
④ 카의 전중량에 정격적재량의 110%를 더한 무게로 한다.

해설 균형추(counter weight)

카의 무게를 일정 비율 보상하기 위하여 카측과 반대편에 주철 혹은 콘크리트로 제작되어 설치되며, 카와의 균형을 유지하는 추이다.

ㄱ 오버밸런스(over-balance)
- 균형추의 총중량은 빈 카의 자중에 적재하중의 35~50%의 중량을 더한 값이 보통이다.
- 적재하중의 몇 %를 더할 것인가를 오버밸런스율이라고 한다.
- 균형추의 총중량=카 자체하중+$L \cdot F$
  여기서, L : 정격적재하중(kg)
  F : 오버밸런스율(%)

ㄴ 견인비(traction ratio)
- 카측 로프가 매달고 있는 중량과 균형추 로프가 매달고 있는 중량의 비를 트랙션비라 하고, 무부하와 전부하 상태에서 체크한다.
- 견인비가 낮게 선택되면 로프와 도르래 사이의 트랙션 능력 즉 마찰력이 작아도 되며, 로프의 수명이 연장된다.

20 ★★ 승강장 도어의 측면 개폐방식의 기호는?

① A ② CO
③ S ④ T

해설 엘리베이터 출입구에 대한 도어 배열

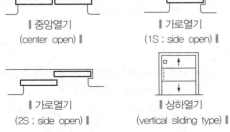

‖ 중앙열기 (center open) ‖ ‖ 가로열기 (1S ; side open) ‖
‖ 가로열기 (2S ; side open) ‖ ‖ 상하열기 (vertical sliding type) ‖

ㄱ CO : 중앙개폐(Center Opening)
ㄴ SO : 측면(가로)개폐(Side Opening)
ㄷ UP : 상승개폐(UP opening), 자동차용이나 대형 화물용 엘리베이터에서는 카 실을 완전히 개구할 필요가 있기 때문에 상승개폐(2UP, 3UP)도어를 많이 사용한다.

21 ★★ 기계안전의 기본원칙 중 가장 효율적인 것은?

① 안전장치 ② 방호조치
③ 자동화 ④ 개인보호구

해설 정밀작업이 가능하고, 위험요소 배제 등이 가장 효율적인 기계안전의 기본원칙은 자동화이다.

22 ★★★ 엘리베이터 전동기에 요구되는 특성으로 옳지 않은 것은?

① 충분한 제동력을 가져야 한다.
② 운전 상태가 정숙하고 고진동이어야 한다.
③ 카의 정격속도를 만족하는 회전특성을 가져야 한다.
④ 높은 기동빈도에 의한 발열에 대응하여야 한다.

해설 엘리베이터용 전동기에 요구되는 특성
ㄱ 기동토크가 클 것
ㄴ 기동전류가 작을 것
ㄷ 소음이 적고 저진동이어야 함
ㄹ 기동빈도가 높으므로(시간당 300회) 발열(온도 상승)을 고려해야 함
ㅁ 회전 부분의 관성모멘트(회전축을 중심으로 회전하는 물체가 계속해서 회전을 지속하려는 성질의 크기)가 적을 것
ㅂ 충분한 제동력을 가질 것

23 ★★★ 이상통제의 조건이 아닌 것은?

① 설비
② 휴식
③ 방법
④ 사람

해설 이상통제의 조건
물질, 방법, 공정, 설비, 사람

24 ★★★★ 재해분석 내용 중 불안전한 행동이라고 볼 수 없는 것은?

① 지시 외의 작업
② 안전장치 무효화
③ 신호 불일치
④ 복명 복창

해설 관리감독자가 올바른 작업지시를 했다면 재해를 방지할 수 있었던 사례가 매우 많았기 때문에 위험예지를 포함한 정확한 작업지시를 한다면 재해를 미리 방지할 수 있다. 위험예지 활동은 현장에서 작업조장을 중심으로 단시간에 실시해야 하고, 위험예지 사항(지시, 확인 사항 등)이 발견되면 이를 원포인트로 지적·확인(복창)하고 실시 결과 역시 원포인트로 복명한다.

정답 20. ③ 21. ③ 22. ② 23. ② 24. ④

★★★

25 다음 중 재해 조사의 요령으로 바람직한 방법이 아닌 것은?

① 재해 발생 직후에 행한다.
② 현장의 물리적 증거를 수집한다.
③ 재해 피해자로부터 상황을 듣는다.
④ 의견 충돌을 피하기 위하여 반드시 1인이 조사하도록 한다.

해설 **재해조사 방법**
㉠ 재해 발생 직후에 행한다.
㉡ 현장의 물리적 흔적(물적 증거)을 수집한다.
㉢ 재해 현장은 사진을 촬영하여 보관, 기록한다.
㉣ 재해 피해자로부터 재해 상황을 듣는다.
㉤ 목격자, 현장 책임자 등 많은 사람들에게 사고 시의 상황을 듣는다.
㉥ 판단하기 어려운 특수 재해나 중대 재해는 전문가에게 조사를 의뢰한다.

★★★★

26 유도전동기의 동기속도가 n_s, 회전수가 n이라면 슬립(s)은?

① $\dfrac{n_s - n}{n} \times 100$ ② $\dfrac{n_s - n}{n_s} \times 100$

③ $\dfrac{n_s}{n_s - n} \times 100$ ④ $\dfrac{n_s}{n_s + n} \times 100$

해설 **슬립(slip)**

3상 유도전동기는 항상 회전자기장의 동기속도(n_s)와 회전자의 속도(n) 사이에 차이가 생기게 되며, 이 차이의 값으로 전동기의 속도를 나타낸다. 이때 속도의 차이와 동기속도(n_s)와의 비가 슬립이고, 보통 $0 < s < 1$ 범위이어야 하며, 슬립 1은 정지된 상태이다.

$$s = \frac{동기속도 - 회전자속도}{동기속도} = \frac{n_s - n}{n_s} \times 100$$

★★★

27 안전점검 체크리스트 작성 시의 유의사항으로 가장 타당한 것은?

① 일정한 양식으로 작성할 필요가 없다.
② 사업장에 공통적인 내용으로 작성한다.
③ 중점도가 낮은 것부터 순서대로 작성한다.
④ 점검표의 내용은 이해하기 쉽도록 표현하고 구체적이어야 한다.

해설 **점검표(check list)**
㉠ 작성항목
  • 점검부분
  • 점검항목 및 점검방법
  • 점검시기
  • 판정기준
  • 조치사항
㉡ 작성 시 유의사항
  • 각 사업장에 적합한 독자적인 내용일 것
  • 일정 양식을 정하여 점검대상을 정할 것
  • 중점도(위험성, 긴급성)가 높은 것부터 순서대로 작성할 것
  • 정기적으로 검토하여 재해방지에 실효성 있게 개조된 내용일 것
  • 점검표의 양식은 이해하기 쉽도록 표현하고 구체적일 것

★★★★

28 일반적인 안전대책의 수립방법으로 가장 알맞은 것은?

① 계획적
② 경험적
③ 사무적
④ 통계적

해설 재해의 분류방법 중 통계적 분류방법으로 사망(사망 재해), 중상해(폐질 재해 : 고칠 수 없는 병), 경상해(휴업 재해), 경미상해(불휴 재해)가 있다.

★★

29 추락 대책 수립이 기본방향에서 인적 측면에서의 안전대책과 관련이 없는 것은?

① 작업지휘자를 지명하여 집단작업을 통제한다.
② 작업의 방법과 순서를 명확히 하여 작업자에게 주지시킨다.
③ 작업자의 능력과 체력을 감안하여 적정한 배치를 한다.
④ 작업대와 통로 주변에는 보호대를 설치한다.

해설 **재해발생원인**

물적인 것과 인적인 것이 있으며, 인적 원인이란 안전관리에 있어서 인적인 관리 결함, 심리적 결함, 생리적인 결함 등에 의거해서 재해가 발생했을 때를 말한다. 이러한 것이 원인으로 전체 재해의 75~80%를 차지한다. 작업대와 통로 주변의 보호대 설치는 물적 측면이다.

정답   25. ④   26. ②   27. ④   28. ④   29. ④

★★★

30 재해 발생 시 긴급처리해야 할 사항이 아닌 것은?

① 피해기계의 정지
② 피해자의 응급조치
③ 관계기관에 신고
④ 2차 재해방지

해설 관리주체는 승강기 사고가 발생하였을 경우에는 승강기 사고현황을 당해 관계기관에 신고하여야 하지만, 우선은 2차 재해를 방지하기 위해서 피해기계를 정지시키고, 피해자를 응급조치한다.

★★★

31 감전과 전기화상을 입을 위험이 있는 작업에서 구비해야 하는 것은?

① 보호구
② 구명구
③ 운동화
④ 구급용구

해설 보호구

㉠ 재해방지나 건강장해방지의 목적에서 작업자가 직접 몸에 걸치고 작업하는 것이며, 재해방지를 목적으로 하는 것
㉡ 노동부 규격이 제정되어 있는 것은 안전모, 안전대, 안전화, 보안경, 안전장갑, 보안면, 방진 마스크, 방독 마스크, 방음 보호구, 방열복 등

★★★

32 안전점검의 목적에 해당되지 않는 것은?

① 생산 위주로 시설 가동
② 결함이나 불안전조건의 제거
③ 기계·설비의 본래 성능 유지
④ 합리적인 생산관리

해설 안전점검의 목적

㉠ 결함이나 불안전조건의 제거
㉡ 기계설비의 본래의 성능 유지
㉢ 합리적인 생산관리

★★

33 에스컬레이터의 스텝구동장치에 대한 점검사항이 아닌 것은?

① 링크 및 핀의 마모 상태
② 핸드레일 가드 마모 상태
③ 구동체인의 늘어짐 상태
④ 스프로킷의 이의 마모 상태

해설 구동장치 보수점검사항

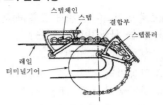

┃ 스텝체인의 구동 ┃

㉠ 진동, 소음의 유무
㉡ 운전의 원활성
㉢ 구동장치의 취부 상태
㉣ 각부 볼트 및 너트의 이완 여부
㉤ 기어케이스 등의 표면 균열 여부 및 누유 여부
㉥ 브레이크의 작동 상태
㉦ 구동체인의 늘어짐 및 녹의 발생 여부
㉧ 각부의 주유 상태 및 윤활유의 부족 또는 변화 여부
㉨ 벨트 사용 시 벨트의 장력 및 마모 상태

★★★★★

34 재해 누발자의 유형이 아닌 것은?

① 미숙성 누발자
② 상황성 누발자
③ 습관성 누발자
④ 자발성 누발자

해설 재해 누발자의 분류

㉠ 미숙성 누발자 : 환경에 익숙하지 못하거나 기능 미숙으로 인한 재해 누발자
㉡ 상황성 누발자 : 작업의 어려움, 기계설비의 결함, 환경상 주의집중의 혼란, 심신의 근심에 의한 것
㉢ 습관성 누발자 : 재해의 경험으로 신경과민이 되거나 슬럼프(slump)에 빠지기 때문
㉣ 소질성 누발자 : 지능, 성격, 감각운동에 의한 소질적 요소에 의하여 결정

★★

35 인간공학적인 안전화된 작업환경으로 잘못된 것은?

① 충분한 작업공간의 확보
② 작업 시 안전한 통로나 계단의 확보
③ 작업대나 의자의 높이 또는 형태를 적당히 할 것
④ 기계별 점검 확대

해설 인간 공학적인 안전한 작업환경

㉠ 기계류 표시와 배치를 적당히 하여 오인이 안 되도록 할 것
㉡ 기계에 부착된 조명, 기계에서 발생된 소음 등의 검토 개선
㉢ 충분한 작업공간의 확보
㉣ 작업대나 의자의 높이 또는 형태를 적당히 할 것
㉤ 작업 시 안전한 통로나 계단의 확보

정답 30. ③ 31. ① 32. ① 33. ② 34. ④ 35. ④

★★★

36 에스컬레이터(무빙워크 포함)에서 6개월에 1회 점검하는 사항이 아닌 것은?

① 구동기의 베어링 점검
② 구동기의 감속기어 점검
③ 중간부의 스텝 레일 점검
④ 핸드레일 시스템의 속도 점검

해설 **에스컬레이터(무빙워크 포함) 점검항목 및 주기**
㉠ 1회/1월 : 기계실내, 수전반, 제어반, 전동기, 브레이크, 구동체인 안전스위치 및 비상 브레이크, 스텝구동장치, 손잡이 구동장치, 빗판과 스텝의 물림, 비상정지스위치 등
㉡ 1회/6월 : 구동기 베어링, 감속기어, 스텝 레일
㉢ 1회/12월 : 방화셔터 등과의 연동정지

★

37 파괴검사 방법이 아닌 것은?

① 인장검사
② 굽힘검사
③ 육안검사
④ 경도검사

해설 육안검사는 가장 널리 이용되고 있는 비파괴검사의 하나이다. 간편하고 쉬우며 신속, 염가인데다 아무런 특별한 장치도 필요치 않다. 육안 또는 낮은 비율의 확대경으로 검사하는 방법이다.

★★★

38 엘리베이터의 주로프에 가장 많이 사용되는 꼬임은?

① 보통 Z꼬임
② 보통 S꼬임
③ 랭 Z꼬임
④ 랭 S꼬임

해설 엘리베이터 주로프에는 8×S(19), E종, 보통 Z꼬임의 와이어로프를 일반적으로 가장 많이 사용한다.

★★

39 안전점검 시 에스컬레이터의 운전 중 점검 확인 사항에 해당되지 않는 것은?

① 운전 중 소음과 진동 상태
② 스텝에 작용하는 부하의 작용 상태
③ 콤 빗살과 스텝 홈의 물림 상태
④ 핸드레일과 스텝의 속도 차이 유무

해설 에스컬레이터는 공공시설에 설치되어 장시간 사용되는 특성상 충분한 내구 성능이 확보되어야 하므로, 스텝의 안전성을 인증하는 것은 중요하다. 스텝, 팰릿 및 벨트는 정상운행동안 트래킹(tracking), 가이드 및 구동시스템에 부과될 수 있는 모든 가능한 하중 및 변형작용에 견디도록 설계되

어야 하고, 6,000N/m²에 상응하는 균일하게 분포된 하중에 견디도록 설계되어야 한다. 이러한 설계조건을 고려하여 부하의 작용상태인 스텝에 대한 하중시험 및 비틀림시험을 하여 인증기준에 적합한지를 검사해야 한다.

▮ 정하중 시험과 처짐량 측정 ▮

▮ 스텝의 동하중 시험 ▮

★★

40 승강기 보수의 자체점검 시 취해야 할 안전조치 사항이 아닌 것은?

① 보수작업 소요시간 표시
② 보수 계약기간 표시
③ 보수 중이라는 사용금지 표시
④ 작업자명과 연락처의 전화번호

해설 **보수점검 시 안전관리에 관한 사항**
㉠ 보수 또는 점검 시에는 다음의 안전조치를 취한 후 작업하여야 한다.
  • '보수 · 점검중'이라는 사용금지 표시
  • 보수 · 점검 개소 및 소요시간 표시
  • 보수 · 점검자명 및 보수 · 점검자 연락처
  • 접근 · 탑승금지 방호장치 설치
㉡ 보수담당자 및 자체검사 실시내용이 기재된 '승강기 관리 카드'를 승강기 내부 또는 외부에 부착하고 관리하여야 한다.

★★★★

41 저항이 50Ω인 도체에 100V의 전압을 가할 때 그 도체에 흐르는 전류는 몇 A인가?

① 2
② 4
③ 8
④ 10

해설 **옴의 법칙**
$$I = \frac{V}{R} = \frac{100}{50} = 2\text{A}$$

42 전동용 기계요소에서 마찰차의 적용 범위에 해당되지 않는 것은?

① 무단 변속을 하는 경우
② 전달하는 힘이 커서 속도비가 중요시되지 않는 경우
③ 회전속도가 커서 보통의 기어를 사용할 수 없는 경우
④ 두 축 사이를 자주 단속할 필요가 있는 경우

해설 마찰차(friction wheel)

┃평마찰차┃ ┃V홈마찰차┃ ┃원뿔마찰차┃

㉠ 원동차와 종동차, 2개의 바퀴를 접촉시켜, 그 접촉면에서 발생하는 마찰력을 이용하여 두 축 사이에 동력을 전달하는 기계요소
㉡ 적용범위
• 전달하는 힘이 크지 않고, 속도비가 중요하지 않을 때
• 양축 사이를 자주 단속할 필요가 있을 때
• 회전속도가 커서 기어를 사용할 수 없는 경우
• 무단변속을 시키는 경우
㉢ 종류 : 원통마찰차(외접), 원통마찰차(내접), 평마찰차, 원뿔마찰차, V홈마찰차, 원판마찰차, 구면마찰차, 크라운마찰차, 변속마찰차, 홈붙이마찰차(grooved friction wheel) 등

43 다음 중 OR회로의 설명으로 옳은 것은?

① 입력신호가 모두 '0'이면 출력신호가 '1'이 됨
② 입력신호가 모두 '0'이면 출력신호가 '0'이 됨
③ 입력신호가 '1'과 '0'이면 출력신호가 '0'이 됨
④ 입력신호가 '0'과 '1'이면 출력신호가 '0'이 됨

해설 논리합(OR)회로
하나의 입력만 있어도 출력이 나타나는 회로이며, 'A' OR 'B' 즉, 병렬회로이다.

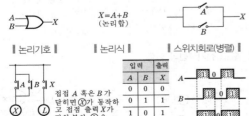

$X=A+B$
(논리합)

┃논리기호┃ ┃논리식┃ ┃스위치회로(병렬)┃

입력		출력
A	B	X
0	0	0
0	1	1
1	0	1
1	1	1

접점 A 혹은 B가 닫히면 X가 동작하고 접점 출력 X가 닫혀 부하 L을 동작시킨다.

┃릴레이회로┃ ┃진리표┃ ┃동작시간표┃

44 클리퍼(clipper)회로에 대한 설명으로 가장 적절한 것은?

① 교류회로를 직류로 변환하는 회로
② 사인파를 일정한 레벨로 증폭시키는 회로
③ 구형파를 일정한 레벨로 증폭시키는 회로
④ 파형의 상부 또는 하부를 일정한 레벨로 자르는 회로

해설 클리퍼(clipper) 회로는 전기 신호 파형을 적당한 레벨로 잘라내는 회로를 말한다.
㉠ 어떤 레벨 이상의 파형을 잘라내는 피크 클리퍼(peak clipper)
㉡ 어떤 레벨 이하의 파형을 잘라내는 베이스 클리퍼(base clipper)
㉢ 상하 두 레벨을 동시에 잘라내는 슬라이서(slicer)

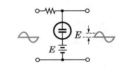

┃피크 클리퍼(peak clipper)┃

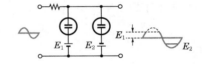

┃슬라이서(slicer)┃

45 Q(C)의 전하에서 나오는 전기력선의 총수는?

① Q ② εQ
③ $\dfrac{\varepsilon}{Q}$ ④ $\dfrac{Q}{\varepsilon}$

해설 전장의 계산
㉠ 가우스의 정리 : 임의의 폐곡면 내에 전체 전하량 Q(C)이 있을 때 이 폐곡면을 통해서 나오는 전기력선의 총수는 $\dfrac{Q}{\varepsilon}$개다.

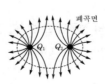

┃가우스의 정리┃ ┃점전하에 의한 전장┃

ⓛ Q(C)의 점전하로부터 r(m) 떨어진 구면 위의 전장의 세기는 다음과 같다.

$$F = \frac{Q}{4\pi\varepsilon r^2} = \frac{Q}{4\pi\varepsilon_0\varepsilon_s s^2} \text{(V/m)}$$

ⓒ 1m² 마다 E 개의 전기력선이 지나가므로 구의 전 면적 $4\pi r^2$(m²)에서 전기력선의 총수 N은 다음과 같다.

$$N = 4\pi r^2 \times E = \frac{Q}{\varepsilon}$$

★★★★★
46 정전용량 C_1, C_2, C_3를 병렬로 접속하였을 때의 합성 정전용량은?

① $\dfrac{1}{C_1 + C_2 + C_3}$

② $C_1 + C_2 + C_3$

③ $\dfrac{1}{C_1} + \dfrac{1}{C_2} + \dfrac{1}{C_3}$

④ $\dfrac{C_1 \cdot C_2 \cdot C_3}{C_1 + C_2 + C_3}$

🔑해설 **콘덴서의 접속**

㉠ 합성 정전용량(병렬접속) : $C = C_1 + C_2 + C_3$

ⓛ 합성 정전용량(직렬접속) : $C = \dfrac{1}{C_1} + \dfrac{1}{C_2} + \dfrac{1}{C_3}$

★★★★
47 그림과 같은 회로의 역률은 약 얼마인가?

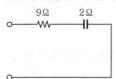

① 0.74　　　　② 0.80

③ 0.86　　　　④ 0.98

🔑해설 RC **직렬회로의 역률**

$$\cos\theta = \frac{R}{Z} = \frac{R}{\sqrt{R^2 + X_C{}^2}} = \frac{9}{\sqrt{9^2 + 2^2}} = 0.98$$

★★★★★
48 10Ω의 저항에 5A의 전류가 흐른다면 전압은?

① 0.02V　　　② 0.5V

③ 5V　　　　④ 50V

🔑해설 $V = IR = 5 \times 10 = 50$V

★★
49 후크의 법칙을 옳게 설명한 것은?

① 응력과 변형률은 반비례 관계이다.

② 응력과 탄성계수는 반비례 관계이다.

③ 응력과 변형률은 비례 관계이다.

④ 변형률과 탄성계수는 비례 관계이다.

🔑해설 **후크(Hook)의 법칙**

재료의 '응력 값은 어느 한도(비례한도) 이내에서는 응력과 이로 인해 생기는 변형률은 비례한다'는 법칙이다.

★★
50 다음 중 4절 링크기구를 구성하고 있는 요소로 짝 지어진 것은 무엇인가?

① 가변링크, 크랭크, 기어, 클러치

② 고정링크, 크랭크, 레버, 슬라이더

③ 가변링크, 크랭크, 기어, 슬라이더

④ 고정링크, 크랭크, 고정레버, 클러치

🔑해설 **링크(link)의 구성**

몇 개의 강성한 막대를 핀으로 연결하고 회전할 수 있도록 만든 기구

┃4절 링크기구┃

㉠ 크랭크 : 회전운동을 하는 링크

ⓛ 레버 : 요동운동을 하는 링크

ⓒ 슬라이더 : 미끄럼운동 링크

ⓔ 고정부 : 고정링크

★★★
51 전기력선의 성질 중 옳지 않은 것은?

① 양전하에서 시작하여 음전하에서 끝난다.

② 전기력선의 접선방향이 전장의 방향이다.

③ 전기력선은 등전위면과 직교한다.

④ 두 전기력선은 서로 교차한다.

🔑해설 **전기력선의 성질**

(a) 단독 정전하　(b) 단독 부전하　(c) 정부전하

(d) 2개의 정전하   (e) 크기가 다른   (f) 평행한
                    정부전하   정부전하

‖ 여러 가지 전기력선의 모양 ‖

㉠ 전기력선은 양전하의 표면에서 나와 음전하의 표면에서 끝난다.
㉡ 전기력선의 접선방향이 그 점에서의 전장의 방향이다.
㉢ 전기력선은 수축하려는 성질이 있으며 같은 전기력선은 반발한다.
㉣ 전기력선에 수직한 단면적의 전기력선 밀도가 그 곳의 전장의 세기를 나타낸다. n(V/m)의 전장의 세기는 n(개/m²)의 전기력선으로 나타낸다.
㉤ 전기력선은 그 자신만으로는 폐곡선이 되는 일이 없다.
㉥ 전기력선은 도체의 표면에 수직으로 출입하며 도체 내부에 전기력선이 없다.
㉦ 전기력선은 서로 교차하지 않는다.

★★★★
52 3상 농형 유도전동기 기동 시 공급전압을 낮추어 기동하는 방식이 아닌 것은?

① 전전압 기동법
② Y-△ 기동법
③ 리액터 기동법
④ 기동 보상기 기동법

🔧해설 3상 유도전동기를 전전압 기동할 때의 기동전류는 부하전류 5~6배의 큰 전류가 흐르므로 Y-△기동, 기동 보상기 기동, 리액터 기동, 직렬저항기 등의 기동방법을 사용하여 기동전류를 저감시킬 수 있다.

★★★
53 직류전동기의 속도제어방법이 아닌 것은?

① 저항제어
② 전압제어
③ 계자제어
④ 주파수제어

🔧해설 **직류전동기의 속도제어**

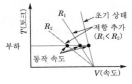

‖ 계자제어 ‖

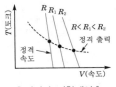

‖ 전기자 저항제어 ‖

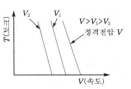

‖ 전압제어 ‖

㉠ 계자제어 : 계자자속 ϕ를 변화시키는 방법으로 계자 저항기로 계자전류를 조정하여 ϕ를 변화시킨다.
㉡ 저항제어 : 전기자에 가변 직렬저항 R(Ω)을 추가하여 전기자 회로의 저항을 조정함으로써 속도를 제어한다.
㉢ 전압제어 : 워드 레오나드(ward leonard) 방식과 일그너(ilgner)방식이 있으며 주로 타여자전동기에서 전기자에 가한 전압을 변화시킨다.

★★★★
54 배선용 차단기의 기호(약호)는?

① S
② DS
③ THR
④ MCCB

🔧해설 **배선용 차단기(Molded Case Circuit Breaker)**

저압 옥내 전로의 보호를 위하여 사용한다. 개폐기구, 트립장치 등을 절연물의 용기 내에 조립한 것으로 통전 상태의 전로를 수동 또는 전기 조작에 의하여 개폐가 가능하고 과부하, 단락사고 시 자동으로 전로를 차단하는 기구이다.

★★★
55 전압계의 측정범위를 7배로 하려 할 때 배율기의 저항은 전압계 내부저항의 몇 배로 하여야 하는가?

① 7
② 6
③ 5
④ 4

🔧해설 배율기(multiplier)는 전압계에 직렬로 접속시켜서 전압의 측정범위를 넓히기 위해 사용하는 저항기이다.

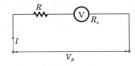

‖ 배율기회로 ‖

㉠ 측정하고자 하는 전압(V_R)

$$V_R = \frac{R_a + R}{R_a} \cdot V$$

여기서, V_R : 측정하고자 하는 전압(V)
        V : 전압계로 유입되는 전압(V)
        R_a : 전압계 내부저항(Ω)
        R : 배율기의 저항(Ω)

ⓒ 배율기의 배율(n)

$$n = \frac{V}{V_R} = \frac{R_a + R}{R_a} = 1 + \frac{R}{R_a}$$

$$\therefore R = (n-1) \cdot R_a = \left(\frac{7}{1} - 1\right) \times 1 = 6$$

★★★★

56 교류회로에서 유효전력이 P(W)이고 피상전력이 P_a(VA)일 때 역률은?

① $\sqrt{P + P_a}$

② $\dfrac{P}{P_a}$

③ $\dfrac{P_a}{P}$

④ $\dfrac{P}{P + P_a}$

해설 ㉠ 유효전력(effective power) $P = VI\cos\theta$(W)
ⓒ 피상전력(apparent power) $P_a = VI$(VA)

$$\therefore \cos\theta = \frac{P}{P_a} = \frac{VI\cos\theta}{VI}$$

★★★★

57 다음 중 3상 유도전동기의 회전방향을 바꾸는 방법은?

① 두 선의 접속변환
② 기상보상기 이용
③ 전원의 주파수변환
④ 전원의 극수변환

해설 3상 교류인 3개의 단자 중 어느 2개의 단자를 서로 바꾸어 접속하면 1차 권선에 흐르는 상회전 방향이 반대가 되므로 자장의 회전방향도 바뀌어 역회전을 한다.

∥ 역전방법 ∥

★★★★

58 승강기 회로의 사용전압이 440V인 전동기 주회로의 절연저항은 몇 MΩ 이상이어야 하는가?

① 1.5 ② 1.0

③ 0.5 ④ 0.1

해설 전로의 절연저항값

전로의 사용전압 구분(V)	DC 시험전압(V)	절연저항(MΩ)
SELV 및 PELV	250	0.5
FELV, 500V 이하	500	1.0
500V 초과	1,000	1.0

★★★★

59 그림과 같은 논리회로의 논리식은?

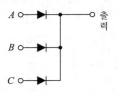

① $\overline{A + B + C}$ ② $A + B + C$

③ $A \cdot B \cdot C$ ④ $\overline{A \cdot B \cdot C}$

해설 논리합(OR) 회로

하나의 입력만 있어도 출력이 나타나는 병렬회로이다.

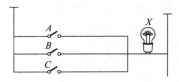

∥ 스위치회로(병렬) ∥

★★★

60 전동기에 설치되어 있는 THR은?

① 과전류 계전기
② 과전압 계전기
③ 열동 계전기
④ 역상 계전기

해설 ㉠ 과전류 계전기(over current relay) : 전류의 크기가 일정치 이상으로 되었을 때 동작하는 계전기
ⓒ 과전압 계전기(over voltage relay) : 전압의 크기가 일정치 이상으로 되었을 때 동작하는 계전기
ⓒ 열동 계전기(relay thermal) : 전동기 등의 과부하 보호용으로 사용되는 계전기
ⓒ 역상 계전기(negative sequence relay) : 역상분 전압 또는 전류의 크기에 따라 작동하는 계전기

정답 56. ② 57. ① 58. ② 59. ② 60. ③

2020년 제1회 기출복원문제

※ 본 문제는 수험생들의 협조에 의해 작성되었으며, 시험내용과 일부 다를 수 있습니다.

01 비상정지장치가 작동된 후 승강기 카 바닥면의 수평도의 기준은 얼마인가?

① $\frac{1}{10}$ 이내

② $\frac{1}{15}$ 이내

③ $\frac{1}{25}$ 이내

④ $\frac{1}{30}$ 이내

해설 비상정지장치를 작동한 경우 검사

㉠ 비상정지장치가 작동된 상태에서 기계장치 및 조속기로프에는 아무런 손상이 없어야 한다. 또한, 비상정지장치는 좌우 양쪽 다같이 균등하게 작용하고, 카 바닥의 수평도는 어느 부분에서나 1/30 이내이어야 한다.

㉡ 카 및 균형추레일에 비상정지장치 또는 제동기가 설치되어 있는 경우에 레일은 제동력에 대해 충분히 견딜 수 있는 강도를 갖추어야 한다.

참고 카 바닥의 기울기

카 비상정지장치가 작동될 때, 부하가 없거나 부하가 균일하게 분포된 카의 바닥은 정상적인 위치에서 5%를 초과하여 기울어지지 않아야 한다.

02 승강기의 안전에 관한 장치가 아닌 것은?

① 조속기(governor)
② 세이프티 블럭(safety block)
③ 용수철완충기(spring buffer)
④ 누름버튼스위치(push button switch)

해설 누름버튼스위치(push button switch)

모터 등의 기동(시동)이나 정지에 많이 사용된다. 일반적으로 접점의 개폐는 손가락으로 누르는 동안에는 동작 상태가 되고, 손가락을 떼면 자동적으로 복귀하는 구조인 기구이다.

03 승강장 도어 문턱과 카 문턱과의 수평거리는 몇 mm 이하이어야 하는가?

① 125
② 120
③ 50
④ 35

해설 카와 카 출입구를 마주하는 벽 사이의 틈새

㉠ 승강로의 내측 면과 카 문턱 카 문틀 또는 카 문의 닫히는 모서리 사이의 수평거리는 0.125m 이하이어야 한다. 다만, 0.125m 이하의 수평거리는 각각의 조건에 따라 다음과 같이 적용될 수 있다.
  • 수직높이가 0.5m 이하인 경우에는 0.15m까지 연장될 수 있다.
  • 수직 개폐식 승강장문이 설치된 화물용인 경우, 주행로 전체에 걸쳐 0.15m까지 연장될 수 있다.
  • 잠금해제구간에서만 열리는 기계적 잠금장치가 카 문에 설치된 경우에는 제한하지 않는다.

㉡ 카 문턱과 승강장문 문턱 사이의 수평거리는 35mm 이하이어야 한다.

㉢ 카 문과 닫힌 승강장 문 사이의 수평거리 또는 문이 정상 작동하는 동안 문 사이의 접근거리는 0.12m 이하이어야 한다.

㉣ 경첩이 있는 승강장 문과 접하는 카 문의 조합인 경우에는 닫힌 문 사이의 어떤 틈새에도 직경 0.15m의 구가 통과되지 않아야 한다.

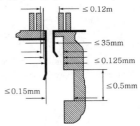

▌카와 카 출입구를 마주하는 벽 사이의 틈새▐

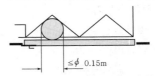

▌경첩 달린 승강장문과 접힌 카 문의 틈새▐

04 유압식 엘리베이터의 파워유닛(power unit)의 점검사항으로 적당하지 않은 것은?

① 기름의 유출 유무
② 작동유(油)의 온도 상승 상태
③ 과전류계전기의 이상 유무
④ 전동기와 펌프의 이상음 발생 유무

해설 **파워유닛의 점검항목**

　㉠ 유압탱크에 녹 발생 및 결로의 확인
　㉡ 유압탱크의 누유 유무
　㉢ 오일의 오염 여부 및 유량
　㉣ 전동기의 이상발열, 이상음
　㉤ 단자박스 내의 각 배선단자에 풀림 유무
　㉥ 유닛 내 각 기기의 동작 상태
　㉦ 유닛 내의 배관경로에 에어(air) 발생 유무
　㉧ 유량제어밸브의 조임볼트류 풀림 유무
　㉨ 오일검출스위치 세팅값
　㉩ 유온계 및 오일 쿨러의 취부 상태
　㉪ 전동기 공회전 방지장치의 타이머 설정값
　㉫ 라인 필터의 취부 상태 및 내부 필터 오염 유무
　㉬ 스톱밸브, 사이렌서의 취부 상태

★★★

05 **교류 엘리베이터의 제어방식이 아닌 것은?**

① 교류 1단 속도제어방식
② 교류궤환 전압제어방식
③ 가변전압 가변주파수(VVVF) 제어방식
④ 교류상환 속도제어방식

해설 **엘리베이터의 속도제어**

　㉠ 교류제어
　　• 교류 1단 속도제어
　　• 교류 2단 속도제어
　　• 교류궤환제어
　　• VVVF(가변전압 가변주파수)제어
　㉡ 직류제어
　　• 워드 레오나드(ward leonard) 방식
　　• 정지 레오나드(static leonard) 방식

★★★

06 **엘리베이터의 도어스위치 회로는 어떻게 구성하는 것이 좋은가?**

① 병렬회로
② 직렬회로
③ 직 · 병렬회로
④ 인터록회로

해설 **도어인터록(door interlock)**

　㉠ 카가 정지하지 않는 층의 도어는 전용열쇠를 사용하지 않으면 열리지 않는 도어록과 도어가 닫혀 있지 않으면 운전이 불가능하도록 하는 도어스위치로 구성된다.
　㉡ 닫힘동작 시는 도어록이 먼저 걸린 상태에서 도어스위치가 들어가고 열림동작 시는 도어스위치가 끊어진 후 도어록이 열리는 직렬구조이며, 승강장의 도어 안전장치로서 엘리베이터의 안전장치 중에서 가장 중요한 것 중의 하나이다.

★★★

07 **엘리베이터에서 와이어로프를 사용하여 카의 상승과 하강에 전동기를 이용한 동력장치는?**

① 권상기
② 조속기
③ 완충기
④ 제어반

해설 **권상 구동식과 포지티브 구동 엘리베이터**

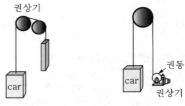

| 권상식(견인식) | | 권동식 |

| 권상기 |

　㉠ 권상 구동식 엘리베이터(traction drive lift) : 현수로프가 구동기의 권상도르래홈 등에서 마찰에 의해 구동되는 엘리베이터
　㉡ 포지티브 구동 엘리베이터(positive drive lift) : 권상 구동식 이외의 방식으로 체인 또는 로프에 의해 현수되는 엘리베이터

★★★

08 **에스컬레이터에서 스텝체인은 일반적으로 어떻게 구성되어 있는가?**

① 좌우에 각 1개씩 있다.
② 좌우에 각 2개씩 있다.
③ 좌측에 1개, 우측에 2개가 있다.
④ 좌측에 2개, 우측에 1개가 있다.

해설 **스텝체인(step chain)**

　㉠ 스텝은 스텝 측면에 각각 1개 이상 설치된 2개 이상의 체인에 의해 구동되어야 한다.
　㉡ 스텝체인의 링크 간격을 일정하게 유지하기 위하여 일정 간격으로 환봉강을 연결하고, 환봉강 좌우에 전륜이 설치되며, 가이드레일 상을 주행한다.

정답 05. ④　06. ②　07. ①　08. ①

09 비상용 승강기는 화재발생 시 화재진압용으로 사용하기 위하여 고층빌딩에 많이 설치하고 있다. 비상용 승강기에 반드시 갖추지 않아도 되는 조건은?

① 비상용 소화기
② 예비전원
③ 전용 승강장 이외의 부분과 방화구획
④ 비상운전 표시등

해설 **비상용 엘리베이터**

㉠ 환경·건축물 요건
- 비상용 엘리베이터는 다음 조건에 따라 정확하게 운전되도록 설계되어야 한다.
  - 전기·전자적 조작 장치 및 표시기는 구조물에 요구되는 기간 동안(2시간 이상) 0℃에서 65℃까지의 주위 온도 범위에서 작동될 때 카가 위치한 곳을 감지할 수 있도록 기능이 지속되어야 한다.
  - 방화구획 된 로비가 아닌 곳에서 비상용 엘리베이터의 모든 다른 전기·전자 부품은 0℃에서 40℃까지의 주위 온도 범위에서 정확하게 기능하도록 설계되어야 한다.
  - 엘리베이터 제어의 정확한 기능은 건축물에 요구되는 기간 동안(2시간 이상) 연기가 가득 찬 승강로 및 기계실에서 보장되어야 한다.
- 방화 목적으로 사용된 각 승강장 출입구에는 방화구획된 로비가 있어야 한다.
- 비상용 엘리베이터에 2개의 카 출입구가 있는 경우, 소방관이 사용하지 않은 비상용 엘리베이터의 승강장 문은 65℃를 초과하는 온도에 노출되지 않도록 보호되어야 한다.
- 보조 전원공급장치는 방화구획 된 장소에 설치되어야 한다.
- 비상용 엘리베이터의 주 전원공급과 보조 전원공급의 전선은 방화구획 되어야 하고 서로 구분되어야 하며, 다른 전원공급장치와도 구분되어야 한다.

㉡ 기본 요건
- 비상용 엘리베이터는 소방운전 시 모든 승강장의 출입구마다 정지할 수 있어야 한다.
- 비상용 엘리베이터의 크기는 630kg의 정격하중을 갖는 폭 1,100mm, 깊이 1,400mm 이상이어야 하며, 출입구 유효폭은 800mm 이상이어야 한다.
- 침대 등을 수용하거나 2개의 출입구로 설계된 경우 또는 피난용도로 의도된 경우, 정격하중은 1,000kg 이상이어야 하고 카의 면적은 폭 1,100mm, 깊이 2,100mm 이상이어야 한다.
- 소방관이 조작하여 엘리베이터 문이 닫힌 이후부터 60초 이내에 가장 먼 층에 도착하여야 된다. 다만, 운행속도는 1m/s 이상이어야 한다.

10 엘리베이터 도어용 부품과 거리가 먼 것은?

① 행거롤러
② 업스러스트롤러
③ 도어레일
④ 가이드롤러

해설

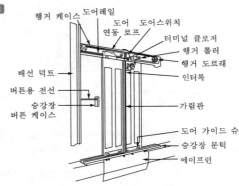

‖ 승강장 도어 구조 ‖

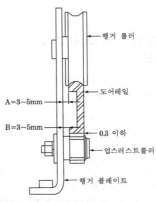

‖ 도어 레일과 행거 ‖

11 다음 중 ( ) 안에 들어갈 내용으로 알맞은 것은?

카가 유입완충기에 충돌했을 때 플런저가 하강하고 이에 따라 실린더 내의 기름이 좁은 ( )을(를) 통과하면서 생기는 유체저항에 의해 완충작용을 하게 된다.

① 오리피스 틈새　　② 실린더
③ 오일게이지　　④ 플런저

해설 유입완충기(에너지분산형)

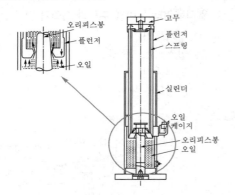

ㄱ 카가 최하층을 넘어 통과하면 카의 하부체대의 완충판이 우선 완충고무에 당돌하여 어느 정도의 충격을 완화한다.

ㄴ 카가 계속 하강하여 플런저를 누르면 실린더 내의 기름이 좁은 오리피스 틈새를 통과할 때에 생기는 유체저항에 의하여 주어진다.

ㄷ 카가 완충기를 눌렀다가 해제되면, 압축스프링에 의해 복귀되는 구조이다.

★★★

12 다음 중 에스컬레이터의 역회전 방지장치가 아닌 것은?

① 구동체인 안전장치
② 기계 브레이크
③ 조속기
④ 스커트 가드

해설 스커트 가드는 에스컬레이터의 내측판의 디딤판 옆 부분을 칭하며, 스커트 가드 스위치에 의해 디딤판과 스커트 가드 사이에 이물질이 들어갔을 때 에스컬레이터를 정지시킨다.

난간 (안전방책)
스커트 가드
스커트 디플렉터
데마케이션
핸드레일
스텝
콤

▮ 난간 부분의 명칭 ▮

★★★★★

13 '승강기의 조속기'란?

① 카의 속도를 검출하는 장치이다.
② 비상정지장치를 뜻한다.
③ 균형추의 속도를 검출한다.
④ 플런저를 뜻한다.

해설 조속기(governor)

카와 같은 속도로 움직이는 조속기로프에 의해 회전되어 항상 카의 속도를 감지하여 가속도를 검출하는 장치이다.

★★

14 다음 중 도어시스템의 종류가 아닌 것은?

① 2짝문 상하열기방식
② 2짝문 가로열기(2S)방식
③ 2짝문 중앙열기(CO)방식
④ 가로열기와 상하열기 겸용방식

해설 승강장 도어 분류

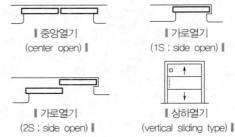

▮ 중앙열기 (center open) ▮
▮ 가로열기 (1S ; side open) ▮
▮ 가로열기 (2S ; side open) ▮
▮ 상하열기 (vertical sliding type) ▮

ㄱ 중앙열기방식 : 1CO, 2CO(센터오픈 방식, Center Open)
ㄴ 가로열기방식 : 1S, 2S, 3S(사이드오픈 방식, Side open)
ㄷ 상하열기방식
• 2매, 3매 업(up)슬라이딩 방식 : 자동차용이나 대형화물용 엘리베이터에서는 카 실을 완전히 개구할 필요가 있기 때문에 상승개폐(2up, 3up)도어를 많이 사용
• 2매, 3매 상하열림(up, down) 방식
ㄹ 여닫이 방식
• 1매 스윙, 2매 스윙(swing type) 짝문 열기
• 여닫이(스윙) 도어 : 한쪽 스윙도어, 2짝 스윙도어

★★★

15 로프식 승용승강기에 대한 사항 중 틀린 것은?

① 카 내에는 외부와 연락되는 통화장치가 있어야 한다.
② 카 내에는 용도, 적재하중(최대 정원) 및 비상 시 조치 내용의 표찰이 있어야 한다.
③ 카 바닥 끝단과 승강로 벽 사이의 거리는 150mm 초과하여야 한다.
④ 카 바닥은 수평이 유지되어야 한다.

해설 카와 카 출입구를 마주하는 벽 사이의 틈새

ㄱ 승강로의 내측 면과 카 문턱, 카 문틀 또는 카 문의 닫히는 모서리 사이의 수평거리는 0.125m 이하이어야 한다. 다만, 0.125m 이하의 수평거리는 각각의 조건에 따라 다음과 같이 적용될 수 있다.
• 수직높이가 0.5m 이하인 경우에는 0.15m까지 연장될 수 있다.

- 수직개폐식 승강장 문이 설치된 화물용인 경우, 주행로 전체에 걸쳐 0.15m까지 연장될 수 있다.
- 잠금해제구간에서만 열리는 기계적 잠금장치가 카 문에 설치된 경우에는 제한하지 않는다.
ⓛ 카 문턱과 승강장 문 문턱 사이의 수평거리는 35mm 이하이어야 한다.
ⓒ 카 문과 닫힌 승강장 문 사이의 수평거리 또는 문이 정상 작동하는 동안 문 사이의 접근거리는 0.12m 이하이어야 한다.
ⓔ 경첩이 있는 승강장 문과 접하는 카 문의 조합인 경우에는 닫힌 문 사이의 어떤 틈새에도 직경 0.15m의 구가 통과되지 않아야 한다.

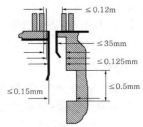

┃ 카와 카 출입구를 마주하는 벽 사이의 틈새 ┃

★★
16 트랙션권상기의 특징으로 틀린 것은?
① 소요동력이 적다.
② 행정거리의 제한이 없다.
③ 주로프 및 도르래의 마모가 일어나지 않는다.
④ 권과(지나치게 감기는 현상)를 일으키지 않는다.

해설 권상기(traction machine)

┃ 로프식 권상식(traction) ┃   ┃ 권동식 ┃

㉠ 트랙션식 권상기의 형식
- 기어드(geared)방식 : 전동기의 회전을 감속시키기 위해 기어를 부착한다.
- 무기어(gearless)방식 : 기어를 사용하지 않고, 전동기의 회전축에 권상도르래를 부착시킨다.
㉡ 트랙션식 권상기의 특징
- 균형추를 사용하기 때문에 소요 동력이 적다.
- 도르래를 사용하기 때문에 승강행정에 제한이 없다.
- 로프를 마찰로서 구동하기 때문에 지나치게 감길 위험이 없다.

★★★★★
17 균형로프(compensation rope)의 역할로 가장 알맞은 것은?
① 카의 무게를 보상
② 카의 낙하를 방지
③ 균형추의 이탈을 방지
④ 와이어로프의 무게를 보상

해설 견인비의 보상방법

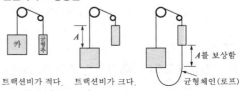

트랙션비가 적다. 트랙션비가 크다. 균형체인(로프)

㉠ 견인비(traction ratio)
- 카측 로프가 매달고 있는 중량과 균형추 로프가 매달고 있는 중량의 비를 트랙션비라 하고, 무부하와 전부하 상태에서 체크한다.
- 견인비가 낮게 선택되면 로프와 도르래 사이의 트랙션 능력, 즉 마찰력이 작아도 되며, 로프의 수명이 연장된다.
㉡ 문제점
- 승강행정이 길어지면 로프가 어느 쪽(카측, 균형추측)에 있느냐에 따라 트랙션비는 크게 변화한다.
- 트랙션비가 1.35를 초과하면 로프가 시브에서 슬립(slip)되기가 쉽다.
㉢ 대책
- 카 하부에서 균형추의 하부로 주로프와 비슷한 단위 중량의 균형(보상)체인이나 로프를 매단다(트랙션비를 작게 하기 위한 방법).
- 균형로프는 서로 엉키는 걸 방지하기 위하여 비트에 인장도르래를 설치한다.
- 균형로프는 100%의 보상효과가 있고 균형체인은 90% 정도밖에 보상하지 못한다.
- 고속·고층 엘리베이터의 경우 균형체인(소음의 원인)보다는 균형로프를 사용한다.

┃ 균형체인 ┃

★★
18 다음 중 단수(1대) 엘리베이터의 조작방식으로 관련이 없는 것은?
① 단식 자동식
② 군승합 자동식
③ 승합 전자동식
④ 하강승합 전자동식

해설 **복수 엘리베이터의 조작방식**

㉠ 군승합 자동식(2car, 3car)
- 2~3대가 병행되었을 때 사용하는 조작방식이다.
- 한 개의 승강장 버튼의 부름에 대하여 한 대의 카만 응한다.

㉡ 군관리 방식(supervisore control)
- 엘리베이터를 3~8대 병설할 때 각 카를 불필요한 동작 없이 합리적으로 운영하는 조작방식이다.
- 교통수요의 변화에 따라 카의 운전내용을 변화시켜서 대응한다(출퇴근 시, 점심식사 시간, 회의 종료 시 등).
- 엘리베이터 운영의 전체 서비스 효율을 높일 수 있다.

★★★★★

19 권상기 도르래홈에 대한 설명 중 옳지 않은 것은?

① 마찰계수의 크기는 U홈 < 언더커트 홈 < V홈 순이다.
② U홈은 로프와의 면압이 작으므로 로프의 수명은 길어진다.
③ 언더커트 홈의 중심각이 작으면 트랙션 능력이 크다.
④ 언더커트 홈은 U홈과 V홈의 중간적 특성을 갖는다.

해설 **로프의 미끄러짐과 도르래홈**

㉠ 로프가 감기는 각도(권부각)가 작을수록 미끄러지기 쉽다.
㉡ 카의 가속도와 감속도가 클수록 미끄러지기 쉽다.
㉢ 미끄러짐이 많으면 트랙션(구동력)은 작아진다.
㉣ 언더컷 홈은 라운드 홈을 사용하지 않는 도르래에 주로 사용되고 있으며 그 특징은 V홈과 U홈의 중간으로 마찰계수가 적당하며, 권부각을 개선하여 도르래 및 로프의 수명을 연장시키는 장점이 있다.
㉤ 언더컷의 마모에 의해 U홈 상태로 바뀌는 것은 면압을 감소시키고 이로 인해 마찰력이 작아져서 미끄러짐이 발생한다.

★★★

20 정지 레오나드 방식 엘리베이터의 내용으로 틀린 것은?

① 워드 레오나드 방식에 비하여 손실이 적다.
② 워드 레오나드 방식에 비하여 유지보수가 어렵다.
③ 사이리스터를 사용하여 교류를 직류로 변환한다.
④ 모터의 속도는 사이리스터의 점호각을 바꾸어 제어한다.

해설 **정지 레오나드(static leonard) 방식**

㉠ 사이리스터(thyristor)를 사용하여 교류를 직류로 변환시킴과 동시에 점호각을 제어하여 직류 전압을 제어하는 방식으로 고속 엘리베이터에 적용된다.
㉡ 워드 레오나드 방식보다 교류에서 직류로의 변환 손실이 적고, 보수가 쉽다.

★★★

21 추락을 방지하기 위한 2종 안전대의 사용법은?

① U자 걸이 전용
② 1개 걸이 전용
③ 1개 걸이, U자 걸이 겸용
④ 2개 걸이 전용

해설 **안전대의 종류**

‖ 1개 걸이 전용 안전대 ‖

‖ U자 걸이 전용 안전대 ‖

‖ 안전블록 ‖ ‖ 추락방지대 ‖

종류	등급	사용 구분
벨트식(B식), 안전그네식(H식)	1종	U자 걸이 전용
	2종	1개 걸이 전용
	3종	1개 걸이, U자 걸이 공용
	4종	안전블록
	5종	추락방지대

★★

22 다음 중 카 실내에서 검사하는 사항이 아닌 것은?

① 도어스위치의 작동상태
② 전동기 주회로의 절연저항
③ 외부와 연결하는 통화장치의 작동상태
④ 승강장 출입구 바닥 앞부분과 카 바닥 앞부분과의 틈의 너비

정답 19. ③ 20. ② 21. ② 22. ②

해설 전동기 주회로의 절연저항 검사는 기계실에서 행하는 검사이다.

★★★

23 로프식 엘리베이터의 카 틀에서 브레이스 로드의 분담 하중은 대략 어느 정도 되는가?

① $\frac{1}{8}$ ② $\frac{3}{8}$

③ $\frac{1}{3}$ ④ $\frac{1}{16}$

해설 카 틀(car frame)

㉠ 상부체대 : 카주 위에 2본의 종 프레임을 연결하고 메인 로프에 하중을 전달하는 것이다.
㉡ 카주 : 하부 프레임의 양단에서 하중을 지탱하는 2본의 기둥이다.
㉢ 하부 체대 : 카 바닥의 하부 중앙에 바닥의 하중을 받쳐주는 것이다.
㉣ 브레이스 로드(brace rod) : 카 바닥과 카주의 연결재이며, 카 바닥에 걸리는 하중은 분포하중으로 전하중의 3/8은 브레이스 로드에서 분담한다.

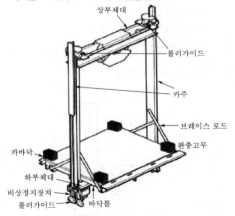

‖카 틀 및 카 바닥‖

★★

24 재해원인 분석의 개별 분석방법에 관한 설명으로 옳지 않은 것은?

① 이 방법은 재해 건수가 적은 사업장에 적용된다.
② 특수하거나 중대한 재해의 분석에 적합하다.
③ 청취에 의하여 공통 재해의 원인을 알 수 있다.
④ 개개의 재해 특유의 조사항목을 사용할 수 있다.

해설 재해원인 분석방법

㉠ 개별적 원인분석
• 개개의 재해를 하나하나 분석하는 것으로 상세하게 그 원인을 규명하는 것이다.
• 특수재해나 중대재해 및 건수가 적은 사업장 또는 개별재해 특유의 조사항목을 사용할 필요가 있을 경우에 적용한다.
㉡ 통계적 원인분석
• 각 요인의 상호관계와 분포상태 등을 거시적으로 분석하는 방법이다.
• 분석방법으로는 파레토도, 특성요인도, 클로즈분석, 관리도 등을 활용한다.

★

25 안전보호기구의 점검, 관리 및 사용방법으로 틀린 것은?

① 청결하고 습기가 없는 장소에 보관한다.
② 한 번 사용한 것은 재사용하지 않도록 한다.
③ 보호구는 항상 세척하고 완전히 건조시켜 보관한다.
④ 적어도 한달에 1회 이상 책임있는 감독자가 점검한다.

해설 보호구의 점검과 관리

보호구는 필요할 때 언제든지 사용할 수 있는 상태로 손질하여 놓아야 하며, 정기적으로 점검·관리한다.
㉠ 적어도 한달에 한 번 이상 책임 있는 감독자가 점검을 할 것
㉡ 청결하고, 습기가 없으며, 통풍이 잘되는 장소에 보관할 것
㉢ 부식성 액체, 유기용제, 기름, 화장품, 산(acid) 등과 혼합하여 보관하지 말 것
㉣ 보호구는 항상 깨끗하게 보관하고 땀 등으로 오염된 경우에는 세척하고, 건조시킨 후 보관할 것

★★

26 전기식 엘리베이터의 자체점검 중 피트에서 하는 점검항목장치가 아닌 것은?

① 완충기
② 측면구출구
③ 하부 파이널 리밋스위치
④ 조속기로프 및 기타의 당김도르래

해설 피트에서 하는 점검항목 및 주기

㉠ 1회/1월 : 피트 바닥, 과부하감지장치
㉡ 1회/3월 : 완충기, 하부 파이널 리밋스위치, 카 비상멈춤장치스위치
㉢ 1회/6월 : 조속기로프 및 기타 당김도르래, 균형로프 및 부착부, 균형추 밑부분 틈새, 이동케이블 및 부착부
㉣ 1회/12월 : 카 하부 도르래, 피트 내의 내진대책

★★
27 승강로의 점검문과 비상문에 관한 내용으로 틀린 것은?

① 이용자의 안전과 유지보수 이외에는 사용하지 않는다.

② 비상문은 폭 0.35m 이상, 높이 1.8m 이상이어야 한다.

③ 점검문 및 비상문은 승강로 내부로 열려야 한다.

④ 트랩방식의 점검문일 경우는 폭 0.5m 이하, 높이 0.5m 이하이어야 한다.

🔍해설 **점검문 및 비상문**

㉠ 승강로의 점검문 및 비상문은 이용자의 안전 또는 유지보수를 위한 용도 외에는 사용되지 않아야 한다.

㉡ 점검문은 폭 0.6m 이상, 높이 1.4m 이상이어야 한다. 다만, 트랩 방식의 문일 경우에는 폭 0.5m 이하, 높이 0.5m 이하이어야 한다.

㉢ 비상문은 폭 0.35m 이상, 높이 1.8m 이상이어야 한다.

㉣ 연속되는 승강장문의 문턱 사이 거리가 11m를 초과할 경우에는 다음 중 어느 하나에 적합하여야 한다.
- 중간에 비상문이 설치되어야 한다.
- 전기적 비상운전에 적합하고, 이 수단은 기계실, 구동기 캐비닛, 비상 및 작동시험을 위한 운전패널 설치 등의 공간에 있어야 한다.
- 서로 인접한 카에 비상구출문이 설치되어야 한다.

㉤ 점검문 및 비상문은 승강로 내부로 열리지 않아야 한다.

★★
28 재해의 직접 원인에 해당되는 것은?

① 물적 원인 ② 교육적 원인

③ 기술적 원인 ④ 작업관리상 원인

🔍해설 **산업재해 원인분류**

㉠ 직접 원인
- 불안전한 행동(인적 원인)
  - 안전장치를 제거, 무효화한다.
  - 안전조치의 불이행
  - 불안전한 상태 방치
  - 기계장치 등의 지정외 사용
  - 운전중인 기계, 장치 등의 청소, 주유, 수리, 점검 등의 실시
  - 위험장소에 접근
  - 잘못된 동작자세
  - 복장, 보호구의 잘못 사용
  - 불안전한 속도 조작
  - 운전의 실패
- 불안전한 상태(물적 원인)
  - 물(物) 자체의 결함

- 방호장치의 결함
- 작업장소 및 기계의 배치결함
- 보호구, 복장 등의 결함
- 작업환경의 결함
- 자연적 불안전한 상태
- 작업방법 및 생산공정 결함

㉡ 간접 원인
- 기술적 원인 : 기계·기구, 장비 등의 방호설비, 경계설비, 보호구 정비 등의 기술적 결함
- 교육적 원인 : 무지, 경시, 몰이해, 훈련 미숙, 나쁜 습관, 안전지식 부족 등
- 신체적 원인 : 각종 질병, 피로, 수면 부족 등
- 정신적 원인 : 태만, 반항, 불만, 초조, 긴장, 공포 등
- 관리적 원인 : 책임감의 부족, 작업기준의 불명확, 점검 보전제도의 결함, 부적절한 배치, 근로의욕 침체 등

★★
29 유압식 엘리베이터의 속도제어에서 주회로에 유량제어밸브를 삽입하여 유량을 직접 제어하는 회로는?

① 미터오프 회로

② 미터인 회로

③ 블리디오프 회로

④ 블리디아 회로

🔍해설 **미터인(meter in)회로**

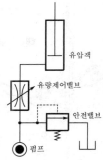

유압잭
유량제어밸브
안전밸브
펌프

┃ 미터인(meter in)회로 ┃

㉠ 유량제어밸브를 실린더의 유입측에 삽입한 것

㉡ 펌프에서 토출된 작동유는 유량제어밸브의 체크밸브를 통하지 못하고 미터링 오리피스를 통하여 유압 실린더로 보내진다.

㉢ 펌프에서는 유량제어밸브를 통과한 유량보다 많은 양의 유량을 보내게 된다.

㉣ 실린더에서는 항상 일정한 유량이 보내지기 때문에 정확한 속도제어가 가능하다.

㉤ 펌프의 압력은 항상 릴리프밸브의 설정압력과 같다.

㉥ 실린더의 부하가 작을 때도 펌프의 압력은 릴리프밸브의 설정 압력이 되어, 필요 이상의 동력을 소요해서 효율이 떨어진다.

㉦ 유량제어밸브를 열면 액추에이터의 속도는 빨라진다.

★★

30 로프의 마모 상태가 소선의 파단이 균등하게 분포되어 있는 상태에서 1구성 꼬임(1strand)의 1꼬임 피치에서 파단수가 얼마이면 교체할 시기가 되었다고 판단하는가?

① 1　　　　　　　② 2
③ 3　　　　　　　④ 5

해설 로프의 마모 및 파손 상태는 가장 심한 부분에서 검사하여 아래의 규정에 합격하여야 한다.

마모 및 파손 상태	기준
소선의 파단이 균등하게 분포되어 있는 경우	1구성 꼬임(스트랜드)의 1꼬임 피치 내에서 파단수 4 이하
파단 소선의 단면적이 원래의 소선 단면적의 70% 이하로 되어 있는 경우 또는 녹이 심한 경우	1구성 꼬임(스트랜드)의 1꼬임 피치 내에서 파단수 2 이하
소선의 파단이 1개소 또는 특정의 꼬임에 집중되어 있는 경우	소선의 파단총수가 1꼬임 피치 내에서 6꼬임 와이어로프이면 12 이하, 8꼬임 와이어로프이면 16 이하
마모 부분의 와이어로프의 지름	마모되지 않은 부분의 와이어로프 직경의 90% 이상

★★★

31 산업재해 예방의 기본원칙에 속하지 않은 것은?

① 원인규명의 원칙　　② 대책선정의 원칙
③ 손실우연의 원칙　　④ 원인연계의 원칙

해설 재해(사고) 예방의 4원칙

㉠ 손실우연의 원칙
 • 재해손실은 사고발생 조건에 따라 달라지므로, 우연에 의해 재해손실이 결정됨
 • 따라서, 우연에 의해 좌우되는 재해손실 방지보다는 사고발생 자체를 방지해야 함
㉡ 예방가능의 원칙
 • 천재를 제외한 모든 인재는 예방이 가능함
 • 사고발생 후 조치보다 사고의 발생을 미연에 방지하는 것이 중요함
㉢ 원인연계의 원칙
 • 사고와 손실은 우연이지만, 사고와 원인은 필연
 • 재해는 반드시 원인이 있음
㉣ 대책선정의 원칙
 • 재해 원인은 제각각이므로 정확히 규명하여 대책을 선정하여야 함
 • 재해예방의 대책은 3E(Engineering, Education, Enforcement)가 모두 적용되어야 효과를 거둠

★★★★★

32 다음 중 에스컬레이터의 일반구조에 대한 설명으로 틀린 것은?

① 일반적으로 경사도는 30도 이하로 하여야 한다.
② 핸드레일의 속도가 디딤바닥과 동일한 속도를 유지하도록 한다.
③ 디딤바닥의 정격속도는 0.5m/s 이상이어야 한다.
④ 물건이 에스컬레이터의 각 부분에 끼이거나 부딪치는 일이 없도록 안전한 구조이어야 한다.

해설 에스컬레이터의 일반구조

㉠ 에스컬레이터 및 무빙워크의 경사도
 • 에스컬레이터의 경사도는 30°를 초과하지 않아야 한다. 다만, 높이가 6m 이하이고 공칭속도가 0.5m/s 이하인 경우에는 경사도를 35°까지 증가시킬 수 있다.
 • 무빙워크의 경사도는 12° 이하이어야 한다.
㉡ 핸드레일 시스템의 일반사항
 • 각 난간의 꼭대기에는 정상운행 조건하에서 스텝, 팔레트 또는 벨트의 실제 속도와 관련하여 동일 방향으로 −0%에서 +2%의 공차가 있는 속도로 움직이는 핸드레일이 설치되어야 한다.
 • 핸드레일은 정상운행 중 운행방향의 반대편에서 450N의 힘으로 당겨도 정지되지 않아야 한다.
 • 핸드레일 속도감시장치가 설치되어야 하고 에스컬레이터 또는 무빙워크가 운행하는 동안 핸드레일 속도가 15초 이상 동안 실제 속도보다 −15% 이상 차이가 발생하면 에스컬레이터 및 무빙워크를 정지시켜야 한다.

★★

33 유압식 엘리베이터에서 고장 수리할 때 가장 먼저 차단해야 할 밸브는?

① 체크밸브　　　　② 스톱밸브
③ 복합밸브　　　　④ 다운밸브

해설 스톱밸브(stop valve)

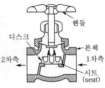

유압 파워유닛과 실린더 사이의 압력배관에 설치되며, 이것을 닫으면 실린더의 기름이 파워유닛으로 역류하는 것을 방지한다. 유압장치의 보수, 점검 또는 수리 등을 할 때에 사용되며, 일명 게이트밸브라고도 한다.

★★★

34 승강기 정밀안전 검사기준에서 전기식 엘리베이터 주로프의 끝부분은 몇 가닥마다 로프소켓에 배빗 채움을 하거나 체결식 로프소켓을 사용하여 고정하여야 하는가?

① 1가닥   ② 2가닥

③ 3가닥   ④ 5가닥

해설 **배빗 소켓의 단말 처리**

주로프 끝단의 단말 처리는 각 개의 가닥마다 강재로 된 와이어소켓에 배빗체결에 의한 소켓팅을 하여 빠지지 않도록 한다. 올바른 소켓팅 작업방법에 의하여 로프 자체의 판단강도와 동등 이상의 강도를 소켓팅부에 확보하는 것이 필요하다.

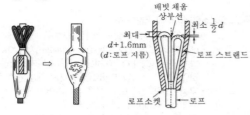

★★

35 사업장에서 승강기의 조립 또는 해체작업을 할 때 조치해야 할 사항과 거리가 먼 것은?

① 작업을 지휘하는 자를 선임하여 지휘자의 책임하에 작업을 실시할 것

② 작업할 구역에는 관계근로자 외의 자의 출입을 금지시킬 것

③ 기상 상태의 불안정으로 인하여 날씨가 몹시 나쁠 때에는 그 작업을 중지시킬 것

④ 사용자의 편의를 위하여 야간작업을 하도록 할 것

해설 **승강기의 조립 또는 해체작업을 할 때 조치**

㉠ 사업주는 사업장에 승강기의 설치·조립·수리·점검 또는 해체작업을 하는 경우 다음의 조치를 하여야 한다.
- 작업을 지휘하는 사람을 선임하여 그 사람의 지휘하에 작업을 실시할 것
- 작업구역에 관계근로자가 아닌 사람의 출입을 금지하고 그 취지를 보기 쉬운 장소에 표시할 것
- 비, 눈, 그 밖에 기상 상태의 불안정으로 날씨가 몹시 나쁜 경우에는 그 작업을 중지시킬 것

㉡ 사업주는 작업을 지휘하는 사람에게 다음의 사항을 이행하도록 하여야 한다.
- 작업방법과 근로자의 배치를 결정하고 해당 작업을 지휘하는 일
- 재료의 결함 유무 또는 기구 및 공구의 기능을 점검하고 불량품을 제거하는 일
- 작업 중 안전대 등 보호구의 착용상황을 감시하는 일

★

36 엘리베이터가 가동 중일 때 회전하지 않는 것은 어느 것인가?

① 주 시브(main sheave)

② 조속기 텐션 시브(governor tension sheave)

③ 브레이크 라이닝(brake lining)

④ 브레이크 드럼(brake drum)

해설 **브레이크 라이닝(brake lining)**

브레이크 드럼과 직접 접촉하여 브레이크 드럼의 회전을 멎게 하고 운동에너지를 열에너지로 바꾸는 마찰재이다. 브레이크 드럼으로부터 열에너지가 발산되어, 브레이크 라이닝의 온도가 높아져도 타지 않으며 마찰계수의 변화가 적은 라이닝이 좋다.

★★

37 작업의 특수성으로 인해 발생하는 직업병으로서 작업 조건에 의하지 않은 것은?

① 먼지   ② 유해가스

③ 소음   ④ 작업 자세

해설 **직업병**

㉠ 근골격계질환, 소음성 난청, 복사열 등 물리적 원인
㉡ 중금속 중독, 유기용제 중독, 진폐증 등 화학적 원인
㉢ 세균 공기 오염 등 생물학적 원인
㉣ 스트레스, 과로 등 정신적 원인

★★

38 피트 내에서 행하는 검사가 아닌 것은?

① 피트스위치 동작 여부

② 하부 파이널스위치 동작 여부

③ 완충기 취부 상태 양호 여부

④ 상부 파이널스위치 동작 여부

해설 ㉠ 상부 리밋스위치의 설치 상태 : 카 위에서 하는 검사
㉡ 하부 리밋스위치의 설치 상태 : 피트에서 하는 검사

39 재해조사의 목적으로 가장 거리가 먼 것은?

① 재해에 알맞은 시정책 강구
② 근로자의 복리후생을 위하여
③ 동종재해 및 유사재해 재발방지
④ 재해 구성요소를 조사, 분석, 검토하고 그
자료를 활용하기 위하여

해설 재해조사의 목적

재해의 원인과 자체의 결함 등을 규명함으로써 동종재해 및 유사재해의 발생을 막기 위한 예방대책을 강구하기 위해서 실시한다. 또한 재해조사는 조사하는 것이 목적이 아니며, 또 관계자의 책임을 추궁하는 것이 목적도 아니다. 재해조사에서 중요한 것은 재해원인에 대한 사실을 알아내는 데 있다.

40 다음 중 정기점검에 해당되는 점검은?

① 일상점검　　② 월간점검
③ 수시점검　　④ 특별점검

해설 안전점검의 종류

㉠ 정기점검 : 일정 기간마다 정기적으로 실시하는 점검을 말하며, 매주, 매월, 매분기 등 법적 기준에 맞도록 또는 자체 기준에 따라 해당 책임자가 실시하는 점검
㉡ 수시점검(일상점검) : 매일 작업 전, 작업 중, 작업 후에 일상적으로 실시하는 점검을 말하며, 작업자, 작업책임자, 관리감독자가 행하는 사업주의 순찰도 넓은 의미에서 포함
㉢ 특별점검 : 기계·기구 또는 설비의 신설·변경 또는 고장 수리 등으로 비정기적인 특정 점검을 말하며 기술책임자가 행함
㉣ 임시점검 : 기계·기구 또는 설비의 이상 발견 시에 임시로 실시하는 점검을 말하며, 정기점검 실시 후 다음 정기점검일 이전에 임시로 실시하는 점검

41 50μF의 콘덴서에 200V, 60Hz의 교류전압을 인가했을 때 흐르는 전류(A)는?

① 약 2.56　　② 약 3.77
③ 약 4.56　　④ 약 5.28

해설 $X_C = \dfrac{1}{\omega C} = \dfrac{1}{2\pi f C}$

$= \dfrac{1}{2\pi \times 60 \times 50 \times 10^{-6}} ≒ 53$

$I = \dfrac{V}{X_C} = \dfrac{200}{53} ≒ 3.77A$

42 직류 분권전동기에서 보극의 역할은?

① 회전수를 일정하게 한다.
② 기동토크를 증가시킨다.
③ 정류를 양호하게 한다.
④ 회전력을 증가시킨다.

해설 전기자 반작용

전기자 전류에 의한 기자력이 주자속의 분포에 영향을 미치는 현상
㉠ 전기자 반작용의 방지법
　• 브러시 위치를 전기적 중성점으로 이동시킨다.
　• 보상권선을 설치한다.
　• 보극을 설치한다.
㉡ 보극의 역할
　• 전기자가 만드는 자속을 상쇄(전기자반작용 상쇄 역할)한다.
　• 전압 정류를 하기 위한 정류자속을 발생시킨다.

43 전류의 열작용과 관계있는 법칙은?

① 옴의 법칙
② 줄의 법칙
③ 플레밍의 법칙
④ 키르히호프의 법칙

해설 줄의 법칙(Joule's law)

㉠ 전열기에 전압을 가하여 전류를 흘리면 열이 발생하는 발열현상은 큰 저항체인 전열선에 전류가 흐를 때 열이 발생하는 것이며, 줄의 법칙에 의하면 전류에 의해서 매초 발생하는 열량은 전류의 2승과 저항의 곱에 비례하고 단위는 줄(Joule, 기호 J)이나 칼로리(cal)를 사용한다.
㉡ $I(A)$의 전류가 저항이 $R(\Omega)$인 도체에 t초 동안 흐를 때 그 도체의 발생하는 열에너지 H는 다음과 같다.
　$H = I^2 R t$ (J)
㉢ 열에너지 H를 cal로 표시하면, 다음과 같다.
　$H = \dfrac{I^2 R t}{4.148} ≒ 0.24 I^2 R t$ (cal)

44 나사의 호칭이 M10일 때, 다음 설명 중 옳은 것은?

① 나사의 길이 10mm
② 나사의 반지름 10mm
③ 나사의 피치 1mm
④ 나사의 외경 10mm

해설 M10

원주 피치
피치원의 지름

㉠ 호칭경은 수나사의 바깥지름(외경)의 굵기로 표시하며, 미터계 나사의 경우 지름 앞에 M자를 붙여 사용한다.
㉡ 피치란 나사산과 산의 거리를 말하며, 1회전 시 전진거리를 의미하기도 한다.

★★★★

45 배선용 차단기의 영문 문자기호는?

① S
② DS
③ THR
④ MCCB

해설 배선용 차단기(Molded Case Circuit Breaker)는 저압 옥내전로의 보호를 위하여 사용하며 개폐기구, 트립장치 등을 절연물의 용기 내에 조립한 것으로 통전상태의 전로를 수동 또는 전기 조작에 의하여 개폐가 가능하고 과부하, 단락사고 시 자동으로 전로를 차단하는 기구이다.

★★★★★

46 그림과 같이 자기장 안에서 도선에 전류가 흐를 때 도선에 작용하는 힘의 방향은? (단, 전선 가운데 점 표시는 전류의 방향을 나타냄)

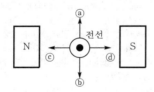

① ⓐ방향
② ⓑ방향
③ ⓒ방향
④ ⓓ방향

해설 플레밍의 왼손 법칙

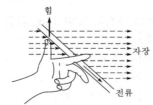

㉠ 자기장 내의 도선에 전류가 흐름 → 도선에 운동력 발생 (전기에너지 → 운동에너지) : 전동기

㉡ 집게손가락(자장의 방향, N → S), 가운데 손가락(전류의 방향), 엄지손가락(힘의 방향)
㉢ ⊗는 지면으로 들어가는 전류의 방향, ⊙는 지면에서 나오는 전류의 방향을 표시하는 부호이다.
㉣ 힘은 ⓐ방향이 된다.

★★★★

47 A, B는 입력, X를 출력이라 할 때 OR회로의 논리식은?

① $\overline{A} = X$
② $A \cdot B = X$
③ $A + B = X$
④ $\overline{A \cdot B} = X$

해설 논리합(OR)회로

하나의 입력만 있어도 출력이 나타나는 회로이며, 'A' OR 'B' 즉, 병렬회로이다.

A ─┐
B ─┘─ X

$X = A + B$
(논리합)

(a) 논리기호
(b) 논리식
(c) 스위치회로(병렬)

입력		출력
A	B	X
0	0	0
0	1	1
1	0	1
1	1	1

접점 A 혹은 B가 닫히면 X가 동작하고 접점 출력 X가 닫혀 부하 ⓛ을 동작시킨다.

(d) 릴레이회로
(e) 진리표
(f) 동작시간표

★★★★★

48 10Ω과 15Ω의 저항을 병렬로 연결하고 50A의 전류를 흘렸다면, 10Ω의 저항쪽에 흐르는 전류는 몇 A인가?

① 10
② 15
③ 20
④ 30

해설 ㉠ R_T(합성저항) $= \dfrac{R_1 \times R_2}{R_1 + R_2} = \dfrac{10 \times 15}{10 + 15} = 6\Omega$

㉡ V(전압) $= I_T \times R_T = 50 \times 6 = 300V$

㉢ $I_{R_1} = \dfrac{V}{R_1} = \dfrac{300}{10} = 30A$

㉣ $I_{R_2} = \dfrac{V}{R_2} = \dfrac{300}{15} = 20A$

★★

49 하중의 시간변화에 따른 분류가 아닌 것은?

① 충격하중
② 반복하중
③ 전단하중
④ 교번하중

해설 **하중**

　⊙ 하중의 작용 상태에 따른 분류
　　• 인장하중
　　• 압축하중
　　• 전단하중
　　• 굽힘하중
　　• 비틀림하중
　⊙ 하중의 분포 상태에 따른 분류
　　• 집중하중
　　• 분포하중
　⊙ 하중값의 시간변화에 따른 분류
　　• 정하중
　　• 동하중(충격하중, 반복하중, 교번하중)

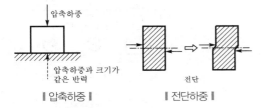

|압축하중| 　　　　|전단하중|

★★
50 변형률이 가장 큰 것은?

① 비례한도　　　　② 인장 최대하중
③ 탄성한도　　　　④ 항복점

해설 **후크의 법칙**

재료의 '응력값은 어느 한도(비례한도) 이내에서는 응력과 이로 인해 생기는 변형률은 비례한다.'는 것이 후크의 법칙이다.

응력도(σ)=탄성(영 : Young)계수(E)×변형도(ε)

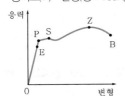

E : 탄성한계
P : 비례한계
S : 항복점
Z : 종국응력(인장 최대하중)
B : 파괴점(재료에 따라서는 E와 P가 일치한다.)

★★★★
51 다음 회로에서 A, B간의 합성용량은 몇 μF인가?

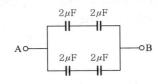

① 2　　　　　　② 4
③ 8　　　　　　④ 16

해설 ⊙ 2μF와 2μF가 직렬로 연결된 등가회로이므로 합성용량은 다음과 같다.

$$C_{T_1} = \frac{2 \times 2}{2+2} = 1\mu F$$

⊙ 1μF와 1μF가 병렬로 연결된 등가회로이므로 합성용량은 다음과 같다.

$$C_{T_2} = C_{T_1} + C_{T_1} = 1 + 1 = 2\mu F$$

★★★★
52 다음 중 전압계에 대한 설명으로 옳은 것은?

① 부하와 병렬로 연결한다.
② 부하와 직렬로 연결한다.
③ 전압계는 극성이 없다.
④ 교류전압계에는 극성이 있다.

해설 **전압 및 전류 측정방법**

입·출력 전압 또는 회로에 공급되는 전압의 측정은 전압계를 회로에 병렬로 연결하고, 전류를 측정하려면 전류계는 회로에 직렬로 연결하여야 한다.

★★
53 안전율의 정의로 옳은 것은?

① $\dfrac{\text{허용응력}}{\text{극한강도}}$　　② $\dfrac{\text{극한강도}}{\text{허용응력}}$

③ $\dfrac{\text{허용응력}}{\text{탄성한도}}$　　④ $\dfrac{\text{탄성한도}}{\text{허용응력}}$

해설 **안전율(safety factor)**

⊙ 제한하중보다 큰 하중을 사용할 가능성이나 재료의 고르지 못함, 제조공정에서 생기는 제품품질의 불균일, 사용 중의 마모·부식 때문에 약해지거나 설계 자료의 신뢰성에 대한 불안에 대비하여 사용하는 설계계수를 말한다.
⊙ 구조물의 안전을 유지하는 정도, 즉 파괴(극한)강도를 그 허용응력으로 나눈 값을 말한다.

★★★
54 회전축에 가해지는 하중이 마찰저항을 적게 받도록 지지하여 주는 기계요소는?

① 클러치　　　　② 베어링
③ 커플링　　　　④ 축

해설 베어링은 회전운동 또는 왕복운동을 하는 축을 일정한 위치에 떠받들어 자유롭게 움직이게 하는 기계요소의 하나로, 빠른 운동에 따른 마찰을 줄이는 역할을 한다.

★★★★★

55 인덕턴스가 5mH인 코일에 50Hz의 교류를 사용할 때 유도리액턴스는 약 몇 Ω인가?

① 1.57
② 2.50
③ 2.53
④ 3.14

🔑해설 **유도성 리액턴스**

$$X_L = \omega L = 2\pi f L (\Omega)$$
$$X_L = 2\pi f L = 2\pi \times 50 \times 5 \times 10^{-3} = 1.57\Omega$$

★★★★

56 저항 100Ω에 5A의 전류가 흐르게 하는 데 필요한 전압은 얼마인가?

① 500V
② 400V
③ 300V
④ 220V

🔑해설 **옴의 법칙**

㉠ 전기저항(electric resistance)
- 전기회로에 전류가 흐를 때 전류의 흐름을 방해하는 작용이 있는데, 그 방해하는 정도를 나타내는 상수를 전기저항 R 또는 저항이라고 한다.
- 1V의 전압을 가해서 1A의 전류가 흐르는 저항값을 1옴(ohm), 기호는 Ω이라고 한다.

㉡ 옴의 법칙
- 도체에 전압이 가해졌을 때 흐르는 전류의 크기는 도체의 저항에 반비례하므로 가해진 전압을 $V(V)$, 전류 $I(A)$, 도체의 저항을 $R(\Omega)$이라고 하면
$$I = \frac{V}{R}(A), \quad V = IR(V), \quad R = \frac{V}{I}(\Omega)$$
- 저항 $R(\Omega)$에 전류 $I(A)$가 흐를 때 저항 양단에는 $V = IR(V)$의 전위차가 생기며, 이것을 전압강하라고 한다.
$$V = IR = 5 \times 100 = 500V$$

★★★

57 그림과 같은 심벌의 명칭은?

① TRIAC
② SCR
③ DIODE
④ DIAC

🔑해설 **실리콘제어정류기**(Silicon Controlled Rectifier ; SCR)

전류를 제어하는 기능을 가진 반도체소자이며, 실리콘반도체로 만들어진 전력용 삼단자 스위칭 소자로 제어전극에 의해 오프(off)상태에서 온(on)상태로 바꾸는 것이 가능하다.

★★★

58 전기기기의 충전부와 외함 사이의 저항은 어떤 저항인가?

① 브리지저항
② 접지저항
③ 접촉저항
④ 절연저항

🔑해설 전로 및 기기 등을 사용하다보면 기기의 노화 등 그밖의 원인으로 절연성능이 저하되고, 절연열화가 진행되면 결국은 누전 등의 사고를 발생하여 화재나 그 밖의 중대 사고를 일으킬 우려가 있으므로 절연저항계(메거)로 절연저항측정 및 절연진단이 필요하다.

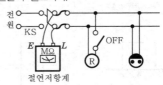

‖ 전기회로의 절연저항 측정 ‖

‖ 전기기기의 절연저항 측정 ‖

★★★

59 측정계기의 오차의 원인 가운데 장시간 통전 등에 의한 스프링의 탄성피로에 의하여 생기는 오차를 보정하는 방법으로 가장 알맞은 것은?

① 정전기 제거
② 자기 가열
③ 저항 접속
④ 영점 조정

🔑해설 영점 조정은 작은 전기적 또는 기계적 변경으로 인한 편차를 제거하기 위한 보정방법이다.

★★★★★

60 어떤 백열전등에 100V의 전압을 가하면 0.2A의 전류가 흐른다. 이 전등의 소비전력은 몇 W인가? (단, 부하의 역률은 1)

① 10
② 20
③ 30
④ 40

🔑해설 $P = VI\cos\theta = 100 \times 0.2 \times 1 = 20W$

※ 본 문제는 수험생들의 협조에 의해 작성되었으며, 시험내용과 일부 다를 수 있습니다.

★★★★★

01 T형 가이드레일의 공칭규격이 아닌 것은?

① 8K   ② 14K

③ 18K   ④ 24K

해설 **가이드레일의 규격**

㉠ 레일 규격의 호칭은 마무리 가공전 소재의 1m당의 중량으로 한다.

㉡ 일반적으로 쓰는 T형 레일의 공칭은 8, 13, 18, 24K 등이 있다.

㉢ 대용량의 엘리베이터에서는 37, 50K 레일 등도 사용한다.

㉣ 레일의 표준길이는 5m로 한다.

★★★

02 화재 시 소화 및 구조활동에 적합하게 제작된 엘리베이터는?

① 덤웨이터

② 비상용 엘리베이터

③ 전망용 엘리베이터

④ 승객·화물용 엘리베이터

해설 **비상용 엘리베이터**

㉠ 전기·전자적 조작장치 및 표시기는 구조물에 요구되는 기간 동안(2시간 이상) 0℃에서 65℃까지의 주위 온도 범위에서 작동될 때 카가 위치한 곳을 감지할 수 있도록 기능이 지속되어야 한다.

㉡ 방화구획 된 로비가 아닌 곳에서 비상용 엘리베이터의 모든 다른 전기·전자 부품은 0℃에서 40℃까지의 주위 온도 범위에서 정확하게 기능하도록 설계되어야 한다.

㉢ 엘리베이터 제어의 정확한 기능은 건축물에 요구되는 기간 동안(2시간 이상) 연기가 가득 찬 승강로 및 기계실에서 보장되어야 한다.

★★★

03 조속기(governor)의 작동 상태를 잘못 설명한 것은?

① 카가 하강 과속하는 경우에는 일정 속도를 초과하기 전에 조속기스위치가 동작해야 한다.

② 조속기의 캐치는 일단 동작하고 난 후 자동으로 복귀되어서는 안 된다.

③ 조속기의 스위치는 작동 후 자동 복귀된다.

④ 조속기로프가 장력을 잃게 되면 전동기의 주회로를 차단시키는 경우도 있다.

해설 **조속기(governor)의 원리**

㉠ 조속기풀리와 카를 조속기로프로 연결하면, 카가 움직일 때 조속기풀리도 카와 같은 속도, 같은 방향으로 움직인다.

㉡ 어떤 비정상적인 원인으로 카의 속도가 빨라지면 조속기링크에 연결된 무게추(weight)가 원심력에 의해 풀리 바깥쪽으로 벗어나면서 과속을 감지한다.

㉢ 미리 설정된 속도에서 과속(조속기)스위치와 제동기(brake)로 카를 정지시킨다.

㉣ 만약 엘리베이터가 정지하지 않고 속도가 계속 증가하면 조속기의 캐치(catch)가 동작하여 조속기로프를 붙잡고 결국은 비상정지장치를 작동시켜서 엘리베이터를 정지시킨다.

㉤ 비상정지장치가 작동된 후 정상 복귀는 전문가(유지보수업자 등)의 개입이 요구되어야 한다.

‖ 제동기 ‖

★★

04 승강기의 제어반에서 점검할 수 없는 것은?

① 전동기 회로의 절연 상태

② 주접촉자의 접촉 상태

③ 결선단자의 조임 상태

④ 조속기스위치의 작동 상태

해설 제어반(control panel) 보수점검 항목

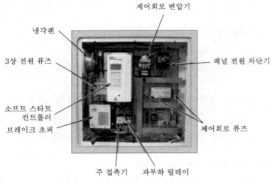

제어회로 변압기
냉각팬
3상 전원 퓨즈
패널 전원 차단기
소프트 스타트 컨트롤러
브레이크 초퍼
제어회로 퓨즈
주 접촉기 과부하 릴레이

‖ 제어반 ‖

- ㉠ 소음, 발열, 진동의 과도 여부
- ㉡ 각 접점의 마모 및 작동 상태
- ㉢ 제어반 수직도, 조립볼트 취부 및 이완 상태
- ㉣ 리드선 및 배선정리 상태
- ㉤ 접촉기와 계전기류 이상 유무
- ㉥ 저항기의 불량 유무
- ㉦ 전선 결선의 이완 유무
- ㉧ 퓨즈(fuse) 이완 유무 및 동선 사용 유무
- ㉨ 접지선 접속 상태
- ㉩ 절연저항 측정
- ㉪ 불필요한 점퍼(jumper)선 유무
- ㉫ 절연물, 아크(ark) 방지기, 코일 소손 및 파손 여부
- ㉬ 청소 상태

★★★

05 승객용 엘리베이터에서 일반적으로 균형체인 대신 균형로프를 사용하는 정격속도의 범위는?

① 120m/min 이상
② 120m/min 미만
③ 150m/min 이상
④ 150m/min 미만

해설 균형체인

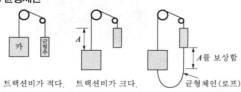

카 균형추
A
A를 보상함
균형체인(로프)

트랙션비가 적다. 트랙션비가 크다.

로프식 엘리베이터의 승강행정이 길어지면 로프가 어느 쪽(카측, 균형추측)에 있느냐에 따라 트랙션(견인력)비는 커져 와이어로프의 수명 및 전동기용량 등에 문제가 발생한다. 이런 문제의 해결방법으로 카 하부에서 균형추의 하부로 주로프와 비슷한 단위중량의 균형체인을 사용하여 90% 정도의 보상을 하지만, 고층용 엘리베이터의 경우 균형(보상)체인은 소음이 발생하므로 엘리베이터의 속도가 120m/min 이상에는 균형(보상)로프를 사용한다.

★★★

06 VVVF(Variable Voltage Variable Frequency) 제어의 설명으로 옳지 않은 것은?

① 전동기는 직류전동기가 사용된다.
② 전압과 주파수를 동시에 제어할 수 있다.
③ 컨버터(converter)와 인버터(inverter)로 구성되어 있다.
④ PAM 제어방식과 PWM 제어방식이 있다.

해설 VVVF(가변전압 가변주파수) 제어방식의 원리

- ㉠ 유도전동기에 인가되는 전압과 주파수를 동시에 변환시켜 직류전동기와 동등한 제어성능을 얻을 수 있는 방식이다.
- ㉡ 직류전동기를 사용하고 있던 고속 엘리베이터에도 유도전동기를 적용하여 보수가 용이하고, 전력회생을 통해 에너지가 절약된다.
- ㉢ 중·저속 엘리베이터(궤환제어)에서는 승차감과 성능이 크게 향상되고 저속영역에서 손실을 줄여 소비전력이 약 반으로 줄어든다.
- ㉣ 3상의 교류는 컨버터로 일단 DC전원으로 변환하고 인버터로 재차 가변전압 및 가변주파수의 3상 교류로 변환하여 전동기에 공급된다.
- ㉤ 교류에서 직류로 변경되는 컨버터에는 사이리스터가 사용되고, 직류에서 교류로 변경하는 인버터에는 트랜지스터가 사용된다.
- ㉥ 컨버터 제어방식을 PAM(Pulse Amplitude Modulation), 인버터 제어방식을 PWM(Pulse Width Modulation)시스템이라고 한다.

★★★

07 다음 중 에스컬레이터의 종류를 수송 능력별로 구분한 형태로 옳은 것은?

① 1,200형과 900형
② 1,200형과 800형
③ 900형과 800형
④ 800형과 600형

해설 에스컬레이터(escalator)의 난간폭에 의한 분류

‖ 난간폭 ‖

정답 05. ① 06. ① 07. ②

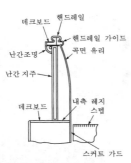

▮ 난간의 구조 ▮

㉠ 난간폭 1,200형 : 수송능력 9,000명/h
㉡ 난간폭 800형 : 수송능력 6,000명/h

★★
08 조속기로프의 공칭직경은 몇 mm 이상이어야 하는가?

① 5　　　　　　② 6
③ 7　　　　　　④ 8

해설 **조속기로프**

㉠ 조속기로프의 최소 파단하중은 조속기가 작동될 때 권상 형식의 조속기에 대해 8 이상의 안전율로 조속기로프에 생성되는 인장력에 관계되어야 한다.
㉡ 조속기로프의 공칭직경은 6mm 이상이어야 한다.
㉢ 조속기로프 풀리의 피치직경과 조속기로프의 공칭직경 사이의 비는 30 이상이어야 한다.
㉣ 조속기로프 및 관련 부속부품은 비상정지장치가 작동하는 동안 제동거리가 정상적일 때보다 더 길더라도 손상되지 않아야 한다.
㉤ 조속기로프는 비상정지장치로부터 쉽게 분리될 수 있어야 한다.

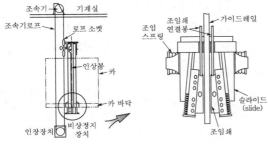

▮ 조속기와 비상정지장치의 연결 모습 ▮

★★★★
09 에스컬레이터에 전원의 일부가 결상되거나 전동기의 토크가 부족하였을 때 상승운전 중 하강을 방지하기 위한 안전장치는?

① 조속기
② 스커트 가드 스위치
③ 구동체인 안전장치
④ 핸드레일 안전장치

해설 **조속기(overspeed governor)**

모터의 토크가 부족(인원 초과, 전원의 일부 결여)하여 상승 중 하강을 하거나, 하강운전의 속도가 상승하는 것을 제어하기 위하여 조속기를 설치한다.

★★
10 승객용 엘리베이터에서 자동으로 동력에 의해 문을 닫는 방식에서의 문닫힘 안전장치의 기준에 부적합한 것은?

① 문닫힘동작 시 사람 또는 물건이 끼일 때 문이 반전하여 열려야 한다.
② 문닫힘 안전장치 연결전선이 끊어지면 문이 반전하여 닫혀야 한다.
③ 문닫힘 안전장치의 종류에는 세이프티 슈, 광전장치, 초음파장치 등이 있다.
④ 문닫힘 안전장치는 카 문이나 승강장 문에 설치되어야 한다.

해설 **문 작동과 관련된 보호**

㉠ 문이 닫히는 동안 사람이 끼이거나 끼이려고 할 때 자동으로 문이 반전되어 열리는 문닫힘 안전장치가 있어야 한다.
㉡ 문닫힘 동작 시 사람 또는 물건이 끼이거나 문닫힘 안전장치 연결전선이 끊어지면 문이 반전하여 열리도록 하는 문닫힘 안전장치(세이프티 슈·광전장치·초음파장치 등)가 카 문이나 승강장 문 또는 양쪽 문에 설치되어야 하며, 그 작동 상태는 양호하여야 한다.

▮ 세이프티 슈 설치 상태 ▮

▮ 광전장치 ▮

㉢ 승강장 문이 카 문과의 연동에 의해 열리는 방식에서는 자동적으로 승강장의 문이 닫히는 쪽으로 힘을 작용시키는 장치이다.
㉣ 엘리베이터가 정지한 상태에서 출입문의 닫힘동작에 우선하여 카 내에서 문을 열 수 있도록 하는 장치이다.

★★★★★
11 승강기가 최하층을 통과했을 때 주전원을 차단시켜 승강기를 정지시키는 것은?

① 완충기
② 조속기
③ 비상정지장치
④ 파이널 리밋스위치

▶해설 **파이널 리밋스위치(final limit switch)**

㉠ 리밋스위치가 작동되지 않을 경우를 대비하여 리밋스위치를 지난 적당한 위치에 카가 현저히 지나치는 것을 방지하는 스위치이다.

㉡ 전동기 및 브레이크에 공급되는 전원회로의 확실한 기계적 분리에 의해 직접 개방되어야 한다.

㉢ 완충기에 충돌되기 전에 작동하여야 하며, 슬로다운 스위치에 의하여 정지되면 작용하지 않도록 설정한다.

㉣ 파이널 리밋스위치의 작동 후에는 엘리베이터의 정상운행을 위해 자동으로 복귀되지 않아야 한다.

▌리밋스위치▐

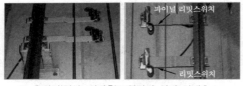

▌리밋(최상, 최하층)스위치의 설치 상태▐

★★★★
12 압력맥동이 적고 소음이 적어서 유압식 엘리베이터에 주로 사용되는 펌프는?

① 기어펌프
② 베인펌프
③ 스크루펌프
④ 릴리프펌프

▶해설 **펌프의 종류**

㉠ 일반적으로 원심력식, 가변 토출량식, 강제 송유식(가장 많이 사용됨) 등이 있다.

㉡ 강제 송유식의 종류에는 기어펌프, 베인펌프, 스크루펌프(소음이 적어서 많이 사용됨) 등이 있다.

㉢ 스크루펌프(screw pump)는 케이싱 내에 1~3개의 나사 모양의 회전자를 회전시키고, 유체는 그 사이를 채워서 나아가도록 되어 있는 펌프로서, 유체에 회전운동을 주지 않기 때문에 운전이 조용하고, 효율도 높아서 유압용 펌프에 사용되고 있다.

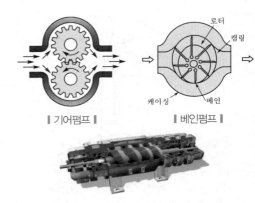

▌기어펌프▐ ▌베인펌프▐

▌스크루펌프▐

★★★
13 비상정지장치 FWC(Flexible Wedge Clamp)형의 그래프는?

①
②
③
④

▶해설 **플렉시블 웨지 클램프(Flexible Wedge Clamp ; FWC)형**

레일을 죄는 힘이 처음에는 약하고 하강함에 따라 강하다가 얼마 후 일정치에 도달한다.

★★★★
14 승강기 정밀안전 검사기준에서 전기식 엘리베이터 주로프의 끝 부분은 몇 가닥마다 로프소켓에 배빗 채움을 하거나 체결식 로프소켓을 사용하여 고정하여야 하는가?

① 1가닥
② 2가닥
③ 3가닥
④ 5가닥

▶해설 **배빗 소켓의 단말 처리**

주로프 끝단의 단말 처리는 각 개의 가닥마다 강재로 된 와이어소켓에 배빗체결에 의한 소켓팅을 하여 빠지지 않도록 한다. 올바른 소켓팅 작업방법에 의하여 로프 자체의 파단강도와 동등 이상의 강도를 소켓팅부에 확보하는 것이 필요하다.

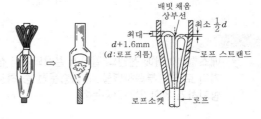

★★

15 엘리베이터의 도어머신에 요구되는 성능과 거리가 먼 것은?

① 보수가 용이할 것
② 가격이 저렴할 것
③ 직류모터만 사용할 것
④ 작동이 원활하고 정숙할 것

해설 도어머신(door machine)에 요구되는 조건

모터의 회전을 감속하여 암이나 로프 등을 구동시켜서 도어를 개폐시키는 것이며, 닫힌 상태에서 정전으로 갇혔을 때 구출을 위해 문을 손으로 열 수가 있어야 한다.

㉠ 작동이 원활하고 조용할 것
㉡ 카 상부에 설치하기 위해 소형 경량일 것
㉢ 동작횟수가 엘리베이터 기동횟수의 2배가 되므로 보수가 용이할 것
㉣ 가격이 저렴할 것

★★★★★

16 엘리베이터용 가이드레일의 역할이 아닌 것은?

① 카와 균형추의 승강로 내 위치 규제
② 승강로의 기계적 강도를 보강해 주는 역할
③ 카의 자중이나 화물에 의한 카의 기울어짐 방지
④ 집중하중이나 비상정지장치 작동 시 수직하중 유지

해설 가이드레일(guide rail)

㉠ 가이드레일의 사용 목적
 • 카와 균형추의 승강로 평면 내의 위치를 규제한다.
 • 카의 자중이나 화물에 의한 카의 기울어짐을 방지한다.
 • 비상멈춤이 작동할 때의 수직하중을 유지한다.

가이드레일

㉡ 가이드레일의 규격
 • 레일 규격의 호칭은 마무리 가공 전 소재의 1m당의 중량으로 한다.
 • 일반적으로 쓰는 T형 레일의 공칭에는 8, 13, 18, 24K 등이 있다.
 • 대용량의 엘리베이터에서는 37, 50K 레일 등도 사용한다.
 • 레일의 표준길이는 5m로 한다.

★★

17 유압식 엘리베이터의 전동기 구동기간은?

① 상승 시에만 구동한다.
② 하강 시에만 구동한다.
③ 상승 시와 하강 시 모두 구동된다.
④ 부하의 조건에 따라 상승 시 또는 하강 시에 구동된다.

해설 유압식 엘리베이터는 모터로 펌프를 구동하여 압력을 가한 기름을 실린더 내에 보내고 플런저를 직선으로 움직여 카를 밀어 올리고, 하강시킬 때에는 모터를 구동하지 않고 실린더 내의 기름을 조절하여 탱크로 되돌려 보낸다.

★★★

18 균형추의 전체 무게를 산정하는 방법으로 옳은 것은?

① 카의 전중량에 정격적재량의 35~50%를 더한 무게로 한다.
② 카의 전중량에 정격적재량을 더한 무게로 한다.
③ 카의 전중량과 같은 무게로 한다.
④ 카의 전중량에 정격적재량의 110%를 더한 무게로 한다.

해설 균형추(counter weight)

카의 무게를 일정 비율 보상하기 위하여 카측과 반대편에 주철 혹은 콘크리트로 제작되어 설치되며, 카와의 균형을 유지하는 추이다.

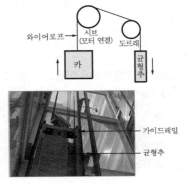

ⓙ 오버밸런스(over-balance)
- 균형추의 총중량은 빈 카의 자중에 적재하중의 35~50%의 중량을 더한 값이 보통이다.
- 적재하중의 몇 %를 더할 것인가를 오버밸런스율이라고 한다.
- 균형추의 총중량=카 자체하중 + $L \cdot F$
  여기서, L : 정격적재하중(kg)
  F : 오버밸런스율(%)

ⓛ 견인비(traction ratio)
- 카측 로프가 매달고 있는 중량과 균형추 로프가 매달고 있는 중량의 비를 트랙션비라 하고, 무부하와 전부하 상태에서 체크한다.
- 견인비가 낮게 선택되면 로프와 도르래 사이의 트랙션 능력, 즉 마찰력이 작아도 되며, 로프의 수명이 연장된다.

★★★

19 유입완충기의 부품이 아닌 것은?

① 완충고무
② 플런저
③ 스프링
④ 유량조절밸브

해설 유입완충기

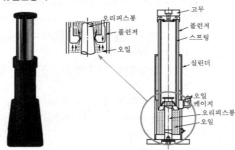

자동차의 충격흡수장치와 같은 원리로, 오리피스에서 기름의 유출량을 점진적으로 감소시켜서 충격을 흡수하는 구조이다. 카 또는 균형추가 유입완충기에 충돌했을 때의 완충작용은 플런저의 하강에 따라 실린더 내의 기름이 좁은 오리피스 틈새를 통과할 때에 생기는 유체저항에 의하여 주어진다.

★★

20 고속의 엘리베이터에 이용되는 경우가 많은 조속기(governor)는?

① 롤세프티형
② 디스크형
③ 플랙시블형
④ 플라이볼형

해설 **조속기의 종류**

ⓙ 마찰정치(traction)형(롤세이프티형) : 엘리베이터가 과속된 경우, 과속(조속기)스위치가 이를 검출하여 동력전원회로를 차단하고, 전자브레이크를 작동시켜서 조속기 도르래의 회전을 정지시켜 조속기 도르래홈과 로프 사이의 마찰력으로 비상정지시키는 조속기이다.

ⓛ 디스크(disk)형 조속기 : 엘리베이터가 설정된 속도에 달하면 원심력에 의해 진자가 움직이고 가속스위치를 작동시켜서 정지시키는 조속기로서, 디스크형 조속기에는 추(weight)형 캐치(catch)에 의해 로프를 붙잡아 비상정지장치를 작동시키는 추형 방식과 도르래홈과 로프의 마찰력으로 슈를 동작 시켜 로프를 붙잡음으로써 비상정지장치를 작동시키는 슈(shoe)형 방식이 있다.

ⓒ 플라이볼(fly ball)형 조속기 : 조속기도르래의 회전을 베벨기어에 의해 수직축의 회전으로 변환하고, 이 축의 상부에서부터 링크(link) 기구에 의해 매달린 구형의 진자에 작용하는 원심력으로 작동하며, 검출 정도가 높아 고속의 엘리베이터에 이용된다.

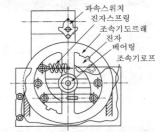

┃ 마찰정치(롤 세이프티)형 조속기 ┃

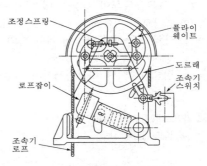

┃ 디스크 추형 조속기 ┃

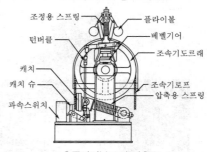

┃ 플라이볼 조속기 ┃

★★

21 전자접촉기 등의 조작회로를 접지하였을 경우, 당해 전자접촉기 등이 폐로될 염려가 있는 것의 접속방법으로 옳은 것은?

① 코일과 접지측 전선 사이에 반드시 개폐기가 있을 것

② 코일의 일단을 접지측 전선에 접속할 것

③ 코일의 일단을 접지하지 않는 쪽의 전선에 접속할 것

④ 코일과 접지측 전선 사이에 반드시 퓨즈를 설치할 것

해설 전기적인 회로

전자접촉기 등의 조작회로를 접지하였을 경우에 당해 전자접촉기 등이 폐로될 염려가 있는 것은 다음과 같이 접속하여야 한다.

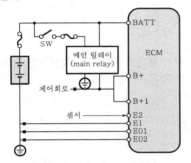

∥제어 · 조작회로 접지∥

㉠ 코일의 일단을 접지측의 전선에 접속하여야 한다. 다만, 코일과 접지측 사이에 반도체를 이용하는 전자접촉기 드라이브방식일 경우에는 그러하지 아니하다.

㉡ 코일과 접지측의 전선 사이에는 계전기 접점이 없어야 한다. 다만, 코일과 접지측 사이에 반도체를 이용하는 전자접촉기 드라이브방식일 경우에는 그러하지 아니하다.

㉢ 과전류 또는 과부하 시 동력을 차단시키는 과전류방지 기능을 구비하여야 한다.

★★★

22 비상용 엘리베이터에 대한 설명으로 옳지 않은 것은?

① 평상 시는 승객용 또는 승객 화물용으로 사용할 수 있다.

② 카는 비상운전 시 반드시 모든 승강장의 출입구마다 정지할 수 있어야 한다.

③ 별도의 비상전원장치가 필요하다.

④ 도어가 열려 있으면 카를 승강시킬 수 없다.

해설 비상용 엘리베이터

㉠ 비상 시 소방활동 전용으로 전환하는 1차 소방스위치(키 스위치)와 카 및 승강로의 모든 출입문이 닫혀 있지 않으면 카가 움직이지 않는 안전장치의 기능을 정지시키고 카 및 승강장 문이 열려 있어도 카를 승강시킬 수 있는 2차 소방스위치(키 스위치)를 설치하여야 한다.

㉡ 비상용 엘리베이터의 기본요건

• 비상용 엘리베이터의 크기는 630kg의 정격하중을 갖는 폭 1,100mm, 깊이 1,400mm 이상이어야 하며, 출입구 유효폭은 800mm 이상이어야 한다.

• 침대 등을 수용하거나 2개의 출입구로 설계된 경우 또는 피난용도로 의도된 경우, 정격하중은 1,000kg 이상이어야 하고 카의 면적은 폭 1,100mm, 깊이 2,100mm 이상이어야 한다.

• 소방관이 조작하여 엘리베이터 문이 닫힌 이후부터 60초 이내에 가장 먼 층에 도착하여야 된다. 다만, 운행속도는 1m/s 이상이어야 한다.

★

23 양강의 평행도, 원통의 진원도, 회전체의 흔들림 정도 등을 측정할 때 사용하는 측정기기는?

① 버니어캘리퍼스 ② 하이트 게이지

③ 마이크로미터 ④ 다이얼 게이지

해설 다이얼 게이지(dial gauge)

기어장치로 미소한 변위를 확대하여 길이나 변위를 정밀 측정하는 계기이다. 일반적으로 사용되고 있는 것은 지침으로 긴바늘과 짧은바늘을 갖춘 시계형이다. 측정하려는 물건에 접촉시키면, 스핀들(spindle)의 작은 움직임이 톱니바퀴로 전달되어 지침이 움직임으로써 눈금을 읽도록 되어 있다. 다이얼의 눈금은 원주를 100등분하여 한 눈금이 0.1mm를 나타낸다. 구조상 스핀들의 움직이는 범위에는 한도가 있어서 길이의 측정범위는 5~10mm 정도의 것이 많다. 길이의 비교측정 외에 공작물의 흔들림, 두 면 사이의 평행도 측정 등에 이용된다.

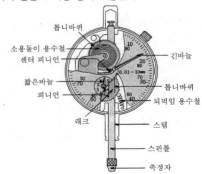

★★

24 사업장에서 승강기의 조립 또는 해체작업을 할 때 조치하여야 할 사항과 거리가 먼 것은?

① 작업을 지휘하는 자를 선임하여 지휘자의 책임 하에 작업을 실시할 것
② 작업 할 구역에는 관계근로자 외의 자의 출입을 금지시킬 것
③ 기상 상태의 불안정으로 인하여 날씨가 몹시 나쁠 때에는 그 작업을 중지시킬 것
④ 사용자의 편의를 위하여 야간작업을 하도록 할 것

해설 조립 또는 해체작업을 할 때 조치

㉠ 사업주는 사업장에 승강기의 설치·조립·수리·점검 또는 해체작업을 하는 경우 다음의 조치를 하여야 한다.
  • 작업을 지휘하는 사람을 선임하여 그 사람의 지휘 하에 작업을 실시할 것
  • 작업구역에 관계근로자가 아닌 사람의 출입을 금지하고 그 취지를 보기 쉬운 장소에 표시할 것
  • 비, 눈, 그 밖에 기상 상태의 불안정으로 날씨가 몹시 나쁜 경우에는 그 작업을 중지시킬 것
㉡ 사업주는 작업을 지휘하는 사람에게 다음의 사항을 이행하도록 하여야 한다.
  • 작업방법과 근로자의 배치를 결정하고 해당 작업을 지휘하는 일
  • 재료의 결함 유무 또는 기구 및 공구의 기능을 점검하고 불량품을 제거하는 일
  • 작업 중 안전대 등 보호구의 착용 상황을 감시하는 일

★★★

25 사용 중인 와이어로프의 육안 점검사항과 거리가 먼 것은?

① 로프의 마모 상태
② 변형부식의 유무
③ 로프 끝의 풀림 여부
④ 로프의 꼬임 방향

해설 와이어로프의 육안점검

㉠ 형상변형 상태 점검
㉡ 마모, 부식 상태 점검 : 로프의 표면이 마모되어 광택이 나는 부분 또는 붉게 부식된 부분의 그리스 내 오염물질을 점검
  • 마모 : 소선과 소선의 돌기 부분이 마모되어 없어짐
  • 부식 : 피팅이 발생하여 작은 구멍 자국이 생성됨
㉢ 파단 상태 점검 : 육안으로 점검하여 소선이 발견되면 주변의 그리스 내 오염물질을 제거하고 정밀점검을 한다.

★★

26 승강기 보수작업 시 승강기의 카와 건물의 벽 사이에 작업자가 끼인 재해의 발생 형태에 의한 분류는?

① 협착 ② 전도
③ 방심 ④ 접촉

해설 재해 발생 형태별 분류

㉠ 추락 : 사람이 건축물, 비계, 기계, 사다리, 계단 등에서 떨어지는 것
㉡ 충돌 : 사람이 물체에 접촉하여 맞부딪침
㉢ 전도 : 사람이 평면상으로 넘어졌을 때를 말함(과속, 미끄러짐 포함)
㉣ 낙하 비래 : 사람이 정지물에 부딪친 경우
㉤ 협착 : 물건에 끼인 상태, 말려든 상태
㉥ 감전 : 전기 접촉이나 방전에 의해 사람이 충격을 받은 경우
㉦ 동상 : 추위에 노출된 신체 부위의 조직이 어는 증상

★★★

27 전기 화재의 원인으로 직접적인 관계가 되지 않는 것은?

① 저항 ② 누전
③ 단락 ④ 과전류

해설 전기화재의 원인

㉠ 누전 : 전선의 피복이 벗겨져 절연이 불완전하여 전기의 일부가 전선 밖으로 새어나와 주변 도체에 흐르는 현상
㉡ 단락 : 접촉되어서는 안 될 2개 이상의 전선이 접촉되거나 어떠한 부품의 단자와 단자가 서로 접촉되어 과대한 전류가 흐르는 것
㉢ 과전류 : 전압이나 전류가 순간적으로 급격하게 증가하면 전력선에 과전류가 흘러서 전기제품이 파손될 염려가 있음

★★

28 추락에 의하여 근로자에게 위험이 미칠 우려가 있을 때 비계를 조립하는 등의 방법에 의하여 작업발판을 설치하도록 되어 있다. 높이가 몇 m 이상인 장소에서 작업을 하는 경우에 설치하는가?

① 2 ② 3
③ 4 ④ 5

해설 추락

㉠ 사람이 중간단계의 접촉 없이 자유낙하하는 것을 말한다.

ⓛ 추락재해는 중력가속도를 수반한 위치에너지에 의해 상해를 입기 때문에 중상 또는 사망재해로 이어지는 경우가 많다.

ⓒ 추락재해 예방대책
- 높이 2m 이상 작업장소에서 추락하여 근로자에게 위험이 미칠 우려가 있는 경우 비계를 조립하는 등의 방법에 의해 작업발판을 설치한다. 발판 설치가 곤란할 경우 방망을 치거나 근로자에게 안전대를 착용토록 조치한다.
- 근로자에게 안전대를 착용시킬 때에는 안전대를 부착할 수 있는 설비 등을 갖추어야 하며, 작업시작 전에 안전 및 부속설비의 이상 유무를 점검하여야 한다.
- 높이 2m 이상인 장소에서 폭풍, 폭우 및 폭설 악천후로 인해 당해 작업의 위험이 예상되는 때에는 작업을 중지시켜야 한다.

ⓔ 건설재해의 35% 정도를 차지하고 매년 6,000여명이 추락재해를 당한다. 또 중대재해의 50% 이상인 매년 300명 이상이 추락에 의해 사망하는 등 추락재해가 모든 건설재해 중 가장 많이 발생한다.

★★

29 유압식 엘리베이터에서 실린더의 점검사항으로 틀린 것은?

① 스위치의 기능 상실 여부
② 실린더 패킹에 누유 여부
③ 실린더의 패킹의 녹 발생 여부
④ 구성부품, 재료의 부착에 늘어짐 여부

해설 유압실린더(cylinder)의 점검

유압에너지를 기계적 에너지로 변환시켜 선형운동을 하는 유압요소이며, 압력과 유량을 제어하여 추력과 속도를 조절할 수 있다.

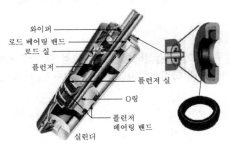

| 더스트 와이퍼 |

ⓐ 로드의 흠, 먼지 등이 쌓여 패킹(packing) 손상, 작동유나 실린더 속에 이물질이 있어 패킹 손상 등이 있는 경우 실린더 로드에서의 기름 노출이 발생되므로 이를 제거하는 장치의 점검

ⓑ 배관 내와 실린더에 공기가 혼입된 경우에는 실린더가 부드럽게 움직이지 않는 문제가 발생할 수 있기 때문에 배출구의 상태 점검

ⓒ 플런저 표면의 이물질이 실린더 내측으로 삽입되는 것을 방지하는 더스트 와이퍼(dust wiper) 상태 검사

★★

30 엘리베이터의 피트에서 행하는 점검사항이 아닌 것은?

① 파이널리밋스위치 점검
② 이동케이블 점검
③ 배수구 점검
④ 도어록 점검

해설 승강장 문의 록 점검은 카 위에서 하는 검사

★★★

31 재해의 직접원인에 해당되는 것은?

① 안전지식의 부족
② 안전수칙의 오해
③ 작업기준의 불명확
④ 복장, 보호구의 결함

해설 산업재해 직접원인

ⓐ 불안전한 행동(인적 원인)
- 안전장치를 제거, 무효화
- 안전조치의 불이행
- 불안전한 상태 방치
- 기계 장치 등의 지정외 사용
- 운전중인 기계, 장치 등의 청소, 주유, 수리, 점검 등의 실시
- 위험 장소에 접근
- 잘못된 동작 자세
- 복장, 보호구의 잘못 사용
- 불안전한 속도 조작
- 운전의 실패

ⓑ 불안전한 상태(물적 원인)
- 물(物) 자체의 결함
- 방호장치의 결함
- 작업장소의 결함, 물의 배치 결함
- 보호구 복장 등의 결함
- 작업 환경의 결함
- 자연적 불안전한 상태
- 작업 방법 및 생산 공정 결함

★★

32 승객용 엘리베이터의 적재하중 및 최대 정원을 계산할 때 1인당 하중의 기준은 몇 kg인가?

① 63
② 65
③ 67
④ 70

해설 카의 유효면적, 정격하중 및 정원

㉠ 정격하중(rated load) : 엘리베이터의 설계된 적재하중을 말한다.

㉡ 화물용 엘리베이터의 정격하중은 카의 면적 $1m^2$당 250kg으로 계산한 값 이상으로 하고 자동차용 엘리베이터의 정격하중은 카의 면적 $1m^2$당 150kg으로 계산한 값 이상으로 한다.

㉢ 정원은 다음 식에서 계산된 값을 가장 가까운 정수로 버림한 값이어야 한다.

$$정원 = \frac{정격하중}{65}$$

★★

33 방호장치의 기본 목적으로 가장 옳은 것은?

① 먼지 흡입 방지
② 기계 위험 부위의 접촉 방지
③ 작업자 주변의 사람 접근 방지
④ 소음과 진동 방지

해설 방호장치는 기계·기구에 의한 위험작업, 기타 작업에 의한 위험으로부터 근로자를 보호하기 위하여 행하는 위험기계·기구에 대한 안전조치

★

34 다음 중 전기재해에 해당되는 것은?

① 동상　　　　② 협착
③ 전도　　　　④ 감전

해설 **재해 발생 형태별 분류**

㉠ 추락 : 사람이 건축물, 비계, 기계, 사다리, 계단 등에서 떨어지는 것

㉡ 충돌 : 사람이 물체에 접촉하여 맞부딪침

㉢ 전도 : 사람이 평면상으로 넘어졌을 때를 말함(과속, 미끄러짐 포함)

㉣ 낙하 비래 : 사람이 정지물에 부딪친 경우

㉤ 협착 : 물건에 끼인 상태, 말려든 상태

㉥ 감전 : 전기 접촉이나 방전에 의해 사람이 충격을 받은 경우

㉦ 동상 : 추위에 노출된 신체 부위의 조직이 어는 증상

★★

35 카가 최하층에 정지하였을 때 균형추 상단과 기계실 하부와의 거리는 카 하부와 완충기와의 거리보다 어떠해야 하는가?

① 작아야 한다.
② 크거나 작거나 관계없다.
③ 커야 한다.
④ 같아야 한다.

해설 카가 최하층에 정지하였을 때 카 하부와 완충기의 거리보다 균형추 상단과 기계실 하부와의 거리가 커야 하는 이유는 균형추의 상승으로 기계실 바닥과의 충돌을 방지하기 위함이다.

★★

36 다음 중 산업재해예방의 기본 원칙에 속하지 않는 것은?

① 원인규명의 원칙
② 대책선정의 원칙
③ 손실우연의 원칙
④ 원인연계의 원칙

해설 **재해(사고)예방의 4원칙**

㉠ 손실우연의 원칙
 • 재해손실은 사고발생 조건에 따라 달라지므로, 우연에 의해 재해손실이 결정됨
 • 따라서, 우연에 의해 좌우되는 재해손실 방지보다는 사고발생 자체를 방지해야 함

㉡ 예방가능의 원칙
 • 천재를 제외한 모든 인재는 예방이 가능함
 • 사고발생 후 조치보다 사고의 발생을 미연에 방지하는 것이 중요함

㉢ 원인연계의 원칙
 • 사고와 손실은 우연이지만, 사고와 원인은 필연임
 • 재해는 반드시 원인이 있음

㉣ 대책선정의 원칙
 • 재해원인은 제각각이므로 정확히 규명하여 대책을 선정하여야 함
 • 재해예방의 대책은 3E(Engineering, Education, Enforcement)가 모두 적용되어야 효과를 거둠

★

37 전기식 엘리베이터 자체점검 중 피트에서 하는 과부하감지장치에 대한 점검주기(회/월)는?

① 1/1
② 1/3
③ 1/4
④ 1/6

해설 **피트에서 하는 점검항목 및 주기**

㉠ 1회/1월 : 피트 바닥, 과부하감지장치

㉡ 1회/3월 : 완충기, 하부 파이널 리밋스위치, 카 비상멈춤장치스위치

㉢ 1회/6월 : 조속기로프 및 기타 당김도르래, 균형로프 및 부착부, 균형추 밑부분 틈새, 이동케이블 및 부착부

㉣ 1회/12월 : 카 하부 도르래, 피트 내의 내진대책

정답　33. ②　34. ④　35. ③　36. ①　37. ①

38 카 상부에 탑승하여 작업할 때 지켜야 할 사항으로 옳지 않은 것은?

① 정전스위치를 차단한다.
② 카 상부에 탑승하기 전 작업등을 점등한다.
③ 탑승 후에는 외부 문부터 닫는다.
④ 자동스위치를 점검 쪽으로 전환한 후 작업한다.

해설 카 상부 탑승
㉠ 승강기 보수점검 시에는 2인 1조로 작업을 실시한다.
㉡ 카 상부 작업자는 안전수칙을 준수하고 미끄러짐에 대비하여 보호장구(안전화, 안전대)를 착용한다.
㉢ 카를 탑승 층에 위치시킨 후 내부에 승객의 탑승 여부를 확인한다.
㉣ 바로 아래층의 버튼을 등록하여 탑승할 층과 아래층 사이에 위치했을 때 비상키를 사용하여 도어를 조금 열고 카를 정지시킨다.
㉤ 도어를 열어 카의 위치를 확인한 후 비상정지스위치를 오프(off) 상태로 전환한다.
㉥ 자동·수동 절환스위치를 수동 상태로 전환한다.
㉦ 작업등을 켜고 카 상부로 진입한다.
㉧ 카 위 보수점검자는 자동·수동 절환스위치의 조작을 반드시 승강장에 내린 후 실시한다.

39 현장 내에 안전표지판을 부착하는 이유로 가장 적합한 것은?

① 작업방법을 표준화하기 위하여
② 작업환경을 표준화하기 위하여
③ 기계나 설비를 통제하기 위하여
④ 비능률적인 작업을 통제하기 위하여

해설 산업안전보건표지
유해·위험한 물질을 취급하는 시설·장소에 설치하는 산재예방을 위한 금지나 경고, 비상조치 지시 및 안내사항, 안전의식 고취를 위한 사항들을 그림이나 기호, 글자 등을 이용해 만든 것이다.

40 안전사고의 발생요인으로 심리적인 요인에 해당되는 것은?

① 감정
② 극도의 피로감
③ 육체적 능력 초과
④ 신경계통의 이상

해설 산업안전 심리의 5요소
동기, 기질, 감정, 습성, 습관

41 A, B는 입력, X를 출력이라 할 때 OR회로의 논리식은?

① $\overline{A} = X$
② $A \cdot B = X$
③ $A + B = X$
④ $\overline{A \cdot B} = X$

해설 논리합(OR)회로
하나의 입력만 있어도 출력이 나타나는 회로이며, 'A' OR 'B' 즉, 병렬회로이다.

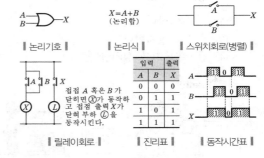

| 논리기호 | 논리식 | 스위치회로(병렬) |

| 릴레이회로 | 진리표 | 동작시간표 |

42 대형 직류전동기의 토크를 측정하는 데 가장 적당한 방법은?

① 와전류전동기
② 프로니 브레이크법
③ 전기동력계
④ 반환부하법

해설 전기동력계

회전자를 원동기축에 연결하고 함께 회전하는 케이싱에 반동 모먼트가 가해지므로 저울로 이것을 측정하여 토크를 구하는 방식으로, 주로 고속기관의 회전력을 계측한다.

43 그림과 같은 회로와 원리가 같은 논리기호는?

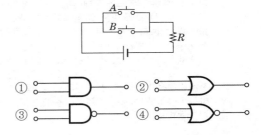

① ② ③ ④

🔎해설 **논리합(OR)회로**

하나의 입력만 있어도 출력이 나타나는 회로이며, '*A*' OR '*B*' 즉, 병렬회로이다.

44 전기기기의 외함 등이 절연이 나빠져서 전류가 누설되어도 감전사고의 위험이 적도록 하기 위하여 어떤 조치를 하여야 하는가?

① 접지를 한다.
② 도금을 한다.
③ 퓨즈를 설치한다.
④ 영상변류기를 설치한다.

🔎해설 **접지(earth)**

▮기기를 접지하지 않은 경우▮ ▮기기의 외함을 접지한 경우▮
전기기기의 외함 등이 대지로부터 충분히 절연되어 있지 않다면 누설전류에 의한 화재사고, 감전사고 등이 발생될 뿐만 아니라 전력손실이 증가되는 폐단까지 일어나므로 접지공사는 일반전기설비에는 물론, 통신설비, 소방설비, 위험물설비, 음향설비 등의 기타 설비에서도 매우 중요한 사항이다. 안전상의 이유 때문에 접지선의 굵기, 접지극의 매설깊이, 접지장소의 분류, 접지공사방법 등에 대하여는 법적으로 규제하고 있으며, 접지는 전기적으로 가장 중요한 부분의 하나이다.

45 직류전동기의 제동법이 아닌 것은?

① 저항 제동
② 발전 제동
③ 역전 제동
④ 회생 제동

🔎해설 **직류전동기의 제동법**

㉠ 발전 제동 : 운전 중의 전동기를 전원에서 분리하여 단자에 적당한 저항을 접속하고 이것을 발전기로 동작시켜 부하전류로 역토크에 의해 제동하는 방법이다.
㉡ 회생 제동 : 전동기를 발전기로 동작시켜 그 유도기전력을 전원 전압보다 크게 하여 전력을 전원에 되돌려 보내서 제동시키는 방법이다.
㉢ 역상 제동(플러킹) : 3상 유도전동기에서 전원의 위상을 역(逆)으로 하는 것에 따라 제동력을 얻는 전기제동으로, 전원에 결선된 3가닥의 전선 중에서 임의의 2가닥을 바꾸어 접속하면 역회전이 걸려 전동기를 급격히 빠르게 제동할 수 있다.

46 직류발전기의 구조로서 3대 요소에 속하지 않는 것은?

① 계자
② 보극
③ 전기자
④ 정류자

🔎해설 **직류발전기의 구성요소**

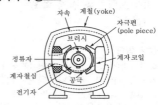

▮2극 직류발전기의 단면도▮

▮전기자▮

㉠ 계자(field magnet)
• 계자권선(field coil), 계자철심(field core), 자극(pole piece) 및 계철(yoke)로 구성
• 계자권선은 계자철심에 감겨져 있으며, 이 권선에 전류가 흐르면 자속이 발생
• 자극편은 전기자에 대응하여 계자자속을 공극 부분에 적당히 분포시킴
㉡ 전기자(armature)
• 전기자철심(armature core), 전기자권선(armature winding), 정류자 및 회전축(shaft)으로 구성
• 전기자철심의 재료와 구조는 맴돌이전류(eddy current)와 히스테리현상에 의한 철손을 적게 하기 위하여 두께 0.35~0.5mm의 규소강판을 성층하여 만듦
㉢ 정류자(commutator) : 직류기에서 가장 중요한 부분 중의 하나이며, 운전 중에는 항상 브러시와 접촉하여 마찰이 생겨 마모 및 불꽃 등으로 높은 온도가 되므로 전기적, 기계적으로 충분히 견딜 수 있어야 함

47 요소와 측정기구의 연결로 틀린 것은?

① 길이 : 버니어 캘리퍼스
② 전압 : 볼트미터
③ 전류 : 암미터
④ 접지저항 : 메거

🔎해설 **접지, 절연저항 측정기구**

㉠ 접지저항 측정기구 : 접지저항계
㉡ 절연저항 측정기구 : 절연저항계(메거)

48 100V를 인가하여 전기량 30C을 이동시키는 데 5초 걸렸다. 이때의 전력(kW)은?

① 0.3 ② 0.6
③ 1.5 ④ 3

해설 어떤 도체에 1C의 전기량이 두 점 사이를 이동하여 1J의 일을 했다면 1볼트(V)라고 한다.

$W = V \cdot Q = 100 \times 30 = 3,000J$

$P = \dfrac{W}{t} = \dfrac{3,000}{5} = 600W$

49 그림은 마이크로미터로 어떤 치수를 측정한 것이다. 치수는 약 몇 mm인가?

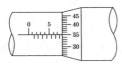

① 5.35 ② 5.85
③ 7.35 ④ 7.85

해설 마이크로미터의 슬리브 눈금은 7.5까지 나와 있고, 딤플의 눈금은 슬리브의 가로 눈금과 35에서 만나고 있으므로 측정하고자 하는 길이는 7.5+0.35=7.85mm가 된다.

50 재료를 축방향으로 눌러 수축하도록 작용하는 하중은?

① 연장하중 ② 압축하중
③ 전단하중 ④ 휨하중

해설 압축하중

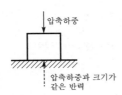

51 응력변형률 선도에서 하중의 크기가 적을 때 변형이 급격히 증가하는 점을 무엇이라 하는가?

① 항복점 ② 피로한도점
③ 응력한도점 ④ 탄성한계점

해설 응력도(σ)=탄성(영 : Young) 계수(E)×변형도(ε)

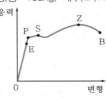

여기서, E : 탄성한계, P : 비례한계
S : 항복점, Z : 종국응력(인장 최대하중)
B : 파괴점(재료에 따라서는 E와 P가 일치한다.)

52 다음 그림과 같은 논리회로는 무엇인가?

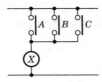

① AND회로 ② NOT회로
③ OR회로 ④ NAND회로

해설 논리합(OR)회로

㉠ 하나의 입력만 있어도 출력이 나타나는 회로이며, "A" OR "B" 즉, 병렬회로이다.

$X = A + B$ (논리합)

(a) 논리기호 (b) 논리식

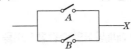

(c) 스위치회로(병렬)

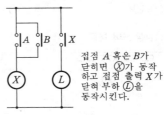

접점 A 혹은 B가 닫히면 X가 동작하고 접점 출력 X가 닫혀 부하 L을 동작시킨다.

(d) 릴레이회로

입력		출력
A	B	X
0	0	0
0	1	1
1	0	1
1	1	1

(e) 진리표 (f) 동작시간표

▮ 논리합(OR)회로 ▮

ⓒ 문제풀이

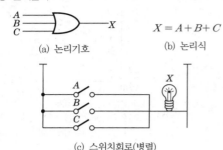

(a) 논리기호

$X = A + B + C$

(b) 논리식

(c) 스위치회로(병렬)

★

53 2단자 반도체 소자로서 서지전압에 대한 회로보호용으로 사용되는 것은?

① 터널 다이오드
② 서미스터
③ 바리스터
④ 바렉터 다이오드

🖋해설 **바리스터(varistor)**

소자에 가해지는 전압이 증가함에 따라 저항값이 민감하게 감소하는 전압 의존형이며, 비직선적인 전압-전류 특성을 가진 2단자 반도체 소자의 하나이다. 특성으로 대칭, 비대칭 바리스터로 나뉘며, 이상전압을 흡수하기 위한 보호회로와 피뢰기 등에 사용된다.

★★

54 중앙 개폐방식의 승강장 도어를 나타내는 기호는?

① 2S
② CO
③ UP
④ SO

🖋해설 **승강장 도어 분류**

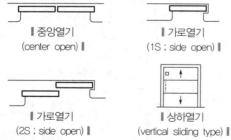

▮중앙열기
(center open) ▮

▮가로열기
(1S ; side open) ▮

▮가로열기
(2S ; side open) ▮

▮상하열기
(vertical sliding type) ▮

㉠ 중앙열기방식 : 1CO, 2CO(센터오픈 방식, Center Open)
㉡ 가로열기방식 : 1S, 2S, 3S(사이드오픈 방식, Side open)
㉢ 상하열기방식
　• 2매, 3매 업(up)슬라이딩 방식 : 자동차용이나 대형 화물용 엘리베이터에서는 카 실을 완전히 개구할 필

요가 있기 때문에 상승개폐(2up, 3up)도어를 많이 사용한다.
　• 2매, 3매 상하열림(up, down)방식
㉣ 여닫이방식 : 1매 스윙, 2매 스윙(swing type)

★★

55 벨트식 전동장치에서 작은 풀리 지름이 200mm, 큰 풀리의 지름이 500mm이다. 작은 풀리가 500rpm 회전할 때 큰 풀리의 회전수는?

① 200rpm
② 350rpm
③ 500rpm
④ 1,000rpm

🖋해설 벨트식 전동장치는 붙어있지 않은 두 축에 장치된 풀리에, 벨트를 걸고 벨트와 벨트 풀리의 마찰력을 이용하여 동력을 전달한다. 두 축이 떨어져 있어, 기어나 마찰바퀴 등으로는 직접 회전을 전하기가 부적당한 경우에 적용된다.

속도비$(i) = \dfrac{n_1}{n_2} = \dfrac{D_2}{D_1}$

$n_2 = \dfrac{D_1}{D_2} \times n_1 = \dfrac{200}{500} \times 500 = 200\text{rpm}$

★★

56 유도전동기에서 동기속도 N_s와 극수 P와의 관계로 옳은 것은?

① $N_s \propto P$
② $N_s \propto \dfrac{1}{P}$
③ $N_s \propto P^2$
④ $N_s \propto \dfrac{1}{P^2}$

🖋해설 **3상 유도전동기의 동기속도(synchronous speed)**

회전자기장의 속도를 유도전동기의 동기속도(N_s)라 하면, 동기속도는 전원 주파수의 증가와 함께 비례하여 증가하고 극수의 증가와 함께 반비례하여 감소한다.

$N_s = \dfrac{120 \cdot f}{P}$(rpm)

여기서, N_s : 동기속도(rpm)
　　　　f : 주파수(Hz)
　　　　P : 전동기의 극수

★★★★

57 RLC 직렬회로에서 최대 전류가 흐르게 되는 조건은?

① $\omega L^2 - \dfrac{1}{\omega C} = 0$
② $\omega L^2 + \dfrac{1}{\omega C} = 0$
③ $\omega L - \dfrac{1}{\omega C} = 0$
④ $\omega L + \dfrac{1}{\omega C} = 0$

해설 직렬공진조건

RLC가 직렬로 연결된 회로에서 용량리액턴스와 유도리액턴스는 더 이상 회로전류를 제한하지 못하고 저항만이 회로에 흐르는 전류를 제한할 수 있는 상태를 공진이라고 한다.

㉠ 임피던스(impedance)

$$Z = \sqrt{R^2 + \left(\omega L - \frac{1}{\omega C}\right)^2}\,(\Omega)$$

용량리액턴스와 유도리액턴스가 같다면 $\omega L = \frac{1}{\omega C}$

$$\omega L - \frac{1}{\omega C} = 0$$

임피던스(Z)

$$Z = \sqrt{R^2 + \left(\omega L - \frac{1}{\omega C}\right)^2} = \sqrt{R^2 + (0)^2} = R(\Omega)$$

㉡ 직렬공진회로
- 공진 임피던스는 최소가 된다.
$$Z = \sqrt{R^2 + (0)^2} = R$$
- 공진전류 I_0는 최대가 된다.
$$I_0 = \frac{V}{Z} = \frac{V}{R}(A)$$
- 전압 V와 전류 I는 동위상이다. 용량리액턴스와 유도리액턴스는 크기가 같아서 상쇄되어 저항만의 회로가 된다.

(a) RLC 직렬회로　　(b) 직렬공진 벡터 그림

‖ 직렬회로와 벡터 그림 ‖

★★★

58 헬리컬기어의 설명으로 적절하지 않은 것은?

① 진동과 소음이 크고 운전이 정숙하지 않다.
② 회전 시에 축압이 생긴다.
③ 스퍼기어보다 가공이 힘들다.
④ 이의 물림이 좋고 연속적으로 접촉한다.

해설 헬리컬기어(helical gear)

㉠ 장점
- 운전이 원활하고, 진동 소음이 적으며, 고속・대동력 전달에 사용한다.
- 직선치보다 물림길이가 길고 물림률이 커서 물림 상태가 좋다.
- 큰 회전비가 얻어지고 전동효율(98~99%)이 크다.

㉡ 단점
- 축방향으로 추력(thrust, 회전축과 회전체의 축 방향에 작용하는 외력)이 발생한다.
- 가공상의 정밀도, 조립 오차, 이 및 축의 변형 등에 의해 치면의 접촉이 나쁘게 된다.
- 국부적인 접촉이 생기게 되어 치면의 압력이 크게 된다.
- 제작 및 검사가 어렵다.

★★★

59 시퀀스회로에서 일종의 기억회로라고 할 수 있는 것은?

① AND회로
② OR회로
③ NOT회로
④ 자기유지회로

해설 자기유지회로(self hold circuit)

㉠ 전자계전기(X)를 조작하는 스위치(BS_1)와 병렬로 그 전자계전기의 a접점이 접속된 회로, 예를 들면 누름단추 스위치(BS_1)를 온(on)했을 때, 스위치가 닫혀 전자계전기가 여자(excitation)되면 그것의 a접점이 닫히기 때문에 누름단추스위치(BS_1)를 떼어도(스위치가 열림) 전자계전기는 누름단추스위치(BS_2)를 누를 때까지 여자를 계속한다. 이것을 자기유지라고 하는데 자기유지회로는 전동기의 운전 등에 널리 이용된다.

㉡ 여자(excitation) : 전자계전기의 전자코일에 전류가 흘러 전자석으로 되는 것이다.

㉢ 전자계전기(electromagnetic relay) : 전자력에 의해 접점(a, b)을 개폐하는 기능을 가진 장치로서, 전자코일에 전류가 흐르면 고정철심이 전자석으로 되어 철편이 흡입되고, 가동접점은 고정접점에 접촉된다. 전자코일에 전류가 흐르지 않아 고정철심이 전자력을 잃으면 가동접점은 스프링의 힘으로 복귀되어 원상태로 된다. 일반제어회로의 신호전달을 위한 스위칭회로뿐만 아니라 통신기기, 가정용 기기 등에 폭넓게 이용되고 있다.

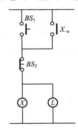

‖ 자기유지회로 ‖

‖ 전자계전기(relay) ‖

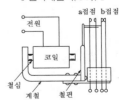

‖ 전자계전기의 구조 ‖

★★★

60 다음 응력에 대한 설명 중 옳은 것은?

① 단면적이 일정한 상태에서 외력이 증가하면 응력은 작아진다.

② 단면적이 일정한 상태에서 하중이 증가하면 응력은 증가한다.

③ 외력이 일정한 상태에서 단면적이 작아지면 응력은 작아진다.

④ 외력이 증가하고 단면적이 커지면 응력은 증가한다.

해설 응력(stress)

㉠ 물체에 힘이 작용할 때 그 힘과 반대 방향으로 크기가 같은 저항력이 생기는데 이 저항력을 내력이라 하며, 단위면적($1mm^2$)에 대한 내력의 크기를 말한다.

㉡ 응력은 하중의 종류에 따라 인장응력, 압축응력, 전단응력 등이 있으며, 인장응력과 압축응력은 하중이 작용하는 방향이 다르지만, 같은 성질을 갖는다. 단면에 수직으로 작용하면 수직응력, 단면에 평행하게 접하면 전단응력(접선응력)이라고 한다.

㉢ 수직응력(σ)

$$\sigma = \frac{P}{A}$$

여기서, σ : 수직응력(kg/cm^2)
P : 축하중(kg)
A : 수직응력이 발생하는 단면적(cm^2)

㉣ 응력이 발생하는 단면적(A)이 일정하고, 축하중(P)값이 증가하면 응력도 비례해서 증가한다.

※ 본 문제는 수험생들의 협조에 의해 작성되었으며, 시험내용과 일부 다를 수 있습니다.

★★★★★

01 엘리베이터의 속도가 규정치 이상이 되었을 때 작동하여 동력을 차단하고 비상정지를 작동시키는 기계장치는?

① 구동기 　　② 조속기
③ 완충기 　　④ 도어스위치

🔎해설 **조속기(governor)**

㉠ 조속기풀리와 카를 조속기로프로 연결하면, 카가 움직일 때 조속기풀리도 카와 같은 속도, 같은 방향으로 움직인다.
㉡ 어떤 비정상적인 원인으로 카의 속도가 빨라지면 조속기링크에 연결된 무게추(weight)가 원심력에 의해 풀리 바깥쪽으로 벗어나면서 과속을 감지한다.
㉢ 미리 설정된 속도에서 과속(조속기)스위치와 제동기(brake)로 카를 정지시킨다.
㉣ 만약 엘리베이터가 정지하지 않고 속도가 계속 증가하면 조속기의 캐치(catch)가 동작하여 조속기로프를 붙잡고 결국은 비상정지장치를 작동시켜서 엘리베이터를 정지시킨다.

★★★

02 전기식 엘리베이터에서 현수로프 안전율은 몇 이상이어야 하는가?

① 8 　　② 9
③ 11 　　④ 12

🔎해설 **권상도르래, 풀리 또는 드럼과 로프의 직경 비율, 로프·체인의 단말처리**

㉠ 권상도르래, 풀리 또는 드럼과 현수로프의 공칭직경 사이의 비는 스트랜드의 수와 관계없이 40 이상이어야 한다.
㉡ 현수로프의 안전율은 어떠한 경우라도 12 이상이어야 한다. 안전율은 카가 정격하중을 싣고 최하층에 정지하고 있을 때 로프 1가닥의 최소 파단하중(N)과 이 로프에 걸리는 최대 힘(N) 사이의 비율이다.
㉢ 로프와 로프 단말 사이의 연결은 로프의 최소 파단하중의 80% 이상을 견뎌야 한다.
㉣ 로프의 끝 부분은 카, 균형추(또는 평형추) 또는 현수되는 지점에 금속 또는 수지로 채워진 소켓, 자체 조임 쐐기형식의 소켓 또는 안전상 이와 동등한 기타 시스템에 의해 고정되어야 한다.

★★

03 승강기 완성검사 시 에스컬레이터의 공칭속도가 0.5m/s인 경우 제동기의 정지거리는 몇 m이어야 하는가?

① 0.20m에서 1.00m 사이
② 0.30m에서 1.30m 사이
③ 0.40m에서 1.50m 사이
④ 0.55m에서 1.70m 사이

🔎해설 **에스컬레이터의 정지거리**

무부하 상태의 에스컬레이터 및 하강 방향으로 움직이는 제동부하 상태의 에스컬레이터에 대한 정지거리는 다음과 같다.

공칭속도	정지거리
0.50m/s	0.20m에서 1.00m 사이
0.65m/s	0.30m에서 1.30m 사이
0.75m/s	0.40m에서 1.50m 사이

㉠ 공칭속도 사이에 있는 속도의 정지거리는 보간법으로 결정되어야 한다.
㉡ 정지거리는 전기적 정지장치가 작동된 시간부터 측정되어야 한다.
㉢ 운행방향에서 하강방향으로 움직이는 에스컬레이터에서 측정된 감속도는 브레이크 시스템이 작동하는 동안 1m²/s 이하이어야 한다.

★★

04 에스컬레이터의 안전율에 대한 기준으로 옳은 것은?

① 트러스와 빔에 대해서는 5 이상
② 트러스와 빔에 대해서는 10 이상
③ 체인류에 대해서는 6 이상
④ 체인류에 대해서는 8 이상

🔎해설 **안전율**

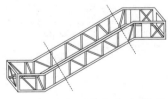

┃트러스┃

㉠ 트러스는 구조역학상 다수 공형상의 부재가 핀 조인트로 연결된 구조체로서, 에스컬레이터나 수평보행기에 있어서 자중 및 적재하중을 지탱하는 구조 부분을 말하며 안전율은 5이다.
㉡ 각 체인의 절단에 대한 안전율은 담금질한 강철에 대하여 5 이상이어야 한다.

📋정답 　01. ②　02. ④　03. ①　04. ①

★★

05 가장 먼저 등록된 부름에만 응답하고 그 운전이 완료될 때까지는 다른 부름에 응답하지 않는 운전방식은?

① 단식 자동식
② 하강승합 전자동식
③ 군승합 전자동식
④ 양방향 승합 전자동식

해설 **단식 자동식(single automatic)**

㉠ 가장 먼저 누른 부름에만 응답하고, 그 운전이 완료되기 전에는 다른 호출을 받지 않는다.
㉡ 화물용, 카 리프트용 등에 사용된다.

★

06 에스컬레이터의 이동용 손잡이에 대한 안전점검 사항이 아닌 것은?

① 균열 및 파손 등의 유무
② 손잡이의 안전마크 유무
③ 디딤판과의 속도차 유지 여부
④ 손잡이가 드나드는 구멍의 보호장치 유무

해설 **에스컬레이터의 핸드레일(handrail) 및 핸드레일 가드 (handrail guard) 점검사항**

‖ 핸드레일 ‖

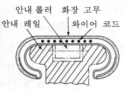

안내 롤러 화장 고무
안내 레일 와이어 코드

‖ 핸드레일의 구조 ‖

㉠ 표면 균열, 마모 상태 및 장력
㉡ 가이드에서 핸드레일 이탈 가능성
㉢ 스텝과의 속도 차이
㉣ 핸드레일과의 사이에 손가락이 끼일 위험성
㉤ 주행 중 소음 및 진동 여부
㉥ 안전스위치 작동 상태

★★

07 승객의 승계가 용이하며, 상부 층계에 고객을 유도하기 쉬운 에스컬레이터의 배치는?

① 단열승계형
② 복합승계형
③ 교차승계형
④ 단열겹침형

해설 **에스컬레이터의 배치**

㉠ 단열승계형 : 위층으로 고객을 유도하기 쉬우며, 바닥에서 바닥에의 교통이 연속적이지만 바닥면적이 넓게 필요하다.
㉡ 복합승계형 : 오르내림의 방향 모두 바닥에서 바닥으로 연속적으로 움직이고, 오르내림의 교통을 확실히 분할할 수 있으며, 고객의 시야가 가려지지 않는다. 에스컬레이터의 존재가 잘 보이며, 전매장이 보인다. 하지만 바닥면이 넓게 필요하다.
㉢ 교차승계형 : 오르내림이 모두 바닥에서 바닥으로 연속적으로 운반되며, 오르내림의 교통이 떨어져 있어 승강구에서 혼잡이 적고, 엘리베이터의 직하를 가장 유효하게 이용하고 있다. 단점으로는 측면이 가려져 쇼핑객의 시야가 좁아지고, 에스컬레이터의 위치 표시가 비교적 어렵다.
㉣ 단열겹침형 : 설치면적이 적고, 쇼핑객의 시야는 트이지만, 바닥에서 바닥에의 교통이 불연속이 된다.

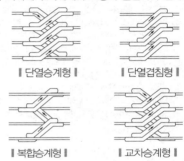

‖ 단열승계형 ‖   ‖ 단열겹침형 ‖

‖ 복합승계형 ‖   ‖ 교차승계형 ‖

★★★

08 조속기(governor)의 작동 상태를 잘못 설명한 것은?

① 카가 하강 과속하는 경우에는 일정 속도를 초과하기 전에 조속기스위치가 동작해야 한다.
② 조속기의 캐치는 일단 동작하고 난 후 자동으로 복귀되어서는 안 된다.
③ 조속기의 스위치는 작동 후 자동 복귀된다.
④ 조속기로프가 장력을 잃게 되면 전동기의 주회로를 차단시키는 경우도 있다.

해설 **조속기(governor)의 원리**

㉠ 조속기풀리와 카를 조속기로프로 연결하면, 카가 움직일 때 조속기풀리도 카와 같은 속도, 같은 방향으로 움직인다.
㉡ 어떤 비정상적인 원인으로 카의 속도가 빨라지면 조속기링크에 연결된 무게추(weight)가 원심력에 의해 풀리 바깥쪽으로 벗어나면서 과속을 감지한다.
㉢ 미리 설정된 속도에서 과속(조속기)스위치와 제동기(brake)로 카를 정지시킨다.
㉣ 만약 엘리베이터가 정지하지 않고 속도가 계속 증가하면 조속기의 캐치(catch)가 동작하여 조속기로프를 붙잡고 결국은 비상정지장치를 작동시켜서 엘리베이터를 정지시킨다.

정답 05. ① 06. ② 07. ① 08. ③

ⓔ 비상정지장치가 작동된 후 정상 복귀는 전문가(유지보수업자 등)의 개입이 요구되어야 한다.

‖ 제동기 ‖

★★★

09 승강기에 설치할 방호장치가 아닌 것은?

① 가이드레일
② 출입문 인터록
③ 조속기
④ 파이널 리밋스위치

해설 가이드레일(guide rail)

카와 균형추를 승강로의 수직면상으로 안내 및 카의 기울어짐을 막고, 더욱이 비상정지장치가 작동했을 때의 수직 하중을 유지하기 위하여 가이드레일을 설치하나, 불균형한 큰 하중이 적재되었을 때라든지, 그 하중을 내리고 올릴 때에는 카에 큰 하중 모멘트가 발생한다. 그때 레일이 지탱해낼 수 있는지에 대한 점검이 필요할 것이다.

★★

10 여러 층으로 배치되어 있는 고정된 주차구획에 아래·위로 이동할 수 있는 운반기에 의하여 자동차를 자동으로 운반이동하여 주차하도록 설계한 주차장치는?

① 2단식
② 승강기식
③ 수직순환식
④ 승강기슬라이드식

해설 승강기식 주차장치

여러 층으로 배치되어 있는 고정된 주차구획에 상하로 이동할 수 있는 운반기에 의해 자동차를 운반 이동하여 주차하도록 한 주차장치이다.

㉠ 종류
• 횡식(하부, 중간, 상부승입식) : 승강기에서 운반기를 좌우방향으로 격납시키는 형식으로 승입구의 위치에 따라 구분
• 종식(하부, 중간, 상부승입식) : 승강기에서 운반기를 전후방향으로 격납시키는 형식으로 승입구의 위치에 따라 구분
• 승강선회식(승강장치, 운반기선회식) : 자동차용 승강기 등의 승강로의 원주상에 주차실을 설치하고, 선회하는 장치별로 구분

㉡ 특징
• 운반비가 수직순환식에 비해 적다.
• 입·출고 시 시간이 짧다.

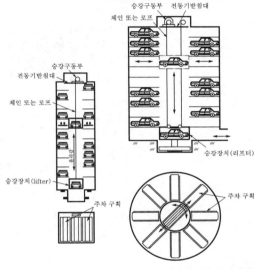

(a) 횡식 (b) 승강 선회식(승강장치 선회식)
‖ 승강기식 주차장치 ‖

★★

11 운행 중인 에스컬레이터가 어떤 요인에 의해 갑자기 정지하였다. 점검해야 할 에스컬레이터 안전장치로 틀린 것은?

① 승객검출장치
② 인레트스위치
③ 스커트 가드 안전스위치
④ 스텝체인 안전장치

해설 에스컬레이터의 안전장치

㉠ 인레트 스위치(inlet switch)는 에스컬레이터의 핸드레일 인입구에 설치하며, 핸드레일이 난간 하부로 들어갈 때

어린이의 손가락이 빨려 들어가는 사고 등이 발생하면 에스컬레이터 운행을 정지시킨다.

ⓛ 스커트 가드(skirt guard) 안전스위치는 스커트 가드판과 스텝 사이에 인체의 일부나 옷 신발 등이 끼면 위험하므로 스커트 가드 패널에 일정 이상의 힘이 가해지면 안전스위치가 작동되어 에스컬레이터를 정지시킨다.

ⓒ 스텝체인 안전장치(step chain safety device)는 스텝체인이 절단되거나 심하게 늘어날 경우 디딤판 체인 인장장치의 후방 움직임을 감지하여 구동기 모터의 전원을 차단하고 기계브레이크를 작동시킴으로서 스텝과 스텝사이의 간격이 생기는 등의 결과를 방지하는 장치이다.

‖ 인레트스위치 ‖

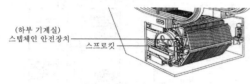

(하부 기계실) 스텝체인 안전장치
스프로킷

‖ 스텝체인 안전장치 ‖

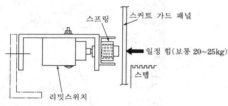

스프링
스커트 가드 패널
일정 힘(보통 20~25kg)
스텝
리밋스위치

‖ 스커트 가드 안전스위치 ‖

★★★

12 작동유의 압력맥동을 흡수하여 진동, 소음을 감소시키는 것은?

① 펌프　　　　　② 필터
③ 사이렌서　　　④ 역류제지밸브

🔑 **해설** **유압회로의 구성요소**

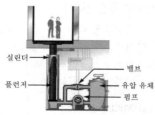

실린더
밸브
플런저
유압 유체
펌프

‖ 유압식 엘리베이터 작동원리 ‖

ⓛ 펌프(pump) : 압력작용을 이용하여 관을 통해 유체를 수송하는 기계이다.

ⓛ 필터(filter) : 실린더에 쇳가루나 이물질이 들어가는 것을 방지(실린더 손상 방지)하기 위해 설치하며, 펌프의 흡입측에 부착하는 것을 스트레이너라 하고, 배관 중간에 부착하는 것을 라인필터라 한다.

ⓒ 사이렌서(silencer) : 펌프나 유량제어밸브 등에서 발생하는 압력맥동(작동유의 압력이 일정하지 않아 카의 주행이 매끄럽지 못하고 튀는 현상)에 의한 진동, 소음을 흡수하기 위하여 사용한다.

ⓔ 역류제지밸브(check valve) : 한쪽 방향으로만 기름이 흐르도록 하는 밸브로서 상승방향으로는 흐르지만 역방향으로는 흐르지 않는다. 이것은 정전이나 그 이외의 원인으로 펌프의 토출압력이 떨어져서 실린더의 기름이 역류하여 카가 자유낙하하는 것을 방지하는 역할을 하는 것으로 로프식 엘리베이터의 전자브레이크와 유사하다.

★★★★★

13 권상하중 100kg, 권상속도 60m/min의 엘리베이터용 전동기의 최소 용량은 몇 kW인가?

① 5.5　　　　　② 7
③ 9.5　　　　　④ 11

🔑 **해설** **전동기의 용량(P)**

$$P = \frac{L \cdot V \cdot (1-F)}{6,120 \cdot \eta}$$
$$= \frac{1,000 \times 60 \times (1-0.5)}{6,120 \times 0.7} ≒ 7\text{kW}$$

여기서, P : 전동기의 용량(kW)
　　　　L : 정격하중(kg)
　　　　V : 정격속도(min)
　　　　S : 오버밸런스율은 균형추의 중량을 결정할 때 사용하는 계수[$S = 1 - F$(오버밸런스율, %)]

★★★

14 로프의 미끄러짐 현상을 줄이는 방법으로 틀린 것은?

① 권부각을 크게 한다.
② 카 자중을 가볍게 한다.
③ 가감속도를 완만하게 한다.
④ 균형체인이나 균형로프를 설치한다.

🔑 **해설** **로프식 방식에서 미끄러짐(매우 위험함)을 결정하는 요소**

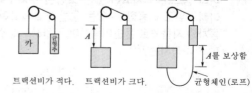

카　균형추

A

A를 보상함

균형체인(로프)

트랙션비가 적다.　트랙션비가 크다.

구분	원인
로프가 감기는 각도(권부각)	작을수록 미끄러지기 쉽다.
카의 가속도와 감속도	클수록 미끄러지기 쉽다(긴급정지 시 일어나는 미끄러짐을 고려해야 함).
카측과 균형추측의 로프에 걸리는 중량의 비	클수록 미끄러지기 쉽다(무부하 시를 체크할 필요가 있음).
로프와 도르래의 마찰계수	U형의 홈은 마찰계수가 낮으므로 일반적으로 홈의 밑을 도려낸 언더컷홈으로 마찰계수를 올린다. 마모와 마찰계수를 고려하여 도르래 재료는 주물을 사용한다.

★★★
15 유압식 엘리베이터에 대한 설명으로 옳지 않은 것은?

① 실린더를 사용하기 때문에 행정거리와 속도에 한계가 있다.
② 균형추를 사용하지 않으므로 전동기의 소요동력이 커진다.
③ 건물 꼭대기 부분에 하중이 많이 걸린다.
④ 승강로의 꼭대기 틈새가 작아도 좋다.

해설 유압식 엘리베이터의 특징

펌프에서 토출된 작동유로 플런저(plunger)를 작동시켜 카를 승강시키는 방식이다.
㉠ 기계실의 배치가 자유로워 승강로 상부에 기계실을 설치할 필요가 없다.
㉡ 건물 꼭대기 부분에 하중이 걸리지 않는다.
㉢ 승강로의 꼭대기 틈새(top clearance)가 작아도 된다.
㉣ 실린더를 사용하기 때문에 행정거리와 속도에 한계가 있다.
㉤ 균형추를 사용하지 않으므로 전동기의 소요동력이 커진다.

★★
16 다음 빈칸의 내용으로 적당한 것은?

> 덤웨이터는 사람이 탑승하지 않으면서 적재용량이 (   )kg 이하인 것으로서 소형화물(서적, 음식물 등) 운반에 적합하게 제작된 엘리베이터이다.

① 200
② 300
③ 500
④ 1,000

해설 덤웨이터 및 간이리프트

| 덤웨이터 |

㉠ 덤웨이터 : 사람이 탑승하지 않으면서 적재용량이 300kg 이하인 것으로서 소형화물(서적, 음식물 등) 운반에 적합하게 제작된 엘리베이터일 것 다만, 바닥 면적이 0.5m² 이하이고 높이가 0.6m 이하인 엘리베이터는 제외
㉡ 간이리프트 : 안전규칙에서 동력을 사용하여 가이드레일을 따라 움직이는 운반구를 매달아 소형 화물 운반만을 주목적으로 하는 승강기와 유사한 구조로서 운반구의 바닥면적이 1m² 이하이거나 천장높이가 1.2m 이하인 것

★★
17 유압승강기에 사용되는 안전밸브의 설명으로 옳은 것은?

① 승강기의 속도를 자동으로 조절하는 역할을 한다.
② 압력배관이 파열되었을 때 작동하여 카의 낙하를 방지한다.
③ 카가 최상층으로 상승할 때 더 이상 상승하지 못하게 하는 안전장치이다.
④ 작동유의 압력이 정격압력 이상이 되었을 때 작동하여 압력이 상승하지 않도록 한다.

해설 안전밸브(safety valve)

압력조정밸브로 회로의 압력이 상용압력의 125% 이상 높아지면 바이패스(bypass)회로를 열어 기름을 탱크로 돌려보내어 더 이상의 압력 상승을 방지한다.

★★★
18 카가 어떤 원인으로 최하층을 통과하여 피트에 도달했을 때 카에 충격을 완화시켜 주는 장치는?

① 완충기
② 비상정지장치
③ 조속기
④ 리밋스위치

해설 완충기

피트 바닥에 설치되며, 카가 어떤 원인으로 최하층을 통과하여 피트로 떨어졌을 때, 충격을 완화하기 위하여 혹은 카가 밀어 올렸을 때를 대비하여 균형추의 바로 아래에도 완충기를 설치한다. 그러나 이 완충기는 카나 균형추의 자유낙하를 완충하기 위한 것은 아니다(자유낙하는 비상정지 장치의 분담기능).

★★★

19 다음 중 스크루(screw) 펌프에 대한 설명으로 옳은 것은?

① 나사로 된 로터가 서로 맞물려 돌 때, 축방향으로 기름을 밀어내는 펌프
② 2개의 기어가 회전하면서 기름을 밀어내는 펌프
③ 케이싱의 캠링 속에 편심한 로터에 수개의 베인이 회전하면서 밀어내는 펌프
④ 2개의 플런저를 동작시켜서 밀어내는 펌프

해설 스크루펌프

└ 로터(rotor)

★★

20 안전점검 및 진단순서가 맞는 것은?

① 실태 파악 → 결함 발견 → 대책 결정 → 대책 실시
② 실태 파악 → 대책 결정 → 결함 발견 → 대책 실시
③ 결함 발견 → 실태 파악 → 대책 실시 → 대책 결정
④ 결함 발견 → 실태 파악 → 대책 결정 → 대책 실시

해설 안전점검 및 진단순서

㉠ 실태 파악 → 결함 발견 → 대책 결정 → 대책 실시
㉡ 안전을 확보하기 위해서 실태를 파악해, 설비의 불안전 상태나 사람의 불안전행위에서 생기는 결함을 발견하여 안전대책의 상태를 확인하는 행동이다.

★★★

21 카의 실속도와 지령속도를 비교하여 사이리스터의 점호각을 바꿔 유도전동기의 속도를 제어하는 방식은?

① 교류 1단 속도제어
② 교류 2단 속도제어
③ 교류 궤환전압제어
④ 가변전압 가변주파수방식

해설 교류 엘리베이터 속도제어의 종류

㉠ 교류 1단 속도제어
 • 가장 간단한 제어방식으로 3상 교류의 단속도 모터에 전원을 공급하는 것으로 기동과 정속운전을 한다.
 • 정지할 때는 전원을 끊은 후 제동기에 의해서 기계적으로 브레이크를 거는 방식이다.
 • 착상오차가 속도의 2승에 비례하여 증가하므로 최고 30m/min 이하에만 적용이 가능하다.
㉡ 교류 2단 속도제어
 • 기동과 주행은 고속권선으로 하고 감속과 착상은 저속권선으로 한다.
 • 속도비를 착상오차 이외에 감속도의 변화비율, 크리프 시간(저속주행시간) 등을 감안한 4 : 1이 가장 많이 사용된다.
 • 30~60m/min의 엘리베이터용에 사용된다.
㉢ 교류 궤환제어
 • 카의 실속도와 지령속도를 비교하여 사이리스터(thyristor)의 점호각을 바꾼다.
 • 감속할 때는 속도를 검출하여 사이리스터에 궤환시켜 전류를 제어한다.
 • 전동기 1차측 각상에 사이리스터와 다이오드를 역병렬로 접속하여 역행 토크를 변화시킨다.
 • 모터에 직류를 흘려서 제동토크를 발생시킨다.
 • 미리 정해진 지령속도에 따라 정확하게 제어되므로, 승차감 및 착상 정도가 교류 1단, 교류 2단 속도제어보다 좋다.
 • 교류 2단 속도제어와 같은 저속주행 시간이 없으므로 운전시간이 짧다.
 • 40~105m/min의 승용 엘리베이터에 주로 적용된다.
㉣ VVVF(가변전압 가변주파수)제어
 • 유도전동기에 인가되는 전압과 주파수를 동시에 변환시켜 직류전동기와 동등한 제어성능을 얻을 수 있는 방식이다.
 • 직류전동기를 사용하고 있던 고속 엘리베이터에도 유도전동기를 적용하여 보수가 용이하고, 전력회생을 통해 에너지가 절약된다.
 • 중·저속 엘리베이터(궤환제어)에서는 승차감과 성능이 크게 향상되고 저속 영역에서 손실을 줄여 소비전력이 약 반으로 된다.
 • 3상의 교류는 컨버터로 일단 DC전원으로 변환하고 인버터로 재차 가변전압 및 가변주파수의 3상 교류로 변환하여 전동기에 공급된다.
 • 교류에서 직류로 변경되는 컨버터에는 사이리스터가 사용되고, 직류에서 교류로 변경하는 인버터에는 트랜지스터가 사용된다.
 • 컨버터제어방식을 PAM(Pulse Amplitude Modulation), 인버터제어방식을 PWM(Pulse Width Modulation)시스템이라고 한다.

---

③ 조속기시브와 로프 사이의 미끄럼 유무

④ 과속 스위치 점검 및 작동

22 승강기 자체점검의 결과 결함이 있는 경우 조치가 옳은 것은?

① 즉시 보수하고, 보수가 끝날 때까지 운행을 중지

② 주의표지 부착 후 운행

③ 점검결과를 기록하고 운행

④ 제한적으로 운행하고 보수

해설 승강기의 자체점검

㉠ 승강기 관리주체는 스스로 승강기 운행의 안전에 관한 점검을 월 1회 이상 실시하고 그 점검기록을 작성·보존하여야 한다. 다만, 승강기 관리주체가 승강기안전종합정보망에 자체점검기록을 입력한 경우에는 그 점검기록을 별도로 작성·보존하지 아니할 수 있다(2016년 개정).

㉡ 승강기 관리주체는 자체점검의 결과 해당 승강기에 결함이 있다는 사실을 알았을 경우에는 즉시 보수하여야 하며, 보수가 끝날 때까지 운행을 중지하여야 한다.

㉢ 다음에 해당하는 승강기에 대하여는 자체점검의 전부 또는 일부를 면제할 수 있다.

• 완성검사, 정기검사, 수시검사에 불합격된 승강기(운행이 정지됨)

• 완성검사, 정기검사, 수시검사가 연기된 승강기(운행이 정지됨)

해설 조속기(governor)의 보수점검항목

‖ 디스크 슈형 조속기 ‖

O-ring

‖ 분할핀 ‖　　　　　　　　‖ 테이퍼 핀 ‖

㉠ 각 부분 마모, 진동, 소음의 유무

㉡ 베어링의 눌러 붙음 발생의 우려

㉢ 캐치의 작동 상태

㉣ 볼트(bolt), 너트(nut)의 결여 및 이완 상태

㉤ 분할핀(cotter pin) 결여의 유무

㉥ 시브(sheave)에서 조속기로프(governor rope)의 미끄럼 상태

㉦ 조속기로프와 클립 체결 상태

㉧ 과속(조속기)스위치 접점의 양호 여부 및 작동 상태

㉨ 각 테이퍼 핀(taper-pin)의 이완 유무

㉩ 급유 및 청소 상태

㉪ 작동 속도시험 및 운전의 원활성

㉫ 비상정지장치 작동 상태의 양호 유무

㉬ 조속기(governor) 고정 상태

23 다음 중 에스컬레이터를 수리할 때 지켜야 할 사항으로 적절하지 않은 것은?

① 상부 및 하부에 사람이 접근하지 못하도록 단속한다.

② 작업 중 움직일 때 반드시 상부 및 하부를 확인하고 복명복창한 후 움직인다.

③ 주행하고자 할 때는 작업자가 안전한 위치에 있는지 확인한다.

④ 작동시간을 게시한 후 시간이 되면 작동시킨다.

해설 에스컬레이터 고장수리 전에 동작시간을 게시하였지만 수리가 완료되지 않은 상태로 에스컬레이터를 동작하면 사고를 유발할 수 있으므로 수리완료 후에 동작시켜야 한다.

25 주차설비 중 자동차를 운반하는 운반기의 일반적인 호칭으로 사용되지 않는 것은?

① 카고, 리프트　　　② 케이지, 카트

③ 트레이, 파레트　　④ 리프트, 호이스트

해설 호이스트(hoist)

권상기(전동기, 감속장치, 와인딩 드럼)를 사용한 소형의 감아올리는 기계이며, 스스로 주행할 수 있는 것이 많다.

가이드레일

24 조속기의 보수점검 등에 관한 사항과 거리가 먼 것은?

① 층간 정지 시, 수동으로 돌려 구출하기 위한 수동핸들의 작동검사 및 보수

② 볼트, 너트, 핀의 이완 유무

★★

26 카 내에 승객이 갇혔을 때의 조치할 내용 중 부적절한 것은?

① 우선 인터폰을 통해 승객을 안심시킨다.
② 카의 위치를 확인한다.
③ 층 중간에 정지하여 구출이 어려운 경우에는 기계실에서 정지층에 위치하도록 권상기를 수동으로 조작한다.
④ 반드시 카 상부의 비상구출구를 통해서 구출한다.

해설 승객이 갇힌 경우의 대응요령

㉠ 엘리베이터 내와 인터폰을 통하여 갇힌 승객에게 엘리베이터 내에는 외부와 공기가 통하고 있으므로 질식하거나, 엘리베이터가 떨어질 염려가 없음을 알려 승객을 안심시킨다.
㉡ 구출할 때까지 문을 열거나 탈출을 시도하지 말 것을 당부한다.
㉢ 엘리베이터의 위치를 확인
  • 감시반의 위치표시기
  • 승강장의 위치표시기
  • 위치표시기에 나타난 층으로 가서 실제로 엘리베이터가 그 층에 있는지 확인
  • 정전 시에는 위치표시기가 꺼져 있으므로 실제로 확인하여야 함
  • 또한 위치표시기에 나타난 층과 실제로 정지되어 있는 층이 다를 수도 있으므로 주의
㉣ 컴퓨터제어방식인 경우 엘리베이터 주전원을 껐다가 다시 켜서 CPU를 리셋(reset) 시킨다(경미한 고장인 경우에는 CPU의 리셋으로 정상동작하는 경우가 대부분).
㉤ 전원을 차단한다.
㉥ 엘리베이터가 있는 층에서 승강장 도어 키를 이용하여 승강장도어를 반쯤 열고 엘리베이터가 있음을 확인한다.
㉦ 카 도어가 열려있지 않으면 카 도어를 손으로 연다.
㉧ 카의 하부에 빈 공간이 있는 경우에는 구출 시 승객이 승강로로 추락할 염려가 있으므로 반드시 승객의 손을 잡고 구출하여야 한다(구출작업 시 시스템의 불안전상태의 엘리베이터가 도어가 열려 있어도 움직이는 경우가 있어 사고의 위험이 있으므로 반드시 전원을 차단한 상태에서 구출 작업을 하여야 함).
㉨ 층간에 걸려서 구출하기 어려운 경우 2차 사고의 위험이 있으므로 전문 인력(설치업체직원 등) 외에는 실시하지 않는다. 위 ㉠~㉤항 실시 후 엘리베이터의 기계실로 올라간다.
  • 엘리베이터가 정지할 수 있는 가장 가까운 승강장의 도어 존에 위치하도록 권상기를 수동으로 조작한다. 이 작업은 반드시 2명 이상의 훈련된 인원이 실시하여야 한다.
  • 엘리베이터의 착상 위치는 주로프 또는 조속기로프에 표시가 되어 있으므로 그 위치에서 정지시킨다.
  • 해당 승강장에 있는 구조자가 승객을 안전하게 구출한대(수동핸들을 사용하여 카를 움직이는 것은 사고의 위험이 있으므로 가능한 유지관리업체에서 도착하기를 기다리는 것이 바람직함).

㉪ 권상기의 수동조작으로 승강장의 착상 위치에 도착하도록 한다(이 작업은 위험을 동반하기 때문에 충분한 기술 훈련으로 경험을 쌓은 자가 실시하여야 함).

★★★

27 감전 상태에 있는 사람을 구출할 때의 행위로 틀린 것은?

① 즉시 잡아당긴다.
② 전원 스위치를 내린다.
③ 절연물을 이용하여 떼어 낸다.
④ 변전실에 연락하여 전원을 끈다.

해설 감전 재해 발생 시 상해자 구출은 전원을 끄고, 신속하되 당황하지 말고 구출자 본인의 방호조치 후 절연물을 이용하여 구출한다.

★★★★

28 무빙워크의 공칭속도(m/s)는 얼마 이하로 하여야 하는가?

① 0.55   ② 0.65
③ 0.75   ④ 0.95

해설 무빙워크의 경사도와 속도

㉠ 무빙워크의 경사도는 12° 이하이어야 한다.
㉡ 무빙워크의 공칭속도는 0.75m/s 이하이어야 한다.
㉢ 팔레트 또는 벨트의 폭이 1.1m 이하이고, 승강장에서 팔레트 또는 벨트가 콤에 들어가기 전 1.6m 이상의 수평주행구간이 있는 경우 공칭속도는 0.9m/s까지 허용된다. 다만, 가속구간이 있거나 무빙워크를 다른 속도로 직접 전환시키는 시스템이 있는 무빙워크에는 적용되지 않는다.

∥ 팔레트 ∥

∥ 콤(comb) ∥

∥ 난간 부분의 명칭 ∥

29 다음 장치 중에서 작동되어도 카의 운행에 관계 없는 것은?

① 통화장치
② 조속기캐치
③ 승강장 도어의 열림
④ 과부하감지스위치

해설 통화장치 인터폰(interphone)

㉠ 고장, 정전 및 화재 등의 비상 시에 카 내부와 외부의 상호 연락을 할 때에 이용된다.
㉡ 전원은 정상전원 뿐만 아니라 비상전원장치(충전 배터리)에도 연결되어 있어야 한다.
㉢ 엘리베이터의 카 내부와 기계실, 경비실 또는 건물의 중앙감시반과 통화가 가능하여야 하며, 보수전문회사와 원거리 통화가 가능한 것도 있다.

30 조속기의 보수점검항목에 해당되지 않는 것은?

① 조속기스위치의 접점 청결 상태
② 세이프티 링크스위치와 캠의 간격
③ 운전의 원활성 및 소음 유무
④ 조속기로프와 클립 체결 상태

해설 조속기(governor)의 보수점검항목

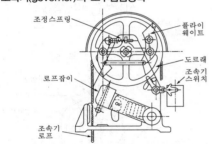

┃디스크 추형 조속기┃

┃분할핀┃   ┃테이퍼 핀┃

㉠ 각 부분 마모, 진동, 소음의 유무
㉡ 베어링의 눌러 붙음 발생의 우려
㉢ 캐치의 작동 상태
㉣ 볼트(bolt), 너트(nut)의 결여 및 이완 상태
㉤ 분할핀(cotter pin) 결여의 유무

㉥ 시브(sheave)에서 조속기로프(governor rope)의 미끄럼 상태
㉦ 조속기로프와 클립 체결 상태
㉧ 과속(조속기)스위치 접점의 양호 여부 및 작동 상태
㉨ 각 테이퍼 핀(taper-pin)의 이완 유무
㉩ 급유 및 청소 상태
㉪ 작동 속도시험 및 운전의 원활성
㉫ 비상정지장치 작동 상태의 양호 유무
㉬ 조속기(governor) 고정 상태

31 조속기의 캐치가 작동되었을 때 로프의 인장력에 대한 설명으로 적합한 것은?

① 300N 이상과 비상정지장치를 거는 데 필요한 힘의 1.5배를 비교하여 큰 값 이상
② 300N 이상과 비상정지장치를 거는 데 필요한 힘의 2배를 비교하여 큰 값 이상
③ 400N 이상과 비상정지장치를 거는 데 필요한 힘의 1.5배를 비교하여 큰 값 이상
④ 400N 이상과 비상정지장치를 거는 데 필요한 힘의 2배를 비교하여 큰 값 이상

해설 조속기

㉠ 균형추 또는 평형추 비상정지장치에 대한 조속기의 작동속도는 카 비상정지장치에 대한 작동속도보다 더 높아야 하나 그 속도는 10%를 넘게 초과하지 않아야 한다.
㉡ 조속기가 작동될 때, 조속기에 의해 생성되는 조속기 로프의 인장력은 다음 두 값 중 큰 값 이상이어야 한다.
 • 최소한 비상정지장치가 물리는 데 필요한 값의 2배
 • 300N
㉢ 조속기에는 비상정지장치의 작동과 일치하는 회전방향이 표시되어야 한다.

32 안전사고 방지의 기본원리 중 3E를 적용하는 단계는?

① 1단계   ② 2단계
③ 3단계   ④ 5단계

해설 사고예방대책의 기본원리 5단계

㉠ 제1단계 : 조직(안전관리조직)
㉡ 제2단계 : 사실의 발견(현상파악)
㉢ 제3단계 : 분석 평가(원인규명)
㉣ 제4단계 : 시정방법의 선정(대책의 선정)
㉤ 제5단계 : 시정책의 적용(목표 달성)
 • 시정책은 3E, 즉 기술(Engineering), 교육(Education), 관리(Enforcement)를 완성함으로써 이루어진다.

★★

33 화재 시 조치사항에 대한 설명 중 틀린 것은?

① 비상용 엘리베이터는 소화활동 등 목적에 맞게 동작시킨다.

② 빌딩 내에서 화재가 발생할 경우 반드시 엘리베이터를 이용해 비상탈출을 시켜야 한다.

③ 승강로에서의 화재 시 전선이나 레일의 윤활유가 탈 때 발생되는 매연에 질식되지 않도록 주의한다.

④ 기계실에서의 화재 시 카 내의 승객과 연락을 취하면서 주전원 스위치를 차단한다.

해설 화재발생 시 피난을 위해 엘리베이터를 이용하면 화재층에서 열리거나 정전으로 멈추어 엘리베이터에 갇히는 경우 승강로 자체가 굴뚝 역할을 하여 질식할 우려가 있기 때문에 계단으로 탈출을 유도하고 있다. 하지만 건축물이 초고층화되는 상황에서 임신부와 노년층, 영유아 등 계단을 통해 신속하게 이동할 수 없는 조건에 있는 사람들은 승강기를 이용하는 것이 신속한 탈출을 돕는 수단일 수도 있다.

★★★

34 조속기의 종류가 아닌 것은?

① 롤세이프티형 조속기

② 디스크형 조속기

③ 플렉시블형 조속기

④ 플라이볼형 조속기

해설 **조속기의 종류**

㉠ 마찰정치(traction)형(롤 세이프티 형) : 엘리베이터가 과속된 경우, 과속(조속기)스위치가 이를 검출하여 동력전원회로를 차단하고, 전자브레이크를 작동시켜서 조속기도르래의 회전이 정지하면 조속기도르래홈과 로프 사이의 마찰력으로 비상정지시키는 조속기이다.

㉡ 디스크(disk)형 : 엘리베이터가 설정된 속도에 달하면 원심력에 의해 진자가 움직이고 가속스위치를 작동시켜서 정지시키는 조속기로서, 디스크형 조속기에는 추(weight)형 캐치(catch)에 의해 로프를 붙잡아 비상정지장치를 작동시키는 추형 방식과 도르래홈과 로프의 마찰력으로 슈를 동작 시켜 로프를 붙잡음으로써 비상정지장치를 작동시키는 슈(shoe)형 방식이 있다.

㉢ 플라이볼(fly ball)형 : 조속기도르래의 회전을 베벨기어에 의해 수직축의 회전으로 변환하고, 이 축의 상부에서부터 링크(link) 기구에 의해 매달린 구형의 진자에 작용하는 원심력으로 작동한다. 검출 정도가 높아 고속의 엘리베이터에 이용된다.

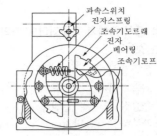

‖ 마찰정치(롤 세이프티)형 조속기 ‖

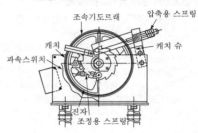

‖ 디스크 슈형 조속기 ‖

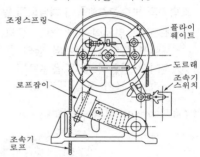

‖ 디스크 추형 조속기 ‖

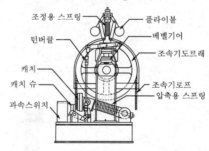

‖ 플라이볼형 조속기 ‖

★★★★

35 정전기 제거의 방법으로 옳지 않은 것은?

① 설비 주변의 공기를 가습한다.

② 설비의 금속 부분을 접지한다.

③ 설비에 정전기 발생 방지 도장을 한다.

④ 설비의 주변에 자외선을 쪼인다.

해설 정전기 제거 방법
㉠ 설비 주변의 공기를 가습
㉡ 설비의 금속제 부분을 접지
㉢ 설비에 정전기 발생 방지 도장

36 에스컬레이터의 구동체인이 규정치 이상으로 늘어났을 때 일어나는 현상은?

① 안전레버가 작동하여 하강은 되나, 상승은 되지 않는다.
② 안전레버가 작동하여 브레이크가 작동하지 않는다.
③ 안전레버가 작동하여 무부하 시는 구동되나, 부하 시는 구동되지 않는다.
④ 안전레버가 작동하여 안전회로 차단으로 구동되지 않는다.

해설 구동체인 안전장치

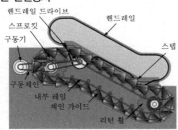

┃구동기 설치 위치┃

┃조립도┃

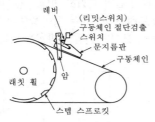

┃안전장치 상세도┃
㉠ 구동기와 주 구동장치(main drive) 사이의 구동체인이 상승 중 절단되었을 때 승객의 하중에 의해 하강운전을 일으키면 위험하므로 구동체인 안전장치가 필요하다.

㉡ 구동체인 위에 항상 문지름판이 구동되면서 구동체인의 늘어짐을 감지하여 만일 체인이 느슨해지거나 끊어지면 슈가 떨어지면서 브레이크 래칫이 브레이크 휠에 걸려 주 구동장치의 하강방향의 회전을 기계적으로 제지한다.
㉢ 안전스위치를 설치하여 안전장치의 동작과 동시에 전원을 차단한다.

37 다음 중 재해의 원인 중 가장 높은 빈도를 차지하는 것은?

① 열량의 과잉 억제
② 설비의 레이아웃(layout) 착오
③ 오버로드(over load)
④ 작업자의 작업행동 부주의

해설 안전사고 발생원인 중 인간의 불안정한 행동(인적 원인)이 88%로 가장 많고, 불안전한 상태(물적 원인)가 10%, 불가항력적 사고가 2%라는 통계가 있다.

38 다음 중 고속용 승강기에 가장 적합한 조속기(governor)는?

① 디스크형(GD형)
② 플라이볼형(GF형)
③ 롤세이프티형(GR형)
④ 플랙시블형(FGC형)

해설 고속용 승강기에 적합한 조속기
㉠ 롤세이프티형(GR형) : 속도 45m/min 이하에 적용
㉡ 디스크형(GD형) : 속도 60~105m/min에 적용
㉢ 플라이볼형(GF형) : 속도 120m/min 이상에 적용

39 롤 세프티형 조속기의 점검방법에 대한 설명으로 틀린 것은?

① 각 지점부의 부착 상태, 급유 상태 및 조정 스프링에 약화 등이 없는지 확인한다.
② 조속기스위치를 끊어 놓고 안전회로가 차단됨을 확인한다.
③ 카 위에 타고 점검운전을 하면서 조속기로프의 마모 및 파단 상태를 확인하지만, 로프 텐션의 상태는 확인할 필요가 없다.
④ 시브 홈의 마모 상태를 확인한다.

정답 36. ④ 37. ④ 38. ② 39. ③

해설 마찰정치(traction)형(롤 세이프티 형) 조속기 점검방법

㉠ 각 지점부의 부착 상태, 급유 상태 및 조정스프링에 약화 등이 없는지 확인한다. 시브축수에 메탈을 사용하고 있으므로 한 달에 한 번은 반드시 그리스를 급유한다.

㉡ 조속기스위치를 끊어놓고 제어반의 전원을 온(on)시켰을 경우, 안전회로가 차단됨을 확인한다. 또 스위치의 설치 상태 및 배선단자에 이완이 없는지 확인한다.

㉢ 카 위에 타고 점검운전으로 승강로 안을 1회 왕복하여 조속기로프에 녹발생 마모 및 파단 등이 없는지 확인한다. 또 조속기로프 텐션의 상태도 아울러 확인한다.

㉣ 시브 홈의 마모 상태를 확인한다.

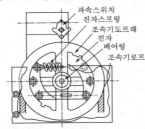

과속스위치
진자스프링
조속기도르래
진자
베어링
조속기로프

‖ 마찰정치(롤 세이프티)형 조속기 ‖

★★★

40 감전이나 전기화상을 입을 위험이 있는 작업에 반드시 갖추어야 할 것은?

① 보호구
② 구급용구
③ 위험신호장치
④ 구명구

해설 감전에 의한 위험대책

㉠ 전기설비의 점검을 철저히 할 것
㉡ 전기기기에 위험 표시
㉢ 유자격자 이외는 전기기계 및 기구에 접촉 금지
㉣ 설비의 필요한 부분에는 보호접지 실시
㉤ 전동기, 변압기, 분전반, 개폐기 등의 충전부가 노출된 부분에는 절연방호조치 점검
㉥ 화재폭발의 위험성이 있는 장소에서는 법규에 의해 방폭구조 전기기계의 사용 의무화
㉦ 고전압선로와 충전부에 근접하여 작업하는 작업자의 보호구 착용
㉧ 안전관리자는 작업에 대한 안전교육 시행

★★

41 물체에 외력을 가해서 변형을 일으킬 때 탄성한계 내에서 변형의 크기는 외력에 대해 어떻게 나타나는가?

① 탄성한계 내에서 변형의 크기는 외력에 대하여 반비례한다.

② 탄성한계 내에서 변형의 크기는 외력에 대하여 비례한다.

③ 탄성한계 내에서 변형의 크기는 외력과 무관하다.

④ 탄성한계 내에서 변형의 크기는 일정하다.

해설 탄성한계

모든 물체는 정도의 차이는 있지만 외력에 의해 모양이나 크기가 변한다. 예를 들어 용수철에 힘을 가하면 모양이 변하는데 그 힘을 없애 주면 원래 모양으로 되돌아가는 성질을 탄성(elasticity)이라고 한다. 하지만 물체에 힘을 너무 크게 주면 물체가 탄성을 나타낼 수 있는 한계를 넘어서 변형되게 되고 탄성이 없어져 나중에 힘을 제거해도 복원되지 않고 변형이 된다. 이렇게 탄성을 유지할 수 있는가 아닌가의 경계가 되는 물체의 변형한계를 그 물체의 탄성한도라고 한다. 물체에 작용하는 힘(F)과 그 힘에 의해 변형된 정도(x)가 비례한다는 훅의 법칙도 이 탄성한도 내에서만 성립하는 것이다.

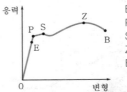

E : 탄성한계
P : 비례한계
S : 항복점
Z : 종국응력(인장 최대하중)
B : 파괴점(재료에 따라서는 E와 P가 일치한다.)

‖ 응력-변형률 선도 ‖

★★

42 모듈이 2, 잇수가 각각 38, 72인 두 개의 표준 평기어가 맞물려 있을 때 축간 거리는 몇 mm인가?

① 110
② 150
③ 165
④ 250

해설 $C = \dfrac{m(Z_1 + Z_2)}{2} = \dfrac{2(38+72)}{2} = 110\text{mm}$

★★★★

43 그림과 같이 자기장 안에서 도선에 전류가 흐를 때 도선에 작용하는 힘의 방향은? (단, 전선 가운데 점 표시는 전류의 방향을 나타냄)

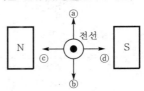

① ⓐ방향
② ⓑ방향
③ ⓒ방향
④ ⓓ방향

정답 40. ① 41. ② 42. ① 43. ①

해설 플레밍의 왼손 법칙

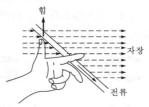

㉠ 자기장 내의 도선에 전류가 흐름 → 도선에 운동력 발생 (전기에너지 → 운동에너지) : 전동기
㉡ 집게손가락(자장의 방향, N → S), 가운데 손가락(전류의 방향), 엄지손가락(힘의 방향)
㉢ ⊗는 지면으로 들어가는 전류의 방향, ⊙는 지면에서 나오는 전류의 방향을 표시하는 부호이다.
㉣ 힘은 ⓐ방향이 된다.

★★
44 길이 1m의 봉이 인장력을 받아 0.2mm만큼 늘어난 경우 인장변형률은 얼마인가?

① 0.0005　　② 0.0004
③ 0.0002　　④ 0.0001

해설 인장변형률 $= \dfrac{\text{변형된 길이}}{\text{원래의 길이}} = \dfrac{0.2}{1,000} = 0.0002$

★★
45 기계 부품 측정 시 각도를 측정할 수 있는 기기는?

① 사인바　　② 옵티컬플랫
③ 다이얼게이지　　④ 마이크로미터

해설 사인바(sine bar)
사각 막대기의 측면에 지름이 같은 2개의 원통을 축에 평행하게 고정시킨 것으로 직각삼각형의 삼각함수인 사인을 이용하여 임의의 각도를 설정하거나 측정하는 데 사용하는 기구이다.

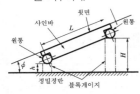

★★★
46 다음 중 역률이 가장 좋은 단상 유도전동기로서 널리 사용되는 것은?

① 분상기동형　　② 반발기동형
③ 콘덴서기동형　　④ 셰이딩코일형

해설 콘덴서기동형 전동기
보조권선에 콘덴서가 직렬 연결되고, 기동이 완료되면 원심력스위치에 의해 보조권선이 개방된다. 콘덴서에 의해 보조권선전류와 주권선전류의 위상차가 90°로 되어 주권선전류의 위상보다 앞서기 때문에 양 권선이 만드는 자계의 합성자계는 회전자계를 만든다. 시동 토크도 비교적 크기 때문에 소형 단상전동기로서는 이용 범위가 넓다.

★★★
47 직류기 권선법에서 전기자 내부 병렬회로수 a와 극수 p의 관계는? (단, 권선법은 중권임)

① $a = 2$
② $a = (1/2)p$
③ $a = p$
④ $a = 2p$

해설 중권과 파권의 비교

구분	중권	파권
전기자 병렬회로수	극수와 같다.	항상 2이다.
브러시수	극수와 같다.	2개로 되지만 극수만큼의 브러시를 둘 수도 있다.
전기자 도체의 굵기, 권수, 극수가 모두 같을 때	저전압, 대전류에 적합하다.	고전압, 소전류에 적합하다.
균압 접속	4극 이상이면 균압 접속을 하여야 한다.	균압 접속이 필요 없다.

‖ 파권 권선법 ‖　　　　‖ 중권 권선법 ‖

‖ 전기자권선 ‖

★
48 변형률이 가장 큰 것은?

① 비례한도　　② 인장 최대하중
③ 탄성한도　　④ 항복점

해설 후크의 법칙
재료의 '응력값은 어느 한도(비례한도) 이내에서는 응력과 이로 인해 생기는 변형률은 비례한다.'는 것이 후크의 법칙이다.

응력도(σ)＝탄성(영 : Young)계수(E)×변형도(ε)

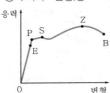

E : 탄성한계
P : 비례한계
S : 항복점
Z : 종국응력(인장 최대하중)
B : 파괴점(재료에 따라서는 E와 P가 일치한다.)

---

49 정밀성을 요하는 판의 두께를 측정하는 것은?

① 줄자   ② 직각자
③ R게이지   ④ 마이크로미터

해설 **마이크로미터(micrometer calipers)**

프레임 사이에 측정하고자 하는 물체를 넣었을 때 딤블의 위치와 슬리브의 눈금을 조합하여 측정하고자 하는 물체의 길이를 측정하며, 외경, 안지름, 깊이를 0.01(1/100)mm까지 측정 가능하다.

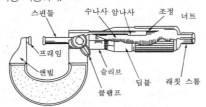

∥ 마이크로미터의 구조 ∥

50 다음 그림과 같은 논리회로는?

① AND회로   ② OR회로
③ NOT회로   ④ NAND회로

해설 **논리합(OR)회로**

하나의 입력만 있어도 출력이 나타나는 회로이며, 'A' OR 'B' 즉, 병렬회로이다.

$X = A + B$
(논리합)

∥ 논리기호 ∥   ∥ 논리식 ∥   ∥ 스위치회로(병렬) ∥

접점 A 혹은 B가 닫히면 X가 동작하고 접점 출력 X가 닫혀 부하 L을 동작시킨다.

입력		출력
A	B	X
0	0	0
0	1	1
1	0	1
1	1	1

∥ 릴레이회로 ∥   ∥ 진리표 ∥   ∥ 동작시간표 ∥

---

51 버니어캘리퍼스를 사용하는 와이어 로프의 직경 측정방법으로 알맞은 것은?

①   ②

③   ④

해설 **와이어 로프의 직경 측정**

㉠ 직경 측정 시에는 1m 이상 떨어진 2개의 각 지점에서 측정해야 하고, 올바른 각도로 각 점마다 두 번 측정해야 하며, 이들 네 점의 평균값을 로프의 직경으로 한다.
㉡ 각 점에서 로프 직경을 측정할 때의 측정기구로는 버니어캘리퍼스가 적당하며, 인접한 2개 이상의 꼬임이 닿는 충분한 넓이를 가진 버니어캘리퍼스를 이용한다.
㉢ 로프의 직경을 측정할 때에는 로프의 끝단 최고 값을 측정하여야 한다.

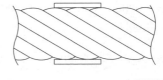

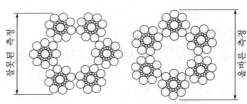

∥ 와이어 로프의 직경 측정방법 ∥

---

52 2V의 기전력으로 80J의 일을 할 때 이동한 전기량(C)은?

① 0.4   ② 4
③ 40   ④ 160

해설 **전기량(quantity of electricity)**

㉠ 전하가 가지는 전기의 양을 말하며, 단위는 쿨롬(Coulomb ; C)이다.
㉡ 전압의 세기(V) : 어떤 도체에 1C의 전기량이 두 점 사이를 이동하여 1J의 일을 했다면 1볼트(voltage, 기호 V)라고 한다.

$$V = \frac{W}{Q}(V), \quad W = VQ(J)$$

㉢ 계산식

$$Q = \frac{W}{V} = \frac{80}{2} = 40C$$

정답 49. ④   50. ②   51. ②   52. ③

★★

53 전동기에 설치되어 있는 THR은?

① 과전류 계전기　　② 과전압 계전기
③ 열동 계전기　　　④ 역상 계전기

해설 ㉠ 과전류 계전기(over current relay) : 전류의 크기가 일정치 이상으로 되었을 때 동작하는 계전기
㉡ 과전압 계전기(over voltage relay) : 전압의 크기가 일정치 이상으로 되었을 때 동작하는 계전기
㉢ 열동 계전기(relay thermal) : 전동기 등의 과부하 보호용으로 사용되는 계전기
㉣ 역상 계전기(negative sequence relay) : 역상분 전압 또는 전류의 크기에 따라 작동하는 계전기

★★★★★

54 그림과 같은 시퀀스도와 같은 논리회로의 기호는? (단, A와 B는 입력, X는 출력)

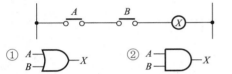

① $\begin{matrix} A \\ B \end{matrix}$ —X（NOR）
② $\begin{matrix} A \\ B \end{matrix}$ —X（AND）
③ $\begin{matrix} A \\ B \end{matrix}$ —X（NOR）
④ $\begin{matrix} A \\ B \end{matrix}$ —X（NAND）

해설 논리곱(AND) 회로

㉠ 모든 입력이 있을 때에만 출력이 나타나는 회로이며 직렬 스위치 회로와 같다.
㉡ 두 입력 'A' AND 'B'가 모두 '1'이면 출력 X가 '1'이 되며, 두 입력 중 어느 하나라도 '0'이면 출력 X가 '0'인 회로가 된다.

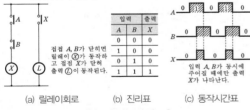

입력		출력
A	B	X
0	0	0
1	0	0
0	1	0
1	1	1

접점 A, B가 닫히면 릴레이 X가 동작하고 접점 X가 닫혀 출력 L이 동작된다.

입력 A, B가 동시에 주어질 때에만 출력 X가 나타난다.

(a) 릴레이회로　　(b) 진리표　　(c) 동작시간표

┃ 논리곱(AND)회로 ┃

★★★

55 인장(파단)강도가 400kg/cm²인 재료를 사용응력 100kg/cm²로 사용하면 안전계수는?

① 1　　　　　② 2
③ 3　　　　　④ 4

해설 안전계수 $= \dfrac{\text{인장(파단)강도}}{\text{사용응력}} = \dfrac{400}{100} = 4$

★

56 변형량과 원래 치수와의 비를 변형률이라 하는데 다음 중 변형률의 종류가 아닌 것은?

① 가로변형률　　② 세로변형률
③ 전단변형률　　④ 전체변형률

해설 변형률

재료에 하중이 걸리면 재료는 변형되며, 이 변형량을 원래의 길이로 나눈 값이다.

㉠ 세로변형률 $\varepsilon = \dfrac{\lambda}{l}$

여기서, ε : 세로변형률
l : 원래의 길이
λ : 변형된 길이

㉡ 가로변형률 $\varepsilon_l = \dfrac{\delta}{d}$

여기서, ε_l : 가로변형률
d : 처음의 횡방향 길이
δ : 횡(가로)방향의 늘어난 길이

㉢ 전단변형률 $\gamma = \dfrac{\lambda_s}{l} = \tan\phi ≒ \phi$

여기서, γ : 전단변형률
l : 원래의 횡방향 길이
λ_s : 늘어난 길이
ϕ : 전단각(radian)

★★

57 승강기의 카 프레임의 단면적 30cm²에 걸리는 무게가 2,400kgf이고 사용재료의 인장강도가 4,000kgf/cm²일 때 안전율은 얼마인가?

① 16　　　　② 50
③ 80　　　　④ 133

해설 안전율(안전계수) $= \dfrac{\text{파단(인장)강도}}{\text{허용응력}} = \dfrac{4,000}{80} = 50$

허용응력 $= \dfrac{\text{하중(외력)(kg)}}{\text{단면적(cm}^2)} = \dfrac{2,400}{30} = 80\text{kg/cm}^2$

★★★

58 3상 유도전동기를 역회전 동작시키고자 할 때의 대책으로 옳은 것은?

① 퓨즈를 조사한다.
② 전동기를 교체한다.
③ 3선을 모두 바꾸어 결선한다.
④ 3선의 결선 중 임의의 2선을 바꾸어 결선한다.

해설 3상 교류인 3개의 단자 중 어느 2개의 단자를 서로 바꾸어 접속하면 1차 권선에 흐르는 상회전 방향이 반대가 되므로 자장의 회전방향도 바뀌어 역회전을 한다.

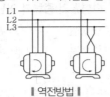

▮ 역전방법 ▮

★★

59 엘리베이터의 정격속도 계산 시 무관한 항목은?

① 감속비
② 편향도르래
③ 전동기 회전수
④ 권상도르래 직경

해설 엘리베이터의 정격속도(V)

$$V = \frac{\pi DN}{1,000} i \,(\text{m/min})$$

여기서, V : 엘리베이터의 정격속도(m/min)
　　　　D : 권상기 도르래의 지름(mm)
　　　　N : 전동기의 회전수(rpm)
　　　　i : 감속비

★

60 에스컬레이터(무빙워크 포함) 점검항목 및 방법 중 제어패널, 캐비닛, 접촉기, 릴레이, 제어기판에서 'B로 하여야 할 것'에 해당하지 않는 것은?

① 잠금장치가 불량한 것
② 환경 상태(먼지, 이물)가 불량한 것
③ 퓨즈 등에 규격 외의 것이 사용되고 있는 것
④ 접촉기, 릴레이 접촉기 등의 손모가 현저한 것

해설 제어패널, 캐비닛, 전자접촉기, 릴레이, 제어기판 점검 방법(1회/1월)

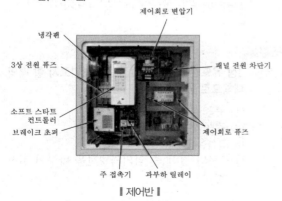

▮ 제어반 ▮

㉠ B(요주의)로 하여야 할 것
• 접촉기, 릴레이 접촉기 등의 손모가 현저한 것
• 잠금장치가 불량한 것
• 고정이 불량한 것
• 발열, 진동 등이 현저한 것
• 동작이 불안정한 것
• 환경 상태(먼지, 이물)가 불량한 것
• 제어계통에서 안전이 지장이 없는 경미한 결함 또는 오류가 발생한 것
• 전기설비의 절연저항이 규정값을 초과하는 것

㉡ C(요수리 또는 긴급수리)로 하여야 할 것
• 위 ㉠항의 상태가 심한 것
• 화재 발생의 염려가 있는 것
• 퓨즈 등에 규격 외의 것이 사용되고 있는 것
• 먼지, 이물에 의한 오염으로 오작동의 우려가 있는 것
• 기판의 접촉이 불량한 것
• 제어계통에 안전과 관련한 중대한 결함 또는 오류가 발생한 것
• 제어계통에 안전과 관련한 중대한 결함 또는 오류를 초래할 수 있는 경미한 오류가 반복적으로 발생한 것

※ 본 문제는 수험생들의 협조에 의해 작성되었으며, 시험내용과 일부 다를 수 있습니다.

★★★

01 엘리베이터의 유압식 구동방식에 의한 분류로 틀린 것은?

① 직접식 ② 간접식
③ 스크루식 ④ 팬터그래프식

해설 유압식 엘리베이터의 구동방식

펌프에서 토출된 작동유로 플런저(plunger)를 작동시켜 카를 승강시키는 것을 유압식 엘리베이터라 한다.
㉠ 직접식 : 플런저의 직상부에 카를 설치한 것이다.
㉡ 간접식 : 플런저의 선단에 도르래를 놓고 로프 또는 체인을 통해 카를 올리고 내리며, 로핑에 따라 1 : 2, 1 : 4, 2 : 4의 로핑이 있다.
㉢ 팬터그래프식 : 카는 팬터그래프의 상부에 설치하고, 실린더에 의해 팬터그래프를 개폐한다.

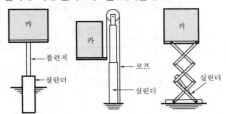

|직접식| |간접식(1 : 2 로핑)| |팬터그래프식|

★★★

02 전기식 엘리베이터 기계실의 조도는 기기가 배치된 바닥면에서 몇 lx 이상이어야 하는가?

① 150 ② 200
③ 250 ④ 300

해설 기계실의 유지관리에 지장이 없도록 조명 및 환기시설의 설치

㉠ 기계실에는 바닥면에서 200lx 이상을 비출 수 있는 영구적으로 설치된 전기조명이 있어야 한다.
㉡ 기계실은 눈·비가 유입되거나 동절기에 실온이 내려가지 않도록 조치되어야 하며 실온은 +5℃에서 +40℃ 사이에서 유지되어야 한다.

★★

03 와이어로프의 꼬는 방법 중 보통꼬임에 해당하는 것은?

① 스트랜드의 꼬는 방향과 로프의 꼬는 방향이 반대인 것

② 스트랜드의 꼬는 방향과 로프의 꼬는 방향이 같은 것
③ 스트랜드의 꼬는 방향과 로프의 꼬는 방향이 일정 구간 같았다가 반대이었다가 하는 것
④ 스트랜드의 꼬는 방향과 로프의 꼬는 방향이 전체길이의 반은 같고 반은 반대인 것

해설 와이어로프의 꼬임 방법

종류	꼬이는 방향	특징	형상
보통 꼬임 (regular lay)	소선과 스트랜드의 꼬임 방향이 다르다.	외주(外周)가 마모되기 쉽지만 꼬임이 풀리기 어렵다. 유연성이 좋다.	Z꼬임, S꼬임
랭 꼬임 (lang lay)	소선과 스트랜드의 꼬임 방향이 같다.	외주(外周)가 마모되기 어렵지만 꼬임이 풀리기 쉽다. 유연성이 좋다.	

|보통Z꼬임| |보통S꼬임| |랭Z꼬임| |랭S꼬임|

★★★

04 기계실에 설치할 설비가 아닌 것은?

① 완충기 ② 권상기
③ 조속기 ④ 제어반

해설 완충기(buffer)

피트 바닥에 설치되며, 카가 어떤 원인으로 최하층을 통과하여 피트로 떨어졌을 때, 충격을 완화하기 위하여 혹은 카가 밀어 올렸을 때를 대비하여 균형추의 바로 아래에도 완충기를 설치한다. 그러나 이 완충기는 카나 균형추의 자유낙하를 완충하기 위한 것은 아니다(자유낙하는 비상정지장치의 분담기능).

|피트에 설치된 완충기|

★★★

05 승강장 도어가 닫혀 있지 않으면 엘리베이터 운전이 불가능하도록 하는 것은?

① 승강장 도어스위치
② 승강장 도어행거
③ 승강장 도어인터록
④ 도어슈

해설 도어 인터록(door interlock)

 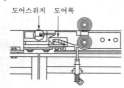

㉠ 카가 정지하지 않는 층의 도어는 전용열쇠를 사용하지 않으면 열리지 않는 도어록과 도어가 닫혀 있지 않으면 운전이 불가능하도록 하는 도어스위치로 구성된다.
㉡ 닫힘동작 시는 도어록이 먼저 걸린 상태에서 도어스위치가 들어가고 열림동작 시는 도어스위치가 끊어진 후 도어록이 열리는 구조(직렬)이며, 엘리베이터의 안전장치 중에서 승강장의 도어 안전장치로서 가장 중요하다.

★★★★

06 조속기는 무엇을 이용하여 스위치의 개폐작용을 하는가?

① 응력
② 원심력
③ 마찰력
④ 항력

해설 조속기의 작동원리

㉠ 조속기풀리와 카를 조속기로프로 연결하면, 카가 움직일 때 조속기풀리도 카와 같은 속도, 같은 방향으로 움직인다.
㉡ 어떤 비정상적인 원인으로 카의 속도가 빨라지면 조속기링크에 연결된 무게추(weight)가 원심력에 의해 풀리 바깥쪽으로 벗어나면서 과속을 감지한다.
㉢ 미리 설정된 속도에서 과속(조속기)스위치와 제동기(brake)로 카를 정지시킨다.
㉣ 만약 엘리베이터가 정지하지 않고 속도가 계속 증가하면 조속기의 캐치(catch)가 동작하여 조속기로프를 붙잡고 결국은 비상정지장치를 작동시켜서 엘리베이터를 정지시킨다.

★★★

07 다음 중 카 내에 갇힌 사람이 외부와 연락할 수 있는 장치는?

① 차임벨
② 인터폰
③ 위치표시램프
④ 리밋스위치

해설 인터폰(interphone)

㉠ 고장, 정전 및 화재 등의 비상 시에 카 내부와 외부의 상호 연락을 할 때에 이용된다.
㉡ 전원은 정상전원뿐만 아니라 비상전원장치(충전 배터리)에도 연결되어 있어야 한다.
㉢ 엘리베이터의 카 내부와 기계실, 경비실 또는 건물의 중앙감시반과 통화가 가능하여야 하며, 보수전문회사와 원거리 통화가 가능한 것도 있다.

★★

08 평면의 디딤판을 동력으로 오르내리게 한 것으로, 경사도가 12° 이하로 설계된 것은?

① 에스컬레이터
② 수평보행기
③ 경사형 리프트
④ 덤웨이터

해설 무빙워크(수평보행기)의 경사도와 속도

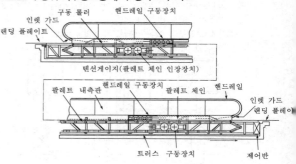

┃ 무빙워크(수평보행기) 구조도 ┃

┃ 승강장 스탭 ┃　　┃ 팔레트 ┃

┃ 콤(comb) ┃

㉠ 무빙워크의 경사도는 12° 이하이어야 한다.
㉡ 무빙워크의 공칭속도는 0.75m/s 이하이어야 한다.
㉢ 팔레트 또는 벨트의 폭이 1.1m 이하이고, 승강장에서 팔레트 또는 벨트가 콤에 들어가기 전 1.6m 이상의 수평주행구간이 있는 경우 공칭속도는 0.9m/s까지 허용된다. 다만, 가속구간이 있거나 무빙워크를 다른 속도로 직접 전환시키는 시스템이 있는 무빙워크에는 적용되지 않는다.

정답 05. ①　06. ②　07. ②　08. ②

09 승강기의 주로프 로핑(roping) 방법에서 로프의 장력은 부하측(카 및 균형추) 중력의 1/2로 되며, 부하측의 속도가 로프 속도의 1/2이 되는 로핑 방법은 어느 것인가?

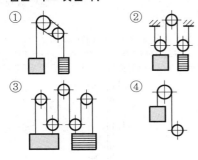

해설 2 : 1 로핑

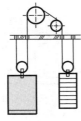

2 : 1 로핑은 1 : 1 로핑 장력의 1/2이 되며, 시브에 걸리는 부하도 1 : 1의 1/2이 된다. 카의 정격속도의 2배의 속도로 로프를 구동하여야 하고, 기어식 권상기에서는 30m/min 미만의 엘리베이터에서 많이 사용한다.

10 다음 중 교류 궤환제어방식에 관한 설명으로 옳은 것은?

① 카의 실속도와 지력속도를 비교하여 다이오드의 점호각을 바꿔 유도전동기의 속도를 제어한다.
② 유도전동기의 1차측 각상에서 사이리스터와 다이오드를 병렬로 접속하여 토크를 변화시킨다.
③ 미리 정해진 지령속도에 따라 제어되므로 승차감 및 착상도가 좋다.
④ 교류 2단 속도와 같은 저속주행시간이 없으므로 운전시간이 길다.

해설 교류 궤환제어방식

미리 정해진 지령속도에 따라 정확하게 제어되므로, 승차감 및 착상 정도가 교류 1단, 교류 2단 속도제어보다 좋다.

11 도어시스템(열리는 방향)에서 S로 표현되는 것은?

① 중앙열기문
② 가로열기문
③ 외짝문 상하열기
④ 2짝문 상하열기

해설 승강장 도어 분류

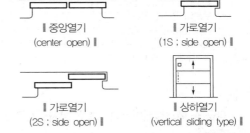

┃중앙열기   ┃가로열기
(center open) ┃ (1S ; side open) ┃

┃가로열기   ┃상하열기
(2S ; side open) ┃ (vertical sliding type) ┃

㉠ 중앙열기방식 : 1CO, 2CO(센터오픈 방식, Center Open)
㉡ 가로열기방식 : 1S, 2S, 3S(사이드오픈 방식, Side open)
㉢ 상하열기방식
 • 2매, 3매 업(up)슬라이딩 방식 : 자동차용이나 대형화물용 엘리베이터에서는 카 실을 완전히 개구할 필요가 있기 때문에 상승개폐(2up, 3up)도어를 많이 사용한다.
 • 2매, 3매 상하열림(up, down) 방식
㉣ 여닫이 방식 : 1매 스윙, 2매 스윙(swing type)

12 전기식 엘리베이터 기계실의 실온 범위는?

① 5~70℃
② 5~60℃
③ 5~50℃
④ 5~40℃

해설 기계실의 유지관리에 지장이 없도록 조명 및 환기시설의 설치

㉠ 기계실에는 바닥면에서 200lx 이상을 비출 수 있는 영구적으로 설치된 전기조명이 있어야 한다.
㉡ 기계실은 눈·비가 유입되거나 동절기에 실온이 내려가지 않도록 조치되어야 하며 실온은 +5℃에서 +40℃ 사이에서 유지되어야 한다.

13 전기식 엘리베이터에서 현수로프 안전율은 몇 이상이어야 하는가?

① 8
② 9
③ 11
④ 12

해설 권상도르래, 풀리 또는 드럼과 로프의 직경 비율, 로프·체인의 단말처리

　㉠ 권상도르래, 풀리 또는 드럼과 현수로프의 공칭직경 사이의 비는 스트랜드의 수와 관계없이 40 이상이어야 한다.

　㉡ 현수로프의 안전율은 어떠한 경우라도 12 이상이어야 한다. 안전율은 카가 정격하중을 싣고 최하층에 정지하고 있을 때 로프 1가닥의 최소 파단하중(N)과 이 로프에 걸리는 최대 힘(N) 사이의 비율이다.

　㉢ 로프와 로프 단말 사이의 연결은 로프의 최소 파단하중의 80% 이상을 견뎌야 한다.

　㉣ 로프의 끝 부분은 카, 균형추(또는 평형추) 또는 현수되는 지점에 금속 또는 수지로 채워진 소켓, 자체 조임 쐐기형식의 소켓 또는 안전상 이와 동등한 기타 시스템에 의해 고정되어야 한다.

★★

14 다음 중 에스컬레이터의 역회전 방지장치로 틀린 것은?

① 조속기
② 스커트 가드
③ 기계브레이크
④ 구동체인 안전장치

해설 스커트 가드(skirt guard)

에스컬레이터 내측판의 스텝에 인접한 부분을 일컬으며, 스테인레스 판으로 되어 있다.

‖ 스텝 부분 ‖

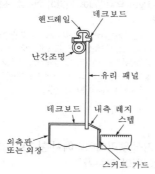

‖ 난간의 구조 ‖

★★

15 유압식 엘리베이터에서 T형 가이드레일이 사용되지 않는 엘리베이터의 구성품은?

① 카
② 도어
③ 유압실린더
④ 균형추(밸런싱웨이트)

해설 승강기의 도어

카의 출입문은 동작 빈도가 매우 높은 중요한 부분이다. 고장, 사고의 약 80%를 점유하는 장치이므로 안전상의 관점에서도 높은 신뢰성이 요구되는 중요한 장치이다.

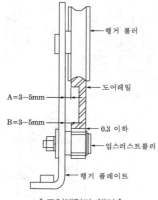

‖ 도어레일과 행거 ‖

★★

16 정전으로 인하여 카가 정지될 때 점검자에 의해 주로 사용되는 밸브는?

① 하강용 유량제어밸브
② 스톱밸브
③ 릴리프밸브
④ 체크밸브

해설 하강용 유량제어밸브

유압식 엘리베이터의 하강 시 탱크로 되돌아오는 유량을 제어하는 밸브로서 수동하강밸브가 부착되어 있어 정전이나 기타의 원인으로 카가 층 중간에 정지된 경우라도 이 밸브를 열어 카를 안전하게 하강시킬 수가 있다.

★

17 에스컬레이터 안전장치스위치의 종류에 해당하지 않는 것은?

① 비상정지스위치
② 업다운스위치
③ 스커트 가드 안전스위치
④ 인레트스위치

정답 14. ② 15. ② 16. ① 17. ②

해설 에스컬레이터의 안전장치

┃ 비상정지스위치 ┃

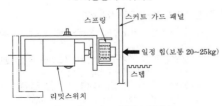

┃ 스커트 가드 안전스위치 ┃

┃ 인레트스위치 ┃

㉠ 비상정지스위치 : 사고 발생 시 신속히 정지시켜야 하므로 상하의 승강구에 설치한다.
㉡ 스커트 가드(skirt guard)스위치 : 스커트 가드판과 스텝 사이에 인체의 일부나 옷, 신발 등이 끼이면 위험하므로 스커트 가드 패널에 일정 이상의 힘이 가해지면 안전스위치가 작동되어 에스컬레이터를 정지시킨다.
㉢ 인레트스위치(inlet switch) : 핸드레일의 인입구에 설치하며, 핸드레일이 난간 하부로 들어갈 때 어린이의 손가락이 빨려 들어가는 사고 발생 시 에스컬레이터 운행을 정지시킨다.

★★
18 카의 실제속도와 속도지령장치의 지령속도를 비교하여 사이리스터의 점호각을 바꿔 유도전동기의 속도를 제어하는 방식은?

① 사이리스터 레오나드방식
② 교류궤환 전압제어방식
③ 가변전압 가변주파수방식
④ 워드 레오나드방식

해설 교류궤환제어

㉠ 카의 실속도와 지령속도를 비교하여 사이리스터(thyristor)의 점호각을 바꾼다.
㉡ 감속할 때는 속도를 검출하여 사이리스터에 궤환시켜 전류를 제어한다.
㉢ 전동기 1차측 각 상에 사이리스터와 다이오드를 역병렬로 접속하여 역행 토크를 변화시킨다.

㉣ 모터에 직류를 흘려서 제동토크를 발생시킨다.
㉤ 미리 정해진 지령속도에 따라 정확하게 제어되므로, 승차감 및 착상 정도가 교류 1단, 교류 2단 속도제어보다 좋다.
㉥ 교류 2단 속도제어와 같은 저속주행 시간이 없으므로 운전시간이 짧다.
㉦ 40~105m/min의 승용 엘리베이터에 주로 적용된다.

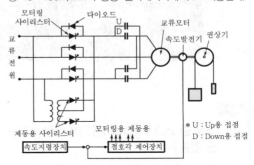

┃ 교류궤환 제어회로 ┃

★★★★★
19 균형로프(compensation rope)의 역할로 가장 알맞은 것은?

① 카의 무게를 보상
② 카의 낙하를 방지
③ 균형추의 이탈을 방지
④ 와이어로프의 무게를 보상

해설 견인비의 보상방법

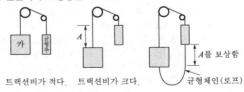

트랙션비가 적다.   트랙션비가 크다.   균형체인(로프)

㉠ 견인비(traction ratio)
• 카측 로프가 매달고 있는 중량과 균형추 로프가 매달고 있는 중량의 비를 트랙션비라 하고, 무부하와 전부하 상태에서 체크한다.
• 견인비가 낮게 선택되면 로프와 도르래 사이의 트랙션 능력, 즉 마찰력이 작아도 되며, 로프의 수명이 연장된다.
㉡ 문제점
• 승강행정이 길어지면 로프가 어느 쪽(카측, 균형추측)에 있느냐에 따라 트랙션비는 크게 변화한다.
• 트랙션비가 1.35를 초과하면 로프가 시브에서 슬립(slip)되기가 쉽다.
㉢ 대책
• 카 하부에서 균형추의 하부로 주로프와 비슷한 단위중량의 균형(보상)체인이나 로프를 매단다(트랙션비를 작게 하기 위한 방법).

- 균형로프는 서로 엉키는 걸 방지하기 위하여 비트에 인장도래를 설치한다.
- 균형로프는 100%의 보상효과가 있고, 균형체인은 90% 정도 밖에 보상하지 못한다.
- 고속·고층 엘리베이터의 경우 균형체인(소음의 원인)보다는 균형로프를 사용한다.

‖ 균형체인 ‖

★★★

20 다음 중 스크루(screw)펌프에 대한 설명으로 옳은 것은?

① 나사로 된 로터가 서로 맞물려 돌 때, 축방향으로 기름을 밀어내는 펌프
② 2개의 기어가 회전하면서 기름을 밀어내는 펌프
③ 케이싱의 캠링 속에 편심한 로터에 수개의 베인이 회전하면서 밀어내는 펌프
④ 2개의 플런저를 동작 시켜서 밀어내는 펌프

🖎 해설 **펌프의 종류**

㉠ 일반적으로 원심력식, 가변토출량식, 강제송유식(가장 많이 사용됨) 등이 있다.
㉡ 강제송유식의 종류에는 기어 펌프, 베인 펌프, 스크루 펌프(소음이 적어서 많이 사용됨) 등이 있다.
㉢ 스크루 펌프(screw pump)는 케이싱 내에 1~3개의 나사 모양의 회전자를 회전시키고, 유체는 그 사이를 채워서 나아가도록 되어 있는 펌프로서 유체에 회전운동을 주지 않기 때문에 운전이 조용하고, 효율도 높아서 유압용 펌프에 사용되고 있다.

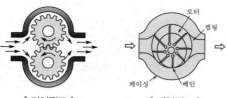

‖ 기어펌프 ‖   ‖ 베인펌프 ‖

‖ 스크루펌프 ‖

★★

21 안전관리자의 직무가 아닌 것은?

① 안전보건 관리규정에서 정한 직무
② 산업재해의 발생의 원인 조사 및 대책 수립
③ 안전교육계획의 수립 및 실시
④ 근로환경보건에 관한 연구 및 조사

🖎 해설 **안전관리자의 직무(산업안전)**

㉠ 당해 사업장의 안전보건관리규정 및 취업규칙에서 정한 직무
㉡ 방호장치, 기계기구 및 설비, 보호구 중 안전에 관련된 보호구 구입 시 적격품 선정
㉢ 당해 사업장 안전교육계획의 수립 및 실시
㉣ 사업장 순회점검, 지도 및 조치의 건의
㉤ 산업재해 발생 원인 조사 및 재발 방지를 위한 기술적 지도 조언
㉥ 산업재해에 관한 통계의 유지관리를 위한 지도 조언
㉦ 안전에 관한 사항을 위반한 근로자에 대한 조치의 건의
㉧ 기타 안전에 관한 사항으로 노동부장관이 정한 사항

★★

22 그림과 같은 활차장치의 옳은 설명은? (단, 그 활차의 직경은 같음)

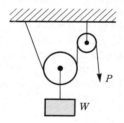

① 힘의 크기는 $W = P$ 이고, W의 속도는 P속도의 $\frac{1}{2}$이다.
② 힘의 크기는 $W = P$ 이고, W의 속도는 P속도의 $\frac{1}{4}$이다.
③ 힘의 크기는 $W = 2P$ 이고, W의 속도는 P속도의 $\frac{1}{2}$이다.
④ 힘의 크기는 $W = 2P$ 이고, W의 속도는 P속도의 $\frac{1}{4}$이다.

🖎 해설 **활차(pulley)**

㉠ 복활차(compound pulley) : 고정도르래와 움직이는 도르래를 2개 이상 결합한 도르래
㉡ 동활차(moved pulley) : 축이 고정되지 않고 자유롭게 이동하는 도르래

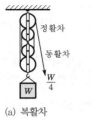

(a) 복활차   (b) 정활차

 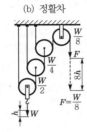

(c) 동활차

‖ 도르래 장치의 종류별 형태 ‖

- 하중(W) $= P \times 2^n$
  여기서, W : 하중(kg)
  P : 인상력(kg)
  n : 동활차수
- $P = \dfrac{W}{2^n}$

★★

23 엘리베이터에 사고가 발생하였을 때의 조치사항이 아닌 것은?

① 응급조치 등의 필요한 조치
② 소방서 및 의료기관 등에 연락
③ 피해자의 동료에게 연락
④ 전문기술자에게 연락

해설 관계기관 및 피해자 가족에게 연락

★

24 에스컬레이터 승강장의 주의표지판에 대한 설명 중 옳은 것은?

① 주의표지판은 충격을 흡수하는 재질로 만들어야 한다.
② 주의표지판은 영문으로 읽기 쉽게 표기되어야 한다.
③ 주의표지판의 크기는 80mm×80mm 이하의 그림으로 표시되어야 한다.
④ 주의표지판의 바탕은 흰색, 도안은 흑색, 사선은 적색이다.

해설 에스컬레이터 또는 무빙워크의 출입구 근처의 주의표시

㉠ 주의표시를 위한 표시판 또는 표지는 견고한 재질로 만들어야 하며, 승강장에서 잘 보이는 곳에 확실히 부착되어야 한다.
㉡ 주의표시는 80mm×100mm 이상의 크기로 표시되어야 한다.

구분		기준규격(mm)	색상
최소 크기		80×100	–
바탕		–	흰색
	원	40×40	–
	바탕	–	황색
	사선	–	적색
	도안	–	흑색
⚠		10×10	녹색(안전), 황색(위험)
안전, 위험		10×10	흑색
주의 문구	대	19pt	흑색
	소	14pt	적색

★★★

25 다음 중 재해원인을 분류할 때 인적 요인에 해당되는 것은 무엇인가?

① 방호장치의 결함
② 안전장치의 결함
③ 보호구의 결함
④ 지식의 부족

해설 재해발생원인은 물적인 것과 인적인 것이 있으며, 인적원인이란 안전관리에 있어서 인적인 관리결함, 심리적 결함, 생리적인 결함, 지식의 부족 등에 의거해서 재해가 발생했을 때를 말한다. 이러한 것이 원인으로 전체 재해의 75~80%를 차지한다.

★

26 작업표준의 목적이 아닌 것은?

① 작업의 효율화
② 위험요인의 제거
③ 손실요인의 제거
④ 재해책임의 추궁

정답 23. ③   24. ④   25. ④   26. ④

해설 작업표준

㉠ 작업표준의 필요성
근로자가 기능적으로 불확실한 작업행동이나 정해진 생산 공정상의 규칙을 어기고 임의적인 행동을 자행함으로써의 위험이나 손실요인을 최대한 예방, 감소시키기 위한 것이다.

㉡ 작업 표준을 도입치 않을 경우
  • 재해사고 발생
  • 부실제품 생산
  • 자재손실 또는 지연작업

㉢ 표준류(규정, 사양서, 지침서, 지도서, 기준서)의 종류
  • 원재료와 제품에 관한 것(품질표준)
  • 작업에 관한 것(작업표준)
  • 설비, 환경 등의 유지, 보전에 관한 것(설비기준)
  • 관리제도, 일의 절차에 관한 것(관리표준)

㉣ 작업표준의 목적
  • 위험요인의 제거
  • 손실요인의 제거
  • 작업의 효율화

㉤ 작업표준의 작성 요령
  • 작업의 표준설정은 실정에 적합할 것
  • 좋은 작업의 표준일 것
  • 표현은 구체적으로 나타낼 것
  • 생산성과 품질의 특성에 적합할 것
  • 이상 시 조치기준이 설정되어 있을 것
  • 다른 규정 등에 위배되지 않을 것

★★
27 카 상부에서 행하는 검사가 아닌 것은?

① 완충기 점검
② 주로프 점검
③ 가이드 슈 점검
④ 도어개폐장치 점검

해설 피트에서 하는 점검항목

㉠ 피트 바닥, 과부하감지장치
㉡ 완충기, 하부 파이널 리밋스위치, 카 비상멈춤장치스위치
㉢ 조속기로프 및 기타 당김도르래, 균형로프 및 부착부, 균형추 밑부분 틈새, 이동케이블 및 부착부
㉣ 카 하부 도르래, 피트 내의 내진대책

★★
28 에스컬레이터의 안전장치에 관한 설명으로 틀린 것은?

① 승강장에서 디딤판의 승강을 정지시키는 것이 가능한 장치이다.
② 사람이나 물건이 핸드레일 인입구에 꼈을 때 디딤판의 승강을 자동적으로 정지시키는 장치이다.

③ 상하 승강장에서 디딤판과 콤플레이트 사이에 사람이나 물건이 끼이지 않도록 하는 장치이다.
④ 디딤판체인이 절단되었을 때 디딤판의 승강을 수동으로 정지시키는 장치이다.

해설 에스컬레이터 또는 무빙워크의 자동 정지

㉠ 에스컬레이터 및 경사형($\alpha \geq 6°$) 무빙워크는 미리 설정된 운행방향이 변할 때 스텝 및 팔레트 또는 벨트가 자동으로 정지되는 방법으로 설치되어야 한다.
㉡ 브레이크 시스템은 다음과 같을 때 자동으로 작동되어야 한다.
  • 전압 공급이 중단될 때
  • 제어 회로에 전압 공급이 중단될 때
㉢ 에스컬레이터 및 무빙워크는 공칭속도의 1.2배 값을 초과하기 전에 자동으로 정지되는 방법으로 설치되어야 한다.
㉣ 에스컬레이터·무빙워크는 인장장치가 ±20mm를 초과하여 움직이기 전에 자동으로 정지되어야 한다.

★★
29 로프식 엘리베이터에서 도르래의 직경은 로프직경의 몇 배 이상으로 하여야 하는가?

① 25   ② 30
③ 35   ④ 40

해설 권상도르래, 풀리 또는 드럼과 로프의 직경 비율, 로프·체인의 단말처리

㉠ 권상도르래, 풀리 또는 드럼과 현수로프의 공칭직경 사이의 비는 스트랜드의 수와 관계없이 40 이상이어야 한다.
㉡ 현수로프의 안전율은 어떠한 경우라도 12 이상이어야 한다. 안전율은 카가 정격하중을 싣고 최하층에 정지하고 있을 때 로프 1가닥의 최소 파단하중(N)과 이 로프에 걸리는 최대 힘(N) 사이의 비율이다.
㉢ 로프와 로프 단말 사이의 연결은 로프의 최소 파단하중의 80% 이상을 견뎌야 한다.
㉣ 로프의 끝부분은 카, 균형추(또는 평형추) 또는 현수되는 지점에 금속 또는 수지로 채워진 소켓 자체 조임 쐐기형식의 소켓 또는 안전상 이와 동등한 기타 시스템에 의해 고정되어야 한다.

★
30 다음 중 엘리베이터에서 현수로프의 점검사항이 아닌 것은 무엇인가?

① 로프의 직경
② 로프의 마모 상태
③ 로프의 꼬임 방향
④ 로프의 변형, 부식 유무

정답 27. ① 28. ④ 29. ④ 30. ③

해설 와이어로프의 점검

㉠ 형상변형 상태 점검

소선의 이탈	압착	심강의 불거짐	플러스킹크
스트랜드의 함몰	스트랜드의 이탈	마이너스킹크	부풀림

㉡ 마모, 부식 상태 점검 : 로프의 표면이 마모되어 광택이 나는 부분 또는 붉게 부식된 부분의 그리이스내 오염물질을 점검
- 마모 : 소선과 소선의 돌기 부분이 마모되어 없어짐
- 부식 : 피팅이 발생하여 작은 구멍 자국이 생성됨

마모	부식

㉢ 파단 상태 점검 : 육안으로 점검하여 소선이 발견되면 주변의 그리이스내 오염물질을 제거하고 정밀점검을 한다.

외측 부분 단선	스트랜드 사이의 단선

★★

31 기계식 주차장치에 있어서 자동차 중량의 전륜 및 후륜에 대한 배분비는?

① 6 : 4   ② 5 : 5
③ 7 : 3   ④ 4 : 6

해설 자동차 중량의 전륜 및 후륜에 대한 배분은 6 : 4로 하고, 계산하는 단면에는 큰 쪽의 중량이 집중하중으로 작용하는 것으로 가정하여 계산한다.

★★★

32 전류의 흐름을 안전하게 하기 위하여 전선의 굵기는 가장 적당한 것으로 선정하여 사용하여야 한다. 전선의 굵기를 결정하는 요인으로 다음 중 거리가 가장 먼 것은?

① 전압 강하   ② 허용 전류
③ 기계적 강도   ④ 외부 온도

해설 전선의 굵기 선정 시 고려해야 할 사항 3요소는 전압 강하, 기계적 강도, 허용 전류이며 그중 가장 중요한 것은 허용 전류이다. 외부 온도는 고려대상이지만 3요소보다는 중요하지 않다.

★

33 재해 발생 과정의 요건이 아닌 것은?

① 사회적 환경과 유전적인 요소
② 개인적 결함

③ 사고
④ 안전한 행동

해설 재해의 발생 순서 5단계

유전적 요소와 사회적 환경 → 인적 결함 → 불안전한 행동과 상태 → 사고 → 재해

★★

34 전기식 엘리베이터 자체점검 중 카 위에서 하는 점검항목 장치가 아닌 것은?

① 비상구출구
② 도어잠금 및 잠금해제장치
③ 카 위 안전스위치
④ 문닫힘안전장치

해설 문 작동과 관련된 보호

㉠ 문이 닫히는 동안 사람이 끼이거나 끼려고 할 때 자동으로 문이 반전되어 열리는 문닫힘안전장치가 있어야 한다.
㉡ 문닫힘 동작 시 사람 또는 물건이 끼이거나 문닫힘안전장치 연결전선이 끊어지면 문이 반전하여 열리도록 하는 문닫힘안전장치(세이프티 슈·광전장치·초음파장치 등)가 카 문이나 승강장문 또는 양쪽 문에 설치되어야 하며, 그 작동 상태는 양호하여야 한다.
㉢ 승강장문이 카 문과의 연동에 의해 열리는 방식에서는 자동적으로 승강장의 문이 닫히는 쪽으로 힘을 작용시키는 장치이다.
㉣ 엘리베이터가 정지한 상태에서 출입문의 닫힘 동작에 우선하여 카 내에서 문을 열 수 있도록 하는 장치이다.

★★

35 다음 중 사고방지를 위한 5단계 중 가장 먼저 조치해야 할 사항은?

① 사실의 발견   ② 안전조직
③ 교육적 원인   ④ 정신적 원인

해설 하인리히 사고방지 5단계

㉠ 1단계 : 안전관리조직
㉡ 2단계 : 사실의 발견
- 사고 및 활동기록 검토
- 안전검검 및 검사
- 안전회의 토의
- 사고조사
- 작업분석
㉢ 3단계 : 분석 평가
- 재해조사분석, 안전성 진단평가, 작업환경 측정, 사고기록, 인적·물적 조건조사 등
㉣ 4단계 : 시정책의 선정(인사조정, 교육 및 훈련방법 개선)
㉤ 5단계 : 시정책의 적용(3E, 3S)
- 3E : 기술적, 교육적, 독려적
- 3S : 표준화, 전문화, 단순화

정답 31. ①   32. ④   33. ④   34. ④   35. ②

36 에스컬레이터의 계단(디딤판)에 대한 설명 중 옳지 않은 것은?

① 디딤판 윗면은 수평으로 설치되어야 한다.
② 디딤판의 주행방향의 길이는 400mm 이상이다.
③ 발판 사이의 높이는 215mm 이하이다.
④ 디딤판 상호간 틈새는 8mm 이하이다.

해설 ㉠ 스텝과 스텝 또는 팔레트와 팔레트 사이의 틈새

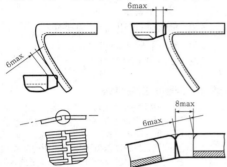

- 트레드 표면에서 측정된 이용 가능한 모든 위치의 연속되는 2개의 스텝 또는 팔레트 사이의 틈새는 6mm 이하이어야 한다.
- 팔레트의 맞물리는 전면 끝부분과 후면 끝부분이 있는 무빙워크의 변환 곡선부에서는 이 틈새가 8mm까지 증가되는 것은 허용된다.
㉡ 에스컬레이터 및 무빙워크의 치수

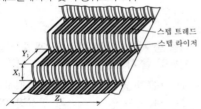

스텝 트레드
스텝 라이저

- 공칭폭 Z_1은 0.58m 이상, 1.1m 이하이어야 한다. 경사도가 6° 이하인 무빙워크의 폭은 1.65m까지 허용된다.
- 스텝 높이 X_1은 0.24m 이하이어야 한다.
- 스텝 깊이 Y_1은 0.38m 이상이어야 한다.

37 엘리베이터의 소유자나 안전(운행)관리자에 대한 교육내용이 아닌 것은?

① 엘리베이터에 관한 일반지식
② 엘리베이터에 관한 법령 등의 지식
③ 엘리베이터의 운행 및 취급에 관한 지식
④ 엘리베이터의 구입 및 가격에 관한 지식

해설 **승강기 관리교육의 내용**

㉠ 승강기에 관한 일반지식
㉡ 승강기에 관한 법령 등에 관한 사항
㉢ 승강기의 운행 및 취급에 관한 사항
㉣ 화재, 고장 등 긴급사항 발생 시 조치에 관한 사항
㉤ 인명사고 발생 시 조치에 관한 사항
㉥ 그 밖에 승강기의 안전운행에 필요한 사항

38 전기식 엘리베이터 자체점검항목 중 점검주기가 가장 긴 것은?

① 권상기 감속기어의 윤활유(oil) 누설 유무 확인
② 비상정지장치 스위치의 기능 상실 유무 확인
③ 승장버튼의 손상 유무 확인
④ 이동케이블의 손상 유무 확인

해설 **승강기 자체검사 주기 및 항목**

㉠ 1개월에 1회 이상
- 층상선택기
- 카의 문 및 문턱
- 카 도어스위치
- 문닫힘 안전장치
- 카 조작반 및 표시기
- 비상통화장치
- 전동기, 전동발전기
- 권상기 브레이크
㉡ 3개월에 1회 이상
- 수권조작 수단
- 권상기 감속기어
- 비상정지장치
㉢ 6개월에 1회 이상
- 권상기 도르래
- 권상기 베어링
- 조속기(카측, 균형추측)
- 비상정지장치와 조속기의 부착 상태
- 용도, 적재하중, 정원 등 표시
- 이동케이블 및 부착부
㉣ 12개월에 1회 이상
- 고정도르래, 풀리
- 기계실 기기의 내진대책

39 유압식 엘리베이터의 카 문턱에는 승강장 유효출입구 전폭에 걸쳐 에이프런이 설치되어야 한다. 수직면의 아랫부분은 수평면에 대해 몇 도 이상으로 아래 방향을 향하여 구부러져야 하는가?

① 15°   ② 30°
③ 45°   ④ 60°

정답 36. ④ 37. ④ 38. ④ 39. ④

해설 에이프런(보호판)

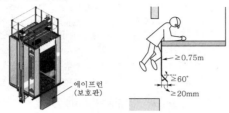

㉠ 카 문턱에는 승강장 유효출입구 전폭에 걸쳐 에이프런이 설치되어야 한다. 수직면의 아랫부분은 수평면에 대해 60° 이상으로 아래 방향을 향하여 구부러져야 한다. 구부러진 곳의 수평면에 대한 투영길이는 20mm 이상이어야 한다.

㉡ 수직 부분의 높이는 0.75m 이상이어야 한다.

★

40 감전이나 전기화상을 입을 위험이 있는 작업에 반드시 갖추어야 할 것은?

① 보호구   ② 구급용구

③ 위험신호장치   ④ 구명구

해설 감전에 의한 위험대책

㉠ 전기설비의 점검을 철저히 할 것

㉡ 전기기기에 위험 표시

㉢ 유자격자 이외는 전기기계 및 기구에 접촉 금지

㉣ 설비의 필요한 부분에는 보호접지 실시

㉤ 전동기, 변압기, 분전반, 개폐기 등의 충전부가 노출된 부분에는 절연방호조치 점검

㉥ 화재폭발의 위험성이 있는 장소에서는 법규에 의해 방폭구조 전기기계의 사용 의무화

㉦ 고전압선로와 충전부에 근접하여 작업하는 작업자의 보호구 착용

㉧ 안전관리자는 작업에 대한 안전교육 시행

★★★

41 시퀀스회로에서 일종의 기억회로라고 할 수 있는 것은?

① AND회로   ② OR회로

③ NOT회로   ④ 자기유지회로

해설 자기유지회로(self hold circuit)

㉠ 전자계전기(X)를 조작하는 스위치(BS_1)와 병렬로 그 전자계전기의 a접점이 접속된 회로, 예를 들면 누름단추 스위치(BS_1)를 온(on)했을 때, 스위치가 닫혀 전자계전기가 여자(excitation)되면 그것의 a접점이 닫히기 때문에 누름단추 스위치(BS_1)를 떼어도(스위치가 열림) 전자계전기는 누름단추 스위치(BS_2)를 누를 때까지 여자를 계속한다. 이것을 자기유지라고 하는데 자기유지회로는 전동기의 운전 등에 널리 이용된다.

㉡ 여자(excitation) : 전자계전기의 전자코일에 전류가 흘러 전자석으로 되는 것이다.

㉢ 전자계전기(electromagnetic relay) : 전자력에 의해 접점(a, b)을 개폐하는 기능을 가진 장치로서, 전자코일에 전류가 흐르면 고정철심이 전자석으로 되어 철편이 흡입되고, 가동접점은 고정 접점에 접촉된다. 전자코일에 전류가 흐르지 않아 고정철심이 전자력을 잃으면 가동접점은 스프링의 힘으로 복귀되어 원상태로 된다. 일반제어회로의 신호전달을 위한 스위칭회로뿐만 아니라 통신기기, 가정용 기기 등에 폭넓게 이용되고 있다.

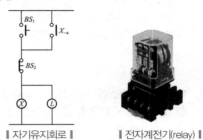

┃자기유지회로┃   ┃전자계전기(relay)┃

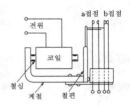

┃전자계전기의 구조┃

★★★

42 다음 중 절연저항을 측정하는 계기는?

① 회로시험기

② 메거

③ 훅온미터

④ 휘트스톤브리지

해설 전로 및 기기 등을 사용하다보면 기기의 노화 등 그밖의 원인으로 절연성능이 저하되고, 절연열화가 진행되면 결국은 누전 등의 사고를 발생하여 화재나 그 밖의 중대 사고를 일으킬 우려가 있으므로 절연저항계(메거)로 절연저항측정 및 절연진단이 필요하다.

★

43 2축이 만나는(교차하는) 기어는?

① 나사(screw)기어

② 베벨기어

③ 웜기어

④ 하이포이드기어

정답   40. ①   41. ④   42. ②   43. ②

해설 **기어의 분류**

㉠ 평행축 기어 : 평기어, 헬리컬기어, 더블 헬리컬기어, 랙과 작은 기어
㉡ 교차축 기어 : 스퍼어 베벨기어, 헬리컬 베벨기어, 스파이럴 베벨기어, 제로올 베벨기어, 크라운기어 앵귤러 베벨기어
㉢ 어긋난 축기어 : 나사기어, 웜기어, 하이포이드 기어, 헬리컬 크라운 기어

∥평기어∥ ∥헬리컬기어∥ ∥베벨기어∥ ∥웜기어∥

★★★★
44 버니어캘리퍼스를 사용하여 와이어로프의 직경을 측정하는 방법으로 알맞은 것은?

① ② ③ ④

해설 **와이어로프의 직경 측정**

로프의 직경은 수직 또는 대각선으로 측정하며, 섬유로프인 경우는 게이지(gauge)로 측정하는 것이 바람직하다.

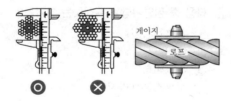

★★
45 응력을 옳게 표현한 것은?

① 단위길이에 대한 늘어남
② 단위체적에 대한 질량
③ 단위면적에 대한 변형률
④ 단위면적에 대한 힘

해설 **응력(stress)**

㉠ 물체에 힘이 작용할 때 그 힘과 반대 방향으로 크기가 같은 저항력이 생기는데 이 저항력을 내력이라 하며, 단위면적 $1mm^2$에 대한 내력의 크기를 말한다.

㉡ 응력은 하중의 종류에 따라 인장응력, 압축응력, 전단응력 등이 있으며, 인장응력과 압축응력은 하중이 작용하는 방향이 다르지만, 같은 성질을 갖는다. 단면에 수직으로 작용하면 수직응력, 단면에 평행하게 접하면 전단응력(접선응력)이라고 한다.

㉢ 수직응력(σ)

$$\sigma = \frac{P}{A}$$

여기서, σ : 수직응력(kg/cm^2)
　　　　P : 축하중(kg)
　　　　A : 수직응력이 발생하는 단면적(cm^2)

㉣ 응력이 발생하는 단면적(A)이 일정하고, 축하중(P)값이 증가하면 응력도 비례해서 증가한다.

★★★★
46 카가 최상층 및 최하층을 지나쳐 주행하는 것을 방지하는 것은?

① 균형추　　　　　② 정지스위치
③ 인터록장치　　　④ 리밋스위치

해설 **리밋스위치(limit switch)**

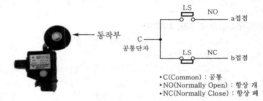

• C(Common) : 공통
• NO(Normally Open) : 항상 개
• NC(Normally Close) : 항상 폐

∥리밋스위치∥

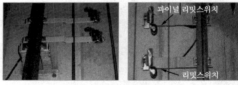

∥리밋(최상, 최하층)스위치의 설치 상태∥

㉠ 물체의 힘에 의해 동작부(구동장치)가 눌러서 접점이 온, 오프(on, off)한다.
㉡ 엘리베이터가 운행 시 최상·최하층을 지나치지 않도록 하는 장치로서 리밋스위치에 접촉이 되면 카를 감속 제어하여 정지시킬 수 있도록 한다.

★★★★
47 전류 I(A)와 전하 Q(C) 및 시간 t초와의 상관관계를 나타낸 식은?

① $I = \frac{Q}{t}$ (A)　　　② $I = \frac{t}{Q}$ (A)

③ $I = \frac{Q^2}{t}$ (A)　　　④ $I = \frac{Q}{t^2}$ (A)

정답 **44.** ②　**45.** ④　**46.** ④　**47.** ①

해설 전류(electric current)

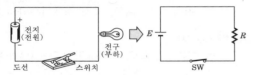

∥ 전기회로도 ∥

㉠ 스위치를 닫아 전구가 점등될 때 전지의 음극(−)으로부터는 전자가 계속해서 전선에 공급되어 양극(+) 방향으로 끌려가고, 이런 전자의 흐름을 전류라 하며 방향은 전자의 흐름과는 반대이다.

㉡ 전류의 세기 I : 어떤 단면을 1초 동안에 1C의 전기량이 이동할 때 1암페어(ampere, 기호 A)라고 한다.

$$I = \frac{Q}{t}(A), \quad Q = It(C)$$

★★★

48 다음 논리회로의 출력값 표는?

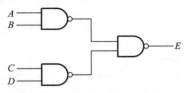

① $\overline{A \cdot B} + \overline{C \cdot D}$　　② $A \cdot B + C \cdot D$

③ $A \cdot B \cdot C \cdot D$　　④ $(A + B) \cdot (C + D)$

해설 $X = \overline{\overline{A \cdot B} \cdot \overline{C \cdot D}} = \overline{\overline{A \cdot B}} + \overline{\overline{C \cdot D}}$
$\qquad = A \cdot B + C \cdot D$

★★★

49 자동제어계의 상태를 교란시키는 외적인 신호는?

① 제어량
② 외란
③ 목표량
④ 피드백신호

해설 되먹임(폐루프, 피드백, 궤환)제어

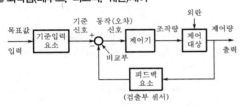

∥ 출력 피드백제어(output feedback control) ∥

㉠ 출력, 잠재외란, 유용한 조절변수인 제어 대상을 가지는 일반화된 공정이다.

㉡ 적절한 측정기를 사용하여 검출부에서 출력(유속, 압력, 액위, 온도)값을 측정한다.

㉢ 검출부의 지시값을 목표값과 비교하여 오차(편차)를 확인한다.

㉣ 오차(편차)값은 제어기로 보내진다.

㉤ 제어기는 오차(편차)의 크기를 줄이기 위해 조작량의 값을 바꾼다.

㉥ 제어기는 조작량에 직접 영향이 미치지 않고 최종 제어 요소인 다른 장치(보통 제어밸브)를 통하여 영향을 준다.

㉦ 미흡한 성능을 갖는 제어 대상은 피드백에 의해 목표값과 비교하여 일치하도록 정정동작을 한다.

㉧ 상태를 교란시키는 외란의 영향에서 출력값을 원하는 수준으로 유지하는 것이 제어 목적이다.

㉨ 안정성이 향상되고, 선형성이 개선된다.

㉩ 종류에는 비례동작(P), 비례-적분동작(PI), 비례-적분-미분동작(PID)제어기가 있다.

㉪ 직류전동기의 회전수를 일정하게 하기 위한 회전수의 변동(편차)을 줄이기 위해 전압(조작량)을 변화시킨다.

★★

50 물체에 하중을 작용시키면 물체 내부에 저항력이 생긴다. 이때 생긴 단위면적에 대한 내부 저항력을 무엇이라 하는가?

① 보　　　　　② 하중
③ 응력　　　　④ 안전율

해설 응력(stress)

㉠ 물체에 힘이 작용할 때 그 힘과 반대방향으로 크기가 같은 저항력이 생기는데 이 저항력을 내력이라 하며, 단위면적(1mm²)에 대한 내력의 크기를 말한다.

㉡ 응력은 하중의 종류에 따라 인장응력, 압축응력, 전단응력 등이 있으며, 인장응력과 압축응력은 하중이 작용하는 방향이 다르지만 같은 성질을 갖는다. 단면에 수직으로 작용하면 수직응력, 단면에 평행하게 접하면 전단응력(접선응력)이라고 한다.

㉢ 수직응력

$$\text{수직응력}(kg/cm^2) = \frac{\text{하중(외력)}(kg)}{\text{단면적}(cm^2)}$$

★★★

51 200V 전압에서 소비전력 100W인 전구의 저항은?

① $100\,\Omega$　　　② $200\,\Omega$
③ $300\,\Omega$　　　④ $400\,\Omega$

해설 전력(P)

㉠ 1초간에 전기에너지가 하는 일의 능력

㉡ 기호 P, 단위는 와트(watt, 기호 W)

㉢ 1W는 1초 동안에 1J의 비율로 일을 하는 속도이다 (W=J/sec).

ⓔ $V(\text{V})$의 전압을 가하여 1A의 전류가 t초 동안 흘러서 $Q(\text{C})$의 전하가 이동하였을 때 $Q = It$이므로 전력 P는 다음과 같다.

$$P = \frac{VQ}{t} = VI(\text{W})$$

ⓓ $R(\Omega)$의 저항에 $V(\text{V})$의 전압을 가하여 1A의 전류가 흘렀다면 $V = RI$이므로 다음과 같다.

$$P = VI = I^2 R = \frac{V^2}{R}(\text{W})$$

$$\therefore R = \frac{V^2}{P} = \frac{200^2}{100} = 400\,\Omega$$

★
52 변화하는 위치제어에 적합한 제어방식으로 알맞은 것은?

① 프로그램제어   ② 프로세스제어
③ 서보기구   ④ 자동조정

해설 자동제어의 분류

㉠ 제어 목적에 의한 분류
- 정치제어 : 목표치가 시간의 변화에 관계없이 일정하게 유지되는 제어로서 자동조정이라고 한다(프로세스제어, 발전소의 자동 전압조정, 보일러의 자동 압력조정, 터빈의 속도제어 등).
- 추치제어 : 목표치가 시간에 따라 임의로 변화를 하는 제어로 서보기구가 여기에 속한다.
  - 추종제어 : 목표치가 시간에 대한 미지함수인 경우 (대공포의 포신 제어, 자동 평형계기, 자동 아날로그 선반)
  - 프로그램제어 : 목표치가 시간적으로 미리 정해진 대로 변화하고 제어량이 이것에 일치되도록 하는 제어(열처리로의 온도제어, 열차의 무인운전 등)
  - 비율제어 : 목표치가 다른 어떤 양에 비례하는 경우 (보일러의 자동 연소제어, 암모니아의 합성 프로세스제어 등)

㉡ 제어량의 성질에 의한 분류
- 프로세스제어 : 어떤 장치를 이용하여 무엇을 만드는 방법, 장치 또는 장치계를 프로세스(process)라 한다 (온도, 압력제어장치).
- 서보기구 : 제어량이 기계적인 위치 또는 속도인 제어를 말한다.
- 자동조정 : 서보기구 등에 적용되지 않는 것으로 전류, 전압, 주파수, 속도, 장력 등을 제어량으로 하며, 응답속도가 대단히 빠른 것이 특징이다(전자회로의 자동 주파수제어, 증기터빈의 조속기, 수차 등).

★
53 공작물을 제작할 때 공차범위라고 하는 것은?

① 영점과 최대 허용치수와의 차이
② 영점과 최소 허용치수와의 차이

③ 오차가 전혀 없는 정확한 치수
④ 최대 허용치수와 최소 허용치수와의 차이

해설 치수공차

㉠ 제품을 가공할 때, 도면에 나타나 있는 치수와 실제로 가공된 후의 치수는 서로 일치하기 어렵기 때문에 오차가 발생한다.

㉡ 가공치수의 오차는 공작기계의 정밀도나 가공하는 사람의 숙련도, 기타 작업환경 등의 영향을 받는다.

㉢ 제품의 사용 목적에 따라 사실상 허용할 수 있는 오차 범위를 미리 명시해 주는데, 이때 오차값의 최대 허용범위와 최소 허용범위의 차를 공차라고 한다.

★★★★★
54 RLC 직렬회로에서 최대 전류가 흐르게 되는 조건은?

① $\omega L^2 - \dfrac{1}{\omega C} = 0$ ② $\omega L^2 + \dfrac{1}{\omega C} = 0$

③ $\omega L - \dfrac{1}{\omega C} = 0$ ④ $\omega L + \dfrac{1}{\omega C} = 0$

해설 직렬공진 조건

RLC가 직렬로 연결된 회로에서 용량리액턴스와 유도리액턴스는 더 이상 회로 전류를 제한하지 못하고 저항만이 회로에 흐르는 전류를 제한할 수 있게 되는데 이 상태를 공진이라고 한다.

㉠ 임피던스(impedance)

$$Z = \sqrt{R^2 + \left(\omega L - \frac{1}{\omega C}\right)^2}(\Omega)$$

용량리액턴스와 유도리액턴스가 같다면 $\omega L = \dfrac{1}{\omega C}$

$$\omega L - \frac{1}{\omega C} = 0$$

임피던스(Z)

$$Z = \sqrt{R^2 + \left(\omega L - \frac{1}{\omega C}\right)^2} = \sqrt{R^2 + (0)^2} = R(\Omega)$$

㉡ 직렬공진회로
- 공진임피던스는 최소가 된다.
  $$Z = \sqrt{R^2 + (0)^2} = R$$
- 공진전류 I_0는 최대가 된다.
  $$I_0 = \frac{V}{Z} = \frac{V}{R}(\text{A})$$
- 전압 V와 전류 I는 동위상이다. 용량리액턴스와 유도리액턴스는 크기가 같아서 상쇄되어 저항만의 회로가 된다.

‖ 직렬회로 ‖

‖ 직렬공진 벡터 ‖

★★

55 지름 5cm, 길이 30cm인 환봉이 있다. $P = 24ton$인 장력을 작용시킬 때 0.1mm가 신장된다면 이 재료의 탄성계수(kg/cm^2)는?

① 3.66×10^6 ② 3.66×10^5

③ 4.22×10^6 ④ 4.22×10^5

해설 **세로탄성계수(종탄성계수)**

탄성물질이 응력을 받았을 때 일어나는 변형률의 정도를 탄성계수라 한다. 탄성한도 이내에서 수직응력 σ와 세로변형률 ε은 서로 비례하고 이 비례상수를 세로탄성계수 또는 영(Young)계수라 하고 E로 표시하면 다음과 같다.

$$E = \frac{\sigma}{\varepsilon} (kg/cm^2)$$

$\sigma = \dfrac{P}{A}$, $\varepsilon = \dfrac{\lambda}{l}$ 이므로 위 식에 대입하면 다음과 같다.

$$E = \frac{Pl}{A\lambda} = \frac{24 \times 10^3 \times 30}{\dfrac{\pi \times 5^2}{4} \times 0.01} = 3.66 \times 10^6 \, kg/cm^2$$

여기서, E : 세로탄성계수(kg/cm^2)
       P : 하중(kg)
       l : 길이(cm)
       A : 단면적(cm^2)
       λ : 변형량(cm)

★★★

56 감전사고로 선로에 붙어있는 작업자를 구출하기 위한 응급조치로 볼 수 없는 것은?

① 전기공급을 차단한다.

② 부도체를 이용하여 환자를 전원에서 떼어 낸다.

③ 시간이 경과되면 생명에 지장이 있기 때문에 빠르게 직접 환자를 선로에서 분리한다.

④ 심폐소생술을 실시한다.

해설 **감전사고 응급처치**

감전사고가 일어나면 감전쇼크로 인해 산소결핍현상이 나타나고, 신장기능장해가 심할 경우 몇 분 내로 사망에 이를 수 있다. 주변의 동료는 신속하게 인공호흡과 심폐소생술을 실시해야 한다.

ⓐ 전기공급을 차단하거나 부도체를 이용해 환자를 전원으로부터 떼어 놓는다.
ⓑ 환자의 호흡기관에 귀를 대고 환자의 상태를 확인한다.
ⓒ 가슴 중앙을 양손으로 30회 정도 눌러준다.
ⓓ 머리를 뒤로 젖혀 기도를 완전히 개방시킨다.
ⓔ 환자의 코를 막고 입을 밀착시켜 숨을 불어넣는다(처음 4회는 신속하고 강하게 불어넣어 폐가 완전히 수축되지 않도록 함).

ⓕ 환자의 흉부가 팽창된 것이 보이면 다시 심폐소생술을 실시한다.
ⓖ 이 과정을 환자가 의식이 돌아올 때까지 반복 실시한다.
ⓗ 환자에게 물을 먹이거나 물을 부으면 흐르는 물체가 호흡을 막을 우려가 있기 때문에 위험하다.
ⓘ 신속하고 적절한 응급조치는 감전환자의 95% 이상을 소생시킬 수 있다.

★★

57 회전축에 가해지는 하중이 마찰저항을 작게 받도록 지지하여 주는 기계요소는?

① 클러치   ② 베어링

③ 커플링   ④ 축

해설 **기계요소의 종류와 용도**

구분	종류	용도
결합용 기계요소	나사, 볼트, 너트, 핀, 키	기계 부품 결함
축용 기계요소	축, 베어링	축을 지지하거나 연결
전동용 기계요소	마찰차, 기어, 캠, 링크, 체인, 밸트	동력의 전달
관용 기계요소	관, 관이음, 밸브	기체나 액체 수송
완충 및 제동용 기계요소	스프링, 브레이크	진동 방지와 제동

베어링은 회전운동 또는 왕복운동을 하는 축을 일정한 위치에 떠받들어 자유롭게 움직이게 하는 기계요소의 하나로, 빠른 운동에 따른 마찰을 줄이는 역할을 한다.

‖ 구름베어링 ‖

★

58 다음 중 엘리베이터의 정격속도 계산 시 무관한 항목은?

① 감속비   ② 편향도르래

③ 전동기 회전수   ④ 권상도르래 직경

해설 **엘리베이터의 정격속도(V)**

$$V = \frac{\pi DN}{1,000} i \, (m/min)$$

여기서, V : 엘리베이터의 정격속도(m/min)
       D : 권상기도르래의 지름(mm)
       N : 전동기의 회전수(rpm)
       i : 감속비

정답   55. ①   56. ③   57. ②   58. ②

★★★★

59 자기인덕턴스 L(H)의 코일에 전류 I(A)를 흘렸을 때 여기에 축적되는 에너지 W(J)를 나타내는 공식으로 옳은 것은?

① $W = LI^2$

② $W = \dfrac{1}{2}LI^2$

③ $W = L^2I$

④ $W = \dfrac{1}{2}L^2I$

해설 코일에 축적되는 에너지

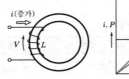 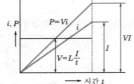

자체인덕턴스(자기인덕턴스) L에 흐르는 전류 i를 t초 동안 0에서 I(A)까지 일정한 비율로 증가시키면 다음과 같다.

㉠ 코일에 유도되는 전압의 크기 $V = LI/t$(V)로 일정하다.

㉡ 전류는 렌츠의 법칙에 따라 유도전압과 반대방향으로 흐르며 $P = Vi$의 전력이 코일 L에 공급된다.

㉢ 전력은 시간에 대하여 직선적으로 변하므로 t(sec)동안의 평균전력은 $VI/2$가 된다.

㉣ t(sec)동안에 코일 L에 공급되는 에너지는 다음과 같다.

$$W = \frac{VI}{2}t = \frac{1}{2}L\frac{I}{t}It = \frac{1}{2}LI^2 \text{(J)}$$

★★★★★

60 평행판 콘덴서에 있어서 판의 면적을 동일하게 하고 정전용량은 반으로 줄이려면 판 사이의 거리는 어떻게 하여야 하는가?

① 1/4로 줄인다.　② 반으로 줄인다.

③ 2배로 늘린다.　④ 4배로 늘린다.

해설 평행판 콘덴서의 정전용량

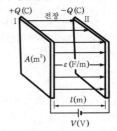

㉠ 면적 A (m²)의 평행한 두 금속의 간격을 l (m), 절연물의 유전율을 ε(F/m)이라 하고, 두 금속판 사이에 전압 V(V)를 가할 때 각 금속판에 $+Q$(C), $-Q$(C)의 전하가 축적되었다고 하면 다음과 같다.

$$V = \frac{\sigma l}{\varepsilon} \text{(V)}$$

㉡ 평행판 콘덴서의 정전용량 C

$$C = \frac{Q}{V} = \frac{\sigma A}{\dfrac{\sigma l}{\varepsilon}} = \frac{\varepsilon A}{l} = \frac{\varepsilon_0 \varepsilon_s A}{l} \text{(F)}$$

※ 본 문제는 수험생들의 협조에 의해 작성되었으며, 시험내용과 일부 다를 수 있습니다.

01 ★★ 다음 중 도어 인터록 장치의 구조로 가장 옳은 것은 어느 것인가?

① 도어스위치가 확실히 걸린 후 도어 인터록이 들어가야 한다.

② 도어스위치가 확실히 열린 후 도어 인터록이 들어가야 한다.

③ 도어록 장치가 확실히 걸린 후 도어스위치가 들어가야 한다.

④ 도어록 장치가 확실히 열린 후 도어스위치가 들어가야 한다.

해설 도어 인터록(door interlock) 및 클로저(closer)

 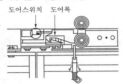

도어스위치   도어록

㉠ 도어 인터록(door interlock)
• 카가 정지하지 않는 층의 도어는 전용열쇠를 사용하지 않으면 열리지 않는 도어록과 도어가 닫혀 있지 않으면 운전이 불가능하도록 하는 도어스위치로 구성된다.
• 닫힘동작 시는 도어록이 먼저 걸린 상태에서 도어스위치가 들어가고 열림동작 시는 도어스위치가 끊어진 후 도어록이 열리는 구조(직렬)이며, 엘리베이터의 안전장치 중에서 승강장의 도어 안전장치로 가장 중요하다.

㉡ 도어 클로저(door closer)
• 승강장의 문이 열린 상태에서 모든 제약이 해제되면 자동적으로 닫히게 하여 문의 개방 상태에서 생기는 2차 재해를 방지하는 문의 안전장치이며, 전기적인 힘이 없어도 외부 문을 닫아주는 역할을 한다.
• 스프링 클로저 방식 : 레버시스템, 코일스프링과 도어체크가 조합된 방식
• 웨이트(weight) 방식 : 줄과 추를 사용하여 도어체크(문이 자동으로 천천히 닫히게 하는 장치)를 생략한 방식

┃ 스프링 클로저 ┃   ┃ 웨이트 클로저 ┃

02 ★ 카 내에서 행하는 검사에 해당되지 않는 것은?

① 카 시브의 안전 상태
② 카 내의 조명 상태
③ 비상통화장치
④ 운전반 버튼의 동작 상태

해설 카 시브의 안전 상태는 기계실에서 하는 검사이다.

환기팬 ─ 조명
카 내 위치표시기
명판
외부연락장치(인터폰)
운전조작반
층 버튼
카 도어
바닥

┃ 카실 ┃

03 ★★ 에스컬레이터(무빙워크 포함)의 비상정지스위치에 관한 설명으로 틀린 것은?

① 색상은 적색으로 하여야 한다.
② 상하 승강장의 잘 보이는 곳에 설치한다.
③ 버튼 또는 버튼 부근에는 '정지' 표시를 하여야 한다.
④ 장난 등에 의한 오조작 방지를 위하여 잠금장치를 설치하여야 한다.

해설 비상정지스위치

㉠ 비상정지스위치는 비상 시 에스컬레이터 또는 무빙워크를 정지시키기 위해 설치되어야 하고 에스컬레이터 또는 무빙워크의 각 승강장 또는 승강장 근처에서 눈에 띄고 쉽게 접근할 수 있는 위치에 있어야 한다.

정답 01. ③ 02. ① 03. ④

ⓛ 비상정지스위치 사이의 거리는 다음과 같아야 한다.
- 에스컬레이터의 경우에는 30m 이하이어야 한다.
- 무빙워크의 경우에는 40m 이하이어야 한다.

ⓒ 비상정지스위치에는 정상운행 중에 임의로 조작하는 것을 방지하기 위해 보호덮개가 설치되어야 한다. 그 보호덮개는 비상 시에는 쉽게 열리는 구조이어야 한다.

ⓔ 비상정지스위치의 색상은 적색으로 하여야 하며, 버튼 또는 버튼 부근에는 '정지' 표시를 하여야 한다.

★★

04 무기어식 엘리베이터의 종합효율은?

① 0.3~0.5
② 0.5~0.7
③ 0.7~0.85
④ 0.85~0.90

해설 권상기(traction machine)

㉠ 권상기의 형식
- 기어드(geared)방식 : 전동기의 회전을 감속시키기 위해 기어를 부착한다.
- 무기어(gearless)방식 : 기어를 사용하지 않고, 전동기의 회전축에 권상도르래를 부착시킨다.

㉡ 권상기 방식별 종합효율
- 웜기어 방식 : 50~75%
- 헬리컬기어 방식 : 80~85%
- 무기어식 방식 : 85~90%

★★

05 다음 중 사람이 탑승하지 않으면서 적재용량 1톤 미만의 소형화물 운반에 적합하게 제작된 엘리베이터는?

① 덤웨이터
② 화물용 엘리베이터
③ 비상용 엘리베이터
④ 승객용 엘리베이터

해설 덤웨이터의 설치

㉠ 승강로의 모든 출입구의 문이 닫혀져 있지 않으면 카를 승강시킬 수 없는 안전장치가 되어 있어야 한다.

㉡ 각 출입구에서 정지스위치를 포함하여 모든 출입구 층에 전달토록 한 다수단추방식이 가장 많이 사용된다.

㉢ 일반층에서 기준층으로만 되돌리기 위해서 문을 닫으면 자동적으로 기준층으로 되돌아가도록 제작된 것을 홈스테이션식이라고 한다.

㉣ 권상도르래, 풀리 또는 드럼과 현수로프의 공칭직경 이의 비는 스트랜드의 수와 관계없이 30 이상이어야 한다.

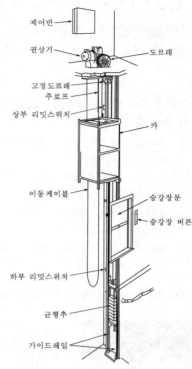

제어반
권상기
도르래
고정도르래
주로프
상부 리밋스위치
카
이동 케이블
승강장 문
승강장 버튼
하부 리밋스위치
균형추
가이드 레일

▮ 전동 덤웨이터의 구조 ▮

▮ 덤웨이터 ▮

★★★

06 다음 중 교류 엘리베이터의 속도제어방식에 속하지 않는 것은?

① 가변전압 가변주파수제어
② 교류 궤환제어
③ 교류 1단 속도제어
④ 워드 레오나드방식

해설 교류 엘리베이터의 속도제어방식

㉠ 교류 1단 제어방식
㉡ 교류 2단 제어방식
㉢ 교류 궤환 제어방식
㉣ VVVF(가변전압 가변주파수) 제어방식

07 다음 중 전동 덤웨이터와 구조적으로 가장 유사한 것은?

① 수평보행기   ② 엘리베이터
③ 에스컬레이터   ④ 간이리프트

해설 덤웨이터 및 간이리프트

▐ 덤웨이터 ▐

㉠ 덤웨이터 : 사람이 탑승하지 않으면서 적재용량이 300kg 이하인 것으로서 소형화물(서적 음식물 등) 운반에 적합하게 제작된 엘리베이터이다. 다만, 바닥면적이 $0.5m^2$ 이하이고 높이가 0.6m 이하인 엘리베이터는 제외한다.
㉡ 간이리프트 : 안전규칙에서 동력을 사용하여 가이드레일을 따라 움직이는 운반구를 매달아 소형화물 운반만을 주목적으로 하는 승강기와 유사한 구조로서 운반구의 바닥면적이 $1m^2$ 이하이거나 천장높이가 1.2m 이하인 것을 말한다.

08 유압식 승강기의 종류를 분류할 때 적합하지 않은 것은?

① 직접식   ② 간접식
③ 팬터그래프식   ④ 밸브식

해설 유압 승강기

펌프에서 토출된 작동유로 플런저(plunger)를 작동시켜 카를 승강시킨다.
㉠ 직접식 : 플런저의 직상부에 카를 설치한 것이다.
㉡ 간접식 : 플런저의 선단에 도르래를 놓고 로프 또는 체인을 통해 카를 올리고 내리며, 로핑에 따라 1 : 2, 1 : 4, 2 : 4의 로핑이 있다.
㉢ 팬터그래프식 : 카는 팬터그래프의 상부에 설치하고, 실린더에 의해 팬터그래프를 개폐한다.

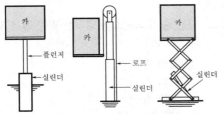

▐ 직접식 ▐   ▐ 간접식(1 : 2 로핑) ▐   ▐ 팬터그래프식 ▐

09 비상정지장치의 작동으로 카가 정지할 때까지 레일을 죄는 힘이 처음에는 약하게 그리고 하강함에 따라 강해지다가 얼마 후 일정치로 도달하는 방식은?

① 순간식 비상정지장치
② 슬랙로프 세이프티
③ 플렉시블 가이드 클램프 방식
④ 플렉시블 웨지 클램프 방식

해설 플렉시블 웨지 클램프(Flexible Wedge Clamp ; FWC)형

㉠ 레일을 죄는 힘이 처음에는 약하고 하강함에 따라 강하다가 얼마 후 일정치에 도달한다.
㉡ 구조가 복잡하여 거의 사용하지 않는다.

10 높은 열로 전선의 피복이 연소되는 것을 방지하기 위해 사용되는 재료는?

① 고무
② 석면
③ 종이
④ PVC

해설 석면 전선

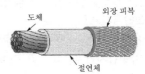

도체는 주석도금 연동선, 절연체는 압축된 석면, 외장피복에는 석면을 꼬아서 만들어 200℃ 주위온도를 가지는 곳에 사용 가능. 내열성이 뛰어나고 인장강도가 크며 산이나 알칼리에 강하다.

11 카 및 승강장 문의 유효출입구의 높이(m)는 얼마 이상이어야 하는가?

① 1.8   ② 1.9
③ 2.0   ④ 2.1

해설 승강장

㉠ 승강장 출입문의 높이 및 폭
• 승강장 문의 유효출구 높이는 2m 이상이어야 한다. 다만, 자동차용 엘리베이터는 제외한다.
• 승강장 문의 유효출입구 폭은 카 출입구의 폭 이상으로 하되, 양쪽 측면 모두 카 출입구 측면의 폭보다 50mm를 초과하지 않아야 한다.

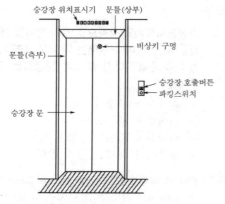

┃ 승강장의 구조 ┃

ⓛ 승강장 문의 기계적 강도

잠금장치가 있는 승강장 문이 잠긴 상태에서 5cm² 면적의 원형이나 사각의 단면에 300N의 힘을 균등하게 분산하여 문짝의 어느 지점에 수직으로 가할 때, 승강장 문의 기계적 강도는 다음과 같아야 한다.

- 1mm를 초과하는 영구변형이 없어야 한다.
- 15mm를 초과하는 탄성변형이 없어야 한다.
- 시험 중이거나 시험이 끝난 후에 문의 안전성능은 영향을 받지 않아야 한다.

12 자동차용 엘리베이터에서 운전자가 항상 전진방향으로 차량을 입·출고할 수 있도록 해주는 방향 전환장치는?

① 턴테이블　　　② 카리프트
③ 차량감지기　　④ 출차주의등

해설 턴테이블(turntable)

자동차용 승강기에서 차를 싣고 방향을 바꾸기 위하여 회전시키는 장치

13 조속기의 설명에 관한 사항으로 틀린 것은?

① 조속기로프의 공칭직경은 8mm 이상이어야 한다.
② 조속기는 조속기 용도로 설계된 와이어로프에 의해 구동되어야 한다.

③ 조속기에는 비상정지장치의 작동과 일치하는 회전방향이 표시되어야 한다.
④ 조속기로프 풀리의 피치직경과 조속기로프의 공칭직경 사이의 비는 30 이상이어야 한다.

해설 조속기로프

㉠ 조속기로프의 공칭지름은 6mm 이상, 최소 파단하중은 조속기가 작동될 때 8 이상의 안전율로 조속기로프에 생성되는 인장력에 관계되어야 한다.
㉡ 조속기로프 풀리의 피치직경과 조속기로프의 공칭직경 사이의 비는 30 이상이어야 한다.
㉢ 조속기로프는 인장 풀리에 의해 인장되어야 한다. 이 풀리(또는 인장추)는 안내되어야 한다.
㉣ 조속기로프 및 관련 부속부품은 비상정지장치가 작동하는 동안 제동거리가 정상적일 때보다 더 길더라도 손상되지 않아야 한다.
㉤ 조속기로프는 비상정지장치로부터 쉽게 분리될 수 있어야 한다.
㉥ 작동 전 조속기의 반응시간은 비상정지장치가 작동되기 전에 위험속도에 도달하지 않도록 충분히 짧아야 한다.

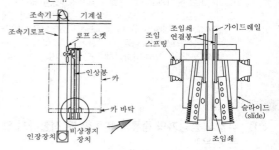

┃ 조속기와 비상정지장치의 연결 모습 ┃

┃ 조속기 인장장치 ┃

14 다음 중 도어시스템(열리는 방향)에서 S로 표현되는 것은?

① 중앙열기 문
② 가로열기 문
③ 외짝 문 상하열기
④ 2짝 문 상하열기

해설 도어시스템의 종류

㉠ 중앙열기방식 : 1CO, 2CO(센터오픈 방식, Center Open)
㉡ 가로열기방식 : 1S, 2S, 3S(사이드오픈 방식, Side open)
㉢ 상하열기방식 : 자동차용, 대형화물용 엘리베이터에 사용된다.
㉣ 여닫이(스윙) 방식 : 한쪽 스윙, 2짝 스윙(swing type)

참고 카 도어시스템의 중요 내용(암기 필수)

• 도어가 열리는 방식 S, CO
• 도어 클로저
• 도어인터록
• 도어 안전장치

15 실린더에 이물질이 흡입되는 것을 방지하기 위하여 펌프의 흡입측에 부착하는 것은?

① 필터
② 사이렌서
③ 스트레이너
④ 더스트와이퍼

해설 유압회로의 구성요소

㉠ 필터(filter)와 스트레이너(strainer) : 실린더에 쇳가루나 이물질이 들어가는 것을 방지(실린더 손상 방지)하기 위해 설치하며, 펌프의 흡입측에 부착하는 것을 스트레이너라 하고, 배관 중간에 부착하는 것을 라인필터라 한다.
㉡ 사이렌서(silencer) : 자동차의 머플러와 같이 작동유의 압력 맥동을 흡수하여 진동·소음을 감소시키는 역할을 한다.
㉢ 더스트와이퍼(dust wiper) : 플런저 표면의 이물질이 실린더 내측으로 삽입되는 것을 방지한다.

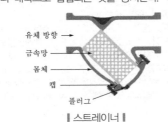

유체 방향 →
금속망
몸체
캡
플러그

‖ 스트레이너 ‖

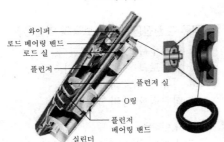

와이퍼
로드 베어링 밴드
로드 실
플런저
플런저 실
O링
플런저 베어링 밴드
실린더

‖ 더스트와이퍼 ‖

16 다음 중 주유를 해서는 안 되는 부품은?

① 균형추
② 가이드슈
③ 가이드레일
④ 브레이크 라이닝

해설 브레이크 라이닝(brake lining)

브레이크 드럼과 직접 접촉하여 브레이크 드럼의 회전을 멎게 하고 운동에너지를 열에너지로 바꾸는 마찰재이다. 브레이크 드럼으로부터 열에너지가 발산되어, 브레이크 라이닝의 온도가 높아져도 타지 않으며 마찰계수의 변화가 적은 라이닝이 좋다.

브레이크 라이닝
브레이크 디스크

17 기계실의 바닥면적은 일반적으로 승강로 수평투영면적의 몇 배 이상으로 하여야 하는가?

① 2배
② 3배
③ 4배
④ 5배

해설 기계실의 바닥면적은 승강로 수평투영면적의 2배 이상으로 하여야 한다. 다만, 기기의 배치 및 관리에 지장이 없는 경우에는 그러하지 아니하다.

18 카 내에 갇힌 사람이 외부와 연락할 수 있는 장치는?

① 차임벨
② 인터폰
③ 리밋스위치
④ 위치표시램프

해설 인터폰(interphone)

㉠ 고장, 정전 및 화재 등의 비상 시에 카 내부와 외부의 상호 연락을 할 때에 이용된다.
㉡ 전원은 정상전원 뿐만 아니라 비상전원장치(충전배터리)에도 연결되어 있어야 한다.
㉢ 엘리베이터의 카 내부와 기계실, 경비실 또는 건물의 중앙감시반과 통화가 가능하여야 하며, 보수전문회사와 원거리 통화가 가능한 것도 있다.

▮ 카 실내의 구조 ▮

▮ 리밋스위치 ▮

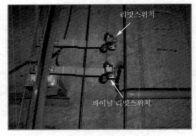

▮ 승강로에 설치된 리밋스위치 ▮

★

19 카 상부에서 행하는 검사가 아닌 것은?

① 완충기 점검
② 주로프 점검
③ 가이드 슈 점검
④ 도어개폐장치 점검

▷**해설** **피트에서 하는 점검항목**

㉠ 피트 바닥, 과부하감지장치
㉡ 완충기, 하부 파이널 리밋스위치, 카 비상멈춤장치스위치
㉢ 조속기로프 및 기타 당김도르래, 균형로프 및 부착부, 균형추 밑부분 틈새, 이동케이블 및 부착부
㉣ 카 하부 도르래, 피트 내의 내진대책

★★★

20 승강기의 파이널 리밋스위치(final limit switch)의 요건 중 틀린 것은?

① 반드시 기계적으로 조작되는 것이어야 한다.
② 작동 캠(cam)은 금속으로 만든 것이어야 한다.
③ 이 스위치가 동작하게 되면 권상전동기 및 브레이크 전원이 차단되어야 한다.
④ 이 스위치는 카가 승강로의 완충기에 충돌된 후에 작동되어야 한다.

▷**해설** **파이널 리밋스위치(final limit switch)**

㉠ 리밋스위치가 작동되지 않을 경우를 대비하여 리밋스위치를 지난 적당한 위치에 카가 현저히 지나치는 것을 방지하는 스위치이다.
㉡ 전동기 및 브레이크에 공급되는 전원회로의 확실한 기계적 분리에 의해 직접 개방되어야 한다.
㉢ 완충기에 충돌되기 전에 작동하여야 하며, 슬로다운 위치에 의하여 정지되면 작용하지 않도록 설정한다.
㉣ 파이널 리밋스위치의 작동 후에는 엘리베이터의 정상운행을 위해 자동으로 복귀되지 않아야 한다.

★

21 안전점검의 종류가 아닌 것은?

① 정기점검　　② 특별점검
③ 순회점검　　④ 수시점검

▷**해설** **안전점검의 종류**

㉠ 정기점검 : 일정 기간마다 정기적으로 실시하는 점검을 말하며, 매주, 매월, 매분기 등 법적 기준에 맞도록 또는 자체 기준에 따라 해당 책임자가 실시하는 점검이다.
㉡ 수시점검(일상점검) : 매일 작업 전, 작업 중, 작업 후에 일상적으로 실시하는 점검을 말하며, 작업자, 작업책임자, 관리감독자가 행하는 사업주의 순찰도 넓은 의미에서 포함된다.
㉢ 특별점검 : 기계·기구 또는 설비의 신설·변경 또는 고장·수리 등으로 비정기적인 특정점검을 말하며 기술책임자가 행한다.
㉣ 임시점검 : 기계·기구 또는 설비의 이상 발견 시에 임시로 실시하는 점검을 말하며, 정기점검 실시 후 다음 정기점검일 이전에 임시로 실시하는 점검이다.

★★

22 직류 분권전동기에서 보극의 역할은?

① 회전수를 일정하게 한다.
② 기동토크를 증가시킨다.
③ 정류를 양호하게 한다.
④ 회전력을 증가시킨다.

▷**해설** **전기자 반작용**

전기자전류에 의한 기자력이 주자속의 분포에 영향을 미치는 현상을 말한다.

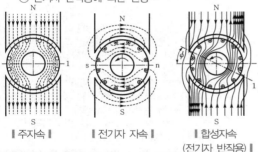

⊙ 전기자 반작용에 의한 현상

▮주자속▮　▮전기자 자속▮　▮합성자속▮
（전기자 반작용）

- 코일이 자극의 중성축에 있을 때도 전압을 유지시켜 브러시 사이에 불꽃을 발행한다.
- 주자속 분포를 찌그러뜨려 중성축을 이동시킨다.
- 주자속을 감소시켜 유도전압을 감소시킨다.
ⓒ 전기자 반작용의 방지법
- 브러시 위치를 전기적 중성점으로 이동시킨다.
- 보상권선을 설치한다.
- 보극을 설치한다.
ⓒ 보극의 역할
- 전기자가 만드는 자속을 상쇄(전기자 반작용 상쇄 역할)한다.
- 전압정류를 하기 위한 정류자속을 발생시킨다.

▮보극과 보상권선자▮

23 합리적인 사고의 발견방법으로 타당하지 않은 것은?

① 육감진단　　② 예측진단
③ 장비진단　　④ 육안진단

🔍해설 **합리적 사고**
⊙ 과학적, 논리적, 분석적 사고로 현상 파악을 중시하는 사고
ⓒ 현재 당면하고 있는 현상을 명확히 파악하여, 문제를 선정하고, 문제의 원인을 밝히며, 그에 대한 과제를 도출하고, 과제 실행 시 발생할 수 있는 문제점들을 사전에 예측하여, 문제없이 진행하기 위한 대책을 사전에 수립하는 과정

24 피트에 설치되지 않는 것은?

① 인장도르래　　② 조속기
③ 완충기　　④ 균형추

🔍해설 **기계실 없는 엘리베이터**
조속기는 일반적으로 기계실에 설치되며, 기계실이 없는 경우에는 피트에 설치되기도 한다.

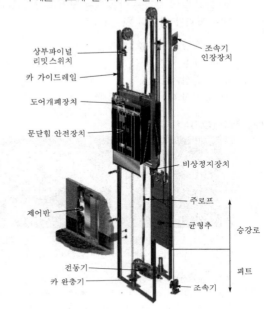

상부파이널 리밋스위치
카 가이드레일
도어개폐장치
문닫힘 안전장치
제어반
전동기
카 완충기
조속기 인장장치
비상정지장치
주로프
균형추
조속기
승강로
피트

25 인체에 통전되는 전류가 더욱 증가되면 전류의 일부가 심장 부분을 흐르게 된다. 이때 심장이 정상적인 맥동을 못하며 불규칙적으로 세동을 하게 되어 결국 혈액의 순환에 큰 장애를 일으키게 되는 현상(전류)을 무엇이라 하는가?

① 심실세동전류　　② 고통한계전류
③ 가수전류　　④ 불수전류

🔍해설 **감전전류에 따른 생리적 영향**
⊙ 감지전류
- 인체에 전류가 흐르고 있는 것을 감지할 수 있는 최소 전류
- 교류(60Hz)에서 성인남자 1~2mA
ⓒ 고통한계전류
- 근육은 자유스럽게 이탈 가능하지만 고통을 수반한다.
- 교류(60Hz)에서 성인남자 2~8mA
ⓒ 가수전류
- 안전하게 스스로 접촉된 전원으로부터 떨어질 수 있는 전류
- 교류(60Hz)에서 성인남자 8~15mA
ⓔ 불수전류
- 근육에 경련이 일어나며 전선을 잡은 채로 손을 뗄 수가 없다.
- 교류(60Hz)에서 성인남자 16mA
ⓜ 심실세동전류
- 심장은 마비 증상을 일으키며 호흡도 정지한다.
- 교류(60Hz)에서 성인남자 100mA

26 감전의 위험이 있는 장소의 전기를 차단하여 수선, 점검 등의 작업을 할 때에는 작업 중 스위치에 어떤 장치를 하여야 하는가?

① 접지장치
② 복개장치
③ 시건장치
④ 통전장치

해설 시건(잠금)장치

전기작업을 안전하게 행하려면 위험한 전로를 정전시키고 작업하는 것이 바람직하나, 이 경우 정전시킨 전로에 잘못해서 송전되거나 또는 근접해 있는 충전전로와 접촉해서 통전상태가 되면 대단히 위험하다. 따라서 정전작업에서는 사전에 작업내용 등의 필요한 사항을 작업자에게 충분히 주지시킴과 더불어 계획된 순서로 작업함과 동시에 안전한 사전 조치를 취해야 한다. 전로를 정전시킨 경우에는 여하한 경우에도 무전압 상태를 유지해야 하며 이를 위해서 가장 기본적인 안전조치는 정전에 사용한 전원스위치(분전반)에 작업기간 중에는 투입이 될 수 없도록 시건(잠금)장치를 하는 것과 그 스위치 개소(분전반)에 통전금지에 관한 사항을 표지하는 것 그리고 필요한 경우에는 스위치 장소(분전반)에 감시인을 배치하는 것이다.

27 안전사고의 발생요인으로 볼 수 없는 것은?

① 피로감 ② 임금
③ 감정 ④ 날씨

해설 임금은 안전사고의 발생과는 관계가 없다.

28 콤에 대한 설명으로 옳은 것은?

① 홈에 맞물리는 각 승강장의 갈라진 부분
② 전기안전장치로 구성된 전기적인 안전시스템의 부분
③ 에스컬레이터 또는 무빙워크를 둘러싸고 있는 외부측 부분
④ 스텝, 팔레트 또는 벨트와 연결되는 난간의 수직 부분

해설 디딤판(step)과 부속품

㉠ 콤(comb) : 에스컬레이터 및 수평보행기의 승강구에 있어서 디딤판(step) 또는 발판 윗면의 홈과 맞물려 발을 보호하기 위한 것으로, 물건 등이 끼어 과도한 힘이 걸릴 경우 안전상 콤의 톱니 끝단이 부러지도록 플라스틱재가 사용된다.
㉡ 라이저(riser) : 디딤판(step)과 디딤판 사이의 수직면, 에스컬레이터의 스텝 라이저에는 인접하는 디딤판과 디딤판과의 틈새에 발끝이 끼지 않도록 하기 위해 설치된다.
㉢ 클리트(cleat) : 에스컬레이터 디딤면 및 라이저 또는 수평보행기의 디딤면에 만들어져 있는 홈을 말한다.

| 승강장 스텝 |　| 콤(comb) |　| 클리트(cleat) |

29 기계실이 있는 엘리베이터의 승강로 내에 설치되지 않는 것은?

① 균형추
② 완충기
③ 이동케이블
④ 조속기

해설 엘리베이터 기계실

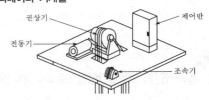

| 기계실 |

조속기는 승강로 내에 위치하는 경우도 있지만, 기계실이 있는 경우에는 기계실에 설치된다.

30 어떤 일정 기간을 두고서 행하는 안전점검은?

① 특별점검 ② 정기점검
③ 임시점검 ④ 수시점검

해설 안전점검의 종류

㉠ 정기점검 : 일정 기간마다 정기적으로 실시하는 점검을 말하며, 매주, 매월, 매분기 등 법적 기준에 맞도록 또는 자체 기준에 따라 해당 책임자가 실시하는 점검이다.

정답 26. ③ 27. ② 28. ① 29. ④ 30. ②

ⓒ 수시점검(일상점검) : 매일 작업 전, 작업 중, 작업 후에 일상적으로 실시하는 점검을 말하며, 작업자, 작업책임자, 관리감독자가 행하는 사업주의 순찰도 넓은 의미에서 포함된다.
ⓒ 특별점검 : 기계기구 또는 설비의 신설·변경 또는 고장·수리 등으로 비정기적인 특정점검을 말하며 기술책임자가 행한다.
ⓔ 임시점검 : 기계기구 또는 설비의 이상발견 시에 임시로 실시하는 점검을 말하며, 정기점검 실시 후 다음 정기점검일 이전에 임시로 실시하는 점검

★

31 트랙션권상기의 특징으로 틀린 것은?
① 소요동력이 적다.
② 행정거리의 제한이 없다.
③ 주로프 및 도르래의 마모가 일어나지 않는다.
④ 권과(지나치게 감기는 현상)를 일으키지 않는다.

해설 권상기(traction machine)

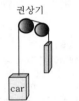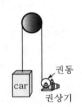

| 로프식 권상식(traction) | | 권동식 |

ⓐ 트랙션식 권상기의 형식
• 기어드(geared) 방식 : 전동기의 회전을 감속시키기 위해 기어를 부착한다.
• 무기어(gearless) 방식 : 기어를 사용하지 않고, 전동기의 회전축에 권상도르래를 부착시킨다.
ⓑ 트랙션식 권상기의 특징
• 균형추를 사용하기 때문에 소요동력이 적다.
• 도르래를 사용하기 때문에 승강행정에 제한이 없다.
• 로프를 마찰로서 구동하기 때문에 지나치게 감길 위험이 없다.

★★

32 에스컬레이터와 층 바닥이 교차하는 곳에 손이나 머리가 끼거나 충돌하는 것을 방지하기 위한 안전장치는?
① 셔터운전 안전장치
② 스커트 가드 안전장치
③ 스텝체인 안전장치
④ 삼각부 보호판

해설 3각부 안전보호판
계단 교차점 및 십자형으로 교차하는 에스컬레이터 또는 무빙워크의 경우에는 틈새의 수직거리가 300mm 되는 곳까지 막는 등의 조치를 하되 부딪쳤을 때 신체에 상해를 주지 않는 탄력성이 있는 재료(스펀지 등)로 마감되어야 한다.

★★★

33 카의 문을 열고 닫는 도어머신에서 성능상 요구되는 조건이 아닌 것은?
① 작동이 원활하고 정숙하여야 한다.
② 카 상부에 설치하기 위하여 소형이며 가벼워야 한다.
③ 어떠한 경우라도 수동조작에 의하여 카 도어가 열려서는 안 된다.
④ 작동횟수가 승강기 기동횟수의 2배이므로 보수가 쉬워야 한다.

해설 도어머신(door machine)에 요구되는 조건
모터의 회전을 감속하여 암이나 벨트 등을 구동시켜서 도어를 개폐시키는 것이며, 닫힌 상태에서 정전으로 갇혔을 때 구출을 위해 문을 손으로 열 수가 있어야 한다.

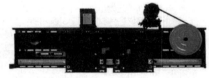

ⓐ 작동이 원활하고 조용할 것
ⓑ 카 상부에 설치하기 위해 소형 경량일 것
ⓒ 동작횟수가 엘리베이터 기동횟수의 2배가 되므로 보수가 용이할 것
ⓓ 가격이 저렴할 것

★

34 주차설비 중 자동차를 운반하는 운반기의 일반적인 호칭으로 사용되지 않는 것은?
① 카고, 리프트   ② 케이지, 카트
③ 트레이, 파레트   ④ 리프트, 호이스트

해설 호이스트(hoist)
권상기(전동기, 감속장치, 와인딩 드럼)를 사용한 소형의 감아올리는 기계이며, 스스로 주행할 수 있는 것이 많다.

가이드레일

정답 31. ③ 32. ④ 33. ③ 34. ④

35 작업표준의 목적이 아닌 것은?

① 작업의 효율화　　② 위험요인의 제거
③ 손실요인의 제거　　④ 재해책임의 추궁

🔑해설 작업표준은 근로자가 기능적으로 불확실한 작업행동이나 정해진 생산 공정상의 규칙을 어기고 임의적인 행동을 자행함으로써의 위험이나 손실요인을 최대한 예방, 감소시키기 위한 것이다.

36 와이어로프 클립(wire rope clip)의 체결방법으로 가장 적합한 것은?

① 　②
③ 　④

🔑해설 **클립 체결법**

㉠ 클립 체결 시 주의사항
　• 클립의 새들은 로프의 힘이 걸리는 쪽에 있을 것
　• 클립 수량과 간격은 로프 직경의 6배 이상. 수량은 최소 4개 이상일 것
　• 하중을 걸기 전후에 단단하게 조여 줄 것
　• 가능한 팀블(thimble)을 부착 할 것
　• 남은 부분은 강제 고정구를 사용하여 고정
　• 팀블 접합부가 이탈되지 않도록 할 것
㉡ 클립 체결 방법

클립(clip) 1번 가체결

팀블(thimble) 쪽 클립(clip) 체결

팀블(thimble) 쪽에서 두세 번째 클립 체결

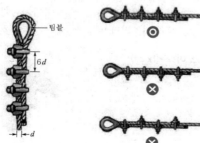
▌클립 체결 예▐

37 와이어로프의 특징으로 잘못된 것은?

① 소선의 재질이 균일하고 인상이 우수
② 유연성이 좋고 내구성 및 내부식성이 우수
③ 그리스 저장능력이 좋아야 한다.
④ 로프 중심에 사용되는 심강의 경도가 낮다.

🔑해설 **엘리베이터용 와이어로프의 특징**
　㉠ 유연성이 좋고 내구성 및 내부식성이 우수
　㉡ 소선의 재질이 균일하고 인성이 우수
　㉢ 로프 중심에 사용되는 심강의 경도가 높음
　㉣ 그리스 저장능력이 뛰어남

38 재해 조사의 요령으로 바람직한 방법이 아닌 것은?

① 재해 발생 직후에 행한다.
② 현장의 물리적 증거를 수집한다.
③ 재해 피해자로부터 상황을 듣는다.
④ 의견 충돌을 피하기 위하여 반드시 1인이 조사하도록 한다.

🔑해설 **재해조사 방법**
　㉠ 재해 발생 직후에 행한다.
　㉡ 현장의 물리적 흔적(물적 증거)을 수집한다.
　㉢ 재해 현장은 사진을 촬영하여 보관, 기록한다.
　㉣ 재해 피해자로부터 재해 상황을 듣는다.
　㉤ 목격자, 현장 책임자 등 많은 사람들에게 사고 시의 상황을 듣는다.
　㉥ 판단하기 어려운 특수 재해나 중대 재해는 전문가에게 조사를 의뢰한다.

39 안전사고의 발생요인으로 심리적인 요인에 해당되는 것은?

① 감정　　　　　② 극도의 피로감
③ 육체적 능력 초과　④ 신경계통의 이상

🔑해설 **산업안전 심리의 5요소**
동기, 기질, 감정, 습성, 습관

40 작업의 특수성으로 인해 발생하는 직업병으로서 작업 조건에 의하지 않은 것은?

① 먼지　　　　② 유해가스
③ 소음　　　　④ 작업 자세

🔖정답　35. ④　36. ②　37. ④　38. ④　39. ①　40. ④

🔧해설 직업병

㉠ 근골격계질환, 소음성 난청, 복사열 등 물리적 원인
㉡ 중금속 중독, 유기용제 중독, 진폐증 등 화학적 원인
㉢ 세균 공기 오염 등 생물학적 원인
㉣ 스트레스, 과로 등 정신적 원인

★★★

41 정전용량이 같은 두 개의 콘덴서를 병렬로 접속하였을 때의 합성용량은 직렬로 접속하였을 때의 몇 배인가?

① 2 ② 4
③ 1/2 ④ 1/4

🔧해설 콘덴서의 접속

㉠ 콘덴서의 직렬접속 : 정전용량이 C_1, C_2(F)인 2개의 콘덴서를 직렬로 접속하면 다음과 같다.

합성 정전용량(C) = $\dfrac{C_1 \times C_2}{C_1 + C_2}$ (F)

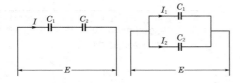

| 직렬접속 |　| 병렬접속 |

㉡ 콘덴서의 병렬접속 : 정전용량이 C_1, C_2(F)인 2개의 콘덴서를 병렬로 접속하면 다음과 같다.
합성 정전용량(C) = $C_1 + C_2$(F)

㉢ 계산식
• 2μF와 2μF가 직렬로 연결된 등가회로이므로 합성용량은 다음과 같다.

$C_{T_1} = \dfrac{2 \times 2}{2+2} = 1\,\mu F$

• 2μF와 2μF가 병렬로 연결된 등가회로이므로 합성용량은 다음과 같다.
$C_{T_2} = 2 + 2 = 4\,\mu F$

★

42 동력을 수시로 이어주거나 끊어주는 데 사용할 수 있는 기계요소는?

① 클러치
② 리벳
③ 키이
④ 체인

🔧해설 축과 축을 접속 또는 차단하는데 사용되며, 클러치(clutch)를 사용하면 원동기를 정지시킬 필요 없이 피동축을 정지시키고, 속도변경을 위한 기어 바꿈 등을 할 수 있다.

★★★

43 평행판 콘덴서에 있어서 콘덴서의 정전용량은 판 사이의 거리와 어떤 관계인가?

① 반비례
② 비례
③ 불변
④ 2배

🔧해설 평행판 콘덴서의 정전용량

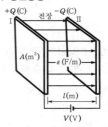

㉠ 면적 $A(m^2)$의 평행한 두 금속의 간격을 $l(m)$, 절연물의 유전율을 $\varepsilon(F/m)$이라 하고, 두 금속판 사이에 전압 $V(V)$를 가할 때 각 금속판에 $+Q(C)$, $-Q(C)$의 전하가 축적되었다고 하면 다음과 같다.

$V = \dfrac{\sigma l}{\varepsilon}(V)$

㉡ 평행판 콘덴서의 정전용량 C는 다음과 같다.

$C = \dfrac{Q}{V} = \dfrac{\sigma A}{\dfrac{\sigma l}{\varepsilon}} = \dfrac{\varepsilon A}{l} = \dfrac{\varepsilon_0 \varepsilon_s A}{l}(F)$

★

44 크레인, 엘리베이터, 공작기계, 공기압축기 등의 운전에 가장 적합한 전동기는?

① 직권전동기
② 분권전동기
③ 차동복권전동기
④ 가동복권전동기

🔧해설 가동복권전동기

㉠ 직권계자권선에 의하여 발생되는 자속이 분권계자권선에 의하여 발생되는 자속과 같은 방향이 되어 합성자속이 증가하는 구조의 전동기이다.

㉡ 속도변동률이 분권전동기보다 큰 반면에 기동토크도 크므로 크레인, 엘리베이터, 공작기계, 공기압축기 등에 널리 이용된다.

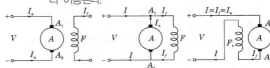

(a) 타여자전동기　　(b) 분권전동기　　(c) 직권전동기

📋정답 41. ②　42. ①　43. ①　44. ④

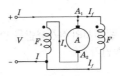

(d) 가동복권전동기

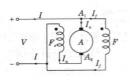

(e) 차동복권전동기

여기서, A : 전기자, F : 분권 또는 타여자계자권선
F_s : 직권계자권선 I : 전동기전류(A)
I_a : 전기자전류(A), I_f : 분권 또는 타여자 계자전류(A)

‖ 직류전동기의 종류 ‖

★★★

45 '회로망에서 임의의 접속점에 흘러 들어오고 흘러 나가는 전류의 대수합은 0이다'라는 법칙은?

① 키르히호프의 법칙
② 가우스의 법칙
③ 줄의 법칙
④ 쿨롱의 법칙

해설 **키르히호프의 제1법칙**

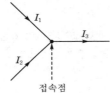

회로망에 있어서 임의의 한 접속점에 흘러 들어오는 전류의 합은 흘러 나가는 전류의 합과 같다(∴ 유입되는 전류 I_1, I_2와 유출되는 전류 I_3의 합은 0).
∑유입 전류＝∑유출 전류
$I_1 + I_2 = I_3$
∴ $I_1 + I_2 + (-I_3) = 0$

★★★★★

46 어떤 교류 전동기의 회전속도가 1,200rpm이라고 할 때 전원주파수를 10% 증가시키면 회전속도는 몇 rpm이 되는가?

① 1,080   ② 1,200
③ 1,320   ④ 1,440

해설 **회전속도**

㉠ $n_s = \dfrac{120f}{p}$ (rpm) (회전수는 주파수에 비례)
㉡ 주파수만 10% 증가시키면, 회전속도
  $120 \times 1.1 = 1,320$rpm

★★

47 다음 설명 중 링크의 특징이 아닌 것은?

① 경쾌한 운동과 동력의 마찰손실이 크다.
② 제작이 용이하다.
③ 전동이 매우 확실하다.
④ 복잡한 운동을 간단한 장치로 할 수 있다.

해설 **기계요소의 종류와 용도**

구분	종류	용도
결합용 기계요소	나사, 볼트, 너트, 핀, 키	기계 부품 결합
축용 기계요소	축, 베어링	축을 지지하거나 연결
전동용 기계요소	마찰차, 기어, 캠, 링크, 체인, 벨트	동력의 전달
관용 기계요소	관, 관이음, 밸브	기체나 액체 수송
완충 및 제동용 기계요소	스프링, 브레이크	진동 방지와 제동

기계에 전달된 동력을 여러 모양의 얼개에 의해서 운동 부분으로 전달되어서 필요한 일을 하는데, 이 동력을 운반하는 요소를 링크(link)라고 한다.

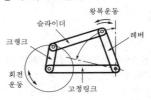

‖ 4절 링크기구 ‖

★★

48 엘리베이터의 권상기에서 일반적으로 저속용에는 적은 용량의 전동기를 사용하여 큰 힘을 내도록 하는 동력전달방식은?

① 웜 및 웜 기어
② 헬리컬기어
③ 스퍼어 기어
④ 피니언과 래크 기어

해설 **웜기어(worm gear)**

‖ 웜과 웜기어 ‖

엇갈리는 축이 이루는 각도가 90°인 경우에 사용하고, 잇수가 적은 나사 모양의 기어를 웜(worm), 이것에 물리는 기어를 웜휠이라고 하며, 이것이 한 쌍으로 사용될 때 웜기어라고 한다. 엘리베이터용 권상기의 감속기구로서 많이 사용되고 있다.

㉠ 장점
- 부하용량이 크다.
- 큰 감속비를 얻을 수 있다(1/10~1/100).
- 소음과 진동이 적다.
- 감속비가 크면 역전방지를 할 수 있다.

㉡ 단점
- 미끄럼이 크고, 교환성이 없다.
- 진입각이 작으면 효율이 낮다.
- 웜휠은 역삭할 수 없다.
- 추력이 발생한다.
- 웜휠 제작에는 특수공구가 필요하다.
- 가격이 고가이다.
- 웜휠의 정도측정이 곤란하다.

49 ★ 베어링(bearing)에 가압력을 주어 축에 삽입할 때 가장 올바른 방법은?

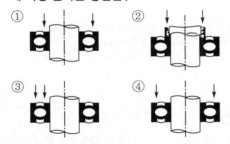

①   ②   ③   ④

🔎해설 **베어링의 끼워 맞춤 방법**

외륜 ── 볼(전동체)
내륜
궤도면
리테이어
(retainer)

베어링의 양호한 성능발휘는 대부분 설계도에서 규정한 끼워맞춤이 제대로 적용되는가에 달려있으며, 완벽한 끼워 맞춤에 대하여 간단명료한 해답은 없다. 끼워 맞춤의 선정은 기계의 작동조건 및 베어링의 조립에 대한 설계 특성에 따라 결정되며, 기본적으로 두 링은 조립좌에 충분히 지지되어야 하며 완전하게 맞춤이 이루어져야 한다.

㉠ 내경 80mm 이하의 베어링은 유압프레스를 이용하여 축에 조립한다.
㉡ 소형 베어링의 경우 적절한 조립슬리브를 사용하여 부드럽게 망치로 때려 박는다.
㉢ 조립용 지지판을 사용하여 축과 하우징에 동시에 조립한다.
㉣ 샤프트 너트에 의한 스페리컬 롤러 베어링의 프레스 박는다.

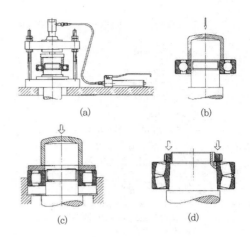

(a)   (b)

(c)   (d)

50 ★★★ 트랜지스터, IC 등의 반도체를 사용한 논리소자를 스위치로 이용하여 제어하는 시퀀스제어방식은?

① 전자개폐기제어   ② 유접점제어
③ 무접점제어   ④ 과전류계전기제어

🔎해설 **제어의 종류**

㉠ 무접점제어 : 트랜지스터, 다이오드나 사이리스터 등의 반도체가 접점 없이 릴레이와 같도록 전류(신호)의 온·오프(on·off)가 가능한 것을 이용하여 이들의 반도체 소자에 광전스위치·근접스위치·초음파스위치 등을 조합시켜 만든 제어회로
㉡ 유접점제어 : 스위치, 릴레이, 전자접촉기처럼 기계적으로 작동하는 것

51 ★★★★ RLC 직렬회로에서 최대 전류가 흐르게 되는 조건은?

① $\omega L^2 - \dfrac{1}{\omega C} = 0$ ② $\omega L^2 + \dfrac{1}{\omega C} = 0$

③ $\omega L - \dfrac{1}{\omega C} = 0$ ④ $\omega L + \dfrac{1}{\omega C} = 0$

🔎해설 **직렬공진조건**

RLC가 직렬로 연결된 회로에서 용량리액턴스와 유도리액턴스는 더 이상 회로 전류를 제한하지 못하고 저항만이 회로에 흐르는 전류를 제한할 수 있는 상태를 공진이라고 한다.

㉠ 임피던스(impedance)

$$Z = \sqrt{R^2 + \left(\omega L - \dfrac{1}{\omega C}\right)^2} \,(\Omega)$$

용량리액턴스와 유도리액턴스가 같다면 $\omega L = \dfrac{1}{\omega C}$

$\omega L - \dfrac{1}{\omega C} = 0$

임피던스(Z)

$Z = \sqrt{R^2 + \left(\omega L - \dfrac{1}{\omega C}\right)^2} = \sqrt{R^2 + (0)^2} = R(\Omega)$

ⓒ 직렬공진회로
- 공진임피던스는 최소가 된다.
  $Z = \sqrt{R^2 + (0)^2} = R$
- 공진전류 I_0는 최대가 된다.
  $I_0 = \dfrac{V}{Z} = \dfrac{V}{R}(\text{A})$
- 전압 V와 전류 I는 동위상이다.
- 용량리액턴스와 유도리액턴스는 크기가 같아서 상쇄되어 저항만의 회로가 된다.

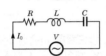

　　(a) 직렬회로　　　　　(b) 직렬공진 벡터 그림

‖ 직렬회로와 벡터 그림 ‖

52 1MΩ은 몇 Ω인가?

① $1 \times 10^3\,\Omega$　　　② $1 \times 10^6\,\Omega$
③ $1 \times 10^9\,\Omega$　　　④ $1 \times 10^{12}\,\Omega$

해설

명칭	기호	배수	명칭	기호	배수
Tera	T	10^{12}	centi	c	10^{-2}
Giga	G	10^9	milli	m	10^{-3}
Mega	M	10^6	micro	μ	10^{-6}
kilo	k	10^3	nano	n	10^{-9}

53 다음 중 전류를 측정할 수 있는 것은?

① 훅온미터
② 볼트미터
③ 플레밍의 법칙
④ 키르히호프의 법칙

해설 **훅온미터(hock on meter)**

교류전류를 손쉽게 측정할 수 있게 만든 계기 중의 하나이다. 회로시험기와 차이점은 측정하려고 하는 회로의 단자에 적색과 흑색의 테스트 리드선을 직접 접촉시키지 않고, 훅온미터의 훅을 눌러 홀 안에 전선을 관통시키면 측정하려는 회로의 전류값을 측정한다는 것이다. 전류 측정은 반드시 전원이 연결된 상태에서만 할 수 있으며, 2개의 선을 동시

에 넣는다든가 집게처럼 전선에 물리면 측정이 불가능하고 3상 4선식의 경우 N(중성선)은 측정되지 않는다.

54 RLC 소자의 교류회로에 대한 설명 중 틀린 것은?

① R만의 회로에서 전압과 전류의 위상은 동상이다.
② L만의 회로에서 저항성분을 유도성 리액턴스 X_L이라 한다.
③ C만의 회로에서 전류는 전압보다 위상이 $90°$ 앞선다.
④ 유도성 리액턴스 $X_L = \dfrac{1}{\omega L}$이다.

해설 ⓐ 유도성 리액턴스(inductive reactance)
　　$X_L = \omega L = 2\pi f L (\Omega)$
ⓑ 용량성 리액턴스(capacitive reactance)
　　$X_C = \dfrac{1}{\omega C} = \dfrac{1}{2\pi f C}(\Omega)$

55 3Ω, 4Ω, 6Ω의 저항을 병렬접속할 때 합성저항은 몇 Ω인가?

① $\dfrac{1}{3}$　　　　② $\dfrac{4}{3}$
③ $\dfrac{5}{6}$　　　　④ $\dfrac{3}{4}$

해설 **병렬접속회로**

2개 이상인 저항의 양끝을 전원의 양극에 연결하여 회로의 전 전류가 각 저항에 나뉘어 흐르게 하는 접속으로, 각 저항 R_1, R_2, R_3에 흐르는 전압 V의 크기는 일정하다.

합성저항$(R) = \dfrac{1}{\dfrac{1}{R_1} + \dfrac{1}{R_2} + \dfrac{1}{R_3}}$

$= \dfrac{R_1 R_2 R_3}{R_1 R_2 + R_2 R_3 + R_3 R_1}$

$= \dfrac{3 \times 4 \times 6}{3 \times 4 + 4 \times 6 + 6 \times 3}$

$= \dfrac{4}{3}\,\Omega$

★★

56 다음 중 엘리베이터용 전동기의 구비조건이 아닌 것은?

① 전력소비가 클 것
② 충분한 기동력을 갖출 것
③ 운전 상태가 정숙하고 저진동일 것
④ 고기동 빈도에 의한 발열에 충분히 견딜 것

해설 엘리베이터용 전동기에 요구되는 특성

㉠ 기동토크가 클 것
㉡ 기동전류가 적을 것
㉢ 소음이 적고 저진동이어야 함
㉣ 기동빈도가 높으므로(시간당 300회) 발열(온도 상승)을 고려해야 함
㉤ 회전 부분의 관성모멘트(회전축을 중심으로 회전하는 물체가 계속해서 회전을 지속하려는 성질의 크기)가 적을 것
㉥ 충분한 제동력을 가질 것

★★★

57 시험전압(직류) 250V 전기설비의 절연저항은 몇 MΩ 이상이어야 하는가?

① 0.15
② 0.25
③ 0.5
④ 1

해설 전로의 절연저항값

전로의 사용전압 구분(V)	DC 시험전압(V)	절연저항(MΩ)
SELV 및 PELV	250	0.5
FELV, 500V 이하	500	1.0
500V 초과	1,000	1.0

★★★

58 진공 중에서 m(Wb)의 자극으로부터 나오는 총 자력선의 수는 어떻게 표현되는가?

① $\dfrac{m}{4\pi\mu_0}$
② $\dfrac{m}{\mu_0}$
③ $\mu_0 m$
④ $\mu_0 m^2$

해설 자력선 밀도

㉠ 자장의 세기가 H(AT/m)인 점에서는 자장의 방향에 1m²당 H 개의 자력선이 수직으로 지나간다.
㉡ $+m$(Wb)의 점 자극에서 나오는 자력선은 각 방향에 균등하게 나오므로 반지름 r(m)인 구면 위의 자장의 세기 H는 다음과 같다.

$$H = \frac{1}{4\pi\mu_0} \cdot \frac{m}{r^2} \text{(AT/m)}$$

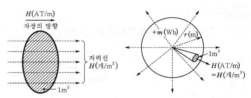

|자력선 밀도|　|점 자극에서 나오는 자력선의 수|

㉢ 구의 면적이 $4\pi r^2$ 이므로 $+m$ (Wb)에서 나오는 자력선 수 N은 다음과 같다.

$$N = H \times 4\pi r^2 = \frac{m}{4\pi\mu_0 r^2} \times 4\pi r^2 = \frac{m}{\mu_0}$$

★★★★★

59 콘덴서의 정전용량이 증가되는 경우를 모두 나열한 것은?

ⓐ 극판의 면적을 증가시킨다.
ⓑ 비유전율이 큰 유전체를 사용한다.
ⓒ 전극 사이의 간격을 증가시킨다.
ⓓ 콘덴서에 가하는 전압을 증가시킨다.

① ⓐ
② ⓐ, ⓑ
③ ⓐ, ⓑ, ⓒ
④ ⓐ, ⓑ, ⓒ, ⓓ

해설 정전용량(Q)

㉠ 콘덴서(condenser)는 두 장의 도체판(전극) 사이에 유전체를 넣고 절연하여 전하를 축적할 수 있게 한 것이다.

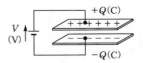

㉡ 전원 전압 V(V)에 의해 축적된 전하 Q(C)라 하면, Q는 V에 비례하고 그 관계는 $Q = CV$(C)이다.
  • C는 전극이 전하를 축적하는 능력의 정도를 나타내는 상수로 커패시턴스(capacitance) 또는 정전용량(electrostatic capacity)이라고 하며, 단위는 패럿(Farad ; F)이다.
  • 1F은 1V의 전압을 가하여 1C의 전하가 축적되는 경우의 정전용량이다.

㉢ 큰 정전용량을 얻기 위한 방법
  • 극판의 면적을 넓게 한다.
  • 극판간의 간격을 좁게 한다.
  • 극판 사이에 넣는 절연물은 비유전율(ε_s)이 큰 것을 사용한다[비유전율 : 공기(1), 유리(5.4~9.9), 마이카(5.6~6.0), 순물(81)].

60 그림과 같은 논리기호의 논리식은?

$$A \quad B \quad \text{)}\!\!-\!\! Y$$

① $Y = \overline{A} + \overline{B}$ ② $Y = \overline{A} \cdot \overline{B}$

③ $Y = A \cdot B$ ④ $Y = A + B$

해설 **논리합(OR)회로**

하나의 입력만 있어도 출력이 나타나는 회로이며, 'A' OR 'B' 즉, 병렬회로이다.

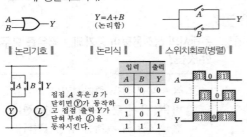

| ┃ 논리기호 ┃ | ┃ 논리식 ┃ | ┃ 스위치회로(병렬) ┃ |

$Y = A + B$
(논리합)

입력		출력
A	B	Y
0	0	0
0	1	1
1	0	1
1	1	1

접점 A 혹은 B 가 닫히면 Y 가 동작하고 접점 출력 Y 가 닫혀 부하 L 을 동작시킨다.

| ┃ 릴레이회로 ┃ | ┃ 진리표 ┃ | ┃ 동작시간표 ┃ |

※ 본 문제는 수험생들의 협조에 의해 작성되었으며, 시험내용과 일부 다를 수 있습니다.

★★

01 에스컬레이터(무빙워크 포함)에서 6개월에 1회 점검하는 사항이 아닌 것은?

① 구동기의 베어링 점검
② 구동기의 감속기어 점검
③ 중간부의 스텝 레일 점검
④ 핸드레일 시스템의 속도 점검

해설 에스컬레이터(무빙워크 포함) 점검항목 및 주기

㉠ 1회/1월 : 기계실내, 수전반, 제어반, 전동기, 브레이크, 구동체인 안전스위치 및 비상 브레이크, 스텝구동장치 손잡이 구동장치, 빗판과 스텝의 물림, 비상정지스위치 등
㉡ 1회/6월 : 구동기 베어링, 감속기어, 스텝 레일
㉢ 1회/12월 : 방화셔터 등과의 연동정지

02 기계식 주차설비를 할 때 승강기식인 경우 시브 또는 드럼의 직경은 와이어로프 직경의 몇 배 이상으로 하는가?

① 10
② 15
③ 20
④ 30

해설 기계식 주차설비의 시브 및 드럼의 직경

㉠ 주차장치에 사용하는 시브 또는 드럼의 직경은 로프가 시브 또는 드럼과 접하는 부분이 4분의 1 이하일 경우에는 로프직경의 12배 이상으로, 4분의 1을 초과하는 경우에는 로프직경의 20배 이상으로 하여야 한다. 다만, 승강기식 주차장치 및 승강기 슬라이드식 주차장치의 경우에는 이를 로프직경의 30배 이상으로 하여야 하고, 트랙션 시브의 직경은 로프직경의 40배 이상으로 하여야 한다.
㉡ 로프에 의하여 운반기를 이동하는 주차장치에서 운반기의 운전속도가 1분당 300m 이상인 경우에는 시브홈에 연질라이너를 사용하는 등 마찰대책을 강구하여야 한다.

03 무빙워크의 공칭속도(m/s)는 얼마 이하로 하여야 하는가?

① 0.55
② 0.65
③ 0.75
④ 0.95

해설 무빙워크의 경사도와 속도

㉠ 무빙워크의 경사도는 12° 이하이어야 한다.
㉡ 무빙워크의 공칭속도는 0.75m/s 이하이어야 한다.
㉢ 팔레트 또는 벨트의 폭이 1.1m 이하이고, 승강장에서 팔레트 또는 벨트가 콤에 들어가기 전 1.6m 이상의 수평주행구간이 있는 경우 공칭속도는 0.9m/s까지 허용된다. 다만, 가속구간이 있거나 무빙워크를 다른 속도로 직접 전환시키는 시스템이 있는 무빙워크에는 적용되지 않는다.

∥ 팔레트 ∥

∥ 콤(comb) ∥

난간
(안전방책)
스커트 가드
스커트
디플렉터
데마케이션
핸드레일
스텝
콤

∥ 난간 부분의 명칭 ∥

04 교류 엘리베이터의 제어방법이 아닌 것은?

① 워드 레오나드방식제어
② 교류 1단 속도제어
③ 교류 2단 속도제어
④ 교류 궤환제어

해설 엘리베이터의 속도제어

㉠ 교류제어
 • 교류 1단 속도제어
 • 교류 2단 속도제어
 • 교류 궤환제어
 • VVVF(가변전압 가변주파수)제어
㉡ 직류제어
 • 워드 레오나드(ward leonard)방식
 • 정지 레오나드(static leonard)방식

05 다음 중 2단으로 배열된 운반기 중 임의의 상단의 자동차를 출고시키고자 하는 경우 하단의 운반기를 수평 이동시켜 상단의 운반기가 하강이 가능하도록 한 입체 주차설비는 무엇인가?

① 수직 순환식 주차장치
② 평면 왕복식 주차장치
③ 승강기식 주차장치
④ 2단식 주차장치

해설 2단식 주차장치

주차실을 2단으로 하여 면적을 2배로 이용하는 것을 목적으로 한 방식, 출입구가 있는 층의 모든 주차구획을 주차장치 출입구로 사용할 수 있는 구조로서 주차구획을 아래, 위 또는 수평으로 이동하여 주차한다.

㉠ 종류
• 단순, 경사 승강식 : 1개의 운반기를 체인 또는 로프 등으로 승·하강시키는 구조
• 경사, 승강 피트식 : 2개의 운반기를 동시에 승·하강시키는 구조
• 승강 횡행식(피트식) : 상하에 있는 다수의 운반기가 승강·횡행하여 자동차를 입·출고시키는 구조

㉡ 특징
• 지면 활용도가 높다.
• 공사기간이 짧고 설치가 용이하다.
• 설치비용이 적다.
• 입·출고 시간이 짧다.
• 조작이 간단하고 유지보수가 용이하다.
• 소규모 주차장에 적용

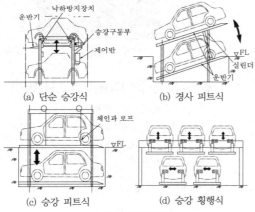

(a) 단순 승강식
(b) 경사 피트식
(c) 승강 피트식
(d) 승강 횡행식

‖2단식 주차장치‖

06 전동기의 회전을 감속시키고 암이나 로프 등을 구동시켜 승강기 문을 개폐시키는 장치는?

① 도어 인터록
② 도어 머신
③ 도어 스위치
④ 도어 클로저

해설 도어 머신(door machine)

모터의 회전을 감속하여 암이나 로프 등을 구동시켜서 도어를 개폐시키는 것이며, 닫힌 상태에서 정전으로 갇혔을 때 구출을 위해 문을 손으로 열 수가 있어야 한다.

★★★★★
07 균형추의 전체 무게를 산정하는 방법으로 옳은 것은?

① 카의 전중량에 정격적재량의 35~50%를 더한 무게로 한다.
② 카의 전중량에 정격적재량을 더한 무게로 한다.
③ 카의 전중량과 같은 무게로 한다.
④ 카의 전중량에 정격적재량의 110%를 더한 무게로 한다.

해설 균형추(counter weight)

카의 무게를 일정 비율 보상하기 위하여 카측과 반대편에 주철 혹은 콘크리트로 제작되어 설치되며, 카와의 균형을 유지하는 추이다.

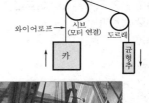

㉠ 오버밸런스(over-balance)
• 균형추의 총중량은 빈 카의 자중에 적재하중의 35~50%의 중량을 더한 값이 보통이다.
• 적재하중의 몇 %를 더할 것인가를 오버밸런스율이라고 한다.
• 균형추의 총중량=카 자체하중 + $L \cdot F$
여기서, L : 정격적재하중(kg)
F : 오버밸런스율(%)

㉡ 견인비(traction ratio)
• 카측 로프가 매달고 있는 중량과 균형추 로프가 매달고 있는 중량의 비를 트랙션비라 하고, 무부하와 전부하 상태에서 체크한다.
• 견인비가 낮게 선택되면 로프와 도르래 사이의 트랙션 능력 즉 마찰력이 작아도 되며, 로프의 수명이 연장된다.

정답 05. ④ 06. ② 07. ①

08 평면의 디딤판을 동력으로 오르내리게 한 것으로, 경사도가 12° 이하로 설계된 것은?

① 에스컬레이터 ② 수평보행기
③ 경사형 리프트 ④ 덤웨이터

해설 **무빙워크(수평보행기)의 경사도와 속도**

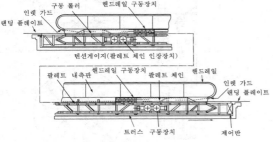

┃ 무빙워크(수평보행기) 구조도 ┃

┃ 승강장 스탭 ┃

┃ 팔레트 ┃

┃ 콤(comb) ┃

㉠ 무빙워크의 경사도는 12° 이하이어야 한다.
㉡ 무빙워크의 공칭속도는 0.75m/s 이하이어야 한다.
㉢ 팔레트 또는 벨트의 폭이 1.1m 이하이고, 승강장에서 팔레트 또는 벨트가 콤에 들어가기 전 1.6m 이상의 수평주행구간이 있는 경우 공칭속도는 0.9m/s까지 허용된다. 다만, 가속구간이 있거나 무빙워크를 다른 속도로 직접 전환시키는 시스템이 있는 무빙워크에는 적용되지 않는다.

★★★★★
09 레일의 규격을 나타낸 그림이다. 빈칸 ⓐ, ⓑ에 맞는 것은 몇 kg인가?

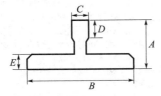

공칭 mm	8kg	ⓐ	18kg	ⓑ	30kg
A	56	62	89	89	108
B	78	89	114	127	140
C	10	16	16	16	19
D	26	32	38	50	51
E	6	7	8	12	13

① ⓐ 10, ⓑ 26　　② ⓐ 12, ⓑ 22
③ ⓐ 13, ⓑ 24　　④ ⓐ 15, ⓑ 27

해설 **가이드레일(guide rail)**

㉠ 엘리베이터의 카(car)나 균형추의 승강을 가이드하기 위해 승강로 안에 수직으로 설치한 레일로 T자형을 많이 사용한다.
㉡ 가이드레일의 규격
 • 레일 규격의 호칭은 마무리 가공 전 소재의 1m당의 중량으로 한다.
 • 일반적으로 쓰는 T형 레일의 공칭은 8, 13, 18, 24K 등이다.
 • 대용량의 엘리베이터에서는 37, 50K 레일 등도 사용한다.
 • 레일의 표준길이는 5m로 한다.

10 전기식 엘리베이터 기계실의 조도는 기기가 배치된 바닥면에서 몇 lx 이상이어야 하는가?

① 150　　　　② 200
③ 250　　　　④ 300

해설 **기계실의 유지관리에 지장이 없도록 조명 및 환기시설의 설치**

㉠ 기계실에는 바닥면에서 200lx 이상을 비출 수 있는 영구적으로 설치된 전기조명이 있어야 한다.
㉡ 기계실은 눈·비가 유입되거나 동절기에 실온이 내려가지 않도록 조치되어야 하며 실온은 +5℃에서 +40℃ 사이에서 유지되어야 한다.

11 문닫힘 안전장치의 종류로 틀린 것은?

① 도어레일
② 광전장치
③ 세이프티 슈
④ 초음파장치

해설 **도어의 안전장치**

엘리베이터의 도어가 닫히는 순간 승객이 출입하는 경우 충돌사고의 원인이 되므로 도어 끝단에 검출장치를 부착하여 도어를 반전시키는 장치이다.
- ㉠ 세이프티 슈(safety shoe) : 도어의 끝에 설치하여 이 물체가 접촉하면 도어의 닫힘을 중지하며 도어를 반전시키는 접촉식 보호장치
- ㉡ 세이프티 레이(safety ray) : 광선빔을 통하여 이것을 차단하는 물체를 광전장치(photo electric device)에 의해서 검출하는 비접촉식 보호장치
- ㉢ 초음파장치(ultrasonic door sensor) : 초음파의 감지각도를 조절하여 카쪽의 이물체(유모차, 휠체어 등)나 사람을 검출하여 도어를 반전시키는 비접촉식 보호장치

‖ 세이프티 슈 설치 상태 ‖

‖ 광전장치 ‖

12 여러 층으로 배치되어 있는 고정된 주차구획에 아래·위로 이동할 수 있는 운반기에 의하여 자동차를 자동으로 운반이동하여 주차하도록 설계한 주차장치는?

① 2단식
② 승강기식
③ 수직순환식
④ 승강기슬라이드식

해설 **승강기식 주차장치**

여러 층으로 배치되어 있는 고정된 주차구획에 상하로 이동할 수 있는 운반기에 의해 자동차를 운반 이동하여 주차하도록 한 주차장이다.
- ㉠ 종류
  - 횡식(하부, 중간, 상부승입식) : 승강기에서 운반기를 좌우방향으로 격납시키는 형식으로 승입구의 위치에 따라 구분
  - 종식(하부, 중간, 상부승입식) : 승강기에서 운반기를 전후방향으로 격납시키는 형식으로 승입구의 위치에 따라 구분
  - 승강선회식(승강장치, 운반기선회식) : 자동차용 승강기 등의 승강로의 원주상에 주차실을 설치하고, 선회하는 장치별로 구분
- ㉡ 특징
  - 운반비가 수직순환식에 비해 적다.
  - 입·출고 시 시간이 짧다.

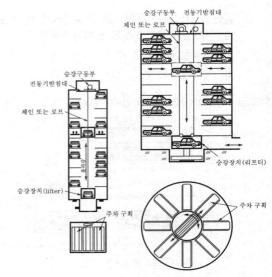

(a) 횡식   (b) 승강 선회식(승강장치 선회식)

‖ 승강기식 주차장치 ‖

★★
13 엘리베이터 기계실의 바닥면적은 승강로 수평투영면적의 몇 배 이상이어야 하는가?

① 1.5배
② 2배
③ 2.5배
④ 3배

해설 **기계실 치수**

기계실의 바닥면적은 승강로 수평투영면적의 2배 이상으로 하여야 한다. 다만, 기기의 배치 및 관리에 지장이 없는 경우에는 그러하지 아니하다.
- ㉠ 기계실 크기는 설비, 특히 전기설비의 작업이 쉽고 안전하도록 충분하여야 한다. 작업구역에서 유효높이는 2m 이상이어야 하고 다음 사항에 적합하여야 한다.
  - 제어 패널 및 캐비닛 전면의 유효 수평면적은 아래와 같아야 한다.
    - 폭은 0.5m 또는 제어 패널·캐비닛의 전체 폭 중에서 큰 값 이상
    - 깊이는 외함의 표면에서 측정하여 0.7m 이상
  - 수동 비상운전 수단이 필요하다면, 움직이는 부품의 유지보수 및 점검을 위한 유효 수평면적은 0.5m ×0.6m 이상이어야 한다.
- ㉡ 위 ㉠항에서 기술된 유효공간으로 접근하는 통로의 폭은 0.5m 이상이어야 한다. 다만, 움직이는 부품이 없는 경우에는 0.4m로 줄일 수 있다. 이동을 위한 공간의 유효높이는 바닥에서부터 천장의 빔 하부까지 측정하여 1.8m 이상이어야 한다.
- ㉢ 구동기의 회전부품 위로 0.3m 이상의 유효 수직거리가 있어야 한다.
- ㉣ 기계실 바닥에 0.5m를 초과하는 단차가 있을 경우에는 보호난간이 있는 계단 또는 발판이 있어야 한다.

ⓜ 기계실 작업구역의 바닥 또는 작업구역 간 이동 통로의 바닥에 폭이 0.05m 이상이고 0.5m 미만이며, 깊이가 0.05m를 초과하는 함몰이 있거나 덕트가 있는 경우, 그 함몰부분 및 덕트는 방호되어야 한다. 폭이 0.5m를 초과하는 함몰은 위 ⓔ에 따른 단차로 고려되어야 한다.

14 승객용 엘리베이터에서 일반적으로 균형체인 대신 균형로프를 사용하는 정격속도의 범위는?

① 120m/min 이상   ② 120m/min 미만
③ 150m/min 이상   ④ 150m/min 미만

해설 균형체인

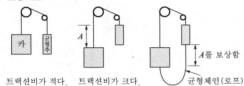

트랙션비가 적다.   트랙션비가 크다.   균형체인(로프)

로프식 엘리베이터의 승강행정이 길어지면 로프가 어느 쪽(카측, 균형추측)에 있느냐에 따라 트랙션(견인력)비는 커져 와이어로프의 수명 및 전동기용량 등에 문제가 발생한다. 이런 문제의 해결방법으로 카 하부에서 균형추의 하부로 주로프와 비슷한 단위중량의 균형체인을 사용하여 90% 정도의 보상을 하지만, 고층용 엘리베이터의 경우 균형(보상)체인은 소음이 발생하므로 엘리베이터의 속도가 120m/min 이상에는 균형(보상)로프를 사용한다.

★★★★★
15 유입완충기는 정격속도가 몇 m/min 초과 시 사용하는가?

① 30   ② 45
③ 50   ④ 모든 속도

해설 유입완충기(oil buffer)

ⓐ 엘리베이터의 정격속도와 상관없이 어떤 경우에도 사용될 수 있다.
ⓑ 카가 최하층을 넘어 통과하면 카의 하부체대의 완충판이 우선 완충고무에 당돌하여 어느 정도의 충격을 완화한다.
ⓒ 카가 계속 하강하여 플런저를 누르면 실린더 내의 기름이 좁은 오리피스 틈새를 통과할 때에 생기는 유체저항에 의하여 주어진다.
ⓓ 카가 상승하게 되면 플런저는 스프링의 복원력으로 원래의 정상 상태로 복원되고 다음 작용을 준비한다.
ⓔ 행정(stroke)은 정격속도 115%에 상응하는 중력 정지거리 $0.0674\,V^2$(m)와 같아야 한다(최소 행정은 0.42m보다 작아서는 안 됨).
ⓕ 적용범위의 중량으로 정격속도 115%에 충돌하는 경우 카 또는 균형추의 평균 감속도는 $1.0(9.8m/s^2)$ 이하이어야 한다.
ⓖ 순간 최대 감속도 2.5G를 넘는 감속도가 0.04초 이상 지속되지 않아야 한다.

ⓞ 충격시험을 최대 하중시험 1회, 최소 하중시험 1회를 실시하여 완충기 압축 후 복귀시간 120초 이내이어야 한다.
ⓩ 플런저 복귀시험은 플런저를 완전히 압축한 상태에서 5분 동안 유지한 후 완전복귀위치까지 요하는 시간은 120초 이하로 한다.
ⓧ 유입완충기의 적용중량

항목	최소 적용중량	최대 적용중량
카용	카 자중+65	카 자중+적재하중

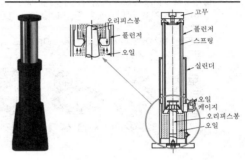

16 에스컬레이터 각 난간의 꼭대기에는 정상운행 조건하에서 스텝, 팔레트 또는 벨트의 실제속도와 관련하여 동일방향으로 몇 %의 공차가 있는 속도로 움직이는 핸드레일이 설치되어야 하는가?

① 0~2   ② 4~5
③ 7~9   ④ 10~12

해설 핸드레일 시스템

‖ 핸드레일 ‖

‖ 팔레트 ‖

ⓐ 각 난간의 꼭대기에는 정상운행 조건하에서 스텝, 팔레트 또는 벨트의 실제속도와 관련하여 동일 방향으로 −0%에서 +2%의 공차가 있는 속도로 움직이는 핸드레일이 설치되어야 한다.
ⓑ 핸드레일은 정상운행 중 운행방향의 반대편에서 450N의 힘으로 당겨도 정지되지 않아야 한다.
ⓒ 핸드레일 속도감시장치가 설치되어야 하고 에스컬레이터 또는 무빙워크가 운행하는 동안 핸드레일 속도가 15초 이상 동안 실제속도보다 −15% 이상 차이가 발생하면 에스컬레이터 및 무빙워크를 정지시켜야 한다.

정답   14. ①   15. ④   16. ①

17 2축이 만나는(교차하는) 기어는?

① 나사(screw)기어   ② 베벨기어
③ 웜기어   ④ 하이포이드기어

해설 기어의 분류

㉠ 평행축 기어 : 평기어, 헬리컬기어, 더블 헬리컬기어, 랙과 작은 기어
㉡ 교차측 기어 : 스퍼어 베벨기어, 헬리컬 베벨기어, 스파이럴 베벨기어, 제로올 베벨기어, 크라운기어, 앵귤리 베벨기어
㉢ 어긋난 축기어 : 나사기어, 웜기어, 하이포이드 기어, 헬리컬 크라운 기어

▮ 평기어 ▮   ▮ 헬리컬기어 ▮   ▮ 베벨기어 ▮   ▮ 웜기어 ▮

18 VVVF 제어란?

① 전압을 변환시킨다.
② 주파수를 변환시킨다.
③ 전압과 주파수를 변환시킨다.
④ 전압과 주파수를 일정하게 유지시킨다.

해설 VVVF(가변전압 가변주파수) 제어

㉠ 유도전동기에 인가되는 전압과 주파수를 동시에 변환시켜 직류전동기와 동등한 제어성능을 얻을 수 있는 방식이다.
㉡ 직류전동기를 사용하고 있던 고속 엘리베이터에도 유도전동기를 적용하여 보수가 용이하고, 전력회생을 통해 에너지가 절약된다.
㉢ 중·저속 엘리베이터(궤환제어)에서는 승차감과 성능이 크게 향상되고 저속 영역에서 손실을 줄여 소비전력이 약 반으로 된다.
㉣ 3상의 교류는 컨버터로 일단 DC전원으로 변환하고 인버터로 재차 가변전압 및 가변주파수의 3상 교류로 변환하여 전동기에 공급된다.
㉤ 교류에서 직류로 변경되는 컨버터에는 사이리스터가 사용되고, 직류에서 교류로 변경하는 인버터에는 트랜지스터가 사용된다.
㉥ 컨버터제어방식을 PAM(Pulse Amplitude Modulation), 인버터제어방식을 PWM(Pulse Width Modulation)시스템이라고 한다.

★★★

19 다음 중 에스컬레이터의 종류를 수송 능력별로 구분한 형태로 옳은 것은?

① 1,200형과 900형
② 1,200형과 800형
③ 900형과 800형
④ 800형과 600형

해설 에스컬레이터(escalator)의 난간폭에 의한 분류

▮ 난간폭 ▮

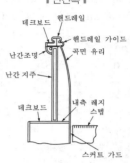

▮ 난간의 구조 ▮

㉠ 난간폭 1,200형 : 수송능력 9,000명/h
㉡ 난간폭 800형 : 수송능력 6,000명/h

20 비상용 엘리베이터의 정전 시 예비전원의 기능에 대한 설명으로 옳은 것은?

① 30초 이내에 엘리베이터 운행에 필요한 전력용량을 자동적으로 발생하여 1시간 이상 작동하여야 한다.
② 40초 이내에 엘리베이터 운행에 필요한 전력용량을 자동적으로 발생하여 1시간 이상 작동하여야 한다.
③ 60초 이내에 엘리베이터 운행에 필요한 전력용량을 자동적으로 발생하여 2시간 이상 작동하여야 한다.
④ 90초 이내에 엘리베이터 운행에 필요한 전력용량을 자동적으로 발생하여 2시간 이상 작동하여야 한다.

해설 비상용 엘리베이터

㉠ 정전 시에는 다음 각 항의 예비전원에 의하여 엘리베이터를 가동할 수 있도록 하여야 한다.
• 60초 이내에 엘리베이터 운행에 필요한 전력용량을 자동적으로 발생시키도록 하되 수동으로 전원을 작동할 수 있어야 한다.
• 2시간 이상 작동할 수 있어야 한다.
㉡ 비상용 엘리베이터의 기본요건
• 비상용 엘리베이터는 소방운전 시 모든 승강장의 출입구마다 정지할 수 있어야 한다.

정답   17. ②   18. ③   19. ②   20. ③

• 비상용 엘리베이터의 크기는 630kg의 정격하중을 갖는 폭 1,100mm, 깊이 1,400mm 이상이어야 하며, 출입구 유효폭은 800mm 이상이어야 한다.
• 침대 등을 수용하거나 2개의 출입구로 설계된 경우 또는 피난용도로 의도된 경우, 정격하중은 1,000kg 이상이어야 하고 카의 면적은 폭 1,100mm, 깊이 2,100mm 이상이어야 한다.
• 소방관이 조작하여 엘리베이터 문이 닫힌 이후부터 60초 이내에 가장 먼 층에 도착하여야 된다. 다만, 운행속도는 1m/s 이상이어야 한다.

★★

21 균형추를 사용한 승객용 엘리베이터에서 제동기(brake)의 제동력은 적재하중의 몇 %까지 위험 없이 정지할 수 있어야 하는가?

① 125%
② 120%
③ 110%
④ 100%

해설 전자-기계 브레이크는 자체적으로 카가 정격속도로 정격하중의 125%를 싣고 하강방향으로 운행될 때 구동기를 정지시킬 수 있어야 한다.

22 아파트 등에서 주로 야간에 카 내의 범죄 방지를 위해 설치하는 것은?

① 파킹스위치
② 슬로다운 스위치
③ 록다운 비상정지장치
④ 각 층 강제 정지운전스위치

해설 각 층 정지(each floor stop)운전, 각 층 강제정지

특정 시간대에 엘리베이터 내에서의 범죄를 방지하기 위해 매 층마다 정지하고 도어를 여닫은 후에 움직이는 기능(일본에서는 공동주택에서 자정이 지나면 동작되게 규정됨)

23 재해 발생 과정의 요건이 아닌 것은?

① 사회적 환경과 유전적인 요소
② 개인적 결함
③ 사고
④ 안전한 행동

해설 재해의 발생순서 5단계

유전적 요소와 사회적 환경 → 인적 결함 → 불안전한 행동과 상태 → 사고 → 재해

★★★

24 정전 시 카 내 예비조명장치에 관한 설명으로 틀린 것은?

① 조도는 2lx 이상이어야 한다.
② 조도는 램프 중심부의 2m 지점의 수직면상의 조도이다.
③ 정전 후 60초 이내에 점등되어야 한다.
④ 1시간 동안 전원이 공급되어야 한다.

해설 조명

㉠ 카에는 카 바닥 및 조작 장치를 50lx 이상의 조도로 비출 수 있는 영구적인 전기조명이 설치되어야 한다.
㉡ 조명이 백열등 형태일 경우에는 2개 이상의 등이 병렬로 연결되어야 한다.
㉢ 정상 조명전원이 차단될 경우에는 2lx 이상의 조도로 1시간 동안 전원이 공급될 수 있는 자동 재충전 예비전원공급장치가 있어야 하며, 이 조명은 정상 조명전원이 차단되면 자동으로 즉시 점등되어야 한다. 측정은 다음과 같은 곳에서 이루어져야 한다.
  • 호출버튼 및 비상통화장치 표시
  • 램프 중심부로부터 2m 떨어진 수직면상

25 승강기 완성검사 시 에스컬레이터의 공칭속도가 0.5m/s인 경우 제동기의 정지거리는 몇 m이어야 하는가?

① 0.20m에서 1.00m 사이
② 0.30m에서 1.30m 사이
③ 0.40m에서 1.50m 사이
④ 0.55m에서 1.70m 사이

해설 에스컬레이터의 정지거리

무부하 상태의 에스컬레이터 및 하강 방향으로 움직이는 제동부하 상태의 에스컬레이터에 대한 정지거리는 다음과 같다.

공칭속도	정지거리
0.50m/s	0.20m에서 1.00m 사이
0.65m/s	0.30m에서 1.30m 사이
0.75m/s	0.40m에서 1.50m 사이

㉠ 공칭속도 사이에 있는 속도의 정지거리는 보간법으로 결정되어야 한다.
㉡ 정지거리는 전기적 정지장치가 작동된 시간부터 측정되어야 한다.
㉢ 운행방향에서 하강방향으로 움직이는 에스컬레이터에서 측정된 감속도는 브레이크 시스템이 작동하는 동안 1m²/s 이하이어야 한다.

★★

26 다음 중 카 실내에서 검사하는 사항이 아닌 것은?

① 도어스위치의 작동상태
② 전동기 주회로의 절연저항
③ 외부와 연결하는 통화장치의 작동상태
④ 승강장 출입구 바닥 앞부분과 카 바닥 앞부분과의 틈의 너비

해설 전동기 주회로의 절연저항 검사는 기계실에서 행하는 검사이다.

27 엘리베이터의 문닫힘 안전장치 중에서 카 도어의 끝단에 설치하여 이물체가 접촉되면 도어의 닫힘이 중지되는 안전장치는?

① 광전장치
② 초음파장치
③ 세이프티 슈
④ 가이드 슈

해설 **도어의 안전장치**
엘리베이터의 도어가 닫히는 순간 승객이 출입하는 경우 충돌사고의 원인이 되므로 도어 끝단에 검출 장치를 부착하여 도어를 반전시키는 장치이다.
㉠ 세이프티 슈(safety shoe) : 도어의 끝에 설치하여 이 물체가 접촉하면 도어의 닫힘을 중지하며 도어를 반전시키는 접촉식 보호장치
㉡ 세이프티 레이(safety ray) : 광선 빔을 통하여 이것을 차단하는 물체를 광전장치(photo electric device)에 의해서 검출하는 비접촉식 보호장치
㉢ 초음파 장치(ultrasonic door sensor) : 초음파의 감지 각도를 조절하여 카쪽의 이물체(유모차, 휠체어 등)나 사람을 검출하여 도어를 반전시키는 비접촉식 보호장치

‖ 세이프티 슈 설치 상태 ‖

‖ 광전장치 ‖

★

28 에스컬레이터의 계단(디딤판)에 대한 설명 중 옳지 않은 것은?

① 디딤판 윗면은 수평으로 설치되어야 한다.
② 디딤판의 주행방향의 길이는 400mm 이상이다.
③ 발판 사이의 높이는 215mm 이하이다.
④ 디딤판 상호간 틈새는 8mm 이하이다.

해설 ㉠ 스텝과 스텝 또는 팔레트와 팔레트 사이의 틈새

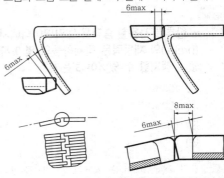

• 트레드 표면에서 측정된 이용 가능한 모든 위치의 연속되는 2개의 스텝 또는 팔레트 사이의 틈새는 6mm 이하이어야 한다.
• 팔레트의 맞물리는 전면 끝부분과 후면 끝부분이 있는 무빙워크의 변환 곡선부에서는 이 틈새가 8mm까지 증가되는 것은 허용된다.
㉡ 에스컬레이터 및 무빙워크의 치수

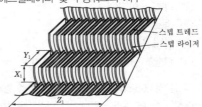

• 공칭폭 Z_1은 0.58m 이상, 1.1m 이하이어야 한다. 경사도가 6° 이하인 무빙워크의 폭은 1.65m까지 허용된다.
• 스텝 높이 X_1은 0.24m 이하이어야 한다.
• 스텝 깊이 Y_1은 0.38m 이상이어야 한다.

29 균형로프(compensating rope)의 역할로 적합한 것은?

① 카의 낙하를 방지한다.
② 균형추의 이탈을 방지한다.
③ 주로프와 이동케이블의 이동으로 변화된 하중을 보상한다.
④ 주로프가 열화되지 않도록 한다.

🔍해설 **견인비의 보상방법**

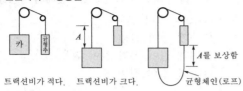

트랙션비가 적다.   트랙션비가 크다.   균형체인(로프)

㉠ 견인비(traction ratio)
- 카측 로프가 매달고 있는 중량과 균형추 로프가 매달고 있는 중량의 비를 트랙션비라 하고, 무부하와 전부하 상태에서 체크한다.
- 견인비가 낮게 선택되면 로프와 도르래 사이의 트랙션능력, 즉 마찰력이 작아도 되며, 로프의 수명이 연장된다.

㉡ 문제점
- 승강행정이 길어지면 로프가 어느 쪽(카측, 균형추측)에 있느냐에 따라 트랙션비는 크게 변화한다.
- 트랙션비가 1.35를 초과하면 로프가 시브에서 슬립(slip)되기 쉽다.

㉢ 대책
- 카 하부에서 균형추의 하부로 주로프와 비슷한 단위 중량의 균형(보상) 체인이나 로프를 매단다(트랙션비를 작게 하기 위한 방법).
- 균형로프는 서로 엉키는 걸 방지하기 위하여 피트에 인장도르래를 설치한다.
- 균형로프는 100%의 보상효과가 있고 균형체인은 90% 정도밖에 보상하지 못한다.
- 고속·고층 엘리베이터의 경우 균형체인(소음의 원인)보다는 균형로프를 사용한다.

★★★
30 다음 중 에스컬레이터의 역회전 방지장치가 아닌 것은?

① 구동체인 안전장치   ② 기계 브레이크
③ 조속기   ④ 스커트 가드

🔍해설 스커트 가드는 에스컬레이터의 내측판의 디딤판 옆 부분을 칭하며, 스커트 가드 스위치에 의해 디딤판과 스커트 가드 사이에 이물질이 들어갔을 때 에스컬레이터를 정지시킨다.

난간
(안전방책)
스커트 가드
스커트
디플렉터
데마케이션
핸드레일
스텝
콤

‖ 난간 부분의 명칭 ‖

31 감전에 의한 위험대책 중 부적합한 것은?

① 일반인 이외에는 전기기계 및 기구에 접촉금지
② 전선의 절연피복을 보호하기 위한 방호조치가 있어야 함

③ 이동전선의 상호 연결은 반드시 접속기구를 사용할 것
④ 배선의 연결 부분 및 나선 부분은 전기절연용 접착테이프로 테이핑하여야 함

🔍해설 유자격자 이외에는 전기기계 및 기구에 접촉금지

32 다음 중 불안전한 행동이 아닌 것은?

① 방호조치의 결함
② 안전조치의 불이행
③ 위험한 상태의 조장
④ 안전장치의 무효화

🔍해설 **산업재해 직접원인**

㉠ 불안전한 행동(인적 원인)
- 안전장치를 제거, 무효화
- 안전조치의 불이행
- 불안전한 상태 방치
- 기계 장치 등의 지정외 사용
- 운전중인 기계 장치 등의 청소, 주유, 수리, 점검 등의 실시
- 위험 장소에 접근
- 잘못된 동작 자세
- 복장, 보호구의 잘못 사용
- 불안전한 속도 조작
- 운전의 실패

㉡ 불안전한 상태(물적 원인)
- 물(物) 자체의 결함
- 방호장치의 결함
- 작업장소의 결함, 물의 배치 결함
- 보호구 복장 등의 결함
- 작업 환경의 결함
- 자연적 불안전한 상태
- 작업방법 및 생산 공정 결함

★★★
33 작업장에서 작업복을 착용하는 가장 큰 이유는?

① 방한
② 복장 통일
③ 작업능률 향상
④ 작업 중 위험 감소

🔍해설 작업복은 분주한 건설 현장처럼 잠재적인 위험성이 내포된 장소에서 원활히 활동할 수 있어야 하며, 하루 종일 장비를 오르락내리락 하려면 옷이 불편하거나 옷 때문에 장비에 걸려 넘어지는 일이 없도록, 안전을 최우선으로 고려하여 인체공학적으로 디자인되어야 한다.

34 안전사고의 발생요인으로 볼 수 없는 것은?

① 피로감 　　　　 ② 임금
③ 감정 　　　　　 ④ 날씨

[해설] 임금과 안전사고의 발생과는 관계가 없다.

★★★

35 작업장에서 작업복을 착용하는 가장 큰 이유는?

① 방한 　　　　　 ② 복장 통일
③ 작업능률 향상 　④ 작업 중 위험 감소

[해설] 작업복은 분주한 건설 현장처럼 잠재적인 위험성이 내포된 장소에서 원활히 활동할 수 있어야 하며, 하루 종일 장비를 오르락내리락 하려면 옷이 불편하거나 옷 때문에 장비에 걸려 넘어지는 일이 없도록, 안전을 최우선으로 고려하여 인체공학적으로 디자인되어야 한다.

36 유압식 엘리베이터에서 실린더의 점검사항으로 틀린 것은?

① 스위치의 기능 상실 여부
② 실린더 패킹에 누유 여부
③ 실린더의 패킹의 녹 발생 여부
④ 구성부품, 재료의 부착에 늘어짐 여부

[해설] **유압실린더(cylinder)의 점검**

유압에너지를 기계적 에너지로 변환시켜 선형운동을 하는 유압요소이며, 압력과 유량을 제어하여 추력과 속도를 조절할 수 있다.

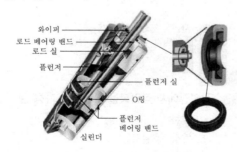

▎더스트 와이퍼 ▎

㉠ 로드의 흠, 먼지 등이 쌓여 패킹(packing) 손상, 작동유나 실린더 속에 이물질이 있어 패킹 손상 등이 있는 경우 실린더 로드에서의 기름 노출이 발생되므로 이를 제거하는 장치의 점검
㉡ 배관 내와 실린더에 공기가 혼입된 경우에는 실린더가 부드럽게 움직이지 않는 문제가 발생할 수 있기 때문에 배출구의 상태 점검
㉢ 플런저 표면의 이물질이 실린더 내측으로 삽입되는 것을 방지하는 더스트 와이퍼(dust wiper) 상태 검사

37 추락을 방지하기 위한 2종 안전대의 사용법은?

① U자 걸이 전용
② 1개 걸이 전용
③ 1개 걸이, U자 걸이 겸용
④ 2개 걸이 전용

[해설] **안전대의 종류**

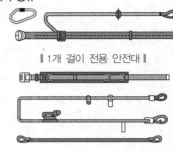

▎1개 걸이 전용 안전대 ▎

▎U자 걸이 전용 안전대 ▎

▎안전블록 ▎　　　　▎추락방지대 ▎

종류	등급	사용 구분
벨트식(B식), 안전그네식(H식)	1종	U자 걸이 전용
	2종	1개 걸이 전용
	3종	1개 걸이, U자 걸이 공용
	4종	안전블록
	5종	추락방지대

★★

38 사업장에서 승강기의 조립 또는 해체작업을 할 때 조치하여야 할 사항과 거리가 먼 것은?

① 작업을 지휘하는 자를 선임하여 지휘자의 책임 하에 작업을 실시할 것
② 작업 할 구역에는 관계근로자 외의 자의 출입을 금지시킬 것
③ 기상 상태의 불안정으로 인하여 날씨가 몹시 나쁠 때에는 그 작업을 중지시킬 것
④ 사용자의 편의를 위하여 야간작업을 하도록 할 것

[정답] 34. ② 　35. ④ 　36. ① 　37. ② 　38. ④

해설 조립 또는 해체작업을 할 때 조치

㉠ 사업주는 사업장에 승강기의 설치·조립·수리·점검
또는 해체작업을 하는 경우 다음의 조치를 하여야 한다.
  - 작업을 지휘하는 사람을 선임하여 그 사람의 지휘 하
    에 작업을 실시할 것
  - 작업구역에 관계근로자가 아닌 사람의 출입을 금지하
    고 그 취지를 보기 쉬운 장소에 표시할 것
  - 비, 눈, 그 밖에 기상 상태의 불안정으로 날씨가 몹시
    나쁜 경우에는 그 작업을 중지시킬 것

㉡ 사업주는 작업을 지휘하는 사람에게 다음의 사항을 이
행하도록 하여야 한다.
  - 작업방법과 근로자의 배치를 결정하고 해당 작업을
    지휘하는 일
  - 재료의 결함 유무 또는 기구 및 공구의 기능을 점검하
    고 불량품을 제거하는 일
  - 작업 중 안전대 등 보호구의 착용 상황을 감시하는 일

39 안전점검 체크리스트 작성 시의 유의사항으로 가
장 타당한 것은?

① 일정한 양식으로 작성할 필요가 없다.
② 사업장에 공통적인 내용으로 작성한다.
③ 중점도가 낮은 것부터 순서대로 작성한다.
④ 점검표의 내용은 이해하기 쉽도록 표현하
고 구체적이어야 한다.

해설 점검표(check list)

㉠ 작성항목
  - 점검부분
  - 점검항목 및 점검방법
  - 점검시기
  - 판정기준
  - 조치사항

㉡ 작성 시 유의사항
  - 각 사업장에 적합한 독자적인 내용일 것
  - 일정 양식을 정하여 점검대상을 정할 것
  - 중점도(위험성, 긴급성)가 높은 것부터 순서대로 작성
    할 것
  - 정기적으로 검토하여 재해방지에 실효성 있게 개조된
    내용일 것
  - 점검표의 양식은 이해하기 쉽도록 표현하고 구체적
    일 것

40 전기식 엘리베이터 기계실의 실온 범위는?

① 5~70℃   ② 5~60℃
③ 5~50℃   ④ 5~40℃

해설 기계실은 적절하게 환기되어야 한다. 기계실을 통한 승강
로의 환기도 고려되어야 한다. 건축물의 다른 부분으로부터
신선하지 않은 공기가 기계실로 직접 유입되지 않아야 한다.

전동기, 설비 및 전선 등은 성능에 지장이 없도록 먼지, 유해
한 연기 및 습도로부터 보호되어야 한다. 기계실은 눈·비
가 유입되거나 동절기에 실온이 내려가지 않도록 조치되어
야 하며 실온은 5~40℃에서 유지되어야 한다.

41 승강장의 문이 열린 상태에서 모든 제약이 해제되
면 자동적으로 닫히게 하여 문의 개방 상태에서
생기는 2차 재해를 방지하는 문의 안전장치는?

① 시그널컨트롤   ② 도어컨트롤
③ 도어클로저   ④ 도어인터록

해설 도어클로저(door closer)

㉠ 승강장의 문이 열린 상태에서 모든 제약이 해제되면 자
동적으로 닫히게 하여 문의 개방 상태에서 생기는 2차
재해를 방지하는 문의 안전장치이며, 전기적인 힘이 없
어도 외부 문을 닫아주는 역할을 한다.
㉡ 스프링클로저 방식 : 레버시스템, 코일스프링과 도어체
크가 조합된 방식
㉢ 웨이트(weight) 방식 : 줄과 추를 사용하여 도어체크(문
이 자동으로 천천히 닫히게 하는 장치)를 생략한 방식

‖ 스프링클로저 ‖   ‖ 웨이트클로저 ‖

42 카와 균형추에 대한 로프 거는 방법으로 2 : 1 로
핑방식을 사용하는 경우 그 목적으로 가장 적절
한 것은?

① 로프의 수영을 연장하기 위하여
② 속도를 줄이거나 적재하중을 증가시키기
   위하여
③ 로프를 교체하기 쉽도록 하기 위하여
④ 무부하로 운전할 때를 대비하기 위하여

해설 카와 균형추에 대한 로프 거는 방법

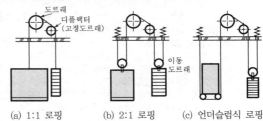

(a) 1:1 로핑   (b) 2:1 로핑   (c) 언더슬렁식 로핑
‖ 로핑 ‖

정답 39. ④   40. ④   41. ③   42. ②

⊙ 1 : 1 로핑
  - 일반적으로 승객용에 사용된다(속도를 줄이거나 적재용량 늘리기 위하여 2 : 1, 4 : 2도 승객용에 채용함).
  - 로프장력은 카(또는 균형추)의 중량과 로프의 중량을 합한 것이다.
ⓒ 2 : 1 로핑
  - 1 : 1 로핑 장력의 1/2이 된다.
  - 시브에 걸리는 부하도 1 : 1의 1/2이 된다.
  - 카의 정격속도의 2배의 속도로 로프를 구동하여야 한다.
  - 기어식 권상기에서는 30m/min 미만의 엘리베이터에서 많이 사용한다.
ⓒ 3 : 1, 4 : 1, 6 : 1 로핑
  - 대용량의 저속 화물용 엘리베이터에 사용되기도 한다.
  - 결점으로는 와이어로프의 총 길이가 길게 되고 수명이 짧아지며 종합효율이 저하된다.
ⓔ 언더슬림식은 꼭대기의 틈새를 작게 할 수 있지만 최근에는 유압식 엘리베이터의 발달로 인해 사용을 안 한다.

★★★
43 작동유의 압력맥동을 흡수하여 진동, 소음을 감소시키는 것은?

① 펌프 ② 필터
③ 사이렌서 ④ 역류제지밸브

🔑 해설 **유압회로의 구성요소**

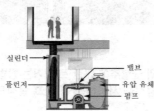

∥ 유압식 엘리베이터 작동원리 ∥

⊙ 펌프(pump) : 압력작용을 이용하여 관을 통해 유체를 수송하는 기계이다.
ⓒ 필터(filter) : 실린더에 쇳가루나 이물질이 들어가는 것을 방지(실린더 손상 방지)하기 위해 설치하며, 펌프의 흡입측에 부착하는 것을 스트레이너라 하고, 배관 중간에 부착하는 것을 라인필터라 한다.
ⓒ 사이렌서(silencer) : 펌프나 유량제어밸브 등에서 발생하는 압력맥동(작동유의 압력이 일정하지 않아 카의 주행이 매끄럽지 못하고 튀는 현상)에 의한 진동, 소음을 흡수하기 위하여 사용한다.
ⓔ 역류제지밸브(check valve) : 한쪽 방향으로만 기름이 흐르도록 하는 밸브로서 상승방향으로는 흐르지만 역방향으로는 흐르지 않는다. 이것은 정전이나 그 이외의 원인으로 펌프의 토출압력이 떨어져서 실린더의 기름이 역류하여 카가 자유낙하하는 것을 방지하는 역할을 하는 것으로 로프식 엘리베이터의 전자브레이크와 유사하다.

44 에스컬레이터 승강장의 주의표지판에 대한 설명 중 옳은 것은?

① 주의표지판은 충격을 흡수하는 재질로 만들어야 한다.
② 주의표지판은 영문으로 읽기 쉽게 표기되어야 한다.
③ 주의표지판의 크기는 80mm×80mm 이하의 그림으로 표시되어야 한다.
④ 주의표지판의 바탕은 흰색, 도안은 흑색, 사선은 적색이다.

🔑 해설 **에스컬레이터 또는 무빙워크의 출입구 근처의 주의표시**

⊙ 주의표시를 위한 표시판 또는 표지는 견고한 재질로 만들어야 하며, 승강장에서 잘 보이는 곳에 확실히 부착되어야 한다.
ⓒ 주의표시는 80mm×100mm 이상의 크기로 표시되어야 한다.

구분		기준규격(mm)	색상
최소 크기		80×100	–
바탕		–	흰색
(달리는 사람)	원	40×40	–
	바탕	–	황색
	사선	–	적색
	도안	–	흑색
⚠		10×10	녹색(안전), 황색(위험)
안전, 위험		10×10	흑색
주의 문구	대	19pt	흑색
	소	14pt	적색

45 직류발전기의 기본 구성요소에 속하지 않는 것은?

① 계자 ② 보극
③ 전기자 ④ 정류자

🔑 해설 **직류발전기의 구성요소**

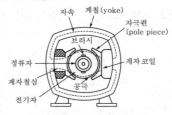

∥ 2극 직류발전기의 단면도 ∥

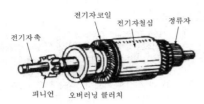

┃ 전기자 ┃

전기자코일　전기자철심　정류자
전기자축
피니언　오버러닝 클러치

○ 계자(field magnet)
- 계자권선(field coil), 계자철심(field core), 자극(pole piece) 및 계철(yoke)로 구성된다.
- 계자권선은 계자철심에 감겨져 있으며, 이 권선에 전류가 흐르면 자속이 발생한다.
- 자극편은 전기자에 대응하여 계자자속을 공극 부분에 적당히 분포시킨다.
○ 전기자(armature)
- 전기자철심(armature core), 전기자권선(armature winding), 정류자 및 회전축(shaft)으로 구성된다.
- 전기자철심의 재료와 구조는 맴돌이전류(eddy current)와 히스테리현상에 의한 철손을 적게 하기 위하여 두께 0.35~0.5mm의 규소강판을 성층하여 만든다.
○ 정류자(commutator) : 직류기에서 가장 중요한 부분 중의 하나이며, 운전 중에는 항상 브러시와 접촉하여 마찰이 생겨 마모 및 불꽃 등으로 높은 온도가 되므로 전기적, 기계적으로 충분히 견딜 수 있어야 한다.

★★★

46 유도전동기에서 슬립이 1이란 전동기가 어떤 상태인가?

① 유도제동기의 역할을 한다.
② 유도전동기가 전부하 운전 상태이다.
③ 유도전동기가 정지 상태이다.
④ 유도전동기가 동기속도로 회전한다.

🔍해설 **슬립(slip)**

3상 유도전동기는 항상 회전 자기장의 동기속도(n_s)와 회전자의 속도(n) 사이에 차이가 생기게 되며, 이 차이의 값으로 전동기의 속도를 나타낸다. 이때 속도의 차이와 동기속도(n_s)와의 비가 슬립이고, 보통 $0 < s < 1$ 범위이어야 하며, 슬립 1은 정지된 상태이다.

$$s = \frac{동기속도 - 회전자속도}{동기속도} = \frac{n_s - n}{n_s}$$

47 직류전동기의 속도제어방법이 아닌 것은?

① 저항제어법
② 계자제어법
③ 주파수제어법
④ 전기자 전압제어법

🔍해설 **직류전동기의 속도제어**

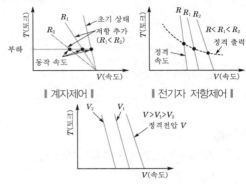

┃ 계자제어 ┃　┃ 전기자 저항제어 ┃

┃ 전압제어 ┃

○ 계자제어 : 계자자속 ϕ를 변화시키는 방법으로, 계자저항기로 계자전류를 조정하여 ϕ를 변화시킨다.
○ 저항제어 : 전기자에 가변직렬저항 $R(\Omega)$을 추가하여 전기자회로의 저항을 조정함으로써 속도를 제어한다.
○ 전압제어 : 타여자 전동기에서 전기자에 가한 전압을 변화시킨다.

48 에스컬레이터의 유지관리에 관한 설명으로 옳은 것은?

① 계단식 체인은 굴곡반경이 작으므로 피로와 마모가 크게 문제 시 된다.
② 계단식 체인은 주행속도가 크기 때문에 피로와 마모가 크게 문제 시 된다.
③ 구동체인은 속도, 전달동력 등을 고려할 때 마모는 발생하지 않는다.
④ 구동체인은 녹이 슬거나 마모가 발생하기 쉬우므로 주의해야 한다.

🔍해설 **구동장치 보수 점검사항**

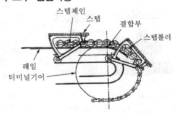

스텝체인　스텝　결합부　스텝롤러
레일
터미널기어

┃ 스텝체인의 구동 ┃

┃ 체인의 부식 ┃

　㉠ 진동, 소음의 유무
　㉡ 운전의 원활성
　㉢ 구동장치의 취부 상태
　㉣ 각부 볼트 및 너트의 이완 여부
　㉤ 기어 케이스 등의 표면 균열 여부 및 누유 여부
　㉥ 브레이크의 작동 상태
　㉦ 구동체인의 늘어짐 및 녹의 발생 여부
　㉧ 각부의 주유 상태 및 윤활유의 부족 또는 변화 여부
　㉨ 벨트 사용 시 벨트의 장력 및 마모 상태

★

49 카 상부에서 행하는 검사가 아닌 것은?

① 완충기 점검
② 주로프 점검
③ 가이드 슈 점검
④ 도어개폐장치 점검

해설 **피트에서 하는 점검항목 및 주기**

㉠ 1회/1월 : 피트 바닥, 과부하감지장치
㉡ 1회/3월 : 완충기, 하부 파이널 리밋스위치, 카 비상멈
　춤장치스위치
㉢ 1회/6월 : 조속기로프 및 기타 당김도르래, 균형로프 및
　부착부, 균형추 밑부분 틈새, 이동케이블 및 부착부
㉣ 1회/12월 : 카 하부 도르래, 피트 내의 내진대책

50 유압식 엘리베이터에서 고장 수리할 때 가장 먼
저 차단해야 할 밸브는?

① 체크밸브
② 스톱밸브
③ 복합밸브
④ 다운밸브

해설 **스톱밸브(stop valve)**

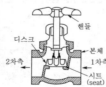
핸들
디스크
본체
2차측 ── 1차측
시트
(seat)

유압 파워유닛과 실린더 사이의 압력배관에 설치되며, 이것
을 닫으면 실린더의 기름이 파워유닛으로 역류하는 것을
방지한다. 유압장치의 보수, 점검 또는 수리 등을 할 때에
사용되며, 일명 게이트밸브라고도 한다.

★★★★

51 저항 100Ω에 5A의 전류가 흐르게 하는 데 필요
한 전압은 얼마인가?

① 500V　　　　② 400V
③ 300V　　　　④ 220V

해설 **옴의 법칙**

㉠ 전기저항(electric resistance)
　• 전기회로에 전류가 흐를 때 전류의 흐름을 방해하는
　　작용이 있는데, 그 방해하는 정도를 나타내는 상수를
　　전기저항 R 또는 저항이라고 한다.
　• 1V의 전압을 가해서 1A의 전류가 흐르는 저항값을
　　1옴(ohm), 기호는 Ω이라고 한다.
㉡ 옴의 법칙
　• 도체에 전압이 가해졌을 때 흐르는 전류의 크기는 도
　　체의 저항에 반비례하므로 가해진 전압을 V(V), 전류
　　I(A), 도체의 저항을 R(Ω)이라고 하면
　　$$I = \frac{V}{R}(A), \quad V = IR(V), \quad R = \frac{V}{I}(Ω)$$
　• 저항 R(Ω)에 전류 I(A)가 흐를 때 저항 양단에는 $V = IR$
　　(V)의 전위차가 생기며, 이것을 전압강하라고 한다.
　　$$V = IR = 5 \times 100 = 500V$$

52 비상용 엘리베이터의 운행속도는 몇 m/min 이상
으로 하여야 하는가?

① 30　　　　② 45
③ 60　　　　④ 90

해설 **비상용 엘리베이터의 기본요건**

㉠ 비상용 엘리베이터의 크기는 630kg의 정격하중을 갖는
　폭 1,100mm, 깊이 1,400mm 이상이어야 하며, 출입구
　유효폭은 800mm 이상이어야 한다.
㉡ 침대 등을 수용하거나 2개의 출입구로 설계된 경우 또
　는 피난용도로 의도된 경우, 정격하중은 1,000kg 이상
　이어야 하고 카의 면적은 폭 1,100mm, 깊이 2,100mm
　이상이어야 한다.
㉢ 소방관이 조작하여 엘리베이터 문이 닫힌 이후부터 60초
　이내에 가장 먼 층에 도착하여야 된다. 다만, 운행속도는
　1m/s(60m/min) 이상이어야 한다.

★★★

53 플레밍의 왼손 법칙에서 엄지손가락의 방향은 무
엇을 나타내는가?

① 자장　　　　② 전류
③ 힘　　　　　④ 기전력

해설 **플레밍의 왼손 법칙**

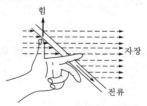
힘
자장
전류

㉠ 자기장 내의 도선에 전류가 흐름 → 도선에 운동력 발생
　(전기에너지 → 운동에너지) : 전동기
㉡ 집게 손가락(자장의 방향), 가운데손가락(전류의 방향),
　엄지손가락(힘의 방향)

54 전기기기의 충전부와 외함 사이의 저항은 어떤 저항인가?

① 브리지저항
② 접지저항
③ 접촉저항
④ 절연저항

해설 전로 및 기기 등을 사용하다보면 기기의 노화 등 그밖의 원인으로 절연성능이 저하되고, 절연열화가 진행되면 결국은 누전 등의 사고를 발생하여 화재나 그 밖의 중대 사고를 일으킬 우려가 있으므로 절연저항계(메거)로 절연저항측정 및 절연진단이 필요하다.

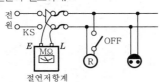

‖ 전기회로의 절연저항 측정 ‖

‖ 전기기기의 절연저항 측정 ‖

55 기어의 언더컷에 관한 설명으로 틀린 것은?

① 이의 간섭현상이다.
② 접촉면적이 넓어진다.
③ 원활한 회전이 어렵다.
④ 압력각을 크게 하여 방지한다.

해설 기어의 언더컷

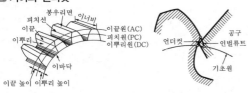

㉠ 기어 절삭을 할 때 이의 수가 적으면 이의 간섭이 일어나며, 간섭 상태에서 회전하면 피니언(pinion)의 이뿌리면을 기어의 이 끝이 파먹는 것이다.
㉡ 언더컷의 방지법
　• 피니언의 잇수를 최소 잇수로 한다.
　• 기어의 잇수를 한계잇수로 한다.
　• 입력각을 크게 한다.
　• 치형을 수정한다.
　• 기어의 이 높이를 낮게 한다.

56 승강기에 관한 안전장치 중 반드시 필요로 하는 것이 아닌 것은?

① 출입문이 모두 닫히기 전에는 승강하지 않도록 하는 장치
② 과속 시 동력을 자동으로 차단하는 장치
③ 승강기 내의 비상정지스위치
④ 승강기 내에서 외부로 연락할 수 있는 장치

해설 슬로다운스위치, 리밋스위치, 파이널 리밋스위치, 종단층 강제감속장치 등 자동으로 감지되어 동작하는 안전장치가 있으므로 수동으로 작동하는 비상정지스위치는 그중 생략해도 가능하다.

57 그림과 같은 심벌의 명칭은?

① TRIAC
② SCR
③ DIODE
④ DIAC

해설 사이리스터(thyristor)

㉠ pnpn의 4층 구조를 기본구조로 하는 반도체소자로서 단자수, 스위칭 특성에 따라 여러 종류가 있지만 그 중에서 대표적인 것은 실리콘제어정류기(Silicon Controlled Rectifier ; SCR)이며, 안쪽 p층에 게이트라 불리는 제어용전극이 붙어 있다.
㉡ SCR의 특성
　• 오프(off) 상태에서 누설전류가 적다.
　• 작은 게이트전류로 큰 전류를 제어할 수 있다.
　• 스위칭시간이 짧다.
　• 온(on) 상태에서 전압강하가 적어 효율이 우수하다.
㉢ 동작특성 : V_A가 어떤 값 이상이 될 때까지는 I_A(순전류)는 흐르지 않는다(스위치 off 상태). 이때 S를 닫고 G에 I_G를 흘리면 I_A가 흐를 수 있게 된다(스위치 on 상태). 따라서 I_G에 의해 I_A가 턴온(turn-on)된다.

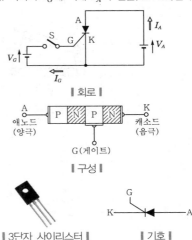

‖ 회로 ‖

‖ 구성 ‖

‖ 3단자 사이리스터 ‖　　‖ 기호 ‖

★★★★

58 100V를 인가하여 전기량 30C을 이동시키는데 5초 걸렸다. 이때의 전력(kW)은?

① 0.3
② 0.6
③ 1.5
④ 3

🔧해설 어떤 도체에 1C의 전기량이 두 점 사이를 이동하여 1J의 일을 했다면 1볼트(V)라고 한다.

$W = V \cdot Q = 100 \times 30 = 3,000$J

$P = \dfrac{W}{t} = \dfrac{3,000}{5} = 600$W

59 다음 설명 중 링크의 특징이 아닌 것은?

① 경쾌한 운동과 동력의 마찰손실이 크다.
② 제작이 용이하다.
③ 전동이 매우 확실하다.
④ 복잡한 운동을 간단한 장치로 할 수 있다.

🔧해설 **기계요소의 종류와 용도**

구분	종류	용도
결합용 기계요소	나사, 볼트, 너트, 핀 키	기계 부품 결합
축용 기계요소	축, 베어링	축을 지지하거나 연결
전동용 기계요소	마찰차, 기어, 캠, 링크, 체인, 벨트	동력의 전달
관용 기계요소	관, 관이음, 밸브	기체나 액체 수송
완충 및 제동용 기계요소	스프링, 브레이크	진동 방지와 제동

기계에 전달된 동력을 여러 모양의 얼개에 의해서 운동 부분으로 전달되어서 필요한 일을 하는데, 이 동력을 운반하는 요소를 링크(link)라고 한다.

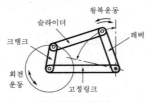

∥4절 링크기구∥

★★★

60 다음 중 절연저항을 측정하는 계기는?

① 회로시험기
② 메거
③ 훅온미터
④ 휘트스톤브리지

🔧해설 전로 및 기기 등을 사용하다보면 기기의 노화 등 그밖의 원인으로 절연성능이 저하되고, 절연열화가 진행되면 결국은 누전 등의 사고를 발생하여 화재나 그 밖의 중대 사고를 일으킬 우려가 있으므로 절연저항계(메거)로 절연저항측정 및 절연진단이 필요하다.

※ 본 문제는 수험생들의 협조에 의해 작성되었으며, 시험내용과 일부 다를 수 있습니다.

***
01 엘리베이터의 완충기에 대한 설명 중 옳지 않은 것은?

① 엘리베이터 피트 부분에 설치한다.
② 케이지나 균형추의 자유낙하를 완충한다.
③ 스프링완충기와 유입완충기가 가장 많이 사용된다.
④ 스프링완충기는 엘리베이터의 속도가 낮은 경우에 주로 사용된다.

해설 **완충기(buffer)**

피트 바닥에 설치되며, 카가 어떤 원인으로 최하층을 통과하여 피트로 떨어졌을 때, 충격을 완화하기 위하여 혹은 카가 밀어 올렸을 때를 대비하여 균형추의 바로 아래에도 완충기를 설치한다. 그러나 이 완충기는 카나 균형추의 자유낙하를 완충하기 위한 것은 아니다(자유낙하는 비상정지장치의 분담기능).

02 구조에 따라 분류한 유압식 엘리베이터의 종류가 아닌 것은?

① 직접식   ② 간접식
③ 팬터그래프식   ④ VVVF식

해설 **유압식 엘리베이터의 종류**

펌프에서 토출된 작동유로 플런저(plunger)를 작동시켜 카를 승강시키는 것을 유압식 엘리베이터라 한다.
㉠ 직접식 : 플런저의 직상부에 카를 설치한 것
㉡ 간접식 : 플런저의 선단에 도르래를 놓고 로프 또는 체인을 통해 카를 올리고 내리며, 로핑에 따라 1 : 2, 1 : 4, 2 : 4의 로핑이 있다.
㉢ 팬터그래프식 : 카는 팬터그래프의 상부에 설치하고, 실린더에 의해 팬터그래프를 개폐한다.

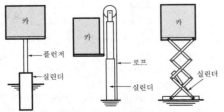

|직접식| |간접식(1 : 2 로핑)| |팬터그래프식|

03 건물에 에스컬레이터를 배열할 때 고려할 사항으로 틀린 것은?

① 엘리베이터 가까운 곳에 설치한다.
② 바닥 점유 면적을 되도록 작게 한다.
③ 승객의 보행거리를 줄일 수 있도록 배열한다.
④ 건물의 지지보 등을 고려하여 하중을 균등하게 분산시킨다.

해설 **에스컬레이터 배열 시 고려사항**

㉠ 지지보, 기둥 등에 균등하게 하중이 걸리는 위치에 배치
㉡ 동선 중심에 배치할 것(엘리베이터와 정면 현관의 중간 정도)
㉢ 바닥면적을 작게, 승객의 시야가 넓게, 주행거리가 짧게 배치

***
04 화재 시 소화 및 구조활동에 적합하게 제작된 엘리베이터는?

① 덤웨이터
② 비상용 엘리베이터
③ 전망용 엘리베이터
④ 승객·화물용 엘리베이터

해설 **비상용 엘리베이터**

㉠ 전기·전자적 조작장치 및 표시기는 구조물에 요구되는 기간 동안(2시간 이상) 0℃에서 65℃까지의 주위 온도 범위에서 작동될 때 카가 위치한 곳을 감지할 수 있도록 기능이 지속되어야 한다.
㉡ 방화구획 된 로비가 아닌 곳에서 비상용 엘리베이터의 모든 다른 전기·전자 부품은 0℃에서 40℃까지의 주위 온도 범위에서 정확하게 기능하도록 설계되어야 한다.
㉢ 엘리베이터 제어의 정확한 기능은 건축물에 요구되는 기간 동안(2시간 이상) 연기가 가득 찬 승강로 및 기계실에서 보장되어야 한다.

05 승강기에 사용하는 가이드레일 1본의 길이는 몇 m로 정하고 있는가?

① 1   ② 3
③ 5   ④ 7

해설 **가이드레일의 규격**

㉠ 레일 규격의 호칭은 마무리 가공 전 소재의 1m당의 중량으로 표시한다.
㉡ 일반적으로 T형 레일의 공칭은 8, 13, 18, 24K 등이 있다.
㉢ 대용량의 엘리베이터에서는 37, 50K 레일 등도 사용한다.
㉣ 레일의 표준길이는 5m로 한다.

정답 01. ② 02. ④ 03. ① 04. ② 05. ③

06 기계실을 승강로의 아래쪽에 설치하는 방식은?

① 정상부형 방식　② 횡인 구동 방식
③ 베이스먼트 방식　④ 사이드머신 방식

해설 기계실의 위치에 따른 분류

㉠ 정상부형 : 로프식 엘리베이터에서는 일반적으로 승강로의 직상부에 권상기를 설치하는 것이 합리적이고 경제적이다.
㉡ 베이스먼트 타입(basement type) : 엘리베이터 최하 정지층의 승강로와 인접시켜 설치하는 방식이다.
㉢ 사이드머신 타입(side machine type) : 승강로 중간에 인접하여 권상기를 두는 방식이다.

07 전기식 엘리베이터 자체점검항목 중 점검주기가 가장 긴 것은?

① 권상기 감속기어의 윤활유(oil) 누설 유무 확인
② 비상정지장치 스위치의 기능 상실 유무 확인
③ 승장버튼의 손상 유무 확인
④ 이동케이블의 손상 유무 확인

해설 승강기 자체검사 주기 및 항목

㉠ 1개월에 1회 이상
  • 층상선택기
  • 카의 문 및 문턱
  • 카 도어스위치
  • 문닫힘 안전장치
  • 카 조작반 및 표시기
  • 비상통화장치
  • 전동기, 전동발전기
  • 권상기 브레이크
㉡ 3개월에 1회 이상
  • 수권조작 수단
  • 권상기 감속기어
  • 비상정지장치
㉢ 6개월에 1회 이상
  • 권상기 도르래
  • 권상기 베어링
  • 조속기(카측, 균형추측)
  • 비상정지장치와 조속기의 부착 상태
  • 용도, 적재하중, 정원 등 표시
  • 이동케이블 및 부착부
㉣ 12개월에 1회 이상
  • 고정도르래, 풀리
  • 기계실 기기의 내진대책

08 구동체인이 늘어나거나 절단되었을 경우 아래로 미끄러지는 것을 방지하는 안전장치는?

① 스텝체인 안전장치　② 정지스위치
③ 인입구 안전장치　　④ 구동체인 안전장치

해설 구동체인 안전장치(driving chain safety device)

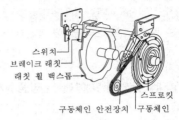

스위치
브레이크 래칫
래칫 휠 백스톱
스프로킷
구동체인 안전장치　구동체인

| 조립도 |

레버
(리밋스위치)
구동체인 절단검출 스위치
문지름판
구동체인
암
래칫 휠
스텝 스프로킷

| 안전장치 상세도 |

㉠ 구동기와 주 구동장치(main drive) 사이의 구동체인이 상승 중 절단되었을 때 승객의 하중에 의해 하강운전을 일으키면 위험하므로 구동체인 안전장치가 필요하다.
㉡ 구동체인 위에 항상 문지름판이 구동되면서 구동체인의 늘어짐을 감지하여 만일 체인이 느슨해지거나 끊어지면 슈가 떨어지면서 브레이크 래칫이 브레이크 휠에 걸려 주 구동장치의 하강방향의 회전을 기계적으로 제지한다.
㉢ 안전스위치를 설치하여 안전장치의 동작과 동시에 전원을 차단한다.

09 트랙션권상기의 특징으로 틀린 것은?

① 소요동력이 적다.
② 행정거리의 제한이 없다.
③ 주로프 및 도르래의 마모가 일어나지 않는다.
④ 권과(지나치게 감기는 현상)를 일으키지 않는다.

해설 권상기(traction machine)

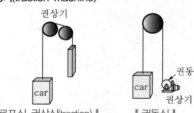

권상기
권상기
권동
car
car
권상기

| 로프식 권상식(traction) |　| 권동식 |

㉠ 트랙션식 권상기의 형식
  • 기어드(geared)방식 : 전동기의 회전을 감속시키기 위해 기어를 부착한다.
  • 무기어(gearless)방식 : 기어를 사용하지 않고, 전동기의 회전축에 권상도르래를 부착시킨다.

ⓛ 트랙션식 권상기의 특징
• 균형추를 사용하기 때문에 소요 동력이 적다
• 도르래를 사용하기 때문에 승강행정에 제한이 없다.
• 로프를 마찰로서 구동하기 때문에 지나치게 감길 위험이 없다.

★★
10 로프식 엘리베이터에서 카 바닥 앞부분과 승강장 출입구 바닥 앞부분과의 틈새는 몇 cm 이하인가?

① 2 　　　　　② 3
③ 3.5 　　　　④ 5

해설 카와 카 출입구를 마주하는 벽 사이의 틈새

㉠ 승강로의 내측 면과 카 문턱, 카 문틀 또는 카 문의 닫히는 모서리 사이의 수평거리는 0.125m 이하이어야 한다. 다만, 0.125m 이하의 수평거리는 각각의 조건에 따라 다음과 같이 적용될 수 있다.
• 수직높이가 0.5m 이하인 경우에는 0.15m까지 연장될 수 있다.
• 수직개폐식 승강장문이 설치된 화물용인 경우, 주행로 전체에 걸쳐 0.15m까지 연장될 수 있다.
• 잠금해제구간에서만 열리는 기계적 잠금장치가 카 문에 설치된 경우에는 제한하지 않는다.
ⓛ 카 문턱과 승강장문 문턱 사이의 수평거리는 35mm 이하이어야 한다.
ⓒ 카 문과 닫힌 승강장문 사이의 수평거리 또는 문이 정상 작동하는 동안 문 사이의 접근거리는 0.12m 이하이어야 한다.
ⓔ 경첩이 있는 승강장문과 접하는 카 문의 조합인 경우에는 닫힌 문 사이의 어떤 틈새에도 직경 0.15m의 구가 통과되지 않아야 한다.

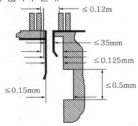

▌카와 카 출입구를 마주하는 벽 사이의 틈새 ▌

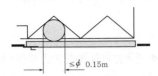

▌경첩 달린 승강장문과 접힌 카 문의 틈새 ▌

11 가이드레일의 역할에 대한 설명 중 틀린 것은?

① 카와 균형추를 승강로 평면 내에서 일정 궤도상에 위치를 규제한다.
② 일반적으로 가이드레일은 H형이 가장 많이 사용된다.

③ 카의 자중이나 화물에 의한 카의 기울어짐을 방지한다.
④ 비상멈춤이 작동할 때의 수직하중을 유지한다.

해설 가이드레일(guide rail)의 사용 목적

가이드 레일

㉠ 카와 균형추의 승강로 평면 내의 위치를 규제한다.
ⓛ 카의 자중이나 화물에 의한 카의 기울어짐을 방지한다.
ⓒ 비상멈춤이 작동할 때의 수직하중을 유지한다.

★
12 에스컬레이터 스텝체인의 안전율은 얼마 이상인가?

① 20 　　　　② 15
③ 10 　　　　④ 5

해설 스텝체인 안전장치(step chain safety device)

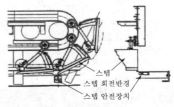
스텝
스텝 회전반경
스텝 안전장치

▌스텝체인 고장 검출 ▌

▌스텝체인 안전장치 ▌

㉠ 스텝체인이 절단되거나 심하게 늘어날 경우 스텝이 위치를 벗어나면 자동으로 구동기 모터의 전원을 차단하고 기계브레이크를 작동시킴으로써 스텝과 스텝 사이의 간격이 생기는 등의 결과를 방지하는 장치이다.
ⓛ 에스컬레이터 각 체인의 절단에 대한 안전율은 담금질한 강철에 대하여 5 이상이어야 한다.

정답 10. ③ 11. ② 12. ④

13 도어 인터록에 관한 설명으로 옳은 것은?

① 도어 닫힘 시 도어록이 걸린 후, 도어스위치가 들어가야 한다.

② 카가 정지하지 않는 층은 도어록이 없어도 된다.

③ 도어록은 비상시 열기 쉽도록 일반공구로 사용가능해야 한다.

④ 도어 개방 시 도어록이 열리고, 도어스위치가 끊어지는 구조이어야 한다.

[해설] 도어 인터록(door interlock) 및 클로저(closer)

 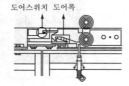

도어스위치 도어록

㉠ 도어 인터록(door interlock)
- 카가 정지하지 않는 층의 도어는 전용열쇠를 사용하지 않으면 열리지 않는 도어록과 도어가 닫혀 있지 않으면 운전이 불가능하도록 하는 도어스위치로 구성된다.
- 닫힘동작 시는 도어록이 먼저 걸린 상태에서 도어스위치가 들어가고 열림동작 시는 도어스위치가 끊어진 후 도어록이 열리는 구조(직렬)이며, 엘리베이터의 안전장치 중에서 승강장의 도어 안전장치로 가장 중요하다.
㉡ 도어 클로저(door closer)
- 승강장의 문이 열린 상태에서 모든 제약이 해제되면 자동적으로 닫히게 하여 문의 개방 상태에서 생기는 2차 재해를 방지하는 문의 안전장치이며, 전기적인 힘이 없어도 외부 문을 닫아주는 역할을 한다.
- 스프링클로저 방식 : 레버 시스템, 코일스프링과 도어체크가 조합된 방식이다.
- 웨이트(weight) 방식 : 줄과 추를 사용하여 도어체크(문이 자동으로 천천히 닫히게 하는 장치)를 생략한 방식이다.

‖ 스프링클로저 ‖   ‖ 웨이트클로저 ‖

14 사람이 출입할 수 없도록 정격하중이 300kg 이하이고 정격속도가 1m/s인 승강기는?

① 덤웨이터

② 비상용 엘리베이터

③ 승객·화물용 엘리베이터

④ 수직형 휠체어리프트

[해설] 덤웨이터(dumbwaiter)

사람이 탑승하지 않으면서 적재용량이 300kg 이하인 것으로서 소형화물(서적, 음식물 등) 운반에 적합하게 제작된 엘리베이터이다. 다만, 바닥면적이 0.5m² 이하이고 높이가 0.6m 이하인 엘리베이터는 제외한다.

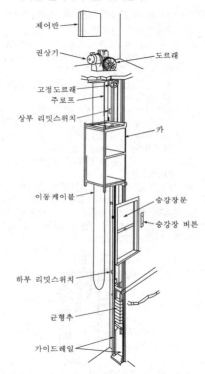

제어반
권상기
도르래
고정도르래
주로프
상부 리밋스위치
카
이동 케이블
승강장문
승강장 버튼
하부 리밋스위치
균형추
가이드레일

‖ 전동 덤 웨이터의 구조 ‖

15 트랙션권상기의 특징으로 틀린 것은?

① 소요동력이 적다.

② 행정거리의 제한이 없다.

③ 주로프 및 도르래의 마모가 일어나지 않는다.

④ 권과(지나치게 감기는 현상)를 일으키지 않는다.

해설 권상기(traction machine)

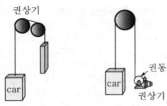

▮ 로프식 권상식(traction) ▮   ▮ 권동식 ▮

㉠ 트랙션식 권상기의 형식
- 기어드(geared) 방식 : 전동기의 회전을 감속시키기 위해 기어를 부착한다.
- 무기어(gearless) 방식 : 기어를 사용하지 않고, 전동기의 회전축에 권상도르래를 부착시킨다.

㉡ 트랙션식 권상기의 특징
- 균형추를 사용하기 때문에 소요동력이 적다.
- 도르래를 사용하기 때문에 승강행정에 제한이 없다.
- 로프를 마찰로서 구동하기 때문에 지나치게 감길 위험이 없다.

★★

16 기계실이 있는 엘리베이터의 승강로 내에 설치되지 않는 것은?

① 균형추   ② 완충기
③ 이동케이블   ④ 조속기

해설 엘리베이터 기계실

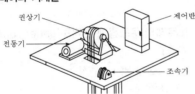

▮ 기계실 ▮

조속기는 승강로 내에 위치하는 경우도 있지만, 기계실이 있는 경우에는 기계실에 설치된다.

17 재해누발자의 유형이 아닌 것은?

① 미숙성 누발자   ② 상황성 누발자
③ 습관성 누발자   ④ 자발성 누발자

해설 재해누발자의 분류

㉠ 미숙성 누발자 : 환경에 익숙하지 못하거나 기능 미숙으로 인한 재해 누발자
㉡ 상황성 누발자 : 작업의 어려움, 기계설비의 결함, 환경상 주의 집중의 혼란, 심신의 근심에 의한 것
㉢ 습관성 누발자 : 재해의 경험으로 신경과민이 되거나 슬럼프(slump)에 빠지기 때문
㉣ 소질성 누발자 : 지능, 성격, 감각운동에 의한 소질적 요소에 의하여 결정됨

★★★★

18 권상기 도르래 홈의 형상에 속하지 않는 것은?

① U홈   ② V홈
③ R홈   ④ 언더컷홈

해설 도르래 홈의 형상

마찰력이 큰 것이 바람직하지만 마찰력이 큰 형상은 로프와 도르래 홈의 접촉면 면압이 크기 때문에 로프와 도르래가 쉽게 마모될 수 있다.

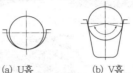

(a) U홈   (b) V홈   (c) 언더컷홈

▮ 도르래 홈의 형상 ▮

19 유압식 엘리베이터의 동력전달 방법에 따른 종류가 아닌 것은?

① 스크루식   ② 직접식
③ 간접식   ④ 팬터그래프식

해설 유압식 엘리베이터의 종류

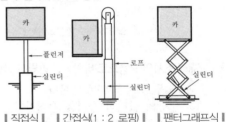

▮ 직접식 ▮ ▮ 간접식(1 : 2 로핑) ▮ ▮ 팬터그래프식 ▮

★★

20 운행 중인 에스컬레이터가 어떤 요인에 의해 갑자기 정지하였다. 점검해야 할 에스컬레이터 안전장치로 틀린 것은?

① 승객검출장치
② 인레트스위치
③ 스커트 가드 안전스위치
④ 스텝체인 안전장치

해설 에스컬레이터의 안전장치

㉠ 인레트 스위치(inlet switch)는 에스컬레이터의 핸드레일 인입구에 설치하며, 핸드레일이 난간 하부로 들어갈 때 어린이의 손가락이 빨려 들어가는 사고 등이 발생하면 에스컬레이터 운행을 정지시킨다.
㉡ 스커트 가드(skirt guard) 안전스위치는 스커트 가드판과 스텝 사이에 인체의 일부나 옷, 신발 등이 끼이면 위험하므로 스커트 가드 패널에 일정 이상의 힘이 가해지면 안전스위치가 작동되어 에스컬레이터를 정지시킨다.

ⓒ 스텝체인 안전장치(step chain safety device)는 스텝체인이 절단되거나 심하게 늘어날 경우 디딤판 체인 인장장치의 후방 움직임을 감지하여 구동기 모터의 전원을 차단하고 기계브레이크를 작동시킴으로서 스텝과 스텝 사이의 간격이 생기는 등의 결과를 방지하는 장치이다.

‖ 인레트스위치 ‖

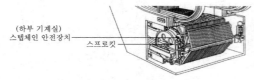

‖ 스텝체인 안전장치 ‖

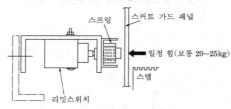

‖ 스커트 가드 안전스위치 ‖

21 재해 조사의 요령으로 바람직한 방법이 아닌 것은?

① 재해 발생 직후에 행한다.
② 현장의 물리적 증거를 수집한다.
③ 재해 피해자로부터 상황을 듣는다.
④ 의견 충돌을 피하기 위하여 반드시 1인이 조사하도록 한다.

해설 재해조사 방법

ⓐ 재해 발생 직후에 행한다.
ⓑ 현장의 물리적 흔적(물적 증거)를 수집한다.
ⓒ 재해 현장은 사진을 촬영하여 보관, 기록한다.
ⓓ 재해 피해자로부터 재해 상황을 듣는다.
ⓔ 목격자, 현장 책임자 등 많은 사람들에게 사고 시의 상황을 듣는다.
ⓕ 판단하기 어려운 특수 재해나 중대 재해는 전문가에게 조사를 의뢰한다.

★★★
22 엘리베이터의 도어스위치 회로는 어떻게 구성하는 것이 좋은가?

① 병렬회로　　　② 직렬회로
③ 직·병렬회로　　④ 인터록회로

해설 도어인터록(door interlock)

ⓐ 카가 정지하지 않는 층의 도어는 전용열쇠를 사용하지 않으면 열리지 않는 도어록과 도어가 닫혀 있지 않으면 운전이 불가능하도록 하는 도어스위치로 구성된다.
ⓑ 닫힘동작 시는 도어록이 먼저 걸린 상태에서 도어스위치가 들어가고 열림동작 시는 도어스위치가 끊어진 후 도어록이 열리는 직렬구조이며, 승강장의 도어 안전장치로서 엘리베이터의 안전장치 중에서 가장 중요한 것 중의 하나이다.

23 전기 화재의 원인으로 직접적인 관계가 되지 않는 것은?

① 저항
② 누전
③ 단락
④ 과전류

해설 전기화재의 원인

ⓐ 누전 : 전선의 피복이 벗겨져 절연이 불완전하여 전기의 일부가 전선 밖으로 새어나와 주변 도체에 흐르는 현상
ⓑ 단락 : 접촉되어서는 안 될 2개 이상의 전선이 접촉되거나 어떠한 부품의 단자와 단자가 서로 접촉되어 과다한 전류가 흐르는 것
ⓒ 과전류 : 전압이나 전류가 순간적으로 급격하게 증가하면 전력선에 과전류가 흘러서 전기제품이 파손될 염려가 있음

★★★★
24 도르래의 로프홈에 언더컷(under cut)을 하는 목적은?

① 로프의 중심 균형
② 윤활 용이
③ 마찰계수 향상
④ 도르래의 경량화

해설 도르래홈의 형상은 마찰력이 큰 것이 바람직하지만 마찰력이 큰 형상은 로프와 도르래홈의 접촉면 면압이 크기 때문에 로프와 도르래가 쉽게 마모될 수 있다. U형의 홈은 마찰계수가 낮으므로 홈의 밑을 도려낸 언더컷 홈으로 마찰계수를 올린다.

(a) U홈　　　(b) V홈　　(C) 언더컷홈

‖ 도르래 홈의 형상 ‖

25 도어 인터록 장치의 구조로 가장 옳은 것은?

① 도어스위치가 확실히 걸린 후 도어 인터록이 들어가야 한다.
② 도어스위치가 확실히 열린 후 도어 인터록이 들어가야 한다.
③ 도어록 장치가 확실히 걸린 후 도어스위치가 들어가야 한다.
④ 도어록 장치가 확실히 열린 후 도어스위치가 들어가야 한다.

해설 도어 인터록(door interlock) 및 클로저(closer)

도어스위치　도어록

㉠ 도어 인터록(door interlock)
• 카가 정지하지 않는 층의 도어는 전용열쇠를 사용하지 않으면 열리지 않는 도어록과 도어가 닫혀 있지 않으면 운전이 불가능하도록 하는 도어스위치로 구성된다.
• 닫힘동작 시는 도어록이 먼저 걸린 상태에서 도어스위치가 들어가고 열림동작 시는 도어스위치가 끊어진 후 도어록이 열리는 구조(직렬)이며, 엘리베이터의 안전장치 중에서 승강장의 도어 안전장치로 가장 중요하다.
㉡ 도어 클로저(door closer)
• 승강장의 문이 열린 상태에서 모든 제약이 해제되면 자동적으로 닫히게 하여 문의 개방 상태에서 생기는 2차 재해를 방지하는 문의 안전장치이며, 전기적인 힘이 없어도 외부 문을 닫아주는 역할을 한다.
• 스프링 클로저 방식 : 레버시스템, 코일스프링과 도어체크가 조합된 방식
• 웨이트(weight) 방식 : 줄과 추를 사용하여 도어체크(문이 자동으로 천천히 닫히게 하는 장치)를 생략한 방식

‖ 스프링 클로저 ‖　　‖ 웨이트 클로저 ‖

★★
26 작업의 특수성으로 인해 발생하는 직업병으로서 작업 조건에 의하지 않은 것은?

① 먼지　　　　② 유해가스
③ 소음　　　　④ 작업 자세

해설 직업병
㉠ 근골격계질환, 소음성 난청, 복사열 등 물리적 원인
㉡ 중금속 중독, 유기용제 중독, 진폐증 등 화학적 원인
㉢ 세균 공기 오염 등 생물학적 원인
㉣ 스트레스, 과로 등 정신적 원인

27 조속기로프의 공칭지름(mm)은 얼마 이상이어야 하는가?

① 6　　　　② 8
③ 10　　　　④ 12

해설 조속기로프
㉠ 조속기로프의 공칭지름은 6mm 이상, 최소 파단하중은 조속기가 작동될 때 8 이상의 안전율로 조속기로프에 생성되는 인장력에 관계되어야 한다.
㉡ 조속기로프 풀리의 피치직경과 조속기로프의 공칭직경 사이의 비는 30 이상이어야 한다.
㉢ 조속기로프는 인장 풀리에 의해 인장되어야 한다. 이 풀리(또는 인장추)는 안내되어야 한다.
㉣ 조속기로프 및 관련 부속부품은 비상정지장치가 작동하는 동안 제동거리가 정상적일 때보다 더 길더라도 손상되지 않아야 한다.
㉤ 조속기로프는 비상정지장치로부터 쉽게 분리될 수 있어야 한다.
㉥ 작동 전 조속기의 반응시간은 비상정지장치가 작동되기 전에 위험속도에 도달하지 않도록 충분히 짧아야 한다.

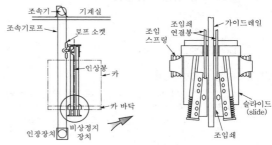

‖ 조속기와 비상정지장치의 연결 모습 ‖

28 제어반에서 점검할 수 없는 것은?

① 결선단자의 조임 상태
② 스위치 접점 및 작동 상태
③ 조속기스위치의 작동 상태
④ 전동기 제어회로의 절연 상태

해설 제어반(control panel) 보수점검항목

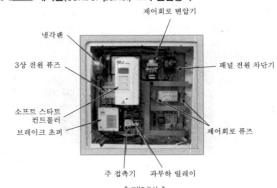

‖ 제어반 ‖

정답 25. ③　26. ④　27. ①　28. ③

⊙ 소음, 발열, 진동의 과도 여부
ⓛ 각 접점의 마모 및 작동 상태
ⓒ 제어반 수직도, 조립볼트 취부 및 이완 상태
② 리드선 및 배선정리 상태
ⓜ 접촉기와 계전기류 이상 유무
ⓗ 저항기의 불량 유무
ⓐ 전선 결선의 이완 유무
ⓞ 퓨즈(fuse) 이완 유무 및 동선 사용 유무
ⓩ 접지선 접속 상태
ⓩ 절연저항 측정
ⓚ 불필요한 점퍼(jumper)선 유무
ⓔ 절연물, 아크(ark) 방지기, 코일 소손 및 파손 여부
ⓜ 청소 상태

★★

29 정전으로 인하여 카가 정지될 때 점검자에 의해
주로 사용되는 밸브는?

① 하강용 유량제어밸브
② 스톱밸브
③ 릴리프밸브
④ 체크밸브

해설 하강용 유량제어밸브

유압식 엘리베이터의 하강 시 탱크로 되돌아오는 유량을
제어하는 밸브로서 수동하강밸브가 부착되어 있어 정전이
나 기타의 원인으로 카가 층 중간에 정지된 경우라도 이
밸브를 열어 카를 안전하게 하강시킬 수가 있다.

---

30 승객용 엘리베이터의 시브가 편마모되었을 때 그
원인을 제거하기 위해 어떤 것을 보수, 조정하여
야 하는가?

① 완충기
② 조속기
③ 균형체인
④ 로프의 장력

해설 시브홈은 로프와의 마찰로 인해 마모현상이 발생한다. 로
프의 장력이 균일하지 않아, 마모 정도가 다르게 나타나는
편마모의 경우에는 마모 정도가 큰 시브홈에 걸리는 로프의
장력을 조정한다.

★

31 재해의 직접 원인 중 작업환경의 결함에 해당되
는 것은?

① 위험장소 접근
② 작업순서의 잘못
③ 과다한 소음 발산
④ 기술적, 육체적 무리

해설 작업환경

일반적으로 근로자를 둘러싸고 있는 환경을 말하며, 작업환
경의 조건은 작업장의 온도, 습도, 기류 등 건물의 설비 상
태, 작업장에서 발생하는 분진, 유해방사선 가스, 증기, 소
음 등이 있다.

---

32 스텝 폭 0.8m, 공칭속도 0.75m/s인 에스컬레이
터로 수송할 수 있는 최대 인원의 수는 시간당 몇
명인가?

① 3,600
② 4,800
③ 6,000
④ 6,600

해설 $A = \dfrac{V \times 60}{B} \times P$

$= \dfrac{0.75 \times 60 \times 60}{0.8} \times 2 = 6,600$인/시간

여기서, A : 수송능력(매시)
B : 디딤판의 안 길이(m)
V : 디딤판 속도(m/min)
P : 디딤판 1개마다의 인원(인)

---

33 승객용 엘리베이터의 적재하중 및 최대 정원을
계산할 때 1인당 하중의 기준은 몇 kg인가?

① 63 ② 65
③ 67 ④ 70

해설 카의 유효면적, 정격하중 및 정원

⊙ 정격하중(rated load) : 엘리베이터의 설계된 적재하중
을 말한다.
ⓛ 화물용 엘리베이터의 정격하중은 카의 면적 1m²당
250kg으로 계산한 값 이상으로 하고 자동차용 엘리베
이터의 정격하중은 카의 면적 1m²당 150kg으로 계산
한 값 이상으로 한다.
ⓒ 정원은 다음 식에서 계산된 값을 가장 가까운 정수로
버림 한 값이어야 한다.

정원 $= \dfrac{\text{정격하중}}{65}$

---

34 10Ω과 15Ω의 저항을 병렬로 연결하고 50A의 전류를 흘렸다면, 10Ω의 저항쪽에 흐르는 전류는 몇 A인가?

① 10
② 15
③ 20
④ 30

해설 ㉠ R_T(합성저항) $= \dfrac{R_1 \times R_2}{R_1 + R_2} = \dfrac{10 \times 15}{10 + 15} = 6\Omega$

㉡ V(전압) $= I_T \times R_T = 50 \times 6 = 300V$

㉢ $I_{R_1} = \dfrac{V}{R_1} = \dfrac{300}{10} = 30A$

㉣ $I_{R_2} = \dfrac{V}{R_2} = \dfrac{300}{15} = 20A$

★★★
35 유압식 엘리베이터의 유압 파워유닛과 압력배관에 설치되며, 이것을 닫으면 실린더의 기름이 파워유닛으로 역류되는 것을 방지하는 밸브는?

① 스톱밸브
② 럽처밸브
③ 체크밸브
④ 릴리프밸브

해설 유압회로의 밸브

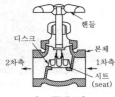

‖ 스톱밸브 ‖

‖ 럽처밸브 ‖

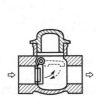

‖ 체크밸브 ‖

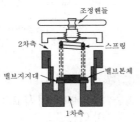

‖ 안전밸브 ‖

㉠ 스톱밸브(stop valve) : 유압 파워유닛과 실린더 사이의 압력배관에 설치되며, 이것을 닫으면 실린더의 기름이 파워유닛으로 역류하는 것을 방지한다. 유압장치의 보수, 점검 또는 수리 등을 할 때에 사용되며, 일명 게이트밸브라고도 한다.

㉡ 럽처밸브(rupture valve) : 압력배관이 파손되었을 때 기름의 누설에 의한 카의 하강을 방지하기 위한 것이다. 밸브 양단의 압력이 떨어져 설정한 방향으로 설정한 유량이 초과하는 경우에, 유량이 증가하는 것에 의하여 자동으로 회로를 폐쇄하도록 설계한 밸브이다.

㉢ 체크밸브(non-return valve) : 한쪽 방향으로만 기름이 흐르도록 하는 밸브로서 상승방향으로는 흐르지만 역방향으로는 흐르지 않는다. 이것은 정전이나 그 이외의 원인으로 펌프의 토출압력이 떨어져서 실린더의 기름이 역류하여 카가 자유낙하하는 것을 방지하는 역할을 하는 것으로 로프식 엘리베이터의 전자브레이크와 유사하다.

㉣ 안전밸브(relief valve) : 압력조정밸브로 회로의 압력이 상용압력의 125% 이상 높아지면 바이패스(by-pass) 회로를 열어 기름을 탱크로 돌려보내어 더 이상의 압력 상승을 방지한다.

36 기계실이 있는 엘리베이터의 승강로 내에 설치되지 않는 것은?

① 균형추
② 완충기
③ 이동케이블
④ 조속기

해설 엘리베이터 기계실

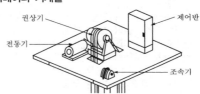

‖ 기계실 ‖

조속기는 승강로 내에 위치하는 경우도 있지만, 기계실이 있는 경우에는 기계실에 설치된다.

★★★★
37 400Ω의 저항에 0.5A의 전류가 흐른다면 전압은?

① 20V
② 200V
③ 80V
④ 800V

해설 옴의 법칙

㉠ 전기저항(electric resistance)
- 전기회로에 전류가 흐를 때 전류의 흐름을 방해하는 작용이 있는데, 그 방해하는 정도를 나타내는 상수를 전기저항 R 또는 저항이라고 한다.
- 1V의 전압을 가해서 1A의 전류가 흐르는 저항값을 1옴(ohm), 기호는 Ω이라고 한다.

㉡ 옴의 법칙
- 도체에 전압이 가해졌을 때 흐르는 전류의 크기는 도체의 저항에 반비례하므로 가해진 전압을 V(V), 전류 I(A), 도체의 저항을 R(Ω)이라고 하면

$$I = \dfrac{V}{R}(A), \quad V = IR(V), \quad R = \dfrac{V}{I}(\Omega)$$

- 저항 R(Ω)에 전류 I(A)가 흐를 때 저항 양단에는 $V = IR$(V)의 전위차가 생기며, 이것을 전압강하라고 한다.

$$V = IR = 0.5 \times 400 = 200V$$

38 사고 예방 대책 기본원리 5단계 중 3E를 적용하는 단계는?

① 1단계
② 2단계
③ 3단계
④ 5단계

해설 **하인리히 사고방지 5단계**

㉠ 1단계 : 안전관리조직
㉡ 2단계 : 사실의 발견
　• 사고 및 활동기록 검토
　• 안전점검 및 검사
　• 안전회의 토의
　• 사고조사
　• 작업분석
㉢ 3단계 : 분석 평가
　재해조사분석, 안전성 진단평가, 작업환경 측정, 사고기록, 인적·물적 조건조사 등
㉣ 4단계 : 시정책의 선정(인사조정, 교육 및 훈련방법 개선)
㉤ 5단계 : 시정책의 적용(3E, 3S)
　• 3E : 기술적, 교육적, 독려적
　• 3S : 표준화, 전문화, 단순화

39 과부하감지장치에 대한 설명으로 틀린 것은?

① 과부하감지장치가 작동하는 경우 경보음이 울려야 한다.
② 엘리베이터 주행 중에는 과부하감지장치의 작동이 무효화되어서는 안 된다.
③ 과부하감지장치가 작동한 경우에는 출입문의 닫힘을 저지하여야 한다.
④ 과부하감지장치는 초과하중이 해소되기 전까지 작동하여야 한다.

해설 **전기식 엘리베이터의 부하제어**

㉠ 카에 과부하가 발생할 경우에는 재착상을 포함한 정상 운행을 방지하는 장치가 설치되어야 한다.
㉡ 과부하는 최소 65kg으로 계산하여 정격하중의 10%를 초과하기 전에 검출되어야 한다.
㉢ 엘리베이터의 주행중에는 오동작을 방지하기 위하여 과부하감지장치의 작동이 무효화되어야 한다.
㉣ 과부하의 경우에는 다음과 같아야 한다.
　• 가청이나 시각적인 신호에 의해 카내 이용자에게 알려야 한다.
　• 자동동력 작동식 문은 완전히 개방되어야 한다.
　• 수동작동식 문은 잠금 해제 상태를 유지하여야 한다.
　• 엘리베이터가 정상적으로 운행하는 중에 승강장문 또는 여러 문짝이 있는 승강장문의 어떤 문짝이 열린 경우에는 엘리베이터가 출발하거나 계속 움직일 가능성은 없어야 한다.

40 유압식 엘리베이터의 전동기 구동기간은?

① 상승 시에만 구동한다.
② 하강 시에만 구동한다.
③ 상승 시와 하강 시 모두 구동된다.
④ 부하의 조건에 따라 상승 시 또는 하강 시에 구동된다.

해설 유압식 엘리베이터는 모터로 펌프를 구동하여 압력을 가한 기름을 실린더 내에 보내고 플런저를 직선으로 움직여 카를 밀어 올리고, 하강시킬 때에는 모터를 구동하지 않고 실린더 내의 기름을 조절하여 탱크로 되돌려 보낸다.

41 승강기에 설치할 방호장치가 아닌 것은?

① 가이드레일
② 출입문 인터록
③ 조속기
④ 파이널 리밋스위치

해설 **가이드레일(guide rail)**

가와 균형추를 승강로의 수직면상으로 안내 및 카의 기울어짐을 막고, 더욱이 비상정지장치가 작동했을 때의 수직 하중을 유지하기 위하여 가이드레일을 설치하나, 불균형한 큰 하중이 적재되었을 때라든지, 그 하중을 내리고 올릴 때에는 카에 큰 하중 모멘트가 발생한다. 그때 레일이 지탱해 낼 수 있는지에 대한 점검이 필요할 것이다.

42 엘리베이터에 사고가 발생하였을 때의 조치사항이 아닌 것은?

① 응급조치 등의 필요한 조치
② 소방서 및 의료기관 등에 연락
③ 피해자의 동료에게 연락
④ 전문기술자에게 연락

해설 관계기관 및 피해자 가족에게 연락

정답　38. ④　39. ②　40. ①　41. ①　42. ③

43 방호장치 중 과도한 한계를 벗어나 계속적으로 작동하지 않도록 제한하는 장치는?

① 크레인　　　　② 리밋스위치
③ 윈치　　　　　④ 호이스트

해설 리밋스위치(limit switch)

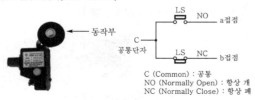

┃ 리밋스위치 ┃

C (Common) : 공통
NO (Normally Open) : 항상 개
NC (Normally Close) : 항상 폐

┃ 리밋(최상, 최하층)스위치의 설치 상태 ┃

㉠ 물체의 힘에 의해 동작부(구동장치)가 눌러서 접점이 온, 오프(on, off)한다.
㉡ 엘리베이터가 운행 시 최상·최하층을 지나치지 않도록 하는 장치로서 리밋스위치에 접촉이 되면 카를 감속 제어하여 정지시킬 수 있도록 한다.

44 입력신호 A, B가 모두 '1'일 때만 출력값이 '1'이 되고, 그 외에는 '0'이 되는 회로는?

① AND회로　　　② OR회로
③ NOT회로　　　④ NOR회로

해설 논리곱(AND)회로

㉠ 모든 입력이 있을 때에만 출력이 나타나는 회로이며 직렬 스위치 회로와 같다.
㉡ 두 입력 'A' AND 'B'가 모두 '1'이면 출력 X가 '1'이 되며, 두 입력 중 어느 하나라도 '0'이면 출력 X가 '0'인 회로가 된다.

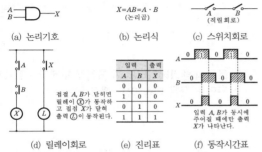

$$X = AB = A \cdot B$$
(논리곱)

입력		출력
A	B	X
0	0	0
1	0	0
0	1	0
1	1	1

(a) 논리기호　(b) 논리식　(c) 스위치회로
(d) 릴레이회로　(e) 진리표　(f) 동작시간표

접점 A, B가 닫히면 릴레이 X가 동작하고 접점 X가 닫혀 출력 L이 동작된다.

입력 A, B가 동시에 주어질 때에만 출력 X가 나타난다.

┃ 논리곱(AND)회로 ┃

45 승객의 구출 및 구조를 위한 카 상부 비상구출문의 크기는 얼마 이상이어야 하는가?

① 0.2m×0.2m
② 0.35m×0.5m
③ 0.5m×0.5m
④ 0.25m×0.3m

해설 비상구출문

㉠ 비상구출 운전 시, 카 내 승객의 구출은 항상 카 밖에서 이루어져야 한다.
㉡ 승객의 구출 및 구조를 위한 비상구출문이 카 천장에 있는 경우, 비상구출구의 크기는 0.35m×0.5m 이상이어야 한다.
㉢ 2대 이상의 엘리베이터가 동일 승강로에 설치되어 인접한 카에서 구출할 수 있도록 카 벽에 비상구출문이 설치될 수 있다. 다만, 서로 다른 카 사이의 수평거리는 0.75m 이하이어야 한다. 이 비상구출문의 크기는 폭 0.35m 이상, 높이 1.8m 이상이어야 한다.
㉣ 비상구출문은 손으로 조작 가능한 잠금장치가 있어야 한다.

46 와이어로프의 특징으로 잘못된 것은?

① 소선의 재질이 균일하고 인상이 우수
② 유연성이 좋고 내구성 및 내부식성이 우수
③ 그리이스 저장능력이 좋아야 한다.
④ 로프 중심에 사용되는 심강의 경도가 낮다.

해설 엘리베이터용 와이어로프의 특징

㉠ 유연성이 좋고 내구성 및 내부식성이 우수
㉡ 소선의 재질이 균일하고 인성이 우수
㉢ 로프 중심에 사용되는 심강의 경도가 높음
㉣ 그리이스 저장능력이 뛰어남

47 그림과 같이 자기장 안에서 도선에 전류가 흐를 때 도선에 작용하는 힘의 방향은? (단, 전선 가운데 점 표시는 전류의 방향을 나타냄)

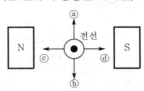

① ⓐ방향
② ⓑ방향
③ ⓒ방향
④ ⓓ방향

해설 플레밍의 왼손 법칙

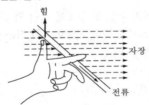

㉠ 자기장 내의 도선에 전류가 흐름 → 도선에 운동력 발생 (전기에너지 → 운동에너지) : 전동기
㉡ 집게손가락(자장의 방향, N → S), 가운데 손가락(전류의 방향), 엄지손가락(힘의 방향)
㉢ ⊗는 지면으로 들어가는 전류의 방향, ⊙는 지면에서 나오는 전류의 방향을 표시하는 부호이다.
㉣ 힘은 ⓐ방향이 된다.

★★★

48 감기거나 말려들기 쉬운 동력전달장치가 아닌 것은?

① 기어 　　　　　② 벤딩
③ 컨베이어 　　　④ 체인

해설 벤딩(bending)은 평평한 판재나 반듯한 봉, 관 등을 곡면 이나 곡선으로 굽히는 작업이다.

49 전류 I(A)와 전하 Q(C) 및 t(초)와의 상관관계를 나타낸 식은?

① $I = \dfrac{Q}{t}$(A) 　　② $I = \dfrac{t}{Q}$(A)

③ $I = \dfrac{Q^2}{t}$(A) 　　④ $I = \dfrac{Q}{t^2}$(A)

해설 전류(electric current)

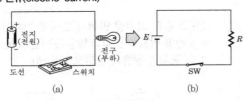

‖ 전기회로도 ‖

㉠ 스위치를 닫아 전구가 점등될 때 전지의 음극(−)으로부 터는 전자가 계속해서 전선에 공급되어 양극(+) 방향으로 끌려가고, 이런 전자의 흐름을 전류라 하며 방향은 전자의 흐름과는 반대이다.
㉡ 전류의 세기 I : 어떤 단면을 1초 동안에 1C의 전기량이 이동할 때 1암페어(ampere, 기호 A)라고 한다.

$$I = \dfrac{Q}{t}(\text{A}),\ Q = It(\text{C})$$

50 가이드레일 또는 브래킷의 보수점검사항이 아닌 것은?

① 가이드레일의 녹 제거
② 가이드레일의 요철 제거
③ 가이드레일과 브래킷의 체결볼트 점검
④ 가이드레일 고정용 브래킷 간의 간격 조정

해설 가이드레일(guide rail)의 점검항목

‖ 가이드레일과 브래킷 ‖

㉠ 레일의 손상이나 용접부의 상태, 주행 중의 이상음 발생 여부
㉡ 레일 고정용의 레일클립 취부 상태 및 고정볼트의 이완 상태
㉢ 레일의 이음판의 취부 볼트, 너트의 이완 상태
㉣ 레일의 급유 상태
㉤ 레일 및 브래킷의 발청 상태
㉥ 레일 및 브래킷의 오염 상태
㉦ 브래킷에 취부되어 있는 주행케이블 보호선의 취부 상태
㉧ 브래킷 취부의 앵커볼트 이완 상태
㉨ 브래킷의 용접부에 균열 등의 이상 상태

★★★

51 다음 회로에서 A, B 간의 합성용량은 몇 μF인가?

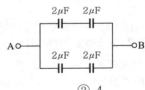

① 2 　　　　　② 4
③ 8 　　　　　④ 16

해설 ㉠ 2μF와 2μF가 직렬로 연결된 등가회로이므로 합성용량은 다음과 같다.

$$C_{T_1} = \dfrac{2 \times 2}{2 + 2} = 1\,\mu\text{F}$$

㉡ 1μF와 1μF가 병렬로 연결된 등가회로이므로 합성용량은 다음과 같다.

$$C_{T_2} = C_{T_1} + C_{T_1} = 1 + 1 = 2\,\mu\text{F}$$

52 로프식 엘리베이터의 카 틀에서 브레이스 로드의 분담 하중은 대략 어느 정도 되는가?

① $\dfrac{1}{8}$ 　　　　　② $\dfrac{3}{8}$

③ $\dfrac{1}{3}$ 　　　　　④ $\dfrac{1}{16}$

해설 카 틀(car frame)

㉠ 상부체대 : 카주 위에 2본의 종 프레임을 연결하고 매인 로프에 하중을 전달하는 것이다.

㉡ 카주 : 하부 프레임의 양단에서 하중을 지탱하는 2본의 기둥이다.

㉢ 하부 체대 : 카 바닥의 하부 중앙에 바닥의 하중을 받쳐 주는 것이다.

㉣ 브레이스 로드(brace rod) : 카 바닥과 카주의 연결재이며, 카 바닥에 걸리는 하중은 분포하중으로 전하중의 3/8은 브레이스 로드에서 분담한다.

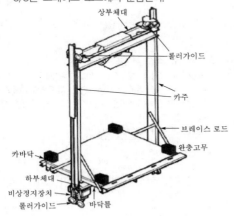

‖ 카 틀 및 카 바닥 ‖

★★

53 감전사고의 원인이 되는 것과 관계가 없는 것은?

① 콘덴서의 방전코일이 없는 상태
② 전기기계·기구나 공구의 절연 파괴
③ 기계기구의 빈번한 기동 및 정지
④ 정전작업 시 접지가 없어 유도전압이 발생

해설 감전사고의 원인, 방전코일

㉠ 감전사고의 원인
• 충전부에 직접 접촉되는 경우나 안전거리 이내로 접근하였을 때
• 전기기계·기구, 공구 등의 절연열화, 손상, 파손 등에 의한 표면누설로 인하여 누전되어 있는 것에 접촉, 인체가 통로로 되었을 경우
• 콘덴서나 고압케이블 등의 잔류전하에 의할 경우
• 전기기계나 공구 등의 외함과 권선 간 또는 외함과 대지 간의 정전용량에 의한 전압에 의할 경우
• 지락전류 등이 흐르고 있는 전극 부근에 발생하는 전위경도에 의할 경우
• 송전선 등의 정전유도 또는 유도전압에 의할 경우
• 오조작 및 자가용 발전기 운전으로 인한 역송전의 경우
• 낙뢰 진행파에 의한 경우

㉡ 방전코일
• 콘덴서와 함께 설치되는 방전장치는 회로의 개로(open) 시에 잔류전하를 방전시켜 사람의 안전을 도모하고, 전원 재투입 시 발생되는 이상현상(재점호)으로 인한 순간적인 전압 및 전류의 상승을 억제하여 콘덴서의 고장을 방지하는 역할을 한다.
• 방전능력이 크고 부하가 자주 변하여 콘덴서의 투입이 빈번하게 일어나는 곳에 유리하다.
• 방전용량은 방전개시 5초 이내 콘덴서 단자전압 50V 이하로 방전하도록 한다.

54 직류 분권전동기에서 보극의 역할은?

① 회전수를 일정하게 한다.
② 기동토크를 증가시킨다.
③ 정류를 양호하게 한다.
④ 회전력을 증가시킨다.

해설 전기자 반작용

전기자전류에 의한 기자력이 주자속의 분포에 영향을 미치는 현상을 말한다.

㉠ 전기자 반작용에 의한 현상

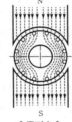 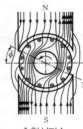

‖ 주자속 ‖ ‖ 전기자 자속 ‖ ‖ 합성자속 (전기자 반작용) ‖

• 코일이 자극의 중성축에 있을 때도 전압을 유지시켜 브러시 사이에 불꽃을 발행한다.
• 주자속 분포를 찌그러뜨려 중성축을 이동시킨다.
• 주자속을 감소시켜 유도전압을 감소시킨다.

㉡ 전기자 반작용의 방지법
• 브러시 위치를 전기적 중성점으로 이동시킨다.
• 보상권선을 설치한다.
• 보극을 설치한다.

㉢ 보극의 역할
• 전기자가 만드는 자속을 상쇄(전기자 반작용 상쇄 역할)한다.
• 전압정류를 하기 위한 정류자속을 발생시킨다.

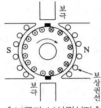

‖ 보극과 보상권선자 ‖

★★★★

55 다음 중 OR회로의 설명으로 옳은 것은?

① 입력신호가 모두 '0'이면 출력신호가 '1'이 됨
② 입력신호가 모두 '0'이면 출력신호가 '0'이 됨
③ 입력신호가 '1'과 '0'이면 출력신호가 '0'이 됨
④ 입력신호가 '0'과 '1'이면 출력신호가 '0'이 됨

해설 **논리합(OR)회로**

하나의 입력만 있어도 출력이 나타나는 회로이며, 'A' OR 'B' 즉, 병렬회로이다.

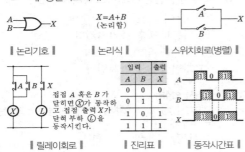

| 논리기호 | | 논리식 | | 스위치회로(병렬) |

| 릴레이회로 | | 진리표 | | 동작시간표 |

56 에스컬레이터(무빙워크 포함)의 비상정지스위치에 관한 설명으로 틀린 것은?

① 색상은 적색으로 하여야 한다.
② 상하 승강장의 잘 보이는 곳에 설치한다.
③ 버튼 또는 버튼 부근에는 '정지' 표시를 하여야 한다.
④ 장난 등에 의한 오조작 방지를 위하여 잠금장치를 설치하여야 한다.

해설 **비상정지스위치**

㉠ 비상정지스위치는 비상시 에스컬레이터 또는 무빙워크를 정지시키기 위해 설치되어야 하고 에스컬레이터 또는 무빙워크의 각 승강장 또는 승강장 근처에서 눈에 띄고 쉽게 접근할 수 있는 위치에 있어야 한다.
㉡ 비상정지스위치 사이의 거리는 다음과 같아야 한다.
 • 에스컬레이터의 경우에는 30m 이하이어야 한다.
 • 무빙워크의 경우에는 40m 이하이어야 한다.
㉢ 비상정지스위치에는 정상운행 중에 임의로 조작하는 것을 방지하기 위해 보호덮개가 설치되어야 한다. 그 보호덮개는 비상시에는 쉽게 열리는 구조이어야 한다.

㉣ 비상정지스위치의 색상은 적색으로 하여야 하며, 버튼 또는 버튼 부근에는 '정지' 표시를 하여야 한다.

★★★★

57 RLC 직렬회로에서 최대 전류가 흐르게 되는 조건은?

① $\omega L^2 - \dfrac{1}{\omega C} = 0$ ② $\omega L^2 + \dfrac{1}{\omega C} = 0$

③ $\omega L - \dfrac{1}{\omega C} = 0$ ④ $\omega L + \dfrac{1}{\omega C} = 0$

해설 **직렬공진 조건**

RLC가 직렬로 연결된 회로에서 용량리액턴스와 유도리액턴스는 더 이상 회로 전류를 제한하지 못하고 저항만이 회로에 흐르는 전류를 제한할 수 있게 되는데 이 상태를 공진이라고 한다.
㉠ 임피던스(impedance)

$$Z = \sqrt{R^2 + \left(\omega L - \dfrac{1}{\omega C}\right)^2}\,(\Omega)$$

용량리액턴스와 유도리액턴스가 같다면 $\omega L = \dfrac{1}{\omega C}$

$$\omega L - \dfrac{1}{\omega C} = 0$$

임피던스(Z)

$$Z = \sqrt{R^2 + \left(\omega L - \dfrac{1}{\omega C}\right)^2} = \sqrt{R^2 + (0)^2} = R(\Omega)$$

㉡ 직렬공진회로
 • 공진임피던스는 최소가 된다.
  $Z = \sqrt{R^2 + (0)^2} = R$
 • 공진전류 I_0는 최대가 된다.
  $$I_0 = \dfrac{V}{Z} = \dfrac{V}{R}\,(A)$$
 • 전압 V와 전류 I는 동위상이다. 용량리액턴스와 유도리액턴스는 크기가 같아서 상쇄되어 저항만의 회로가 된다.

| 직렬회로 | | 직렬공진 벡터 |

★★★★★

58 어떤 백열전등에 100V의 전압을 가하면 0.2A의 전류가 흐른다. 이 전등의 소비전력은 몇 W인가? (단, 부하의 역률은 1)

① 10   ② 20
③ 30   ④ 40

해설 $P = VI\cos\theta = 100 \times 0.2 \times 1 = 20W$

59 물질 내에서 원자핵의 구속력을 벗어나 자유로이 이동할 수 있는 것은?

① 분자
② 자유전자
③ 양자
④ 중성자

해설 원자의 구조

모든 물질은 매우 작은 분자 또는 원자의 집합으로 되어 있다. 이들 원자는 원자핵(atomic nucleus)과 그 주위를 둘러싸고 있는 전자(electron)들로 구성되어 있으며, 원자핵은 양전기를 가진 양성자(proton)와 전기를 가지지 않는 중성자(neutron)가 강한 핵력으로 결합되어 있다. 전자들 중에서 가장 바깥쪽의 자유전자들은 원자핵과의 결합력이 약해서 외부의 작은 힘에 의하여 쉽게 핵의 구속력을 벗어나 자유롭게 움직인다.

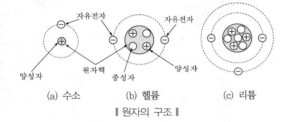

(a) 수소　(b) 헬륨　(c) 리튬
‖ 원자의 구조 ‖

60 직류전동기에서 전기자 반작용의 원인이 되는 것은?

① 계자전류
② 전기자전류
③ 와류손전류
④ 히스테리시스손의 전류

해설 전기자 반작용(armature reaction)

전기자 전류에 의한 기자력이 주자속의 분포에 영향을 미치는 현상이다.

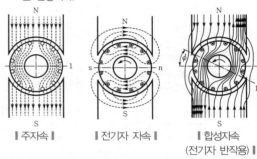

‖ 주자속 ‖　‖ 전기자 자속 ‖　‖ 합성자속 (전기자 반작용) ‖

㉠ 전기자 반작용에 의한 현상
　• 코일이 자극의 중성축에 있을 때도 전압을 유지시켜 브러시 사이에 불꽃을 발행한다.
　• 주자속 분포를 찌그러뜨려 중성축을 이동시킨다.
　• 주자속을 감소시켜 유도전압을 감소시킨다.
㉡ 전기자 반작용의 방지법
　• 브러시 위치를 전기적 중성점으로 이동시킨다.
　• 보상권선을 설치한다.
　• 보극을 설치한다.

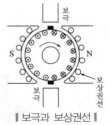

‖ 보극과 보상권선 ‖

※ 본 문제는 수험생들의 협조에 의해 작성되었으며, 시험내용과 일부 다를 수 있습니다.

★★

01 엘리베이터의 속도가 규정치 이상이 되었을 때 작동하여 동력을 차단하고 비상정지를 작동시키는 기계장치는?

① 구동기   ② 조속기
③ 완충기   ④ 도어스위치

해설 조속기(governor)

㉠ 조속기풀리와 카를 조속기로프로 연결하면, 카가 움직일 때 조속기풀리도 카와 같은 속도, 같은 방향으로 움직인다.
㉡ 어떤 비정상적인 원인으로 카의 속도가 빨라지면 조속기링크에 연결된 무게추(weight)가 원심력에 의해 풀리바깥쪽으로 벗어나면서 과속을 감지한다.
㉢ 미리 설정된 속도에서 과속(조속기)스위치와 제동기(brake)로 카를 정지시킨다.
㉣ 만약 엘리베이터가 정지하지 않고 속도가 계속 증가하면 조속기의 캐치(catch)가 동작하여 조속기로프를 붙잡고 결국은 비상정지장치를 작동시켜서 엘리베이터를 정지시킨다.

★★★★★

02 T형 가이드레일의 공칭규격이 아닌 것은?

① 8K   ② 14K
③ 18K   ④ 24K

해설 가이드레일의 규격

㉠ 레일 규격의 호칭은 마무리 가공 전 소재의 1m당의 중량으로 한다.
㉡ 일반적으로 쓰는 T형 레일의 공칭은 8, 13, 18, 24K 등이 있다.
㉢ 대용량의 엘리베이터에서는 37, 50K 레일 등도 사용한다.
㉣ 레일의 표준길이는 5m로 한다.

03 카가 어떤 원인으로 최하층을 통과하여 피트에 도달했을 때 카에 충격을 완화시켜 주는 장치는?

① 완충기   ② 비상정지장치
③ 조속기   ④ 리밋스위치

해설 완충기(buffer)

피트바닥에 설치되며, 카가 어떤 원인으로 최하층을 통과하여 피트로 떨어졌을 때 충격을 완화하기 위하여, 혹은 카가 밀어 올렸을 때를 대비하여 균형추의 바로 아래에도 완충기를 설치한다. 그러나 이 완충기는 카나 균형추의 자유낙하를 완충하기 위한 것은 아니다(자유낙하하는 비상정지장치의 분담기능).

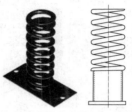

┃ 스프링완충기(에너지 축적형) ┃   우레탄완충기
(에너지 축적형)

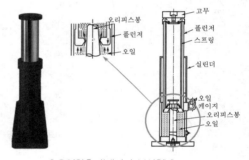

┃ 유입완충기(에너지 분산형) ┃

04 엘리베이터의 피트에서 행하는 점검사항이 아닌 것은?

① 파이널리밋스위치 점검
② 이동케이블 점검
③ 배수구 점검
④ 도어록 점검

해설 승강장 문의 록 점검은 카 위에서 하는 검사

★★★

05 승강기에 설치할 방호장치가 아닌 것은?

① 가이드레일   ② 출입문 인터록
③ 조속기   ④ 파이널 리밋스위치

정답   01. ②   02. ②   03. ①   04. ④   05. ①

해설 가이드레일(guide rail)

가이드레일

카와 균형추를 승강로의 수직면상으로 안내 및 카의 기울어 짐을 막고, 더욱이 비상정지장치가 작동했을 때의 수직 하중을 유지하기 위하여 가이드레일을 설치하나, 불균형한 큰 하중이 적재되었을 때라든지, 그 하중을 내리고 올릴 때에는 카에 큰 하중 모멘트가 발생한다. 그때 레일이 지탱해 낼 수 있는지에 대한 점검이 필요할 것이다.

06 균형로프의 주된 사용 목적은?

① 카의 소음진동을 보상
② 카의 위치 변화에 따른 주로프 무게를 보상
③ 카의 밸런스 보상
④ 카의 적재하중 변화를 보상

해설 견인비의 보상방법

트랙션비가 적다. 트랙션비가 크다. 균형체인 (로프)

㉠ 견인비(traction ratio)
• 카측 로프가 매달고 있는 중량과 균형추 로프가 매달고 있는 중량의 비를 트랙션비라 하고, 무부하와 전부하 상태에서 체크한다.
• 견인비가 낮게 선택되면 로프와 도르래 사이의 트랙션 능력, 즉 마찰력이 작아도 되며, 로프의 수명이 연장된다.

㉡ 문제점
• 승강행정이 길어지면 로프가 어느 쪽(카측, 균형추측)에 있느냐에 따라 트랙션비는 크게 변화한다.
• 트랙션비가 1.35를 초과하면 로프가 시브에서 슬립 (slip)되기가 쉽다.

㉢ 대책
• 카 하부에서 균형추의 하부로 주로프와 비슷한 단위 중량의 균형(보상)체인이나 로프를 매단다(트랙션비를 작게 하기 위한 방법).
• 균형로프는 서로 엉키는 걸 방지하기 위하여 피트에 인장도르래를 설치한다.
• 균형로프는 100%의 보상효과가 있고 균형체인은 90%정도밖에 보상하지 못한다.
• 고속·고층 엘리베이터의 경우 균형체인(소음의 원인)보다는 균형로프를 사용한다.

균형체인

★★★★★
07 승강장의 문이 열린 상태에서 모든 제약이 해제되면 자동적으로 닫히게 하여 문의 개방상태에서 생기는 2차 재해를 방지하는 문의 안전장치는?

① 시그널 컨트롤
② 도어 컨트롤
③ 도어클로저
④ 도어인터록

해설 도어클로저(door closer)

㉠ 승강장의 문이 열린 상태에서 모든 제약이 해제되면 자동적으로 닫히게 하여 문의 개방상태에서 생기는 2차 재해를 방지하는 문의 안전장치이며, 전기적인 힘이 없어도 외부 문을 닫아주는 역할을 한다.
㉡ 스프링 클로저 방식 : 레버 시스템, 코일스프링과 도어 체크가 조합된 방식
㉢ 웨이트(weight) 방식 : 줄과 추를 사용하여 도어체크(문이 자동으로 천천히 닫히게 하는 장치)를 생략한 방식

★
08 기계식 주차장치에 있어서 자동차 중량의 전륜 및 후륜에 대한 배분비는?

① 6 : 4
② 5 : 5
③ 7 : 3
④ 4 : 6

해설 자동차 중량의 전륜 및 후륜에 대한 배분은 6:4로 하고 계산하는 단면에는 큰 쪽의 중량이 집중하중으로 작용하는 것으로 가정하여 계산한다.

09 권상기 도르래홈에 대한 설명 중 옳지 않은 것은?

① 마찰계수의 크기는 U홈 < 언더커트 홈 < V홈 순이다.
② U홈은 로프와의 면압이 작으므로 로프의 수명은 길어진다.
③ 언더커트 홈의 중심각이 작으면 트랙션 능력이 크다.
④ 언더커트 홈은 U홈과 V홈의 중간적 특성을 갖는다.

해설 로프의 미끄러짐과 도르래홈

㉠ 로프가 감기는 각도(권부각)가 작을수록 미끄러지기 쉽다.
㉡ 카의 가속도와 감속도가 클수록 미끄러지기 쉽다.
㉢ 미끄러짐이 많으면 트랙션(구동력)은 작아진다.
㉣ 언더컷 홈은 라운드 홈을 사용하지 않는 도르래에 주로 사용되고 있으며 그 특징은 V홈과 U홈의 중간으로 마찰계수가 적당하며, 권부각을 개선하여 도르래 및 로프의 수명을 연장시키는 장점이 있다.
㉤ 언더컷의 마모에 의해 U홈 상태로 바뀌는 것은 면압을 감소시키고 이로 인해 마찰력이 작아져서 미끄러짐이 발생한다.

10 재해발생 시의 조치내용으로 볼 수 없는 것은?

① 안전교육 계획의 수립
② 재해원인 조사와 분석
③ 재해방지대책의 수립과 실시
④ 피해자를 구출하고 2차 재해방지

해설 재해발생 시 재해조사 순서

㉠ 재해 발생
㉡ 긴급조치(기계 정지→피해자 구출→응급조치→병원에 후송→관계자 통보→2차 재해방지→현장 보존)
㉢ 원인조사
㉣ 원인분석
㉤ 대책수립
㉥ 실시
㉦ 평가

11 비상정지장치가 작동된 후 승강기 카 바닥면의 수평도의 기준은 얼마인가?

① $\dfrac{1}{10}$ 이내

② $\dfrac{1}{15}$ 이내

③ $\dfrac{1}{25}$ 이내

④ $\dfrac{1}{30}$ 이내

해설 비상정지장치를 작동한 경우 검사

㉠ 비상정지장치가 작동된 상태에서 기계장치 및 조속기로프에는 아무런 손상이 없어야 한다. 또한, 비상정지장치는 좌우 양쪽 다같이 균등하게 작용하고 카 바닥의 수평도는 어느 부분에서나 1/30 이내이어야 한다.
㉡ 카 및 균형추레일에 비상정지장치 또는 제동기가 설치되어 있는 경우에 레일은 제동력에 대해 충분히 견딜 수 있는 강도를 갖추어야 한다.

참고 카 바닥의 기울기

카 비상정지장치가 작동될 때, 부하가 없거나 부하가 균일하게 분포된 카의 바닥은 정상적인 위치에서 5%를 초과하여 기울어지지 않아야 한다.

12 승강장 도어의 측면 개폐방식의 기호는?

① A
② CO
③ S
④ T

해설 엘리베이터 출입구에 대한 도어 배열

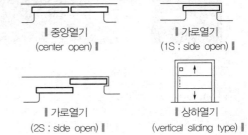

| 중앙열기 (center open) | 가로열기 (1S ; side open) |
| 가로열기 (2S ; side open) | 상하열기 (vertical sliding type) |

㉠ CO : 중앙개폐(Center Opening)
㉡ SO : 측면(가로)개폐(Side Opening)
㉢ UP : 상승개폐(UP opening), 자동차용이나 대형 화물용 엘리베이터에서는 카 실을 완전히 개구할 필요가 있기 때문에 상승개폐(2UP, 3UP)도어를 많이 사용한다.

★

13 승강기 완성검사 시 전기식 엘리베이터에서 기계실의 조도는 기기가 배치된 바닥면에서 몇 lx 이상인가?

① 50
② 100
③ 150
④ 200

해설 기계실의 유지관리에 지장이 없도록 조명 및 환기시설의 설치

㉠ 기계실에는 바닥면에서 200lx 이상을 비출 수 있는 영구적으로 설치된 전기조명이 있어야 한다.
㉡ 기계실은 눈·비가 유입되거나 동절기에 실온이 내려가지 않도록 조치되어야 하며 실온은 +5℃에서 +40℃ 사이에서 유지되어야 한다.

14 안전보호기구의 점검, 관리 및 사용방법으로 틀린 것은?

① 청결하고 습기가 없는 장소에 보관한다.
② 한번 사용한 것은 재사용을 하지 않도록 한다.
③ 보호구는 항상 세척하고 완전히 건조시켜 보관한다.
④ 적어도 한달에 1회 이상 책임있는 감독자가 점검한다.

해설 보호구의 점검과 관리

보호구는 필요할 때 언제든지 사용할 수 있는 상태로 손질하여 놓아야 하며, 정기적으로 점검·관리한다.

정답 10. ① 11. ④ 12. ③ 13. ④ 14. ②

ⓐ 적어도 한달에 한번 이상 책임 있는 감독자가 점검을 할 것

ⓑ 청결하고, 습기가 없으며, 통풍이 잘되는 장소에 보관할 것

ⓒ 부식성 액체, 유기용제, 기름, 화장품, 산(acid) 등과 혼합하여 보관하지 말 것

ⓓ 보호구는 항상 깨끗하게 보관하고 땀 등으로 오염된 경우에는 세척하고, 건조시킨 후 보관할 것

★★

15 피트바닥과 카의 가장 낮은 부품 사이의 수직거리는 몇 m 이상이어야 하는가?

① 2.0 ② 1.5
③ 0.5 ④ 1.0

해설 카가 완전히 압축된 완충기 위에 있을 때, 다음 3가지 사항이 동시에 만족되어야 한다.

ⓐ 피트에는 0.5m×0.6m×1.0m 이상의 장방형 블록을 수용할 수 있는 충분한 공간이 있어야 한다.

ⓑ 피트바닥과 카의 가장 낮은 부품 사이의 수직거리는 0.5m 이상이어야 한다. 이 거리는 아래에 해당되는 수평거리가 0.15m 이내인 경우 최소 0.1m까지 감소될 수 있다.
　ⓐ 에이프런 또는 수직 개폐식 카 문과 인접한 벽 사이
　ⓑ 카의 가장 낮은 부품과 가이드레일 사이

ⓒ 피트에 고정된 가장 높은 부품(위 ⓑ항의 ⓐ와 ⓑ에서 설명한 것을 제외한 균형로프 인장장치 등)과 카의 가장 낮은 부품 사이의 수직거리는 0.3m 이상이어야 한다.

16 다음 중 승강기 도어시스템과 관계없는 부품은?

① 브레이스 로드 ② 연동로프
③ 캠 ④ 행거

해설 카 틀(car frame)

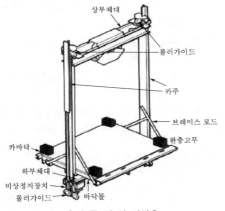

‖ 카 틀 및 카 바닥 ‖

ⓐ 상부 체대 : 카주 위에 2본의 종 프레임을 연결하고 메인 로프에 하중을 전달하는 것을 말한다.

ⓑ 카주 : 하부 프레임의 양단에서 하중을 지탱하는 2본의 기둥이다.

ⓒ 하부 체대 : 카 바닥의 하부 중앙에 바닥의 하중을 받쳐주는 것을 말한다.

ⓓ 브레이스 로드(brace rod) : 카 바닥과 카주의 연결재이며, 카 바닥에 걸리는 하중은 분포하중으로 전하중의 3/8은 브레이스 로드에서 분담한다.

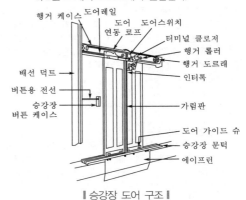

‖ 승강장 도어 구조 ‖

★★

17 유압식 승강기의 유압 파워유닛의 구성요소에 속하지 않는 것은?

① 펌프
② 유량제어밸브
③ 체크밸브
④ 실린더

해설 유압 파워유닛

ⓐ 펌프, 전동기, 밸브, 탱크 등으로 구성되어 있는 유압동력 전달장치이다.

ⓑ 유압펌프에서 실린더까지를 탄소강관이나 고압 고무호스를 사용하여 압력배관으로 연결한다.

ⓒ 단순히 작동유에 압력을 주는 것뿐만 아니라 카를 상승시킬 경우 가속, 주행 감속에 필요한 유량으로 제어하여 실린더에 보내고, 하강 시에는 실린더의 기름을 같은 방법으로 제어한 후 탱크로 되돌린다.

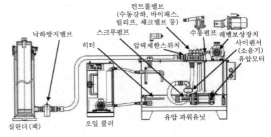

‖ 유압승강기 구동부 ‖

18 안전점검의 목적에 해당되지 않는 것은?

① 합리적인 생산관리
② 생산 위주의 시설 가동
③ 결함이나 불안전 조건의 제거
④ 기계·설비의 본래 성능 유지

해설 안전점검(safety inspection)

넓은 의미에서는 안전에 관한 제반사항을 점검하는 것을 말한다. 좁은 의미에서는 시설, 기계·기구 등의 구조설비 상태와 안전기준과의 적합성 여부를 확인하는 행위를 말하며, 인간, 도구(기계, 장비, 공구 등), 환경, 원자재, 작업의 5개 요소가 빠짐없이 검토되어야 한다.
㉠ 안전점검의 목적
• 결함이나 불안전조건의 제거
• 기계설비의 본래의 성능 유지
• 합리적인 생산관리
㉡ 안전점검의 종류
• 정기점검 : 일정 기간마다 정기적으로 실시하는 점검을 말한다. 매주, 매월 매분기 등 법적 기준에 맞도록 또는 자체기준에 따라 해당책임자가 실시하는 점검이다.
• 수시점검(일상점검) : 매일 작업 전, 작업 중, 작업 후에 일상적으로 실시하는 점검을 말하며, 작업자, 작업책임자, 관리감독자가 행하는 사업주의 순찰도 넓은 의미에서 포함된다.
• 특별점검 : 기계·기구 또는 설비의 신설·변경 또는 고장·수리 등의 비정기적인 특정점검을 말하며 기술책임자가 행한다.
• 임시점검 : 기계·기구 또는 설비의 이상발견 시에 임시로 실시하는 점검을 말하며, 정기점검 실시 후 다음 정기점검일 이전에 임시로 실시하는 점검이다.

19 작업표준의 목적이 아닌 것은?

① 작업의 효율화
② 위험요인의 제거
③ 손실요인의 제거
④ 재해책임의 추궁

해설 작업표준

㉠ 작업표준의 필요성
근로자가 기능적으로 불확실한 작업행동이나 정해진 생산 공정상의 규칙을 어기고 임의적인 행동을 자행함으로써의 위험이나 손실요인을 최대한 예방, 감소시키기 위한 것이다.
㉡ 작업 표준을 도입치 않을 경우
• 재해사고 발생
• 부실제품 생산
• 자재손실 또는 지연작업
㉢ 표준류(규정, 사양서, 지침서, 지도서, 기준서)의 종류
• 원재료와 제품에 관한 것(품질표준)
• 작업에 관한 것(작업표준)
• 설비, 환경 등의 유지, 보전에 관한 것(설비기준)
• 관리제도, 일의 절차에 관한 것(관리표준)

㉣ 작업표준의 목적
• 위험요인의 제거
• 손실요인의 제거
• 작업의 효율화
㉤ 작업표준의 작성 요령
• 작업의 표준설정은 실정에 적합할 것
• 좋은 작업의 표준일 것
• 표현은 구체적으로 나타낼 것
• 생산성과 품질의 특성에 적합할 것
• 이상 시 조치기준이 설정되어 있을 것
• 다른 규정 등에 위배되지 않을 것

20 조속기는 무엇을 이용하여 스위치의 개폐작용을 하는가?

① 응력
② 원심력
③ 마찰력
④ 항력

해설 조속기의 작동원리

㉠ 조속기풀리와 카를 조속기로프로 연결하면, 카가 움직일 때 조속기풀리도 카와 같은 속도, 같은 방향으로 움직인다.
㉡ 어떤 비정상적인 원인으로 카의 속도가 빨라지면 조속기링크에 연결된 무게추(weight)가 원심력에 의해 풀리 바깥쪽으로 벗어나면서 과속을 감지한다.
㉢ 미리 설정된 속도에서 과속(조속기)스위치와 제동기(brake)로 카를 정지시킨다.
㉣ 만약 엘리베이터가 정지하지 않고 속도가 계속 증가하면 조속기의 캐치(catch)가 동작하여 조속기로프를 붙잡고 결국은 비상정지장치를 작동시켜서 엘리베이터를 정지시킨다.

21 승강로의 점검문과 비상문에 관한 내용으로 틀린 것은?

① 이용자의 안전과 유지보수 이외에는 사용하지 않는다.
② 비상문은 폭 0.35m 이상, 높이 1.8m 이상이어야 한다.
③ 점검문 및 비상문은 승강로 내부로 열려야 한다.
④ 트랩방식의 점검문일 경우는 폭 0.5m 이하, 높이 0.5m 이하이어야 한다.

해설 점검문 및 비상문

㉠ 승강로의 점검문 및 비상문은 이용자의 안전 또는 유지보수를 위한 용도 외에는 사용되지 않아야 한다.
㉡ 점검문은 폭 0.6m 이상, 높이 1.4m 이상이어야 한다. 다만, 트랩 방식의 문일 경우에는 폭 0.5m 이하, 높이 0.5m 이하이어야 한다.
㉢ 비상문은 폭 0.35m 이상, 높이 1.8m 이상이어야 한다.

ⓔ 연속되는 승강장문의 문턱 사이 거리가 11m를 초과할 경우에는 다음 중 어느 하나에 적합하여야 한다.
• 중간에 비상문이 설치되어야 한다.
• 전기적 비상운전에 적합하고, 이 수단은 기계실, 구동기 캐비닛, 비상 및 작동시험을 위한 운전패널 설치 등의 공간에 있어야 한다.
• 서로 인접한 카에 비상구출문이 설치되어야 한다.
ⓜ 점검문 및 비상문은 승강로 내부로 열리지 않아야 한다.

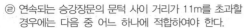

22 재해원인 중 생리적인 원인은?

① 안전장치 사용의 미숙
② 안전장치의 고장
③ 작업자의 무지
④ 작업자의 피로

해설 피로는 신체의 기능과 관련되는 생리적 원인으로 심리적인 영향을 끼치게 되므로 작업에 따라 적당한 휴식을 취해야 한다.

23 엘리베이터에서 현수로프의 점검사항이 아닌 것은?

① 로프의 직경
② 로프의 마모 상태
③ 로프의 꼬임 방향
④ 로프의 변형, 부식 유무

해설 와이어로프의 점검

㉠ 형상변형 상태 점검

ⓛ 마모, 부식 상태 점검 : 로프의 표면이 마모되어 광택이 나는 부분 또는 붉게 부식된 부분의 그리스내 오염물질을 점검
• 마모 : 소선과 소선의 돌기 부분이 마모되어 없어짐
• 부식 : 피팅이 발생하여 작은 구멍 자국이 생성됨

ⓒ 파단 상태 점검 : 육안으로 점검하여 소선이 발견되면 주변의 그리스내 오염물질을 제거하고 정밀점검을 한다.

24 휠체어리프트 이용자가 승강기의 안전운행과 사고방지를 위하여 준수해야 할 사항과 거리가 먼 것은?

① 전동휠체어 등을 이용할 경우에는 운전자가 직접 이용할 수 있다.
② 정원 및 적재하중의 초과는 고장이나 사고의 원인이 되므로 엄수하여야 한다.
③ 휠체어 사용자 전용이므로 보조자 이외의 일반인은 탑승하여서는 안 된다.
④ 조작반의 비상정지스위치 등을 불필요하게 조작하지 말아야 한다.

해설 휠체어리프트 이용자 준수사항

㉠ 전동휠체어 등을 이용할 경우에는 보호자의 협조를 받아야 한다.
ⓛ 정원 및 적재하중의 초과는 고장이나 사고의 원인이 되므로 엄수하여야 한다.
ⓒ 휠체어 사용자 전용이므로 보조자 이외의 일반인은 절대 탑승하여서는 아니 되며 화물 등의 운반에 사용하지 않아야 한다.
ⓔ 각 승강장 및 카에 설치되는 조작장치를 장난으로 누르거나 난폭하게 취급하지 않아야 한다.
ⓜ 조작반의 비상정지스위치 등을 장난으로 조작하지 말아야 한다.
ⓟ 휠체어리프트 내에서 뛰거나 구르는 등 난폭한 행동을 하지 말아야 한다.
ⓢ 휠체어리프트의 출입문 또는 보호대를 흔들거나 밀지 말아야 하며 출입문에 기대지 말아야 한다.
ⓞ 휠체어리프트를 이용하는 도중 정전 등을 이유로 운행이 정지되더라도 당황하지 말고 비상경보장치를 동작시켜 경보를 발하거나 도움을 요청하여야 한다.
ⓩ 휠체어리프트가 운행중 갑자기 정지하면 임의로 판단해서 탈출을 시도하지 말아야 한다.
ⓦ 경사형 리프트에 진입 시에는 탈착 가능한 보호대를 고정한 후 진입하여야 한다.
ⓚ 휠체어리프트에 부착되어 있는 동작설명서에 따라 운행을 하여야 한다.
ⓔ 휠체어리프트의 출입문 또는 보호대를 강제로 개방하는 행위 등을 하지 말아야 한다.

참고 지하철 역사나 철도역사에서 전동휠체어(스쿠터)를 경사형 휠체어리프트에 탑승시킬 때에는 반드시 역무원의 입회하에 전동휠체어(스쿠터)의 시동을 끈 후 수동 상태에서 탑승 및 하차를 시켜야 한다.

25 조속기로프의 공칭직경은 몇 mm 이상이어야 하는가?

① 5
② 6
③ 7
④ 8

정답 22. ④ 23. ③ 24. ① 25. ②

해설 조속기로프

ⓐ 조속기로프의 최소 파단하중은 조속기가 작동될 때 권상 형식의 조속기에 대해 8 이상의 안전율로 조속기로프에 생성되는 인장력에 관계되어야 한다.

ⓑ 조속기로프의 공칭직경은 6mm 이상이어야 한다.

ⓒ 조속기로프 풀리의 피치직경과 조속기로프의 공칭직경 사이의 비는 30 이상이어야 한다.

ⓓ 조속기로프 및 관련 부속부품은 비상정지장치가 작동하는 동안 제동거리가 정상적일 때보다 더 길더라도 손상되지 않아야 한다.

ⓔ 조속기로프는 비상정지장치로부터 쉽게 분리될 수 있어야 한다.

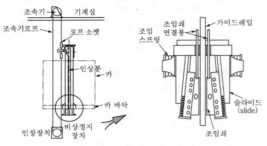

∥ 조속기와 비상정지장치의 연결 모습 ∥

26 기계실에서 이동을 위한 공간의 유효높이는 바닥에서부터 천장의 빔 하부까지 측정하여 몇 m 이상이어야 하는가?

① 1.2   ② 1.8
③ 2.0   ④ 2.5

해설 기계실 치수

ⓐ 기계실 크기는 설비, 특히 전기설비의 작업이 쉽고 안전하도록 충분하여야 한다. 작업구역에서 유효높이는 2m 이상이어야 하고 다음 사항에 적합하여야 한다.

• 제어 패널 및 캐비닛 전면의 유효 수평면적은 아래와 같아야 한다.
 – 폭은 0.5m 또는 제어 패널·캐비닛의 전체 폭 중에서 큰 값 이상
 – 깊이는 외함의 표면에서 측정하여 0.7m 이상

• 수동 비상운전 수단이 필요하다면, 움직이는 부품의 유지보수 및 점검을 위한 유효 수평면적은 0.5m×0.6m 이상이어야 한다.

ⓑ 위 ⓐ항에서 기술된 유효공간으로 접근하는 통로의 폭은 0.5m 이상이어야 한다. 다만, 움직이는 부품이 없는 경우에는 0.4m로 줄일 수 있다. 이동을 위한 공간의 유효높이는 바닥에서부터 천장의 빔 하부까지 측정하여 1.8m 이상이어야 한다.

ⓒ 구동기의 회전부품 위로 0.3m 이상의 유효 수직거리가 있어야 한다.

ⓓ 기계실 바닥에 0.5m를 초과하는 단차가 있을 경우에는 보호난간이 있는 계단 또는 발판이 있어야 한다.

ⓔ 기계실 작업구역의 바닥 또는 작업구역 간 이동 통로의 바닥에 폭이 0.05m 이상이고 0.5m 미만이며, 깊이가 0.05m를 초과하는 함몰이 있거나 덕트가 있는 경우, 그 함몰 부분 및 덕트는 방호되어야 한다. 폭이 0.5m를 초과하는 함몰은 위 ⓓ항에 따른 단차로 고려되어야 한다.

27 유압식 엘리베이터의 특징으로 틀린 것은?

① 기계실을 승강로와 떨어져 설치할 수 있다.
② 플런저에 스톱퍼가 설치되어 있기 때문에 오버헤드가 작다.
③ 적재량이 크고 승강행정이 짧은 경우에 유압식이 적당하다.
④ 소비전력이 비교적 적다.

해설 유압식 엘리베이터의 특징

펌프에서 토출된 작동유로 플런저(plunger)를 작동시켜 카를 승강시키는 것이다.

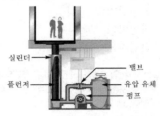

∥ 유압식 엘리베이터 작동원리 ∥

ⓐ 기계실의 배치가 자유로워 승강로 상부에 기계실을 설치할 필요가 없다.

ⓑ 건물 꼭대기 부분에 하중이 걸리지 않는다.

ⓒ 승강로의 꼭대기 틈새(top clearance)가 작아도 된다.

ⓓ 실린더를 사용하기 때문에 행정거리와 속도에 한계가 있다.

ⓔ 균형추를 사용하지 않으므로 전동기의 소요 동력이 커진다.

★★★
28 카 또는 균형추의 상하좌우에 부착되어 레일을 따라 움직이고 카 또는 균형추를 지지해주는 역할을 하는 것은?

① 완충기   ② 중간 스토퍼
③ 가이드레일   ④ 가이드 슈

해설 가이드 슈

ⓐ 카 또는 균형추 상하좌우 4곳에 부착되어 레일에 따라 움직이며 카 또는 균형추를 지지한다.

ⓑ 저속용은 슬라이딩 가이드 슈(sliding guide shoe), 고속용은 롤러 가이드 슈(roller guide shoe)로 구분된다.

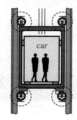

∥ 가이드 슈 설치 위치 ∥

정답 26. ② 27. ④ 28. ④

‖ 슬라이딩 가이드 슈(sliding giude shoe) ‖

‖ 롤러 가이드 슈(roller guide shoe) ‖

29 감전 상태에 있는 사람을 구출할 때의 행위로 틀린 것은?

① 즉시 잡아당긴다.
② 전원 스위치를 내린다.
③ 절연물을 이용하여 떼어 낸다.
④ 변전실에 연락하여 전원을 끈다.

🔧해설 감전 재해 발생 시 상해자 구출은 전원을 끄고, 신속하되 당황하지 말고 구출자 본인의 방호조치 후 절연물을 이용하여 구출한다.

30 전기식 엘리베이터 자체점검 항목 중 피트에서 완충기 점검항목 중 B로 하여야 할 것은?

① 완충기의 부착이 불확실한 것
② 스프링식에서는 스프링이 손상되어 있는 것
③ 전기안전장치가 불량한 것
④ 유압식으로 유량 부족의 것

🔧해설 **전기식 엘리베이터 완충기 점검항목 및 방법**

㉠ B(요주의)
 • 완충기 본체 및 부착 부분의 녹 발생이 현저한 것
 • 유입식으로 유량 부족의 것
㉡ C(요수리 또는 긴급수리)
 • 위 ㉠항의 상태가 심한 것
 • 완충기의 부착이 불확실한 것
 • 스프링식에서는 스프링이 손상되어 있는 것

★★

31 재해의 직접 원인 중 작업환경의 결함에 해당되는 것은?

① 위험장소 접근
② 작업순서의 잘못
③ 과다한 소음 발산
④ 기술적, 육체적 무리

🔧해설 **작업환경**

일반적으로 근로자를 둘러싸고 있는 환경을 말하며, 작업환경의 조건은 작업장의 온도, 습도, 기류 등 건물의 설비 상태, 작업장에 발생하는 분진, 유해방사선, 가스, 증기, 소음 등이 있다.

32 작업자의 재해 예방에 대한 일반적인 대책으로 맞지 않는 것은?

① 계획의 작성
② 엄격한 작업감독
③ 위험요인의 발굴 대처
④ 작업지시에 대한 위험 예지의 실시

🔧해설 **재해예방활동의 3원칙**

㉠ 재해요인의 발견
 • 직장의 점검, 순시, 검사, 조사
 • 재해분석
 • 작업방법의 분석
 • 적성검사, 건강진단, 체력측정, 작업자의 심신적 결함의 파악
㉡ 재해요인의 제거·시정
 • 유해·위험작업에 대한 유자격자 이외의 취업 제한
 • 유해·위험요인의 제거
 • 유해·위험요인이 있는 시설의 방호, 개선, 격리
 • 개인용 보호구의 착용 철저
 • 불안전한 행동의 시정
㉢ 재해요인발생의 예방
 • 안전성평가의 활용
 • 제도, 기준의 이행과 검토
 • 과거에 일어난 재해예방대책의 이행
 • 원재료, 설비, 환경 등의 보전
 • 신규채용자 등의 안전교육
 • 안전보건의식의 지속 유지

★★★★

33 재해분석 내용 중 불안전한 행동이라고 볼 수 없는 것은?

① 지시 외의 작업   ② 안전장치 무효화
③ 신호 불일치   ④ 복명 복창

[해설] 관리감독자가 올바른 작업지시를 했다면 재해를 방지할 수 있었던 사례가 매우 많았기 때문에 위험예지를 포함한 정확한 작업지시를 한다면 재해를 미리 방지할 수 있다. 위험예지 활동은 현장에서 작업조장을 중심으로 단시간에 실시해야 하고, 위험예지 사항(지시, 확인 사항 등)이 발견되면 이를 원포인트로 지적·확인(복창)하고 실시 결과 역시 원포인트로 복명한다.

34 스텝과 스커트 사이에 끼임의 위험을 최소화하기 위한 장치는?

① 콤 ② 뉴얼
③ 스커트 ④ 스커트 디플렉터

[해설] 스커트 디플렉터(안전 브러쉬)

스텝과 스커트 사이에 끼임의 위험을 최소화하기 위한 장치이다.
㉠ 스커트 : 스텝, 팔레트 또는 벨트와 연결되는 난간의 수직 부분
㉡ 스커트 디플렉터의 설치 요건

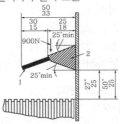

▎스커트 디플렉터 ▎

• 견고한 부분과 유연한 부분(브러시 또는 고무 등)으로 구성되어야 한다.
• 스커트 패널의 수직면 돌출부는 최소 33mm, 최대 50mm이어야 한다.
• 견고한 부분의 부착물 선상에 수직으로 견고한 부분의 돌출된 지점에 600mm²의 직사각형 면적 위로 균등하게 분포된 900N의 힘을 가할 때 떨어지거나 영구적인 변형 없이 견뎌야 한다.
• 견고한 부분은 18mm와 25mm 사이에 수평 돌출부가 있어야 하고, 규정된 강도를 견뎌야 한다. 유연한 부분의 수평 돌출부는 최소 15mm, 최대 30mm이어야 한다.
• 주행로의 경사진 구간의 전체에 걸쳐 스커트 디플렉터의 견고한 부분의 아래 쪽 가장 낮은 부분과 스텝 돌출부 선상 사이의 수직거리는 25mm와 27mm 사이이어야 한다.

▎승강장 스텝 ▎ ▎콤(comb) ▎ ▎클리트(cleat) ▎

• 천이구간 및 수평구간에서 스커트 디플렉터의 견고한 부분의 아래 쪽 가장 낮은 부분과 스텝 클리트의 꼭대기 사이의 거리는 25mm와 50mm 사이이어야 한다.

• 견고한 부분의 하부 표면은 스커트 패널로부터 상승방향으로 25° 이상 경사져야 하고 상부 표면은 하강방향으로 25° 이상 경사져야 한다.
• 스커트 디플렉터는 모서리가 둥글게 설계되어야 한다. 고정 장치 헤드 및 접합 연결부는 운행통로로 연장되지 않아야 한다.
• 스커트 디플렉터의 말단 끝 부분은 스커트와 동일 평면에 접촉되도록 점점 가늘어져야 한다. 스커트 디플렉터의 말단 끝부분은 콤 교차선에서 최소 50mm 이상, 최대 150mm 앞에서 마감되어야 한다.

★★

35 안전사고의 발생요인으로 심리적인 요인에 해당되는 것은?

① 감정 ② 극도의 피로감
③ 육체적 능력 초과 ④ 신경계통의 이상

[해설] 산업안전 심리의 5요소

동기, 기질, 감정, 습성, 습관

★

36 파괴검사 방법이 아닌 것은?

① 인장검사 ② 굽힘검사
③ 육안검사 ④ 경도검사

[해설] 육안검사는 가장 널리 이용되고 있는 비파괴검사의 하나이다. 간편하고 쉬우며 신속, 염가인데다 아무런 특별한 장치도 필요치 않다. 육안 또는 낮은 비율의 확대경으로 검사하는 방법이다.

37 감전의 위험이 있는 장소의 전기를 차단하여 수선, 점검 등의 작업을 할 때에는 작업 중 스위치에 어떤 장치를 하여야 하는가?

① 접지장치 ② 복개장치
③ 시건장치 ④ 통전장치

[해설] 시건(잠금)장치

전기작업을 안전하게 행하려면 위험한 전로를 정전시키고 작업하는 것이 바람직하나, 이 경우 정전시킨 전로에 잘못해서 송전되거나 또는 근접해 있는 충전전로와 접촉해서 통전상태가 되면 대단히 위험하다. 따라서 정전작업에서는 사전에 작업내용 등의 필요한 사항을 작업자에게 충분히

[정답] 34. ④ 35. ① 36. ③ 37. ③

주지시킴과 더불어 계획된 순서로 작업함과 동시에 안전한 사전 조치를 취해야 한다. 전로를 정전시킨 경우에는 여하한 경우에도 무전압 상태를 유지해야 하며 이를 위해서 가장 기본적인 안전조치는 정전에 사용한 전원스위치(분전반)에 작업기간 중에는 투입이 될 수 없도록 시건(잠금)장치를 하는 것과 그 스위치 개소(분전반)에 통전금지에 관한 사항을 표지하는 것 그리고 필요한 경우에는 스위치 장소(분전반)에 감시인을 배치하는 것이다.

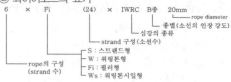

ⓛ 소선의 재료 : 탄소강(C : 0.50~0.85 섬유상 조직)
ⓒ 와이어로프의 표기

6 × Fi (24) × IWRC B종 20mm → rope diameter
└ rope의 구성 (strand 수)
└ S : 스트랜드형
└ W : 워링톤형
└ Fi : 필러형
└ Ws : 워링톤시일형
└ strand 구성(소선수)
└ 심강의 종류
└ 종별(소선의 인장 강도)

★★

38 안전점검 체크리스트 작성 시의 유의사항으로 가장 타당한 것은?

① 일정한 양식으로 작성할 필요가 없다.
② 사업장에 공통적인 내용으로 작성한다.
③ 중점도가 낮은 것부터 순서대로 작성한다.
④ 점검표의 내용은 이해하기 쉽도록 표현하고 구체적이어야 한다.

해설 점검표(checklist)

ⓐ 작성항목
• 점검부분
• 점검항목 및 점검방법
• 점검시기
• 판정기준
• 조치사항
ⓑ 작성 시 유의사항
• 각 사업장에 적합한 독자적인 내용일 것
• 일정 양식을 정하여 점검 대상을 정할 것
• 중점도(위험성, 긴급성)가 높은 것부터 순서대로 작성할 것
• 정기적으로 검토하여 재해방지에 실효성 있게 개조된 내용일 것
• 점검표의 양식은 이해하기 쉽도록 표현하고 구체적일 것

39 와이어로프의 구성요소가 아닌 것은?

① 소선   ② 심강
③ 킹크   ④ 스트랜드

해설 와이어로프

ⓐ 와이어로프의 구성
• 심(core)강
• 가닥(strand)
• 소선(wire)

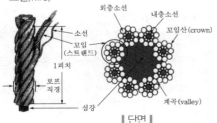

| 단면 |

★★★★★

40 권상기 도르래홈에 대한 설명 중 옳지 않은 것은?

① 마찰계수의 크기는 U홈 < 언더커트 홈 < V홈 순이다.
② U홈은 로프와의 면압이 작으므로 로프의 수명은 길어진다.
③ 언더커트 홈의 중심각이 작으면 트랙션 능력이 크다.
④ 언더커트 홈은 U홈과 V홈의 중간적 특성을 갖는다.

해설 로프의 미끄러짐과 도르래홈

ⓐ 로프가 감기는 각도(권부각)가 작을수록 미끄러지기 쉽다.
ⓑ 카의 가속도와 감속도가 클수록 미끄러지기 쉽다.
ⓒ 미끄러짐이 많으면 트랙션(구동력)은 작아진다.
ⓓ 언더커트 홈은 라운드 홈을 사용하지 않는 도르래에 주로 사용되고 있으며 그 특징은 V홈과 U홈의 중간으로 마찰계수가 적당하며, 권부각을 개선하여 도르래 및 로프의 수명을 연장시키는 장점이 있다.
ⓔ 언더커트의 마모에 의해 U홈 상태로 바뀌는 것은 면압을 감소시키고 이로 인해 마찰력이 작아져서 미끄러짐이 발생한다.

41 자동차용 엘리베이터에서 운전자가 항상 전진방향으로 차량을 입·출고할 수 있도록 해주는 방향 전환장치는?

① 턴테이블
② 카리프트
③ 차량감지기
④ 출차주의등

해설 턴테이블(turntable)

자동차용 승강기에서 차를 싣고 방향을 바꾸기 위하여 회전시키는 장치

정답 38. ④ 39. ③ 40. ③ 41. ①

42 다음 중 도어시스템의 종류가 아닌 것은?

① 2짝문 상하열기방식
② 2짝문 가로열기(2S)방식
③ 2짝문 중앙열기(CO)방식
④ 가로열기와 상하열기 겸용방식

📝해설 **승강장 도어 분류**

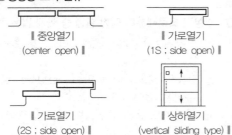

|▌중앙열기 (center open)▐| |▌가로열기 (1S ; side open)▐|
|▌가로열기 (2S ; side open)▐| |▌상하열기 (vertical sliding type)▐|

㉠ 중앙열기방식 : 1CO, 2CO(센터오픈 방식, Center Open)
㉡ 가로열기방식 : 1S, 2S, 3S(사이드오픈 방식, Side open)
㉢ 상하열기방식
 • 2매, 3매 업(up)슬라이딩 방식 : 자동차용이나 대형화물용 엘리베이터에서는 카 실을 완전히 개구할 필요가 있기 때문에 상승개폐(2up, 3up)도어를 많이 사용
 • 2매, 3매 상하열림(up, down) 방식
㉣ 여닫이 방식
 • 1매 스윙, 2매 스윙(swing type) 짝문 열기
 • 여닫이(스윙) 도어 : 한쪽 스윙도어, 2짝 스윙도어

43 회전축에 가해지는 하중이 마찰저항을 작게 받도록 지지하여 주는 기계요소는?

① 클러치
② 베어링
③ 커플링
④ 축

📝해설 **기계요소의 종류와 용도**

구분	종류	용도
결합용 기계요소	나사, 볼트, 너트, 핀 키	기계 부품 결함
축용 기계요소	축, 베어링	축을 지지하거나 연결
전동용 기계요소	마찰차, 기어, 캠, 링크, 체인, 밸트	동력의 전달
관용 기계요소	관, 관이음, 밸브	기체나 액체 수송
완충 및 제동용 기계요소	스프링, 브레이크	진동 방지와 제동

베어링은 회전운동 또는 왕복운동을 하는 축을 일정한 위치에 떠받들어 자유롭게 움직이게 하는 기계요소의 하나로, 빠른 운동에 따른 마찰을 줄이는 역할을 한다.

▌구름베어링▐

44 승강장에서 스텝 뒤쪽 끝 부분을 황색 등으로 표시하여 설치되는 것은?

① 스텝체인
② 테크보드
③ 데마케이션
④ 스커트 가드

📝해설 **데마케이션(demarcation)**

에스컬레이터의 스텝과 스텝, 스텝과 스커트 가드 사이의 틈새에 신체의 일부 또는 물건이 끼이는 것을 막기 위해서 경계를 눈에 띄게 황색선으로 표시한다.

스커트 디플렉터 / 스텝 / 스커트 가드 / 데마케이션

▌스텝 부분▐

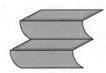

▌데마케이션▐

45 유압잭의 부품이 아닌 것은?

① 사이렌서
② 플런저
③ 패킹
④ 더스트 와이퍼

📝해설 **유압잭과 사이렌서**

㉠ 잭(jack) : 유압에 의해 작동하는 방식으로 실린더와 램의 조합체
㉡ 사이렌서(silencer) : 압력맥동을 흡수하여 진동, 소음을 감소시키기 위하여 사용
㉢ 패킹(packing) : 관 이음매 또는 어떤 틈새에 물, 기름, 공기가 새지 않도록 끼워 넣음

🔍**정답** 42. ④ 43. ② 44. ③ 45. ①

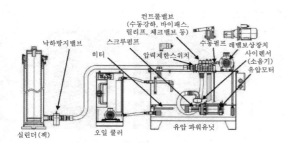

┃유압식 엘리베이터의 구동부 개념도┃

★★

46 다음 중 엘리베이터의 안정된 사용 및 정지를 위하여 승강장, 중앙관리실 또는 경비실 등에 설치되어 카 이외의 장소에서 엘리베이터 운행의 정지조작과 재개조작이 가능한 안전장치는 무엇인가?

① 카 운행정지스위치
② 자동/수동 전환스위치
③ 도어 안전장치
④ 파킹스위치

해설 파킹(parking)스위치

엘리베이터의 안정된 사용 및 정지를 위하여 설치해야 하지만 공동주택, 숙박시설, 의료시설은 제외할 수 있다.
㉠ 승강장 · 중앙관리실 또는 경비실 등에 설치되어 카 이외의 장소에서 엘리베이터 운행의 정지조작과 재개조작이 가능하여야 한다.
㉡ 파킹스위치를 정지로 작동시키면 버튼등록이 정지되고 자동으로 지정 층에 도착하여 운행이 정지되어야 한다.

47 유압식 엘리베이터에서 바닥맞춤보정장치는 몇 mm 이내에서 작동 상태가 양호하여야 하는가?

① 25　　　　② 50
③ 75　　　　④ 90

해설 유압식 엘리베이터의 경우 카가 정지할 때에 자연하강을 보정하기 위한 바닥맞춤보정장치가 착상면을 기준으로 하여 75mm 이내의 위치에서 보정할 수 있어야 한다.
㉠ 착상(leveling) : 각 승강장에서 카의 정지위치가 더 정확하도록 하는 운전
㉡ 재착상(re-levelling) : 엘리베이터가 승강장에 정지된 후, 하중을 싣거나 내리는 중에 필요한 연속적인 움직임(자동 또는 미동)에 의해 정지 위치를 보정하기 위해 허용되는 운전
㉢ 카의 정상적인 착상 및 재착상 정확성
　• 카의 착상 정확도는 ±10mm이어야 한다.
　• 재착상 정확도는 ±20mm로 유지되어야 한다. 승객이 출입하거나 하역하는 동안 20mm의 값이 초과할 경우에는 보정되어야 한다.

★★★

48 다음 중 스크루(screw) 펌프에 대한 설명으로 옳은 것은?

① 나사로 된 로터가 서로 맞물려 돌 때, 축방향으로 기름을 밀어내는 펌프
② 2개의 기어가 회전하면서 기름을 밀어내는 펌프
③ 케이싱의 캠링 속에 편심한 로터에 수개의 베인이 회전하면서 밀어내는 펌프
④ 2개의 플런저를 동작시켜서 밀어내는 펌프

해설 스크루펌프

└ 로터(rotor)

49 도르래의 로프홈에 언더컷(under cut)을 하는 목적은?

① 로프의 중심 균형
② 윤활 용이
③ 마찰계수 향상
④ 도르래의 경량화

해설 도르래홈의 형상은 마찰력이 큰 것이 바람직하지만 마찰력이 큰 형상은 로프와 도르래홈의 접촉면 면압이 크기 때문에 로프와 도르래가 쉽게 마모될 수 있다. U형의 홈은 마찰계수가 낮으므로 홈의 밑을 도려낸 언더컷 홈으로 마찰계수를 올린다.

　(a) U홈　　　(b) V홈　　　(C) 언더컷홈
┃도르래 홈의 형상┃

50 동일 규격의 축전지 2개를 병렬로 접속하면 전압과 용량의 관계는 어떻게 되는가?

① 전압과 용량이 모두 반으로 줄어든다.
② 전압과 용량이 모두 2배가 된다.
③ 전압은 2배가 되고 용량은 변하지 않는다.
④ 전압은 변하지 않고 용량은 2배가 된다.

해설 전지의 접속

㉠ 직렬 접속 : 전압은 n배, 용량은 불변
㉡ 병렬 접속 : 전압은 불변, 용량은 n배

정답 46. ④　47. ③　48. ①　49. ③　50. ④

‖ 병렬 접속 ‖

51 그림과 같은 시퀀스도와 같은 논리회로의 기호는? (단, A와 B는 입력, X는 출력)

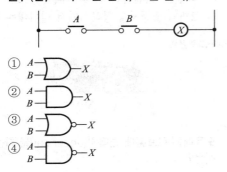

① A B ——X
② A B ——X
③ A B ——X
④ A B ——X

해설 **논리곱(AND) 회로**

㉠ 모든 입력이 있을 때에만 출력이 나타나는 회로이며 직렬 스위치 회로와 같다.
㉡ 두 입력 'A' AND 'B'가 모두 '1'이면 출력 X가 '1'이 되며, 두 입력 중 어느 하나라도 '0'이면 출력 X가 '0'인 회로가 된다.

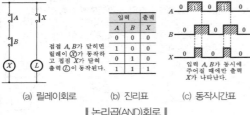

접점 A, B가 닫히면 릴레이 (X)가 동작하고 접점 X가 닫혀 출력 (L)이 동작된다.

입력		출력
A	B	X
0	0	0
1	0	0
0	1	0
1	1	1

입력 A, B가 동시에 주어질 때에만 출력 X가 나타난다.

(a) 릴레이회로 (b) 진리표 (c) 동작시간표

‖ 논리곱(AND)회로 ‖

52 다음 빈칸의 내용으로 적당한 것은?

덤웨이터는 사람이 탑승하지 않으면서 적재용량이 (   )kg 이하인 것으로서 소형화물(서적, 음식물 등) 운반에 적합하게 제작된 엘리베이터이다.

① 200
② 300
③ 500
④ 1,000

해설 **덤웨이터 및 간이리프트**

‖ 덤웨이터 ‖

㉠ 덤웨이터 : 사람이 탑승하지 않으면서 적재용량이 300kg 이하인 것으로서 소형화물(서적, 음식물 등) 운반에 적합하게 제작된 엘리베이터일 것. 다만, 바닥면적이 0.5m² 이하이고 높이가 0.6m 이하인 엘리베이터는 제외
㉡ 간이리프트 : 안전규칙에서 동력을 사용하여 가이드레일을 따라 움직이는 운반구를 매달아 소형 화물 운반만을 주목적으로 하는 승강기와 유사한 구조로서 운반구의 바닥면적이 1m² 이하이거나 천장높이가 1.2m 이하인 것

★★
53 끝이 고정된 와이어로프 한쪽을 당길 때 와이어로프에 작용하는 하중은?

① 인장하중
② 압축하중
③ 반복하중
④ 충격하중

해설 **인장하중**
물체에 가해진 외력이 그 물체를 잡아당기듯이 작용하고 있을 때의 외력을 인장하중이라고 하며, 반대로 외력이 그 물체를 짓누르듯이 작용하고 있을 때의 외력을 압축하중이라고 말한다. 중량물을 매달아 올리는 크레인용 와이어로프나, 자동차를 견인할 때에 이용하는 견인로프는 인장하중에 견딜 수 있는 충분한 강도가 필요하다.

54 피트에서 하는 검사가 아닌 것은?

① 완충기의 설치 상태
② 하부 파이널 리밋스위치류 설치 상태
③ 균형로프 및 부착부 설치 상태
④ 비상구출구 설치 상태

해설 **카 위에서 하는 검사**
㉠ 비상구출구는 카 밖에서 간단한 조작으로 열 수 있어야 한다. 또한, 비상구출구스위치의 설치 상태는 견고하고, 작동 상태는 양호하여야 한다. 다만, 자동차용 엘리베이터와 카 내에 조작반이 없는 화물용 엘리베이터의 경우에는 그러하지 아니한다.
㉡ 카 도어스위치 및 도어개폐장치의 설치 상태는 견고하고, 각 부분의 연결 및 작동 상태는 양호하여야 한다.
㉢ 카 위의 안전스위치 및 수동운전스위치의 작동 상태는 양호하여야 한다.

ⓔ 고정도래 또는 현수도래가 있는 경우에는 그 설치 상태는 견고하고, 몸체에 균열이 없어야 한다. 또한, 급제동 시나 지진 기타의 진동에 의해 주로프가 벗겨지지 않도록 조치되어 있어야 한다.

ⓜ 조속기로프의 설치 상태는 견고하여야 한다.

55 전류계를 사용하는 방법으로 옳지 않은 것은? ★★

① 부하전류가 클 때에는 배율기를 사용하여 측정한다.
② 전류가 흐르므로 인체가 접촉되지 않도록 주의하면서 측정한다.
③ 전류값을 모를 때에는 높은 값에서 낮은 값으로 조정하면서 측정한다.
④ 부하와 직렬로 연결하여 측정한다.

해설 분류기

가동 코일형 전류계는 동작전류가 1~50mA 정도여서, 큰 전류가 흐르면 전류계는 타버려 측정이 곤란하다. 따라서 가동 코일에 저항이 매우 작은 저항기를 병렬로 연결하여 대부분의 전류를 이 저항기에 흐르게 하고, 전체 전류에 비례하는 일정한 전류만 가동 코일에 흐르게 해서 전류를 측정하는데, 이 장치를 분류기라 한다.

$$I_a = \frac{R_s}{R_a + R_s} \cdot I$$

$$I = \frac{R_a + R_s}{R_s} \cdot I_a = \left(1 + \frac{R_a}{R_s}\right) \cdot I_a$$

여기서, I : 측정하고자 하는 전류(A)
I_a : 전류계로 유입되는 전류(A)
R_s : 분류기 저항(Ω)
R_a : 전류계 내부 저항(Ω)

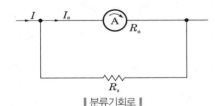

∥ 분류기회로 ∥

56 전기재해의 직접적인 원인과 관련이 없는 것은? ★★

① 회로 단락
② 충전부 노출
③ 접속부 과열
④ 접지판 매설

해설 접지설비

어스선(접지선)

G.L

접지극(접지판)

회로의 일부 또는 기기의 외함 등을 대지와 같은 0전위로 유지하기 위해 땅 속에 설치한 매설 도체(접지극, 접지판)와 도선으로 연결하여 정전기를 예방할 수 있다.

57 RLC 소자의 교류회로에 대한 설명 중 틀린 것은?

① R만의 회로에서 전압과 전류의 위상은 동상이다.
② L만의 회로에서 저항성분을 유도성리액턴스 X_L이라 한다.
③ C만의 회로에서 전류는 전압보다 위상이 $90°$ 앞선다.
④ 유도성 리액턴스 $X_L = 1/\omega L$이다.

해설 ㉠ 유도성 리액턴스(inductive reactance)
$$X_L = \omega L = 2\pi f L(\Omega)$$
㉡ 용량성 리액턴스(capacitive reactance)
$$X_C = \frac{1}{\omega C} = \frac{1}{2\pi f C}(\Omega)$$

58 3Ω, 4Ω, 6Ω의 저항을 병렬로 접속할 때 합성저항은 몇 Ω인가? ★★★

① $\frac{1}{3}$
② $\frac{4}{3}$
③ $\frac{5}{6}$
④ $\frac{3}{4}$

해설 병렬 접속회로

2개 이상인 저항의 양끝을 전원의 양극에 연결하여 회로의 전전류가 각 저항에 나뉘어 흐르게 하는 접속으로 각 저항 R_1, R_2, R_3에 흐르는 전압 V의 크기는 일정하다.

$$R = \frac{1}{\dfrac{1}{R_1} + \dfrac{1}{R_2} + \dfrac{1}{R_3}}$$
$$= \frac{R_1 R_2 R_3}{R_1 R_2 + R_2 R_3 + R_3 R_1}$$
$$= \frac{3 \times 4 \times 6}{3 \times 4 + 4 \times 6 + 6 \times 3} = \frac{4}{3} \Omega$$

정답 55. ① 56. ④ 57. ④ 58. ②

59 그림과 같은 회로의 역률은 약 얼마인가?

① 0.74
② 0.80
③ 0.86
④ 0.98

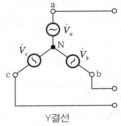

해설 *RC* **직렬회로의 역률**

$$\cos\theta = \frac{R}{Z} = \frac{R}{\sqrt{R^2 + X_C{}^2}} = \frac{9}{\sqrt{9^2 + 2^2}} = 0.98$$

60 Y결선의 상전압이 V(V)이다. 선간전압은?

① $3\,V$
② $\sqrt{3}\,V$
③ $\dfrac{V}{3}$
④ $\dfrac{V^2}{3}$

해설 3상 교류의 결선법 및 성형 결선회로

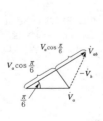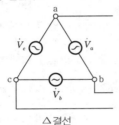

Y결선   △결선

┃3상 전원의 결선방법┃

㉠ 전원과 부하가 다같이 성형결선을 한 회로를 Y−Y결선 회로라 한다.
㉡ 상전압($\dot{V}_a$, $\dot{V}_b$, $\dot{V}_c$) : a−N, b−N, c−N 사이의 전압
㉢ 선간전압($\dot{V}_{ab}$, $\dot{V}_{bc}$, $\dot{V}_{ca}$) : a−b, b−c, c−a 사이의 전압
㉣ 상전압과 선간전압의 관계
  • $\dot{V}_{ab} = \dot{V}_a - \dot{V}_b$
  • $\dot{V}_{bc} = \dot{V}_b - \dot{V}_c$
  • $\dot{V}_{ca} = \dot{V}_c - \dot{V}_a$
㉤ $\dot{V}_a$와 $\dot{V}_{ab}$의 관계

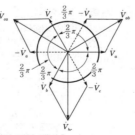

┃ 성형결선의 전압 백터 ┃

$$\dot{V}_{ab} = 2\,V_a \cos\frac{\pi}{6} = \sqrt{3}\,V_a (\text{V})$$

$$\therefore\ \dot{V}_{ab} = \sqrt{3}\,V_a \angle \frac{\pi}{6}(\text{V})$$

㉥ 선간전압 V_l ($V_{ab} = V_{bc} = V_{ca}$)과 상전압 V_P($V_a = V_b = V_c$)의 관계
$$V_l = \sqrt{3}\,V_P(\text{V})$$

㉦ 선간전압 V_l은 상전압 V_P의 $\sqrt{3}$ 배이고, 위상은 선간전압이 상전압보다 $\dfrac{\pi}{6}$[rad]만큼 앞선다.

※ 본 문제는 수험생들의 협조에 의해 작성되었으며, 시험내용과 일부 다를 수 있습니다.

01 유압식 엘리베이터 점검 시 재착상 정확도는 몇 mm를 유지하여야 하는가?

① 정확도 ±10mm ② 정확도 ±20mm
③ 정확도 ±30mm ④ 정확도 ±40mm

해설 카의 정상적인 착상 및 재착상 정확성

㉠ 카의 착상 정확도는 ±10mm이어야 한다.
㉡ 재착상 정확도는 ±20mm로 유지되어야 한다. 승객이 출입하거나 하역하는 동안 20mm의 값이 초과할 경우에는 보정되어야 한다.

02 엘리베이터가 최종단층을 통과하였을 때 엘리베이터를 정지시키며 상승, 하강 양방향 모두 운행이 불가능하게 하는 안전장치는?

① 슬로다운스위치
② 파킹스위치
③ 피트 정지스위치
④ 파이널 리밋스위치

해설 리밋스위치(limit switch)

물체의 힘에 의해 동작부(구동장치)가 눌려서 접점이 온, 오프(on, off)한다.

㉠ 리밋스위치 : 엘리베이터가 운행할 때 최상·최하층을 지나치지 않도록 하는 장치로서 리밋스위치에 접촉이 되면 카를 감속 제어하여 정지시킬 수 있도록 한다.
㉡ 파이널 리밋스위치(final limit switch)

← 동작부

∥ 리밋스위치 ∥

∥ 승강로에 설치된 리밋스위치 ∥

• 리밋스위치가 작동되지 않을 경우를 대비하여 리밋스위치를 지난 적당한 위치에 카가 현저히 지나치는 것을 방지하는 스위치이다.
• 전동기 및 브레이크에 공급되는 전원회로의 확실한 기계적 분리에 의해 직접 개방되어야 한다.
• 완충기에 충돌되기 전에 작동하여야 하며, 슬로다운 스위치에 의하여 정지되면 작용하지 않도록 설정한다.
• 파이널 리밋스위치의 작동 후에는 엘리베이터의 정상 운행을 위해 자동으로 복귀되지 않아야 한다.

★★★★★
03 균형로프(compensation rope)의 역할로 가장 알맞은 것은?

① 카의 무게를 보상
② 카의 낙하를 방지
③ 균형추의 이탈을 방지
④ 와이어로프의 무게를 보상

해설 견인비의 보상방법

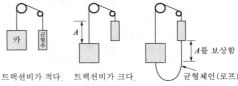

트랙션비가 적다. 트랙션비가 크다. 균형체인(로프)
A를 보상함

㉠ 견인비(traction ratio)
• 카측 로프가 매달고 있는 중량과 균형추 로프가 매달고 있는 중량의 비를 트랙션비라 하고, 무부하와 전부하 상태에서 체크한다.
• 견인비가 낮게 선택되면 로프와 도르래 사이의 트랙션 능력, 즉 마찰력이 작아도 되며, 로프의 수명이 연장된다.
㉡ 문제점
• 승강행정이 길어지면 로프가 어느 쪽(카측, 균형추측)에 있느냐에 따라 트랙션비는 크게 변화한다.
• 트랙션비가 1.35를 초과하면 로프가 시브에서 슬립(slip)되기가 쉽다.
㉢ 대책
• 카 하부에서 균형추의 하부로 주로프와 비슷한 단위 중량의 균형(보상)체인이나 로프를 매단다(트랙션비를 작게 하기 위한 방법).
• 균형로프는 서로 엉키는 걸 방지하기 위하여 피트에 인장도르래를 설치한다.
• 균형로프는 100%의 보상효과가 있고, 균형체인은 90% 정도 밖에 보상하지 못한다.
• 고속·고층 엘리베이터의 경우 균형체인(소음의 원인)보다는 균형로프를 사용한다.

∥ 균형체인 ∥

04 직접식 유압엘리베이터의 장점이 되는 항목은?

① 실린더를 보호하기 위한 보호관을 설치할 필요가 없다.
② 승강로의 소요평면 치수가 크다.
③ 부하에 의한 카 바닥의 빠짐이 크다
④ 비상정지장치가 필요하지 않다.

해설 직접식 유압엘리베이터

플런저의 직상부에 카를 설치한 것이다.

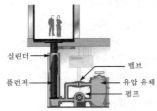

∥ 유압식 엘리베이터 작동원리 ∥

㉠ 승강로 소요면적 치수가 작고 구조가 간단하다.
㉡ 비상정지장치가 필요하지 않다.
㉢ 부하에 의한 카 바닥의 빠짐이 작다.
㉣ 실린더를 설치하기 위한 보호관을 지중에 설치하여야 한다.
㉤ 일반적으로 실린더의 점검이 어렵다.

★★★
05 조속기(governor)의 작동 상태를 잘못 설명한 것은?

① 카가 하강 과속하는 경우에는 일정 속도를 초과하기 전에 조속기스위치가 동작해야 한다.
② 조속기의 캐치는 일단 동작하고 난 후 자동으로 복귀되어서는 안 된다.
③ 조속기의 스위치는 작동 후 자동 복귀된다.
④ 조속기로프가 장력을 잃게 되면 전동기의 주회로를 차단시키는 경우도 있다.

해설 조속기(governor)의 원리

㉠ 조속기풀리와 카를 조속기로프로 연결하면, 카가 움직일 때 조속기풀리도 카와 같은 속도, 같은 방향으로 움직인다.
㉡ 어떤 비정상적인 원인으로 카의 속도가 빨라지면 조속기링크에 연결된 무게추(weight)가 원심력에 의해 풀리 바깥쪽으로 벗어나면서 과속을 감지한다.

㉢ 미리 설정된 속도에서 과속(조속기)스위치와 제동기(brake)로 카를 정지시킨다.
㉣ 만약 엘리베이터가 정지하지 않고 속도가 계속 증가하면 조속기의 캐치(catch)가 동작하여 조속기로프를 붙잡고 결국은 비상정지장치를 작동시켜서 엘리베이터를 정지시킨다.
㉤ 비상정지장치가 작동된 후 정상 복귀는 전문가(유지보수업자 등)의 개입이 요구되어야 한다.

제동기   시브 제동기디스크   전동기

∥ 제동기 ∥

06 엘리베이터 도어 사이에 끼이는 물체를 검출하기 위한 안전장치로 틀린 것은?

① 광전장치
② 도어클로저
③ 세이프티 슈
④ 초음파장치

해설 도어의 안전장치

엘리베이터의 도어가 닫히는 순간 승객이 출입하는 경우 충돌사고의 원인이 되므로 도어 끝단에 검출 장치를 부착하여 도어를 반전시키는 장치이다.
㉠ 세이프티 슈(safety shoe) : 도어의 끝에 설치하여 이 물체가 접촉하면 도어의 닫힘을 중지하며 도어를 반전시키는 접촉식 보호장치
㉡ 세이프티 레이(safety ray) : 광선 빔을 통하여 이것을 차단하는 물체를 광전장치(photo electric device)에 의해서 검출하는 비접촉식 보호장치
㉢ 초음파장치(ultrasonic door sensor) : 초음파의 감지 각도를 조절하여 카쪽의 이물체(유모차, 휠체어 등)나 사람을 검출하여 도어를 반전시키는 비접촉식 보호장치

∥ 세이프티 슈 설치 상태 ∥

정답 04. ④ 05. ③ 06. ②

456

∥ 광전장치 ∥

★★

07 전기식 엘리베이터의 경우 카 위에서 하는 검사가 아닌 것은?

① 비상구출구 　　② 도어개폐장치
③ 카 위 안전스위치 ④ 문닫힘안전장치

해설 문 작동과 관련된 보호

㉠ 문이 닫히는 동안 사람이 끼이거나 끼려고 할 때 자동으로 문이 반전되어 열리는 문닫힘안전장치가 있어야 한다.
㉡ 문닫힘 동작 시 사람 또는 물건이 끼이거나 문닫힘안전장치 연결전선이 끊어지면 문이 반전하여 열리도록 하는 문닫힘안전장치(세이프티 슈ㆍ광전장치ㆍ초음파장치 등)가 카 문이나 승강장문 또는 양쪽 문에 설치되어야 하며, 그 작동 상태는 양호하여야 한다.
㉢ 승강장문이 카 문과의 연동에 의해 열리는 방식에서는 자동적으로 승강장의 문이 닫히는 쪽으로 힘을 작용시키는 장치
㉣ 엘리베이터가 정지한 상태에서 출입문의 닫힘 동작에 우선하여 카 내에서 문을 열 수 있도록 하는 장치

08 무빙워크의 경사도는 몇 도 이하이어야 하는가?

① 30 　　② 20
③ 15 　　④ 12

해설 무빙워크(수평보행기)의 경사도와 속도

㉠ 무빙워크의 경사도는 12° 이하이어야 한다.
㉡ 무빙워크의 공칭속도는 0.75m/s 이하이어야 한다.
㉢ 팔레트 또는 벨트의 폭이 1.1m 이하이고, 승강장에서 팔레트 또는 벨트가 콤에 들어가기 전 1.6m 이상의 수평주행구간이 있는 경우 공칭속도는 0.9m/s까지 허용된다. 다만, 가속구간이 있거나 무빙워크를 다른 속도로 직접 전환시키는 시스템이 있는 무빙워크에는 적용되지 않는다.

∥ 팔레트 ∥

∥ 승강장 스탭 ∥

∥ 콤(comb) ∥

★★★

09 트랙션 머신 시브를 중심으로 카 반대편의 로프에 매달리게 하여 카 중량에 대한 평형을 맞추는 것은?

① 조속기 　　② 균형체인
③ 완충기 　　④ 균형추

해설 균형추(counter weight)

카의 무게를 일정 비율 보상하기 위하여 카 측과 반대편에 주철 혹은 콘크리트로 제작되어 설치되며, 카와의 균형을 유지하는 추이다.

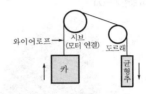

㉠ 오버밸런스(over-balance)
• 균형추의 총중량은 빈 카의 자중에 적재하중의 35~50%의 중량을 더한 값이 보통이다.
• 적재하중의 몇 %를 더할 것인가를 오버밸런스율이라고 한다.
• 균형추의 총 중량=자체하중+$L \cdot F$
여기서, L : 정격적재하중(kg)
　　　　F : 오버밸런스율(%)
㉡ 견인비(traction ratio)
• 카측 로프가 매달고 있는 중량과 균형추 로프가 매달고 있는 중량의 비를 트랙션비라 하고, 무부하와 전부하 상태에서 체크한다.
• 견인비가 낮게 선택되면 로프와 도르래 사이의 트랙션 능력 즉 마찰력이 작아도 되며, 로프의 수명이 연장된다.

10 엘리베이터 카에 부착되어 있는 안전장치가 아닌 것은?

① 조속기스위치
② 카 도어스위치
③ 비상정지스위치
④ 세이프티 슈스위치

해설 조속기스위치(governor switch)

엘리베이터 조속기 기능의 하나이며, 엘리베이터의 과속도를 검출해서 신호를 주기 위한 스위치이다. 과속도스위치라고도 하며, 기계실에 설치된다.

정답 07. ④ 08. ④ 09. ④ 10. ①

11 로프이탈방지장치를 설치하는 목적으로 부적절한 것은?

① 급제동 시 진동에 의해 주로프가 벗겨질 우려가 있는 경우

② 지진의 진동에 의해 주로프가 벗겨질 우려가 있는 경우

③ 기타의 진동에 의해 주로프가 벗겨질 우려가 있는 경우

④ 주로프의 파단으로 이탈할 경우

해설 로프이탈방지장치

급제동 시나 지진, 기타의 진동에 의해 주로프가 벗겨질 우려가 있는 경우에는 로프이탈방지장치 등을 설치하여야 한다. 다만, 기계실에 설치된 고정도르래 또는 도르래홈에 주로프가 1/2 이상 묻히거나 도르래 끝단의 높이가 주로프보다 더 높은 경우에는 제외한다.

★★★★★
12 승객용 엘리베이터의 제동기는 승차감을 저해하지 않고 로프 슬립을 일으킬 수 있는 위험을 방지하기 위하여 감속도를 어느 정도로 하고 있는가?

① 0.1G   ② 0.2G

③ 0.3G   ④ 0.4G

해설 감속도

㉠ 제동 중에 있어서 엘리베이터 속도의 저하율. 순간적인 감속도를 가리키는 경우와 제동 중의 평균적인 감속도를 가리키는 경우 평균 감속도라고 한다.

㉡ 0.1G 이하이어야 한다.

13 카의 실속도와 지령속도를 비교하여 사이리스터의 점호각을 바꿔 유도전동기의 속도를 제어하는 방식은?

① 교류 1단 속도제어

② 교류 2단 속도제어

③ 교류 궤환전압제어

④ 가변전압 가변주파수방식

해설 교류 엘리베이터 속도제어의 종류

㉠ 교류 1단 속도제어
- 가장 간단한 제어방식으로 3상 교류의 단속도 모터에 전원을 공급하는 것으로 기동과 정속운전을 한다.
- 정지할 때는 전원을 끊은 후 제동기에 의해서 기계적으로 브레이크를 거는 방식이다.
- 착상오차가 속도의 2승에 비례하여 증가하므로 최고 30m/min 이하에만 적용이 가능하다.

㉡ 교류 2단 속도제어
- 기동과 주행은 고속권선으로 하고 감속과 착상은 저속권선으로 한다.
- 속도비를 착상오차 이외에 감속도의 변화비율, 크리프 시간(저속주행시간) 등을 감안한 4 : 1이 가장 많이 사용된다.
- 30~60m/min의 엘리베이터용에 사용된다.

㉢ 교류 궤환제어
- 카의 실속도와 지령속도를 비교하여 사이리스터(thyristor)의 점호각을 바꾼다.
- 감속할 때는 속도를 검출하여 사이리스터에 궤환시켜 전류를 제어한다.
- 전동기 1차측 각상에 사이리스터와 다이오드를 역병렬로 접속하여 역행 토크를 변화시킨다.
- 모터에 직류를 흘려서 제동토크를 발생시킨다.
- 미리 정해진 지령속도에 따라 정확하게 제어되므로, 승차감 및 착상 정도가 교류 1단, 교류 2단 속도제어보다 좋다.
- 교류 2단 속도제어와 같은 저속주행 시간이 없으므로 운전시간이 짧다.
- 40~105m/min의 승용 엘리베이터에 주로 적용된다.

㉣ VVVF(가변전압 가변주파수)제어
- 유도전동기에 인가되는 전압과 주파수를 동시에 변환시켜 직류전동기와 동등한 제어성능을 얻을 수 있는 방식
- 직류전동기를 사용하고 있던 고속 엘리베이터에도 유도전동기를 적용하여 보수가 용이하고, 전력회생을 통해 에너지가 절약된다.
- 중·저속 엘리베이터(궤환제어)에서는 승차감과 성능이 크게 향상되고 저속 영역에서 손실을 줄여 소비전력이 약 반으로 된다.
- 3상의 교류는 컨버터로 일단 DC전원으로 변환하고 인버터로 재차 가변전압 및 가변주파수의 3상 교류로 변환하여 전동기에 공급된다.
- 교류에서 직류로 변경되는 컨버터에는 사이리스터가 사용되고, 직류에서 교류로 변경하는 인버터에는 트랜지스터가 사용된다.
- 컨버터제어방식을 PAM(Pulse Amplitude Modulation), 인버터제어방식을 PWM(Pulse Width Modulation)시스템이라고 한다.

★★★
14 스텝과 스커트 사이에 끼임의 위험을 최소화하기 위한 장치는?

① 콤   ② 뉴얼

③ 스커트   ④ 스커트 디플렉터

정답 11. ④   12. ①   13. ③   14. ④

해설 **스커트 디플렉터(안전 브러쉬)**

스텝과 스커트 사이에 끼임의 위험을 최소화하기 위한 장치이다.

㉠ 스커트 : 스텝, 팔레트 또는 벨트와 연결되는 난간의 수직 부분

㉡ 스커트 디플렉터의 설치 요건

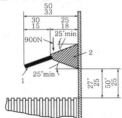

┃ 스커트 디플렉터 ┃

- 견고한 부분과 유연한 부분(브러시 또는 고무 등)으로 구성되어야 한다.
- 스커트 패널의 수직면 돌출부는 최소 33mm, 최대 50mm이어야 한다.
- 견고한 부분의 부착물 선상에 수직으로 견고한 부분의 돌출된 지점에 600mm²의 직사각형 면적 위로 균등하게 분포된 900N의 힘을 가할 때 떨어지거나 영구적인 변형 없이 견뎌야 한다.
- 견고한 부분은 18mm와 25mm 사이에 수평 돌출부가 있어야 하고, 규정된 강도를 견뎌야 한다. 유연한 부분의 수평 돌출부는 최소 15mm, 최대 30mm이어야 한다.
- 주행로의 경사진 구간의 전체에 걸쳐 스커트 디플렉터의 견고한 부분의 아래 쪽 가장 낮은 부분과 스텝 돌출부 선상 사이의 수직거리는 25mm와 27mm 사이이어야 한다.

┃ 승강장 스텝 ┃

┃ 콤(comb) ┃   ┃ 클리트(cleat) ┃

- 천이구간 및 수평구간에서 스커트 디플렉터의 견고한 부분의 아래 쪽 가장 낮은 부분과 스텝 클리트의 꼭대기 사이의 거리는 25mm와 50mm 사이이어야 한다.
- 견고한 부분의 하부 표면은 스커트 패널로부터 상승방향으로 25° 이상 경사져야 하고 상부 표면은 하강방향으로 25° 이상 경사져야 한다.
- 스커트 디플렉터는 모서리가 둥글게 설계되어야 한다. 고정 장치 헤드 및 접합 연결부는 운행통로로 연장되지 않아야 한다.

- 스커트 디플렉터의 말단 끝 부분은 스커트와 동일 평면에 접촉되도록 점점 가늘어져야 한다. 스커트 디플렉터의 말단 끝부분은 콤 교차선에서 최소 50mm 이상, 최대 150mm 앞에서 마감되어야 한다.

15 엘리베이터용 도어머신에 요구되는 성능이 아닌 것은?

① 가격이 저렴할 것
② 보수가 용이할 것
③ 작동이 원활하고 정숙할 것
④ 기동횟수가 많으므로 대형일 것

해설 **도어머신(door machine)에 요구되는 조건**

모터의 회전을 감속하여 암이나 로프 등을 구동시켜서 도어를 개폐시키는 것이며, 닫힌 상태에서 정전으로 갇혔을 때 구출을 위해 문을 손으로 열 수가 있어야 한다.

㉠ 작동이 원활하고 조용할 것
㉡ 카 상부에 설치하기 위해 소형 경량일 것
㉢ 동작횟수가 엘리베이터 기동횟수의 2배가 되므로 보수가 용이할 것
㉣ 가격이 저렴할 것

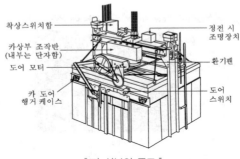

착상스위치함
정전 시 조명장치
카상부 조작반 (내부는 단자함)
환기팬
도어 모터
카 도어 행거 케이스
도어 스위치

┃ 카 상부의 구조 ┃

★★★
16 엘리베이터에서 와이어로프를 사용하여 카의 상승과 하강에 전동기를 이용한 동력장치는?

① 권상기
② 조속기
③ 완충기
④ 제어반

해설 권상 구동식과 포지티브 구동 엘리베이터

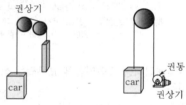

┃ 권상식(견인식) ┃   ┃ 권동식 ┃

┃ 권상기 ┃

㉠ 권상 구동식 엘리베이터(traction drive lift) : 현수로프가 구동기의 권상도르래홈 등에서 마찰에 의해 구동되는 엘리베이터
㉡ 포지티브 구동 엘리베이터(positive drive lift) : 권상 구동식 이외의 방식으로 체인 또는 로프에 의해 현수되는 엘리베이터

17 다음 중 에스컬레이터의 종류를 수송 능력별로 구분한 형태로 옳은 것은?

① 1,200형과 900형   ② 1,200형과 800형
③ 900형과 800형   ④ 800형과 600형

해설 에스컬레이터(escalator)의 난간폭에 의한 분류

┃ 난간폭 ┃

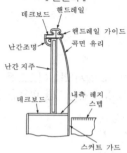

데크보드 ─ 핸드레일
핸드레일 가이드
난간조명 ─ 곡면 유리
난간 지주
데크보드 ─ 내측 레지
                스텝
            ─ 스커트 가드

┃ 난간의 구조 ┃

㉠ 난간폭 1,200형 : 수송능력 9,000명/h
㉡ 난간폭 800형 : 수송능력 6,000명/h

★★★

18 다음 중 도어인터록에 대한 설명으로 옳지 않은 것은?

① 도어록을 열기 위한 열쇠는 특수한 전용키이어야 한다.
② 모든 승강장문에는 전용열쇠를 사용하지 않으면 열리지 않도록 하여야 한다.
③ 도어가 닫혀 있지 않으면 운전이 불가능하여야 한다.
④ 닫힘동작 시 도어스위치가 들어간 다음 도어록이 확실히 걸리는 구조이어야 한다.

해설 도어인터록(door interlock)

도어스위치   도어록

 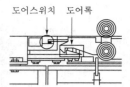

㉠ 카가 정지하지 않는 층의 도어는 전용열쇠를 사용하지 않으면 열리지 않는 도어록과 도어가 닫혀 있지 않으면 운전이 불가능하도록 하는 도어스위치로 구성된다.
㉡ 닫힘동작 시는 도어록이 먼저 걸린 상태에서 도어스위치가 들어가고 열림동작 시는 도어스위치가 끊어진 후 도어록이 열리는 구조(직렬)이며, 승강장의 도어 안전장치로서 엘리베이터의 안전장치 중에서 가장 중요한 것 중의 하나이다.

19 승객이나 운전자의 마음을 편하게 해 주는 장치는?

① 통신장치
② 관제운전장치
③ 구출운전장치
④ BGM(Back Ground Music)장치

해설 BGM은 Back Ground Music의 약자로 카 내부에 음악을 방송하기 위한 장치이다.

★

20 다음 그림과 같은 축의 모양을 가지는 기어는?

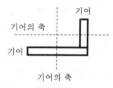

기어의 축   기어
기어
기어의 축

① 스퍼기어(spur gear)
② 헬리컬기어(helical gear)
③ 베벨기어(bevel gear)
④ 웜기어(worm gear)

▌평기어▐ ▌헬리컬기어▐ ▌베벨기어▐ ▌웜기어▐

21 전기식 엘리베이터의 정기검사에서 하중시험은 어떤 상태로 이루어져야 하는가?

① 무부하
② 정격하중의 50%
③ 정격하중의 100%
④ 정격하중의 125%

해설 하중시험

㉠ 하중시험 항목
- 로프권상
- 비상정지장치
- 브레이크 시스템
- 속도 및 전류
- 기타 현장에서 하중시험이 필요한 구조 및 설비

㉡ 정기검사
- 전기식 엘리베이터의 정기검사 항목에 따른다. 다만, 하중시험은 무부하 상태에서 이루어져야 한다.
- 전기식 엘리베이터의 모든 장치 및 부품 등의 설치 상태는 양호하여야 하며 심한 변형 부식 마모 및 훼손은 없어야 한다.
- 승강기시설 안전관리법 제17조에 따른 자체점검의 실시 상태를 점검한다.

★

22 주차설비 중 자동차를 운반하는 운반기의 일반적인 호칭으로 사용되지 않는 것은?

① 카고, 리프트
② 케이지, 카트
③ 트레이, 파레트
④ 리프트, 호이스트

해설 호이스트(hoist)

권상기(전동기, 감속장치, 와인딩 드럼)를 사용한 소형의 감아올리는 기계이며, 스스로 주행할 수 있는 것이 많다.

가이드레일

23 승강기 안전관리자의 임무가 아닌 것은?

① 승강기 비상열쇠 관리
② 자체점검자 선임
③ 운행관리규정의 작성 및 유지 관리
④ 승강기 사고 시 사고보고 관리

해설 승강기 안전관리자의 직무범위

㉠ 승강기 운행관리 규정의 작성과 유지·관리
㉡ 승강기의 고장·수리 등에 관한 기록 유지
㉢ 승강기 사고발생에 대비한 비상연락망의 작성 및 관리
㉣ 승강기 인명사고 시 긴급조치를 위한 구급체제의 구성 및 관리
㉤ 승강기의 중대한 사고 및 중대한 고장 시 사고 및 고장 보고
㉥ 승강기 표준부착물의 관리
㉦ 승강기 비상열쇠의 관리

★★

24 승강기의 트랙션비를 설명한 것 중 옳지 않은 것은?

① 카측 로프가 매달고 있는 중량과 균형추측 로프가 매달고 있는 중량의 비율
② 트랙션비를 낮게 선택해도 로프의 수명과는 전혀 관계가 없다.
③ 카측과 균형추측에 매달리는 중량의 차를 적게 하면 권상기의 전동기 출력을 적게 할 수 있다.
④ 트랙션비는 1.0 이상의 값이 된다.

해설 견인비(traction ratio)

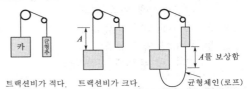

트랙션비가 적다.　트랙션비가 크다.　균형체인(로프)

㉠ 카측 로프가 매달고 있는 중량과 균형추 로프가 매달고 있는 중량의 비를 트랙션비라 하고, 무부하와 전부하 상태에서 체크한다.
㉡ 견인비가 낮게 선택되면 로프와 도르래 사이의 트랙션 능력, 즉 마찰력이 작아도 되며, 로프의 수명이 연장된다.

25 다음 중 엘리베이터 도어용 부품과 거리가 먼 것은?

① 행거롤러
② 업스러스트롤러
③ 도어레일
④ 가이드롤러

해설

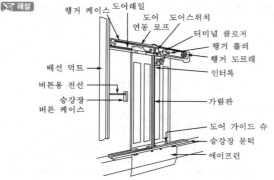

‖ 승강장 도어 구조 ‖

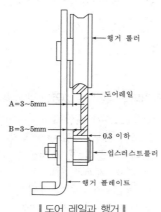

‖ 도어 레일과 행거 ‖

★

26 엘리베이터의 분류법에 해당되지 않는 것은?

① 구동방식에 의한 분류
② 속도에 의한 분류
③ 연도에 의한 분류
④ 용도 및 종류에 의한 분류

해설 엘리베이터의 분류

㉠ 동력원별 분류 : 전동기, 기타의 동력
㉡ 동력 매체별 분류 : 로프식, 플런저(plunger)식, 스크루(screw)식, 랙·피니온(reck-pinion)식
㉢ 속도에 의한 분류 : 저속, 중속, 고속, 초고속
㉣ 용도에 의한 분류 : 승객용, 침대용, 승객·화물용, 비상용, 장애인용, 화물용, 자동차용, 에스컬레이터 등
㉤ 제어방식에 의한 분류
　• 교류 : 1단 속도제어, 2단 속도제어, 궤환(feed back) 전압 제어, 가변전압 가변주파수제어
　• 직류 : 워드 레오나드(ward leonard) 방식, 정지 레오나드(static leonard) 방식
　• 유압식 : 인버터(VVVF)제어, 유량제어방식
㉥ 조작방법에 의한 분류 : 반자동식, 자동식, 병용방식

27 조속기에서 과속스위치의 작동원리는 무엇을 이용한 것인가?

① 회전력
② 원심력
③ 조속기로프
④ 승강기의 속도

해설 조속기(governor)의 원리

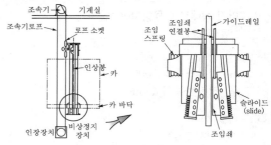

‖ 조속기와 비상정지장치의 연결 모습 ‖

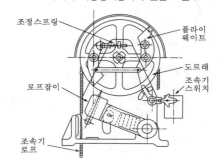

‖ 디스크 추형 조속기 ‖

㉠ 조속기풀리와 카를 조속기로프로 연결하면, 카가 움직일 때 조속기풀리도 카와 같은 속도, 같은 방향으로 움직인다.
㉡ 어떤 비정상적인 원인으로 카의 속도가 빨라지면 조속기링크에 연결된 무게추(weight)가 원심력에 의해 풀리 바깥쪽으로 벗어나면서 과속을 감지한다.
㉢ 미리 설정된 속도에서 과속(조속기)스위치와 제동기(brake)로 카를 정지시킨다.
㉣ 만약 엘리베이터가 정지하지 않고 속도가 계속 증가하면 조속기의 캐치(catch)가 동작하여 조속기로프를 붙잡고 결국은 비상정지장치를 작동시켜서 엘리베이터를 정지시킨다.

★★★

28 안전 작업모를 착용하는 주요 목적이 아닌 것은?

① 화상 방지
② 감전의 방지
③ 종업원의 표시
④ 비산물로 인한 부상 방지

정답 26. ③ 27. ② 28. ③

해설 안전모(safety cap)

작업자가 작업할 때 비래하는 물건, 낙하하는 물건에 의한 위험성을 방지 또는 하역작업에서 추락했을 때, 머리 부위에 상해를 받는 것을 방지하고, 머리 부위에 감전될 우려가 있는 전기공사 작업에서 산업재해를 방지하기 위해 착용한다.

29 '엘리베이터 사고 속보'란 사고 발생 후 몇 시간 이내인가?

① 7시간 ② 9시간
③ 18시간 ④ 24시간

해설 중대사고 및 중대고장의 보고 종류

㉠ 승강기사고 속보 : 사고가 발생한 때부터 24시간 내
㉡ 승강기사고 상보 : 사고가 발생한 때부터 7일 이내

★★
30 안전점검 및 진단순서가 맞는 것은?

① 실태 파악 → 결함 발견 → 대책 결정 → 대책 실시
② 실태 파악 → 대책 결정 → 결함 발견 → 대책 실시
③ 결함 발견 → 실태 파악 → 대책 실시 → 대책 결정
④ 결함 발견 → 실태 파악 → 대책 결정 → 대책 실시

해설 안전점검 및 진단순서

㉠ 실태 파악 → 결함 발견 → 대책 결정 → 대책 실시
㉡ 안전을 확보하기 위해서 실태를 파악해, 설비의 불안전 상태나 사람의 불안전행위에서 생기는 결함을 발견하여 안전대책의 상태를 확인하는 행동이다.

31 안전사고의 통계를 보고 알 수 없는 것은?

① 사고의 경향
② 안전업무의 정도
③ 기업이윤
④ 안전사고 감소 목표 수준

해설 안전사고의 통계를 보고 기업이윤을 알 수는 없다.

★★★★
32 일반적인 안전대책의 수립방법으로 가장 알맞은 것은?

① 계획적 ② 경험적
③ 사무적 ④ 통계적

해설 재해의 분류방법 중 통계적 분류방법으로 사망(사망 재해), 중상해(폐질 재해 : 고칠 수 없는 병), 경상해(휴업 재해), 경미상해(불휴 재해)가 있다.

33 에스컬레이터의 경사도가 30° 이하일 경우에 공칭속도는?

① 0.75m/s 이하 ② 0.80m/s 이하
③ 0.85m/s 이하 ④ 0.90m/s 이하

해설 구동기

㉠ 구동장치는 2대 이상의 에스컬레이터 또는 무빙워크를 운전하지 않아야 한다.
㉡ 공칭속도는 공칭주파수 및 공칭전압에서 ±5%를 초과하지 않아야 한다.
㉢ 에스컬레이터의 공칭속도
 • 경사도가 30° 이하인 에스컬레이터는 0.75m/s 이하이어야 한다.
 • 경사도가 30°를 초과하고 35° 이하인 에스컬레이터는 0.5m/s 이하이어야 한다.
㉣ 무빙워크의 공칭속도는 0.75m/s 이하이어야 한다.

‖ 팔레트 ‖   ‖ 콤(comb) ‖

팔레트 또는 벨트의 폭이 1.1m 이하이고, 승강장에서 팔레트 또는 벨트가 콤에 들어가기 전 1.6m 이상의 수평주행구간이 있는 경우 공칭속도는 0.9m/s까지 허용된다. 다만, 가속구간이 있거나 무빙워크를 다른 속도로 직접 전환시키는 시스템이 있는 무빙워크에는 적용되지 않는다.

34 플러깅(plugging)이란 무슨 장치를 말하는가?

① 전동기의 속도를 빠르게 조절하는 장치
② 전동기의 기동을 빠르게 하는 장치
③ 전동기를 정지시키는 장치
④ 전동기의 속도를 조절하는 장치

해설 직류전동기의 제동법

㉠ 발전제동 : 운전 중의 전동기를 전원에서 분리하여 단자에 적당한 저항을 접속하고 이것을 발전기로 동작 시켜 부하전류로 역토크에 의해 제동하는 방법이다.
㉡ 회생제동 : 전동기를 발전기로 동작 시켜 그 유도기전력을 전원전압보다 크게 하여 전력을 전원에 되돌려 보내서 제동시키는 방법이다.
㉢ 역상제동(플러깅) : 3상 유도전동기에서 전원의 위상을 역(逆)으로 하는 것에 따라 제동력을 얻는 전기제동으로 전원에 결선된 3가닥의 전선 중에서 임의의 2가닥을 바꾸어 접속하면 역회전이 걸려 전동기를 급격히 빠르게 제동할 수 있다.

정답 29. ④ 30. ① 31. ③ 32. ④ 33. ① 34. ③

★★★

35 전기식 엘리베이터의 속도에 의한 분류방식 중 고속 엘리베이터의 기준은?

① 2m/s 이상
② 2m/s 초과
③ 3m/s 이상
④ 4m/s 초과

해설 고속 엘리베이터는 정격속도가 초당 4m(240m/min)를 초과하는 승강기를 말한다.

36 작업 시 이상 상태를 발견할 경우 처리절차가 옳은 것은?

① 작업 중단 → 관리자에 통보 → 이상 상태 제거 → 재발방지대책 수립
② 관리자에 통보 → 작업 중단 → 이상 상태 제거 → 재발방지대책 수립
③ 작업 중단 → 이상 상태 제거 → 관리자에 통보 → 재발방지대책 수립
④ 관리자에 통보 → 이상 상태 제거 → 작업 중단 → 재발방지대책 수립

해설 재해발생 시 재해조사 순서
㉠ 재해 발생
㉡ 긴급조치(기계 정지 → 피해자 구출 → 응급조치 → 병원에 후송 → 관계자 통보 → 2차 재해 방지 → 현장 보존)
㉢ 원인조사
㉣ 원인분석
㉤ 대책 수립
㉥ 실시
㉦ 평가

★★★

37 에스컬레이터에서 스텝체인은 일반적으로 어떻게 구성되어 있는가?

① 좌우에 각 1개씩 있다.
② 좌우에 각 2개씩 있다.
③ 좌측에 1개, 우측에 2개가 있다.
④ 좌측에 2개, 우측에 1개가 있다.

해설 스텝체인(step chain)
㉠ 스텝은 스텝 측면에 각각 1개 이상 설치된 2개 이상의 체인에 의해 구동되어야 한다.
㉡ 스텝체인의 링크 간격을 일정하게 유지하기 위하여 일정 간격으로 환봉강을 연결하고, 환봉강 좌우에 전륜이 설치되며, 가이드레일 상을 주행한다.

38 콘덴서의 용량을 크게 하는 방법으로 옳지 않은 것은?

① 극판의 면적을 넓게 한다.
② 극판의 간격을 좁게 한다.
③ 극판간에 넣은 물질은 비유전율이 큰 것을 사용한다.
④ 극판 사이의 전압을 높게 한다.

해설 정전용량(Q)
㉠ 콘덴서(condenser)는 2장의 도체판(전극) 사이에 유전체를 넣고 절연하여 전하를 축적할 수 있게 한 것이다.

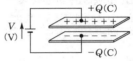

㉡ 전원전압 V(V)에 의해 축적된 전하 Q(C)이라 하면, Q는 V에 비례하고 그 관계 $Q = CV$(C)이다.
• C는 전극이 전하를 축적하는 능력의 정도를 나타내는 상수로 커패시턴스(capacitance) 또는 정전용량(electrostatic capacity)이라고 하며, 단위는 패럿(farad, F)이다.
• 1F은 1V의 전압을 가하여 1C의 전하가 축적되는 경우의 정전용량이다.
㉢ 큰 정전용량을 얻기 위한 방법
• 극판의 면적을 넓게 한다.
• 극판간의 간격을 작게 한다.
• 극판 사이에 넣는 절연물을 비유전율(ε_s)이 큰 것으로 사용한다.
• 비유전율 : 공기(1), 유리(5.4~9.9), 마이카(5.6~6.0), 단물(81)

39 다음 중 카 상부에서 하는 검사가 아닌 것은?

① 비상구출구 스위치의 작동 상태
② 도어개폐장치의 설치 상태
③ 조속기로프의 설치 상태
④ 조속기로프의 인장장치의 작동 상태

해설 조속기로프
㉠ 조속기로프의 설치 상태 : 카 위에서 하는 검사
㉡ 조속기로프의 인장장치 및 기타의 인장장치의 작동 상태 : 피트에서 하는 검사

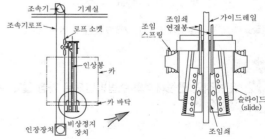

▎조속기와 비상정지장치의 연결 모습 ▎

정답 35. ④ 36. ① 37. ① 38. ④ 39. ④

❙ 조속기 인장장치 ❙

조속기도르래를 카의 움직임과 동기해서 회전 구동함과 동시에 조속기와 비상정지장치를 연동시키는 역할을 하는 로프이며, 기계실에 설치된 조속기와 승강로 하부에 설치된 인장 도르래 간에 연속적으로 걸어서, 편측의 1개소에서 카의 비상정지장치의 인장도르래에 연결된다.

★★★
40 어떤 일정 기간을 두고서 행하는 안전점검은?

① 특별점검 ② 정기점검
③ 임시점검 ④ 수시점검

🔑해설 **안전점검의 종류**

㉠ 정기점검 : 일정 기간마다 정기적으로 실시하는 점검을 말하며, 매주, 매월, 매분기 등 법적 기준에 맞도록 또는 자체 기준에 따라 해당 책임자가 실시하는 점검이다.

㉡ 수시점검(일상점검) : 매일 작업 전, 작업 중, 작업 후에 일상적으로 실시하는 점검을 말하며, 작업자, 작업책임자, 관리감독자가 행하는 사업주의 순찰도 넓은 의미에서 포함된다.

㉢ 특별점검 : 기계기구 또는 설비의 신설·변경 또는 고장·수리 등으로 비정기적인 특정점검을 말하며 기술책임자가 행한다.

㉣ 임시점검 : 기계기구 또는 설비의 이상발견 시에 임시로 실시하는 점검을 말하며, 정기점검 실시 후 다음 정기점검일 이전에 임시로 실시하는 점검

41 급유가 필요하지 않은 곳은?

① 호이스트로프(hoist rope)
② 조속기(governor)로프
③ 가이드레일(guide rail)
④ 웜기어(worm gear)

🔑해설 **조속기로프(governor rope)**

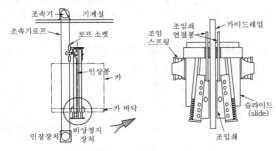

❙ 조속기와 비상정지장치의 연결 모습 ❙

★★★
42 전기기기에서 E종 절연의 최고 허용온도는 몇 ℃인가?

① 90
② 105
③ 120
④ 130

🔑해설 **전기기기의 절연등급**

절연의 종류	최고 허용온도
Y종	90℃
A종	105℃
E종	120℃
B종	130℃
F종	155℃
H종	180℃
C종	180℃ 초과

43 스텝체인 안전장치에 대한 설명으로 알맞은 것은?

① 스커트 가드판과 스텝 사이에 이물질의 끼임을 감지하여 안전스위치를 작동시키는 장치이다.
② 스텝과 레일 사이에 이물질의 끼임을 감지하는 장치이다.
③ 스텝체인이 절단되거나 늘어남을 감지하는 장치이다.
④ 상부 기계실 내 작업 시에 전원이 투입되지 않도록 하는 장치이다.

🔑해설 **스텝체인 안전장치(step chain safety device)**

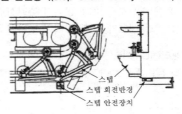

❙ 스텝체인 고장 검출 ❙

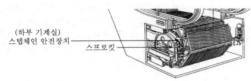

∥ 스텝체인 안전장치 ∥

㉠ 스텝체인이 절단되거나 심하게 늘어날 경우 스텝이 위치를 벗어나면 자동으로 구동기모터의 전원을 차단하고 기계브레이크를 작동시킴으로써 스텝과 스텝 사이의 간격이 생기는 등의 결과를 방지하는 장치이다.

㉡ 에스컬레이터 각 체인의 절단에 대한 안전율은 담금질한 강철에 대하여 5 이상이어야 한다.

★★
44 다음 중 산업재해예방의 기본 원칙에 속하지 않는 것은?

① 원인규명의 원칙　② 대책선정의 원칙
③ 손실우연의 원칙　④ 원인연계의 원칙

해설 재해(사고)예방의 4원칙

㉠ 손실우연의 원칙
  • 재해손실은 사고발생 조건에 따라 달라지므로, 우연에 의해 재해손실이 결정됨
  • 따라서, 우연에 의해 좌우되는 재해손실 방지보다는 사고발생 자체를 방지해야 함
㉡ 예방가능의 원칙
  • 천재를 제외한 모든 인재는 예방이 가능함
  • 사고발생 후 조치보다 사고의 발생을 미연에 방지하는 것이 중요함
㉢ 원인연계의 원칙
  • 사고와 손실은 우연이지만, 사고와 원인은 필연임
  • 재해는 반드시 원인이 있음
㉣ 대책선정의 원칙
  • 재해원인은 제각각이므로 정확히 규명하여 대책을 선정하여야 함
  • 재해예방의 대책은 3E(Engineering, Education, Enforcement)가 모두 적용되어야 효과를 거둠

45 다음 중 OR회로의 설명으로 옳은 것은?

① 입력신호가 모두 '0'이면 출력신호가 '1'이 됨
② 입력신호가 모두 '0'이면 출력신호가 '0'이 됨
③ 입력신호가 '1'과 '0'이면 출력신호가 '0'이 됨
④ 입력신호가 '0'과 '1'이면 출력신호가 '0'이 됨

해설 논리합(OR)회로

하나의 입력만 있어도 출력이 나타나는 회로이며, 'A' OR 'B' 즉, 병렬회로이다.

$$X = A + B$$
(논리합)

∥ 논리기호 ∥　　**∥ 논리식 ∥**　　**∥ 스위치회로(병렬) ∥**

입력		출력
A	B	X
0	0	0
0	1	1
1	0	1
1	1	1

접점 A 혹은 B가 닫히면 X가 동작하고 접점 출력 X가 닫혀 부하 L을 동작시킨다.

∥ 릴레이회로 ∥　**∥ 진리표 ∥**　**∥ 동작시간표 ∥**

★★★
46 되먹임제어에서 가장 필요한 장치는?

① 입력과 출력을 비교하는 장치
② 응답속도를 느리게 하는 장치
③ 응답속도를 빠르게 하는 장치
④ 안정도를 좋게 하는 장치

해설 되먹임(폐루프, 피드백, 궤환)제어

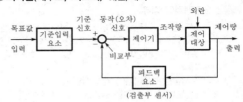

∥ 출력 피드백제어(output feedback control) ∥

㉠ 출력, 잠재외란, 유용한 조절변수인 제어대상을 가지는 일반화된 공정이다.
㉡ 적절한 측정기를 사용하여 검출부에서 출력(유속, 압력, 액위, 온도)값을 측정한다.
㉢ 검출부의 지시값을 목표값과 비교하여 오차(편차)를 확인한다.
㉣ 오차(편차)값은 제어기로 보내진다.
㉤ 제어기는 오차(편차)의 크기를 줄이기 위해 조작량의 값을 바꾼다.
㉥ 제어기는 조작량에 직접 영향이 미치지 않고 최종 제어요소인 다른 장치(보통 제어밸브)를 통하여 영향을 준다.
㉦ 미흡한 성능을 갖는 제어대상은 피드백에 의해 목표값과 비교하여 일치하도록 정정동작을 한다.
㉧ 상태를 교란시키는 외란의 영향에서 출력값을 원하는 수준으로 유지하는 것이 제어 목적이다.
㉨ 안정성이 향상되고, 선형성이 개선된다.
㉩ 종류에는 비례동작(P), 비례-적분동작(PI), 비례-적분-미분동작(PID)제어기가 있다.

47 전동기의 점검항목이 아닌 것은?

① 발열이 현저한 것
② 이상음이 있는 것
③ 라이닝의 마모가 현저한 것
④ 연속으로 운전하는데 지장이 생길 염려가 있는 것

해설 전동기의 점검 및 조치사항

주기	점검	점검사항	조치사항
일	사용 중인 전동기	• 소음 및 진동 여부 점검 • 브래킷의 베어링 부위를 만져보아 베어링 온도 측정	• 이상진동, 소음 및 베어링이 뜨거울 경우 원인조사 및 수리 • 과부하나 비정상적으로 운전될 경우 운전을 멈추고 원인 제거
주	미사용 전동기	손으로 축을 돌려 보아서 이상 유무 점검	비정상적일 경우 원인조사 및 수리
	전기장치	• 절연저항 측정 • 접지 상태 점검	절연저하 또는 부적당한 접지일 경우 원인조사 및 수리
월	전동기와 기동기	• 절연저항 측정 • 고정자 및 회전자 표면검사 • 터미널 이완 여부 점검 • 윤활 부분의 점검 • 브러시의 마모 상태 • 슬립링의 표면 상태	• 절연저하 시 원인조사 및 수리 • 더러운 면 소재 • 느슨한 경우 • 그리스 주입 베어링 교체 • 소모부품 교체
3개월	전기회로	절연저항 측정	허용한계 이하로 측정될 경우 건조 또는 수리(시험전압 500~1,000V 이상 : 1MΩ 이상, 250V 이하 : 0.5MΩ 이상)
6개월	부하기기	• 기동기 및 부속장치의 운전 상태 점검 • 터미널의 이완 상태 점검	• 이상 운전 시 원인조사 및 수리 • 결함 또는 그슬린 부분은 수리하고 필요 시 교체 • 느슨한 터미널 접속부 죔
	전동기	전동기의 모든 체결 부위 점검	• 풀린 볼트, 너트는 죔 • 결함이 있는 볼트, 너트는 교체
연	전동기	• 고정자와 회전자간 공극 측정 • 베어링의 이상 유무 점검 • 브러시의 압력 점검	• 손상된 베어링 교체 • 샤프트와 베어링 소제 • 마모부품 교체
	스페어 파트 (spare part)	• 수량 점검 • 절연저항 점검	• 파트 리스트(part list)에 의해 점검 • 절연저하 시 원인조사, 건조, 수리

48 유압용 엘리베이터에서 가장 많이 사용하는 펌프는?

① 기어펌프 ② 스크루펌프
③ 베인펌프 ④ 피스톤펌프

해설 펌프의 종류
㉠ 일반적으로 원심력식, 가변 토출량식, 강제 송유식(가장 많이 사용됨) 등이 있다.
㉡ 강제 송유식의 종류에는 기어펌프, 베인펌프, 스크루펌프(소음이 적어서 많이 사용됨) 등이 있다.
㉢ 스크루펌프(screw pump)는 케이싱 내에 1~3개의 나사 모양의 회전자를 회전시키고, 유체는 그 사이를 채워서 나아가도록 되어 있는 펌프이다. 유체에 회전운동을 주지 않기 때문에 운전이 조용하고, 효율도 높아서 유압용 펌프에 사용되고 있다.

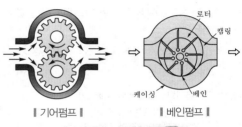

▮ 기어펌프 ▮   ▮ 베인펌프 ▮

▮ 스크루펌프 ▮

49 3상 유도전동기를 역회전 동작시키고자 할 때의 대책으로 옳은 것은?

① 퓨즈를 조사한다.
② 전동기를 교체한다.
③ 3선을 모두 바꾸어 결선한다.
④ 3선의 결선 중 임의의 2선을 바꾸어 결선한다.

해설 3상 교류인 3개의 단자 중 어느 2개의 단자를 서로 바꾸어 접속하면 1차 권선에 흐르는 상회전 방향이 반대가 되므로 자장의 회전방향도 바뀌어 역회전을 한다.

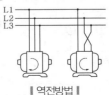

▮ 역전방법 ▮

50 카 상부에서 행하는 검사가 아닌 것은?

① 완충기 점검
② 주로프 점검
③ 가이드 슈 점검
④ 도어개폐장치 점검

해설 피트에서 하는 점검항목
㉠ 피트 바닥, 과부하감지장치
㉡ 완충기, 하부 파이널 리밋스위치, 카 비상멈춤장치스위치
㉢ 조속기로프 및 기타 당김도르래, 균형로프 및 부착부, 균형추 밑부분 틈새, 이동케이블 및 부착부
㉣ 카 하부 도르래, 피트 내의 내진대책

51 시퀀스회로에서 일종의 기억회로라고 할 수 있는 것은?

① AND회로
② OR회로
③ NOT회로
④ 자기유지회로

해설 자기유지회로(self hold circuit)

㉠ 전자계전기(X)를 조작하는 스위치(BS₁)와 병렬로 그 전자계전기의 a접점이 접속된 회로, 예를 들면 누름단추 스위치(BS₂)를 온(on)했을 때, 스위치가 닫혀 전자계전기가 여자(excitation)되면 그것의 a접점이 닫히기 때문에 누름단추 스위치(BS₁)를 떼어도(스위치가 열림) 전자계전기는 누름단추 스위치(BS₂)를 누를 때까지 여자를 계속한다. 이것을 자기유지라고 하는데 자기유지회로는 전동기의 운전 등에 널리 이용된다.

㉡ 여자(excitation) : 전자계전기의 전자코일에 전류가 흘러 전자석으로 되는 것이다.

㉢ 전자계전기(electromagnetic relay) : 전자력에 의해 접점(a, b)을 개폐하는 기능을 가진 장치로서, 전자코일에 전류가 흐르면 고정철심이 전자석으로 되어 철편이 흡입되고, 가동접점은 고정 접점에 접촉된다. 전자코일에 전류가 흐르지 않아 고정철심이 전자력을 잃으면 가동접점은 스프링의 힘으로 복귀되어 원상태로 된다. 일반제어회로의 신호전달을 위한 스위칭회로뿐만 아니라 통신기기, 가정용 기기 등에 폭넓게 이용되고 있다.

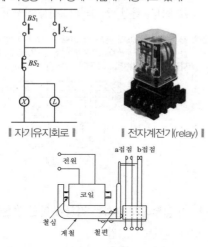

‖ 자기유지회로 ‖ 　　 ‖ 전자계전기(relay) ‖

‖ 전자계전기의 구조 ‖

52 콤에 대한 설명으로 옳은 것은?

① 홈에 맞물리는 각 승강장의 갈라진 부분
② 전기안전장치로 구성된 전기적인 안전시스템의 부분
③ 에스컬레이터 또는 무빙워크를 둘러싸고 있는 외부측 부분
④ 스텝, 팔레트 또는 벨트와 연결되는 난간의 수직 부분

해설 디딤판(step)과 부속품

㉠ 콤(comb) : 에스컬레이터 및 수평보행기의 승강구에 있어서 디딤판(step) 또는 발판 윗면의 홈과 맞물려 발을 보호하기 위한 것으로, 물건 등이 끼어 과도한 힘이 걸릴 경우 안전상 콤의 톱니 끝단이 부러지도록 플라스틱재가 사용된다.

㉡ 라이저(riser) : 디딤판(step)과 디딤판 사이의 수직면, 에스컬레이터의 스텝 라이저에는 인접하는 디딤판과 디딤판과의 틈새에 발끝이 끼지 않도록 하기 위해 설치된다.

㉢ 클리트(cleat) : 에스컬레이터 디딤면 및 라이저 또는 수평보행기의 디딤면에 만들어져 있는 홈을 말한다.

‖ 승강장 스텝 ‖ 　 ‖ 콤(comb) ‖ 　 ‖ 클리트(cleat) ‖

★★★
53 유압장치의 보수, 점검, 수리 시에 사용되고, 일명 게이트밸브라고도 하는 것은?

① 스톱밸브
② 사이렌서
③ 체크밸브
④ 필터

해설 유압회로의 구성요소

  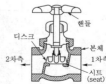

‖ 스톱밸브 ‖

㉠ 스톱밸브(stop valve) : 유압 파워유닛과 실린더 사이의 압력배관에 설치되며, 이것을 닫으면 실린더의 기름이 파워유닛으로 역류하는 것을 방지한다. 유압장치의 보수, 점검 또는 수리 등을 할 때에 사용되며, 일명 게이트밸브라고도 한다.

㉡ 사이렌서(silencer) : 자동차의 머플러와 같이 작동유의 압력 맥동을 흡수하여 진동·소음을 감소하는 역할을 한다.

㉢ 역류제지밸브(check valve) : 한쪽 방향으로만 기름이 흐르도록 하는 밸브로서 상승방향으로는 흐르지만 역방향으로는 흐르지 않는다. 이것은 정전이나 그 이외의 원인으로 펌프의 토출압력이 떨어져서 실린더의 기름이 역류하여 카가 자유낙하하는 것을 방지하는 역할을 하는 것으로 로프식 엘리베이터의 전자브레이크와 유사하다.

㉣ 필터(filter) : 실린더에 쇳가루나 이물질이 들어가는 것을 방지(실린더 손상 방지)하기 위해 설치하며, 펌프의 흡입측에 부착하는 것을 스트레이너라 하고, 배관 중간에 부착하는 것을 라인필터라 한다.

54 회전운동을 직선운동, 왕복운동, 진동 등으로 변환하는 기구는?

① 링크기구　　　　② 슬라이더
③ 캠　　　　　　　④ 크랭크

🔧해설 **캠(cam)**

㉠ 캠은 회전운동을 직선운동, 왕복운동, 진동 등으로 변환하는 장치
㉡ 평면 곡선을 이루는 캠 : 판캠, 홈캠, 확동캠, 직동캠 등
㉢ 입체적인 모양의 캠 : 단면캠, 원뿔캠, 경사판캠, 원통캠, 구면(球面)캠, 엔드캠 등

 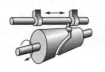

┃ 단면캠 ┃　　┃ 원뿔캠 ┃　　┃ 경사판캠 ┃

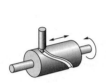

┃ 원통캠 ┃　　┃ 구면캠 ┃

★
55 다음 중 입체 캠이 아닌 것은?

① 원뿔캠　　　　② 판캠
③ 구면캠　　　　④ 경사판캠

🔧해설 **캠(cam)**

㉠ 캠은 회전운동을 직선운동, 왕복운동, 진동 등으로 변환하는 장치
㉡ 평면 곡선을 이루는 캠 : 판캠, 홈캠, 확동캠, 직동캠 등
㉢ 입체적인 모양의 캠 : 단면캠, 원뿔캠, 경사판캠, 원통캠, 구면(球面)캠, 엔드캠 등

┃ 단면캠 ┃　　┃ 원뿔캠 ┃　　┃ 경사판캠 ┃

┃ 원통캠 ┃　　┃ 구면캠 ┃

56 전선의 길이를 고르게 2배로 늘리면 단면적은 1/2로 된다. 이때의 저항은 처음의 몇 배가 되는가?

① 4배　　　　② 3배
③ 2배　　　　④ 1.5배

🔧해설 ㉠ 전선의 길이를 늘이면 체적은 변하지 않으므로 길이가 n배로 되면, 단면적은 $\dfrac{1}{n}$배로 줄어든다.

㉡ $R' = \rho \dfrac{nl}{A/n} = n^2 \rho \dfrac{l}{A}$ (길이를 n배로 늘리면 저항은 n^2배로 증가)

㉢ 따라서 $n^2 = 2^2 = 4$배로 증가한다.

57 크레인, 엘리베이터, 공작기계, 공기압축기 등의 운전에 가장 적합한 전동기는?

① 직권전동기　　　　② 분권전동기
③ 차동복권전동기　　④ 가동복권전동기

🔧해설 **가동복권전동기**

㉠ 직권계자권선에 의하여 발생되는 자속이 분권계자권선에 의하여 발생되는 자속과 같은 방향이 되어 합성자속이 증가하는 구조의 전동기이다.
㉡ 속도변동률이 분권전동기보다 큰 반면에 기동토크도 크므로 크레인, 엘리베이터, 공작기계, 공기압축기 등에 널리 이용된다.

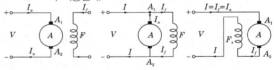

(a) 타여자전동기　(b) 분권전동기　(c) 직권전동기

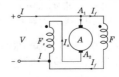 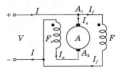

(d) 가동복권전동기　　(e) 차동복권전동기

여기서, A : 전기자, F : 분권 또는 타여자계자권선
F_s : 직권계자권선　I : 전동기전류(A)
I_a : 전기자전류(A), I_f : 분권 또는 타여자 계자전류(A)

┃ 직류전동기의 종류 ┃

★★★
58 전기기기의 충전부와 외함 사이의 저항은?

① 절연저항
② 접지저항
③ 고유저항
④ 브리지저항

해설 절연저항(insulation resistance)

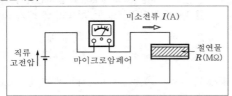

절연물에 직류전압을 가하면 아주 미세한 전류가 흐른다. 이때 전압과 전류의 비로 구한 저항을 절연저항이라 하고, 충전부분에 물기가 있으면 보통보다 대단히 낮은 저항이 된다. 누설되는 전류가 많게 되고, 절연저항이 저하하면 감전이나 과열에 의한 화재 및 쇼크 등의 사고가 뒤따른다.

59 유도전동기의 속도제어방법이 아닌 것은?

① 전원전압을 변화시키는 방법
② 극수를 변화시키는 방법
③ 주파수를 변화시키는 방법
④ 계자저항을 변화시키는 방법

해설 유도전동기의 속도제어법

㉠ 2차 여자법 : 2차 권선에 외부의 전류를 통해 자계를 만들고, 그 작용으로 속도를 제어한다.
㉡ 주파수변환 : 주파수는 고정자에 입력되는 3상 교류전원의 주파수를 뜻하며, 이 주파수를 조정하는 것은 전원을 조절한다는 것이고, 동기속도가 전원주파수에 비례하는 성질을 이용하여 원활한 속도제어를 한다.
㉢ 2차 저항제어 : 회전자권선(2차 권선)에 접속한 저항값의 증감법이다.
㉣ 극수변환 : 동기속도가 극수에 반비례하는 성질을 이용, 권선의 접속을 바꾸는 방법과 극수가 서로 다른 2개의 독립된 권선을 감는 방법 등이 있다. 비교적 효율이 좋고 자주 속도를 변경할 필요가 있으며 계단적으로 속도변경이 필요한 부하에 사용된다.
㉤ 전압제어 : 유도기의 토크는 전원전압의 제곱에 비례하기 때문에 1차 전압을 제어하여 속도를 제어한다

60 배선용 차단기의 기호(약호)는?

① S
② DS
③ THR
④ MCCB

해설 배선용 차단기(Molded Case Circuit Breaker)

저압 옥내 전로의 보호를 위하여 사용한다. 개폐기구, 트립장치 등을 절연물의 용기 내에 조립한 것으로 통전 상태의 전로를 수동 또는 전기 조작에 의하여 개폐가 가능하고 과부하, 단락사고 시 자동으로 전로를 차단하는 기구이다.

2022년 제2회 기출복원문제

※ 본 문제는 수험생들의 협조에 의해 작성되었으며, 시험내용과 일부 다를 수 있습니다.

01 승객이나 운전자의 마음을 편하게 해 주는 장치는?

① 통신장치
② 관제운전장치
③ 구출운전장치
④ BGM(Back Ground Music)장치

해설 BGM은 Back Ground Music의 약자로 카 내부에 음악을 방송하기 위한 장치이다.

02 다음 중 간접식 유압엘리베이터의 특징으로 옳지 않은 것은?

① 실린더를 설치하기 위한 보호관이 필요하지 않다.
② 실린더 길이가 직접식에 비하여 짧다.
③ 비상정지장치가 필요하지 않다.
④ 실린더의 점검이 직접식에 비하여 쉽다.

해설 간접식 유압엘리베이터

플런저의 선단에 도르래를 놓고 로프 또는 체인을 통해 카를 올리고 내리며, 로핑에 따라 1 : 2, 1 : 4, 2 : 4의 방식이 있다.

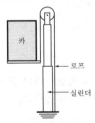

㉠ 실린더를 설치하기 위한 보호관이 필요하지 않다.
㉡ 실린더의 점검이 쉽다.
㉢ 승강로는 실린더를 수용할 부분만큼 더 커지게 된다.
㉣ 비상정지장치가 필요하다.
㉤ 로프의 늘어짐과 작동유의 압축성(의외로 크다) 때문에 부하에 의한 카 바닥의 빠짐이 비교적 크다.

03 카와 균형추에 대한 로프 거는 방법으로 2 : 1 로핑방식을 사용하는 경우 그 목적으로 가장 적절한 것은?

① 로프의 수영을 연장하기 위하여
② 속도를 줄이거나 적재하중을 증가시키기 위하여
③ 로프를 교체하기 쉽도록 하기 위하여
④ 무부하로 운전할 때를 대비하기 위하여

해설 카와 균형추에 대한 로프 거는 방법

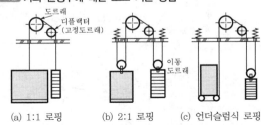

(a) 1 : 1 로핑   (b) 2 : 1 로핑   (c) 언더슬럼식 로핑

‖ 로핑 ‖

㉠ 1 : 1 로핑
• 일반적으로 승객용에 사용된다(속도를 줄이거나 적재용량 늘리기 위하여 2 : 1, 4 : 2도 승객용에 채용함).
• 로프장력은 카(또는 균형추)의 중량과 로프의 중량을 합한 것이다.
㉡ 2 : 1 로핑
• 1 : 1 로핑 장력의 1/2이 된다.
• 시브에 걸리는 부하도 1 : 1의 1/2이 된다.
• 카의 정격속도의 2배의 속도로 로프를 구동하여야 한다.
• 기어식 권상기에서는 30m/min 미만의 엘리베이터에서 많이 사용한다.
㉢ 3 : 1, 4 : 1, 6 : 1 로핑
• 대용량의 저속 화물용 엘리베이터에 사용되기도 한다.
• 결점으로는 와이어로프의 총 길이가 길게 되고 수명이 짧아지며 종합효율이 저하된다.
㉣ 언더슬럼식은 꼭대기의 틈새를 작게 할 수 있지만 최근에는 유압식 엘리베이터의 발달로 인해 사용을 안 한다.

04 다음 중 승강기 도어시스템과 관계없는 부품은?

① 브레이스 로드   ② 연동로프
③ 캠   ④ 행거

해설 카 틀(car frame)

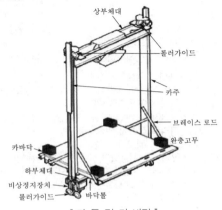

‖ 카 틀 및 카 바닥 ‖

정답 01. ④ 02. ③ 03. ② 04. ①

○ 상부 체대 : 카주 위에 2본의 종 프레임을 연결하고 메인 로프에 하중을 전달하는 것을 말한다.

○ 카주 : 하부 프레임의 양단에서 하중을 지탱하는 2본의 기둥이다.

○ 하부 체대 : 카 바닥의 하부 중앙에 바닥의 하중을 받쳐주는 것을 말한다.

○ 브레이스 로드(brace rod) : 카 바닥과 카주의 연결재이며, 카 바닥에 걸리는 하중은 분포하중으로 전하중의 3/8은 브레이스 로드에서 분담한다.

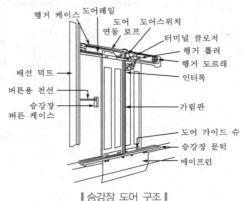

▌승강장 도어 구조 ▌

05 트랙션권상기의 특징으로 틀린 것은?

① 소요동력이 적다.
② 행정거리의 제한이 없다.
③ 주로프 및 도르래의 마모가 일어나지 않는다.
④ 권과(지나치게 감기는 현상)를 일으키지 않는다.

▨ 해설 **권상기(traction machine)**

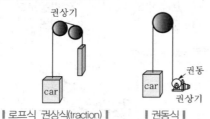

▌로프식 권상식(traction) ▌   ▌권동식 ▌

○ 트랙션식 권상기의 형식
  • 기어드(geared)방식 : 전동기의 회전을 감속시키기 위해 기어를 부착한다.
  • 무기어(gearless)방식 : 기어를 사용하지 않고, 전동기의 회전축에 권상도르래를 부착시킨다.
○ 트랙션식 권상기의 특징
  • 균형추를 사용하기 때문에 소요 동력이 적다
  • 도르래를 사용하기 때문에 승강행정에 제한이 없다.
  • 로프를 마찰로서 구동하기 때문에 지나치게 감길 위험이 없다.

06 와이어로프의 특징으로 잘못된 것은?

① 소선의 재질이 균일하고 인상이 우수
② 유연성이 좋고 내구성 및 내부식성이 우수
③ 그리이스 저장능력이 좋아야 한다.
④ 로프 중심에 사용되는 심강의 경도가 낮다.

▨ 해설 **엘리베이터용 와이어로프의 특징**

○ 유연성이 좋고 내구성 및 내부식성이 우수
○ 소선의 재질이 균일하고 인성이 우수
○ 로프 중심에 사용되는 심강의 경도가 높음
○ 그리이스 저장능력이 뛰어남

★★
07 승객용 엘리베이터의 적재하중 및 최대 정원을 계산할 때 1인당 하중의 기준은 몇 kg인가?

① 63   ② 65
③ 67   ④ 70

▨ 해설 **카의 유효면적, 정격하중 및 정원**

○ 정격하중(rated load) : 엘리베이터의 설계된 적재하중을 말한다.
○ 화물용 엘리베이터의 정격하중은 카의 면적 $1m^2$당 250kg으로 계산한 값 이상으로 하고 자동차용 엘리베이터의 정격하중은 카의 면적 $1m^2$당 150kg으로 계산한 값 이상으로 한다.
○ 정원은 다음 식에서 계산된 값을 가장 가까운 정수로 버림한 값이어야 한다.

$$정원 = \frac{정격하중}{65}$$

08 구동체인이 늘어나거나 절단되었을 경우 아래로 미끄러지는 것을 방지하는 안전장치는?

① 스텝체인 안전장치
② 정지스위치
③ 인입구 안전장치
④ 구동체인 안전장치

▨ 해설 **구동체인 안전장치(driving chain safety device)**

▌조립도 ▌

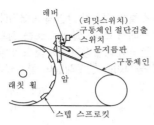

‖안전장치 상세도‖

㉠ 구동기와 주 구동장치(main drive) 사이의 구동체인이 상승 중 절단되었을 때 승객의 하중에 의해 하강운전을 일으키면 위험하므로 구동체인 안전장치가 필요하다.

㉡ 구동체인 위에 항상 문지름판이 구동되면서 구동체인의 늘어짐을 감지하여 만일 체인이 느슨해지거나 끊어지면 슈가 떨어지면서 브레이크 래칫이 브레이크 휠에 걸려 주 구동장치의 하강방향의 회전을 기계적으로 제지한다.

㉢ 안전스위치를 설치하여 안전장치의 동작과 동시에 전원을 차단한다.

09 펌프의 출력에 대한 설명으로 옳은 것은?

① 압력과 토출량에 비례한다.
② 압력과 토출량에 반비례한다.
③ 압력에 비례하고, 토출량에 반비례한다.
④ 압력에 반비례하고, 토출량에 비례한다.

해설 펌프(pump)

㉠ 펌프의 출력은 유압과 토출량에 비례한다.

㉡ 동일 플런저라면 유압이 높을수록 큰 하중을 들 수 있고, 토출량이 많을수록 속도가 크게 될 수 있다.

㉢ 일반적인 유압은 10~60kg/cm², 토출량은 50~1,500ℓ/min 정도이며 모터는 2~50kW 정도이다. 이 펌프로 구동되는 엘리베이터의 능력은 300~10,000kg, 속도는 10~60m/min 정도이다.

10 유압장치의 보수 점검 및 수리 등을 할 때 사용되는 장치로서 이것을 닫으면 실린더의 기름이 파워유닛으로 역류하는 것을 방지하는 장치는?

① 제지밸브
② 스톱밸브
③ 안전밸브
④ 럽처밸브

해설 스톱밸브(stop valve)

유압 파워유닛과 실린더 사이의 압력배관에 설치되며, 이것을 닫으면 실린더의 기름이 파워유닛으로 역류하는 것을 방지한다. 유압장치의 보수, 점검 또는 수리 등을 할 때에 사용되며, 일명 게이트밸브라고도 한다.

11 ★ 엘리베이터가 비상정지 시 균형로프가 튀어오르는 것을 방지하기 위해 설치하는 것은?

① 슬로다운 스위치
② 록다운 비상정지장치
③ 파킹스위치
④ 각 층 강제 정지운전 스위치

해설 튀어오름방지장치(제동 또는 록다운 장치)

㉠ 카 하부에서 균형추 하부까지 연결되는 균형로프(불평형 하중 보상)을 안내하는 도르래는 견고히 설치하고 가이드레일에 상승방향 비상정지장치를 부착한다.

㉡ 카와 균형추에서 내리는 로프도 충분한 강도로 인장시켜 카의 비상정지장치가 작동 시 균형추, 와이어로프 등이 튀어오르지 못하도록 한다.

㉢ 4m/s 이상의 엘리베이터에 설치된다.

㉣ 순간식 비상정지장치로 적용된다.

12 구조에 따라 분류한 유압식 엘리베이터의 종류가 아닌 것은?

① 직접식
② 간접식
③ 팬터그래프식
④ VVVF식

해설 유압식 엘리베이터의 종류

펌프에서 토출된 작동유로 플런저(plunger)를 작동시켜 카를 승강시키는 것을 유압식 엘리베이터라 한다.

㉠ 직접식 : 플런저의 직상부에 카를 설치한 것

㉡ 간접식 : 플런저의 선단에 도르래를 놓고 로프 또는 체인을 통해 카를 올리고 내리며, 로핑에 따라 1 : 2, 1 : 4, 2 : 4의 로핑이 있다.

㉢ 팬터그래프식 : 카는 팬터그래프의 상부에 설치하고, 실린더에 의해 팬터그래프를 개폐한다.

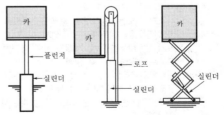

‖직접식‖ ‖간접식(1 : 2 로핑)‖ ‖팬터그래프식‖

13 다음 빈칸의 내용으로 적당한 것은?

> 덤웨이터는 사람이 탑승하지 않으면서 적재용량이 (   )kg 이하인 것으로서 소형화물(서적, 음식물 등) 운반에 적합하게 제작된 엘리베이터이다.

① 200   ② 300
③ 500   ④ 1,000

해설 덤웨이터 및 간이리프트

∥ 덤웨이터 ∥

㉠ 덤웨이터 : 사람이 탑승하지 않으면서 적재용량이 300kg 이하인 것으로서 소형화물(서적, 음식물 등) 운반에 적합하게 제작된 엘리베이터일 것 다만, 바닥 면적이 0.5m² 이하이고 높이가 0.6m 이하인 엘리베이터는 제외
㉡ 간이리프트 : 안전규칙에서 동력을 사용하여 가이드레일을 따라 움직이는 운반구를 매달아 소형 화물 운반만을 주목적으로 하는 승강기와 유사한 구조로서 운반구의 바닥면적이 1m² 이하이거나 천장높이가 1.2m 이하인 것

14 감전이나 전기화상을 입을 위험이 있는 작업에 반드시 갖추어야 할 것은?

① 보호구
② 구급용구
③ 위험신호장치
④ 구명구

해설 감전에 의한 위험대책

㉠ 전기설비의 점검을 철저히 할 것
㉡ 전기기기에 위험 표시
㉢ 유자격자 이외는 전기기계 및 기구에 접촉 금지
㉣ 설비의 필요한 부분에는 보호접지 실시
㉤ 전동기, 변압기, 분전반, 개폐기 등의 충전부가 노출된 부분에는 절연방호조치 점검
㉥ 화재폭발의 위험성이 있는 장소에서는 법규에 의해 방폭구조 전기기계의 사용 의무화
㉦ 고전압선로와 충전부에 근접하여 작업하는 작업자의 보호구 착용
㉧ 안전관리자는 작업에 대한 안전교육 시행

15 에스컬레이터 각 난간의 꼭대기에는 정상운행 조건하에서 스텝, 팔레트 또는 벨트의 실제속도와 관련하여 동일방향으로 몇 %의 공차가 있는 속도로 움직이는 핸드레일이 설치되어야 하는가?

① 0~2   ② 4~5
③ 7~9   ④ 10~12

해설 핸드레일 시스템

∥ 핸드레일 ∥

∥ 팔레트 ∥

㉠ 각 난간의 꼭대기에는 정상운행 조건하에서 스텝, 팔레트 또는 벨트의 실제속도와 관련하여 동일 방향으로 −0%에서 +2%의 공차가 있는 속도로 움직이는 핸드레일이 설치되어야 한다.
㉡ 핸드레일은 정상운행 중 운행방향의 반대편에서 450N의 힘으로 당겨도 정지되지 않아야 한다.
㉢ 핸드레일 속도감시장치가 설치되어야 하고 에스컬레이터 또는 무빙워크가 운행하는 동안 핸드레일 속도가 15초 이상 동안 실제속도보다 −15% 이상 차이가 발생하면 에스컬레이터 및 무빙워크를 정지시켜야 한다.

★★★★

16 도어인터록 장치의 구조로 가장 옳은 것은?

① 도어스위치가 확실히 걸린 후 도어인터록이 들어가야 한다.
② 도어스위치가 확실히 열린 후 도어인터록이 들어가야 한다.
③ 도어록 장치가 확실히 걸린 후 도어스위치가 들어가야 한다.
④ 도어록 장치가 확실히 열린 후 도어스위치가 들어가야 한다.

해설 도어인터록(door interlock) 및 클로저(closer)

 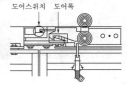

○ 도어인터록(door interlock)
- 카가 정지하지 않는 층의 도어는 전용열쇠를 사용하지 않으면 열리지 않는 도어록과 도어가 닫혀 있지 않으면 운전이 불가능하도록 하는 도어스위치로 구성된다.
- 닫힘동작 시는 도어록이 먼저 걸린 상태에서 도어스위치가 들어가고 열림동작 시는 도어스위치가 끊어진 후 도어록이 열리는 구조(직렬)이며, 엘리베이터의 안전장치 중에서 승강장의 도어 안전장치로 가장 중요하다.
○ 도어 클로저(door closer)
- 승강장의 문이 열린 상태에서 모든 제약이 해제되면 자동적으로 닫히게 하여 문의 개방 상태에서 생기는 2차 재해를 방지하는 문의 안전장치이며, 전기적인 힘이 없어도 외부 문을 닫아주는 역할을 한다.
- 스프링 클로저 방식 : 레버시스템, 코일스프링과 도어체크가 조합된 방식
- 웨이트(weight) 방식 : 줄과 추를 사용하여 도어체크(문이 자동으로 천천히 닫히게 하는 장치)를 생략한 방식

■ 스프링 클로저 ■

■ 웨이트 클로저 ■

17 균형로프의 주된 사용 목적은?

① 카의 소음진동을 보상
② 카의 위치 변화에 따른 주로프 무게를 보상
③ 카의 밸런스 보상
④ 카의 적재하중 변화를 보상

해설 **견인비의 보상방법**

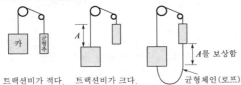

트랙션비가 적다. 트랙션비가 크다. 균형체인 (로프)

○ 견인비(traction ratio)
- 카측 로프가 매달고 있는 중량과 균형추 로프가 매달고 있는 중량의 비를 트랙션비라 하고, 무부하와 전부하 상태에서 체크한다.
- 견인비가 낮게 선택되면 로프와 도르래 사이의 트랙션 능력, 즉 마찰력이 작아도 되며, 로프의 수명이 연장된다.
○ 문제점
- 승강행정이 길어지면 로프가 어느 쪽(카측, 균형추측)에 있느냐에 따라 트랙션비는 크게 변화한다.
- 트랙션비가 1.35를 초과하면 로프가 시브에서 슬립(slip)되기가 쉽다.
○ 대책
- 카 하부에서 균형추의 하부로 주로프와 비슷한 단위중량의 균형(보상)체인이나 로프를 매단다(트랙션비를 작게 하기 위한 방법).

- 균형로프는 서로 엉키는 걸 방지하기 위하여 피트에 인장도르래를 설치한다.
- 균형로프는 100%의 보상효과가 있고 균형체인은 90%정도밖에 보상하지 못한다.
- 고속·고층 엘리베이터의 경우 균형체인(소음의 원인)보다는 균형로프를 사용한다.

■ 균형체인 ■

★★
18 중앙 개폐방식의 승강장 도어를 나타내는 기호는?

① 2S
② CO
③ UP
④ SO

해설 **승강장 도어 분류**

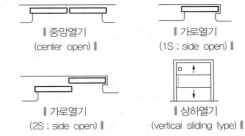

■ 중앙열기 (center open) ■
■ 가로열기 (1S ; side open) ■
■ 가로열기 (2S ; side open) ■
■ 상하열기 (vertical sliding type) ■

○ 중앙열기방식 : 1CO, 2CO
  (센터오픈 방식, Center Open)
○ 가로열기방식 : 1S, 2S, 3S
  (사이드오픈 방식, Side open)
○ 상하열기방식
- 2매, 3매 업(up)슬라이딩 방식 : 자동차용이나 대형 화물용 엘리베이터에서는 카 실을 완전히 개구할 필요가 있기 때문에 상승개폐(2up, 3up)도어를 많이 사용한다.
- 2매, 3매 상하열림(up, down)방식
○ 여닫이방식 : 1매 스윙, 2매 스윙(swing type)

19 와이어로프 가공방법 중 효과가 가장 우수한 것은?

해설 로프 가공 및 효율

㉠ 팀블 락크 가공법 : 파이프 형태의 알루미늄 합금 또는 강재의 슬리브에 로프를 넣고 프레스로 압축하여 슬리브가 로프 표면에 밀착되어 마찰에 의해 로프성질의 손상 없이 로프를 완전히 체결하는 방법이다. 로프의 절단 하중과 거의 동등한 효율을 가지며 주로 슬링용 로프에 많이 사용된다.

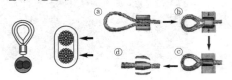

㉡ 단말가공 종류별 강도 효율

종류	형태	효율
소켓 (socket)	closed ━━ open	100%
팀블 (thimble)		• 24mm : 95% • 26mm : 92.5%
웨지 (wedge)		75~90%
아이스 플라이스 (eye splice)		• 6mm : 90% • 9mm : 88% • 12mm : 86% • 18mm : 82%
클립 (clip)		75~80%

20 사업장에서 승강기의 조립 또는 해체작업을 할 때 조치하여야 할 사항과 거리가 먼 것은?

① 작업을 지휘하는 자를 선임하여 지휘자의 책임 하에 작업을 실시할 것
② 작업 할 구역에는 관계근로자 외의 자의 출입을 금지시킬 것
③ 기상 상태의 불안정으로 인하여 날씨가 몹시 나쁠 때에는 그 작업을 중지시킬 것
④ 사용자의 편의를 위하여 야간작업을 하도록 할 것

해설 조립 또는 해체작업을 할 때 조치

㉠ 사업주는 사업장에 승강기의 설치·조립·수리·점검 또는 해체작업을 하는 경우 다음의 조치를 하여야 한다.
• 작업을 지휘하는 사람을 선임하여 그 사람의 지휘 하에 작업을 실시할 것
• 작업구역에 관계근로자가 아닌 사람의 출입을 금지하고 그 취지를 보기 쉬운 장소에 표시할 것
• 비, 눈, 그 밖에 기상 상태의 불안정으로 날씨가 몹시 나쁜 경우에는 그 작업을 중지시킬 것
㉡ 사업주는 작업을 지휘하는 사람에게 다음의 사항을 이행하도록 하여야 한다.

• 작업방법과 근로자의 배치를 결정하고 해당 작업을 지휘하는 일
• 재료의 결함 유무 또는 기구 및 공구의 기능을 점검하고 불량품을 제거하는 일
• 작업 중 안전대 등 보호구의 착용 상황을 감시하는 일

21 전기식 엘리베이터 자체점검 항목 중 피트에서 완충기 점검항목 중 B로 하여야 할 것은?

① 완충기의 부착이 불확실한 것
② 스프링식에서는 스프링이 손상되어 있는 것
③ 전기안전장치가 불량한 것
④ 유압식으로 유량 부족의 것

해설 전기식 엘리베이터 완충기 점검항목 및 방법

㉠ B(요주의)
• 완충기 본체 및 부착 부분의 녹 발생이 현저한 것
• 유입식으로 유량 부족의 것
㉡ C(요수리 또는 긴급수리)
• 위 ㉠항의 상태가 심한 것
• 완충기의 부착이 불확실한 것
• 스프링식에서는 스프링이 손상되어 있는 것

22 전기식 엘리베이터 자체점검 중 피트에서 하는 점검항목에서 과부하감지장치에 대한 점검 주기(회/월)는?

① 1/1   ② 1/3
③ 1/4   ④ 1/6

해설 피트에서 하는 점검항목 및 주기

㉠ 1회/1월 : 피트 바닥, 과부하감지장치
㉡ 1회/3월 : 완충기, 하부 파이널리밋스위치, 카 비상멈춤장치스위치
㉢ 1회/6월 : 조속기로프 및 기타 당김도르래, 균형로프 및 부착부, 균형추 밑 부분 틈새, 이동케이블 및 부착부
㉣ 1회/12월 : 카 하부 도르래, 피트 내의 내진대책

23 엘리베이터가 최종단층을 통과하였을 때 엘리베이터를 정지시키며 상승, 하강 양방향 모두 운행이 불가능하게 하는 안전장치는?

① 슬로다운스위치   ② 파킹스위치
③ 피트 정지스위치   ④ 파이널 리밋스위치

해설 리밋스위치(limit switch)

물체의 힘에 의해 동작부(구동장치)가 눌려서 접점이 온, 오프(on, off)한다.
㉠ 리밋스위치 : 엘리베이터가 운행할 때 최상·최하층을 지나치지 않도록 하는 장치로서 리밋스위치에 접촉되면 카를 감속 제어하여 정지시킬 수 있도록 한다.
㉡ 파이널 리밋스위치(final limit switch)

정답 20. ④ 21. ④ 22. ① 23. ④

▮ 리밋스위치 ▮

▮ 승강로에 설치된 리밋스위치 ▮

- 리밋스위치가 작동되지 않을 경우를 대비하여 리밋스위치를 지난 적당한 위치에 카가 현저히 지나치는 것을 방지하는 스위치이다.
- 전동기 및 브레이크에 공급되는 전원회로의 확실한 기계적 분리에 의해 직접 개방되어야 한다.
- 완충기에 충돌되기 전에 작동하여야 하며, 슬로다운 스위치에 의하여 정지되면 작용하지 않도록 설정한다.
- 파이널 리밋스위치의 작동 후에는 엘리베이터의 정상 운행을 위해 자동으로 복귀되지 않아야 한다.

★★

24 다음 중 카 실내에서 검사하는 사항이 아닌 것은?

① 도어스위치의 작동상태
② 전동기 주회로의 절연저항
③ 외부와 연결하는 통화장치의 작동상태
④ 승강장 출입구 바닥 앞부분과 카 바닥 앞부분과의 틈의 너비

🔧 해설 전동기 주회로의 절연저항 검사는 기계실에서 행하는 검사이다.

25 로프이탈방지장치를 설치하는 목적으로 부적절한 것은?

① 급제동 시 진동에 의해 주로프가 벗겨질 우려가 있는 경우
② 지진의 진동에 의해 주로프가 벗겨질 우려가 있는 경우
③ 기타의 진동에 의해 주로프가 벗겨질 우려가 있는 경우
④ 주로프의 파단으로 이탈할 경우

🔧 해설 **로프이탈방지장치**

급제동 시나 지진, 기타의 진동에 의해 주로프가 벗겨질 우려가 있는 경우에는 로프이탈방지장치 등을 설치하여야 한다. 다만, 기계실에 설치된 고정도르래 또는 도르래홈에 주로프가 1/2 이상 묻히거나 도르래 끝단의 높이가 주로프보다 더 높은 경우에는 제외한다.

26 승객용 엘리베이터에서 자동으로 동력에 의해 문을 닫는 방식에서의 문닫힘 안전장치의 기준에 부적합한 것은?

① 문닫힘동작 시 사람 또는 물건이 끼일 때 문이 반전하여 열려야 한다.
② 문닫힘 안전장치 연결전선이 끊어지면 문이 반전하여 닫혀야 한다.
③ 문닫힘 안전장치의 종류에는 세이프티 슈, 광전장치, 초음파장치 등이 있다.
④ 문닫힘 안전장치는 카 문이나 승강장 문에 설치되어야 한다.

🔧 해설 **문 작동과 관련된 보호**

㉠ 문이 닫히는 동안 사람이 끼이거나 끼이려고 할 때 자동으로 문이 반전되어 열리는 문닫힘 안전장치가 있어야 한다.
㉡ 문닫힘 동작 시 사람 또는 물건이 끼이거나 문닫힘 안전장치 연결전선이 끊어지면 문이 반전하여 열리도록 하는 문닫힘 안전장치(세이프티 슈·광전장치·초음파장치 등)가 카 문이나 승강장 문 또는 양쪽 문에 설치되어야 하며, 그 작동 상태는 양호하여야 한다.

▮ 세이프티 슈 설치 상태 ▮

투광기 　　검출부　　수광기
빛

▮ 광전장치 ▮

ⓒ 승강장 문이 카 문과의 연동에 의해 열리는 방식에서는 자동적으로 승강장의 문이 닫히는 쪽으로 힘을 작용시키는 장치이다.

ⓔ 엘리베이터가 정지한 상태에서 출입문의 닫힘동작에 우선하여 카 내에서 문을 열 수 있도록 하는 장치이다.

27 사고 예방 대책 기본 원리 5단계 중 3E를 적용하는 단계는?

① 1단계　　　　② 2단계
③ 3단계　　　　④ 5단계

해설 하인리히 사고방지 5단계

㉠ 1단계 : 안전관리조직
㉡ 2단계 : 사실의 발견
 • 사고 및 활동기록 검토
 • 안전점검 및 검사
 • 안전회의 토의
 • 사고조사
 • 작업분석
㉢ 3단계 : 분석 평가
 재해조사분석, 안전성 진단평가, 작업환경 측정, 사고기록, 인적·물적 조건조사 등
㉣ 4단계 : 시정책의 선정(인사조정, 교육 및 훈련방법 개선)
㉤ 5단계 : 시정책의 적용(3E, 3S)
 • 3E : 기술적, 교육적, 독려적
 • 3S : 표준화, 전문화, 단순화

28 안전점검 체크리스트 작성 시의 유의사항으로 가장 타당한 것은?

① 일정한 양식으로 작성할 필요가 없다.
② 사업장에 공통적인 내용으로 작성한다.
③ 중점도가 낮은 것부터 순서대로 작성한다.
④ 점검표의 내용은 이해하기 쉽도록 표현하고 구체적이어야 한다.

해설 점검표(check list)

㉠ 작성항목
 • 점검부분
 • 점검항목 및 점검방법
 • 점검시기
 • 판정기준
 • 조치사항
㉡ 작성 시 유의사항
 • 각 사업장에 적합한 독자적인 내용일 것
 • 일정 양식을 정하여 점검대상을 정할 것
 • 중점도(위험성, 긴급성)가 높은 것부터 순서대로 작성할 것
 • 정기적으로 검토하여 재해방지에 실효성 있게 개조된 내용일 것
 • 점검표의 양식은 이해하기 쉽도록 표현하고 구체적일 것

29 엘리베이터용 도어머신에 요구되는 성능이 아닌 것은?

① 가격이 저렴할 것
② 보수가 용이할 것
③ 작동이 원활하고 정숙할 것
④ 기동횟수가 많으므로 대형일 것

해설 도어머신(door machine)에 요구되는 조건

모터의 회전을 감속하여 암이나 로프 등을 구동시켜서 도어를 개폐시키는 것이며, 닫힌 상태에서 정전으로 갇혔을 때 구출을 위해 문을 손으로 열 수가 있어야 한다.

㉠ 작동이 원활하고 조용할 것
㉡ 카 상부에 설치하기 위해 소형 경량일 것
㉢ 동작횟수가 엘리베이터 기동횟수의 2배가 되므로 보수가 용이할 것
㉣ 가격이 저렴할 것

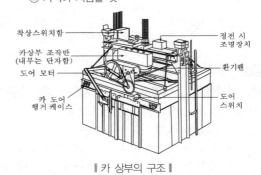

착상스위치함　　　　　　　　정전 시 조명장치
카상부 조작반
(내부는 단자함)　　　　　　　환기팬
도어 모터
　　　　　　　　　　　　　도어
카 도어　　　　　　　　　　스위치
행거 케이스

‖ 카 상부의 구조 ‖

30 가요성 호스 및 실린더와 체크밸브 또는 하강밸브 사이의 가요성 호스 연결장치는 전부하압력의 몇 배의 압력을 손상 없이 견뎌야 하는가?

① 2　　　　　　② 3
③ 4　　　　　　④ 5

해설 가요성 호스

㉠ 실린더와 체크밸브 또는 하강밸브 사이의 가요성 호스는 전부하압력 및 파열압력과 관련하여 안전율이 8 이상이어야 한다.
㉡ 가요성 호스 및 실린더와 체크밸브 또는 하강밸브 사이의 가요성 호스 연결장치는 전부하압력의 5배의 압력을 손상 없이 견뎌야 한다.
㉢ 가요성 호스는 다음과 같은 정보가 지워지지 않도록 표시되어야 한다.

• 제조업체명(또는 로고)
• 호스안전율, 시험압력 및 시험결과 등의 정보
ㄹ 가요성 호스는 호스제조업체에 의해 제시된 굽힘 반지
름 이상으로 고정되어야 한다.

31 사고원인이 잘못 설명된 것은?

① 인적 원인 : 불안전한 행동
② 물적 원인 : 불안전한 상태
③ 교육적인 원인 : 안전지식 부족
④ 간접 원인 : 고의에 의한 사고

해설 산업재해 원인의 분류
㉠ 직접 원인
  • 불안전한 행동(인적 원인)
  • 불안전한 상태(물적 원인)
㉡ 간접 원인
  • 기술적 원인 : 기계·기구, 장비 등의 방호설비, 경계
    설비, 보호구 정비 등의 기술적 결함
  • 교육적 원인 : 무지 경시 몰이해, 훈련 미숙, 나쁜 습
    관, 안전지식 부족 등
  • 신체적 원인 : 각종 질병, 피로, 수면 부족 등
  • 정신적 원인 : 태만, 반항, 불만, 초조, 긴장, 공포 등
  • 관리적 원인 : 책임감의 부족, 작업기준의 불명확, 점검
    보전제도의 결함, 부적절한 배치, 근로의욕 침체 등

32 재해의 발생 과정에 영향을 미치는 것에 해당되지 않는 것은?

① 개인의 성격적 결함
② 사회적 환경과 신체적 요소
③ 불안전한 행동과 불안전한 상태
④ 개인의 성별·직업 및 교육의 정도

해설 재해의 발생순서 5단계
유전적 요소와 사회적 환경 → 인적 결함 → 불안전한 행동
과 상태 → 사고 → 재해

33 건물에 에스컬레이터를 배열할 때 고려할 사항으로 틀린 것은?

① 엘리베이터 가까운 곳에 설치한다.
② 바닥 점유 면적을 되도록 작게 한다.
③ 승객의 보행거리를 줄일 수 있도록 배열한다.
④ 건물의 지지보 등을 고려하여 하중을 균등하게 분산시킨다.

해설 에스컬레이터 배열 시 고려사항
㉠ 지지보, 기둥 등에 균등하게 하중이 걸리는 위치에 배치
㉡ 동선 중심에 배치할 것(엘리베이터와 정면 현관의 중간
   정도)
㉢ 바닥면적을 작게, 승객의 시야가 넓게, 주행거리가 짧게 배치

34 추락에 의한 위험방지 중 유의사항으로 틀린 것은?

① 승강로 내 작업 시에는 작업공구, 부품 등
   이 낙하하여 다른 사람을 해하지 않도록
   할 것
② 카 상부 작업 시 중간층에는 균형추의 움
   직임에 주의하여 충돌하지 않도록 할 것
③ 카 상부 작업 시에는 신체가 카 상부 보호
   대를 넘지 않도록 하며 로프를 잡을 것
④ 승강장 도어 키를 사용하여 도어를 개방할
   때에는 몸의 중심을 뒤에 두고 개방하여
   반드시 카 유무를 확인하고 탑승할 것

해설 카 상부에서 보수점검 등을 할 때에는 반드시 보호장구 착
용을 의무화하고 카 상부에는 보호난간을 설치하여 작업자
가 추락 및 전도되지 않도록 한다. 카 상부에서 수동운전으
로 승강기의 상태점검 중 와이어로프를 잡으면, 손에 낀
장갑이 와이어로프에 말려서 손가락이 다치는 사고가 발생
되므로 로프는 잡지 말아야 한다.

35 기계실 바닥에 몇 m를 초과하는 단차가 있을 경우에는 보호난간이 있는 계단 또는 발판이 있어야 하는가?

① 0.3   ② 0.4
③ 0.5   ④ 0.6

해설 기계실 치수
㉠ 기계실 크기는 설비, 특히 전기설비의 작업이 쉽고 안전
   하도록 충분하여야 한다. 작업구역에서 유효높이는 2m
   이상이어야 하고 다음 사항에 적합하여야 한다.
   • 제어패널 및 캐비닛 전면의 유효 수평면적은 아래와
     같아야 한다.
     – 폭은 0.5m 또는 제어 패널·캐비닛의 전체 폭
       중에서 큰 값 이상
     – 깊이는 외함의 표면에서 측정하여 0.7m 이상
   • 수동 비상운전 수단이 필요하다면, 움직이는 부품의 유
     지보수 및 점검을 위한 유효 수평면적은 0.5m×0.6m
     이상이어야 한다.
㉡ 위 ㉠항에서 기술된 유효공간으로 접근하는 통로의 폭
   은 0.5m 이상이어야 한다. 다만, 움직이는 부품이 없는
   경우에는 0.4m로 줄일 수 있다. 이동을 위한 공간의 유
   효높이는 바닥에서부터 천장의 빔 하부까지 측정하여
   1.8m 이상이어야 한다.
㉢ 구동기의 회전부품 위로 0.3m 이상의 유효 수직거리가
   있어야 한다.
㉣ 기계실 바닥에 0.5m를 초과하는 단차가 있을 경우에는
   보호난간이 있는 계단 또는 발판이 있어야 한다.
㉤ 기계실 작업구역의 바닥 또는 작업구역 간 이동 통로의
   바닥에 폭이 0.05m 이상이고 0.5m 미만이며, 깊이가
   0.05m를 초과하는 함몰이 있거나 덕트가 있는 경우, 그
   함몰 부분 및 덕트는 방호되어야 한다. 폭이 0.5m를 초과
   하는 함몰은 위 ㉣항에 따른 단차로 고려되어야 한다.

36 전기 화재의 원인으로 직접적인 관계가 되지 않는 것은?

① 저항

② 누전

③ 단락

④ 과전류

해설 **전기화재의 원인**

㉠ 누전 : 전선의 피복이 벗겨져 절연이 불완전하여 전기의 일부가 전선 밖으로 새어나와 주변 도체에 흐르는 현상

㉡ 단락 : 접촉되어서는 안 될 2개 이상의 전선이 접촉되거나 어떠한 부품의 단자와 단자가 서로 접촉되어 과다한 전류가 흐르는 것

㉢ 과전류 : 전압이나 전류가 순간적으로 급격하게 증가하면 전력선에 과전류가 흘러서 전기제품이 파손될 염려가 있음

37 다음 중 불안전한 행동이 아닌 것은?

① 방호조치의 결함

② 안전조치의 불이행

③ 위험한 상태의 조장

④ 안전장치의 무효화

해설 **산업재해 직접원인**

㉠ 불안전한 행동(인적 원인)
- 안전장치를 제거, 무효화
- 안전조치의 불이행
- 불안전한 상태 방치
- 기계 장치 등의 지정외 사용
- 운전중인 기계, 장치 등의 청소, 주유, 수리, 점검 등의 실시
- 위험 장소에 접근
- 잘못된 동작 자세
- 복장, 보호구의 잘못 사용
- 불안전한 속도 조작
- 운전의 실패

㉡ 불안전한 상태(물적 원인)
- 물(物) 자체의 결함
- 방호장치의 결함
- 작업장소의 결함, 물의 배치 결함
- 보호구 복장 등의 결함
- 작업 환경의 결함
- 자연적 불안전한 상태
- 작업방법 및 생산 공정 결함

38 안전점검 시의 유의사항으로 틀린 것은?

① 여러 가지의 점검방법을 병용하여 점검한다.

② 과거의 재해발생 부분은 고려할 필요 없이 점검한다.

③ 불량 부분이 발견되면 다른 동종의 설비도 점검한다.

④ 발견된 불량 부분은 원인을 조사하고 필요한 대책을 강구한다.

해설 **안전검사 시의 유의사항**

㉠ 여러 가지 점검방법을 병용한다.

㉡ 점검자의 능력에 상응하는 점검을 실시한다.

㉢ 과거의 재해발생 부분은 그 원인이 배제되었는지 확인한다.

㉣ 불량한 부분이 발견된 경우에는 다른 동종 설비도 점검한다.

㉤ 발견된 불량 부분은 원인을 조사하고 필요한 대책을 강구한다.

㉥ 점검은 안전수칙의 향상을 목적으로 하는 것임을 염두에 두어야 한다.

★

39 엘리베이터가 가동 중일 때 회전하지 않는 것은?

① 주 시브(main sheave)

② 조속기 텐션 시브(governor tension sheave)

③ 브레이크 라이닝(brake lining)

④ 브레이크 드럼(brake drum)

해설 **브레이크 라이닝(brake lining)**

브레이크 드럼과 직접 접촉하여 브레이크 드럼의 회전을 멎게 하고 운동에너지를 열에너지로 바꾸는 마찰재이다. 브레이크 드럼으로부터 열에너지가 발산되어, 브레이크 라이닝의 온도가 높아져도 타지 않으며 마찰계수의 변화가 적은 라이닝이 좋다.

브레이크 라이닝

브레이크 디스크

40 구름베어링의 특징에 관한 설명으로 틀린 것은?

① 고속회전이 가능하다.

② 마찰저항이 적다.

③ 설치가 까다롭다.

④ 충격에 강하다.

해설 **구름 베어링(rolling bearing)**

궤도륜, 전동체 및 케이지로 구성된다. 베어링의 접촉면 사이에 볼이나 롤러·니들을 넣으면 부하되는 하중의 방향에 의해 레이디얼베어링과 스러스트베어링으로 구분된다.

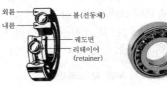

외륜

내륜

볼(전동체)

궤도면

리테이너
(retainer)

㉠ 장점
- 기동마찰이 적고, 동마찰과의 차이도 적다.
- 국제적으로 표준화, 규격화가 이루어져 있으므로 호환성이 있고 교환 사용이 가능하다.

- 베어링의 주변구조를 간략하게 할 수 있고 보수·점검이 용이하다.
- 일반적으로 경방향 하중과 축방향 하중을 동시에 받을 수 있다.
- 고온도·저온도에서의 사용이 비교적 쉽다.
- 강성을 높이기 위해 각(角)의 예입 상태로도 사용할 수 있다.

ⓛ 단점
- 설치가 까다롭다.
- 소음이 발생하고 값이 비싸다.
- 충격에 약하다(신뢰성).

41 400Ω의 저항에 0.5A의 전류가 흐른다면 전압은?

① 20V ② 200V
③ 80V ④ 800V

해설 옴의 법칙

㉠ 전기저항(electric resistance)
- 전기회로에 전류가 흐를 때 전류의 흐름을 방해하는 작용이 있는데, 그 방해하는 정도를 나타내는 상수를 전기저항 R 또는 저항이라고 한다.
- 1V의 전압을 가해서 1A의 전류가 흐르는 저항값을 1옴(ohm), 기호는 Ω이라고 한다.

ⓛ 옴의 법칙
- 도체에 전압이 가해졌을 때 흐르는 전류의 크기는 도체의 저항에 반비례하므로 가해진 전압을 V(V), 전류 I(A), 도체의 저항을 R(Ω)이라고 하면

$$I = \frac{V}{R}(A), \quad V = IR(V), \quad R = \frac{V}{I}(Ω)$$

- 저항 R(Ω)에 전류 I(A)가 흐를 때 저항 양단에는 $V = IR$(V)의 전위차가 생기며, 이것을 전압강하라고 한다.

$$V = IR = 0.5 \times 400 = 200V$$

42 '회로망에서 임의의 접속점에 흘러 들어오고 흘러 나가는 전류의 대수합은 0이다'라는 법칙은?

① 키르히호프의 법칙
② 가우스의 법칙
③ 줄의 법칙
④ 쿨롱의 법칙

해설 키르히호프의 제1법칙

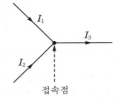

회로망에 있어서 임의의 한 접속점에 흘러 들어오는 전류의 합은 흘러 나가는 전류의 합과 같다(∴ 유입되는 전류 I_1, I_2와 유출되는 전류 I_3의 합은 0).

Σ유입 전류＝Σ유출 전류
$I_1 + I_2 = I_3 \quad \therefore I_1 + I_2 + (-I_3) = 0$

43 웜기어의 특징에 관한 설명으로 틀린 것은?

① 가격이 비싸다.
② 부하용량이 적다.
③ 소음이 적다.
④ 큰 감속비를 얻는다.

해설 웜기어(worm gear)

‖ 웜과 웜기어 ‖

㉠ 장점
- 부하용량이 크다.
- 큰 감속비를 얻을 수 있다(1/10~1/100).
- 소음과 진동이 적다.
- 감속비가 크면 역전방지를 할 수 있다.

ⓛ 단점
- 미끄럼이 크고 교환성이 없다.
- 진입각이 작으면 효율이 낮다.
- 웜휠은 연삭할 수 없다.
- 추력이 발생한다.
- 웜휠 제작에는 특수공구가 발생한다.
- 가격이 고가이다.
- 웜휠의 정도 측정이 곤란하다.

44 직류전동기에서 자속이 감소되면 회전수는 어떻게 되는가?

① 정지 ② 감소
③ 불변 ④ 상승

해설 직류전동기의 속도제어

직류전동기는 속도 조절이 용이한 기계이며, 정밀속도제어에는 직류기가 많이 사용되어 왔다.

$$N = \frac{V - I_a R_a}{K\phi}$$

㉠ 저항에 의한 속도제어
- 전기자 저항의 값을 조절하는 방법이다.
- 저항의 값을 증가시키면, 저항에 흐르는 전류가 증가하여 동손이 커지며, 열손실을 증가시켜 효율이 떨어진다.

ⓛ 계자에 의한 속도제어
- 계자에 형성된 자속의 값을 제어하는 방법이다.
- 타여자의 경우 타여자 전원의 값을 조절하여 자속의 수를 증감시킨다.
- 자여자 분권의 경우 계자에 설치된 저항의 값을 변화하여 계자전류의 값을 조절한다.

• 계자저항의 값이 적어지면 계자전류의 값이 증가하고 자속의 수도 증가한다.
• 자속의 수가 증가하면 전동기의 속도가 감소하고, 자속의 수가 감소하면 전동기의 속도는 증가한다.
• 제자저항에 흐르는 전류가 적어 전력손실이 적고 조작이 간편하다.
• 안정된 제어가 가능하여 정출력제어를 하지만, 제어의 폭이 좁은 단점이 있다.
ⓒ 전압에 의한 속도제어
• 전원(단자)전압의 증가에 비례하여 속도는 증가한다.
• 제어의 범위가 넓고 손실이 적어, 효율이 좋다.
• 전동기의 속도와 회전방향을 쉽게 조절할 수 있지만 설비비용이 많이 든다.
• 워드레오나드 방식, 일그너 방식, 직·병렬 제어법, 초퍼제어법 등이 있다.

45 A, B는 입력, X를 출력이라 할 때 OR회로의 논리식은?

① $\overline{A} = X$　　　　② $A \cdot B = X$
③ $A + B = X$　　　　④ $\overline{A \cdot B} = X$

해설 논리합(OR)회로

하나의 입력만 있어도 출력이 나타나는 회로이며, 'A' OR 'B' 즉, 병렬회로이다.

| 논리기호 |　| 논리식 |　| 스위치회로(병렬) |

$X = A + B$
(논리합)

접점 A 혹은 B가 닫히면 X가 동작하고 접점 출력 X가 닫혀 부하 L을 동작시킨다.

입력		출력
A	B	X
0	0	0
0	1	1
1	0	1
1	1	1

| 릴레이회로 |　| 진리표 |　| 동작시간표 |

46 Q(C)의 전하에서 나오는 전기력선의 총수는?

① Q　　　　② εQ
③ $\dfrac{\varepsilon}{Q}$　　　　④ $\dfrac{Q}{\varepsilon}$

해설 전장의 계산

㉠ 가우스의 정리 : 임의의 폐곡면 내에 전체 전하량 Q(C)이 있을 때 이 폐곡면을 통해서 나오는 전기력선의 총수는 $\dfrac{Q}{\varepsilon}$개다.

| 가우스의 정리 |　| 점전하에 의한 전장 |

ⓛ Q(C)의 점전하로부터 r(m) 떨어진 구면 위의 전장의 세기는 다음과 같다.

$$F = \frac{Q}{4\pi \varepsilon \, r^2} = \frac{Q}{4\pi \varepsilon_0 \varepsilon_s \, r^2} \text{(V/m)}$$

ⓒ 1m²마다 E개의 전기력선이 지나가므로 구의 전 면적 $4\pi r^2$(m²)에서 전기력선의 총수 N은 다음과 같다.

$$N = 4\pi r^2 \times E = \frac{Q}{\varepsilon}$$

47 콘덴서의 용량을 크게 하는 방법으로 옳지 않은 것은?

① 극판의 면적을 넓게 한다.
② 극판의 간격을 좁게 한다.
③ 극판간에 넣은 물질은 비유전율이 큰 것을 사용한다.
④ 극판 사이의 전압을 높게 한다.

해설 정전용량(Q)

㉠ 콘덴서(condenser)는 2장의 도체판(전극) 사이에 유전체를 넣고 절연하여 전하를 축적할 수 있게 한 것이다.

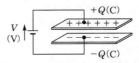

ⓛ 전원전압 V(V)에 의해 축적된 전하 Q(C)이라 하면, Q는 V에 비례하고 그 관계 $Q = CV$(C)이다.
• C는 전극이 전하를 축적하는 능력의 정도를 나타내는 상수로 커패시턴스(capacitance) 또는 정전용량(electrostatic capacity)이라고 하며, 단위는 패럿(farad, F)이다.
• 1F은 1V의 전압을 가하여 1C의 전하가 축적되는 경우의 정전용량이다.
ⓒ 큰 정전용량을 얻기 위한 방법
• 극판의 면적을 넓게 한다.
• 극판간의 간격을 작게 한다.
• 극판 사이에 넣는 절연물을 비유전율(ε_s)이 큰 것으로 사용한다.
• 비유전율 : 공기(1), 유리(5.4~9.9), 마이카(5.6~6.0), 담물(81)

48 회전운동을 직선운동, 왕복운동, 진동 등으로 변환하는 기구는?

① 링크기구　　　　② 슬라이더
③ 캠　　　　　　④ 크랭크

해설 캠(cam)

㉠ 캠은 회전운동을 직선운동, 왕복운동, 진동 등으로 변환하는 장치
ⓛ 평면 곡선을 이루는 캠 : 판캠, 홈캠, 확동캠, 직동캠 등
ⓒ 입체적인 모양의 캠 : 단면캠, 원뿔캠, 경사판캠, 원통캠, 구면(球面)캠, 엔드캠 등

‖ 단면캠 ‖　　‖ 원뿔캠 ‖　　‖ 경사판캠 ‖

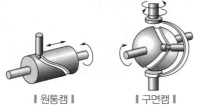

‖ 원통캠 ‖　　‖ 구면캠 ‖

49 주차구획을 평면상에 배치하여 운반기의 왕복이
동에 의하여 주차를 행하는 방식은?

① 평면왕복식
② 다층순환식
③ 승강기식
④ 수평순환식

> **해설** **평면왕복식 주차장치**
>
> 각 층에 평면으로 배치되어 있는 고정된 주차구획에 운반기
> 에 의하여 자동차를 운반이동하여 주차하도록 설계한 주차
> 장치로, 승강기식 주차장치를 옆으로 한 것과 같고, 승강
> 장치를 설치하여 다층으로 사용할 수 있다.
> ㉠ 횡식(운반식, 운반격납식)
> 　승강기에서 운반기를 좌우방향으로 격납시키는 형식으
> 　로 승입구의 위치에 따라 구분한다.
> ㉡ 종식(운반식, 운반격납식)
> 　승강기에서 운반기를 전후방향으로 격납시키는 형식으
> 　로 승입구의 위치에 따라 구분한다.
> 　• 일반적으로 빌딩의 지하 또는 상부에 설치한다.
> 　• 중·대규모의 주차가 가능하다.

‖ 운반식 ‖　　‖ 운반격납식 ‖

★★★
50 1MΩ은 몇 Ω인가?

① $1 \times 10^3 \, \Omega$
② $1 \times 10^6 \, \Omega$
③ $1 \times 10^9 \, \Omega$
④ $1 \times 10^{12} \, \Omega$

> **해설**
>
> | 명칭 | 기호 | 배수 | 명칭 | 기호 | 배수 |
> |------|------|------|------|------|------|
> | Tera | T | 10^{12} | centi | c | 10^{-2} |
> | Giga | G | 10^9 | milli | m | 10^{-3} |
> | Mega | M | 10^6 | micro | μ | 10^{-6} |
> | kilo | k | 10^3 | nano | n | 10^{-9} |

51 크레인, 엘리베이터, 공작기계, 공기압축기 등의
운전에 가장 적합한 전동기는?

① 직권전동기
② 분권전동기
③ 차동복권전동기
④ 가동복권전동기

> **해설** **가동복권전동기**
>
> ㉠ 직권계자권선에 의하여 발생되는 자속이 분권계자권선
> 　에 의하여 발생되는 자속과 같은 방향이 되어 합성자속
> 　이 증가하는 구조의 전동기이다.
> ㉡ 속도변동률이 분권전동기보다 큰 반면에 기동토크도 크
> 　므로 크레인, 엘리베이터, 공작기계, 공기압축기 등에 널
> 　리 이용된다.

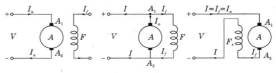

(a) 타여자전동기　　(b) 분권전동기　　(c) 직권전동기

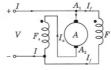 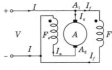

(d) 가동복권전동기　　　(e) 차동복권전동기

> 여기서, A : 전기자, F : 분권 또는 타여자계자권선
> 　　　　F_s : 직권계자권선　I : 전동기전류(A)
> 　　　　I_a : 전기자전류(A), I_f : 분권 또는 타여자 계자전류(A)

‖ 직류전동기의 종류 ‖

52 직류전동기에서 전기자 반작용의 원인이 되는 것은?

① 계자전류
② 전기자전류
③ 와류손전류
④ 히스테리시스손의 전류

> **해설** **전기자 반작용(armature reaction)**
>
> 전기자 전류에 의한 기자력이 주자속의 분포에 영향을 미치
> 는 현상이다.

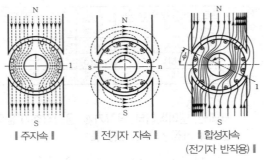

▮주자속▮　▮전기자 자속▮　▮합성자속▮
　　　　　　　　　　　　　(전기자 반작용)▮

ㄱ 전기자 반작용에 의한 현상
  • 코일이 자극의 중성축에 있을 때도 전압을 유지시켜 브러시 사이에 불꽃을 발행한다.
  • 주자속 분포를 찌그러뜨려 중성축을 이동시킨다.
  • 주자속을 감소시켜 유도전압을 감소시킨다.
ㄴ 전기자 반작용의 방지법
  • 브러시 위치를 전기적 중성점으로 이동시킨다.
  • 보상권선을 설치한다.
  • 보극을 설치한다.

▮보극과 보상권선▮

53 RLC 직렬회로에서 최대 전류가 흐르게 되는 조건은?

① $\omega L^2 - \dfrac{1}{\omega C} = 0$　② $\omega L^2 + \dfrac{1}{\omega C} = 0$

③ $\omega L - \dfrac{1}{\omega C} = 0$　④ $\omega L + \dfrac{1}{\omega C} = 0$

[해설] **직렬공진조건**

RLC 가 직렬로 연결된 회로에서 용량리액턴스와 유도리액턴스는 더 이상 회로 전류를 제한하지 못하고 저항만이 회로에 흐르는 전류를 제한할 수 있는 상태를 공진이라고 한다.
ㄱ 임피던스(impedance)

$$Z = \sqrt{R^2 + \left(\omega L - \dfrac{1}{\omega C}\right)^2} \,(\Omega)$$

용량리액턴스와 유도리액턴스가 같다면 $\omega L = \dfrac{1}{\omega C}$

$$\omega L - \dfrac{1}{\omega C} = 0$$
임피던스(Z)

$$Z = \sqrt{R^2 + \left(\omega L - \dfrac{1}{\omega C}\right)^2} = \sqrt{R^2 + (0)^2} = R(\Omega)$$

ㄴ 직렬공진회로
  • 공진임피던스는 최소가 된다.
$$Z = \sqrt{R^2 + (0)^2} = R$$

• 공진전류 I_0 는 최대가 된다.

$$I_0 = \dfrac{V}{Z} = \dfrac{V}{R} (\mathrm{A})$$

• 전압 V 와 전류 I 는 동위상이다.
• 용량리액턴스와 유도리액턴스는 크기가 같아서 상쇄되어 저항만의 회로가 된다.

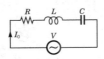　

(a) 직렬회로　　(b) 직렬공진 벡터 그림
▮직렬회로와 벡터 그림▮

54 유도전동기의 동기속도는 무엇에 의하여 정하여지는가?

① 전원의 주파수와 전동기의 극수
② 전력과 저항
③ 전원의 주파수와 전압
④ 전동기의 극수와 전류

[해설] 회전자기장의 속도를 유도전동기의 동기속도(n_s)라 하면, 동기속도는 전원 주파수(f)의 증가에 비례하여 증가하고, 극수(P)에는 반비례하여 감소한다.

$$n_s = \dfrac{120 \cdot f}{P} (\mathrm{rpm})$$

$$\therefore n_s \propto \dfrac{1}{P}$$

55 다음 중 주유를 해서는 안 되는 부품은?

① 균형추　　　　② 가이드슈
③ 가이드레일　　④ 브레이크 라이닝

[해설] **브레이크 라이닝(brake lining)**

브레이크 드럼과 직접 접촉하여 브레이크 드럼의 회전을 멎게 하고 운동에너지를 열에너지로 바꾸는 마찰재이다. 브레이크 드럼으로부터 열에너지가 발산되어, 브레이크 라이닝의 온도가 높아져도 타지 않으며 마찰계수의 변화가 적은 라이닝이 좋다.

— 브레이크 라이닝

— 브레이크 디스크

56 와이어로프의 사용하중이 5,000kgf이고, 파괴하중이 25,000kgf일 때 안전율은?

① 2.5　　　　　② 5.0
③ 0.2　　　　　④ 0.5

해설 와이어로프의 안전율

$$\text{안전율} = \frac{\text{절단(파단)하중}}{\text{사용하중}} = \frac{25,000}{5,000} = 5.0$$

★★
57 전기식 엘리베이터 자체점검 중 카 위에서 하는 점검항목 장치가 아닌 것은?

① 비상구출구
② 도어잠금 및 잠금해제장치
③ 카 위 안전스위치
④ 문닫힘안전장치

해설 문 작동과 관련된 보호

㉠ 문이 닫히는 동안 사람이 끼이거나 끼려고 할 때 자동으로 문이 반전되어 열리는 문닫힘안전장치가 있어야 한다.
㉡ 문닫힘 동작 시 사람 또는 물건이 끼이거나 문닫힘안전장치 연결전선이 끊어지면 문이 반전하여 열리도록 하는 문닫힘안전장치(세이프티 슈・광전장치・초음파장치 등)가 카 문이나 승강장문 또는 양쪽 문에 설치되어야 하며, 그 작동 상태는 양호하여야 한다.
㉢ 승강장문이 카 문과의 연동에 의해 열리는 방식에서는 자동적으로 승강장의 문이 닫히는 쪽으로 힘을 작용시키는 장치이다.
㉣ 엘리베이터가 정지한 상태에서 출입문의 닫힘 동작에 우선하여 카 내에서 문을 열 수 있도록 하는 장치이다.

★★★
58 다음 그림과 같은 논리회로는 무엇인가?

① AND회로
② NOT회로
③ OR회로
④ NAND회로

해설 논리합(OR)회로

㉠ 하나의 입력만 있어도 출력이 나타나는 회로이며, "A" OR "B" 즉 병렬회로이다.

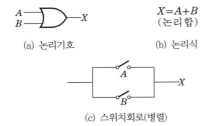

A ─╲ ─ X
B

$X = A + B$
(논리합)

(a) 논리기호　　　　(b) 논리식

(c) 스위치회로(병렬)

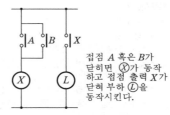

접점 A 혹은 B가 닫히면 X가 동작하고 접점 출력 X가 닫혀 부하(L)을 동작시킨다.

(d) 릴레이회로

입력		출력
A	B	X
0	0	0
0	1	1
1	0	1
1	1	1

(e) 진리표　　　　(f) 동작시간표

‖ 논리합(OR)회로 ‖

㉡ 문제풀이

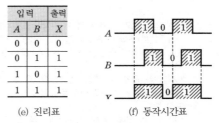

A
B　　─╲ ─ X
C

$X = A + B + C$

(a) 논리기호　　　　(b) 논리식

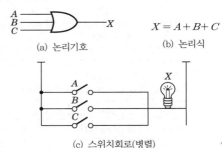

(c) 스위치회로(병렬)

59 2진수 001101과 100101을 더하면 합은 얼마인가?

① 101010
② 110010
③ 011010
④ 110100

해설
```
  001101
+ 100101
  110010
```

60 주전원이 380V인 엘리베이터에서 110V 전원을 사용하고자 강압트랜스를 사용하던 중 트랜스가 소손되었다. 원인 규명을 위해 회로시험기를 사용하여 전압을 확인하고자 할 경우 회로시험기의 전압 측정범위 선택스위치의 최초 선택위치로 옳은 것은?

① 회로시험기의 110V 미만
② 회로시험기의 110V 이상 220V 미만
③ 회로시험기의 220V 이상 380V 미만
④ 회로시험기의 가장 큰 범위

정답 57. ④　58. ③　59. ②　60. ④

해설 회로시험기

ㄱ 각부의 명칭
- 흑색 리드선 입력 (com)소켓
- 적색 리드선 입력 소켓
- 레인지 선택 레버 : 기능검사 목적에 따라 레버를 돌려서 선택
  - 직류전압 : 2.5, 10, 50, 250, 1,000V
  - 교류전압 : 10, 50, 250, 1,000V
  - 직류전류
  - 저항
  - 데시벨
- '0' 옴 조정기 : 저항측정 시 지침이 레인지별로 '0'점에 정확히 오도록 손으로 돌려 조정한다. 리드선을 꽂고 2개의 리드봉을 접속하여 눈금의 오른쪽 제로(0)에 맞춘다.
- 지침 영점조정기 : 측정 전 지침이 '0'에 있는지 확인하고 필요 시 (−)드라이버로 조정한다.

ㄴ 측정 방법
- 흑색 리드선을 COM 커넥터에 접속한다.
- 적색 리드선을 V・Ω・A 커넥터에 접속한다.
- 메인 셀렉터를 해당 위치로 전환한다(직류전압일 경우 : DC V , 교류전압일 경우 : AC V).
- 지침이 왼쪽 0점에 일치하는가를 확인한 후, 필요 시 0점 조정나사를 이용하여 조정한다.
- 직류전압 측정의 경우는 적색 리드선을 측정하고자 하는 단자의 (+)에, 흑색 리드선은 (−)단자에 병렬로 접속한다. 단, 교류전압 측정 시는 (+)와 (−)의 구분이 없으며, 리드선은 반드시 병렬로 접속하여야 한다.
- 측정 레인지를 DC(V) 및 AC(V)의 가장 높은 위치 1,000으로 전환하고, 이때 지침이 전혀 움직이지 않을 때는 측정 레인지를 500, 250, 50, 10의 순으로 내려 지침이 중앙을 전후하여 멈추는 곳에 레인지를 고정시키고 측정하는 것이 바람직하다. 그러나 측정전압을 미리 예측한 때는 예측한 전압보다 높은 위치에 측정 레인지를 고정시키는 것이 안전한 방법이다.
- 눈금판을 판독한다. 직류는 10, 50, 250의 레인지 선택에서 눈금판의 해당 눈금을 직접 읽고, 2.5는 250 눈금선에 100으로 나누고 1,000에서는 10눈금선에 100을 곱하여 읽는다. 교류는 적색 교류전용 눈금선에서 지시치를 읽는다.

※ 본 문제는 수험생들의 협조에 의해 작성되었으며, 시험내용과 일부 다를 수 있습니다.

01 스텝 폭 0.8m, 공칭속도 0.75m/s인 에스컬레이터로 수송할 수 있는 최대 인원의 수는 시간당 몇 명인가?

① 3,600   ② 4,800
③ 6,000   ④ 6,600

해설 $A = \dfrac{V \times 60}{B} \times P$

$= \dfrac{0.75 \times 60 \times 60}{0.8} \times 2 ≒ 6,600$인/시간

여기서, A : 수송능력(매시)
        B : 디딤판의 안 길이(m)
        V : 디딤판 속도(m/min)
        P : 디딤판 1개마다의 인원(인)

02 비상용 엘리베이터에 대한 설명으로 옳지 않은 것은?

① 평상 시는 승객용 또는 승객 화물용으로 사용할 수 있다.
② 카는 비상운전 시 반드시 모든 승강장의 출입구마다 정지할 수 있어야 한다.
③ 별도의 비상전원장치가 필요하다.
④ 도어가 열려 있으면 카를 승강시킬 수 없다.

해설 비상용 엘리베이터

1단계 소방스위치   2단계 소방스위치

㉠ 비상시 소방활동 전용으로 전환하는 1차 소방스위치(키 스위치)와 카 및 승강로의 모든 출입문이 닫혀 있지 않으면 카가 움직이지 않는 안전장치의 기능을 정지시키고 카 및 승강장 문이 열려 있어도 카를 승강시킬 수 있는 2차 소방스위치(키 스위치)를 설치하여야 한다.
㉡ 비상용 엘리베이터의 기본요건
• 비상용 엘리베이터의 크기는 630kg의 정격하중을 갖는 폭 1,100mm, 깊이 1,400mm 이상이어야 하며, 출입구 유효폭은 800mm 이상이어야 한다.
• 침대 등을 수용하거나 2개의 출입구로 설계된 경우 또는 피난용도로 의도된 경우, 정격하중은 1,000kg 이상이어야 하고 카의 면적은 폭 1,100mm, 깊이 2,100mm 이상이어야 한다.
• 소방관이 조작하여 엘리베이터 문이 닫힌 이후부터 60초 이내에 가장 먼 층에 도착하여야 된다. 다만, 운행속도는 1m/s 이상이어야 한다.

03 에스컬레이터 안전장치스위치의 종류에 해당하지 않는 것은?

① 비상정지스위치
② 업다운스위치
③ 스커트 가드 안전스위치
④ 인레트스위치

해설 에스컬레이터의 안전장치

┃ 비상정지스위치 ┃

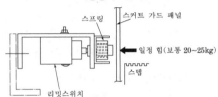

┃ 스커트 가드 안전스위치 ┃

┃ 인레트스위치 ┃

㉠ 비상정지스위치 : 사고 발생 시 신속히 정지시켜야 하므로 상하의 승강구에 설치한다.
㉡ 스커트 가드(skirt guard)스위치 : 스커트 가드판과 스텝 사이에 인체의 일부나 옷, 신발 등이 끼이면 위험하므로 스커트 가드 패널에 일정 이상의 힘이 가해지면 안전스위치가 작동되어 에스컬레이터를 정지시킨다.
㉢ 인레트스위치(inlet switch) : 핸드레일의 인입구에 설치하며, 핸드레일이 난간 하부로 들어갈 때 어린이의 손가락이 빨려 들어가는 사고 발생 시 에스컬레이터 운행을 정지시킨다.

04 승객용 엘리베이터에서 일반적으로 균형체인 대신 균형로프를 사용하는 정격속도의 범위는?

① 120m/min 이상   ② 120m/min 미만
③ 150m/min 이상   ④ 150m/min 미만

정답 01. ② 02. ④ 03. ② 04. ①

해설 균형체인

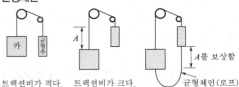

트랙션비가 적다.　트랙션비가 크다.　균형체인(로프)

로프식 엘리베이터의 승강행정이 길어지면 로프가 어느 쪽(카측, 균형추측)에 있느냐에 따라 트랙션(견인력)비는 커져 와이어로프의 수명 및 전동기용량 등에 문제가 발생한다. 이런 문제의 해결방법으로 카 하부에서 균형추의 하부로 주로프와 비슷한 단위중량의 균형체인을 사용하여 90% 정도의 보상을 하지만, 고층용 엘리베이터의 경우 균형(보상)체인은 소음이 발생하므로 엘리베이터의 속도가 120m/min 이상에는 균형(보상)로프를 사용한다.

05 엘리베이터의 가이드레일에 대한 치수를 결정할 때 유의해야 할 사항이 아닌 것은?

① 안전장치가 작동할 때 레일에 걸리는 좌굴 하중을 고려한다.
② 수평진동에 의한 레일의 휘어짐을 고려한다.
③ 케이지에 회전모멘트가 걸렸을 때 레일이 지지할 수 있는지 여부를 고려한다.
④ 레일에 이물질이 끼었을 때 배출을 고려한다.

해설 가이드레일(guide rail)의 사용 목적

가이드레일

㉠ 카와 균형추의 승강로 평면 내의 위치를 규제한다.
㉡ 카의 자중이나 화물에 의한 카의 기울어짐을 방지한다.
㉢ 비상멈춤이 작동할 때의 수직하중을 유지한다.

06 에스컬레이터의 비상정지스위치의 설치 위치를 바르게 설명한 것은?

① 디딤판과 콤(comb)이 맞물리는 지점에 설치한다.
② 리밋스위치에 설치한다.
③ 상하부의 승강구에 설치한다.
④ 승강로의 중간부에 설치한다.

해설 비상정지스위치

㉠ 비상정지스위치는 비상시 에스컬레이터 또는 무빙워크를 정지시키기 위해 설치되어야 하고 에스컬레이터 또는 무빙워크의 각 승강장 또는 승강장 근처에서 눈에 띄고 쉽게 접근할 수 있는 위치에 있어야 한다.
㉡ 비상정지스위치 사이의 거리는 다음과 같아야 한다.
• 에스컬레이터의 경우에는 30m 이하이어야 한다.
• 무빙워크의 경우에는 40m 이하이어야 한다.
㉢ 비상정지스위치에는 정상운행 중에 임의로 조작하는 것을 방지하기 위해 보호 덮개가 설치되어야 한다. 그 보호 덮개는 비상시에는 쉽게 열리는 구조이어야 한다.
㉣ 비상정지스위치의 색상은 적색으로 하여야 하며, 버튼 또는 버튼 부근에는 '정지' 표시를 하여야 한다.

07 그림과 같은 경고표지는?

① 낙하물 경고　② 고온 경고
③ 방사성물질 경고　④ 고압전기 경고

해설 산업안전표지

★★★

08 조속기의 종류가 아닌 것은?

① 롤세이프티형 조속기
② 디스크형 조속기
③ 플렉시블형 조속기
④ 플라이볼형 조속기

정답 05. ④　06. ③　07. ④　08. ③

🔑해설 **조속기의 종류**

ㄱ) 마찰정치(traction)형(롤세이프티형) : 엘리베이터가 과속된 경우, 과속(조속기)스위치가 이를 검출하여 동력 전원회로를 차단하고, 전자브레이크를 작동시켜서 조속기도르래의 회전이 정지하면 조속기도르래홈과 로프 사이의 마찰력으로 비상정지시키는 조속기이다.

ㄴ) 디스크(disk)형 : 엘리베이터가 설정된 속도에 달하면 원심력에 의해 진자가 움직이고 가속스위치를 작동시켜서 정지시키는 조속기로서, 디스크형 조속기에는 추(weight)형 캐치(catch)에 의해 로프를 붙잡아 비상정지장치를 작동시키는 추형 방식과 도르래홈과 로프의 마찰력으로 슈를 동작시켜 로프를 붙잡음으로써 비상정지장치를 작동시키는 슈(shoe)형 방식이 있다.

ㄷ) 플라이볼(fly ball)형 : 조속기도르래의 회전을 베벨기어에 의해 수직축의 회전으로 변환하고, 이 축의 상부에서부터 링크(link)기구에 의해 매달린 구형의 진자에 작용하는 원심력으로 작동한다. 검출 정도가 높아 고속의 엘리베이터에 이용된다.

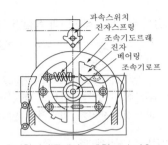

∥ 마찰정치(롤세이프티)형 조속기 ∥

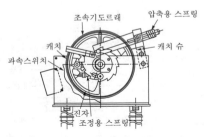

∥ 디스크 슈형 조속기 ∥

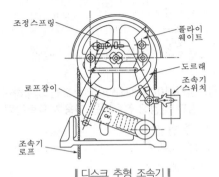

∥ 디스크 추형 조속기 ∥

∥ 플라이볼형 조속기 ∥

09 에스컬레이터의 안전장치에 해당되지 않는 것은?

① 스프링(spring)완충기
② 인레트스위치(inlet switch)
③ 스커트 가드(skirt guard) 안전스위치
④ 스텝체인 안전스위치(step chain safety switch)

🔑해설 **완충기**(buffer)

ㄱ) 피트 바닥에 설치되며, 카가 어떤 원인으로 최하층을 통과하여 피트로 떨어졌을 때 충격을 완화하기 위하여, 혹은 카가 밀어 올렸을 때를 대비하여 균형추의 바로 아래에도 완충기를 설치한다. 그러나 이 완충기는 카나 균형추의 자유낙하를 완충하기 위한 것은 아니다(자유낙하는 비상정지장치의 분담기능).

ㄴ) 에스컬레이터에는 완충기가 설치되지 않는다.

∥ 스프링완충기 (에너지 축적형) ∥　∥ 우레탄완충기 (에너지 축적형) ∥　∥ 유입완충기 (에너지 분산형) ∥

10 FGC(Flexible Guide Clamp)형 비상정지장치의 장점은?

① 베어링을 사용하기 때문에 접촉이 확실하다.
② 구조가 간단하고 복구가 용이하다.
③ 레일을 죄는 힘이 초기에는 약하나, 하강함에 따라 강해진다.
④ 평균 감속도를 0.5g으로 제한한다.

해설 비상정지장치
　㉠ 현수로프가 끊어지더라도 조속기 작동속도에서 하강방향으로 작동하여 가이드레일을 잡아 정격하중의 카를 정지시킬 수 있는 장치이다.
　㉡ 비상정지장치의 조 또는 블록은 가이드슈로 사용되지 않아야 한다.
　㉢ 카, 균형추 또는 평형추의 비상정지장치의 복귀 및 자동재설정은 카, 균형추 또는 평형추를 들어 올리는 것에 의해서만 가능하여야 한다.
　㉣ 비상정지장치가 작동된 후 정상복귀는 전문가(유지보수업자 등)의 개입이 요구된다.
　㉤ 점차(순차적)작동형 비상정지장치
　　• 정격속도 1m/s를 초과하는 경우에 사용한다.
　　• 정격하중의 카가 자유낙하할 때 작동하는 평균 감속도는 0.2~1G 사이에 있어야 한다.
　　• 카에 여러 개의 비상정지장치가 설치된 경우에 사용한다.
　　• 플렉시블 가이드 클램프(Flexible Guide Clamp ; FGC)형
　　　– 비상정지장치의 작동으로 카가 정지할 때의 레일을 죄는 힘이 동작 시부터 정지 시까지 일정하다.
　　　– 구조가 간단하고 설치면적이 작으며 복구가 쉬워 널리 사용되고 있다.
　　• 플렉시블 웨지 클램프(Flexible Wedge Clamp ; FWC)형
　　　– 레일을 죄는 힘이 처음에는 약하고 하강함에 따라 강하다가 얼마 후 일정치에 도달한다.
　　　– 구조가 복잡하여 거의 사용하지 않는다.
　㉥ 즉시(순간식)작동형 비상정지장치
　　• 정격속도가 0.63m/s를 초과하지 않는 경우에 사용한다.
　　• 정격속도 1m/s를 초과하지 않는 경우는 완충효과가 있는 즉시작동형이다.
　　• 화물용 엘리베이터에 사용되며, 감속도의 규정은 적용되지 않는다.
　　• 가이드레일을 감싸고 있는 블록(black)과 레일 사이에 롤러(roller)를 물려서 카를 정지시키는 구조이다.
　　• 또는 로프에 걸리는 장력이 없어져, 로프의 처짐이 생기면 바로 운전회로를 열고 작동된다.
　　• 순간식 비상정지장치가 일단 파지되면 카가 정지할 때까지 조속기로프를 강한 힘으로 완전히 멈추게 한다.
　㉦ 슬랙로프 세이프티(slake rope safety) : 소형 저속 엘리베이터로서 조속기를 사용하지 않고 로프에 걸리는 장력이 없어져 휘어짐이 생기면 즉시 운전회로를 열어서 비상정지장치를 작동시킨다.

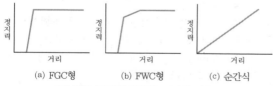

(a) FGC형	(b) FWC형	(c) 순간식

‖ 비상정지장치의 종류별 거리에 따른 정지력 ‖

★★
11 2대 이상의 엘리베이터가 동일 승강로에 설치되어 인접한 카에서 구출할 경우 서로 다른 카 사이의 수평거리는 몇 m 이하이어야 하는가?

　① 0.35
　② 0.5
　③ 0.75
　④ 0.9

해설 비상구출문
　㉠ 비상구출 운전 시, 카 내 승객의 구출은 항상 카 밖에서 이루어져야 한다.
　㉡ 승객의 구출 및 구조를 위한 비상구출문이 카 천장에 있는 경우, 비상구출구의 크기는 0.35m×0.5m 이상이어야 한다.

12 직접식 유압엘리베이터의 장점이 되는 항목은?
　① 실린더를 보호하기 위한 보호관을 설치할 필요가 없다.
　② 승강로의 소요평면 치수가 크다.
　③ 부하에 의한 카 바닥의 빠짐이 크다.
　④ 비상정지장치가 필요하지 않다.

해설 직접식 유압엘리베이터
플런저의 직상부에 카를 설치한 것이다.

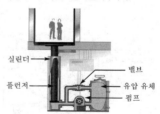

‖ 유압식 엘리베이터 작동원리 ‖

　㉠ 승강로 소요면적 치수가 작고 구조가 간단하다.
　㉡ 비상정지장치가 필요하지 않다.
　㉢ 부하에 의한 카 바닥의 빠짐이 작다.
　㉣ 실린더를 설치하기 위한 보호관을 지중에 설치하여야 한다.
　㉤ 일반적으로 실린더의 점검이 어렵다.

13 엘리베이터에서 와이어로프를 사용하여 카의 상승과 하강에 전동기를 이용한 동력장치는?
　① 권상기
　② 조속기
　③ 완충기
　④ 제어반

해설 **권상 구동식과 포지티브 구동 엘리베이터**

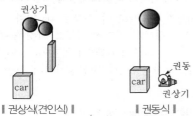

| 권상식(견인식) | 권동식 |

| 권상기 |

㉠ 권상 구동식 엘리베이터(traction drive lift) : 현수로프가 구동기의 권상도래홈 등에서 마찰에 의해 구동되는 엘리베이터

㉡ 포지티브 구동 엘리베이터(positive drive lift) : 권상 구동식 이외의 방식으로 체인 또는 로프에 의해 현수되는 엘리베이터

14 승객(공동주택)용 엘리베이터에 주로 사용되는 도르래홈의 종류는?

① U홈
② V홈
③ 실홈
④ 언더컷홈

해설 **언더컷홈(undercut groove)**

엘리베이터 구동 시브에 있는 로프홈의 일종으로 U자형 홈의 바닥에 더 작은 홈을 만들면, U홈보다 로프의 마모는 크지만 시브와 로프의 마찰력을 크게 할 수 있어 전동기의 소요동력을 줄일 수 있으나, 로프의 마모는 커진다.

(a) U홈　　　(b) V홈　　　(C) 언더컷홈

| 도르래 홈의 종류 |

15 승강기의 파이널 리밋스위치(final limit switch)의 요건 중 틀린 것은?

① 반드시 기계적으로 조작되는 것이어야 한다.
② 작동 캠(cam)은 금속으로 만든 것이어야 한다.
③ 이 스위치가 동작하게 되면 권상전동기 및 브레이크 전원이 차단되어야 한다.
④ 이 스위치는 카가 승강로의 완충기에 충돌된 후에 작동되어야 한다.

해설 **파이널 리밋스위치(final limit switch)**

㉠ 리밋스위치가 작동되지 않을 경우를 대비하여 리밋스위치를 지난 적당한 위치에 카가 현저히 지나치는 것을 방지하는 스위치이다.

㉡ 전동기 및 브레이크에 공급되는 전원회로의 확실한 기계적 분리에 의해 직접 개방되어야 한다.

㉢ 완충기에 충돌되기 전에 작동하여야 하며, 슬로다운스위치에 의하여 정지되면 작용하지 않도록 설정한다.

㉣ 파이널 리밋스위치의 작동 후에는 엘리베이터의 정상운행을 위해 자동으로 복귀되지 않아야 한다.

| 리밋스위치 |

| 승강로에 설치된 리밋스위치 |

16 실린더에 이물질이 흡입되는 것을 방지하기 위하여 펌프의 흡입측에 부착하는 것은?

① 필터
② 사이렌서
③ 스트레이너
④ 더스트와이퍼

해설 **유압회로의 구성요소**

㉠ 필터(filter)와 스트레이너(strainer) : 실린더에 쇳가루나 이물질이 들어가는 것을 방지(실린더 손상 방지)하기 위해 설치하며, 펌프의 흡입측에 부착하는 것을 스트레이너라 하고, 배관 중간에 부착하는 것을 라인필터라 한다.

㉡ 사이렌서(silencer) : 자동차의 머플러와 같이 작동유의 압력 맥동을 흡수하여 진동·소음을 감소시키는 역할을 한다.

㉢ 더스트와이퍼(dust wiper) : 플런저 표면의 이물질이 실린더 내측으로 삽입되는 것을 방지한다.

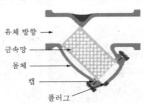

유체 방향
금속망
몸체
캡
플러그

| 스트레이너 |

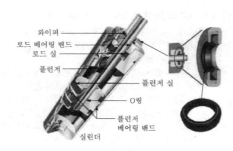

와이퍼
로드 베어링 밴드
로드 실
플런저
플런저 실
O링
플런저
베어링 밴드
실린더

‖ 더스트와이퍼 ‖

17 도어 인터록에 관한 설명으로 옳은 것은?

① 도어 닫힘 시 도어록이 걸린 후, 도어스위치가 들어가야 한다.
② 카가 정지하지 않는 층은 도어록이 없어도 된다.
③ 도어록은 비상시 열기 쉽도록 일반공구로 사용가능해야 한다.
④ 도어 개방 시 도어록이 열리고, 도어스위치가 끊어지는 구조이어야 한다.

해설 **도어 인터록(door interlock) 및 클로저(closer)**

도어스위치 도어록

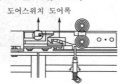

㉠ 도어 인터록(door interlock)
• 카가 정지하지 않는 층의 도어는 전용열쇠를 사용하지 않으면 열리지 않는 도어록과 도어가 닫혀 있지 않으면 운전이 불가능하도록 하는 도어스위치로 구성된다.
• 닫힘동작 시는 도어록이 먼저 걸린 상태에서 도어스위치가 들어가고 열림동작 시는 도어스위치가 끊어진 후 도어록이 열리는 구조(직렬)이며, 엘리베이터의 안전장치 중에서 승강장의 도어 안전장치로 가장 중요하다.
㉡ 도어 클로저(door closer)
• 승강장의 문이 열린 상태에서 모든 제약이 해제되면 자동적으로 닫히게 하여 문의 개방 상태에서 생기는 2차 재해를 방지하는 문의 안전장치이며, 전기적인 힘이 없어도 외부 문을 닫아주는 역할을 한다.
• 스프링클로저 방식 : 레버 시스템, 코일스프링과 도어체크가 조합된 방식이다.
• 웨이트(weight) 방식 : 줄과 추를 사용하여 도어체크(문이 자동으로 천천히 닫히게 하는 장치)를 생략한 방식이다.

‖ 스프링클로저 ‖

‖ 웨이트클로저 ‖

18 엘리베이터용 가이드레일의 역할이 아닌 것은?

① 카와 균형추의 승강로 내 위치 규제
② 승강로의 기계적 강도를 보강해 주는 역할
③ 카의 자중이나 화물에 의한 카의 기울어짐 방지
④ 집중하중이나 비상정지장치 작동 시 수직하중 유지

해설 **가이드레일(guide rail)**

㉠ 가이드레일의 사용 목적
• 카와 균형추의 승강로 평면 내의 위치를 규제한다.
• 카의 자중이나 화물에 의한 카의 기울어짐을 방지한다.
• 비상멈춤이 작동할 때의 수직하중을 유지한다.

가이드레일

㉡ 가이드레일의 규격
• 레일 규격의 호칭은 마무리 가공 전 소재의 1m당의 중량으로 한다.
• 일반적으로 쓰는 T형 레일의 공칭에는 8, 13, 18, 24K 등이 있다.
• 대용량의 엘리베이터에서는 37, 50K 레일 등도 사용한다.
• 레일의 표준길이는 5m로 한다.

19 로프이탈방지장치를 설치하는 목적으로 부적절한 것은?

① 급제동 시 진동에 의해 주로프가 벗겨질 우려가 있는 경우
② 지진의 진동에 의해 주로프가 벗겨질 우려가 있는 경우
③ 기타의 진동에 의해 주로프가 벗겨질 우려가 있는 경우
④ 주로프의 파단으로 이탈할 경우

해설 **로프이탈방지장치**

급제동 시나 지진, 기타의 진동에 의해 주로프가 벗겨질 우려가 있는 경우에는 로프이탈방지장치 등을 설치하여야 한다. 다만, 기계실에 설치된 고정도르래 또는 도르래홈에 주로프가 1/2 이상 묻히거나 도르래 끝단의 높이가 주로프 보다 더 높은 경우에는 제외한다.

20 엘리베이터 기계실에 관한 설명으로 틀린 것은?

① 기계실이 정상부에 위치할 경우 꼭대기 틈새의 높이는 2m 이상의 높이를 두어야 한다.
② 기계실의 크기는 승강로 수평투영면적의 2배 이상으로 하는 것이 적합하다.
③ 기계실의 위치는 반드시 정상부에 위치하지 않아도 된다.
④ 기계실이 있는 경우 기계실의 크기는 승강로의 크기와 같아야 한다.

해설 기계실 치수

기계실의 바닥면적은 승강로 수평투영면적의 2배 이상으로 하여야 한다. 다만 기기의 배치 및 관리에 지장이 없는 경우에는 그러하지 아니하다.

㉠ 기계실 크기는 설비, 특히 전기설비의 작업이 쉽고 안전하도록 충분하여야 한다. 작업구역에서 유효높이는 2m 이상이어야 하고 다음 사항에 적합하여야 한다.
 • 제어 패널 및 캐비닛 전면의 유효 수평면적은 아래와 같아야 한다.
  – 폭은 0.5m 또는 제어 패널·캐비닛의 전체 폭 중에서 큰 값 이상
  – 깊이는 외함의 표면에서 측정하여 0.7m 이상
 • 수동 비상운전 수단이 필요하다면, 움직이는 부품의 유지보수 및 점검을 위한 유효 수평면적은 0.5m ×0.6m 이상이어야 한다.
㉡ 위 ㉠항에서 기술된 유효공간으로 접근하는 통로의 폭은 0.5m 이상이어야 한다. 다만, 움직이는 부품이 없는 경우에는 0.4m로 줄일 수 있다. 이동을 위한 공간의 유효높이는 바닥에서부터 천장의 빔 하부까지 측정하여 1.8m 이상이어야 한다.
㉢ 구동기의 회전부품 위로 0.3m 이상의 유효 수직거리가 있어야 한다.
㉣ 기계실 바닥에 0.5m를 초과하는 단차가 있을 경우에는 보호난간이 있는 계단 또는 발판이 있어야 한다.
㉤ 기계실 작업구역의 바닥 또는 작업구역 간 이동 통로의 바닥에 폭이 0.05m 이상이고 0.5m 미만이며, 깊이가 0.05m를 초과하는 함몰이 있거나 덕트가 있는 경우, 그 함몰 부분 및 덕트는 방호되어야 한다. 폭이 0.5m를 초과하는 함몰은 위 ㉣항에 따른 단차로 고려되어야 한다.

21 다음 중 도어시스템의 종류가 아닌 것은?

① 2짝문 상하열기방식
② 2짝문 가로열기(2S)방식
③ 2짝문 중앙열기(CO)방식
④ 가로열기와 상하열기 겸용방식

해설 승강장 도어 분류

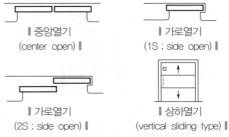

‖ 중앙열기 (center open) ‖ ‖ 가로열기 (1S ; side open) ‖
‖ 가로열기 (2S ; side open) ‖ ‖ 상하열기 (vertical sliding type) ‖

㉠ 중앙열기방식 : 1CO, 2CO(센터오픈 방식, Center Open)
㉡ 가로열기방식 : 1S, 2S, 3S(사이드오픈 방식, Side open)
㉢ 상하열기방식
 • 2매, 3매 업(up)슬라이딩 방식 : 자동차용이나 대형화물용 엘리베이터에서는 카 실을 완전히 개구할 필요가 있기 때문에 상승개폐(2up, 3up)도어를 많이 사용
 • 2매, 3매 상하열림(up, down) 방식
㉣ 여닫이 방식
 • 1매 스윙, 2매 스윙(swing type) 짝문 열기
 • 여닫이(스윙) 도어 : 한쪽 스윙도어, 2짝 스윙도어

22 다음에서 일상점검의 중요성이 아닌 것은?

① 승강기 품질 유지
② 승강기의 수명 연장
③ 보수자의 편리 도모
④ 승강기의 안전한 운행

해설 일반적으로 정기점검, 예방정비, 수리는 유지관리업체에서 실시하고, 일상점검 및 관리는 건물의 관리주체 또는 안전관리자가 담당하게 되며, 일상점검은 크게 운전상태, 안전장치, 성능의 확인으로 구분할 수 있다.

23 안전점검 중에서 5S 활동 생활화로 틀린 것은?

① 정리
② 정돈
③ 청소
④ 불결

해설 5S 운동 안전활동

정리, 정돈, 청소, 청결, 습관화

24 전기재해의 직접적인 원인과 관련이 없는 것은?

① 회로 단락
② 충전부 노출
③ 접속부 과열
④ 접지판 매설

해설 접지설비

회로의 일부 또는 기기의 외함 등을 대지와 같은 0전위로
유지하기 위해 땅 속에 설치한 매설 도체(접지극, 접지판)와
도선으로 연결하여 정전기를 예방할 수 있다.

★

25 에스컬레이터의 계단(디딤판)에 대한 설명 중 옳
지 않은 것은?

① 디딤판 윗면은 수평으로 설치되어야 한다.
② 디딤판의 주행방향의 길이는 400mm 이상
이다.
③ 발판 사이의 높이는 215mm 이하이다.
④ 디딤판 상호간 틈새는 8mm 이하이다.

해설 ㉠ 스텝과 스텝 또는 팔레트와 팔레트 사이의 틈새

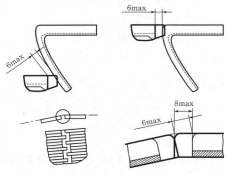

- 트레드 표면에서 측정된 이용 가능한 모든 위치의 연
속되는 2개의 스텝 또는 팔레트 사이의 틈새는 6mm
이하이어야 한다.
- 팔레트의 맞물리는 전면 끝부분과 후면 끝부분이 있는
무빙워크의 변환 곡선부에서는 이 틈새가 8mm까지
증가되는 것은 허용된다.
㉡ 에스컬레이터 및 무빙워크의 치수

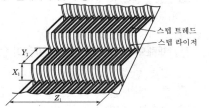

- 공칭폭 Z_1은 0.58m 이상, 1.1m 이하이어야 한다. 경사
도가 6° 이하인 무빙워크의 폭은 1.65m까지 허용된다.

- 스텝 높이 X_1은 0.24m 이하이어야 한다.
- 스텝 깊이 Y_1은 0.38m 이상이어야 한다.

26 전기기기의 충전부와 외함 사이의 저항은 어떤
저항인가?

① 브리지저항
② 접지저항
③ 접촉저항
④ 절연저항

해설 전로 및 기기 등을 사용하다보면 기기의 노화 등 그밖의
원인으로 절연성능이 저하되고, 절연열화가 진행되면 결국
은 누전 등의 사고를 발생하여 화재나 그 밖의 중대 사고를
일으킬 우려가 있으므로 절연저항계(메거)로 절연저항측정
및 절연진단이 필요하다.

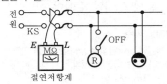

‖ 전기회로의 절연저항 측정 ‖

‖ 전기기기의 절연저항 측정 ‖

27 다음 중 카 상부에서 하는 검사가 아닌 것은?

① 비상구출구 스위치의 작동 상태
② 도어개폐장치의 설치 상태
③ 조속기로프의 설치 상태
④ 조속기로프의 인장장치의 작동 상태

해설 조속기로프

㉠ 조속기로프의 설치 상태 : 카 위에서 하는 검사
㉡ 조속기로프의 인장장치 및 기타의 인장장치의 작동
상태 : 피트에서 하는 검사

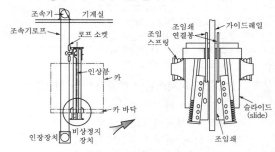

‖ 조속기와 비상정지장치의 연결 모습 ‖

정답 25. ④ 26. ④ 27. ④

▐ 조속기 인장장치 ▐

28 재해조사의 목적으로 가장 거리가 먼 것은?

① 재해에 알맞은 시정책 강구
② 근로자의 복리후생을 위하여
③ 동종재해 및 유사재해 재발방지
④ 재해 구성요소를 조사, 분석, 검토하고 그 자료를 활용하기 위하여

🔧해설 **재해조사의 목적**

재해의 원인과 자체의 결함 등을 규명함으로써 동종재해 및 유사재해의 발생을 막기 위한 예방대책을 강구하기 위해서 실시한다. 또한 재해조사는 조사하는 것이 목적이 아니며, 또 관계자의 책임을 추궁하는 것이 목적도 아니다. 재해조사에서 중요한 것은 재해원인에 대한 사실을 알아내는 데 있다.

29 균형체인과 균형로프의 점검사항이 아닌 것은?

① 이상소음이 있는지를 점검
② 이완 상태가 있는지를 점검
③ 연결 부위의 이상 마모가 있는지를 점검
④ 양쪽 끝단은 카의 양측에 균등하게 연결되어 있는지를 점검

🔧해설 **균형체인과 균형로프의 점검사항**

㉠ 균형체인의 소음 유무
㉡ 균형체인 사슬의 양호 유무
㉢ 균형로프 텐션 상태
㉣ 균형로프 소선의 끊김, 마모, 녹 등의 진행 정도
㉤ 균형체인 로프의 체결 상태

30 기계실에서 승강기를 보수하거나 검사 시의 안전수칙에 어긋나는 것은?

① 전기장치를 검사할 경우는 모든 전원스위치를 온(on)시키고 검사한다.
② 규정복장을 착용하고 소매끝이 회전물체에 말려 들어가지 않도록 주의한다.
③ 가동 부분은 필요한 경우를 제외하고는 움직이지 않도록 한다.
④ 브레이크 라이너를 점검할 경우는 전원스위치를 오프(off)시킨 상태에서 점검하도록 한다.

🔧해설 **시건(잠금)장치**

전기장치를 검사할 경우에는 전원스위치를 오프(off), 전로를 개로(開路)하고 개로에 사용한 개폐기를 잠금장치하며, 통전(通電)금지에 관한 표지판을 설치하는 등 필요한 조치를 할 것

31 에스컬레이터의 구동체인이 규정치 이상으로 늘어났을 때 일어나는 현상은?

① 안전레버가 작동하여 브레이크가 작동하지 않는다.
② 안전레버가 작동하여 하강은 되나 상승은 되지 않는다.
③ 안전레버가 작동하여 안전회로 차단으로 구동되지 않는다.
④ 안전레버가 작동하여 무부하 시는 구동되나 부하 시는 구동되지 않는다.

🔧해설 **구동체인 안전장치(driving chain safety device)**

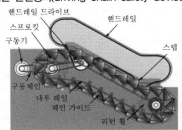

▐ 구동기 설치 위치 ▐

⊙ 구동기와 주구동장치(main drive) 사이의 구동체인이 상승 중 절단되었을 때 승객의 하중에 의해 하강운전을 일으키면 위험하므로 구동체인 안전장치가 필요하다.

ⓛ 구동체인 위에 항상 문지름판이 구동되면서 구동체인의 늘어짐을 감지하여 만일 체인이 느슨해지거나 끊어지면 슈가 떨어지면서 브레이크 래칫이 브레이크 휠에 걸려 주주동장치의 하강방향의 회전을 기계적으로 제지한다.

ⓒ 안전스위치를 설치하여 안전장치의 동작과 동시에 전원을 차단한다.

┃조립도┃

┃안전장치 상세도┃

32 다음 중 엘리베이터용 전동기의 구비조건이 아닌 것은?

① 전력소비가 클 것
② 충분한 기동력을 갖출 것
③ 운전 상태가 정숙하고 저진동일 것
④ 고기동 빈도에 의한 발열에 충분히 견딜 것

해설 엘리베이터용 전동기에 요구되는 특성

⊙ 기동토크가 클 것
ⓛ 기동전류가 적을 것
ⓒ 소음이 적고 저진동이어야 함
ⓔ 기동빈도가 높으므로(시간당 300회) 발열(온도 상승)을 고려해야 함
ⓜ 회전 부분의 관성모멘트(회전축을 중심으로 회전하는 물체가 계속해서 회전을 지속하려는 성질의 크기)가 적을 것
ⓑ 충분한 제동력을 가질 것

33 기계실을 승강로의 아래쪽에 설치하는 방식은?

① 정상부형 방식
② 횡인 구동 방식
③ 베이스먼트 방식
④ 사이드머신 방식

해설 기계실의 위치에 따른 분류

⊙ 정상부형 : 로프식 엘리베이터에서는 일반적으로 승강로의 직상부에 권상기를 설치하는 것이 합리적이고 경제적이다.
ⓛ 베이스먼트 타입(basement type) : 엘리베이터 최하 정지층의 승강로와 인접시켜 설치하는 방식이다.
ⓒ 사이드머신 타입(side machine type) : 승강로 중간에 인접하여 권상기를 두는 방식이다.

34 조속기의 보수점검 등에 관한 사항과 거리가 먼 것은?

① 층간 정지 시, 수동으로 돌려 구출하기 위한 수동핸들의 작동검사 및 보수
② 볼트, 너트, 핀의 이완 유무
③ 조속기시브와 로프 사이의 미끄럼 유무
④ 과속 스위치 점검 및 작동

해설 조속기(governor)의 보수점검항목

┃디스크 슈형 조속기┃

┃분할핀┃   ┃테이퍼 핀┃

⊙ 각 부분 마모, 진동, 소음의 유무
ⓛ 베어링의 눌러 붙음 발생의 우려
ⓒ 캐치의 작동 상태
ⓔ 볼트(bolt), 너트(nut)의 결여 및 이완 상태
ⓜ 분할핀(cotter pin) 결여의 유무
ⓑ 시브(sheave)에서 조속기로프(governor rope)의 미끄럼 상태
ⓢ 조속기로프와 클립 체결 상태
ⓞ 과속(조속기)스위치 접점의 양호 여부 및 작동 상태
ⓩ 각 테이퍼 핀(taper-pin)의 이완 유무
ⓣ 급유 및 청소 상태
ⓚ 작동 속도시험 및 운전의 원활성
ⓔ 비상정치장치 작동 상태의 양호 유무
ⓟ 조속기(governor) 고정 상태

정답 32. ① 33. ③ 34. ①

35 안전점검의 목적에 해당되지 않는 것은?

① 합리적인 생산관리
② 생산 위주의 시설 가동
③ 결함이나 불안전 조건의 제거
④ 기계·설비의 본래 성능 유지

해설 안전점검(safety inspection)

넓은 의미에서는 안전에 관한 제반사항을 점검하는 것을 말한다. 좁은 의미에서는 시설, 기계·기구 등의 구조설비 상태와 안전기준과의 적합성 여부를 확인하는 행위를 말하며, 인간, 도구(기계, 장비, 공구 등), 환경, 원자재, 작업의 5개 요소가 빠짐없이 검토되어야 한다.
㉠ 안전점검의 목적
  • 결함이나 불안전조건의 제거
  • 기계설비의 본래의 성능 유지
  • 합리적인 생산관리
㉡ 안전점검의 종류
  • 정기점검 : 일정 기간마다 정기적으로 실시하는 점검을 말한다. 매주, 매월 매분기 등 법적 기준에 맞도록 또는 자체기준에 따라 해당책임자가 실시하는 점검이다.
  • 수시점검(일상점검) : 매일 작업 전, 작업 중, 작업 후에 일상적으로 실시하는 점검을 말하며, 작업자, 작업책임자, 관리감독자가 행하는 사업주의 순찰도 넓은 의미에서 포함된다.
  • 특별점검 : 기계·기구 또는 설비의 신설·변경 또는 고장·수리 등의 비정기적인 특정점검을 말하며 기술책임자가 행한다.
  • 임시점검 : 기계·기구 또는 설비의 이상발견 시에 임시로 실시하는 점검을 말하며, 정기점검 실시 후 다음 정기점검일 이전에 임시로 실시하는 점검이다.

36 다음 장치 중에서 작동되어도 카의 운행에 관계없는 것은?

① 통화장치
② 조속기캐치
③ 승강장 도어의 열림
④ 과부하감지스위치

해설 통화장치 인터폰(interphone)

㉠ 고장, 정전 및 화재 등의 비상시에 카 내부와 외부의 상호 연락을 할 때에 이용된다.
㉡ 전원은 정상전원 뿐만 아니라 비상전원장치(충전 배터리)에도 연결되어 있어야 한다.
㉢ 엘리베이터의 카 내부와 기계실, 경비실 또는 건물의 중앙감시반과 통화가 가능하여야 하며, 보수전문회사와 원거리 통화가 가능한 것도 있다.

37 교류엘리베이터의 제어방식이 아닌 것은?

① 교류 1단 속도제어방식
② 교류 궤환전압제어방식
③ 워드 레오나드방식
④ VVVF제어방식

해설 엘리베이터의 속도제어

㉠ 교류제어
  • 교류 1단 속도제어
  • 교류 2단 속도제어
  • 교류 궤환제어
  • VVVF(가변전압 가변주파수)제어
㉡ 직류제어
  • 워드 레오나드(ward leonard)방식
  • 정지 레오나드(static leonard)방식

38 다음 중 안전사고 발생 요인이 가장 높은 것은?

① 불안전한 상태와 행동
② 개인의 개성
③ 환경과 유전
④ 개인의 감정

해설 안전사고 발생 원인 중 인간의 불안전한 행동(인적 원인)이 88%로 가장 많고, 불안전한 상태(물적 원인)가 10%, 불가항력적 사고가 2% 정도를 차지한다.

39 작업장에서 작업복을 착용하는 가장 큰 이유는?

① 방한
② 복장 통일
③ 작업능률 향상
④ 작업 중 위험 감소

해설 작업복

작업복은 분주한 건설현장처럼 잠재적인 위험성이 내포된 장소에서 원활히 활동할 수 있어야 하며, 하루 종일 장비를 오르락내리락 하려면 옷이 불편하거나 옷 때문에 장비에 걸려 넘어지는 일이 없도록, 안전을 최우선으로 고려하여 인체공학적으로 디자인되어야 한다.

40 화재 시 조치사항에 대한 설명 중 틀린 것은?

① 비상용 엘리베이터는 소화활동 등 목적에 맞게 동작시킨다.
② 빌딩 내에서 화재가 발생할 경우 반드시 엘리베이터를 이용해 비상탈출을 시켜야 한다.
③ 승강로에서의 화재 시 전선이나 레일의 윤활유가 탈 때 발생되는 매연에 질식되지 않도록 주의한다.
④ 기계실에서의 화재 시 카 내의 승객과 연락을 취하면서 주전원 스위치를 차단한다.

정답 35. ② 36. ① 37. ③ 38. ① 39. ④ 40. ②

해설 화재발생 시 피난을 위해 엘리베이터를 이용하면 화재층에서 열리거나 정전으로 멈추어 엘리베이터에 갇히는 경우 승강로 자체가 굴뚝 역할을 하여 질식할 우려가 있기 때문에 계단으로 탈출을 유도하고 있다. 하지만 건축물이 초고층화되는 상황에서 임산부와 노년층, 영유아 등 계단을 통해 신속하게 이동할 수 없는 조건에 있는 사람들은 승강기를 이용하는 것이 신속한 탈출을 돕는 수단일 수도 있다.

41 논리회로에 사용되는 인버터(inverter)란?

① OR회로   ② NOT회로
③ AND회로   ④ X-OR회로

해설 NOT게이트

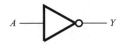

㉠ 논리회로 소자의 하나로, 출력이 입력과 반대되는 값을 가지는 논리소자이다.
㉡ 인버터(Inverter)라고 부르기도 한다.

★★
42 직류전동기의 속도제어방법이 아닌 것은?

① 저항제어법
② 계자제어법
③ 주파수제어법
④ 전기자 전압제어법

해설 직류전동기의 속도제어

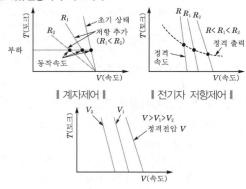

▮ 계자제어 ▮   ▮ 전기자 저항제어 ▮

▮ 전압제어 ▮

㉠ 계자제어 : 계자자속 ϕ를 변화시키는 방법으로, 계자저항기로 계자전류를 조정하여 ϕ를 변화시킨다.
㉡ 저항제어 : 전기자에 가변직렬저항 $R(\Omega)$을 추가하여 전기자회로의 저항을 조정함으로써 속도를 제어한다.
㉢ 전압제어 : 타여자 전동기에서 전기자에 가한 전압을 변화시킨다.

43 진공 중에서 m(Wb)의 자극으로부터 나오는 총 자력선의 수는 어떻게 표현되는가?

① $\dfrac{m}{4\pi\mu_0}$ ② $\dfrac{m}{\mu_0}$

③ $\mu_0 m$ ④ $\mu_0 m^2$

해설 자력선 밀도

㉠ 자장의 세기가 H (AT/m)인 점에서는 자장의 방향에 1m^2당 H 개의 자력선이 수직으로 지나간다.
㉡ $+m$(Wb)의 점 자극에서 나오는 자력선은 각 방향에 균등하게 나오므로 반지름 r(m)인 구면 위의 자장의 세기 H는 다음과 같다.

$$H = \frac{1}{4\pi\mu_0} \cdot \frac{m}{r^2} \text{(AT/m)}$$

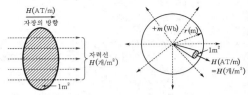

▮ 자력선 밀도 ▮   ▮ 점 자극에서 나오는 자력선의 수 ▮

㉢ 구의 면적이 $4\pi r^2$이므로 $+m$ (Wb)에서 나오는 자력선 수 N은 다음과 같다.

$$N = H \times 4\pi r^2 = \frac{m}{4\pi\mu_0 r^2} \times 4\pi r^2 = \frac{m}{\mu_0}$$

44 그림과 같이 자기장 안에서 도선에 전류가 흐를 때 도선에 작용하는 힘의 방향은? (단, 전선 가운데 점 표시는 전류의 방향을 나타냄)

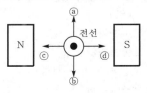

① ⓐ방향   ② ⓑ방향
③ ⓒ방향   ④ ⓓ방향

해설 플레밍의 왼손 법칙

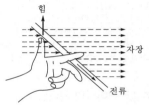

㉠ 자기장 내의 도선에 전류가 흐름 → 도선에 운동력 발생 (전기에너지 → 운동에너지) : 전동기

ⓒ 집게손가락(자장의 방향, N → S), 가운데 손가락(전류의 방향), 엄지손가락(힘의 방향)
ⓒ ⊗는 지면으로 들어가는 전류의 방향, ⊙는 지면에서 나오는 전류의 방향을 표시하는 부호이다.
ⓔ 힘은 ⓐ방향이 된다.

★

45 회전하는 축을 지지하고 원활한 회전을 유지하도록 하며, 축에 작용하는 하중 및 축의 자중에 의한 마찰저항을 가능한 적게 하도록 하는 기계요소는?

① 클러치
② 베어링
③ 커플링
④ 스프링

🔧 해설 기계요소의 종류와 용도

구분	종류	용도
결합용 기계요소	나사, 볼트, 너트, 핀, 키	기계부품 결합
축용 기계요소	축, 베어링	축을 지지하거나 연결
전동용 기계요소	마찰차, 기어, 캠, 링크, 체인, 벨트	동력의 전달
관용 기계요소	관, 관이음, 밸브	기체나 액체 수송
완충 및 제동용 기계요소	스프링, 브레이크	진동 방지와 제동

베어링은 회전운동 또는 왕복운동을 하는 축을 일정한 위치에 떠받들어 자유롭게 움직이게 하는 기계요소의 하나로, 빠른 운동에 따른 마찰을 줄이는 역할을 한다.

▮구름베어링▮

46 전류 I(A)와 전하 Q(C) 및 t(초)와의 상관관계를 나타낸 식은?

① $I = \dfrac{Q}{t}$ (A)
② $I = \dfrac{t}{Q}$ (A)
③ $I = \dfrac{Q^2}{t}$ (A)
④ $I = \dfrac{Q}{t^2}$ (A)

🔧 해설 전류(electric current)

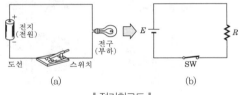

▮전기회로도▮

ⓒ 스위치를 닫아 전구가 점등될 때 전지의 음극(−)으로부터 전자가 계속해서 전선에 공급되어 양극(+) 방향으로 끌려가고, 이런 전자의 흐름을 전류라 하며 방향은 전자의 흐름과는 반대이다.
ⓒ 전류의 세기 I : 어떤 단면을 1초 동안에 1C의 전기량이 이동할 때 1암페어(ampere, 기호 A)라고 한다.

$$I = \frac{Q}{t} \text{(A)}, \quad Q = It \text{(C)}$$

47 다음 중 다이오드 순방향 바이어스 상태를 의미하는 것은?

① P형 쪽에 (−), N형 쪽에 (+)전압을 연결한 상태
② P형 쪽에 (+), N형 쪽에 (−)전압을 연결한 상태
③ P형 쪽에 (−), N형 쪽에도 (−)전압을 연결한 상태
④ P형 쪽에 (+), N형 쪽에도 (+)전압을 연결한 상태

🔧 해설 pn접합 다이오드

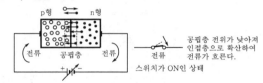

▮순방향 바이어스▮

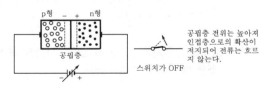

▮역방향 바이어스▮

ⓒ 순방향 특성
  • P형 반도체쪽에는 (+)의 전극을 접속하고, n형 반도체 쪽에는 (−)의 전극을 접속한다.
  • 전원을 연결했을 때 전류가 잘 통하는 상태이다.
ⓒ 역방향 특성 : 전류가 흐르지 않는다.

48 운동을 전달하는 장치로 옳은 것은?

① 절이 왕복하는 것을 레버라 한다.
② 절이 요동하는 것을 슬라이더라 한다.
③ 절이 회전하는 것을 크랭크라 한다.
④ 절이 진동하는 것을 캠이라 한다.

🔧 해설 링크(link)의 구성

몇 개의 강성한 막대를 핀으로 연결하고 회전할 수 있도록 만든 기구

🔲 정답 45. ② 46. ① 47. ② 48. ③

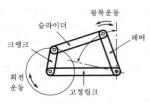

▎4절 링크기구 ▎

㉠ 크랭크 : 회전운동을 하는 링크
㉡ 레버 : 요동운동을 하는 링크
㉢ 슬라이더 : 미끄럼운동 링크
㉣ 고정부 : 고정 링크

49 플레밍의 왼손 법칙에서 엄지손가락의 방향은 무엇을 나타내는가?

① 자장　　　　② 전류
③ 힘　　　　　④ 기전력

해설 플레밍의 왼손 법칙

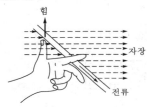

㉠ 자기장 내의 도선에 전류가 흐름 → 도선에 운동력 발생
　(전기에너지 → 운동에너지) : 전동기
㉡ 집게 손가락(자장의 방향), 가운뎃손가락(전류의 방향),
　엄지손가락(힘의 방향)

50 50μF의 콘덴서에 200V, 60Hz의 교류전압을 인가했을 때 흐르는 전류(A)는?

① 약 2.56　　　② 약 3.77
③ 약 4.56　　　④ 약 5.28

해설 $X_c = \dfrac{1}{\omega c} = \dfrac{1}{2\pi f c}$

$\quad = \dfrac{1}{2\pi \times 60 \times 50 \times 10^{-6}} ≒ 53$

$I = \dfrac{V}{X_c} = \dfrac{200}{53} ≒ 3.77$

51 저항 100Ω의 전열기에 5A의 전류를 흘렸을 때 전력은 몇 W인가?

① 20　　　　② 100
③ 500　　　④ 2,500

해설 $P = VI = I^2 R = \dfrac{V^2}{R}$(W)

$P = I^2 R = 5^2 \times 100 = 2,500$W

52 직류기의 효율이 최대가 되는 조건은?

① 부하손 = 고정손
② 기계손 = 동손
③ 동손 = 철손
④ 와류손 = 히스테리시스손

해설 효율

㉠ 부하손(load loss)은 부하에 따라 크기가 현저하게 변하는
　동손(저항손 : ohmic loss) 및 표유부하손(stray load loss)
　: 측정이나 계산으로 구할 수 없는 손실으로 나눈다.
㉡ 무부하손(no-load loss)은 기계손(mechanical loss : 마
　찰손+풍손)과 철손(iron loss : 히스테리시스손+와전류
　손)으로 부하의 변화에 관계없이 거의 일정한 손실이다.
㉢ 부하손과 무부하손(고정손)이 같을 때 최대 효율이 된다.

53 한쌍의 기어를 맞물렸을 때 치면 사이에 생기는 틈새를 무엇이라 하는가?

① 백래시
② 이사이
③ 이뿌리면
④ 지름피치

해설 백래시(backlash)

기어의 원활한 맞물림을 위하여 이와 이 사이에 붙이는 틈
새, 원활의 톱니가 마모되면 백래시는 커지며 진동이 발생
되고, 시동 또는 정지할 때 충격이 커진다.

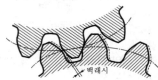

54 버니어캘리퍼스를 사용하여 와이어로프의 직경을 측정하는 방법으로 알맞은 것은?

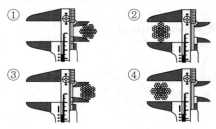

해설 와이어로프의 직경 측정

로프의 직경은 수직 또는 대각선으로 측정하며, 섬유로프인 경우는 게이지(gauge)로 측정하는 것이 바람직하다.

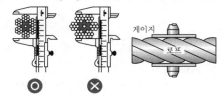

55 전류계를 사용하는 방법으로 옳지 않은 것은?

① 부하전류가 클 때에는 배율기를 사용하여 측정한다.
② 전류가 흐르므로 인체가 접촉되지 않도록 주의하면서 측정한다.
③ 전류값을 모를 때에는 높은 값에서 낮은 값으로 조정하면서 측정한다.
④ 부하와 직렬로 연결하여 측정한다.

해설 분류기

가동 코일형 전류계는 동작전류가 1~50mA 정도여서, 큰 전류가 흐르면 전류계는 타버려 측정이 곤란하다. 따라서 가동 코일에 저항이 매우 작은 저항기를 병렬로 연결하여 대부분의 전류를 이 저항기에 흐르게 하고, 전체 전류에 비례하는 일정한 전류만 가동 코일에 흐르게 해서 전류를 측정하는데, 이 장치를 분류기라 한다.

$$I_a = \frac{R_s}{R_a + R_s} \cdot I$$

$$I = \frac{R_a + R_s}{R_s} \cdot I_a = \left(1 + \frac{R_a}{R_s}\right) \cdot I_a$$

여기서, I : 측정하고자 하는 전류(A)
I_a : 전류계로 유입되는 전류(A)
R_s : 분류기 저항(Ω)
R_a : 전류계 내부 저항(Ω)

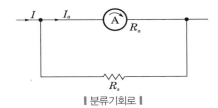

▌분류기회로▐

56 변화하는 위치제어에 적합한 제어방식으로 알맞은 것은?

① 프로그램제어　② 프로세스제어
③ 서보기구　　　④ 자동조정

해설 자동제어의 분류

㉠ 제어 목적에 의한 분류
• 정치제어 : 목표치가 시간의 변화에 관계없이 일정하게 유지되는 제어로서 자동조정이라고 한다(프로세스 제어, 발전소의 자동 전압조정, 보일러의 자동 압력조정, 터빈의 속도제어 등).
• 추치제어 : 목표치가 시간에 따라 임의로 변화를 하는 제어로 서보기구가 여기에 속한다.
　- 추종제어 : 목표치가 시간에 대한 미지함수인 경우(대공포의 포신 제어, 자동 평형계기, 자동 아날로그 선반)
　- 프로그램제어 : 목표치가 시간적으로 미리 정해진 대로 변화하고 제어량이 이것에 일치되도록 하는 제어(열처리로의 온도제어, 열차의 무인운전 등)
　- 비율제어 : 목표치가 다른 어떤 양에 비례하는 경우(보일러의 자동 연소제어, 암모니아의 합성 프로세스제어 등)
㉡ 제어량의 성질에 의한 분류
• 프로세스제어 : 어떤 장치를 이용하여 무엇을 만드는 방법, 장치 또는 장치계를 프로세스(process)라 한다(온도, 압력제어장치).
• 서보기구 : 제어량이 기계적인 위치 또는 속도인 제어를 말한다.
• 자동조정 : 서보기구 등에 적용되지 않는 것으로 전류, 전압, 주파수, 속도, 장력 등을 제어량으로 하며, 응답속도가 대단히 빠른 것이 특징이다(전자회로의 자동 주파수제어, 증기터빈의 조속기, 수차 등).

57 다음 중 3상 유도전동기의 회전방향을 바꾸는 방법은?

① 두 선의 접속변환　② 기상보상기 이용
③ 전원의 주파수변환　④ 전원의 극수변환

해설 3상 교류인 3개의 단자 중 어느 2개의 단자를 서로 바꾸어 접속하면 1차 권선에 흐르는 상회전 방향이 반대가 되므로 자장의 회전방향도 바뀌어 역회전을 한다.

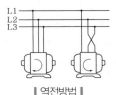

▌역전방법▐

정답　55. ①　56. ③　57. ①

58 직류발전기의 기본 구성요소에 속하지 않는 것은?

① 계자　　　　② 보극

③ 전기자　　　④ 정류자

📝 해설 **직류발전기의 구성요소**

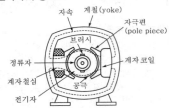

▌2극 직류발전기의 단면도 ▌

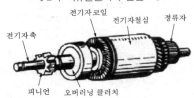

▌전기자 ▌

㉠ 계자(field magnet)
- 계자권선(field coil), 계자철심(field core), 자극(pole piece) 및 계철(yoke)로 구성된다.
- 계자권선은 계자철심에 감겨져 있으며, 이 권선에 전류가 흐르면 자속이 발생한다.
- 자극편은 전기자에 대응하여 계자자속을 공극 부분에 적당히 분포시킨다.

㉡ 전기자(armature)
- 전기자철심(armature core), 전기자권선(armature winding), 정류자 및 회전축(shaft)으로 구성된다.
- 전기자철심의 재료와 구조는 맴돌이전류(eddy current)와 히스테리현상에 의한 철손을 적게 하기 위하여 두께 0.35~0.5mm의 규소강판을 성층하여 만든다.

㉢ 정류자(commutator) : 직류기에서 가장 중요한 부분 중의 하나이며, 운전 중에는 항상 브러시와 접촉하여 마찰이 생겨 마모 및 불꽃 등으로 높은 온도가 되므로 전기적, 기계적으로 충분히 견딜 수 있어야 한다.

59 2축이 만나는(교차하는) 기어는?

① 나사(screw)기어

② 베벨기어

③ 웜기어

④ 하이포이드기어

📝 해설 **기어의 분류**

㉠ 평행축 기어 : 평기어, 헬리컬기어, 더블 헬리컬기어, 랙과 작은 기어

㉡ 교차축 기어 : 스퍼 베벨기어, 헬리컬 베벨기어, 스파이럴 베벨기어, 제로올 베벨기어, 크라운기어, 앵귤러 베벨기어

㉢ 어긋난 축기어 : 나사기어, 웜기어, 하이포이드 기어, 헬리컬 크라운 기어

▌평기어 ▌ ▌헬리컬기어 ▌ ▌베벨기어 ▌ ▌웜기어 ▌

★★
60 안전율의 정의로 옳은 것은?

① $\dfrac{허용응력}{극한강도}$　　② $\dfrac{극한강도}{허용응력}$

③ $\dfrac{허용응력}{탄성한도}$　　④ $\dfrac{탄성한도}{허용응력}$

📝 해설 **안전율(safety factor)**

㉠ 제한하중보다 큰 하중을 사용할 가능성이나 재료의 고르지 못함, 제조공정에서 생기는 제품품질의 불균일, 사용 중의 마모·부식 때문에 약해지거나 설계 자료의 신뢰성에 대한 불안에 대비하여 사용하는 설계계수를 말한다.

㉡ 구조물의 안전을 유지하는 정도, 즉 파괴(극한)강도를 그 허용응력으로 나눈 값을 말한다.

※ 본 문제는 수험생들의 협조에 의해 작성되었으며, 시험내용과 일부 다를 수 있습니다.

01 기계식 주차장치에 있어서 자동차 중량의 전륜 및 후륜에 대한 배분비는?

① 6 : 4　　　　② 5 : 5
③ 7 : 3　　　　④ 4 : 6

해설 자동차 중량의 전륜 및 후륜에 대한 배분은 6:4로 하고 계산하는 단면에는 큰 쪽의 중량이 집중하중으로 작용하는 것으로 가정하여 계산한다.

02 엘리베이터의 유압식 구동방식에 의한 분류로 틀린 것은?

① 직접식　　　　② 간접식
③ 스크루식　　　　④ 팬터그래프식

해설 **유압식 엘리베이터의 구동방식**

펌프에서 토출된 작동유로 플런저(plunger)를 작동시켜 카를 승강시키는 것을 유압식 엘리베이터라 한다.
㉠ 직접식 : 플런저의 직상부에 카를 설치한 것이다.
㉡ 간접식 : 플런저의 선단에 도르래를 놓고 로프 또는 체인을 통해 카를 올리고 내리며, 로핑에 따라 1 : 2, 1 : 4, 2 : 4의 로핑이 있다.
㉢ 팬터그래프식 : 카는 팬터그래프의 상부에 설치하고, 실린더에 의해 팬터그래프를 개폐한다.

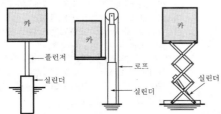

∥ 직접식 ∥ ∥ 간접식(1 : 2 로핑) ∥ ∥ 팬터그래프식 ∥

03 에스컬레이터의 역회전 방지장치로 틀린 것은?

① 조속기
② 스커트 가드
③ 기계브레이크
④ 구동체인 안전장치

해설 **스커트 가드(skirt guard)**

에스컬레이터 내측판의 스텝에 인접한 부분을 일컬으며, 스테인레스 판으로 되어 있다.

∥ 스텝 부분 ∥

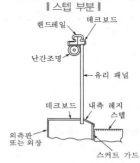

∥ 난간의 구조 ∥

04 기계실이 있는 엘리베이터의 승강로 내에 설치되지 않는 것은?

① 균형추　　　　② 완충기
③ 이동케이블　　　　④ 조속기

해설 엘리베이터 기계실

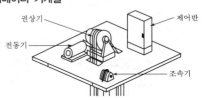

∥ 기계실 ∥

조속기는 승강로 내에 위치하는 경우도 있지만, 기계실이 있는 경우에는 기계실에 설치된다.

05 승강기의 카 내에 설치되어 있는 것의 조합으로 옳은 것은?

① 조작반, 이동케이블, 급유기, 조속기
② 비상조명, 카 조작반, 인터폰, 카 위치표시기
③ 카 위치표시기, 수전반, 호출버튼, 비상정지장치
④ 수전반, 승강장 위치표시기, 비상스위치, 리밋스위치

해설 카 실내의 구조

06 엘리베이터의 도어머신에 요구되는 성능과 거리가 먼 것은?

① 보수가 용이할 것
② 가격이 저렴할 것
③ 직류모터만 사용할 것
④ 작동이 원활하고 정숙할 것

해설 도어머신(door machine)에 요구되는 조건

모터의 회전을 감속하여 암이나 로프 등을 구동시켜서 도어를 개폐시키는 것이며, 닫힌 상태에서 정전으로 갇혔을 때 구출을 위해 문을 손으로 열 수가 있어야 한다.

ⓐ 작동이 원활하고 조용할 것
ⓑ 카 상부에 설치하기 위해 소형 경량일 것
ⓒ 동작횟수가 엘리베이터 기동횟수의 2배가 되므로 보수가 용이할 것
ⓓ 가격이 저렴할 것

07 문닫힘 안전장치의 종류로 틀린 것은?

① 도어레일   ② 광전장치
③ 세이프티 슈   ④ 초음파장치

해설 도어의 안전장치

엘리베이터의 도어가 닫히는 순간 승객이 출입하는 경우 충돌사고의 원인이 되므로 도어 끝단에 검출장치를 부착하여 도어를 반전시키는 장치이다.
ⓐ 세이프티 슈(safety shoe) : 도어의 끝에 설치하여 이 물체가 접촉하면 도어의 닫힘을 중지하며 도어를 반전시키는 접촉식 보호장치
ⓑ 세이프티 레이(safety ray) : 광선빔을 통하여 이것을 차단하는 물체를 광전장치(photo electric device)에 의해서 검출하는 비접촉식 보호장치
ⓒ 초음파장치(ultrasonic door sensor) : 초음파의 감지 각도를 조절하여 카쪽의 이물체(유모차, 휠체어 등)나 사람을 검출하여 도어를 반전시키는 비접촉식 보호장치

▎세이프티 슈 설치 상태 ▎

▎광전장치 ▎

08 권상도르래 현수로프의 안전율은 얼마이어야 하는가?

① 6 이상
② 10 이상
③ 12 이상
④ 15 이상

해설 권상도르래, 풀리 또는 드럼과 로프의 직경 비율, 로프·체인의 단말처리

ⓐ 권상도르래, 풀리 또는 드럼과 현수로프의 공칭직경 사이의 비는 스트랜드의 수와 관계없이 40 이상이어야 한다.
ⓑ 현수로프의 안전율은 어떠한 경우라도 12 이상이어야 한다. 안전율은 카가 정격하중을 싣고 최하층에 정지하고 있을 때 로프 1가닥의 최소 파단하중(N)과 이 로프에 걸리는 최대 힘(N) 사이의 비율이다.
ⓒ 로프와 로프 단말 사이의 연결은 로프의 최소 파단하중의 80% 이상을 견뎌야 한다.
ⓓ 로프의 끝 부분은 카, 균형추(또는 평형추) 또는 현수되는 지점에 금속 또는 수지로 채워진 소켓, 자체 조임 쐐기형식의 소켓 또는 안전상 이와 동등한 기타 시스템에 의해 고정되어야 한다.

09 유압승강기 압력배관에 관한 설명 중 옳지 않은 것은?

① 압력배관은 펌프 출구에서 안전밸브까지를 말한다.
② 지진 또는 진동 및 충격을 완화하기 위한 조치가 필요하다.
③ 압력배관으로 탄소강 강관이나 고압 고무 호스를 사용한다.
④ 압력배관이 파손되었을 때 카의 하강을 제지하는 장치가 필요하다.

해설 유압 파워유닛

㉠ 펌프, 전동기, 밸브, 탱크 등으로 구성되어 있는 유압동력 전달장치이다.
㉡ 유압펌프에서 실린더까지를 탄소강관이나 고압 고무호스를 사용하여 압력배관으로 연결한다.
㉢ 단순히 작동유에 압력을 주는 것뿐만 아니라 카를 상승시킬 경우 가속, 주행 감속에 필요한 유량으로 제어하여 실린더에 보내고, 하강 시에는 실린더의 기름을 같은 방법으로 제어한 후 탱크로 되돌린다.

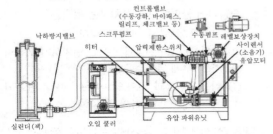

‖ 유압승강기 구동부 ‖

10 피트에 설치되지 않는 것은?

① 인장도르래   ② 조속기
③ 완충기   ④ 균형추

해설 기계실 없는 엘리베이터

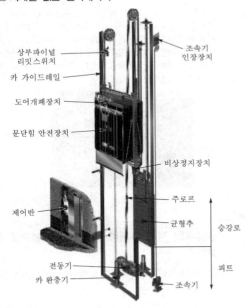

11 무빙워크의 공칭속도(m/s)는 얼마 이하로 하여야 하는가?

① 0.55   ② 0.65
③ 0.75   ④ 0.95

해설 무빙워크의 경사도와 속도

㉠ 무빙워크의 경사도는 12° 이하이어야 한다.
㉡ 무빙워크의 공칭속도는 0.75m/s 이하이어야 한다.
㉢ 팰릿 또는 벨트의 폭이 1.1m 이하이고, 승강장에서 팰릿 또는 벨트가 콤에 들어가기 전 1.6m 이상의 수평주행구간이 있는 경우 공칭속도는 0.9m/s까지 허용된다. 다만, 가속구간이 있거나 무빙워크를 다른 속도로 직접 전환시키는 시스템이 있는 무빙워크에는 적용되지 않는다.

‖ 팰릿 ‖

‖ 콤(comb) ‖

‖ 난간 부분의 명칭 ‖

12 도어 인터록 장치의 구조로 가장 옳은 것은?

① 도어스위치가 확실히 걸린 후 도어 인터록이 들어가야 한다.
② 도어스위치가 확실히 열린 후 도어 인터록이 들어가야 한다.
③ 도어록 장치가 확실히 걸린 후 도어스위치가 들어가야 한다.
④ 도어록 장치가 확실히 열린 후 도어스위치가 들어가야 한다.

해설 도어 인터록(door interlock) 및 클로저(closer)

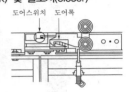

㉠ 도어 인터록(door interlock)
• 카가 정지하지 않는 층의 도어는 전용열쇠를 사용하지 않으면 열리지 않는 도어록과 도어가 닫혀 있지 않으면 운전이 불가능하도록 하는 도어스위치로 구성된다.

• 닫힘동작 시는 도어록이 먼저 걸린 상태에서 도어스위치가 들어가고 열림동작 시는 도어스위치가 끊어진 후 도어록이 열리는 구조(직렬)이며, 엘리베이터의 안전장치 중에서 승강장의 도어 안전장치로 가장 중요하다.
ⓒ 도어 클로저(door closer)
• 승강장의 문이 열린 상태에서 모든 제약이 해제되면 자동적으로 닫히게 하여 문의 개방 상태에서 생기는 2차 재해를 방지하는 문의 안전장치이며, 전기적인 힘이 없어도 외부 문을 닫아주는 역할을 한다.
• 스프링 클로저 방식 : 레버시스템, 코일스프링과 도어 체크가 조합된 방식
• 웨이트(weight) 방식 : 줄과 추를 사용하여 도어체크(문이 자동으로 천천히 닫히게 하는 장치)를 생략한 방식

▌스프링 클로저▐ ▌웨이트 클로저▐

★★
13 기계실에는 바닥면에서 몇 lx 이상을 비출 수 있는 영구적으로 설치된 전기조명이 있어야 하는가?

① 2 ② 50
③ 100 ④ 200

▶해설 **기계실의 유지관리에 지장이 없도록 조명 및 환기시설의 설치**
㉠ 기계실에는 바닥면에서 200lx 이상을 비출 수 있는 영구적으로 설치된 전기조명이 있어야 한다.
㉡ 기계실은 눈·비가 유입되거나 동절기에 실온이 내려가지 않도록 조치되어야 하며 실온은 5~40℃에서 유지되어야 한다.

★★
14 와이어로프의 구성요소가 아닌 것은?

① 소선 ② 심강
③ 킹크 ④ 스트랜드

▶해설 **와이어로프**
㉠ 와이어로프의 구성
• 심(core)강
• 가닥(strand)
• 소선(wire)

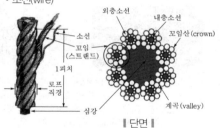

▌단면▐

ⓒ 소선의 재료 : 탄소강(C : 0.50~0.85 섬유상 조직)
ⓒ 와이어로프의 표기

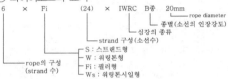

★
15 승강기에 균형체인을 설치하는 목적은?

① 균형추의 낙하 방지를 위하여
② 주행 중 카의 진동과 소음을 방지하기 위하여
③ 카의 무게 중심을 위하여
④ 이동케이블과 로프의 이동에 따라 변화되는 무게를 보상하기 위하여

▶해설 **로프식 방식에서 미끄러짐(매우 위험함)을 결정하는 요소**

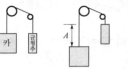 

트랙션비가 적다. 트랙션비가 크다.

로프식 엘리베이터의 승강행정이 길어지면 로프가 어느 쪽(카측, 균형추측)에 있느냐에 따라 트랙션비는 커져 와이어로프의 수명 및 전동기 용량 등에 문제가 발생한다. 이런 문제를 해결하기 위해 카 하부에서 균형추의 하부로 주 로프와 비슷한 단위중량의 균형체인을 사용하여 90% 정도의 보상을 하지만, 고층용 엘리베이터의 경우 균형(보상)체인은 소음이 발생하므로 엘리베이터의 속도가 120m/min 이상에는 균형(보상)로프를 사용한다.

가이드레일
균형추

★★★★★
16 균형추의 전체 무게를 산정하는 방법으로 옳은 것은?

① 카의 전중량에 정격적재량의 35~50%를 더한 무게로 한다.
② 카의 전중량에 정격적재량을 더한 무게로 한다.
③ 카의 전중량과 같은 무게로 한다.
④ 카의 전중량에 정격적재량의 110%를 더한 무게로 한다.

해설 **균형추(counter weight)**

카의 무게를 일정 비율 보상하기 위하여 카측과 반대편에 주철 혹은 콘크리트로 제작되어 설치되며, 카와의 균형을 유지하는 추이다.

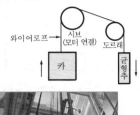

⊙ 오버밸런스(over-balance)
- 균형추의 총중량은 빈 카의 자중에 적재하중의 35~50%의 중량을 더한 값이 보통이다.
- 적재하중의 몇 %를 더할 것인가를 오버밸런스율이라고 한다.
- 균형추의 총중량=카 자체하중 + $L \cdot F$
  여기서, L : 정격적재하중(kg)
  F : 오버밸런스율(%)
⊙ 견인비(traction ratio)
- 카측 로프가 매달고 있는 중량과 균형추 로프가 매달고 있는 중량의 비를 트랙션비라 하고, 무부하와 전부하 상태에서 체크한다.
- 견인비가 낮게 선택되면 로프와 도르래 사이의 트랙션 능력 즉 마찰력이 작아도 되며, 로프의 수명이 연장된다.

17 에스컬레이터의 유지관리에 관한 설명으로 옳은 것은?

① 계단식 체인은 굴곡반경이 작으므로 피로와 마모가 크게 문제 시 된다.
② 계단식 체인은 주행속도가 크기 때문에 피로와 마모가 크게 문제 시 된다.
③ 구동체인은 속도, 전달동력 등을 고려할 때 마모는 발생하지 않는다.
④ 구동체인은 녹이 슬거나 마모가 발생하기 쉬우므로 주의해야 한다.

해설 **구동장치 보수 점검사항**

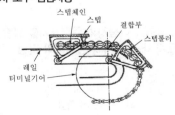

▌스텝체인의 구동 ▌

▌체인의 부식 ▌

⊙ 진동, 소음의 유무
⊙ 운전의 원활성
⊙ 구동장치의 취부 상태
⊙ 각부 볼트 및 너트의 이완 여부
⊙ 기어 케이스 등의 표면 균열 여부 및 누유 여부
⊙ 브레이크의 작동 상태
⊙ 구동체인의 늘어짐 및 녹의 발생 여부
⊙ 각부의 주유 상태 및 윤활유의 부족 또는 변화 여부
⊙ 벨트 사용 시 벨트의 장력 및 마모 상태

18 유압식 엘리베이터의 속도제어에서 주회로에 유량제어밸브를 삽입하여 유량을 직접 제어하는 회로는?

① 미터오프 회로 ② 미터인 회로
③ 블리디오프 회로 ④ 블리디아 회로

해설 **미터인(meter in) 회로**

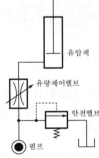

▌미터인(meter in) 회로 ▌

⊙ 유량제어밸브를 실린더의 유입측에 삽입한 것
⊙ 펌프에서 토출된 작동유는 유량제어밸브의 체크밸브를 통하지 못하고 미터링 오리피스를 통하여 유압 실린더로 보내진다.
⊙ 펌프에서는 유량제어밸브를 통과한 유량보다 많은 양의 유량을 보내게 된다.
⊙ 실린더에서는 항상 일정한 유량이 보내지기 때문에 정확한 속도제어가 가능하다.
⊙ 펌프의 압력은 항상 릴리프밸브의 설정압력과 같다.
⊙ 실린더의 부하가 작을 때도 펌프의 압력은 릴리프밸브의 설정 압력이 되어, 필요 이상의 동력을 소요해서 효율이 떨어진다.
⊙ 유량제어밸브를 열면 액추에이터의 속도는 빨라진다.

19 압력맥동이 적고 소음이 적어서 유압식 엘리베이터에 주로 사용되는 펌프는?

① 기어펌프
② 베인펌프
③ 스크루펌프
④ 릴리프펌프

해설 **펌프의 종류**

㉠ 일반적으로 원심력식, 가변 토출량식, 강제 송유식(가장 많이 사용됨) 등이 있다.
㉡ 강제 송유식의 종류에는 기어펌프, 베인펌프, 스크루펌프(소음이 적어서 많이 사용됨) 등이 있다.
㉢ 스크루펌프(screw pump)는 케이싱 내에 1~3개의 나사 모양의 회전자를 회전시키고, 유체는 그 사이를 채워서 나아가도록 되어 있는 펌프로서, 유체에 회전운동을 주지 않기 때문에 운전이 조용하고, 효율도 높아서 유압용 펌프에 사용되고 있다.

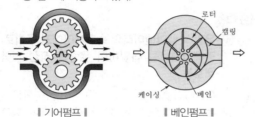

‖ 기어펌프 ‖　　　‖ 베인펌프 ‖

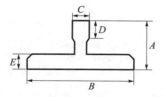

‖ 스크루펌프 ‖

20 일반적으로 사용되고 있는 승강기의 레일 중 13K, 18K, 24K 레일 폭의 규격에 대한 사항으로 옳은 것은?

① 3종류 모두 같다.
② 3종류 모두 다르다.
③ 13K와 18K는 같고 24K는 다르다.
④ 18K와 24K는 같고 13K는 다르다.

해설 **가이드레일의 치수**

구분	8K	13K	18K	24K	30K
A	56	62	89	89	108
B	78	89	114	127	140
C	10	16	16	16	19
D	26	32	38	50	51
E	6	7	8	12	13

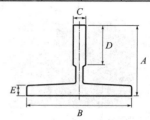

‖ 가이드레일의 단면도 ‖

21 승강장에서 스텝 뒤쪽 끝 부분을 황색 등으로 표시하여 설치되는 것은?

① 스텝체인　② 테크보드
③ 데마케이션　④ 스커트 가드

해설 **데마케이션(demarcation)**

에스컬레이터의 스텝과 스텝, 스텝과 스커트 가드 사이의 틈새에 신체의 일부 또는 물건이 끼이는 것을 막기 위해서 경계를 눈에 띄게 황색선으로 표시한다.

‖ 스텝 부분 ‖

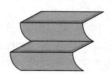

‖ 데마케이션 ‖

22 무빙워크 이용자의 주의표시를 위한 표시판 또는 표지 내에 표시되는 내용이 아닌 것은?

① 손잡이를 꼭 잡으세요.
② 카트는 탑재하지 마세요.
③ 걷거나 뛰지 마세요.
④ 안전선 안에 서 주세요.

해설 에스컬레이터 또는 무빙워크의 출입구 근처의 주의표시

구분		기준규격(mm)	색상
최소 크기		80×100	–
바탕		–	흰색
	원	40×40	–
	바탕	–	황색
	사선	–	적색
	도안	–	흑색
⚠		10×10	녹색(안전), 황색(위험)
안전, 위험		10×10	흑색
주의 문구	대	19pt	흑색
	소	14pt	적색

23 보수기술자의 올바른 자세로 볼 수 없는 것은?

① 신속, 정확 및 예의 바르게 보수 처리한다.
② 보수를 할 때는 안전기준보다는 경험을 우선시한다.
③ 항상 배우는 자세로 기술 향상에 적극 노력한다.
④ 안전에 유의하면서 작업하고 항상 건강에 유의한다.

해설 보수기술자가 보수를 할 때에는 경험보다 안전기준을 우선시해야 한다.

24 전기식 엘리베이터 자체점검 중 피트에서 하는 과부하감지장치에 대한 점검주기(회/월)는?

① 1/1
② 1/3
③ 1/4
④ 1/6

해설 피트에서 하는 점검항목 및 주기
㉠ 1회/1월 : 피트 바닥, 과부하감지장치
㉡ 1회/3월 : 완충기, 하부 파이널 리밋스위치, 카 비상멈춤장치스위치
㉢ 1회/6월 : 조속기로프 및 기타 당김도르래, 균형로프 및 부착부, 균형추 밑부분 틈새, 이동케이블 및 부착부
㉣ 1회/12월 : 카 하부 도르래, 피트 내의 내진대책

25 승강기에 사용하는 가이드레일 1본의 길이는 몇 m로 정하고 있는가?

① 1
② 3
③ 5
④ 7

해설 가이드레일의 규격
㉠ 레일 규격의 호칭은 마무리 가공 전 소재의 1m당의 중량으로 한다.
㉡ 일반적으로 T형 레일의 공칭은 8, 13, 18, 24K 등이 있다.
㉢ 대용량의 엘리베이터에서는 37, 50K 레일 등도 사용한다.
㉣ 레일의 표준길이는 5m로 한다.

26 재해누발자의 유형이 아닌 것은?

① 미숙성 누발자
② 상황성 누발자
③ 습관성 누발자
④ 자발성 누발자

해설 재해누발자의 분류
㉠ 미숙성 누발자 : 환경에 익숙하지 못하거나 기능 미숙으로 인한 재해 누발자
㉡ 상황성 누발자 : 작업의 어려움, 기계설비의 결함, 환경상 주의 집중의 혼란, 심신의 근심에 의한 것
㉢ 습관성 누발자 : 재해의 경험으로 신경과민이 되거나 슬럼프(slump)에 빠지기 때문
㉣ 소질성 누발자 : 지능, 성격, 감각운동에 의한 소질적 요소에 의하여 결정됨

27 감전 상태에 있는 사람을 구출할 때의 행위로 틀린 것은?

① 즉시 잡아당긴다.
② 전원 스위치를 내린다.
③ 절연물을 이용하여 떼어 낸다.
④ 변전실에 연락하여 전원을 끈다.

해설 감전 재해 발생 시 상해자 구출은 전원을 끄고, 신속하되 당황하지 말고 구출자 본인의 방호조치 후 절연물을 이용하여 구출한다.

28 전기식 엘리베이터 기계실의 실온 범위는?

① 5~70℃
② 5~60℃
③ 5~50℃
④ 5~40℃

해설 기계실의 유지관리에 지장이 없도록 조명 및 환기시설의 설치

ㄱ 기계실에는 바닥면에서 200lx 이상 비출 수 있는 영구적으로 설치된 전기조명이 있어야 한다.

ㄴ 기계실은 눈·비가 유입되거나 동절기에 실온이 내려가지 않도록 조치되어야 하며 실온은 +5℃에서 +40℃ 사이에서 유지되어야 한다.

29 다음 중 정기점검에 해당되는 점검은?

① 일상점검
② 월간점검
③ 수시점검
④ 특별점검

해설 안전점검의 종류

ㄱ 정기점검 : 일정 기간마다 정기적으로 실시하는 점검을 말하며, 매주, 매월, 매분기 등 법적 기준에 맞도록 또는 자체 기준에 따라 해당 책임자가 실시하는 점검

ㄴ 수시점검(일상점검) : 매일 작업 전, 작업 중, 작업 후에 일상적으로 실시하는 점검을 말하며, 작업자, 작업책임자, 관리감독자가 행하는 사업주의 순찰도 넓은 의미에서 포함

ㄷ 특별점검 : 기계·기구 또는 설비의 신설·변경 또는 고장 수리 등으로 비정기적인 특정 점검을 말하며 기술책임자가 행함

ㄹ 임시점검 : 기계·기구 또는 설비의 이상 발견 시에 임시로 실시하는 점검을 말하며, 정기점검 실시 후 다음 정기점검일 이전에 임시로 실시하는 점검

30 사람이 출입할 수 없도록 정격하중이 300kg 이하이고 정격속도가 1m/s인 승강기는?

① 덤웨이터
② 비상용 엘리베이터
③ 승객·화물용 엘리베이터
④ 수직형 휠체어리프트

해설 덤웨이터(dumbwaiter)

사람이 탑승하지 않으면서 적재용량이 300kg 이하인 것으로서 소형화물(서적, 음식물 등) 운반에 적합하게 제작된 엘리베이터이다. 다만, 바닥면적이 0.5m² 이하이고 높이가 0.6m 이하인 엘리베이터는 제외한다.

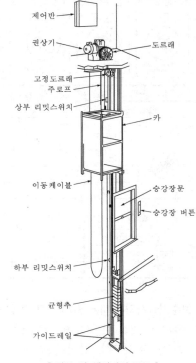

제어반
권상기
도르래
고정도르래
주로프
상부 리밋스위치
카
이동케이블
승강장문
승강장 버튼
하부 리밋스위치
균형추
가이드레일

┃전동 덤 웨이터의 구조┃

★
31 재해의 직접 원인에 해당되는 것은?

① 안전지식의 부족
② 안전수칙의 오해
③ 작업기준의 불명확
④ 복장, 보호구의 결함

해설 산업재해 직접원인

ㄱ 불안전한 행동(인적 원인)
• 안전장치를 제거, 무효화
• 안전조치의 불이행
• 불안전한 상태 방치
• 기계장치 등의 지정 외 사용
• 운전 중인 기계 장치 등의 청소, 주유, 수리, 점검 등의 실시
• 위험장소에 접근
• 잘못된 동작 자세
• 복장, 보호구의 잘못 사용
• 불안전한 속도 조작
• 운전의 실패

ㄴ 불안전한 상태(물적 원인)
• 물(物) 자체의 결함
• 방호장치의 결함
• 작업장소의 결함, 물의 배치 결함
• 보호구, 복장 등의 결함

정답 29. ② 30. ① 31. ④

- 작업환경의 결함
- 자연적 불안전한 상태
- 작업방법 및 생산공정 결함

32 동력을 수시로 이어주거나 끊어주는 데 사용할 수 있는 기계요소는?

① 클러치　　　② 리벳
③ 키　　　　　④ 체인

[해설] 클러치(clutch)

축과 축을 접속하거나 차단하는데 사용되며, 클러치를 사용하면 원동기를 정지시킬 필요 없이 피동축을 정지시키고, 속도 변경을 위한 기어 바꿈 등을 할 수 있다.

33 상승하던 에스컬레이터가 갑자기 하강방향으로 움직일 수 있는 상황을 방지하는 안전장치는?

① 스텝체인
② 핸드레일
③ 구동체인 안전장치
④ 스커트 가드 안전장치

[해설] 구동체인 안전장치(driving chain safety device)

㉠ 구동기와 주구동장치(main drive) 사이의 구동체인이 상승 중 절단되었을 때 승객의 하중에 의해 하강운전을 일으키면 위험하므로 구동체인 안전장치가 필요하다.
㉡ 구동체인 위에 항상 문지름판이 구동되면서 구동체인의 늘어짐을 감지하여 만일 체인이 느슨해지거나 끊어지면 슈가 떨어지면서 브레이크래칫이 브레이크휠에 걸려 주구동장치의 하강방향의 회전을 기계적으로 제지한다.
㉢ 안전스위치를 설치하여 안전장치의 동작과 동시에 전원을 차단한다.

(a) 조립도

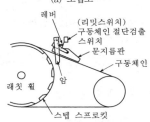

(b) 안전장치 상세도

‖ 구동체인 안전장치 ‖

34 재해발생 시의 조치내용으로 볼 수 없는 것은?

① 안전교육 계획의 수립
② 재해원인 조사와 분석
③ 재해방지대책의 수립과 실시
④ 피해자를 구출하고 2차 재해방지

[해설] 재해발생 시 재해조사 순서

㉠ 재해 발생
㉡ 긴급조치(기계 정지→피해자 구출→응급조치→병원에 후송→관계자 통보→2차 재해방지→현장 보존)
㉢ 원인조사
㉣ 원인분석
㉤ 대책수립
㉥ 실시
㉦ 평가

35 스텝과 스커트 사이에 끼임의 위험을 최소화하기 위한 장치는?

① 콤　　　　　② 뉴얼
③ 스커트　　　④ 스커트 디플렉터

[해설] 스커트 디플렉터(안전 브러쉬)

스텝과 스커트 사이에 끼임의 위험을 최소화하기 위한 장치이다.
㉠ 스커트 : 스텝, 팔레트 또는 벨트와 연결되는 난간의 수직 부분
㉡ 스커트 디플렉터의 설치 요건

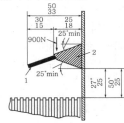

‖ 스커트 디플렉터 ‖

- 견고한 부분과 유연한 부분(브러시 또는 고무 등)으로 구성되어야 한다.
- 스커트 패널의 수직면 돌출부는 최소 33mm, 최대 50mm이어야 한다.
- 견고한 부분의 부착물 선상에 수직으로 견고한 부분의 돌출된 지점에 600mm²의 직사각형 면적 위로 균등하게 분포된 900N의 힘을 가할 때 떨어지거나 영구적인 변형 없이 견뎌야 한다.
- 견고한 부분은 18mm와 25mm 사이에 수평 돌출부가 있어야 하고, 규정된 강도를 견뎌야 한다. 유연한 부분의 수평 돌출부는 최소 15mm, 최대 30mm이어야 한다.
- 주행로의 경사진 구간의 전체에 걸쳐 스커트 디플렉터의 견고한 부분의 아래 쪽 가장 낮은 부분과 스텝 돌출부 선상 사이의 수직거리는 25mm와 27mm 사이이어야 한다.

정답　32. ①　33. ③　34. ①　35. ④

┃ 승강장 스탭 ┃   ┃ 콤(comb) ┃   ┃ 클리트(cleat) ┃

- 천이구간 및 수평구간에서 스커트 디플렉터의 견고한 부분의 아래 쪽 가장 낮은 부분과 스텝 클리트의 꼭대기 사이의 거리는 25mm와 50mm 사이이어야 한다.
- 견고한 부분의 하부 표면은 스커트 패널로부터 상승방향으로 25° 이상 경사져야 하고 상부 표면은 하강방향으로 25° 이상 경사져야 한다.
- 스커트 디플렉터는 모서리가 둥글게 설계되어야 한다. 고정 장치 헤드 및 접합 연결부는 운행통로로 연장되지 않아야 한다.
- 스커트 디플렉터의 말단 끝 부분은 스커트와 동일 평면에 접촉되도록 점점 가늘어져야 한다. 스커트 디플렉터의 말단 끝부분은 콤 교차선에서 최소 50mm 이상, 최대 150mm 앞에서 마감되어야 한다.

36 추락방지를 위한 물적 측면의 안전대책과 관련이 없는 것은?

① 발판, 작업대 등은 파괴 및 동요되지 않도록 견고하고 안정된 구조이어야 한다.
② 안전교육훈련을 통해 작업자에게 추락의 위험을 인식시킴과 동시에 자율적 규제를 촉구한다.
③ 작업대와 통로는 미끄러지거나 발에 걸려 넘어지지 않게 평평하고 미끄럼 방지성이 뛰어난 것으로 한다.
④ 작업대와 통로 주변에는 난간이나 보호대를 설치해야 한다.

🗝해설 안전교육훈련을 통한 추락방지대책은 인적 측면의 안전대책이다.

37 승강기에 설치할 방호장치가 아닌 것은?

① 가이드레일   ② 출입문 인터록
③ 조속기   ④ 파이널 리밋스위치

🗝해설 **가이드레일(guide rail)**

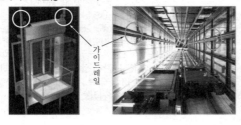

카와 균형추를 승강로의 수직면상으로 안내 및 카의 기울어짐을 막고, 더욱이 비상정지장치가 작동했을 때의 수직 하중을 유지하기 위하여 가이드레일을 설치하나, 불균형한 큰 하중이 적재되었을 때라든지, 그 하중을 내리고 올릴 때에는 카에 큰 하중 모멘트가 발생한다. 그때 레일이 지탱해낼 수 있는지에 대한 점검이 필요할 것이다.

38 유압식 엘리베이터의 카 문턱에는 승강장 유효출입구 전폭에 걸쳐 에이프런이 설치되어야 한다. 수직면의 아랫부분은 수평면에 대해 몇 도 이상으로 아래 방향을 향하여 구부러져야 하는가?

① 15°   ② 30°
③ 45°   ④ 60°

🗝해설 **에이프런(보호판)**

㉠ 카 문턱에는 승강장 유효출입구 전폭에 걸쳐 에이프런이 설치되어야 한다. 수직면의 아랫부분은 수평면에 대해 60° 이상으로 아래 방향을 향하여 구부러져야 한다. 구부러진 곳의 수평면에 대한 투영길이는 20mm 이상이어야 한다.
㉡ 수직 부분의 높이는 0.75m 이상이어야 한다.

★★★
39 감기거나 말려들기 쉬운 동력전달장치가 아닌 것은?

① 기어   ② 벤딩
③ 컨베이어   ④ 체인

🗝해설 벤딩(bending)은 평평한 판재나 반듯한 봉, 관 등을 곡면이나 곡선으로 굽히는 작업

40 전기식 엘리베이터 자체점검 중 카 위에서 하는 점검항목 장치가 아닌 것은?

① 비상구출구
② 도어잠금 및 잠금해제장치
③ 카 위 안전스위치
④ 문닫힘 안전장치

🗝해설 **문 작동과 관련된 보호**
㉠ 문이 닫히는 동안 사람이 끼거나 끼려고 할 때 자동으로 문이 반전되어 열리는 문닫힘 안전장치가 있어야 한다.

ⓛ 문닫힘 동작 시 사람 또는 물건이 끼이거나 문닫힘 안전장치 연결전선이 끊어지면 문이 반전하여 열리도록 하는 문닫힘 안전장치(세이프티 슈·광전장치·초음파장치 등)가 카 문이나 승강장 문 또는 양쪽 문에 설치되어야 하며, 그 작동 상태는 양호하여야 한다.

ⓒ 승강장 문이 카 문과의 연동에 의해 열리는 방식에서는 자동적으로 승강장의 문이 닫히는 쪽으로 힘을 작용시키는 장치이다.

ⓔ 엘리베이터가 정지한 상태에서 출입문의 닫힘동작에 우선하여 카 내에서 문을 열 수 있도록 하는 장치이다.

41 재해의 직접 원인 중 작업환경의 결함에 해당되는 것은?

① 위험장소 접근
② 작업순서의 잘못
③ 과다한 소음 발산
④ 기술적, 육체적 무리

🔧 **해설** **작업환경**

일반적으로 근로자를 둘러싸고 있는 환경을 말하며, 작업환경의 조건은 작업장의 온도, 습도, 기류 등 건물의 설비 상태, 작업장에 발생하는 분진, 유해방사선, 가스, 증기, 소음 등이 있다.

42 와이어로프의 구성요소가 아닌 것은?

① 소선
② 심강
③ 킹크
④ 스트랜드

🔧 **해설** **와이어로프**

ⓐ 와이어로프의 구성
 • 심(core)강
 • 가닥(strand)
 • 소선(wire)

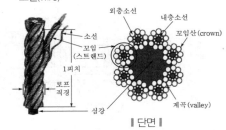

| 단면 |

ⓑ 소선의 재료 : 탄소강(C : 0.50~0.85 섬유상 조직)
ⓒ 와이어로프의 표기

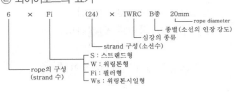

43 안전 작업모를 착용하는 주요 목적이 아닌 것은?

① 화상 방지
② 감전의 방지
③ 종업원의 표시
④ 비산물로 인한 부상 방지

🔧 **해설** **안전모(safety cap)**

작업자가 작업할 때 비래하는 물건, 낙하하는 물건에 의한 위험성을 방지 또는 하역작업에서 추락했을 때, 머리 부위에 상해를 받는 것을 방지하고, 머리 부위에 감전될 우려가 있는 전기공사작업에서 산업재해를 방지하기 위해 착용한다.

44 균형추의 중량을 결정하는 계산식은? (단, 여기서 L은 정격하중, F는 오버밸런스율)

① 균형추의 중량 = 카 자체하중+$(L \cdot F)$
② 균형추의 중량 = 카 자체하중×$(L \cdot F)$
③ 균형추의 중량 = 카 자체하중+$(L + F)$
④ 균형추의 중량 = 카 자체하중+$(L - F)$

🔧 **해설** **균형추(counter weight)**

카의 무게를 일정 비율 보상하기 위하여 카측과 반대편에 주철 혹은 콘크리트로 제작되어 설치되며, 카와의 균형을 유지하는 추이다.

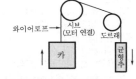

ⓐ 오버밸런스(over−balance)
 • 균형추의 총중량은 빈 카의 자중에 적재하중의 35~50%의 중량을 더한 값이 보통이다.
 • 적재하중의 몇 %를 더할 것인가를 오버밸런스율이라고 한다.
 • 균형추의 총중량=카 자체하중 + $L \cdot F$
  여기서, L : 정격적재하중(kg)
    F : 오버밸런스율(%)
ⓑ 견인비(traction ratio)
 • 카측 로프가 매달고 있는 중량과 균형추 로프가 매달고 있는 중량의 비를 트랙션비라 하고, 무부하와 전부하 상태에서 체크한다.
 • 견인비가 낮게 선택되면 로프와 도르래 사이의 트랙션 능력, 즉 마찰력이 작아도 되며, 로프의 수명이 연장된다.

★★★

45 산업재해의 발생원인 중 불안전한 행동이 많은 사고의 원인이 되고 있다. 이에 해당되지 않는 것은?

① 위험장소 접근
② 작업장소 불량
③ 안전장치 기능 제거
④ 복장, 보호구 잘못 사용

해설 산업재해 원인 분류

㉠ 직접 원인
- 불안전한 행동(인적 원인)
  - 안전장치를 제거, 무효화함
  - 안전조치의 불이행
  - 불안전한 상태 방치
  - 기계장치 등의 지정 외 사용
  - 운전 중인 기계, 장치 등의 청소, 주유, 수리, 점검 등의 실시
  - 위험장소에 접근
  - 잘못된 동작자세
  - 복장, 보호구의 잘못 사용
  - 불안전한 속도 조작
  - 운전의 실패
- 불안전한 상태(물적 원인)
  - 물(物) 자체의 결함
  - 방호장치의 결함
  - 작업장소 및 기계의 배치 결함
  - 보호구, 복장 등의 결함
  - 작업환경의 결함
  - 자연적 불안전한 상태
  - 작업방법 및 생산공정 결함

㉡ 간접 원인
- 기술적 원인 : 기계기구, 장비 등의 방호설비, 경계 설비, 보호구 정비 등의 기술적 결함
- 교육적 원인 : 무지, 경시, 몰이해, 훈련 미숙, 나쁜 습관, 안전지식 부족 등
- 신체적 원인 : 각종 질병, 피로, 수면 부족 등
- 정신적 원인 : 태만, 반항, 불만, 초조, 긴장, 공포 등
- 관리적 원인 : 책임감의 부족, 작업기준의 불명확, 점검 보전제도의 결함, 부적절한 배치, 근로의욕 침체 등

46 교류회로에서 유효전력이 P(W)이고 피상전력이 P_a(VA)일 때 역률은?

① $\sqrt{P + P_a}$
② $\dfrac{P}{P_a}$
③ $\dfrac{P_a}{P}$
④ $\dfrac{P}{P + P_a}$

해설 ㉠ 유효전력(effective power) $P = VI\cos\theta$(W)
㉡ 피상전력(apparent power) $P_a = VI$(VA)

$$\therefore \cos\theta = \frac{P}{P_a} = \frac{VI\cos\theta}{VI}$$

★★★

47 시퀀스회로에서 일종의 기억회로라고 할 수 있는 것은?

① AND회로
② OR회로
③ NOT회로
④ 자기유지회로

해설 자기유지회로(self hold circuit)

㉠ 전자계전기(X)를 조작하는 스위치(BS_1)와 병렬로 그 전자계전기의 a접점이 접속된 회로, 예를 들면 누름단추스위치(BS_1)를 온(on)했을 때, 스위치가 닫혀 전자계전기가 여자(excitation)되면 그것의 a접점이 닫히기 때문에 누름단추스위치(BS_1)를 떼어도(스위치가 열림) 전자계전기는 누름단추스위치(BS_2)를 누를 때까지 여자를 계속한다. 이것을 자기유지라고 하는데 자기유지회로는 전동기의 운전 등에 널리 이용된다.

㉡ 여자(excitation) : 전자계전기의 전자코일에 전류가 흘러 전자석으로 되는 것이다.

㉢ 전자계전기(electromagnetic relay) : 전자력에 의해 접점(a, b)을 개폐하는 기능을 가진 장치로서, 전자코일에 전류가 흐르면 고정철심이 전자석으로 되어 철편이 흡입되고, 가동접점은 고정접점에 접촉된다. 전자코일에 전류가 흐르지 않아 고정철심이 전자력을 잃으면 가동접점은 스프링의 힘으로 복귀되어 원상태로 된다. 일반제어회로의 신호전달을 위한 스위칭회로뿐만 아니라 통신기기, 가정용 기기 등에 폭넓게 이용되고 있다.

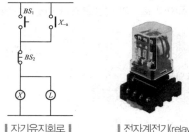

‖ 자기유지회로 ‖　　　　‖ 전자계전기(relay) ‖

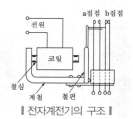

‖ 전자계전기의 구조 ‖

48 다음 중 전압계에 대한 설명으로 옳은 것은?

① 부하와 병렬로 연결한다.
② 부하와 직렬로 연결한다.
③ 전압계는 극성이 없다.
④ 교류전압계에는 극성이 있다.

정답 45. ② 46. ② 47. ④ 48. ①

해설 전압 및 전류 측정방법

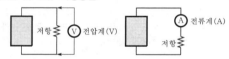

입·출력 전압 또는 회로에 공급되는 전압의 측정은 전압계를 회로에 병렬로 연결하고, 전류를 측정하려면 전류계는 회로에 직렬로 연결하여야 한다.

49 물체에 외력을 가해서 변형을 일으킬 때 탄성한계 내에서 변형의 크기는 외력에 대해 어떻게 나타나는가?

① 탄성한계 내에서 변형의 크기는 외력에 대하여 반비례한다.
② 탄성한계 내에서 변형의 크기는 외력에 대하여 비례한다.
③ 탄성한계 내에서 변형의 크기는 외력과 무관하다.
④ 탄성한계 내에서 변형의 크기는 일정하다.

해설 탄성한계

모든 물체는 정도의 차이는 있지만 외력에 의해 모양이나 크기가 변한다. 예를 들어 용수철에 힘을 가하면 모양이 변하는데 그 힘을 없애 주면 원래 모양으로 되돌아가는 성질을 탄성(elasticity)이라고 한다. 하지만 물체에 힘을 너무 크게 주면 물체가 탄성을 나타낼 수 있는 한계를 넘어서 변형되게 되고 탄성이 없어져 나중에 힘을 제거해도 복원되지 않고 변형이 된다. 이렇게 탄성을 유지할 수 있는가 아닌가의 경계가 되는 물체의 변형한계를 그 물체의 탄성한도라고 한다. 물체에 작용하는 힘(F)과 그 힘에 의해 변형된 정도(x)가 비례한다는 훅의 법칙도 이 탄성한도 내에서만 성립하는 것이다.

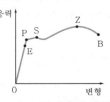

E : 탄성한계
P : 비례한계
S : 항복점
Z : 종국응력(인장 최대하중)
B : 파괴점(재료에 따라서는 E와 P가 일치한다.)

∥ 응력-변형률 선도 ∥

50 나사의 호칭이 M10일 때, 다음 설명 중 옳은 것은?

① 나사의 길이 10mm
② 나사의 반지름 10mm
③ 나사의 피치 1mm
④ 나사의 외경 10mm

해설 M10

원주 피치
피치원의 지름

㉠ 호칭경은 수나사의 바깥지름(외경)의 굵기로 표시하며, 미터계 나사의 경우 지름 앞에 M자를 붙여 사용한다.
㉡ 피치란 나사산과 산의 거리를 말하며, 1회전 시 전진거리를 의미하기도 한다.

51 10Ω과 15Ω의 저항을 병렬로 연결하고 50A의 전류를 흘렸다면, 10Ω의 저항쪽에 흐르는 전류는 몇 A인가?

① 10 ② 15
③ 20 ④ 30

해설 ㉠ R_T(합성저항) $= \dfrac{R_1 \times R_2}{R_1 + R_2} = \dfrac{10 \times 15}{10 + 15} = 6\Omega$

㉡ V(전압) $= I_T \times R_T = 50 \times 6 = 300V$

㉢ $I_{R_1} = \dfrac{V}{R_1} = \dfrac{300}{10} = 30A$

㉣ $I_{R_2} = \dfrac{V}{R_2} = \dfrac{300}{15} = 20A$

★★★★

52 RLC 직렬회로에서 최대 전류가 흐르게 되는 조건은?

① $\omega L^2 - \dfrac{1}{\omega C} = 0$ ② $\omega L^2 + \dfrac{1}{\omega C} = 0$

③ $\omega L - \dfrac{1}{\omega C} = 0$ ④ $\omega L + \dfrac{1}{\omega C} = 0$

해설 직렬공진 조건

RLC가 직렬로 연결된 회로에서 용량리액턴스와 유도리액턴스는 더 이상 회로 전류를 제한하지 못하고 저항만이 회로에 흐르는 전류를 제한할 수 있게 되는데 이 상태를 공진이라고 한다.

㉠ 임피던스(impedance)

$$Z = \sqrt{R^2 + \left(\omega L - \dfrac{1}{\omega C}\right)^2} \ (\Omega)$$

용량리액턴스와 유도리액턴스가 같다면 $\omega L = \dfrac{1}{\omega C}$

$$\omega L - \dfrac{1}{\omega C} = 0$$

정답 49. ② 50. ④ 51. ④ 52. ③

임피던스(Z)

$$Z= \sqrt{R^2+\left(\omega L-\frac{1}{\omega C}\right)^2} = \sqrt{R^2+(0)^2} = R(\Omega)$$

ⓒ 직렬공진회로
- 공진임피던스는 최소가 된다.

$$Z= \sqrt{R^2+(0)^2} = R$$

- 공진전류 I_0는 최대가 된다.

$$I_0 = \frac{V}{Z} = \frac{V}{R}(A)$$

- 전압 V와 전류 I는 동위상이다. 용량리액턴스와 유도리액턴스는 크기가 같아서 상쇄되어 저항만의 회로가 된다.

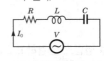

▮직렬회로▮

▮직렬공진 벡터▮

53 6극, 50Hz의 3상 유도전동기의 동기속도(rpm)는?

① 500　　　　② 1,000
③ 1,200　　　④ 1,800

 해설 유도전동기의 동기속도(n_s)라 하면, 전원 주파수(f)에 비례하고, 극수(P)에는 반비례한다.

$$n_s = \frac{120 \cdot f}{P} = \frac{120 \times 50}{6} = 1,000\text{rpm}$$

★

54 전동기에 설치되어 있는 THR은?

① 과전류 계전기　　② 과전압 계전기
③ 열동 계전기　　　④ 역상 계전기

해설 ㉠ 과전류 계전기(over current relay) : 전류의 크기가 일정치 이상으로 되었을 때 동작하는 계전기
ⓒ 과전압 계전기(over voltage relay) : 전압의 크기가 일정치 이상으로 되었을 때 동작하는 계전기
ⓒ 열동 계전기(relay thermal) : 전동기 등의 과부하 보호용으로 사용되는 계전기
ⓔ 역상 계전기(negative sequence relay) : 역상분 전압 또는 전류의 크기에 따라 작동하는 계전기

55 교류회로에서 전압과 전류의 위상이 동상인 회로는?

① 저항만의 조합회로
② 저항과 콘덴서의 조합회로
③ 저항과 코일의 조합회로
④ 콘덴서와 콘덴서만의 조합회로

해설 **교류회로**

㉠ 저항 R만의 회로 : 저항 $R(\Omega)$의 회로에 정현파 순시전압 $v = \sqrt{2}\,V\sin\omega t$를 인가한다면 전압과 전류의 변화가 동시에 일어나는 동위상이다.

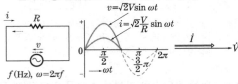

▮R만의 회로▮　▮전압과 전류의 파형▮　▮벡터▮

ⓒ 인덕턴스(L)만의 회로 : 전압의 위상은 전류보다 $\frac{\pi}{2}$(rad)(90°) 앞선다.

ⓒ 정전용량(C)만의 회로 : 전류의 위상은 전압보다 $\frac{\pi}{2}$(rad)(90°) 앞선다.

56 다음 중 측정계기의 눈금이 균일하고, 구동토크가 커서 감도가 좋으며 외부의 영향을 적게 받아 가장 많이 쓰이는 아날로그 계기 눈금의 구동방식은?

① 충전된 물체 사이에 작용하는 힘
② 두 전류에 의한 자기장 사이의 힘
③ 자기장 내에 있는 철편에 작용하는 힘
④ 영구자석과 전류에 의한 자기장 사이의 힘

해설 **측정계기**

㉠ 계기장치는 지침의 지시방식에 따라 아날로그 계기장치와 디지털 계기장치로 구분한다.
ⓒ 아날로그 계기장치는 지침 지시가 연속성을 가지고 있어 시인성이 우수한 반면, 디지털 계기장치는 주로 바그래픽(bar graphic)이나 숫자로 표시하고 있어 시인성이 떨어진다.
ⓒ 아날로그 계기장치에 적용되고 있는 미터 종류로는 바이메탈식, 가동코일식, 가동철편식, 교차코일식 스텝모터식 등이 있다.
ⓔ 가동코일식이나 가동철편식은 영구자석과 가동코일의 자계를 이용하는 방식으로 비교적 정확성이 우수하지만 충격, 진동에 약한 단점이 있다.

57 다음 중 OR회로의 설명으로 옳은 것은?

① 입력신호가 모두 '0'이면 출력신호가 '1'이 됨
② 입력신호가 모두 '0'이면 출력신호가 '0'이 됨
③ 입력신호가 '1'과 '0'이면 출력신호가 '0'이 됨
④ 입력신호가 '0'과 '1'이면 출력신호가 '0'이 됨

해설 논리합(OR)회로

하나의 입력만 있어도 출력이 나타나는 회로이며, 'A' OR 'B' 즉, 병렬회로이다.

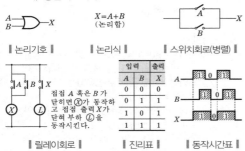

| 논리기호 | 논리식 | 스위치회로(병렬) |

접점 A 혹은 B 가 닫히면 X가 동작하고 점점 출력 X가 닫혀 부하 L을 동작시킨다.

| 릴레이회로 | 진리표 | 동작시간표 |

★★★

58 교류 엘리베이터의 전동기 특성으로 잘못된 것은?

① 기동전류가 적어야 한다.
② 고빈도로 단속 사용하는 데 적합한 것이어야 한다.
③ 회전부분의 관성 모멘트가 커야 한다.
④ 기동토크가 커야 한다.

해설 엘리베이터용 전동기에 요구되는 특성

㉠ 기동토크가 클 것
㉡ 기동전류가 작을 것
㉢ 소음이 적고, 저진동이어야 한다.
㉣ 기동빈도가 높으므로(시간당 300회) 발열(온도 상승)을 고려해야 한다.
㉤ 회전부분의 관성 모멘트(회전축을 중심으로 회전하는 물체가 계속해서 회전을 지속하려는 성질의 크기)가 적을 것(회전수의 오차는 +5∼−10%)
㉥ 충분한 제동력을 가질 것(회전력은 +100∼−70% 정도)

59 유도전동기에서 슬립이 1이란 전동기의 어느 상태인가?

① 유도제동기의 역할을 한다.
② 유도전동기가 전부하 운전 상태이다.
③ 유도전동기가 정지 상태이다.
④ 유도전동기가 동기속도로 회전한다.

해설 슬립(slip)

3상 유도전동기는 항상 회전자기장의 동기속도(n_s)와 회전자의 속도 n 사이에 차이가 생기게 되며, 이 차이의 값으로 전동기의 속도를 나타낸다. 이때 속도의 차이와 동기속도(n_s)와의 비가 슬립이고, 보통 $0 < s < 1$ 범위이어야 하며, 슬립 1은 정지된 상태이다.

$$s = \frac{동기속도 - 회전자속도}{동기속도} = \frac{n_s - n}{n_s}$$

60 전압계의 측정범위를 7배로 하려 할 때 배율기의 저항은 전압계 내부저항의 몇 배로 하여야 하는가?

① 7 ② 6
③ 5 ④ 4

해설 배율기(multiplier)는 전압계에 직렬로 접속시켜서 전압의 측정범위를 넓히기 위해 사용하는 저항기이다.

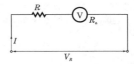

| 배율기회로 |

㉠ 측정하고자 하는 전압(V_R)

$$V_R = \frac{R_a + R}{R_a} \cdot V$$

여기서, V_R : 측정하고자 하는 전압(V)
　　　　V : 전압계로 유입되는 전압(V)
　　　　R_a : 전압계 내부저항(Ω)
　　　　R : 배율기의 저항(Ω)

㉡ 배율기의 배율(n)

$$n = \frac{V}{V_R} = \frac{R_a + R}{R_a} = 1 + \frac{R}{R_a}$$

$$\therefore R = (n-1) \cdot R_a = \left(\frac{7}{1} - 1\right) \times 1 = 6$$

2023년 제1회 기출복원문제

※ 본 문제는 수험생들의 협조에 의해 작성되었으며, 시험내용과 일부 다를 수 있습니다.

★

01 가장 먼저 누른 호출버튼에 응답하고 운전이 완료될 때까지 다른 호출에 응답하지 않는 운전방식은?

① 승합 전자동식
② 단식 자동방식
③ 카 스위치방식
④ 하강 승합 전자동식

해설 엘리베이터 한 대의 전자동식 조작방법

㉠ 단식 자동식(single automatic)
 • 승강장 단추는 하나의 승강(오름, 내림)이 공통이다.
 • 승강기 단추 또는 승강장의 호출에 응하여 기동하며, 그 층에 도착하여 정지한다.
 • 한 호출에 따라 운전 중에는 다른 호출을 받지 않는 운전방식이다.
㉡ 하강 승합 전자동식(down collective)
 • 2층 혹은 그 위층의 승강장에서는 하강 방향 단추만 있다.
 • 중간층에서 위층으로 갈 때에는 1층으로 내려온 후 올라가야 한다.
㉢ 승합 전자동식(selective collective)
 • 승강장의 누름단추는 상승용, 하강용의 양쪽 모두 동작한다.
 • 카는 그 진행방향의 카 단추와 승강장의 단추에 응하면서 승강한다.
 • 현재 한 대의 승용 엘리베이터에는 이 방식을 채용하고 있다.

★★

02 유압승강기에 사용되는 안전밸브의 설명으로 옳은 것은?

① 승강기의 속도를 자동으로 조절하는 역할을 한다.
② 압력배관이 파열되었을 때 작동하여 카의 낙하를 방지한다.
③ 카가 최상층으로 상승할 때 더 이상 상승하지 못하게 하는 안전장치이다.
④ 작동유의 압력이 정격압력 이상이 되었을 때 작동하여 압력이 상승하지 않도록 한다.

해설 안전밸브(safety valve)
압력조정밸브로 회로의 압력이 상용압력의 125% 이상 높아지면 바이패스(bypass)회로를 열어 기름을 탱크로 돌려보내어 더 이상의 압력 상승을 방지한다.

03 정전 시 비상전원장치의 비상조명의 점등조건은?

① 정전 시에 자동으로 점등
② 고장 시 카가 급정지하면 점등
③ 정전 시 비상등스위치를 켜야 점등
④ 항상 점등

해설 조명

㉠ 카에는 카 바닥 및 조작 장치를 50lx 이상의 조도로 비출 수 있는 영구적인 전기조명이 설치되어야 한다.
㉡ 조명이 백열등 형태일 경우에는 2개 이상의 등이 병렬로 연결되어야 한다.
㉢ 정상 조명전원이 차단될 경우에는 2lx 이상의 조도로 1시간 동안 전원이 공급될 수 있는 자동 재충전 예비전원공급장치가 있어야 하며, 이 조명은 정상 조명전원이 차단되면 자동으로 즉시 점등되어야 한다. 측정은 다음과 같은 곳에서 이루어져야 한다.
 • 호출버튼 및 비상통화장치 표시
 • 램프 중심부로부터 2m 떨어진 수직면상

04 엘리베이터용 도어머신에 요구되는 성능이 아닌 것은?

① 가격이 저렴할 것
② 보수가 용이할 것
③ 작동이 원활하고 정숙할 것
④ 기동횟수가 많으므로 대형일 것

해설 도어머신(door machine)에 요구되는 조건
모터의 회전을 감속하여 암이나 로프 등을 구동시켜서 도어를 개폐시키는 것이며, 닫힌 상태에서 정전으로 갇혔을 때 구출을 위해 문을 손으로 열 수가 있어야 한다.

㉠ 작동이 원활하고 조용할 것
㉡ 카 상부에 설치하기 위해 소형 경량일 것
㉢ 동작횟수가 엘리베이터 기동횟수의 2배가 되므로 보수가 용이할 것
㉣ 가격이 저렴할 것

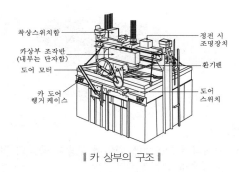

착상스위치함
카상부 조작반
(내부는 단자함)
도어 모터
카 도어
행거 케이스
정전 시
조명장치
환기팬
도어
스위치

∥ 카 상부의 구조 ∥

★★★

05 감전이나 전기화상을 입을 위험이 있는 작업에 반드시 갖추어야 할 것은?

① 보호구　　　　② 구급용구
③ 위험신호장치　④ 구명구

해설 **감전에 의한 위험대책**

㉠ 전기설비의 점검을 철저히 할 것
㉡ 전기기기에 위험 표시
㉢ 유자격자 이외는 전기기계 및 기구에 접촉 금지
㉣ 설비의 필요한 부분에는 보호접지 실시
㉤ 전동기, 변압기, 분전반, 개폐기 등의 충전부가 노출된 부분에는 절연방호조치 점검
㉥ 화재폭발의 위험성이 있는 장소에서는 법규에 의해 방폭구조 전기기계의 사용 의무화
㉦ 고전압선로와 충전부에 근접하여 작업하는 작업자의 보호구 착용
㉧ 안전관리자는 작업에 대한 안전교육 시행

★★

06 다음 중 승강기 제동기의 구조에 해당되지 않는 것은?

① 브레이크 슈　② 라이닝
③ 코일　　　　④ 워터슈트

해설 **브레이크 시스템**

관성에 의한 전동기의 회전을 자동적으로 정지시키는 것을 일반적으로 브레이크라고 한다.
㉠ 제동력은 강력한 스프링에 의해 주어지고, 모터 전원이 흐르는 기간 동안 전자코일에 의해 개방된다.
㉡ 브레이크 슈 : 높은 동작 빈도에 견디고 마찰계수가 안정되어 있어야 한다.
㉢ 라이닝 : 청동 철사와 석면사를 넣어 짠 것을 사용한다.

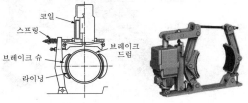

코일
스프링
브레이크 슈
라이닝
브레이크 드럼

∥ 제동기의 구조 ∥　　∥ 로터리 드럼 제동기 ∥

★★★★★

07 T형 가이드레일의 공칭규격이 아닌 것은?

① 8K　　　② 14K
③ 18K　　　④ 24K

해설 **가이드레일의 규격**

㉠ 레일 규격의 호칭은 마무리 가공전 소재의 1m당의 중량으로 한다.
㉡ 일반적으로 쓰는 T형 레일의 공칭은 8, 13, 18, 24K 등이 있다.
㉢ 대용량의 엘리베이터에서는 37, 50K 레일 등도 사용한다.
㉣ 레일의 표준길이는 5m로 한다.

★★★

08 스텝과 스커트 사이에 끼임의 위험을 최소화하기 위한 장치는?

① 콤　　　　　② 뉴얼
③ 스커트　　　④ 스커트 디플렉터

해설 **스커트 디플렉터(안전 브러쉬)**

스텝과 스커트 사이에 끼임의 위험을 최소화하기 위한 장치이다.
㉠ 스커트 : 스텝, 팔레트 또는 벨트와 연결되는 난간의 수직 부분
㉡ 스커트 디플렉터의 설치 요건

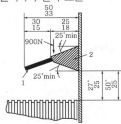

∥ 스커트 디플렉터 ∥

• 견고한 부분과 유연한 부분(브러시 또는 고무 등)으로 구성되어야 한다.
• 스커트 패널의 수직면 돌출부는 최소 33mm, 최대 50mm이어야 한다.
• 견고한 부분의 부착물 선상에 수직으로 견고한 부분의 돌출된 지점에 600mm²의 직사각형 면적 위로 균등하게 분포된 900N의 힘을 가할 때 떨어지거나 영구적인 변형 없이 견뎌야 한다.
• 견고한 부분은 18mm와 25mm 사이에 수평 돌출부가 있어야 하고, 규정된 강도를 견뎌야 한다. 유연한 부분의 수평 돌출부는 최소 15mm, 최대 30mm이어야 한다.

- 주행로의 경사진 구간의 전체에 걸쳐 스커트 디플렉터의 견고한 부분의 아래 쪽 가장 낮은 부분과 스텝 돌출부 선상 사이의 수직거리는 25mm와 27mm 사이이어야 한다.

▌승강장 스탭 ▌   ▌콤(comb) ▌   ▌클리트(cleat) ▌

- 천이구간 및 수평구간에서 스커트 디플렉터의 견고한 부분의 아래 쪽 가장 낮은 부분과 스텝 클리트의 꼭대기 사이의 거리는 25mm와 50mm 사이이어야 한다.
- 견고한 부분의 하부 표면은 스커트 패널로부터 상승방향으로 25° 이상 경사져야 하고 상부 표면은 하강방향으로 25° 이상 경사져야 한다.
- 스커트 디플렉터는 모서리가 둥글게 설계되어야 한다. 고정 장치 헤드 및 접합 연결부는 운행통로로 연장되지 않아야 한다.
- 스커트 디플렉터의 말단 끝 부분은 스커트와 동일 평면에 접촉되도록 점점 가늘어져야 한다. 스커트 디플렉터의 말단 끝부분은 콤 교차선에서 최소 50mm 이상, 최대 150mm 앞에서 마감되어야 한다.

09 스크루(screw)펌프에 대한 설명으로 옳은 것은?

① 나사로 된 로터가 서로 맞물려 돌 때, 축방향으로 기름을 밀어내는 펌프
② 2개의 기어가 회전하면서 기름을 밀어내는 펌프
③ 케이싱의 캠링 속에 편심한 로터에 수개의 베인이 회전하면서 밀어내는 펌프
④ 2개의 플런저를 동작 시켜서 밀어내는 펌프

🔧 해설 **펌프의 종류**

㉠ 일반적으로 원심력식, 가변토출량식, 강제송유식(가장 많이 사용됨) 등이 있다.
㉡ 강제송유식의 종류에는 기어 펌프, 베인 펌프, 스크루 펌프(소음이 적어서 많이 사용됨) 등이 있다.
㉢ 스크루 펌프(screw pump)는 케이싱 내에 1~3개의 나사 모양의 회전자를 회전시키고, 유체는 그 사이를 채워서 나아가도록 되어 있는 펌프로서, 유체에 회전운동을 주지 않기 때문에 운전이 조용하고, 효율도 높아서 유압용 펌프에 사용되고 있다.

 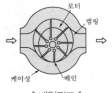

▌기어펌프 ▌   ▌베인펌프 ▌

▌스크루펌프 ▌

★★

10 기계식 주차장치에 있어서 자동차 중량의 전륜 및 후륜에 대한 배분 비는?

① 6 : 4   ② 5 : 5
③ 7 : 3   ④ 4 : 6

🔧 해설 자동차 중량의 전륜 및 후륜에 대한 배분은 6 : 4로 하고 계산하는 단면에는 큰 쪽의 중량이 집중하중으로 작용하는 것으로 가정하여 계산한다.

★

11 실린더에 이물질이 흡입되는 것을 방지하기 위하여 펌프의 흡입측에 부착하는 것은?

① 필터   ② 사이렌서
③ 스트레이너   ④ 더스트와이퍼

🔧 해설 **유압회로의 구성요소**

㉠ 필터(filter)와 스트레이너(strainer) : 실린더에 쇳가루나 이물질이 들어가는 것을 방지(실린더 손상 방지)하기 위해 설치하며, 펌프의 흡입측에 부착하는 것을 스트레이너라 하고, 배관 중간에 부착하는 것을 라인필터라 한다.
㉡ 사이렌서(silencer) : 자동차의 머플러와 같이 작동유의 압력 맥동을 흡수하여 진동·소음을 감소시키는 역할을 한다.
㉢ 더스트와이퍼(dust wiper) : 플런저 표면의 이물질이 실린더 내측으로 삽입되는 것을 방지한다.

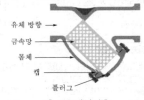

유체 방향 →
금속망
몸체
캡
플러그

▌스트레이너 ▌

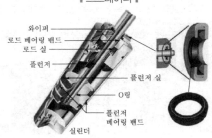

와이퍼
로드 베어링 밴드
로드 실
플런저
플런저 실
O링
플런저 베어링 밴드
실린더

▌더스트와이퍼 ▌

12 직접식 유압엘리베이터의 장점이 되는 항목은?

① 실린더를 보호하기 위한 보호관을 설치할 필요가 없다.
② 승강로의 소요평면 치수가 크다.
③ 부하에 의한 카 바닥의 빠짐이 크다.
④ 비상정지장치가 필요하지 않다.

해설 **직접식 유압엘리베이터**

플런저의 직상부에 카를 설치한 것이다.

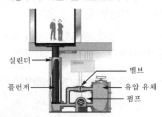

▮ 유압식 엘리베이터 작동원리 ▮

㉠ 승강로 소요면적 치수가 작고 구조가 간단하다.
㉡ 비상정지장치가 필요하지 않다.
㉢ 부하에 의한 카 바닥의 빠짐이 작다.
㉣ 실린더를 설치하기 위한 보호관을 지중에 설치하여야 한다.
㉤ 일반적으로 실린더의 점검이 어렵다.

13 사람이 출입할 수 없도록 정격하중이 300kg 이하이고 정격속도가 1m/s인 승강기는?

① 덤웨이터
② 비상용 엘리베이터
③ 승객·화물용 엘리베이터
④ 수직형 휠체어리프트

해설 **덤웨이터(dumbwaiter)**

사람이 탑승하지 않으면서 적재용량이 300kg 이하인 것으로서 소형화물(서적, 음식물 등) 운반에 적합하게 제작된 엘리베이터이다. 다만, 바닥면적이 0.5m^2 이하이고 높이가 0.6m 이하인 엘리베이터는 제외한다.

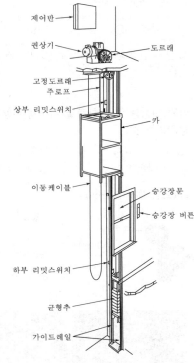

▮ 전동 덤 웨이터의 구조 ▮

14 유압식 엘리베이터의 특징으로 틀린 것은?

① 기계실을 승강로와 떨어져 설치할 수 있다.
② 플런저에 스톱퍼가 설치되어 있기 때문에 오버헤드가 작다.
③ 적재량이 크고 승강행정이 짧은 경우에 유압식이 적당하다.
④ 소비전력이 비교적 적다.

해설 **유압식 엘리베이터의 특징**

펌프에서 토출된 작동유로 플런저(plunger)를 작동시켜 카를 승강시키는 것이다.

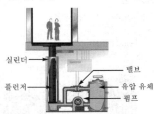

▮ 유압식 엘리베이터 작동원리 ▮

㉠ 기계실의 배치가 자유로워 승강로 상부에 기계실을 설치할 필요가 없다.

ⓛ 건물 꼭대기 부분에 하중이 걸리지 않는다.
ⓒ 승강로의 꼭대기 틈새(top clearance)가 작아도 된다.
ⓔ 실린더를 사용하기 때문에 행정거리와 속도에 한계가 있다.
ⓜ 균형추를 사용하지 않으므로 전동기의 소요 동력이 커진다.

★★★★

15 카가 최상층 및 최하층을 지나쳐 주행하는 것을 방지하는 것은?

① 리밋스위치
② 균형추
③ 인터록장치
④ 정지스위치

해설 리밋스위치(limit switch)

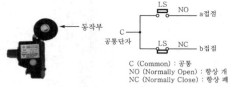

C (Common) : 공통
NO (Normally Open) : 항상 개
NC (Normally Close) : 항상 폐

∥ 리밋스위치 ∥

∥ 리밋(최상, 최하층)스위치의 설치 상태 ∥

ⓐ 물체의 힘에 의해 동작부(구동장치)가 눌려서 접점이 온, 오프(on, off)한다.
ⓑ 엘리베이터가 운행 시 최상·최하층을 지나치지 않도록 하는 장치로서 리밋스위치에 접촉이 되면 카를 감속 제어하여 정지시킬 수 있도록 한다.

★★

16 와이어로프의 구성요소가 아닌 것은?

① 소선
② 심강
③ 킹크
④ 스트랜드

해설 와이어로프

ⓐ 와이어로프의 구성
- 심(core)강
- 가닥(strand)
- 소선(wire)

∥ 단면 ∥

ⓛ 소선의 재료 : 탄소강(C : 0.50~0.85 섬유상 조직)
ⓒ 와이어로프의 표기

6 × Fi (24) × IWRC B종 20mm ← rope diameter
└ 종별(소선의 인장 강도)
└ 심강의 종류
└ strand 구성 (소선수)
S : 스트랜드형
W : 워링톤형
Fi : 필러형
Ws : 워링톤시일형
└ rope의 구성 (strand 수)

★★★★★

17 다음 중 에스컬레이터의 종류를 수송 능력별로 구분한 형태로 옳은 것은?

① 1,200형과 900형
② 1,200형과 800형
③ 900형과 800형
④ 800형과 600형

해설 에스컬레이터(escalator)의 난간폭에 의한 분류

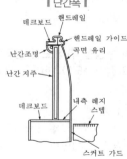

∥ 난간폭 ∥

데크보드
핸드레일
핸드레일 가이드
난간조명
곡면 유리
난간 지주
데크보드
내측 레지
스텝
스커트 가드

∥ 난간의 구조 ∥

ⓐ 난간폭 1,200형 : 수송능력 9,000명/h
ⓑ 난간폭 800형 : 수송능력 6,000명/h

18 교류 2단 속도제어에 관한 설명으로 틀린 것은?

① 기동 시 저속권선 사용
② 주행 시 고속권선 사용
③ 감속 시 저속권선 사용
④ 착상 시 저속권선 사용

해설 교류 2단 속도제어

ⓐ 기동과 주행은 고속권선으로 하고 감속과 착상은 저속권선으로 한다.
ⓑ 속도비를 착상오차 이외에 감속도의 변화비율, 크리프시간(저속주행시간) 등을 감안한 4 : 1이 가장 많이 사용된다.
ⓒ 30~60m/min의 엘리베이터용에 사용된다.

19 가이드레일의 보수점검항목이 아닌 것은?

① 브래킷 취부의 앵커 볼트 이완 상태
② 레일 및 브래킷의 오염 상태
③ 레일의 급유 상태
④ 레일 길이의 신축 상태

해설 가이드레일(guide rail)의 점검항목

┃ 가이드레일과 브래킷 ┃

㉠ 레일의 손상이나 용접부의 상태, 주행 중의 이상음 발생 여부
㉡ 레일 고정용의 레일클립 취부 상태 및 고정 볼트의 이완 상태
㉢ 레일의 이음판의 취부 볼트, 너트의 이완 상태
㉣ 레일의 급유 상태
㉤ 레일 및 브래킷의 발청 상태
㉥ 레일 및 브래킷의 오염 상태
㉦ 브래킷에 취부되어 있는 주행케이블 보호선의 취부 상태
㉧ 브래킷 취부의 앵커볼트 이완 상태
㉨ 브래킷의 용접부에 균열 등의 이상 상태

20 에스컬레이터의 유지관리에 관한 설명으로 옳은 것은?

① 계단식 체인은 굴곡반경이 작으므로 피로와 마모가 크게 문제 시 된다.
② 계단식 체인은 주행속도가 크기 때문에 피로와 마모가 크게 문제 시 된다.
③ 구동체인은 속도, 전달동력 등을 고려할 때 마모는 발생하지 않는다.
④ 구동체인은 녹이 슬거나 마모가 발생하기 쉬우므로 주의해야 한다.

해설 구동장치 보수 점검사항

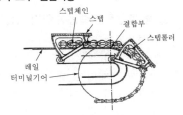

┃ 스텝체인의 구동 ┃

┃ 체인의 부식 ┃

㉠ 진동, 소음의 유무
㉡ 운전의 원활성
㉢ 구동장치의 취부 상태
㉣ 각부 볼트 및 너트의 이완 여부
㉤ 기어 케이스 등의 표면 균열 여부 및 누유 여부
㉥ 브레이크의 작동 상태
㉦ 구동체인의 늘어짐 및 녹의 발생 여부
㉧ 각부의 주유 상태 및 윤활유의 부족 또는 변화 여부
㉨ 벨트 사용 시 벨트의 장력 및 마모 상태

21 엘리베이터 기계실에 관한 설명으로 틀린 것은?

① 기계실이 정상부에 위치할 경우 꼭대기 틈새의 높이는 2m 이상의 높이를 두어야 한다.
② 기계실의 크기는 승강로 수평투영면적의 2배 이상으로 하는 것이 적합하다.
③ 기계실의 위치는 반드시 정상부에 위치하지 않아도 된다.
④ 기계실이 있는 경우 기계실의 크기는 승강로의 크기와 같아야 한다.

해설 기계실 치수

기계실의 바닥면적은 승강로 수평투영면적의 2배 이상으로 하여야 한다. 다만, 기기의 배치 및 관리에 지장이 없는 경우에는 그러하지 아니하다.
㉠ 기계실 크기는 설비, 특히 전기설비의 작업이 쉽고 안전하도록 충분하여야 한다. 작업구역에서 유효높이는 2m 이상이어야 하고 다음 사항에 적합하여야 한다.
 • 제어 패널 및 캐비닛 전면의 유효 수평면적은 아래와 같아야 한다.
  – 폭은 0.5m 또는 제어 패널·캐비닛의 전체 폭 중에서 큰 값 이상
  – 깊이는 외함의 표면에서 측정하여 0.7m 이상
 • 수동 비상운전 수단이 필요하다면, 움직이는 부품의 유지보수 및 점검을 위한 유효 수평면적은 0.5m × 0.6m 이상이어야 한다.
㉡ 위 ㉠항에서 기술된 유효공간으로 접근하는 통로의 폭은 0.5m 이상이어야 한다. 다만, 움직이는 부품이 없는 경우에는 0.4m로 줄일 수 있다. 이동을 위한 공간의 유효높이는 바닥에서부터 천장의 빔 하부까지 측정하여 1.8m 이상이어야 한다.
㉢ 구동기의 회전부품 위로 0.3m 이상의 유효 수직거리가 있어야 한다.
㉣ 기계실 바닥에 0.5m를 초과하는 단차가 있을 경우에는 보호난간이 있는 계단 또는 발판이 있어야 한다.

ⓜ 기계실 작업구역의 바닥 또는 작업구역 간 이동 통로의 바닥에 폭이 0.05m 이상이고 0.5m 미만이며, 깊이가 0.05m를 초과하는 함몰이 있거나 덕트가 있는 경우, 그 함몰 부분 및 덕트는 방호되어야 한다. 폭이 0.5m를 초과하는 함몰은 위 ㉣항에 따른 단차로 고려되어야 한다.

★★

22 시브와 접촉이 되는 와이어로프의 부분은 어느 것인가?

① 외층소선　　② 내층소선
③ 심강　　　　④ 소선

🔑 해설 **와이어로프**

㉠ 와이어로프의 구성
　• 심(core)강
　• 가닥(strand)
　• 소선(wire)

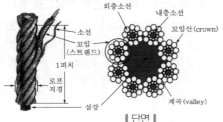

∥ 단면 ∥

ⓛ 소선의 재료 : 탄소강(C : 0.50~0.85 섬유상 조직)
ⓒ 와이어로프의 표기

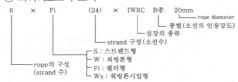

★★

23 안전점검 및 진단순서가 맞는 것은?

① 실태 파악 → 결함 발견 → 대책 결정 → 대책 실시
② 실태 파악 → 대책 결정 → 결함 발견 → 대책 실시
③ 결함 발견 → 실태 파악 → 대책 실시 → 대책 결정
④ 결함 발견 → 실태 파악 → 대책 결정 → 대책 실시

🔑 해설 **안전점검 및 진단순서**

㉠ 실태 파악 → 결함 발견 → 대책 결정 → 대책 실시

ⓛ 안전을 확보하기 위해서 실태를 파악해, 설비의 불안전 상태나 사람의 불안전행위에서 생기는 결함을 발견하여 안전대책의 상태를 확인하는 행동이다.

★★★

24 로프식 엘리베이터의 카 틀에서 브레이스 로드의 분담 하중은 대략 어느 정도 되는가?

① $\frac{1}{8}$　　　　② $\frac{3}{8}$
③ $\frac{1}{3}$　　　　④ $\frac{1}{16}$

🔑 해설 **카 틀(car frame)**

㉠ 상부체대 : 카주 위에 2본의 종 프레임을 연결하고 메인 로프에 하중을 전달하는 것이다.
ⓛ 카주 : 하부 프레임의 양단에서 하중을 지탱하는 2본의 기둥이다.
ⓒ 하부 체대 : 카 바닥의 하부 중앙에 바닥의 하중을 받쳐 주는 것이다.
ⓔ 브레이스 로드(brace rod) : 카 바닥과 카주의 연결재이 며, 카 바닥에 걸리는 하중은 분포하중으로 전하중의 3/8은 브레이스 로드에서 분담한다.

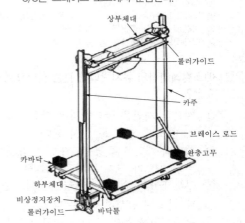

∥ 카 틀 및 카 바닥 ∥

★★★★

25 다음 중 불안전한 행동이 아닌 것은?

① 방호조치의 결함
② 안전조치의 불이행
③ 위험한 상태의 조장
④ 안전장치의 무효화

🔑 해설 **산업재해 직접원인**

㉠ 불안전한 행동(인적 원인)
　• 안전장치를 제거, 무효화

- 안전조치의 불이행
- 불안전한 상태 방치
- 기계 장치 등의 지정외 사용
- 운전중인 기계, 장치 등의 청소, 주유, 수리, 점검 등의 실시
- 위험 장소에 접근
- 잘못된 동작 자세
- 복장, 보호구의 잘못 사용
- 불안전한 속도 조작
- 운전의 실패
ⓛ 불안전한 상태(물적 원인)
- 물(物) 자체의 결함
- 방호장치의 결함
- 작업장소의 결함, 물의 배치 결함
- 보호구 복장 등의 결함
- 작업 환경의 결함
- 자연적 불안전한 상태
- 작업방법 및 생산 공정 결함

26 다음 중 재해발생 형태별 분류에 해당되지 않는 것은?

① 추락
② 전도
③ 감전
④ 골절

해설 산업재해의 분류

ㄱ 재해형태별 분류 : 추락, 충돌, 전도, 낙하비래, 협착, 감전, 동상 등
ㄴ 상해형태별 분류 : 골절, 동상, 부종, 찔림, 타박상, 절단, 찰과상, 베임 등

★★ 27 전기식 엘리베이터의 경우 카 위에서 하는 검사가 아닌 것은?

① 비상구출구
② 도어개폐장치
③ 카 위 안전스위치
④ 문닫힘안전장치

해설 문 작동과 관련된 보호

ㄱ 문이 닫히는 동안 사람이 끼이거나 끼려고 할 때 자동으로 문이 반전되어 열리는 문닫힘안전장치가 있어야 한다.
ㄴ 문닫힘 동작 시 사람 또는 물건이 끼이거나 문닫힘안전장치 연결전선이 끊어지면 문이 반전하여 열리도록 하는 문닫힘안전장치(세이프티 슈 · 광전장치 · 초음파장치 등)가 카 문이나 승강장문 또는 양쪽 문에 설치되어야 하며, 그 작동 상태는 양호하여야 한다.
ㄷ 승강장문이 카 문과의 연동에 의해 열리는 방식에서는 자동적으로 승강장의 문이 닫히는 쪽으로 힘을 작용시키는 장치
ㄹ 엘리베이터가 정지한 상태에서 출입문의 닫힘 동작에 우선하여 카 내에서 문을 열 수 있도록 하는 장치

★ 28 다음 중 전기재해에 해당되는 것은?

① 동상
② 협착
③ 전도
④ 감전

해설 재해 발생 형태별 분류

ㄱ 추락 : 사람이 건축물, 비계, 기계, 사다리, 계단 등에서 떨어지는 것
ㄴ 충돌 : 사람이 물체에 접촉하여 맞부딪침
ㄷ 전도 : 사람이 평면상으로 넘어졌을 때를 말함(과속, 미끄러짐 포함)
ㄹ 낙하 비래 : 사람이 정지물에 부딪친 경우
ㅁ 협착 : 물건에 끼인 상태, 말려든 상태
ㅂ 감전 : 전기 접촉이나 방전에 의해 사람이 충격을 받은 경우
ㅅ 동상 : 추위에 노출된 신체 부위의 조직이 어는 증상

29 이동식 핸드레일은 운행 중에 전 구간에서 디딤판과 핸드레일의 동일 방향 속도공차는 몇 %인가?

① 0~2
② 3~4
③ 5~6
④ 7~8

해설 핸드레일 시스템의 일반사항

Ⅰ 핸드레일 Ⅰ

Ⅰ 스텝 Ⅰ

Ⅰ 팔레트 Ⅰ

ㄱ 각 난간의 꼭대기에는 정상운행 조건하에서 스텝, 팔레트 또는 벨트의 실제속도와 관련하여 동일 방향으로 −0%에서 +2%의 공차가 있는 속도로 움직이는 핸드레일이 설치되어야 한다.
ㄴ 핸드레일은 정상운행 중 운행방향의 반대편에서 450N의 힘으로 당겨도 정지되지 않아야 한다.
ㄷ 핸드레일 속도감시장치가 설치되어야 하고 에스컬레이터 또는 무빙워크가 운행하는 동안 핸드레일 속도가 15초 이상 동안 실제속도보다 −15% 이상 차이가 발생하면 에스컬레이터 및 무빙워크를 정지시켜야 한다.

★★★ 30 카 또는 균형추의 상하좌우에 부착되어 레일을 따라 움직이고 카 또는 균형추를 지지해주는 역할을 하는 것은?

① 완충기
② 중간 스토퍼
③ 가이드레일
④ 가이드 슈

▶해설 **가이드 슈**

ⓐ 카 또는 균형추 상하좌우 4곳에 부착되어 레일에 따라 움직이며 카 또는 균형추를 지지한다.

ⓑ 저속용은 슬라이딩 가이드 슈(sliding guide shoe), 고속용은 롤러 가이드 슈(roller guide shoe)로 구분된다.

▮ 가이드 슈 설치 위치 ▮

▮ 슬라이딩 가이드 슈(sliding giude shoe) ▮

▮ 롤러 가이드 슈(roller guide shoe) ▮

★★

31 사업장에서 승강기의 조립 또는 해체작업을 할 때 조치하여야 할 사항과 거리가 먼 것은?

① 작업을 지휘하는 자를 선임하여 지휘자의 책임 하에 작업을 실시할 것

② 작업 할 구역에는 관계근로자 외의 자의 출입을 금지시킬 것

③ 기상 상태의 불안정으로 인하여 날씨가 몹시 나쁠 때에는 그 작업을 중지시킬 것

④ 사용자의 편의를 위하여 야간작업을 하도록 할 것

▶해설 **조립 또는 해체작업을 할 때 조치**

ⓐ 사업주는 사업장에 승강기의 설치·조립·수리·점검 또는 해체작업을 하는 경우 다음의 조치를 하여야 한다.
  • 작업을 지휘하는 사람을 선임하여 그 사람의 지휘 하에 작업을 실시할 것
  • 작업구역에 관계근로자가 아닌 사람의 출입을 금지하고 그 취지를 보기 쉬운 장소에 표시할 것

  • 비, 눈, 그 밖에 기상 상태의 불안정으로 날씨가 몹시 나쁜 경우에는 그 작업을 중지시킬 것

ⓑ 사업주는 작업을 지휘하는 사람에게 다음의 사항을 이행하도록 하여야 한다.
  • 작업방법과 근로자의 배치를 결정하고 해당 작업을 지휘하는 일
  • 재료의 결함 유무 또는 기구 및 공구의 기능을 점검하고 불량품을 제거하는 일
  • 작업 중 안전대 등 보호구의 착용 상황을 감시하는 일

★★

32 안전점검 체크리스트 작성 시의 유의사항으로 가장 타당한 것은?

① 일정한 양식으로 작성할 필요가 없다.

② 사업장에 공통적인 내용으로 작성한다.

③ 중점도가 낮은 것부터 순서대로 작성한다.

④ 점검표의 내용은 이해하기 쉽도록 표현하고 구체적이어야 한다.

▶해설 **점검표(checklist)**

ⓐ 작성항목
  • 점검부분
  • 점검항목 및 점검방법
  • 점검시기
  • 판정기준
  • 조치사항

ⓑ 작성 시 유의사항
  • 각 사업장에 적합한 독자적인 내용일 것
  • 일정 양식을 정하여 점검대상을 정할 것
  • 중점도(위험성, 긴급성)가 높은 것부터 순서대로 작성할 것
  • 정기적으로 검토하여 재해방지에 실효성 있게 개조된 내용일 것
  • 점검표의 양식은 이해하기 쉽도록 표현하고 구체적일 것

33 승강기 안전관리자의 직무범위에 속하지 않는 것은?

① 보수계약에 관한 사항

② 비상열쇠 관리에 관한 사항

③ 구급체계의 구성 및 관리에 관한 사항

④ 운행관리규정의 작성 및 유지에 관한 사항

▶해설 **승강기 안전관리자의 직무범위**

ⓐ 승강기 운행관리 규정의 작성과 유지·관리

ⓑ 승강기의 고장·수리 등에 관한 기록 유지

ⓒ 승강기 사고발생에 대비한 비상연락망의 작성 및 관리

ⓓ 승강기 인명사고 시 긴급조치를 위한 구급체제의 구성 및 관리

ⓔ 승강기의 중대한 사고 및 중대한 고장 시 사고 및 고장 보고

ⓕ 승강기 표준부착물의 관리

ⓖ 승강기 비상열쇠의 관리

34 어떤 일정 기간을 두고서 행하는 안전점검은?

① 특별점검 ② 정기점검
③ 임시점검 ④ 수시점검

해설 안전점검의 종류

㉠ 정기점검 : 일정 기간마다 정기적으로 실시하는 점검을 말하며, 매주, 매월, 매분기 등 법적 기준에 맞도록 또는 자체 기준에 따라 해당 책임자가 실시하는 점검이다.

㉡ 수시점검(일상점검) : 매일 작업 전, 작업 중, 작업 후에 일상적으로 실시하는 점검을 말하며, 작업자, 작업책임자, 관리감독자가 행하는 사업주의 순찰도 넓은 의미에서 포함된다.

㉢ 특별점검 : 기계기구 또는 설비의 신설·변경 또는 고장·수리 등으로 비정기적인 특정점검을 말하며 기술책임자가 행한다.

㉣ 임시점검 : 기계기구 또는 설비의 이상발견 시에 임시로 실시하는 점검을 말하며, 정기점검 실시 후 다음 정기점검일 이전에 임시로 실시하는 점검

35 안전점검의 목적에 해당되지 않는 것은?

① 생산 위주로 시설 가동
② 결함이나 불안전 조건의 제거
③ 기계설비의 본래 성능 유지
④ 합리적인 생산관리

해설 안전점검(safety inspection)

넓은 의미에서는 안전에 관한 제반사항을 점검하는 것을 말하며, 좁은 의미에서는 시설, 기계·기구 등의 구조설비 상태와 안전기준과의 적합성 여부를 확인하는 행위를 말한다. 인간, 도구(기계, 장비, 공구 등), 환경, 원자재, 작업의 5개 요소가 빠짐없이 검토되어야 한다.

㉠ 안전점검의 목적
 • 결함이나 불안전조건의 제거
 • 기계설비의 본래의 성능 유지
 • 합리적인 생산관리

㉡ 안전점검의 종류
 • 정기점검 : 일정 기간마다 정기적으로 실시하는 점검을 말하며 매주, 매 월, 매분기 등 법적 기준에 맞도록 또는 자체기준에 따라 해당책임자가 실시하는 점검이다.
 • 수시점검(일상점검) : 매일 작업 전, 작업 중, 작업 후에 일상적으로 실시하는 점검을 말하며, 작업자, 작업책임자, 관리감독자가 행하는 사업주의 순찰도 넓은 의미에서 포함된다.
 • 특별점검 : 기계·기구 또는 설비의 신설·변경 또는 고장·수리 등으로 비정기적인 특정점검을 말하며 기술책임자가 행한다.
 • 임시점검 : 기계·기구 또는 설비의 이상발견 시에 임시로 실시하는 점검을 말하며, 정기점검 실시 후 다음 정기점검일 이전에 임시로 실시하는 점검이다.

36 홀랜턴(hail lantern)을 바르게 설명한 것은?

① 단독 카일 때 많이 사용하며 방향을 표시한다.
② 2대 이상일 때 많이 사용하며 위치를 표시한다.
③ 군관리방식에서 도착예보와 방향을 표시한다.
④ 카의 출발을 예보한다.

해설 승강장의 신호장치

▎위치표시기▎   ▎홀랜턴▎

㉠ 위치표시기(indicator)
 • 승강장이나 카 내에서 현재 카의 위치를 알게 해주는 장치
 • 디지털식이나 전등점멸식이 사용되고 있다.

㉡ 홀랜턴(hall lantern)
 • 층 표시기만 있다면 여러 대의 엘리베이터 위치를 보면서 어느 엘리베이터가 열릴지 본인이 판단해야 한다.
 • 여러 대의 엘리베이터 중에서 어느 엘리베이터가 곧 도착할 예정인지만 알려주는 도착예보등이 필요하다.
 • 군관리방식에서 상승과 하강을 나타내는 커다란 방향등으로 그 엘리베이터가 정지를 결정하면 점등과 동시에 차임(chime) 등을 울려 승객에게 알린다.

㉢ 등록 안내 표시기 : 운전자가 있는 엘리베이터일 때 승장 단추의 등록을 카 내 운전자가 알 수 있도록 해주는 표시기이다.

37 에스컬레이터(무빙워크 포함)에서 6개월에 1회 점검하는 사항이 아닌 것은?

① 구동기의 베어링 점검
② 구동기의 감속기어 점검
③ 중간부의 스텝 레일 점검
④ 핸드레일 시스템의 속도 점검

해설 에스컬레이터(무빙워크 포함) 점검항목 및 주기

㉠ 1회/1월 : 기계실내, 수전반, 제어반, 전동기, 브레이크, 구동체인 안전스위치 및 비상 브레이크, 스텝구동장치, 손잡이 구동장치, 빗판과 스텝의 물림, 비상정지스위치 등
㉡ 1회/6월 : 구동기 베어링, 감속기어, 스텝 레일
㉢ 1회/12월 : 방화셔터 등과의 연동정지

★★★★

38 트랙션식 권상기에서 로프와 도르래의 마찰계수를 높이기 위해서 도르래 홈의 밑을 도려낸 언더컷홈을 사용한다. 이 언더컷홈의 결점은?

① 지나친 되감기 발생
② 균형추 진동
③ 시브의 이완
④ 로프 마모

해설 로프식 방식에서 미끄러짐(매우 위험함)을 결정하는 요소

구분	원인
로프가 감기는 각도	작을수록 미끄러지기 쉽다.
카의 가속도와 감속도	클수록 미끄러지기 쉽다(긴급정지 시 일어나는 미끄러짐을 고려해야 함).
카측과 균형추측의 로프에 걸리는 중량의 비	클수록 미끄러지기 쉽다(무부하 시를 체크할 필요가 있음).
로프와 도르래의 마찰계수	U형의 홈은 마찰계수가 낮으므로 일반적으로 홈의 밑을 도려낸 언더컷홈으로 마찰계수를 올린다. 마모와 마찰계수를 고려하여 도르래 재료는 주물을 사용한다.

(a) U홈   (b) V홈   (c) 언더컷홈

┃ 도르래 홈의 종류 ┃

언더컷홈으로 마찰계수를 올려 카의 미끄러짐을 줄일 수 있지만, 마찰계수가 높은 만큼 로프의 마모는 심해진다.

39 감전사고로 의식불명이 된 환자가 물을 요구할 때의 방법으로 적당한 것은?

① 냉수를 주도록 한다.
② 온수를 주도록 한다.
③ 설탕물을 주도록 한다.
④ 물을 천에 묻혀 입술에 적시어만 준다.

해설 감전사고 응급처치

감전사고가 일어나면 감전쇼크로 인해 산소 결핍현상이 나타나고, 신장기능장해가 심할 경우 몇 분 내로 사망에 이를 수 있다. 주변의 동료는 신속하게 인공호흡과 심폐소생술을 실시해야 한다.
㉠ 전기 공급을 차단하거나 부도체를 이용해 환자를 전원으로부터 떼어 놓는다.
㉡ 환자의 호흡기관에 귀를 대고 환자의 상태를 확인한다.
㉢ 가슴 중앙을 양손으로 30회 정도 눌러준다.
㉣ 머리를 뒤로 젖혀 기도를 완전히 개방시킨다.

㉤ 환자의 코를 막고 입을 밀착시켜 숨을 불어 넣는다(처음 4회는 신속하고 강하게 불어넣어 폐가 완전히 수축되지 않도록 함).
㉥ 환자의 흉부가 팽창된 것이 보이면 다시 심폐소생술을 실시한다.
㉦ 이 과정을 환자가 의식이 돌아올 때까지 반복 실시한다.
㉧ 환자에게 물을 먹이거나 물을 부으면 호흡을 막을 우려가 있기 때문에 위험하다.
㉨ 신속하고 적절한 응급조치는 감전환자의 95% 이상을 소생시킬 수 있다.

40 승강기에 사용되는 전동기의 소요 동력을 결정하는 요소가 아닌 것은?

① 정격적재하중   ② 정격속도
③ 종합효율   ④ 건물길이

해설 전동기의 용량(P) 계산

$$P = \frac{G \cdot V \cdot \sin\theta}{6,120\,\eta} \times \beta(\text{kW})$$

여기서, P : 전동기의 용량(kW)
　　　　G : 에스컬레이터의 적재하중(kg)
　　　　V : 에스컬레이터의 속도(m/min)
　　　　θ : 경사각도(°)
　　　　η : 에스컬레이터의 총 효율(%)
　　　　β : 승객 승입률(0.85)

★

41 작업표준의 목적이 아닌 것은?

① 작업의 효율화
② 위험요인의 제거
③ 손실요인의 제거
④ 재해책임의 추궁

해설 작업표준

㉠ 작업표준의 필요성
　근로자가 기능적으로 불확실한 작업행동이나 정해진 생산 공정상의 규칙을 어기고 임의적인 행동을 지향함으로써의 위험이나 손실요인을 최대한 예방, 감소시키기 위한 것이다.
㉡ 작업 표준을 도입치 않을 경우
　• 재해사고 발생
　• 부실제품 생산
　• 자재손실 또는 지연작업
㉢ 표준류(규정, 사양서, 지침서, 지도서, 기준서)의 종류
　• 원재료와 제품에 관한 것(품질표준)
　• 작업에 관한 것(작업표준)
　• 설비, 환경 등의 유지, 보전에 관한 것(설비기준)
　• 관리제도, 일의 절차에 관한 것(관리표준)
㉣ 작업표준의 목적
　• 위험요인의 제거
　• 손실요인의 제거
　• 작업의 효율화

정답 38. ④　39. ④　40. ④　41. ④

ⓔ 작업표준의 작성 요령
• 작업의 표준설정은 실정에 적합할 것
• 좋은 작업의 표준일 것
• 표현은 구체적으로 나타낼 것
• 생산성과 품질의 특성에 적합할 것
• 이상 시 조치기준이 설정되어 있을 것
• 다른 규정 등에 위배되지 않을 것

42 다음 중 엘리베이터용 전동기의 구비조건이 아닌 것은?

① 전력소비가 클 것
② 충분한 기동력을 갖출 것
③ 운전 상태가 정숙하고 저진동일 것
④ 고기동 빈도에 의한 발열에 충분히 견딜 것

해설 엘리베이터용 전동기에 요구되는 특성
㉠ 기동토크가 클 것
㉡ 기동전류가 적을 것
㉢ 소음이 적고, 저진동이어야 함
㉣ 기동빈도가 높으므로(시간당 300회) 발열(온도 상승)을 고려해야 함
㉤ 회전부분의 관성 모멘트(회전축을 중심으로 회전하는 물체가 계속해서 회전을 지속하려는 성질의 크기)가 적을 것
㉥ 충분한 제동력을 가질 것

43 직류기의 효율이 최대가 되는 조건은?

① 부하손 = 고정손
② 기계손 = 동손
③ 동손 = 철손
④ 와류손 = 히스테리시스손

해설 효율
㉠ 부하손(load loss)은 부하에 따라 크기가 현저하게 변하는 동손(저항손 : ohmic loss) 및 표유부하손(stray load loss : 측정이나 계산으로 구할 수 없는 손실)으로 나눈다.
㉡ 무부하손(no-load loss)은 기계손(mechanical loss : 마찰손+풍손)과 철손(iron loss : 히스테리시스손+와전류손)으로 부하의 변화에 관계없이 거의 일정한 손실이다.
㉢ 부하손과 무부하손(고정손)이 같을 때 최대 효율이 된다.

44 전기기기의 충전부와 외함 사이의 저항은?

① 절연저항
② 접지저항
③ 고유저항
④ 브리지저항

해설 절연저항(insulation resistance)

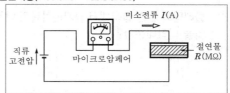

절연물에 직류전압을 가하면 아주 미세한 전류가 흐른다. 이때 전압과 전류의 비로 구한 저항을 절연저항이라 하고, 충전부분에 물기가 있으면 보통보다 대단히 낮은 저항이 된다. 누설되는 전류가 많게 되고, 절연저항이 저하하면 감전이나 과열에 의한 화재 및 쇼크 등의 사고가 뒤따른다.

45 공작물을 제작할 때 공차범위라고 하는 것은?

① 영점과 최대 허용치수와의 차이
② 영점과 최소 허용치수와의 차이
③ 오차가 전혀 없는 정확한 치수
④ 최대 허용치수와 최소 허용치수와의 차이

해설 치수공차
㉠ 제품을 가공할 때, 도면에 나타나 있는 치수와 실제로 가공된 후의 치수는 서로 일치하기 어렵기 때문에 오차가 발생한다.
㉡ 가공치수의 오차는 공작기계의 정밀도나 가공하는 사람의 숙련도, 기타 작업환경 등의 영향을 받는다.
㉢ 제품의 사용 목적에 따라 사실상 허용할 수 있는 오차 범위를 미리 명시해 주는데, 이때 오차값의 최대 허용범위와 최소 허용범위의 차를 공차라고 한다.

46 엘리베이터 전원공급 배선회로의 절연저항측정으로 가장 적당한 측정기는?

① 휘트스톤 브리지   ② 메거
③ 콜라우시 브리지   ④ 켈빈더블 브리지

해설 전로 및 기기 등을 사용하다 보면 기기의 노화 등 그밖에 원인으로 절연 성능이 저하되고, 절연열화가 진행되면 결국은 누전 등의 사고를 발생하여 화재나 그밖의 중대 사고를 일으킬 우려가 있으므로 절연저항계(메거)로 절연저항측정 및 절연 진단이 필요하다.

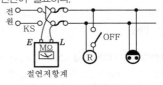

┃ 전기회로의 절연저항측정 ┃

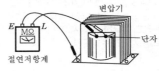

┃ 전기기기의 절연저항측정 ┃

★★★

47 플레밍의 왼손 법칙에서 엄지손가락의 방향은 무엇을 나타내는가?

① 자장 ② 전류
③ 힘 ④ 기전력

해설 플레밍의 왼손 법칙

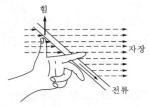

㉠ 자기장 내의 도선에 전류가 흐름 → 도선에 운동력 발생 (전기에너지 → 운동에너지) : 전동기
㉡ 집게 손가락(자장의 방향), 가운데손가락(전류의 방향), 엄지손가락(힘의 방향)

★★★

48 1MΩ은 몇 Ω인가?

① $1 \times 10^3 \Omega$
② $1 \times 10^6 \Omega$
③ $1 \times 10^9 \Omega$
④ $1 \times 10^{12} \Omega$

해설

명칭	기호	배수	명칭	기호	배수
Tera	T	10^{12}	centi	c	10^{-2}
Giga	G	10^9	milli	m	10^{-3}
Mega	M	10^6	micro	μ	10^{-6}
kilo	k	10^3	nano	n	10^{-9}

★★★★

49 배선용 차단기의 기호(약호)는?

① S ② DS
③ THR ④ MCCB

해설 배선용 차단기(Molded Case Circuit Breaker)

저압 옥내 전로의 보호를 위하여 사용한다. 개폐기구, 트립장치 등을 절연물의 용기 내에 조립한 것으로 통전 상태의 전로를 수동 또는 전기 조작에 의하여 개폐가 가능하고 과부하, 단락사고 시 자동으로 전로를 차단하는 기구이다.

★★★

50 RLC 소자의 교류회로에 대한 설명 중 틀린 것은?

① R만의 회로에서 전압과 전류의 위상은 동상이다.
② L만의 회로에서 저항성분을 유도성 리액턴스 X_L이라 한다.
③ C만의 회로에서 전류는 전압보다 위상이 $90°$ 앞선다.
④ 유도성 리액턴스 $X_L = \dfrac{1}{\omega L}$이다.

해설 ㉠ 유도성 리액턴스(inductive reactance)
$$X_L = \omega L = 2\pi f L (\Omega)$$
㉡ 용량성 리액턴스(capacitive reactance)
$$X_C = \frac{1}{\omega C} = \frac{1}{2\pi f C}(\Omega)$$

★★★

51 전류 I(A)와 전하 Q(C) 및 t(초)와의 상관관계를 나타낸 식은?

① $I = \dfrac{Q}{t}$(A)
② $I = \dfrac{t}{Q}$(A)
③ $I = \dfrac{Q^2}{t}$(A)
④ $I = \dfrac{Q}{t^2}$(A)

해설 전류(electric current)

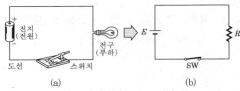

▮ 전기회로도 ▮

㉠ 스위치를 닫아 전구가 점등될 때 전지의 음극(−)으로부터는 전자가 계속해서 전선에 공급되어 양극(+) 방향으로 끌려가고, 이런 전자의 흐름을 전류라 하며 방향은 전자의 흐름과는 반대이다.
㉡ 전류의 세기 I : 어떤 단면을 1초 동안에 1C의 전기량이 이동할 때 1암페어(ampere, 기호 A)라고 한다.
$$I = \frac{Q}{t}(A), \quad Q = It(C)$$

★★★

52 권수 N의 코일에 I(A)의 전류가 흘러 권선 1회의 코일에서 자속 ϕ(Wb)가 생겼다면 자기인덕턴스(L)는 몇 H인가?

① $L = \dfrac{\phi I}{N}$
② $L = IN\phi$
③ $L = \dfrac{N\phi}{I}$
④ $L = \dfrac{IN}{\phi}$

해설 자체인덕턴스(자기인덕턴스)

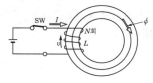

┃ 자체유도 ┃

㉠ 비례상수 L은 코일 특유의 값으로 자체인덕턴스라 하고, 단위로는 헨리(Henry, 기호 H)를 쓴다.

㉡ 1H는 1초 동안에 전류의 변화가 1A일 때 1V의 전압이 발생하는 코일의 자체 인덕턴스이다.

㉢ $N\phi = LI$이므로 자체인덕턴스 $L = \dfrac{N\phi}{I}$(H)이다.

★★★

53 평행판 콘덴서에 있어서 콘덴서의 정전용량은 판 사이의 거리와 어떤 관계인가?

① 반비례 ② 비례
③ 불변 ④ 2배

해설 평행판 콘덴서의 정전용량

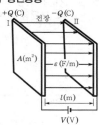

㉠ 면적 $A(\text{m}^2)$의 평행한 두 금속의 간격을 $l(\text{m})$, 절연물의 유전율을 $\varepsilon(\text{F/m})$이라 하고, 두 금속판 사이에 전압 V (V)를 가할 때 각 금속판에 $+Q$(C), $-Q$(C)의 전하가 축적되었다고 하면 다음과 같다.

$$V = \frac{\sigma l}{\varepsilon}(\text{V})$$

㉡ 평행판 콘덴서의 정전용량 C는 다음과 같다.

$$C = \frac{Q}{V} = \frac{\sigma A}{\dfrac{\sigma l}{\varepsilon}} = \frac{\varepsilon A}{l} = \frac{\varepsilon_0 \varepsilon_s A}{l}(\text{F})$$

---

54 다음 유도전동기의 제동 방법이 아닌 것은?

① 극수제동
② 회생제동
③ 발전제동
④ 단상제동

해설 유도전동기의 제동

㉠ 기계적 제동
마찰, 전동유압 브레이크, 전자클러치 등의 방법이 있다.

㉡ 전기 제동
• 발전제동 : 운전 중의 전동기를 전원에서 분리하여 단자에 적당한 저항을 접속하고 이것을 발전기로 동작시켜 부하전류로 역토크에 의해 제동하는 방법이다.
• 회생제동 : 전동기를 발전기로 동작시켜 그 유도기전력을 전원전압보다 크게 하여 전력을 전원에 되돌려 보내서 제동시키는 방법이다.

★★★★

55 저항이 50Ω인 도체에 100V의 전압을 가할 때 그 도체에 흐르는 전류는 몇 A인가?

① 2 ② 4
③ 8 ④ 10

해설 옴의 법칙

$$I = \frac{V}{R} = \frac{100}{50} = 2A$$

★★★★

56 다음 중 전압계에 대한 설명으로 옳은 것은?

① 부하와 병렬로 연결한다.
② 부하와 직렬로 연결한다.
③ 전압계는 극성이 없다.
④ 교류전압계에는 극성이 있다.

해설 전압 및 전류 측정방법

입·출력 전압 또는 회로에 공급되는 전압의 측정은 전압계를 회로에 병렬로 연결하고, 전류를 측정하려면 전류계를 회로에 직렬로 연결하여야 한다.

★★★

57 응력에 대한 설명 중 옳은 것은 무엇인가?

① 외력이 일정한 상태에서 단면적이 작아지면 응력은 작아진다.
② 외력이 증가하고 단면적이 커지면 응력은 증가한다.
③ 단면적이 일정한 상태에서 외력이 증가하면 응력은 작아진다.
④ 단면적이 일정한 상태에서 하중이 증가하면 응력은 증가한다.

해설 응력(stress)

㉠ 물체에 힘이 작용할 때 그 힘과 반대방향으로 크기가 같은 저항력이 생기는데 이 저항력을 내력이라 하며, 단위면적($1mm^2$)에 대한 내력의 크기를 말한다.

㉡ 응력은 하중의 종류에 따라 인장응력, 압축응력, 전단응력 등이 있으며, 인장응력과 압축응력은 하중이 작용하는 방향이 다르지만 같은 성질을 갖는다. 단면에 수직으로 작용하면 수직응력, 단면에 평행하게 접하면 전단응력(접선응력)이라고 한다.

㉢ 수직응력(σ)은 다음과 같다.

$$\sigma = \frac{P}{A}$$

여기서, σ : 수직응력(kg/cm^2)

P : 축하중(kg)

A : 수직응력이 발생하는 단면적(cm^2)

㉣ 응력이 발생하는 단면적(A)이 일정하고, 축하중(P) 값이 증가하면 응력도 비례해서 증가한다.

58 A, B는 입력, X를 출력이라 할 때 OR회로의 논리식은?

① $\overline{A} = X$

② $A \cdot B = X$

③ $A + B = X$

④ $\overline{A \cdot B} = X$

해설 논리합(OR)회로

하나의 입력만 있어도 출력이 나타나는 회로이며, 'A' OR 'B' 즉, 병렬회로이다.

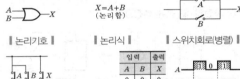

| 논리기호 | 논리식 | 스위치회로(병렬) |

$X = A + B$
(논리합)

접점 A 혹은 B 가 닫히면 X가 동작하고 접점 출력 X가 닫혀 부하 L을 동작시킨다.

입력		출력
A	B	X
0	0	0
0	1	1
1	0	1
1	1	1

| 릴레이회로 | 진리표 | 동작시간표 |

59 유도전동기의 동기속도가 n_s, 회전수가 n이라면 슬립(s)은?

① $\dfrac{n_s - n}{n} \times 100$

② $\dfrac{n_s - n}{n_s} \times 100$

③ $\dfrac{n_s}{n_s - n} \times 100$

④ $\dfrac{n_s}{n_s + n} \times 100$

해설 슬립(slip)

3상 유도전동기는 항상 회전자기장의 동기속도(n_s)와 회전자의 속도(n) 사이에 차이가 생기게 되며, 이 차이의 값으로 전동기의 속도를 나타낸다. 이때 속도의 차이와 동기속도(n_s)와의 비가 슬립이고, 보통 $0 < s < 1$ 범위이어야 하며, 슬립 1은 정지된 상태이다.

$$s = \frac{\text{동기속도} - \text{회전자속도}}{\text{동기속도}} = \frac{n_s - n}{n_s} \times 100$$

60 인장(파단)강도가 $400kg/cm^2$인 재료를 사용응력 $100kg/cm^2$로 사용하면 안전계수는?

① 1

② 2

③ 3

④ 4

해설 안전계수 $= \dfrac{\text{인장(파단)강도}}{\text{사용응력}} = \dfrac{400}{100} = 4$

정답 58. ③ 59. ② 60. ④

※ 본 문제는 수험생들의 협조에 의해 작성되었으며, 시험내용과 일부 다를 수 있습니다.

01 수직순환식 주차장치를 승입방식에 따라 분류할 때 해당되지 않는 것은?

① 하부승입식　　② 중간승입식
③ 상부승입식　　④ 원형승입식

해설 **수직순환식 주차장치**

㉠ 주차구획에 자동차를 들어가도록 한 후 그 주차구획을 수직으로 순환이동하여 자동차를 주차한다.

㉡ 종류(승입구 위치에 따른 구분) : 하부승입식, 중간승입식, 상부승입식

㉢ 특징
　• 승강로 면적이 작다.
　• 입출고 시간이 짧다.
　• 차량이 적재된 주차구획 전체를 1개 라인의 체인으로 동시에 승강시키므로 기계장치의 부하가 높다(주차 수용대수 한정, 높은 운용 유지비, 진동 소음이 많음).
　• 체인 절단 시 적재된 모든 차량이 일시에 파손될 수 있다.

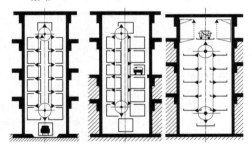

(a) 하부승입식　　(b) 중간승입식　　(c) 상부승입식

‖ 수직순환식 주차장치 ‖

★★★★

02 균형로프의 주된 사용 목적은?

① 카의 소음진동을 보상
② 카의 위치 변화에 따른 주로프 무게를 보상
③ 카의 밸런스 보상
④ 카의 적재하중 변화를 보상

해설 **견인비의 보상방법**

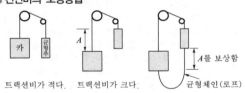

트랙션비가 적다.　트랙션비가 크다.　균형체인(로프)

㉠ 견인비(traction ratio)
　• 카측 로프가 매달고 있는 중량과 균형추 로프가 매달고 있는 중량의 비를 트랙션비라 하고, 무부하와 전부하 상태에서 체크한다.
　• 견인비가 낮게 선택되면 로프와 도르래 사이의 트랙션 능력, 즉 마찰력이 작아도 되며, 로프의 수명이 연장된다.

㉡ 문제점
　• 승강행정이 길어지면 로프가 어느 쪽(카측, 균형추측)에 있느냐에 따라 트랙션비는 크게 변화한다.
　• 트랙션비가 1.35를 초과하면 로프가 시브에서 슬립(slip)되기가 쉽다.

㉢ 대책
　• 카 하부에서 균형추의 하부로 주로프와 비슷한 단위중량의 균형(보상)체인이나 로프를 매단다(트랙션비를 작게 하기 위한 방법).
　• 균형로프는 서로 엉키는 걸 방지하기 위하여 피트에 인장도르래를 설치한다.
　• 균형로프는 100%의 보상효과가 있고 균형체인은 90%정도밖에 보상하지 못한다.
　• 고속・고층 엘리베이터의 경우 균형체인(소음의 원인)보다는 균형로프를 사용한다.

‖ 균형체인 ‖

03 에스컬레이터에 관한 설명 중 틀린 것은?

① 1,200형 에스컬레이터의 1시간당 수송인원은 9,000명이다.
② 정격속도는 30m/min 이하로 되어 있다.
③ 승강 양정(길이)로 고양정은 10m 이상이다.
④ 경사도는 수평으로 25° 이내이어야 한다.

해설 **에스컬레이터 및 무빙워크의 경사도**

㉠ 에스컬레이터의 경사도는 30°를 초과하지 않아야 한다. 다만, 높이가 6m 이하이고 공칭속도가 0.5m/s 이하인 경우에는 경사도를 35°까지 증가시킬 수 있다.

㉡ 무빙워크의 경사도는 12° 이하이어야 한다.

★★

04 파워유닛을 보수・점검 또는 수리할 때 사용하면 불필요한 작동유의 유출을 방지할 수 있는 밸브는?

① 사이런스　　② 체크밸브
③ 스톱밸브　　④ 릴리프밸브

해설 유압회로의 밸브

○ 체크밸브(non-return valve) : 한쪽 방향으로만 기름이 흐르도록 하는 밸브로서 상승방향으로는 흐르지만 역방향으로는 흐르지 않는다. 이것은 정전이나 그 이외의 원인으로 펌프의 토출압력이 떨어져서 실린더의 기름이 역류하여 카가 자유낙하하는 것을 방지하는 역할을 하는 것으로 로프식 엘리베이터의 전자브레이크와 유사하다.

○ 스톱밸브(stop valve) : 실린더에 체크밸브와 하강밸브를 연결하는 회로에 설치되며, 이것을 닫으면 실린더의 기름이 파워유닛으로 역류하는 것을 방지한다. 유압장치의 보수, 점검 또는 수리 등을 할 때에 사용되며, 일명 게이트밸브라고도 한다.

○ 안전밸브(relief valve) : 압력조정밸브로 회로의 압력이 상용압력의 125% 이상 높아지면 바이패스(by-pass) 회로를 열어 기름을 탱크로 돌려보내어 더 이상의 압력 상승을 방지한다.

○ 럽처밸브(rupture valve) : 압력배관이 파손되었을 때 기름의 누설에 의한 카의 하강을 제지하는 장치. 밸브 양단의 압력이 떨어져 설정한 방향으로 설정한 유량이 초과하는 경우에, 유량이 증가하는 것에 의하여 자동으로 회로를 폐쇄하도록 설계한 밸브이다.

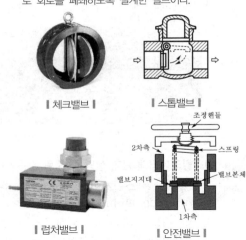

‖ 체크밸브 ‖   ‖ 스톱밸브 ‖

‖ 럽처밸브 ‖   ‖ 안전밸브 ‖

05 로프이탈방지장치를 설치하는 목적으로 부적절한 것은?

① 급제동 시 진동에 의해 주로프가 벗겨질 우려가 있는 경우

② 지진의 진동에 의해 주로프가 벗겨질 우려가 있는 경우

③ 기타의 진동에 의해 주로프가 벗겨질 우려가 있는 경우

④ 주로프의 파단으로 이탈할 경우

해설 로프이탈방지장치

급제동 시나 지진, 기타의 진동에 의해 주로프가 벗겨질 우려가 있는 경우에는 로프이탈방지장치 등을 설치하여야 한다. 다만, 기계실에 설치된 고정도르래 또는 도르래홈에 주로프가 1/2 이상 묻히거나 도르래 끝단의 높이가 주로프보다 더 높은 경우에는 제외한다.

06 전기식 엘리베이터 기계실의 구비조건으로 틀린 것은?

① 기계실의 크기는 작업구역에서의 유효높이가 2.5m 이상이어야 한다.

② 기계실에는 소요설비 이외의 것을 설치하거나 두어서는 안 된다.

③ 유지관리에 지장이 없도록 조명 및 환기시설은 승강기 검사기준에 적합하여야 한다.

④ 출입문은 외부인의 출입을 방지할 수 있도록 잠금장치를 설치하여야 한다.

해설 기계실 치수

○ 기계실 크기는 설비, 특히 전기설비의 작업이 쉽고 안전하도록 충분하여야 한다. 작업구역에서 유효높이는 2m 이상이어야 하고 다음 사항에 적합하여야 한다.
• 제어패널 및 캐비닛 전면의 유효 수평면적은 아래와 같아야 한다.
  - 폭은 0.5 m 또는 제어 패널·캐비닛의 전체 폭 중에서 큰 값 이상
  - 깊이는 외함의 표면에서 측정하여 0.7m 이상

○ 수동 비상운전 수단이 필요하다면, 움직이는 부품의 유지보수 및 점검을 위한 유효 수평면적은 0.5m×0.6m 이상이어야 한다.

○ 위 ○항에서 기술된 유효공간으로 접근하는 통로의 폭은 0.5m 이상이어야 한다. 다만, 움직이는 부품이 없는 경우에는 0.4m로 줄일 수 있다. 이동을 위한 공간의 유효높이는 바닥에서부터 천장의 빔 하부까지 측정하여 1.8m 이상이어야 한다.

○ 구동기의 회전부품 위로 0.3m 이상의 유효 수직거리가 있어야 한다.

○ 기계실 바닥에 0.5m를 초과하는 단차가 있을 경우에는 보호난간이 있는 계단 또는 발판이 있어야 한다.

○ 기계실 작업구역의 바닥 또는 작업구역 간 이동 통로의 바닥에 폭이 0.05m 이상이고 0.5m 미만이며, 깊이가 0.05m를 초과하는 함몰이 있거나 덕트가 있는 경우, 그 함몰 부분 및 덕트는 방호되어야 한다. 폭이 0.5m를 초과하는 함몰은 위 ○항에 따른 단차로 고려되어야 한다.

07 조속기의 설명에 관한 사항으로 틀린 것은?

① 조속기로프의 공칭직경은 8mm 이상이어야 한다.

② 조속기는 조속기 용도로 설계된 와이어로프에 의해 구동되어야 한다.

③ 조속기에는 비상정지장치의 작동과 일치하는 회전방향이 표시되어야 한다.

④ 조속기로프 풀리의 피치직경과 조속기로프의 공칭직경 사이의 비는 30 이상이어야 한다.

해설 조속기로프

㉠ 조속기로프의 공칭지름은 6mm 이상, 최소 파단하중은 조속기가 작동될 때 8 이상의 안전율로 조속기로프에 생성되는 인장력에 관계되어야 한다.

㉡ 조속기로프 풀리의 피치직경과 조속기로프의 공칭직경 사이의 비는 30 이상이어야 한다.

㉢ 조속기로프는 인장 풀리에 의해 인장되어야 한다. 이 풀리(또는 인장추)는 안내되어야 한다.

㉣ 조속기로프 및 관련 부속부품은 비상정지장치가 작동하는 동안 제동거리가 정상적일 때보다 더 길더라도 손상되지 않아야 한다.

㉤ 조속기로프는 비상정지장치로부터 쉽게 분리될 수 있어야 한다.

㉥ 작동 전 조속기의 반응시간은 비상정지장치가 작동되기 전에 위험속도에 도달하지 않도록 충분히 짧아야 한다.

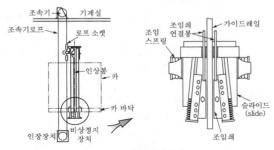

∥ 조속기와 비상정지장치의 연결 모습 ∥

∥ 조속기 인장장치 ∥

08 가이드레일(guide rail)의 역할이 아닌 것은?

① 카 차체의 기울어짐을 방지

② 비상정지장치가 작동될 때 수직하중을 유지

③ 승강로의 기계적 강도를 보강

④ 균형추의 승강로 평면 내의 위치를 규제

해설 가이드레일

㉠ 가이드레일의 사용 목적
- 카와 균형추의 승강로 평면 내의 위치를 규제한다.
- 카의 자중이나 화물에 의한 카의 기울어짐을 방지한다.
- 비상멈춤이 작동할 때의 수직하중을 유지한다.

㉡ 가이드레일의 규격
- 레일 규격의 호칭은 마무리 가공전 소재의 1m당의 중량으로 한다.
- 일반적으로 쓰는 T형 레일의 공칭 8, 13, 18, 24K 등이 있다.
- 대용량의 엘리베이터에서는 37, 50K 레일 등도 사용한다.
- 레일의 표준 길이는 5m로 한다.

09 에스컬레이터 또는 수평보행기에 모두 설치해야 하는 것이 아닌 것은?

① 제동기

② 스커트 가드 안전장치

③ 디딤판체인 안전장치

④ 구동체인 안전장치

해설 구동체인 안전장치(driving chain safety device)

㉠ 구동기와 주 구동장치(main drive) 사이의 구동체인이 상승 중 절단되었을 때 승객의 하중에 의해 하강운전을 일으키면 위험하므로 구동체인 안전장치가 필요하다.

㉡ 구동체인 위에 항상 문지름판이 구동되면서 구동체인의 늘어짐을 감지하여 만일, 체인이 느슨해지거나 끊어지면 슈가 떨어지면서 브레이크 래칫이 브레이크 휠에 걸려 주 구동장치의 하강방향의 회전을 기계적으로 제지한다.

㉢ 안전스위치를 설치하여 안전장치의 동작과 동시에 전원을 차단한다.

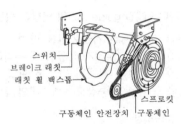

(a) 조립도

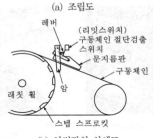

(b) 안전장치 상세도

▎구동체인 안전장치 ▎

10 트랙션권상기의 특징으로 틀린 것은?

① 소요동력이 적다.
② 행정거리의 제한이 없다.
③ 주로프 및 도르래의 마모가 일어나지 않는다.
④ 권과(지나치게 감기는 현상)를 일으키지 않는다.

🔍해설 **권상기**(traction machine)

권상기

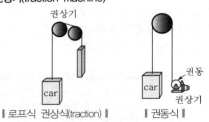

▎로프식 권상식(traction) ▎ ▎권동식 ▎

㉠ 트랙션식 권상기의 형식
  • 기어드(geared)방식 : 전동기의 회전을 감속시키기 위해 기어를 부착한다.
  • 무기어(gearless)방식 : 기어를 사용하지 않고, 전동기의 회전축에 권상도르래를 부착시킨다.
㉡ 트랙션식 권상기의 특징
  • 균형추를 사용하기 때문에 소요 동력이 적다
  • 도르래를 사용하기 때문에 승강행정에 제한이 없다.
  • 로프를 마찰로서 구동하기 때문에 지나치게 감길 위험이 없다.

11 기계실이 있는 엘리베이터의 승강로 내에 설치되지 않는 것은?

① 균형추   ② 완충기
③ 이동케이블   ④ 조속기

🔍해설 **엘리베이터 기계실**

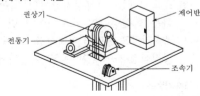

▎기계실 ▎

조속기는 승강로 내에 위치하는 경우도 있지만, 기계실이 있는 경우에는 기계실에 설치된다.

12 에스컬레이터의 구동체인이 규정치 이상으로 늘어났을 때 일어나는 현상은?

① 안전레버가 작동하여 브레이크가 작동하지 않는다.
② 안전레버가 작동하여 하강은 되나 상승은 되지 않는다.
③ 안전레버가 작동하여 안전회로 차단으로 구동되지 않는다.
④ 안전레버가 작동하여 무부하 시는 구동되나 부하 시는 구동되지 않는다.

🔍해설 **구동체인 안전장치**(driving chain safety device)

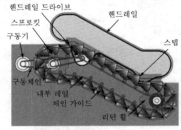

▎구동기 설치 위치 ▎

㉠ 구동기와 주구동장치(main drive) 사이의 구동체인이 상승 중 절단되었을 때 승객의 하중에 의해 하강운전을 일으키면 위험하므로 구동체인 안전장치가 필요하다.
㉡ 구동체인 위에 항상 문지름판이 구동되면서 구동체인의 늘어짐을 감지하여 만일 체인이 느슨해지거나 끊어지면 슈가 떨어지면서 브레이크 래칫이 브레이크 휠에 걸려 주구동장치의 하강방향의 회전을 기계적으로 제지한다.
㉢ 안전스위치를 설치하여 안전장치의 동작과 동시에 전원을 차단한다.

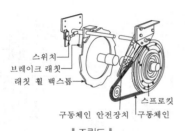

스위치
브레이크 래칫
래칫 휠 백스톱
스프로킷
구동체인 안전장치　구동체인

∥조립도∥

레버
(리밋스위치)
구동체인 절단검출
스위치
문지름판
구동체인
래칫 휠
암
스텝 스프로킷

∥안전장치 상세도∥

★★★
13 유입완충기의 부품이 아닌 것은?

① 완충고무　② 플런저
③ 스프링　④ 유량조절밸브

해설 **유입완충기**

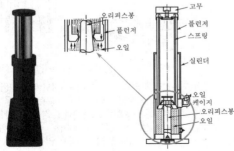

고무
오리피스봉
플런저
스프링
실린더
오일
케이지
오리피스봉
오일

자동차의 충격흡수장치와 같은 원리로, 오리피스에서 기름의 유출량을 점진적으로 감소시켜서 충격을 흡수하는 구조이다. 카 또는 균형추가 유입완충기에 충돌했을 때의 완충작용은 플런저의 하강에 따라 실린더 내의 기름이 좁은 오리피스 틈새를 통과할 때에 생기는 유체저항에 의하여 주어진다.

★★
14 무빙워크 이용자의 주의표시를 위한 표시판 또는 표지 내에 표시되는 내용이 아닌 것은?

① 손잡이를 꼭 잡으세요.
② 카트는 탑재하지 마세요.
③ 걷거나 뛰지 마세요.
④ 안전선 안에 서 주세요.

해설 **에스컬레이터 또는 무빙워크의 출입구 근처의 주의표시**

구분		기준규격(mm)	색상
최소 크기		80×100	–
바탕		–	흰색
	원	40×40	–
	바탕	–	황색
	사선	–	적색
	도안	–	흑색
⚠		10×10	녹색(안전), 황색(위험)
안전, 위험		10×10	흑색
주의 문구	대	19pt	흑색
	소	14pt	적색

★★
15 안전점검 시 에스컬레이터의 운전 중 점검 확인 사항에 해당되지 않는 것은?

① 운전 중 소음과 진동 상태
② 스텝에 작용하는 부하의 작용 상태
③ 콤 빗살과 스텝 홈의 물림 상태
④ 핸드레일과 스텝의 속도 차이 유무

해설 에스컬레이터는 공공시설에 설치되어 장시간 사용되는 특성상 충분한 내구 성능이 확보되어야 하므로, 스텝의 안전성을 인증하는 것은 중요하다. 스텝, 팰릿 및 벨트는 정상운행동안 트랙킹(tracking), 가이드 및 구동시스템에 부과될 수 있는 모든 가능한 하중 및 변형작용에 견디도록 설계되어야 하고, 6,000N/m²에 상응하는 균일하게 분포된 하중에 견디도록 설계되어야 한다. 이러한 설계조건을 고려하여 부하의 작용상태인 스텝에 대한 하중시험 및 비틀림시험을 하여 인증기준에 적합한지를 검사해야 한다.

∥정하중 시험과 처짐량 측정∥　∥스텝의 동하중 시험∥

16 VVVF 제어란?

① 전압을 변환시킨다.
② 주파수를 변환시킨다.
③ 전압과 주파수를 변환시킨다.
④ 전압과 주파수를 일정하게 유지시킨다.

해설 VVVF(가변전압 가변주파수) 제어

㉠ 유도전동기에 인가되는 전압과 주파수를 동시에 변환시켜 직류전동기와 동등한 제어성능을 얻을 수 있는 방식이다.

㉡ 직류전동기를 사용하고 있던 고속 엘리베이터에도 유도전동기를 적용하여 보수가 용이하고, 전력회생을 통해 에너지가 절약된다.

㉢ 중·저속 엘리베이터(궤환제어)에서는 승차감과 성능이 크게 향상되고 저속 영역에서 손실을 줄여 소비전력이 약 반으로 된다.

㉣ 3상의 교류는 컨버터로 일단 DC전원으로 변환하고 인버터로 재차 가변전압 및 가변주파수의 3상 교류로 변환하여 전동기에 공급된다.

㉤ 교류에서 직류로 변경되는 컨버터에는 사이리스터가 사용되고, 직류에서 교류로 변경하는 인버터에는 트랜지스터가 사용된다.

㉥ 컨버터제어방식을 PAM(Pulse Amplitude Modulation), 인버터제어방식을 PWM(Pulse Width Modulation)시스템이라고 한다.

17 레일을 싸고 있는 모양의 클램프와 레일 사이에 강체와 가까이 롤러를 물려서 정지시키는 비상정지장치의 종류는?

① 즉시작동형 비상정지장치
② 플랙시블 가이드 클램프형 비상정지장치
③ 플랙시블 웨지 클램프형 비상정지장치
④ 점차작동형 비상정지장치

해설 즉시(순간식)작동형 비상정지장치

㉠ 정격속도가 0.63m/s를 초과하지 않는 경우이다.

㉡ 정격속도 1m/s를 초과하지 않는 경우는 완충효과가 있는 즉시작동형이다.

㉢ 화물용 엘리베이터에 사용되며, 감속도의 규정은 적용되지 않는다.

㉣ 가이드레일을 감싸고 있는 블록(black)과 레일 사이에 롤러(roller)를 물려서 카를 정지시키는 구조이다.

㉤ 또는 로프에 걸리는 장력이 없어져, 로프의 처짐이 생기면 바로 운전회로를 열고 작동된다.

㉥ 순간식 비상정지장치가 일단 파지되면 카가 정지할 때까지 조속기로프를 강한 힘으로 완전히 멈추게 한다.

㉦ 슬랙로프 세이프티(slake rope safety) : 소형 저속 엘리베이터로서 조속기를 사용하지 않고 로프에 걸리는 장력이 없어져 휘어짐이 생기면 즉시 운전회로를 열어서 비상정지장치를 작동시킨다.

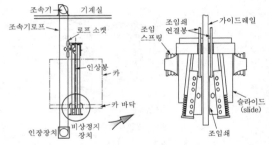

▌ 조속기와 비상정지장치의 연결 모습 ▌

18 급유가 필요하지 않은 곳은?

① 호이스트로프(hoist rope)
② 조속기(governor)로프
③ 가이드레일(guide rail)
④ 웜기어(worm gear)

해설 조속기로프(governor rope)

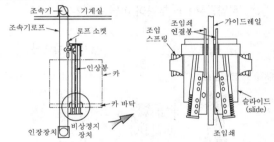

▌ 조속기와 비상정지장치의 연결 모습 ▌

조속기도르래를 카의 움직임과 동기해서 회전 구동함과 동시에 조속기와 비상정지장치를 연동시키는 역할을 하는 로프이며, 기계실에 설치된 조속기와 승강로 하부에 설치된 인장 도르래 간에 연속적으로 걸어서, 편측의 1개소에서 카의 비상정지장치의 인장도르래에 연결된다.

★★★

19 안전점검의 목적에 해당되지 않는 것은?

① 합리적인 생산관리
② 생산 위주의 시설 가동
③ 결함이나 불안전 조건의 제거
④ 기계·설비의 본래 성능 유지

해설 안전점검(safety inspection)

넓은 의미에서는 안전에 관한 제반사항을 점검하는 것을 말한다. 좁은 의미에서는 시설, 기계·기구 등의 구조설비 상태와 안전기준과의 적합성 여부를 확인하는 행위를 말하며, 인간, 도구(기계, 장비, 공구 등), 환경, 원자재, 작업의 5개 요소가 빠짐없이 검토되어야 한다.

⊙ 안전점검의 목적
- 결함이나 불안전조건의 제거
- 기계설비의 본래의 성능 유지
- 합리적인 생산관리

ⓒ 안전점검의 종류
- 정기점검 : 일정 기간마다 정기적으로 실시하는 점검을 말한다. 매주, 매월, 매분기 등 법적 기준에 맞도록 또는 자체기준에 따라 해당책임자가 실시하는 점검이다.
- 수시점검(일상점검) : 매일 작업 전, 작업 중, 작업 후에 일상적으로 실시하는 점검을 말하며, 작업자, 작업책임자, 관리감독자가 행하는 사업주의 순찰도 넓은 의미에서 포함된다.
- 특별점검 : 기계·기구 또는 설비의 신설·변경 또는 고장·수리 등의 비정기적인 특정점검을 말하며 기술책임자가 행한다.
- 임시점검 : 기계·기구 또는 설비의 이상발견 시에 임시로 실시하는 점검을 말하며, 정기점검 실시 후 다음 정기점검일 이전에 임시로 실시하는 점검이다.

20 전기식 엘리베이터에서 자체점검주기가 가장 긴 것은?

① 권상기의 감속기어
② 권상기 베어링
③ 수동조작핸들
④ 고정도르래

해설 승강기 자체검사 주기

⊙ 1월에 1회 이상
- 층상선택기
- 카의 문 및 문턱
- 카 도어 스위치
- 문닫힘 안전장치
- 카 조작반 및 표시기
- 비상통화장치
- 전동기, 전동발전기
- 권상기 브레이크

ⓒ 3월에 1회 이상
- 수권조작 수단
- 권상기 감속기어

ⓒ 6월에 1회 이상
- 권상기 도르래
- 권상기 베어링
- 조속기(카측, 균형추측)
- 영도, 적재하중, 정원 등 표시

ⓔ 12월에 1회 이상
- 고정도르래, 풀리
- 기계실 기기의 내진대책

21 승강기의 안전에 관한 장치가 아닌 것은?

① 조속기(governor)
② 세이프티 블럭(safety block)
③ 용수철완충기(spring buffer)
④ 누름버튼스위치(push button switch)

해설 누름버튼스위치(push button switch)

모터 등의 기동(시동)이나 정지에 많이 사용된다. 일반적으로 접점의 개폐는 손가락으로 누르는 동안에는 동작 상태가 되고, 손가락을 떼면 자동적으로 복귀하는 구조인 기구이다.

22 에스컬레이터의 구동 전동기의 용량을 결정하는 요소로 거리가 가장 먼 것은?

① 속도
② 경사각도
③ 적재하중
④ 디딤판의 높이

해설 에스컬레이터의 전동기 용량(P)

$$P = \frac{G \cdot V \cdot \sin\theta}{6,120\,\eta} \times \beta(\text{kW})$$

여기서, P : 에스컬레이터의 전동기 용량(kW)
G : 에스컬레이터의 적재하중(kg)
V : 에스컬레이터의 속도(m/min)
θ : 경사각도(°)
η : 에스컬레이터의 총 효율(%)
β : 승객 승입률(0.85)

23 추락을 방지하기 위한 2종 안전대의 사용법은?

① U자 걸이 전용
② 1개 걸이 전용
③ 1개 걸이, U자 걸이 겸용
④ 2개 걸이 전용

해설 안전대의 종류

‖ 1개 걸이 전용 안전대 ‖

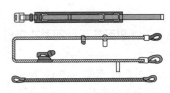

∎ U자 걸이 전용 안전대 ∎

∎ 안전블록 ∎

∎ 추락방지대 ∎

종류	등급	사용 구분
벨트식(B식), 안전그네식(H식)	1종	U자 걸이 전용
	2종	1개 걸이 전용
	3종	1개 걸이, U자 걸이 공용
	4종	안전블록
	5종	추락방지대

★

24 에스컬레이터(무빙워크 포함)에서 6개월에 1회 점검하는 사항이 아닌 것은?

① 구동기의 베어링 점검
② 구동기의 감속기어 점검
③ 중간부의 스텝 레일 점검
④ 핸드레일 시스템의 속도 점검

◤해설◢ **에스컬레이터(무빙워크 포함) 점검항목 및 주기**

㉠ 1회/1월 : 기계실내, 수전반, 제어반, 전동기, 브레이크, 구동체인 안전스위치 및 비상 브레이크, 스텝구동장치, 손잡이 구동장치, 빗판과 스텝의 물림, 비상정지 스위치 등
㉡ 1회/6월 : 구동기 베어링, 감속기어, 스텝 레일
㉢ 1회/12월 : 방화셔터 등과의 연동정지

★★

25 안전사고의 발생요인으로 볼 수 없는 것은?

① 피로감
② 임금
③ 감정
④ 날씨

◤해설◢ 임금은 안전사고의 발생과는 관계가 없다.

★★

26 중앙 개폐방식의 승강장 도어를 나타내는 기호는?

① 2S
② CO
③ UP
④ SO

◤해설◢ **승강장 도어 분류**

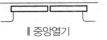

∎ 중앙열기
(center open) ∎

∎ 가로열기
(1S ; side open) ∎

∎ 가로열기
(2S ; side open) ∎

∎ 상하열기
(vertical sliding type) ∎

㉠ 중앙열기방식 : 1CO, 2CO
　　　　　　　　(센터오픈 방식, Center Open)
㉡ 가로열기방식 : 1S, 2S, 3S
　　　　　　　　(사이드오픈 방식, Side open)
㉢ 상하열기방식
　• 2매, 3매 업(up)슬라이딩 방식 : 자동차용이나 대형 화물용 엘리베이터에서는 카 실을 완전히 개구할 필요가 있기 때문에 상승개폐(2up, 3up)도어를 많이 사용한다.
　• 2매, 3매 상하열림(up, down)방식
㉣ 여닫이방식 : 1매 스윙, 2매 스윙(swing type)

27 안전사고의 통계를 보고 알 수 없는 것은?

① 사고의 경향
② 안전업무의 정도
③ 기업이윤
④ 안전사고 감소 목표 수준

◤해설◢ 안전사고의 통계를 보고 기업이윤을 알 수는 없다.

★★

28 안전점검 중에서 5S 활동 생활화로 틀린 것은?

① 정리
② 정돈
③ 청소
④ 불결

◤해설◢ **5S 운동 안전활동**
　정리, 정돈, 청소, 청결, 습관화

29 정지 레오나드 방식 엘리베이터의 내용으로 틀린 것은?

① 워드 레오나드 방식에 비하여 손실이 적다.

② 워드 레오나드 방식에 비하여 유지보수가 어렵다.

③ 사이리스터를 사용하여 교류를 직류로 변환한다.

④ 모터의 속도는 사이리스터의 점호각을 바꾸어 제어한다.

해설 정지 레오나드(static leonard) 방식

㉠ 사이리스터(thyristor)를 사용하여 교류를 직류로 변환시킴과 동시에 점호각을 제어하여 직류 전압을 제어하는 방식으로 고속 엘리베이터에 적용된다.

㉡ 워드 레오나드 방식보다 교류에서 직류로의 변환 손실이 적고, 보수가 쉽다.

30 승강기 관리주체의 의무사항이 아닌 것은?

① 승강기 완성검사를 받아야 한다.

② 자체점검을 받아야 한다.

③ 승강기의 안전에 관한 일상관리를 하여야 한다.

④ 승강기의 안전에 관한 보수를 하여야 한다.

해설 승강기 관리주체의 의무

승강기의 소유자 또는 소유자로부터 유지관리에 대한 총체적인 책임을 위임받은 자로서 소유자의 법적인 의무를 수행해야 할 책임이 있다. 일반적으로 건축물관리책임과 함께 승강기의 관리책임이 주어진 자를 말하며, 건축물의 관리대행업자 또는 건축물의 소유자로부터 건축물 전체의 관리를 위임받은 자, 공동주택의 관리대행업자, 공동주택 자치관리기구의 장 또는 자치관리기구의 장으로부터 승강기관리책임을 위임받은 관리소장 등이 이에 해당된다.

㉠ 승강기 정기검사 수검

㉡ 자체점검 실시

㉢ 승강기 안전에 관한 일상관리(운행관리자의 선임 등)

㉣ 승강기 안전에 관한 보수(보수업체 선정 등)

㉤ 사고 보고의무

31 스텝 폭 0.8m, 공칭속도 0.75m/s인 에스컬레이터로 수송할 수 있는 최대 인원의 수는 시간당 몇 명인가?

① 3,600
② 4,800
③ 6,000
④ 6,600

해설 $A = \dfrac{V \times 60}{B} \times P = \dfrac{0.75 \times 60 \times 60}{0.8} \times 2 = 6,600$ 인/시간

여기서, A : 수송능력(매시)

B : 디딤판의 안 길이(m)

V : 디딤판 속도(m/min)

P : 디딤판 1개마다의 인원(인)

32 피트에서 하는 검사가 아닌 것은?

① 완충기의 설치 상태

② 하부 파이널 리밋스위치류 설치 상태

③ 균형로프 및 부착부 설치 상태

④ 비상구출구 설치 상태

해설 카 위에서 하는 검사

㉠ 비상구출구는 카 밖에서 간단한 조작으로 열 수 있어야 한다. 또한, 비상구출구스위치의 설치 상태는 견고하고, 작동 상태는 양호하여야 한다. 다만, 자동차용 엘리베이터와 카 내에 조작반이 없는 화물용 엘리베이터의 경우에는 그러하지 아니한다.

㉡ 카 도어스위치 및 도어개폐장치의 설치 상태는 견고하고, 각 부분의 연결 및 작동 상태는 양호하여야 한다.

㉢ 카 위의 안전스위치 및 수동운전스위치의 작동 상태는 양호하여야 한다.

㉣ 고정도르래 또는 현수도르래가 있는 경우에는 그 설치 상태는 견고하고, 몸체에 균열이 없어야 한다. 또한, 급제동 시나 지진 기타의 진동에 의해 주로프가 벗겨지지 않도록 조치되어 있어야 한다.

㉤ 조속기로프의 설치 상태는 견고하여야 한다.

33 유압식 엘리베이터의 속도제어에서 주회로에 유량제어밸브를 삽입하여 유량을 직접 제어하는 회로는?

① 미터오프 회로
② 미터인 회로
③ 블리디오프 회로
④ 블리디아 회로

해설 미터인(meter in)회로

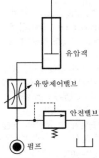

‖ 미터인(meter in)회로 ‖

㉠ 유량제어밸브를 실린더의 유입측에 삽입한 것
㉡ 펌프에서 토출된 작동유는 유량제어밸브의 체크밸브를 통하지 못하고 미터링 오리피스를 통하여 유압 실린더로 보내진다.
㉢ 펌프에서는 유량제어밸브를 통과한 유량보다 많은 양의 유량을 보내게 된다.
㉣ 실린더에서는 항상 일정한 유량이 보내지기 때문에 정확한 속도제어가 가능하다.
㉤ 펌프의 압력은 항상 릴리프밸브의 설정압력과 같다.
㉥ 실린더의 부하가 작을 때도 펌프의 압력은 릴리프밸브의 설정 압력이 되어, 필요 이상의 동력을 소요해서 효율이 떨어진다.
㉦ 유량제어밸브를 열면 액추에이터의 속도는 빨라진다.

34 조속기의 점검사항으로 틀린 것은?

① 소음의 유무
② 브러시 주변의 청소 상태
③ 볼트 및 너트의 이완 유무
④ 조속기로프와 클립 체결 상태 양호 유무

🔍해설 **조속기(governor)의 보수점검항목**

┃마찰정차(롤 세이프티)형 조속기┃

┃분할핀┃

O-ring

┃테이퍼 핀┃

㉠ 각 부분 마모, 진동, 소음의 유무
㉡ 베어링의 눌러 붙음 발생의 우려
㉢ 캐치의 작동 상태
㉣ 볼트(bolt), 너트(nut)의 결여 및 이완 상태
㉤ 분할핀(cotter pin) 결여의 유무
㉥ 시브(sheave)에서 조속기로프(governor rope)의 미끄럼 상태
㉦ 조속기로프와 클립 체결 상태
㉧ 과속(조속기)스위치 접점의 양호 여부 및 작동 상태
㉨ 각 테이퍼 핀(taper-pin)의 이완 유무
㉩ 급유 및 청소 상태
㉪ 작동속도시험 및 운전의 원활성
㉫ 비상정치장치 작동 상태의 양호 유무
㉬ 조속기(governor) 고정 상태

35 균형추를 사용한 승객용 엘리베이터에서 제동기(brake)의 제동력은 적재하중의 몇 %까지 위험 없이 정지할 수 있어야 하는가?

① 125%
② 120%
③ 110%
④ 100%

🔍해설 전자-기계 브레이크는 자체적으로 카가 정격속도로 정격하중의 125%를 싣고 하강방향으로 운행될 때 구동기를 정지시킬 수 있어야 한다.

36 승강기 정밀안전 검사기준에서 전기식 엘리베이터 주로프의 끝부분은 몇 가닥마다 로프소켓에 배빗 채움을 하거나 체결식 로프소켓을 사용하여 고정하여야 하는가?

① 1가닥
② 2가닥
③ 3가닥
④ 5가닥

🔍해설 **배빗 소켓의 단말 처리**
주로프 끝단의 단말 처리는 각 개의 가닥마다 강재로 된 와이어소켓에 배빗체결에 의한 소켓팅을 하여 빠지지 않도록 한다. 올바른 소켓팅 작업방법에 의하여 로프 자체의 판단강도와 동등 이상의 강도를 소켓팅부에 확보하는 것이 필요하다.

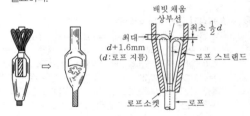

37 엘리베이터의 소유자나 안전(운행)관리자에 대한 교육내용이 아닌 것은?

① 엘리베이터에 관한 일반지식
② 엘리베이터에 관한 법령 등의 지식
③ 엘리베이터의 운행 및 취급에 관한 지식
④ 엘리베이터의 구입 및 가격에 관한 지식

🔍해설 **승강기 관리교육의 내용**
㉠ 승강기에 관한 일반지식
㉡ 승강기에 관한 법령 등에 관한 사항
㉢ 승강기의 운행 및 취급에 관한 사항
㉣ 화재, 고장 등 긴급사항 발생 시 조치에 관한 사항
㉤ 인명사고 발생 시 조치에 관한 사항
㉥ 그 밖에 승강기의 안전운행에 필요한 사항

38 재해분석 내용 중 불안전한 행동이라고 볼 수 없는 것은?

① 지시 외의 작업　　② 안전장치 무효화
③ 신호 불일치　　　 ④ 복명 복창

해설 관리감독자가 올바른 작업지시를 했다면 재해를 방지할 수 있었던 사례가 매우 많았기 때문에 위험예지를 포함한 정확한 작업지시를 한다면 재해를 미리 방지할 수 있다. 위험예지 활동은 현장에서 작업조장을 중심으로 단시간에 실시해야 하고, 위험예지 사항(지시, 확인 사항 등)이 발견되면 이를 원포인트로 지적 · 확인(복창)하고 실시 결과 역시 원포인트로 복명한다.

39 재해누발자의 유형이 아닌 것은?

① 미숙성 누발자
② 상황성 누발자
③ 습관성 누발자
④ 자발성 누발자

해설 재해누발자의 분류
㉠ 미숙성 누발자 : 환경에 익숙하지 못하거나 기능 미숙으로 인한 재해 누발자
㉡ 상황성 누발자 : 작업의 어려움, 기계설비의 결함, 환경상 주의 집중의 혼란, 심신의 근심에 의한 것
㉢ 습관성 누발자 : 재해의 경험으로 신경과민이 되거나 슬럼프(slump)에 빠지기 때문
㉣ 소질성 누발자 : 지능, 성격, 감각운동에 의한 소질적 요소에 의하여 결정됨

40 전기재해의 직접적인 원인과 관련이 없는 것은?

① 회로 단락
② 충전부 노출
③ 접속부 과열
④ 접지판 매설

해설 접지설비

어스선(접지선)
G.L
접지극(접지판)

회로의 일부 또는 기기의 외함 등을 대지와 같은 0전위로 유지하기 위해 땅 속에 설치한 매설 도체(접지극, 접지판)와 도선으로 연결하여 정전기를 예방할 수 있다.

41 회전운동을 직선운동, 왕복운동, 진동 등으로 변환하는 기구는?

① 링크기구　　　 ② 슬라이더
③ 캠　　　　　　 ④ 크랭크

해설 캠(cam)
㉠ 캠은 회전운동을 직선운동, 왕복운동, 진동 등으로 변환하는 장치
㉡ 평면 곡선을 이루는 캠 : 판캠, 홈캠, 확동캠, 직동캠 등
㉢ 입체적인 모양의 캠 : 단면캠, 원뿔캠, 경사판캠, 원통캠, 구면(球面)캠, 엔드캠 등

‖ 단면캠 ‖　　‖ 원뿔캠 ‖　　‖ 경사판캠 ‖

‖ 원통캠 ‖　　　　‖ 구면캠 ‖

42 입력신호 A, B가 모두 '1'일 때만 출력값이 '1'이 되고, 그 외에는 '0'이 되는 회로는?

① AND회로　　　 ② OR회로
③ NOT회로　　　 ④ NOR회로

해설 논리곱(AND)회로
㉠ 모든 입력이 있을 때에만 출력이 나타나는 회로이며 직렬 스위치 회로와 같다.
㉡ 두 입력 'A' AND 'B'가 모두 '1'이면 출력 X가 '1'이 되며, 두 입력 중 어느 하나라도 '0'이면 출력 X가 '0'인 회로가 된다.

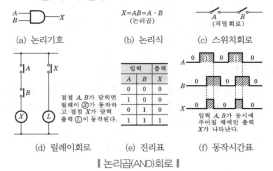

A
B　 X

(a) 논리기호

$X = AB = A \cdot B$
(논리곱)

(b) 논리식

A　B
(직렬회로)

(c) 스위치회로

(d) 릴레이회로

입력		출력
A	B	X
0	0	0
1	0	0
0	1	0
1	1	1

접점 A, B가 닫히면 릴레이 Ⓧ가 동작하고 접점 X가 닫혀 출력 Ⓛ이 동작한다.

(e) 진리표

입력 A, B가 동시에 주어질 때에만 출력 X가 나타난다.

(f) 동작시간표

‖ 논리곱(AND)회로 ‖

★★★

43 감기거나 말려들기 쉬운 동력전달장치가 아닌 것은?

① 기어　　　　　② 벤딩
③ 컨베이어　　　　④ 체인

해설 벤딩(bending)은 평평한 판재나 반듯한 봉, 관 등을 곡면이나 곡선으로 굽히는 작업이다.

★

44 파괴검사 방법이 아닌 것은?

① 인장검사　　　　② 굽힘검사
③ 육안검사　　　　④ 경도검사

해설 육안검사는 가장 널리 이용되고 있는 비파괴검사의 하나이다. 간편하고 쉬우며 신속, 염가인데다 아무런 특별한 장치도 필요치 않다. 육안 또는 낮은 비율의 확대경으로 검사하는 방법이다.

★★

45 영(Young)률이 커지면 어떠한 특성을 보이는가?

① 안전하다.　　　② 위험하다.
③ 늘어나기 쉽다.　④ 늘어나기 어렵다.

해설 영률(Young's modulus, 길이 탄성률)

㉠ 물체를 양쪽에서 적당한 힘(F)을 주어 늘이면, 길이는 L_1에서 L_2로 늘어나고 단면적 A는 줄어든다. 또한 잡아 늘였던 물체에 힘을 제거하면 다시 본래의 형태로 돌아온다. 물체가 늘어나는 길이의 정도는 다음과 같다.

변형률(S) $= \dfrac{L_2 - L_1}{L_1}$

㉡ 물체를 늘릴 경우 잡아 늘인 힘을 단면적 A로 나누면 다음과 같다.

변형력(T) $= \dfrac{F}{A}$

㉢ 영률은 변형률과 변형력 사이의 비례관계를 나타낸다.

영률 $= \dfrac{변형력(T)}{변형률(S)} (\text{N/m}^2)$

㉣ 영률이 크면 변형에 대한 저항력이 큰 것으로, 그만큼 견고함을 나타낸다.

★★★

46 정전용량이 같은 두 개의 콘덴서를 병렬로 접속하였을 때의 합성용량은 직렬로 접속하였을 때의 몇 배인가?

① 2　　　　　② 4
③ 1/2　　　　④ 1/4

해설 콘덴서의 접속

㉠ 콘덴서의 직렬접속 : 정전용량이 C_1, C_2(F)인 2개의 콘덴서를 직렬로 접속하면 다음과 같다.

합성 정전용량(C) $= \dfrac{C_1 \times C_2}{C_1 + C_2}$ (F)

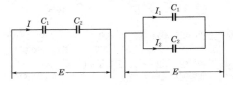

| 직렬접속 |　　| 병렬접속 |

㉡ 콘덴서의 병렬접속 : 정전용량이 C_1, C_2(F)인 2개의 콘덴서를 병렬로 접속하면 다음과 같다.

합성 정전용량(C) $= C_1 + C_2$(F)

㉢ 계산식
• 2μF와 2μF가 직렬로 연결된 등가회로이므로 합성용량은 다음과 같다.

$C_{T_1} = \dfrac{2 \times 2}{2 + 2} = 1\mu$F

• 2μF와 2μF가 병렬로 연결된 등가회로이므로 합성용량은 다음과 같다.

$C_{T_2} = 2 + 2 = 4\mu$F

★★

47 전류계를 사용하는 방법으로 옳지 않은 것은?

① 부하전류가 클 때에는 배율기를 사용하여 측정한다.
② 전류가 흐르므로 인체가 접촉되지 않도록 주의하면서 측정한다.
③ 전류값을 모를 때에는 높은 값에서 낮은 값으로 조정하면서 측정한다.
④ 부하와 직렬로 연결하여 측정한다.

해설 분류기

가동 코일형 전류계는 동작전류가 1~50mA 정도여서, 큰 전류가 흐르면 전류계는 타버려 측정이 곤란하다. 따라서 가동 코일에 저항이 매우 작은 저항기를 병렬로 연결하여 대부분의 전류를 이 저항기에 흐르게 하고, 전체 전류에 비례하는 일정한 전류만 가동 코일에 흐르게 해서 전류를 측정하는데, 이 장치를 분류기라 한다.

$I_a = \dfrac{R_s}{R_a + R_s} \cdot I$

$I = \dfrac{R_a + R_s}{R_s} \cdot I_a = \left(1 + \dfrac{R_a}{R_s} \right) \cdot I_a$

여기서, I : 측정하고자 하는 전류(A)
　　　　I_a : 전류계로 유입되는 전류(A)
　　　　R_s : 분류기 저항(Ω)
　　　　R_a : 전류계 내부 저항(Ω)

정답 43. ② 44. ③ 45. ④ 46. ② 47. ①

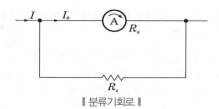

‖ 분류기회로 ‖

48 자기인덕턴스 L(H)의 코일에 전류 I(A)를 흘렸을 때 여기에 축적되는 에너지 W(J)를 나타내는 공식으로 옳은 것은?

① $W = LI^2$ ② $W = \dfrac{1}{2}LI^2$

③ $W = L^2I$ ④ $W = \dfrac{1}{2}L^2I$

해설 코일에 축적되는 에너지

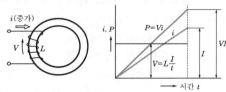

자체인덕턴스(자기인덕턴스) L에 흐르는 전류 i를 t초 동안 0에서 I(A)까지 일정한 비율로 증가시키면 다음과 같다.
㉠ 코일에 유도되는 전압의 크기 $V = LI/t$(V)로 일정하다.
㉡ 전류는 렌츠의 법칙에 따라 유도전압과 반대방향으로 흐르며 $P = Vi$의 전력이 코일 L에 공급된다.
㉢ 전력은 시간에 대하여 직선적으로 변하므로 t(sec)동안의 평균전력은 $VI/2$가 된다.
㉣ t(sec)동안에 코일 L에 공급되는 에너지는 다음과 같다.

$$W = \frac{VI}{2}t = \frac{1}{2}L\frac{I}{t}It = \frac{1}{2}LI^2 \text{(J)}$$

49 저항 100Ω에 5A의 전류가 흐르게 하는 데 필요한 전압은 얼마인가?

① 500V   ② 400V
③ 300V   ④ 220V

해설 옴의 법칙

㉠ 전기저항(electric resistance)
• 전기회로에 전류가 흐를 때 전류의 흐름을 방해하는 작용이 있는데, 그 방해하는 정도를 나타내는 상수를 전기저항 R 또는 저항이라고 한다.
• 1V의 전압을 가해서 1A의 전류가 흐르는 저항값을 1옴(ohm), 기호는 Ω이라고 한다.

㉡ 옴의 법칙
• 도체에 전압이 가해졌을 때 흐르는 전류의 크기는 도체의 저항에 반비례하므로 가해진 전압을 V(V), 전류 I(A), 도체의 저항을 R(Ω)이라고 하면

$$I = \frac{V}{R}\text{(A)}, \quad V = IR\text{(V)}, \quad R = \frac{V}{I}\text{(Ω)}$$

• 저항 R(Ω)에 전류 I(A)가 흐를 때 저항 양단에는 $V = IR$(V)의 전위차가 생기며, 이것을 전압강하라고 한다.

$$V = IR = 5 \times 100 = 500\text{V}$$

50 직류 분권전동기에서 보극의 역할은?

① 회전수를 일정하게 한다.
② 기동토크를 증가시킨다.
③ 정류를 양호하게 한다.
④ 회전력을 증가시킨다.

해설 전기자 반작용

전기자전류에 의한 기자력이 주자속의 분포에 영향을 미치는 현상
㉠ 전기자 반작용의 방지법
• 브러시 위치를 전기적 중성점으로 이동시킨다.
• 보상권선을 설치한다.
• 보극을 설치한다.
㉡ 보극의 역할
• 전기자가 만드는 자속을 상쇄(전기자반작용 상쇄 역할)한다.
• 전압 정류를 하기 위한 정류자속을 발생시킨다.

51 가변전압 가변주파수 제어방식과 관계가 없는 것은?

① PAM   ② VVVF
③ 인버터   ④ MG세트

해설 VVVF(가변전압 가변주파수)제어

㉠ 유도전동기에 인가되는 전압과 주파수를 동시에 변환시켜 직류전동기와 동등한 제어성능을 얻을 수 있는 방식이다.
㉡ 직류전동기를 사용하고 있던 고속 엘리베이터에도 유도전동기를 적용하여 보수가 용이하고, 전력회생을 통해 에너지가 절약된다.
㉢ 중·저속 엘리베이터(궤환제어)에서는 승차감과 성능이 크게 향상되고 저속 영역에서 손실을 줄여 소비전력이 약 반으로 된다.
㉣ 3상의 교류는 컨버터로 일단 DC전원으로 변환하고 인버터로 재차 가변전압 및 가변주파수의 3상 교류로 변환하여 전동기에 공급된다.
㉤ 교류에서 직류로 변경되는 컨버터에는 사이리스터가 사용되고, 직류에서 교류로 변경하는 인버터에는 트랜지스터가 사용된다.
㉥ 컨버터제어방식을 PAM(Pulse Amplitude Modulation), 인버터제어방식을 PWM(Pulse Width Modulation)시스템이라고 한다.

정답 48. ② 49. ① 50. ③ 51. ④

★★
52 변형률이 가장 큰 것은?

① 비례한도
② 인장 최대하중
③ 탄성한도
④ 항복점

해설 **후크의 법칙**

재료의 '응력값은 어느 한도(비례한도) 이내에서는 응력과 이로 인해 생기는 변형률은 비례한다.'는 것이 후크의 법칙이다.
응력도(σ)=탄성(영 : Young)계수(E)×변형도(ε)

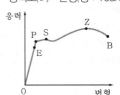

E : 탄성한계
P : 비례한계
S : 항복점
Z : 종국응력(인장 최대하중)
B : 파괴점(재료에 따라서는 E와 P가 일치한다.)

★★
53 웜(worm)기어의 특징이 아닌 것은?

① 효율이 좋다.
② 부하용량이 크다.
③ 소음과 진동이 적다.
④ 큰 감속비를 얻을 수 있다.

해설 **웜기어(worm gear)**

‖ 웜과 웜기어 ‖

㉠ 장점
• 부하용량이 크다.
• 큰 감속비를 얻을 수 있다(1/10~1/100).
• 소음과 진동이 적다.
• 감속비가 크면 역전방지를 할 수 있다.
㉡ 단점
• 미끄럼이 크고 교환성이 없다.
• 진입각이 작으면 효율이 낮다.
• 웜휠은 연삭할 수 없다.
• 추력이 발생한다.
• 웜휠 제작에는 특수공구가 발생한다.
• 가격이 고가이다.
• 웜휠의 정도측정이 곤란하다.

54 유도전동기의 동기속도는 무엇에 의하여 정하여지는가?

① 전원의 주파수와 전동기의 극수
② 전력과 저항
③ 전원의 주파수와 전압
④ 전동기의 극수와 전류

해설 회전자기장의 속도를 유도전동기의 동기속도(n_s)라 하면, 동기속도는 전원 주파수(f)의 증가에 비례하여 증가하고, 극수(P)에는 반비례하여 감소한다.

$$n_s = \frac{120 \cdot f}{P} \text{(rpm)}$$

$$\therefore \ n_s \propto \frac{1}{P}$$

55 카의 실제 속도와 속도지령장치의 지령속도를 비교하여 사이리스터의 점호각을 바꿔 유도전동기의 속도를 제어하는 방식은?

① 사이리스터 레오나드방식
② 교류궤환 전압제어방식
③ 가변전압 가변주파수방식
④ 워드 레오나드방식

해설 **교류궤환제어**

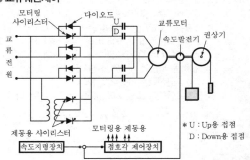

‖ 교류궤환 제어 회로 ‖

㉠ 카의 실속도와 지령속도를 비교하여 사이리스터(thyristor)의 점호각을 바꾼다.
㉡ 감속할 때는 속도를 검출하여 사이리스터에 궤환시켜 전류를 제어한다.
㉢ 전동기 1차측 각상에 사이리스터와 다이오드를 역병렬로 접속하여 역행 토크를 변화시킨다.
㉣ 모터에 직류를 흘려서 제동토크를 발생시킨다.
㉤ 미리 정해진 지령속도에 따라 정확하게 제어되므로, 승차감 및 착상 정도가 교류 1단, 교류 2단 속도제어보다 좋다.
㉥ 교류 2단 속도제어와 같은 저속주행 시간이 없으므로 운전시간이 짧다.
㉦ 40~105m/min의 승용 엘리베이터에 주로 적용된다.

56 100V를 인가하여 전기량 30C을 이동시키는데 5초 걸렸다. 이때의 전력(kW)은?

① 0.3　　　　　　② 0.6

③ 1.5　　　　　　④ 3

해설 어떤 도체에 1C의 전기량이 두 점 사이를 이동하여 1J의 일을 했다면 1볼트(V)라고 한다.

$W = V \cdot Q = 100 \times 30 = 3,000J$

$P = \dfrac{W}{t} = \dfrac{3,000}{5} = 600W$

57 직류발전기의 구조로서 3대 요소에 속하지 않는 것은?

① 계자　　　　　　② 보극

③ 전기자　　　　　④ 정류자

해설 **직류발전기의 구성요소**

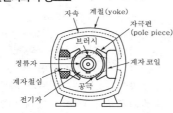

∥2극 직류발전기의 단면도∥

∥전기자∥

㉠ 계자(field magnet)
- 계자권선(field coil), 계자철심(field core), 자극(pole piece) 및 계철(yoke)로 구성된다.
- 계자권선은 계자철심에 감겨져 있으며, 이 권선에 전류가 흐르면 자속이 발생한다.
- 자극편은 전기자에 대응하여 계자자속을 공극 부분에 적당히 분포시킨다.

㉡ 전기자(armature)
- 전기자철심(armature core), 전기자권선(armature winding), 정류자 및 회전축(shaft)으로 구성된다.
- 전기자철심의 재료와 구조는 맴돌이전류(eddy current)와 히스테리현상에 의한 철손을 적게 하기 위하여 두께 0.35~0.5mm의 규소강판을 성층하여 만든다.

㉢ 정류자(commutator) : 직류기에서 가장 중요한 부분 중의 하나이며, 운전 중에는 항상 브러시와 접촉하여 마찰이 생겨 마모 및 불꽃 등으로 높은 온도가 되므로 전기적, 기계적으로 충분히 견딜 수 있어야 한다.

58 전류의 흐름을 안전하게 하기 위하여 전선의 굵기는 가장 적당한 것으로 선정하여 사용하여야 한다. 전선의 굵기를 결정하는 요인으로 다음 중 거리가 가장 먼 것은?

① 전압강하　　　　② 허용전류

③ 기계적 강도　　　④ 외부 온도

해설 전선의 굵기 선정 시 고려해야 할 사항 3요소는 전압강하, 기계적 강도, 허용전류이며 그 중 가장 중요한 것은 허용전류이다. 외부온도는 고려대상이지만 3요소보다는 중요하지 않다.

59 베어링의 구비조건으로 거리가 먼 것은?

① 가공수리가 쉬울 것
② 마찰저항이 적을 것
③ 열전도도가 적을 것
④ 강도가 클 것

해설 **베어링 메탈재료의 구비조건**

㉠ 마모에 견딜 수 있을 정도로 단단한 반면에 축을 손상하지 않도록 축의 재료보다는 물러야 한다.
㉡ 축과의 마찰계수가 적어야 한다.
㉢ 마찰열이 잘 방출될 수 있도록 열전도가 좋아야 한다.
㉣ 내부식성이 있어야 한다.
㉤ 제작이 용이하여야 한다.

60 다음 중 전압계에 대한 설명으로 옳은 것은?

① 부하와 병렬로 연결한다.
② 부하와 직렬로 연결한다.
③ 전압계는 극성이 없다.
④ 교류전압계에는 극성이 있다.

해설 **전압 및 전류 측정방법**

입·출력 전압 또는 회로에 공급되는 전압의 측정은 전압계를 회로에 병렬로 연결하고, 전류를 측정하려면 전류계는 회로에 직렬로 연결하여야 한다.

※ 본 문제는 수험생들의 협조에 의해 작성되었으며, 시험내용과 일부 다를 수 있습니다.

01 로프식 엘리베이터에서 도르래의 구조와 특징에 대한 설명으로 틀린 것은?

① 직경은 주로프의 50배 이상으로 하여야 한다.
② 주로프가 벗겨질 우려가 있는 경우에는 로프이탈방지장치를 설치하여야 한다.
③ 도르래홈의 형상에 따라 마찰계수의 크기는 U홈 < 언더커트홈 < V홈의 순이다.
④ 마찰계수는 도르래홈의 형상에 따라 다르다.

해설 **권상도르래, 풀리 또는 드럼과 로프의 직경 비율, 로프·체인의 단말처리**

㉠ 권상도르래, 풀리 또는 드럼과 현수로프의 공칭직경 사이의 비는 스트랜드의 수와 관계없이 40 이상이어야 한다.
㉡ 현수로프의 안전율은 어떠한 경우라도 12 이상이어야 한다. 안전율은 카가 정격하중을 싣고 최하층에 정지하고 있을 때 로프 1가닥의 최소 파단하중(N)과 이 로프에 걸리는 최대 힘(N) 사이의 비율이다.
㉢ 로프와 로프 단말 사이의 연결은 로프의 최소 파단하중의 80% 이상을 견뎌야 한다.
㉣ 로프의 끝 부분은 카, 균형추(또는 평형추) 또는 현수되는 지점에 금속 또는 수지로 채워진 소켓, 자체 조임 쐐기형식의 소켓 또는 안전상 이와 동등한 기타 시스템에 의해 고정되어야 한다.

02 유압식 엘리베이터의 속도제어에서 주회로에 유량제어밸브를 삽입하여 유량을 직접 제어하는 회로는?

① 미터오프 회로
② 미터인 회로
③ 블리디오프 회로
④ 블리디아 회로

해설 **미터인(meter in)회로**

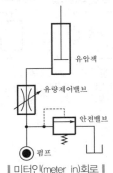

| 미터인(meter in)회로 |

㉠ 유량제어밸브를 실린더의 유입측에 삽입한 것
㉡ 펌프에서 토출된 작동유는 유량제어밸브의 체크밸브를 통하지 못하고 미터링 오리피스를 통하여 유압 실린더로 보내진다.
㉢ 펌프에서는 유량제어밸브를 통과한 유량보다 많은 양의 유량을 보내게 된다.
㉣ 실린더에서는 항상 일정한 유량이 보내지기 때문에 정확한 속도제어가 가능하다.
㉤ 펌프의 압력은 항상 릴리프밸브의 설정압력과 같다.
㉥ 실린더의 부하가 작을 때도 펌프의 압력은 릴리프밸브의 설정 압력이 되어, 필요 이상의 동력을 소요해서 효율이 떨어진다.
㉦ 유량제어밸브를 열면 액추에이터의 속도는 빨라진다.

03 조속기(governor)의 작동 상태를 잘못 설명한 것은?

① 카가 하강 과속하는 경우에는 일정 속도를 초과하기 전에 조속기스위치가 동작해야 한다.
② 조속기의 캐치는 일단 동작하고 난 후 자동으로 복귀되어서는 안 된다.
③ 조속기의 스위치는 작동 후 자동 복귀된다.
④ 조속기로프가 장력을 잃게 되면 전동기의 주회로를 차단시키는 경우도 있다.

해설 **조속기(governor)의 원리**

㉠ 조속기풀리와 카를 조속기로프로 연결하면, 카가 움직일 때 조속기풀리도 카와 같은 속도, 같은 방향으로 움직인다.
㉡ 어떤 비정상적인 원인으로 카의 속도가 빨라지면 조속기링크에 연결된 무게추(weight)가 원심력에 의해 풀리 바깥쪽으로 벗어나면서 과속을 감지한다.
㉢ 미리 설정된 속도에서 과속(조속기)스위치와 제동기(brake)로 카를 정지시킨다.
㉣ 만약 엘리베이터가 정지하지 않고 속도가 계속 증가하면 조속기의 캐치(catch)가 동작하여 조속기로프를 붙잡고 결국은 비상정지장치를 작동시켜서 엘리베이터를 정지시킨다.
㉤ 비상정지장치가 작동된 후 정상 복귀는 전문가(유지보수업자 등)의 개입이 요구되어야 한다.

‖ 제동기 ‖

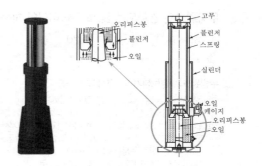

★★★
04 엘리베이터 완충기에 대한 설명으로 적합하지 않은 것은?

① 정격속도 1m/s 이하의 엘리베이터에 스프링완충기를 사용하였다.
② 정격속도 1m/s 초과 엘리베이터에 유입완충기를 사용하였다.
③ 유입완충기의 플런저 복귀시험 시 완전히 압축한 상태에서 완전 복귀할 때까지의 시간은 120초 이하이다.
④ 유입완충기에서 최소 적용중량은 카 자중 +적재하중으로 한다.

해설 유입완충기(oil buffer)
㉠ 엘리베이터의 정격속도와 상관없이 어떤 경우에도 사용될 수 있다.
㉡ 카가 최하층을 넘어 통과하면 카의 하부체대의 완충판이 우선 완충고무에 당돌하여 어느 정도의 충격을 완화한다.
㉢ 카가 계속 하강하여 플런저를 누르면 실린더 내의 기름이 좁은 오리피스 틈새를 통과 할 때에 생기는 유체저항에 의하여 주어진다.
㉣ 카가 상승하게 되면 플런저는 스프링의 복원력으로 원래의 정상 상태로 복원되고 다음 작용을 준비한다.
㉤ 행정(stroke)은 정격속도 115%에 상응하는 중력 정지거리 $0.0674V^2$(m)와 같아야 한다(최소 행정은 0.42m보다 작아서는 안 됨).
㉥ 적용범위의 중량으로 정격속도 115%에 충돌하는 경우 카 또는 균형추의 평균 감속도는 $1.0(9.8\text{m/s}^2)$ 이하이어야 한다.
㉦ 순간 최대 감속도 2.5G를 넘는 감속도가 0.04초 이상 지속되지 않아야 한다.
㉧ 충격시험을 최대 하중시험 1회, 최소 하중시험 1회를 실시하여 완충기 압축 후 복귀시간 120초 이내이어야 한다.
㉨ 플런저 복귀시험은 플런저를 완전히 압축한 상태에서 5분 동안 유지한 후 완전복귀위치까지 요하는 시간은 120초 이하로 한다.
㉩ 유입완충기의 적용중량

항목	최소 적용중량	최대 적용중량
카용	카 자중+65	카 자중+적재하중

05 엘리베이터가 최종단층을 통과하였을 때 엘리베이터를 정지시키며 상승, 하강 양방향 모두 운행이 불가능하게 하는 안전장치는?

① 슬로다운스위치 ② 파킹스위치
③ 피트 정지스위치 ④ 파이널 리밋스위치

해설 리밋스위치(limit switch)
물체의 힘에 의해 동작부(구동장치)가 눌러서 접점이 온, 오프(on, off)한다.
㉠ 리밋스위치 : 엘리베이터가 운행할 때 최상·최하층을 지나치지 않도록 하는 장치로서 리밋스위치에 접촉이 되면 카를 감속 제어하여 정지시킬 수 있도록 한다.
㉡ 파이널 리밋스위치(final limit switch)

‖ 리밋스위치 ‖

‖ 승강로에 설치된 리밋스위치 ‖

• 리밋스위치가 작동되지 않을 경우를 대비하여 리밋스위치를 지난 적당한 위치에 카가 현저히 지나치는 것을 방지하는 스위치이다.
• 전동기 및 브레이크에 공급되는 전원회로의 확실한 기계적 분리에 의해 직접 개방되어야 한다.
• 완충기에 충돌되기 전에 작동하여야 하며, 슬로다운스위치에 의하여 정지되면 작용하지 않도록 설정한다.
• 파이널 리밋스위치의 작동 후에는 엘리베이터의 정상 운행을 위해 자동으로 복귀되지 않아야 한다.

정답 04. ④ 05. ④

06 무빙워크의 경사도는 몇 도 이하이어야 하는가?

① 30 ② 20

③ 15 ④ 12

해설 **무빙워크(수평보행기)의 경사도와 속도**

㉠ 무빙워크의 경사도는 12° 이하이어야 한다.

㉡ 무빙워크의 공칭속도는 0.75m/s 이하이어야 한다.

㉢ 팔레트 또는 벨트의 폭이 1.1m 이하이고, 승강장에서 팔레트 또는 벨트가 콤에 들어가기 전 1.6m 이상의 수평주행구간이 있는 경우 공칭속도는 0.9m/s까지 허용된다. 다만, 가속구간이 있거나 무빙워크를 다른 속도로 직접 전환시키는 시스템이 있는 무빙워크에는 적용되지 않는다.

▎팔레트 ▎

▎승강장 스텝 ▎

▎콤(comb) ▎

★

07 로프식 엘리베이터에서 도르래의 직경은 로프직경의 몇 배 이상으로 하여야 하는가?

① 25 ② 30

③ 35 ④ 40

해설 **권상도르래, 풀리 또는 드럼과 로프의 직경 비율, 로프·체인의 단말처리**

㉠ 권상도르래, 풀리 또는 드럼과 현수로프의 공칭직경 사이의 비는 스트랜드의 수와 관계없이 40 이상이어야 한다.

㉡ 현수로프의 안전율은 어떠한 경우라도 12 이상이어야 한다. 안전율은 카가 정격하중을 싣고 최하층에 정지하고 있을 때 로프 1가닥의 최소 파단하중(N)과 이 로프에 걸리는 최대 힘(N) 사이의 비율이다.

㉢ 로프와 로프 단말 사이의 연결은 로프의 최소 파단하중의 80% 이상을 견뎌야 한다.

㉣ 로프의 끝 부분은 카, 균형추(또는 평형추) 또는 현수되는 지점에 금속 또는 수지로 채워진 소켓, 자체 조임 쐐기형식의 소켓 또는 안전상 이와 동등한 기타 시스템에 의해 고정되어야 한다.

★★★

08 유압식 승강기의 종류를 분류할 때 적합하지 않은 것은?

① 직접식 ② 간접식

③ 팬터그래프식 ④ 밸브식

해설 **유압 승강기**

펌프에서 토출된 작동유로 플런저(plunger)를 작동시켜 카를 승강시킨다.

㉠ 직접식 : 플런저의 직상부에 카를 설치한 것이다.

㉡ 간접식 : 플런저의 선단에 도르래를 놓고 로프 또는 체인을 통해 카를 올리고 내리며, 로핑에 따라 1 : 2, 1 : 4, 2 : 4의 로핑이 있다.

㉢ 팬터그래프식 : 카는 팬터그래프의 상부에 설치하고, 실린더에 의해 팬터그래프를 개폐한다.

▎직접식 ▎ ▎간접식(1 : 2 로핑) ▎ ▎팬터그래프식 ▎

★★

09 그림과 같은 활차장치의 옳은 설명은? (단, 그 활차의 직경은 같음)

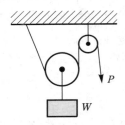

① 힘의 크기는 $W = P$ 이고, W의 속도는 P속도의 $\dfrac{1}{2}$ 이다.

② 힘의 크기는 $W = P$ 이고, W의 속도는 P속도의 $\dfrac{1}{4}$ 이다.

③ 힘의 크기는 $W = 2P$ 이고, W의 속도는 P속도의 $\dfrac{1}{2}$ 이다.

④ 힘의 크기는 $W = 2P$ 이고, W의 속도는 P속도의 $\dfrac{1}{4}$ 이다.

해설 **활차(pulley)**

㉠ 복활차(compound pulley) : 고정도르래와 움직이는 도르래를 2개 이상 결합한 도르래

㉡ 동활차(moved pulley) : 축이 고정되지 않고 자유롭게 이동하는 도르래

정답 06. ④ 07. ④ 08. ④ 09. ③

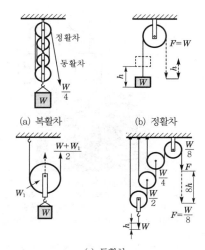

(a) 복활차   (b) 정활차

(c) 동활차

‖ 도르래 장치의 종류별 형태 ‖

- 하중(W) = $P \times 2^n$

  여기서, W : 하중(kg), P : 인상력(kg)

         n : 동활차수

- $P = \dfrac{W}{2^n}$

10 카 위의 비상구출구가 개방되었을 때 발생되는 현상 중 옳은 것은?

① 주행 중에 비상구출구가 개방되어도 계속 운전한다.

② 비상구출구가 개방되면 카는 언제든지 중단되는 구조이다.

③ 비상구출구가 개방되면 카 내에 조명이 꺼진다.

④ 비상구출구 개방 유무에 관계없이 운행에 영향을 주지 않는다.

해설 비상구출문의 조작

㉠ 비상구출문은 손으로 조작 가능한 잠금장치가 있어야 한다.

㉡ 카 천장에 설치된 비상구출문은 열쇠 등을 사용하지 않고 카 외부에서 간단한 조작으로 열 수 있어야 하고 카 내부에서는 규정된 열쇠를 사용하지 않으면 열 수 없는 구조이어야 한다. 카 천장에 설치된 비상구출문은 카 내부 방향으로 열리지 않아야 한다.

카 천장에 설치된 비상구출문이 완전히 열렸을 때 카 천장의 가장자리를 넘어 돌출되지 않아야 한다.

㉢ 카 벽에 설치된 비상구출문은 열쇠 등을 사용하지 않고 카 외부에서 간단한 조작으로 열 수 있어야 하고 카 내부에서는 규정된 열쇠를 사용하지 않으면 열 수 없는 구조이어야 한다. 카 벽에 설치된 비상구출문은 카 외부 방향으로 열리지 않아야 하며 균형추나 평형추의 주행로 또

는 카에서 다른 카로 이동하는 것을 방해하는 고정된 장애물(카를 분리하는 중간 빔은 제외)의 전방에 설치되지 않아야 한다.

㉣ 위 ㉠항에서 규정된 잠금 상태는 전기안전장치에 의해 확인되어야 한다. 이 장치의 잠금이 이뤄지지 않을 경우 엘리베이터를 정지시켜야 한다. 엘리베이터의 재운행은 잠금 상태가 다시 확인된 후에만 가능하여야 한다.

★★★

11 엘리베이터의 트랙션 머신에서 시브풀리의 홈 마모 상태를 표시하는 길이 H는 몇 mm 이하로 하는가?

① 0.5   ② 2

③ 3.5   ④ 5

해설 도르래 마모 한계

도르래는 심한 마모가 없어야 한다. 권상기 도르래홈의 언더컷의 잔여량은 1mm 이상이어야 하고, 권상기 도르래에 감긴 주로프 가닥끼리의 높이차 또는 언더컷 잔여량의 차이는 2mm 이내이어야 한다.

12 기계식 주차설비의 설치기준에서 모든 자동차의 입출고 시간으로 맞는 것은?

① 입고시간 60분 이내, 출고시간 60분 이내

② 입고시간 90분 이내, 출고시간 90분 이내

③ 입고시간 120분 이내, 출고시간 120분 이내

④ 입고시간 150분 이내, 출고시간 150분 이내

해설 기계식 주차설비 입출고시간

㉠ 주차장치에 수용할 수 있는 자동차를 모두 입고하는 데 소요되는 시간과 이를 모두 출고하는 데 소요되는 시간은 각각 2시간 이내이어야 한다. 다만, 2단식 주차장치 및 다단식 주차장치에는 적용하지 아니한다.

㉡ 자동차 입·출고시간의 1대당 계산기준

- 기동벨이 울리는 시간 : 3초
- 운전자가 운반기 위의 자동차를 운전하여 나오는 데 필요한 시간 : 23초(후열의 경우는 27초)
- 운전자가 운반기 위에 입고시키는 데 필요한 시간 : 20초(후열의 경우는 24초)

★★★

13 다음 중 주유를 해서는 안 되는 부품은?

① 균형추   ② 가이드슈

③ 가이드레일   ④ 브레이크 라이닝

해설 브레이크 라이닝(brake lining)

브레이크 드럼과 직접 접촉하여 브레이크 드럼의 회전을 멎게 하고 운동에너지를 열에너지로 바꾸는 마찰재이다. 브레이크 드럼으로부터 열에너지가 발산되어, 브레이크 라이닝의 온도가 높아져도 타지 않으며 마찰계수의 변화가 적은 라이닝이 좋다.

- 브레이크 라이닝
- 브레이크 디스크

14 유압용 엘리베이터에서 가장 많이 사용하는 펌프는?

① 기어펌프 ② 스크루펌프
③ 베인펌프 ④ 피스톤펌프

해설 펌프의 종류

㉠ 일반적으로 원심력식, 가변 토출량식, 강제 송유식(가장 많이 사용됨) 등이 있다.
㉡ 강제 송유식의 종류에는 기어펌프, 베인펌프, 스크루펌프(소음이 적어서 많이 사용됨) 등이 있다.
㉢ 스크루펌프(screw pump)는 케이싱 내에 1~3개의 나사 모양의 회전자를 회전시키고, 유체는 그 사이를 채워서 나아가도록 되어 있는 펌프이다. 유체에 회전운동을 주지 않기 때문에 운전이 조용하고, 효율도 높아서 유압용 펌프에 사용되고 있다.

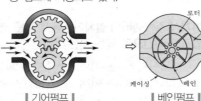

┃ 기어펌프 ┃   ┃ 베인펌프 ┃

┃ 스크루펌프 ┃

15 균형추의 중량을 결정하는 계산식은? (단, 여기서 L은 정격하중, F는 오버밸런스율)

① 균형추의 중량 = 카 자체하중+$(L \cdot F)$
② 균형추의 중량 = 카 자체하중×$(L \cdot F)$
③ 균형추의 중량 = 카 자체하중+$(L + F)$
④ 균형추의 중량 = 카 자체하중+$(L - F)$

해설 균형추(counter weight)

카의 무게를 일정 비율 보상하기 위하여 카측과 반대편에 주철 혹은 콘크리트로 제작되어 설치되며, 카와의 균형을 유지하는 추이다.

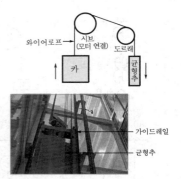

와이어로프 ─ 시브(모터 연결) 도르래
카   균형추
── 가이드레일
── 균형추

㉠ 오버밸런스(over-balance)
- 균형추의 총중량은 빈 카의 자중에 적재하중의 35~50%의 중량을 더한 값이 보통이다.
- 적재하중의 몇 %를 더할 것인가를 오버밸런스율이라고 한다.
- 균형추의 총중량=카 자체하중 + $L \cdot F$
  여기서, L : 정격적재하중(kg)
  F : 오버밸런스율(%)
㉡ 견인비(traction ratio)
- 카측 로프가 매달고 있는 중량과 균형추 로프가 매달고 있는 중량의 비를 트랙션비라 하고, 무부하와 전부하 상태에서 체크한다.
- 견인비가 낮게 선택되면 로프와 도르래 사이의 트랙션 능력, 즉 마찰력이 작아도 되며, 로프의 수명이 연장된다.

16 승강로에 관한 설명 중 틀린 것은?

① 승강로는 안전한 벽 또는 울타리에 의하여 외부공간과 격리되어야 한다.
② 승강로는 화재 시 승강로를 거쳐서 다른 층으로 연소될 수 있도록 한다.
③ 엘리베이터에 필요한 배관 설비외의 설비는 승강로 내에 설치하여서는 안 된다.
④ 승강로 피트 하부를 사무실이나 통로로 사용할 경우 균형추에 비상정지장치를 설치한다.

해설 승강로의 구획

엘리베이터는 다음 중 어느 하나에 의해 주위와 구분되어야 한다.
㉠ 불연재료 또는 내화구조의 벽, 바닥 및 천장
㉡ 충분한 공간

17 전기식 엘리베이터 기계실의 조도는 기기가 배치된 바닥면에서 몇 lx 이상이어야 하는가?

① 150 ② 200
③ 250 ④ 300

해설 기계실의 유지관리에 지장이 없도록 조명 및 환기시설의 설치

㉠ 기계실에는 바닥면에서 200lx 이상을 비출 수 있는 영구적으로 설치된 전기조명이 있어야 한다.
㉡ 기계실은 눈·비가 유입되거나 동절기에 실온이 내려가지 않도록 조치되어야 하며 실온은 +5℃에서 +40℃ 사이에서 유지되어야 한다.

18 가이드레일의 역할에 대한 설명 중 틀린 것은?

① 카와 균형추를 승강로 평면 내에서 일정 궤도상에 위치를 규제한다.
② 일반적으로 가이드레일은 H형이 가장 많이 사용된다.
③ 카의 자중이나 화물에 의한 카의 기울어짐을 방지한다.
④ 비상멈춤이 작동할 때의 수직하중을 유지한다.

해설 가이드레일(guide rail)의 사용 목적

가이드레일

㉠ 카와 균형추의 승강로 평면 내의 위치를 규제한다.
㉡ 카의 자중이나 화물에 의한 카의 기울어짐을 방지한다.
㉢ 비상멈춤이 작동할 때의 수직하중을 유지한다.

19 카 도어록이 설치되어 사람의 힘으로 열 수 없는 경우나 화물용 엘리베이터의 경우를 제외하고 엘리베이터의 카 바닥 앞부분과 승강로 벽과의 수평거리는 일반적인 경우 그 기준을 몇 mm 이하로 하도록 하고 있는가?

① 30mm
② 55mm
③ 100mm
④ 125mm

해설 카와 카 출입구를 마주하는 벽 사이의 틈새

㉠ 승강로의 내측 면과 카 문턱 카 문틀 또는 카 문의 닫히는 모서리 사이의 수평거리는 0.125m 이하이어야 한다. 다만, 0.125m 이하의 수평거리는 각각의 조건에 따라 다음과 같이 적용될 수 있다.
• 수직높이가 0.5m 이하인 경우에는 0.15m까지 연장될 수 있다.

• 수직개폐식 승강장문이 설치된 화물용인 경우, 주행로 전체에 걸쳐 0.15m까지 연장될 수 있다.
• 잠금해제구간에서만 열리는 기계적 잠금장치가 카 문에 설치된 경우에는 제한하지 않는다.
㉡ 카 문턱과 승강장문 문턱 사이의 수평거리는 35mm 이하이어야 한다.
㉢ 카 문과 닫힌 승강장문 사이의 수평거리 또는 문이 정상 작동하는 동안 문 사이의 접근거리는 0.12m 이하이어야 한다.
㉣ 경첩이 있는 승강장문과 접하는 카 문의 조합인 경우에는 닫힌 문 사이의 어떤 틈새에도 직경 0.15m의 구가 통과되지 않아야 한다.

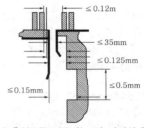
‖ 카와 카 출입구를 마주하는 벽 사이의 틈새 ‖

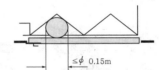
‖ 경첩 달린 승강장문과 접힌 카 문의 틈새 ‖

20 스텝 폭 0.8m, 공칭속도 0.75m/s인 에스컬레이터로 수송할 수 있는 최대 인원의 수는 시간당 몇 명인가?

① 3,600
② 4,800
③ 6,000
④ 6,600

해설 $A = \dfrac{V \times 60}{B} \times P$

$= \dfrac{0.75 \times 60 \times 60}{0.8} \times 2 ≒ 6,600$인/시간

여기서, A : 수송능력(매시)
B : 디딤판의 안 길이(m)
V : 디딤판 속도(m/min)
P : 디딤판 1개마다의 인원(인)

21 피트 내에서 행하는 검사가 아닌 것은?

① 피트스위치 동작 여부
② 하부 파이널스위치 동작 여부
③ 완충기 취부 상태 양호 여부
④ 상부 파이널스위치 동작 여부

정답 18. ② 19. ④ 20. ④ 21. ④

해설 ㉠ 상부 리밋스위치의 설치 상태 : 카 위에서 하는 검사
ㄴ 하부 리밋스위치의 설치 상태 : 피트에서 하는 검사

22 실린더를 검사하는 것 중 해당되지 않는 것은 어느 것인가?

① 패킹으로부터 누유된 기름을 제거하는 장치
② 공기 또는 가스의 배출구
③ 더스트 와이퍼의 상태
④ 압력배관의 고무호스는 여유가 있는지의 상태

해설 유압실린더(cylinder)의 점검
유압에너지를 기계적 에너지로 변환시켜 선형운동을 하는 유압요소이며, 압력과 유량을 제어하여 추력과 속도를 조절할 수 있다.

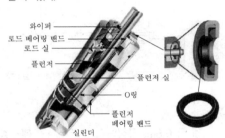

‖ 더스트 와이퍼 ‖

㉠ 로드의 흠, 먼지 등이 쌓여 패킹(packing) 손상, 작동유나 실린더 속에 이물질이 있어 패킹 손상 등이 있는 경우 실린더 로드에서의 기름 노출이 발생되므로 이를 제거하는 장치의 점검
ㄴ 배관 내와 실린더에 공기가 혼입된 경우에는 실린더가 부드럽게 움직이지 않는 문제가 발생할 수 있기 때문에 배출구의 상태
ㄷ 플런저 표면의 이물질이 실린더 내측으로 삽입되는 것을 방지하는 더스트 와이퍼(dust wiper)의 상태 검사

23 전동 덤웨이터의 안전장치에 대한 설명 중 옳은 것은?

① 도어인터록 장치는 설치하지 않아도 된다.
② 승강로의 모든 출입구 문이 닫혀야만 카를 승강시킬 수 있다.
③ 출입구 문에 사람의 탑승금지 등의 주의사항은 부착하지 않아도 된다.
④ 로프는 일반 승강기와 같이 와이어로프 소켓을 이용한 체결을 하여야만 한다.

해설 덤웨이터의 설치

‖ 덤웨이터 ‖

㉠ 승강로의 모든 출입구의 문이 닫혀 있지 않으면 카를 승강시킬 수 없는 안전장치가 되어 있어야 한다.
ㄴ 각 출입구에서 정지스위치를 포함하여 모든 출입구 층에 전달하도록 한 다수단추방식이 가장 많이 사용된다.
ㄷ 일반층에서 기준층으로만 되돌리기 위해서 문을 닫으면 자동적으로 기준층으로 되돌아가도록 제작된 것을 홈 스테이션식이라고 한다.
ㄹ 권상도르래, 풀리 또는 드럼과 현수로프의 공칭직경 사이의 비는 스트랜드의 수와 관계없이 30 이상이어야 한다.

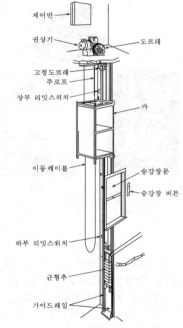

‖ 전동 덤웨이터의 구조 ‖

24 승객(공동주택)용 엘리베이터에 주로 사용되는 도르래홈의 종류는?

① U홈　　　　　　② V홈
③ 실홈　　　　　　④ 언더컷홈

정답 22. ④　23. ②　24. ④

해설 언더컷홈(undercut groove)

엘리베이터 구동 시브에 있는 로프홈의 일종으로 U자형 홈의 바닥에 더 작은 홈을 만들면, U홈보다 로프의 마모는 크지만 시브와 로프의 마찰력을 크게 할 수 있어 전동기의 소요동력을 줄일 수 있으나, 로프의 마모는 커진다.

(a) U홈   (b) V홈   (C) 언더컷홈

┃도르래 홈의 종류┃

★★★

25 에스컬레이터에서 스텝체인은 일반적으로 어떻게 구성되어 있는가?

① 좌우에 각 1개씩 있다.
② 좌우에 각 2개씩 있다.
③ 좌측에 1개, 우측에 2개가 있다.
④ 좌측에 2개, 우측에 1개가 있다.

해설 스텝체인(step chain)

㉠ 스텝은 스텝 측면에 각각 1개 이상 설치된 2개 이상의 체인에 의해 구동되어야 한다.
㉡ 스텝체인의 링크 간격을 일정하게 유지하기 위하여 일정 간격으로 환봉강을 연결하고, 환봉강 좌우에 전륜이 설치되며, 가이드레일 상을 주행한다.

★★

26 다음 중 방호장치의 기본 목적으로 가장 옳은 것은?

① 먼지 흡입 방지
② 기계 위험 부위의 접촉 방지
③ 작업자 주변의 사람 접근 방지
④ 소음과 진동 방지

해설 방호장치는 기계·기구에 의한 위험작업, 기타 작업에 의한 위험으로부터 근로자를 보호하기 위하여 행하는 위험기계·기구에 대한 안전조치

★

27 안전보호기구의 점검, 관리 및 사용방법으로 틀린 것은?

① 청결하고 습기가 없는 장소에 보관한다.
② 한 번 사용한 것은 재사용하지 않도록 한다.
③ 보호구는 항상 세척하고 완전히 건조시켜 보관한다.
④ 적어도 한달에 1회 이상 책임있는 감독자가 점검한다.

해설 보호구의 점검과 관리

보호구는 필요할 때 언제든지 사용할 수 있는 상태로 손질하여 놓아야 하며, 정기적으로 점검·관리한다.
㉠ 적어도 한달에 한 번 이상 책임 있는 감독자가 점검을 할 것
㉡ 청결하고, 습기가 없으며, 통풍이 잘되는 장소에 보관할 것
㉢ 부식성 액체, 유기용제, 기름, 화장품, 산(acid) 등과 혼합하여 보관하지 말 것
㉣ 보호구는 항상 깨끗하게 보관하고 땀 등으로 오염된 경우에는 세척하고, 건조시킨 후 보관할 것

★★★

28 에스컬레이터의 스텝체인이 늘어났음을 확인하는 방법으로 가장 적합한 것은?

① 구동체인을 점검한다.
② 롤러의 물림 상태를 확인한다.
③ 라이저의 마모 상태를 확인한다.
④ 스텝과 스텝간의 간격을 측정한다.

해설 스텝체인 안전장치(step chain safety device)

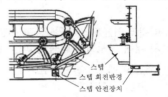

스텝
스텝 회전반경
스텝 안전장치

┃스텝체인 고장 검출┃

┃스텝체인 안전장치┃

㉠ 스텝체인이 절단되거나 심하게 늘어날 경우 스텝이 위치를 벗어나면 자동으로 구동기모터의 전원을 차단하고 기계브레이크를 작동시킴으로써 스텝과 스텝 사이의 간격이 생기는 등의 결과를 방지하는 장치이다.
㉡ 에스컬레이터 각 체인의 절단에 대한 안전율은 담금질한 강철에 대하여 5 이상이어야 한다.

★★★★★

29 다음 중 에스컬레이터의 일반구조에 대한 설명으로 틀린 것은?

① 일반적으로 경사도는 30도 이하로 하여야 한다.
② 핸드레일의 속도가 디딤바닥과 동일한 속도를 유지하도록 한다.
③ 디딤바닥의 정격속도는 5m/s 초과하여야 한다.
④ 물건이 에스컬레이터의 각 부분에 끼이거나 부딪치는 일이 없도록 안전한 구조이어야 한다.

정답 25. ①   26. ②   27. ②   28. ④   29. ③

해설 에스컬레이터의 일반구조

㉠ 에스컬레이터 및 무빙워크의 경사도
- 에스컬레이터의 경사도는 30°를 초과하지 않아야 한다. 다만, 높이가 6m 이하이고 공칭속도가 0.5m/s 이하인 경우에는 경사도를 35°까지 증가시킬 수 있다.
- 무빙워크의 경사도는 12° 이하이어야 한다.

㉡ 핸드레일 시스템의 일반사항
- 각 난간의 꼭대기에는 정상운행 조건하에서 스텝, 팔레트 또는 벨트의 실제 속도와 관련하여 동일 방향으로 –0%에서 +2%의 공차가 있는 속도로 움직이는 핸드레일이 설치되어야 한다.
- 핸드레일은 정상운행 중 운행방향의 반대편에서 450N의 힘으로 당겨도 정지되지 않아야 한다.
- 핸드레일 속도감지장치가 설치되어야 하고 에스컬레이터 또는 무빙워크가 운행하는 동안 핸드레일 속도가 15초 이상 동안 실제 속도보다 –15% 이상 차이가 발생하면 에스컬레이터 및 무빙워크를 정지시켜야 한다.

★★

30 무빙워크 이용자의 주의표시를 위한 표시판 또는 표지 내에 표시되는 내용이 아닌 것은?

① 손잡이를 꼭 잡으세요.
② 카트는 탑재하지 마세요.
③ 걷거나 뛰지 마세요.
④ 안전선 안에 서 주세요.

해설 에스컬레이터 또는 무빙워크의 출입구 근처의 주의표시

구분		기준규격(mm)	색상
최소 크기		80×100	–
바탕		–	흰색
	원	40×40	–
	바탕	–	황색
	사선	–	적색
	도안	–	흑색
⚠		10×10	녹색(안전), 황색(위험)
안전, 위험		10×10	흑색
주의 문구	대	19pt	흑색
	소	14pt	적색

★★★

31 승객이나 운전자의 마음을 편하게 해 주는 장치는?

① 통신장치
② 관제운전장치
③ 구출운전장치
④ BGM(Back Ground Music)장치

해설 BGM은 Back Ground Music의 약자로 카 내부에 음악을 방송하기 위한 장치이다.

★★★★

32 일반적인 안전대책의 수립방법으로 가장 알맞은 것은?

① 계획적   ② 경험적
③ 사무적   ④ 통계적

해설 재해의 분류방법 중 통계적 분류방법으로 사망(사망 재해), 중상해(폐질 재해 : 고칠 수 없는 병), 경상해(휴업 재해), 경미상해(불휴 재해)가 있다.

★★

33 승강기 보수의 자체점검 시 취해야 할 안전조치 사항이 아닌 것은?

① 보수작업 소요시간 표시
② 보수 계약기간 표시
③ 보수 중이라는 사용금지 표시
④ 작업자명과 연락처의 전화번호

해설 보수점검 시 안전관리에 관한 사항

㉠ 보수 또는 점검 시에는 다음의 안전조치를 취한 후 작업하여야 한다.
- '보수·점검중'이라는 사용금지 표시
- 보수·점검 개소 및 소요시간 표시
- 보수·점검자명 및 보수·점검자 연락처
- 접근·탑승금지 방호장치 설치

㉡ 보수담당자 및 자체검사 실시내용이 기재된 '승강기 관리카드'를 승강기 내부 또는 외부에 부착하고 관리하여야 한다.

★★

34 전기재해의 직접적인 원인과 관련이 없는 것은?

① 회로 단락
② 충전부 노출
③ 접속부 과열
④ 접지판 매설

해설 접지설비

회로의 일부 또는 기기의 외함 등을 대지와 같은 0전위로 유지하기 위해 땅 속에 설치한 매설 도체(접지극, 접지판)와 도선으로 연결하여 정전기를 예방할 수 있다.

★★

35 감전의 위험이 있는 장소의 전기를 차단하여 수선, 점검 등의 작업을 할 때에는 작업 중 스위치에 어떤 장치를 하여야 하는가?

① 접지장치 ② 복개장치
③ 시건장치 ④ 통전장치

해설 시건(잠금)장치

전기작업을 안전하게 행하려면 위험한 전로를 정전시키고 작업하는 것이 바람직하나, 이 경우 정전시킨 전로에 잘못해서 송전되거나 또는 근접해 있는 충전전로와 접촉해서 통전상태가 되면 대단히 위험하다. 따라서 정전작업에서는 사전에 작업내용 등의 필요한 사항을 작업자에게 충분히 주지시킴과 더불어 계획된 순서로 작업함과 동시에 안전한 사전조치를 취해야 한다. 전로를 정전시킨 경우에는 여하한 경우에도 무전압 상태를 유지해야 하며 이를 위해서 가장 기본적인 안전조치는 정전에 사용한 전원스위치(분전반)에 작업기간 중에는 투입이 될 수 없도록 시건(잠금)장치를 하는 것과 그 스위치 개소(분전반)에 통전금지에 관한 사항을 표지하는 것 그리고 필요한 경우에는 스위치 장소(분전반)에 감시인을 배치하는 것이다.

36 설비재해의 물적 원인에 속하지 않는 것은?

① 교육적 결함(안전교육의 결함, 표준작업방법의 결여 등)
② 설비나 시설에 위험이 있는 것(방호 불충분 등)
③ 환경의 불량(정리정돈 불량, 조명 불량 등)
④ 작업복, 보호구의 불량

해설 산업재해 원인 분류

㉠ 직접 원인
• 불안전한 행동(인적 원인)
 – 안전장치를 제거, 무효화한다.
 – 안전조치의 불이행
 – 불안전한 상태 방치
 – 기계장치 등의 지정외 사용
 – 운전중인 기계, 장치 등의 청소, 주유, 수리, 점검 등의 실시
 – 위험장소에의 접근
 – 잘못된 동작자세
 – 복장, 보호구의 잘못 사용
 – 불안전한 속도조작
 – 운전의 실패
• 불안전한 상태(물적 원인)
 – 물(物) 자체의 결함
 – 방호장치의 결함
 – 작업 장소 및 기계의 배치 결함
 – 보호구, 복장 등의 결함
 – 작업환경의 결함
 – 자연적 불안전한 상태
 – 작업방법 및 생산 공정 결함

㉡ 간접 원인
• 기술적 원인 : 기계·기구, 장비 등의 방호설비, 경계설비, 보호구 정비 등의 기술적 결함
• 교육적 원인 : 무지, 경시, 몰이해, 훈련 미숙, 나쁜 습관, 안전지식 부족 등
• 신체적 원인 : 각종 질병, 피로, 수면부족 등
• 정신적 원인 : 태만, 반항, 불만, 초조, 긴장, 공포 등
• 관리적 원인 : 책임감의 부족, 작업기준의 불명확, 점검 보전제도의 결함, 부적절한 배치, 근로의욕 침체 등

★★

37 그림과 같은 경고표지는?

① 낙하물 경고 ② 고온 경고
③ 방사성물질 경고 ④ 고압전기 경고

해설 산업안전표지

38 안전점검 체크리스트 작성 시의 유의사항으로 가장 타당한 것은?

① 일정한 양식으로 작성할 필요가 없다.
② 사업장에 공통적인 내용으로 작성한다.
③ 중점도가 낮은 것부터 순서대로 작성한다.
④ 점검표의 내용은 이해하기 쉽도록 표현하고 구체적이어야 한다.

해설 **점검표(check list)**

㉠ 작성항목
• 점검부분
• 점검항목 및 점검방법
• 점검시기
• 판정기준
• 조치사항
㉡ 작성 시 유의사항
• 각 사업장에 적합한 독자적인 내용일 것
• 일정 양식을 정하여 점검대상을 정할 것
• 중점도(위험성, 긴급성)가 높은 것부터 순서대로 작성할 것
• 정기적으로 검토하여 재해방지에 실효성 있게 개조된 내용일 것
• 점검표의 양식은 이해하기 쉽도록 표현하고 구체적일 것

39 인간공학적인 안전화된 작업환경으로 잘못된 것은?

① 충분한 작업공간의 확보
② 작업 시 안전한 통로나 계단의 확보
③ 작업대나 의자의 높이 또는 형태를 적당히 할 것
④ 기계별 점검 확대

해설 **인간 공학적인 안전한 작업환경**

㉠ 기계류 표시와 배치를 적당히 하여 오인이 안 되도록 할 것
㉡ 기계에 부착된 조명, 기계에서 발생된 소음 등의 검토 개선
㉢ 충분한 작업공간의 확보
㉣ 작업대나 의자의 높이 또는 형태를 적당히 할 것
㉤ 작업 시 안전한 통로나 계단의 확보

40 안전사고의 발생요인으로 심리적인 요인에 해당되는 것은?

① 감정
② 극도의 피로감
③ 육체적 능력 초과
④ 신경계통의 이상

해설 **산업안전 심리의 5요소**

동기, 기질, 감정, 습성, 습관

41 재해원인의 분류에서 불안전한 상태(물적 원인)가 아닌 것은?

① 안전방호장치의 결함
② 작업환경의 결함
③ 생산공정의 결함
④ 불안전한 자세 결함

해설 **산업재해 직접 원인**

㉠ 불안전한 행동(인적 원인)
• 안전장치를 제거, 무효화
• 안전조치의 불이행
• 불안전한 상태 방치
• 기계장치 등의 지정 외 사용
• 운전 중인 기계, 장치 등의 청소, 주유, 수리, 점검 등의 실시
• 위험장소에 접근
• 잘못된 동작 자세
• 복장, 보호구의 잘못 사용
• 불안전한 속도 조작
• 운전의 실패
㉡ 불안전한 상태(물적 원인)
• 물(物) 자체의 결함
• 방호장치의 결함
• 작업장소 및 기계의 배치 결함
• 보호구, 복장 등의 결함
• 작업환경의 결함
• 자연적 불안전한 상태
• 작업방법 및 생산공정 결함

42 재해조사의 요령으로 바람직한 방법이 아닌 것은?

① 재해 발생 직후에 행한다.
② 현장의 물리적 증거를 수집한다.
③ 재해 피해자로부터 상황을 듣는다.
④ 의견 충돌을 피하기 위하여 반드시 1인이 조사하도록 한다.

해설 **재해조사 방법**

㉠ 재해 발생 직후에 행한다.
㉡ 현장의 물리적 흔적(물적 증거)을 수집한다.
㉢ 재해 현장은 사진을 촬영하여 보관, 기록한다.
㉣ 재해 피해자로부터 재해 상황을 듣는다.
㉤ 목격자, 현장 책임자 등 많은 사람들에게 사고 시의 상황을 듣는다.
㉥ 판단하기 어려운 특수 재해나 중대 재해는 전문가에게 조사를 의뢰한다.

정답 38. ④ 39. ④ 40. ① 41. ④ 42. ④

43 재해가 발생되었을 때의 조치순서로서 가장 알맞은 것은?

① 긴급처리 → 재해조사 → 원인강구 → 대책수립 → 실시 → 평가
② 긴급처리 → 원인강구 → 대책수립 → 실시 → 평가 → 재해조사
③ 긴급처리 → 재해조사 → 대책수립 → 실시 → 원인강구 → 평가
④ 긴급처리 → 재해조사 → 평가 → 대책수립 → 원인강구 → 실시

해설 재해 발생 시 재해조사 순서
㉠ 재해 발생
㉡ 긴급조치(기계정지 → 피해자 구출 → 응급조치 → 병원에 후송 → 관계자 통보 → 2차 재해방지 → 현장보존)
㉢ 원인조사
㉣ 원인분석
㉤ 대책수립
㉥ 실시
㉦ 평가

44 다음 중 전류의 열작용과 관련있는 법칙은?

① 옴의 법칙
② 플레밍의 법칙
③ 줄의 법칙
④ 키르히호프의 법칙

해설 전열기에 전압을 가하여 전류를 흘리면 열이 발생하는 발열현상은 큰 저항체인 전열선에 전류가 흐를 때 열이 발생하는 것이며, 줄의 법칙에 의하면 전류에 의해서 매초 발생하는 열량은 전류의 2승과 저항의 곱에 비례하고 단위는 줄(Joule)이나 칼로리(cal)로 나타낸다. I(A)의 전류가 저항이 R(Ω)인 도체에 t(s) 동안 흐를 때 그 도체에 발생하는 열에너지(H)는 $H = 0.24 I^2 R t$(J)이다.

45 진공 중에서 m(Wb)의 자극으로부터 나오는 총 자력선의 수는 어떻게 표현되는가?

① $\dfrac{m}{4\pi\mu_0}$ ② $\dfrac{m}{\mu_0}$
③ $\mu_0 m$ ④ $\mu_0 m^2$

해설 자력선 밀도
㉠ 자장의 세기가 H(AT/m)인 점에서는 자장의 방향에 1m^2당 H개의 자력선이 수직으로 지나간다.
㉡ $+m$(Wb)의 점 자극에서 나오는 자력선은 각 방향에 균등하게 나오므로 반지름 r(m)인 구면 위의 자장의 세기 H는 다음과 같다.

$$H = \frac{1}{4\pi\mu_0} \cdot \frac{m}{r^2}\,(\text{AT/m})$$

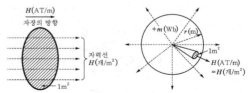

▮ 자력선 밀도 ▮ ▮ 점 자극에서 나오는 자력선의 수 ▮

㉢ 구의 면적이 $4\pi r^2$이므로 $+m$(Wb)에서 나오는 자력선 수 N은 다음과 같다.

$$N = H \times 4\pi r^2 = \frac{m}{4\pi\mu_0 r^2} \times 4\pi r^2 = \frac{m}{\mu_0}$$

46 [12 출제] 최대 눈금이 200V, 내부저항이 20,000Ω인 직류 전압계가 있다. 이 전압계로 최대 600V까지 측정하려면 외부에 직렬로 접속할 저항은 몇 kΩ인가?

① 20 ② 40
③ 60 ④ 80

해설 배율기의 배율$(n) = \dfrac{V}{V_R} = \dfrac{R_a + R}{R_a} = 1 + \dfrac{R}{R_a}$

$$\therefore R = (n-1) \cdot R_a = \left(\frac{600}{200} - 1\right) \times 20{,}000 = 40 \times 10^3$$

47 직류전동기의 속도제어방법이 아닌 것은?

① 저항제어
② 전압제어
③ 계자제어
④ 주파수제어

해설 직류전동기의 속도제어

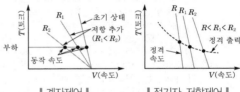

▮ 계자제어 ▮ ▮ 전기자 저항제어 ▮

정답 43. ① 44. ③ 45. ② 46. ② 47. ④

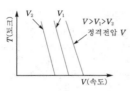

▌전압제어▐

㉠ 계자제어 : 계자자속 ϕ를 변화시키는 방법으로 계자 저항기로 계자전류를 조정하여 ϕ를 변화시킨다.

㉡ 저항제어 : 전기자에 가변 직렬저항 $R(\Omega)$을 추가하여 전기자 회로의 저항을 조정함으로써 속도를 제어한다.

㉢ 전압제어 : 워드 레오나드(ward leonard) 방식과 일그너(ilgner)방식이 있으며 주로 타여자전동기에서 전기자에 가한 전압을 변화시킨다.

48 직류발전기의 기본 구성요소에 속하지 않는 것은?

① 계자   ② 보극
③ 전기자   ④ 정류자

해설 **직류발전기의 구성요소**

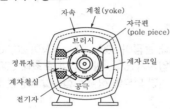

▌2극 직류발전기의 단면도▐

▌전기자▐

㉠ 계자(field magnet)
• 계자권선(field coil), 계자철심(field core), 자극(pole piece) 및 계철(yoke)로 구성된다.
• 계자권선은 계자철심에 감겨져 있으며, 이 권선에 전류가 흐르면 자속이 발생한다.
• 자극편은 전기자에 대응하여 계자자속을 공극 부분에 적당히 분포시킨다.

㉡ 전기자(armature)
• 전기자철심(armature core), 전기자권선(armature winding), 정류자 및 회전축(shaft)으로 구성된다.
• 전기자철심의 재료와 구조는 맴돌이전류(eddy current)와 히스테리현상에 의한 철손을 적게 하기 위하여 두께 0.35~0.5mm의 규소강판을 성층하여 만든다.

㉢ 정류자(commutator) : 직류기에서 가장 중요한 부분 중의 하나이며, 운전 중에는 항상 브러시와 접촉하여 마찰이 생겨 마모 및 불꽃 등으로 높은 온도가 되므로 전기적, 기계적으로 충분히 견딜 수 있어야 한다.

49 인덕턴스가 5mH인 코일에 50Hz의 교류를 사용할 때 유도리액턴스는 약 몇 Ω인가?

① 1.57   ② 2.50
③ 2.53   ④ 3.14

해설 **유도성 리액턴스**

$$X_L = \omega L = 2\pi f L(\Omega)$$
$$X_L = 2\pi f L = 2\pi \times 50 \times 5 \times 10^{-3} = 1.57\,\Omega$$

50 후크의 법칙을 옳게 설명한 것은?

① 응력과 변형률은 반비례 관계이다.
② 응력과 탄성계수는 반비례 관계이다.
③ 응력과 변형률은 비례 관계이다.
④ 변형률과 탄성계수는 비례 관계이다.

해설 **후크(Hook)의 법칙**

재료의 '응력 값은 어느 한도(비례한도) 이내에서는 응력과 이로 인해 생기는 변형률은 비례한다'는 법칙이다.

51 6극, 50Hz의 3상 유도전동기의 동기속도(rpm)는?

① 500   ② 1,000
③ 1,200   ④ 1,800

해설 유도전동기의 동기속도(n_s)라 하면, 전원 주파수(f)에 비례하고, 극수(P)에는 반비례한다.

$$n_s = \frac{120 \cdot f}{P} = \frac{120 \times 50}{6} = 1,000\text{rpm}$$

52 그림과 같은 시퀀스도와 같은 논리회로의 기호는? (단, A와 B는 입력, X는 출력)

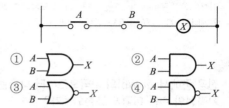

① $\begin{matrix}A\\B\end{matrix}$ ⊐⊃— X ② $\begin{matrix}A\\B\end{matrix}$ ⊐— X
③ $\begin{matrix}A\\B\end{matrix}$ ⊐⊃o— X ④ $\begin{matrix}A\\B\end{matrix}$ ⊐o— X

해설 **논리곱(AND) 회로**

㉠ 모든 입력이 있을 때에만 출력이 나타나는 회로이며 직렬 스위치 회로와 같다.
㉡ 두 입력 'A' AND 'B'가 모두 '1'이면 출력 X가 '1'이 되며, 두 입력 중 어느 하나라도 '0'이면 출력 X가 '0'인 회로가 된다.

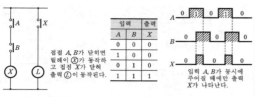

입력		출력
A	B	X
0	0	0
1	0	0
0	1	0
1	1	1

접점 A, B가 닫히면 릴레이 ⓧ가 동작하고 접점 X가 닫혀 출력 ⓛ이 동작된다.

입력 A, B가 동시에 주어질 때에만 출력 X가 나타난다.

(a) 릴레이회로　　(b) 진리표　　(c) 동작시간표

▎논리곱(AND)회로 ▎

★★★★★

53 10Ω과 15Ω의 저항을 병렬로 연결하고 50A의 전류를 흘렸다면, 10Ω의 저항쪽에 흐르는 전류는 몇 A인가?

① 10
② 15
③ 20
④ 30

🖊해설 ㉠ R_T(합성저항) $= \dfrac{R_1 \times R_2}{R_1 + R_2} = \dfrac{10 \times 15}{10 + 15} = 6Ω$

㉡ V(전압) $= I_T \times R_T = 50 \times 6 = 300V$

㉢ $I_{R_1} = \dfrac{V}{R_1} = \dfrac{300}{10} = 30A$

㉣ $I_{R_2} = \dfrac{V}{R_2} = \dfrac{300}{15} = 20A$

★★

54 엘리베이터의 권상기에서 일반적으로 저속용에는 적은 용량의 전동기를 사용하여 큰 힘을 내도록 하는 동력전달방식은?

① 웜 및 웜기어
② 헬리컬기어
③ 스퍼기어
④ 피니언과 래크기어

🖊해설 **웜기어(worm gear)**

▎웜과 웜기어 ▎

엇갈리는 축이 이루는 각도가 90°인 경우에 사용하고, 잇수가 적은 나사 모양의 기어를 웜(worm), 이것에 물리는 기어를 웜휠이라고 하며, 이것이 한 쌍으로 사용될 때 웜기어라고 한다. 엘리베이터용 권상기의 감속기구로서 많이 사용되고 있다.

㉠ 장점
 • 부하용량이 크다.
 • 큰 감속비를 얻을 수 있다(1/10∼1/100).
 • 소음과 진동이 적다.
 • 감속비가 크면 역전방지를 할 수 있다.
㉡ 단점
 • 미끄럼이 크고, 교환성이 없다.

 • 진입각이 작으면 효율이 낮다.
 • 웜휠은 역삭할 수 없다.
 • 추력이 발생한다.
 • 웜휠 제작에는 특수공구가 필요하다.
 • 가격이 고가이다.
 • 웜휠의 정도측정이 곤란하다.

★★★

55 Q(C)의 전하에서 나오는 전기력선의 총수는?

① Q
② εQ
③ $\dfrac{\varepsilon}{Q}$
④ $\dfrac{Q}{\varepsilon}$

🖊해설 **전장의 계산**

㉠ 가우스의 정리 : 임의의 폐곡면 내에 전체 전하량 Q(C)이 있을 때 이 폐곡면을 통해서 나오는 전기력선의 총수는 $\dfrac{Q}{\varepsilon}$ 개다.

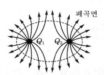

▎가우스의 정리 ▎　　▎점전하에 의한 전장 ▎

㉡ Q(C)의 점전하로부터 r(m) 떨어진 구면 위의 전장의 세기는 다음과 같다.

$F = \dfrac{Q}{4\pi\varepsilon r^2} = \dfrac{Q}{4\pi\varepsilon_0\varepsilon_s r^2}$ (V/m)

㉢ $1m^2$마다 E개의 전기력선이 지나가므로 구의 전 면적 $4\pi r^2$(m^2)에서 전기력선의 총수 N은 다음과 같다.

$N = 4\pi r^2 \times E = \dfrac{Q}{\varepsilon}$

56 3상 유도전동기의 회전방향을 바꾸는 방법으로 옳은 것은?

① 3상 전원의 주파수를 바꾼다.
② 3상 전원 중 1상을 단선시킨다.
③ 3상 전원 중 2상을 단락시킨다.
④ 3상 전원 중 임의의 2상의 접속을 바꾼다.

🖊해설 3상 교류인 3개의 단자 중 어느 2개의 단자를 서로 바꾸어 접속하면 1차 권선에 흐르는 상회전 방향이 반대가 되므로 자장의 회전방향도 바뀌어 역회전을 한다.

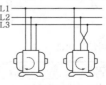

▎역전방법 ▎

🔍정답 **53.** ④ **54.** ① **55.** ④ **56.** ④

★★★

57 엘리베이터 전동기에 요구되는 특성으로 옳지 않은 것은?

① 충분한 제동력을 가져야 한다.
② 운전 상태가 정숙하고 고진동이어야 한다.
③ 카의 정격속도를 만족하는 회전특성을 가져야 한다.
④ 높은 기동빈도에 의한 발열에 대응하여야 한다.

해설 엘리베이터용 전동기에 요구되는 특성
㉠ 기동토크가 클 것
㉡ 기동전류가 작을 것
㉢ 소음이 적고, 저진동이어야 함
㉣ 기동빈도가 높으므로(시간당 300회) 발열(온도 상승)을 고려해야 함
㉤ 회전부분의 관성 모멘트(회전축을 중심으로 회전하는 물체가 계속해서 회전을 지속하려는 성질의 크기)가 적을 것
㉥ 충분한 제동력을 가질 것

★★★

58 3Ω, 4Ω, 6Ω의 저항을 병렬로 접속할 때 합성저항은 몇 Ω인가?

① $\dfrac{1}{3}$
② $\dfrac{4}{3}$
③ $\dfrac{5}{6}$
④ $\dfrac{3}{4}$

해설 병렬 접속회로
2개 이상인 저항의 양끝을 전원의 양극에 연결하여 회로의 전전류가 각 저항에 나뉘어 흐르게 하는 접속으로 각 저항 R_1, R_2, R_3에 흐르는 전압 V의 크기는 일정하다.

$$R = \frac{1}{\dfrac{1}{R_1} + \dfrac{1}{R_2} + \dfrac{1}{R_3}} = \frac{R_1 R_2 R_3}{R_1 R_2 + R_2 R_3 + R_3 R_1}$$

$$= \frac{3 \times 4 \times 6}{3 \times 4 + 4 \times 6 + 6 \times 3} = \frac{4}{3}\ \Omega$$

★★★

59 직류기 권선법에서 전기자 내부 병렬회로수 a와 극수 p의 관계는? (단, 권선법은 중권임)

① $a = 2$
② $a = (1/2)p$
③ $a = p$
④ $a = 2p$

해설 중권과 파권의 비교

구분	중권	파권
전기자 병렬회로수	극수와 같다.	항상 2이다.

구분	중권	파권
브러시수	극수와 같다.	2개로 되지만 극수만큼의 브러시를 둘 수도 있다.
전기자 도체의 굵기, 권수, 극수가 모두 같을 때	저전압 대전류에 적합하다.	고전압, 소전류에 적합하다.
균압 접속	4극 이상이면 균압 접속을 하여야 한다.	균압 접속이 필요 없다.

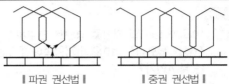

┃ 파권 권선법 ┃　　┃ 중권 권선법 ┃

┃ 전기자권선 ┃

★★★

60 되먹임제어에서 가장 필요한 장치는?

① 입력과 출력을 비교하는 장치
② 응답속도를 느리게 하는 장치
③ 응답속도를 빠르게 하는 장치
④ 안정도를 좋게 하는 장치

해설 되먹임(폐루프, 피드백, 궤환)제어

┃ 출력 피드백제어(output feedback control) ┃

㉠ 출력, 잠재외란, 유용한 조절변수인 제어대상을 가지는 일반화된 공정이다.
㉡ 적절한 측정기를 사용하여 검출부에서 출력(유속, 압력, 액위, 온도)값을 측정한다.
㉢ 검출부의 지시값을 목표값과 비교하여 오차(편차)를 확인한다.
㉣ 오차(편차)값은 제어기로 보내진다.
㉤ 제어기는 오차(편차)의 크기를 줄이기 위해 조작량의 값을 바꾼다.
㉥ 제어기는 조작량에 직접 영향이 미치지 않고 최종 제어요소인 다른 장치(보통 제어밸브)를 통하여 영향을 준다.
㉦ 미흡한 성능을 갖는 제어대상은 피드백에 의해 목표값과 비교하여 일치하도록 정정동작을 한다.
㉧ 상태를 교란시키는 외란의 영향에서 출력값을 원하는 수준으로 유지하는 것이 제어 목적이다.
㉨ 안정성이 향상되고, 선형성이 개선된다.
㉩ 종류에는 비례동작(P), 비례–적분동작(PI), 비례–적분–미분동작(PID)제어가 있다.

정답 57. ② 58. ② 59. ③ 60. ①

※ 본 문제는 수험생들의 협조에 의해 작성되었으며, 시험내용과 일부 다를 수 있습니다.

01 승강장에서 스텝 뒤쪽 끝 부분을 황색 등으로 표시하여 설치되는 것은?

① 스텝체인   ② 테크보드
③ 데마케이션   ④ 스커트 가드

해설 데마케이션(demarcation)

에스컬레이터의 스텝과 스텝, 스텝과 스커트 가드 사이의 틈새에 신체의 일부 또는 물건이 끼이는 것을 막기 위해서 경계를 눈에 띄게 황색선으로 표시한다.

‖ 스텝 부분 ‖

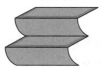

‖ 데마케이션 ‖

02 무빙워크의 공칭속도(m/s)는 얼마 이하로 하여야 하는가?

① 0.55   ② 0.65
③ 0.75   ④ 0.95

해설 무빙워크의 경사도와 속도

㉠ 무빙워크의 경사도는 12° 이하이어야 한다.
㉡ 무빙워크의 공칭속도는 0.75m/s 이하이어야 한다.
㉢ 팔레트 또는 벨트의 폭이 1.1m 이하이고, 승강장에서 팔레트 또는 벨트가 콤에 들어가기 전 1.6m 이상의 수평주행구간이 있는 경우 공칭속도는 0.9m/s까지 허용된다. 다만, 가속구간이 있거나 무빙워크를 다른 속도로 직접 전환시키는 시스템이 있는 무빙워크에는 적용되지 않는다.

‖ 팔레트 ‖

‖ 콤(comb) ‖

‖ 난간 부분의 명칭 ‖

03 시브와 접촉이 되는 와이어로프의 부분은 어느 것인가?

① 외층소선   ② 내층소선
③ 심강   ④ 소선

해설 와이어로프

㉠ 와이어로프의 구성
 • 심(core)강
 • 가닥(strand)
 • 소선(wire)

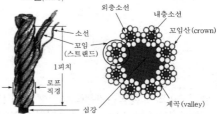

‖ 단면 ‖

㉡ 소선의 재료 : 탄소강(C : 0.50~0.85 섬유상 조직)
㉢ 와이어로프의 표기

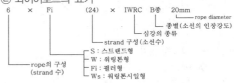

04 전기식 엘리베이터의 카 내 환기시설에 관한 내용 중 틀린 것은?

① 구멍이 없는 문이 설치된 카에는 카의 위·아랫부분에 환기구를 설치한다.

② 구멍이 없는 문이 설치된 카에는 반드시 카의 윗부분에만 환기구를 설치한다.

③ 카의 윗부분에 위치한 자연 환기구의 유효면적은 카의 허용면적의 1% 이상이어야 한다.

④ 카의 아랫부분에 위치한 자연 환기구의 유효면적은 카의 허용면적의 1% 이상이어야 한다.

해설 전기식 엘리베이터의 카 내 환기

㉠ 구멍이 없는 문이 설치된 카에는 카의 위·아랫부분에 자연 환기구가 있어야 한다.

㉡ 카 윗부분에 위치한 자연 환기구의 유효면적은 카의 허용면적의 1% 이상이어야 한다. 카 아래 부분의 환기구 또한 동일하게 적용된다.

㉢ 카 문 주위에 있는 개구부 또는 틈새는 규정된 유효면적의 50%까지 환기구의 면적에 계산될 수 있다.

㉣ 자연환기구는 직경 10mm의 곧은 강체 막대봉이 카 내부에서 카 벽을 통해 통과될 수 없는 구조이어야 한다.

환기팬 — 조명 — 카 내 위치표시기 — 명판 — 외부연락장치(인터폰) — 운전조작반 — 층 버튼 — 카 도어 — 바닥

∥ 카실 ∥

★★★

05 엘리베이터의 문닫힘안전장치 중에서 카 도어의 끝단에 설치하여 이물체가 접촉되면 도어의 닫힘이 중지되는 안전장치는?

① 광전장치　　② 초음파장치

③ 세이프티 슈　　④ 가이드 슈

해설 도어의 안전장치

엘리베이터의 도어가 닫히는 순간 승객이 출입하는 경우 충돌사고의 원인이 되므로 도어 끝단에 검출장치를 부착하여 도어를 반전시키는 장치이다.

㉠ 세이프티 슈(safety shoe) : 도어의 끝에 설치하여 이물체가 접촉하면 도어의 닫힘을 중지하며 도어를 반전시키는 접촉식 보호장치

㉡ 세이프티 레이(safety ray) : 광선 빔을 통하여 이것을 차단하는 물체를 광전장치(photo electric device)에 의해서 검출하는 비접촉식 보호장치

㉢ 초음파장치(ultrasonic door sensor) : 초음파의 감지 각도를 조절하여 카쪽의 이물체(유모차, 휠체어 등)나 사람을 검출하여 도어를 반전시키는 비접촉식 보호장치

∥ 세이프티 슈 설치 상태 ∥

투광기　검출부　수광기

빛

∥ 광전장치 ∥

★★

06 고속의 엘리베이터에 이용되는 경우가 많은 조속기(governor)는?

① 롤세프티형　　② 디스크형

③ 플랙시블형　　④ 플라이볼형

해설 조속기의 종류

㉠ 마찰정치(traction)형(롤세이프티형) 조속기 : 엘리베이터가 과속된 경우, 과속(조속기)스위치가 이를 검출하여 동력 전원회로를 차단하고, 전자브레이크를 작동시켜서 조속기 도르래의 회전을 정지시켜 조속기 도르래홈과 로프 사이의 마찰력으로 비상정지시키는 조속기이다.

㉡ 디스크(disk)형 조속기 : 엘리베이터가 설정된 속도에 달하면 원심력에 의해 진자가 움직이고 가속스위치를 작동시켜서 정지시키는 조속기로서, 디스크형 조속기에는 추(weight)형 캐치(catch)에 의해 로프를 붙잡아 비상정지장치를 작동시키는 추형 방식과 도르래홈과 로프의 마찰력으로 슈를 동작 시켜 로프를 붙잡음으로써 비상정지장치를 작동시키는 슈(shoe)형 방식이 있다.

㉢ 플라이볼(fly ball)형 조속기 : 조속기도르래의 회전을 베벨기어에 의해 수직축의 회전으로 변환하고, 이 축의 상부에서부터 링크(link) 기구에 의해 매달린 구형의 진자에 작용하는 원심력으로 작동하며, 검출 정도가 높아 고속의 엘리베이터에 이용된다.

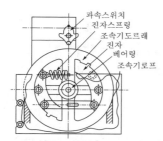

∥ 마찰정치(롤 세이프티)형 조속기 ∥

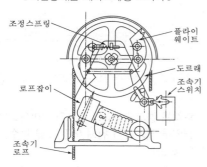

∥ 디스크 추형 조속기 ∥

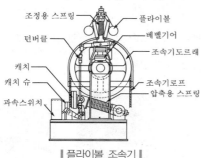

∥ 플라이볼 조속기 ∥

⊒ 로프의 끝 부분은 카, 균형추(또는 평형추) 또는 현수되는 지점에 금속 또는 수지로 채워진 소켓, 자체 조임 쐐기형식의 소켓 또는 안전상 이와 동등한 기타 시스템에 의해 고정되어야 한다.

08 카의 문을 열고 닫는 도어머신에서 성능상 요구되는 조건이 아닌 것은?

① 작동이 원활하고 정숙하여야 한다.
② 카 상부에 설치하기 위하여 소형이며 가벼워야 한다.
③ 어떠한 경우라도 수동조작에 의하여 카 도어가 열려서는 안 된다.
④ 작동횟수가 승강기 기동횟수의 2배이므로 보수가 쉬워야 한다.

해설 도어머신(door machine)에 요구되는 조건

모터의 회전을 감속하여 암이나 벨트 등을 구동시켜서 도어를 개폐시키는 것이며, 닫힌 상태에서 정전으로 갇혔을 때 구출을 위해 문을 손으로 열 수가 있어야 한다.

㉠ 작동이 원활하고 조용할 것
㉡ 카 상부에 설치하기 위해 소형 경량일 것
㉢ 동작횟수가 엘리베이터 기동횟수의 2배가 되므로 보수가 용이할 것
㉣ 가격이 저렴할 것

09 정전 시 카 내 예비조명장치에 관한 설명으로 틀린 것은?

① 조도는 2lx 이상이어야 한다.
② 조도는 램프 중심부에서 2m 지점의 수직 면상의 조도이다.
③ 정전 후 60초 이내에 점등되어야 한다.
④ 1시간 동안 전원이 공급되어야 한다.

해설 조명

㉠ 카에는 카 바닥 및 조작 장치를 50lx 이상의 조도로 비출 수 있는 영구적인 전기조명이 설치되어야 한다.
㉡ 조명이 백열등 형태일 경우에는 2개 이상의 등이 병렬로 연결되어야 한다.
㉢ 정상 조명전원이 차단될 경우에는 2lx 이상의 조도로 1시간 동안 전원이 공급될 수 있는 자동 재충전 예비전원공급장치가 있어야 하며, 이 조명은 정상 조명전원이 차단되면 자동으로 즉시 점등되어야 한다. 측정은 다음과 같은 곳에서 이루어져야 한다.

07 권상도르래, 풀리 또는 드럼과 현수로프의 공칭직경 사이의 비는 스트랜드의 수와 관계없이 얼마 이상이어야 하는가?

① 10 ② 20
③ 30 ④ 40

해설 권상도르래, 풀리 또는 드럼과 로프의 직경 비율, 로프·체인의 단말처리

㉠ 권상도르래, 풀리 또는 드럼과 현수로프의 공칭직경 사이의 비는 스트랜드의 수와 관계없이 40 이상이어야 한다.
㉡ 현수로프의 안전율은 어떠한 경우라도 12 이상이어야 한다. 안전율은 카가 정격하중을 싣고 최하층에 정지하고 있을 때 로프 1가닥의 최소 파단하중(N)과 이 로프에 걸리는 최대 힘(N) 사이의 비율이다.
㉢ 로프와 로프 단말 사이의 연결은 로프의 최소 파단하중의 80% 이상을 견뎌야 한다.

- 호출버튼 및 비상통화장치 표시
- 램프 중심부로부터 2m 떨어진 수직면상

★★

10 군관리방식에 대한 설명으로 틀린 것은?

① 특정 층의 혼잡 등을 자동적으로 판단한다.
② 카를 불필요한 동작 없이 합리적으로 운행 관리한다.
③ 교통수요의 변화에 따라 카의 운전 내용을 변화시킨다.
④ 승강장 버튼의 부름에 대하여 항상 가장 가까운 카가 응답한다.

해설 복수 엘리베이터의 조작방식

㉠ 군승합 자동식(2car, 3car)
- 2~3대가 병행되었을 때 사용하는 조작방식이다.
- 1개의 승강장 버튼의 부름에 대하여 1대의 카만 응한다.

㉡ 군관리방식(supervisory control)
- 엘리베이터를 4~8대 병설할 때 각 카를 불필요한 동작 없이 합리적으로 운영하는 조작방식이다.
- 교통수요의 변화에 따라 카의 운전 내용을 변화시켜서 대응한다(출퇴근 시, 점심식사 시간, 회의 종료 시 등).
- 엘리베이터 운영의 전체 서비스 효율을 높일 수 있다.

11 카 문턱 끝과 승강로 벽과의 간격으로 알맞은 것은?

① 11.5cm 이하
② 12.5cm 이하
③ 13.5cm 이하
④ 14.5cm 이하

해설 카와 카 출입구를 마주하는 벽 사이의 틈새

㉠ 승강로의 내측 면과 카 문턱, 카 문틀 또는 카 문의 닫히는 모서리 사이의 수평거리는 0.125m 이하이어야 한다. 다만, 0.125m 이하의 수평거리는 각각의 조건에 따라 다음과 같이 적용될 수 있다.
- 수직높이가 0.5m 이하인 경우에는 0.15m까지 연장될 수 있다.
- 수직 개폐식 승강장 문이 설치된 화물용인 경우, 주행로 전체에 걸쳐 0.15m까지 연장될 수 있다.
- 잠금해제구간에서만 열리는 기계적 잠금장치가 카 문에 설치된 경우에는 제한하지 않는다.

㉡ 카 문턱과 승강장 문 문턱 사이의 수평거리는 35mm 이하이어야 한다.

㉢ 카 문과 닫힌 승강장 문 사이의 수평거리 또는 문이 정상 작동하는 동안 문 사이의 접근거리는 0.12m 이하이어야 한다.

㉣ 경첩이 있는 승강장 문과 접하는 카 문의 조합인 경우에는 닫힌 문 사이의 어떤 틈새에도 직경 0.15m의 구가 통과되지 않아야 한다.

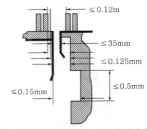

‖ 카와 카 출입구를 마주하는 벽 사이의 틈새 ‖

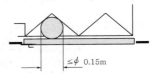

‖ 경첩 달린 승강장문과 접힌 카 문의 틈새 ‖

12 승객용 엘리베이터의 시브가 편마모되었을 때 그 원인을 제거하기 위해 어떤 것을 보수, 조정하여야 하는가?

① 완충기
② 조속기
③ 균형체인
④ 로프의 장력

해설 시브홈은 로프와의 마찰로 인해 마모현상이 발생한다. 로프의 장력이 균일하지 않아, 마모 정도가 다르게 나타나는 편마모의 경우에는 마모 정도가 큰 시브홈에 걸리는 로프의 장력을 조정한다.

13 승강기에 균형체인을 설치하는 목적은?

① 균형추의 낙하 방지를 위하여
② 주행 중 카의 진동과 소음을 방지하기 위하여
③ 카의 무게 중심을 위하여
④ 이동케이블과 로프의 이동에 따라 변화되는 무게를 보상하기 위하여

해설 로프식 방식에서 미끄러짐(매우 위험함)을 결정하는 요소

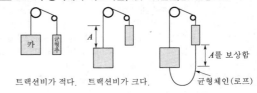

로프식 엘리베이터의 승강행정이 길어지면 로프가 어느 쪽(카측, 균형추측)에 있느냐에 따라 트랙션비는 커져 와이어로프의 수명 및 전동기 용량 등에 문제가 발생한다. 이런 문제를 해결하기 위해 카 하부에서 균형추의 하부로 주 로프와 비슷한 단위중량의 균형체인을 사용하여 90% 정도의 보상을 하지만, 고층용 엘리베이터의 경우 균형(보상)체인은 소음이 발생하므로 엘리베이터의 속도가 120m/min 이상에는 균형(보상)로프를 사용한다.

— 가이드레일
— 균형추

★★

14 유압식 승강기의 유압 파워유닛의 구성요소에 속하지 않는 것은?

① 펌프   ② 유량제어밸브
③ 체크밸브   ④ 실린더

해설 **유압 파워유닛**

㉠ 펌프, 전동기, 밸브, 탱크 등으로 구성되어 있는 유압동력 전달장치이다.
㉡ 유압펌프에서 실린더까지를 탄소강관이나 고압 고무호스를 사용하여 압력배관으로 연결한다.
㉢ 단순히 작동유에 압력을 주는 것뿐만 아니라 카를 상승시킬 경우 가속, 주행, 감속에 필요한 유량으로 제어하여 실린더에 보내고, 하강 시에는 실린더의 기름을 같은 방법으로 제어한 후 탱크로 되돌린다.

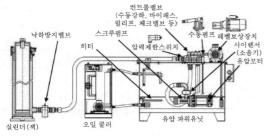

‖ 유압승강기 구동부 ‖

15 구동체인이 늘어나거나 절단되었을 경우 아래로 미끄러지는 것을 방지하는 안전장치는?

① 스텝체인 안전장치
② 정지스위치
③ 인입구 안전장치
④ 구동체인 안전장치

해설 **구동체인 안전장치(driving chain safety device)**

스위치
브레이크 래칫
래칫 휠 백스톱
스프로킷
구동체인 안전장치
구동체인

‖ 조립도 ‖

레버
(리밋스위치)
구동체인 절단검출
스위치
문지름판
구동체인
래칫 휠
암
스텝 스프로킷

‖ 안전장치 상세도 ‖

㉠ 구동기와 주 구동장치(main drive) 사이의 구동체인이 상승 중 절단되었을 때 승객의 하중에 의해 하강운전을 일으키면 위험하므로 구동체인 안전장치가 필요하다.
㉡ 구동체인 위에 항상 문지름판이 구동되면서 구동체인의 늘어짐을 감지하여 만일 체인이 느슨해지거나 끊어지면 슈가 떨어지면서 브레이크 래칫이 브레이크 휠에 걸려 주 구동장치의 하강방향의 회전을 기계적으로 제지한다.
㉢ 안전스위치를 설치하여 안전장치의 동작과 동시에 전원을 차단한다.

★★★★★

16 다음 중 에스컬레이터의 일반구조에 대한 설명으로 틀린 것은?

① 일반적으로 경사도는 30도 이하로 하여야 한다.
② 핸드레일의 속도가 디딤바닥과 동일한 속도를 유지하도록 한다.
③ 디딤바닥의 정격속도는 30m/min 초과하여야 한다.
④ 물건이 에스컬레이터의 각 부분에 끼이거나 부딪치는 일이 없도록 안전한 구조이어야 한다.

해설 **에스컬레이터의 일반구조**

㉠ 에스컬레이터 및 무빙워크의 경사도
• 에스컬레이터의 경사도는 30°를 초과하지 않아야 한다. 다만, 높이가 6m 이하이고 공칭속도가 0.5m/s 이하인 경우에는 경사도를 35°까지 증가시킬 수 있다.
• 무빙워크의 경사도는 12° 이하이어야 한다.

정답 14. ④   15. ④   16. ③

ⓒ 핸드레일 시스템의 일반사항
• 각 난간의 꼭대기에는 정상운행 조건하에서 스텝, 팔레트 또는 벨트의 실제 속도와 관련하여 동일 방향으로 −0%에서 +2%의 공차가 있는 속도로 움직이는 핸드레일이 설치되어야 한다.
• 핸드레일은 정상운행 중 운행방향의 반대편에서 450N의 힘으로 당겨도 정지되지 않아야 한다.
• 핸드레일 속도감시장치가 설치되어야 하고 에스컬레이터 또는 무빙워크가 운행하는 동안 핸드레일 속도가 15초 이상 동안 실제 속도보다 −15% 이상 차이가 발생하면 에스컬레이터 및 무빙워크를 정지시켜야 한다.

★★★
17 트랙션 머신 시브를 중심으로 카 반대편의 로프에 매달리게 하여 카 중량에 대한 평형을 맞추는 것은?

① 조속기
② 균형체인
③ 완충기
④ 균형추

🔍해설 **균형추(counter weight)**
카의 무게를 일정 비율 보상하기 위하여 카 측과 반대편에 주철 혹은 콘크리트로 제작되어 설치되며, 카와의 균형을 유지하는 추이다.

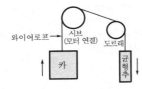

㉠ 오버밸런스(over-balance)
• 균형추의 총중량은 빈 카의 자중에 적재하중의 35~50%의 중량을 더한 값이 보통이다.
• 적재하중의 몇 %를 더할 것인가를 오버밸런스율이라고 한다.
• 균형추의 총 중량=자체하중 + $L \cdot F$
  여기서, L : 정격적재하중(kg)
  F : 오버밸런스율(%)
㉡ 견인비(traction ratio)
• 카측 로프가 매달고 있는 중량과 균형추 로프가 매달고 있는 중량의 비를 트랙션비라 하고, 무부하와 전부하 상태에서 체크한다.
• 견인비가 낮게 선택되면 로프와 도르래 사이의 트랙션 능력, 즉 마찰력이 작아도 되며, 로프의 수명이 연장된다.

18 카와 균형추에 대한 로프 거는 방법으로 2 : 1로 핑방식을 사용하는 경우 그 목적으로 가장 적절한 것은?

① 로프의 수영을 연장하기 위하여
② 속도를 줄이거나 적재하중을 증가시키기 위하여
③ 로프를 교체하기 쉽도록 하기 위하여
④ 무부하로 운전할 때를 대비하기 위하여

🔍해설 **카와 균형추에 대한 로프 거는 방법**

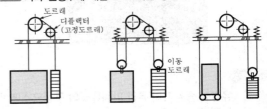

(a) 1:1 로핑　　(b) 2:1 로핑　　(c) 언더슬렁식 로핑
‖로핑‖

㉠ 1 : 1 로핑
• 일반적으로 승객용에 사용된다(속도를 줄이거나 적재용량 늘리기 위하여 2 : 1, 4 : 2도 승객용에 채용함).
• 로프장력은 카(또는 균형추)의 중량과 로프의 중량을 합한 것이다.
㉡ 2 : 1 로핑
• 1 : 1 로핑 장력의 1/2이 된다.
• 시브에 걸리는 부하도 1 : 1의 1/2이 된다.
• 카의 정격속도의 2배의 속도로 로프를 구동하여야 한다.
• 기어식 권상기에서는 30m/min 미만의 엘리베이터에서 많이 사용한다.
㉢ 3 : 1, 4 : 1, 6 : 1 로핑
• 대용량의 저속 화물용 엘리베이터에 사용되기도 한다.
• 결점으로는 와이어로프의 총 길이가 길게 되고 수명이 짧아지며 종합효율이 저하된다.
㉣ 언더슬렁식은 꼭대기의 틈새를 작게 할 수 있지만 최근에는 유압식 엘리베이터의 발달로 인해 사용을 안 한다.

★★★
19 교류 엘리베이터의 제어방식이 아닌 것은?

① 교류 1단 속도제어방식
② 교류궤환 전압제어방식
③ 가변전압 가변주파수(VVVF) 제어방식
④ 교류상환 속도제어방식

🔍해설 **엘리베이터의 속도제어**

㉠ 교류제어
• 교류 1단 속도제어
• 교류 2단 속도제어
• 교류궤환제어
• VVVF(가변전압 가변주파수)제어

정답 **17.** ④ **18.** ② **19.** ④

ⓒ 직류제어
  • 워드 레오나드(ward leonard) 방식
  • 정지 레오나드(static leonard) 방식

★★★
20 유압식 엘리베이터의 부품 및 특성에 대한 설명으로 틀린 것은?

① 역저지밸브 : 정전이나 그 외의 원인으로 펌프의 토출압력이 떨어져 실린더의 기름이 역류하여 카가 자유낙하하는 것을 방지한다.

② 스톱밸브 : 유압 파워유닛과 실린더 사이의 압력배관에 설치되며 이것을 닫으면 실린더의 기름이 파워유닛으로 역류하는 것을 방지한다.

③ 사이렌서 : 자동차의 머플러와 같이 작동유의 압력 맥동을 흡수하여 진동, 소음을 감소시키는 역할이다.

④ 스트레이너 : 역할은 필터와 같으나 일반적으로 펌프 출구쪽에 붙인 것이다.

🖎해설 **스트레이너(strainer)**

ⓐ 실린더에 쇳가루나 이물질이 들어가는 것을 방지(실린더 손상 방지)하기 위해 설치된다.

ⓑ 탱크와 펌프 사이의 회로 및 차단밸브와 하강밸브 사이의 회로에 설치되어야 한다.

ⓒ 펌프의 흡입측에 부착하는 것을 스트레이너라 하고, 배관 중간에 부착하는 것을 라인필터라 한다.

ⓓ 차단밸브와 하강밸브 사이의 필터 또는 유사한 장치는 점검 및 유지보수를 위해 접근할 수 있어야 한다.

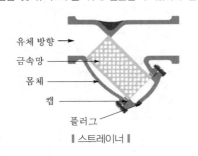
┃스트레이너┃

21 다음 중 승강기 도어시스템과 관계없는 부품은?

① 브레이스 로드
② 연동로프
③ 캠
④ 행거

🖎해설 **카 틀(car frame)**

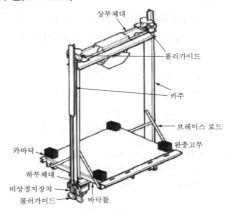
┃카 틀 및 카 바닥┃

ⓐ 상부 체대 : 카주 위에 2본의 종 프레임을 연결하고 매인 로프에 하중을 전달하는 것을 말한다.

ⓑ 카주 : 하부 프레임의 양단에서 하중을 지탱하는 2본의 기둥이다.

ⓒ 하부 체대 : 카 바닥의 하부 중앙에 바닥의 하중을 받쳐 주는 것을 말한다.

ⓓ 브레이스 로드(brace rod) : 카 바닥과 카주의 연결재이며, 카 바닥에 걸리는 하중은 분포하중으로 전하중의 3/8은 브레이스 로드에서 분담한다.

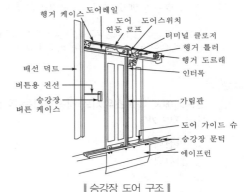
┃승강장 도어 구조┃

★★★★★
22 승객용 엘리베이터의 제동기는 승차감을 저해하지 않고 로프 슬립을 일으킬 수 있는 위험을 방지하기 위하여 감속도를 어느 정도로 하고 있는가?

① 0.1G
② 0.2G
③ 0.3G
④ 0.4G

🖎해설 **감속도**

ⓐ 제동 중에 있어서 엘리베이터 속도의 저하율. 순간적인 감속도를 가리키는 경우와 제동 중의 평균적인 감속도를 가리키는 경우 평균 감속도라고 한다.

ⓑ 0.1G 이하이어야 한다.

★★★★

23 간접식 유압엘리베이터의 특징이 아닌 것은?

① 실린더를 설치하기 위한 보호관이 필요하지 않다.
② 실린더 점검이 용이하다.
③ 비상정지장치가 필요하다.
④ 로프의 늘어짐과 작동유의 압축성 때문에 부하에 의한 카 바닥의 빠짐이 비교적 적다.

해설 간접식 유압엘리베이터

플런저의 선단에 도르래를 놓고 로프 또는 체인을 통해 카를 올리고 내리며, 로핑에 따라 1 : 2, 1 : 4, 2 : 4의 방식이 있다.

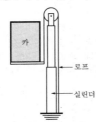

㉠ 실린더를 설치하기 위한 보호관이 필요하지 않다.
㉡ 실린더의 점검이 쉽다.
㉢ 승강로는 실린더를 수용할 부분만큼 더 커지게 된다.
㉣ 비상정지장치가 필요하다.
㉤ 로프의 늘어짐과 작동유의 압축성(의외로 큼) 때문에 부하에 의한 카 바닥의 빠짐이 비교적 크다.

★★★★★

24 조속기에서 과속스위치의 작동원리는 무엇을 이용한 것인가?

① 회전력
② 원심력
③ 조속기로프
④ 승강기의 속도

해설 조속기(governor)의 원리

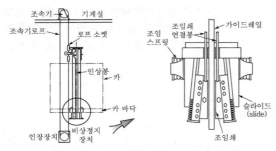

▌조속기와 비상정지장치의 연결 모습 ▌

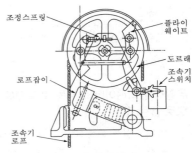

▌디스크 추형 조속기 ▌

㉠ 조속기풀리와 카를 조속기로프로 연결하면, 카가 움직일 때 조속기풀리도 카와 같은 속도, 같은 방향으로 움직인다.
㉡ 어떤 비정상적인 원인으로 카의 속도가 빨라지면 조속기링크에 연결된 무게추(weight)가 원심력에 의해 풀리 바깥쪽으로 벗어나면서 과속을 감지한다.
㉢ 미리 설정된 속도에서 과속(조속기)스위치와 제동기(brake)로 카를 정지시킨다.
㉣ 만약 엘리베이터가 정지하지 않고 속도가 계속 증가하면 조속기의 캐치(catch)가 동작하여 조속기로프를 붙잡고 결국은 비상정지장치를 작동시켜서 엘리베이터를 정지시킨다.

★★★

25 유압식 엘리베이터에서 압력 릴리프밸브는 압력을 전부하압력의 몇 %까지 제한하도록 맞추어 조절해야 하는가?

① 115　　　　② 125
③ 140　　　　④ 150

해설 압력 릴리프밸브(relief valve)

㉠ 펌프와 체크밸브 사이의 회로에 연결된다.
㉡ 압력조정밸브로 회로의 압력이 상용압력의 125% 이상 높아지면 바이패스(by-pass)회로를 열어 기름을 탱크로 돌려보내어 더 이상의 압력 상승을 방지한다.
㉢ 압력은 전부하압력의 140%까지 제한하도록 맞추어 조절되어야 한다.
㉣ 높은 내부손실(압력 손실, 마찰)로 인해 압력 릴리프밸브를 조절할 필요가 있을 경우에는 전부하압력의 170%를 초과하지 않는 범위 내에서 더 큰 값으로 설정될 수 있다.
㉤ 이러한 경우, 유압설비(잭 포함) 계산에서 가상의 전부하압력은 다음 식이 사용된다.

선택된 설정 압력
$$\frac{}{1.4}$$

㉥ 좌굴 계산에서, 1.4의 초과압력계수는 압력 릴리프밸브의 증가된 설정 압력에 따른 계수로 대체되어야 한다.

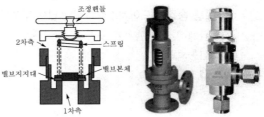

★★★★

26 승강기에 설치할 방호장치가 아닌 것은?

① 가이드레일
② 출입문 인터록
③ 조속기
④ 파이널 리밋스위치

해설 ㉠ 카와 균형추를 승강로의 수직면상으로 안내 및 카의 기울어짐을 막고, 더욱이 비상정지장치가 작동했을 때의 수직 하중을 유지하기 위하여 가이드레일을 설치하나, 불균형한 큰 하중이 적재되었을 때라든지, 그 하중을 내리고 올릴 때에는 카에 큰 하중 모멘트가 발생한다. 그때 레일이 지탱해 낼 수 있는지에 대한 점검이 필요할 것이다.

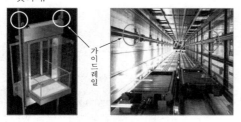

┃ 가이드레일(guide rail) ┃

ㄴ 방호장치는 기계 · 기구에 의한 위험작업, 기타 작업에 의한 위험으로부터 근로자를 보호하기 위하여 행하는 위험기계 · 기구에 대한 안전조치

27 승강기에 사용하는 가이드레일 1본의 길이는 몇 m로 정하고 있는가?

① 1 　　② 3
③ 5 　　④ 7

해설 **가이드레일의 규격**

ㄱ 레일 규격의 호칭은 마무리 가공 전 소재의 1m당의 중량으로 한다.
ㄴ 일반적으로 T형 레일의 공칭은 8, 13, 18, 24K 등이 있다.
ㄷ 대용량의 엘리베이터에서는 37, 50K 레일 등도 사용한다.
ㄹ 레일의 표준길이는 5m로 한다.

★★

28 피트에 설치되지 않는 것은?

① 인장도르래
② 조속기
③ 완충기
④ 균형추

해설 **기계실 없는 엘리베이터**

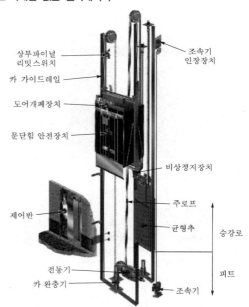

상부파이널 리밋 스위치
카 가이드레일
도어개폐장치
문닫힘 안전장치
제어반
전동기
카 완충기
조속기
조속기 인장장치
비상정지장치
주로프
균형추
승강로
피트

★

29 카 상부에서 행하는 검사가 아닌 것은?

① 완충기 점검
② 주로프 점검
③ 가이드 슈 점검
④ 도어개폐장치 점검

해설 **피트에서 하는 점검항목 및 주기**

㉠ 1회/1월 : 피트 바닥, 과부하감지장치
㉡ 1회/3월 : 완충기, 하부 파이널 리밋스위치, 카 비상멈춤장치스위치
㉢ 1회/6월 : 조속기로프 및 기타 당김도르래, 균형로프 및 부착부, 균형추 밑부분 틈새, 이동케이블 및 부착부
㉣ 1회/12월 : 카 하부 도르래, 피트 내의 내진대책

30 제어반에서 점검할 수 없는 것은?

① 결선단자의 조임 상태
② 스위치 접점 및 작동 상태
③ 조속기스위치의 작동 상태
④ 전동기 제어회로의 절연 상태

해설 제어반(control panel) 보수점검항목

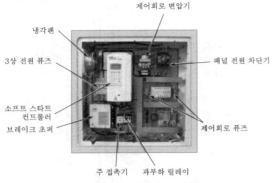

‖제어반‖

㉠ 소음, 발열, 진동의 과도 여부
㉡ 각 접점의 마모 및 작동 상태
㉢ 제어반 수직도, 조립볼트 취부 및 이완 상태
㉣ 리드선 및 배선정리 상태
㉤ 접촉기와 계전기류 이상 유무
㉥ 저항기의 불량 유무
㉦ 전선 결선의 이완 유무
㉧ 퓨즈(fuse) 이완 유무 및 동선 사용 유무
㉨ 접지선 접속 상태
㉩ 절연저항 측정
㉪ 불필요한 점퍼(jumper)선 유무
㉫ 절연물, 아크(ark) 방지기, 코일 소손 및 파손 여부
㉬ 청소 상태

★★

31 엘리베이터에 많이 사용하는 가이드레일의 허용 응력은 보통 몇 kgf/cm^{2}인가?

① 1,000　　　　② 1,450
③ 2,100　　　　④ 2,400

해설 가이드레일

㉠ 가이드레일의 사용 목적
　• 카와 균형추의 승강로 평면 내의 위치를 규제한다.
　• 카의 자중이나 화물에 의한 카의 기울어짐을 방지한다.
　• 비상멈춤이 작동할 때의 수직하중을 유지한다.
㉡ 가이드레일의 규격
　• 레일 규격의 호칭은 마무리 가공전 소재의 1m당의 중량으로 한다.
　• 일반적으로 쓰는 T형 레일의 공칭 8, 13, 18, 24K 등이 있다.

　• 대용량의 엘리베이터에서는 37, 50K 레일 등도 사용한다.
　• 레일의 표준 길이는 5m로 한다.
　• 허용응력은 2,400[kg/cm^2]

32 비상용 승강기는 화재발생 시 화재진압용으로 사용하기 위하여 고층빌딩에 많이 설치하고 있다. 비상용 승강기에 반드시 갖추지 않아도 되는 조건은?

① 비상용 소화기
② 예비전원
③ 전용 승강장 이외의 부분과 방화구획
④ 비상운전 표시등

해설 비상용 엘리베이터

㉠ 환경·건축물 요건
• 비상용 엘리베이터는 다음 조건에 따라 정확하게 운전되도록 설계되어야 한다.
　- 전기·전자적 조작 장치 및 표시기는 구조물에 요구되는 기간 동안(2시간 이상) 0℃에서 65℃까지의 주위 온도 범위에서 작동될 때 카가 위치한 곳을 감지할 수 있도록 기능이 지속되어야 한다.
　- 방화구획 된 로비가 아닌 곳에서 비상용 엘리베이터의 모든 다른 전기·전자 부품은 0℃에서 40℃까지의 주위 온도 범위에서 정확하게 기능하도록 설계되어야 한다.
　- 엘리베이터 제어의 정확한 기능은 건축물에 요구되는 기간 동안(2시간 이상) 연기가 가득 찬 승강로 및 기계실에서 보장되어야 한다.
• 방화 목적으로 사용된 각 승강장 출입구에는 방화구획된 로비가 있어야 한다.
• 비상용 엘리베이터에 2개의 카 출입구가 있는 경우, 소방관이 사용하지 않은 비상용 엘리베이터의 승강장 문은 65℃를 초과하는 온도에 노출되지 않도록 보호되어야 한다.
• 보조 전원공급장치는 방화구획 된 장소에 설치되어야 한다.
• 비상용 엘리베이터의 주 전원공급과 보조 전원공급의 전선은 방화구획 되어야 하고 서로 구분되어야 하며, 다른 전원공급장치와도 구분되어야 한다.
㉡ 기본 요건
• 비상용 엘리베이터는 소방운전 시 모든 승강장의 출입구마다 정지할 수 있어야 한다.
• 비상용 엘리베이터의 크기는 630kg의 정격하중을 갖는 폭 1,100mm, 깊이 1,400mm 이상이어야 하며, 출입구 유효폭은 800mm 이상이어야 한다.
• 침대 등을 수용하거나 2개의 출입구로 설계된 경우 또는 피난용도로 의도된 경우, 정격하중은 1,000kg 이상이어야 하고 카의 면적은 폭 1,100mm, 깊이 2,100mm 이상이어야 한다.
• 소방관이 조작하여 엘리베이터 문이 닫힌 이후부터 60초 이내에 가장 먼 층에 도착하여야 된다. 다만, 운행속도는 1m/s 이상이어야 한다.

정답 31. ④　32. ①

33 기계실에서 점검할 항목이 아닌 것은?

① 수전반 및 주개폐기
② 가이드롤러
③ 절연저항
④ 제동기

해설 카 가이드롤러(car guide roller)
엘리베이터의 카, 균형추 또는 플런저를 레일을 따라 안내하기 위한 장치로, 일반적으로 카 체대 또는 균형추 체대의 상하부에 설치된다. 가이드롤러형은 슬라이딩형에 비해 구조가 복잡하고 비용도 고가이지만 주행저항이 적어 고속운전 시 진동, 소음의 발생이 적기 때문에 고속, 초고속 엘리베이터에 이용되고 있다.

▮ 슬라이딩형 ▮

▮ 롤러형 ▮

▮ 설치 위치 ▮

34 카 내에 승객이 갇혔을 때의 조치할 내용 중 부적절한 것은?

① 우선 인터폰을 통해 승객을 안심시킨다.
② 카의 위치를 확인한다.
③ 층 중간에 정지하여 구출이 어려운 경우에는 기계실에서 정지층에 위치하도록 권상기를 수동으로 조작한다.
④ 반드시 카 상부의 비상구출구를 통해서 구출한다.

해설 승객이 갇힌 경우의 대응요령
㉠ 엘리베이터 내와 인터폰을 통하여 갇힌 승객에게 엘리베이터 내에는 외부와 공기가 통하고 있으므로 질식하거나, 엘리베이터가 떨어질 염려가 없음을 알려 승객을 안심시킨다.
㉡ 구출할 때까지 문을 열거나 탈출을 시도하지 말 것을 당부한다.

㉢ 엘리베이터의 위치를 확인
• 감시반의 위치표시기
• 승강장의 위치표시기
• 위치표시기에 나타난 층으로 가서 실제로 엘리베이터가 그 층에 있는지 확인
• 정전 시에는 위치표시기가 꺼져 있으므로 실제로 확인하여야 함
• 또한 위치표시기에 나타난 층과 실제로 정지되어 있는 층이 다를 수도 있으므로 주의
㉣ 컴퓨터제어방식인 경우 엘리베이터 주전원을 껐다가 다시 켜서 CPU를 리셋(reset)시킨다(경미한 고장인 경우에는 CPU의 리셋으로 정상동작하는 경우가 대부분).
㉤ 전원을 차단한다.
㉥ 엘리베이터가 있는 층에서 승강장 도어 키를 이용하여 승강장도어를 반쯤 열고 엘리베이터가 있음을 확인한다.
㉦ 카 도어가 열려있지 않으면 카 도어를 손으로 연다.
㉧ 카의 하부에 빈 공간이 있는 경우에는 구출 시 승객이 승강로로 추락할 염려가 있으므로 반드시 승객의 손을 잡고 구출하여야 한다(구출작업 시 시스템의 불안전상태의 엘리베이터가 도어가 열려 있어도 움직이는 경우가 있어 사고의 위험이 있으므로 반드시 전원을 차단한 상태에서 구출 작업을 하여야 함).
㉨ 층간에 걸려서 구출하기 어려운 경우 2차 사고의 위험이 있으므로 전문 인력(설치업체직원 등) 외에는 실시하지 않는다. 위 ㉠~㉥항 실시 후 엘리베이터의 기계실로 올라간다.
• 엘리베이터가 정지할 수 있는 가장 가까운 승강장의 도어 존에 위치하도록 권상기를 수동으로 조작한다. 이 작업은 반드시 2명 이상의 훈련된 인원이 실시하여야 한다.
• 엘리베이터의 착상 위치는 주로프 또는 조속기로프에 표시가 되어 있으므로 그 위치에서 정지시킨다.
• 해당 승강장에 있는 구조자가 승객을 안전하게 구출한다(수동핸들을 사용하여 카를 움직이는 것은 사고의 위험이 있으므로 가능한한 유지관리업체에서 도착하기를 기다리는 것이 바람직함).
㉩ 권상기의 수동조작으로 승강장의 착상 위치에 도착하도록 한다(이 작업은 위험을 동반하기 때문에 충분한 기술훈련으로 경험을 쌓은 자가 실시하여야 함).

35 추락에 의한 위험방지 중 유의사항으로 틀린 것은?

① 승강로 내 작업 시에는 작업공구, 부품 등이 낙하하여 다른 사람을 해하지 않도록 할 것
② 카 상부 작업 시 중간층에는 균형추의 움직임에 주의하여 충돌하지 않도록 할 것
③ 카 상부 작업 시에는 신체가 카 상부 보호대를 넘지 않도록 하며 로프를 잡을 것
④ 승강장 도어 키를 사용하여 도어를 개방할 때에는 몸의 중심을 뒤에 두고 개방하여 반드시 카 유무를 확인하고 탑승할 것

정답 33. ② 34. ④ 35. ③

해설 카 상부에서 보수점검 등을 할 때에는 반드시 보호장구 착용을 의무화하고 카 상부에는 보호난간을 설치하여 작업자가 추락 및 전도되지 않도록 한다. 카 상부에서 수동운전으로 승강기의 상태점검 중 와이어로프를 잡으면, 손에 낀 장갑이 와이어로프에 말려서 손가락이 다치는 사고가 발생되므로 로프는 잡지 말아야 한다.

★★★

36 전기 화재의 원인으로 직접적인 관계가 되지 않는 것은?

① 저항
② 누전
③ 단락
④ 과전류

해설 **전기화재의 원인**

㉠ 누전 : 전선의 피복이 벗겨져 절연이 불완전하여 전기의 일부가 전선 밖으로 새어나와 주변 도체에 흐르는 현상
㉡ 단락 : 접촉되어서는 안 될 2개 이상의 전선이 접촉되거나 어떠한 부품의 단자와 단자가 서로 접촉되어 과다한 전류가 흐르는 것
㉢ 과전류 : 전압이나 전류가 순간적으로 급격하게 증가하면 전력선에 과전류가 흘러서 전기제품이 파손될 염려가 있음

37 작업 시 이상 상태를 발견할 경우 처리절차가 옳은 것은?

① 작업 중단 → 관리자에 통보 → 이상 상태 제거 → 재발방지대책 수립
② 관리자에 통보 → 작업 중단 → 이상 상태 제거 → 재발방지대책 수립
③ 작업 중단 → 이상 상태 제거 → 관리자에 통보 → 재발방지대책 수립
④ 관리자에 통보 → 이상 상태 제거 → 작업 중단 → 재발방지대책 수립

해설 **재해발생 시 재해조사 순서**

㉠ 재해 발생
㉡ 긴급조치(기계 정지 → 피해자 구출 → 응급조치 → 병원에 후송 → 관계자 통보 → 2차 재해 방지 → 현장 보존)
㉢ 원인조사
㉣ 원인분석
㉤ 대책 수립
㉥ 실시
㉦ 평가

38 관리주체가 승강기의 유지관리 시 유지관리자로 하여금 유지관리중임을 표시하도록 하는 안전조치로 틀린 것은?

① 사용금지 표시
② 위험요소 및 주의사항
③ 작업자 성명 및 연락처
④ 유지관리 개소 및 소요시간

해설 **보수점검 시 안전관리에 관한 사항**

㉠ 보수 또는 점검 시에는 다음의 안전조치를 취한 후 작업하여야 한다.
• '보수 · 점검중'이라는 사용금지 표시
• 보수 · 점검 개소 및 소요시간 표시
• 보수 · 점검자명 및 보수 · 점검자 연락처
• 접근 · 탑승금지 방호장치 설치
㉡ 보수 담당자 및 자체검사 실시내용이 기재된 '승강기 관리카드'를 승강기 내부 또는 외부에 부착하고 관리하여야 한다.

39 재해 발생 과정의 요건이 아닌 것은?

① 사회적 환경과 유전적인 요소
② 개인적 결함
③ 사고
④ 안전한 행동

해설 **재해의 발생 순서 5단계**

유전적 요소와 사회적 환경 → 인적 결함 → 불안전한 행동과 상태 → 사고 → 재해

40 작업자의 재해 예방에 대한 일반적인 대책으로 맞지 않는 것은?

① 계획의 작성
② 엄격한 작업감독
③ 위험요인의 발굴 대처
④ 작업지시에 대한 위험 예지의 실시

해설 **재해예방활동의 3원칙**

㉠ 재해요인의 발견
• 직장의 점검, 순시, 검사, 조사
• 재해분석
• 작업방법의 분석
• 적성검사, 건강진단, 체력측정, 작업자의 심신적 결함의 파악
㉡ 재해요인의 제거 · 시정
• 유해 · 위험작업에 대한 유자격자 이외의 취업 제한
• 유해 · 위험요인의 제거
• 유해 · 위험요인이 있는 시설의 방호, 개선, 격리
• 개인용 보호구의 착용 철저
• 불안전한 행동의 시정

ⓒ 재해요인발생의 예방
- 안전성평가의 활용
- 제도, 기준의 이행과 검토
- 과거에 일어난 재해예방대책의 이행
- 원재료, 설비, 환경 등의 보전
- 신규채용자 등의 안전교육
- 안전보건의식의 지속 유지

41 안전사고의 발생요인으로 볼 수 없는 것은?

① 피로감   ② 임금
③ 감정   ④ 날씨

해설 임금과 안전사고의 발생과는 관계가 없다.

★★
42 사고 예방 대책 기본원리 5단계 중 3E를 적용하는 단계는?

① 1단계   ② 2단계
③ 3단계   ④ 5단계

해설 하인리히 사고방지 5단계
㉠ 1단계 : 안전관리조직
㉡ 2단계 : 사실의 발견
- 사고 및 활동기록 검토
- 안전점검 및 검사
- 안전회의 토의
- 사고조사
- 작업분석
㉢ 3단계 : 분석 평가
재해조사분석, 안전성 진단평가, 작업환경 측정, 사고기록, 인적·물적 조건조사 등
㉣ 4단계 : 시정책의 선정(인사조정, 교육 및 훈련방법 개선)
㉤ 5단계 : 시정책의 적용(3E, 3S)
- 3E : 기술적, 교육적, 독려적
- 3S : 표준화, 전문화, 단순화

★
43 현장 내에 안전표지판을 부착하는 이유로 가장 적합한 것은?

① 작업방법을 표준화하기 위하여
② 작업환경을 표준화하기 위하여
③ 기계나 설비를 통제하기 위하여
④ 비능률적인 작업을 통제하기 위하여

해설 산업안전보건표지
유해·위험한 물질을 취급하는 시설·장소에 설치하는 산재 예방을 위한 금지나 경고, 비상조치 지시 및 안내사항, 안전의식 고취를 위한 사항들을 그림이나 기호, 글자 등을 이용해 만든 것이다.

★★★
44 전기기기에서 E종 절연의 최고 허용온도는 몇 ℃인가?

① 90
② 105
③ 120
④ 130

해설 전기기기의 절연등급

절연의 종류	최고 허용온도
Y종	90℃
A종	105℃
E종	120℃
B종	130℃
F종	155℃
H종	180℃
C종	180℃ 초과

★
45 다음 그림과 같은 축의 모양을 가지는 기어는?

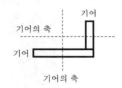

① 스퍼기어(spur gear)
② 헬리컬기어(helical gear)
③ 베벨기어(bevel gear)
④ 웜기어(worm gear)

해설

 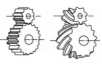

┃평기어┃ ┃헬리컬기어┃ ┃베벨기어┃   ┃웜기어┃

★★★
46 '회로망에서 임의의 접속점에 흘러 들어오고 흘러 나가는 전류의 대수합은 0이다'라는 법칙은?

① 키르히호프의 법칙
② 가우스의 법칙
③ 줄의 법칙
④ 쿨롱의 법칙

정답   41. ②   42. ④   43. ②   44. ③   45. ③   46. ①

해설 키르히호프의 제1법칙

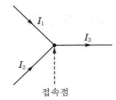

접속점

회로망에 있어서 임의의 한 접속점에 흘러 들어오는 전류의 합은 흘러 나가는 전류의 합과 같다($\because$ 유입되는 전류 I_1, I_2와 유출되는 전류 I_3의 합은 0).

$\sum$유입 전류$=\sum$유출 전류

$I_1 + I_2 = I_3$ $\therefore I_1 + I_2 + (-I_3) = 0$

★★★★

47 배선용 차단기의 기호(약호)는?

① S   ② DS
③ THR   ④ MCCB

해설 배선용 차단기(Molded Case Circuit Breaker)
저압 옥내 전로의 보호를 위하여 사용한다. 개폐기구, 트립 장치 등을 절연물의 용기 내에 조립한 것으로 통전 상태의 전로를 수동 또는 전기 조작에 의하여 개폐가 가능하고 과부하, 단락사고 시 자동으로 전로를 차단하는 기구이다.

48 유도전동기에서 슬립이 1이란 전동기의 어느 상태인가?

① 유도제동기의 역할을 한다.
② 유도전동기가 전부하 운전 상태이다.
③ 유도전동기가 정지 상태이다.
④ 유도전동기가 동기속도로 회전한다.

해설 슬립(slip)
3상 유도전동기는 항상 회전자기장의 동기속도(n_s)와 회전자의 속도 n 사이에 차이가 생기게 되며, 이 차이의 값으로 전동기의 속도를 나타낸다. 이때 속도의 차이와 동기속도(n_s)와의 비가 슬립이고, 보통 $0 < s < 1$ 범위이어야 하며, 슬립 1은 정지된 상태이다.

$s = \dfrac{\text{동기속도} - \text{회전자속도}}{\text{동기속도}} = \dfrac{n_s - n}{n_s}$

★★★

49 다음 회로에서 A, B 간의 합성용량은 몇 μF인가?

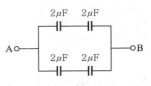

① 2   ② 4
③ 8   ④ 16

해설 ㉠ 2μF와 2μF가 직렬로 연결된 등가회로이므로 합성용량은 다음과 같다.

$C_{T_1} = \dfrac{2 \times 2}{2 + 2} = 1\mu$F

㉡ 1μF와 1μF가 병렬로 연결된 등가회로이므로 합성용량은 다음과 같다.

$C_{T_2} = C_{T_1} + C_{T_1} = 1 + 1 = 2\mu$F

50 전기력선의 성질 중 옳지 않은 것은?

① 양전하에서 시작하여 음전하에서 끝난다.
② 전기력선의 접선방향이 전장의 방향이다.
③ 전기력선은 등전위면과 직교한다.
④ 두 전기력선은 서로 교차한다.

해설 전기력선의 성질

(a) 단독 정전하   (b) 단독 부전하   (c) 정부전하

(d) 2개의 정전하   (e) 크기가 다른   (f) 평행한
                    정부전하   정부전하

‖ 여러 가지 전기력선의 모양 ‖

㉠ 전기력선은 양전하의 표면에서 나와 음전하의 표면에서 끝난다.
㉡ 전기력선의 접선방향이 그 점에서의 전장의 방향이다.
㉢ 전기력선은 수축하려는 성질이 있으며 같은 전기력선은 반발한다.
㉣ 전기력선에 수직한 단면적의 전기력선 밀도가 그 곳의 전장의 세기를 나타낸다. n(V/m)의 전장의 세기는 n(개/m²)의 전기력선으로 나타낸다.

ⓜ 전기력선은 그 자신만으로는 폐곡선이 되는 일이 없다.

ⓗ 전기력선은 도체의 표면에 수직으로 출입하며 도체 내부에 전기력선이 없다.

ⓢ 전기력선은 서로 교차하지 않는다.

51 직류 분권전동기에서 보극의 역할은?

① 회전수를 일정하게 한다.
② 기동토크를 증가시킨다.
③ 정류를 양호하게 한다.
④ 회전력을 증가시킨다.

해설 **전기자 반작용**

전기자전류에 의한 기자력이 주자속의 분포에 영향을 미치는 현상을 말한다.

㉠ 전기자 반작용에 의한 현상

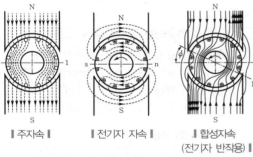

‖주자속‖　　‖전기자 자속‖　　‖합성자속‖
　　　　　　　　　　　　　　(전기자 반작용)

- 코일이 자극의 중성축에 있을 때도 전압을 유지시켜 브러시 사이에 불꽃을 발행한다.
- 주자속 분포를 찌그러뜨려 중성축을 이동시킨다.
- 주자속을 감소시켜 유도전압을 감소시킨다.

㉡ 전기자 반작용의 방지법
- 브러시 위치를 전기적 중성점으로 이동시킨다.
- 보상권선을 설치한다.
- 보극을 설치한다.

㉢ 보극의 역할
- 전기자가 만드는 자속을 상쇄(전기자 반작용 상쇄 역할)한다.
- 전압정류를 하기 위한 정류자속을 발생시킨다.

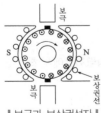

‖보극과 보상권선자‖

52 다음과 같은 그림기호는?

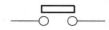

① 플로트레스스위치　② 리밋스위치
③ 텀블러스위치　　　④ 누름버튼스위치

해설 **리밋스위치(limit switch)**

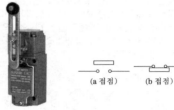

(a 접점)　　(b 접점)

‖리밋스위치‖　　　‖기호‖

㉠ 물체의 힘에 의해 동작부(구동장치)가 눌러서 접점이 온, 오프(on, off)한다.

㉡ 엘리베이터가 운행 시 최상·최하층을 지나치지 않도록 하는 장치로서 리밋스위치에 접촉이 되면 카를 감속 제어하여 정지시킬 수 있도록 한다.

53 직류전동기의 속도제어방법이 아닌 것은?

① 저항제어법　　② 계자제어법
③ 주파수제어법　④ 전기자 전압제어법

해설 **직류전동기의 속도제어**

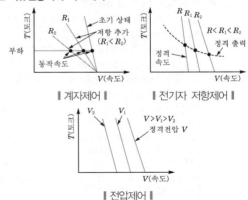

‖계자제어‖　　‖전기자 저항제어‖

‖전압제어‖

㉠ 계자제어 : 계자자속 ϕ를 변화시키는 방법으로, 계자저항기로 계자전류를 조정하여 ϕ를 변화시킨다.

㉡ 저항제어 : 전기자에 가변직렬저항 $R(\Omega)$을 추가하여 전기자회로의 저항을 조정함으로써 속도를 제어한다.

㉢ 전압제어 : 타여자 전동기에서 전기자에 가한 전압을 변화시킨다.

54 물질 내에서 원자핵의 구속력을 벗어나 자유로이 이동할 수 있는 것은?

① 분자   ② 자유전자

③ 양자   ④ 중성자

해설 원자의 구조

모든 물질은 매우 작은 분자 또는 원자의 집합으로 되어 있다. 이들 원자는 원자핵(atomic nucleus)과 그 주위를 둘러싸고 있는 전자(electron)들로 구성되어 있으며, 원자핵은 양전기를 가진 양성자(proton)와 전기를 가지지 않는 중성자(neutron)가 강한 핵력으로 결합되어 있다. 전자들 중에서 가장 바깥쪽의 자유전자들은 원자핵과의 결합력이 약해서 외부의 작은 힘에 의하여 쉽게 핵의 구속력을 벗어나 자유롭게 움직인다.

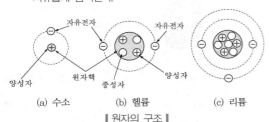

(a) 수소   (b) 헬륨   (c) 리튬

‖ 원자의 구조 ‖

★★★

55 시퀀스회로에서 일종의 기억회로라고 할 수 있는 것은?

① AND회로   ② OR회로

③ NOT회로   ④ 자기유지회로

해설 자기유지회로(self hold circuit)

㉠ 전자계전기(X)를 조작하는 스위치(BS_1)와 병렬로 그 전자계전기의 a접점이 접속된 회로, 예를 들면 누름단추스위치(BS_1)를 온(on)했을 때, 스위치가 닫혀 전자계전기가 여자(excitation)되면 그것의 a접점이 닫히기 때문에 누름단추스위치(BS_1)를 떼어도(스위치가 열림) 전자계전기는 누름단추스위치(BS_2)를 누를 때까지 여자를 계속한다. 이것을 자기유지라고 하는데 자기유지회로는 전동기의 운전 등에 널리 이용된다.

㉡ 여자(excitation) : 전자계전기의 전자코일에 전류가 흘러 전자석으로 되는 것이다.

㉢ 전자계전기(electromagnetic relay) : 전자력에 의해 접점(a, b)을 개폐하는 기능을 가진 장치로서, 전자코일에 전류가 흐르면 고정철심이 전자석으로 되어 철편이 흡입되고, 가동접점은 고정접점에 접촉된다. 전자코일에 전류가 흐르지 않아 고정철심이 전자력을 잃으면 가동접점은 스프링의 힘으로 복귀되어 원상태로 된다. 일반제어회로의 신호전달을 위한 스위칭회로뿐만 아니라 통신기기, 가정용 기기 등에 폭넓게 이용되고 있다.

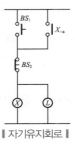

‖ 자기유지회로 ‖

‖ 전자계전기(relay) ‖

‖ 전자계전기의 구조 ‖

56 운동을 전달하는 장치로 옳은 것은?

① 절이 왕복하는 것을 레버라 한다.

② 절이 요동하는 것을 슬라이더라 한다.

③ 절이 회전하는 것을 크랭크라 한다.

④ 절이 진동하는 것을 캠이라 한다.

해설 링크(link)의 구성

몇 개의 강성한 막대를 핀으로 연결하고 회전할 수 있도록 만든 기구

‖ 4절 링크기구 ‖

㉠ 크랭크 : 회전운동을 하는 링크

㉡ 레버 : 요동운동을 하는 링크

㉢ 슬라이더 : 미끄럼운동 링크

㉣ 고정부 : 고정 링크

★★★★

57 RLC 직렬회로에서 최대 전류가 흐르게 되는 조건은?

① $\omega L^2 - \dfrac{1}{\omega C} = 0$ ② $\omega L^2 + \dfrac{1}{\omega C} = 0$

③ $\omega L - \dfrac{1}{\omega C} = 0$ ④ $\omega L + \dfrac{1}{\omega C} = 0$

정답   54. ②   55. ④   56. ③   57. ③

해설 직렬공진 조건

RLC가 직렬로 연결된 회로에서 용량리액턴스와 유도리액턴스는 더 이상 회로 전류를 제한하지 못하고 저항만이 회로에 흐르는 전류를 제한할 수 있게 되는데, 이 상태를 공진이라고 한다.

⊙ 임피던스(impedance)

$$Z = \sqrt{R^2 + \left(\omega L - \frac{1}{\omega C}\right)^2} \ (\Omega)$$

용량리액턴스와 유도리액턴스가 같다면 $\omega L = \frac{1}{\omega C}$

$$\omega L - \frac{1}{\omega C} = 0$$

임피던스(Z)

$$Z = \sqrt{R^2 + \left(\omega L - \frac{1}{\omega C}\right)^2} = \sqrt{R^2 + (0)^2} = R(\Omega)$$

ⓛ 직렬공진회로
- 공진임피던스는 최소가 된다.
$$Z = \sqrt{R^2 + (0)^2} = R$$
- 공진전류 I_0는 최대가 된다.
$$I_0 = \frac{V}{Z} = \frac{V}{R}(A)$$
- 전압 V와 전류 I는 동위상이다. 용량리액턴스와 유도리액턴스는 크기가 같아서 상쇄되어 저항만의 회로가 된다.

┃ 직렬회로 ┃

┃ 직렬공진 벡터 ┃

★★★
58 펌프의 출력에 대한 설명으로 옳은 것은?

① 압력과 토출량에 비례한다.
② 압력과 토출량에 반비례한다.
③ 압력에 비례하고, 토출량에 반비례한다.
④ 압력에 반비례하고, 토출량에 비례한다.

해설 펌프(pump)

⊙ 펌프의 출력은 유압과 토출량에 비례한다.
ⓛ 동일 플런저라면 유압이 높을수록 큰 하중을 들 수 있고, 토출량이 많을수록 속도가 크게 될 수 있다.
ⓒ 일반적인 유압은 10~60kg/c㎡, 토출량은 50~1,500ℓ/min 정도이며 모터는 2~50kW 정도이다. 이 펌프로 구동되는 엘리베이터의 능력은 300~10,000kg, 속도는 10~60m/min 정도이다.

★★★★
59 다음 중 OR회로의 설명으로 옳은 것은?

① 입력신호가 모두 '0'이면 출력신호가 '1'이 됨
② 입력신호가 모두 '0'이면 출력신호가 '0'이 됨
③ 입력신호가 '1'과 '0'이면 출력신호가 '0'이 됨
④ 입력신호가 '0'과 '1'이면 출력신호가 '0'이 됨

해설 논리합(OR)회로

하나의 입력만 있어도 출력이 나타나는 회로이며, 'A' OR 'B' 즉, 병렬회로이다.

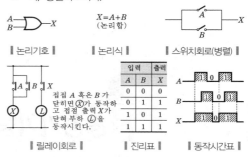

| ┃ 논리기호 ┃ | | ┃ 논리식 ┃ | | ┃ 스위치회로(병렬) ┃ |

$X = A + B$
(논리합)

입력		출력
A	B	X
0	0	0
0	1	1
1	0	1
1	1	1

접점 A 혹은 B가 닫히면 Ⓧ가 동작하고 접점 출력 X가 닫혀 부하 Ⓛ을 동작시킨다.

┃ 릴레이회로 ┃   ┃ 진리표 ┃   ┃ 동작시간표 ┃

60 직류전동기에서 전기자 반작용의 원인이 되는 것은?

① 계자전류
② 전기자전류
③ 와류손전류
④ 히스테리시스손의 전류

해설 전기자 반작용(armature reaction)

전기자전류에 의한 기자력이 주자속의 분포에 영향을 미치는 현상이다.

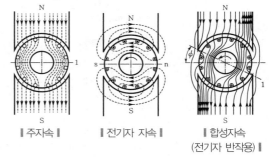

┃ 주자속 ┃   ┃ 전기자 자속 ┃   ┃ 합성자속 (전기자 반작용) ┃

⊙ 전기자 반작용에 의한 현상
- 코일이 자극의 중성축에 있을 때도 전압을 유지시켜 브러시 사이에 불꽃을 발행한다.
- 주자속 분포를 찌그러뜨려 중성축을 이동시킨다.
- 주자속을 감소시켜 유도전압을 감소시킨다.
ⓛ 전기자 반작용의 방지법
- 브러시 위치를 전기적 중성점으로 이동시킨다.
- 보상권선을 설치한다.
- 보극을 설치한다.

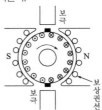

┃ 보극과 보상권선 ┃

7^일_{완성} 승강기기능사 필기

2021. 6. 3. 초 판 1쇄 발행
2024. 4. 17. 2차 개정증보 2판 2쇄 발행

지은이 | 이후곤
펴낸이 | 이종춘
펴낸곳 | **BM** ㈜도서출판 **성안당**

주소 | 04032 서울시 마포구 양화로 127 첨단빌딩 3층(출판기획 R&D 센터)
     | 10881 경기도 파주시 문발로 112 파주 출판 문화도시(제작 및 물류)

전화 | 02) 3142-0036
     | 031) 950-6300
팩스 | 031) 955-0510
등록 | 1973. 2. 1. 제406-2005-000046호
출판사 홈페이지 | www.cyber.co.kr
ISBN | 978-89-315-8653-4 (13550)
정가 | 28,000원

이 책을 만든 사람들

기획 | 최옥현
진행 | 박경희
교정·교열 | 김원갑
전산편집 | 이지연
표지 디자인 | 임흥순
홍보 | 김계향, 유미나, 정단비, 김주승
국제부 | 이선민, 조혜란
마케팅 | 구본철, 차정욱, 오영일, 나진호, 강호묵
마케팅 지원 | 장상범
제작 | 김유석

www.cyber.co.kr
성안당 Web 사이트